제3판

현대 선형대수학

이 상 구

저자 약력

이상구

성균관대학교, 미국 유타주립대학교 이학박사
성균관대학교 수학과 정교수

국제선형수학회(ILAS), 교육위원회위원
대한수학회, 사업이사
전산수학분과위원장, KMO위원회위원
한국수학교육학회, 편집이사
한국수학사학회, 정보이사
과학재단 · 전산수학연구센터(포항공대)Fellow
한국교육개발원, 국립영재고교육과정위원회위원
한국학술진흥재단, 교과교육공동연구위원회위원
한국교육과정평가원, 대입수능시험출제위원
한국교육과정평가원, 중등교원임용고사출제위원
한국과학창의재단, 수학과학기획위원
ICME 12 유치위원회위원, LOC위원
BK 21 수학적 모델링 HRD 사업단 단장
성균관대학교, 디지털교육자문위원
열린사이버대학, 최우수강의상 수상
성균관대학교, 우수연구교수(신품 2003)
성균관대학교, e+Best Teacher상 수상(2004)
성균관대학교, 최우수 e+강의상 수상(2007)
제22회 스승의 날 기념 정부포상, 부총리겸 교육인적자원부장관 표창

현대 선형대수학 제3판

지은이 이상구
펴낸이 박문규
펴낸날 2005년 2월 21일 1판 1쇄
2010년 3월 5일 3판 2쇄
펴낸곳 KM 경문사
등 록 1979년 11월 9일 제9-9호
주 소 121-818, 서울특별시 마포구 동교동 184-17
전 화 (02)332-2004(영업부) 336-3004(편집부)
팩 스 (02)336-5193
E-mail kms2004@kyungmoon.com

값 33,000원

ISBN 978-89-6105-195-8

★ 경문사 홈페이지에 오시면 즐거운 일이 생깁니다.
www.kyungmoon.com

제3판

현대 선형대수학

이상구
Assisted by 설한국

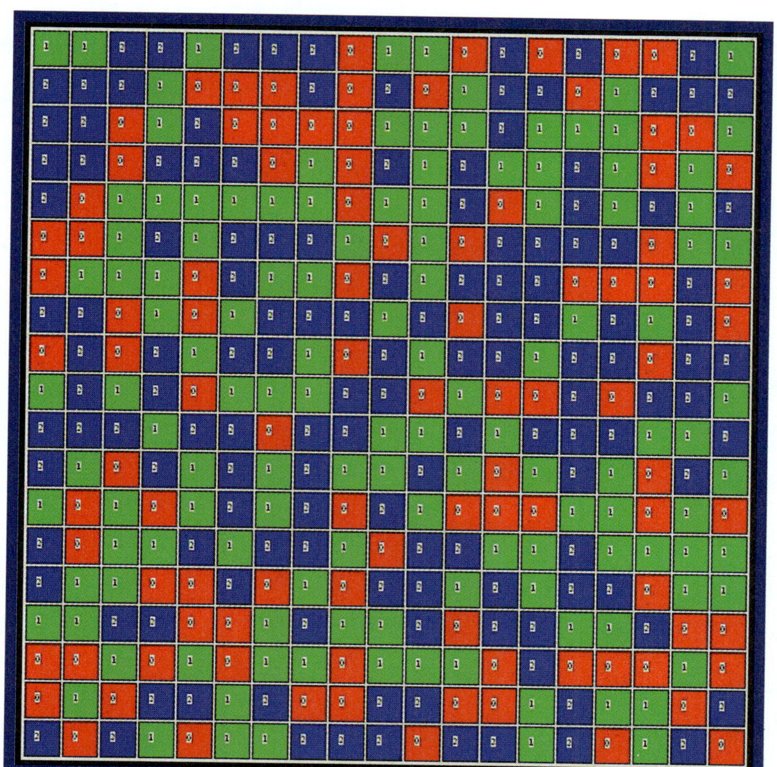

경문사

선형대수학은 다양한 분야에서 많이 이용되기 때문에 자연계는 물론 인문 사회계의 학생에게도 가장 중요한 수학과목의 하나로 여겨진다. 이 교재는 자연계, 공학계, 사회과학계의 학생을 대상으로 한 학기 또는 일년에 현대선형대수학의 입문과 응용에 대한 폭 넓은 지식을 제공하는 것을 목표로 한다.

이 교재는 저자가 지난 10년간 강의하며 마련한 강의 자료와 원고, 웹 콘텐츠, 자바도구 등의 강의 관련 자료를 바탕으로 마련되었으며, 특히 이 책의 구성은 미국 과학재단(NSF)과 국제 선형대수학회(International Linear Algebra Society http://www.ilasic.math.uregina.ca/iic/), AMS, MAA가 연계하여 21세기에 맞는 선형대수학 교재로서 갖추어야 할 내용을 연구하기 위해 구성된 Linear Algebra Curriculum Study Group (LACSG)이 1990-2000년 사이에 준비하여 제안한 아래의 기준에 맞게 (참고 문헌: David Carlson, et. al., "The Linear Algebra Curriculum Study Group Recommendations for the First Course in Linear Algebra." College Mathematics Journal, 24.1 (1993): 41--46. 및 Jane M. Day의 1998년 IAS-PCMI Report 및 http://www.maa.org/reviews/linearalg.html) 학생이 가장 쉽게 내용을 이해하고, 전체적인 흐름을 알고, 실제로 계산 능력을 갖추도록 새롭게 썼다.

원고는 이상구 교수가 썼으며 가제본을 만들어 이상구 교수와 설한국 박사가 실제 강의에 적용하며 새 문제를 보태고 다양한 학교 및 전공의 학생에게 맞도록 윤문하고 오타를 찾으며 내용의 전개를 확인하였다. 김덕선 선생은 소프트웨어의 이용과 테크놀러지(Technology) 부분을 확인하였고, 추가로 필요한 자바 도구를 만들고 멀티미디어 교재 편집에 힘을 보태었다. 새로운 틀이 만들어진 후의 세세한 내용은 저자 자신이 모두 업그레이드했으며, 학생의 이해가 쉽도록 서술을 재구성하고, 새 예와 새 문제를 개발하고, 관련 참고 자료를 보충하였다. 이 교재의 내용을 바탕으로 학생용 CD와 웹 콘텐츠 및 계산용 자바 도구가 같이 제공된다. 교재에 첨부된 CD에는 강의계획서의 예, 동영상 강의의 예와 샘플 시험 및 정의집과 다양한 참고자료가 포함된다.

이 교재의 기본 구성상의 특징 및 의도는 다음과 같다.

1. 디지털 시대에 더욱 중요성이 부각되는 선형대수학의 입문서로 학생들의 다양한 요구(이학, 공학 및 경상계열 포함)를 수용
2. 이론중심의 전개와 더불어 관련 응용분야의 적용 예를 많이 추가

3. 다양한 수학 소프트웨어의 사용방법 및 과목 특성에 맞는 적용방법 해설
4. 자바애플릿을 통한 다양한 개념의 적용 및 이해
5. 학생들에게 부과할 프로젝트 모델 제시
6. 민족적 자긍심을 담고 한국에 맞는 세계 표준의 대학 선형대수학 교재
7. 시각적 이해와 수학적 흥미 유발을 위한 읽을거리
8. PBL 교육과 심화 학습용 토론 문제 제공
9. 계산 및 토론, 증명 문제를 통한 자기 주도적 심화과정 제시
10. 이론전개과정의 일관성: 추상적인 벡터공간의 개념(입문과정의 학생들에게 다소 어려운 추상적개념)은 가장 뒤로 하고 가시적인 유클리드 3차원 공간에서 시작하여 자연스럽게 유클리드 n차원공간으로 확장한 이론의 전개 과정 선택

적극적인 지원을 해준 경문사 연구진과 오타를 하나씩 확인해준 박진영군을 포함한 사랑하는 학생들에게 감사하며, 아이디어를 공유한 ILAS 교육위원회 동료, 이 책을 쓰는 일년 동안 끊임없이 조언해 주신 포항공대 곽진호 교수님, 경북대 황석근 교수님 또, 많은 원고를 애정을 가지고 읽고 고쳐준 아내와 건강하게 커 준 두 딸 지회, 지영에게 깊은 고마움을 전하고, 이 책을 돌아가시는 날까지 아들을 신뢰한 아버님께 바친다.

이번 2판에서는 1판에서 지적해 주신 아쉬운 부분을 보완하고 이론 전개를 학생의 입장에서 좀 더 이해가 쉽도록 재구성하였으며, 예제와 연습문제를 교재의 본문 흐름과 일치하도록 완성도를 높였다.

위의 의도가 충실하게 반영되지 못한 부분에 대한 수정 및 보완 의견은 저자[sglee@skku.edu, (031)290-7025]에게 주시면 적극 반영하겠습니다.

마지막으로 2005년 1월부터 계속 업데이트하며 운영되는 이 교재의 공식 홈페이지는 다음과 같다.

http://matrix.skku.ac.kr/CLAMC/

2009년 1월

저자

⊙ 참고로 이 교재에서는 설명과 증명과정을 분명하고 간단히 표현하기 위하여, 수학의 국제공용어로 For all 의미로 $\forall$, such that 의미로 $\ni$, There exist 의미로 $\exists$, Therefore (그러므로) 의미로 $\therefore$, 왜냐하면 의미로 $\because$, imply 의미로 $\Rightarrow$, if and only if (iff) 의미로 $\Leftrightarrow$, 증명 끝의 의미로 (Halmos의 사각형) ■, 실수의 집합은 R로 복소수의 집합은 C로 표기한다. 또 강좌의 성격에 따라 한 학기에 전체 내용을 끝내는 경우는 목차에 ∗표가 붙은 절은 생략하고 진행하여도 선형대수학 입문 강좌의 전체 내용을 이해하는 교재로 손색이 없다.

이 교재의 활용방법

[학생]

이 교재를 사용하는 학생은 다음을 참고하기 바란다.

1. 교재의 구성

이 교재는 다음과 같은 구성요소를 가지고 있다.

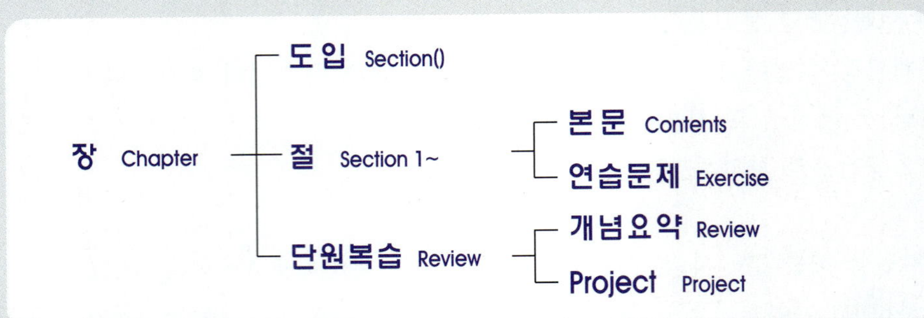

(1) 도입 : 읽어보기

각 장의 도입부분에는 본문과 관련된 수학적 또는 역사적인 내용들이 포함되어 있다.

(2) 본문

각 장의 본문은 내용에 따라 절로 구분되어 있다. 절 단위로 학습 후 연습문제를 푼다. 본문내용은 학습 목표, 학습의 동기, 정의 및 예, 예와 관련된 설명,주요 성질인 정리와 증명, 참고 지식의 순으로 전개하였다.

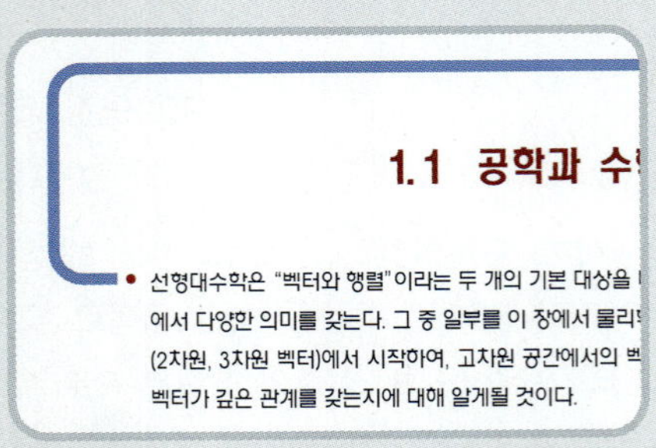

㉠ 학습 목표

각 절의 제일 앞에 학습목표를 소개한다.

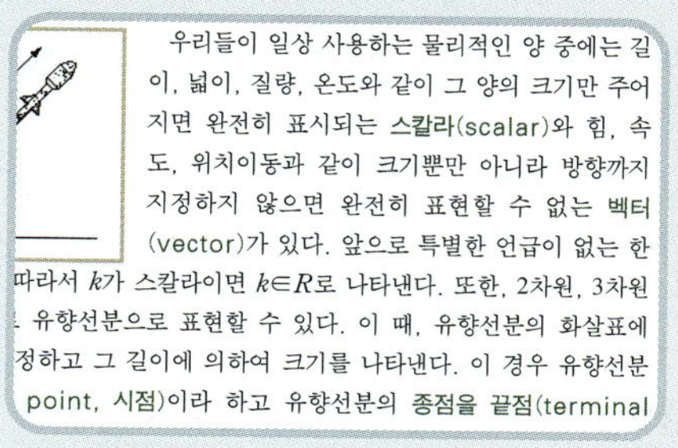
우리들이 일상 사용하는 물리적인 양 중에는 길이, 넓이, 질량, 온도와 같이 그 양의 크기만 주어지면 완전히 표시되는 스칼라(scalar)와 힘, 속도, 위치이동과 같이 크기뿐만 아니라 방향까지 지정하지 않으면 완전히 표현할 수 없는 벡터(vector)가 있다. 앞으로 특별한 언급이 없는 한
따라서 k가 스칼라이면 $k \in R$로 나타낸다. 또한, 2차원, 3차원
유향선분으로 표현할 수 있다. 이 때, 유향선분의 화살표에
정하고 그 길이에 의하여 크기를 나타낸다. 이 경우 유향선분
point, 시점)이라 하고 유향선분의 종점을 끝점(terminal

㉡ 본 문

내용은 학습의 동기, 정의와 관련 내용을 설명하도록 이루어져 있다. 본문내용도 마찬가지로 새로운 용어는 진하게 표기하였다.

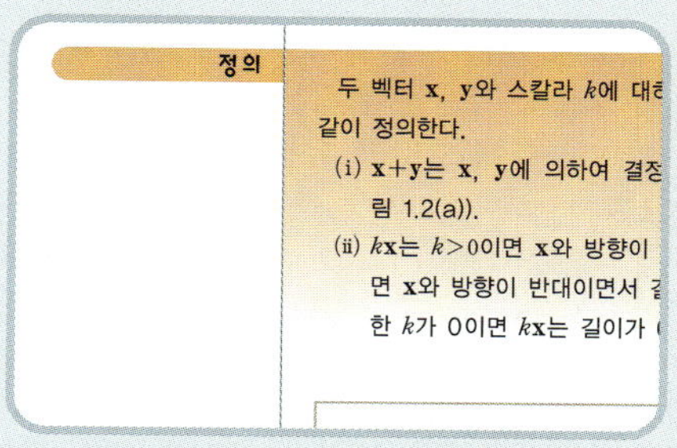
정의

두 벡터 $\mathbf{x}$, $\mathbf{y}$와 스칼라 k에 대한
같이 정의한다.
(i) $\mathbf{x}+\mathbf{y}$는 $\mathbf{x}$, $\mathbf{y}$에 의하여 결정
림 1.2(a)).
(ii) $k\mathbf{x}$는 $k>0$이면 $\mathbf{x}$와 방향이
면 $\mathbf{x}$와 방향이 반대이면서 길
한 k가 0이면 $k\mathbf{x}$는 길이가

㉢ 정 의

어떠한 새로운 개념에 대하여 정확한 정의가 매우 중요하다. 따라서 이 교재에서는 정의를 굵게 표시하고 정의되는 중요한 용어에 음영을 주어 그 내용을 알기 쉽게 보여주고 있다.

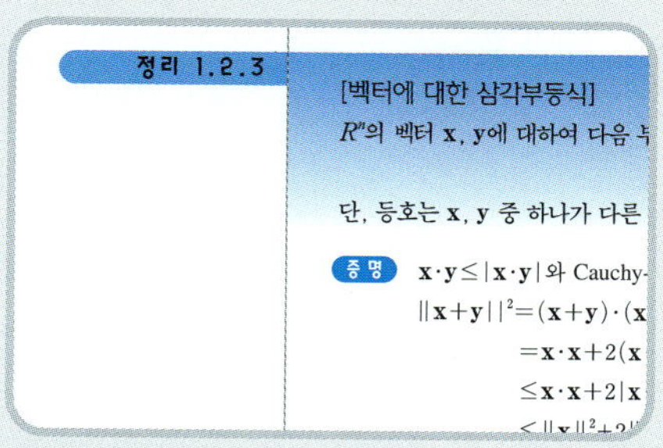
정리 1.2.3

[벡터에 대한 삼각부등식]
R^n의 벡터 $\mathbf{x}$, $\mathbf{y}$에 대하여 다음
단, 등호는 $\mathbf{x}$, $\mathbf{y}$ 중 하나가 다른

증명 $\mathbf{x}\cdot\mathbf{y} \le |\mathbf{x}\cdot\mathbf{y}|$와 Cauchy-
$\|\mathbf{x}+\mathbf{y}\|^2=(\mathbf{x}+\mathbf{y})\cdot(\mathbf{x}$
$=\mathbf{x}\cdot\mathbf{x}+2(\mathbf{x}$
$\le \mathbf{x}\cdot\mathbf{x}+2|\mathbf{x}$

㉣ 정 리

정의된 수학적 개념은 언제나 주요 성질을 가지고 있다. 이 교재도 정의된 수학적 개념을 폭넓게 사용하기 위하여 이에 맞는 정리를 소개하고 있다. 이러한 정리 중 중요한 정리에 대하여는 그림과 같이 이름을 붙여서 소개하고 있다. 또한 각 정리에는 해당하는 정리가 맞는지 수학적으로 증명을 해두었다. 증명이 끝난 뒤에는 할모스(Halmos)의 사각형 ■ 표시를 해 두어서 본문과 구분하기 쉽도록 해 두었다.

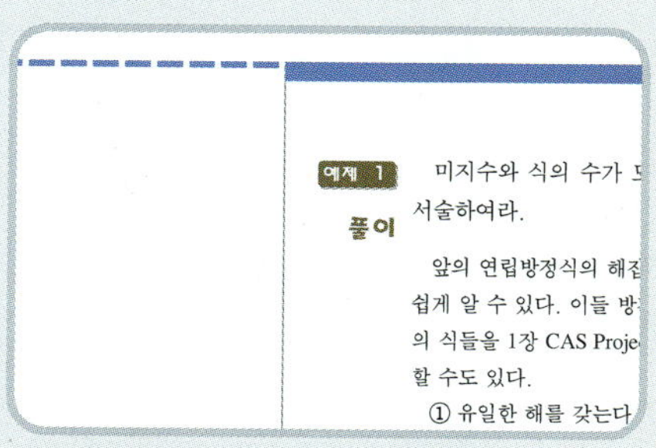
예제 1 미지수와 식의 수가
서술하여라.

풀이
앞의 연립방정식의 해
쉽게 알 수 있다. 이들 방
의 식들을 1장 CAS Proje
할 수도 있다.
① 유일한 해를 갖는다

㉤ 예 제

정의 또는 정리를 소개하거나, 본문을 통해서 새로운 개념을 소개하였을 경우에는 그에 맞는 흥미로운 예제를 제시하여 학생들의 이해를 돕고 있다. 따라서 정의나 정리, 또는 생소한 개념이 나온 경우에는 이에 대한 예제를 반드시 학습하도록 하자. 정리와 마찬가지로 문제 형식의 예제 경우, 해당 풀이가 제시되어 있으며 풀이가 끝난 경우 본문과 구분하기 위하여 □ 표시를 주었다.

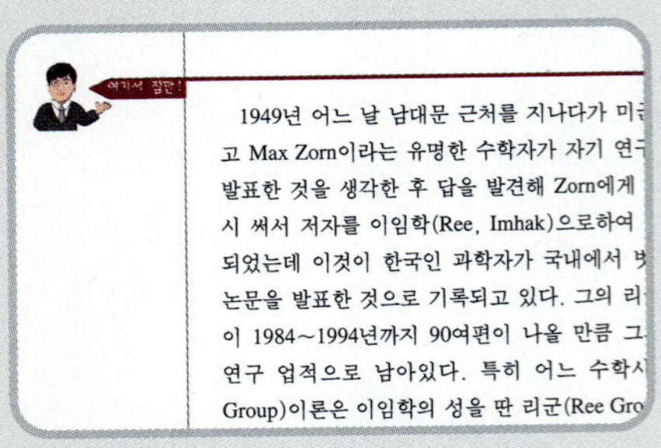

여기서 잠깐

1949년 어느 날 남대문 근처를 지나다가 미국
고 Max Zorn이라는 유명한 수학자가 자기 연구
발표한 것을 생각한 후 답을 발견해 Zorn에게
시 써서 저자를 이임학(Ree, Imhak)으로하여
되었는데 이것이 한국인 과학자가 국내에서 벗
논문을 발표한 것으로 기록되고 있다. 그의 리
이 1984~1994년까지 90여편이 나올 만큼 그
연구 업적으로 남아있다. 특히 어느 수학시
Group)이론은 이임학의 성을 딴 리군(Ree Gro

㉥ 여기서 잠깐

본문 상에 가끔 나오는 "여기서 잠깐"은 여러 가지 의미를 가진다.

1) 관련된 내용의 보충설명 : 가끔 내용에 어렵거나, 난해한 개념에 대하여 자세히 보충설명을 하는데 "여기서 잠깐"이 쓰인다. 만일 본문을 보다가 어려운 내용이 있다면 근처의 "여기서 잠깐"란을 찾아보면 된다.
2) 관련된 내용의 역사적 배경 : 내용에 관련된 역사적 사실이 기술되어 있는 경우도 있다. 역사적 배경을 같이 안다면 내용을 이해하는데 큰 도움이 될 것이다.
3) 본문 내용에 대한 정리 : 본문의 많은 내용을 한꺼번에 소개할 경우, 학생들의 학습에 도움이 되도록 내용을 정리하였다. 이러한 "여기서 잠깐"은 본문내용에 옆의의 예제와 같이 소개되곤 한다.

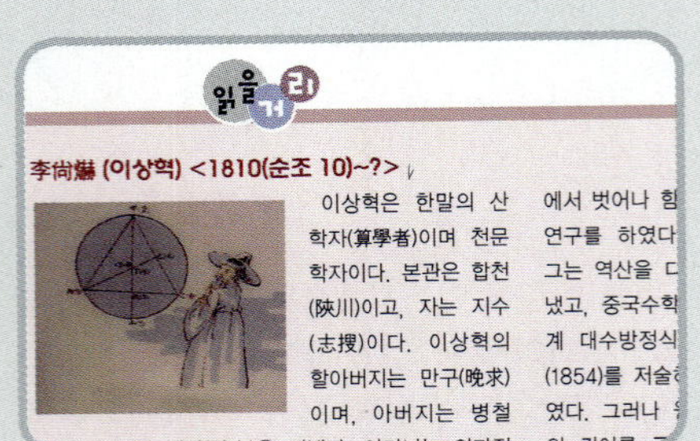

읽을거리

李尙爀 (이상혁) <1810(순조 10)~?>

이상혁은 한말의 산학자(算學者)이며 천문학자이다. 본관은 합천(陜川)이고, 자는 지수(志搜)이다. 이상혁의 할아버지는 만구(晩求)이며, 아버지는 병철

에서 벗어나 힘
연구를 하였다
그는 역산을 다
냈고, 중국수학
계 대수방정식
(1854)를 저술
였다. 그러나

㉦ 읽을거리

내용중 "읽을거리"란은 본문 내용에 연관된 역사적, 또는 사회적 사실을 소개한다.

(3) 연습문제

절에서 배운 본문의 내용을 스스로 테스트해 볼 수 있는 연습문제를 본문에는 게재하고 있다. 이러한 연습문제는 두가지로 나뉜다.

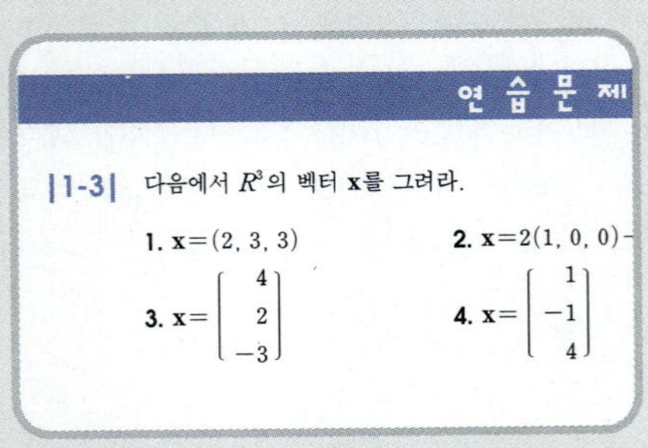

연습문제

|1-3| 다음에서 R^3의 벡터 $\mathbf{x}$를 그려라.

1. $\mathbf{x}=(2, 3, 3)$
2. $\mathbf{x}=2(1, 0, 0)$
3. $\mathbf{x}=\begin{bmatrix}4\\2\\-3\end{bmatrix}$
4. $\mathbf{x}=\begin{bmatrix}1\\-1\\4\end{bmatrix}$

㉠ 일반형 연습문제

앞의 본문에서 나온 내용을 바탕으로 계산력과 실제 문제 해결능력을 높이는데 그 목적을 둔 연습문제들이다. 본문에는 그냥 번호가 매겨져 있으며 그 난이도도 쉬운편에 속한다.

토론과 발견

P1-P2 다음 두 벡터가 같은 벡터인지 판정하여라.

P1. 시작점이 (5, 3), 끝점이 (6, 2)인 벡터와 (1, 1)인 벡터

P2. 시작점이 (2, 1, 1), 끝점이 (3, 0, 4)인 벡 점이 (6, 0, 7)인 벡터

㉡ 토론 및 발견형 연습문제

앞의 본문의 내용을 이용하여 좀 더 발전적인 형태의 문제를 능동적으로 생각해 볼 수 있도록 만들어진 문제들이다. 대부분이 논리적인 사고능력을 요하는 문제로서, 앞의 정의, 정리와 개념을 잘 이해했다면 논리를 전개할 수 있다. 교재가 제공하는 BBS를 이용하면 도움이 될 것이다.

(4) 단원복습의 개념요약

한 단원(장, Chapter)가 끝났으면 그 단원에 나온 내용을 총 정리 할 수 있도록 만들어진 부분이다. 이 부분은 개념을 소개하는 부분과 개념에 대하여 개념을 물어보는 참 · 거짓 문제 부분으로 구성되어 있다.

1. 개념토론

- 스칼라(scalar), 벡터(vector), 벡터의 크기, 시작점과 끝
- 3차원 공간 벡터
- n차원 벡터, n차원 공간
- 벡터의 상등
- $\mathbf{v}_1, \mathbf{v}_2, \cdots, \mathbf{v}_k$의 일차결합(linear combination)
- $\mathbf{x}$의 노름(norm ; length, magnitude $\|\mathbf{x}\| = \sqrt{x_1^2 + x_2^2 + \cdots +$
- $\|\mathbf{x}-\mathbf{y}\| = \sqrt{(x_1-y_1)^2 + (x_2-y_2)^2 + \cdots + (x_n-y_n)^2}$

㉠ 개념 토론

개념토론 부분에서는 앞에서 소개한 개념을 다시 정리하였다. 해당 내용을 다시 상기하면서 다음 장을 준비하면 학습하는데 많은 도움이 될 것이다.

2. 참 · 거짓 문제

만일 주어진 문장이 참이면, 이유를 설명하거나 교재에 하여라. 만일 거짓이면 반례를 하나 주거나 교재에 서술된 유를 주어라.

(1) ( ) 선형방정식의 해집합은 매개변수를 이용하여 유일

(2) ( ) 선형연립방정식이 해를 가지면 언제나 무수히 많

(3) ( ) 동차선형연립방정식은 최소한 하나의 해를 갖는다

㉡ 참 · 거짓 문제

개념을 이해하였다면 문제가 주어진 경우 그 문제가 옳고 그름을 판단할 수 있어야 한다. 따라서 이러한 취지에서 본문(장, Chapter)에 나오는 내용을 연계시켜서 참 · 거짓 문제로 제시하여 자신이 알고 있는 개념에 대한 이해를 높일 수 있도록 하였다.

(5) Project

각 장의 끝에는 장의 내용을 이해하는데 도움이 될만한 프로젝트(Project)들을 소개하고 있다. 이 프로젝트(Project)도 두가지로 나뉜다.

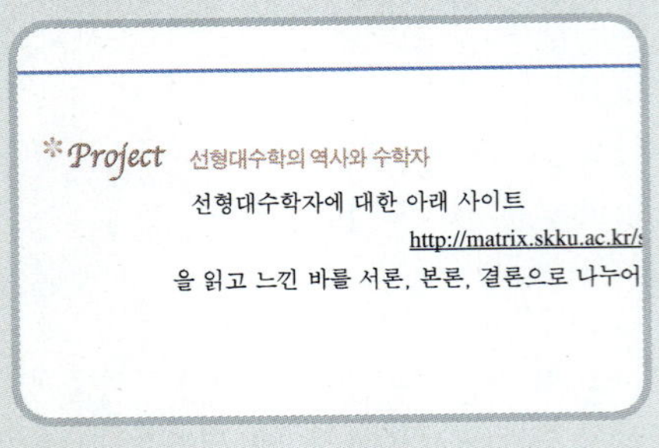

㉠ Project

우선 일반 프로젝트가 있다. 이 프로젝트는 일반적으로 수학적인 내용을 조사하거나 탐구하는 프로젝트로 구성되어 있다.

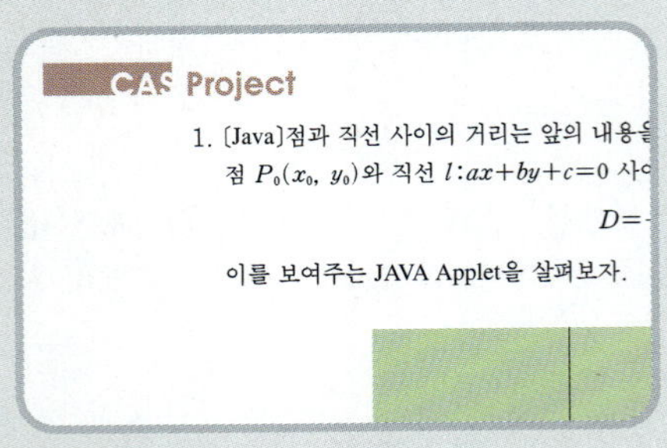

㉡ CAS(Computer Algebra System) Project

선형대수학을 공부하면서, 현실세계의 많은 문제에 적용됨을 알 수 있다. 그러나 현실세계의 문제의 경우, 그 크기가 커서 실제로 손으로 계산하기에는 큰 무리가 따른다. 이 교재는 CAS Project를 통하여 컴퓨터와 같은 도구를 이용하여 본문의 내용을 이해하고 이를 계산할 수 있는 능력을 기르도록 지원하고 있다. 자세한 내용은 이 교재의 "컴퓨터 활용방안"을 참고하기 바란다.

2. 부교재 내용

이 교재는 앞에서 소개한 교재의 내용 외에도, 다음과 같은 자료를 제공하여 학생들의 교육에 도움이 되고자 하고 있다.

(1) CD-ROM

이 교재에는 CD-ROM이 첨부되어 있다. 이 CD-ROM에는 각종 참고자료가 들어 있는데, 그 중 학생들에게 필요한 자료는 아래와 같다.

- 동영상 강의내용 : 참고가 될 일부 동영상이 CD-ROM에 들어 있으므로, 실제 동영상 강의가 필요한 경우에는 제공된 동영상 강의를 참고할 수 있다.
- 프로그램 : 행렬계산을 쉽게 할 수 있는 행렬종합계산기가 내장되어 있다. 별도의 프로그램 설치 없이 "컴퓨터 활용방안"만 읽어보면 실행해 볼 수 있는 자바(Java) 프로그램이 내장되어

있으므로, 활용해 보면 학습에 도움이 될 것이다.

- 샘플 시험 : 샘플 시험과 퀴즈(Quiz) 등의 자료가 같이 첨부되어 있다. 시험 전에 실력확인을 위하여 참고할 수 있다.

(2) 홈페이지 : http://matrix.skku.ac.kr/CLAMC/

이 교재는 또한 홈페이지를 가지고 있다. 홈페이지에서는 교재에 관련된 다양한 정보가 들어있다. 우선 교재의 일부와, 각 절에서 틈틈이 소개하고 있는 자바(Java) 프로그램들이 해당 홈페이지에 모두 게시되어 있으며 매학기 업데이트 될 예정이다.

또한 멀티미디어 자료로, 동영상자료와 플래시(Flash)로 만들어진 자료들이 게시되어 있어서, 눈과 귀로 직접 보고 들으면서 이해할 수 있는 정보들이 많이 있다.

홈페이지에는 게시판도 지원되므로, 학생들이 와서 직접 저자에게 질문할 수 있는 환경도 마련되어 있으므로, 학생 서로가 질문하고 답하면서 활용하면 학습에 많은 도움이 될 것이다.

[교수용]

이 교재를 가지고 강의를 하시는 분은 아래 내용이 도움이 될 것이다.

1. 교재의 내용

(1) 본문의 구조

본문의 구조는 학생들에게 소개한 것처럼 구성되어 있다. 거기에 덧붙여서, 이 교재는 그 흐름이 LACSG(ILAS 국제 선형대수학회에서 인정한 표준 지도안)을 준수하여 만들어졌다. 이에 따라서 이 교재의 순서에 따라 강의할 경우 좀 더 학생들에게 쉽게 지도할 수 있도록 되어 있다.

(2) 선택적 구조

이 교재는 선형대수학의 대부분의 내용을 폭넓게 담기 위하여 심화적인 내용도 포함하고 있다. 따라서 학기와 학생들의 수준에 따라서 선택적인 수업을 할 수 있도록 다음과 같은 내용을 첨가해 두었다.

- 선택가능한 절 : 차례 부분을 살펴보면 각 절의 제목 앞에 * 표시가 되어 있는 경우가 있다. 이러한 절의 경우에는 선택가능한 절이므로, 학기의 시수 및 학생들의 수준에 맞추어서, 해당 절의 내용을 학습하지 않더라도 다음 내용을 지도하는데 문제가 없도록 구성되어 있다.
- 절 내용 안의 심화학습 : 본문 내용중에는 또한 심화학습란이 있다. 이 부분도 위의 선택가능한 절처럼 구성되어 있으므로, 이에 맞추어 지도안을 마련하면 손쉽게 수업을 진행할 수 있다.

1년 강좌의 경우 순서대로 1장에서 10장까지 학생의 수준에 맞추어 자연스럽게 진행하면 무리가 없으며 한 학기 강좌의 경우 강의계획안 A, B를 다음과 같이 생각해 볼 수 있다. (* 절은 생략 가능)

표준

주 차	강 의 내 용	주 차	강 의 내 용
1주차	Orientation, 자기소개	9주차	*행렬모델 : 5장 Sketch
	1.1, 1.2		차원과 부분공간 : 7.1, 7.2
2주차	벡 터 : 1.3	10주차	7.3, 7.4
	2.1, 2.2		7.5, *7.6
3주차	일차연립방정식 : *2.3, 3.1	11주차	7.7, *7.8
	행렬 : 3.2, 3.3		7.9, 7장 복습
4주차	3.4, 3.5	12주차	대각화 : 8.1, 8.2
	3.6, *3.7		8.3
5주차	퀴즈 1	13주차	8.4, *8.5, *8.6
	행렬식 : 4.1, 4.2, 4.3		8.7, 8.8
6주차	*4.4, 4.5	14주차	*8.9
	선형변환 : 6.1, 6.2		8장 복습
7주차	6.3, 6.4, *6.5, *심화	15주차	일반벡터공간 : 9.1, 9.2
	*CAS system 소개		*9.3, *10.1
8주차	1-6장 복습 및 중간고사	16주차	7-8-9장 복습
	Project 제안		*우수 Project 발표
			종합기말고사

〔Model A〕

주 차	강 의 내 용	주 차	강 의 내 용
1주차	Orientation, 자기소개	9주차	선형변환 : 6.1, 6.2
	1.1, 1.2		6.3, 6.4
2주차	벡 터 : 1.2, 1.3	10주차	*6.5, 심화
	2.1, 2.2		차원과 부분공간 : 7.1, 7.2
3주차	일차방정식계 : *2.3, 3.1	11주차	7.3, 7.4, 7.5
	행렬 : 3.2, 3.3		*7.6, 7.7
4주차	3.4, 3.5	12주차	*7.8, 7.9
	3.6		대각화 : 8.1, 8.2
5주차	*3.7 또는 1-3장 복습	13주차	8.3, 8.4
	퀴즈 1		*8.5, *8.6
6주차	행렬식 : 4.1	14주차	8.7, 8.8
	4.2, 4.3		*8.9
7주차	*4.4, 4.5	15주차	*일반벡터공간 : 9.1, 9.2
	*행렬모델 : 5장 Sketch		*9.3
8주차	*CAS system 소개	16주차	*JCF: 10.1, *10.2
	중간고사, Project 제안		*우수 Project 발표
			종합기말고사

〔Model B〕

- 1년 강좌의 경우 강의계획서의 예

주 차	강 의 내 용	주 차	강 의 내 용
1주차	Orientation, 1.1	9주차	4.2
	벡 터 : 1.2		4.3
2주차	1.3	10주차	4.4,
	2.1		4.5
3주차	2.2	11주차	행렬모델 : 5장 1절
	연립방정식 응용 : 2.3		행렬모델 : 5장 2절
4주차	행렬 연산 : 3.1	12주차	행렬모델 : 5장 3절
	3.2		퀴즈 2
5주차	퀴즈 1	13주차	CAS system 소개
	3.3		CAS 실습
6주차	3.4	14주차	프로젝트 발표
	3.5		선형변환 : 6.1
7주차	3.6	15주차	6.2
	3.7		6.3
8주차	행렬식 : 4.1	16주차	6.4
	중간고사, Project 제안		6.5, [심화]
			1학기 종합 기말고사

〔Model C -1학기〕

주 차	강 의 내 용	주 차	강 의 내 용
1주차	Orientation 복습	9주차	8.5
	차원과 부분공간 : 7.1		8.6
2주차	7.2	10주차	8.7
	7.3		8.8
3주차	7.4	11주차	8.9
	7.5		Review
4주차	7.6	12주차	퀴즈 2
	7.7		일반벡터공간 : 9.1
5주차	퀴즈 1	13주차	9.2
	7.8		9.3
6주차	7.9	14주차	프로젝트 발표 1
	대각화 : 8.1		JFC : 10.1
7주차	8.2	15주차	10.2
	8.3		프로젝트 발표 2
8주차	8.4	16주차	프로젝트 발표 3
	중간고사, Project 제안		Review
			2학기 종합기말고사

〔Model C-2학기〕

샘플(Sample) 시험문제와 강의계획서는 웹(web) 상의 다양한 모델과 이 교재에 첨부된 CD-ROM안에서 찾을 수 있다.

〈한 학기 강좌 경우 평가 대상인 필수 증명 목록 예 〉

범위: 1장 - 10장(*표시 절 제외)

P.25 정리 1.3.1 정사영

P.25 정리 1.3.2 최단거리

P.161 정리 4.1.12 행렬식성질

P.170 정리 4.2.2 여인자전개

P.174 정리 4.3.1 Cramer 공식

P.272 정리 6.3.1 단사

P.273 정리 6.3.2 ker T가 부분공간

P.304 정리 7.1.1 일차독립필충조건

P.321 정리 7.3.1 차원정리

P.322 정리 7.3.2 해의 존재정리

P.329 **정리 7.4.9** (참고자료)
P.333 **정리 7.5.2** projection 행렬
P.354 **정리 7.7.3** G-S 정규직교화 정리
P.393 **정리 8.2.3** 대각화 정리
P.404 **정리 8.3.5** 직교고유벡터
P.446 **정리 8.7.2** 실 대칭행렬
P.451 **정리 8.8.2** Hermitian 행렬
P.455 **정리 8.8.4** Schur 정리

〈선형대수학 연습문제 과제 예〉

1-1: 2, 4, 6, 8, 11, 13, P1
1-2: 2, 4, 6, 7, 8, 10, 13, 14, P1
1-3: 2, 4, 6, 7, 9, P2

2-1: 2, 4, 6, 8, 9, P1
2-2: 2, 5, 7, 8, 11, 12, 13, P3
2-3: 1, 2(2), P2,
P75: 2. 참거짓 문제

3-1: 2, 6, 7, 8, 12, 13, 14, 15, P3
3-2: 2, 3, 7, 10, 11, P2
3-3: 1, 3, 4, 5(1), 6, 8, 9, P3
3-4: 1, 4, 6, 9(a), 10(a), 11, P5
3-5: 2, 5, 8, 9, P1
3-6: 2, 5, 6, 9, 14, P1,
P143: 2. 참거짓 문제

4-1: 2, 4(1), 5, 8, 10(2), 11, P7
4-2: 1, 4, 6, 9, P4
4-3: 1, 3, 8, P2
4-5: 1, 5, 6, P2
P196: 2. 참거짓 문제

6-1: 2, 5, 7, 8, 11, 12, 14, 15, p2, P5
6-2: 2, 4, 6, 8, 10. 12, 14, p1, p3. p7.< 중간고사>
6-3: 1-1, 2-2, 4, 6, 8, 10, P3
6-4: 4, 5, 7, 8, 10, 11, 14, 16, 17, P5
p300: 2. 참거짓 문제

7-1: 2, 5, 10, 12, 14, 16, 19, P2
7-2: 1, 3, 5, P2

7-3: 2, 4, 8, P2

7-4: 1, 3, 4, 8, 9, 10, P3

7-5: 3, 4, 7, 9, 13, P4

7-7: 2, 4, 6, 8, 9, P1

7-9: 2, 3, 4, 5, 6, 19, 20, P2

8-1: 1, 4, 6, 7, 8, 9, P1

8-2: 3, 8, 10, 14, P4

8-3: 2, 4, 6, 8, 11-a, 13, P2

8-4: 2, 4, 5, 8, 10, 14, 15, P3

8-7: 2, 3, 7, P5

8-8: 3, 7, P4

9-1: 1, 4, 10, P1

9-2: 2, 6, 8, 11

샘플모의고사

http://matrix.skku.ac.kr/CLAMC/LA-Final-SampleExam.htm

2. 교재 외의 내용

이 교재 이외에도 다음과 같은 다양한 지원도구를 이용하여 강의를 진행할 수 있다.

(1) 교수용 CD

이 교재와 별도로, 강의계획서 및 PPT 강의자료와 함께 연습문제의 답안이나 강의시에 필요한 추가 내용이 제작되어 있다. 교수용 CD에 대하여는 경문사(kms2004@kyungmoon.com)에 문의하기 바란다.

(2) 학생용 CD-ROM

이 교재에 첨부되어 있는 CD-ROM에는 이 교재를 이용하여 강의할 경우, 학생에게 도움이 될만한 다양한 자료들을 2판에 맞추어 담았다.

- 강의계획서 : 4가지 형태의 강의계획서가 내장되어 있으므로, 강의계획을 구성하는데 도움이 될 것이다.
- 프로그램과 동영상 및 PPT 강의 : 학생들이 학습에 필요한 도구와 *표가 붙은 선택적 절의 강의록 및 주요 정리의 동영상 강의가 추가되었다.
- 기출 시험문제 : 이전에 나온 다양한 기출 시험문제는 학습이 진행되는 전체과정에 도움이 될 것이다.

(3) 홈페이지 : http://matrix.skku.ac.kr/CLAMC/

위의 홈페이지는 강의시에도 많은 도움이 될 것이다. 또한 게시판을 통하여 학생들 스스로 질문과 서로 답하는 수단으로도 이용할 수 있다. 그 외에 다양한 관련링크가 제공된다.

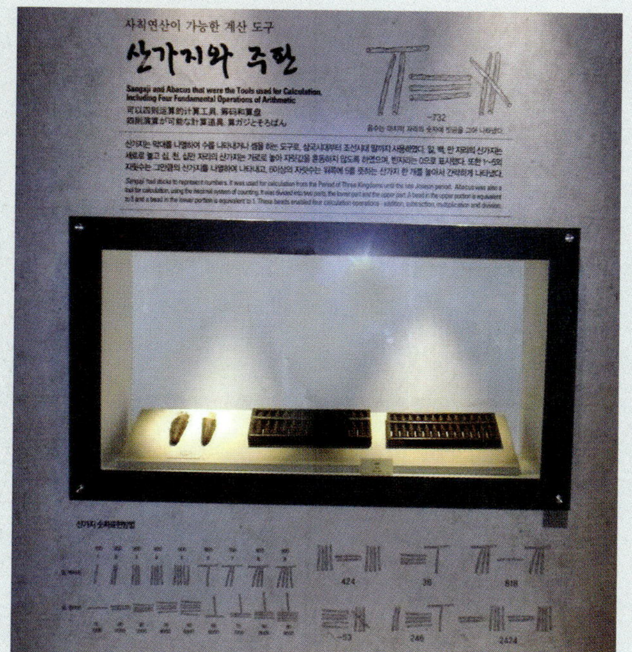

〈산가지와 주판〉

실.습.도.구.의..활.용.방.법.

저자는 오래전부터 선형대수학의 내용을 학습하고, 적은 크기의 행렬 계산을 과제로 한 후, 시험을 치룬 후, 5차 이상의 행렬의 계산을 위하여는 소프트웨어를 이용하여 지도하여왔다. 처음에는 상업용 프로그램을 이용하였으며, 국내에는 좋은 프로그램이 없어서 외국의 수학 프로그램을 이용하여 교육하였으나, 이론이 중심인 선형대수학 강좌에서 한 학기 동안 몇 번 쓰기 위하여 사용하기에는 가격이 너무 갑자기 올라가서, 직접 교육용 선형대수학 소프트웨어를 만들어 수업에 이용하여 왔다. 첫 작품이 미국의 에드워드(Edward) 교수가 만든 LINPRAC 프로그램을 이용하여 개선허가를 받아 90년대 초에 만든 도스용 한글선형대수학 실습프로그램 HLINPRAC이었다.

http://matrix.skku.ac.kr/sglee/mshm/hlinprac.html

이어서 90년대 중반에 윈도우용 선형대수학 교육용 프로그램 Mathrix를 화학과 학생과 직접 만들어서 한 동안 교육에 이용하였다.

http://matrix.skku.ac.kr/sglee/krf/linearalgebra/multi/mathrix/mathrix.htm

그러나 컴퓨터 사양이 올라가면서 이렇게 만든 프로그램이 작동이 안되는 경우가 있어서, 고민하던 중, 인터넷이 보편화되면서, 이런 프로그램을 웹에서 작동되게 자바로 만드는 것을 생각하고 90년대 말부터 대부분의 선형대수학 교육용 프로그램은 자바로 만들어서 현재 전국의 학생이 무료로 사용하고 있으며, 외국수학자들도 이용을 원하여 국제 선형대수학회(ILAS)의 교육위원회 위원으로 영문판 자바행렬계산기를 만들어 모두가 같이 이용하고 있다.

http://matrix.skku.ac.kr/newMatrixCal/Test.html

따라서 교육적으로 우리의 강좌는 어떤 특정 소프트웨어에 종속되어 있지 않다. 그럼에도 실제로 공학도나 사회과학전공 학생이 본 강좌 이수 후 실제의 크고 복잡한 문제를 해결하기 위해서는 스테이트 오브 아트(State of Art)의 상업용 프로그램의 장점을 충분히 이용하는 것이 필요하다. 그러나 각 프로그램은 장단점이 있으며, 이 강좌에서는 어떤 프로그램 하나만 이용하여도 교육 목표를 달성할 수 있다. 학생 주위에서 이용이 가능한 어떤 프로그램으로도 계산이 가능하도록 저자의 자바 행렬계산기외에 공인된 주요 수학프로그램 몇 개를 이용하여 행렬과 관련된 간단한 사용법을 보여주었다. 이를 통해 행렬 계산에서의 컴퓨터 소프트웨어의 활용 능력을 높이고 시각화를 통하여 수학적 상상력의 증진과 학생의 교과 내용의 수학적 이해를 높이는 데 도움을 주고자 하였다.

[JAVA Applet (자바 Applet)]

자바 애플렛(JAVA Applet)은 인터넷 익스플로러(Internet explorer, Microsoft사 개발)나 네트스케이프 네비게이터를 이용하여 실행하는 프로그램이다. 별도 프로그램의 설치는 필요없으며, 인터넷

이 되는 모든 컴퓨터에서 범용적으로 사용하면 된다
 이 교재에서는 애플렛(Applet)이 나올 경우 다음과 같은 방법으로 소개하고 있다.

URL : http://matrix.skku.ac.kr/GaussElimination2/Test.html

 이 경우 URL에 소개된 경로를 인터넷 익스플로러에 입력하면 된다.
 다음과 같은 화면을 확인할 수 있으면 사용할 수 있다. 만일 아래 화면이 보이지 않을 시에는 CD나 아래의 사이트에 가서 msjavax86.exe 파일을 다운받아서 사용하기 바란다.

http://matrix.skku.ac.kr/msjavx86.exe

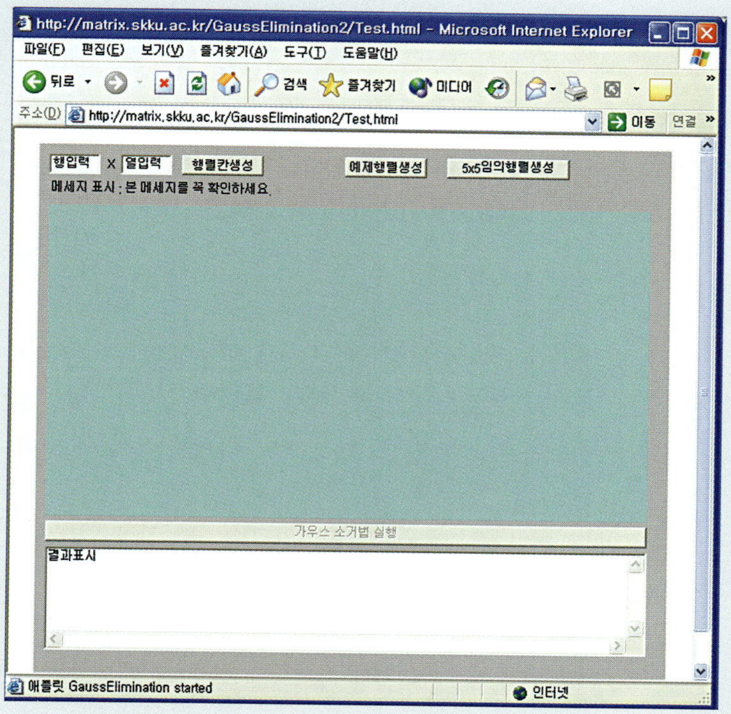

[MATHEMATICA (매스매티카)]

미국의 월프람 리서치(Wolfram Research)사가 개발한 수학계산용 프로그램이다. 매스매티카(MATHEMATICA)는 컴퓨터로 수학을 하기 위한 체계 혹은 수학과 그 응용을 위한 다목적 소프트웨어로써 수학에 관련된 문제나 분야이면 어디에나 사용이 가능하며 꼭 필요한 범용 소프트웨어라고 할 수 있다.

이 교재에선 명령어를 다음과 같은 형태로 소개하고 있다.

MatrixForm[m3]

$$\begin{pmatrix} 66.688 & 69.056 & 8.025 & 8.31 & 1 & -64.401 \\ 64.63 & 40.386 & 10.17 & 6.355 & 1 & -103.429 \\ 35.981 & 10.317 & 11.202 & 3.212 & 1 & -125.485 \\ 4.026 & 0.141 & 10.736 & 0.375 & 1 & -115.262 \\ -20.612 & 5.3139 & 9.092 & -2.267 & 1 & -82.664 \end{pmatrix}$$

명령어는 굵은 글씨 또는 빨간색 글씨로 되어 있으며 다음의 내용이 그 결과이다. 따라서 **굵은 글씨** 또는 빨간색 글씨를 그대로 입력한 후 Shift + Enter 키를 입력하면 바로 실행되도록 되어 있다. 자세한 사용방법은 아래의 웹페이지를 참고하라.

http://matrix.skku.ac.kr/sglee/algebra/atlast/usage/index.html

MATHEMATICA홈페이지 : http://www.wolfram.com /

[MATLAB]

행렬계산용 소프트웨어 매트랩(MATLAB)은 MATrix LABoratory의 약자로 미국의 매스웍스(MathWorks)사에 의해 C^{++}로 작성된 프로그램으로, 행렬 계산에 뛰어난 능력을 가지고 있으며, 많은 이론을 확인하고 시각화하는데 사용되고 있다. 아래의 사이트를 통해서 사용법을 알 수 있다.

http://www.mathworks.com

본문에서 명령어는 빨간색으로 표시된다. 예를 보면,

```
≫M1=[ 1134 ; 2334 ; 3544 ; 4745 ]
    M1 =
        1    1    3    4
        2    3    3    4
        3    5    4    4
        4    7    4    5
```

≫는 매트랩(MATLAB)이 주는 기본명령대기표시(Prompt)이다. 따라서 이를 뺀 빨간색 글씨부분을 입력한 뒤에 Enter↵ 키를 입력하면 바로 원하는 결과를 확인 할 수 있다.

자세한 한글 사용법은 아래 주소를 이용하기 바란다.

http://matrix.skku.ac.kr/sglee/algebra/atlastkp/index.html 또는

http://www.umassd.edu/SpecialPrograms/Atlast/welcome.html

[Maple]

메이플(Maple)이란 캐나다의 워터루(Waterloo)대학에서 개발한 일종의 수학 프로그램으로서 단순한 연산이 아닌, 사용자 함수의 정의가 가능하고 프로그래밍 언어의 개념을 차용하여 변수, 상수의 구별이 뚜렷하며 바로 결과를 직접 볼 수 있는 수학 프로그램이다. 공식 홈페이지는 다음과 같다.

http://www.maplesoft.com /

본문에서는 명령어는 빨간색으로 표시하였으므로, 빨간색으로 된 글씨만 입력하면 해당 결과를 확인해 볼 수 있다. 예를 들어,

```
>map(f[a, b, c]); ↵
      [f(a), f(b), f(c)]
```

↵ 는 Enter↵ 키를 의미한다. 그리고 >는 메이플(Maple)이 주는 기본명령대기표시(Prompt)이다. 따라서 명령어는 "map(f,[a,b,c]);"만 입력하면 되고, 결과는 파란색으로 나타난다. 만일 패키지가 필요할 경우도 있으므로, 에러를 만났을 경우, 선형태수학 패키지를 입력하면 된다. 그 명령은 다음과 같다.

```
>with(linalg); ↵
```

선형대수학과 관련된 자세한 사용법은 아래 주소를 이용하기 바란다.

http://www.umassd.edu/SpecialPrograms/Atlast/welcome.html

Contents 차 례

제10장 Jordan 표준형

부록 533

관련 홈페이지 http://matrix.skku.ac.kr/CLAMC/

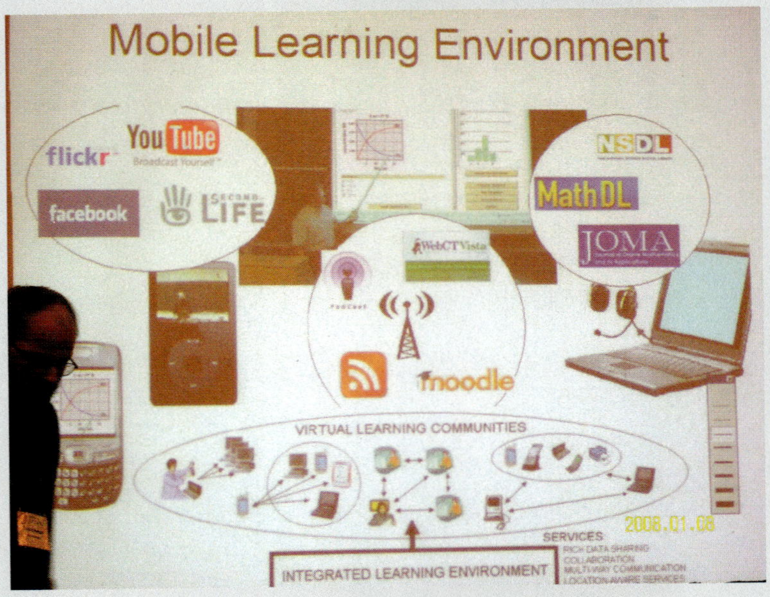

제 01 장

벡 터(Vector)

우리 주위에는 온도, 시간, 길이, 높이 등과 같이 수(number)를 가지고 완전히 나타낼 수 있는 "크기"만을 가지는 양이 있는가 하면 "크기"와 "방향"을 둘 다 가지는 양도 있다. 크기와 방향 모두를 가지는 양을 벡터(vector)라 한다. 벡터는 힘과 운동을 연구하거나, 네비게이션(Navigation)에서 이용된다. 고차원벡터는 유전학이나 경제학, 생태학 등 다양한 분야에서 볼 수 있다. 또한 중력과 공간 물질의 본질을 표현하기 위하여 상대성 이론에서도 이용된다. 우리는 3차원 공간에서 이러한 벡터들이 갖는 기본성질을 알아보고 R^n으로 확장한다.

우리 민족의 수학

우리 역사 속에서 수학은 창조적으로 발전해 왔으며 많은 성과를 이루어냈다. 또 조선 시대의 우수한 수학자 최석정과 홍정하, 황윤석, 홍대용, 남병철과 남병길, 이상혁(사진)에 이어 20세기에도 많은 우수한 수학자가 탄생하여 우리와 동시대를 살았고, 생존해 있다. 역사적으로 우리가 수학에서 한 역할과 이 책을 배워서 할 수 있는 일은 무엇인지 생각해 보자.

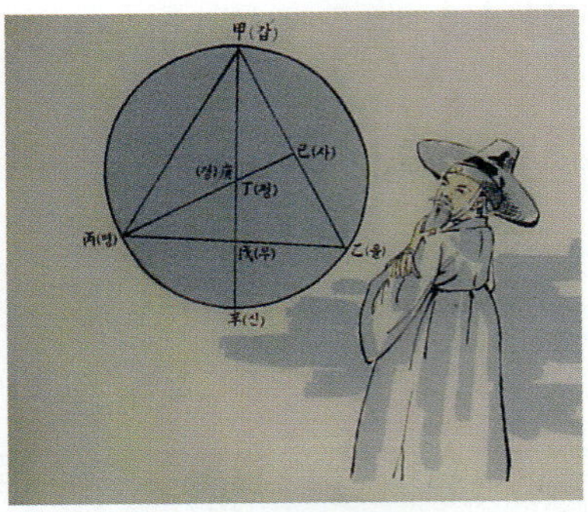

김부식의 삼국사기에는 신라의 교육제도로 682년에 신문왕이 세운 국학(후의 대학감)에는 한 사람의 산학박사와 조교가 배치되었고, 교수과목으로는 철술, 구장, 삼개, 육장 등을 가르쳤다고 기술되어 있는데, 이 중에서 삼개와 육장은 중국의 제도에는 없는 것이었다.

백제의 산학 또한 일본으로 건너가 일본의 산학제도에 영향을 미쳤는데, 특히 육장은 일본에서 천문과 역산을 맡는 관리의 교과서였다. 또한 **고구려**의 경우에는 373년인 소수림왕 3년에 중국의 제도를 본떠서 율령을 공포하여 계산술을 전문적으로 담당하는 기술관리를 둘 정도로 그 관심이 높았다. **통일신라**시대에는 산학을 담당하는 **산사**라는 관리가 있었다. 사실 당시에는 수학과 천문학이 구별이 안 될 때이지만, 이러한 수학적 관심은 통일신라시대의 유물에서 잘 나타난다. 그 중 잘 알려진 아름다운 건조물인 **불국사 다보탑**은 1:2:4:8의 등비급수를 이용하여 건조되었다. 또한 **불국사 석굴암**의 경우 피타고라스학파가 스스로 부정한 무리수임에도 자랑스럽게 그들의 상징으로 삼았던 **'황금비율'**을 이용해 건축된 것은 당시 통일신라의 수학적 능력을 쉽게 짐작할 수 있게 해준다.

즉, 고대로부터 발전되어온 우리의 선진 산학이 국력이 약해진 조선 후기 이후 새로운 연구를 서구의 산학에 내주었던 것이다. 과학 사료보관에 대한 무관심과 일제의 식민화정책에 따라 한 동안 우리 학문에 대한 자긍심과 많은 자료가 훼손되었지만 옛 건축물들을 보면 우리 민족이 수학을 얼마나 잘 응용해 왔는지 알 수 있다.

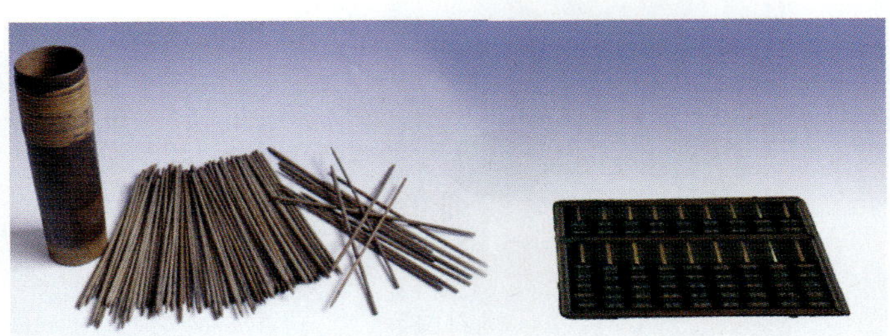

1.1 공학과 수학에서의 벡터

- 선형대수학은 "벡터와 행렬"이라는 두 개의 기본 대상을 다룬다. 벡터는 수학은 물론 과학, 공학에서 다양한 의미를 갖는다. 이 절에서는 물리학과 공학에서 사용되는 기하학적 개념(2차원, 3차원 벡터)에서 시작하여, 고차원 공간에서의 벡터로 확장하여, 궁극적으로 왜 행렬과 벡터가 깊은 관계를 갖는지에 대해 알아 본다. (동영상 강의 : 첨부 CD)

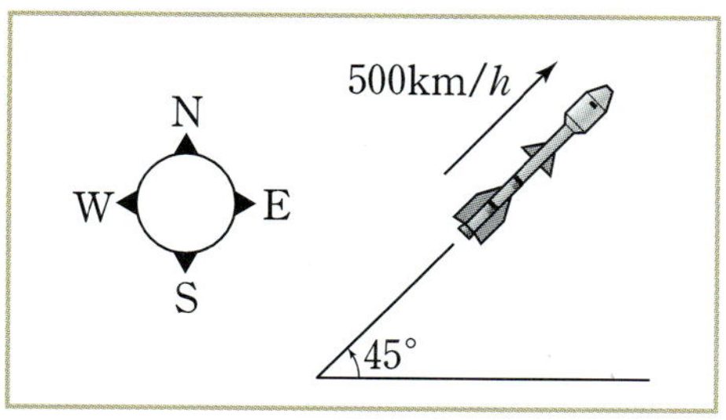

우리들이 일상 사용하는 물리적인 양 중에는 길이, 넓이, 질량, 온도와 같이 그 양의 크기만 주어지면 완전히 표시되는 스칼라(scalar)와 힘, 속도, 위치이동과 같이 크기뿐만 아니라 방향까지 지정하지 않으면 완전히 표현할 수 없는 벡터(vector)가 있다. 앞으로 특별한 언급이 없는 한 스칼라는 실수로 제한한다. 따라서 k가 스칼라이면 $k \in R$로 나타낸다. 또한, 2차원, 3차원 공간의 벡터는 공간도형에서 유향선분으로 표현할 수 있다. 이 때, 유향선분의 화살표에 의하여 그 벡터의 방향을 지정하고 그 길이에 의하여 크기를 나타낸다. 이 경우 유향선분의 출발점을 시작점(initial point, 시점)이라 하고 유향선분의 종점을 끝점(terminal point)이라고 한다.

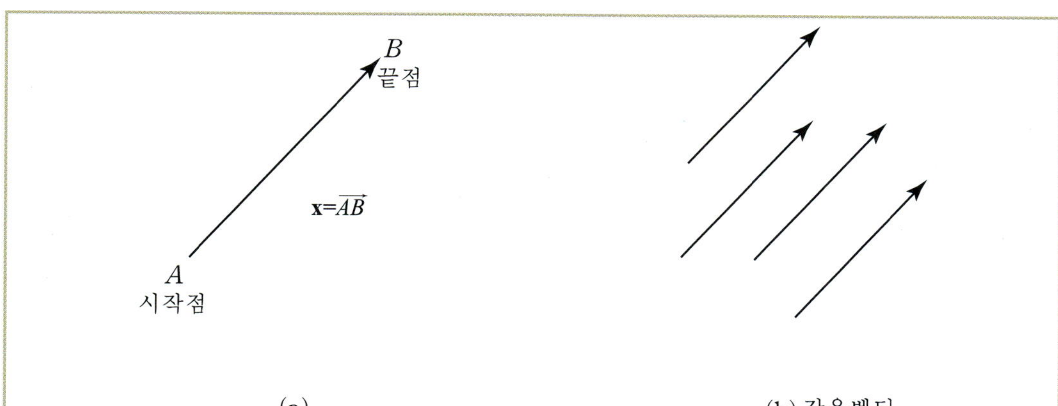

그림 1.1

그림 1.1(a)와 같이 x가 시작점이 A이고 끝점이 B인 벡터라 하면

$$\mathbf{x} = \overrightarrow{AB}$$

로 나타낸다. 벡터는 크기와 방향에 의하여만 정의 되므로 그림 1.1(b)와 같이 크기와 방향이 각각 같은 벡터는 시작점에 관계없이 모두 동일시한다. 즉, 한 벡터를 평행이동하여 얻은 벡터는 모두 같은 것으로 여긴다는 것이다. 시작점과 끝점이 같아서 크기가 0인 벡터를 영벡터라 한다. 이 교재에서는 벡터는

$$\mathbf{x},\ \mathbf{y},\ \mathbf{u},\ \mathbf{v},\ \mathbf{w},\ \mathbf{p},\ \cdots$$

와 같이 진한 영문소문자로 나타내고 스칼라는

$$a,\ b,\ c,\ k,\ l,\ h,\ \cdots$$

등과 같이 이탤릭체 소문자로 표시하도록 하겠다.

정의

두 벡터 $\mathbf{x}$, $\mathbf{y}$와 스칼라 k에 대하여 두 벡터의 합 $\mathbf{x}+\mathbf{y}$와 k에 의한 $\mathbf{x}$의 $k\mathbf{x}$를 다음과 같이 정의한다.

(i) $\mathbf{x}+\mathbf{y}$는 $\mathbf{x}$, $\mathbf{y}$에 의하여 결정되는 평행사변형의 대각선으로 표시되는 벡터이다(그림 1.2(a)).

(ii) $k\mathbf{x}$는 $k>0$이면 $\mathbf{x}$와 방향이 같으면서 길이는 k배 하여 얻어지는 벡터이고 $k<0$이면 $\mathbf{x}$와 방향이 반대이면서 길이는 $|k|$배 하여 얻어지는 벡터이다(그림 1.2(b)). 또한 k가 0이면 $k\mathbf{x}$는 길이가 0인 벡터이다.

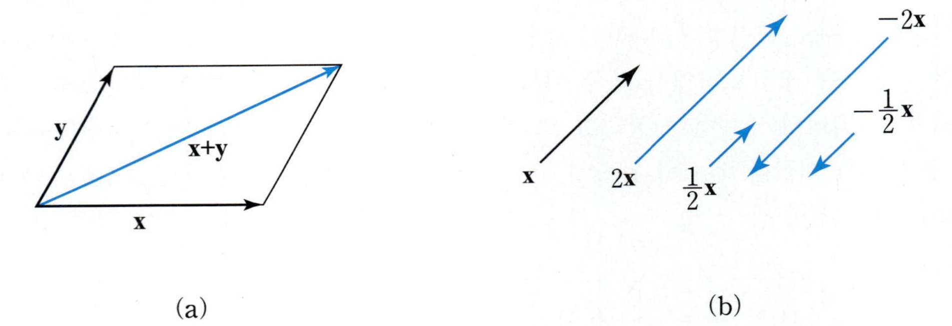

그림 1.2

시작점과 끝점을 갖는 화살표가 벡터를 기하학적으로 표현하는데 유용하지만, 다양한 벡터를 대수적으로 표현하면 많은 장점을 갖게 된다. 즉 3차원 공간의 벡터는 직교좌표계를 사용하여 쉽게 다룰 수 있다. 직교좌표계에서 좌표공간 R^3 는 모든 세 실수의 순서짝(ordered triple)$(x_1,\ x_2,\ x_3)$의 집합 즉,

$$R^3=\{(x_1,\ x_2,\ x_3)\,|\,x_1,\ x_2,\ x_3\in R\}$$

이다. 이제 $P(x_1,\ x_2,\ x_3)$, $Q(y_1,\ y_2,\ y_3)$를 잇는 공간상의 벡터 $\mathbf{x}=\overrightarrow{PQ}$ 를 평행이동하여 직교좌표계의 원점 $O(0,\ 0,\ 0)$를 시작점이 되게 하면 $\mathbf{x}$의 끝점은 $Q'(y_1-x_1,\ y_2-x_2,\ y_3-x_3)$라 하면 벡터 $\overrightarrow{OQ'}$는 $\overrightarrow{PQ}$와 동일시 할 수 있다(그림 1.3). 따라서 직교좌표계를 사용하여 공간상의 벡터를 논할 때는 직교좌표계의 원점을 시작점으로 놓고 벡터를 다루는 것이 편리하다.

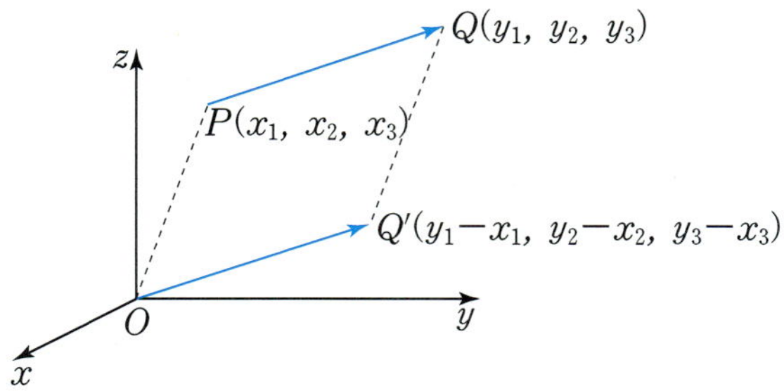

그림 1.3

직교좌표공간 R^3에서 원점을 시작점으로 갖는 모든 벡터는 끝점에 의해서 크기와 방향이 결정된다. 즉, R^3의 원점 O를 시작점으로 하고 다른 한점 P를 끝점으로 취할 때 (위치)벡터 $\overrightarrow{OP}$는 점 P의 위치에 의하여 결정되고, 역으로 벡터 $\overrightarrow{OP}$가 주어지면 점 P의 위치가 정해진다.

정의

세 실수들의 순서짝 (x_1, x_2, x_3)를 **공간벡터**(vector in space)라 하고

$$\mathbf{x}=(x_1, x_2, x_3) \text{ 또는, } \mathbf{x}=\begin{bmatrix} x_1 \\ x_2 \\ x_3 \end{bmatrix}$$

로 나타낸다. 이때 실수 x_1, x_2, x_3를 공간벡터의 $\mathbf{x}$의 **성분**(component)이라고 한다.

위 정의에서 혼동할 염려가 없을 때는 공간벡터를 간단히 벡터라 한다.

정의

R^3의 벡터

$$\mathbf{x}=\begin{bmatrix} x_1 \\ x_2 \\ x_3 \end{bmatrix}, \mathbf{y}=\begin{bmatrix} y_1 \\ y_2 \\ y_3 \end{bmatrix}$$

에 대하여 $x_1=y_1$, $x_2=y_2$, $x_3=y_3$이면 $\mathbf{x}=\mathbf{y}$라 한다.

때로는, R^3에서 시작점이 원점이 아닌 벡터를 다룰 때가 있다. 이때, 원점이 아닌 점 $P(x_1, x_2, x_3)$를 시작점으로 갖고 점 $Q(y_1, y_2, y_3)$를 끝점으로 갖는 유향 선분 $\overrightarrow{PQ}$를 y_1-x_1, y_2-x_2, y_3-x_3를 성분으로 갖는 벡터라 한다. 따라서 $\overrightarrow{PQ}$는 시작점이 원점 O이고 끝점이 $Q'(y_1-x_1, y_2-x_2, y_3-x_3)$인 벡터로 나타낼 수 있다(그림 1.3). 즉,

$$\overrightarrow{PQ} = \overrightarrow{OQ'} = (y_1-x_1, y_2-x_2, y_3-x_3)$$

예제 1 R^3의 점 $P_1(0, -4, 2)$, $P_2(-3, 1, 0)$, $Q(2, 3, 4)$, $Q_1(2, -1, 6)$, $Q_2(-1, 4, 4)$에 대하여 서로 다른 유향선분 $\overrightarrow{OQ}$, $\overrightarrow{P_1Q_1}$, $\overrightarrow{P_2Q_2}$ 는 모두 벡터 $(2, 3, 4)$를 나타내므로 같은 벡터이다.(그림 1.4) 즉 $\overrightarrow{P_1Q_1}$, $\overrightarrow{P_2Q_2}$ 는 $\overrightarrow{OQ}$ 를 평행이동시킨것으로 생각할 수 있다. □

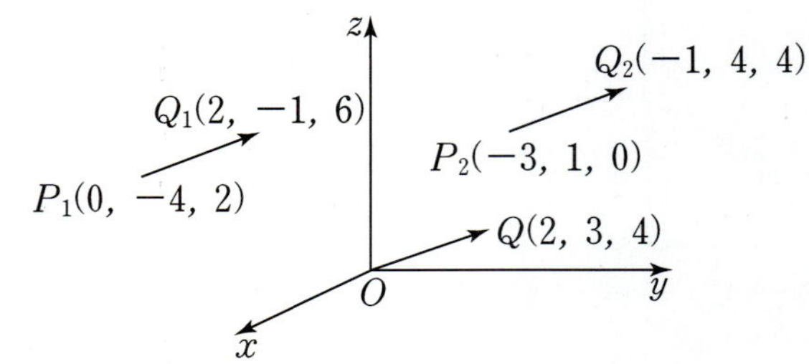

그림 1.4

좌표평면 R^2의 점 P는 두 실수의 순서쌍 (x_1, x_2)를 써서 표시할 수가 있다. 좌표공간 R^3의 점 P는 z축을 하나 더 추가함으로써 세 실수의 순서짝 (x_1, x_2, x_3)을 써서 표시 할 수 있다. 이와 같은 생각을 일반화하여 4개 실수의 순서짝(quadruple) (x_1, x_2, x_3, x_4)은 그림으로 나타낼 수는 없지만 R^4 공간의 점을 표시한다고 생각하는 것은 공간개념의 자연스러운 확장이라 하겠다. 여기서는 R^n을 정의하고 R^n의 벡터에 대하여 성립하는 기본 성질을 소개한 후 이 공간의 원소를 벡터(vector)라 할 것이다. 벡터에 대한 이와 같은 추상적인 개념은 수학에서 많이 활용되며 이러한 추상성이 현대수학의 특징이다.

읽을거리

크기와 방향을 동시에 표현하는 벡터를 표현하는 방법으로 화살표 $\overrightarrow{AB}$ 를 쓰는 아이디어는 오랫동안 이어지다가, 그리스 수학자 아리스토텔레스(**Aristotle**, 384 B.C.-322 B.C.)가 두 벡터의 합의 효과를 나타내는 평행사변형법칙에 이용가능하다는 것을 알았고, 갈릴레이(**Galileo Galilei**, 1564-1642)가 자신의 역학논문에 이 법칙을 구체적으로 서술하였다. 벡터의 기하학에서의 응용은 뫼비우스 띠로 유명한 독일수학자 뫼비우스(**August Möbius**, 1790-1868)가 1827년 책에서 소개했다. 순서쌍을 이용한 벡터의 표현방법은 스위스의 회계사이며 아마추어 수학자였던 아르강(**Jean Robert Argand**, 1768-1822)가 복소수 $a+bi$를 실수의 순서쌍 (a, b)로 쓰자고 제안했던 때인 1814년경에 구체화되기 시작했다. 그 후, 아일랜드의 수학자 해밀턴(**William Hamilton**)은 4차원 공간의 첫 번째 중요한 예인 4원수(Quaternion)에 대한 자신의 이론을 개발하여 1833년에 아일랜드 수학회에 소개하였다. 아래 우리가 소개할 n차원 공간의 개념은 독일의 수학자 그라스만(**Hermann Grassmann**)이 1844년 자신이 쓴 책에서 현대적인 방법으로 소개하였다.

http://mathworld.wolfram.com/ArgandDiagram.html

정의

n개의 실수의 순서짝(n-tuple) $(x_1, x_2, \cdots, x_n)$을 **n-차원벡터**(n-dimensional vector)라 하고

$$\mathbf{x}=(x_1, x_2, \cdots, x_n) \text{ 또는, } \mathbf{x}=\begin{bmatrix} x_1 \\ x_2 \\ \vdots \\ x_n \end{bmatrix}$$

으로 나타낸다. 이때 실수 $x_1, x_2, \cdots, x_n$을 $\mathbf{x}$의 성분이라 한다.

모든 n-차원벡터 전체의 집합을 n-차원공간 R^n으로 나타낸다. 즉,

$$R^n=\{(x_1, x_2, \cdots, x_n) \mid x_i \in R, i=1, 2, \cdots, n\}$$

혼동할 염려가 없을 때는 R^n의 원소를 간단히 벡터라 한다. 특히 $n=1$일 때, R^1은 실수 전체의 집합인 직선과 일치하므로 R^1을 간단히 R로 나타낸다. R^2는 기하학적으로 평면과 일치하고, R^3는 우리 주위의 공간으로 생각할 수 있다. 그리고 R^4, R^5, $\cdots$ 등은 고차원 공간이라 한다.

정의

[벡터의 상등]

R^n 의 벡터

$$\mathbf{x}=\begin{bmatrix} x_1 \\ x_2 \\ \vdots \\ x_n \end{bmatrix}, \mathbf{y}=\begin{bmatrix} y_1 \\ y_2 \\ \vdots \\ y_n \end{bmatrix}$$

에 대하여 $x_i=y_i(i=1, 2, \cdots, n)$이면 $\mathbf{x}=\mathbf{y}$라고 한다.

R^n의 벡터에 대해서도 벡터의 합과 스칼라배를 R^3의 벡터의 경우와 마찬가지로 아래와 같이 정의한다.

정의

[벡터의 합과 스칼라배]

R^n의 벡터

$$\mathbf{x}=\begin{bmatrix} x_1 \\ x_2 \\ \vdots \\ x_n \end{bmatrix}, \mathbf{y}=\begin{bmatrix} y_1 \\ y_2 \\ \vdots \\ y_n \end{bmatrix}$$

와 스칼라 k에 대하여, 두 벡터의 합 $\mathbf{x}+\mathbf{y}$와 k에 의한 $\mathbf{x}$의 스칼라배 $k\mathbf{x}$를 각각 다음과 같이 정의한다.

$$\text{(i) } \mathbf{x}+\mathbf{y}=\begin{bmatrix} x_1+y_1 \\ x_2+y_2 \\ \vdots \\ x_n+y_n \end{bmatrix} \qquad \text{(ii) } k\mathbf{x}=\begin{bmatrix} kx_1 \\ kx_2 \\ \vdots \\ kx_n \end{bmatrix}$$

R^n에서 모든 성분이 0인 벡터를 영벡터 또는 원점이라 하고 $\mathbf{0}$으로 나타낸다. 그러면 임의의 벡터 $\mathbf{x}\in R$에 대하여

$$\mathbf{x}+\mathbf{0}=\mathbf{x},\ \mathbf{x}+(-1)\mathbf{x}=\mathbf{0}$$

이 성립함을 쉽게 알 수 있다. 여기서 $(-1)\mathbf{x}=-\mathbf{x}$로 정의하며 $-\mathbf{x}$를 $\mathbf{x}$의 음벡터라 한다.

예제 2 R^4의 벡터

$$\mathbf{x}=\begin{bmatrix}1\\2\\-3\\4\end{bmatrix},\quad \mathbf{y}=\begin{bmatrix}-2\\4\\1\\0\end{bmatrix}$$

에 대하여 다음이 성립함을 쉽게 알 수 있다.

$$\mathbf{x}+\mathbf{y}=\begin{bmatrix}1+(-2)\\2+4\\-3+1\\4+0\end{bmatrix}=\begin{bmatrix}-1\\6\\-2\\4\end{bmatrix},\quad (-2)\mathbf{x}=(-2)\begin{bmatrix}1\\2\\-3\\4\end{bmatrix}=\begin{bmatrix}-2\\-4\\6\\-8\end{bmatrix}$$

$$\mathbf{x}-\mathbf{y}=\begin{bmatrix}1-(-2)\\2-4\\-3-1\\4-0\end{bmatrix}=\begin{bmatrix}3\\-2\\-4\\4\end{bmatrix}$$

□

벡터의 합과 스칼라배의 정의와 실수의 성질로부터 다음의 기본성질이 성립함을 쉽게 알 수 있다.

정리 1.1.1

R^n의 벡터 $\mathbf{x}$, $\mathbf{y}$, $\mathbf{z}$와 스칼라 h, k에 대하여 다음이 성립한다.

(1) $\mathbf{x}+\mathbf{y}=\mathbf{y}+\mathbf{x}$

(2) $(\mathbf{x}+\mathbf{y})+\mathbf{z}=\mathbf{x}+(\mathbf{y}+\mathbf{z})$

(3) $\mathbf{x}+\mathbf{0}=\mathbf{x}=\mathbf{0}+\mathbf{x}$

(4) $\mathbf{x}+(-\mathbf{x})=\mathbf{0}=(-\mathbf{x})+\mathbf{x}$

(5) $k(\mathbf{x}+\mathbf{y})=k\mathbf{x}+k\mathbf{y}$

(6) $(h+k)\mathbf{x}=h\mathbf{x}+k\mathbf{x}$

(7) $(hk)\mathbf{x}=h(k\mathbf{x})$

(8) $1\mathbf{x}=\mathbf{x}$

증명 여기서는 (6) 만을 증명하고 나머지는 연습으로 남긴다.

$$\mathbf{x}=\begin{bmatrix}x_1\\x_2\\\vdots\\x_n\end{bmatrix}$$

이라 하면 벡터의 합과 스칼라배의 정의에 의해 다음이 성립한다.

$$(h+k)\mathbf{x}=(h+k)\begin{bmatrix}x_1\\x_2\\\vdots\\x_n\end{bmatrix}=\begin{bmatrix}(h+k)x_1\\(h+k)x_2\\\vdots\\(h+k)x_n\end{bmatrix}=\begin{bmatrix}hx_1+kx_1\\hx_2+kx_2\\\vdots\\hx_n+kx_n\end{bmatrix}$$

$$=\begin{bmatrix}hx_1\\hx_2\\\vdots\\hx_n\end{bmatrix}+\begin{bmatrix}kx_1\\kx_2\\\vdots\\kx_n\end{bmatrix}=h\begin{bmatrix}x_1\\x_2\\\vdots\\x_n\end{bmatrix}+k\begin{bmatrix}x_1\\x_2\\\vdots\\x_n\end{bmatrix}=h\mathbf{x}+k\mathbf{x}$$ ■

정리 1.1.2

R^n의 벡터 $\mathbf{x}$와 스칼라 k에 대하여 다음이 성립한다.

(1) $0\mathbf{x}=\mathbf{0}$

(2) $k\mathbf{0}=\mathbf{0}$

(3) $(-1)\mathbf{x}=-\mathbf{x}$

증명 (1) $\mathbf{x}=\begin{bmatrix}x_1\\\vdots\\x_n\end{bmatrix}$이라 하자. $0\mathbf{x}=\begin{bmatrix}0x_1\\\vdots\\0x_n\end{bmatrix}=\begin{bmatrix}0\\\vdots\\0\end{bmatrix}=\mathbf{0}$

(2) $k\mathbf{0}=\begin{bmatrix}k0\\\vdots\\k0\end{bmatrix}=\begin{bmatrix}0\\\vdots\\0\end{bmatrix}=\mathbf{0}$

(3) $\mathbf{x}=\begin{bmatrix}x_1\\\vdots\\x_n\end{bmatrix}$이라 하자. $(-1)\mathbf{x}=\begin{bmatrix}(-1)x_1\\\vdots\\(-1)x_n\end{bmatrix}=\begin{bmatrix}-x_1\\\vdots\\-x_n\end{bmatrix}=-\mathbf{x}$ ■

정의

[일차결합]

$\mathbf{v}_1, \mathbf{v}_2, \cdots, \mathbf{v}_k$가 R^n의 벡터이고, 계수 $c_1, \cdots, c_k$가 실수일 때,

$$\mathbf{x}=c_1\mathbf{v}_1+c_2\mathbf{v}_2+\cdots+c_k\mathbf{v}_k$$

인 형태의 벡터 $\mathbf{x}$를 $\mathbf{v}_1, \mathbf{v}_2, \cdots, \mathbf{v}_k$의 **일차결합**(a linear combination)이라 한다.

예제 3 **[일차결합의 예]** 컴퓨터 모니터의 색은 RGB 색상 모델이라 불리우는 시스템을 이용한다. 이는 빨간색(R), 초록색(G), 파란색(B)을 몇 %씩 합성하여 색을 만들어 내느냐에 달려있다. 방법은 다음과 같다.

$$\mathbf{r}=(1, 0, 0), \mathbf{g}=(0, 1, 0), \mathbf{b}=(0, 0, 1)$$

을 각각 순수한 레드(red), 그린(green), 블루(blue) 색이라 하자. 0과 1 사이의 계수를 이용한 $\mathbf{r}$, $\mathbf{g}$, $\mathbf{b}$의 일차결합의 집합을 RGB 공간(또는 RGB cube)이라 한다. 그러면 어떤 색도 이 RGB 공간 안에 있다고 할 수 있다. 이 공간 안의 어떤 색 $\mathbf{c}$도 아래와 같은 일차결합으로 표시

된다. 즉, 어떤 $0 \le c_i \le 1$에 대하여

$$\begin{aligned}\mathbf{c} &= c_1\mathbf{r} + c_2\mathbf{g} + c_3\mathbf{b} \\ &= c_1(1,\ 0,\ 0) + c_2(0,\ 1,\ 0) + c_3(0,\ 0,\ 1)\end{aligned}$$

이다. □

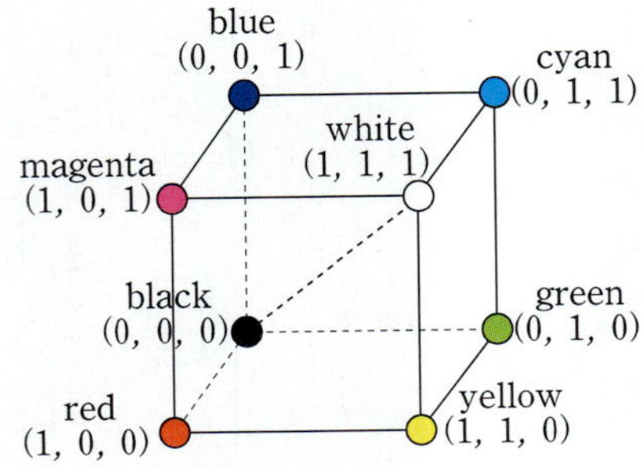

| 그림 1.5 |

참고 크기와 방향이 각각 같은 벡터는 벡터로서는 같은 벡터이다. 그러나 한 예로 원점을 지나는 하나의 직선과 같은 방향의 직선이면서 원점이 아닌 다른 점으로 평행 이동한 직선은 "직선의 의미에서는 서로 다른 두 개의 방정식이다".

이임학 (李林學, 1922 ~ 2005.1.9)

이임학 교수는 어느 날 남대문 근처를 지나다가 미군이 버린 고서 더미에서 미국수학회보 〈Bulletin of the American Mathematical Society〉를 발견하였는데 이 수학저널에서 Max A. Zorn이라는 유명한 수학자가 미해결로 제시한 문제를 연구한 후 답을 발견해 Zorn에게 편지를 하였다. 그러자 Zorn은 그 편지를 근거로 논문을 작성하여 저자를 이임학이라는 이름으로 1949년 미국수학회보에 발표하였다. 이것이 한국인 과학자가 외국 수학계에 현대 수학 논문을 발표한 시초로 기록되고 있다. 이후 그는 미국수학학회지에 2편의 논문을 발표했는데, 그 후 캐나다 UBC에 유학, 당시까지 알려진바 없던 새로운 종류의 단순군(單純群)을 발견하여 수학계에 보고함으로써 세계적으로 알려지게 되었다. 1970년대 수학 확률론에서 최고의 학자였던 'Chung Kai Lai (鐘開來)' 라는 중국계 학자(Stanford 대학 수학교수)가 밴쿠버에서 있었던 수학회에 참석했을 때 모든 일정을 단축하고 이임학 박사를 만나기 위해 노력했다고 한다.

그의 리군(Ree Group)에 대한 연구는 관련 논문이 1984~1994년까지 90여 편이 나올 만큼 세계 수학사에 중요한 연구 업적으로 남아있다. 그의 리군(Ree Group)론은 일본의 저명한 '이와나미' 수학사전에, 그리고 미국 MIT 출판사에서 간행된 수학 백과사전에도 실려 있을 만큼 그가 발견한 리군(Ree Group)에 대한 이론은 대내외적으로 학문적으로 높은 평가를 받고 있음을 알 수 있다. 가장 권위있는 수학자들의 역사서라고 할 수 있는 J. Dieudonne의 저서인 A Panorama of Pure Mathematics에서 소개한 군론분야의 위대한 수학자 21인에 한국인으로는 최초로 이임학이라는 이름이 들어가 있다. 특히 어느 수학사전이든지 이임학의 리군(Ree Group)이론은 이임학의 성을 딴 리군(Ree Group)으로 나와 있으며 이 업적으로 캐나다 학술원 회원으로 선정되었다. 그는 2005년 1월 9일 운명하였다.

http://matrix.skku.ac.kr/E-Asia/bodys/body3_13.htm
http://www.coreamedia.com/cancouver/v2/article_01.aspzid=haninsa&no=3

연습문제 1-1

|1-4| 다음에서 R^3의 벡터 $\mathbf{x}$를 그려라.

1. $\mathbf{x}=(2, 3, 3)$

2. $\mathbf{x}=2(1, 0, 0)-5(0, 1, 0)+3(0, 0, 1)$

3. $\mathbf{x}=\begin{bmatrix} 4 \\ 2 \\ -3 \end{bmatrix}$

4. $\mathbf{x}=\begin{bmatrix} 1 \\ -1 \\ 4 \end{bmatrix}$

|5-6| 다음의 주어진 두 점 P_1과 P_2에 의해 정의되는 벡터 $\overrightarrow{P_1P_2}$를 구하여라.

5. $P_1=(3, 5)$, $P_2=(2, 8)$

6. $P_1=(5, -2, 1)$, $P_2=(2, 4, 2)$

|7-8| 다음의 두 질문에 답하여라.

7. 시작점이 $A(1, 1)$인 벡터 $\mathbf{x}=(1, 2)$의 끝점은?

8. 끝점이 $B(-1, -1, 2)$인 벡터 $\mathbf{x}=(1, 1, 3)$의 시작점은?

|9-12| 벡터 $\mathbf{u}$, $\mathbf{v}$, $\mathbf{w}$를 다음과 같이 정의했을때 다음의 벡터를 구하고 질문에 답하여라.

$$\mathbf{u}=(-3, 1, 2, 4, 4),\ \mathbf{v}=(4, 0, -8, 1, 2),\ \mathbf{w}=(6, -1, -4, 3, -5)$$

9. $6\mathbf{u}-2\mathbf{v}$

10. $(2\mathbf{u}-7\mathbf{w})-(8\mathbf{v}+\mathbf{u})$

11. 위와 같이 $\mathbf{u}$, $\mathbf{v}$, $\mathbf{w}$가 주어졌을 때 다음 식을 만족하는 벡터 $\mathbf{x}$를 구하여라.

$$2\mathbf{u}-\mathbf{v}+\mathbf{x}=7\mathbf{x}+\mathbf{w}$$

12. $a\mathbf{u}+b\mathbf{v}=(6, 2, -20, 11, 14)$를 만족하는 a, b를 결정하여라.

|13-14| 다음 중 R^6 상에서 주어진 벡터와 평행한 벡터를 고르고 그 이유를 설명하여라.

① $(4, 2, 0, 6, 10, 2)$

② $(4, -2, 0, -6, -10, -2)$

③ $(0, 0, 0, 0, 0, 0)$

13. $\mathbf{u}=(-2, 1, 0, 3, 5, 1)$

14. $\mathbf{v}=(2, 1, 0, 3, 5, 1)$

토론과 발견

P1-P2 다음 두 벡터가 같은 벡터인지 판정하여라.

P1. 시작점이 (5, 3), 끝점이 (6, 2)인 벡터와 시작점이 (1, −2), 끝점이 (1, 1)인 벡터

P2. 시작점이 (2, 1, 1), 끝점이 (3, 0, 4)인 벡터와 시작점이 (5, 1, 4), 끝점이 (6, 0, 7)인 벡터

P3 다음과 같은 두 개의 벡터를 생각하자.

$$\overrightarrow{(a_1,\ a_2)(b_1,\ b_2)},\quad \overrightarrow{(c_1,\ c_2)(d_1,\ d_2)}$$

이 경우 이 두 개의 벡터가 같은 길이와 같은 기울기를 가진다고 하면 아래의 식이 성립하는지 증명하여라.

$$b_1-a_1=d_1-c_1,\ b_2-a_2=d_2-c_2$$

또한, 역의 경우도 성립하는지 확인하여라.

P4 〔토론〕 R^1 은 실수 전체의 집합과 일치한다. 그렇다면 R^0 은 어떻게 정의해야 하겠는가?

P5 **정리 1.1.2** 의 (1)을 성분으로 이용하지 말고 **정리 1.1.1** 의 성질만을 이용하여 증명하여라.

P6 선형대수학의 과거와 현재에 대하여 부록이나 아래 웹사이트

http://matrix.skku.ac.kr/sglee/krf/linearalebra/multi/find.html

를 참고하여 내용을 읽고 A4용지 2장에 걸쳐 본인의 소개와 수강동기를 제출하여라.

P7 〔토론〕 크기와 방향이 각각 같은 벡터는 벡터로서는 같은 벡터이다. 그러나 공간에서 기울기가 같은 두 개의 다른 직선은 방정식으로서는 어떤 관계인지 토론해 보아라.

그림 1.6

1.2 내적과 직교

- 이 절에서는 R^n 에서의 벡터에 대한 크기, 거리, 사이각 및 평행성과 직교성에 대해 생각한다.

동영상강의 : http://matrix.skku.ac.kr/WebLA/avisec1-2.htm

정의

R^n의 벡터 $\mathbf{x}=(x_1,\ x_2,\ \cdots,\ x_n)$에 대하여

$$\|\mathbf{x}\|=\sqrt{x_1^2+x_2^2+\cdots+x_n^2}$$

을 $\mathbf{x}$의 **노름**(norm ; 크기, 노음, length, magnitude)이라 한다.

위의 정의에서 $\|\mathbf{x}\|$는 원점에서 점 $P(x_1,\ x_2,\ \cdots,\ x_n)$에 이르는 거리로 정의됨을 의미한다. 따라서 R^n 의 두 벡터

$$\mathbf{x}=(x_1,\ x_2,\ \cdots,\ x_n),\qquad \mathbf{y}=(y_1,\ y_2,\ \cdots,\ y_n)$$

에 대하여 $\|\mathbf{x}-\mathbf{y}\|$는 두 점 $P(x_1,\ x_2,\ \cdots,\ x_n)$와 $Q(y_1,\ y_2,\ \cdots,\ y_n)$ 사이의 거리로 정의한다. 즉,

$$\|\mathbf{x}-\mathbf{y}\|=\sqrt{(x_1-y_1)^2+(x_2-y_2)^2+\cdots+(x_n-y_n)^2}$$

예제 1 R^4의 벡터 $\mathbf{x}=(1,\ -2,\ 4,\ 1)$, $\mathbf{y}=(3,\ 1,\ -5,\ 0)$에 대하여 다음이 성립한다.

$$\|\mathbf{x}\|=\sqrt{1^2+(-2)^2+4^2+1^2}=\sqrt{22}$$
$$\|\mathbf{y}\|=\sqrt{3^2+1^2+(-5)^2+0^2}=\sqrt{35}$$
$$\|\mathbf{x}+\mathbf{y}\|=\sqrt{(1+3)^2+(-2+1)^2+(4-5)^2+(1+0)^2}=\sqrt{19}$$
$$\|\mathbf{x}-\mathbf{y}\|=\sqrt{(1-3)^2+(-2-1)^2+(4-(-5)^2+(1-0)^2}=\sqrt{95}$$

□

정의

R^n의 벡터 $\mathbf{x}=(x_1,\ x_2,\ \cdots,\ x_n)$, $\mathbf{y}=(y_1,\ y_2,\ \cdots,\ y_n)$에 대하여 실수

$$x_1y_1+x_2y_2+\cdots+x_ny_n$$

을 $\mathbf{x}$와 $\mathbf{y}$의 내적(Euclidean inner product, dot product, 스칼라곱)이라 하고 $\mathbf{x}\cdot\mathbf{y}$로 나타낸다. 즉,

$$\mathbf{x}\cdot\mathbf{y}=x_1y_1+x_2y_2+\cdots+x_ny_n$$

내적의 정의로부터 R^n 의 벡터 $\mathbf{x}$에 대하여 다음을 얻는다.

$$\mathbf{x}\cdot\mathbf{x}=\|\mathbf{x}\|^2$$

여기서 잠깐!

Josiah Willard Gibbs (1839 ~ 1903)

미국의 물리학자이자 수학자인 Gibbs는 1880년대 예일 대학에서 학생들에게 나눠준 팜플렛에 처음으로 **dot product(내적)**라는 기호를 소개하였다. 그러나 그 곱(product)은 중간에 점을 찍는 요즘과는 달리 밑줄을 그어서 direct product로 불렀다. 그 후 1901년 Gibbs는 제자와 함께 출판한 Vector Analysis라는 책에 그 내용을 포함시켰다. Gibbs는 Grassmann의 아이디어를 이용하여 Hamilton의 방법보다 훨씬 쉽게 물리학에 적용되는 시스템을 개발하여 열역학과 전자기학 영역 연구에 큰 기여를 하였다. 이런 업적 때문에 그는 19세기 가장 뛰어난 미국의 물리학자로 여겨진다. http://www-groups.dcs.st-and.ac.uk/~history/Mathematicians/Gibbs.html

예제 2 예제 1 의 벡터 $\mathbf{x}$, $\mathbf{y}$에 대하여 $\mathbf{x}\cdot\mathbf{y}$를 구하여라.

풀이 $\mathbf{x}\cdot\mathbf{y}=1\cdot3+(-2)\cdot1+4\cdot(-5)+1\cdot0=-19$ □

이제 위에서 정의한 내적의 기본성질을 알아보자.

정리 1.2.1

R^n의 벡터 $\mathbf{x}$, $\mathbf{y}$, $\mathbf{z}$와 스칼라 k에 대하여 다음이 성립한다.

(1) $\mathbf{x}\cdot\mathbf{x}\geq0$, $\mathbf{x}\cdot\mathbf{x}=0 \Leftrightarrow \mathbf{x}=\mathbf{0}$

(2) $\mathbf{x}\cdot\mathbf{y}=\mathbf{y}\cdot\mathbf{x}$ (가환)

(3) $(\mathbf{x}+\mathbf{y})\cdot\mathbf{z}=\mathbf{x}\cdot\mathbf{z}+\mathbf{y}\cdot\mathbf{z}$ (분배법칙)

(4) $(k\mathbf{x})\cdot\mathbf{y}=\mathbf{x}\cdot(k\mathbf{y})=k(\mathbf{x}\cdot\mathbf{y})$ (결합법칙)

증명 (1), (2), (3)은 연습으로 남기고 (4)만을 증명한다.

R^n의 벡터 $\mathbf{x}=(x_1, x_2, \cdots, x_n)$, $\mathbf{y}=(y_1, y_2, \cdots, y_n)$에 대하여

$(k\mathbf{x})\cdot\mathbf{y}=(kx_1)y_1+(kx_2)y_2+\cdots+(kx_n)y_n$

$\mathbf{x}\cdot(k\mathbf{y})=x_1(ky_1)+x_2(ky_2)+\cdots+x_n(ky_n)$

$k(\mathbf{x}\cdot\mathbf{y})=k(x_1y_1)+k(x_2y_2)+\cdots+k(x_ny_n)$

이고 $(kx_i)y_i=x_i(ky_i)=k(x_iy_i)$ $(1\leq i\leq n)$이므로 실수의 성질로부터 (4)가 성립한다. ■

읽을거리

〈코시〉

코시-슈바르츠〈Cauchy-Schwartz〉부등식은 프랑스의 수학자 코시(Augustin Cauchy)와 독일의 수학자 슈바르츠(Hermann Schwartz)를 기념하여 이름 붙여진 것이다. 이 부등식은 쓰이는 상황에 따라 코시부등식 또는 슈바르츠 부등식 심지어는 Bunyakovsky부등식이라고도 불린다.

Bunyakovsky는 러시아 수학자로서 슈바르츠(Schwartz)보다 25년 앞선 1859년에 이 부등식에 대한 그의 생각을 책으로 출판한 것으로 알려져 있다.

http://www.scienceoxygen.com/mathnote/vector208.html

정리 1.2.2

[코시-슈바르츠(Cauchy-Schwartz) 부등식]
R^n의 임의의 벡터에 대하여 다음 부등식이 성립한다.

$$|\mathbf{x}\cdot\mathbf{y}| \leq \|\mathbf{x}\|\,\|\mathbf{y}\|$$

단, 등호는 $\mathbf{x}$, $\mathbf{y}$중 하나가 다른 것의 실수배일 때만 성립한다.

일반적인 증명은 1.3절에 정사영(projection)과 9장에서 내적을 좀 더 다룬 후에 뒤의 9.2절의 내적공간에서 하도록 하겠다.(490쪽)

코시-슈바르츠 부등식으로부터 R^n의 $\mathbf{0}$아닌 벡터 $\mathbf{x}$, $\mathbf{y}$에 대하여

$$-1 \leq \frac{\mathbf{x}\cdot\mathbf{y}}{\|\mathbf{x}\|\,\|\mathbf{y}\|} \leq 1$$

이므로

$$\cos\theta = \frac{\mathbf{x}\cdot\mathbf{y}}{\|\mathbf{x}\|\,\|\mathbf{y}\|},\ 0 \leq \theta \leq \pi$$

을 만족하는 실수 θ가 단 하나 존재한다.

정의

R^n의 벡터 $\mathbf{x}$, $\mathbf{y}$에 대하여

$$\mathbf{x}\cdot\mathbf{y} = \|\mathbf{x}\|\,\|\mathbf{y}\|\cos\theta,\ 0 \leq \theta \leq \pi$$

인 θ를 $\mathbf{x}$와 $\mathbf{y}$가 이루는 각(angle, 사이각)이라 한다.

특히, 두 개의 $\mathbf{0}$ 아닌 벡터 $\mathbf{x}$, $\mathbf{y}$에 대하여 $\mathbf{x}\cdot\mathbf{y}=0$일 때 $\mathbf{x}$와 $\mathbf{y}$는 서로 직교한다고 하고, 적당한 실수 k에 대하여 $\mathbf{x}=k\mathbf{y}$인 경우에 $\mathbf{x}$는 $\mathbf{y}$와 평행하다고 한다.

이제까지 얻은 결과를 이용하면 R^n에서도 평면 유클리드 기하학에서 본 길이와 각을 일반적으로 정의할 수 있다. 이러한 의미에서 R^n을 n-차원 유클리드공간(n−dimensional Euclidean space)이라고 한다.

정의

R^n의 벡터 $\mathbf{x}$에 대하여 그 **노름**(norm)이 1인 벡터, 즉,

$$\|\mathbf{x}\| = 1$$

인 벡터를 **단위벡터**(unit vector)라 한다. 또한, R^n의 부분집합 $S=\{\mathbf{x}, \mathbf{y}\}$의 두 벡터 $\mathbf{x}$, $\mathbf{y}$가 서로 직교한다면, 이 벡터들은 **직교벡터**(orthogonal vectors)라고 하고, $\mathbf{x}$, $\mathbf{y}$가 서로 직교벡터이면서 각각 단위벡터이면 S를 **정규직교벡터**(orthonormal vectors)집합이라고 한다.

예제 3 R^4의 벡터

$$\mathbf{x}=(1,\ 0,\ -1,\ 0),\ \mathbf{y}=(1,\ 0,\ 0,\ 1),$$
$$\mathbf{z}=(0,\ 3,\ 0,\ 2),\quad \mathbf{w}=(2,\ 0,\ -2,\ 0)$$

에 대하여

$$\|\mathbf{x}\| = \sqrt{2},\quad \|\mathbf{y}\| = \sqrt{2},\quad \mathbf{x}\cdot\mathbf{y} = 1$$

이므로 $\mathbf{x}$와 $\mathbf{y}$ 사이의 각을 θ라 하면

$$\cos\theta=\frac{1}{2} \quad \text{즉, } \theta=\frac{\pi}{3}$$

이다. 또한

$$\mathbf{x}\cdot\mathbf{z}=0, \ \mathbf{x}=\frac{1}{2}\mathbf{w}$$

이므로 $\mathbf{x}$와 $\mathbf{z}$는 서로 직교하고, $\mathbf{x}$와 $\mathbf{w}$는 평행하다. □

정리 1.2.3

[벡터에 대한 삼각부등식]

R^n의 벡터 $\mathbf{x}$, $\mathbf{y}$에 대하여 다음 부등식이 성립한다.

$$\|\mathbf{x}+\mathbf{y}\| \le \|\mathbf{x}\|+\|\mathbf{y}\| \tag{1}$$

단, 등호는 $\mathbf{x}$, $\mathbf{y}$ 중 하나가 다른 것의 $k\ge0$ 배일 때만 성립한다.

증명 $\mathbf{x}\cdot\mathbf{y}\le|\mathbf{x}\cdot\mathbf{y}|$와 코시-슈바르츠 부등식을 이용하면

$$\begin{aligned}\|\mathbf{x}+\mathbf{y}\|^2 &=(\mathbf{x}+\mathbf{y})\cdot(\mathbf{x}+\mathbf{y})\\ &=\mathbf{x}\cdot\mathbf{x}+2(\mathbf{x}\cdot\mathbf{y})+\mathbf{y}\cdot\mathbf{y}\\ &\le\mathbf{x}\cdot\mathbf{x}+2|\mathbf{x}\cdot\mathbf{y}|+\mathbf{y}\cdot\mathbf{y}\\ &\le\|\mathbf{x}\|^2+2\|\mathbf{x}\|\|\mathbf{y}\|+\|\mathbf{y}\|^2\\ &=(\|\mathbf{x}\|+\|\mathbf{y}\|)^2\end{aligned}$$

이므로 식 (1)이 성립한다.

등호가 성립하는($\mathbf{x}$, $\mathbf{y}$가 평행인) 경우의 증명은 연습으로 남긴다. ■

특히, $\mathbf{x}\cdot\mathbf{y}=0$인($\mathbf{x}$, $\mathbf{y}$가 수직인) 경우가 $\|\mathbf{x}+\mathbf{y}\|^2=\|\mathbf{x}\|^2+\|\mathbf{y}\|^2$ 즉, 피타고라스 정리이다.

예제 4 예제 3 에 있는 벡터 $\mathbf{x}$, $\mathbf{y}$에 대하여 삼각부등식이 성립함을 확인하라.

풀이 예제 3 으로부터

$$\|\mathbf{x}\|=\sqrt{2}, \ \|\mathbf{y}\|=\sqrt{2}, \ \|\mathbf{x}+\mathbf{y}\|=\sqrt{6}$$

이므로

$$\|\mathbf{x}+\mathbf{y}\|=\sqrt{6}<\sqrt{8}=\sqrt{2}+\sqrt{2}=\|\mathbf{x}\|+\|\mathbf{y}\|$$

이다. 따라서 삼각부등식이 성립한다. □

임의의 벡터 $\mathbf{x}(\neq\mathbf{0})$에 대하여

$$\mathbf{u}=\frac{1}{\|\mathbf{x}\|}\mathbf{x}$$

은 단위벡터임을 쉽게 알 수 있다.

R^n의 단위벡터 중에서 다음 n개의 벡터

$$\mathbf{e}_1=(1,\ 0,\ 0,\ \cdots,\ 0),\ \mathbf{e}_2=(0,\ 1,\ 0,\ \cdots,\ 0),\ \cdots,\ \mathbf{e}_n=(0,\ 0,\ \cdots,\ 0,\ 1)$$

을 표준단위벡터(standard unit vector)라 한다. 이것들이 서로 직교함은 쉽게 알 수 있다.

$\mathbf{x}=(x_1,\ x_2,\ \cdots,\ x_n)$을 R^n의 임의의 벡터라 할 때 표준단위벡터를 사용하여 다음과 같이 나타낼 수 있다.

$$\mathbf{x}=x_1\mathbf{e}_1+x_2\mathbf{e}_2+\cdots+x_n\mathbf{e}_n$$

특히, R^3인 경우에는 위의 그림에서 보듯이 일반적으로 표준단위벡터인 $\mathbf{e}_1$, $\mathbf{e}_2$, $\mathbf{e}_3$ 대신에 각각 $\mathbf{i}$, $\mathbf{j}$, $\mathbf{k}$로 쓴다.

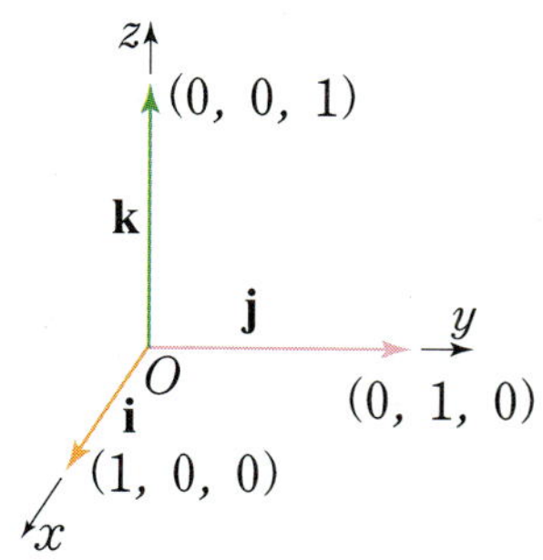

그림 1.7

국제수학올림피아드 2000 대전,
IMO기념우표
〈대한민국, 세계 4위〉

〈2006년 7월에 Slovenia에서 열린 제47회 IMO에서 한국은 세계 3위를 기록함〉
http://imo.math.ca

연습문제 1-2

|1-2| $\mathbf{x}=-2\mathbf{i}+2\mathbf{j}-3\mathbf{k}$, $\mathbf{y}=5\mathbf{i}+2\mathbf{k}$일 때 다음을 구하여라

1. $\mathbf{x}+\mathbf{y}$, $\mathbf{x}-\mathbf{y}$, $3\mathbf{x}$ **2.** $\|\mathbf{x}\|$, $\|\mathbf{y}\|$, $\mathbf{x}\cdot\mathbf{y}$

3. 두 벡터 $\mathbf{x}=(-1,\ -2,\ 3)$, $\mathbf{y}=(3,\ -2,\ -1)$ 사이의 각을 θ라 할 때, $\cos\theta$를 구하여라.

4. $\mathbf{x}=4\mathbf{i}-2\mathbf{j}+4\mathbf{k}$와 같은 방향을 갖는 단위벡터를 구하여라.

5. 두 점 $P(-1, 2, 1)$, $Q(-3, -4, 5)$ 사이의 거리를 구하여라.

6. 다음 세 점을 꼭짓점으로 갖는 삼각형은 직각삼각형임을 보여라.

$$P(3,\ 1,\ 2),\ Q(7,\ 0,\ 1),\ R(2,\ 3,\ -4)$$

|7-8| 다음에서 주어진 벡터에 대하여 물음에 답하여라.

$\mathbf{x}_1=(1,\ 2,\ 3)$, $\mathbf{x}_2=(0,\ 1,\ 2)$, $\mathbf{x}_3=(-2,\ -4,\ -6)$, $\mathbf{x}_4=(0,\ 0,\ 0)$

$\mathbf{x}_5=(-2,\ 1,\ 0)$, $\mathbf{x}_6=(2,\ 4,\ 6)$, $\mathbf{x}_7=(-6,\ 6,\ -2)$, $\mathbf{x}_8=(-4,\ -2,\ 1)$

7. 서로 직교하는 벡터쌍을 모두 찾아라.

8. 서로 평행하는 벡터쌍을 모두 찾아라.

9. 벡터 $\mathbf{x}=(2,\ 1,\ 0,\ -1,\ \sqrt{3})$와 $\mathbf{y}=\begin{bmatrix}-2\\0\\3\\1\end{bmatrix}$의 크기를 구하여라.

10. 두 점 $P(-1,\ 1,\ 2,\ 0)$, $Q(-5,\ -1,\ 3,\ 1)$사이의 거리를 구하여라.

11. 벡터 $\mathbf{y}=(-2,\ 2,\ -3,\ 3)$와 같은 방향을 갖는 단위벡터를 구하여라.

12. 두 벡터 $\mathbf{x}=(2,\ 1,\ -1,\ 3)$, $\mathbf{y}=(-3,\ 5,\ 2,\ -1)$의 내적 $\mathbf{x}\cdot\mathbf{y}$을 구하여라.

13. $\mathbf{x}=(a,\ 2,\ -1,\ a)$, $\mathbf{y}=(-a,\ -1,\ 3,\ 6)$일 때, $\mathbf{x}\cdot\mathbf{y}=0$을 만족하는 실수 a를 모두 구하여라.

14. 두 벡터 $(4,\ 7,\ 9,\ 1,\ 3)$와 $(2,\ 1,\ 1,\ 6,\ 8)$ 사이의 각(angle)은?

15. $\left\{\left(\frac{1}{\sqrt{2}},\ \frac{1}{\sqrt{2}},\ 0\right),\ \left(-\frac{\sqrt{2}}{6},\ \frac{\sqrt{2}}{6},\ \frac{2\sqrt{2}}{3}\right),\ \left(-\frac{2}{3},\ \frac{2}{3},\ -\frac{1}{3}\right)\right\}$이 정규직교 벡터들의 집합임을 확인하여라.

토론과 발견

P1 벡터 $\mathbf{z}$가 $\mathbf{x}$, $\mathbf{y}$와 각각 직교하면 $\mathbf{z}$는 벡터 $a\mathbf{x}+b\mathbf{y}$, $(a, b\in R)$와 직교함을 증명하여라. [힌트 : $\mathbf{z}\cdot(a\mathbf{x}+b\mathbf{y})=0$을 보이면 됨]

P2 R^3의 임의의 벡터 $\mathbf{x}$에 대하여 다음이 성립함을 증명하여라.

$$\mathbf{x}=(\mathbf{x}\cdot\mathbf{i})\mathbf{i}+(\mathbf{x}\cdot\mathbf{j})\mathbf{j}+(\mathbf{x}\cdot\mathbf{k})\mathbf{k}$$

P3 R^n에서 영벡터를 제외한 벡터 중 노름(크기)이 0인 벡터가 있는가? 있다면 예를 들고 없다면 증명하여라.

P4 길이가 1인 n차원벡터를 단위벡터(unit vector)라 한다. 두 단위벡터의 내적은 언제나 1보다 작거나 같다. 작은 경우는 언제 발생하며, 같은 경우는 언제인가?

P5 R^n에서의 피타고라스의 정리, 즉,

$$\|\mathbf{x}+\mathbf{y}\|^2=\|\mathbf{x}\|^2+\|\mathbf{y}\|^2$$

을 증명하여라.

P6 내적이 선형성(linearity)을 가진다. 이 의미는 벡터 $\mathbf{u}$, $\mathbf{v}$, $\mathbf{w}\in R^n$와 k, $m\in R$인 상수에 대하여,

$$\mathbf{u}\cdot(k\mathbf{v}+m\mathbf{w})=k(\mathbf{u}\cdot\mathbf{v})+m(\mathbf{u}\cdot\mathbf{w})$$

라는 성질을 만족한다는 말이다.

P7 R^n상의 두 점 $A=(a_1, a_2, \cdots, a_n)$과 $B=(b_1, b_2, \cdots, b_n)$에 대하여 벡터 $\mathbf{a}=\overrightarrow{OA}$, $\mathbf{b}=\overrightarrow{OB}$를 생각하자. 벡터 $\mathbf{b}$가 $\mathbf{a}$와 수직일 필요충분조건이 $\|\mathbf{b}-\mathbf{a}\|=\|\mathbf{b}-(-\mathbf{a})\|$임을 보여라.

1.3 직선과 평면의 벡터방정식

이 절에서는 벡터를 이용하여 R^3에서의 직선의 방정식과 평면의 방정식을 구하고 이와 관련된 거리문제를 알아본다.

동영상강의 : http://matrix.skku.ac.kr/WebLA/avisec1-3.htm,
http://matrix.skku.ac.kr/WebLA/sec1-3.htm

평면 R^2에서의 직선은 그 기울기와 한 점이 주어지면 유일하게 결정되며, 이때 직선의 방정식은 일반적으로 다음과 같이 표현된다.

$$ax+by+c=0$$

여기서 a, b, c는 실수이며 a, b는 동시에 영은 아니다.

R^3에서의 직선의 방정식을 구하여 보자.

한 점 $P_0(x_0,\ y_0,\ z_0)$를 지나고 영 아닌 벡터 $\mathbf{a}=(a,\ b,\ c)=a\mathbf{i}+b\mathbf{j}+c\mathbf{k}$에 평행한 직선은 벡터 $\mathbf{a}$와 $\overrightarrow{P_0P}$가 평행 즉,

$$\overrightarrow{P_0P}=t\mathbf{a},\ (t\in R) \tag{1}$$

를 만족하는 점 $P(x,\ y,\ z)$ 전체의 집합과 같다 (그림 1.8). 여기서 $\mathbf{p}_0=(x_0,\ y_0,\ z_0)$, $\mathbf{p}=(x,\ y,\ z)$라 하자.

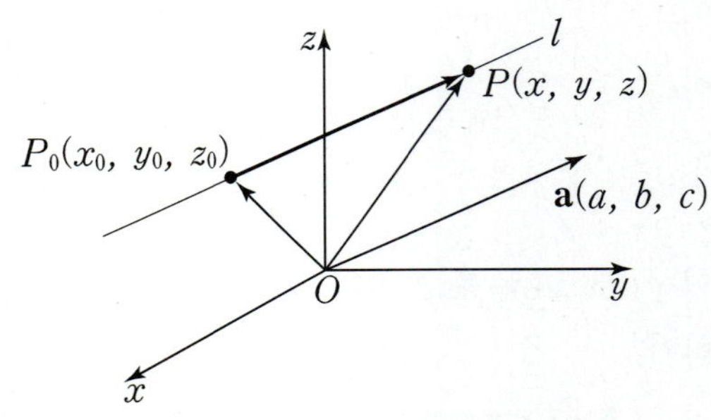

그림 1.8

식 (1)로부터

$$\mathbf{p}-\mathbf{p}_0=(x-x_0)\mathbf{i}+(y-y_0)\mathbf{j}+(z-z_0)\mathbf{k}=ta\mathbf{i}+tb\mathbf{j}+tc\mathbf{k}=t(a,\ b,\ c)$$

즉,

$$\mathbf{p}-\mathbf{p}_0=t\mathbf{a}$$

이므로 R^3에서의 직선의 방정식은 다음과 같이 세 가지로 나타낼 수 있다.

⊙ 벡터방정식(vector equations of line)

$$\mathbf{p}=\mathbf{p}_0+t\mathbf{a}\ (\mathbf{p}=\overrightarrow{OP},\ \mathbf{p}_0=\overrightarrow{OP_0})$$

그러면, (1)의 직선을 $\mathbf{p}_0$만큼 평행이동한 벡터방정식

$\mathbf{p}=\mathbf{p}_0+t\mathbf{a} \Leftrightarrow$

$(x,\ y,\ z)=(x_0,\ y_0,\ z_0)+t(a,\ b,\ c)=(x_0+ta,\ y_0+tb,\ z_0+tc)$ (단, $-\infty<t<\infty$)

또, $x=x_0+ta,\ y=y_0+tb,\ z=z_0+tc$ (2)

이므로 이는,

$$\frac{x-x_0}{a}=\frac{y-y_0}{b}=\frac{z-z_0}{c}\ (a,\ b,\ c\neq 0) \tag{3}$$

위의 (2), (3)식을 각각 매개변수방정식, 대칭방정식이라 한다. 간략하게 하기 위하여 직선의 벡터방정식 또는 매개변수방정식을 쓸 때, $-\infty<t<\infty$을 쓰는 것을 생략하기도 한다.

예제 1 점 $P(1,\ 2,\ 3)$를 지나고 벡터 $\mathbf{a}=(-3,\ 2,\ 5)$에 평행한 직선의 방정식은 다음 세 가지로 나타낼 수 있다.

(i) $\begin{cases} x=1-3t \\ y=2+2t\ (-\infty<t<\infty) \\ z=3+5t \end{cases}$

(ii) $x\mathbf{i}+y\mathbf{j}+z\mathbf{k}=\mathbf{i}+2\mathbf{j}+3\mathbf{k}+(-3\mathbf{i}+2\mathbf{j}+5\mathbf{k})t$

(iii) $\dfrac{x-1}{-3}=\dfrac{y-2}{2}=\dfrac{z-3}{5}$ □

예제 2 두 점 $P(3,\ 4,\ 2)$, $Q(1,\ 0,\ 3)$을 지나는 직선의 매개변수방정식을 구하여라.

풀이 직선의 방정식을 구하기 위해서는 구하고자 하는 직선에 평행한 벡터와 그 직선을 지나는 한 점만 있으면 된다. 따라서 구하고자 하는 직선은 벡터

$\mathbf{a}=\overrightarrow{PQ}=(1-3,\ -4,\ 3-2)=(-2,\ -4,\ 1)$

와 평행하고 점 P를 지나므로 직선의 매개변수방정식은 다음과 같다.

$x=3-2t$

$y=4-4t\ (-\infty<t<\infty)$

$z=2+t$

만일 $0\leq t\leq 1$로 제한하면 위의 방정식은 P에서 Q까지의 선분(line segment)을 나타내는 방정식이 된다. □

이제, R^3에서의 평면의 방정식을 구하여 보자.

한 점 $P_0(x_0,\ y_0,\ z_0)$를 지나고 영 아닌 벡터 $\mathbf{n}=(a,\ b,\ c)$에 수직인 벡터들이 이루는 평면 $\boldsymbol{\pi}$는

$$\mathbf{n}\cdot\overrightarrow{P_0P}=(a,\ b,\ c)\cdot(x-x_0,\ y-y_0,\ z-z_0)=0 \tag{4}$$

을 만족하는 점 $P(x, y, z)$ 전체의 집합과 같다(그림 1.9). 여기서 $\mathbf{n}$을 평면 $\boldsymbol{\pi}$의 법선벡터(normal vector)라 한다. 그리고 위의 식 (4)는 평면 $\boldsymbol{\pi}$안에 있는 모든 점을 한 점 P와 법선벡터 $\mathbf{n}$만으로 표현하므로 점 $P_0(x_0, y_0, z_0)$를 지나는 point-normal 방정식이라 한다.

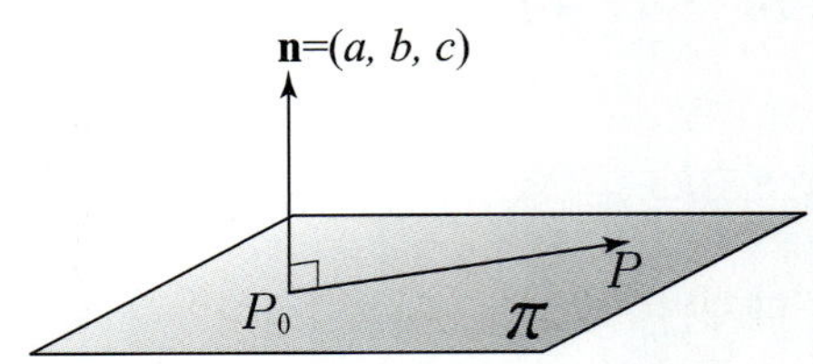

그림 1.9

위 식을 성분으로 표시하면, 점 (x_0, y_0, z_0)를 지나고 영 아닌 벡터 (a, b, c)에 수직인 평면의 방정식은 식 (4)로 부터

$$a(x-x_0)+b(y-y_0)+c(z-z_0)=0 \tag{5}$$

이다. 이때 $d=-ax_0-by_0-cz_0$라 하면 식 (5)은 다음과 같이 나타낼 수 있다.

$$ax+by+cz+d=0 \tag{6}$$

식 (6)를 일반적인 평면의 방정식이라 하며, 이 평면의 법선벡터는 정의에 따라 $\mathbf{n}=(a, b, c)$이다.

예제 3 점 $P(2, -1, 3)$를 지나고 벡터 $\mathbf{n}=(4, 1, -3)$에 수직인 평면의 방정식을 구하여라.

풀이 식 (5)으로부터

$$4(x-2)+(y-(-1))-3(z-3)=0$$

이므로 평면의 방정식은 다음과 같다.

$$4x+y-3z+2=0$$

□

⊙ 평면(plane)의 벡터방정식과 매개변수방정식

평면의 point-normal 방정식은 매우 유용하다. 그러나 평면에서도 벡터방정식과 매개변수방정식이 더 유용한 경우도 있다.

평면 $\boldsymbol{W}$위의 한 점 $\mathbf{x}_0$와 $\boldsymbol{W}$와 평행하지만 서로 상수배가 아닌 두 벡터 $\mathbf{v}_1$과 $\mathbf{v}_2$가 있다면, 이 평면 $\boldsymbol{W}$를 벡터방정식 또는 매개변수방정식으로 유일하게 표현할 수 있다. 즉 $\mathbf{x}$가 $\boldsymbol{W}$안의 임의의 점이라 한다면 $\mathbf{x}-\mathbf{x}_0$은 $\mathbf{v}_1$과 $\mathbf{v}_2$의 일차결합으로 표시된다. 즉,

$$\mathbf{x}-\mathbf{x}_0=t_1\mathbf{v}_1+t_2\mathbf{v}_2$$

다시 쓰면,

$$\mathbf{x}=\mathbf{x}_0+t_1\mathbf{v}_1+t_2\mathbf{v}_2$$

가 된다.

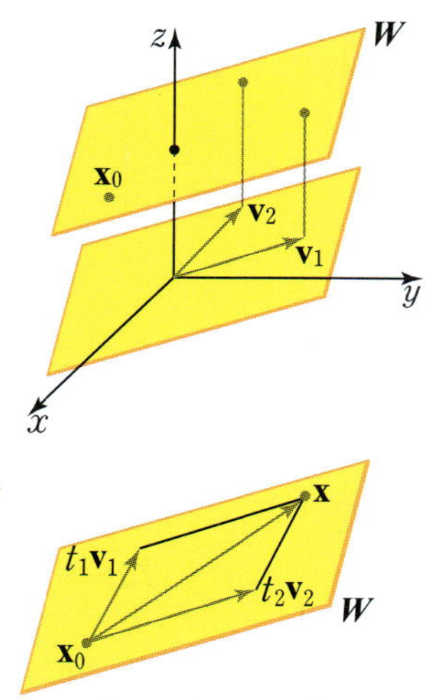

그림 1.10

여기서 t_1과 t_2는 $-\infty$와 ∞사이의 상수로 매개변수(parameter)라 한다. 따라서 위의 식의 $\mathbf{x}$는 평면 W위의 모든 점이 될 수 있다. 따라서 위의 식은 $\mathbf{v}_1$과 $\mathbf{v}_2$와 평행하면서 $\mathbf{x}_0$을 지나는 평면 W의 식이 된다. 따라서

$$\mathbf{x}=\mathbf{x}_0+t_1\mathbf{v}_1+t_2\mathbf{v}_2 \quad (-\infty<t_1,\ t_2<\infty)$$

을 $\mathbf{v}_1$과 $\mathbf{v}_2$에 평행이며 $\mathbf{x}_0$을 지나는 평면의 벡터방정식이라 한다. 또 위의 식을 $\mathbf{x}_0=(x_0,\ y_0,\ z_0)$, $\mathbf{v}_1=(a_1,\ b_1,\ c_1)$, $\mathbf{v}_2=(a_2,\ b_2,\ c_2)$라 하면,

$$(x,\ y,\ z)=(x_0,\ y_0,\ z_0)+t_1(a_1,\ b_1,\ c_1)+t_2(a_2,\ b_2,\ c_2)$$

가 되어, 매개변수방정식

$$x=x_0+a_1t_1+a_2t_2$$
$$y=y_0+b_1t_1+b_2t_2 \quad (-\infty<t_1,\ t_2<\infty)$$
$$z=z_0+c_1t_1+c_2t_2$$

가 되므로, 이를 평면 W의 매개변수방정식이라 한다.

예제 4 세 점 $P(4,\ 3,\ -1)$, $Q(6,\ -4,\ 7)$, $R(1,\ 2,\ 3)$을 지나는 평면의 벡터방정식과 매개변수방정식을 구하여라.

풀이 $\mathbf{x}=(x,\ y,\ z)$, $\mathbf{x}_0=(4,\ 3,\ -1)$, $\mathbf{x}_1=(6,\ -4,\ 7)$, $\mathbf{x}_2=(1,\ 2,\ 3)$라 놓으면,

$$\mathbf{x}_1-\mathbf{x}_0=\overrightarrow{PQ}=(2,\ -7,\ 8)$$
$$\mathbf{x}_2-\mathbf{x}_0=\overrightarrow{PR}=(-3,\ -1,\ 4)$$

그러면 구하려는 평면의 벡터 방정식 $\mathbf{x}-\mathbf{x}_0$는 위의 두 벡터의 일차결합으로 표시되므로

$$\mathbf{x}-\mathbf{x}_0=t_1(\mathbf{x}_1-\mathbf{x}_0)+t_2(\mathbf{x}_2-\mathbf{x}_0)$$ 이고

$$(x,\ y,\ z)=(4,\ 3,\ -1)+t_1(2,\ -7,\ 8)+t_2(-3,\ -1,\ 4)$$
$$=(4+2t_1-3t_2,\ 3-7t_1-t_2,\ -1+8t_1+4t_2)$$ 이므로

다음의 매개방정식을 얻는다.

$$x=4+2t_1-3t_2$$
$$y=3-7t_1-t_2$$
$$z=-1+8t_1+4t_2$$

□

⊙ 벡터의 정사영

R^3에서 한 점과 평면 사이의 거리를 구하기 위하여, 먼저 벡터의 정사영의 개념을 소개한다.

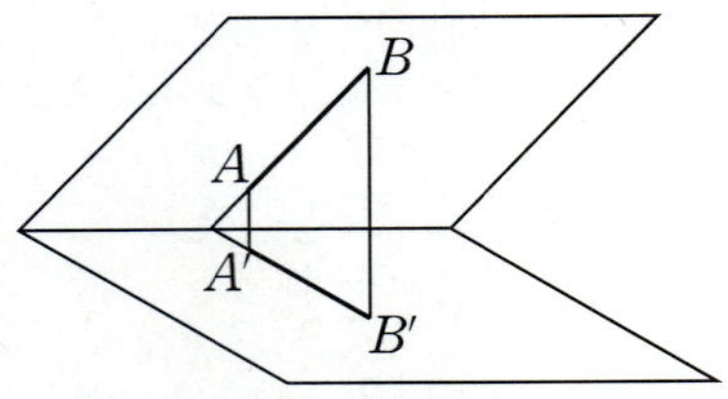

그림2 정사영의 예1

그림 1.11

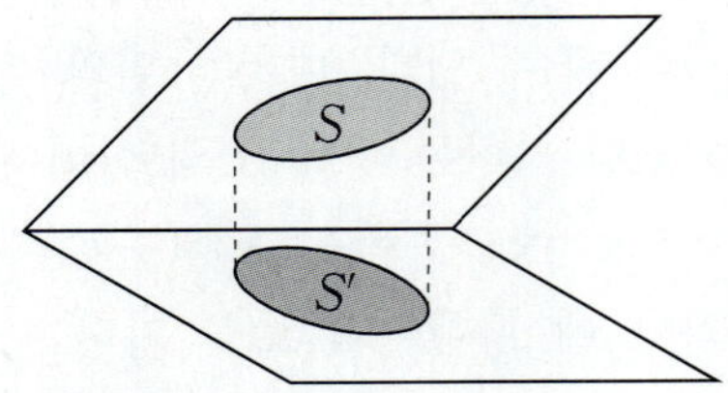

그림3 정사영의 예2

그림 1.12

벡터 $\mathbf{y}=\overrightarrow{OP}$와 $\mathbf{x}=\overrightarrow{OQ}$가 R^3에 있다 하고 $\mathbf{x}\neq\mathbf{0}$라 하자. 그러면 점 P에서 직선 OQ에 내린 수선의 발을 S라 할 때, 벡터 $\mathbf{p}=\overrightarrow{OS}$를 $\mathbf{x}$위로의 $\mathbf{y}$의 정사영(projection)이라 하고

$$\mathbf{p}=\mathrm{proj}_{\mathbf{x}}\mathbf{y}$$

로 나타낸다. 이때, 벡터 $\mathbf{w}=\overrightarrow{SP}$를 $\mathbf{x}$에 수직인 $\mathbf{y}$의 벡터성분(vector component)이라 한다. (그림 1.13)

따라서 그림 1.13에서 보듯이 $\mathbf{y}$는 두 벡터의 합

$$\mathbf{y}=\mathbf{p}+\mathbf{w}$$

로 나타내진다.

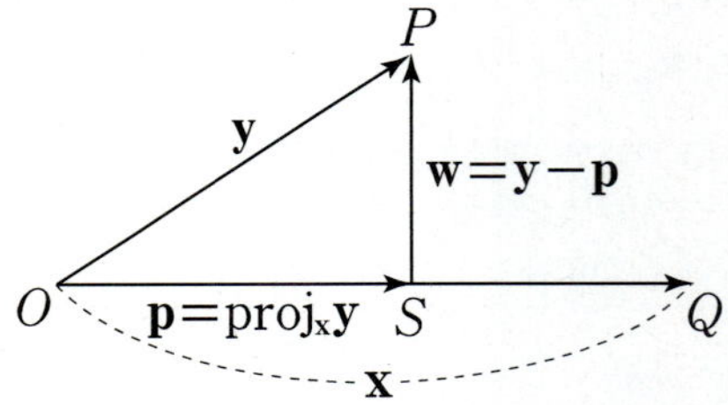

그림 1.13

정리 1.3.1

R^3의 벡터 $\mathbf{x}$, $\mathbf{y} \neq 0$에 대하여 다음이 성립한다.

(1) $\text{proj}_{\mathbf{x}}\mathbf{y} = \dfrac{\mathbf{y}\cdot\mathbf{x}}{\mathbf{x}\cdot\mathbf{x}}\mathbf{x}$

(2) $\|\text{proj}_{\mathbf{x}}\mathbf{y}\| = \dfrac{|\mathbf{y}\cdot\mathbf{x}|}{\|\mathbf{x}\|}$

증명 (1) $\mathbf{p}$, $\mathbf{w}$를 각각 $\mathbf{x}$위로의 $\mathbf{y}$의 정사영과 $\mathbf{x}$에 수직인 $\mathbf{y}$의 벡터성분이라 하자.

$\mathbf{p}$는 $\mathbf{x}$와 평행하므로 $\mathbf{p}=t\mathbf{x}$ $(t\in R)$라 하면

$$\mathbf{y}=\mathbf{p}+\mathbf{w}=t\mathbf{x}+\mathbf{w}$$

이고, $\mathbf{w}$는 $\mathbf{x}$와 수직이므로 $\mathbf{w}\cdot\mathbf{x}=0$이다.

$\therefore\ \mathbf{y}\cdot\mathbf{x}=(t\mathbf{x}+\mathbf{w})\cdot\mathbf{x}=t\|\mathbf{x}\|^2+\mathbf{w}\cdot\mathbf{x}=t\|\mathbf{x}\|^2$

즉,

$$t=\frac{\mathbf{y}\cdot\mathbf{x}}{\|\mathbf{x}\|^2}$$

$$\text{proj}_{\mathbf{x}}\mathbf{y}=\mathbf{p}=t\mathbf{x}=\frac{\mathbf{y}\cdot\mathbf{x}}{\|\mathbf{x}\|^2}\mathbf{x}$$

(2) $\|\text{proj}_{\mathbf{x}}\mathbf{y}\|=\left\|\dfrac{\mathbf{y}\cdot\mathbf{x}}{\|\mathbf{x}\|^2}\mathbf{x}\right\|=\dfrac{|\mathbf{y}\cdot\mathbf{x}|}{\|\mathbf{x}\|^2}\|\mathbf{x}\|=\dfrac{|\mathbf{y}\cdot\mathbf{x}|}{\|\mathbf{x}\|}$ ■

> **참고** 실벡터 경우 $\mathbf{x}\cdot\mathbf{y}=\mathbf{y}\cdot\mathbf{x}$이므로 앞으로 복소수 경우를 포함하는 9장의 일반적인 정의를 고려하여 $\mathbf{y}\cdot\mathbf{x}$(또는 $\mathbf{y}^T\mathbf{x}$)로 쓴다.

예제 5 $\mathbf{x}=(2,\ -2,\ 1)$, $\mathbf{y}=(4,\ 2,\ 5)$에 대하여 $\mathbf{x}$ 위로의 $\mathbf{y}$의 정사영 $\text{proj}_{\mathbf{x}}\mathbf{y}$와 $\mathbf{x}$에 수직인 $\mathbf{y}$의 벡터성분 $\mathbf{w}$를 구하라.

풀이 $\mathbf{y}\cdot\mathbf{x}=9$이므로

$\text{proj}_{\mathbf{x}}\mathbf{y}=\dfrac{\mathbf{y}\cdot\mathbf{x}}{\|\mathbf{x}\|^2}\mathbf{x}=\dfrac{9}{9}(2,\ -2,\ 1)=(2,\ -2,\ 1)$,

$\mathbf{w}=\mathbf{y}-\text{proj}_{\mathbf{x}}\mathbf{y}=(4,\ 2,\ 5)-(2,\ -2,\ 1)=(2,\ 4,\ 4)$ □

이제, R^3에서 한 점과 직선, 한 점과 평면 사이의 거리를 구하는 방법을 각각 알아본다.

정리 1.3.2

점 $P_0(x_0,\ y_0,\ z_0)$와 평면 $\pi: ax+by+cz+d=0$ 사이의 거리 D는 다음과 같다.

$$D=\frac{|ax_0+by_0+cz_0+d|}{\sqrt{a^2+b^2+c^2}}$$

증명 벡터의 정사영을 이용하여 증명한다.

$P_0(x_0,\ y_0,\ z_0)$와 $ax+by+cz+d=0$을 만족하는 점 $(x,\ y,\ z)$ 사이의 최단거리는

$$D=\|\text{proj}_{\mathbf{n}}\mathbf{v}\|$$

여기서 $\mathbf{v}=(x_0-x,\ y_0-y,\ z_0-z)$이고 $\mathbf{n}=(a,\ b,\ c)$이므로,

$\mathbf{p}=\text{proj}_{\mathbf{n}}\mathbf{v}=t\mathbf{n}=\dfrac{\mathbf{v}\cdot\mathbf{n}}{\mathbf{n}\cdot\mathbf{n}}\mathbf{n}$

$$= \frac{(x_0-x,\ y_0-y,\ z_0-z)\cdot(a,\ b,\ c)}{a^2+b^2+c^2}(a,\ b,\ c)$$

이에 따라,

$$D = \|\mathbf{p}\| = \|\text{proj}_{\mathbf{n}}\mathbf{v}\|$$

$$= \frac{|(x_0-x,\ y_0-y,\ z_0-z)\cdot(a,\ b,\ c)|}{\|\mathbf{n}\|^2}\|\mathbf{n}\|$$

$$= \frac{|a(x_0-x)+b(y_0-y)+c(z_0-z)|}{\|\mathbf{n}\|}$$

$$= \frac{|ax_0+by_0+cz_0-(ax+by+cz)|}{\sqrt{a^2+b^2+c^2}}$$

$$= \frac{|(ax_0+by_0+cz_0)-(-d)|}{\sqrt{a^2+b^2+c^2}}$$

$$= \frac{|ax_0+by_0+cz_0+d|}{\sqrt{a^2+b^2+c^2}}$$

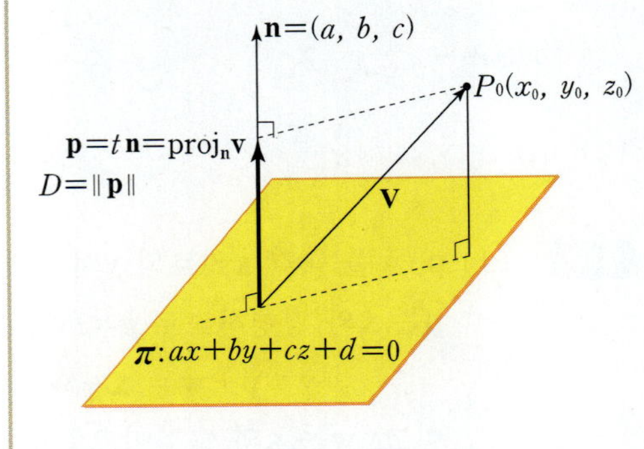

그림 1.14

■

예제 6 점 $P(2,\ -4,\ -3)$에서 평면 $2x-3y+6z+1=0$에 이르는 최단거리 D를 구하여라.

풀이

$$D = \frac{|4+12-18+1|}{\sqrt{2^2+3^2+6^2}} = \frac{1}{\sqrt{49}} = \frac{1}{7}$$

□

[같은 방법으로]

정리 1.3.3

점 $P_0(x_0,\ y_0)$와 직선 $l : ax+by+c=0$ 사이의 거리 D는

$$D = \frac{|ax_0+by_0+c|}{\sqrt{a^2+b^2}}$$

이다.

예제 7 점 $P(1,\ 1)$에서 다음 직선 $l : 2x-4y-3=0$에 이르는 거리 D를 구하여라.

풀이

$$D = \frac{|2-4-3|}{\sqrt{2^2+4^2}} = \frac{|-5|}{\sqrt{20}} = \frac{\sqrt{5}}{2}$$

□

백농 최규동(崔奎東, 1882~1950. 10. 18)

최규동 선생은 경북 성주의 유교 집안에서 태어나서, 한학을 공부하여 8세에는 석류나무를 보고 한시를 짓고 10세에 사서백가(四書百家)를 모두 외었다 하여 신동이라 불리었다. 서당에서 한학을 공부하고 개화기를 맞아 근대수학을 거의 독학으로 공부한 후, 교사가 되어 일제 식민지 시대에 광신, 휘문, 기호, 융희, 중앙, 오성, 기명 학교 등에서 수학을 가르쳤는데 수학실력과 인품이 훌륭해서 많은 제자들로부터 존경을 받았다고 한다. 1914년 2월 15일부로 중동학교의 경영을 조동식 교장으로부터 위임받아 수학교사겸 교장이 되었다. **1919년 우리 나라 최초의 중등교육 수학 신교과서**를 지어 수학교육의 새로운 기원을 마련하였으며, 한자의 구성원리를 정리하여 세계적으로 알려진 육서심원(六書尋院)을 편찬, 간행하는 데에도 물심양면으로 큰 힘을 썼다. 또한 일제의 눈을 피하여 교육시찰이라는 명목으로 덴마크의 코펜하겐에서 열리는 세계 언어학자 대회에 우리의 대표로서 정인섭(鄭寅燮)을 보내어 민족의 얼이 담긴 우리의 말과 글의 우수성을 세계 만방에 자랑함으로써, 독특한 말과 글을 가진 문화민족으로서 부당하게 치욕을 당하고 있음을 호소하면서 독립운동의 계기를 마련하고자 온갖 심혈을 기울였다. 일제는 당시 식민지 조선에 대한 우민화 정책에 따라 국립 성균관의 고등 교육기능을 정지시켰다. 더구나 **한반도에 4년제 대학은 일본인을 위한 경성제국대학 하나 만을 두었으며, 한 민족을 위한 대학에서 근대 고등수학을 가르치는 곳은 2년제 연희전문학교에 수물과(數物科)가 유일하였다.**

일제 시대 때 서울 종각 근처 길거리에서는 저녁때가 되면 항상 한 수학 선생님이 나와서 양손에 분필을 들고 칠판에 수식을 써 가면서 거리의 사람들에게 멋진 판서로 열심히 강의를 하고 있었다고 한다. 오가던 많은 사람들이 무엇을 하는가 하고 기웃거리다가 자리를 잡고 앉으면 수학 선생님은 콩과 좁쌀을 예로 들며 덧셈 뺄셈부터 질문하고 청중은 답하며 수학을 설파하셨다고 한다. 이 **'거리의 수학 선생님'**이 바로 4년제 경성제국대학이나 해외 유학을 하고 온 전문 수학자들을 제치고, 해방 후 서울대학교에 수학과를 최초로 창설하신 분으로 알려진 최규동선생님이다. 이 후 1949년에는 서울대학교 총장을 역임하셨다. 이 분이 대수학에 특출하여서 붙여진 별명이 바로 최대수이다. 최규동 선생님은 민중 교육자라 하겠다. 그 당시에는 신식 교육이 보급되긴 했어도 여전히 읽지도 쓰지도 못할 뿐 아니라 셈도 못하는 사람들이 대부분이었다. 특히 근대 수학은 특수한 교육을 받은 사람들에게만 보급이 되었다. 백성들은 여전히 근대 수학에는 무관심했고 수학 교육을 받을 기회가 없었다. 그러나 최규동선생님은 수학은 일반 백성들의 생활과 연관지어 설명하면 쉽게 다가갈 수 있다고 믿고 종로 네거리에서 이렇게 수학 수업을 하게 된 것이다. 종로 네거리를 오가던 사람들이 기웃거리다가 마침내 어떤 사람은 매일 그 시간에 맞추어 나오게 되고, 열심히 거리에서 수학 공부를 하게 되었다.

연습문제 1-3

1. 점 $P(8,\ -1,\ 4)$를 지나고 벡터 $\mathbf{a}=(5,\ 4,\ 3)$에 평행한 직선의 벡터방정식과 대칭방정식을 구하여라.
2. 두 점 $P(-5,\ 1,\ 3)$, $Q(2,\ -3,\ 4)$를 지나는 직선의 방정식을 구하여라.
3. 직선의 대칭방정식 $\dfrac{x+3}{-2}=\dfrac{y}{3}=\dfrac{z+1}{5}$을 벡터방정식으로 바꾸어 이 직선에 평행한 벡터를 하나 찾아라.
4. point-normal 방정식(22쪽)을 이용하여 점 $P_0(4,\ 0,\ -3)$를 지나고 벡터 $\mathbf{n}=(-5,\ 2,\ 3)$에 수직인 평면의 방정식을 구하여라.
5. 주어진 평면 $z=-7x+y+4$에 수직인 법선벡터를 찾아라.
6. 원점을 지나고 점 $(2,\ 4,\ 3)$과 $(3,\ -1,\ -2)$를 포함하는 평면의 벡터방정식을 구하여라.

|7-8| 점 P를 지나고 $\mathbf{n}$을 법선벡터로 갖는 point-normal 방정식을 구하여라.

7. $\mathbf{n}=(1,\ 2,\ 3)$; $P_0(1,\ -2,\ 4)$
8. $\mathbf{n}=(1,\ 2,\ 4)$; $P_0(5,\ 4,\ -3)$

9. [정사영] $\mathbf{y}=(2,\ -1,\ 3)$과 $\mathbf{x}=(4,\ -1,\ 2)$일 때, $\mathbf{y}$의 $\mathbf{x}$상의 정사영 $\mathbf{p}$와 $\mathbf{y}$의 $\mathbf{x}$에 수직인 벡터성분 $\mathbf{w}$를 구하여라.
10. 두 평면 $x-2y+3z=2$, $3x-6y+9z=12$ 사이의 거리를 구하여라.

〈대한수학회 로고, 2007〉

〈대한수학회 로고(초안)〉

토론과 발견

P1 일반적인 벡터방정식

$$x=x_0+ta,\ y=y_0+tb,\ z=z_0+tc$$

을

$$\frac{x-x_0}{a}=\frac{y-y_0}{b}=\frac{z-z_0}{c}\quad (a,\ b,\ c\neq 0)$$

으로 나타낼 수 있음을 증명하여라.

P2 일반적인 벡터방정식 $\mathbf{p}=\mathbf{p}_0+t\mathbf{a}$가 $\mathbf{p}=\mathbf{p}_0+t_1\mathbf{a}_1+t_2\mathbf{a}_2$와 평행이 되려면 어떤 조건이 필요한지 기술하여라.

P3 아래의 점과 직선을 포함하는 평면을 벡터들의 집합으로 표현하여라.

$$\begin{bmatrix}2\\0\\3\end{bmatrix},\ \left\{\begin{bmatrix}-1\\0\\-4\end{bmatrix}+\begin{bmatrix}1\\1\\2\end{bmatrix}t\ \middle|\ t\in R\right\}$$

P4 따름 정리 **정리 1.3.3** 을 정리 **정리 1.3.2** 의 증명법에 따라서 증명하여라.

〈ICM2006 로고〉 http://www.icm2006.org

1. 개념토론

- 스칼라(scalar), 벡터(vector), 벡터의 노름(크기), 시작점과 끝점
- 3차원 공간 벡터, 3차원 공간
- n차원 벡터, n차원 공간
- 벡터의 상등의 의미
- $\mathbf{v}_1,\ \mathbf{v}_2,\ \cdots,\ \mathbf{v}_k$의 일차결합(a linear combination), $c_1\mathbf{u}_1+c_2\mathbf{u}_2+\cdots+c_n\mathbf{u}_n$
- $\mathbf{x}$의 노름(norm;length, magnitude $\|\mathbf{x}\|=\sqrt{x_1^2+x_2^2+\cdots+x_n^2}$
- $\|\mathbf{x}-\mathbf{y}\|=\sqrt{(x_1-y_1)^2+(x_2-y_2)^2+\cdots+(x_n-y_n)^2}$
- $\mathbf{x}$와 $\mathbf{y}$의 내적(inner product)
- 코시-슈바르츠 부등식
- 벡터에 대한 삼각부등식
- 벡터방정식(vector equations), 대칭방정식(symmetric equations)
- 평면 π의 법선벡터(normal vector)
- $\mathbf{x}$위로의 $\mathbf{y}$의 정사영(projection)이라 하고 $\text{proj}_{\mathbf{x}}\mathbf{y}$
- 점 $P_0(x_0,\ y_0,\ z_0)$와 평면 $\pi: ax+by+cz+d=0$사이의 거리 D는 다음과 같다.

$$D=\frac{|ax_0+by_0+cz_0+d|}{\sqrt{a^2+b^2+c^2}}$$

〈국제수학자대회 ICM 2002 북경, 행렬론 상하이 위성학회 – 상하이대학교〉

***Project** 선형대수학의 역사와 수학자 [2주차 과제]

선형대수학자에 대한 아래 사이트

http://matrix.skku.ac.kr/sglee/linearalgebraist/whois.htm

을 읽고 느낀 바를 서론, 본론, 결론으로 나누어 약 2페이지의 보고서로 제출하여라.

CAS Project

1. 〔Java〕점과 직선 사이의 거리는 앞의 내용을 통하여 잘 나와 있다.
   점 $P_0(x_0,\ y_0)$와 직선 $l: ax+by+c=0$ 사이의 거리 D는 다음과 같다.

$$D=\frac{|ax_0+by_0+c|}{\sqrt{a^2+b^2}}$$

   이를 보여주는 자바 애플릿(JAVA Applet)을 살펴보자.

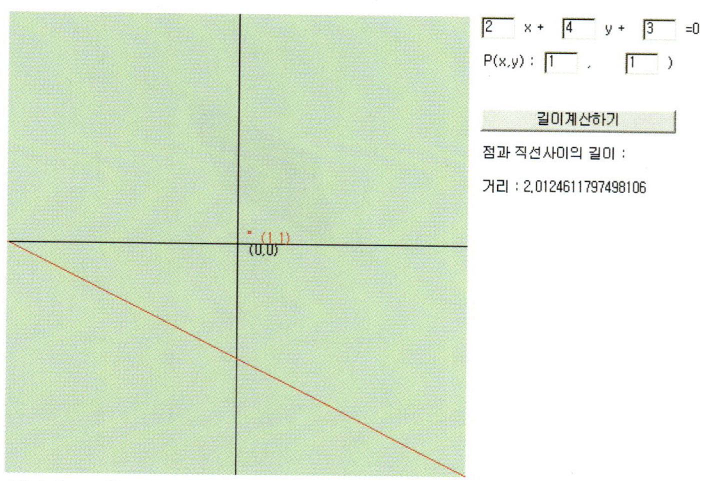

Link:http://matrix.skku.ac.kr/sglee/LineDistance/Test.html

이 애플릿(Applet)을 이용하여 아래의 직선과 점 사이의 길이를 구하라.

1) 점 $P_0(4,\ 2)$와 직선 $l: x+3y+1=0$
2) 점 $P_0(-1,-2)$와 직선 $l: -x+2y+4=0$
3) 점 $P_0(1,-2)$와 직선 $l: 2x-y+2=0$
4) 점 $P_0(-3,2)$와 직선 $l: 4x-2y+7=0$

☆ MATHEMATICA 설치 및 사용법은 아래의 웹사이트를 참고하여라.
http://matrix.skku.ac.kr/sglee/algebra/atlast/usage/index.html

2. 〔MATHEMATICA〕 앞 절에서 평면의 방정식을 배웠다. 이를 MATHEMATICA를 통하여 다음과 같이 탐구해 보자. 우선 평면의 매개변수방정식

$x=-4+2t_1+3t_2$
$y=-3-t_1+5t_2$
$z=1+6t_1+t_2$

의 그래프를 다음과 같은 명령어를 이용하여 그릴 수 있다.

MATHEMATICA에서 매개변수함수를 그리는 형식은 다음과 같다.

```
ParametricPlot[{x좌표의 함수, y좌표의 함수},{매개변수의 범위}]
ParametricPlot3D[{x좌표의 함수, y좌표의 함수, z좌표의 함수},{매개변수의 범위},
{매개변수의 범위}]
```

위의 그래프를 그리는 명령어는 다음과 같다.

```
ParametricPlot3D[{-4+2t+3s, -3-t+5s, 1+6t+s},{s, -1, 1},{t, -1, 1}]
```

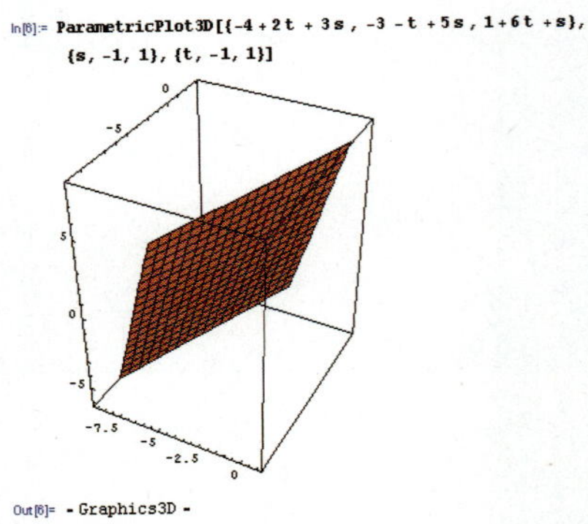

이를 이용하여 다음과 같이 주어진 대칭방정식과 벡터방정식을 매개변수방정식으로 바꾸어서 MATHEMATICA로 그래프를 그려보도록 하여라.

1) **예제 4** 의 평면의 방정식의 그래프를 그려라.

2) $\dfrac{x-3}{-2}=\dfrac{y}{3}=\dfrac{z+1}{5}$

3) 점 $P(8,\ -1,\ 4)$를 지나고 벡터 $\mathbf{a}=(5,\ 4,\ 3)$에 평행한 직선의 방정식을 그려라.

① $\dfrac{x-8}{5}=\dfrac{y+1}{4}=\dfrac{z-4}{3}$; ② $\begin{cases} x=8+5t \\ y=-1+4t \\ z=4+3t \end{cases}$

4) 두 점 $P(-5,\ 1,\ 3)$, $Q(2,\ -3,\ 4)$를 지나는 직선의 방정식을 그려라.

$\overrightarrow{PQ}=\mathbf{a}=(7,\ -4,\ 1)$

① $\dfrac{x+5}{7}=\dfrac{y-1}{-4}=\dfrac{z-3}{1}$; ② $\begin{cases} x=-5+7t \\ y=1-4t \\ z=3+1t \end{cases}$

< 1장을 마치며 >

보통 사람들은 수학은 추상적이고 손에 잡히지 않는 이상향을 추구한다고 생각한다. 그러나 한 달 동안 아침 일찍 일어나 늦게까지 잠 안자며 땀 흘리고 일하고 그 댓가로 통장에 찍히는 몇 자리의 숫자인 돈보다 더 추상적인 개념이 어디 있는가? 사실 우리는 수많은 추상적인 개념 속에서 살고 있다. 마찬가지로 수 많은 수학 속에 살고 있는 것이다. **이런 수학에는 지금 무슨 일이 진행되고 있는가?**

1850년경에 대학원생이던 Guthrie 가 "네 가지 색만 있으면 아무리 나라가 많고 붙어있어도 구분이 되게 평면지도를 만들 수 있다"고 Quarterly Journal of Mathematics에 소개한 "**4색 문제(4-color problem)**" 은 많은 수학자를 고민시켰다. 결국 아펠(Applel)과 하켄(Haken)에 의해 1976년 컴퓨터를 이용해 보여졌고, 이 내용은 1989년 미국수학회(AMS)를 통해 책으로 발표되었다. 또, 1630년에 페르마(Fermat)가 읽던 책안의 여백에 "n이 2 보다 큰 정수이면 $x^n+y^n=z^n$을 만족하는 정수의 순서짝 (x, y, z)은 존재하지 않는다" 고 쓰고 그 책의 귀퉁이에 "증명은 쓸 자리가 없구나" 하고 남겨두어 오랫동안 미해결문제가 된 **'페르마의 마지막 문제'** 는 300년 이상 수많은 수학자에게 나도 큰 상금도 받고 유명해 질 수도 있다는 희망을 주어오다가 1995년 앤드류 와일즈(Andrew Wiles, 1953년생)에 의하여 마침내 보여졌다. 오랫동안 걸려있던 그 상금은 전쟁과 인플레이션을 겪으며 없어져 버렸으며, 수학의 노벨(Novel)상인 **필드(Fields)**상은 40세 이전의 젊은 수학자에게만 주는 데 이 문제에 도전을 시작했던 1986년에는 30대였던 와일즈(Wiles)가 막상 해결했을 때인 1995년에는 40살이 약간 넘어 필드상을 받을 기회를 놓친 듯하여 논란이 있기도 했다. 그래서 노벨상과 다르게 나이에 제한 받지 않고 상금도 비슷한 수학상으로 **Abel**상을 노르웨이가 2003년에 만들었다. 수상자로는 Serre, Singer, Lax, Carleson이 있다.

우리는 이와 같이 **오랜 미해결 문제가 실지로 풀리는 시대**에 살고 있다. 대개는 이런 지금을 "정보화시대"라고 한다. 이 정보화시대의 의미가 무엇일까?

이전에 홀로 생각하고 손으로 써서 돌려보다, 인쇄술이 발달하면서 자신의 결과를 다른 사람의 결과와 함께 논문집에 내고 자신의 연구를 평가받고 남의 결과도 공부하던 시대를 거쳐, 이제는 인터넷이란 정보 통신 수단의 발전과 더불어 전자저널(Electronic Journal)과 홈페이지가 그 역할의 일부를 계승 발전시키는 시대를 맞이하고 있다. 여러분의 이 교재도 이미 21세기의 교육 환경에 맞추어 이전의 활자중심 책의 한계를 벗어나고 있다.

그리고 세계 각국의 최고 수준의 연구 및 교육의 결과가 인터넷을 이용하여 검색, 분석 후 새로운 결과를 창출하는데 이용되고 있다. 우리가 세계 최고 수준으로 가기 위해서는 우리도 자신에 의하여 창출된 최고 수준의 지식을 이 수단을 통하여 공유해야만 할 것이다. 대학에도 멀티미디어콘텐츠 사업과 BK 사업등으로 수많은 강의록이 넘쳐난다. 교재에 따라오는 CD에는 교재의 원문이 사진과 동영상 때로는 자바프로그램까지 있다. 정보기술분야의 최대 국제기구인 ITU는 2003년 4월 9일 스위스 제네바에서 열린 초고속인터넷 워크숍에서는 **"한국이 지난 40년간 정보통신 분야에서 이룩한 발전은 기적이며 더 이상 권고할 것이 없는 성공적인 사례"**라고 극찬했다고 한다.

모두가 쓰던 자연수에 음수를 도입한 중국의 음양설과 이어서 0을 집어넣은 인도의 공(空)사상, 측량하며 보탠 이집트의 유리수와 지중해를 건너 피타고라스의 무리수, 계속하여 유럽의 복소수, 이어서 영국의 해밀톤이 생각해낸 4원수, 또 대서양을 건너 미국으로 가서 발전한, 컴퓨터를 이용하여 자유자개로 다루는, n차원시대를 거쳐 이제 **태평양을 건너 다시 시발점인 아시아로 또 한국으로 중심이 올 것임을 또, 오고 있음을 믿어 의심치 않는다.**

인류 역사를 바꾼 열 가지 수학 공식. 1971년 니카라과 발행 우표

〈로빈 윌슨의 '우표속의 수학'〈한승 2003〉 1면〉

제 02 장

선형연립방정식

선형연립방정식과 그의 해를 구하는 문제는 선형대수학에서 가장 중요한 주제이다. 수천 수만개의 미지수를 갖는 연립방정식은 자연과학, 공학, 경제학, 교통의 흐름, 일기예보, 의사결정등 수 많은 분야에서 만나게 된다. 선형대수에서 이러한 연립방정식의 해는 첨가행렬을 이용한 가우스 소거법이나 행렬식을 이용한 방법으로 구한다. 이 장에서는 선형연립방정식의 해법과 해들의 기하학적 의미를 고찰하고 다양한 형태의 선형연립방정식의 응용을 알아본다.

CT 촬영과 연립방정식

방정식이라는 용어는 중국의 수학고전인 '**구장산술**(九章算術)'에서 유래한 것이다. 총 9개의 장으로 이뤄진 이 책의 8장이 바로 **방정장**(方程章)이다. 여러 개를 배열한 식이 정(程)이며 이들을 비교, 계산한다는 뜻에서 방정이라고 했다.

구장산술의 방정장에 입문하고 나면 '연립방정식'을 배우게 된다. 조선시대에 인기가 높았던 수학책 '**산법통종**'에 실린 연립방정식 문제 중 하나를 소개한다.

"술집에 호주와 박주가 있다. 호주는 1병 마시면 3사람이 취하고, 박주는 3병 마셔야 한 사람이 취한다. 호주와 박주를 합해 19병이 있는데 모두 33명이 마시고 취했다면 호주와 박주는 각각 몇 병이 있었겠는가?"

이 문제에서 구하고자 하는 것은 호주와 박주의 양 두 가지이며, 주어진 정보도 두 가지다. 사람들의 주량이 같다고 전제하고 연립방정식을 풀면 호주 10병, 박주 9병이 된다. 이처럼 연립방정식의 해를 구하기 위해서는 미지수가 2개면 2개의 방정식이 필요하고, 미지수가 3개면 3개의 방정식이 필요하다 (물론 해가 없거나 무수히 많은 경우도 있다.).

흔히 '**CT**(Computational Tomography)'라 불리는 **컴퓨터 단층촬영**을 할 때는 체내에 X선을 통과시킨 후 X선이 신체의 각 부분에서 얼마만큼 흡수됐는지 측정한다. 이런 과정을 한 방향뿐 아니라 여러 방향에서 되풀이한다.

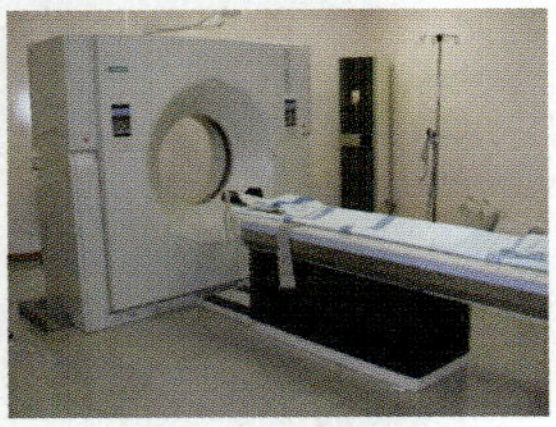

한 방향에서 X선을 투과시킬 때마다 신체의 각 부분을 미지수로 하는 방정식을 얻을 수 있기 때문에 여러 방향에서 X선을 투과시키면 결국 연립방정식을 얻게 된다. 컴퓨터가 복잡한 계산과정을 거쳐 이 연립방정식을 풀면 각 부분이 X선을 흡수한 양을 알아낼 수 있고, 이를 토대로 신체의 단면 영상을 얻게 되는 것이다. 〈3절 예 1 참조〉
[일부 내용 '중앙일보 생활 속의 수학' 인용]

2.1 선형연립방정식

• 수 천개의 미지수를 갖는 선형연립방정식은 날씨의 분석, 공학, 경제학, 교통흐름분석, 다양한 의사결정과정에 쓰인다. 선형연립방정식의 연구와 해법은 선형대수학에서 가장 중요한 주제이다. 이 절에서는 선형연립방정식의 해법과, 그 해의 의미에 대하여 알아본다.

평면에서 직선의 방정식은 $a_1x+a_2y=b$이고 공간 R^3에서 평면의 방정식은 $a_1x+a_2y+a_3z=b$이며, 이것들은 선형방정식의 대표적인 예이다. (a_1, a_2, a_3는 모두는 0이 아닌 스칼라.)

미지수 x_1, x_2, $\cdots$, x_n에 관한 **선형방정식**(linear equation)은 b와 계수 a_1, a_2, $\cdots$, a_n이 실수일 때, 다음과 같은 꼴의 방정식이다.

$$a_1x_1+a_2x_2+\cdots+a_nx_n=b$$

예를 들어, 방정식

$$3x_1-3x_2+1=x_1,\ x_2=3(\sqrt{5}-x_1)-x_3$$

은 정리하면

$$2x_1-3x_2=-1,\ 3x_1+x_2+x_3=3\sqrt{5}$$

와 같은 꼴로 나타낼 수 있으므로 모두 선형방정식이다. 또, 방정식

$$2x_1-x_2=x_1x_2,\quad x_2=2\sqrt{x_1}-1,\quad x_1+\cos x_2=0$$

은 모두 선형방정식이 아니다.

일반적으로, 미지수 x_1, x_2, $\cdots$, x_n에 관한 유한개의 선형방정식의 모임

$$\begin{aligned} a_{11}x_1+a_{12}x_2+\cdots+a_{1n}x_n&=b_1 \\ a_{21}x_1+a_{22}x_2+\cdots+a_{2n}x_n&=b_2 \\ \vdots \qquad\quad \vdots \qquad\qquad\quad \vdots \quad &\ \ \vdots \\ a_{m1}x_1+a_{m2}x_2+\cdots+a_{mn}x_n&=b_m \end{aligned}$$

을 **선형연립방정식**(system of linear equations, 또는 **선형방정식시스템**)이라고 한다.
상수항이 0인 선형방정식

$$a_1x_1+a_2x_2+\cdots+a_nx_n=0$$

을 동차(homogeneous)선형방정식이라 한다.

일반적으로 선형연립방정식의 각각의 방정식이 동차인 경우,

$$\begin{aligned} a_{11}x_1+a_{12}x_2+\cdots+a_{1n}x_n&=0 \\ a_{21}x_1+a_{22}x_2+\cdots+a_{2n}x_n&=0 \\ \vdots \qquad \vdots \qquad\quad \vdots \quad & \vdots \\ a_{m1}x_1+a_{m2}x_2+\cdots+a_{mn}x_n&=0 \end{aligned}$$

을 "동차 선형연립방정식"이라 한다.

만일 $x_1=0$, $x_2=0$, $\cdots$, $x_n=0$이라면, 이는 언제나 위의 동차선형연립방정식의 해가 된다. 따라서 이러한 해를 우리는 자명한 해(trivial solution)라 한다. 일반적으로 동차연립방정식의 해의 형태는 자명한 해만을 가지는 경우와, 무수히 많은 해를 갖는 두 가지 경우 뿐이다.

선형연립방정식의 미지수 x_1, x_2, $\cdots$, x_n에 어떤 수 s_1, s_2, $\cdots$, s_n을 각각 대입하였을 때, 각 방정식이 모두 성립하면 $(s_1, s_2, \cdots, s_n)$을 이 선형연립방정식의 해(solution)라고 한다. 예를 들어, 선형연립방정식

$$\begin{aligned} 4x_1-x_2+2x_3&=-2 \\ 2x_1+3x_2+x_3&=6 \end{aligned} \tag{1}$$

의 x_1, x_2, x_3에 각각 1, 2, -2를 대입하면 두 방정식이 모두 성립하므로 $(1, 2, -2)$은 선형연립방정식 (1)의 해이다.

일반적으로 선형연립방정식이 최소한 하나의 해를 가지면 해가 있다(consistent)라 하고 반면에 해가 존재하지 않는 경우 해가 없다(inconsistent)라 한다.

선형연립방정식의 해 전체의 집합을 선형연립방정식의 해집합(solution set)이라 한다.

참고 동일한 해집합을 가지는 두 개의 선형연립방정식은 동치(equivalent)라고 한다.

이제 선형연립방정식의 해집합에 대하여 생각하여 보자.

선형연립방정식

$$\begin{aligned} x_1+2x_2&=4 \\ x_1-x_2\ &=1 \end{aligned}$$

에서 두 방정식의 그래프를 각각 l_1, l_2라 하면 (s_1, s_2)가 이 선형연립방정식의 해가 될 필요충분조건은 점 (s_1, s_2)가 두 직선 l_1과 l_2의 교점이다. 다음 그림 2.1에서 알 수 있듯이

위 선형연립방정식은 유일한 해 (2, 1)을 갖는다.

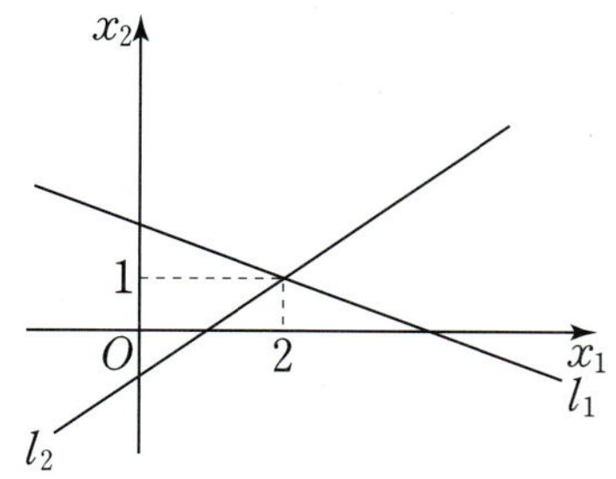

[해집합 : {(2, 1)}]

그림 2.1

물론, 두 직선이 만나지 않거나 일치할 수도 있다. 다음 그림 2.2는 아래 선형연립방정식에 대응하는 그래프로서 각각 선형연립방정식이 해를 갖지 않는 경우와 무수히 많은 해를 갖는 경우를 보여주고 있다.

(i) $\begin{cases} x_1 - x_2 = -2 \\ -x_1 + x_2 = 4 \end{cases}$ (ii) $\begin{cases} x_1 - x_2 = -2 \\ -x_1 + x_2 = 2 \end{cases}$

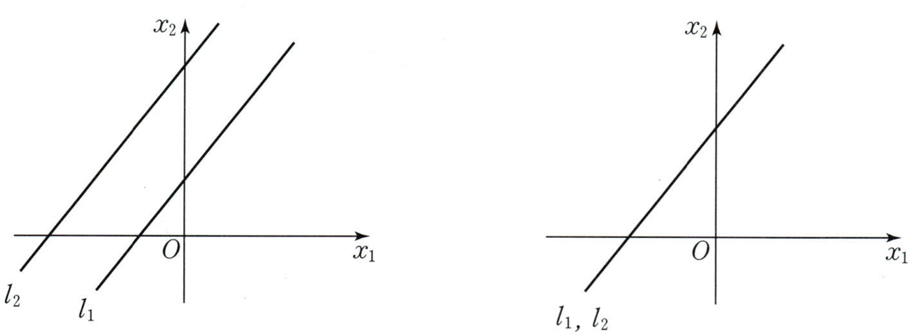

(i) [해집합 : ϕ] (ii) [해집합 : $\{(t-2,\ t) \mid t \in R\}$]

그림 2.2

일반적으로, 각각의 선형연립방정식에 대하여 다음 중 하나만이 성립함을 뒤에서 확인할 것이다.

$$\begin{cases} a_1 x + b_1 y = c_1 \\ a_2 x + b_2 y = c_2 \end{cases}$$

의 경우 해집합은 다음과 같다.

(1) 유일하다 (교차)

(2) 해가 없다 (평행)

(3) 무수히 많은 해가 존재한다 (일치)

예제 1 미지수와 식의 수가 모두 3인 선형연립방정식의 R^3 안의 해집합의 모든 가능성을 서술하여라.

풀이 앞의 연립방정식의 해집합은 다음의 3가지 경우 중 하나임을 기하학적으로 생각해보면 쉽게 알 수 있다. 이들 방정식이 나타내는 평면을 각각 H_1, H_2, H_3라 하자. 주어진 평면의 식들을 1장 CAS Project의 MATHEMATICA 명령어를 수정하여 그림을 그려서 확인할 수도 있다.

① 유일한 해를 갖는다.

아래의 첫 그림과 같이 세 개의 평면이 한 점에서 만나는 경우이다.

$$(\text{예}) \quad \begin{cases} x+y+2z=4 & (\text{p1}) \\ x-2y+3z=5 & (\text{p2}) \\ 2x-y-z=1 & (\text{p3}) \end{cases}$$

p1=Plot3D [−1/2 x − 1/2 y +2, {x, −10, 10}, {y, −10, 10}]

p2=Plot3D [−1/3 x + 2/3 y + 5/3, {x, −10, 10}, {y, −10, 10}]

p3=Plot3D [2 x − y −1, {x, −10, 10}, {y, −10, 10}]

Show[p1, p2, p3] [해집합 : $\left\{\left(\frac{11}{9}, \frac{1}{9}, \frac{4}{3}\right)\right\}$]

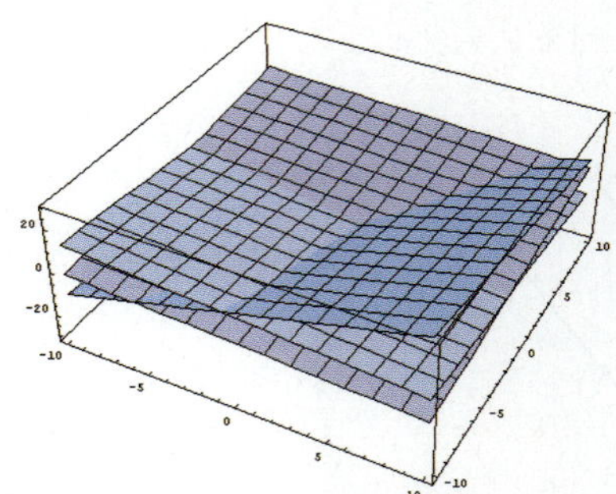

② 해를 갖지 않는다 ; 이러한 경우 주어진 연립방정식은 "해가 없다(inconsistent)"며 그림 2.3 중간의 4개의 그림과 같은 경우이다. [해집합은 모두 ϕ]

$$(\text{예})\ (\text{i}) \quad \begin{aligned} x+y+z&=1 \\ x+z&=1 \\ y&=3 \end{aligned} \qquad (\text{ii}) \quad \begin{aligned} x+y+z&=1 \\ x+y+z&=2 \\ 2x+y+z&=3 \end{aligned}$$

$$(\text{iii}) \quad \begin{aligned} x+y+z&=1 \\ x+y+z&=2 \\ x+y+z&=3 \end{aligned} \qquad (\text{iv}) \quad \begin{aligned} x+y+z&=1 \\ 2x+2y+2z&=2 \\ 2x+2y+2z&=3 \end{aligned}$$

③ 무수히 많은 해(infinitely many solutions)를 갖는다.

그림 2.3 맨 아래 3개의 그림과 같은 경우이다.

$$(\text{예})\ (\text{i}) \quad \begin{aligned} x+y+z&=1 \\ 2x+2y+z&=3 \\ 3x+3y+2z&=4 \end{aligned} \qquad [\text{해집합} : \{(2-s,\ s,\ -1) \mid s \in R\}]$$

$$\text{(ii)}\quad \begin{aligned} x+y+z&=1 \\ 2x+2y+2z&=2 \\ 2x+y+3z&=4 \end{aligned} \qquad [\text{해집합}: \{(3-2s,\ -2+s,\ s) \mid s \in R\}]$$

$$\text{(iii)}\quad \begin{aligned} x+y+z&=1 \\ 2x+2y+2z&=2 \\ 3x+3y+3z&=3 \end{aligned} \qquad [\text{해집합}: \{(1-s-t,\ s,\ t) \mid s,\ t \in R\}]$$

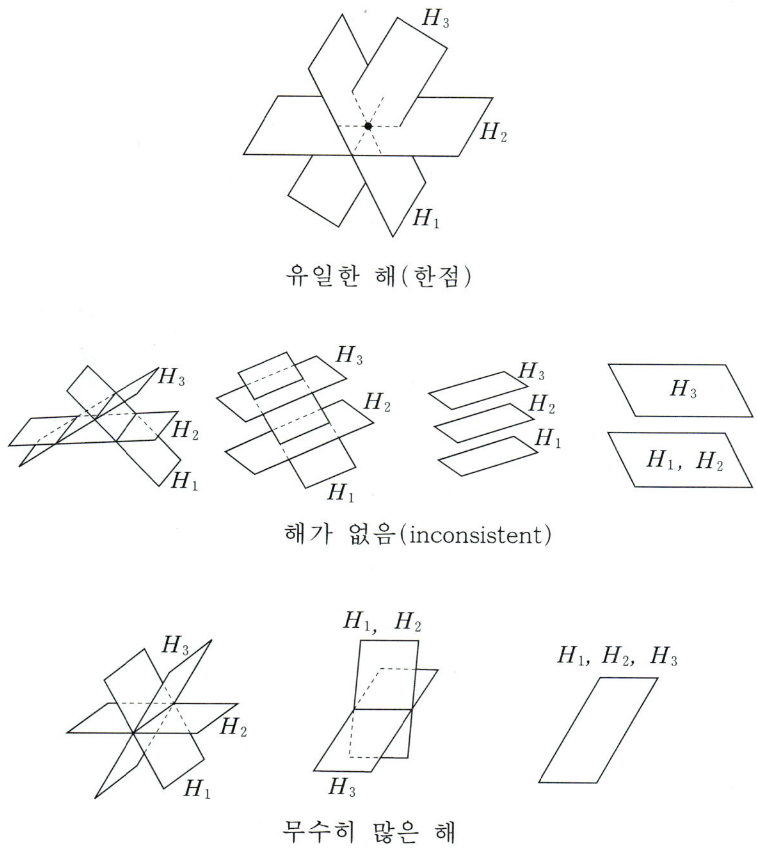

그림 2.3

이와 같이 8가지의 형태의 해집합이 있을 수 있다. □

$$\begin{aligned} x_1-5x_2+2x_3&=1 \\ x_2+\ x_3&=2 \end{aligned}$$

위의 역삼각형 모양 연립방정식의 미지수 개수 3은 방정식의 개수 2보다 많으므로 이런 경우에는 남는 하나의 미지수에 임의의 실수를 부여하는 방법으로 푼다. 각 방정식에서 처음으로 나타나는 미지수 x_1, x_2를 선행변수(leading variable)라 부른다. 그리고 남는 나머지 미지수가 x_3인데 이 미지수를 자유변수(free variable)라 부른다. 자유변수 x_3에 대하여 $x_3=t$ (t는 임의의 실수)라 놓으면

$$x_2=2-x_3=2-t$$
$$x_1=1+5x_2-2x_3=1+5(2-t)-2t=1+10-5t-2t=11-7t$$

따라서 주어진 연립방정식의 해는 다음과 같다.

$$x_1=11-7t,\ x_2=2-t,\ x_3=t\ (t\text{는 임의의 실수}).$$

예제 2 다음 연립방정식을 풀어라.

$$\begin{aligned} x_1-2x_2+x_3+3x_4-x_5&=0\\ x_3-5x_4+2x_5&=1\\ x_4+x_5&=2 \end{aligned}$$

풀이 연립방정식의 미지수의 개수 5가 방정식의 개수 3보다 많으므로 이런 경우에는 두 개의 남는 미지수에 임의의 실수를 부여하는 방법으로 푼다. 각 방정식에서 처음으로 나타나는 미지수 즉, x_1, x_3, x_4는 선행변수, 나머지 미지수 x_2, x_5가 자유변수가 된다. 각 방정식을 선행변수부분만 좌변에 남기고,

$$\begin{aligned} x_1+x_3+3x_4&=2x_2+x_5\\ x_3-5x_4&=1-2x_5\\ x_4&=2-x_5 \end{aligned}$$

우변의 두 개의 미지수 x_2, x_5에 대하여 $x_2=t$, $x_5=s$ (t, s는 임의의 실수)라 놓으면

$$\begin{aligned} x_4&=2-x_5=2-s\\ x_3&=1-2x_5+5x_4=1-2s+5(2-s)=11-7s\\ x_1&=2x_2+x_5-x_3-3x_4=2t+s-(11-7s)-3(2-s)\\ &=-17+2t+11s \end{aligned}$$

따라서 주어진 연립방정식의 해는

$$x_1=-17+2t+11s,\ x_2=t,\ x_3=11-7s,\ x_4=2-s,\ x_5=s\ (t,\ s\text{는 임의의 실수}).$$

□

선형연립방정식의 해법인 소거법에서 변수의 역할은 위치를 나타낼 뿐이다. 따라서, 위치만 고정하면 변수를 반복해서 쓸 필요가 없이 계수만으로 소거법을 시행하여도 해를 얻을 수 있다. 이러한 방법을 행렬을 이용한 가우스(Gauss)소거법이라고 한다.

이제 일반적인 선형연립방정식

$$\begin{matrix} a_{11}x_1+a_{12}x_2+\cdots+a_{1n}x_n=b_1\\ a_{21}x_1+a_{22}x_2+\cdots+a_{2n}x_n=b_2\\ \vdots \quad\quad \vdots \quad\quad\quad\quad \vdots \quad \vdots\\ a_{m1}x_1+a_{m2}x_2+\cdots+a_{mn}x_n=b_m \end{matrix}$$

의 행렬 표현에 대하여 알아보자.

실수(또는 복소수)를 다음과 같이 직사각형 모양으로 배열한 것을 행렬(matrix)이라 하며, 그 각각의 수를 행렬의 성분(entry)이라고 한다.

$$A=\begin{bmatrix} a_{11} & a_{12} & \cdots\cdots & a_{1n} \\ a_{21} & a_{22} & \cdots\cdots & a_{2n} \\ \vdots & \vdots & & \vdots \\ a_{m1} & a_{m2} & \cdots\cdots & a_{mn} \end{bmatrix} \tag{2}$$

행렬 A에서

$$[a_{i1} \quad a_{i2} \; \cdots\cdots \; a_{in}] \qquad (1 \leq i \leq m)$$

을 A의 i행(i th row)이라 하고,

$$\begin{bmatrix} a_{1j} \\ a_{2j} \\ \vdots \\ a_{mj} \end{bmatrix} \quad (1 \leq j \leq n)$$

을 A의 j열(j th column)이라고 한다. 또, m개의 행과 n개의 열을 갖는 행렬 $A=[a_{ij}]$를 크기(size)가 $m \times n$인 행렬이라 하며, 특히 $m=n$이면 n차의 정사각행렬(square matrix)이라고 한다.

$A_{(i)}$는 A의 i번째 행, $A^{(j)}$는 A의 j번째 열로 표기하며 따라서

$$A=[a_{ij}]=\begin{bmatrix} A_{(1)} \\ \vdots \\ A_{(m)} \end{bmatrix}=[A^{(1)} | \cdots | A^{(n)}]$$

로 쓸 수 있다.

행렬 A의 i행, j열의 성분 a_{ij}를 A의 (i, j)성분이라 하며, n차의 정사각행렬 A의 성분 $a_{11}, a_{22}, \cdots, a_{nn}$을 주대각선성분(main diagonal entries)이라고 한다. 행렬 (2)는 (i, j) 성분을 써서 다음과 같이 간단히 나타내기도 한다.

$$A=[a_{ij}]_{m \times n} \text{ 또는 } A=[a_{ij}]$$

참고 즉, 행렬의 표현에서 성분의 배열 옆의 [ ]은 단지 구분을 위한 기호로서 행렬의 정의에 의하면

$$\begin{bmatrix} 1 & 2 & -1 \\ 2 & 3 & 0 \end{bmatrix} \text{ 와 } \begin{matrix} 1 & 2 & -1 \\ 2 & 3 & 0 \end{matrix}$$

은 같은 행렬이다.

예제 3 다음 행렬

$$A=\begin{bmatrix} 1 & 2 & 1 \\ 2 & -3 & 0 \end{bmatrix}, \; B=\begin{bmatrix} 1 & -4 \\ 2 & -3 \end{bmatrix}, \; C=\begin{bmatrix} 1 \\ -2 \\ 3 \end{bmatrix}$$

$$D=\begin{bmatrix}1 & 1 & 2\\ -2 & 0 & -3\\ 3 & -1 & 5\end{bmatrix},\ E=[3],\ F=[-1\ \ 0\ \ 2]$$

에서 A는 2×3 행렬이고, $a_{12}=2$, $a_{22}=-3$이다. 또, B는 2×2 행렬이고, $b_{11}=1$, $b_{22}=-3$이며 C, D, E, F는 각각 3×1, 3×3, 1×1, 1×3 행렬이다. D의 주대각선성분은 각각 $d_{11}=1$, $d_{22}=0$, $d_{33}=5$이며, E와 같은 1×1 행렬은 흔히 $E=[3]=3$으로 쓴다. □

이제, n개의 미지수를 갖는 m개의 선형방정식으로 이루어진 선형연립방정식

$$\begin{aligned}a_{11}x_1+a_{12}x_2+\cdots+a_{1n}x_n&=b_1\\ a_{21}x_1+a_{22}x_2+\cdots+a_{2n}x_n&=b_2\\ \vdots\qquad\ \vdots\qquad\qquad\ \vdots\quad&\ \ \vdots\\ a_{m1}x_1+a_{m2}x_2+\cdots+a_{mn}x_n&=b_m\end{aligned}\tag{3}$$

을 생각하자.

$$A=\begin{bmatrix}a_{11} & a_{12} & \cdots & a_{1n}\\ a_{21} & a_{22} & \cdots & a_{2n}\\ \vdots & \vdots & & \vdots\\ a_{m1} & a_{m2} & \cdots & a_{mn}\end{bmatrix},\ \mathbf{x}=\begin{bmatrix}x_1\\ x_2\\ \vdots\\ x_n\end{bmatrix},\ \mathbf{b}=\begin{bmatrix}b_1\\ b_2\\ \vdots\\ b_m\end{bmatrix}$$

이라 하면 선형연립방정식 (3)는 위의 행렬표현을 이용하여 다음과 같이 간단히 쓸 수 있다.

$$A\mathbf{x}=\mathbf{b}$$

이때, 행렬 A를 선형연립방정식 (3)의 계수행렬(coefficient matrix)이라 하며 A에 $\mathbf{b}$를 붙여서 만든 행렬

$$[A\,\vdots\,\mathbf{b}]=\begin{bmatrix}a_{11} & a_{12} & \cdots & a_{1n} & \vdots & b_1\\ a_{21} & a_{22} & \cdots & a_{2n} & \vdots & b_2\\ \vdots & \vdots & \ddots & \vdots & \vdots & \vdots\\ a_{m1} & a_{m2} & \cdots & a_{mn} & \vdots & b_m\end{bmatrix}$$

을 선형연립방정식 (3)의 첨가행렬(augmented matrix)이라고 한다.

여기서 잠깐!

최초의 첨가행렬

중국의 한(漢) 왕조 시기인 기원전 200년-기원전 100년 사이에 출판되었던 '구장산술(Nine Chapter of Mathematical Art, 九章算術)' 이란 책에 선형연립방정식을 설명하기 위해 최초로 다음과 같이 첨가행렬을 사용한 예가 있다. (이 책을 집필한 사람은 알려져 있지 않지만 263년 위(魏)나라의 유휘(劉徽)가 뛰어난 주석을 붙여 펴낸 것으로 알려져 있다.)

『세 가지 종류의 옥수수가 있다. 첫 번째 형태의 옥수수 3묶음과 두 번째 형태의 옥수수 2묶음, 세 번째 형태의 옥수수 1묶음을 모두 합하면 39개이다. 또 첫 번째 것 2묶음, 두 번째 것 3묶음, 세 번째 것 1묶음을 합하면 34개이다. 그리고 첫 번째 것 1묶

음, 두 번째 것 2묶음, 세 번째 것 3묶음을 모두 합하면 26개이다. 세 가지 종류의 옥수수는 각각 몇 개씩 묶어져 있는가?』

이 문제에서 3개의 미지수로 3개의 선형연립방정식을 만들 수 있고, 이 문제를 풀기 위해서 저자는

$$\begin{matrix} 1 & 2 & 3 \\ 2 & 3 & 2 \\ 3 & 1 & 1 \\ 26 & 34 & 39 \end{matrix}$$

인 수의 나열을 만든다.

계수를 현대와 같이 행으로 나열하지 않고 열로 나열한 것과 괄호를 사용하지 않은 것을 제외하면, 이것은 연립방정식에 관한 첨가행렬이다. 유휘는 이 연립식의 해를 구하기 위해 "열(column)"에 관해 연산을 유지한다고 설명했다.

예제 4 다음 선형연립방정식을 $A\mathbf{x}=\mathbf{b}$ 모양으로 나타내어라. 또 선형연립방정식의 첨가행렬을 구하여라.

$$x+y+2z=9$$
$$2x+4y-3z=1$$
$$3x+6y-5z=0$$

풀이

$$A=\begin{bmatrix} 1 & 1 & 2 \\ 2 & 4 & -3 \\ 3 & 6 & -5 \end{bmatrix},\ \mathbf{x}=\begin{bmatrix} x \\ y \\ z \end{bmatrix},\ \mathbf{b}=\begin{bmatrix} 9 \\ 1 \\ 0 \end{bmatrix}$$

이라 할 때, $A\mathbf{x}=\mathbf{b}$이다. 그리고 첨가행렬은

$$[A \vdots \mathbf{b}]=\begin{bmatrix} 1 & 1 & 2 & \vdots & 9 \\ 2 & 4 & -3 & \vdots & 1 \\ 3 & 6 & -5 & \vdots & 0 \end{bmatrix}$$

□

읽을거리

최초의 첨가행렬 용어의 사용 :

Maxime Bôcher(1867-1918)

첨가행렬(augmented matrix)이란 영문 용어는 미국인 수학자 Maxime Bocher가 1907년 출판한 'Introduction to Higher Algebra'에서 처음 소개하였다. Bocher의 아버지는 MIT교수였으며, 그는 1888년 하버드대 졸업 후 Göttingen대에 유학을 가서 Klein, Schwarz, Osgood 등에게 배웠다. 귀국 후 하버드대에서 강사로 시작하여 1904년 정교수가 되었다. 그는 뛰어난 수학자이면서도 라틴어와 화학, 철학, 동물학, 지리학, 도시학, 미학, 음악 등 다방면에 재능이 있어서, 뛰어난 문장력으로 좋은 수학책을 많이 썼고, 그가 저술한 다양한 교재는 오늘날에도 널리 사용되고 있다.

http://www-groups.dcs.st-and.ac.uk/~history.Mathematicans/Bocher.html

연습문제 2-1

|1-2| 다음 선형연립방정식에 대하여 물음에 답하여라.

1.
$$\begin{aligned} x_1+3x_2-x_3&=1\\ 2x_1+5x_2+x_3&=5\\ x_1+x_2+x_3&=3 \end{aligned}$$

2.
$$\begin{aligned} 2x+w&=7\\ 2x+3y-4z+3w&=3\\ x+3z&=5 \end{aligned}$$

(1) 계수행렬을 구하여라.

(2) 선형연립방정식을 $A\mathbf{x}=\mathbf{b}$ 모양으로 나타내어라.

(3) 첨가행렬을 구하여라.

|3-4| 첨가행렬이 다음과 같은 선형연립방정식을 구하여라 (단, 미지수는 x_1, $\cdots$, x_n으로 놓아라.).

3. $\begin{bmatrix} 1 & 1 & 1 & \vdots & 0 \\ 1 & 1 & 0 & \vdots & 3 \\ 0 & 1 & 1 & \vdots & 1 \end{bmatrix}$

4. $\begin{bmatrix} 1 & 1 & 3 & -3 & \vdots & 0 \\ 0 & 2 & 1 & -3 & \vdots & 3 \\ 1 & 0 & 2 & -1 & \vdots & -1 \end{bmatrix}$

|5-7| 다음 선형연립방정식 각각의 해의 개수를 구하여라.

5. $\begin{cases} x_1+x_2+x_3+x_4=1 \\ \qquad x_2+x_3+x_4=2 \\ \qquad\qquad x_3+x_4=3 \end{cases}$

6. $\begin{cases} \qquad\quad x_2-4x_3=8 \\ 2x_1-3x_2+2x_3=1 \\ 5x_1-8x_2+7x_3=1 \end{cases}$

7. $\begin{cases} x_1-x_2-x_3=2 \\ \qquad x_2+x_3=1 \\ \qquad\qquad x_3=4 \end{cases}$

8. 다음 연립방정식의 해집합에서 선행변수와 자유변수의 개수를 각각 구하여라.

$$\begin{cases} x_1-4x_2+5x_3-9x_4-7x_5=1 \\ \qquad 2x_2+4x_3-6x_4-6x_5=2 \\ \qquad\qquad\qquad -5x_4 \qquad\quad =3 \end{cases}$$

9. n차 정사각행렬의 i번째 주 대각선 성분이 이항계수

$$\binom{n-1}{i-1}={}_{n-1}C_{i-1}$$

일 때, 그 행렬 주대각선성분들의 합 $\sum_{i=1}^{n}\binom{n-1}{i-1}$을 구하여라.

토론과 발견

P1 (1, 5, 3, 2)는 무수히 많은 해를 갖는 선형연립방정식

$$\begin{cases} x_1+2x_2+3x_4=17 \\ \qquad 2x_3- \ x_4=1 \end{cases} \qquad (\bigstar)$$

의 하나의 해이다. 그리고 $S=\{t(-4,\ 2,\ 0,\ 0)+s(-6,\ 0,\ 1,\ 2)\,|\,s,\ t\in R\}$이 동차연립방정식

$$\begin{cases} x_1+2x_2+3x_4=0 \\ \qquad 2x_3- \ x_4=0 \end{cases}$$

의 해집합이다. 그러면 (★)의 해집합은 무엇인가? **답** $(1,\ 5,\ 3,\ 2)+S$

P2 일반적으로 n개의 미지수를 가진 m개의 선형연립방정식

$$\begin{cases} a_{11}x_1+a_{12}x_2+\cdots+a_{1n}x_n=b_1 \\ a_{21}x_1+a_{22}x_2+\cdots+a_{2n}x_n=b_2 \\ \ \vdots \qquad \vdots \qquad\qquad \vdots \qquad \vdots \\ a_{m1}x_1+a_{m2}x_2+\cdots+a_{mn}x_n=b_m \end{cases}$$

가 있다. 이 식에서 만일 자유변수가 k개라면 선행변수는 몇 개인가? 이것으로부터 자유변수와 선행변수 그리고 미지수의 개수 사이의 관계를 생각해 보아라.

P3 주어진 조건을 만족하는 세 개의 미지수와 세 개의 식으로 구성된 선형연립방정식의 해집합 (1), (2), (3)이 있다. 각각의 해집합의 기하학적 모양을 〈그림 2.3〉에서 선택하여라.

(1) 매개변수가 하나인 해집합

(2) 매개변수가 2개인 해집합

(3) 매개변수가 없는 해집합

2.2 가우스 소거법과 가우스-조르단 소거법

이 절에서는 선형연립방정식을 풀 때 쓰던 소거법을 체계화하여 일반적인 선형연립방정식의 해를 구하는 알고리즘을 얻도록 한다. 이 방법은 주어진 선형연립방정식의 첨가행렬로부터 특별한 모양의 행렬을 만들어 내는 것이다. 이 새로운 행렬은 주어진 선형연립방정식과 같은 해를 갖는 동치인 선형연립방정식이 된다.

선형연립방정식의 해를 구하기 위하여 우리가 사용하였던 소거법은 식의 교환, 식의 스칼라배, 변수의 소거과정을 거쳐 같은 해집합을 갖는 단순한 형태의 선형연립방정식으로 바꾼 후, 해를 구한 것이다. 즉 주어진 선형연립방정식에 다음과 같은 식연산을 수행한 것이다. 다음 세 가지 행위는 주어진 연립방정식의 해집합을 변화하지 않는 식 연산들이다.

(1) 두 식을 교환한다.

(2) 한 식에 영 아닌 실수(스칼라)를 곱한다.

(3) 한 식에 영 아닌 실수를 곱하여 다른 식에 더한다.

다음 예제는 위의 세 가지 식 연산을 이용한 연립방정식의 소거법을 행렬이 어떻게 대신할 수 있는가를 암시한다.

예제 1 아래의 왼쪽은 연립방정식을 푸는 과정이고, 오른쪽은 이에 따른 이 연립방정식의 첨가행렬의 변화를 나타낸 것이다.

$$\begin{aligned} 2x+8y+4z&=2 \\ 2x+5y+z&=5 \\ 4x+10y-z&=1 \end{aligned} \qquad \longrightarrow \qquad \begin{bmatrix} 2 & 8 & 4 & : & 2 \\ 2 & 5 & 1 & : & 5 \\ 4 & 10 & -1 & : & 1 \end{bmatrix}$$

첫째 방정식에 $\frac{1}{2}$배 한다 $\qquad \frac{1}{2}R_1$

$$\begin{aligned} x+4y+2z&=1 \\ 2x+5y+z&=5 \\ 4x+10y-z&=1 \end{aligned} \qquad \longrightarrow \qquad \begin{bmatrix} 1 & 4 & 2 & : & 1 \\ 2 & 5 & 1 & : & 5 \\ 4 & 10 & -1 & : & 1 \end{bmatrix}$$

첫째 방정식을 -2배 하여 둘째 방정식에서 더한다 $\qquad (-2)R_1+R_2 \to R_2$

첫째 방정식을 -4배 하여 셋째 방정식에서 더한다 $\qquad (-4)R_1+R_3 \to R_3$

$$\begin{aligned} x+4y+2z&=1 \\ -3y-3z&=3 \\ -6y-9z&=-3 \end{aligned} \qquad \longrightarrow \qquad \begin{bmatrix} 1 & 4 & 2 & : & 1 \\ 0 & -3 & -3 & : & 3 \\ 0 & -6 & -9 & : & -3 \end{bmatrix}$$

둘째 방정식에 $-\frac{1}{3}$배 한다. $\qquad -\frac{1}{3}R_2$

$$\begin{aligned} x+4y+2z&=\ \ 1 \\ y+z&=-1 \\ -6y-9z&=-3 \end{aligned} \quad \longrightarrow \quad \begin{bmatrix} 1 & 4 & 2 & : & 1 \\ 0 & 1 & 1 & : & -1 \\ 0 & -6 & -9 & : & -3 \end{bmatrix}$$

둘째 방정식을 6배 하여 셋째 방정식에 더하면 $6R_2+R_3 \rightarrow R_3$

$$\begin{aligned} x+4y+2z&=\ \ 1 \\ y+z&=-1 \\ -3z&=-9 \end{aligned} \quad \longrightarrow \quad \begin{bmatrix} 1 & 4 & 2 & : & 1 \\ 0 & 1 & 1 & : & -1 \\ 0 & 0 & -3 & : & -9 \end{bmatrix}$$

셋째 방정식에 $-\frac{1}{3}$배 한다. $\left(-\frac{1}{3}\right)R_3$

$$\begin{aligned} x+4y+2z&=\ \ 1 \\ y+z&=-1 \\ z&=\ \ 3 \end{aligned} \quad \longrightarrow \quad \begin{bmatrix} 1 & 4 & 2 & : & 1 \\ 0 & 1 & 1 & : & -1 \\ 0 & 0 & 1 & : & 3 \end{bmatrix}$$

따라서

$$\begin{aligned} &z=3 \\ &y=-1-z=-4 \\ &x=1-4y-2z=11 \end{aligned}$$

즉, 구하는 연립방정식의 해는

$$x=11,\ y=-4,\ z=3$$

□

참고 위에서 $kR_i+R_j \rightarrow R_j$는 i번째 행(Row)에 k배하여 j번째 행에 더한 행을 j번째 행으로 대치한다는 의미이다. 앞으로는 줄여서 $kR_i+R_j(\rightarrow R_j)$ 또는 kR_i+R_j로 쓰도록 한다.

정 의

$m\times n$행렬 F가 아래 세 가지 성질을 만족할 때, **행 사다리꼴**(row echelon form, **REF**)이라고 한다.

(i) 성분이 모두 0인 행이 존재하면 그 행은 행렬의 맨 아래에 위치한다.

(ii) 각 행에서 처음으로 나타나는 0이 아닌 성분은 1이다. 이때, 이 1을 그 행의 선행성분(leading entry)이라고 한다.

(iii) i행과 $(i+1)$행 모두에 선행성분이 존재하면 $(i+1)$행의 선행성분은 i행의 선행성분보다 오른쪽에 위치한다.

또, 행렬 F가 행사다리꼴이고 다음 성질을 추가로 만족하면 F를 **기약 행 사다리꼴**(reduced row echelon form, **RREF**)이라고 한다.

(iv) 선행성분 1을 가진 열은 1을 제외한 다른 성분이 모두 0이다.

참고 앞으로 행 사다리꼴은 간단히 REF로, 기약 행 사다리꼴은 RREF로 나타내기로 한다.

예제 2 다음 행렬은 모두 REF 이다.

$$\begin{bmatrix} 1 & 5 & -3 & -4 \\ 0 & 1 & 0 & 5 \\ 0 & 0 & 1 & -1 \end{bmatrix}, \begin{bmatrix} 1 & 4 & 5 \\ 0 & 1 & 2 \\ 0 & 0 & 1 \end{bmatrix}, \begin{bmatrix} 0 & 1 & -2 & 0 & 1 \\ 0 & 0 & 0 & 1 & 3 \\ 0 & 0 & 0 & 0 & 0 \\ 0 & 0 & 0 & 0 & 0 \end{bmatrix}, \begin{bmatrix} 0 & 0 \\ 0 & 0 \end{bmatrix}$$ □

예제 3 행렬 A, B, C는 각각 위 정의의 성질 (i), (ii), (iii)을 만족하지 않으므로 REF가 아니다.

$$A=\begin{bmatrix} 1 & -2 & 5 & 4 \\ 0 & 0 & 0 & 0 \\ 0 & 0 & 1 & -3 \end{bmatrix}, B=\begin{bmatrix} 1 & -3 & -3 & -4 \\ 0 & 2 & -1 & 5 \\ 0 & 0 & 1 & 2 \end{bmatrix}, C=\begin{bmatrix} 1 & 0 & -3 & -4 \\ 0 & 1 & -2 & 5 \\ 0 & 1 & 2 & 1 \\ 0 & 0 & 0 & 0 \end{bmatrix}$$ □

예제 4 다음 행렬은 모두 RREF이다.

$$\begin{bmatrix} 1 & 0 & 0 & 3 \\ 0 & 1 & 0 & 5 \\ 0 & 0 & 1 & 2 \end{bmatrix}, \begin{bmatrix} 1 & 0 & 0 \\ 0 & 1 & 0 \\ 0 & 0 & 1 \end{bmatrix}, \begin{bmatrix} 0 & 0 & 0 \\ 0 & 0 & 0 \end{bmatrix}, \begin{bmatrix} 0 & 1 & -2 & 0 & -1 \\ 0 & 0 & 0 & 1 & -3 \\ 0 & 0 & 0 & 0 & 0 \\ 0 & 0 & 0 & 0 & 0 \end{bmatrix}$$ □

다음은 일반적인 형태의 REF의 예이며 아래줄은 그에 대응하는 RREF이다. (여기서 $*$는 임의의 수를 표시한다.)

$$\begin{bmatrix} 1 & * & * & * \\ 0 & 1 & * & * \\ 0 & 0 & 1 & * \\ 0 & 0 & 0 & 1 \end{bmatrix}, \begin{bmatrix} 1 & * & * & * \\ 0 & 1 & * & * \\ 0 & 0 & 1 & * \\ 0 & 0 & 0 & 0 \end{bmatrix}, \begin{bmatrix} 1 & * & * & * \\ 0 & 1 & * & * \\ 0 & 0 & 0 & 0 \\ 0 & 0 & 0 & 0 \end{bmatrix}, \begin{bmatrix} 0 & 1 & * & * & * & * & * & * & * & * \\ 0 & 0 & 0 & 1 & * & * & * & * & * & * \\ 0 & 0 & 0 & 0 & 1 & * & * & * & * & * \\ 0 & 0 & 0 & 0 & 0 & 1 & * & * & * & * \\ 0 & 0 & 0 & 0 & 0 & 0 & 0 & 0 & 1 & * \end{bmatrix}$$

$$\begin{bmatrix} 1 & 0 & 0 & 0 \\ 0 & 1 & 0 & 0 \\ 0 & 0 & 1 & 0 \\ 0 & 0 & 0 & 1 \end{bmatrix}, \begin{bmatrix} 1 & 0 & 0 & * \\ 0 & 1 & 0 & * \\ 0 & 0 & 1 & * \\ 0 & 0 & 0 & 0 \end{bmatrix}, \begin{bmatrix} 1 & 0 & * & * \\ 0 & 1 & * & * \\ 0 & 0 & 0 & 0 \\ 0 & 0 & 0 & 0 \end{bmatrix}, \begin{bmatrix} 0 & 1 & * & 0 & 0 & 0 & * & * & 0 & * \\ 0 & 0 & 0 & 1 & 0 & 0 & * & * & 0 & * \\ 0 & 0 & 0 & 0 & 1 & 0 & * & * & 0 & * \\ 0 & 0 & 0 & 0 & 0 & 1 & * & * & 0 & * \\ 0 & 0 & 0 & 0 & 0 & 0 & 0 & 0 & 1 & * \end{bmatrix}$$

이제, 주어진 행렬을 기약 행 사다리꼴로 변형하는 방법에 대하여 알아보자.

여기서 잠깐!

Giuseppe Piazzi (1746–1826)

가우스 소거법의 최초 형태는 중국에서 쓰여진 책 '구장산술(Nine Chapter of Mathematical Art)'에서 발견된다. 그러나 뛰어난 독일 수학자인 가우스(Carl Friedrich Gauss)가 유한한 데이터로부터 Ceres 소행성의 궤도를 계산하기 위해서 사용할 때까지는 가우스 소거법의 엄청난 유용성을 누구도 알지 못했다. 가우스 소거법의 유용성을 알기까지 어떤 일이 있었을까?

1801년 1월 1일, 시실리아 천문학자인 Giuseppe Piazzi는 그가 있다고 믿고 있던 어떤 천체의 반짝임을 보고선 그것이 사라진 행성일지도 모른다고 생각했다. 그는 그것에 Ceres라 이름 붙이고, 위치에 대한 데이터를 얻어냈으나 행성이 태양 가까이 가는 바람에 행성의 궤도를 놓치고 말았다. 가우스는 자신의 방법을 사용하여 Piazzi의 데이터로부터 궤도를 예측하였다. 이때 사용한 방법이 우리가 지금 알고 있는 가우스 소거법이다. 일년 뒤 행성 Ceres가 가우스가 예측했던 처녀자리근처에서 관측되면서 이 해법은 큰 반향을 일으켰다. 이 해법의 중요성을 인식한 독일 엔지니어인 조르단(Wilhelm Jordan)이 1888년 출간한 자신의 측지학 책에 가우스 소거법 과정을 자세하게 설명하고 사용함으로 그 후 널리 쓰게 되었다.

http://scienceworld.wolfram.com/biography/Piazzi.html

정 의

$m \times n$ 행렬 A에 관한 다음 연산을 **기본행연산**(elementary row operation, ERO)이라고 한다.

- ERO-1 : A의 두 행 i행과 j행을 서로 바꾼다.
- ERO-2 : A의 i행에 0이 아닌 상수 k를 곱한다.
- ERO-3 : A의 i행을 k배하여 j행에 더한다.

앞으로 기본행연산을 다음과 같이 기호로 나타내기로 한다. (예제 1 참조)

$$\text{E1} : R_i \leftrightarrow R_j$$
$$\text{E2} : kR_i$$
$$\text{E3} : kR_i + R_j$$

정 의

행렬 A에 기본행연산을 시행하여 얻어지는 행렬을 B라 하면 A와 B는 **행동치**(row equivalent)라고 한다.

예제 5 다음 행렬은 모두 행동치이다.

$$A=\begin{bmatrix} 3 & -4 \\ 1 & 2 \end{bmatrix},\ B=\begin{bmatrix} 1 & 2 \\ 3 & -4 \end{bmatrix},\ C=\begin{bmatrix} 1 & 2 \\ 0 & -10 \end{bmatrix},\ D=\begin{bmatrix} 1 & 2 \\ 0 & 1 \end{bmatrix},\ E=\begin{bmatrix} 1 & 0 \\ 0 & 1 \end{bmatrix} \quad \square$$

다음 행렬 A를 기본행연산을 시행하여 REF와 RREF로 변형시켜 보자.

$$A=\begin{bmatrix} 0 & 0 & -2 & 0 & 7 & 12 \\ 2 & 4 & -10 & 6 & 12 & 28 \\ 2 & 4 & -5 & 6 & -5 & -1 \end{bmatrix}$$

성분이 모두는 0이 아닌 제일 왼쪽의 열을 찾는다.

$$\begin{bmatrix} 0 & 0 & -2 & 0 & 7 & 12 \\ 2 & 4 & -10 & 6 & 12 & 28 \\ 2 & 4 & -5 & 6 & -5 & -1 \end{bmatrix}$$

성분이 모두는 0이 아닌 가장 좌측열
(이경우는 첫 번째 열이다)

단계 1에서 찾은 열의 맨 위에 있는 성분이 0일 때에는 그 열의 위에서 부터 처음으로 0이 아닌 성분을 포함하는 행과 1행을 교환한다.
(가능하면 1, −1 또는 2 등의 성분을 취한다)

$$\begin{bmatrix} 2 & 4 & -10 & 6 & 12 & 28 \\ 0 & 0 & -2 & 0 & 7 & 12 \\ 2 & 4 & -5 & 6 & -5 & -1 \end{bmatrix}$$

1행과 2행을 교환하였다
(이 경우는 1열의 2행성분이 대상이 된다)

1행의 선행성분을 1로 만들기 위하여 1행에 첫째 성분의 역수를 곱한다.

$$\begin{bmatrix} 1 & 2 & -5 & 3 & 6 & 14 \\ 0 & 0 & -2 & 0 & 7 & 12 \\ 2 & 4 & -5 & 6 & -5 & -1 \end{bmatrix}$$

1행에 $\frac{1}{2}$배 하였다

1행의 선행성분의 아래에 있는 모든 성분을 0으로 만든다(행연산이용).

$$\begin{bmatrix} 1 & 2 & -5 & 3 & 6 & 14 \\ 0 & 0 & -2 & 0 & 7 & 12 \\ 0 & 0 & 5 & 0 & -17 & -29 \end{bmatrix}$$

1행을 −2배 하여 3행에 더했다.

1행을 제외한 나머지부분에 단계1에서 단계 4를 반복한다.

$$\begin{bmatrix} 1 & 2 & -5 & 3 & 6 & 14 \\ 0 & 0 & -2 & 0 & 7 & 12 \\ 0 & 0 & 5 & 0 & -17 & -29 \end{bmatrix}$$

우선 1행을 제외하고 성분 모두가 0이 아닌 열을 찾는다.

$$\begin{bmatrix} 1 & 2 & -5 & 3 & 6 & 14 \\ 0 & 0 & 1 & 0 & -\frac{7}{2} & -6 \\ 0 & 0 & 5 & 0 & -17 & -29 \end{bmatrix}$$

1행을 제외하고 0이 아닌 성분이 있으므로 단계 3 수행.

$$\begin{bmatrix} 1 & 2 & -5 & 3 & 6 & 14 \\ 0 & 0 & 1 & 0 & -\frac{7}{2} & -6 \\ 0 & 0 & 0 & 0 & \frac{1}{2} & 1 \end{bmatrix}$$

1행을 제외한 아래 성분을 모두 0으로 만든다.

1행과 2행을 제외한 나머지 부분에 단계 1에서 단계 3을 반복한다.

$$\begin{bmatrix} 1 & 2 & -5 & 3 & 6 & 14 \\ 0 & 0 & 1 & 0 & -\frac{7}{2} & -6 \\ 0 & 0 & 0 & 0 & \frac{1}{2} & 1 \end{bmatrix}$$ 1행과 2행을 제외하고 성분 모두가 0이 아닌 열을 찾는다.

$$\begin{bmatrix} 1 & 2 & -5 & 3 & 6 & 14 \\ 0 & 0 & 1 & 0 & -\frac{7}{2} & -6 \\ 0 & 0 & 0 & 0 & 1 & 2 \end{bmatrix}$$ 1, 2행을 제외하고 0이 아닌 성분이 있으므로, 단계 3 수행.

따라서, 다음과 같은 A의 REF를 얻는다.

$$\begin{bmatrix} 1 & 2 & -5 & 3 & 6 & 14 \\ 0 & 0 & 1 & 0 & -\frac{7}{2} & -6 \\ 0 & 0 & 0 & 0 & 1 & 2 \end{bmatrix}$$

A의 REF를 다음과 같이 변형시키면 RREF를 얻는다.

$$\begin{bmatrix} 1 & 2 & -5 & 3 & 6 & 14 \\ 0 & 0 & 1 & 0 & 0 & 1 \\ 0 & 0 & 0 & 0 & 1 & 2 \end{bmatrix}$$ 3행에 $\frac{7}{2}$배 하여 2행에 더한다.

$$\begin{bmatrix} 1 & 2 & -5 & 3 & 0 & 2 \\ 0 & 0 & 1 & 0 & 0 & 1 \\ 0 & 0 & 0 & 0 & 1 & 2 \end{bmatrix}$$ 역시 3행에 -6배 하여 1행에 더한다.

$$\begin{bmatrix} 1 & 2 & 0 & 3 & 0 & 7 \\ 0 & 0 & 1 & 0 & 0 & 1 \\ 0 & 0 & 0 & 0 & 1 & 2 \end{bmatrix}$$ 2행에 5배 하여 1행에 더한다.

따라서 A의 RREF는 다음과 같다.

$$\begin{bmatrix} 1 & 2 & 0 & 3 & 0 & 7 \\ 0 & 0 & 1 & 0 & 0 & 1 \\ 0 & 0 & 0 & 0 & 1 & 2 \end{bmatrix}$$

□

예제 6 다음 행렬 A의 RREF를 구하라.

$$A=\begin{bmatrix} 1 & 1 & 0 & 0 & 0 \\ 3 & 3 & 1 & 0 & -1 \\ -2 & -2 & 1 & 1 & 0 \end{bmatrix}$$

풀이

$$\begin{bmatrix} 1 & 1 & 0 & 0 & 0 \\ 3 & 3 & 1 & 0 & -1 \\ -2 & -2 & 1 & 1 & 0 \end{bmatrix} \xrightarrow[2R_1+R_3]{(-3)R_1+R_2} \begin{bmatrix} 1 & 1 & 0 & 0 & 0 \\ 0 & 0 & 1 & 0 & -1 \\ 0 & 0 & 1 & 1 & 0 \end{bmatrix}$$

$$\xrightarrow{(-1)R_2+R_3} \begin{bmatrix} 1 & 1 & 0 & 0 & 0 \\ 0 & 0 & 1 & 0 & -1 \\ 0 & 0 & 0 & 1 & 1 \end{bmatrix} = \text{RREF}(A)$$ □

자 여기서 우리는 자바 애플릿(JAVA-Applet)을 이용하여 손쉽게 REF(와 RREF)를 구할 수 있다. 다음을 이용하여 직접 실습해 보자.

URL : http://matrix.skku.ac.kr/GaussElimination2/Test.html

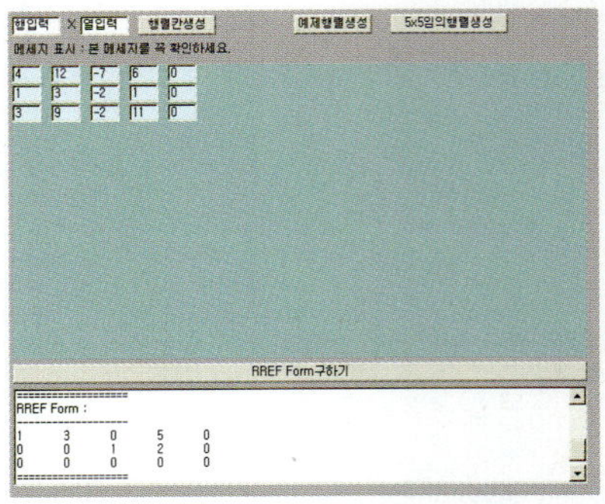

참고 RREF는 일단 REF를 구한 후에, 0이 아닌 leading entry가 있는 열의 다른 성분을 (세 번째 기본행연산을 이용하여) 모두 0으로 만들어 주면 얻어진다.

일반적으로 다음 정리가 성립한다.

정리 2.2.1

첨가행렬이 행동치인 두 선형연립방정식은 동치이다. (즉, 해집합이 같다.)

위 정리에 의하여 선형연립방정식의 첨가행렬을 REF로 변형시켜 그 해를 구할 수 있다. 이러한 방법을 **가우스(Gauss) 소거법**이라고 한다.

예제 7 다음 선형연립방정식을 가우스 소거법으로 풀어라.

$$\begin{aligned} 2x+4y+6z&=18 \\ 2x-\ y+\ z&=\ 8 \\ 3x-\ z&=\ 3 \end{aligned}$$

풀이 이 연립방정식의 첨가행렬은

$$\begin{bmatrix} 2 & 4 & 6 & : & 18 \\ 2 & -1 & 1 & : & 8 \\ 3 & 0 & -1 & : & 3 \end{bmatrix}$$

이고 다음과 같이 기본행연산을 시행하여 REF를 구하면

$$\begin{bmatrix} 2 & 4 & 6 & : & 18 \\ 2 & -1 & 1 & : & 8 \\ 3 & 0 & -1 & : & 3 \end{bmatrix} \xrightarrow{\frac{1}{2}R_1} \begin{bmatrix} 1 & 2 & 3 & : & 9 \\ 2 & -1 & 1 & : & 8 \\ 3 & 0 & -1 & : & 3 \end{bmatrix}$$

$$\xrightarrow[\displaystyle\xrightarrow{(-3)R_1+R_3}]{(-2)R_1+R_2} \begin{bmatrix} 1 & 2 & 3 & : & 9 \\ 0 & -5 & -5 & : & -10 \\ 0 & -6 & -10 & : & -24 \end{bmatrix}$$

$$\xrightarrow{(-\frac{1}{5})R_2} \begin{bmatrix} 1 & 2 & 3 & : & 9 \\ 0 & 1 & 1 & : & 2 \\ 0 & -6 & -10 & : & -24 \end{bmatrix}$$

$$\xrightarrow{6R_2+R_3} \begin{bmatrix} 1 & 2 & 3 & : & 9 \\ 0 & 1 & 1 & : & 2 \\ 0 & 0 & -4 & : & -12 \end{bmatrix}$$

$$\xrightarrow{(-\frac{1}{4})R_3} \begin{bmatrix} 1 & 2 & 3 & : & 9 \\ 0 & 1 & 1 & : & 2 \\ 0 & 0 & 1 & : & 3 \end{bmatrix}$$

이 행렬을 첨가행렬로 갖는 선형연립방정식은

$$\begin{aligned} x+2y+3z&=9 \\ y+z&=2 \\ z&=3 \end{aligned}$$

이므로

$$\begin{aligned} z&=3 \\ y&=2-z=-1 \\ x&=9-2y-3z=2 \end{aligned}$$

따라서, 구하는 해는

$$x=2,\ y=-1,\ z=3$$ □

즉, 가우스 소거법은 보통 우리가 해왔듯이 첨가행렬의 REF 까지만 구한 후 대응하는 그래서 해 집합이 같은 그 연립방정식의 해를 구한다. 그러나 **정리 2.2.1**에 의하여 선형연립방정식의 첨가행렬을 **REF**에서 더 나아가 **RREF**까지 변형시켜 좀 더 쉽게 해를 구할 수도 있다. 이러한 방법을 **가우스-조르단(Gauss-Jordan)** 소거법이라고 한다.

예제 8 다음 선형연립방정식을 가우스-조르단 소거법으로 풀어라.

$$\begin{aligned} -2x_3+7x_5&=12 \\ 2x_1+4x_2-10x_3+6x_4+12x_5&=28 \\ 2x_1+4x_2-5x_3+6x_4-5x_5&=-1 \end{aligned}$$

풀이 위의 선형연립방정식의 첨가행렬은

$$\begin{bmatrix} 0 & 0 & -2 & 0 & 7 & : & 12 \\ 2 & 4 & -10 & 6 & 12 & : & 28 \\ 2 & 4 & -5 & 6 & -5 & : & -1 \end{bmatrix}$$

이므로, 앞에서 구한 RREF를 이용하면,

$$\begin{bmatrix} 1 & 2 & 0 & 3 & 0 & 7 \\ 0 & 0 & 1 & 0 & 0 & 1 \\ 0 & 0 & 0 & 0 & 1 & 2 \end{bmatrix}$$

가 된다. 이 행렬을 첨가행렬로 갖는 선형연립방정식은

$$\begin{cases} x_1+2x_2 \quad +3x_4 \quad =7 \\ \qquad x_3 \qquad\quad =1 \\ \qquad\qquad\quad x_5=2 \end{cases}$$

이므로 $x_2=r,\ x_4=s$ $(r,\ s$는 임의의 실수)라 놓으면 구하는 해는

$$x_1=7-2r-3s,\ x_2=r,\ x_3=1,\ x_4=s,\ x_5=2$$

□

여기서 잠깐!

해의 표현

위의 예제에서 일반해를 다음과 같이 벡터모양으로 표현할 수 있다.

$$\begin{bmatrix} x_1 \\ x_2 \\ x_3 \\ x_4 \\ x_5 \end{bmatrix} = \begin{bmatrix} 7-2r-3s \\ r \\ 1 \\ s \\ 2 \end{bmatrix} = \begin{bmatrix} 7 \\ 0 \\ 1 \\ 0 \\ 2 \end{bmatrix} + \begin{bmatrix} -2r \\ r \\ 0 \\ 0 \\ 0 \end{bmatrix} + \begin{bmatrix} -3s \\ 0 \\ 0 \\ s \\ 0 \end{bmatrix}$$

$$= \begin{bmatrix} 7 \\ 0 \\ 1 \\ 0 \\ 2 \end{bmatrix} + r\begin{bmatrix} -2 \\ 1 \\ 0 \\ 0 \\ 0 \end{bmatrix} + s\begin{bmatrix} -3 \\ 0 \\ 0 \\ 1 \\ 0 \end{bmatrix} \quad (r,\ s \in R)$$

여기서 보듯이 일반해에서 자유변수에 대응하는 매개변수는 보통 $r,\ s,\ \cdots$로 지정하며, 매개변수가 4개 이상이 되면 $t_1,\ t_2,\ t_3,\ \cdots$ 모양으로 쓰면 편리하다.

예제 9 가우스-조르단 소거법으로 다음 동차연립방정식의 해를 열벡터로 표현하여라.

$$\begin{cases} x_1+3x_2-2x_3+2x_5=0 \\ 2x_1+6x_2-5x_3-2x_4+4x_5-3x_6=0 \\ 5x_3+10x_4+15x_6=0 \\ 2x_1+6x_2+8x_4+4x_5+18x_6=0 \end{cases}$$

풀이

첨가행렬은 $\begin{bmatrix} 1 & 3 & -2 & 0 & 2 & 0 & 0 \\ 2 & 6 & -5 & -2 & 4 & -3 & 0 \\ 0 & 0 & 5 & 10 & 0 & 15 & 0 \\ 2 & 6 & 0 & 8 & 4 & 18 & 0 \end{bmatrix}$ 이고,

RREF는 $\begin{bmatrix} 1 & 3 & 0 & 4 & 2 & 0 & 0 \\ 0 & 0 & 1 & 2 & 0 & 0 & 0 \\ 0 & 0 & 0 & 0 & 0 & 1 & 0 \\ 0 & 0 & 0 & 0 & 0 & 0 & 0 \end{bmatrix}$ 이다.

선행성분에 대응하는 선행변수(leading 또는 basic variables) x_1, x_3, x_6를 나머지 변수로 표현하면,

$$x_1=-3x_2-4x_4-2x_5$$
$$x_3=-2x_4$$
$$x_6=0$$

이제 자유변수 $x_2=r$, $x_4=s$, $x_5=t$를 각각 지정하면,

$$x_1=-3r-4s-2t,\quad x_2=r,\quad x_3=-2s,$$
$$x_4=s,\quad x_5=t,\quad x_6=0$$

$$\therefore \begin{bmatrix} x_1 \\ x_2 \\ x_3 \\ x_4 \\ x_5 \\ x_6 \end{bmatrix} = r\begin{bmatrix} -3 \\ 1 \\ 0 \\ 0 \\ 0 \\ 0 \end{bmatrix} + s\begin{bmatrix} -4 \\ 0 \\ -2 \\ 1 \\ 0 \\ 0 \end{bmatrix} + t\begin{bmatrix} -2 \\ 0 \\ 0 \\ 0 \\ 1 \\ 0 \end{bmatrix}$$ □

(Takakazu) Seki Kowa (1642–1708) 흉상과 초상화

위의 예제에서 알 수 있듯이 동차연립방정식인 경우 첨가행렬의 RREF로부터 다음 정리를 알 수 있다.

정리 2.2.2

[동차연립방정식의 자유변수]

n개의 미지수를 갖는 동차연립방정식에 대하여 첨가행렬의 RREF가 r개의 선행성분을 갖는다면 이 연립방정식의 해집합은 $n-r$개의 자유변수를 갖는다.

연습문제 2-2

|1-5| 다음 행렬 중 REF와 RREF인 것을 찾고, RREF가 아닌 것은 RREF로 변형시켜라.

1. $\begin{bmatrix} 1 & 2 \\ 2 & 1 \end{bmatrix}$

2. $\begin{bmatrix} 1 & 2 & -1 & -2 \\ 0 & 2 & -2 & -3 \\ 0 & 0 & 0 & 2 \end{bmatrix}$

3. $\begin{bmatrix} 0 & 1 & 0 & 0 & 5 \\ 0 & 0 & 1 & 0 & 4 \\ 0 & 1 & 0 & -2 & 3 \end{bmatrix}$

4. $\begin{bmatrix} 0 & 0 & 2 & -3 \\ 3 & 0 & 1 & 2 \end{bmatrix}$

5. $\begin{bmatrix} 1 & 1 & 2 & 0 & 2 \\ 0 & -1 & 1 & -1 & 0 \\ 0 & 0 & 1 & 2 & -1 \\ 0 & 0 & 0 & 0 & 5 \end{bmatrix}$

|6-7| 다음 행렬과 행동치인 행렬을 3개 이상 찾아라.

6. $A=\begin{bmatrix} 2 & 0 & 4 & 2 \\ 3 & -2 & 5 & 6 \\ -1 & 3 & 1 & 1 \end{bmatrix}$

7. $B=\begin{bmatrix} 1 & 2 & 1 & 4 \\ 3 & 8 & 7 & 10 \\ 2 & 7 & 9 & 6 \end{bmatrix}$

|8-9| 다음 연립방정식을 가우스 소거법으로 풀어라.

8. $\begin{cases} x+y+2z=-1 \\ x-2y+z=-5 \\ 3x+y+z=3 \end{cases}$

9. $\begin{cases} 2x+y+z-2w=1 \\ 3x-2y+z-6w=-2 \\ x+y-z-w=-1 \\ 5x-y+2z-8w=3 \end{cases}$

|10-11| 다음 연립방정식을 가우스-조르단 소거법으로 풀어라.

10. $\begin{cases} x+2y-3z=4 \\ x+3y+\ z=11 \\ 2x+5y-4z=13 \\ 2x+6y+2z=22 \end{cases}$

11. $\begin{cases} -\ y+\ 2z+\ 4w=0 \\ -\ z+\ 3w=0 \\ 2x+\ y+\ 3z+\ 7w=0 \\ 6x+2y+10z+28w=0 \end{cases}$ 답 $\begin{bmatrix} -13 \\ 10 \\ 3 \\ 1 \end{bmatrix} t \quad (t \in \boldsymbol{R})$

12. 아래 첨가행렬에 대응하는 선형연립방정식에 대하여 다음을 구하여라.

$$\begin{bmatrix} 1 & 2 & 1 & : & 3 \\ 1 & 3 & -1 & : & 4 \\ 1 & 2 & a^2-8 & : & a \end{bmatrix}$$

(1) 해를 갖지 않기 위한 a의 조건

(2) 유일한 해를 갖기 위한 a의 조건

(3) 무수히 많은 해를 갖기 위한 a의 조건

13. 다음 동차연립방정식의 해집합의 자유변수 개수를 구하여라.

$$\begin{aligned} x_1+2x_2+\ x_3+3x_4+2x_5&=0 \\ 2x_1+5x_2+2x_3+\ x_4-2x_5&=0 \\ x_1+3x_2+\ x_3-2x_4+\ x_5&=0 \\ x_5&=0 \end{aligned}$$

토론과 발견

P1 주어진 첨가행렬에 대응하는 선형연립방정식을 생각해 보자. $[A|\mathbf{b}]$ 경우 해가 존재하지 않고, $[A|\mathbf{c}]$의 경우 해가 존재하는 3×3행렬 A와 3×1 열벡터 $\mathbf{b}$, $\mathbf{c}$를 하나씩 구하여라.

P2 다음을 해집합으로 갖는 미지수 네 개, 방정식 세 개로 이루어진 동차 선형연립방정식을 하나 작성하여라.

$$x_2\begin{bmatrix}-2\\1\\0\\0\end{bmatrix}+x_4\begin{bmatrix}-3\\0\\2\\1\end{bmatrix}$$

P3 다음 세 점 (1, 4), (−1, 6), (2, 9)를 지나는 포물선 $ax^2+bx+c=y$를 구하기 위하여 세 점을 대입하면 3개의 선형방정식을 얻게 된다. 이것으로 선형연립방정식 $A\mathbf{x}=\mathbf{b}$를 만들어 계수 a, b, c 를 구해 보아라.

P4 세 점 $P(1, 1, 2)$, $Q(1, 2, 0)$, $R(2, 1, 5)$를 통과하는 $xyz-$공간에 있는 평면의 방정식을 구하여라.

P5 n차 정사각행렬의 REF를 구하기 위하여 필요한 최대의 기본행연산의 횟수를 구하여라. (이어서 RREF에 대하여도 생각해 보아라.)

P6 다음 조건을 만족하는 네 개의 미지수를 갖는 네 개의 식으로 구성된 연립방정식을 구성하여라.

(a) 한 개의 미지수로 이루어진 해집합
(b) 두 개의 미지수로 이루어진 해집합
(c) 세 개의 미지수로 이루어진 해집합

P7 다음 연립방정식은 선형방정식이 아니지만 가우스 소거법을 이용하여 풀이할 수 있다. 다음 연립방정식의 해의 존재성을 논하여라. (힌트 : 삼각함수 값의 범위 이용)

$$\begin{aligned}2\sin\alpha-\cos\beta+3\tan\gamma&=3\\4\sin\alpha+2\cos\beta-2\tan\gamma&=10\\6\sin\alpha-3\cos\beta+\tan\gamma&=9\end{aligned}$$

*2.3 선형연립방정식의 응용

• 이 절에서는 선형연립방정식의 다양한 예를 다룬다. 이 중에서는 CT촬영, 전자회로, 교통망, 생산문제등 주위의 흥미있는 문제가 많이 있다. 마지막으로 다양한 컴퓨터 프로그램을 이용하여 REF를 구하는 예제를 소개한다.

예제 1 [연립방정식을 이용한 CT촬영]

병원에서는 CT를 촬영하여 환자들의 상태를 관찰한다. 이 CT는 X선을 체내에 통과시킨 후 X선의 양을 측정한다. 그리고, 각 신체 부위에서 흡수된 X선의 양을 계산하고 합성하여 신체 내부의 입체 영상을 볼 수 있게 해 주는 장치이다.

다음 그림과 같이 투사한 X 선의 양을 10이라 하고, 이 때, 투과되어 나온 X 선의 양을 측정하였다.

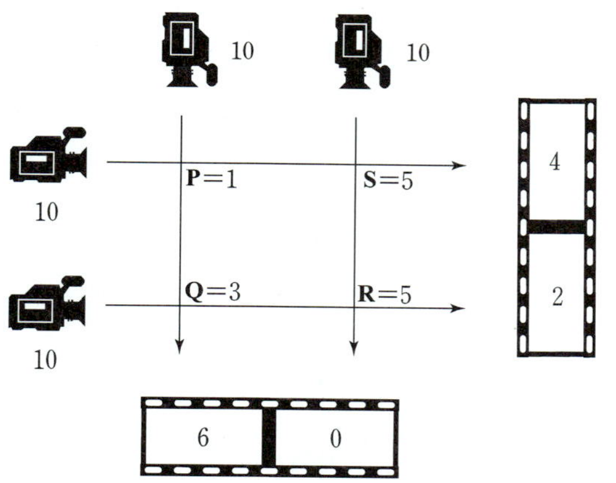

이 측정된 양을 가지고 P, Q, R, S의 각 지점이 흡수한 양을 계산할 수 있다. 즉, P와 S는 6, Q와 R은 8, P와 Q는 4, S와 R은 10만큼 각각 흡수하였으므로

$$P+S=6,\ Q+R=8,\ P+Q=4,\ S+R=10$$

이 연립방정식을 풀면

$$P=1,\ Q=3,\ R=5,\ S=5$$

따라서, 각 부위에서 흡수한 양을 측정할 수 있으므로 이를 합성하면 영상을 볼 수 있다.
이제, 가로 100, 세로 100 군데에서 X 선을 쏜다면 미지수가 100×100(개)이고 이를 컴퓨터를 이용하여 연립방정식을 풀면 흡수된 방사능의 양을 측정할 수 있다. 이렇게 하면 좀 더 정밀한 영상을 얻을 수 있다. □

예제 2 [전기회로]

전기회로에서 전류가 저항기를 통하여 흐르면 저항기의 양 끝에서의 전위는 서로 다르게 된다. 두 점 사이의 전위차를 두 점 사이의 전압강하라 하며 보통 V로 나타낸다. 전류 I의 흐름에 대하여 다음 세 가지 기본법칙이 성립한다.

- Ohm(오옴)의 법칙 : 저항기에 기인한 전압강하는 저항기를 지나는 전류와 저항 R의 곱이다. 즉, $V=IR$.
- Kirchhoff(키르히호프)의 전류법칙 : 모든 분지점에 대하여 들어오는 전류의 합은 나가는 전류의 합과 같다.
- Kirchhoff(키르히호프)의 전압법칙 : 폐(clored)회로에서 인가되는 전압은 각 소자의 전압강하의 합과 같다.

$30V$의 전지와 $50V$의 전지가 두 개의 5Ω의 저항기, 1개의 1Ω의 저항기와 함께 연결되어 있는 전기회로를 생각하자(저항기는 톱니바퀴와 같은 선들로, 전지는 평행 직선의 쌍으로 나타낸다. Ω은 저항의 단위를 의미한다). 이때 각 저항기를 흐르는 전류 I_1, I_2, I_3(암페어)를 구하라.

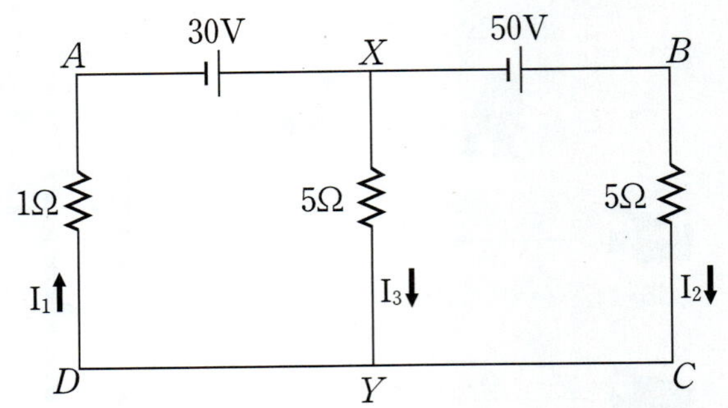

그림 2.4

풀이 세 가지 기본법칙을 이용하여 세 전류 I_1, I_2, I_3에 관한 연립방정식을 만들자. 점 Y에서 전류법칙을 적용하면

$$I_1=I_2+I_3$$

두 작은 폐회로 $AXYD$, $XBCY$에서 전압법칙과 오옴의 법칙을 적용하면 다음 식을 얻는다.

$$1I_1+5I_3=30$$
$$-5I_3+5I_2=50$$

위 세 방정식을 함께 쓰면 다음 연립방정식을 얻는다.

여기서 잠깐!

바깥회로 $ABCD$에서 방정식 $1I_1+5I_2-50-30=0$을 얻는다. 그러나 이 방정식은 위의 두 방정식을 더하면 얻어지므로 여분의 정보일 뿐이다. 이 경우는 미지수가 세 개이고 전류법칙으로부터 한 방정식을 이미 얻었으므로 세 폐회로

$$AXYD,\ XBCY,\ ABCD$$

중 임의의 2개에 대해서 Kirchhoff(키르히호프) 법칙을 적용하면 충분하다.

$$I_1 - I_2 - I_3 = 0$$
$$I_1 + 5I_3 = 30$$
$$5I_2 - 5I_3 = 50$$

첨가행렬

$$\begin{bmatrix} 1 & -1 & -1 & : & 0 \\ 1 & 0 & 5 & : & 30 \\ 0 & 5 & -5 & : & 50 \end{bmatrix}$$

의 행사다리꼴행렬을 구해보면 다음과 같다.

$$\begin{bmatrix} 1 & -1 & -1 & : & 0 \\ 1 & 0 & 5 & : & 30 \\ 0 & 5 & -5 & : & 50 \end{bmatrix} \xrightarrow{-R_1+R_2} \begin{bmatrix} 1 & -1 & -1 & : & 0 \\ 0 & 1 & 6 & : & 30 \\ 0 & 5 & -5 & : & 50 \end{bmatrix}$$

$$\xrightarrow{\frac{1}{5}R_3} \begin{bmatrix} 1 & -1 & -1 & : & 0 \\ 0 & 1 & 6 & : & 30 \\ 0 & 1 & -1 & : & 10 \end{bmatrix}$$

$$\xrightarrow{-R_2+R_3} \begin{bmatrix} 1 & -1 & -1 & : & 0 \\ 0 & 1 & 6 & : & 30 \\ 0 & 0 & -7 & : & -20 \end{bmatrix}$$

$$\xrightarrow{(-\frac{1}{7})R_3} \begin{bmatrix} 1 & -1 & -1 & : & 0 \\ 0 & 1 & 6 & : & 30 \\ 0 & 0 & -1 & : & \frac{20}{7} \end{bmatrix}$$

이로부터 연립방정식

$$\begin{cases} I_1 - I_2 - I_3 = 0 \\ I_2 + 6I_3 = 30 \\ I_3 = \frac{20}{7} \end{cases}$$

을 얻는다. 밑에서 부터 풀면

$$I_3 = \frac{20}{7}$$
$$I_2 = 30 - 6I_3 = 30 - \frac{120}{7} = \frac{90}{7}$$
$$I_1 = I_2 + I_3 = \frac{90}{7} + \frac{20}{7} = \frac{110}{7}$$

따라서 각 저항기를 흐르는 전류는 각각 $\frac{110}{7}$, $\frac{90}{7}$, $\frac{20}{7}$(암페어)이다. □

키르히호프(Gustav Kirchhoff, 1824-1887)

여기서 잠깐!

심한 장애인이어서 보조지팡이를 짚고 다니거나 휠체어를 이용하였던, 독일의 물리학자 키르히호프는 **Königsberg**대학에서 1847년 Karl Jacobi의 제자인 Otto Hesse에게 박사학위를 수여 받았다. 1854년에 발표된 키르히호프의 법칙에 대한 업적은 Ohm(옴)의 법칙을 발전시켜 전류, 전압, 그리고 전기 회로의 저항 연구에 큰 기여를 하였다. http://www-groups.dcs.st-and.ac.uk/~history/mathematicians/Kirchhoff.html

예제 3 [화학반응식의 균형]

다음 식을 화학균형식으로 만들어라.

$$C_2H_6+O_2 \rightarrow CO_2+H_2O$$

풀이 $x_1C_2H_6+x_2O_2 \rightarrow x_3CO_2+x_4H_2O$라 놓으면 각 원소의 원자의 수는 서로 같게 되는 양의 정수 x_1, x_2, x_3과 x_4를 구해야 한다. 관계식

탄소(C) : $2x_1=x_3$

수소(H) : $6x_1=2x_4$

산소(O) : $2x_2=2x_3+x_4$

이 성립하므로 연립방정식

$$\begin{aligned} 2x_1-x_3&=0 \\ 6x_1-2x_4&=0 \\ 2x_2-2x_3-x_4&=0 \end{aligned}$$

을 풀어야 한다. 대응되는 첨가행렬을 RREF(기약 행사다리꼴) 행렬로 바꾸면

$$\begin{bmatrix} 2 & 0 & -1 & 0 & : & 0 \\ 6 & 0 & 0 & -2 & : & 0 \\ 0 & 2 & -2 & -1 & : & 0 \end{bmatrix} \rightarrow \begin{bmatrix} 1 & 0 & 0 & -1/3 & : & 0 \\ 0 & 1 & 0 & -7/6 & : & 0 \\ 0 & 0 & 1 & -2/3 & : & 0 \end{bmatrix}$$

을 얻는다. 이로부터

$$x_1=(1/3)t,\ x_2=(7/6)t,\ x_3=(2/3)t,\ x_4=t\ (t\text{는 임의의 실수})$$

x_1, x_2, x_3과 x_4가 모두 양의 정수가 되도록 t를 택하면, 예를 들어 $t=6$이라 놓으면

$$x_1=2,\ x_2=7,\ x_3=4,\ x_4=6$$

이다. 따라서 균형을 이루는 화학방정식은

$2C_2H_6+7O_2 \rightarrow 4CO_2+6H_2O$이다. □

예제 4 다음은 어떤 도시 중심가의 지도이다.

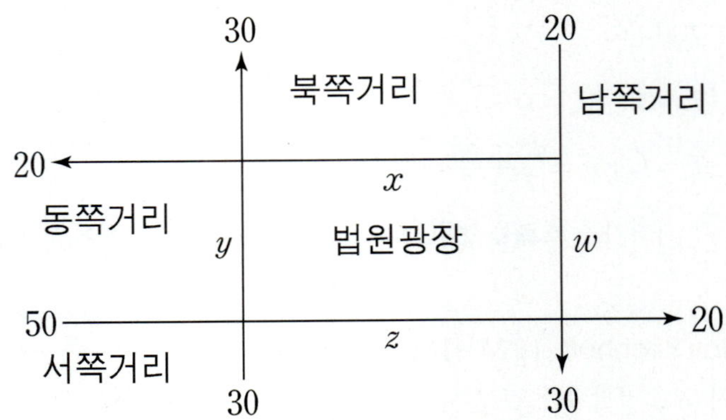

그림 2.5

각 거리는 일방통행이다. 표기된 각 숫자는 오후 3시 30분에 해당 거리에 진입하거나 벗어나는 자동차의 분당 평균 대수를 나타낸다. 각 변수는 자동차의 분당 평균 대수를 나타낸다. 교차

로를 진입하는 자동차의 대수와 벗어나는 자동차의 대수는 같다고 가정하자. 그러면 동쪽거리와 북쪽거리의 교차로로부터 일차방정식

$$x+y=50$$

을 얻는다. 법원 광장을 중심으로 반시계방향으로 계속하면 다음과 같은 연립방정식을 얻는다.

$$\begin{aligned} x+y&=50 \\ y+z&=80 \\ z+w&=50 \\ x+w&=20 \end{aligned}$$

이 때 각 거리를 지나는 자동차의 분당 평균 대수를 알려면 위 방정식들을 동시에 풀어야 한다. 이를 위하여 위의 방정식들을 이용하여 각각의 행렬을 구해보면,

$$A=\begin{bmatrix} 1 & 1 & 0 & 0 \\ 0 & 1 & 1 & 0 \\ 0 & 0 & 1 & 1 \\ 1 & 0 & 0 & 1 \end{bmatrix},\ \mathbf{x}=\begin{bmatrix} x \\ y \\ z \\ w \end{bmatrix},\ \mathbf{b}=\begin{bmatrix} 50 \\ 80 \\ 50 \\ 20 \end{bmatrix}$$

이 된다. 그럼 가우스 소거법에 의해

$$\left[\begin{array}{cccc|c} 1 & 1 & 0 & 0 & 50 \\ 0 & 1 & 1 & 0 & 80 \\ 0 & 0 & 1 & 1 & 50 \\ 0 & 0 & 0 & 0 & 0 \end{array}\right]$$

이므로, 해집합은 매개변수방정식으로 다음과 같다. 즉 임의의 실수 t에 대하여

$$\begin{cases} x=20-t \\ y=30+t \\ z=50-t \\ w=\ \ \ \ t \end{cases}$$

이다.

그런데 실제 상황에서는 t는 교통량이므로, 문제의 조건으로부터 자연스레 t도 x도 모두 음이 아닌 상수이므로 t의 범위가 $0 \le t \le 20$가 된다. 그러므로 해 구간은,

$$0 \le x \le 20,\ 30 \le y \le 50,\ 30 \le z \le 50,\ 0 \le w \le 20\ (x,\ y,\ z,\ w\text{는 정수})$$

이다. 이 때 교통량이 적은 두 길을 골라서 인도를 넓히려고 한다면 x, w 도로를 선택하는 것이 합리적임을 알 수 있다. □

심화학습 CAS(Computer Algebra System)

이 절에서 배운 내용을 바탕으로 실제로 컴퓨터를 이용하여 가우스 소거법을 하는 방법을 확인해 볼 수 있다. 이러한 방법으로는 다음과 같은 세 가지 방법을 소개한다. 만일 가용한 프로그램이 있으면 스스로 명령어를 따라서 실습할 수 있다. 컴퓨터 소프트웨어의 활용방법은 앞의 (iii)쪽에 이미 소개하였다.

1. 자바 애플릿(Java Applet)을 이용하는 방법

이 애플릿은 가우스 소거법을 단계별로 보여주는 프로그램이다. 별도의 프로그램 없이 인터넷 익스플로러만 있으면 손쉽게 확인할 수 있는 기능을 가지고 있다. (아래 그림이 안 보이는 경우, 자바가상머신(Java Virtual Machine)을 http://matrix.skku.ac.kr/sglee/에서 다운받으면 바로 이용가능하다.)

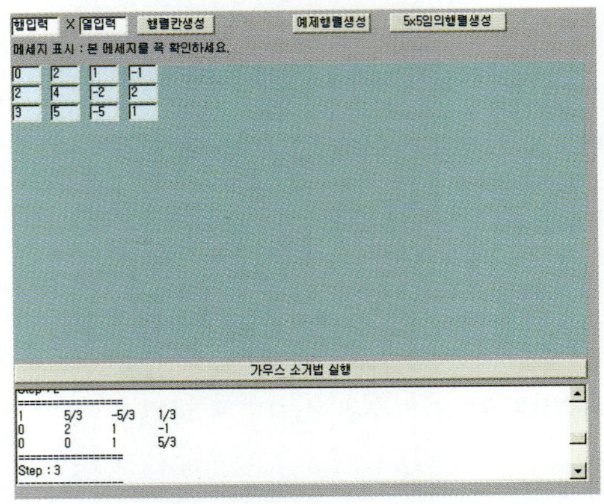

2. Maple을 이용한 가우스 소거법 실습하기

모든 CAS(Computer Algebra System)는 행렬계산을 도와주는 명령어를 제공한다. 이 절에서는 CAS 중 하나인 Maple을 이용한다. 모든 Maple 프로그램의 시작은 관련된 패키지를 연결함으로서 시작한다. 일반적으로 선형대수학에 관련된 명령어를 사용하려면 시작부분에 다음을 실행한다(명령어를 실행하려면 Enter키 [Enter↵]를 누른다).

>with(linalg) ; [Enter↵]

Maple명령어, 예를 들어 'matrix'에 관한 설명을 보려면 다음을 실행한다.

>?matrix [Enter↵]

1) 행렬의 입력

$m \times n$행렬 $A = \begin{pmatrix} a_{11} & a_{12} & \cdots & a_{1n} \\ a_{21} & a_{22} & \cdots & a_{2n} \\ \vdots & \vdots & \vdots & \vdots \\ a_{m1} & a_{m2} & \cdots & a_{mn} \end{pmatrix}$를 입력하려면 다음 중 하나를 실행한다.

> A := matrix(m, n, [a_{11}, a_{12}, $\cdots$, a_{1n}, a_{21}, a_{22}, $\cdots$, a_{2n}, $\cdots$, a_{m1}, a_{m2}, $\cdots$, a_{mn}]) ; [Enter↵]

위의 프로그램에서 쓰인 알고리즘은 가우스 소거법의 여러 가지 방법 중에서 부분피봇법(Partial Pivoting Method)를 사용한 것이다. 이 방법의 자세한 내용은 행렬론이나 수치적 선형대수학에서 배운다.

링크 : http://matrix.skku.ac.kr/MT-04/index.html

또는

> A : =array(1..m, 1..n, [[a_{11}, a_{12}, ⋯, a_{1n}], [a_{21}, a_{22}, ⋯, a_{2n}], ⋯, [a_{m1}, a_{m2}, ⋯, a_{mn}]]) ; [Enter↵]

예제 5 다음 행렬을 입력하라.

$$A=\begin{bmatrix}1 & 2 & 3 & 4\\ 5 & 6 & 7 & 8\\ 2 & 4 & 6 & 8\end{bmatrix}$$

풀이 > with(linalg) : [Enter↵]

> A : =matrix(3, 4, [1, 2, 3, 4, 5, 6, 7, 8, 2, 4, 6, 8]) ; ↩

$$A=\begin{bmatrix}1 & 2 & 3 & 4\\ 5 & 6 & 7 & 8\\ 2 & 4 & 6 & 8\end{bmatrix}$$

□

예제 5 에서 입력한 행렬 A에 대하여 (3, 4) 성분을 보려면

> A[3, 4] ; [Enter↵] ↩

8

A의 2행(row)은

> row(A, 2) ; [Enter↵]

[5, 6, 7, 8]

A의 2행부터 3행은

> row(A, 2..3) ; [Enter↵]

[5, 6, 7, 8], [2, 4, 6, 8]

A의 3열(column)부터 4열은

> col(A, 3..4) ; [Enter↵]

[3, 7, 6], [4, 8, 8]

A의 (2, 4) 성분을 −2로 바꾸려면

> A[2, 4] : =−2 ; [Enter↵]

$A_{2,\,4}$: =−2

이제 A를 보면(print)

> print(A) ; [Enter↵] 또는 > evalm(A) ; [Enter↵]

$$\begin{bmatrix}1 & 2 & 3 & 4\\ 5 & 6 & 7 & -2\\ 2 & 4 & 6 & 8\end{bmatrix}$$

(2, 4) 성분이 −2임을 볼 수 있다.

여기서 잠깐!

Maple 명령문의 끝은 콜론 (:) 이나 세미콜론 (;)중 하나로 끝나야 한다. 그러나 콜론으로 끝난 명령문은 실행결과가 화면에 나타나지 않는다. 예를 들면

> A[3, 4] : [Enter↵]

이지만

> A[3, 4] ; [Enter↵] (은 A의 (3, 4) 성분을 보여준다.)

8

Maple에서 임의의 $m\times n$행렬을 자동적으로 생성하려면 다음을 실행한다.

> with(linalg, randmatrix) : [Enter↵]

> randmatrix(m, n) ; [Enter↵]

예를 들어 3×5 행렬 A를 Maple이 만들어주기를 원하면

> with(linalg, randmatrix) : [Enter↵]

> A : =randmatrix(3, 5) ; [Enter↵]

실행하면

$$A := \begin{bmatrix} -1 & 94 & 83 & -86 & 23 \\ -84 & 19 & -50 & 88 & -53 \\ 85 & 49 & 78 & 17 & 72 \end{bmatrix}$$

다시 한번 실행하면 다른 행렬이 나타난다.

> A:=randmatrix(3, 5) ; [Enter↵]

$$A := \begin{bmatrix} -99 & -85 & -86 & 30 & 80 \\ 72 & 66 & -29 & -91 & -53 \\ -19 & -47 & 68 & -72 & -87 \end{bmatrix}$$

행렬 A의 기약행사다리꼴(RREF)행렬을 구하려면 다음 중 하나를 실행한다.

> gaussjord(A) ; [Enter↵]

또는

> rref(A) ; [Enter↵]

예제 6 다음 행렬의 기약 행사다리꼴행렬을 구하라.

$$A=\begin{bmatrix} 4 & -6 & 1 & 0 \\ -6 & 12 & 0 & 1 \\ -2 & 6 & 1 & 1 \end{bmatrix}$$

풀이 > with(linalg) : [Enter↵]

> A : =matrix(3, 4, [4, −6, 1, 0, −6, 12, 0, 1, −2, 6, 1, 1]) ; [Enter↵]

$$A := \begin{bmatrix} 4 & -6 & 1 & 0 \\ -6 & 12 & 0 & 1 \\ -2 & 6 & 1 & 1 \end{bmatrix}$$

A의 기약행사다리꼴 행렬은

> gaussjord(A) ; [Enter]

$$\begin{bmatrix} 1 & 0 & 1 & \frac{1}{2} \\ 0 & 1 & \frac{1}{2} & \frac{1}{3} \\ 0 & 0 & 0 & 0 \end{bmatrix}$$

□

행렬 A의 행사다리꼴(**REF**) 행렬을 구하려면 다음을 실행한다.

>gausselim(A) ; [Enter]

종종 위 명령문을 실행결과가 완전한 행사다리꼴까지 주지 않는 경우도 있다. 이 경우는 선행성분이 1이 아닌 경우이다. 따라서 올바른 행사다리꼴을 얻으려면 선행성분에 있는 수로 그 행을 나누면 된다. 위의 과정을 직접 단계별로 수행하려면 **Maple**에서 지원하는 다음의 기본행연산 명령어가 필요하다.

(1) A의 j행을 "i행의 m배를 j행에 더한 결과"로 바꾸려면

>addrow(A, i, j, m) ; [Enter]

(2) A의 i행과 j행을 바꾸려면

>swaprow(A, i, j) ; [Enter]

(3) A의 i행을 m배하려면

>mulrow(A, i, m) ; [Enter]

예제 7 다음 행렬의 행사다리꼴 행렬을 구하라.

$$A = \begin{bmatrix} 1 & 2 & 3 & 4 \\ 3 & 2 & -1 & 0 \\ 3 & 5 & 2 & 1 \end{bmatrix}$$

풀이 > with(linalg) : [Enter]

> A : =matrix(3, 4, [1, 2, 3, 4, 3, 2, −1, 0, 3, 5, 2, 1]) ; [Enter]

$$A := \begin{bmatrix} 1 & 2 & 3 & 4 \\ 3 & 2 & -1 & 0 \\ 3 & 5 & 2 & 1 \end{bmatrix}$$

> A : =gausselim(A) ; [Enter]

$$A := \begin{bmatrix} 1 & 2 & 3 & 4 \\ 0 & -4 & -10 & -12 \\ 0 & 0 & -\frac{9}{2} & -8 \end{bmatrix}$$

2행의 선행성분을 1로 만들려면

> A : =mulrow(A, 2, −1/4) ; [Enter]

$$A := \begin{bmatrix} 1 & 2 & 3 & 4 \\ 0 & 1 & \frac{5}{2} & 3 \\ 0 & 0 & -\frac{9}{2} & -8 \end{bmatrix}$$

3행의 선행성분을 1로 만들려면

> A : =mulrow(A, 3, −2/9) ; [Enter]

$$A := \begin{bmatrix} 1 & 2 & 3 & 4 \\ 0 & 1 & \frac{5}{2} & 3 \\ 0 & 0 & 1 & \frac{16}{9} \end{bmatrix}$$

따라서 주어진 행렬의 행사다리꼴 행렬을 얻는다. □

예제 8 다음 연립방정식을 가우스 소거법으로 풀어라.

$$\begin{aligned} I_1 - I_2 - I_3 &= 0 \\ I_1 \qquad + 5I_3 &= 30 \\ 5I_2 - 5I_3 &= 50 \end{aligned}$$

풀이 > with(linalg) : [Enter]

> A : =matrix(3, 4, [1, −1, −1, 0, 1, 0, 5, 30, 0, 5, −5, 50]) ; [Enter]

$$A := \begin{bmatrix} 1 & -1 & -1 & 0 \\ 0 & 0 & 5 & 30 \\ 0 & 5 & -5 & 50 \end{bmatrix}$$

> A : =gausselim(A) ; [Enter]

$$A := \begin{bmatrix} 1 & -1 & -1 & 0 \\ 0 & 1 & 6 & 30 \\ 0 & 0 & -35 & -100 \end{bmatrix}$$

> sol : =backsub(A) ; [Enter]

$$sol := \left[\frac{110}{7}, \frac{90}{7}, \frac{20}{7}\right]$$

□

여기서 잠깐!

1. 예제 8 을 가우스-조르단 소거법으로 풀려면 풀이과정에서 명령어 gausselim(A)를 gaussjord(A)로 바꾸기만 하면 된다.
2. 예제 8 을 Maple기본행연산 명령어를 사용하여 구하면 다음과 같다.

> with(linalg) : [Enter]

첨가행렬을 AA라는 이름으로 정의하면

> AA : =matrix(3, 4, [1, −1, −1, 0, 1, 0, 5, 30, 0, 5, −5, 50]) ; [Enter]

$$AA := \begin{bmatrix} 1 & -1 & -1 & 0 \\ 1 & 0 & 5 & 30 \\ 0 & 5 & -5 & 50 \end{bmatrix}$$

행사다리꼴로 만들어보자. (2, 1) 성분을 0으로 만들면

> AA : =addrow(AA, 1, 2, −1) ; [Enter]

$$AA := \begin{bmatrix} 1 & -1 & -1 & 0 \\ 1 & 1 & 6 & 30 \\ 0 & 5 & -5 & 50 \end{bmatrix}$$

3행에 1/5을 곱하면

> AA : =mulrow(AA, 3, 1/5) ; [Enter↵]

$$AA := \begin{bmatrix} 1 & -1 & -1 & 0 \\ 0 & 1 & 6 & 30 \\ 0 & 1 & -1 & 10 \end{bmatrix}$$

(3, 2)성분을 0으로 만들면

> AA : =addrow(AA, 2, 3, −1) ; [Enter↵]

$$AA := \begin{bmatrix} 1 & -1 & -1 & 0 \\ 0 & 1 & 6 & 30 \\ 0 & 1 & -7 & -20 \end{bmatrix}$$

3행에 −1/7을 곱하면 다음 행사다리꼴행렬을 얻는다.

> AA : =mulrow(AA, 3, −1/7) ; [Enter↵]

$$AA := \begin{bmatrix} 1 & -1 & -1 & 0 \\ 0 & 1 & 6 & 30 \\ 0 & 0 & 1 & \frac{20}{7} \end{bmatrix}$$

역대입 명령어 backsub을 적용하여 해를 구하면

> sol : =backsub(AA) ; [Enter↵]

$$sol := \left[\frac{110}{7}, \frac{90}{7}, \frac{20}{7}\right]$$ □

3. Maple은 행렬방정식 $A\mathbf{x}=b$를 푸는 다음의 명령어도 제공한다.

> linsolve(A, b) ; [Enter↵]

예제 8 을 한번에 처리하면 다음과 같다.

> with(linalg) : [Enter↵]

> A : =matrix(3, 3, [1, −1, −1, 1, 0, 5, 0, 5, −5]) ; [Enter↵]

> b : =vector([0, 30, 50]) ; [Enter↵]

$$A := \begin{bmatrix} 1 & -1 & -1 \\ 1 & 0 & 5 \\ 0 & 5 & -5 \end{bmatrix} \quad b := [0,\ 30,\ 50]$$

> linsolve(A, b) ; [Enter↵]

$$\left[\frac{110}{7}, \frac{90}{7}, \frac{20}{7}\right]$$ □

MATHEMATICA를 통해서도 이와 비슷하게 가우스 소거법을 이용하여 문제를 해결할 수 있다. 이를 다음 예제를 통하여 알아보자.

예제 9 한 천문학자가 어떤 소행성의 궤도를 구하려고 한다. 이를 위해 그는 태양을 원점으로 갖는 좌표평면을 설정하였다. 축의 눈금 단위들은 천문학의 측정단위(천문학 단위 1은 지구에서 태양까지의 평균거리이며 약 149,637,000km)가 사용된다. 행성은 타원형 궤도를 따라 운행한다(케플러의 제1법칙). 타원의 방정식의 일반형은

$$ax^2+bxy+cy^2+dx+ey+f=0$$

으로 주어진다. $a=1$이라 가정하자. b, c, d, e, f를 결정할 수 있다면 그 행성의 궤도는 완전히 결정된다. 다섯 개의 관측점이 필요하므로 천문학자는 다섯 번에 걸쳐 행성의 위치를 나타내는 다음 점들을 얻었다고 가정하자.

x	8.025	10.170	11.202	10.736	9.092
y	8.310	6.355	3.212	0.375	−2.267

다섯 개의 각 점을 방정식 $x^2+bxy+cy^2+dx+ey+f=0$에 대입하면 다음과 같은 일련의 방정식을 얻는다.

$$64.401+66.688b+69.056c+8.025d+8.310e+f=0$$
$$103.429+64.63b+40.386c+10.17d+6.355e+f=0$$
$$125.485+35.981b+10.317c+11.202d+3.212e+f=0$$
$$115.262+4.026b+0.141c+10.736d+0.375e+f=0$$
$$82.664-20.612b+5.139c+9.092d-2.267e+f=0$$

따라서 주어진 소행성의 궤도를 구하려면 위 일련의 방정식을 동시에 풀어야 한다. 이와 같이 크기가 큰 선형연립방정식의 해를 구하는 경우 공학적 도구를 이용하는 것이 바람직하다. 이 장에서는 공학계산용 프로그램인 MATHEMATICA를 이용하여 그 해를 찾아보도록 하자.

우선 첨가행렬을 다음과 같이 정의하자.

```
m3={{66.688, 69.056, 8.025, 8.310, 1, −64.401}, {64.63, 40.386, 10.17, 6.355, 1, −103.429},
    {35.981, 10.317, 11.202, 3.212, 1, −125.485}, {4.026, 0.141, 10.736, 0.375, 1, −115.262},
    {−20.612, 5.3139, 9.092, −2.267, 1, −82.664}}
```

이것의 RREF를 구하면 다음과 같다.

```
m4=RowReduce[m3]
MatrixForm[m4]
```

$$\begin{pmatrix} 1 & 0 & 0 & 0 & 0 & -0.285107 \\ 0 & 1 & 0 & 0 & 0 & 1.17429 \\ 0 & 0 & 1 & 0 & 0 & -6.06171 \\ 0 & 0 & 0 & 1 & 0 & -3.60847 \\ 0 & 0 & 0 & 0 & 1 & -47.848 \end{pmatrix}$$

이렇게 구한 정보를 이용하여 앞의 타원의 방정식에 계수들에 대입하여 그래프를 그려보자.

```
a=1;b=−0.258107;c=1.17429;d=−6.06171;e=−3.60847;f=−47.848;
<<Graphics `Implicitplot`
ImplicitPlot[a x^2+b x y+c y^2+d x+e y+f==0, {x, −100, 100},
AspectRatio→ Automatic]
```

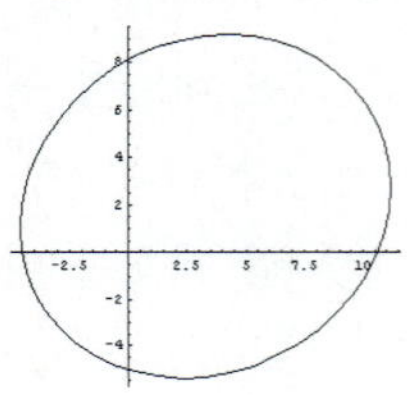

이런 방법으로 우리가 원하는 해를 직접 볼 수 있다. □

연습문제 2-3

1. 다음 그림은 일방통행도로의 교통량을 표시한 것이다. 표시된 숫자는 시간당 평균 교통량을 의미한다. 다음 물음에 답하여라.

(1) 미지의 교통량을 표시하는 x_1, x_2, x_3, x_4를 구하기 위한 연립방정식만 작성하여라.

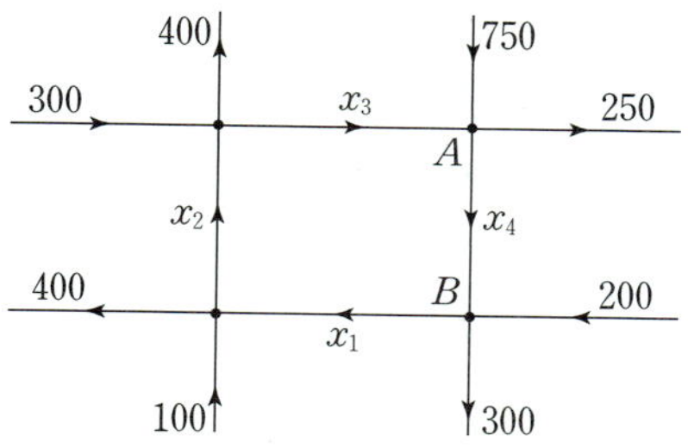

2. 다음 각 회로도에서 전류 I를 구하는 연립방정식을 각각 작성하여라.

(1)

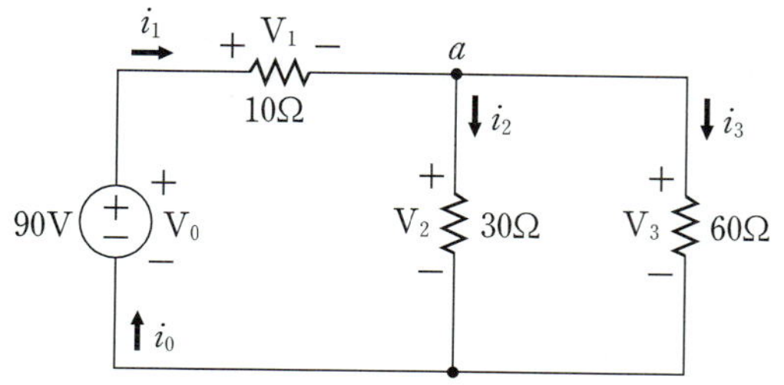

(2)

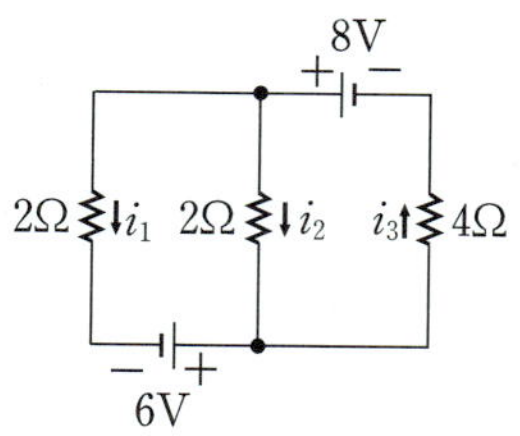

(3)

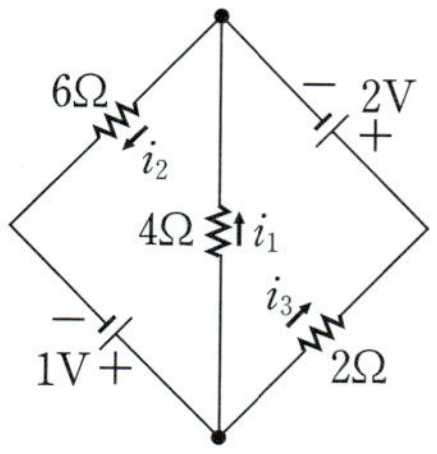

토론과 발견

P1 다음 동차연립방정식이 자명하지 않은 해를 갖기 위한 조건은?

$$(a-\lambda)x+by=0$$
$$cx+(d-\lambda)y=0$$

P2 다음과 같은 선형방정식

$$\begin{cases} x_1+2x_2-3x_3=4 \\ 2x_1-x_2+4x_3=-3 \end{cases}$$

은 변수보다 조건식이 적어 해가 존재하면 무수히 많은 해를 가지거나 아니면 아주 해가 존재하지 않는 경우로, **조건이 부족한(underdetermined) 선형연립방정식**이라 하고,

$$\begin{cases} x_1+3x_2=5 \\ 2x_1-2x_2=-3 \\ -x_1+7x_2=0 \end{cases}$$

은 변수의 개수보다 조건식이 많아 세 가지 경우가 모두 생길 수 있다. 이런 경우를 **조건이 넘치는(overdetermined) 선형연립방정식**이라고 부른다. 이 때 아래 물음에 답하여라.

(1) 조건이 부족한(underdetermined) 선형연립방정식의 예를 하나 찾아라.

(2) 조건이 넘치는(overdetermined) 선형연립방정식의 예를 하나 찾아라.

(3) 해를 갖지 않으면서 조건이 부족한(underdetermined) 선형연립방정식의 예를 하나 찾아라. 만일 찾지 못한다면 그 이유를 설명하여라.

(4) 해를 갖지 않으면서 조건이 넘치는(overdetermined) 선형연립방정식의 예를 하나 찾아라. 만일 찾지 못한다면 그 이유를 설명하여라.

P3 연습문제 2-3의 1번에서 연립방정식을 세웠다. $x_4=500$인 경우는 쉽게

$$x_1=400,\quad x_2=100,\quad x_3=0$$

임을 확인할 수 있다. 일반적으로 x_i들의 가능한 해의 범위에 대하여 논의해 보아라.

1. 개념토론

- 선형연립방정식(system of linear equations)
- 선형연립방정식의 해(solution)
- 해집합(solution set)
- 동치(equivalent)
- 행렬(matrix)
- 행렬의 성분(entry)
- 주대각성분(main diagonal entries)
- 계수행렬(coefficient matrix)
- 첨가행렬(augmented matrix)
- 행사다리꼴(row echelon form, REF)
- 기약행사다리꼴(reduced row echelon form, RREF)
- 기본행연산(elementary row operation)
- 행동치(row equivalent)
- 자명한 해(trivial solution)

2. 참 · 거짓 문제

만일 주어진 문장이 참이면, 이유를 설명하거나 교재에 서술된 적절한 내용을 인용하여라. 만일 거짓이면 반례를 하나 주거나 교재에 서술된 적절한 내용을 인용하여 이유를 주어라.

(1) (　) 선형방정식의 해집합은 매개변수를 이용하여 유일하게 표현된다.

(2) (　) 선형연립방정식이 해를 가지면 언제나 무수히 많은 해를 갖는다.

(3) (　) 동차선형연립방정식은 최소한 하나의 해를 갖는다.

(4) (　) 변수보다 적은 개수의 방정식을 갖는 선형연립방정식은 적어도 하나의 해를 언제나 갖는다.

(5) (　) 첨가행렬의 REF가 $[1\ \ 0\ \ 0\ \ 0\ \ 0]$인 행을 가지면, 동치인 원래 선형연립방정식은 해를 갖지 않는다.

(6) (　) 6개의 미지수를 갖는 4개의 선형방정식으로 이루어진 동차선형연립방정식은 무수히 많은 해를 갖는다.

(7) (　) 어떤 선형연립방정식은 정확히 2개의 해만을 가질 수 있다.

(8) (　) 모든 행렬은 그 자신의 REF와 행동치이다.

***Project** 선형연립방정식의 응용 중 중요한 하나가 주어진 n개의 점

$$(x_i,\ f(x_i))_{i=0}^{n-1}$$

에 대하여 이 점들을 지나는 $n-1$차의 다항식

$$P(x)=a_0+a_1x+\cdots+a_{n-1}x^{n-1}$$

을 찾는 문제(Curve fitting)이다. 즉, 연립방정식

$$\begin{array}{l} a_0+a_1x_0\ \ +a_2x_0^2+\cdots\ \ +a_{n-1}x_0^{n-1}=y_0 \\ a_0+a_1x_1\ \ +a_2x_1^2+\cdots\ \ +a_{n-1}x_1^{n-1}=y_1 \\ a_0+a_1x_2\ \ +a_2x_2^2+\cdots\ \ +a_{n-1}x_2^{n-1}=y_2 \\ \ \vdots \qquad\quad \vdots \qquad\qquad \vdots \qquad \vdots \\ a_0+a_1x_{n-1}+a_2x_{n-1}^2+\cdots+a_{n-1}x_{n-1}^{n-1}=y_{n-1} \end{array}$$

을 만족하는 계수 $\{a_i\}_{i=0}^{n-1}$ 들을 구하는 문제이다. 따라서 첨가행렬

$$\begin{bmatrix} 1 & x_0 & \cdots & x_0^{n-1} & : & y_0 \\ 1 & x_1 & \cdots & x_1^{n-1} & : & y_1 \\ \vdots & \vdots & \vdots & \vdots & \vdots & \vdots \\ 1 & x_{n-1} & \cdots & x_{n-1}^{n-1} & : & y_{n-1} \end{bmatrix}$$

을 가우스-조르단 소거법으로 풀어서 상수를 구하면 된다. CAS도구를 이용하여 아래 문제를 풀어 보도록 하자.

(1) 네 점 (1, 3), (2, −2), (3, −5), (4, 0)을 지나는 다항식

$$P(x)=a_0+a_1x+a_2x^2+a_3x^3$$

을 구하여라.

〔해〕 RREF= $\begin{bmatrix} 1 & 0 & 0 & 0 & 4 \\ 0 & 1 & 0 & 0 & 3 \\ 0 & 0 & 1 & 0 & -5 \\ 0 & 0 & 0 & 1 & 1 \end{bmatrix}$ 이므로 $a_0=4,\ a_1=3,\ a_2=-5,\ a_3=1$이고

따라서 $P(x)=4+3x-5x+x^3$이다.

(2) 이어서 Curve fitting문제와 앞으로 배울 보간법(interpolation) 및 Vandermonde행렬에 대하여 조사하여 Q&A에서 토론하여라. 더 나아가

http://matrix.skku.ac.kr/sglee/ejd/Curvefitting/CurvefittingApplet.html

에서 실험을 해 보아라. □

CAS Project

앞에서 소개한 연립방정식을 푸는 문제는 작은 크기의 경우, 손으로 쉽게 풀 수 있어서 편리하게 구할 수 있었다. 그러면 이를 일상적인 문제로 가져가서 컴퓨터를 이용해야만 풀 수 있는 그런 문제들을 살펴보자.

인도를 포장할 때 사용하는 블록을 만드는 콘크리트는 시멘트, 모래, 자갈을 혼합한 것으로, 판매업자는 다양한 고객을 위하여 세 가지 상품을 준비하였고 공장에서는 주문량만큼 만들어서 납품을 한다.

상품 1은 시멘트, 모래, 자갈의 비율을 $\frac{1}{8}$, $\frac{3}{8}$, $\frac{4}{8}$로 각각 혼합한 것이고, 상품 2는 시멘트, 모래, 자갈의 비율을 $\frac{2}{10}$, $\frac{5}{10}$, $\frac{3}{10}$, 그리고 상품 3은 시멘트, 모래의 비율을 $\frac{2}{5}$, $\frac{3}{5}$로 하고 자갈은 섞지 않은 상품으로 준비를 하였다.

이 세 상품의 총 주문량은 10m^3이고, 그것을 만들기 위해 사용한 시멘트, 모래, 자갈의 총량은 각각 2.3m^2, 4.8m^3, 2.9m^3이었다. 그러면 상품 1, 2, 3이 각각 주문 된 양 x_1, x_2, x_3은 얼마나 되겠는가?

이 답을 구하기 위하여 연립방정식을 만들면 다음과 같다.

$$0.125x_1+0.200x_2+0.400x_3=2.3 \text{ (시멘트)}$$
$$0.375x_1+0.500x_2+0.600x_3=4.8 \text{ (자갈)}$$
$$0.500x_1+0.300x_2+0.000x_3=2.9 \text{ (모래)}$$

문제가 소수를 포함하고 있어서, 이를 손으로 풀기보다는 계산기를 이용하는 것이 용이하다. 여기서는 MATHEMATICA를 활용해 보자.

우선 앞에서 배운대로 계수행렬을 이용하여 첨가행렬로 만든다. 그 모양은 다음과 같다.

$$\begin{bmatrix} 0.125 & 0.2 & 0.4 & : & 2.3 \\ 0.375 & 0.5 & 0.6 & : & 4.8 \\ 0.5 & 0.3 & 0 & : & 2.9 \end{bmatrix}$$

이를 MATHEMATICA에서는 다음과 같이 타이핑한다.

```
In[2]:=m={{0.125, 0.2, 0.4, 2.3}, {0.375, 0.5, 0.6, 4.8}, {0.5, 0.3, 0, 2.9}};
        MatrixForm[m]
out[3]//MatrixForm=
```

$$\begin{bmatrix} 0.125 & 0.2 & 0.4 & 2.3 \\ 0.375 & 0.5 & 0.6 & 4.8 \\ 0.5 & 0.3 & 0 & 2.9 \end{bmatrix}$$

MATHEMATICA로 위 첨가행렬의 RREF를 구하면 다음과 같다.

```
In[7]:=m1=RowRedce[m];
        MatrixForm[m1]
out[8]//MatrixForm=
```

$$\begin{bmatrix} 1 & 0 & 0 & 4. \\ 0 & 1 & 0 & 3. \\ 0 & 0 & 1 & 3. \end{bmatrix}$$

따라서 답이 $x_1=4$, $x_2=3$, $x_3=3$인 것을 쉽게 알 수 있다. 즉, 상품 1이 4단위(m^3), 상품 2는 3단위, 상품 3은 3단위를 만들어서 납품한 셈이다. 이제 MATHEMATICA등의 CAS도구를 이용하여 연립방정식을 풀어 보도록 하자.

(1) $0.6x+1.5y+0.6z=1$

$4.5x+0.75y+0.5=0$

$2x+1.75y+0.6z=1.5$

(2) $x+6z=1.5$

$0.4x+0.16y+z=0$

$0.5x+0.5y+4=0$

(3) $0.75x+0.375y+0.125z=3$

$1.16x+1.14y+z=0.83$

$4.5x+y+1.3z=0$

답

(1) $\begin{bmatrix} 1 & 0 & 0 & 0.0245098 \\ 0 & 1 & 0 & 1.86275 \\ 0 & 0 & 1 & -3.01471 \end{bmatrix}$ (2) $\begin{bmatrix} 1 & 0 & 0 & 0.244186 \\ 0 & 1 & 0 & -1.9186 \\ 0 & 0 & 1 & 0.209302 \end{bmatrix}$

(3) $\begin{bmatrix} 1 & 0 & 0 & 1.15991 \\ 0 & 1 & 0 & 9.43872 \\ 0 & 0 & 1 & -11.2756 \end{bmatrix}$

〈LIBERIA의 우표-주판〉

제 03 장

행렬과 행렬대수

케일리(Arthur Cayley 1821 - 1895)

영국의 수학자 Cayley는 런던 근교의 Richmond에서 무역상의 아들로 태어났다. 1838년 케임브리지 대학 Trinity College에 진학하였는데, 어려서부터 수학에 재능을 나타내기 시작하여 케일리 한 사람을 위한 특별학급이 설치될 정도였다고 한다. 학부생 시절 이미 3편의 수학논문을 새로 생긴 Cambridge Mathematical Journal 에 투고하였으며, 이로 인하여 1842년 졸업할 때까지 4년간 Smith fellowship을 받으며 Trinity College의 연구생으로 있었으며, 이 기간 동안 28편의 수학 논문을 발표하였다. 그러나 이 연구지원이 끝나고, 케임브리지 대학에는 교수 자리가 한정되어 있어서 우선 1849년 변호사가 된 뒤 14년 동안 변호사 (동시에 Actuary)로서 활동하였다. 사실은 법률적인 일을 하며 수학을 연구할 돈을 벌어서 사용했다는 말이 더 맞다. 왜냐하면 변호사 활동을 하면서도 4원수에 관한 해밀턴의 강연을 듣기 위해 더블린을 다니고, 마찬가지로 변호사이면서 수학자이며 1850년 "성분들의 직사각형 배열"에 행렬(Matrix)이란 이름을 처음으로 준 **J.J. Sylvester**와 함께 런던의 한 장소에서 수시로 수학에 관한 공동연구를 하였다. 그런 결과로 케일리는 변호사로 지내는 동안 무려 250 편의 수학 논문을 발표하였다. 케일리의 논문이 엄격하고, 직접적이며, 조직적이고 명확한 것은 변호사 경력이 반영되고 있음을 보여 준다. 결국 케일리는 이런 업적에 힘입어 1863년 캠브리지 대학 수학과에 신설된 Sadleirian 교수직에 취임하여 그 이후에는 수학 연구에 전념하였다. 그 중에서도 행렬의 대수학, 비유클리드 기하학, n차원 기하학, 불변식의 이론, 행렬식 등에 현저한 업적을 남겼다. 그 외에도 치환군과 Cayley tables의 개념을 도입하였으며, 행렬과 사원수가 군(Group)을 이룬다는 사실도 보였다. 1855년에는 두 행렬의 곱셈을 정의했다. 특히

$$\det(AB)=\det(A)\cdot\det(B)$$

라는 사실을 1858년에 증명한 후 케일리는 이 결과를 보면서 **"행렬이론은 그간 150여년 간 그렇게 중요하게 생각하고 많이 연구되어온 행렬식이론을 크게 압도하게 될 것"**이라고 예언하였다. 실제로 이후의 선형대수학의 연구는 행렬(Matrix)자체의 연구, 선형변환(Linear Transformation)으로서의 행렬연구, 행렬대수(Matrix Algebra)이론 등을 중심으로 재편되었다. 그는 오일러나 코시와 비교되는 풍부한 창조력의 소유자로, 966편의 논문을 발표하여 이것을 모은 논문집은 각권 600페이지, 13권으로 된 방대한 것으로, 그는 수학의 역사상 세 번째로 많은 양의 수학적 저술을 남겼다. 1881년에는 당시 미국의 신설학교인 Johns Hopkins 대학교에 그의 친구이며 초대 수학과장이던 영국의 수학자 J.J. Sylvester 의 초청으로 방문하여 반년이상을 머물며 강의와 공동연구를 하였다.

3.1 행렬연산

- 이 절에서는 행렬사이의 덧셈연산과 스칼라배연산을 정의하고, 행렬연산의 대수적성질을 소개한다. 이중 많은 성질은 실수연산과 일치하지만, 일부성질은 다른 것을 확인할 수 있다. 사실 행렬연산은 실수연산의 일반화된 모습이다.

정의

두 행렬 $A=[a_{ij}]_{m\times n}$, $B=[b_{ij}]_{m\times n}$가 모든 i, j에 대하여 $a_{ij}=b_{ij}$를 만족하면 서로 **같다**(equal)고 하고 $A=B$로 나타낸다.

예제 1 두 행렬

$$A=\begin{bmatrix} x & 2 & y \\ 2 & -3 & 4 \\ 0 & -4 & 5 \end{bmatrix},\ B=\begin{bmatrix} 1 & 2 & -1 \\ z & -3 & 4 \\ 0 & w & 5 \end{bmatrix}$$

가 $A=B$이기 위한 필요충분조건은 다음과 같다.

$$x=1,\ y=-1,\ z=2,\ w=-4$$

□

정의

두 행렬 $A=[a_{ij}]_{m\times n}$, $B=[b_{ij}]_{m\times n}$와 실수 k에 대하여 A와 B의 **합**(sum) $A+B$와 A의 **스칼라배**(scalar multiple) kA를 다음과 같이 정의한다.

$$A+B=[a_{ij}+b_{ij}]_{m\times n},\ kA=[ka_{ij}]_{m\times n}$$

예제 2 $A=\begin{bmatrix} 2 & 2 & 0 \\ -2 & 2 & 3 \end{bmatrix}$, $B=\begin{bmatrix} -1 & 1 & 3 \\ 0 & 3 & -1 \end{bmatrix}$, $C=\begin{bmatrix} 1 & 3 \\ 2 & 4 \end{bmatrix}$일 때,

$$A+B=\begin{bmatrix} 2-1 & 2+1 & 0+3 \\ -2+0 & 2+3 & 3-1 \end{bmatrix}=\begin{bmatrix} 1 & 3 & 3 \\ -2 & 5 & 2 \end{bmatrix}\text{이다.}$$

그러나 A와 C, B와 C는 크기가 다르므로 더할 수 없다. 또,

$$2A=\begin{bmatrix} 4 & 4 & 0 \\ -4 & 4 & 6 \end{bmatrix},\ (-1)B=\begin{bmatrix} 1 & -1 & -3 \\ 0 & -3 & 1 \end{bmatrix}$$

이다. 일반적으로 $(-1)B$는 간단히 $-B$로 쓴다. □

성분이 모두 0인 행렬, 예를 들어

$$\begin{bmatrix} 0 & 0 \\ 0 & 0 \end{bmatrix},\ \begin{bmatrix} 0 & 0 & 0 \\ 0 & 0 & 0 \\ 0 & 0 & 0 \end{bmatrix},\ \begin{bmatrix} 0 & 0 & 0 & 0 \\ 0 & 0 & 0 & 0 \end{bmatrix},\ \begin{bmatrix} 0 \\ 0 \\ 0 \\ 0 \end{bmatrix},\ [0],\cdots$$

등을 영행렬(zero matrix)이라 하고, O으로 나타낸다. 특히 크기의 구분이 필요할 때는 $O_{m\times n}$으로 쓴다.

정리 3.1.1

A, B, C를 크기 $m\times n$인 행렬이라 하고 a, b가 스칼라일 때 다음이 성립한다.

(1) $A+B=B+A$ 〔덧셈의 교환법칙〕

(2) $(A+B)+C=A+(B+C)$ 〔덧셈의 결합법칙〕

(3) $A+O=A$

(4) $A+(-A)=O$

(5) $a(B+C)=aB+aC$

(6) $(a+b)A=aA+bA$

(7) $(ab)A=a(bA)=b(aA)$

(8) $1\cdot A=A$

증명 (2) 임의의 i, j에 대하여 $(1\leq i\leq m,\ 1\leq j\leq n)$

$$\begin{aligned}(A+B)+C\text{의 } (i,\ j)\text{성분} &= (a_{ij}+b_{ij})+c_{ij}\\ &= a_{ij}+(b_{ij}+c_{ij})\\ &= A+(B+C)\text{의 } (i,\ j)\text{성분}\end{aligned}$$

$\therefore\ (A+B)+C=A+(B+C)$

(5) $B=[b_{ij}]_{m\times n}$, $C=[c_{ij}]_{m\times n}$이라 하면

$$\begin{aligned}a(B+C) &= a[b_{ij}+c_{ij}]\\ &= [a(b_{ij}+c_{ij})]\\ &= [ab_{ij}+ac_{ij}]\\ &= a[b_{ij}]+a[c_{ij}]\\ &= aB+aC\end{aligned}$$

■

이제 케일리가 제시한대로 행렬의 곱셈연산을 다음과 같이 정의하자.

정의

두 행렬 $A=[a_{ij}]_{m\times p}$, $B=[b_{ij}]_{p\times n}$에 대하여 A와 B의 **곱**(product) AB를 다음과 같이 정의한다.

$$AB=[c_{ij}]_{m\times n}$$

여기서, $c_{ij}=a_{i1}b_{1j}+a_{i2}b_{2j}+\cdots+a_{ip}b_{pj}=\sum_{k=1}^{p}a_{ik}b_{kj}$

$(1\leq i\leq m,\ 1\leq j\leq n)$

위의 정의에서 AB의 $(i,\ j)$성분은 A의 i행에 있는 각 성분에 B의 j열에 있는 성분을 차례로 곱하여 모두 더한 것임을 의미한다. 따라서, A와 B의 곱은 A의 열의 개수와 B의 행의 개수가 같을 때에만 정의된다.

행렬곱에 유용한 기호 몇 가지를 알아보도록 하자.

우선 $M_{m\times n}$은 크기가 $m\times n$인 실수행렬들의 집합이라 하자. 이 때,

$$A=[a_{ij}]\in M_{m\times n},\ B=[b_{ij}]\in M_{n\times r}$$

라 하면, A의 i번째 행을 $A_{(i)}$, A의 j번째 열을 $A^{(j)}$로 표기 하자.

그러면,

$$C=AB=\begin{bmatrix} A_{(1)} \\ A_{(2)} \\ \vdots \\ A_{(m)} \end{bmatrix}[B^{(1)}\ B^{(2)}\ \cdots\ B^{(r)}]$$

$$=\begin{bmatrix} A_{(1)}B^{(1)} & A_{(1)}B^{(2)} & \cdots & A_{(1)}B^{(r)} \\ \vdots & & & \vdots \\ A_{(m)}B^{(1)} & & \cdots & A_{(m)}B^{(r)} \end{bmatrix}_{m\times r}$$

i.e., $c_{ij}=A_{(i)}B^{(j)}=[a_{i1}\cdots a_{in}]\begin{bmatrix} b_{1j} \\ \vdots \\ b_{nj} \end{bmatrix}$

$$=a_{i1}b_{1j}+a_{i2}b_{2j}+\cdots+a_{in}b_{nj}$$

$$=\sum_{k=1}^{n}a_{ik}b_{kj}$$

그림으로 이해하면,

$$AB=\begin{bmatrix} a_{11} & a_{12} & \cdots & a_{1n} \\ \vdots & \vdots & & \vdots \\ a_{i1} & a_{i2} & \cdots & a_{in} \\ \vdots & \vdots & & \vdots \\ a_{m1} & a_{m2} & \cdots & a_{mn} \end{bmatrix}\begin{bmatrix} b_{11} & \cdots & b_{1j} & \cdots & b_{1r} \\ b_{21} & \cdots & b_{2j} & \cdots & b_{2r} \\ \vdots & & \vdots & & \vdots \\ b_{n1} & \cdots & b_{nj} & \cdots & b_{nr} \end{bmatrix}$$

$$=[c_{ij}]$$

한글의 첫 번째 자음 ㄱ 자를 연상하는 이 법칙을 우리는 세종대왕(King Sejong)의 법칙이라고도 부른다

주비산경과 석굴암 그리고 첨성대 (수학적 비의 사용)

구장산술에 버금가는 중요한 수학책이 〈주비산경〉이다. 〈주비산경〉은 천문 수학분야의 책으로 신라 천문관 교육의 교재로 쓰이고 한글을 창제한 **조선 세종대왕(King Sejong)** 때는 기본적인 천문 역술서로 사용되었다. 이 책은 동양에서 가장 오래된 수학책으로, 약 2000년 전에 중국 한 나라의 조군경이 쓴 책이다.

주비산경의 제1편에 '구를 3, 고를 4라고 할 때 현은 5가 된다'는 말이 나온다. 바로 **'구고현(勾股弦)의 정리'** 다. 옛날에는 직각삼각형에서 직각을 낀 두 변 가운데 짧은 변을 '구', 긴 변을 '고',

그리고 빗변은 '현' 이라고 불렀다. '3 : 4 : 5' 는 '3×3+4×4=5×5' 로 직각 삼각형의 세 변의 길이의 비가 된다. 따라서 '직각삼각형의 빗변을 한 변으로 하는 정사각형의 넓이는 나머지 두 변을 각각 한 변으로 하는 두 정사각형의 넓이의 합과 같다' 는 **피타고라스의 정리**와 동일한 내용임을 알 수 있다

석굴암과 첨성대에도 정교한 수학적 비가 반영돼 있다. 첨성대에선 '피타고라스의 정리' 와 관련된 비를 찾아 볼 수 있다. '천장석의 대각선 길이 : 기단석의 대각선 길이 : 첨성대 높이' 의 비는 '3 : 4 : 5' 다. 사실 이는 피타고라스 정리가 나오기 수백년 전에 나온 고대 중국 수학책인 '주비산경' 에서 제시한 비를 반영한 것이다. 석굴암 본존불상의 얼굴 너비는 당시 사용한 단위로 2.2자, 가슴 폭은 4.4자, 어깨 폭은 6.6자, 양 무릎의 너비는 8.8자다. 다시 말해 '얼굴 : 가슴 : 어깨 : 무릎' 의 비를 내보면 '1 : 2 : 3 : 4' 가 나온다. 이 때 기준이 된 1.1자는 본존불상 전체 높이의 10분의 1이다. 10분의 1 비율은 로마시대의 건축서에서 말하는 '균제비례(Symmetry, 대칭)' 와 맞아 떨어진다.

균제비례는 인체에서 얻어진 것이다. 턱에서 이마 끝까지의 안면을 재보면 신기하게도 전체 키의 10분의 1이다. 또 손목에서 가운데 손가락 아래선까지 손바닥 길이는 팔 길이의 10분의 1이다. 1천2백년 전 신라인들은 독자적으로 안정감과 아름다움의 비율을 스스로 인식하고 있었으며, 이를 석굴암에 적용한 것이다.

행렬의 곱셈연산이 선형연립방정식으로부터 유래하였으며, 행렬의 곱과 관련하여 선형연립방정식은 다음과 같은 표현이 가능해진다.

$$A=[a_{ij}]\in M_{m\times n},\quad \mathbf{x}=\begin{bmatrix} x_1 \\ x_2 \\ \vdots \\ x_n \end{bmatrix},\ \mathbf{b}=\begin{bmatrix} b_1 \\ b_2 \\ \vdots \\ b_m \end{bmatrix}$$

이라 하면,

$$A\mathbf{x}=\mathbf{b} \iff x_1A^{(1)}+x_2A^{(2)}+\cdots+x_nA^{(n)}=\mathbf{b}$$

이러한 표현을 열벡터들의 일차결합이라 한다. 이는 선형연립방정식과 관련한 다양한 이론을 전개하는데 유용한 표현이다.[322-323쪽 참조]

예제 3 행렬

$$A=\begin{bmatrix} 1 & 0 & -1 \\ 3 & 1 & -2 \end{bmatrix},\quad B=\begin{bmatrix} -2 & 1 \\ 0 & 1 \\ 2 & 2 \end{bmatrix}$$

에 대하여

$$AB=\begin{bmatrix} 1 & 0 & -1 \\ 3 & 1 & -2 \end{bmatrix}\begin{bmatrix} -2 & 1 \\ 0 & 1 \\ 2 & 2 \end{bmatrix}$$

$$=\begin{bmatrix} (1)(-2)+(0)(0)+(-1)(2) & (1)(1)+(0)(1)+(-1)(2) \\ (3)(-2)+(1)(0)+(-2)(2) & (3)(1)+(1)(1)+(-2)(2) \end{bmatrix}$$

$$= \begin{bmatrix} -4 & -1 \\ -10 & 0 \end{bmatrix}$$ □

Marcus Kazmierczak 교수의 Java Script Linear Algebra II을 이용하여 3차 행렬의 덧셈과 곱셈을 직접 해 볼 수 있다. 또한 4차 행렬의 계산도 아래의 Javascript를 통하여 직접 확인해 볼 수 있다.

http://matrix.skku.ac.kr/sglee/4calculator.html 〈4차 행렬용〉

http://matrix.skku.ac.kr/sglee/5calculator.html 〈5차 행렬용〉

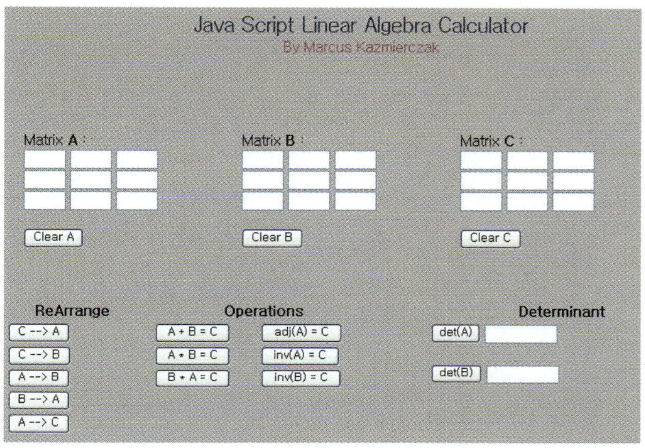

http://stud1.tuwien.ac.at/~e9125168/javas/jmatrix.html 〈3차행렬용〉

현대적인 행렬 표현

- AB의 j번째 열 $=(AB)^{(j)}=AB^{(j)}$

$$AB=A[B^{(1)}B^{(2)} \cdots B^{(n)}] \\ =[AB^{(1)}AB^{(2)} \cdots AB^{(n)}]$$

- AB의 i번째 행 $=(AB)_{(i)}=A_{(i)}B$

$$AB=\begin{bmatrix} A_{(1)} \\ A_{(2)} \\ \vdots \\ A_{(n)} \end{bmatrix} B = \begin{bmatrix} A_{(1)}B \\ A_{(2)}B \\ \vdots \\ A_{(n)}B \end{bmatrix}$$

- 행렬 AB의 (ij)성분 $=[AB]_{ij}=A_{(i)}B^{(j)}$
- (ABC)의 (i, j)성분 $=A_{(i)}BC^{(j)}$

 이를 **3M**[1]-부호라 한다.

3M-부호의 유용성은 위에서 보듯이 크기가 굉장히 큰 행렬의 계산에서도 필요한 행, 열 및 성분을 구체적으로 표현하고, 더 나아가 그를 이용하여 필요한 사실을 일반적으로 증명하는데 그 위력이 있다.

1) 60년대 캐나다 UBC 대학에 근무하던 행렬이론 분야 세 교수 Marcus, Minc, Moyles가 개발한 부호

정리 3.1.2 행렬 A, B, C는 각 연산이 정의될 수 있는 적당한 크기의 행렬이고, a, b가 스칼라일 때 다음이 성립한다.

(1) $A(BC)=(AB)C$ (곱셈의 결합법칙)

(2) $A(B+C)=AB+AC$ (분배법칙)

(3) $(B+C)A=BA+CA$ (분배법칙)

(4) $a(BC)=(aB)C=B(aC)$

(5) $AO=OA=O$

증명 이 등식들을 증명하려면, 좌변과 우변의 행렬이 크기가 같고, 각각에 대응하는 성분들이 서로 같음을 밝히면 된다. 여기서는 등식 (2)의 증명만 하고, 나머지는 연습문제로 남긴다.

(2) $A=[a_{ij}]_{m\times n}$, $B=[b_{ij}]_{m\times n}$, $C=[c_{ij}]_{m\times n}$이라 하면

$$\begin{aligned}A(B+C)&=[a_{ij}][b_{ij}+c_{ij}]\\&=[\sum_{p=1}^{m}a_{ip}(b_{pj}+c_{pj})]\\&=[\sum_{p=1}^{m}a_{ip}b_{pj}+\sum_{p=1}^{m}a_{ip}c_{pj}]\\&=[\sum_{p=1}^{m}a_{ip}b_{pj}]+[\sum_{p=1}^{m}a_{ip}c_{pj}]\\&=AB+AC\end{aligned}$$

■

예제 4 다음 행렬에 대하여 곱에 관한 결합법칙을 확인하여라.

$$A=\begin{bmatrix}-1&3\\4&-2\\5&0\end{bmatrix},\ B=\begin{bmatrix}-3&2\\-4&1\end{bmatrix},\ C=\begin{bmatrix}1&0\\2&3\end{bmatrix}$$

풀이

$$AB=\begin{bmatrix}-1&3\\4&-2\\5&0\end{bmatrix}\begin{bmatrix}-3&2\\-4&1\end{bmatrix}=\begin{bmatrix}-9&1\\-4&6\\-15&10\end{bmatrix}$$

이므로

$$(AB)C=\begin{bmatrix}-9&1\\-4&6\\-15&10\end{bmatrix}\begin{bmatrix}1&0\\2&3\end{bmatrix}=\begin{bmatrix}-7&3\\8&18\\5&30\end{bmatrix}$$

또,

$$BC=\begin{bmatrix}-3&2\\-4&1\end{bmatrix}\begin{bmatrix}1&0\\2&3\end{bmatrix}=\begin{bmatrix}1&6\\-2&3\end{bmatrix}$$

이므로

$$A(BC)=\begin{bmatrix}-1&3\\4&-2\\5&0\end{bmatrix}\begin{bmatrix}1&6\\-2&3\end{bmatrix}=\begin{bmatrix}-7&3\\8&18\\5&30\end{bmatrix}$$

$$\therefore (AB)C=A(BC)$$ □

행렬연산의 성질은 우리가 이미 알고 있는 실수의 연산성질과 유사한 점이 많으나 몇 가지 예외가 있다. 가장 중요한 예외는 곱셈의 교환법칙에 관한 것이다. 실수 a, b에 대하여 $ab=ba$는 항상 성립하지만, 행렬 A, B에 대하여 $AB=BA$가 일반적으로는 성립하지 않는다. 이 등식이 성립될 수 없는 이유에는 AB 또는 BA가 정의되지 않는 경우와 AB, BA가 모두 정의 되더라도 $AB\neq BA$인 경우가 있는데, 다음 예제를 통하여 이를 확인해 보도록 하자.

예제 5 행렬 A, B, C, D, E가 각각 다음과 같다고 하자.

$$A=\begin{bmatrix} 1 & 2 & -1 \\ 3 & 2 & 0 \end{bmatrix},\ B=\begin{bmatrix} 1 & 2 & 1 & 0 \\ 0 & 2 & 1 & 2 \\ 4 & 0 & -1 & -2 \end{bmatrix},\ C=\begin{bmatrix} 1 & 2 \\ 0 & -3 \\ 2 & -1 \end{bmatrix}$$

$$D=\begin{bmatrix} -1 & 0 \\ 2 & -2 \end{bmatrix},\ E=\begin{bmatrix} 1 & 2 \\ 3 & 0 \end{bmatrix}$$

이 때, AB는 정의되지만 BA는 정의되지 않으며, AC는 2×2 행렬이지만 CA는 3×3 행렬이므로 $AC\neq CA$이다. 또, DE나 ED는 모두 2×2 행렬이지만 다음에서 알 수 있듯이 $DE\neq ED$이다.

$$DE=\begin{bmatrix} -1 & -2 \\ -4 & 4 \end{bmatrix},\ ED=\begin{bmatrix} 3 & -4 \\ -3 & 0 \end{bmatrix}$$ □

임의의 행렬 A에 대하여 O이 A와 크기가 같은 영행렬이면 **정리 3.1.1** 에서

$$A+O=O+A=A$$

가 성립한다는 것을 보았다. 즉, 영행렬 O은 실수의 덧셈에서의 0과 같은 역할을 하는 행렬이라 할 수 있다. 그러나 실수의 연산에서 성립하는 다음 두 가지 성질은 행렬연산에서 일반적으로 성립하지는 않는다.

(i) $ab=ac,\ a\neq 0 \Rightarrow b=c$

(ii) $ab=0 \Rightarrow a=0$ 또는 $b=0$

예제 6 행렬

$$A=\begin{bmatrix} 0 & 1 \\ 0 & 2 \end{bmatrix},\ B=\begin{bmatrix} 1 & 1 \\ 3 & 4 \end{bmatrix},\ C=\begin{bmatrix} 2 & 5 \\ 3 & 4 \end{bmatrix},\ D=\begin{bmatrix} 2 & 5 \\ 0 & 0 \end{bmatrix}$$

에서

$$AB=\begin{bmatrix} 3 & 4 \\ 6 & 8 \end{bmatrix}=AC$$

이고 $A\neq O$이지만 $B\neq C$이다. 또한, $AD=O$이지만 $A\neq O$, $D\neq O$이다. □

정의 주대각선성분이 모두 1이고 나머지 성분은 모두 0인 n차의 정사각행렬을 n차의 **단위행렬**(identity matrix)이라 하고 I_n으로 나타낸다. 즉,

$$I_n = \begin{bmatrix} 1 & & & 0 \\ & 1 & & \\ & & \ddots & \\ 0 & & & 1 \end{bmatrix}$$

A가 $m \times n$행렬일 때, 단위행렬 I_m, I_n에 대하여 다음이 성립함을 쉽게 알 수 있다.

$$I_m A = A = A I_n$$

예제 7 행렬

$$A = \begin{bmatrix} 3 & -1 & 2 \\ 4 & 2 & 1 \end{bmatrix}$$

일 때,

$$I_2 A = \begin{bmatrix} 1 & 0 \\ 0 & 1 \end{bmatrix} \begin{bmatrix} 3 & -1 & 2 \\ 4 & 2 & 1 \end{bmatrix} = \begin{bmatrix} 3 & -1 & 2 \\ 4 & 2 & 1 \end{bmatrix} = A$$

또한,

$$A I_3 = \begin{bmatrix} 3 & -1 & 2 \\ 4 & 2 & 1 \end{bmatrix} \begin{bmatrix} 1 & 0 & 0 \\ 0 & 1 & 0 \\ 0 & 0 & 1 \end{bmatrix} = \begin{bmatrix} 3 & -1 & 2 \\ 4 & 2 & 1 \end{bmatrix} = A$$ □

정의 A가 n차의 정사각행렬일 때, A의 거듭제곱을 다음과 같이 정의한다.

$$A^0 = I_n, \quad A^k = \overbrace{AA \cdots A}^{k}$$
(k개)

거듭제곱의 정의로부터 다음 정리를 얻는다.

정리 3.1.3 A가 정사각행렬이고 r, s가 음이 아닌 정수일 때, 다음이 성립한다.

$$A^r A^s = A^{r+s}, \ (A^r)^s = A^{rs}$$

정의 행렬 $A = [a_{ij}]_{m \times n}$에 대하여 A의 **전치행렬**(transpose)을 A^T로 나타내고 다음과 같이 정의한다.

$$A^T = \left[a_{ij}' \right]_{n \times m}, \ a_{ij}' = a_{ji} \ (1 \le i \le m, \ 1 \le j \le n)$$

위의 정의로부터, 행렬 A의 전치행렬 A^T는 A의 행과 열을 바꾸어 얻어진 행렬임을 알 수 있다.

예제 8 다음 행렬의 전치행렬을 각각 구하여라.

$$A=\begin{bmatrix} 3 & -1 & 2 \\ 4 & 2 & 1 \end{bmatrix},\ B=\begin{bmatrix} 1 & 2 & -1 \\ 2 & -3 & 4 \\ 0 & -4 & 5 \end{bmatrix},\ C=\begin{bmatrix} -1 & 3 \\ 4 & -2 \\ 5 & 0 \end{bmatrix}$$

$$D=\begin{bmatrix} 2 & 0 & 1 \end{bmatrix},\ E=\begin{bmatrix} 2 \\ 0 \\ -1 \end{bmatrix}$$

$$A^T=\begin{bmatrix} 3 & 4 \\ -1 & 2 \\ 2 & 1 \end{bmatrix},\ B^T=\begin{bmatrix} 1 & 2 & 0 \\ 2 & -3 & -4 \\ -1 & 4 & 5 \end{bmatrix},\ C^T=\begin{bmatrix} -1 & 4 & 5 \\ 3 & -2 & 0 \end{bmatrix}$$

$$D^T=\begin{bmatrix} 2 \\ 0 \\ 1 \end{bmatrix},\ E^T=\begin{bmatrix} 2 & 0 & -1 \end{bmatrix}$$ □

정리 3.1.4

두 행렬 A, B와 임의의 스칼라 k에 대하여 다음이 성립한다.

(1) $(A^T)^T=A$

(2) $(A+B)^T=A^T+B^T$

(3) $(AB)^T=B^TA^T$

(4) $(kA)^T=kA^T$

증명 여기서는 (3)만 증명하고 나머지는 연습문제로 남긴다.

$A=[a_{ij}]_{m\times p}$, $B=[b_{ij}]_{p\times n}$, $AB=[c_{ij}]_{m\times n}$이라 하고,

$A^T=[a_{ij}']_{p\times m}$, $B^T=[b_{ij}']_{n\times p}$, $(AB)^T$의 $(i,\ j)$ 성분을 c_{ij}'라고 하자. 그러면, 행렬의 크기에 대응하는 임의의 i, j에 대하여,

$$\begin{aligned}[(AB)^T]_{ij}=c_{ij}'=c_{ji}&=a_{j1}b_{1i}+a_{j2}b_{2i}+\cdots+a_{jp}b_{pi}\\&=a_{1j}'b_{i1}'+a_{2j}'b_{i2}'+\cdots+a_{pj}'b_{ip}'\\&=b_{i1}'a_{1j}'+b_{i2}'a_{2j}'+\cdots+b_{ip}'a_{pj}'\end{aligned}$$

그런데

$$b_{i1}'a_{1j}'+b_{i2}'a_{2j}'+\cdots+b_{ip}'a_{pj}'$$

는 B^TA^T의 $(i,\ j)$ 성분이므로 $(AB)^T=B^TA^T$이다. ■

예제 9 행렬

$$A=\begin{bmatrix} 1 & 3 \\ -2 & 5 \end{bmatrix},\ B=\begin{bmatrix} 1 & -1 & 3 \\ 2 & 1 & 4 \end{bmatrix}$$

에 대하여, 위 **정리 3.1.4**의 (3)이 성립함을 보여라.

풀이

$$AB=\begin{bmatrix} 1 & 3 \\ -2 & 5 \end{bmatrix}\begin{bmatrix} 1 & -1 & 3 \\ 2 & 1 & 4 \end{bmatrix}=\begin{bmatrix} 7 & 2 & 15 \\ 8 & 7 & 14 \end{bmatrix}$$

이므로

$$(AB)^T=\begin{bmatrix} 7 & 8 \\ 2 & 7 \\ 15 & 14 \end{bmatrix}$$

또한,

$$B^TA^T=\begin{bmatrix} 1 & 2 \\ -1 & 1 \\ 3 & 4 \end{bmatrix}\begin{bmatrix} 1 & -2 \\ 3 & 5 \end{bmatrix}=\begin{bmatrix} 7 & 8 \\ 2 & 7 \\ 15 & 14 \end{bmatrix}$$

$\therefore\ (AB)^T=B^TA^T$ □

예제 10 한 외국의 자동차 부품 회사가 우리나라에 두 개의 대리점을 가지고 있는데, 하나는 서울에 있고 다른 하나는 부산에 있다. 그 회사는 자동차 부품 중에서 범퍼, 백미러와 차유리를 대리점에서 팔고 있다.

서울과 부산에 있는 자동차 부품 대리점에서의 1월의 판매량은 다음과 같다.

	서 울	부 산
범 퍼	20	15
백미러	10	12
차유리	8	4

이 부품들의 판매가는

범퍼 : 7000원

백미러 : 3000원

차유리 : 12000원

이다. 회원에 대한 할인가는

범퍼 : 6000원

백미러 : 2000원

차유리 : 10000원

이다. 행렬 곱을 사용하여 정상가로 팔았을 때와 할인가로 팔았을 때의 각 대리점의 부품들에 대한 총 매출(원)을 계산하시오.

풀이 위의 표로부터 두 행렬을 만들면

$$\begin{bmatrix} 20 & 15 \\ 10 & 12 \\ 8 & 4 \end{bmatrix} \text{과} \begin{bmatrix} 7000 & 3000 & 12000 \\ 6000 & 2000 & 10000 \end{bmatrix} \text{이 된다.}$$

요구되는 모든 계산은 행렬을 사용하면 한꺼번에 처리된다. 각 행렬에 이름을 주자.

$$Q=\begin{bmatrix} 20 & 15 \\ 10 & 12 \\ 8 & 4 \end{bmatrix} \qquad P=\begin{bmatrix} 7000 & 3000 & 12000 \\ 6000 & 2000 & 10000 \end{bmatrix}$$

첫째 행렬은 판매량을 나타내며 둘째 행렬은 두 가지의 조건에 따른 가격을 나타낸다. 조건에 따른 두 지점의 매출을 $R=PQ$를 이용하여 계산할 수 있다.

$$R=PQ=\begin{bmatrix} 7000 & 3000 & 12000 \\ 6000 & 2000 & 10000 \end{bmatrix}\begin{bmatrix} 20 & 15 \\ 10 & 12 \\ 8 & 4 \end{bmatrix}=\begin{bmatrix} 266000 & 189000 \\ 220000 & 154000 \end{bmatrix}$$

구한 값에 구분하기 쉽게 이름을 주면 다음과 같다.

$$R=\begin{matrix} & \text{서울} & \text{부산} \\ \text{정상가} & 266000 & 189000 \\ \text{할인가} & 220000 & 154000 \end{matrix}$$

즉, 서울에서 할인가로 판매한 총 매출액은 220,000원이고 부산에서 정상가로 판매한 총 매출은 189,000원이다. □

정의

행렬 $A=[a_{ij}]_{n\times n}$의 **대각합**(trace)은 $\text{tr}(A)=a_{11}+a_{22}+\cdots+a_{nn}=\sum_{i=1}^{n}a_{ii}$ 이다.

정리 3.1.5

만일 A, B가 같은 크기의 정사각행렬이면,

(1) $\text{tr}(A^T)=\text{tr}(A)$

(2) $\text{tr}(cA)=c\,\text{tr}(A)$, $c\in R$

(3) $\text{tr}(A+B)=\text{tr}(A)+\text{tr}(B)$

(4) $\text{tr}(A-B)=\text{tr}(A)-\text{tr}(B)$

(5) $\text{tr}(AB)=\text{tr}(BA)$

증명 나머지는 연습문제로 하고 (5)만 보인다.

$$\begin{aligned}\text{tr}(AB)&=\sum_{i=1}^{n}\left(\sum_{k=1}^{n}a_{ik}\,b_{ki}\right)=\sum_{k=1}^{n}\sum_{i=1}^{n}b_{ki}\,a_{ik}\\&=\sum_{k=1}^{n}\left(\sum_{i=1}^{n}b_{ki}\,a_{ik}\right)=\text{tr}(BA)\end{aligned}$$

뒤에 배울 "닮음 행렬"과 함께 큰 의미를 갖는다. ■

연습문제 3-1

|1-2| 행렬

$$A=\begin{bmatrix}1 & 2 & 3\\ 0 & 1 & -1\end{bmatrix},\ B=\begin{bmatrix}5 & 4 & 4\\ -1 & 0 & 1\end{bmatrix},\ C=\begin{bmatrix}-4 & 6 & 1\\ 2 & 3 & 0\end{bmatrix}$$

일 때, 다음을 확인하여라.

1. $A+B=B+A$

2. $A+(B+C)=(A+B)+C$

|3-4| 행렬

$$A=\begin{bmatrix}1 & 3\\ 4 & -1\end{bmatrix},\ B=\begin{bmatrix}-1 & 2 & 5\\ 1 & -1 & 4\end{bmatrix},\ C=\begin{bmatrix}1 & 0\\ 2 & -1\\ 3 & 2\end{bmatrix}$$

이고 $a=3$일 때, 다음을 확인하여라.

3. $A(BC)=(AB)C$

4. $a(BC)=(aB)C=B(aC)$

|5-6| 행렬

$$A=\begin{bmatrix}2 & -1 & 3\\ 4 & 3 & -5\end{bmatrix},\ B=\begin{bmatrix}4 & -2 & 3\\ -2 & 1 & 5\end{bmatrix}$$

일 때, 다음을 확인하여라.

5. $(A^T)^T=A$

6. $(A+B)^T=A^T+B^T$

7. 행렬 A, B가 2차의 정사각행렬이고 $A\neq O$, $B\neq O$일 때 $AB=O$이 성립하는 적절한 예를 하나 주어라.

8. 행렬

$$A=\begin{bmatrix}-2 & 3\\ 2 & -3\end{bmatrix},\ B=\begin{bmatrix}-1 & 3\\ 2 & 0\end{bmatrix},\ C=\begin{bmatrix}-4 & -3\\ 0 & -4\end{bmatrix}$$

일 때, $AB=AC$이지만 $B\neq C$임을 확인하여라.

|9-10| 행렬 $A=\begin{bmatrix}1 & 3\\ 4 & -1\end{bmatrix}$에 대하여 다음을 계산하여라.

9. A^2-2A

10. $3A^3-2A^2+5A-4I_2$

|11-12| 아래 행렬의 거듭제곱을 계산하여라.

$$A=\begin{bmatrix}1 & 0 & 0\\ 0 & -1 & 0\\ 0 & 0 & 1\end{bmatrix}$$

11. A^{19} **12.** A^{20}

13. 아래 행렬 중 $(A+B)^2$ 과 언제나 같은 행렬은?

$(B+A)^2$, $A^2+2AB+B^2$, $A(A+B)+B(A+B)$,
$(A+B)(A+B)$, $A^2+AB+BA+B^2$

14. 정사각행렬 A가 $A^2=A$이면 $(I-A)^2=I-A$임을 보여라.

15. $\mathbf{e_j}$를 j번째의 원소를 1로 가지고 나머지는 모두 0인 단위열벡터(unit column vector)라 하자. 임의의 $n\times n$ 행렬 $A_{n\times n}$에 대하여 다음을 계산하여라.

(a) $A\mathbf{e_j}$ (b) $\mathbf{e_j}^T A$ (c) $\mathbf{e_j}^T A\,\mathbf{e_j}$

토론과 발견

P1 A가 $m\times n$행렬이고 k가 스칼라일 때,

$kA=O$이면 $k=0$ 또는 $A=O$

임을 증명하여라.

P2 일반적으로 $(A+B)(A-B)\neq A^2-B^2$인 이유를 설명하고 이를 보여주는 2×2행렬 A, B를 한 쌍 주어라.

P3 A, B가 n차의 정사각행렬일 때, 다음이 성립함을 보여라.

(1) $\mathrm{tr}(A^T)=\mathrm{tr}(A)$
(2) $\mathrm{tr}(cA)=c\,\mathrm{tr}(A)$, $c\in R$
(3) $\mathrm{tr}(A+B)=\mathrm{tr}(A)+\mathrm{tr}(B)$
(4) $\mathrm{tr}(A-B)=\mathrm{tr}(A)-\mathrm{tr}(B)$

P4 대각합을 이용하여 다음을 만족하는 n차의 정사각행렬 A, B는 존재하지 않음을 증명하여라.

$$AB-BA=I_n$$

P5 A가 $a_{11} \neq 0$인 2×2 행렬 일 때, $\alpha = \dfrac{a_{21}}{a_{11}}$이라고 놓으면, A는 다음과 같이 두 행렬의 곱으로 표시됨을 보여라.

$$\begin{bmatrix} 1 & 0 \\ \alpha & 1 \end{bmatrix} \begin{bmatrix} a_{11} & a_{12} \\ 0 & b \end{bmatrix}$$

이 때 b의 값은 무엇인가?

P6 $A_{m \times n}$ 행렬과 $\mathbf{x}$가 실수 성분을 갖는 행렬과 벡터라고 생각해보자.

(1) $\mathbf{x}^T\mathbf{x} = 0 \Longleftrightarrow \mathbf{x} = \mathbf{0}$임을 증명하여라.

(2) $\text{tr}(A^T A) = 0 \Longleftrightarrow A = O_n$임을 증명하여라.

(3) R^n의 벡터 $\mathbf{x}$, $\mathbf{y}$에 대하여

$$\mathbf{x} = (x_1,\ x_2,\ \cdots,\ x_n) = \begin{bmatrix} x_1 \\ x_2 \\ \vdots \\ x_n \end{bmatrix},\ \mathbf{y} = (y_1,\ y_2,\ \cdots,\ y_n) = \begin{bmatrix} y_1 \\ y_2 \\ \vdots \\ y_n \end{bmatrix}$$

꼴의 열벡터로 표현하면

$$\mathbf{y}^T\mathbf{x} = [\, y_1\ y_2\ \cdots\ y_n \,] \begin{bmatrix} x_1 \\ x_2 \\ \vdots \\ x_n \end{bmatrix}$$

$$= y_1x_1 + y_2x_2 + \cdots + y_nx_n = x_1y_1 + x_2y_2 + \cdots + x_ny_n = \mathbf{x} \cdot \mathbf{y}$$

이므로 벡터 $\mathbf{x}$와 $\mathbf{y}$의 dot product와 같음을 알 수 있다. 이 사실과 세종대왕 (King Sejong)의 법칙과의 관계를 논하여라. [참고 : 9.2 내적공간]

3rd INTERNATIONAL CONFERENCE ON THE TEACHING OF MATHEMATICS
AT THE UNDERGRADUATE LEVEL

Istanbul, Turkey
June 30-July 5, 2006

http://www.tmd.org.tr/ictm3/

3.2 역행렬

- 이 절에서는 정사각행렬의 연산에서 실수에서의 역수와 같은 역할을 하는 행렬을 알아본다. 그리고 행렬연산의 성질을 살펴본다. 이 중 많은 것이 실수연산과 일치하지만, 아닌 경우에 대해서도 보게 될 것이다.

정 의

n차의 정사각행렬 A에 대하여 다음을 만족하는 행렬 B가 존재하면 A는 **가역**(invertible, nonsingular)행렬이라고 한다.

$$AB = I_n = BA$$

이 때, B를 A의 **역행렬**(inverse matrix)이라고 하며, 이러한 B가 존재하지 않으면 A는 **비가역**(noninvertible, singular)행렬이라고 한다.

예제 1 행렬

$$A = \begin{bmatrix} 1 & -2 \\ 1 & -1 \end{bmatrix},\ B = \begin{bmatrix} -1 & 2 \\ -1 & 1 \end{bmatrix}$$

에서 B가 A의 역행렬임을 다음 계산으로부터 알 수 있다.

$$AB = \begin{bmatrix} 1 & -2 \\ 1 & -1 \end{bmatrix} \begin{bmatrix} -1 & 2 \\ -1 & 1 \end{bmatrix} = \begin{bmatrix} 1 & 0 \\ 0 & 1 \end{bmatrix} = I_2$$

$$BA = \begin{bmatrix} -1 & 2 \\ -1 & 1 \end{bmatrix} \begin{bmatrix} 1 & -2 \\ 1 & -1 \end{bmatrix} = \begin{bmatrix} 1 & 0 \\ 0 & 1 \end{bmatrix} = I_2$$

□

예제 2 행렬

$$A = \begin{bmatrix} 1 & 2 & 3 \\ 4 & 5 & 6 \\ 0 & 0 & 0 \end{bmatrix}$$

은 3행의 성분이 모두 0이므로 임의의 3×3행렬

$$B = \begin{bmatrix} b_{11} & b_{12} & b_{13} \\ b_{21} & b_{22} & b_{23} \\ b_{31} & b_{32} & b_{33} \end{bmatrix}$$

에 대하여 AB의 3행은 언제나

$$[0 \quad 0 \quad 0]$$

이다. 따라서 $AB = I$인 B가 존재하지 않으므로 A는 비가역이다. □

정리 3.2.1 n차의 정사각행렬 A가 가역이면 A의 역행렬은 유일하다.

증명 행렬 B, C가 모두 A의 역행렬이라고 하면

$$AB=I_n=BA,\ \ AC=I_n=CA$$

이므로

$$B=BI_n=B(AC)=(BA)C=I_nC=C$$

이다. 따라서, A의 역행렬은 유일하다. ■

n차의 정사각행렬 A가 가역일 때, A의 역행렬을 A^{-1}로 나타낸다. 즉,

$$AA^{-1}=I_n=A^{-1}A$$

을 만족한다.

예제 3 행렬 $A=\begin{bmatrix} a & b \\ c & d \end{bmatrix}$가 가역일 필요충분조건은 $ad-bc\neq 0$이고, 이 경우

$$A^{-1}=\frac{1}{ad-bc}\begin{bmatrix} d & -b \\ -c & a \end{bmatrix}=\begin{bmatrix} \dfrac{d}{ad-bc} & \dfrac{-b}{ad-bc} \\ \dfrac{-c}{ad-bc} & \dfrac{a}{ad-bc} \end{bmatrix}$$

이다. 왜냐하면,

$$\begin{bmatrix} a & b \\ c & d \end{bmatrix}\begin{bmatrix} \dfrac{d}{ad-bc} & \dfrac{-b}{ad-bc} \\ \dfrac{-c}{ad-bc} & \dfrac{a}{ad-bc} \end{bmatrix}=\begin{bmatrix} 1 & 0 \\ 0 & 1 \end{bmatrix}$$

$$=\begin{bmatrix} \dfrac{d}{ad-bc} & \dfrac{-b}{ad-bc} \\ \dfrac{-c}{ad-bc} & \dfrac{a}{ad-bc} \end{bmatrix}\begin{bmatrix} a & b \\ c & d \end{bmatrix}$$

이기 때문이다. □

여기서 잠깐!

역행렬

$$A=\begin{pmatrix} a & b \\ c & d \end{pmatrix}$$

$$A^{-1}=\frac{1}{ad-bc}\begin{pmatrix} d & -b \\ -c & a \end{pmatrix}$$

이 역행렬을 구하는 플래시를 아래의 Link를 통해서 볼 수 있다.

http://matrix. skku.ac.kr/sglee/LT/inverse.swf

정리 3.2.2

n차의 정사각행렬 A, B가 가역이고 k가 0이 아닌 스칼라일 때, 다음이 성립한다.

(1) A^{-1}은 가역이고, $(A^{-1})^{-1}=A$이다.

(2) AB은 가역이고, $(AB)^{-1}=B^{-1}A^{-1}$이다.

(3) kA은 가역이고, $(kA)^{-1}=\frac{1}{k}A^{-1}$이다.

(4) A^n은 가역이고, $(A^n)^{-1}=A^{-n}=(A^{-1})^n$

증명 (1) A^{-1}이 가역인 것은 $A^{-1}B=I_n=BA^{-1}$을 만족하는 행렬 B가 존재함을 보이면 된다. 그런데, $A^{-1}A=I_n=AA^{-1}$이므로 A^{-1}은 가역이고 A가 A^{-1}의 역행렬이다. 따라서 $(A^{-1})^{-1}=A$

(2) $(AB)(B^{-1}A^{-1})=A(BB^{-1})A^{-1}=AI_nA^{-1}=AA^{-1}=I_n$,

$(B^{-1}A^{-1})(AB)=B^{-1}(A^{-1}A)B=B^{-1}I_nB=BB^{-1}=I_n$

이므로 AB는 가역이고 $(AB)^{-1}=B^{-1}A^{-1}$이다.

(3) $(kA)\left(\frac{1}{k}A^{-1}\right)=\frac{1}{k}(kA)A^{-1}=\left(\frac{1}{k}k\right)AA^{-1}=I_n$

$\left(\frac{1}{k}A^{-1}\right)(kA)=k\left(\frac{1}{k}A^{-1}\right)A=\left(k\frac{1}{k}\right)A^{-1}A=I_n$

이므로 kA는 가역이고 $(kA)^{-1}=\frac{1}{k}A^{-1}$이다. ■

예제 4 두 행렬

$$A=\begin{bmatrix}1 & 2\\ 1 & 3\end{bmatrix},\ B=\begin{bmatrix}3 & 2\\ 2 & 2\end{bmatrix}$$

에 대하여 $(AB)^{-1}=B^{-1}A^{-1}$임을 확인하여라.

풀이

$A^{-1}=\begin{bmatrix}3 & -2\\ -1 & 1\end{bmatrix}$, $B^{-1}=\begin{bmatrix}1 & -1\\ -1 & \frac{3}{2}\end{bmatrix}$이고 $AB=\begin{bmatrix}7 & 6\\ 9 & 8\end{bmatrix}$이므로

$$(AB)^{-1}=\begin{bmatrix}4 & -3\\ -\frac{9}{2} & \frac{7}{2}\end{bmatrix}$$

$$B^{-1}A^{-1}=\begin{bmatrix}1 & -1\\ -1 & \frac{3}{2}\end{bmatrix}\begin{bmatrix}3 & -2\\ -1 & 1\end{bmatrix}=\begin{bmatrix}4 & -3\\ -\frac{9}{2} & \frac{7}{2}\end{bmatrix}$$

$\therefore (AB)^{-1}=B^{-1}A^{-1}$ □

정리 3.2.3 만일 A가 가역행렬이면, A^T도 가역행렬이고 다음이 성립한다.

$$A^T\text{은 가역이고, } (A^T)^{-1}=(A^{-1})^T \text{이다.}$$

증명 $AA^{-1}=I_n=A^{-1}A$이므로

$$I_n=I_n^T=(AA^{-1})^T=(A^{-1})^T A^T,$$
$$I_n=I_n^T=(A^{-1}A)^T=(A)^T(A^{-1})^T$$

이다. 따라서, A^T는 가역이고 $(A^T)^{-1}=(A^{-1})^T$이다. ■

예제 5 일반적인 2×2 가역행렬과 그 전치행렬

$$A=\begin{bmatrix} a & b \\ c & d \end{bmatrix} \text{와 } A^T=\begin{bmatrix} a & c \\ b & d \end{bmatrix}$$

에 대하여 만일 A가 가역이라면 A^T도 가역행렬이다. 예제 3 에 의하여

$$(A^T)^{-1}=\begin{bmatrix} \dfrac{d}{ad-bc} & -\dfrac{c}{ad-bc} \\ -\dfrac{b}{ad-bc} & \dfrac{a}{ad-bc} \end{bmatrix}$$

이고 이는 A^{-1}가 전치된 행렬과 같다.

따라서 정리 3.2.3 에서 보장된 것과 같이 $(A^T)^{-1}=(A^{-1})^T$이다. □

〈유네스코 문화 유산 : 수원성(팔달문)〉

여기서 잠깐!

유명한 수학자도 실수를 한다.

때때로 훌륭한 수학자들도 의외의 실수를 한다. 예를 들어 행렬이론의 아버지라 불리는 영국의 수학자 케일리(Arthur Cayley)는 영행렬이 아닌 두 행렬 A, B의 곱이 영행렬이라면 적어도 하나는 비가역(singular)이라고 했다. 이 답을 준 케일리는 정확했다. 그러나 그는 $AB=O$이면 A와 B는 둘 다 비가역이라는 사실을 믿지 않았다. 왜 그랬을까?

연습문제 3-2

|1-4| B가 A의 역행렬임을 보여라.

1. $A=\begin{bmatrix} 1 & 2 \\ 3 & 4 \end{bmatrix}$, $B=\begin{bmatrix} -2 & 1 \\ \frac{3}{2} & -\frac{1}{2} \end{bmatrix}$

2. $A=\begin{bmatrix} -5 & 2 \\ 3 & -1 \end{bmatrix}$, $B=\begin{bmatrix} 1 & 2 \\ 3 & 5 \end{bmatrix}$

3. $A=\begin{bmatrix} 1 & 1 & 2 \\ 2 & 4 & -3 \\ 3 & 6 & -5 \end{bmatrix}$, $B=\begin{bmatrix} 2 & -17 & 11 \\ -1 & 11 & -7 \\ 0 & 3 & -2 \end{bmatrix}$

4. $A=\begin{bmatrix} 1 & 0 & 0 & 0 \\ 1 & 2 & 0 & 0 \\ 1 & 2 & 4 & 0 \\ 1 & 2 & 4 & 8 \end{bmatrix}$, $B=\begin{bmatrix} 1 & 0 & 0 & 0 \\ -\frac{1}{2} & \frac{1}{2} & 0 & 0 \\ 0 & -\frac{1}{4} & \frac{1}{4} & 0 \\ 0 & 0 & -\frac{1}{8} & \frac{1}{8} \end{bmatrix}$

|5-10| **정리 3.2.2**와 아래 행렬을 이용하여 질문에 답하여라.

$$A=\begin{bmatrix} 1 & 2 \\ 3 & 4 \end{bmatrix},\ B=\begin{bmatrix} 6 & 4 \\ -2 & -1 \end{bmatrix},\ C=\begin{bmatrix} 2 & 0 \\ 0 & 3 \end{bmatrix},\ D=\begin{bmatrix} -2 & 1 \\ \frac{3}{2} & -\frac{1}{2} \end{bmatrix}$$

5. A에 B, C, D를 각각 곱하여 A^{-1}를 구하여라.

6. $(A^{-1})^{-1}=A$임을 확인하여라.

7. $(A^T)^{-1}=(A^{-1})^T$임을 확인하여라.

8. $(2A)^{-1}=\frac{1}{2}A^{-1}$임을 확인하여라.

9. $(AB)^{-1}=B^{-1}A^{-1}$임을 확인하여라.

10. $(ABC)^{-1}=C^{-1}B^{-1}A^{-1}$임을 확인하여라.

11. 만일 $A^2=A$이면 $(I-2A)=(I-2A)^{-1}$임을 보여라.

토론과 발견

P1 정사각행렬 A에 대하여 다음이 왜 성립하는지 설명하여라.

(1) A가 모든 성분이 영인 행이나 열을 포함하면, A는 비가역이다.

(2) A가 똑같은 행이나 열을 포함하면, A는 비가역이다.

(3) 하나의 행 또는 열이 다른 행 또는 열의 상수배로 표현된다면 A는 비가역이다.

P2 다음 질문에 답하여라.

(1) 대각행렬은 어떤 조건에서 가역행렬이 되는가? 또한 가역행렬이라면, 그 역행렬은 어떤 형태이겠는가?

(2) 삼각행렬은 어떤 조건에서 가역행렬이 되는가? 또한 가역행렬이라면 그 역행렬은 어떤 형태이겠는가? [131쪽 참고]

P3 A가 $n\times n$인 정사각행렬이다. 이 때, $AB=AC \Longrightarrow B=C$가 되려면 어떤 조건이 필요할지 토론하여라.

P4 행렬 $A=\begin{bmatrix} a & b \\ c & 0 \end{bmatrix}$가 $A^{-1}=A$를 만족하기 위한 가능한 모든 a, b, c의 값을 결정하여라.

P5 다음 연립방정식의 계수행렬이 가역임을 이용하여 임의의 실수 b_1, b_2, b_3에 대하여 주어진 연립방정식은 항상 존재함을 보여라.

$$\begin{cases} x+y-z=b_1 \\ 2y+z=b_2 \\ y-z=b_3 \end{cases}$$

P6 $A=\begin{bmatrix} 5 & -3 & -1 \\ -12 & 7 & 3 \\ 4 & -2 & -1 \end{bmatrix}$이고, $A^{-1}=\begin{bmatrix} 1 & 1 & 2 \\ 0 & 1 & 3 \\ 4 & 2 & 1 \end{bmatrix}$일 때,

(1) $AB=\begin{bmatrix} 1 & 2 \\ 0 & 1 \\ 4 & 1 \end{bmatrix}$을 만족하는 행렬 B를 구하여라.

(2) $AC=A^2+A$을 만족하는 행렬 C를 구하여라.

P7 만일 $A^2=A$를 만족하는 행렬 A가 항등행렬이 아니면 A는 비가역 행렬임을 보여라.

P8 $\mathbf{u}$, $\mathbf{v}\in R^n$이 열벡터이고 $A=I+\mathbf{u}\ \mathbf{v}^T$이다. 이 때, $\mathbf{u}^T\mathbf{v}\neq -1$이면 A는 가역행렬이고 $A^{-1}=I-\dfrac{1}{1+\mathbf{u}^T\mathbf{v}}\mathbf{u}\ \mathbf{v}^T$임을 보여라.

3.3 기본행렬(Elementary matrices)과 역행렬

● 앞 절에서 정사각행렬의 역행렬을 정의하였다. 이 절에서는 기본행렬과 기본행연산을 이용하여 역행렬을 구하는 과정을 설명한다.

정 의

I_n에 기본행연산(ERO)을 한 번 해서 얻은 행렬을 **기본행렬** (Elementary matrix)이라 한다.

예제 1 3가지 기본 행연산에 대응하는 기본 행렬들은 다음과 같다.

$$\begin{bmatrix} 1 & 0 & 0 \\ 0 & 0 & 1 \\ 0 & 1 & 0 \end{bmatrix}$$: 두 행을 교환한다. ($R_2 \leftrightarrow R_3$)

$$\begin{bmatrix} 1 & 0 & 0 \\ 0 & 3 & 0 \\ 0 & 0 & 1 \end{bmatrix}$$: 한 행에 영 아닌 상수배를 한다. ($3R_2 \rightarrow R_2$)

$$\begin{bmatrix} 1 & 0 & 0 \\ 2 & 1 & 0 \\ 0 & 0 & 1 \end{bmatrix}$$: 한 행에 영 아닌 상수배를 해서 다른 행에 더한다. ($2R_1+R_2 \rightarrow R_2$) □

예제 2 [기본행렬의 성질]

A가 $m\times n$ 행렬이고, 기본행렬 E가 $m\times m$ 항등행렬에 어떤 행연산을 실행하여 얻어졌다면 곱 EA는 A에 같은 행연산을 수행하여 얻어지는 행렬이다.(기본행렬은 언제나 정사각행렬이다.)

$$\begin{bmatrix} 1 & 0 & 0 \\ 0 & 0 & 1 \\ 0 & 1 & 0 \end{bmatrix}\begin{bmatrix} 1 & 2 & 3 \\ 1 & 1 & 1 \\ 0 & 1 & 3 \end{bmatrix}=\begin{bmatrix} 1 & 2 & 3 \\ 0 & 1 & 3 \\ 1 & 1 & 1 \end{bmatrix}$$

$$\begin{bmatrix} 1 & 0 & 0 \\ 0 & 3 & 0 \\ 0 & 0 & 1 \end{bmatrix}\begin{bmatrix} 1 & 2 & 3 \\ 1 & 1 & 1 \\ 0 & 1 & 3 \end{bmatrix}=\begin{bmatrix} 1 & 2 & 3 \\ 3 & 3 & 3 \\ 0 & 1 & 3 \end{bmatrix}$$

$$\begin{bmatrix} 1 & 0 & 0 \\ 2 & 1 & 0 \\ 0 & 0 & 1 \end{bmatrix}\begin{bmatrix} 1 & 2 & 3 \\ 1 & 1 & 1 \\ 0 & 1 & 3 \end{bmatrix}=\begin{bmatrix} 1 & 2 & 3 \\ 3 & 5 & 7 \\ 0 & 1 & 3 \end{bmatrix}$$ □

정의 **치환**(permutation)**행렬**은 I_n의 행들을 교환하여 얻어진 행렬이다.

예제 3 다음 행렬은 치환행렬의 예이다.

$$\begin{bmatrix} 0 & 1 & 0 \\ 0 & 0 & 1 \\ 1 & 0 & 0 \end{bmatrix}, \quad \begin{bmatrix} 0 & 1 & 0 & 0 \\ 1 & 0 & 0 & 0 \\ 0 & 0 & 0 & 1 \\ 0 & 0 & 1 & 0 \end{bmatrix}$$

□

예제 4 세 기본행렬의 곱에 대한 역행렬을 구하는 문제이다. 아래 행렬곱의 역행렬을 구해보자.

$$\begin{bmatrix} 1 & 0 & 0 \\ 0 & 1 & 0 \\ 0 & -c & 1 \end{bmatrix} \begin{bmatrix} 1 & 0 & 0 \\ 0 & 1 & 0 \\ -b & 0 & 1 \end{bmatrix} \begin{bmatrix} 1 & 0 & 0 \\ -a & 1 & 0 \\ 0 & 0 & 1 \end{bmatrix}$$

풀이 $E_1 = \begin{bmatrix} 1 & 0 & 0 \\ 0 & 1 & 0 \\ 0 & -c & 1 \end{bmatrix}$, $E_2 = \begin{bmatrix} 1 & 0 & 0 \\ 0 & 1 & 0 \\ -b & 0 & 1 \end{bmatrix}$, $E_3 = \begin{bmatrix} 1 & 0 & 0 \\ -a & 1 & 0 \\ 0 & 0 & 1 \end{bmatrix}$라 하자.

행렬 $E_1E_2E_3$의 역행렬은 $E_3^{-1}E_2^{-1}E_1^{-1}$로 나타낼 수 있다.
($\because$ $E_1E_2E_3X = I_3$는 $E_1E_2E_3E_3^{-1}E_2^{-1}E_1^{-1} = I_3$이므로 역행렬의 정의에 의하여 역행렬 $X = E_3^{-1}E_2^{-1}E_1^{-1}$이다.)
행렬의 기본행연산 3번을 역으로 이용하여 각 행렬의 역행렬을 구하면 다음과 같다.

$$E_1^{-1} = \begin{bmatrix} 1 & 0 & 0 \\ 0 & 1 & 0 \\ 0 & c & 1 \end{bmatrix}, \quad E_2^{-1} = \begin{bmatrix} 1 & 0 & 0 \\ 0 & 1 & 0 \\ b & 0 & 1 \end{bmatrix}, \quad E_3^{-1} = \begin{bmatrix} 1 & 0 & 0 \\ a & 1 & 0 \\ 0 & 0 & 1 \end{bmatrix}$$

$$E_3^{-1}E_2^{-1}E_1^{-1} = \begin{bmatrix} 1 & 0 & 0 \\ a & 1 & 0 \\ 0 & 0 & 1 \end{bmatrix} \begin{bmatrix} 1 & 0 & 0 \\ 0 & 1 & 0 \\ b & 0 & 1 \end{bmatrix} \begin{bmatrix} 1 & 0 & 0 \\ 0 & 1 & 0 \\ 0 & c & 1 \end{bmatrix} = \begin{bmatrix} 1 & 0 & 0 \\ a & 1 & 0 \\ b & c & 1 \end{bmatrix}$$

□

자 이제 기본행렬을 이용하여 역행렬을 구하는 방법을 알아보자. 기본행렬은 항등행렬에 기본행연산을 취하여 얻어진 행렬이라는 의미로 해석할 수 있다는 점을 이용하여 그 내용을 자세히 알아보고자 한다.

A가 단위행렬과 행동치이므로 A에 취하는 유한번의 ERO에 해당하는 유한개의 기본행렬이 존재하게 된다. 이제 유한번의 ERO에 해당하는 기본행렬들의 곱을 $E_k \cdots E_2E_1$이라고 하자.

즉 "행렬 A에 기본행렬 E에 대응하는 ERO를 취한 행렬과 그 두 행렬의 곱 EA가 같다"를 이용하여 가역행렬 A에 대한 다음 정리를 보이자.

정리 3.3.1

$$[A : I_n] \to [I_n : A^{-1}]$$

어떤 행렬을 A라고 하자. A의 역행렬이 존재하면 유한번의 ERO를 사용하여 A 행렬을 단위행렬로 만들 수 있다. 유한번의 ERO에 대응하는 기본행렬들을 순서대로 곱한 것을 $E_k \cdots E_2E_1$이라 하면

$$E_k \cdots E_2E_1A = I_n \qquad \cdots\cdots (1)$$

으로 나타낼 수 있다. 그럼 쉽게

$$A^{-1} = E_k \cdots E_2E_1$$

임을 알 수 있다. 그러므로

$$A^{-1} = E_k \cdots E_2E_1I_n \qquad \cdots\cdots (2)$$

여기서 (1)과 (2)를 비교해보자.

먼저 (1)의 뜻은 A행렬에 $E_k \cdots E_2E_1$에 대응하는 ERO들을 하면 단위행렬이 된다는 의미이다. 그럼 (2)의 뜻은 단위행렬에 $E_k \cdots E_2E_1$에 대응하는 ERO들을 하면 A^{-1}과 같아진다는 의미이다.

그래서 A 행렬을 I_n으로 만드는 과정을 I_n에게 적용시키면 A^{-1}가 된다. 이 말을 식으로 나타내면

$$[A : I_n] \to [I_n : A^{-1}]$$

이다.

이제, n차의 정사각행렬 A가 가역일 때 A의 역행렬을 다음과 같은 단계로 구해보자.

주어진 행렬 A에 단위행렬 I_n을 첨가하여 $n \times 2n$ 행렬 $[A : I_n]$을 만든다.

단계 1에서 만든 행렬 $[A : I_n]$의 RREF를 구한다.

단계 2에서 얻어진 RREF를 $[C : D]$라고 하면 다음이 성립한다.

(i) $C = I_n$이면 $D = A^{-1}$이다.

(ii) $C \neq I_n$이면 A는 비가역이고 A^{-1}은 존재하지 않는다.

만약 A의 역행렬이 존재한다면 $A\mathbf{x}=\mathbf{0}$이라는 식에서 $\mathbf{x}=\mathbf{0}$인 자명한 (trivial)해를 갖게 된다. 그러므로 행렬 A는 ERO를 유한히 반복함으로써 단위행렬로 만들 수 있다. 만일 $A \in M_n$의 역행렬이 존재한다면, $A\mathbf{x}=\mathbf{0}$의 유일한 해는

$$\mathbf{x}=A^{-1}\mathbf{0}=\mathbf{0}$$

이다. 즉,

$$\begin{bmatrix} a_{11} & \cdots & a_{1n} & : & 0 \\ \vdots & \ddots & \vdots & : & \vdots \\ a_{n1} & \cdots & a_{nn} & : & 0 \end{bmatrix} \xrightarrow{\text{ERO}'s} \begin{bmatrix} 1 & \cdots & 0 & : & 0 \\ \vdots & \ddots & \vdots & : & \vdots \\ 0 & \cdots & 1 & : & 0 \end{bmatrix}$$

을 의미하며 이는 $\text{RREF}(A)=I_n$을 의미한다. 따라서 우리는 다음의 정리를 갖는다.

정리 3.3.2

만일 A가 n차의 정사각행렬이면 다음은 동치이다.

(1) $\text{RREF}(A)=I_n$

(2) A를 기본행렬들의 곱으로 쓸 수 있다.

(3) A는 가역이다.

(4) $A\mathbf{x}=\mathbf{0}$은 유일해 $\mathbf{0}$을 가진다.

예제 5 다음 행렬의 역행렬이 존재하는지를 확인하고 있으면 역행렬을 구하라.

$$A=\begin{bmatrix} 1 & 2 & 3 \\ 2 & 5 & 3 \\ 1 & 0 & 8 \end{bmatrix}$$

풀이 $[A : I_3]$를 만들면

$$[A : I_3]=\begin{bmatrix} 1 & 2 & 3 & : & 1 & 0 & 0 \\ 2 & 5 & 3 & : & 0 & 1 & 0 \\ 1 & 0 & 8 & : & 0 & 0 & 1 \end{bmatrix}$$

이고, 이 행렬의 RREF를 구하면

$$\begin{bmatrix} 1 & 2 & 3 & : & 1 & 0 & 0 \\ 2 & 5 & 3 & : & 0 & 1 & 0 \\ 1 & 0 & 8 & : & 0 & 0 & 1 \end{bmatrix} \rightarrow \begin{bmatrix} 1 & 2 & 3 & : & 1 & 0 & 0 \\ 0 & 1 & -3 & : & -2 & 1 & 0 \\ 0 & -2 & 5 & : & -1 & 0 & 1 \end{bmatrix}$$

$$\rightarrow \begin{bmatrix} 1 & 2 & 3 & : & 1 & 0 & 0 \\ 0 & 1 & -3 & : & -2 & 1 & 0 \\ 0 & 0 & -1 & : & -5 & 2 & 1 \end{bmatrix} \rightarrow \begin{bmatrix} 1 & 2 & 3 & : & 1 & 0 & 0 \\ 0 & 1 & -3 & : & -2 & 1 & 0 \\ 0 & 0 & 1 & : & 5 & -2 & -1 \end{bmatrix}$$

$$\rightarrow \begin{bmatrix} 1 & 2 & 0 & : & -14 & 6 & 3 \\ 0 & 1 & 0 & : & 13 & -5 & -3 \\ 0 & 0 & 1 & : & 5 & -2 & -1 \end{bmatrix} \rightarrow \begin{bmatrix} 1 & 0 & 0 & : & -40 & 16 & 9 \\ 0 & 1 & 0 & : & 13 & -5 & -3 \\ 0 & 0 & 1 & : & 5 & -2 & -1 \end{bmatrix}$$

$=[C : D]$

이다. $C=I_3$ 이므로 $D=A^{-1}$ 이다.

$$\therefore A^{-1}=\begin{bmatrix} -40 & 16 & 9 \\ 13 & -5 & -3 \\ 5 & -2 & -1 \end{bmatrix}$$

□

예제 6 다음 행렬의 역행렬을 구하여라.

$$A=\begin{bmatrix} 1 & 6 & 4 \\ 2 & 4 & -1 \\ -1 & 2 & 5 \end{bmatrix}$$

풀이 **예제 5** 와 같은 과정을 거치면

$$\left[\begin{array}{ccc:ccc} 1 & 6 & 4 & 1 & 0 & 0 \\ 2 & 4 & -1 & 0 & 1 & 0 \\ -1 & 2 & 5 & 0 & 0 & 1 \end{array}\right] \to \left[\begin{array}{ccc:ccc} 1 & 6 & 4 & 1 & 0 & 0 \\ 0 & -8 & -9 & -2 & 1 & 0 \\ 0 & 8 & 9 & 1 & 0 & 1 \end{array}\right]$$

$$\to \left[\begin{array}{ccc:ccc} 1 & 6 & 4 & 1 & 0 & 0 \\ 0 & -8 & -9 & -2 & 1 & 0 \\ 0 & 0 & 0 & -1 & 1 & 1 \end{array}\right] = [C : D]$$

이고, $C \neq I_3$이므로 A^{-1}는 존재하지 않는다. □

이와 같이 기본행연산(ERO)을 이용하여 역행렬의 존재성을 확인하거나 역행렬을 구하는 방법은 단순한 계산을 반복하는 것이다. 따라서 위의 알고리즘을 이용하여 만든 아래 계산기를 이용하면 REF를 쉽게 구할 수 있다.

CAS Project

REF를 구하는 과정을 보여주는 자바도구

http://matrix.skku.ac.kr/sglee/Gauss Elimination 2/Test.html

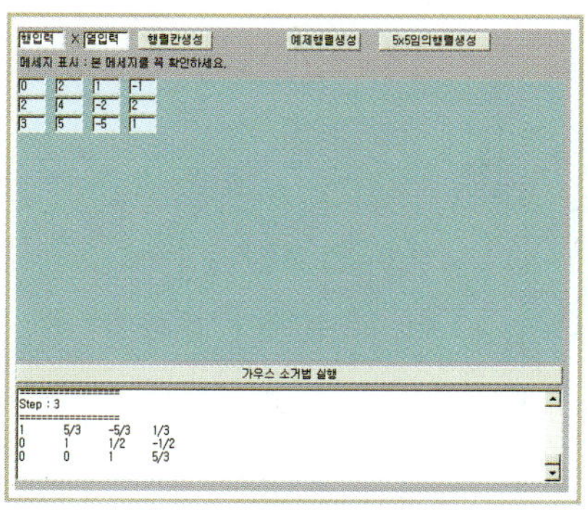

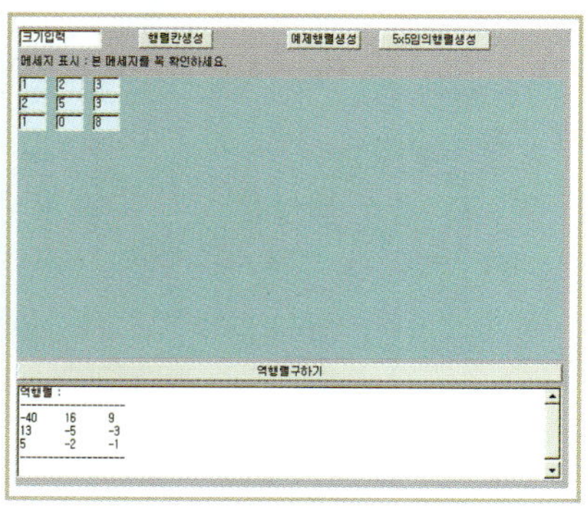

역행렬 구하는 Applet:

http://matrix.skku.ac.kr/sglee/CMT/java/main/mc.html

종합 행렬 계산기 :

http://matrix.skku.ac.kr/NewJAVA/new MatrixCalKOR/Test.html

예제 7 기본행연산을 이용하여 역행렬 구하는 문제이다. RREF를 이용하여 다음 행렬의 역행렬을 각각 구하여라.

$$A=\begin{bmatrix} 1 & -1 & 2 \\ -1 & 0 & 2 \\ -6 & 4 & 11 \end{bmatrix}, \quad B=\begin{bmatrix} 1 & 0 & 0 & 0 \\ 1 & 2 & 0 & 0 \\ 0 & 2 & 4 & 0 \\ 1 & 2 & 4 & 8 \end{bmatrix}$$

풀이 ① A의 역행렬 구하는 과정

$$[A:I]=\begin{bmatrix} 1 & -1 & 2 & : & 1 & 0 & 0 \\ -1 & 0 & 2 & : & 0 & 1 & 0 \\ -6 & 4 & 11 & : & 0 & 0 & 1 \end{bmatrix} \rightarrow \begin{bmatrix} 1 & -1 & 2 & : & 1 & 0 & 0 \\ 0 & -1 & 4 & : & 1 & 1 & 0 \\ -6 & 4 & 11 & : & 0 & 0 & 1 \end{bmatrix}$$

$$\rightarrow \begin{bmatrix} 1 & -1 & 2 & : & 1 & 0 & 0 \\ 0 & -1 & 4 & : & 1 & 1 & 0 \\ 0 & -2 & 23 & : & 6 & 0 & 1 \end{bmatrix} \rightarrow \begin{bmatrix} 1 & -1 & 2 & : & 1 & 0 & 0 \\ 0 & 1 & -4 & : & -1 & -1 & 0 \\ 0 & -2 & 23 & : & 6 & 0 & 1 \end{bmatrix}$$

$$\rightarrow \begin{bmatrix} 1 & -1 & 2 & : & 1 & 0 & 0 \\ 0 & 1 & -4 & : & -1 & -1 & 0 \\ 0 & 0 & 15 & : & 4 & -2 & 1 \end{bmatrix} \rightarrow \begin{bmatrix} 1 & -1 & 2 & : & 1 & 0 & 0 \\ 0 & 1 & -4 & : & -1 & -1 & 0 \\ 0 & 0 & 1 & : & \frac{4}{15} & -\frac{2}{15} & \frac{1}{15} \end{bmatrix}$$

$$\rightarrow \begin{bmatrix} 1 & 0 & -2 & : & 0 & -1 & 0 \\ 0 & 1 & -4 & : & -1 & -1 & 0 \\ 0 & 0 & 1 & : & \frac{4}{15} & -\frac{2}{15} & \frac{1}{15} \end{bmatrix}$$

$$\rightarrow \begin{bmatrix} 1 & 0 & 0 & : & \frac{8}{15} & -\frac{19}{15} & \frac{2}{15} \\ 0 & 1 & 0 & : & \frac{1}{15} & -\frac{23}{15} & \frac{4}{15} \\ 0 & 0 & 1 & : & \frac{4}{15} & -\frac{2}{15} & \frac{1}{15} \end{bmatrix}=[I:A^{-1}]$$

$$\therefore A^{-1}=\frac{1}{15}\begin{bmatrix} 8 & -19 & 2 \\ 1 & -23 & 4 \\ 4 & -2 & 1 \end{bmatrix}$$

② B의 역행렬 구하는 과정

$$[B:I]=\begin{bmatrix} 1 & 0 & 0 & 0 & : & 1 & 0 & 0 & 0 \\ 1 & 2 & 0 & 0 & : & 0 & 1 & 0 & 0 \\ 0 & 2 & 4 & 0 & : & 0 & 0 & 1 & 0 \\ 1 & 2 & 4 & 8 & : & 0 & 0 & 0 & 1 \end{bmatrix} \rightarrow \begin{bmatrix} 1 & 0 & 0 & 0 & : & 1 & 0 & 0 & 0 \\ 0 & 2 & 0 & 0 & : & -1 & 1 & 0 & 0 \\ 0 & 2 & 4 & 0 & : & 0 & 0 & 1 & 0 \\ 0 & 2 & 4 & 8 & : & -1 & 0 & 0 & 1 \end{bmatrix}$$

$$\rightarrow \begin{bmatrix} 1 & 0 & 0 & 0 & : & 1 & 0 & 0 & 0 \\ 0 & 2 & 0 & 0 & : & -1 & 1 & 0 & 0 \\ 0 & 0 & 4 & 0 & : & 1 & -1 & 1 & 0 \\ 0 & 0 & 4 & 8 & : & 0 & -1 & 0 & 1 \end{bmatrix} \rightarrow \begin{bmatrix} 1 & 0 & 0 & 0 & : & 1 & 0 & 0 & 0 \\ 0 & 2 & 0 & 0 & : & -1 & 1 & 0 & 0 \\ 0 & 0 & 4 & 0 & : & 1 & -1 & 1 & 0 \\ 0 & 0 & 0 & 8 & : & -1 & 0 & -1 & 1 \end{bmatrix}$$

$$\rightarrow \left[\begin{array}{cccc:cccc} 1 & 0 & 0 & 0 & 1 & 0 & 0 & 0 \\ 0 & 1 & 0 & 0 & -\frac{1}{2} & \frac{1}{2} & 0 & 0 \\ 0 & 0 & 1 & 0 & \frac{1}{4} & -\frac{1}{4} & \frac{1}{4} & 0 \\ 0 & 0 & 0 & 1 & -\frac{1}{8} & 0 & -\frac{1}{8} & \frac{1}{8} \end{array}\right] = [I : B^{-1}]$$

$$\therefore B^{-1} = \frac{1}{8}\begin{bmatrix} 8 & 0 & 0 & 0 \\ -4 & 4 & 0 & 0 \\ 2 & -2 & 2 & 0 \\ -1 & 0 & -1 & 1 \end{bmatrix}$$

□

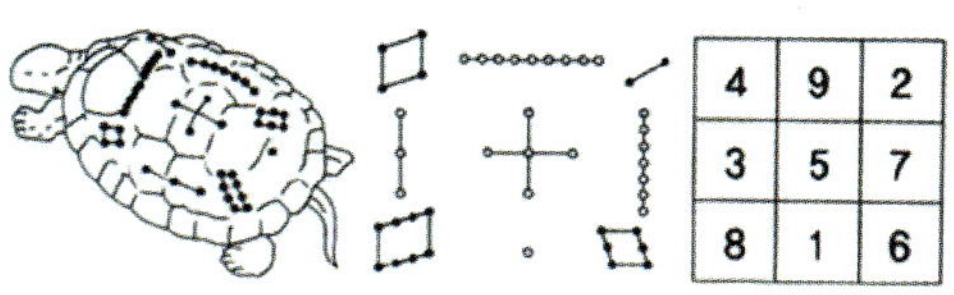

거북이 등에 있는 점들을 수로 표현한 마방진의 모습

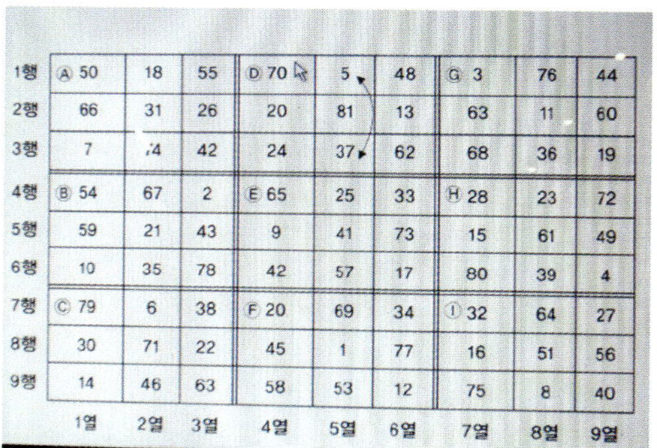

	1열	2열	3열	4열	5열	6열	7열	8열	9열
1행	Ⓐ 50	18	55	Ⓓ 70	5	48	Ⓖ 3	76	44
2행	66	31	26	20	81	13	63	11	60
3행	7	74	42	24	37	62	68	36	19
4행	Ⓑ 54	67	2	Ⓔ 65	25	33	Ⓗ 28	23	72
5행	59	21	43	9	41	73	15	61	49
6행	10	35	78	42	57	17	80	39	4
7행	Ⓒ 79	6	38	Ⓕ 20	69	34	Ⓘ 32	64	27
8행	30	71	22	45	1	77	16	51	56
9행	14	46	63	58	53	12	75	8	40

구수략에 나오는 9차 마방진

〈뉴턴의 수학적 업적을 기리는 우표〉

연습문제 3-3

1. 다음 행렬 중 기본행렬을 골라라.

(1) $\begin{bmatrix} 1 & 0 \\ -3 & 1 \end{bmatrix}$ (2) $\begin{bmatrix} 0 & 1 & 0 \\ 1 & 0 & 0 \\ 0 & 0 & 1 \end{bmatrix}$

(3) $\begin{bmatrix} 1 & 0 & 0 \\ 0 & 1 & 0 \\ 0 & 0 & 1 \end{bmatrix}$ (4) $\begin{bmatrix} 0 & 3 & 0 \\ 1 & 0 & 0 \\ 0 & 0 & 1 \end{bmatrix}$

2. 다음 기본행연산에 대응하는 3×3 기본행렬을 구하여라.

(1) $R_2 \leftrightarrow R_3$

(2) $2R_2 \rightarrow R_2$

(3) $-2R_1+R_3 \rightarrow R_3$

3. 다음 기본행렬의 역행렬을 구하여라.

(1) $\begin{bmatrix} 1 & 0 & 0 \\ 0 & 0 & 1 \\ 0 & 1 & 0 \end{bmatrix}$ (2) $\begin{bmatrix} 1 & 0 & 0 \\ 0 & 2 & 0 \\ 0 & 0 & 1 \end{bmatrix}$ (3) $\begin{bmatrix} 1 & 0 & 0 \\ 0 & 1 & 0 \\ -2 & 0 & 1 \end{bmatrix}$

4. 다음 행렬 중 치환행렬을 골라라.

(1) $\begin{bmatrix} 0 & 1 \\ 1 & 0 \end{bmatrix}$ (2) $\begin{bmatrix} 1 & 0 & 0 \\ 0 & 1 & 0 \\ 0 & 0 & 3 \end{bmatrix}$

(3) $\begin{bmatrix} 0 & 0 & 1 \\ 0 & 1 & 0 \\ 1 & 0 & 0 \end{bmatrix}$ (4) $\begin{bmatrix} -1 & 0 & 0 \\ 0 & 1 & 0 \\ 0 & 0 & 1 \end{bmatrix}$

5. 기본행연산을 이용하여 다음 행렬의 역행렬을 구하여라.

(1) $\begin{bmatrix} 3 & 4 & -1 \\ 1 & 0 & 3 \\ 2 & 5 & -4 \end{bmatrix}$ (2) $\begin{bmatrix} 1 & 0 & 1 \\ 0 & 1 & 1 \\ 1 & 1 & 0 \end{bmatrix}$

6. $E=\begin{bmatrix} 1 & 0 & 0 \\ 0 & 1 & 0 \\ 3 & 0 & 1 \end{bmatrix}$이라고 하고, A를 임의의 행렬 3×3이라 하자.

(1) EA가 어떤 행렬이고 원래 행렬의 행에 어떻게 영향을 미치는지 확인하여라.

(2) AE가 어떤 행렬이고 원래 행렬의 열에 어떻게 영향을 미치는지 확인하여라.

7. 다음 행렬의 곱에 대한 역행렬을 구하여라.

$$\begin{bmatrix} 1 & 0 & 0 \\ 0 & 1 & 0 \\ 0 & -2 & 1 \end{bmatrix}\begin{bmatrix} 1 & 0 & 0 \\ 0 & 1 & 0 \\ -3 & 0 & 1 \end{bmatrix}\begin{bmatrix} 1 & 0 & 0 \\ -4 & 1 & 0 \\ 0 & 0 & 1 \end{bmatrix}$$

8. 행렬 A의 REF를 구하는 과정에서

$$E\begin{bmatrix} 2 & 4 & 2 \\ 1 & 5 & 2 \\ 4 & -1 & 9 \end{bmatrix} = \begin{bmatrix} 2 & 4 & 2 \\ 0 & 3 & 1 \\ 0 & 0 & 8 \end{bmatrix}$$

을 얻었다. 기본행렬의 곱인 행렬 E는?

9. 행렬 $A=\begin{bmatrix} 1 & 3 & 3 & 8 \\ -2 & 5 & 1 & -8 \\ 0 & 1 & 6 & 8 \end{bmatrix}$를 $GFEA=R$꼴로 표시하여라.

단, E, F, G는 기본행렬이고, R은 $REF(A)$이다.

10. 만일 $kR_i+R_j \rightarrow R_j$의 표현을 간단히 하기 위하여 i행에 k배하여 j행에 더하는 기본행연산(ERO)에 대응하는 기본행렬을 새로운 표현인 $E_{ij}(k)$로 표시한다면 그의 역행렬 $E_{ij}(k)^{-1}$을 같은 행렬표현을 이용하여 구하여라.

토론과 발견

P1 다음을 만족하는 2×2 행렬 A, B를 구하고 기본행연산(ERO)과의 관계를 설명하여라.

$$A\begin{bmatrix} a & b \\ c & d \end{bmatrix} \quad B=\begin{bmatrix} d & c \\ b & a \end{bmatrix}$$

P2 행렬 $\begin{bmatrix} 1 & 0 & 0 \\ 0 & 1 & 0 \\ a & b & 1 \end{bmatrix}$이 기본행렬이면 $ab=0$임을 보여라.

P3-P6 다음을 증명 혹은 반례를 들어 설명하여라.

P3. 모든 정사각행렬은 기본행렬의 곱으로 표현가능하다.

P4. 만일 행렬 A가 가역행렬이면, A의 1행에 2배하여 3행에 더한 행렬 또한 가역이다.

P5. 만일 정사각행렬 A가 기본행렬의 곱으로 표현가능하면 동차연립방정식 $A\mathbf{x}=\mathbf{0}$은 자명한 해만을 갖는다.

P6. E_1, E_2가 기본행렬(세 가지 종류)이면 $E_1E_2=E_2E_1$이다.

〈12세기 중국의 파스칼의 삼각형 문헌을 소개한 LIBERIA의 우표〉

3.4 부분공간과 일차독립

- 이 절에서는 R^3에서 원점을 지나는 직선과 평면의 개념을 n차원공간 R^n으로 확장한다. R^n 안의 부분집합에 수학적 구조를 주고, 이를 공부하는데 선형연립방정식이 어떻게 이용되는지 보인다.

R^n의 부분집합 중 원점을 포함하는 직선(line)이나 원점을 포함하는 평면(plane)안의 두 벡터의 합은 그 부분집합 안에 있고, 한 벡터의 상수배도 그 부분집합 안에 있다. 예를 들어, R^2에서 원점을 지나는 평면위의 두 벡터를 $\mathbf{u}_1$, $\mathbf{u}_2$라 하자. 그러면 $\mathbf{u}_1+\mathbf{u}_2$가 평면위의 벡터가 됨을 알 수 있다. 또한 $\mathbf{u}$를 평면위의 벡터라 하면, $k\mathbf{u}$ 또한 평면위의 벡터이다.

부분공간의 공식적인 정의를 아래에 준다. 이 절에서는 R^n과 그것의 부분공간 W에 대해 통상적인 연산과 함께 생각하면 된다.

정의

[부분공간]

집합 $W(\neq\phi)$가 R^n의 부분집합이라 하자. 이 때, 다음 두 조건을 만족하면 W는 R^n의 **부분공간**이다.

(i) $\mathbf{x},\ \mathbf{y} \in \boldsymbol{W} \Rightarrow \mathbf{x}+\mathbf{y} \in \boldsymbol{W}$

(ii) $\mathbf{x} \in \boldsymbol{W},\ k \in R \Rightarrow k\mathbf{x} \in \boldsymbol{W}$

여기서 잠깐!

R^n의 모든 부분공간은 영벡터를 포함해야 한다.

예제 1 $\{\mathbf{0}\}$과 R^n은 R^n의 부분공간이다. 여기서 $\mathbf{0}=(0,\ 0,\ \cdots,\ 0)$은 원점이다. □

이 때, $\{\mathbf{0}\}$를 영부분공간(zero subspace)이라 한다.

예제 2 R^2의 부분집합 L_0 즉, 직선 $y=x$ 위의 점들의 집합은 위의 두 조건을 만족하므로, L_0는 R^2의 부분공간이다. 그러나 R^2의 부분집합 L_1 즉, 직선 $y=x+1$ 위의 점들의 집합은 조건 (i)을 만족하지 못하므로 R^2의 부분공간이 아니다. □

실제로, R^2의 부분공간은 $\{\mathbf{0}\}$, R^2 그리고 원점을 지나는 직선 이외에는 존재하지 않는다. 이것의 증명은 연습문제로 남긴다.

예제 3 R^2의 모든 부분공간은 아래 **3**종류 중 하나이다.

1. 영부분공간 : $\{\mathbf{0}\}$
2. 원점을 지나는 직선
3. R^2 전체

또, R^3의 모든 부분공간은 아래 **4**종류 중 하나이다.

1. 영부분공간 : $\{\mathbf{0}\}$
2. 원점을 지나는 직선
3. 원점을 지나는 평면
4. R^3 전체 □

예제 4 집합 $W=\{(0, a, b, c, d, 0) \mid a, b, c, d\in R\}$는 R^6의 부분공간임을 보여라.

풀이 임의의

$\mathbf{x}=(0, a_1, b_1, c_1, d_1, 0)$, $\mathbf{y}=(0, a_2, b_2, c_2, d_2, 0)\in W$, $k\in R$에 대하여 다음이 성립한다.

(i) $\mathbf{x}+\mathbf{y}=(0, a_1+a_2, b_1+b_2, c_1+c_2, d_1+d_2, 0)\in W$

(ii) $k\mathbf{x}=(0, ka_1, kb_1, kc_1, kd_1, 0)\in W$

따라서 정의에 의하여 W는 R^6의 부분공간이다. □

예제 5 행렬 $A\in M_{m\times n}$에 대하여 집합

$$W=\{\mathbf{x}\in R^n \mid A\mathbf{x}=\mathbf{0}\}$$

은 벡터공간 R^n의 부분공간임을 보여라.

풀이 우선 $A\mathbf{0}=\mathbf{0}$이므로 $\mathbf{0}\in W$이다. 따라서 $W\neq\emptyset$이다. 이제, $\mathbf{x}$, $\mathbf{y}\in W$와 $k\in R$에 대하여

$$A\mathbf{x}=\mathbf{0},\ A\mathbf{y}=\mathbf{0}$$

이므로

$$A(\mathbf{x}+\mathbf{y})=A\mathbf{x}+A\mathbf{y}=\mathbf{0}+\mathbf{0}=\mathbf{0},$$
$$A(k\mathbf{x})=k(A\mathbf{x})=k\mathbf{0}=\mathbf{0}$$
$$\therefore\ \mathbf{x}+\mathbf{y}\in W,\ k\mathbf{x}\in W$$

따라서 W는 R^n의 부분공간이다. □

위 예제에 있는 R^n의 부분공간 W를 연립방정식 $A\mathbf{x}=\mathbf{0}$의 해공간(solution space) 또는 행렬 A의 영공간(null space)이라 한다.

예제 6 R^n의 부분집합 $S=\{\mathbf{x}_1, \mathbf{x}_2, \cdots, \mathbf{x}_t\}\subseteq R^n$에 대하여 집합

$$W=\{c_1\ \mathbf{x}_1+c_2\ \mathbf{x}_2+\cdots+c_t\ \mathbf{x}_t \mid c_1, c_2, \cdots, c_t\in R\}$$

은 R^n의 부분공간임을 보여라.

풀이 $\mathbf{x}$, $\mathbf{y}\in W$, $k\in R$이라 하자. 그러면, c_i, $d_i\in R$ $(i=1, 2, \cdots, t)$에 대하여

$$\mathbf{x}=c_1\mathbf{x}_1+c_2\mathbf{x}_2+\cdots+c_t\mathbf{x}_t,\ \mathbf{y}=d_1\mathbf{x}_1+d_2\mathbf{x}_2+\cdots+d_t\mathbf{x}_t$$

라고 쓸 수 있으므로

$$\mathbf{x}+\mathbf{y}=(c_1+d_1)\mathbf{x}_1+(c_2+d_2)\mathbf{x}_2+\cdots+(c_t+d_t)\mathbf{x}_t$$
$$k\mathbf{x}=(kc_1)\mathbf{x}_1+(kc_2)\mathbf{x}_2+\cdots+(kc_t)\mathbf{x}_t$$
$$\therefore\ \mathbf{x}+\mathbf{y}\in W,\ k\mathbf{x}\in W$$

따라서 W는 R^n의 부분공간이다. □

이제 R^n과 그의 부분공간의 구조를 이해하는데 필요한 일차결합의 개념을 다시 한번 소개한다.

집합 R^n의 부분집합 $\{\mathbf{x}_1,\ \mathbf{x}_2,\ \cdots,\ \mathbf{x}_k\}$에 대하여, 벡터 $\mathbf{x}\in R^n$가

$$\mathbf{x}=c_1\mathbf{x}_1+c_2\mathbf{x}_2+\cdots+c_k\mathbf{x}_k,\quad c_1,\ c_2,\ \cdots,\ c_k\in R$$

의 꼴로 표시되면, $\mathbf{x}$를 벡터 $\mathbf{x}_1,\ \mathbf{x}_2,\ \cdots,\ \mathbf{x}_k$의 **일차결합**이라고 하였다.

예제 7 R^2의 벡터 $\mathbf{x}_1=(1,\ 0)$, $\mathbf{x}_2=(0,\ 1)$에 대하여

$$\begin{aligned}\mathbf{x}=(3,\ -2)&=3(1,0)+(-2)(0,\ 1)\\&=3\mathbf{x}_1+(-2)\mathbf{x}_2\end{aligned}$$

이므로 $\mathbf{x}$는 $\mathbf{x}_1$, $\mathbf{x}_2$의 일차결합이다. □

예제 8 R^3의 벡터 $\mathbf{x}_1=(3,\ 1,\ -7)$, $\mathbf{x}_2=(3,\ -5,\ 4)$에 대하여

$$\mathbf{x}=(2,\ -6,\ 3)$$

은 $\mathbf{x}_1$, $\mathbf{x}_2$의 일차결합으로 표시할 수 있는가? □

풀이 이것은 방정식

$$\mathbf{x}=c_1\mathbf{x}_1+c_2\mathbf{x}_2$$

를 만족하는 실수 c_1, c_2가 존재하는가에 의해서 결정된다.

따라서 위의 식으로부터 다음을 얻는다.

$$(2,\ -6,\ 3)=c_1(3,\ 1,\ -7)+c_2(3,\ -5,\ 4)$$
$$\Rightarrow\begin{cases}3c_1+3c_2=2\\ c_1-5c_2=-6\\ -7c_1+4c_2=3\end{cases}$$

그런데 이 연립방정식을 만족하는 실수 c_1, c_2는 존재하지 않으므로 벡터 $\mathbf{x}$는 $\mathbf{x}_1$, $\mathbf{x}_2$의 일차결합으로 표시할 수 없다. □

$S=\{\mathbf{x}_1,\ \mathbf{x}_2,\ \cdots,\ \mathbf{x}_k\}\subseteq R^n$에 대하여 S에 있는 k개 벡터들의 일차결합 전체의 집합 즉,

$$W=\{c_1\mathbf{x}_1+c_2\mathbf{x}_2+\cdots+c_k\mathbf{x}_k \mid c_1,\ c_2,\ \cdots,\ c_k\in R\}$$

은 예제 6 에서 보았듯이 R^n의 부분공간이다.

이 W를 S에 의하여 **생성된(spaned)** R^n의 부분공간이라고 한다. 이 때, 집합 S는 W를

생성(span)한다고 하고, S를 W의 생성집합(spanning set)이라고 하며 기호로는 다음과 같이 나타낸다.

$$W = \text{span}(S) = \text{span}\{\mathbf{x}_1, \cdots, \mathbf{x}_k\} \text{ 또는 } W = \langle S \rangle$$

특히, R^n에 있는 모든 벡터가 S에 있는 k개 벡터들의 일차결합이면 집합 S는 R^n을 생성한다. 즉,

$$R^n = \langle S \rangle = \{c_1 \mathbf{x}_1 + c_2 \mathbf{x}_2 + \cdots + c_k \mathbf{x}_k \mid c_1, c_2, \cdots, c_k \in R\}$$

예제 9 R^3의 기본단위벡터

$$\mathbf{i} = (1, 0, 0), \mathbf{j} = (0, 1, 0), \mathbf{k} = (0, 0, 1)$$

에 대하여 $S = \{\mathbf{i}, \mathbf{j}, \mathbf{k}\}$라 하면 R^3의 임의의 벡터 $\mathbf{x} = (x, y, z)$는

$$(x, y, z) = x\mathbf{i} + y\mathbf{j} + z\mathbf{k}$$

와 같이 $\mathbf{i}$, $\mathbf{j}$, $\mathbf{k}$의 일차결합으로 표시되므로 S는 R^3를 생성한다. 즉, $R^3 = \langle S \rangle$이다. □

예제 10 R^3의 벡터

$$\mathbf{x}_1 = (1, 1, 1), \mathbf{x}_2 = (1, 0, 1), \mathbf{x}_3 = (0, 1, 0)$$

에 대하여 $S = \{\mathbf{x}_1, \mathbf{x}_2, \mathbf{x}_3\}$는 R^3를 생성하는가?

풀이 R^3의 임의의 벡터 $\mathbf{x} = (x, y, z)$에 대하여

$$\mathbf{x} = c_1\mathbf{x}_1 + c_2\mathbf{x}_2 + c_3\mathbf{x}_3, \ (c_i \in R)$$

$$\Rightarrow (x, y, z) = c_1(1, 1, 1) + c_2(1, 0, 1) + c_3(0, 1, 0)$$

$$\Rightarrow \begin{cases} c_1 + c_2 = x \\ c_1 + c_3 = y \\ c_1 + c_2 = z \end{cases}$$

이므로, 이 문제는 위의 연립방정식이 모든 x, y, z에 대하여 해가 존재하는지에 관한 문제로 바뀐다. (예를 들어 $(x, y, z) = (1, 1, 3)$이라면 해는 존재하지 않는다. 따라서 S는 R^3를 생성하지 않는다.) □

정의 $A = [a_{ij}] \in M_{m \times n}$이면 A의 열벡터들 $A^{(1)}, A^{(2)}, \cdots, A^{(n)}$의 생성(span)

$$< A^{(1)}, A^{(2)}, \cdots, A^{(n)} >$$

은 R^m의 부분공간이다. 이를 행렬 A의 **열공간**(column space)이라 한다.

같은 방법으로 A의 행벡터들의 생성 (span) $< A_{(1)}, A_{(2)}, \cdots, A_{(m)} >$은 R^n의 부분공간이다. 이를 A의 **행공간**(row space)이라 한다.

여기서 잠깐!

앞의 예제에서 나온

$$\begin{cases} c_1+c_2=x \\ c_1+c_3=y \\ c_1+c_2=z \end{cases}$$

의 계수행렬의 RREF형태를 한번 구해 보도록 하자.

URL : http://matrix.skku.ac.kr/MatrixRREF2/Test.html

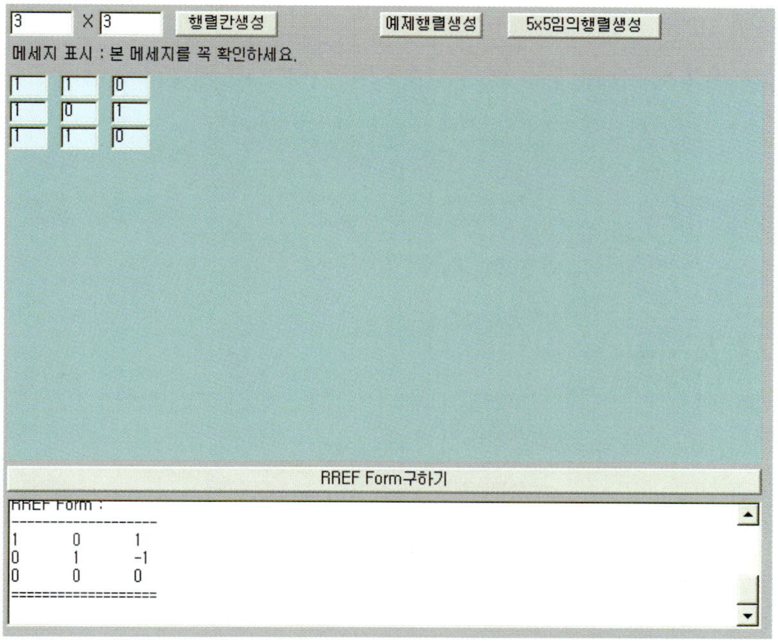

위에서 보듯이 RREF의 형태는 $\begin{bmatrix} 1 & 0 & 1 \\ 0 & 1 & -1 \\ 0 & 0 & 0 \end{bmatrix}$의 형태로 나타난다. 즉, 이 말은 다시 말하면 위의 세 변수인 c_1, c_2, c_3중에서 해를 결정하지 못하는 원소가 하나가 있다는 이야기를 의미한다. 따라서 이 방정식은 해를 유일하게 결정할 수 없는 경우가 된다. 이러한 방법으로 위의 세 개의 벡터가 서로 일차 독립인지 아닌지를 RREF를 구함으로 알 수 있다.

이렇게 연립방정식으로 표현했을 경우 해가 존재하는지 안 하는지의 판정법은 여러 가지가 있다. 뒤의 6장에서는 행렬식을 이용하여 벡터들의 일차독립성을 보이는 방법을 소개하는데 그 방법도 연립방정식의 특성을 이용하는 하나의 방법이라 하겠다.

정의

공집합이 아닌 $S=\{\mathbf{x}_1, \mathbf{x}_2, \cdots, \mathbf{x}_k\} \subseteq R^n$에 대하여

$$c_1\mathbf{x}_1+c_2\mathbf{x}_2+\cdots+c_k\mathbf{x}_k=\mathbf{0} \ (c_1, c_2, \cdots, c_k \in R)$$
$$\Rightarrow c_1=c_2=\cdots=c_k=0$$

이면, $\mathbf{x}_1$, $\mathbf{x}_2$, $\cdots$, $\mathbf{x}_k$ (또는 집합 S)는 **일차독립**(linearly independent)이라고 하고, 또한 $\mathbf{x}_1$, $\mathbf{x}_2$, $\cdots$, $\mathbf{x}_k$ (또는 집합 S)가 일차독립이 아니면 **일차종속**(linearly dependent)이라고 한다.

즉, 집합 S가 일차종속이면

$$\sum_{i=1}^{k} c_i\mathbf{x}_i = c_1\mathbf{x}_1 + c_2\mathbf{x}_2 + \cdots + c_k\mathbf{x}_k = \mathbf{0}$$

을 만족하는 (모두는) 영이 아닌 스칼라 $c_1, c_2, \cdots, c_k$가 존재한다. (즉, $(c_1, c_2, \cdots, c_k) \neq \mathbf{0}$)

여기서 잠깐!

벡터의 집합 S가 일차독립이라는 의미는 S안의 어떤 벡터도 다른 벡터들의 일차결합으로 표시될 수 없는, 모두가 꼭 필요한 벡터들이라는 의미이다.

예제 11 R^2의 기본 단위벡터 $\mathbf{e}_1=(1, 0)$, $\mathbf{e}_2=(0,1)$와 $c_1, c_2 \in R$에 대하여

$$c_1\mathbf{e}_1 + c_2\mathbf{e}_2 = 0 \Rightarrow c_1(1, 0) + c_2(0, 1) = (0, 0)$$
$$\Rightarrow (c_1, c_2) = (0, 0)$$

따라서 $c_1=c_2=0$이므로 $S=\{\mathbf{e}_1, \mathbf{e}_2\}$는 일차독립이다.

일반적으로, R^n 의 기본 단위벡터

$$\mathbf{e}_1=(1, 0, \cdots, 0),\ \mathbf{e}_2=(0, 1, \cdots, 0),\ \cdots,\ \mathbf{e}_n=(0, \cdots, 0, 1)$$

에 대하여 $S=\{\mathbf{e}_1, \mathbf{e}_2, \cdots, \mathbf{e}_n\}$은 일차독립이다.

예제 12 R^2의 벡터 $\mathbf{x}_1=(2, 0)$, $\mathbf{x}_2=(1, -1)$에 대하여 $S=\{\mathbf{x}_1, \mathbf{x}_2\}$은 일차독립임을 보여라.

풀이 임의의 $c_1, c_2 \in R$에 대하여

$$c_1\mathbf{x}_1 + c_2\mathbf{x}_2 = \mathbf{0} \Rightarrow c_1(2, 0) + c_2(1, -1) = (0, 0)$$
$$\Rightarrow 2c_1 + c_2 = 0,\ -c_2 = 0$$

따라서 $c_1=c_2=0$이므로 S는 일차독립이다. □

예제 13 n차원 공간 R^n의 세 개의 벡터 $\mathbf{x}_1, \mathbf{x}_2, \mathbf{x}_3$가 일차독립이면

$$\mathbf{x}_1+\mathbf{x}_2+\mathbf{x}_3,\ \mathbf{x}_2+\mathbf{x}_3,\ \mathbf{x}_3$$

가 일차독립임을 보여라.

풀이 임의의 $c_1, c_2, c_3 \in R$에 대하여

$$c_1(\mathbf{x}_1+\mathbf{x}_2+\mathbf{x}_3) + c_2(\mathbf{x}_2+\mathbf{x}_3) + c_3\mathbf{x}_3 = 0$$
$$\Rightarrow c_1\mathbf{x}_1 + (c_1+c_2)\mathbf{x}_2 + (c_1+c_2+c_3)\mathbf{x}_3 = 0$$

그런데 $\mathbf{x}_1, \mathbf{x}_2, \mathbf{x}_3$가 일차독립이므로

$$c_1+c_2+c_3=0,\ c_1+c_2=0,\ c_1=0$$
$$\Rightarrow c_1=c_2=c_3=0$$

따라서 $\mathbf{x}_1+\mathbf{x}_2+\mathbf{x}_3$, $\mathbf{x}_2+\mathbf{x}_3$, $\mathbf{x}_3$는 일차독립이다. □

예제 14 R^3의 벡터

$$\mathbf{x}_1=(1,\ 0,\ -1),\ \mathbf{x}_2=(1,\ 1,\ 0),\ \mathbf{x}_3=(0,\ 1,\ 1)$$

에 대하여 $S=\{\mathbf{x}_1,\ \mathbf{x}_2,\ \mathbf{x}_3\}$는 일차종속임을 보여라.

풀이 임의의 $c_1,\ c_2,\ c_3\in R$에 대하여

$$c_1\mathbf{x}_1+c_2\mathbf{x}_2+c_3\mathbf{x}_3=0$$

$$\Rightarrow c_1(1,\ 0,\ -1)+c_2(1,\ 1,\ 0)+c_3(0,\ 1,\ 1)=(0,\ 0,\ 0)$$

$$\Rightarrow \begin{array}{rcl} c_1+c_2 & & =0 \\ c_2+c_3 & & =0 \\ -c_1 \quad +c_3 & & =0 \end{array} \quad \Rightarrow \quad \begin{array}{rl} c_1+c_2 & =0 \\ c_2+c_3 & =0 \end{array}$$

이 동차연립방정식은 미지수의 개수가 실제의 방정식의 수보다 많으므로 자명하지 않은 해가 존재한다. 그 중에 하나는 $c_1=1,\ c_2=-1,\ c_3=1$ 이다. 따라서 모두는 영이 아닌 스칼라 $c_1,\ c_2,\ c_3$가 존재하므로 S는 일차종속이다. □

일차결합과 George W. Hill (1838–1914)

여기서 잠깐!

일차결합(Linear Combination)의 개념은 George William Hill의 1900년 행성이론 논문에 소개 되었고, 이어서 **일차독립**과 **일차종속**의 개념은 Maxime Bocher에 의해 1907년에 소개 되었다. Hill은 그가 강의하던 콜롬비아 대학보다는 뉴욕 West Nyack에 있는 자신의 집에서 홀로 연구하기를 좋아했다. 연구에 몰두하느라 강의를 하지 않았는데도 혹시 강사료가 오면 못 받는다고 돌려보낼 정도로 곧은 수학자였으며 현대 순수수학의 발전보다는 그와 관련한 행성 궤도 이론의 매력에 몰두했었다.

이제, 벡터들의 일차독립과 일차종속에 관한 주요 정리들을 소개한다.

정리 3.4.1

집합 $S=\{\mathbf{x}_1,\ \mathbf{x}_2,\ \cdots,\ \mathbf{x}_k\}\subseteq R^n$에 대하여, 다음이 성립한다.

(1) 집합 S가 일차종속일 필요충분조건은 S에 속하는 한 벡터가 나머지 벡터들의 일차결합으로 표시되는 것이다.

(2) 집합 S가 영벡터를 포함하면 S는 일차종속이다.

(3) 집합 S의 부분집합 S'이 일차종속이면 S도 일차종속이고, S가 일차독립이면 S'도 일차독립이다.

증명 (1) (⇒) 집합 S가 일차종속이면

$$c_1\mathbf{x}_1+c_2\mathbf{x}_2+\cdots+c_k\mathbf{x}_k=0$$

을 만족하는 모두는 영이 아닌 스칼라 $c_1,\ c_2,\ \cdots,\ c_k$가 존재한다.

만일 $c_1\neq 0$라 하면

$$\mathbf{x}_1=\left(-\frac{c_2}{c_1}\right)\mathbf{x}_2+\cdots+\left(-\frac{c_k}{c_1}\right)\mathbf{x}_k$$

이므로 $\mathbf{x}_1$은 S에 속하는 나머지 벡터들의 일차결합으로 표시된다.

($\Leftarrow$) 일반성을 잃지 않고

$$\mathbf{x}_1 = c_2\mathbf{x}_2 + \cdots + c_k\mathbf{x}_k$$

라 하면

$$(-1)\mathbf{x}_1 + c_2\mathbf{x}_2 + \cdots + c_k\mathbf{x}_k = 0$$

이다. 따라서 $-1 \neq 0$이므로 S는 일차종속이다.

(2) 만일 $\mathbf{x}_1 = \mathbf{0}$이라 하면 임의의 영 아닌 스칼라 $c_1(\neq 0)$에 대하여

$$c_1\mathbf{0} + 0\mathbf{x}_2 + \cdots + 0\mathbf{x}_k = \mathbf{0}$$

이므로 $S = \{\mathbf{x}_1 = 0,\ \mathbf{x}_2,\ \cdots,\ \mathbf{x}_k\}$는 일차종속이다.

(3) S의 부분집합 S'을

$$S' = \{\mathbf{x}_1,\ \mathbf{x}_2,\ \cdots,\ \mathbf{x}_h\},\ 1 \leq h \leq k$$

라 하고 S'이 일차종속이라 하자. 그러면 어떤 $c_i \neq 0$ $(1 \leq i \leq h)$에 대하여

$$c_1\mathbf{x}_1 + \cdots + c_i\mathbf{x}_i + \cdots + c_h\mathbf{x}_h = \mathbf{0}$$

을 만족한다. 따라서

$$c_1\mathbf{x}_1 + \cdots + c_i\mathbf{x}_i + \cdots + c_h\mathbf{x}_h + 0\mathbf{x}_{h+1} + \cdots + 0\mathbf{x}_k = \mathbf{0}$$

이므로 S는 일차종속이다.

또한, 이 명제의 대우도 참이므로 S가 일차독립이면 S'도 일차독립이다. ■

다음정리는 R^n의 일차독립인 집합은 기껏해야 n개의 벡터들로 이루어져 있음을 알려준다. 이 정리의 증명은 연습문제로 남긴다.

정리 3.4.2

R^n에서 n개보다 더 많은 벡터들의 집합은 항상 일차종속이다.

예제 15 R^3의 벡터

$$\mathbf{x}_1 = (1,\ 0,\ 0),\ \mathbf{x}_2 = (3,\ 3,\ 8)$$

$$\mathbf{x}_3 = (6,\ 4,\ 2),\ \mathbf{x}_4 = (2,\ -4,\ 6)$$

에 대하여 $S = \{\mathbf{x}_1,\ \mathbf{x}_2,\ \mathbf{x}_3,\ \mathbf{x}_4\}$는 **정리 3.4.2** 에 의하여 일차종속임을 쉽게 알 수 있다. □

마지막으로 벡터 $\mathbf{v}$의 생성집합인 $\{t\mathbf{v} \mid t \in R\}$은 영벡터를 포함하는 부분공간이다. 그러면 $\{\mathbf{x}_0 + t\mathbf{v} \mid t \in R\}$은 $\mathbf{x}_0$을 지나는 $\mathbf{v}$와 평행한 직선이다. 즉 $\mathbf{x} = \mathbf{x}_0 + t\mathbf{v}$는 $\mathbf{x} = t\mathbf{v}$를 $\mathbf{x}_0$만큼 평행이동한 직선이다. 일반적으로 $\mathbf{x}_0,\ \mathbf{v}_1,\ \mathbf{v}_2,\ \cdots,\ \mathbf{v}_k$가 R^n의 벡터들이면

$$\mathbf{x} = \mathbf{x}_0 + t_1\mathbf{v}_1 + \cdots + t_k\mathbf{v}_k$$

모양의 벡터들의 집합은 부분공간 $\mathbf{x} = t_1\mathbf{v}_1 + \cdots + t_k\mathbf{v}_k$을 $\mathbf{x}_0$만큼 평행이동한 집합이다.

이와 같이 부분공간을 평행이동한 집합은 Affine공간, 선형다양체(linear manifold)등의 이름으로 불린다.

|1-4| 다음 집합이 R^2의 부분공간인지를 결정하여라.

1. $W_1=\{(x_1,\ x_2)\,|\,x_1+x_2=0\}$

2. $W_2=\{(x_1,\ x_2)\,|\,x_1x_2=0\}$

3. $W_3=\{(x_1,\ x_2)\,|\,|x_1|=|x_2|\}$

4. $W_4=\{(x_1,\ x_2)\,|\,x_1^2+x_2^2=0\}$

|5-8| 다음 집합이 R^3의 부분공간인지를 결정하여라.

5. $W_5=\{(x_1,\ x_2,\ x_3)\,|\,x_1+x_3=1\}$

6. $W_6=\{(x_1,\ x_2,\ x_3)\,|\,x_1=x_2=x_3\}$

7. $W_7=\{(x_1,\ x_2,\ x_3)\,|\,x_3=x_1+x_2\}$

8. $W_8=\{(x_1,\ x_2,\ x_3)\,|\,x_3=x_1 \text{ 또는 } x_3=x_2\}$

9. 다음 벡터들이 일차독립인지 판정하여라.

(1) $\mathbf{v}_1=(1,\ 2,\ 1)$, $\mathbf{v}_2=(2,\ 5,\ 0)$, $\mathbf{v}_3=(3,\ 3,\ 8)$

(2) $\mathbf{v}_1=(2,\ -4,\ 6)$, $\mathbf{v}_2=(0,\ 7,\ -5)$, $\mathbf{v}_3=(6,\ 9,\ 8)$, $\mathbf{v}_4=(5,\ 0,\ 1)$

10. 다음 벡터들에 의해 생성되는 부분공간의 벡터방정식과 매개변수방정식을 구하여라.

(1) $\mathbf{v}_1=(4,\ -4,\ 2)$, $\mathbf{v}_2=(-3,\ 5,\ 7)$

(2) $\mathbf{v}_1=(1,\ 5,\ -1,\ 4,\ 2)$, $\mathbf{v}_2=(2,\ 2,\ 0,\ 1,\ -4)$

11. 다음 벡터들이 일차종속이 되기 위한 λ 값을 결정하여라.

$$\mathbf{v}_1=\left(\lambda,\ \frac{1}{2},\ \frac{1}{2}\right),\ \mathbf{v}_2=\left(\frac{1}{2},\ \lambda,\ \frac{1}{2}\right),\ \mathbf{v}_3=\left(\frac{1}{2},\ \frac{1}{2},\ \lambda\right)$$

토론과 발견

P1. 벡터 $\mathbf{x}\in R^3$에 대하여 $W=\{\mathbf{y}\in R^3 \mid \mathbf{x}\cdot\mathbf{y}=0\}$은 R^3의 부분공간임을 보여라.

P2. R^2의 부분공간은 $\{\mathbf{0}\}$, R^2 자신, 그리고 원점을 지나는 직선 이외에는 존재하지 않음을 밝혀라.

P3. 2장 2절의 예제 9 에 있는 동차연립방정식의 해집합을 구하여 이 집합이 R^6의 부분공간임을 보여라.

P4. 아래 동차연립방정식의 해공간을 구하여라.(풀이)

$$\begin{cases} x_1-x_2+2x_3 \qquad\;\; =0 \\ x_1-x_2+3x_3+2x_4=0 \end{cases}$$

P5. 아래 행렬 A의 영공간(null space)을 구하여라.(풀이)

$$\begin{bmatrix} 1 & 3 & -2 & 0 & 2 & 0 \\ 2 & 6 & -5 & -2 & 4 & -3 \\ 0 & 0 & 5 & 10 & 0 & 15 \\ 2 & 6 & 0 & 8 & 4 & 18 \end{bmatrix}$$

P6. $W_1=\{(x_1,\ x_2,\ 0,\ 0,\ 0) \mid x_1,\ x_2\in R\}$

$W_2=\{(0,\ 0,\ x_3,\ x_4,\ x_5) \mid x_3,\ x_4,\ \mathrm{x}_5\in R\}$

은 각각 R^5의 부분공간이다.

$$W_1+W_2=\{\mathbf{w}_1+\mathbf{w}_2 \mid \mathbf{w}_1\in W_1,\ \mathbf{w}_2\in W_2\}$$

라 정의하면

i) $W_1+W_2=R^5$

ii) $W_1\cap W_2=\{(0,\ 0,\ 0,\ 0,\ 0)\}$

임을 알 수 있다. 이 때 $R^5=W_1\oplus W_2$로 표시하며 **direct sum**이라 한다.

W_1의 원소를

$$(x_1,\ x_2,\ 0,\ 0,\ 0)=:(x_1,\ x_2)$$

라 쓰고, W_2의 원소를

$$(0,\ 0,\ x_3,\ x_4,\ x_5)=:(x_3,\ x_4,\ x_5)$$

로 쓰면 W_1은 R^2와 W_2는 R^3와 같은 것(isomorphic, **동형**, 9장 3절)으로 간주할 수 있다.

자연수 $1\le k\le 4$에 대하여 $R^5=R^{5-k}\oplus R^k$ 임이 성립함에 대하여 토론하여라.

3.5 선형연립방정식의 해집합과 행렬

• 이 절에서는 행렬의 가역성과 연립방정식의 해 사이의 관계를 알아보고 동차연립방정식에 대하여 살펴본다.

정리 3.5.1

n차의 정사각행렬 A가 가역이고 $\mathbf{b}$가 R^n의 벡터일 때, 연립방정식 $A\,\mathbf{x}=\mathbf{b}$는 유일한 해 $\mathbf{x}=A^{-1}\,\mathbf{b}$를 갖는다.

증명 A가 가역이므로 A^{-1}가 존재한다.

$$A\,\mathbf{x}=\mathbf{b}$$

의 양변에 A^{-1}를 곱하면

$$A^{-1}(A\,\mathbf{x})=A^{-1}\mathbf{b}$$
$$\Rightarrow (A^{-1}A)\mathbf{x}=A^{-1}\mathbf{b}$$
$$\Rightarrow \mathbf{x}=A^{-1}\mathbf{b}$$

이므로 $\mathbf{x}=A^{-1}\,\mathbf{b}$는 연립방정식 $A\,\mathbf{x}=\mathbf{b}$의 해이다.

또, $\mathbf{x}_0$가 $A\,\mathbf{x}=\mathbf{b}$의 또다른 해라 하면

$$A\,\mathbf{x}_0=\mathbf{b}$$

이고, 이 식의 양변에 A^{-1}를 곱하면

$$\mathbf{x}_0=A^{-1}\,\mathbf{b}=\mathbf{x}$$

이므로 $\mathbf{x}=A^{-1}\,\mathbf{b}$는 유일한 해이다. ■

예제 1 연립방정식

$$\begin{aligned} x_1+2x_2+3x_3&=2\\ 2x_1+5x_2+3x_3&=3\\ x_1+8x_3&=4 \end{aligned}$$

은

$$A=\begin{bmatrix}1&2&3\\2&5&3\\1&0&8\end{bmatrix},\ \mathbf{x}=\begin{bmatrix}x_1\\x_2\\x_3\end{bmatrix},\ \mathbf{b}=\begin{bmatrix}2\\3\\4\end{bmatrix}$$

이라 놓으면 $A\,\mathbf{x}=\mathbf{b}$로 나타낼 수 있다. 그런데 행렬 A는 가역이고, 3.3절 예제 5 에 의해,

$$A^{-1}=\begin{bmatrix}-40&16&9\\13&-5&-3\\5&-2&-1\end{bmatrix}$$

이다. 따라서 위의 정리에 의하여 연립방정식의 해는

$$\mathbf{x}=A^{-1}\mathbf{b}=\begin{bmatrix}-40 & 16 & 9\\ 13 & -5 & -3\\ 5 & -2 & -1\end{bmatrix}\begin{bmatrix}2\\3\\4\end{bmatrix}=\begin{bmatrix}4\\-1\\0\end{bmatrix}$$

즉, $x_1=4$, $x_2=-1$, $x_3=0$이다. □

$$A=\begin{bmatrix}a_{11} & a_{12} & \cdots & a_{1n}\\ a_{21} & a_{22} & \cdots & a_{2n}\\ \vdots & \vdots & & \vdots\\ a_{m1} & a_{m2} & \cdots & a_{mn}\end{bmatrix},\ \mathbf{x}=\begin{bmatrix}x_1\\x_2\\\vdots\\x_n\end{bmatrix},\ \mathbf{0}=\begin{bmatrix}0\\0\\\vdots\\0\end{bmatrix}$$

일 때, 일반적인 선형동차연립방정식은 다음과 같이 나타낼 수 있다.

$$A\mathbf{x}=\mathbf{0} \tag{1}$$

선형동차연립방정식 (1)에 $x_1=0$, $x_2=0$, $\cdots$, $x_n=0$을 대입하면 모든 방정식이 성립하므로 이것은 연립방정식 (1)의 해이다. 이 $\mathbf{x}=\mathbf{0}$를 자명한 해(trivial solution)라 하며, $\mathbf{x}\neq\mathbf{0}$인 해를 자명하지 않은 해(nontrivial solution)라고 한다.

선형연립방정식의 해는 존재하지 않거나, 유일하게 존재하거나 또는 무수히 많이 존재한다. 그런데 선형동차연립방정식은 항상 자명한 해를 가지므로 다음 중 하나가 성립한다.

(i) 자명한 해만 갖는다.

(ii) 무수히 많은 해를 갖는다. 즉, 자명하지 않은 해도 갖는다.

다음 정리는 동차연립방정식이 어떤 경우에 자명하지 않은 해를 갖는지 알려준다.

정리 3.5.2

n개의 미지수를 갖는 m개의 방정식으로 이루어진 선형동차연립방정식은 $m<n$이면 (즉, 미지수의 개수가 방정식의 개수보다 많으면) 자명하지 않은 해를 갖는다.

증명 선형동차연립방정식을 $A\mathbf{x}=\mathbf{0}$이라 하고, 행렬 C를 계수행렬 A의 RREF라 하자. 그러면 연립방정식 $A\mathbf{x}=\mathbf{0}$과 $C\mathbf{x}=\mathbf{0}$은 동치이고, C의 영이 아닌 행의 개수를 k라 하면 $k\leq m$이다.

만일 $m<n$이라면 $k<n$이고 $(n-k)$개의 미지수를 임의의 실수로 놓아 $C\mathbf{x}=\mathbf{0}$의 해를 구할 수 있다. 그런데, 이 해는 임의의 실수를 포함하므로 자명하지 않은 해가 존재하고, $A\mathbf{x}=\mathbf{0}$과 $C\mathbf{x}=\mathbf{0}$이 동치이므로 선형동차연립방정식 $A\mathbf{x}=\mathbf{0}$은 자명하지 않은 해를 갖는다. ■

예제 2 선형동차연립방정식

$$\begin{aligned}x_1+x_2-x_3+x_4&=0\\ x_1-x_4&=0\\ x_1+2x_2+x_3&=0\end{aligned} \tag{2}$$

의 첨가행렬은

$$\begin{bmatrix} 1 & 1 & -1 & 1 & \vdots & 0 \\ 1 & 0 & 0 & -1 & \vdots & 0 \\ 1 & 2 & 1 & 0 & \vdots & 0 \end{bmatrix}$$

이고, 이것을 RREF로 변형하면 다음과 같다.

$$\begin{bmatrix} 1 & 0 & 0 & -1 & \vdots & 0 \\ 0 & 1 & 0 & 1 & \vdots & 0 \\ 0 & 0 & 1 & -1 & \vdots & 0 \end{bmatrix}$$

이것에 대응하는 연립방정식은

$$\begin{aligned} x_1 \qquad -x_4 &= 0 \\ x_2 \quad +x_4 &= 0 \\ x_3 - x_4 &= 0 \end{aligned}$$

이므로 $x_4 = r$ (r 임의의 실수)이라 놓으면 (2)의 해는

$$x_1 = r,\ x_2 = -r,\ x_3 = r,\ x_4 = r \quad (r \in R)$$

이다.

여기서 $r=0$이면 자명한 해가 되고, $r \neq 0$이면 자명하지 않은 해가 된다. □

정리 3.5.3

행렬 A가 n차의 정사각행렬이면, 다음은 모두 동치이다.

(1) $\mathrm{RREF}(A) = I_n$

(2) A는 기본행렬의 곱으로 표현된다.

(3) A는 가역이다.

(4) $A\mathbf{x} = \mathbf{0}$은 유일해 $\mathbf{0}$을 갖는다.

(5) $A\mathbf{x} = \mathbf{b}$는 모든 $\mathbf{b} \in R^n$에 대해 유일해를 갖는다.

(6) A의 열벡터들은 일차독립이다.

(7) A의 행벡터들은 일차독립이다.

동차연립방정식 자체의 해집합의 기하학적 의미도 살펴 볼 수 있다. n개의 미지수를 갖는 선형동차연립방정식 $A\mathbf{x} = \mathbf{0}$을 생각해 보자. 만일 이 연립방정식의 개수가 m개라면 행렬 A의 크기는 $m \times n$이 되고, $A_{(1)}, A_{(2)}, \cdots, A_{(m)}$을 위의 행렬 A의 행벡터라고 할 수 있다. 그러면, 동차연립방정식 $A\mathbf{x} = \mathbf{0}$의 표현을 내적을 이용하여 설명해 보자.

$$\begin{bmatrix} A_{(1)} \\ A_{(2)} \\ \vdots \\ A_{(m)} \end{bmatrix} \mathbf{x} = \begin{bmatrix} A_{(1)} \cdot \mathbf{x} \\ A_{(2)} \cdot \mathbf{x} \\ \vdots \\ A_{(m)} \cdot \mathbf{x} \end{bmatrix} = \begin{bmatrix} 0 \\ 0 \\ \vdots \\ 0 \end{bmatrix}$$

따라서 만일 $\mathbf{x}$가 $A\mathbf{x} = \mathbf{0}$의 해라면 $A_{(i)} \cdot \mathbf{x} = 0$ $(1 \leq i \leq m)$이다. 즉, $A\mathbf{x} = \mathbf{0}$의 해공간들의 벡터들은 모두 행렬 A의 모든 행벡터들에 수직인 벡터들이다. 위의 동치정리의 항목은 계속 더해지고 완성된 후 한번에 보일 것이다.

선형연립방정식 $A\mathbf{x}=\mathbf{b}$와 $A\mathbf{x}=\mathbf{0}$의 해집합은 일정한 관계를 가지고 있다. 이 때, $A\mathbf{x}=\mathbf{0}$을 $A\mathbf{x}=\mathbf{b}$의 수반동차연립방정식(associated homogeneous linear equation)이라고 한다. 이들의 기하학적 관계를 이해해 보자.

예제 3 예를 들어 다음과 같은 선형연립방정식을 생각해 보자.

$$\begin{bmatrix} 1 & 2 & -2 & 0 & 2 & 0 \\ 2 & 6 & -5 & -2 & 4 & -3 \\ 0 & 0 & 5 & 10 & 0 & 15 \\ 2 & 6 & 0 & 8 & 4 & 18 \end{bmatrix} \begin{bmatrix} x_1 \\ x_2 \\ x_3 \\ x_4 \\ x_5 \\ x_6 \end{bmatrix} = \begin{bmatrix} 0 \\ -1 \\ 5 \\ 6 \end{bmatrix}$$

이 연립방정식의 수반동차연립방정식은 다음과 같다.

$$\begin{bmatrix} 1 & 2 & -2 & 0 & 2 & 0 \\ 2 & 6 & -5 & -2 & 4 & -3 \\ 0 & 0 & 5 & 10 & 0 & 15 \\ 2 & 6 & 0 & 8 & 4 & 18 \end{bmatrix} \begin{bmatrix} x_1 \\ x_2 \\ x_3 \\ x_4 \\ x_5 \\ x_6 \end{bmatrix} = \begin{bmatrix} 0 \\ 0 \\ 0 \\ 0 \end{bmatrix}$$

이를 r, s를 이용하여 원래 방정식의 해집합을 나타내면 다음과 같다.

$$\begin{bmatrix} x_1 \\ x_2 \\ x_3 \\ x_4 \\ x_5 \\ x_6 \end{bmatrix} = \begin{bmatrix} 0 \\ 0 \\ 0 \\ 0 \\ 0 \\ \frac{1}{3} \end{bmatrix} + r \begin{bmatrix} -4 \\ 0 \\ -2 \\ 1 \\ 0 \\ 0 \end{bmatrix} + s \begin{bmatrix} -2 \\ 0 \\ 0 \\ 0 \\ 1 \\ 0 \end{bmatrix} \tag{3}$$

그럼 수반동차연립방정식의 해는 어떨까? 그 값은 다음과 같다.

$$\begin{bmatrix} x_1 \\ x_2 \\ x_3 \\ x_4 \\ x_5 \\ x_6 \end{bmatrix} = r \begin{bmatrix} -4 \\ 0 \\ -2 \\ 1 \\ 0 \\ 0 \end{bmatrix} + s \begin{bmatrix} -2 \\ 0 \\ 0 \\ 0 \\ 1 \\ 0 \end{bmatrix}$$

위에서 구한 연립방정식의 해와 수반동차연립방정식의 해를 기하학적으로 비교해보면 연립방정식의 해집합은 단순히 수반동차연립방정식의 해공간을 다음에 나오는 벡터 $\mathbf{x}_0$만큼 평행이동한 것임을 알 수 있다.

$$\mathbf{x}_0 = \begin{pmatrix} 0 \\ 0 \\ 0 \\ 0 \\ 0 \\ \frac{1}{3} \end{pmatrix}$$

여기서 우리는 이 $\mathbf{x}_0$를 특수해(particular solution)라 하며, 이는 식 (3)에 $r=s=0$을 대입하여 구할 수 있다. □

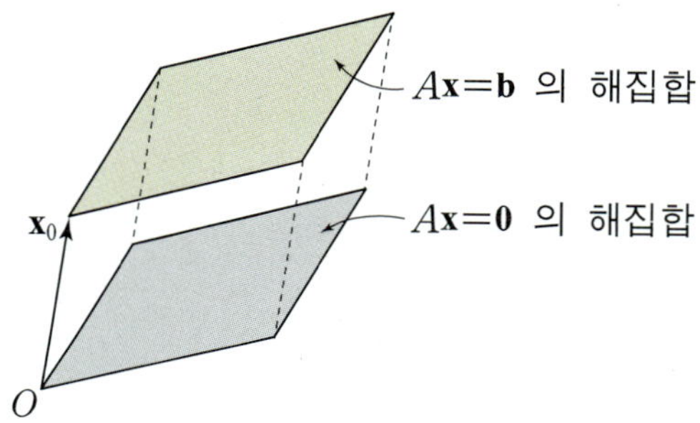

그림 3.1

앞의 예제에서 보듯이 $A\,\mathbf{x}=\mathbf{0}$, $A\,\mathbf{x}_0=\mathbf{b}$이면

$$A(\mathbf{x}+\mathbf{x}_0)=A\,\mathbf{x}+A\,\mathbf{x}_0=\mathbf{0}+\mathbf{b}=\mathbf{b}$$

이다. 그러므로, 연립일차방정식 $A\,\mathbf{x}=\mathbf{b}$의 해가 존재하고 W를 $A\,\mathbf{x}=\mathbf{0}$의 해공간이라 하자. $\mathbf{x}_0$가 $A\,\mathbf{x}=\mathbf{b}$를 만족하는 임의의 해라면,

$$\mathbf{x}_0+W=\{\mathbf{x}_0+\mathbf{x}\,|\,\mathbf{x}\in W\}$$

는 $A\,\mathbf{x}=\mathbf{b}$의 해집합이다.

여기서 잠깐!

$A\,\mathbf{x}=\mathbf{b}$의 해집합 $\mathbf{x}_0+W$의 기하학적 의미는 $A\,\mathbf{x}=\mathbf{0}$의 해공간 W에 $A\,\mathbf{x}=\mathbf{b}$의 **특수해**(particular solution) $\mathbf{x}_0$를 더한 **평행이동집합**으로 생각할 수 있다. 따라서 $\mathbf{x}_0+W$는 영벡터를 안 가지므로 R^n의 부분공간은 아니지만 **Affine공간**이라고 부른다.

⊙ Hyperplane(초평면)

선형방정식

$$a_1x+a_2y=b,\ ((a_1,\ a_2)\neq(0,\ 0))$$

은 $xy-$평면의 직선이고,

$$a_1x+a_2y+a_3z=b,\ ((a_1,\ a_2,\ a_3)\neq(0,\ 0,\ 0))$$

은 xyz－공간의 평면임을 알고 있다.

일반적으로 $a_1x_1+a_2x_2+\cdots+a_nx_n=b$ (어떤 $a_i\neq0$)를 만족하는 R^n 안의 점 $(x_1,\ \cdots,\ x_n)$의 집합을 R^n 안의 **hyperplane**(초평면, 超平面)이라 한다.

여기서 $b=0$인 경우를 법선벡터 $(a_1,\ a_2,\ \cdots,\ a_n)$을 갖는 원점을 지나는 **hyperplane**(초평면)이라 한다.

내적을 이용하여 쓰면

$$\mathbf{a}\cdot\mathbf{x}=0\ \ (\mathbf{a}\neq\mathbf{0}) \tag{4}$$

이다. 초평면 $\mathbf{a}\cdot\mathbf{x}=0$은 벡터 $\mathbf{a}$에 직교하는 R^n 안의 모든 벡터 $\mathbf{x}$들의 집합이다. 따라서 식 (4)를 법선벡터 $\mathbf{a}$를 갖는 원점을 지나는 초평면 또는 $\mathbf{a}$의 **orthogonal complement**라 부른다. 그리고 이 초평면을 $\mathbf{a}^{\perp}=\{\mathbf{x}\in R^n \mid \mathbf{a}\cdot\mathbf{x}=0\}$라고 쓰고 $\mathbf{a}$ perp라고 부른다.

〈북한의 수학 우표〉

연습문제 3-5

1. 다음 연립방정식의 계수행렬의 역행렬을 구하여 해를 구하여라.

$$\begin{cases} 3x- \qquad z=1 \\ 3x+4y-2z=1 \\ 3x+5y-2z=2 \end{cases}$$

2. $A^{-1}=\begin{bmatrix} 1 & 1 & 0 \\ 1 & -1 & 1 \\ 0 & 0 & 1 \end{bmatrix}$인 연립방정식 $A\mathbf{x}=\mathbf{b}$에서 $\mathbf{b}=\begin{bmatrix} 1 \\ 2 \\ 3 \end{bmatrix}$일 때의 해를 구하여라.

|3-6| 다음 동차연립방정식 중 자명하지 않은 해를 갖는 것을 결정하여라.

3. $\begin{cases} x+y+z=0 \\ \quad y+z=0 \end{cases}$

4. $\begin{cases} x+\ y=0 \\ x-\ y=0 \\ x-3y=0 \end{cases}$

5. $\begin{cases} x+y+\ z-\ w=0 \\ x-y+2z+\ w=0 \\ x- \qquad z+5w=0 \end{cases}$

6. $\begin{cases} 2x-y+\ z=0 \\ \ x+y+\ z=0 \\ 3x \qquad +2z=0 \end{cases}$

7. 다음 행렬을 계수행렬로 갖는 동차연립방정식의 해는 무수히 많음을 보여라.

$$A=\begin{bmatrix} 2 & -3 & 1 \\ 0 & 1 & 1 \end{bmatrix}$$

8. $A=\begin{bmatrix} -2 & 4 \\ 1 & -2 \end{bmatrix}$, $\mathbf{b}=\begin{bmatrix} -6 \\ 3 \end{bmatrix}$일 때 $\mathbf{x}_0=\begin{bmatrix} 3 \\ 0 \end{bmatrix}$은 $A\mathbf{x}=\mathbf{b}$를 만족한다. 동차연립방정식 $A\mathbf{x}=\mathbf{0}$의 해집합이 $S=\left\{t\begin{bmatrix} 2 \\ 1 \end{bmatrix} \middle| t\in R\right\}$일 때 $A\mathbf{x}=\mathbf{b}$의 해집합을 구하여라.

|9-10| 아래의 법선벡터 $\mathbf{a}$를 갖는 원점을 지나는 hyperplane $\mathbf{a}^{\perp}$(orthogonal complement)를 구하여라.

9. $\mathbf{a}=(1,\ 2,\ -3)$

10. $\mathbf{a}=(2,\ -1,\ 3,\ 7)$

토론과 발견

P1 동차연립방정식

$$\begin{cases} (a-\lambda)x+by=0 \\ cx+(d-\lambda)y=0 \end{cases}$$

이 자명하지 않은 해를 갖기 위한 조건은

$$\lambda^2-(a+d)\lambda+(ad-bc)=0$$

임을 보여라.

P2 정리 3.5.3에서 (4) ⇒ (5)를 증명하여라.

P3 정리 3.5.3에서 (5) ⇒ (6) ⇒ (4)를 증명하여라.

P4 $A\mathbf{x}=\mathbf{b}$가 해를 가질 필요충분조건은 $\mathbf{b}$가 A의 열공간에 포함됨을 보여라.

P5 $A\mathbf{x}=\mathbf{b}$와 $A\mathbf{x}=\mathbf{c}$가 해를 가지면 $A\mathbf{x}=\mathbf{b}+\mathbf{c}$도 해를 가짐을 증명하여라.

〈체코의 수학 우표〉

3.6 특수행렬(Special matrices)

- 앞에서 행렬의 연산에 대한 다양한 특성을 보았다. 이 절에서는 자주 이용되는 특수한 행렬들을 소개하고 그 행렬이 갖는 주요 성질을 학습한다.

정사각행렬 A의 주대각선성분 이외의 모든 성분이 0일때, A를 대각선행렬(diagonal matrix)이라 한다. 주대각선성분이

$$a_{11},\ a_{22},\ \cdots,\ a_{nn}$$

인 대각행렬 A를 $\text{diag}\{a_{11},\ a_{22},\ \cdots,\ a_{nn}\}$으로 나타내기도 한다. 즉,

$$A=\text{diag}\{a_{11},\ a_{22},\ \cdots,\ a_{nn}\}=\begin{bmatrix} a_{11} & 0 & \cdots & 0 \\ 0 & a_{22} & \cdots & 0 \\ \vdots & \vdots & \ddots & \vdots \\ 0 & 0 & \cdots & a_{nn} \end{bmatrix}$$

특히, 주대각선성분이 모두 같은 대각선행렬을 스칼라행렬(scalar matrix)이라고 하며, 그 중 주대각선성분이 모두 1인 행렬을 단위행렬(identity matrix)이라 하고, I_n으로 나타낸다. 즉,

$$I_n=\begin{bmatrix} 1 & & \text{\Large 0} \\ & 1 & \\ \text{\Large 0} & & \ddots\ 1 \end{bmatrix}$$

그러면 스칼라행렬은 kI_n형태로 쓸 수 있다.

스칼라행렬은 임의의 행렬과 가환(commutative)이다. 즉, 행렬곱에 대하여 교환법칙이 성립한다. 치환행렬은 I_n의 열 또는 행을 바꾸어서 얻어지는 행렬이다.

예제 1 다음은 모두 대각선행렬이다. 특히, I와 J는 스칼라행렬이다.

$$G=\begin{bmatrix} 2 & 0 \\ 0 & -1 \end{bmatrix},\ H=\begin{bmatrix} -3 & 0 & 0 \\ 0 & -2 & 0 \\ 0 & 0 & 1 \end{bmatrix}$$

$$I=\begin{bmatrix} 1 & 0 & 0 \\ 0 & 1 & 0 \\ 0 & 0 & 1 \end{bmatrix},\ J=\begin{bmatrix} 2 & 0 \\ 0 & 2 \end{bmatrix}$$

또, G, H는 $G=\text{diag}\{2,\ -1\}$, $H=\text{diag}\{-3,\ -2,\ 1\}$와 같이 나타낼 수도 있다. □

일반적으로 n차 대각선행렬은

$$D=\text{diag}(d_1,\ d_2,\ \cdots,\ d_n)=\begin{bmatrix} d_1 & & 0 \\ & d_2 & \\ 0 & \ddots & d_n \end{bmatrix}$$

로 표시한다. 만일 $d_1, d_2, \cdots, d_n$이 모두 영 아닌 실수라면

$$D^{-1}=\text{diag}(d_1^{-1},\ d_2^{-1},\ \cdots,\ d_n^{-1})=\begin{bmatrix} d_1^{-1} & & 0 \\ & d_2^{-1} & \\ 0 & \ddots & d_n^{-1} \end{bmatrix}$$

은 D의 역행렬이다. 또한,

$$D^k=\begin{bmatrix} d_1^k & & 0 \\ & d_2^k & \\ 0 & \ddots & d_n^k \end{bmatrix}$$

이다. 일반적인 행렬 $A=[a_{ij}]_{n\times n}$에 대하여 DA와 AD를 각각 계산하면 DA는 A의 각 행에 D의 대응하는 대각선성분을 곱한 결과와 같고, AD는 A의 열에 D의 대응하는 대각선성분을 곱한 결과와 같다.

예제 2 다음의 행렬을 생각해 보자.

$$D=\begin{bmatrix} 1 & 0 & 0 \\ 0 & -3 & 0 \\ 0 & 0 & 2 \end{bmatrix} \text{이고 } A=\begin{bmatrix} a_{11} & a_{12} & a_{13} \\ a_{21} & a_{22} & a_{23} \\ a_{31} & a_{32} & a_{33} \end{bmatrix} \text{이면}$$

$$DA=\begin{bmatrix} a_{11} & a_{12} & a_{13} \\ -3a_{21} & -3a_{22} & -3a_{23} \\ 2a_{31} & 2a_{32} & 2a_{33} \end{bmatrix},\ AD=\begin{bmatrix} a_{11} & -3a_{12} & 2a_{13} \\ a_{21} & -3a_{22} & 2a_{23} \\ a_{31} & -3a_{32} & 2a_{33} \end{bmatrix}$$

더 나아가 아래의 결과를 만족한다.

$$D^{-1}=\begin{bmatrix} 1 & 0 & 0 \\ 0 & -\frac{1}{3} & 0 \\ 0 & 0 & \frac{1}{2} \end{bmatrix},\ D^5=\begin{bmatrix} 1 & 0 & 0 \\ 0 & -243 & 0 \\ 0 & 0 & 32 \end{bmatrix},\ D^{-5}=\begin{bmatrix} 1 & 0 & 0 \\ 0 & -\frac{1}{243} & 0 \\ 0 & 0 & \frac{1}{32} \end{bmatrix}$$ □

정의 정사각행렬 A가 $A^T=A$를 만족하면 A를 **대칭행렬**(symmetric matrix)이라 하고, $A^T=-A$를 만족하면 **반대칭행렬**(skew symmetric matrix)이라고 한다.

위 정의로부터 정사각행렬 $A=[a_{ij}]$가 대칭행렬이면 모든 i, j에 대하여

$$a_{ij}=a_{ji}$$

임을 알 수 있다. 또한, $A=[a_{ij}]$가 반대칭행렬이면 모든 i, j에 대하여

$$a_{ij}=-a_{ji}$$

이고, 따라서 주대각선성분은 모두 영임을 알 수 있다.

예제 3 다음 행렬 중에서 A, I_3는 대칭행렬이고, B는 반대칭행렬이다.

$$A=\begin{bmatrix}1&2&3\\2&4&5\\3&5&6\end{bmatrix},\ B=\begin{bmatrix}0&1&-2\\-1&0&3\\2&-3&0\end{bmatrix},\ I_3=\begin{bmatrix}1&0&0\\0&1&0\\0&0&1\end{bmatrix}$$

□

예제 4 A가 임의의 정사각행렬일 때, 다음을 보여라.

(1) $A+A^T$는 대칭행렬이다.

(2) $A-A^T$는 반대칭행렬이다.

풀이 (1) $(A+A^T)^T=A^T+(A^T)^T=A^T+A=A+A^T$이므로, $A+A^T$는 대칭행렬이다.

(2) $(A-A^T)^T=A^T-(A^T)^T=A^T-A=-(A-A^T)$이므로, $A-A^T$는 반대칭행렬이다. □

여기서 잠깐!

참고로 $A=\dfrac{A+A^T}{2}+\dfrac{A-A^T}{2}$이다.

주 대각선 위의 모든 성분이 영인 정사각행렬을 하삼각행렬(lower triangular matrix)라 하고 주 대각선 아래의 모든 성분이 영인 행렬을 상삼각행렬(upper triangular matrix)라 한다. 하삼각 또는 상삼각행렬을 통틀어 삼각행렬(triangular matrix)라 한다.

예제 5 일반적인 4×4 삼각행렬은 다음과 같은 형태이다.

$$\begin{bmatrix}a_{11}&a_{12}&a_{13}&a_{14}\\0&a_{22}&a_{23}&a_{24}\\0&0&a_{33}&a_{34}\\0&0&0&a_{44}\end{bmatrix}\ :\ \text{상삼각행렬}$$

$$\begin{bmatrix}a_{11}&0&0&0\\a_{21}&a_{22}&0&0\\a_{31}&a_{32}&a_{33}&0\\a_{41}&a_{42}&a_{43}&a_{44}\end{bmatrix}\ :\ \text{하삼각행렬}$$

□

정리 3.6.1

A, B를 하삼각행렬이라 할 때,

(1) AB는 하삼각행렬이다.

(2) 만일 A가 가역행렬이면 A^{-1}도 하삼각행렬이다.

(3) 만일 모든 i에 대하여 $a_{ii}=1$이면 A^{-1}의 대각선성분들도 모두 1이다.

증명 (1) $AB=C$라 하자. (A, B, C는 n차 행렬이라 가정하자.)

그렇다면 $c_{ij}=\sum_{k=1}^{n} a_{ik}\, b_{kj}$ $(1\leqq i,\ k\leqq n)$가 된다.

여기서 $i<j$이면 $a_{ik}=0$ 또는 $b_{kj}=0$이다. 따라서 $c_{ij}=0$ $(i<j)$가 된다.

따라서 C는 하삼각행렬이다.

(2) A가 가역이므로

$$E_k\cdots E_1A=I_n \text{ (}E_i\text{는 모두 기본행렬)} \tag{1}$$

이고 A가 가역인 하삼각행렬이므로 행을 교환하는 기본행연산은 불필요하고 따라서 $E_i(1\leq i\leq k)$는 I_n에서 기본행연산을 할 때 첫 번째 행연산 $kR_i \rightarrow R_i$와 세 번째 행연산 $kR_i+R_j \rightarrow R_j(i<j)$만 하면 되므로 각각의 E_i $(1\leq i\leq k)$는 하삼각행렬이다. 그러면 식 (1)에 의하여, $A^{-1}=E_k\cdots E_1$은 삼각행렬들의 곱인데 식 (1)에서 보였듯이 하삼각행렬의 곱은 하삼각행렬이 되므로 A^{-1}는 하삼각행렬이다.

(3) 역행렬 구하는 경우를 생각해보자. 일반적으로 $E_k\cdots E_1A=I$이므로 $A^{-1}=E_k\cdots E_1$이 된다. 더구나 가역행렬이며 주대각선성분이 모두 1이므로, 행을 교환하거나 한 행에 상수배하는 기본행연산은 불필요하고 따라서 각각의 E_i $(1\leq i\leq k)$의 대각성분은 모두 1이다. 따라서 대각선성분이 모두 1인 하삼각행렬들의 곱인 $E_k\cdots E_1$의 대각선성분도 모두 1이다. ■

예제 6 정사각행렬 A에 대해 $A^k=O$ 되는 양의 정수 k가 존재하면 $I-A$는 가역행렬이고,

$(I-A)^{-1}=I+A+A^2+\cdots+A^{k-1}$이다. 이는

$(I-A)(I+A+\cdots+A^{k-1})=I$

이므로 정의에 따라 쉽게 확인이 가능하다. □

연습문제 3-6

|1-2| 다음 행렬이 가역인지 확인하고 가역이면 특수행렬의 성질을 이용하여 역행렬을 구하여라.

1. $\begin{bmatrix} 2 & 0 & 0 \\ 0 & -5 & 0 \\ 0 & 0 & 3 \end{bmatrix}$　　**2.** $\begin{bmatrix} 1 & 0 & 0 \\ 0 & 0 & 0 \\ 0 & 0 & -4 \end{bmatrix}$

|3-5| 특수행렬의 성질을 이용하여 행렬의 곱을 구하여라.

3. $\begin{bmatrix} 2 & 0 & 0 \\ 0 & \frac{1}{2} & 0 \\ 0 & 0 & -5 \end{bmatrix} \begin{bmatrix} 2 & 4 \\ -4 & 2 \\ 3 & 2 \end{bmatrix}$

4. $\begin{bmatrix} 2 & 4 \\ -4 & 2 \\ 3 & 2 \end{bmatrix} \begin{bmatrix} 2 & 0 \\ 0 & -\frac{1}{2} \end{bmatrix}$

5. $\begin{bmatrix} 2 & 0 & 0 \\ 0 & -\frac{1}{2} & 0 \\ 0 & 0 & -5 \end{bmatrix} \begin{bmatrix} 2 & 4 \\ -4 & 2 \\ 3 & 2 \end{bmatrix} \begin{bmatrix} 2 & 0 \\ 0 & -\frac{1}{2} \end{bmatrix}$

|6-7| 다음 주어진 행렬 A에 대하여 A^2, A^{-2}, A^{-k}를 구하여라.

6. $A=\begin{bmatrix} 1 & 0 & 0 \\ 0 & 2 & 0 \\ 0 & 0 & -5 \end{bmatrix}$　　**7.** $A=\begin{bmatrix} 1 & 0 & 0 \\ 0 & \frac{1}{2} & 0 \\ 0 & 0 & \frac{1}{3} \end{bmatrix}$

|8-10| 다음 행렬이 가역행렬이 될 수 있는 x 값은?

8. $A=\begin{bmatrix} x+2 & x^5 & 0 \\ 0 & x-3 & x^7 \\ 0 & 0 & x-4 \end{bmatrix}$　　**9.** $A=\begin{bmatrix} 0 & 0 & x \\ 0 & x & 0 \\ x & 0 & 0 \end{bmatrix}$

10. $A=\begin{bmatrix} x-1 & 0 & 0 \\ x & x-\frac{1}{2} & 0 \\ x^2 & x^3 & x+\frac{1}{3} \end{bmatrix}$

|11-12| 다음 행렬이 반대칭행렬(skew-symmetric matrix)가 될 수 있도록 ×부분을 채워라.

11. $A=\begin{bmatrix} \times & \times & 3 \\ 0 & \times & \times \\ \times & -2 & \times \end{bmatrix}$ **12.** $A=\begin{bmatrix} \times & 0 & \times \\ \times & \times & -3 \\ 7 & \times & \times \end{bmatrix}$

13. 다음 행렬 A가 대칭행렬(symmetric matrix)이 되는 모든 a, b, c 값을 구하여라.

$$A=\begin{bmatrix} 2 & a & 2a+b \\ 3 & 5 & a+c \\ 0 & -2 & 7 \end{bmatrix}$$

14. 다음 행렬 A가 반대칭행렬(skew-symmetric matrix)이 될 수 있도록 a, b, c, d 값을 주어라.

$$A=\begin{bmatrix} 0 & 2a & 3a-3b \\ -2 & 0 & 2a-4c \\ -6 & -5 & d \end{bmatrix}$$

토론과 발견

P1 (1) 3×3 크기의 대각행렬 중 $A^2=A$를 만족하는 행렬을 모두 찾아라.
(2) $n\times n$ 크기의 대각행렬 중 $A^2=A$를 만족하는 행렬은 모두 몇 개인가?

P2 대칭행렬이면서, 반대칭행렬인 행렬의 모양에 대하여 토론해 보아라.

P3 $n\times n$ 크기의 대칭행렬에서 서로 다른 0 이외의 성분을 가질 경우의 수는 얼마인가?
또한 동일한 크기의 반대칭행렬에 대해서는 어떻게 말할 수 있는가?

P4 만일 $D=\begin{bmatrix} d_1 & \cdots & 0 \\ 0 & \ddots & 0 \\ 0 & \cdots & d_n \end{bmatrix}$이면, $D^k=\begin{bmatrix} d_1^k & \cdots & 0 \\ 0 & \ddots & 0 \\ 0 & \cdots & d_n^k \end{bmatrix}$임을 보여라.

P5 대각선행렬이 가역행렬일 필요충분조건은 반드시 대각성분이 모두 0이 아니어야 한다는 것을 증명하여라.

P6 A가 가역이고, 대칭행렬이라면, A^{-1}도 대칭행렬임을 증명하여라.

* 3.7 LDU-분해

이 절에서는 주어진 행렬의 REF를 구하는 과정에서 시작하여 (정사각)행렬을 하삼각행렬과 상삼각행렬의 곱으로 나타내는 방법과, 더 나아가 뒤의 상삼각행렬을 대각행렬과 간단한 상삼각행렬의 곱으로 나타내는 방법을 학습하고, 이 방법은 연립방정식의 해를 구하는데 큰 힘을 발휘한다. 이 내용이 수치적 선형대수학의 시작이다.

(정사각)행렬 A의 REF(row echelon form)는 상삼각행렬이다. 그런데 그 상삼각행렬은 A에 기본행렬들을 곱함으로 얻어진다.

$$\text{i.e.,}\quad E_kE_{k-1}\cdots E_1A=U \Rightarrow A=(E_kE_{k-1}\cdots E_1)^{-1}U$$

여기서 E_i들은 치환행렬, 대각선행렬 또는 하삼각행렬이다. 그런데 하삼각행렬들의 곱은 하삼각행렬이고, 하삼각행렬의 역행렬도 하삼각행렬이므로, 치환행렬이 필요한 경우를 미리 별도로 처리하면, 일반성을 잃지 않고 A를 하삼각행렬 L과 상삼각행렬 U의 곱 $A=LU$로 쓸 수 있다.

$$A=\begin{bmatrix} l_1 & 0 & 0 & 0 \\ * & l_2 & 0 & 0 \\ * & * & l_3 & 0 \\ * & * & * & l_4 \end{bmatrix}\begin{bmatrix} u_1 & * & * & * \\ 0 & u_2 & * & * \\ 0 & 0 & u_3 & * \\ 0 & 0 & 0 & u_4 \end{bmatrix}=LU$$

이와 같이 주어진 행렬 A를 하삼각행렬 L과 상삼각행렬 U의 곱 $A=LU$로 표현하는 것을 LU-분해(factorization)이라고 부른다. 이 분해의 유용성은 다음에서 찾을 수 있다. 즉,

$$A\,\mathbf{x}=\mathbf{b} \Rightarrow LU\,\mathbf{x}=\mathbf{b}$$

이면 $L\,\mathbf{y}=\mathbf{b}$ 는 전진대입법(forward substitution)으로 쉽게 풀 수 있고, 또 $U\,\mathbf{x}=\mathbf{y}$는 후진대입법(backward substitution)으로 쉽게 풀 수 있다. 따라서 행렬을 위와 같이 분해한다면 모든 선형연립방정식 $A\,\mathbf{x}=\mathbf{b}$를 아주 쉽게 풀 수 있게 된다. 더구나 계산기를 이용하는 알고리즘에서 큰 힘을 발휘한다.

따라서 여기서 연립방정식을 다음과 같이 정리해 볼 수 있다.

$$A\,\mathbf{x}=\mathbf{b}$$

일 경우

L : 하삼각행렬

U : 상삼각행렬

이라 하고 $A=LU$라면, 위의 연립방정식은 $LU\,\mathbf{x}=\mathbf{b}$가 된다.

여기서 $U\,\mathbf{x}=\mathbf{y}$라면 $L\,\mathbf{y}=\mathbf{b}$가 된다. 이를 이용하여 손쉽게 풀 수 있게 된다.

$$(\because E_k\cdots E_2E_1A=U \Rightarrow A=(E_1^{-1}E_2^{-1}\cdots E_k^{-1})U=LU)$$

그렇다면 실제 연립방정식을 해결하는 과정을 단계별로 살펴보도록 하자.

$A\,\mathbf{x}=\mathbf{b}=LU\,\mathbf{x}$이면 $U\,\mathbf{x}=\mathbf{y}$로 놓고 우선 $L\,\mathbf{y}=\mathbf{b}$를 만족하는 $\mathbf{y}$를 구한다. (전진대입법)

단계 1에서 구한 $\mathbf{y}$를 이용하여 $U\,\mathbf{x}=\mathbf{y}$을 만족하는 $\mathbf{x}$를 구한다. (후진대입법)

□

예제 1 $A=\begin{bmatrix} 2 & 6 & 2 \\ -3 & -8 & 0 \\ 4 & 9 & 2 \end{bmatrix}$

풀이

$$\rightarrow \begin{bmatrix} 1 & 3 & 1 \\ -3 & -8 & 0 \\ 4 & 9 & 2 \end{bmatrix} \qquad E_1=\begin{bmatrix} \frac{1}{2} & 0 & 0 \\ 0 & 1 & 0 \\ 0 & 0 & 1 \end{bmatrix} \qquad E_1^{-1}=\begin{bmatrix} 2 & 0 & 0 \\ 0 & 1 & 0 \\ 0 & 0 & 1 \end{bmatrix}$$

$$\rightarrow \begin{bmatrix} 1 & 3 & 1 \\ 0 & 1 & 3 \\ 4 & 9 & 2 \end{bmatrix} \qquad E_2=\begin{bmatrix} 1 & 0 & 0 \\ 3 & 1 & 0 \\ 0 & 0 & 1 \end{bmatrix} \qquad E_2^{-1}=\begin{bmatrix} 1 & 0 & 0 \\ -3 & 1 & 0 \\ 0 & 0 & 1 \end{bmatrix}$$

$$\rightarrow \begin{bmatrix} 1 & 3 & 1 \\ 0 & 1 & 3 \\ 0 & -3 & -2 \end{bmatrix} \qquad E_3=\begin{bmatrix} 1 & 0 & 0 \\ 0 & 1 & 0 \\ -4 & 0 & 1 \end{bmatrix} \qquad E_3^{-1}=\begin{bmatrix} 1 & 0 & 0 \\ 0 & 1 & 0 \\ 4 & 0 & 1 \end{bmatrix}$$

$$\rightarrow \begin{bmatrix} 1 & 3 & 1 \\ 0 & 1 & 3 \\ 0 & 0 & 7 \end{bmatrix} \qquad E_4=\begin{bmatrix} 1 & 0 & 0 \\ 0 & 1 & 0 \\ 0 & 3 & 1 \end{bmatrix} \qquad E_4^{-1}=\begin{bmatrix} 1 & 0 & 0 \\ 0 & 1 & 0 \\ 0 & -3 & 1 \end{bmatrix}$$

$$\rightarrow \begin{bmatrix} 1 & 3 & 1 \\ 0 & 1 & 3 \\ 0 & 0 & 1 \end{bmatrix}=U \qquad E_5=\begin{bmatrix} 1 & 0 & 0 \\ 0 & 1 & 0 \\ 0 & 0 & \frac{1}{7} \end{bmatrix} \qquad E_5^{-1}=\begin{bmatrix} 1 & 0 & 0 \\ 0 & 1 & 0 \\ 0 & 0 & 7 \end{bmatrix}$$

$L=(E_1^{-1}E_2^{-1}E_3^{-1}E_4^{-1}E_5^{-1})=\begin{bmatrix} 2 & 0 & 0 \\ -3 & 1 & 0 \\ 4 & -3 & 7 \end{bmatrix}$이고 $E_5\cdots E_1A=U$이며 $A=LU$이다.

□

예제 2 $A\,\mathbf{x}=\begin{bmatrix} 2 & 1 & 1 \\ 4 & 1 & 0 \\ -2 & 2 & 1 \end{bmatrix}\begin{bmatrix} x_1 \\ x_2 \\ x_3 \end{bmatrix}=\begin{bmatrix} 1 \\ -2 \\ 7 \end{bmatrix}=\mathbf{b}$

를 LU ─ 분해(Factorization)를 이용하여 풀어라.

풀이 위의 A를 다음과 같이 LU-분해한다.

$$A=LU=\begin{bmatrix}1&0&0\\2&1&0\\-1&-3&1\end{bmatrix}\begin{bmatrix}2&1&1\\0&-1&-2\\0&0&-4\end{bmatrix}$$

이를 이용하여 다음과 같이 위의 연립방정식을 바꿀 수 있다.

$$L\ \mathbf{y}=\mathbf{b}\ ;\ \begin{cases}y_1=\ 1\\2y_1+y_2=-2\\-y_1-3y_2+y_3=\ 7\end{cases}$$

을 대입하여 풀면, $\mathbf{y}=(1,\ -4,\ -4)$가 되므로 이를 이용하면,

$$U\ \mathbf{x}=\mathbf{y}\ ;\ \begin{cases}2x_1+x_2+x_3=\ 1\\-x_2-2x_3=-4\\-4x_3=-4\end{cases}$$

따라서 이를 이용하여 $\mathbf{x}$를 풀면 다음과 같은 관계식을 구할 수 있다.

$$\mathbf{x}=\begin{bmatrix}x_1\\x_2\\x_3\end{bmatrix}=\begin{bmatrix}-1\\2\\1\end{bmatrix}$$ 이다.

□

예제 3 다음 행렬의 LU-분해를 구하여라.

$$A=\begin{bmatrix}1&-1&0\\-1&2&-1\\0&-1&2\end{bmatrix}$$

그리고 이를 이용하여 $A\,\mathbf{x}=\mathbf{b}$에서 $\mathbf{b}$가 아래와 같을 때 각각의 해를 구하여라.

(1) $\mathbf{b}=(1,\ 1,\ 1)$ (2) $\mathbf{b}=(2,\ 0,\ 1)$

풀이 행렬 A의 가우스 소거법에 대응하는 기본 행렬을 다음과 같이 쉽게 찾을 수 있다.

$$E_1=\begin{bmatrix}1&0&0\\1&1&0\\0&0&1\end{bmatrix},\ E_2=\begin{bmatrix}1&0&0\\0&1&0\\0&1&1\end{bmatrix}$$

따라서

$$E_2E_1A=\begin{bmatrix}1&0&0\\0&1&0\\0&1&1\end{bmatrix}\begin{bmatrix}1&0&0\\1&1&0\\0&0&1\end{bmatrix}\begin{bmatrix}1&-1&0\\-1&2&-1\\0&-1&2\end{bmatrix}$$

$$=\begin{bmatrix}1&0&0\\0&1&0\\0&1&1\end{bmatrix}\begin{bmatrix}1&-1&0\\0&1&-1\\0&-1&2\end{bmatrix}=\begin{bmatrix}1&-1&0\\0&1&-1\\0&0&1\end{bmatrix}=U$$

그러므로,

$$E_1^{-1}=\begin{bmatrix}1&0&0\\-1&1&0\\0&0&1\end{bmatrix},\ E_2^{-1}=\begin{bmatrix}1&0&0\\0&1&0\\0&-1&1\end{bmatrix}$$

> **참고** =:은 좌변을 우변으로 놓자는 의미이다.

이고 $A=(E_2E_1)^{-1}U=:LU$이다. 즉,

$$L=E_1^{-1}E_2^{-1}=\begin{bmatrix}1&0&0\\-1&1&0\\0&0&1\end{bmatrix}\begin{bmatrix}1&0&0\\0&1&0\\0&-1&1\end{bmatrix}=\begin{bmatrix}1&0&0\\-1&1&0\\0&-1&1\end{bmatrix}$$

(단, 여기서 L의 주대각선성분은 모두 1이다.)

(1) 주어진 연립방정식에 $A=LU$를 적용하면 다음과 같이 된다.

$$L\,\mathbf{y}=\mathbf{b}\ ;\ \begin{cases}y_1=b_1\\-y_1+y_2=b_2\\-y_2+y_3=b_3\end{cases}$$ 이고 $\mathbf{b}=(1,\ 1\ 1)$이므로,

$$L\,\mathbf{y}=\mathbf{b}\ ;\ \begin{cases}y_1=1\\-y_1+y_2=1\\-y_2+y_3=1\end{cases}$$ 이다.

여기서 전진대입법으로 $\mathbf{y}=(1,\ 2,\ 3)$을 구한 후, 단계 2로, $\mathbf{y}=(1,\ 2,\ 3)$을 이용하여 $U\,\mathbf{x}=\mathbf{y}$을 만족하는 $\mathbf{x}$를 후진대입법으로 구하면 된다.

$$U\,\mathbf{x}=\mathbf{y}\ ;\ \begin{cases}x_1-x_2=1\\x_2-x_3=2\\x_3=3\end{cases}$$

그러면 해는 $\mathbf{x}=(6,\ 5,\ 3)$가 된다.

(2) 위에서 구한 $LU-$분해를 이용하여 $\mathbf{b}=(2,\ 0,\ 1)$인 경우 $\mathbf{x}$를 구해보자.

$$A=LU=\begin{bmatrix}1&0&0\\-1&1&0\\0&-1&1\end{bmatrix}\begin{bmatrix}0&-1&0\\0&1&-1\\0&0&1\end{bmatrix}$$

$$L\,\mathbf{y}=\mathbf{b}\ :\ \begin{cases}y_1=b_1\\-y_1+y_2=b_2\\-y_2+y_3=b_3\end{cases}$$ 이고 $\mathbf{b}=(2,\ 0,\ 1)$이므로,

$$L\,\mathbf{y}=\mathbf{b}\ :\ \begin{cases}y_1=2\\-y_1+y_2=0\\-y_2+y_3=1\end{cases}$$

이를 이용하면 $\mathbf{y}=(2,\ 2,\ 3)$를 구할 수 있고 그러면 위의 연립방정식은

$$U\,\mathbf{x}=\mathbf{y}\ :\ \begin{cases}x_1-x_2=2\\x_2-x_3=2\\x_3=3\end{cases}$$

가 되며 그 해는 $\mathbf{x}=(7,\ 5,\ 3)$가 된다. □

여기서 잠깐!

A에 $LU-$분해를 할 때 $cR_i+R_j\rightarrow R_j$ 연산만을 사용하여 상삼각행렬 U를 만들면 언제나 하삼각행렬 L의 대각선성분은 모두 1이다.

이어서

$$\begin{bmatrix} a_{11} & 0 & 0 \\ a_{21} & a_{22} & 0 \\ a_{31} & a_{32} & a_{33} \end{bmatrix} = \begin{bmatrix} 1 & 0 & 0 \\ \frac{a_{21}}{a_{11}} & 1 & 0 \\ \frac{a_{31}}{a_{11}} & \frac{a_{32}}{a_{22}} & 1 \end{bmatrix} \begin{bmatrix} a_{11} & 0 & 0 \\ 0 & a_{22} & 0 \\ 0 & 0 & a_{33} \end{bmatrix}$$

$$\begin{bmatrix} b_{11} & b_{12} & b_{13} \\ 0 & b_{22} & b_{23} \\ 0 & 0 & b_{33} \end{bmatrix} = \begin{bmatrix} b_{11} & 0 & 0 \\ 0 & b_{22} & 0 \\ 0 & 0 & b_{33} \end{bmatrix} \begin{bmatrix} 1 & \frac{b_{12}}{b_{11}} & \frac{b_{13}}{b_{11}} \\ 0 & 1 & \frac{b_{23}}{b_{22}} \\ 0 & 0 & 1 \end{bmatrix}$$

로 쓸 수 있으므로, 일반적으로

$$\begin{aligned} L'U' &= \begin{bmatrix} a_{11} & 0 & 0 \\ a_{21} & a_{22} & 0 \\ a_{31} & a_{32} & a_{33} \end{bmatrix} \begin{bmatrix} b_{11} & b_{12} & b_{13} \\ 0 & b_{22} & b_{23} \\ 0 & 0 & b_{33} \end{bmatrix} \\ &= \begin{bmatrix} 1 & 0 & 0 \\ \frac{a_{21}}{a_{11}} & 1 & 0 \\ \frac{a_{31}}{a_{11}} & \frac{a_{32}}{a_{22}} & 1 \end{bmatrix} \begin{bmatrix} a_{11}b_{11} & 0 & 0 \\ 0 & a_{22}b_{22} & 0 \\ 0 & 0 & a_{33}b_{33} \end{bmatrix} \begin{bmatrix} 1 & \frac{a_{12}}{b_{11}} & \frac{b_{13}}{b_{11}} \\ 0 & 1 & \frac{b_{23}}{b_{22}} \\ 0 & 0 & 1 \end{bmatrix} =: LDU \end{aligned}$$

의 모양으로 분해가 가능하다. 이를 요약하면 다음과 같은 정리를 얻는다.

정리 3.7.1

행렬 $A \in M_n$가 가역이라면 A의 (유일한) $LDU-$분해(factorization)가 존재한다.(여기서 L은 주대각성분이 1인 하삼각행렬, D는 대각행렬, U는 주대각선성분이 1인 상삼각행렬이다.)

위의 (유일한)의 의미는 $PA=LDU$가 유일하게 결정되게 하는 치환행렬(permutation matrix)가 언제나 존재한다는 의미이다. 항등행렬의 두 행이나 열을 바꿔놓은 행렬을 치환행렬이라 한다. 치환행렬들의 곱도 치환행렬이다.

예제 4 $A = \begin{bmatrix} 2 & -1 & 0 \\ -1 & 2 & -1 \\ 0 & -1 & 2 \end{bmatrix}$에 대해, A를 $LDU-$분해하는 L, D, U를 구하여라.

풀이 REF를 구하는데 쓰이는 행렬 A에 대한 기본행렬들(Elementary matrices)은 다음과 같다.

여기서 잠깐!

일반적으로 A가 행교환없이 행사다리꼴로 변환될 수 있는 정사각행렬이면(가역행렬이 아니어도) A는 유일하게 $A=LDU$로 분해 할 수 있다.

$$E_1=\begin{bmatrix}1&0&0\\ \frac{1}{2}&1&0\\ 0&0&1\end{bmatrix},\ E_2=\begin{bmatrix}1&0&0\\ 0&1&0\\ 0&\frac{2}{3}&1\end{bmatrix}$$

$$U=E_2\cdot E_1\cdot A=\begin{bmatrix}1&0&0\\ 0&1&0\\ 0&\frac{2}{3}&1\end{bmatrix}\cdot\begin{bmatrix}1&0&0\\ \frac{1}{2}&1&0\\ 0&0&1\end{bmatrix}\cdot\begin{bmatrix}2&-1&0\\ -1&2&-1\\ 0&-1&2\end{bmatrix}=\begin{bmatrix}2&-1&0\\ 0&\frac{3}{2}&-1\\ 0&0&\frac{4}{3}\end{bmatrix}$$

$$U=DU'\text{이므로 }\begin{bmatrix}2&-1&0\\ 0&\frac{3}{2}&-1\\ 0&0&\frac{4}{3}\end{bmatrix}=\begin{bmatrix}2&0&0\\ 0&\frac{3}{2}&0\\ 0&0&\frac{4}{3}\end{bmatrix}\cdot\begin{bmatrix}1&-\frac{1}{2}&0\\ 0&1&-\frac{2}{3}\\ 0&0&1\end{bmatrix}$$

$$L=(E_2\cdot E_1)^{-1}=(E_1)^{-1}\cdot(E_2)^{-1}$$

$$=\begin{bmatrix}1&0&0\\ -\frac{1}{2}&1&0\\ 0&0&1\end{bmatrix}\cdot\begin{bmatrix}1&0&0\\ 0&1&0\\ 0&-\frac{2}{3}&1\end{bmatrix}=\begin{bmatrix}1&0&0\\ -\frac{1}{2}&1&0\\ 0&-\frac{2}{3}&1\end{bmatrix}$$

$$\therefore\ L=\begin{bmatrix}1&0&0\\ -\frac{1}{2}&1&0\\ 0&-\frac{2}{3}&1\end{bmatrix},\ D=\begin{bmatrix}2&0&0\\ 0&\frac{3}{2}&0\\ 0&0&\frac{4}{3}\end{bmatrix},\ U=\begin{bmatrix}1&-\frac{1}{2}&0\\ 0&1&-\frac{2}{3}\\ 0&0&1\end{bmatrix}$$

□

Alan Turing (1912–1954) – 컴퓨터의 아버지, 최초의 해커

행렬의 LU–분해에 관한 첫 번째 연구는 영국의 수학자 튜링(Alan Turing)에 의해 이루어졌다. 튜링은 인공지능연구의 창시자로도 불린다. 얼마 전 까지만 하더라도 세계 최초의 컴퓨터는 1946년 2월에 공개된 에니악(ENIAC)으로 알려져 있었다. 그러나 이러한 미국 중심의 컴퓨터 역사는 그동안 일급비밀로 감춰졌던 영국의 콜로서스(Colossus)가 일반에 공개됨에 따라 그보다 먼저 영국에서 세계 최초의 컴퓨터(1943년 12월)가 만들어졌다는 사실이 알려졌다.

튜링은 다른 모든 기계를 대체할 수 있고, 계산할 수 있는 모든 문제를 풀 수 있는 만능 기계를 만들 수 있다는 사실을 발견했다. 1937년, 튜링은 〈결정문제에의 응용을 고려한, 계산 가능한 수들에 관하여〉라는 논문에서 위에 간단하게 설명된 인식을 제시했다. 이 무렵 튜링은 미국에 있었고, 1936년부터 1938년까지 프린스턴에서 지냈으며 〈서수에 근거한 논리시스템〉으로 박사학위를 받았다. 이때 튜링은 체스게임 같이 복잡한 계산 능력을 필요로 하는 연산을 포함하는 많은 계산을 수행할 수 있는 기계는, 숫자와 부호의 이진법으로 작동해야만 한다는 아주 친숙한 개념을 처음으로 발견하였다. 오늘날 우리는 그것을 **'튜링 머신(Machine)'**이라고 부른다. 튜링이 수학적이고 논리적인 발견을 바탕으로 착안한 것은 전자두뇌와 인공지능기계였고, 그는 그것을 현실화시켰다. 또 2차 세계대전 중에는 영국의 암호 학교에서 '이니그마(Enigma)'라는 독일 암호기계의 수수께끼를 풀기 위한 작업에 들어가서 결국 나치의 암호를 깨는 개가를 올린다. **튜링의 암호해독 기술**로 연합군은 독일이 북아프리카에서 어떤 전략을 쓰는지 알 수 있었을 뿐 아니라 대서양 어느 지점에 독일 잠수함이 배치되어 있는지도 알 수 있었다. 역사가들은 그가 없었다면 영국이 전쟁에서 고전했으리라는 주장이 타당하다고 주장한다. 그러나 영국군과 정치가들은 종전 후 자신들의 업적을 내세우기 위해 튜링의 공로에 관해서는 함구로 일관했다.

더구나 1952년에 튜링이 동성애자라는 소문이 나며 모든 명예를 잃었다. 이런 상황을 혼신의 힘을 다해 견뎌내다 마침내 1954년 6월 7일, 침대에 누워 치명적인 용량의 시안화칼륨을 정확하게 계산해 주사된 사과를 먹고 자살을 했다. 그의 나이 겨우 사십이 되었을 때의 일이다.

연습문제 3-7

|1-2| $LU-$분해가 된 아래 연립방정식을 풀어라.

1. $\begin{bmatrix} 1 & 0 \\ 5 & 1 \end{bmatrix}\begin{bmatrix} 2 & 1 \\ 0 & -7 \end{bmatrix}\mathbf{x}=\begin{bmatrix} 12 \\ 46 \end{bmatrix}$

2. $\begin{bmatrix} 3 & 0 \\ -2 & 1 \end{bmatrix}\begin{bmatrix} 1 & -2 \\ 0 & 1 \end{bmatrix}\mathbf{x}=\begin{bmatrix} 0 \\ 1 \end{bmatrix}$

|3-4| 다음에 주어진 행렬에 대하여 $LU-$분해를 구하여라.

3. $A=\begin{bmatrix} 3 & -6 \\ -2 & 5 \end{bmatrix}$

4. $A=\begin{bmatrix} 1 & 0 \\ 8 & 1 \end{bmatrix}$

5. 행렬 A에 대하여 $LU-$분해가 아래와 같이 $A=LU$로 나타날 때, 연립방정식 $A\mathbf{x}=\mathbf{b}$의 해를 구하여라.

$$L=\begin{bmatrix} 1 & 0 & 0 \\ -1 & 1 & 0 \\ 0 & -1 & 1 \end{bmatrix},\ U=\begin{bmatrix} 1 & -1 & 0 \\ 0 & 1 & -1 \\ 0 & 0 & 1 \end{bmatrix},\ \mathbf{b}=\begin{bmatrix} 2 \\ -3 \\ 4 \end{bmatrix}$$

〔Hint : 전진대입법과 후진대입법을 사용하면 된다.〕

6. $A=\begin{bmatrix} 1 & 1 & 1 \\ 1 & 4 & 5 \\ 1 & 4 & 7 \end{bmatrix}$와 $\mathbf{b}=\begin{bmatrix} 1 \\ 3 \\ 5 \end{bmatrix}$라고 하자.

(1) 가우스-조르단 소거법을 이용하여 $A\mathbf{x}=\mathbf{b}$를 구하여라.

(2) A를 $LDU-$분해를 하여라.

(3) A를 기본행렬들의 곱으로 표현하여라.

(4) A의 역행렬을 구하여라.

7. $A=\begin{bmatrix} 1 & 4 & 5 \\ 4 & 18 & 26 \\ 3 & 16 & 30 \end{bmatrix}$이라 하자. 다음 물음에 답하여라.

(1) $A=LU$를 만족하는 L, U를 구하여라.

(2) $\mathbf{b}_1$, $\mathbf{b}_2$가 각각 다음과 같을 경우 위의 L과 U를 이용하여 $A\mathbf{x}=\mathbf{b}_1$, $A\mathbf{y}=\mathbf{b}_2$의 해를 각각 구하여라.

$$\mathbf{b}_1=\begin{bmatrix} 6 \\ 0 \\ -6 \end{bmatrix},\ \mathbf{b}_2=\begin{bmatrix} 6 \\ 6 \\ 12 \end{bmatrix}$$

(3) A^{-1}를 $LU-$분해하여라.

|8-9| 아래 행렬 A에 대하여 $PA=LU$를 성립하게 하는 치환행렬 P를 구하여라.

8. $A=\begin{bmatrix} 0 & 2 \\ -5 & 3 \end{bmatrix}$ **9.** $A=\begin{bmatrix} 0 & 1 & 1 \\ -1 & 0 & -3 \\ 2 & -4 & 0 \end{bmatrix}$

토론과 발견

P1 다음의 행렬연산을 살펴보자.

$$PA=\begin{bmatrix} 0 & 0 & 0 & 1 \\ 0 & 0 & 1 & 0 \\ 0 & 1 & 0 & 0 \\ 1 & 0 & 0 & 0 \end{bmatrix}\begin{bmatrix} 2 & 1 & 3 & 5 \\ 0 & 7 & 7 & 4 \\ -11 & 12 & 6 & 9 \\ 3 & -3 & 6 & -6 \end{bmatrix}$$

여기서 P는 치환행렬이다. 이 행렬이 A의 모양을 어떻게 바꾸었는지 서술하여라.

P2 A가 대칭행렬이고 가역이면, LU의 존재성과 어떤 연관관계가 있는지 서술하여라.

P3 예제 1 을 이용하여 LU분해가 유일하지 않다는 것을 증명하여라.

P4 대칭행렬 A의 경우 $A=LDU$이면 $U=L^T$이므로 $A=LDL^T$로 쓸 수 있다. 이를 이용하여 다음에 주어진 대칭행렬에 대하여 $A=LDL^T$로 표현할 수 있음을 확인하여라.

(1) $A=\begin{bmatrix} 1 & 2 & 3 \\ 2 & 6 & 8 \\ 3 & 8 & 10 \end{bmatrix}$

(2) $A=\begin{bmatrix} a & b \\ c & d \end{bmatrix}$

만일 $A^T=A \Rightarrow A=LDU=LDL^T$이고 $b=c$라면 LDL^T로 분해를 하려면 $ad\neq 0$ 이어야 한다 (i.e., $a\neq 0$, $d\neq 0$)

제 3 장 단원복습

1. 개념토론

- 두 행렬 $A=[a_{ij}]_{m\times n}$, $B=[b_{ij}]_{m\times n}$의 상등
- 행렬 합과 스칼라배

  $A+B=[a_{ij}+b_{ij}]_{m\times n}$, $kA=[ka_{ij}]_{m\times n}$
- n차의 단위행렬 I_n
- 행렬 $A=[a_{ij}]_{m\times n}$에 대하여 A의 전치행렬
- 행렬 $A=[a_{ij}]_{n\times n}$의 대각합(trace) $\mathrm{tr}(A)=a_{11}+a_{22}+\cdots+a_{nn}=\sum_{i=1}^{n}a_{ii}$
- 가역행렬과 역행렬
- 기본행연산과 기본행렬
- R^n의 부분집합 $W\neq\phi$가 다음과 같은 두 가지 성질을 만족하면 W를 R^n의 부분공간이라 한다.

  $$\begin{cases} \mathbf{w}_1+\mathbf{w}_2\in W & (\text{덧셈에 닫혀 있다}) \quad (1) \\ k\mathbf{w}\in W & (\text{스칼라곱에 닫혀 있다}) \quad (2) \end{cases}$$
- $A\,\mathbf{x}=\mathbf{0}$의 해공간(solution space, null space)
- $S=\{\mathbf{x}_1,\ \mathbf{x}_2,\ \cdots,\ \mathbf{x}_k\}\subseteq R^n$ 의 생성집합(spanning set)

  $W=\mathrm{span}(S)$ 또는 $W=\langle S\rangle$
- 일차독립(linearly independent)과 일차종속
- 행렬 A가 n차의 정사각행렬이면, 아래는 동치이다.

  (1) $RREF(A)=I_n$

  (2) A는 기본행렬의 곱으로 표현된다.

  (3) A는 가역이다.

  (4) $A\,\mathbf{x}=\mathbf{0}$은 유일해 $\mathbf{0}$을 갖는다.

  (5) $A\,\mathbf{x}=\mathbf{b}$는 모든 $\mathbf{b}\in R^n$에 대해 유일해를 갖는다.

  (6) A의 열벡터들은 일차독립이다.

  (7) A의 행벡터들은 일차독립이다.
- 대각행렬, 대칭행렬, 반대칭행렬, 하삼각행렬, 상삼각행렬, 삼각행렬
- LU−분해

2. 참 · 거짓 문제

만일 주어진 문장이 참이면, 이유를 설명하거나 교재에 서술된 적절한 내용을 인용하여라. 만일 거짓이면 반례를 하나 주거나 교재에 서술된 적절한 내용을 인용하여 이유를 주어라.

(1) (　) A와 B가 행동치 행렬일 때, A가 가역행렬일 필요충분조건은 B가 가역행렬이다.

(2) (　) A와 B가 같은 크기의 정사각행렬이고 AB가 가역행렬이면 A와 B는 모두 가역행렬이다.

(3) (　) A와 B가 $A^2=I$이고 $B^2=I$인 가역행렬이면, $(AB)^{-1}=BA$이다.

(4) (　) 만일 A, B와 AB가 대칭행렬이면, $AB=BA$이다.

(5) (　) 가역행렬 A가 대칭행렬이면, A^{-1}도 대칭행렬이다.

(6) (　) 영벡터를 포함한 R^n의 벡터들의 부분집합은 일차종속이다.

(7) (　) 선형연립방정식 $A\mathbf{x}=\mathbf{b}$의 해집합은 R^n의 부분공간이 된다.

(8) (　) 만일 E_1과 E_2가 기본행렬이면, $E_1E_2=E_2E_1$이다.

(9) (　) 가역인 상삼각행렬의 역행렬은 상삼각행렬이다.

(10) (　) 모든 가역행렬 A는 $A=LU$로 분해할 수 있다. (L은 하삼각행렬, U는 상삼각행렬)

* *Project* 1. 변호사(현재의 보험계리인 역할 포함)이며 수학자였던 케일리(Arthur Cayley, 1821-1895)는 1868년 Philosophical Transaction of the Royal Society에 실은 논문에서 "주어진 행렬에 자신의 전치행렬을 곱해서 얻은 행렬은 대칭행렬이다."라는 사실을 증명하였다. 이 간단한 사실을 직접 확인해 보아라.

(참고로 1868년의 원래 논문을 보면 타자기로 타이핑을 하였기 때문에 요즘의 $\begin{bmatrix} a & b \\ c & d \end{bmatrix}$라는 수식의 모습 대신 두 줄 $\begin{matrix} (a & b) \\ |c & d| \end{matrix}$ 모양으로 표현하였다.)

2. 정사각행렬 A의 각 행(열)의 절대값의 합이 1보다 적으면, $I-A$는 가역행렬이다. 이때 $(I-A)^{-1}$의 모양은 어떻게 될지 생각해보아라.

여기서 잠깐!

LINPACK

1970년대 후반, 미국과학재단(NSF)과 동력자원부는 일차방정식의 체계를 풀고, 해석하고 역행렬을 구하기 위한 컴퓨터 알고리즘개발을 지원했다. 이러한 연구는 LINPACK으로 알려진 Fortran 프로그램들을 만들어 냈으며, 이것은 MATLAB에 의해 사용되는 것을 포함하는 것과, 오늘날 대다수의 컴퓨터 알고리즘의 표준이 된다. 저자가 1995년 도스용 행렬계산기 LINPRAC을 만든 Edward 교수의 허가를 얻어 개발한 한글버전 HLINPRAC이나 그 후 윈도우용으로 만든 저자의 JAVA 프로그램도 기본적으로는 LINPACK 알고리즘에 근거한다.

LINPACK routine은 4개의 행렬분해로 이루어져있고, LU-분해도 이 중 하나이다. LINPACK의 최초의 개발자인 C.B. Moler , J.J. Dongarra , G.W. Stewart , J.R. Bunch의 연구는 Argonne 국립 연구소의 James Boyle과 Kenneth Dritz의 업적에 기반을 둔다. 독자는 저자의 홈페이지 http://matrix.skku.ac.kr/에서 다양한 행렬계산용 자바도구를 이용할 수 있다.

CAS Project

앞의 본문에서 LU 분해하는 방법에 대하여 배웠다. 사실 크기가 큰 행렬에 대해서는 LU 분해하기 위하여, Gauss 소거법을 여러 차례 수행해야 한다. 따라서 크기가 큰 행렬에 대해서는 다음과 같은 자바 프로그램을 이용하여 구한 답을 쉽게 확인해 볼 수 있다.

Link : http://matrix.skku.ac.kr/NewJAVA/newMatrixCalKOR/Test.html

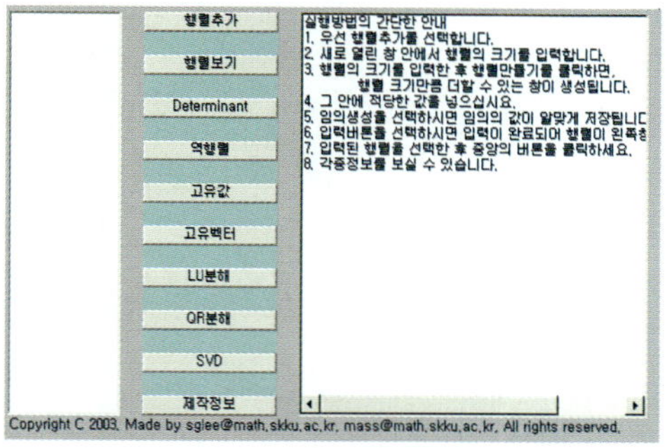

만일 아래 행렬을 LU분해 하고자 하면, 우선 위의 행렬추가 버튼을 누르고 새로 열린 창에 다음과 같이 입력하면 된다.

$$A=\begin{pmatrix} 4.0 & 6.0 & 0.0 & 9.0 & 8.0 & 5.0 & 7.0 & 4.0 \\ 4.0 & 1.0 & 0.0 & 6.0 & 1.0 & 3.0 & 5.0 & 3.0 \\ 6.0 & 0.0 & 1.0 & 1.0 & 0.0 & 5.0 & 1.0 & 9.0 \\ 3.0 & 9.0 & 4.0 & 0.0 & 4.0 & 7.0 & 9.0 & 8.0 \\ 2.0 & 9.0 & 8.0 & 6.0 & 7.0 & 6.0 & 9.0 & 7.0 \\ 6.0 & 8.0 & 0.0 & 3.0 & 4.0 & 3.0 & 8.0 & 0.0 \\ 5.0 & 5.0 & 1.0 & 3.0 & 1.0 & 9.0 & 0.0 & 5.0 \\ 3.0 & 7.0 & 9.0 & 1.0 & 8.0 & 8.0 & 8.0 & 4.0 \end{pmatrix}$$

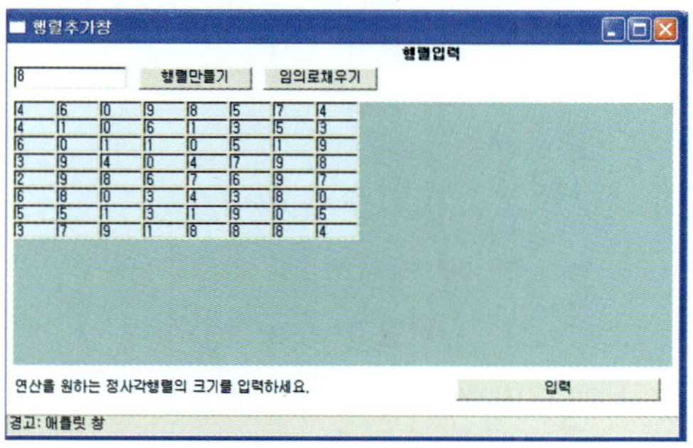

이 행렬을 선택하고 LU분해 버튼을 누르면 바로 LU분해 결과를 보여준다.

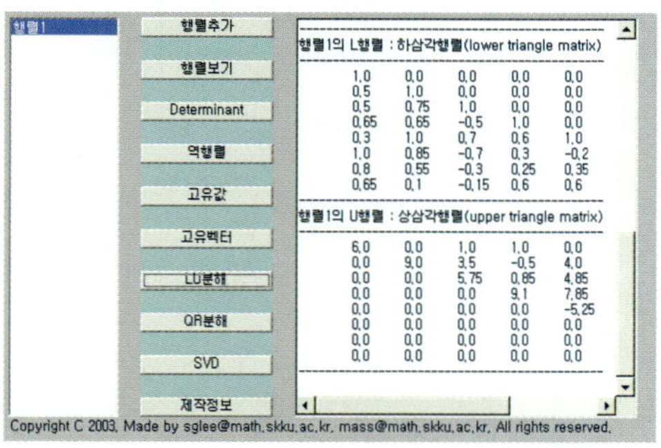

정보는 Text로 되어 있으므로, 복사하기와 붙여넣기(Copy & Paste)를 이용하면, 다음과 같이 활용할 수 있다.

행렬 1의 L행렬 : 하삼각행렬(lower triangle matrix)							
1.0	0.0	0.0	0.0	0.0	0.0	0.0	0.0
0.5	1.0	0.0	0.0	0.0	0.0	0.0	0.0
0.5	0.75	1.0	0.0	0.0	0.0	0.0	0.0
0.65	0.65	−0.5	1.0	0.0	0.0	0.0	0.0
0.3	1.0	0.7	0.6	1.0	0.0	0.0	0.0
1.0	0.85	−0.7	0.3	−0.2	1.0	0.0	0.0
0.8	0.55	−0.3	0.25	0.35	−0.7	1.0	0.0
0.65	0.1	−0.15	0.6	0.6	−0.1	−0.6	1.0

행렬 1의 U행렬 : 상삼각행렬(upper triangle matrix)							
6.0	0.0	1.0	1.0	0.0	5.0	1.0	9.0
0.0	9.0	3.5	−0.5	4.0	4.5	8.5	3.5
0.0	0.0	5.75	0.85	4.85	2.0	0.85	−3.2
0.0	0.0	0.0	9.1	7.85	−0.25	1.1	−6.0
0.0	0.0	0.0	0.0	−5.25	−1.4	−1.15	6.45
0.0	0.0	0.0	0.0	0.0	−4.8	−0.55	−10.8
0.0	0.0	0.0	0.0	0.0	0.0	−5.6	−14.2
0.0	0.0	0.0	0.0	0.0	0.0	0.0	−14.7

이렇게 쉽게 L과 U행렬을 구할 수 있다. 이제 다음 각각의 행렬에 대하여 L, U를 각각 구해보자.

1. $A=\begin{pmatrix} 6.0 & 4.0 & 1.0 & 5.0 & 9.0 & 7.0 & 8.0 \\ 0.0 & 0.0 & 0.0 & 7.0 & 2.0 & 9.0 & 5.0 \\ 1.0 & 9.0 & 5.0 & 7.0 & 6.0 & 5.0 & 0.0 \\ 2.0 & 7.0 & 4.0 & 9.0 & 3.0 & 4.0 & 5.0 \\ 4.0 & 6.0 & 7.0 & 1.0 & 3.0 & 4.0 & 6.0 \\ 6.0 & 5.0 & 2.0 & 6.0 & 4.0 & 8.0 & 3.0 \\ 5.0 & 6.0 & 0.0 & 4.0 & 9.0 & 2.0 & 1.0 \end{pmatrix}$

2. $A=\begin{pmatrix} 2.0 & 0.0 & 2.0 & 1.0 & 9.0 \\ 6.0 & 2.0 & 7.0 & 7.0 & 2.0 \\ 8.0 & 8.0 & 3.0 & 5.0 & 3.0 \\ 2.0 & 5.0 & 5.0 & 2.0 & 1.0 \\ 3.0 & 5.0 & 2.0 & 3.0 & 8.0 \end{pmatrix}$

3. $A=\begin{pmatrix} 0.0 & 6.0 & 0.0 & 7.0 & 5.0 & 9.0 & 4.0 & 0.0 \\ 9.0 & 0.0 & 0.0 & 2.0 & 4.0 & 9.0 & 5.0 & 0.0 \\ 5.0 & 9.0 & 9.0 & 2.0 & 3.0 & 8.0 & 0.0 & 9.0 \\ 8.0 & 7.0 & 1.0 & 6.0 & 3.0 & 6.0 & 2.0 & 6.0 \\ 8.0 & 6.0 & 8.0 & 9.0 & 7.0 & 1.0 & 0.0 & 3.0 \\ 3.0 & 7.0 & 0.0 & 3.0 & 7.0 & 6.0 & 5.0 & 8.0 \\ 6.0 & 1.0 & 1.0 & 6.0 & 0.0 & 9.0 & 0.0 & 6.0 \\ 2.0 & 2.0 & 4.0 & 7.0 & 5.0 & 1.0 & 8.0 & 1.0 \end{pmatrix}$

제 04 장

행렬식 (Determinant)

행렬식에 대한 개념은 행렬이 소개되기 전에 이미 알려졌으며 오랫동안 선형연립방정식의 해를 구하는 기본적인 수단으로 이용하여 왔다. 또한, 행렬식을 이용하면 행렬이 가역인지게 알 수 있다. 이 장에서는 정사각행렬을 실수에 대응시키는 함수로 행렬식을 정의하고, 그 계산법 및 응용에 관하여 알아본다.

Project 토론

라이프니츠(Leibniz)는 de L'Hopital에게 보낸 편지에서 다음 연립방정식

$$10+11x+12y=0$$
$$20+21x+22y=0$$
$$30+31x+32y=0$$

은

$$10\cdot21\cdot32+11\cdot22\cdot30+12\cdot20\cdot31$$
$$=10\cdot22\cdot31+11\cdot20\cdot32+12\cdot21\cdot30 \qquad (※)$$

이므로 자명하지 않은(nontrivial) 해를 갖는다고 설명했다.

어떻게 라이프니츠는 위와 같은 결론을 내릴 수 있었을까 생각해보자.

증명 위의 연립방정식은 2장에서 배운대로 가우스 소거법으로 무수히 많은 해를 갖는 것을 보일 수 있다. 그러나 위 식 (※)의 의미는 무엇인지 생각해보자.

(※)식을 우변으로 모두 모으면,

$0=10\cdot22\cdot31+11\cdot20\cdot32+12\cdot21\cdot30-10\cdot21\cdot32-11\cdot22\cdot30\cdot12\cdot20\cdot31$

이 된다. 이것을 공통항끼리 묶어서 정리하면,

$0=10(22\cdot31-21\cdot32)+11(20\cdot32-22\cdot30)+12(21\cdot30-20\cdot31)$

이 된다. 즉,

$$0=10\cdot\begin{vmatrix}21 & 22\\31 & 32\end{vmatrix}-11\cdot\begin{vmatrix}20 & 22\\30 & 32\end{vmatrix}+12\cdot\begin{vmatrix}20 & 21\\30 & 31\end{vmatrix}=\begin{vmatrix}10 & 11 & 12\\20 & 21 & 22\\30 & 31 & 32\end{vmatrix}$$

이므로, 이 식은 이 장에서 배울 행렬식의 값임을 알 수 있다. 즉,

$$\begin{bmatrix}10 & 11 & 12\\20 & 21 & 22\\30 & 31 & 32\end{bmatrix}$$

인 행렬을 1행에 관하여 여인자 전개(cofactor expansion) 한 것으로써, 행렬식(Determinant) 값이 0이 나오기 때문에 연립방정식

$$10+11x+12y=0$$
$$20+21x+22y=0$$
$$30+31x+32y=0$$

즉, 동차연립방정식

$$\begin{vmatrix}10 & 11 & 12\\20 & 21 & 22\\30 & 31 & 32\end{vmatrix}\begin{vmatrix}1\\x\\y\end{vmatrix}=0$$

은 자명하지 않은(nontrivial) 해 $(1,\ x,\ y)$를 갖는다.

여기서 잠깐!

연립방정식 $A\mathbf{x}=\mathbf{0}$는 $\det A \neq 0$ 이면 유일한 해 $\mathbf{x}=\mathbf{0}$ 만을 갖고, $\det A=0$ 이면 그 이외에 영벡터가 아닌 무수히 많은 해를 갖는다.

1683년 행렬식의 개념을 Seki Kowa가 소개한 지 10년 후인 1693년 라이프니츠(Leibniz)는 위와 같은 결론에 이르게 되는 사실을 알아차리고 유럽에서는 처음으로 같은 개념을 독자적으로 기록에 남긴 것이다. 이에 반해 아시아에서는 5세기 중국수학자 장구건이 쓴 〈장구건산경〉에 이미 위와 같이 무수히 많은 해를 갖는 문제를 공부했었음에도 불구하고 그 결과를 "행렬식"으로 발전시키지는 못했다.

읽을거리

李尙爀 (이상혁) <1810(순조 10)~?>

이상혁은 한말의 산학자(算學者)이며 천문학자이다. 본관은 합천(陜川)이고, 자는 지수(志授)이다. 이상혁의 할아버지는 만구(晩求)이며, 아버지는 병철(秉喆)로 모두 계상(計上)을 지냈다. 어머니는 의과정(醫科正)을 지낸 변중관(卞重觀)의 딸이고 처는 한응성(韓應誠)의 딸이고, 후처는 역전어(譯前御) 한범오(韓範五)의 딸로, 산학계통의 전통적 중인가문에서 태어났다. 예조판서를 지냈고 당시 천문학의 제일인자이며 형 남병철(1817-1863)과 함께 당시 최고 수준의 수학자였으며 30권의 저서를 쓴 남병길(南秉吉, 1820-1869)과 서로 저서의 서문을 주고받을 정도로 긴밀한 사이를 유지하며, 종래의 형이상학적 수리관에서 벗어나 함께 도해법(圖解法)을 수용하는 등 공동연구를 하였다. 《주학입격안 籌學入格案》에 따르면 그는 역산을 다루는 천문관직인 운과정(雲科正)을 지냈고, 중국수학의 전통적 수법을 계승하였으며 유럽계 대수방정식의 해설서인《차근방몽구 借根方蒙求》(1854)를 저술하는 등 서양수학을 적극적으로 수용하였다. 그러나 원지름 및 원에 내접하는 사각형의 변의 길이를 구하는 문제를 풀이하는 가운데, 산목을 사용하여 방정식의 근을 내는 **천원술**(天元術)을 채용하는 등 독특한 수학연구의 경지를 보였다. 이러한 수학 상의 연구는 형이상학적인 수리관에 매인 사대부의 수학연구나, 현실적인 문제의 계산을 주로 한 중인수학의 한계를 뛰어넘어 수학을 위한 수학, 즉 순수수학적 경지에 다다른 획기적인 것이었다.

(일부 내용은 韓國數學史(金容雲, ·金容局, 科學과 人間社, 1977) 인용)

4.1 행렬식의 정의와 기본성질

이 절에서는 정사각행렬 X에 대하여 실수 $f(X)$를 대응시키는 함수로서의 행렬식 함수에 대하여 살펴보기로 한다. 먼저, 행렬식 함수를 정의하기 위하여 치환(순열)에 관하여 알아본다.

정 의

자연수의 집합 $S=\{1, 2, \cdots, n\}$의 치환(permutation, 순열)이란 S에서 S로의 일대일 대응 함수 σ이다.

이 장에서는 일대일 대응 함수 $\sigma=\begin{pmatrix} 1 & 2 & \cdots & k & \cdots & n \\ i_1 & i_2 & \cdots & i_k & \cdots & i_n \end{pmatrix}$을 간단히 $(i_1\, i_2 \cdots i_n)$으로 쓰기로 한다. 따라서 , $\sigma(1)=i_1$, $\cdots$, $\sigma(k)=i_k$, $\cdots$, $\sigma(n)=i_n$이다. 그러므로 치환이란 1, 2, $\cdots$, n의 숫자를 일렬로 배열하는 것을 의미한다. n개의 서로 다른 물건을 일렬로 배열하는 방법은 $n!$가지이므로 자연수의 집합

$$S=\{1, 2, \cdots, n\}$$

의 치환은 모두 $n!$개 이다. 집합 S의 모든 치환의 집합을 S_n으로 나타낸다.

자연수의 집합 $S=\{1, 2, \cdots, n\}$에 대하여 S에서 S로의 일대일 대응함수인 치환 f 설명에 함수의 기호를 도입하면 각 원소에 대한 함수값 $f(k)$의 대응 규칙이 정해져야 한다. 이의 표기를 간단히 쓰면

$$\begin{pmatrix} 1 & 2 & \cdots & k & \cdots & n \\ f(1) & f(2) & \cdots & f(k) & \cdots & f(n) \end{pmatrix}$$

와 같이 표기할 수 있다. 이때, 위의 표현에서 고정된 첫 번째 행은 생략하여도 의미전달에는 아무런 지장이 없으므로 줄여서 간단히

$$(f(1)\ f(2)\ \cdots\ f(k)\ \cdots\ f(n))$$

와 같이 함수값을 순서대로 배열하기도 한다. 이런 의미에서 치환이란 1, 2, $\cdots$, n의 숫자를 순서를 고려하여 일렬로 배열하는 순열의 의미를 지닌다. 그래서 우리는 치환함수를 순열(permutation)이라고 부르기도 한다. (사다리타기 게임을 생각해 보아라.)

여기서 잠깐!

위에 쓴 기호는 군론(Group Theory)의 치환군(permutation group)에서 쓰는 순회(cyclic)치환 부호와는 다른 의미이다. 여기서 σ는 k를 $\sigma(k)$로 보내는 단순한 1-1 대응함수이다.

예제 1 집합 $\{1\}$의 치환은 하나이므로 $S_1=\{\sigma_1\}=\{(1)\}$이고, 집합 $\{1, 2\}$의 치환은 $(1\ 2)$과 $(2\ 1)$이므로 $S_2=\{\sigma_1, \sigma_2\}=\{(1\ 2), (2\ 1)\}$이다. 집합 $\{1, 2, 3\}$의 치환은 $3!=6$ 개 있고, 열거하면

$$(1\ 2\ 3),\ (2\ 3\ 1),\ (3\ 1\ 2),\ (1\ 3\ 2),\ (2\ 1\ 3),\ (3\ 2\ 1)$$

이므로

$$\begin{aligned} S_3&=\{\sigma_1, \sigma_2, \sigma_3, \sigma_4, \sigma_5, \sigma_6\} \\ &=\{(1\ 2\ 3), (2\ 3\ 1), (3\ 1\ 2), (1\ 3\ 2), (2\ 1\ 3), (3\ 2\ 1)\} \end{aligned}$$

이다.

n	S_n	$n!$
1	(1)	$1!$
2	$(1\ 2), (2\ 1)$	$2!$
3	$(1\ 2\ 3), (2\ 3\ 1), (3\ 1\ 2), (1\ 3\ 2), (2\ 1\ 3), (3\ 2\ 1)$	$3!$
4	$(1\ 2\ 3\ 4), (1\ 2\ 4\ 3), \cdots, (4\ 3\ 1\ 2), (4\ 3\ 2\ 1)$	$4!$

□

$S=\{1, 2, \cdots, n\}$의 치환 $(j_1 j_2 \cdots j_n)$에서 큰 자연수가 작은 자연수보다 먼저 나타나면 이 치환은 반전(inversion)을 가졌다고 한다. 치환의 k번째 수 j_k에서 반전이 일어난 경우 j_k 보다 작은 수로서 $k+1$번째 이후로 나타난 수의 개수를 j_k에서의 반전수라 한다. 또, 치환이 가진 반전의 총 개수가 짝수이면 이 치환은 짝치환(even permutation), 홀수이면 홀치환(odd permutation)이라고 한다.

예제 2 S_2에서 치환 $(1\ 2)$는 반전을 가지지 않으므로 짝치환이고, 치환 $(2\ 1)$은 반전의 개수가 1이므로 홀치환이다. □

예제 3 S_5의 치환 $\sigma=\{4\ 2\ 3\ 1\ 5\}$의 반전의 개수를 모두 구하여 짝치환인지 홀치환인지 결정하여라.

풀이 순서대로 반전의 수를 구하여 더하면 $3+1+1+0+0=5$이므로 홀치환이다.

□

예제 4 S_3의 치환들을 짝치환과 홀치환으로 분류하라.

풀이

치환	반전의 개수	분 류	부 호
$(1\ 2\ 3)$	0	짝치환	$+$
$(2\ 3\ 1)$	2 $(2\ 1, 3\ 1)$	짝치환	$+$
$(3\ 1\ 2)$	2 $(3\ 1, 3\ 2)$	짝치환	$+$
$(1\ 3\ 2)$	1 $(3\ 2)$	홀치환	$-$
$(2\ 1\ 3)$	1 $(2\ 1)$	홀치환	$-$
$(3\ 2\ 1)$	3 $(3\ 2, 3\ 1, 2\ 1)$	홀치환	$-$

□

정의

S_n의 각 치환에 대하여 다음과 같은 부호화함수(signature function) sgn : $S_n \to \{+1,\ -1\}$을 다음과 같이 정의한다.

$$\operatorname{sgn}(\sigma)=\begin{cases}+1 & (\sigma : \text{짝치환}) \\ -1 & (\sigma : \text{홀치환})\end{cases}$$

S_n의 치환에 관한 부호화함수의 가장 기본적인 성질은 다음과 같다.

정리 4.1.1

치환 σ안의 임의의 두 수를 바꾼 치환을 τ라 하면 다음이 성립한다.

$$\operatorname{sgn}(\tau)=-\operatorname{sgn}(\sigma)$$

증명 $\sigma=(j_1 \cdots j_i \cdots j_k \cdots j_n)$, $\tau=(j_1 \cdots j_k \cdots j_i \cdots j_n)$이라 하자. σ에서 j_i앞에 있는 수, j_k뒤에 있는 수와 j_i, j_k 사이의 반전 관계는 j_i, j_k를 바꾸었을 때에도 변함이 없다. 그러나 σ에서 j_i와 j_k 사이에 있는 수와 j_i의 반전 관계는 모두 바뀐다. 즉 반전이 있던 것은 없어지고, 없던 것은 생긴다. 따라서, j_i와 j_k 사이에 k개의 수가 있다면 반전의 총 개수는 k번의 변화가 생긴다.

마찬가지로 j_i와 j_k 사이에 있는 수와 j_k 의 반전 관계도 모두 바뀌고 반전의 총 개수는 k번의 변화가 생긴다.

여기서, j_i와 j_k가 바뀌면 j_i와 j_k사이에 변화가 한 번 있으므로 τ 에서의 반전의 총 개수는 σ 에서의 총 개수에서 $(2k+1)$번의 변화가 있게 된다. 즉 τ의 반전의 총 개수는 σ의 반전의 총 개수와 홀수개의 차이가 있다. 따라서 다음이 성립한다.

$$\operatorname{sgn}(\tau)=-\operatorname{sgn}(\sigma)$$ ■

이제, 치환을 이용하여 행렬식을 정의하자.

정의

행렬 $A=[a_{ij}]$가 n차의 정사각행렬일 때, A의 행렬식(determinant)을 $\det(A)$ 또는 $|A|$로 나타내고 다음과 같이 정의한다.

$$\det(A)=\sum_{\sigma\in S_n}\operatorname{sgn}(\sigma)a_{1\sigma(1)}a_{2\sigma(2)}\cdots a_{n\sigma(n)}$$

여기서 잠깐!

(1) 정의에 의하여 1차 정사각행렬 $A=[a]$의 행렬식은

$$\det(A)=a$$

임을 알 수 있다.

(2) 행렬식의 각 항

$$\operatorname{sgn}(\sigma)a_{1\sigma(1)}a_{2\sigma(2)}\cdots a_{n\sigma(n)}$$

은 행렬 A의 행과 열에서 중복됨 없이 하나씩 뽑아서 곱한 후 대응되는 치환의 부호를 결정해 주는 것임을 알 수 있다.

읽을거리

행렬식(Determinant)

'행렬식(determinant)' 이라는 용어는 행렬이 정의되기 150여년 전인 1801년 독일 수학자 가우스(Carl Friedrich Gauss)에 의해 처음 소개되었다. 그는 (현재 의미의 행렬함수라기 보다) 어떤 종류의 함수의 성질을 "결정(determine)" 하는데 이것을 이용하였다. '행렬(Matrix)' 이라는 용어는 "womb(자궁, 배)"를 뜻하는 라틴어(Matrix)에서 유래되었다. 왜냐하면 행렬을 처음 정의한 J.J.Sylvester는 행렬이 행렬식을 담는 그릇으로 인식했기 때문이다. 1815년에, 프랑스 수학자 코시(Augustin Cauchy)는 최초로 행렬식(determinants)의 체계적이고 현대적인 사용방법에 대한 논문을 발표하였다.

http://mathworld.wolfram.com/Determinant.html

예제 5 행렬 $A=\begin{bmatrix} a_{11} & a_{12} \\ a_{21} & a_{22} \end{bmatrix}$의 $\det(A)$를 구하라.

풀이 A의 크기가 2×2이므로 $S_2=\{\sigma_1, \sigma_2\}=\{(1\ 2),\ (2\ 1)\}$이다. 또한 $\operatorname{sgn}(\sigma_1)=1$, $\operatorname{sgn}(\sigma_2)=-1$이므로 이것을 행렬식의 정의에 대입하면

$$\begin{aligned}\det(A)&=\operatorname{sgn}(\sigma_1)a_{1\sigma_1(1)}a_{2\sigma_1(2)}+\operatorname{sgn}(\sigma_2)a_{1\sigma_2(1)}a_{2\sigma_2(2)}\\&=a_{11}a_{22}-a_{12}a_{21}\end{aligned}$$

이것은 아래 그림과 같이 화살표 방향으로 곱하여 오른쪽 방향의 화살표의 곱에는 $+$, 왼쪽 방향의 화살표의 곱에는 $-$를 붙여 계산하면 편리하다.

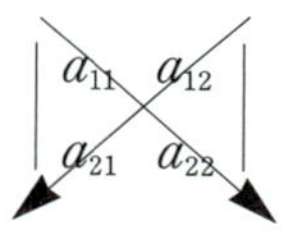

□

예제 6 행렬

$$A=\begin{bmatrix} a_{11} & a_{12} & a_{13} \\ a_{21} & a_{22} & a_{23} \\ a_{31} & a_{32} & a_{33} \end{bmatrix}$$

의 $\det(A)$를 구하라.

풀이 A의 크기가 3×3이므로

$$\begin{aligned}S_3&=\{\sigma_1, \sigma_2, \sigma_3, \sigma_4, \sigma_5, \sigma_6\}\\&=\{(1\ 2\ 3), (2\ 3\ 1), (3\ 1\ 2), (1\ 3\ 2), (2\ 1\ 3), (3\ 2\ 1)\}\end{aligned}$$

이다.

또한

$$\operatorname{sgn}(\sigma_1)=1,\quad \operatorname{sgn}(\sigma_2)=1,\quad \operatorname{sgn}(\sigma_3)=1$$
$$\operatorname{sgn}(\sigma_4)=-1,\ \operatorname{sgn}(\sigma_5)=-1,\ \operatorname{sgn}(\sigma_6)=-1$$

이므로 이것을 행렬식의 정의에 대입하면

$$\det(A)=\text{sgn}(\sigma_1)a_{1\sigma_1(1)}a_{2\sigma_1(2)}a_{3\sigma_1(3)}+\text{sgn}(\sigma_2)a_{1\sigma_2(1)}a_{2\sigma_2(2)}a_{3\sigma_2(3)}$$
$$+\cdots+\text{sgn}(\sigma_6)a_{1\sigma_6(1)}a_{2\sigma_6(2)}a_{3\sigma_6(3)}$$
$$=a_{11}a_{22}a_{33}+a_{12}a_{23}a_{31}+a_{13}a_{21}a_{32}-a_{11}a_{23}a_{32}-a_{12}a_{21}a_{33}-a_{13}a_{22}a_{31}$$

이것도 역시 다음 그림을 이용하면 쉽게 계산할 수 있다. 여기서도 오른쪽 방향의 화살표의 곱에는 +, 왼쪽 방향의 화살표의 곱에는 −를 붙인다. 이 방법을 (개선된) Sarrus 방법이라고 한다.

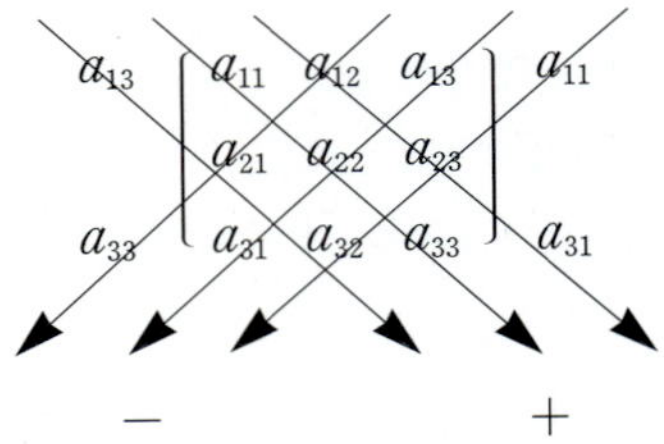

□

예제 7 다음 행렬의 행렬식을 계산하라.

$$A=\begin{bmatrix} 2 & 3 \\ 4 & -2 \end{bmatrix},\quad B=\begin{bmatrix} 3 & 1 & 2 \\ -2 & 4 & 1 \\ 5 & 2 & -3 \end{bmatrix}$$

풀이 $|A|=$ 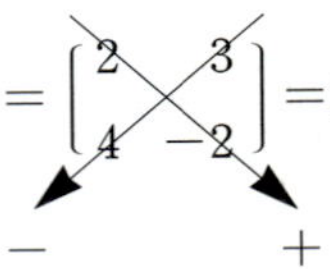 $=2(-2)-(3)(4)=-16$

$|B|=$ 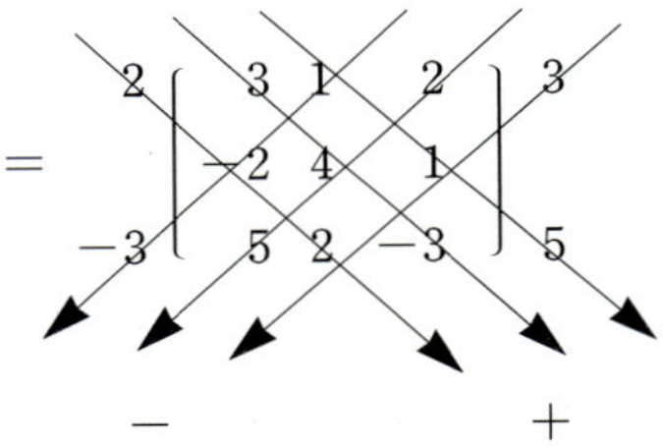

$=[(-8)+(-36)+(5)]-[(6)+(40)+(6)]=-91$ □

Sarrus 방법은 4차 이상의 행렬식에 대해서는 적용할 수 없다. 따라서 4차 이상의 행렬식은 정의에 의하여 구할 수 밖에 없다. 그런데, 정의에 의하여 직접 행렬식을 계산하는 것은 일반적으로 매우 번거로운 일이다. 실제로, 4차의 경우이면 $4!=24$개의 항과 그 부호를 결정해야 하고, 10차의 경우에는 $10!=3{,}628{,}800$개의 항과 그 부호를 결정하여야 한다. 그러므로 행렬식의 성질을 연구하고, 그 성질들을 이용하여 행렬식의 계산을 더욱 효율적으로 수행하는 방법을 생각해 보자.

다음에 열거하는 정리들은 행렬식을 계산하는데 매우 유용한 행렬식의 성질들이다. 특별히 명시하지 않는 경우 이 절에서의 행렬 A는 n차의 정사각행렬이라 하자.

정리 4.1.2

정사각행렬 A의 행렬식과 A의 전치행렬 A^T의 행렬식의 값은 같다.

증명 $A^T=[a_{ij}']=[a_{ji}]$라 하자. 그러면 행렬식의 정의에 의하여

$$|A^T|=\sum_{\sigma\in S_n}\operatorname{sgn}(\sigma)a_{1\sigma(1)}'\cdots a_{n\sigma(n)}'$$
$$=\sum_{\sigma\in S_n}\operatorname{sgn}(\sigma)a_{\sigma(1)1}\cdots a_{\sigma(n)n}$$

$a_{\sigma(1)1}a_{\sigma(2)2}\cdots a_{\sigma(n)n}$을 재배열하여 $a_{1\tau(1)}a_{2\tau(2)}\cdots a_{n\tau(n)}$이 되었다고 하자.

이 때, 성분을 k번 바꾸었다고 하면 치환 $\sigma=(\sigma(1)\cdots\sigma(n))$은 두 수를 k번 바꾸어 치환 $\iota=(1\cdots n)$이 되었고, 치환 $\iota=(1\cdots n)$은 두 수를 k번 바꾸어 치환 $\tau=(\tau(1)\cdots\tau(n))$이 되었다. 따라서, **정리 4.1.1** 에 의하여

$$(-1)^k\quad\operatorname{sgn}(\sigma)=\operatorname{sgn}(\iota)=1,$$
$$\operatorname{sgn}(\tau)=(-1)^k=(-1)^k\cdot 1=(-1)^k(-1)^k\operatorname{sgn}(\sigma)=\operatorname{sgn}(\sigma)$$

그러므로

$$|A^T|=\sum_{\tau\in S_n}\operatorname{sgn}(\tau)a_{1\tau(1)}\cdots a_{n\tau(n)}$$
$$=|A|$$

■

예제 8 앞의 **예제 7** 의 행렬 B의 행렬식은 $|B|=-91$이고,

$$B^T=\begin{bmatrix}3&-2&5\\1&4&2\\2&1&-3\end{bmatrix}$$

이므로

$$|B^T|=\begin{vmatrix}3&-2&5\\1&4&2\\2&1&-3\end{vmatrix}=-91$$

이다. 따라서, $|B|=|B^T|$이다. □

위의 정리는 행에 관한 행렬식의 성질이 열에 관해서도 모두 성립함을 뜻한다.

정리 4.1.3

행렬 B가 정사각행렬 A의 두 행을 서로 바꾸어서 얻어진 행렬이라면 다음과 같다.

$$|B|=-|A|$$

증명 $B=[b_{ij}]$가 $A=[a_{ij}]$의 r행과 s행을 바꾸어서 얻어진 행렬이라 하고 $r<s$라 하자. 그러면 $b_{rj}=a_{sj}$, $b_{sj}=a_{rj}$이고, $i\neq r$, $i\neq s$인 모든 $(i,\ j)$ 성분은 $b_{ij}=a_{ij}$이다. 행렬식의 정의에 의하여

$$|B|=\sum_{\sigma\in S_n}\operatorname{sgn}(\sigma)b_{1\sigma(1)}\cdots b_{r\sigma(r)}\cdots b_{s\sigma(s)}\cdots b_{n\sigma(n)}$$

$$=\sum_{\sigma\in S_n}\operatorname{sgn}(\sigma)a_{1\sigma(1)}\cdots a_{s\sigma(r)}\cdots a_{r\sigma(s)}\cdots a_{n\sigma(n)}$$

$$=\sum_{\sigma\in S_n}\operatorname{sgn}(\sigma)a_{1\sigma(1)}\cdots a_{r\sigma(s)}\cdots a_{s\sigma(r)}\cdots a_{n\sigma(n)}\quad (\because \text{ 실수의 가환법칙})$$

정리 4.1.1에 의하여

$$|B|=-\sum_{\sigma\in S_n}\operatorname{sgn}(\sigma)a_{1\sigma(1)}\cdots a_{r\sigma(r)}\cdots a_{s\sigma(s)}\cdots a_{n\sigma(n)}$$

$$=-|A|$$

■

예제 9 행렬

$$A=\begin{bmatrix}4 & -3\\ 3 & 1\end{bmatrix},\ B=\begin{bmatrix}-3 & 4\\ 1 & 3\end{bmatrix}$$

일 때,

$$\begin{vmatrix}4 & -3\\ 3 & 1\end{vmatrix}=13\text{이고 }\begin{vmatrix}-3 & 4\\ 1 & 3\end{vmatrix}=-13$$

이므로 $|B|=-|A|$이다. □

정리 4.1.4

정사각행렬 A의 두 행이 일치하면 $|A|=0$이다.

증명 A의 일치하는 두 행을 바꾸어서 얻은 행렬을 B라 하면 $A=B$이다. 그런데 앞의 정리에 의하여 $|B|=-|A|$이므로 $|A|=|B|=-|A|$이다.
따라서 $|A|=0$이다. ■

예제 10 행렬

$$A=\begin{bmatrix}4 & 3 & 3\\ -2 & 0 & 7\\ 4 & 3 & 3\end{bmatrix}$$

일 때,

$$|A|=\begin{vmatrix}4 & 3 & 3\\ -2 & 0 & 7\\ 4 & 3 & 3\end{vmatrix}=(0)+(-18)+(84)-(0)-(84)-(-18)=0$$

□

정리 4.1.5 정사각행렬 A의 한 행의 성분이 모두 0이면 $|A|=0$이다.

증명 A의 i행의 성분이 모두 0이라 하자. 행렬식의 정의에 의하여

$$|A|=\sum_{\sigma\in S_n}\operatorname{sgn}(\sigma)a_{1\sigma(1)}\cdots a_{i\sigma(i)}\cdots a_{n\sigma(n)}$$
$$=\sum_{\sigma\in S_n}\operatorname{sgn}(\sigma)a_{1\sigma(1)}\cdots 0\cdots a_{n\sigma(n)}=0$$ ■

예제 11 행렬

$$A=\begin{bmatrix}2&7&8\\3&8&2\\0&0&0\end{bmatrix}$$

의 $|A|$를 계산하면 다음과 같다.

$$|A|=\begin{vmatrix}2&7&8\\3&8&2\\0&0&0\end{vmatrix}$$
$$=2\times8\times0+3\times8\times0+7\times2\times0-8\times8\times0-2\times2\times0-7\times3\times0$$
$$=0$$ □

정리 4.1.6 정사각행렬 A의 한 행을 k배하여 얻어진 행렬을 B라 하면 $|B|=k|A|$이다.

증명 $B=[b_{ij}]$를 $A=[a_{ij}]$의 s행을 k배하여 얻어진 행렬이라 하자. 그러면 $b_{sj}=ka_{sj}$이고, $i\neq s$일 때에는 $b_{ij}=a_{ij}$이다. 행렬식의 정의에 의하여

$$|B|=\sum_{\sigma\in S_n}\operatorname{sgn}(\sigma)b_{1\sigma(1)}\cdots b_{s\sigma(s)}\cdots b_{n\sigma(n)}$$
$$=\sum_{\sigma\in S_n}\operatorname{sgn}(\sigma)a_{1\sigma(1)}\cdots(ka_{s\sigma(s)})\cdots a_{n\sigma(n)}$$
$$=k\sum_{\sigma\in S_n}\operatorname{sgn}(\sigma)a_{1\sigma(1)}\cdots a_{s\sigma(s)}\cdots a_{n\sigma(n)}$$
$$=k|A|$$ ■

이 정리에 의하여 A의 한 행 또는 열의 성분이 공통인수를 가지면 다음 예제와 같이 계산할 수 있다.

예제 12 행렬

$$A=\begin{bmatrix}1&5&3\\1&2&3\\2&10&6\end{bmatrix}$$

행렬식을 계산하면 다음과 같다.

$$|A|=\begin{vmatrix} 1 & 5 & 3 \\ 1 & 2 & 3 \\ 2 & 10 & 6 \end{vmatrix}=2\begin{vmatrix} 1 & 5 & 3 \\ 1 & 2 & 3 \\ 1 & 5 & 3 \end{vmatrix}=(2)(3)\begin{vmatrix} 1 & 5 & 1 \\ 1 & 2 & 1 \\ 1 & 5 & 1 \end{vmatrix}=(2)(3)(0)=0$$

□

정리 4.1.7

정사각행렬 A의 한 행이 다른 행의 상수배이면 $|A|=0$이다.

정리 4.1.8

정사각행렬 A의 한 행의 k배를 다른 행에 더하여 얻어진 행렬을 B라 하면 $|B|=|A|$이다.

증명 $B=[b_{ij}]$가 $A=[a_{ij}]$의 r행을 k배하여 s행에 더한 행렬이라 하자 (단, $r<s$). 그러면 $b_{sj}=a_{sj}+ka_{rj}$이고 $i\neq s$인 모든 (i, j) 성분은 $b_{ij}=a_{ij}$이다. 행렬식의 정의에 의하여

$$\begin{aligned}|B|&=\sum_{\sigma\in S_n}\operatorname{sgn}(\sigma)b_{1\sigma(1)}\cdots b_{r\sigma(r)}\cdots b_{s\sigma(s)}\cdots b_{n\sigma(n)}\\&=\sum_{\sigma\in S_n}\operatorname{sgn}(\sigma)a_{1\sigma(1)}\cdots a_{r\sigma(r)}\cdots(a_{s\sigma(s)}+ka_{r\sigma(s)})\cdots a_{n\sigma(n)}\\&=\sum_{\sigma\in S_n}\operatorname{sgn}(\sigma)a_{1\sigma(1)}\cdots a_{r\sigma(r)}\cdots a_{s\sigma(s)}\cdots a_{n\sigma(n)}\\&\quad+k\sum_{\sigma\in S_n}\operatorname{sgn}(\sigma)a_{1\sigma(1)}\cdots a_{r\sigma(r)}\cdots a_{r\sigma(s)}\cdots a_{n\sigma(n)}\end{aligned}$$

그런데

$$\sum_{\sigma\in S_n}\operatorname{sgn}(\sigma)a_{1\sigma(1)}\cdots a_{r\sigma(r)}a_{r+1\sigma(r+1)}\cdots a_{s-1\sigma(s-1)}a_{r\sigma(s)}\cdots a_{n\sigma(n)}$$

이는 r행과 s행이 일치하는 행렬에 대한 행렬식이므로 (이 의미는 $\sum$ 안에 있는 $n!$개 항이 모두 한 행에서 두 개의 항을 뽑아서 만든 행렬식이라는 의미입니다.) **정리 4.1.4**에 의하여 0이 된다. 따라서

$$|B|=\sum_{\sigma\in S_n}\operatorname{sgn}(\sigma)a_{1\sigma(1)}\cdots a_{r\sigma(r)}\cdots a_{s\sigma(s)}\cdots a_{n\sigma(n)}=|A|$$

■

위의 정리를 $n=3$인 경우 예를 들어 확인해 보자.

예제 13 행렬

$$A=\begin{bmatrix} -1 & 2 & 4 \\ 2 & -1 & 1 \\ 1 & 0 & 0 \end{bmatrix}$$

의 2행을 2배하여 1행에 더한 행렬을 B라 하면

$$B=\begin{bmatrix} 3 & 0 & 6 \\ 2 & -1 & 1 \\ 1 & 0 & 0 \end{bmatrix}=\begin{bmatrix} -1+2\cdot 2 & 2+2(-1) & 4+2\cdot 1 \\ 2 & -1 & 1 \\ 1 & 0 & 0 \end{bmatrix}$$

$$\det(B)=\begin{vmatrix} -1 & 2 & 4 \\ 2 & -1 & 1 \\ 1 & 0 & 0 \end{vmatrix}+2\begin{vmatrix} 2 & -1 & 1 \\ 2 & -1 & 1 \\ 1 & 0 & 0 \end{vmatrix}$$

이고, $|A|$, $|B|$를 각각 계산하면 $|A|=6=|B|$이다. □

다음 정리는 행렬식의 정의로부터 쉽게 얻을 수 있는데, 행렬식을 계산하는데 매우 유용하다.

정리 4.1.9

$A=[a_{ij}]$가 n차의 삼각행렬이면 A의 행렬식은 주대각선성분의 곱과 같다. 즉,

$$|A|=a_{11}a_{22}\cdots a_{nn}$$

증 명 행렬식은 정의에 의하여 행과 열에서 중복됨 없이 하나씩 뽑아서 곱한 항들에 부호를 결정하여 더해주는 것이므로 영이 아닌 항은 오직 주대각선 성분을 곱한 항만이 남게된다. 또한, 이때의 대응되는 치환은

$\iota=(1\ 2\ \cdots\ n)$이므로 $\mathrm{sgn}(\iota)=1$이다. 따라서

$$|A|=\mathrm{sgn}(\iota)a_{11}a_{22}\cdots a_{nn}=a_{11}a_{22}\cdots a_{nn}$$

이다. ■

예제 14 앞의 정리에 의하여

$$\begin{vmatrix} 2 & 1 & 2 & -1 & 4 \\ 0 & 1 & -1 & 5 & -2 \\ 0 & 0 & -4 & 7 & 6 \\ 0 & 0 & 0 & 1 & 8 \\ 0 & 0 & 0 & 0 & 2 \end{vmatrix}=(2)(1)(-4)(1)(2)=-16$$

□

이제, 다음 예제에서 행렬식의 성질들을 이용하여 행렬식을 쉽게 계산하는 방법을 알아보자. 기본적인 아이디어는 주어진 행렬식을 구하기 위하여 ERO와 앞 행렬식에 관한 정리들을 이용하여 삼각행렬의 행렬식으로 변형시킨 후 대각선성분을 곱하는 방법이다.

예제 15 다음 행렬 A의 행렬식을 구하라.

$$A=\begin{bmatrix} 1 & 1 & 5 \\ 3 & -6 & 9 \\ 2 & 6 & 2 \end{bmatrix}$$

풀이

$$|A|=\begin{vmatrix}1&1&5\\3&-6&9\\2&6&2\end{vmatrix}=\begin{vmatrix}1&1&5\\0&-9&-6\\2&6&2\end{vmatrix}$$ (1행에 -3배 하여 2행에 더해준다.)

$$=\begin{vmatrix}1&1&5\\0&-9&-6\\0&4&-8\end{vmatrix}$$ (1행에 -2배 하여 3행에 더해준다.)

$$=(-1)\begin{vmatrix}1&1&5\\0&4&-8\\0&-9&-6\end{vmatrix}$$ (2행과 3행을 바꾼다.)

$$=(-1)(4)\begin{vmatrix}1&1&5\\0&1&-2\\0&-9&-6\end{vmatrix}$$ (2행에서 4라는 공통인수를 뽑아낸다.)

$$=(-1)(4)\begin{vmatrix}1&1&5\\0&1&-2\\0&0&-24\end{vmatrix}$$ (2행에 9배 하여 3행에 더해준다.)

$$=(-1)(4)(-24)\begin{vmatrix}1&1&5\\0&1&-2\\0&0&1\end{vmatrix}$$ (3행에 -24라는 공통인수를 뽑아낸다.)

$=96$ □

정리 4.1.10

행렬 E가 기본행렬이라고 하자. 그러면 다음이 성립한다.

$$\det(EA)=\det(E)\ \det(A)$$

증명 아래의 세 가지 경우로 나누어 생각한다.

(1) E가 한 행에 상수배하여 다른 행에 더하여 얻어진 기본행렬인 경우

$$\det(EA)=\det(A)$$

이므로, $\det(EA)=\det(E)\ \det(A)$ $(\because \det(E)=1)$

(2) E가 한 행에 상수 k배하여 얻어진 기본행렬인 경우

$$\det(E)=k,\ \det(EA)=k\ \det(A),$$

그러므로, $\det(EA)=\det(E)\ \det(A)$

(3) E가 두 행을 교환하여 얻어진 기본행렬인 경우

$$\det(E)=-1,\ \det(EA)=-\det(A)$$

그러므로, $\det(EA)=\det(E)\ \det(A)$ ■

위의 사실로부터 기본행렬 E_i에 대해, $A=E_1E_2\cdots E_kC$이면

$$\det(A)=\det E_1 \cdots \det E_k \det C$$

임을 알 수 있다.

정리 4.1.11

정사각행렬 A가 가역행렬임은 $\det A \neq 0$과 동치이다.

증 명 A가 가역이고, $A=E_1E_2 \cdots E_k$라 하자.

$$\det(A)=\det(E_1)\det(E_2) \cdots \det(E_k)$$

$$\therefore \det(A)\neq 0 \quad (\because \det(E_i)\neq 0,\ i=1,\ 2,\ \cdots,\ k)$$

역으로 A가 비가역이면 $\det(A)=0$임을 보이면 된다.

A가 비가역이면 정사각행렬 A의 RREF C는 단위행렬 I_n과 행동치가 아니므로, 성분이 모두 0인 행을 포함한다.

즉, $\det(C)=0$이고, $E_1E_2 \cdots E_kA=C$이다.

따라서 $\det(A)=[\det(E_1)\det(E_2) \cdots \det(E_k)]^{-1}\det(C)=0$ ■

여기서 잠깐!

위의 정리는 가역행렬 A가 기본행렬들의 곱으로 표현가능함을 설명한다.

다음은 케일리가 1855년에 보인 "행렬식의 multiplicative 성질"이라고 불리우는 매우 중요한 정리이다.

정리 4.1.12

두 행렬 A, B가 n차의 정사각행렬일 때, 다음이 성립한다.

$$|AB|=|A||B|$$

A의 RREF를 C라하고, E_i가 기본행렬이면 $A=E_1E_2 \cdots E_kC$로 쓸 수 있다.

증 명 만일 A가 가역이면 $C=I_n$이다. 따라서 **정리 4.1.10**에 의하여

$$\det(AB)=\det(E_1)\det(E_2) \cdots \det(E_k)\det(B)=\det(A)\ \det(B)$$

만일 A가 비가역이면 $\det(A)=0$이므로 $\det(A)\ \det(B)=0$이다.

이제 $\det(AB)=0$임을 보이면 된다. A가 비가역이므로 A의 RREF C는 성분이 모두 0인 행을 갖고, CB 역시 성분이 모두 영인 행을 포함한다. 그러므로

$$\det(CB)=0$$

그러나, $A=E_1E_2 \cdots E_kC$이므로 $AB=E_1E_2 \cdots E_kCB$이다. 그러므로 위의 정리에 의하여 $\det(AB)=\det(E_1)\ \det(E_2) \cdots \det(E_k)\ \det(CB)=0$ ■

예제 16 행렬

$$A=\begin{bmatrix} 1 & 0 \\ 2 & 2 \end{bmatrix},\ B=\begin{bmatrix} 4 & -2 \\ 2 & 1 \end{bmatrix}$$

에 대하여 위의 정리를 확인하라.

풀이 $AB=\begin{bmatrix}1 & 0\\2 & 2\end{bmatrix}\begin{bmatrix}4 & -2\\2 & 1\end{bmatrix}=\begin{bmatrix}4 & -2\\12 & -2\end{bmatrix}$

이고,

$|A|=\begin{vmatrix}1 & 0\\2 & 2\end{vmatrix}=2,\ |B|=\begin{vmatrix}4 & -2\\2 & 1\end{vmatrix}=8,\ |AB|=\begin{vmatrix}4 & -2\\12 & -2\end{vmatrix}=16$

이므로 $|AB|=16=|A||B|$이다. □

정리 4.1.13

행렬 A가 가역이면 $|A|\neq 0$이고 다음이 성립한다.

$$|A^{-1}|=\frac{1}{|A|}$$

증 명 A가 n차의 가역행렬이면 A^{-1}가 존재하고

$$AA^{-1}=I_n=A^{-1}A$$

이므로

$$|AA^{-1}|=|I_n|=1$$

이다. 그런데, **정리 4.1.12**에 의하여

$$|AA^{-1}|=|A||A^{-1}|=1$$

이므로 $|A|\neq 0$이고 다음이 성립한다.

$$|A^{-1}|=\frac{1}{|A|}$$ ■

예제 17 행렬

$$A=\begin{bmatrix}6 & 4\\3 & 1\end{bmatrix}$$

에 대하여 위의 정리를 확인하라.

풀이 A는 가역이고 $A^{-1}=\begin{bmatrix}-\frac{1}{6} & \frac{2}{3}\\ \frac{1}{2} & -1\end{bmatrix}$이므로 $|A|=-6\neq 0$이다.

$\therefore\ |A^{-1}|=-\frac{1}{6}=\frac{1}{|A|}$ ■

위의 계산을 자바 도구를 이용하여 직접 실습해 보자.

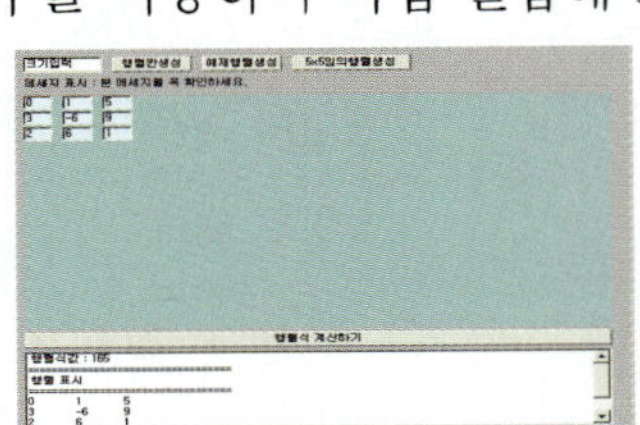

http://matrix.skku.ac.kr/NewJAVA/MatrixDeterminant/Test.html

연습문제 4-1

1. $S=\{1, 2, 3, 4, 5\}$의 치환 $(1\ 3\ 2\ 5\ 4)$의 반전의 개수를 구하여라.

2. $S=\{1, 2, 3, 4\}$의 치환 $(2\ 1\ 4\ 3)$이 짝치환인지 홀치환인지를 말하라.

3. 행렬식의 정의를 이용하여 행렬식

$$\det A=\begin{vmatrix} 0 & 3 & -3 \\ 0 & 0 & 1 \\ 2 & 0 & 0 \end{vmatrix}$$

을 구하여라.

4. 다음 행렬식을 구하여라.

(1) $\det A=\begin{vmatrix} -3 & 5 & 1 \\ 1 & 0 & -2 \\ 0 & 3 & 0 \end{vmatrix}$ (2) $\det B=\begin{vmatrix} 1 & 0 & 1 & 0 \\ 2 & 1 & 0 & -1 \\ 4 & 0 & 1 & 1 \\ 3 & 0 & 1 & 1 \end{vmatrix}$

|5-8| A가 n차의 정사각행렬이고 $|A|=-4$일 때, 다음을 구하여라.

5. $|A^2|$

6. $|A^{-1}|$

7. $|2A|$

8. $|(2A)^{-1}|$

9. 다음 행렬 A에 대하여 행렬식을 구하여라.

$$A=\begin{bmatrix} a & a^4 & a^7 \\ a^2 & a^5 & a^8 \\ a^3 & a^6 & a^9 \end{bmatrix}$$

10. 행렬식의 성질을 이용하여 아래 두 행렬식이 같은 이유를 설명하여라.

$$\begin{vmatrix} a & b & c \\ d & e & f \\ g & h & i \end{vmatrix}=\begin{vmatrix} a & -b & c \\ -d & e & -f \\ g & -h & i \end{vmatrix}$$

11. 행렬이 아래와 같다고 할 때, 다음 물음에 답하여라.

$$A=\begin{bmatrix} 1 & 0 & 2 \\ 0 & 5 & 0 \\ 3 & 0 & 4 \end{bmatrix},\quad B=\begin{bmatrix} 1 & 2 & 0 \\ 3 & 4 & 0 \\ 0 & 0 & 5 \end{bmatrix}$$

(1) $|A|=|A^T|$ 임을 보여라.

(2) $|AB|=|A||B|$임을 보여라.

(3) $|A^{-1}|=\dfrac{1}{|A|}$임을 보여라.

토론과 발견

P1 $A=\begin{bmatrix} 1 & 1 & 1 \\ \dfrac{1}{ab} & \dfrac{1}{bc} & \dfrac{1}{ca} \\ c & a & b \end{bmatrix}$

일 때 det $A=0$인 이유를 직접적인 계산없이 설명하여라.

P2 아래 행렬에 대해 왜 det $A=0$인지를 설명하여라.

$$A=\begin{bmatrix} a+1 & a+2 & a+3 \\ a+4 & a+5 & a+6 \\ a+7 & a+8 & a+9 \end{bmatrix}$$

P3 A가 정사각행렬이고 $A^2=A$이면 $|A|=0$ 또는 $|A|=1$임을 보여라.

P4 두 정사각행렬 A, B가 가역인 행렬 P에 대하여 $A=P^{-1}BP$를 만족하면 $|A|=|B|$임을 보여라.

P5 A가 가역행렬이면 $|A^{-1}|=\dfrac{1}{|A|}$임을 보여라.

P6 n차 정사각행렬 A가 반대칭행렬(skew-symmetric matrix)이고 n이 홀수이면 det$A=0$임을 보여라. 또한 det$A\neq0$인 4차 반대칭행렬의 예를 하나 제시하여라.

P7 치환과 사다리타기 게임과의 관계를 생각해 보아라.

4.2 여인자 전개와 역행렬

- 이 절에서는 행렬식을 직접 계산하는 편리한 새로운 방법을 알아본다. 그리고 이 방법의 응용으로서 역행렬을 계산하는 공식을 소개한다.

정의

정사각행렬 $A=[a_{ij}]$의 i행과 j열을 제거하여 만든 부분행렬을 $A(i|j)$라 하고 그의 행렬식 $M_{ij}=\det A(i|j)$를 a_{ij}의 **소행렬식**(minor)이라 한다.

또, $A_{ij}=(-1)^{i+j}|A(i|j)|=(-1)^{i+j}M_{ij}$를 a_{ij}의 **여인자**(cofactor)라고 한다.

정의

n차의 정사각행렬 $A=[a_{ij}]$의 성분 a_{ij}의 여인자를 A_{ij}라 할 때, 행렬 $[A_{ij}]^T$를 A의 **수반행렬**(adjoint matrix)이라 하고, adj A로 나타낸다. 즉,

$$\begin{aligned}\operatorname{adj}A&=\begin{bmatrix}A_{11} & A_{21} & \cdots & A_{n1}\\ A_{12} & A_{22} & \cdots & A_{n2}\\ \vdots & \vdots & & \vdots\\ A_{1n} & A_{2n} & \cdots & A_{nn}\end{bmatrix}\\ &=\begin{bmatrix}A_{11} & A_{12} & \cdots & A_{1n}\\ A_{21} & A_{22} & \cdots & A_{2n}\\ \vdots & \vdots & & \vdots\\ A_{n1} & A_{n2} & \cdots & A_{nn}\end{bmatrix}^T\\ &=[A_{ij}]^T\end{aligned}$$

예제 1 행렬

$$A=\begin{bmatrix}3 & 2 & -4\\ 2 & 0 & 6\\ 1 & 4 & 1\end{bmatrix}$$

이라 할 때, a_{11}의 소행렬식은

$$M_{11}=\det A(1|1)=\begin{vmatrix}3 & 2 & -4\\ 2 & 0 & 6\\ 1 & 4 & 1\end{vmatrix}=\begin{vmatrix}0 & 6\\ 4 & 1\end{vmatrix}=-24$$

이고, a_{11}의 여인자는

$$A_{11}=(-1)^{1+1}M_{11}=-24$$

이다. 같은 방법으로, a_{32}의 소행렬식은

$$M_{32}=\det A(3|2)=\begin{vmatrix} 3 & 2 & -4 \\ 2 & 0 & 6 \\ 1 & 4 & 1 \end{vmatrix}=\begin{vmatrix} 3 & -4 \\ 2 & 6 \end{vmatrix}=26$$

이고, a_{32}의 여인자는 다음과 같다.

$$A_{32}=(-1)^{3+2}M_{32}=-26$$

□

예제 2 행렬

$$A=\begin{bmatrix} a_{11} & a_{12} & a_{13} \\ a_{21} & a_{22} & a_{23} \\ a_{31} & a_{32} & a_{33} \end{bmatrix}$$

의 여인자 A_{11}, A_{21}, A_{31}를 구하여라.

풀이

$$A_{11}=(-1)^{1+1}\begin{vmatrix} a_{22} & a_{23} \\ a_{32} & a_{33} \end{vmatrix}=(a_{22}a_{33}-a_{23}a_{32})$$

$$A_{21}=(-1)^{2+1}\begin{vmatrix} a_{12} & a_{13} \\ a_{32} & a_{33} \end{vmatrix}=-(a_{12}a_{33}-a_{13}a_{32})$$

$$A_{31}=(-1)^{3+1}\begin{vmatrix} a_{12} & a_{13} \\ a_{22} & a_{23} \end{vmatrix}=(a_{12}a_{23}-a_{13}a_{22})$$

□

예제 3 다음 행렬의 adj$A$를 구하라.

$$A=\begin{bmatrix} 3 & -2 & -4 \\ 5 & 0 & 2 \\ 1 & 0 & 1 \end{bmatrix}$$

풀이 행렬 A의 각 성분의 여인자는 각각 다음과 같다.

$$A_{11}=(-1)^{1+1}\begin{vmatrix} 0 & 2 \\ 0 & 1 \end{vmatrix}=0 \qquad A_{12}=(-1)^{1+2}\begin{vmatrix} 5 & 2 \\ 1 & 1 \end{vmatrix}=-3$$

$$A_{13}=(-1)^{1+3}\begin{vmatrix} 5 & 0 \\ 1 & 0 \end{vmatrix}=0 \qquad A_{21}=(-1)^{2+1}\begin{vmatrix} -2 & -4 \\ 0 & 1 \end{vmatrix}=2$$

$$A_{22}=(-1)^{2+2}\begin{vmatrix} 3 & -4 \\ 1 & 1 \end{vmatrix}=7 \qquad A_{23}=(-1)^{2+3}\begin{vmatrix} 3 & -2 \\ 1 & 0 \end{vmatrix}=-2$$

$$A_{31}=(-1)^{3+1}\begin{vmatrix} -2 & -4 \\ 0 & 2 \end{vmatrix}=-4 \qquad A_{32}=(-1)^{3+2}\begin{vmatrix} 3 & -4 \\ 5 & 2 \end{vmatrix}=-26$$

$$A_{33}=(-1)^{3+3}\begin{vmatrix} 3 & -2 \\ 5 & 0 \end{vmatrix}=10$$

$$\therefore \ \text{adj}A=[A_{ij}]^T=\begin{bmatrix} 0 & 2 & -4 \\ -3 & 7 & -26 \\ 0 & -2 & 10 \end{bmatrix}$$

□

수반행렬을 구하기 위해서는 많은 계산을 요구한다. 따라서 이를 간편하게 구할 수 있는 자바 프로그램을 직접 실습해 보자.

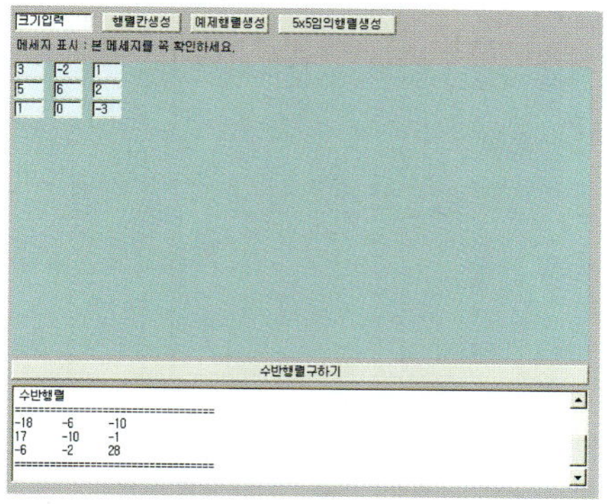

http://matrix.skku.ac.kr/NewJAVA/MatrixAdjoint/Test.html

3차의 정사각행렬

$$A=\begin{bmatrix} a_{11} & a_{12} & a_{13} \\ a_{21} & a_{22} & a_{23} \\ a_{31} & a_{32} & a_{33} \end{bmatrix}$$

의 행렬식은

$$|A|=a_{11}a_{22}a_{33}+a_{12}a_{23}a_{31}+a_{13}a_{21}a_{32}-a_{13}a_{22}a_{31}-a_{12}a_{21}a_{33}-a_{11}a_{23}a_{32}$$

임을 알고 있다. 이것은 다음과 같이 쓸 수도 있다.

$$|A|=a_{11}(a_{22}a_{33}-a_{23}a_{32})+a_{21}(a_{13}a_{32}-a_{12}a_{33})+a_{31}(a_{12}a_{23}-a_{13}a_{22})$$

그런데, 이 식의 우변의 괄호 속이 **예제 2** 에서 보듯이 각각 여인자 A_{11}, A_{21}, A_{31}과 같으므로 다음이 성립한다.

$$|A|=a_{11}A_{11}+a_{21}A_{21}+a_{31}A_{31} \tag{1}$$

식 (1)에 의하여 A의 1열의 성분과 그 성분의 여인자를 곱하여 더한 것은 $|A|$과 같음을 알 수 있다. $|A|$을 계산한 이와 같은 방법을 행렬 A의 1열에 관한 여인자전개(cofactor expansion)라 한다. 이것은 임의의 열에 대하여도 성립하며, 임의의 행에 대하여도 유사한 전개식이 성립한다.

예제 4 **예제 3** 의 행렬 A의 행렬식을 1열에 관한 여인자 전개를 이용하여 구하라.

풀이 위의 식 (1)로 부터

$$\begin{aligned}|A|&=a_{11}A_{11}+a_{21}A_{21}+a_{31}A_{31}\\&=3(0)+5(2)+(1)(-4)\\&=6\end{aligned}$$

□

이제 **예제 3** 의 행렬 A에 대하여 $A\cdot \mathrm{adj}A$를 구하여 보자.

$$A\cdot \mathrm{adj}A=\begin{bmatrix}3&-2&-4\\5&0&2\\1&0&1\end{bmatrix}\begin{bmatrix}A_{11}&A_{12}&A_{13}\\A_{21}&A_{22}&A_{23}\\A_{31}&A_{32}&A_{33}\end{bmatrix}^T$$

$$=\begin{bmatrix}3&-2&-4\\5&0&2\\1&0&1\end{bmatrix}\begin{bmatrix}A_{11}&A_{21}&A_{31}\\A_{12}&A_{22}&A_{32}\\A_{13}&A_{23}&A_{33}\end{bmatrix}$$

$$=\begin{bmatrix}3&-2&-4\\5&0&2\\1&0&1\end{bmatrix}\begin{bmatrix}0&2&-4\\-3&7&-26\\0&-2&10\end{bmatrix}$$

$$=\begin{bmatrix}6&0&0\\0&6&0\\0&0&6\end{bmatrix}=6\cdot I_3$$

$$=|A|\cdot I_3$$

이것은 임의의 3차의 정사각행렬 $A=[a_{ij}]$에 대하여도 성립한다. 즉,

$$A\cdot \mathrm{adj}A=\begin{bmatrix}\sum_{k=1}^{3}a_{1k}A_{1k}&\sum_{k=1}^{3}a_{1k}A_{2k}&\sum_{k=1}^{3}a_{1k}A_{3k}\\\sum_{k=1}^{3}a_{2k}A_{1k}&\sum_{k=1}^{3}a_{2k}A_{2k}&\sum_{k=1}^{3}a_{2k}A_{3k}\\\sum_{k=1}^{3}a_{3k}A_{1k}&\sum_{k=1}^{3}a_{3k}A_{2k}&\sum_{k=1}^{3}a_{3k}A_{3k}\end{bmatrix}$$

$$=\begin{bmatrix}|A|&0&0\\0&|A|&0\\0&0&|A|\end{bmatrix}=|A|\cdot I_3$$

이것으로부터

$$\sum_{k=1}^{3}a_{ik}A_{jk}=\begin{cases}|A| & (i=j)\\0 & (i\neq j)\end{cases}$$

임을 알 수 있다.

예제 5 행렬

$$A=\begin{bmatrix}1&1&2\\0&-4&1\\2&1&3\end{bmatrix}$$

일 때, $a_{31}A_{11}+a_{32}A_{12}+a_{33}A_{13}=0$ 임을 보여라.

풀이 $A_{11}=-13,\ A_{12}=2,\ A_{13}=8$이므로

$a_{31}A_{11}+a_{32}A_{12}+a_{33}A_{13}=2(-13)+1(2)+(3)8=0$ □

일반적으로 n차의 정사각행렬 $A=[a_{ij}]$에 대하여도 다음이 성립한다.

$$\sum_{k=1}^{n}a_{ik}A_{jk}=\begin{cases}|A| & (i=j)\\0 & (i\neq j)\end{cases}$$

따라서 n차의 정사각행렬 $A=[a_{ij}]$의 행렬식은 여인자 전개를 이용하여(Laplace 여인자

전개라고 불리우는) 다음 정리를 이용하여 구할 수 있다.

정리 4.2.1

[여인자 전개]

A가 n차의 정사각행렬일 때 i, j $(1 \leq i \leq n,\ 1 \leq j \leq n)$에 대하여 다음이 성립한다.

$|A| = a_{i1}A_{i1} + a_{i2}A_{i2} + \cdots + a_{in}A_{in}$ (i행에 관한 여인자전개)

$|A| = a_{1j}A_{1j} + a_{2j}A_{2j} + \cdots + a_{nj}A_{nj}$ (j열에 관한 여인자전개)

읽을거리

여인자 전개 – Charles Dodgson

이상한나라의 앨리스의 저자인 영국의 수학자 Charles Dodgson (1832-1898, 필명은 Lewis Carroll, 사진)가 발명한 여인자 전개의 방법은 단지 큰 크기의 행렬에 대한 행렬식을 작은 크기 행렬의 행렬식(determinants)들의 합으로 표현하는 방법일 뿐 만이 아니라 최근에 다시 컴퓨터의 병렬 처리에 효과적인 도구로 새롭게 부활되었다. 그는 사진 찍는 것을 매우 좋아하며 많은 책을 쓴 수학자이며 유명한 작가였다.

예제 6 A를 **예제 3**에서 주어진 행렬이라 할 때, A의 3행에 관한 여인자전개를 이용하여 $|A|$를 계산하여라.

풀이 $|A| = a_{31}A_{31} + a_{32}A_{32} + a_{33}A_{33}$이므로

$$\begin{vmatrix} 3 & -2 & -4 \\ 5 & 0 & 2 \\ 1 & 0 & 1 \end{vmatrix} = (1)\begin{vmatrix} -2 & -4 \\ 0 & 2 \end{vmatrix} + (0)\begin{vmatrix} 3 & -4 \\ 5 & 2 \end{vmatrix} + (1)\begin{vmatrix} 3 & -2 \\ 5 & 0 \end{vmatrix}$$

$$= 1(-4) + 0(-26) + (1)(10) = 6$$

이 값은 앞의 예제의 결과와 일치한다. □

예제가 보여 준 대로 전개할 행(또는 열)의 성분이 0이면 그 여인자는 계산할 필요가 없다. 따라서, 될 수 있는 한 0을 많이 포함하고 있는 행(또는 열)에 대한 여인자 전개를 이용하면 행렬식을 쉽게 구할 수 있다. 또한, 여인자전개만 이용하는 것보다 행렬식의 기본 성질을 함께 이용하면 편리하다.

예제 7 다음 행렬의 행렬식을 여인자 전개를 이용하여 구하라.

$$A = \begin{bmatrix} 3 & 1 & -2 & 0 \\ 1 & 2 & 0 & 1 \\ 3 & 4 & 1 & 5 \\ 3 & 2 & 5 & -3 \end{bmatrix}$$

풀이 2행의 (-3)배를 1, 3, 4행에 각각 더하면

$$|A|=\begin{vmatrix} 0 & -5 & -2 & -3 \\ 1 & 2 & 0 & 1 \\ 0 & -2 & 1 & 2 \\ 0 & -4 & 5 & -6 \end{vmatrix}$$

이것을 1열에 관하여 여인자전개하면

$$|A|=0+(1)(-1)^{2+1}\begin{vmatrix} -5 & -2 & -3 \\ -2 & 1 & 2 \\ -4 & 5 & -6 \end{vmatrix}+0+0$$

$$=(-1)[30+30+16-12+50+24]=-138$$ □

여기서 잠깐!

질문 : 가우스 소거법과 행렬식을 구할 때 항상 행연산을 하도록 되어 있는데, 열연산을 해도 같은 결과가 나오는지 궁금합니다.

답변 : 가우스 소거법에서는 행연산만 이용해야 되지만, 행렬식을 구할때는 열연산을 이용해도 됩니다. 이유는, 원래 행렬의 행렬식과 전치행렬의 행렬식이 같기 때문입니다. 이것은 이 교재에 증명이 되어 있습니다. 또한 실제로 행렬식을 구하는 과정에서는 필요한 경우 두 가지를 번갈아 사용하는 것이 가능합니다.

행렬식의 계산과정에서 정의된 adj$A$는 역행렬의 계산에도 유용하게 사용된다.

정리 4.2.2

n차의 정사각행렬 A가 가역일 때, A의 역행렬은 다음과 같다.

$$A^{-1}=\frac{1}{|A|}\mathrm{adj}A$$

증명

$$A\,\mathrm{adj}A=\begin{bmatrix} a_{11} & a_{12} & \cdots & a_{1n} \\ a_{21} & a_{22} & \cdots & a_{2n} \\ \vdots & \vdots & & \vdots \\ a_{i1} & a_{i2} & \cdots & a_{in} \\ \vdots & \vdots & & \vdots \\ a_{n1} & a_{n2} & \cdots & a_{nn} \end{bmatrix}\begin{bmatrix} A_{11} & A_{21} & \cdots & A_{j1} & \cdots & A_{n1} \\ A_{12} & A_{22} & \cdots & A_{j2} & \cdots & A_{n2} \\ \vdots & \vdots & & \vdots & & \vdots \\ A_{1n} & A_{2n} & \cdots & A_{jn} & \cdots & A_{nn} \end{bmatrix}$$

이고, A adj$A$의 (i, j) 성분은 다음과 같다.

$$a_{i1}A_{j1}+a_{i2}A_{j2}+\cdots+a_{in}A_{jn} \tag{2}$$

그런데, $i=j$이면 식 (2)는 A의 i번째 행에 관한 $|A|$의 여인자전개이고, $i\neq j$이면 A의 i행 성분과 j행 성분의 여인자의 곱을 더한 것이 되므로 0이 된다. 따라서,

$$A\,\mathrm{adj}A=\begin{bmatrix} |A| & 0 & \cdots & 0 \\ 0 & |A| & \cdots & 0 \\ \vdots & \vdots & \ddots & \vdots \\ 0 & 0 & \cdots & |A| \end{bmatrix}=|A|I_n \tag{3}$$

이고, 행렬 A가 가역이므로 $|A|\neq 0$이다. 식 (3)를 $|A|$로 나누면 다음을 얻는다.

$$\frac{1}{|A|}\{A\,\mathrm{adj}(A)\}=I_n \Rightarrow A\left\{\frac{1}{|A|}\,\mathrm{adj}(A)\right\}=I_n$$

$$\therefore\ A^{-1}=\frac{1}{|A|}\mathrm{adj}(A)$$ ■

예제 7 예제 3 의 행렬 A의 역행렬을 구하라.

풀이

$$|A|=\begin{vmatrix} 3 & -2 & -4 \\ 5 & 0 & 2 \\ 1 & 0 & 1 \end{vmatrix}=6$$

이므로

$$A^{-1}=\frac{1}{|A|}\mathrm{adj}(A)=\frac{1}{6}\begin{bmatrix} 0 & 2 & -4 \\ -3 & 7 & -26 \\ 0 & -2 & 10 \end{bmatrix}$$

$$=\begin{bmatrix} 0 & \frac{1}{3} & -\frac{2}{3} \\ -\frac{1}{2} & \frac{7}{6} & -\frac{13}{3} \\ 0 & -\frac{1}{3} & \frac{5}{3} \end{bmatrix}$$ □

여기서 잠깐!

위의 정리에서 보듯이 $\det A$가 행렬의 성분들의 공약수가 아닌 경우는 기본행연산에 의한 역행렬의 계산보다는 위의 정리에서와 같은 방법으로 계산하는 것이 훨씬 유용하다.

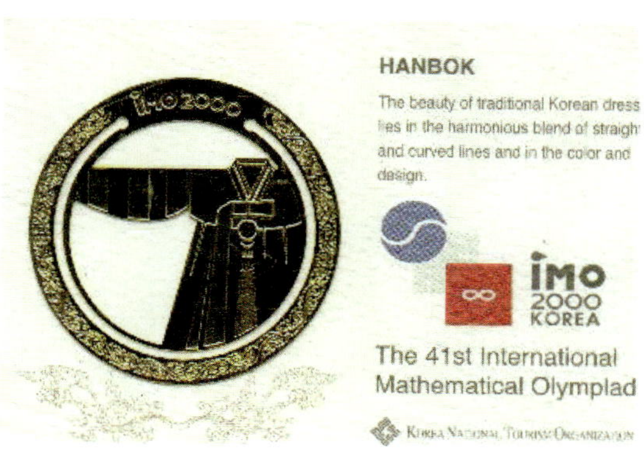

〈IMO 2000. 기념품〉

연습문제 4-2

|1-2| 다음 행렬의 여인자를 모두 구하여라.

1. $A=\begin{bmatrix}1 & 0 & -2\\ 3 & 1 & 4\\ 5 & 2 & -3\end{bmatrix}$　　**2.** $B=\begin{bmatrix}1 & 1 & 5\\ 3 & -6 & 9\\ 2 & 6 & 2\end{bmatrix}$

|3-4| 아래 행렬의 행렬식을 여인자 전개를 이용하여 구하여라.

3. $A=\begin{bmatrix}1 & 2 & 3\\ 2 & 0 & -1\\ 1 & 1 & 1\end{bmatrix}$　　**4.** $B=\begin{bmatrix}4 & 1 & 0 & 2\\ -1 & 3 & 5 & 1\\ 0 & 1 & 4 & 0\\ 2 & -1 & -1 & 1\end{bmatrix}$

5. 문제 4의 행렬 B의 수반행렬 adj$B$를 구하여라.

6. 행렬

$$A=\begin{bmatrix}1 & 0 & 3 & 0\\ 2 & 1 & 4 & -1\\ 3 & 2 & 4 & 0\\ 0 & 3 & -1 & 0\end{bmatrix}$$

에 대하여 다음을 모두 구하여라.

(1) 2행에 있는 성분의 여인자　　(2) 3열에 있는 성분의 여인자

|7-8| 다음 행렬의 행렬식을 여인자 전개를 이용하여 구하여라.

7. $\begin{bmatrix}0 & -2 & 0\\ 4 & 2 & 4\\ -1 & -1 & -3\end{bmatrix}$　　**8.** $\begin{bmatrix}k-1 & 2 & 3\\ 2 & k-3 & 4\\ 2 & 4 & k-4\end{bmatrix}$

|9-11| 여인자전개를 이용하여 다음 행렬의 역행렬을 구하여라.

9. $\begin{bmatrix}1 & 0 & 1\\ -1 & 3 & 0\\ 1 & 0 & 2\end{bmatrix}$　　**10.** $\begin{bmatrix}2 & -4 & 6\\ 0 & 1 & -1\\ 0 & 0 & 2\end{bmatrix}$

11. $\begin{bmatrix}1 & 2 & 0\\ 4 & -1 & 9\\ -1 & 3 & 5\end{bmatrix}$

12 다음 행렬식을 계산하여라.

(1) $\begin{vmatrix}1 & 1 & 1\\ a & b & c\\ a^2 & b^2 & c^2\end{vmatrix}$　　(2) $\begin{vmatrix}1 & 1 & 1 & 1\\ a & b & c & d\\ a^2 & b^2 & c^2 & d^2\\ a^3 & b^3 & c^3 & d^3\end{vmatrix}$

Hint : 182쪽 Vandermonde 행렬

토론과 발견

P1 $n>1$인 n차 정사각행렬 A에 대하여 다음을 증명하여라.

$$\det(\mathrm{adj}A)=(\det A)^{n-1}$$

P2 A가 5차 행렬이고 $\det A=4$이면 $\det(\mathrm{adj}A)$는?

P3 $n>1$인 가역인 n차 정사각행렬 A에 대하여 다음을 증명하여라.

$$\mathrm{adj}(\mathrm{adj}A)=(\det A)^{n-2}A$$

P4 A가 4×4크기의 행렬이라 하고, 만일

$$\mathrm{adj}A=\begin{bmatrix}2&0&0&0\\0&2&1&0\\0&4&3&2\\0&-2&-1&2\end{bmatrix}$$

이라고 하자. 다음 물음에 답하여라.

(1) $\det(\mathrm{adj}A)$를 계산하여라. 이 값이 $\det(A)$와 어떤 관계가 있는가?
〔Hint : **P1**을 참조하여라.〕

(2) A를 구하여라.
〔Hint : **P3**를 참조하여라.〕

P5 행렬 A가 가역행렬일 필요충분조건은 $\mathrm{adj}(A)$가 가역행렬임을 보여라.

P6 임의의 행렬 A, B에 대하여 $\mathrm{adj}(AB)=\mathrm{adj}B\cdot\mathrm{adj}A$임을 증명하여라.

P7 정사각행렬 A가 $\det A=1$이면 $\mathrm{adj}(\mathrm{adj}A)=A$임을 보여라.

P8 성분이 모두 정수인 n차 행렬 A의 행렬식의 값이 1이면, A^{-1}의 성분들이 모두 정수라고 할 수 있을까?

4.3 Cramer공식

연립일차방정식의 해에 대한 공식을 만들면 실제의 계산은 복잡하더라도 해의 성질을 조사할 때는 매우 유용하다. 이 절에서는 행렬식만을 가지고 n개의 미지수를 가지는 n개의 일차방정식으로 이루어진 연립방정식의 해를 구하는 공식을 소개한다. 이 공식을 Cramer공식(Cramer's rule)이라 부른다.

정리 4.3.1

연립방정식

$$\begin{aligned} a_{11}x_1+a_{12}x_2+\cdots+a_{1n}x_n&=b_1 \\ a_{21}x_1+a_{22}x_2+\cdots+a_{2n}x_n&=b_2 \\ \vdots \qquad \vdots \qquad\quad \vdots \ \ & \ \ \vdots \\ a_{n1}x_1+a_{n2}x_2+\cdots+a_{nn}x_n&=b_n \end{aligned}$$

의 계수행렬을 A라 하고

$$\mathbf{x}=\begin{bmatrix} x_1 \\ x_2 \\ \vdots \\ x_n \end{bmatrix},\ \mathbf{b}=\begin{bmatrix} b_1 \\ b_2 \\ \vdots \\ b_n \end{bmatrix}$$

이라 하면, 이 연립방정식은 $A\mathbf{x}=\mathbf{b}$로 나타낼 수 있다. 이때, $|A|\neq 0$이면 이 연립방정식은 유일한 해

$$x_1=\frac{|A_1|}{|A|},\ x_2=\frac{|A_2|}{|A|},\ \cdots,\ x_n=\frac{|A_n|}{|A|}$$

을 갖는다. 여기서 A_j $(j=1, 2, \cdots, n)$는 A의 j열을 $\mathbf{b}$로 바꾼 행렬이다.

증명 $|A|\neq 0$이므로 A는 가역이다.

따라서 연립방정식 $A\mathbf{x}=\mathbf{b}$는 유일한 해 $\mathbf{x}=A^{-1}\mathbf{b}$를 갖는다. 그런데,

$$A^{-1}=\frac{1}{|A|}\operatorname{adj}A$$

이므로 다음이 성립한다.

$$\begin{bmatrix} x_1 \\ x_2 \\ \vdots \\ x_n \end{bmatrix}=\mathbf{x}=\left(\frac{1}{|A|}\operatorname{adj}A\right)\mathbf{b}=\frac{1}{|A|}\begin{bmatrix} A_{11} & A_{21} & \cdots & A_{n1} \\ A_{12} & A_{22} & \cdots & A_{n2} \\ \vdots & \vdots & & \vdots \\ A_{1j} & A_{2j} & \cdots & A_{nj} \\ \vdots & \vdots & & \vdots \\ A_{1n} & A_{2n} & \cdots & A_{nn} \end{bmatrix}\begin{bmatrix} b_1 \\ b_2 \\ \vdots \\ b_n \end{bmatrix}$$

따라서, $\mathbf{x}$의 j행의 성분은

$$x_j = \frac{b_1A_{1j}+b_2A_{2j}+\cdots+b_nA_{nj}}{|A|}$$

이다. 그런데 $a_{1j}A_{1j}+a_{2j}A_{2j}+\cdots+a_{nj}A_{nj}=|A|$이므로 A의 j열을 $\mathbf{b}=(b_1, \cdots b_n)$으로 바꾼 행렬을 A_j라 하면 다음을 얻는다.

$$x_j = \frac{|A_j|}{|A|} \quad (j=1, 2, \cdots, n)$$ ■

읽을거리

Gabriel Cramer (1704–1752)

Cramer의 공식은 1752년에 스위스 수학자인 Gabriel Cramer의 책 "Introduction a l'analyse des lignes courbes algebriques"에 처음으로 공식적으로 소개되었다. 여기 소개된 우수한 표기법에 힘입어 해법이 대중화되면서 수학자들이 이 공식에 그의 이름이 붙여주게 되었다.

http://www.stetson/~efriedma/periodictable/html/Cm.html

예제 1 Cramer 공식을 이용하여 다음 연립방정식을 풀어라.

$$x_1+2x_2+x_3=5$$
$$2x_1+2x_2+x_3=6$$
$$x_1+2x_2+3x_3=9$$

풀이 계수행렬을 A라 하면

$$|A| = \begin{vmatrix} 1 & 2 & 1 \\ 2 & 2 & 1 \\ 1 & 2 & 3 \end{vmatrix} = -4, \quad |A_1| = \begin{vmatrix} 5 & 2 & 1 \\ 6 & 2 & 1 \\ 9 & 2 & 3 \end{vmatrix} = -4,$$

$$|A_2| = \begin{vmatrix} 1 & 5 & 1 \\ 2 & 6 & 1 \\ 1 & 9 & 3 \end{vmatrix} = -4, \quad |A_3| = \begin{vmatrix} 1 & 2 & 5 \\ 2 & 2 & 6 \\ 1 & 2 & 9 \end{vmatrix} = -8$$

이므로

$$x_1 = \frac{|A_1|}{|A|} = \frac{-4}{-4} = 1$$
$$x_2 = \frac{|A_2|}{|A|} = \frac{-4}{-4} = 1$$
$$x_3 = \frac{|A_3|}{|A|} = \frac{-8}{-4} = 2$$ □

예제 2 Cramer 공식을 이용하여 다음 동차연립방정식을 풀어라.

$$x_1+2x_2+\ x_3=0$$
$$2x_1+2x_2+\ x_3=0$$
$$x_1+2x_2+3x_3=0$$

풀이 예제 1 에서 $|A|=-4$이고, 행렬 A_1, A_2, A_3은 모두 0인 열을 포함하고 있으므로

$$|A_1|=|A_2|=|A_3|=0$$

따라서, 구하는 해는

$$x_1=x_2=x_3=0$$ □

위 예제에서 보듯이 A가 n차의 정사각행렬일 때, $|A|\neq 0$이면 동차연립방정식 $A\mathbf{x}=\mathbf{0}$은 자명한 해만을 갖는다.

일반적으로 $A\mathbf{x}=\mathbf{0}$이 자명한 해만을 가질 필요충분조건은 $|A|\neq 0$이다.

n개의 미지수를 가지는 n개의 일차방정식으로 이루어진 연립방정식을 Cramer 공식으로 풀 때는 n차의 행렬식을 $(n+1)$개나 계산하여야 하므로 n이 3보다 큰 경우에는 실용적이라 할 수 없다. 이와 같은 경우에는 가우스 소거법을 사용하는 것이 편리함은 말할 것도 없다. 그러나 Cramer 공식의 장점은 행렬식만을 이용하여 연립방정식의 해를 직접 구할 수 있고, 특정한 미지수의 값을 바로 찾을 수 있다는 것이다.

이제, n개의 미지수를 가지는 n개의 일차방정식으로 이루어진 연립일차방정식과 그것의 계수행렬 또 행렬식 사이의 관계에 대한 다음 정리를 증명 없이 소개한다.

정리 4.3.2

A가 n차의 정사각행렬일 때, 다음은 동치이다.

(1) A는 가역이다.

(2) 임의의 n차원 벡터 $\mathbf{b}$에 대하여 연립일차방정식 $A\mathbf{x}=\mathbf{b}$가 유일한 해를 갖는다

(3) 동차선형연립방정식 $A\mathbf{x}=\mathbf{0}$이 자명한 해만 갖는다.

(4) A와 I_n은 행동치이다.

(5) $|A|\neq 0$

마지막으로 위의 공식과 관련된 자바를 이용하여 연립방정식의 해를 구해보자.

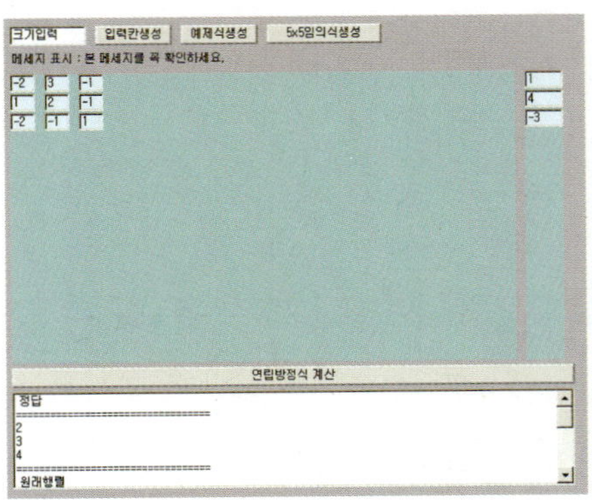

http://matrix.skku.ac.kr/NewJAVA/MatrixLinearSystem/Test.html

연습문제 4-3

1. 다음 주어진 선형연립방정식

$$\begin{cases} 2x+y+2z=1 \\ 3x+2y+2z=4 \\ x+2y+3z=2 \end{cases}$$

에 대하여 다음 물음에 답하여라.

(1) 가우스-조르단 소거법을 이용하여 그 해를 구하여라.

(2) Cramer 법칙을 이용하여 그 해를 구하여라. 그리고 그 결과가 (1)과 일치하는지 확인하여라.

2. 다음 주어진 선형연립방정식

$$\begin{cases} (\cos\theta)x-(\sin\theta)y=\cos\theta-2\sin\theta \\ (\sin\theta)x+(\cos\theta)y=\sin\theta+2\cos\theta \end{cases}$$

를 Cramer법칙을 이용하여 그 해를 구하여라.

|3-4| 다음 선형연립방정식을 Cramer법칙을 이용하여 그 해를 구하여라.

3. $\begin{cases} 3x-3y-2z=3 \\ -x-4y+2z=2 \\ 5x+4y+z=1 \end{cases}$

4. $\begin{cases} x-y-z-w=0 \\ -x-y+z+w=2 \\ x+y-z+w=1 \\ x+y+z+w=1 \end{cases}$

|5-8| 다음 연립방정식을 Cramer법칙을 이용하여 그 해를 구하여라.

5. $\begin{cases} x_1+2x_2+x_3=5 \\ 2x_1+2x_2+x_3=6 \\ x_1+2x_2+3x_3=9 \end{cases}$

6. $\begin{cases} x_1+2x_2=3 \\ 3x_1-x_2=1 \end{cases}$

7. $\begin{cases} 2x_1+3x_2=2 \\ 3x_1+2x_2=5 \end{cases}$

8. $\begin{cases} x_1+x_2=4 \\ x_2+x_3-2x_4=1 \\ x_1+2x_3+x_4=0 \\ x_1+x_2+x_4=0 \end{cases}$

토론과 발견

힌트 비가역인 경우는 적용이 불가능함.

P1 다음을 증명 혹은 반례를 제시하여라.

"미지수의 수가 n이고 방정식의 수가 n인 연립일차방정식은 언제나 Cramer 법칙에 따라 해를 계산 할 수 있다."

P2 Cramer 법칙을 이용하여 다음 점을 지나는 3차 다항식

$$y=ax^3+bx^2+cx+d$$

을 결정하여라.

$$(0, 1), (1, -1), (2, -1), (3, 7)$$

P3 $\begin{cases} 4x+5y=2 \\ 11x+y+2z=3 \\ x+5y+2z=1 \end{cases}$ 을 가우스 소거법과 Cramer 법칙을 이용하여 각각 풀이한 결과를 비교하여 계산량이 적은 쪽을 결정하여라.

*4.4 행렬식의 응용

● 행렬식의 개념을 처음 발표한 것은 1683년 일본의 Takakaju Seki-Kowa이며 행렬식(determinant)의 어원은 가우스의 정수론에서 해의 존재성을 판별한다는 의미로 사용한 데서 유래 되었으며, 현재의 의미로 사용되는 행렬식은 코시가 1815년 처음 사용하였다. 이 절에서는 행렬식의 무수히 많은 응용중 기하학적 응용과 대수학적 응용의 몇 가지를 소개한다.

가. 도형의 방정식

예제 1 서로 다른 두 점 (x_1, y_1), (x_2, y_2)를 지나는 직선의 방정식은 다음과 같음을 보여라.

$$\begin{vmatrix} x & y & 1 \\ x_1 & y_1 & 1 \\ x_2 & y_2 & 1 \end{vmatrix} = 0$$

풀이 위 식에 $x=x_1$, $y=y_1$ 또 $x=x_2$, $y=y_2$를 대입하면 등식이 성립하고 이 식의 1행에 관한 여인자전개식은 직선의 방정식

$$x\begin{vmatrix} y_1 & 1 \\ y_2 & 1 \end{vmatrix} + y(-1)\begin{vmatrix} x_1 & 1 \\ x_2 & 1 \end{vmatrix} + 1\begin{vmatrix} x_1 & y_1 \\ x_2 & y_2 \end{vmatrix} = 0$$

이 되므로 위 식은 주어진 두 점을 지나는 직선의 방정식이 된다. □

예제 1에서와 마찬가지로 서로 다른 세 점

$$(x_1, y_1, z_1),\ (x_2, y_2, z_2),\ (x_3, y_3, z_3)$$

를 지나는 평면의 방정식은 행렬식을 이용하여 다음과 같이 표현 할 수 있다.

$$\begin{vmatrix} x & y & z & 1 \\ x_1 & y_1 & z_1 & 1 \\ x_2 & y_2 & z_2 & 1 \\ x_3 & y_3 & z_3 & 1 \end{vmatrix} = 0$$

예제 2 서로 다른 세 점 (x_1, y_1), (x_2, y_2), (x_3, y_3)을 지나는 이차방정식

$$ay + bx^2 + cx + d = 0$$

을 행렬식을 이용하여 표현하면 다음과 같다.

$$\begin{vmatrix} y & x^2 & x & 1 \\ y_1 & x_1^2 & x_1 & 1 \\ y_2 & x_2^2 & x_2 & 1 \\ y_3 & x_3^2 & x_3 & 1 \end{vmatrix} = 0$$

□

예제 3 5개의 점 (x_i, y_i), $i=1, 2, 3, 4, 5$을 지나는 원추곡선(conic section)

$$Ax^2+bxy+Cy^2+Dx+Ey+F=0$$

은 다음 식을 만족한다.

$$\begin{vmatrix} x^2 & xy & y^2 & x & y & 1 \\ x_1^2 & x_1y_1 & y_1^2 & x_1 & y_1 & 1 \\ x_2^2 & x_2y_2 & y_2^2 & x_2 & y_2 & 1 \\ x_3^2 & x_3y_3 & y_3^2 & x_3 & y_3 & 1 \\ x_4^2 & x_4y_4 & y_4^2 & x_4 & y_4 & 1 \\ x_5^2 & x_5y_5 & y_5^2 & x_5 & y_5 & 1 \end{vmatrix}=0$$

□

예제 4 3개의 점을 지나는 2차식도 다음과 같은 행렬식을 이용하여 구할 수 있다. 서로 다른 세 점

$$(x_1, y_1), (x_2, y_2), (x_3, y_3)$$

을 지나는 2차 방정식 $y=a_1+a_2x+a_3x^2$은 다음을 만족한다.

$$\begin{cases} y_1=a_1+a_2x_1+a_3x_1^2 \\ y_2=a_1+a_2x_2+a_3x_2^2 \\ y_3=a_1+a_2x_3+a_3x_3^2 \end{cases}$$

즉,

$$\begin{bmatrix} y_1 \\ y_2 \\ y_3 \end{bmatrix}=\begin{bmatrix} 1 & x_1 & x_1^2 \\ 1 & x_2 & x_2^2 \\ 1 & x_3 & x_3^2 \end{bmatrix}\begin{bmatrix} a_1 \\ a_2 \\ a_3 \end{bmatrix}$$

이므로,

$$\begin{bmatrix} a_1 \\ a_2 \\ a_3 \end{bmatrix}=\begin{bmatrix} 1 & x_1 & x_1^2 \\ 1 & x_2 & x_2^2 \\ 1 & x_3 & x_3^2 \end{bmatrix}^{-1}\begin{bmatrix} y_1 \\ y_2 \\ y_3 \end{bmatrix}$$

이다.

$$\begin{vmatrix} 1 & x_1 & x_1^2 \\ 1 & x_2 & x_2^2 \\ 1 & x_3 & x_3^2 \end{vmatrix}=(x_3-x_2)(x_3-x_1)(x_2-x_1)$$

이므로 $x_i \neq x_j$이면 역행렬이 존재하여 위에서 구한 a_1, a_2, a_3을 가지고 주어진 세 점을 지나는 이차방정식 $y=a_1+a_2x+a_3x^2$을 구할 수 있다. □

일반적으로 $xy-$평면상에 x좌표가 서로 다른 n개의 점이 있으면 이들 n개의 점을 모두 지나는 $n-1$차 다항식이 유일하게 결정된다. 이를 결정해보자.

(x_1, y_1), (x_2, y_2), $\cdots$, $(x_n\ y_n)$을 $xy-$평면상의 x좌표가 서로 다른 n개의 점이라 하자. 우리는 이들 n개의 점을 지나는 $n-1$차 다항식

$$y=a_0+a_1x+a_2x^2+\cdots+a_{n-1}x^{n-1}$$

을 결정할 것이다.

이들 n개의 점이 주어진 식을 만족하므로,

$$\begin{aligned}a_0+a_1x_1+a_2x_1^2+\cdots+a_{n-1}x_1^{n-1}&=y_1\\ a_0+a_1x_2+a_2x_2^2+\cdots+a_{n-1}x_2^{n-1}&=y_2\\ &\vdots\\ a_0+a_1x_n+a_2x_n^2+\cdots+a_{n-1}x_n^{n-1}&=y_n\end{aligned}$$

을 만족한다. 여기에서 $x_1, x_2, \cdots, x_n$이 서로 다르므로 계수행렬식은

$$\begin{vmatrix}1 & x_1 & x_1^2 & \cdots & x_1^{n-1}\\ 1 & x_2 & x_2^2 & \cdots & x_2^{n-1}\\ & & \vdots & & \\ 1 & x_n & x_n^2 & \cdots & x_n^{n-1}\end{vmatrix}\neq 0$$

이고 계수행렬 V_n을 n차의 **Vandermonde**행렬이라 한다.

이제 Vandermonde행렬의 행렬식을 계산하는 방법을 살펴보자. 앞에서 본 $n=3$인 경우,

$$\begin{aligned}\det V_3&=\begin{vmatrix}1 & x_1 & x_1^2\\ 1 & x_2 & x_2^2\\ 1 & x_3 & x_3^2\end{vmatrix}=\begin{vmatrix}1 & x_1 & x_1^2\\ 0 & x_2-x_1 & x_2^2-x_1^2\\ 0 & x_3-x_1 & x_3^2-x_1^2\end{vmatrix}\\ &=(x_2-x_1)(x_3-x_1)\begin{vmatrix}1 & x_1 & x_1^2\\ 0 & 1 & x_2+x_1\\ 0 & 1 & x_3+x_1\end{vmatrix}=(x_2-x_1)(x_3-x_1)\begin{vmatrix}1 & x_2+x_1\\ 1 & x_3+x_1\end{vmatrix}\\ &=(x_2-x_1)(x_3-x_1)(x_3-x_2)\end{aligned}$$

위의 경우에서 보듯이 n차 Vandermonde행렬 V_n의 행렬식은 같은 방법으로 (x_j-x_i)들의 곱의 형태(단, $i<j$)임을 알 수 있다. 즉,

$$\det V_n=\begin{vmatrix}1 & x_1 & x_1^2 & \cdots & x_1^{n-1}\\ 1 & x_2 & x_2^2 & \cdots & x_2^{n-1}\\ \vdots & & & & \vdots\\ 1 & x_n & x_n^2 & \cdots & x_n^{n-1}\end{vmatrix}=\prod_{1\le i<j\le n}(x_j-x_i)$$

따라서 ($x_i\neq x_j$이면) 역행렬이 존재하고 언제나 $a_0, a_1, \cdots, a_{n-1}$을 유일하게 얻게 된다.

나. 넓이와 부피

임의의 정사각행렬 $A\in M_n$을 생각해 보자. 여기의 i번째 행을 $A_{(i)}$라 하고, $P(A)=\left\{\sum_{i=1}^{n}t_iA_{(i)} : 0\le t_i\le 1,\ i=1,\ 2,\ \cdots,\ n\right\}$이라고 하면 $n=2$인 경우에는 평행사변형(parallelogram)이고, $n\ge 3$인 경우에는 일반화된 평행육면체(parallelepiped)가 된다.

평행사변형은 두 벡터에 의하여 다음과 같이 표현 할 수 있다.

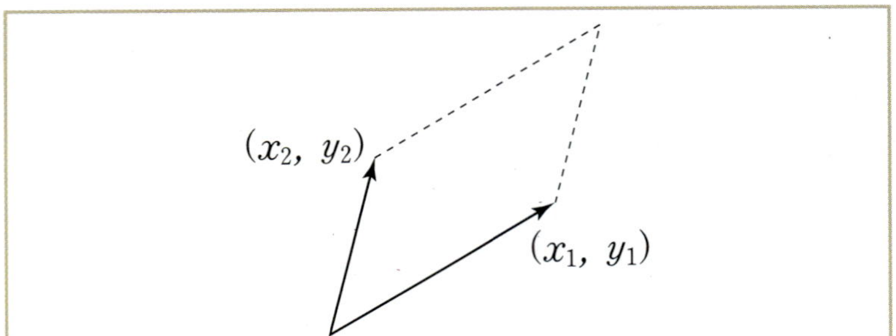

그림 4.1

예제 5 원점과 서로 다른 두 점 (x_1, y_1), (x_2, y_2)으로 만들어지는 삼각형의 넓이는 $\frac{1}{2}\begin{vmatrix} x_1 & x_2 \\ y_1 & y_2 \end{vmatrix}$ 임을 이용하여, 서로 다른 세 점 (x_1, y_1), (x_2, y_2), (x_3, y_3)을 지나는 삼각형의 넓이는 $\frac{1}{2}\begin{vmatrix} 1 & 1 & 1 \\ x_1 & x_2 & x_3 \\ y_1 & y_2 & y_3 \end{vmatrix}$ 임을 보여라.

풀이 원점과 서로 다른 두 점 (x_2-x_1, y_2-y_1), (x_3-x_1, y_3-y_1)을 지나는 삼각형의 넓이는 주어진 조건에 의하여 $\frac{1}{2}\begin{vmatrix} x_2-x_1 & x_3-x_1 \\ y_2-y_1 & y_3-y_1 \end{vmatrix}$ 이고 이 넓이는 서로 다른 세 점 (x_1, y_1), (x_2, y_2), (x_3, y_3)을 지나는 삼각형의 점 (x_1, y_1)을 원점으로 평행이동한 삼각형의 넓이이며 값은 $\begin{vmatrix} 1 & 1 & 1 \\ x_1 & x_2 & x_3 \\ y_1 & y_2 & y_3 \end{vmatrix}$ 를 가우스 소거법을 적용하여 첫 번째 행을 [1 0 0] 로 만든 후 여인자전개를 한 것과 같다. □

마찬가지로 평행육면체는 한 평면위에 있지 않은 세 개의 벡터에 의해 생성되며 이들 세 개의 벡터를 열벡터로 하는 행렬을 A라 하면 평행육면체의 부피는 $\det(A)$의 절대값과 같음을 아래 그림에서 유추하여라.

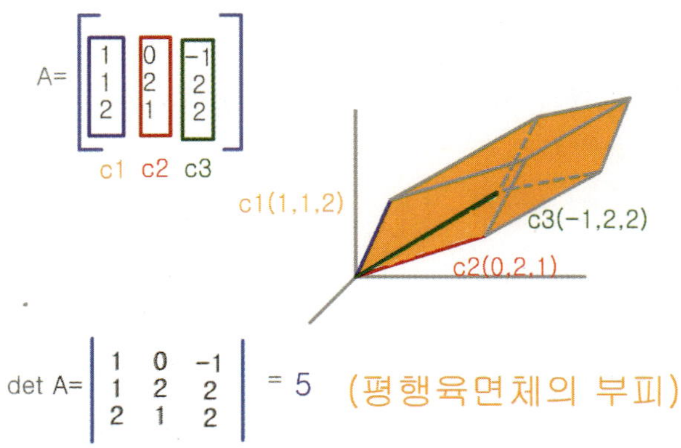

〔3차원상의 평행육면체와 그 부피〕 http://matrix.skku.ac.kr/sglee/LT/77.swf

여기서 잠깐!

행렬의 행렬식과 전치행렬의 행렬식이 같기 때문(**정리 4.1.2**)에 주어진 벡터들을 행벡터 대신에 열벡터로 배열하여도 얻어지는 행렬식의 값은 일치한다.

참고로 자바를 이용하여 삼각형의 넓이을 직접 구해보도록 하자.

Just Click! Java 실습

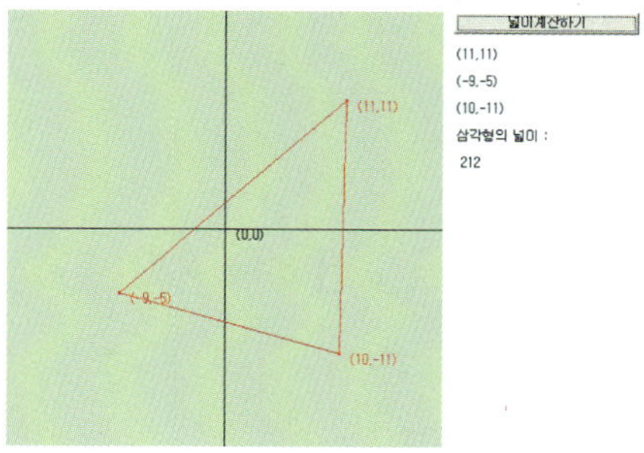

http://matrix.skku.ac.kr/NewJAVA/TriangleArea/Test.html

〈대한수학회 창립 50주년 기념품, 1993년〉

연습문제 4-4

|1-2| **1.** 방정식

$$\begin{vmatrix} 1 & 1 & 1 \\ 1 & x^2 & 2 \\ 1 & x & 4 \end{vmatrix} = 0$$

을 풀어라.

2. 다음 등식이 성립함을 보여라.

$$\begin{vmatrix} a & b & c & d \\ b & c & d & a \\ c & d & a & b \\ d & a & b & c \end{vmatrix} = (a+b+c+d)(b-a+d-c) \begin{vmatrix} 0 & 1 & -1 & 1 \\ 1 & c & d & a \\ 1 & d & a & b \\ 1 & a & b & c \end{vmatrix}$$

|3-4| 다음 주어진 문제를 Vandermonde행렬식을 이용하여 구하여라.

3. 세 점 $(1, 3)$, $(2, 3)$, $(3, 5)$를 지나는 포물선의 방정식 $y=ax^2+bx+c$의 계수 a, b, c를 구하여라.

4. 두 점 $(-1, 11)$, $(2, -10)$을 지나는 직선의 방정식을 구하여라.

5. 행렬식을 이용하여 다음을 구하여라.

(1) 원점에서 점$(4, 3)$과 $(7, 5)$를 잇는 두 변으로 이루어진 평행사변형의 넓이

(2) 세 개의 벡터$(1, 0, 4)$, $(0, -2, 2)$, $(3, 1, -1)$에 의하여 만들어지는 평행육면체의 부피

6. 행렬 A, B가 다음과 같을 때, 방정식 $\det(AB)=0$를 만족하는 모든 해를 구하여라.

$$A=\begin{bmatrix} x+2 & 3x \\ 3 & x+2 \end{bmatrix}, \quad B=\begin{bmatrix} x & 0 \\ 5 & x+2 \end{bmatrix}$$

7. 다음에 주어진 행렬의 열들에 의하여 결정되는 평행육면체의 부피를 구하여라.

$$A=\begin{bmatrix} 1 & -1 & 2 \\ 0 & 1 & -2 \\ -2 & 0 & 1 \end{bmatrix}$$

8. 꼭지점 $(2, 2)$, $(3, 7)$, $(4, 5)$를 가지는 삼각형의 넓이를 구하여라.

토론과 발견

P1 서로 다른 세 점 $(x_1,\ y_1)$, $(x_2,\ y_2)$, $(x_3,\ y_3)$을 지나는 2차방정식은 다음과 같음을 보여라.

$$\begin{vmatrix} y & x^2 & x & 1 \\ y_1 & x_1^2 & x_1 & 1 \\ y_2 & x_2^2 & x_2 & 1 \\ y_3 & x_3^2 & x_3 & 1 \end{vmatrix} = 0$$

P2 다음을 증명하여라.

(1) A가 2차 정사각행렬이면 $|\det(A)|$는 시작점이 일치된 행렬 A의 두 개의 열벡터에 의해서 결정되는 평행사변형의 넓이와 같다.

(2) A가 3차 정사각행렬이면 $|\det(A)|$는 시작점이 일치된 행렬 A의 세 개의 열벡터에 의해서 결정되는 평행육면체의 부피와 같다.

(3) 두 벡터 $\mathbf{u}$, $\mathbf{v} \in R^n$가 만드는 평행사변형의 넓이는 $A=[\mathbf{u} : \mathbf{v}]$라 할때, $\sqrt{\det A^T A}$ 이다.

P3 n차 정사각행렬 A에 대하여 $\mathrm{Vol}(P(A)) = \sqrt{\det A^T A}$ 로 정의하면 이 사상(mapping) Vol은 평행육면체(parallelepiped) 전체 집합을 실수로 보내는 함수가 되는지를 확인하고 이 내용에 대하여 토론하여라.

P4 n차 Vandermonde행렬의 행렬식(181쪽)을 직접 구해보아라.

4.5 고유값과 고유벡터

n차의 정사각행렬 A와 $\mathbf{x} \in R^n$에 대하여 $A\mathbf{x}$도 R^n의 한 벡터이다. 이때, 많은 응용문제에서 제기되는 중요한 질문 중의 하나는 "$A\mathbf{x}$가 $\mathbf{x}$와 평행이 되게 하는 영이 아닌 벡터 $\mathbf{x}$가 존재하는가?"하는 문제인데, 이와 같은 벡터는 선형변환과 관계되어 다양한 경우에서 중요한 역할을 한다. 이 절에서는 이러한 벡터와 대응하는 스칼라에 대하여 알아본다.

정의 A를 n차의 정사각행렬이라 하자. $\mathbf{0}$ 아닌 벡터 $\mathbf{x} \in R^n$가 적당한 스칼라 λ에 대하여 다음을 만족하면 λ를 A의 고유값(eigenvalue)이라 하고, $\mathbf{x}$를 λ에 대응하는 A의 고유벡터(eigenvector)라고 한다.

$$A\mathbf{x} = \lambda\mathbf{x}$$

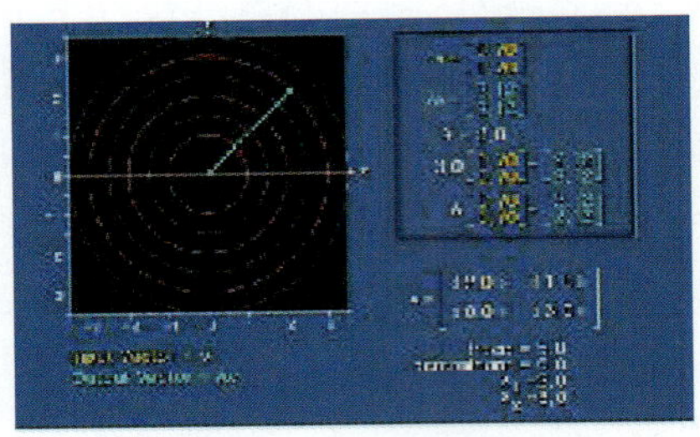

〔응용프로그램을 이용하여 고유값과 고유벡터를 구하는 모습〕

http://www.aw-bc.com/ide/idefiles/media/JavaTools/eignengn.html

예제 1 $A = \begin{bmatrix} 2 & 2 \\ 2 & -1 \end{bmatrix}$, $\mathbf{x} = \begin{bmatrix} 2 \\ 1 \end{bmatrix}$일 때

$$A\mathbf{x} = \begin{bmatrix} 2 & 2 \\ 2 & -1 \end{bmatrix} \begin{bmatrix} 2 \\ 1 \end{bmatrix} = \begin{bmatrix} 6 \\ 3 \end{bmatrix} = 3\begin{bmatrix} 2 \\ 1 \end{bmatrix} = 3\mathbf{x}$$

이므로 3은 A의 고유값이고 $\mathbf{x}$는 고유값 3에 대응하는 A의 고유벡터이다. □

예제 2 임의의 $\mathbf{x} \in R^n$에 대하여 $I_n\mathbf{x} = 1\mathbf{x}$이므로 단위행렬 I_n의 고유값은 $\lambda = 1$ 하나뿐이고 모든 영 아닌 벡터 $\mathbf{x} \in R^n$는 고유값 1에 대응하는 I_n의 고유벡터이다. □

$\mathbf{x} \in R^n$가 고유값 λ에 대응하는 A의 고유벡터, 즉 $A\mathbf{x} = \lambda\mathbf{x}$일 때, 임의의 스칼라 k에 대하여

$$A(k\mathbf{x}) = k(A\mathbf{x}) = k(\lambda\mathbf{x}) = \lambda(k\mathbf{x})$$

이므로 $k\mathbf{x}$도 λ에 대응하는 A의 고유벡터가 된다. 따라서 λ에 대응하는 A의 고유벡터는 무수히 많다.

예제 3 $A=\begin{bmatrix} 3 & 2 \\ 3 & -2 \end{bmatrix}$일 때 A의 모든 고유값과 이에 대응하는 고유벡터를 모두 구하여라.

풀이 $\mathbf{0}$아닌 임의의 벡터 $\mathbf{x}=\begin{bmatrix} x_1 \\ x_2 \end{bmatrix}$에 대하여 $A\mathbf{x}=\lambda\mathbf{x}$라 하면

$$\begin{bmatrix} 3 & 2 \\ 3 & -2 \end{bmatrix}\begin{bmatrix} x_1 \\ x_2 \end{bmatrix}=\lambda\begin{bmatrix} x_1 \\ x_2 \end{bmatrix} \iff \begin{aligned} 3x_1+2x_2=\lambda x_1 \\ 3x_1-2x_2=\lambda x_2 \end{aligned}$$

이므로 다음의 동차연립방정식을 얻는다.

$$\begin{aligned} (\lambda-3)x_1-2x_2=0 \\ 3x_1-(\lambda+2)x_2=0 \end{aligned} \qquad (1)$$

이것이 0아닌 해를 가질 필요충분조건은 계수행렬의 행렬식의 값이 0이다. 즉,

$$\begin{vmatrix} \lambda-3 & -2 \\ 3 & -(\lambda+2) \end{vmatrix}=0 \iff \lambda^2-\lambda-12=0 \iff (\lambda-4)(\lambda+3)=0$$

$\therefore\ \lambda=4,\ -3$

따라서 행렬 A의 고유값은 $\lambda_1=4,\ \lambda_2=-3$이다.

이제, $\lambda_1=4$과 $\lambda_2=-3$에 대응하는 A의 고유벡터를 구해보자.

(i) $\lambda_1=4$에 대응하는 고유벡터를 $\mathbf{x}=\begin{bmatrix} x_1 \\ x_2 \end{bmatrix}$라 하면 식 (1)로 부터

$$\begin{aligned} x_1-2x_2=0 \\ 3x_1-6x_2=0 \end{aligned} \iff x_1-2x_2=0$$

이므로

$$\mathbf{x}=\begin{bmatrix} x_1 \\ x_2 \end{bmatrix}=\begin{bmatrix} 2s \\ s \end{bmatrix}=s\begin{bmatrix} 2 \\ 1 \end{bmatrix} \quad (s\in R\backslash\{0\})$$

이다.

(ii) $\lambda_2=-3$에 대응하는 고유벡터를 $\mathbf{x}=\begin{bmatrix} x_1 \\ x_2 \end{bmatrix}$라 하면 식 (1)로 부터

$$\begin{aligned} -6x_1-2x_2=0 \\ 3x_1+x_2=0 \end{aligned} \iff x_1+\frac{1}{3}x_2=0$$

이므로

$$\mathbf{x}=\begin{bmatrix} x_1 \\ x_2 \end{bmatrix}=\begin{bmatrix} -\frac{1}{3}t \\ t \end{bmatrix}=t\begin{bmatrix} -\frac{1}{3} \\ 1 \end{bmatrix} \quad (t\in R\backslash\{0\})$$

이다. □

읽을거리

고유값(eigenvalue, 독일어 eigenwert)

고유값(eigenvalue, 독일어 eigenwert)이라는 용어는 1904년 독일의 수학자 데이비드 힐버트(David Hilbert)에 의해 소개되었고 Dirac이 명명했다고도 알려져 있다. Königsberg대에서 1885년 박사학위를 받고 1895년 Göttingen대학에 교수로 부임하여 1930년 정년을 맞을때까지 수학의 모든 영역중에서 가장 어렵다고 생각되는 문제와 가장 포괄적인 주제를 선택하여 대부분의 문제에서 성공하며 Göttingen대학을 20세기초 (1930년대 히틀러의 국가사회주의가 이 대학의 학풍을 폐허화할때까지) 세계 수학자들의 메카로 만들었다. Hilbert는 고유값이라는 용어를 적분 방정식에 관하여 사용했는데, 곧이어 행렬에도 사용되었다. Hilbert는 Hilbert공간이라는 무한 차원의 벡터공간에 대한 연구를 주도했다. Hilbert는 1900년 파리에서 열린 두 번째 국제 수학자 회의(ICM)에서 그가 제시했던 23가지의 중요한 수학문제로 더욱 널리 알려져 있는데, 이 문제중 일부는 아직까지도 풀리지 않고 있으며, 20세기에 걸쳐 중요한 수학적 연구의 기초가 되어 왔다.

"우리는 수학을 새롭게 했다. 이제 물리학을 새롭게 할 것이다. 그 다음은 화학이 될 것이다. 〈David Hilbert〉"

이제, n차의 정사각행렬 A의 고유값을 구하는 일반적인 방법을 알아보자.

λ를 A의 고유값이라 하면

$$A\mathbf{x}=\lambda\mathbf{x} \iff A\mathbf{x}=\lambda I_n\mathbf{x} \iff (\lambda I_n-A)\mathbf{x}=\mathbf{0}$$

이고 또한, $\mathbf{x}\neq 0$이므로 동차연립방정식 $(\lambda I_n-A)\mathbf{x}=\mathbf{0}$은 $\mathbf{0}$아닌 해를 가져야 한다. 따라서 아래식이 성립한다.

$$|\lambda I_n-A|=0 \tag{2}$$

이 때, 식(2)를 A의 특성방정식(characteristic equation)이라 하고 $|\lambda I_n-A|$를 A의 특성다항식(characteristic polynomial)이라고 한다.

정리 4.5.1

A가 $n\times n$행렬이고 λ가 스칼라이면 다음의 명제는 동치이다.

(i) λ는 A의 고유값이다.

(ii) λ는 방정식 $\det(\lambda I_n-A)=0$의 해가 된다.

(iii) 동차선형연립방정식 $(\lambda I_n-A)\mathbf{x}=0$은 자명하지 않은 해도 가진다.

여기서 잠깐!

행렬의 고유값은 항상 존재하는가?

n차의 정사각행렬 A에 대하여 고유값과 고유벡터가 항상 존재하는가에 대한 질문의 답은 대수학의 기본정리(Fundamental Theorem of Algebra)에서 찾을 수 있다.

> **정리** 〔대수학의 기본정리〕
> 모든 실수(혹은 복소수)계수 n차 다항식
> $$p(x)=a_nx^n+a_{n-1}x^{n-1}+\cdots+a_1x+a_0$$
> 은 복소평면에서 $p(x)=0$을 만족하는 n개의 근 $x_1, x_2, \cdots, x_n$를 갖는다.

위의 정리로부터 n차의 정사각실수행렬 A의 n개의 고유값은 복소수 범위에서는 항상 존재함을 알 수 있다. 그러나 보통의 교재에서는 스칼라를 실수로 제한하므로 고유값도 실수 범위에서로 제한한다. 그러므로 교재에서 고유값이 없다고 서술된 경우의 의미는 실수범위에서는 없다는 의미이다.

이제 n차의 정사각행렬 A의 고유값, 고유벡터를 구하는 과정을 요약하면 다음과 같다.

1단계 : 특성다항식 $|(\lambda I_n - A)|$을 만든다.

2단계 : 특성방정식 $0=|(\lambda I_n - A)|$을 다음과 같이 인수분해하여 λ_i들을 구한다.

$$0=|(\lambda I_n - A)|=(\lambda-\lambda_1)^{n_1}(\lambda-\lambda_2)^{n_2}\cdots(\lambda-\lambda_k)^{n_k}$$

(단, $n_1+n_2+\cdots n_k=n$)

3단계 : 각 고유값 λ_i에 대하여 대응하는 고유벡터를 다음 연립방정식으로부터 구한다.

$$(\lambda_i I_n - A)\mathbf{x}=\mathbf{0}$$

예제 4 특성방정식을 이용하여 행렬 $A=\begin{bmatrix} 1 & -3 \\ -3 & 1 \end{bmatrix}$의 고유값과 고유벡터를 구하라.

풀이 A의 특성방정식은

$$|\lambda I_2 - A|=\begin{vmatrix} \lambda-1 & 3 \\ 3 & \lambda-1 \end{vmatrix}=\lambda^2-2\lambda-8=(\lambda+2)(\lambda-4)=0$$

이므로 A의 고유값은 $\lambda_1=-2$, $\lambda_2=4$이다. A의 각 고유값 λ에 대응하는 A의 고유벡터를 $\mathbf{x}=\begin{bmatrix} x_1 \\ x_2 \end{bmatrix}$라 하면 $(\lambda I_2 - A)\mathbf{x}=\mathbf{0}$으로부터 다음 연립방정식을 얻는다.

$$\begin{aligned} (\lambda-1)x_1+3x_2&=0 \\ 3x_1+(\lambda-1)x_2&=0 \end{aligned} \qquad (3)$$

(i) $\lambda_1=-2$일 때 식 (3)으로부터

$$\begin{aligned} -3x_1+3x_2&=0 \\ 3x_1-3x_2&=0 \end{aligned} \iff x_1-x_2=0$$

이므로 $\lambda_1=-2$에 대응하는 A의 고유벡터는

$$\mathbf{x}=\begin{bmatrix} s \\ s \end{bmatrix}=s\begin{bmatrix} 1 \\ 1 \end{bmatrix} \quad (s\in R\setminus\{0\})$$

이다.

(ii) $\lambda_2=4$일 때 식 (3)으로부터

$$\begin{aligned} 3x_1+3x_2&=0 \\ 3x_1+3x_2&=0 \end{aligned} \iff x_1+x_2=0$$

이므로 $\lambda_2=4$에 대응하는 A의 고유벡터는

$$\mathbf{x}=\begin{bmatrix} -t \\ t \end{bmatrix}=t\begin{bmatrix} -1 \\ 1 \end{bmatrix} \quad (t\in R\setminus\{0\})$$

이다. □

예제 5 행렬 $\begin{bmatrix} 2 & -3 & 1 \\ 1 & -2 & 1 \\ 1 & -3 & 2 \end{bmatrix}$의 고유값과 고유벡터를 구하라.

풀이 A의 특성방정식은

$$|\lambda I_3 - A| = \begin{vmatrix} \lambda-2 & 3 & -1 \\ -1 & \lambda+2 & -1 \\ -1 & 3 & \lambda-2 \end{vmatrix} = \lambda(\lambda-1)^2 = 0$$

이므로 A의 고유값은 $\lambda_1=0$, $\lambda_2=1$이다. A의 각 고유값 λ에 대응하는 고유벡터를

$\mathbf{x} = \begin{bmatrix} x_1 \\ x_2 \\ x_3 \end{bmatrix}$라 하면 $(\lambda I_3 - A)\mathbf{x} = \mathbf{0}$ 으로부터 다음 연립방정식을 얻는다.

$$\begin{aligned} (\lambda-2)x_1 + 3x_2 - x_3 &= 0 \\ -x_1 + (\lambda+2)x_2 - x_3 &= 0 \\ -x_1 + 3x_2 + (\lambda-2)x_3 &= 0 \end{aligned} \tag{4}$$

(i) $\lambda_1=0$일 때 식 (4) 으로부터

$$\begin{cases} -2x_1 + 3x_2 - x_3 = 0 \\ -x_1 + 2x_2 - x_3 = 0 \\ -x_1 + 3x_2 - 2x_3 = 0 \end{cases} \iff \begin{cases} x_1 - x_3 = 0 \\ x_2 - x_3 = 0 \end{cases}$$

이므로 $\lambda_1=0$에 대응하는 A의 고유벡터는 다음과 같다.

$$\mathbf{x} = \begin{bmatrix} s \\ s \\ s \end{bmatrix} = s\begin{bmatrix} 1 \\ 1 \\ 1 \end{bmatrix} \quad (\text{단, } s\text{는 영이 아닌 실수})$$

(ii) $\lambda_2=1$일 때 식 (4) 으로부터

$$\begin{cases} x_1 - 3x_2 + x_3 = 0 \\ x_1 - 3x_2 + x_3 = 0 \\ x_1 - 3x_2 + x_3 = 0 \end{cases} \iff x_1 - 3x_2 + x_3 = 0$$

이므로 $\lambda_2=1$에 대응하는 A의 고유벡터는 다음과 같다.

$$\mathbf{x} = \begin{bmatrix} 3s-t \\ s \\ t \end{bmatrix} = s\begin{bmatrix} 3 \\ 1 \\ 0 \end{bmatrix} + t\begin{bmatrix} -1 \\ 0 \\ 1 \end{bmatrix} \quad (s,\ t \in R \setminus \{\mathbf{0}\})$$

□

3차원 이상의 행렬이 되면 고유값을 구하는 문제가 손으로 직접 구하기는 어려워진다. 여기서는 저자가 개발한 자바 프로그램을 소개한다. 아래 주소에서 위의 문제의 고유값을 직접 구해 보도록 하자.

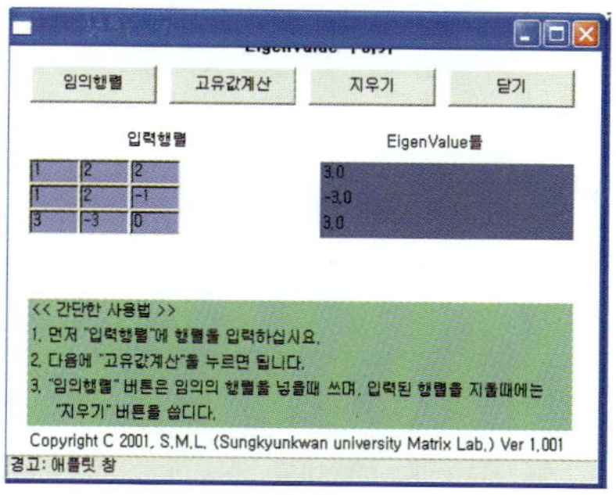

http://matrix.skku.ac.kr/EigenvalueOLD/EigenValueSolver.html

$A=\begin{bmatrix} -2 & -1 \\ 5 & 2 \end{bmatrix}$의 특성방정식은

$$|\lambda I_2 - A| = \begin{vmatrix} \lambda+2 & 1 \\ -5 & \lambda-2 \end{vmatrix} = \lambda^2+1=0$$

이다. 그러나 $\lambda^2+1=0$을 만족하는 실수해는 존재하지 않으므로 A의 고유값은 실수범위에서는 존재하지 않지만 복소수범위에서는 2개의 고유값이 존재한다. 이 경우는 뒤에서 다룬다.

물론 뒤에서 다루기 전에 위의 내용을 복소수도 처리하는 자바 프로그램을 이용해서 한번 엿보도록 하자.

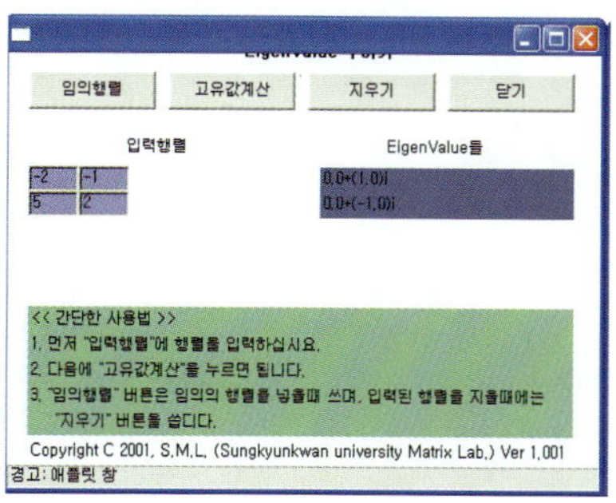

위에서 보듯이 그 고유값은 $\pm i$가 나온다. 위의 방정식인 $x^2+1=0$의 복소수의 해와 같다. 따라서 복소수일 때에도 특성방정식을 이용하여 고유값을 구할 수 있다.

http://matrix.skku.ac.kr/NewJAVA/newMatrixCalKOR/Test.html

n차 삼각행렬 $T=[t_{ij}]$에 대하여 $\lambda I - T$의 주대각선성분은 $\lambda - t_{ii}(i=1,\ 2,\ \cdots,\ n)$이다. 그러므로 T의 특성다항식이

$$\det(\lambda I - T) = (\lambda - t_{11})(\lambda - t_{22})\cdots(\lambda - t_{nn})$$

이므로 삼각행렬 T의 모든 고유값은 T의 주대각성분 $t_{11},\ t_{22},\ \cdots,\ t_{nn}$임을 쉽게 알 수 있다.

예제 6 삼각행렬 $T=\begin{bmatrix} 2 & 0 & 0 \\ -1 & -1 & 0 \\ 0 & 1 & 3 \end{bmatrix}$의 특성다항식과 모든 고유값을 구하여라.

풀이 $\det(\lambda I-T)=(\lambda-2)(\lambda+1)(\lambda-3)$. 그러므로, T의 모든 고유값은 -1, 2, 3이다. □

정의

λ가 n차의 정사각행렬 A의 고유값일 때, 동차연립방정식 $(\lambda I_n-A)\mathbf{x}=\mathbf{0}$의 해공간을 λ에 대응하는 A의 고유공간(eigenspace)이라고 한다.

위 정의에 의하여 λ에 대응하는 A의 고유공간은 λ에 대응하는 A의 고유벡터 전체와 영벡터로 이루어진 집합이며, 이는 벡터공간 R^n의 부분공간이다.

예제 7 **예제 5** 에서 주어진 행렬 A의 고유값 $\lambda_1=0$, $\lambda_2=1$에 대응하는 고유공간을 각각 구하여라.

풀이 $\lambda_2=1$에 대응하는 식 (4)의 해집합은

$$\begin{bmatrix} 3s-t \\ s \\ t \end{bmatrix}=s\begin{bmatrix} 3 \\ 1 \\ 0 \end{bmatrix}+t\begin{bmatrix} -1 \\ 0 \\ 1 \end{bmatrix} \quad (s,\ t\in R)$$

이므로 λ_2에 대응하는 A의 고유공간은

$$\left\{ s\begin{bmatrix} 3 \\ 1 \\ 0 \end{bmatrix}+t\begin{bmatrix} -1 \\ 0 \\ 1 \end{bmatrix} : s,\ t\in R \right\}$$ 이 된다.

같은 방법으로 $\lambda_1=0$에 대응하는 A의 고유공간은 $\left\{ s\begin{bmatrix} 1 \\ 1 \\ 1 \end{bmatrix} : s\in R \right\}$이다. □

여기서 잠깐!

$A=\begin{bmatrix} 1 & 2 & 2 \\ 1 & 2 & -1 \\ 3 & -3 & 0 \end{bmatrix}$의 고유벡터를 고유벡터 구하는 아래의 자바 애플릿으로 구해 보자.

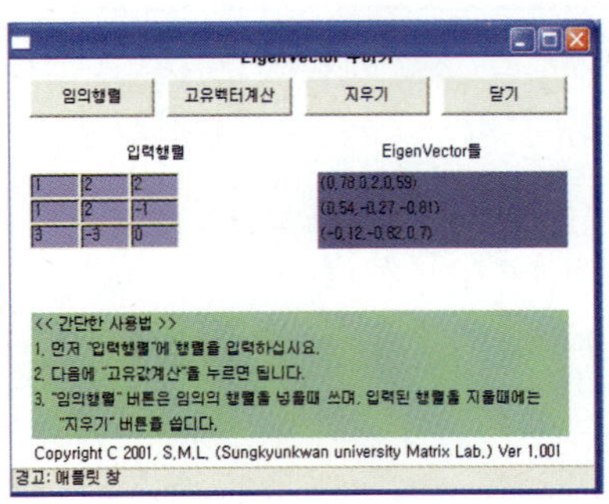

http://matrix.skku.ac.kr/EigenvalueOLD/EigenVectorSolver.html

http://matrix.skku.ac.kr/NewJAVA/newMatrixCalKOR/Test.html

각각의 벡터는 (0.78, 0.2, 0.59), (0.54, −0.27, −0.81), (−0.12, −0.82, 0.7)이라는 동떨어진 값을 우리에게 준다. 이 이유를 살펴보면 두가지로 나눌 수 있다.

(1) 컴퓨터는 고유공간에 대한 개념이 없다. 따라서 그 결과를 우리에게 알려주는데 있어서 그 대표인자만을 전해 주게 되어 있다. 예를 들면

$$\left\{ s\begin{pmatrix}1\\1\\0\end{pmatrix} + t\begin{pmatrix}1\\0\\1\end{pmatrix} : s,\, t \in R \right\}$$

의 고유공간의 경우, (1, 1, 0), (1, 0, 1)가 이 집합을 대표하는 원소라고 생각할 수 있으므로, 이 두 값을 먼저 보여주는 것이다.

(2) 고유공간의 기저(basis)라고 불리는 이러한 대표원소에 대하여는 7장에서(309쪽) 다룬다. 일반적으로 기저는 여러 가지 다른 형태로 나타날 수 있다. 그 중에서 (1, 1, 0), (1, 0, 1), (−2, 1, 3) 이 세 가지도 기저이며, 또한, (0.78, 0.2, 0.59), (0.54, −0.27, −0.81), (−0.12, −0.82, 0.7)의 경우도 기저가 된다. 이렇게 여러 가지 기저를 구할 수 있는데, 그 중 위의 자바 애플릿이 우리에게 보여주는 기저는 정규직교화된 기저를 의미한다. 이러한 정규직교화에 대해서는 8장에서 다루게 될 것이다.

연습문제 4-5

|1-2| 다음 주어진 행렬의 특성방정식을 구하여라

1. $A=\begin{bmatrix} \cos\theta & -\sin\theta \\ \sin\theta & \cos\theta \end{bmatrix}$ **2.** $B=\begin{bmatrix} 4 & -5 & 1 \\ 1 & 0 & -1 \\ 0 & 1 & -1 \end{bmatrix}$

3. 다음 행렬의 고유값을 구하여라.

$A=\begin{bmatrix} 7 & 0 & 0 \\ 0 & -2 & 4 \\ 0 & 6 & 0 \end{bmatrix}$, $B=\begin{bmatrix} a & b & c \\ a & b & c \\ a & b & c \end{bmatrix}$ (단 a, b, c는 실수)

4. 행렬 $A=\begin{bmatrix} 2 & -1 \\ 6 & -5 \end{bmatrix}$와 $B=\begin{bmatrix} 1 & -2 & 3 \\ -1 & 2 & -3 \\ 1 & -2 & 3 \end{bmatrix}$의 특성다항식을 구하여라.

5. 행렬 $A=\begin{bmatrix} 1 & -2 & 0 \\ 2 & 1 & -1 \\ -2 & 2 & 2 \end{bmatrix}$의 고유값을 구하여라.

6. $A=\begin{bmatrix} 3 & 0 \\ -1 & -2 \end{bmatrix}$의 고유값과 고유벡터를 구하여라.

7. $A=\begin{bmatrix} 1 & 0 & 0 \\ 0 & 1 & 1 \\ 0 & -6 & -2 \end{bmatrix}$에서 실수의 고유값을 구하여라.

8. $A=\begin{bmatrix} -1 & -1 & 1 \\ 0 & 1 & 0 \\ 2 & 1 & 0 \end{bmatrix}$의 고유값을 구하여라.

토론과 발견

P1 다음 행렬의 고유공간들을 구하고 그들이 좌표 평면에서 기하학적으로 서로 수직임을 설명하여라.

$$A=\begin{bmatrix} 1 & 2 \\ 2 & 4 \end{bmatrix}$$

P2 특성다항식이 다음과 같을 때, 물음에 답하여라.

$$p(\lambda)=(\lambda-1)(\lambda-3)^2(\lambda-4)^3$$

(1) 행렬의 크기는 얼마인가?

(2) 주어진 행렬은 가역인가? 이유를 설명하여라.

P3 2×2행렬 A에 대하여 $\det A=\operatorname{tr}A=4$을 만족할 때, 행렬 A의 고유값을 결정할 수 있는가? 있다면 고유값을 구하여라.

P4 행렬 A가 실수성분으로 구성된 2×2 크기의 행렬이라 하자. 이 행렬의 특성방정식이 다음과 같음을 보여라.

$$\lambda^2-\operatorname{tr}(A)\lambda+\det(A)=0$$

참고 위의 방정식은 서로 다른 실근 2개, 중근 하나, 실근이 없음(서로 다른 허근, 켤레복소수)의 경우를 갖는다. 따라서 실근만을 고유값으로 생각하면 실수 값의 고유값은 없는 경우도 있다고 할 수 있다. 그러나 고유값으로 복소수도 가질 수 있다고 생각하면 언제나 고유값을 갖는다고도 할 수 있다. 이 경우 근의 중복도까지 생각하면 2차 행렬은 언제나 2개의 고유값을 갖는다고 말할 수 있다. (일반적으로 n차의 실수 행렬은 (중복도와 복소수도 고려하면) 정확히 n개의 고유값을 복소수나 실수로 갖는다.)

P5 A의 특성다항식이 $p(\lambda)=(\lambda-1)(\lambda-3)^2$일 때 행렬 A^2의 고유값을 구하여라.

P6 특성다항식이 $p(\lambda)=\lambda^n+1$인 n차 정사각행렬은 가역행렬임을 보여라.

P7 행렬 A의 고유값이 $\lambda_1, \lambda_2, \cdots, \lambda_n$이라 하자. 이 때

$$\operatorname{tr}(A)=\lambda_1+\lambda_2+\cdots+\lambda_n$$
$$\det(A)=\lambda_1\lambda_2\cdots\lambda_n$$

가 성립함을 추측해 보아라. [참고: 정리 8.8.4 Schur정리]

P8 n차 정사각행렬 A의 각각의 고유값에 대응하는 고유공간이 R^n의 부분공간임을 보여라.

제 4 장 단원복습

1. 개념토론

- $S=\{1,\ 2,\ \cdots,\ n\}$의 치환(permutation, 순열)
- n차의 정사각행렬 A의 행렬식(determinant)

  $|A|=\det(A)=\sum_{\sigma\in S_n}\mathrm{sgn}(\sigma)a_{1\sigma(1)}a_{2\sigma(2)}\cdots a_{n\sigma(n)}$
- 행렬식의 multiplicative 성질 : $|AB|=|A||B|$
- 정사각행렬 $A=[a_{ij}]$의 i행과 j열을 제거하여 만든 부분행렬 $A(i|j)$,

  a_{ij}의 소행렬식(minor) : $M_{ij}=\det A(i|j)$

  a_{ij}의 여인자(cofactor) : $A_{ij}=(-1)^{i+j}|A(i|j)|=(-1)^{i+j}M_{ij}$
- A의 수반행렬(adjoint matrix)$=\mathrm{adj}A=[A_{ij}]^T$
- 행렬 A의 여인자전개(cofactor expansion)

  $|A|=a_{i1}A_{i1}+a_{i2}A_{i2}+\cdots+a_{in}A_{in}$ (i행에 관한 여인자전개)

  $|A|=a_{1j}A_{1j}+a_{2j}A_{2j}+\cdots+a_{nj}A_{nj}$ (j열에 관한 여인자전개)
- A가 n차의 정사각행렬일 때, 다음은 동치이다.

  (1) A는 가역이다.

  (2) 임의의 n차원 벡터 $\mathbf{b}$에 대하여 $A\mathbf{x}=\mathbf{b}$가 유일한 해를 갖는다

  (3) 동차연립일차방정식 $A\mathbf{x}=\mathbf{0}$이 자명한 해만 갖는다.

  (4) A와 I_n은 행동치이다.

  (5) $|A|\neq 0$
- Vandermonde 행렬 : V_n
- A의 고유값(eigenvalue) λ를 λ에 대응하는 A의 고유벡터(eigenvector) $\mathbf{x}$:

  $$A\mathbf{x}=\lambda\mathbf{x}$$
- A의 특성방정식(characteristic equation) : $|\lambda I_n-A|=0$
- A의 특성다항식(characteristic polynomial) : $P_A(\lambda)=|\lambda I_n-A|$
- n차 행렬 A의 고유값 λ에 대응하는 고유공간(eigenspace) :

  $|\lambda I_n-A|\mathbf{x}=\mathbf{0}$의 해공간

2. 참 · 거짓 문제

만일 주어진 문장이 참이면, 이유를 설명하거나 교재에 서술된 적절한 내용을 인용하여라. 만일 거짓이면 반례를 하나 주거나 교재에 서술된 적절한 내용을 인용하여 이유를 주어라.

(1) (　) n차의 대각행렬의 행렬식은 그 주 대각성분들의 곱과 같다.

(2) ( ) n차 행렬 A의 두 행을 교환한 행렬을 B라 하면 $\det B = -\det A$이다.

(3) ( ) 모든 5차 행렬 A와 B에 대하여 $\det(A+B) = \det A + \det B$이 성립한다.

(4) ( ) 모든 10차 행렬 A에 대하여 $\det A^{10} = (\det A)^{10}$이다.

(5) ( ) n차 가역행렬 A에 대하여 $\det(A^T) = \det A^{-1}$이다.

(6) ( ) n차 행렬 A가 대칭행렬이면 $\det A = 1$ 또는 $\det A = -1$이다.

(7) ( ) 4차 행렬 A가 반대칭행렬이면 $\det A = 0$이다.

(8) ( ) 만일 A가 $\det A = 1$인 정사각행렬이면 $\text{adj}(\text{adj}A) = A$이다.

(9) ( ) n차 행렬 A에 대해, $\det(kA) = k\det A$이다.

(10) ( ) n차의 치환 행렬 A에 대하여, $A^T = A^{-1}$이다.

(11) ( ) n개의 미지수와 n개의 식을 가진 선형연립방정식은 언제나 Cramer 법칙에 의해 해를 구할 수 있다.

(12) ( ) 만일 행렬 A의 모든 성분이 0 또는 1이면, $\det A = 1$, 0 또는 -1 이다.

(13) ( ) 행렬 A의 하나의 고유값 λ_i에 대응하는 고유공간 (Eigenspace) $E(\lambda_i)$는 $(A - \lambda_i I)\mathbf{x} = \mathbf{0}$의 해공간이다.

(14) ( ) 만일 행렬 E가 기본행렬이면 $\det E \neq \pm 1$이다.

(15) ( ) $\det(A+B) = \det A + \det B$.

(16) ( ) n차 정사각행렬 A에 대하여 임의의 실수 c에 대하여

$$\det(cI_n - A) = c^n - \det A$$

(17) ( ) 행렬 A가 nilpotent 즉, 어떤 양의 정수 k에 대하여 $A^k = 0$이면 $\det A = 0$

(18) ( ) 3×1 열벡터 $\mathbf{u}$, $\mathbf{v}$에 대하여, $\det(\mathbf{u}\mathbf{v}^T) = 0$

* Project

2차 행렬 A의 특성방정식을 $p(\lambda) = |\lambda I_2 - A| = \lambda^2 + \alpha\lambda + \beta$라 하면,

$$p(A) = A^2 + \alpha A + \beta I_2 = O = \begin{bmatrix} 0 & 0 \\ 0 & 0 \end{bmatrix}$$

임을 보이시오. 이 결과는 일반적으로 n차 행렬에도 성립하며 이 정리를 **Cayley-Hamilton** 정리라 한다.

CAS Project

앞 장에서 우리는 행렬의 LU-분해에 대하여 배웠다. 이것을 행렬식에 적용해보자. 행렬 A에 대하여 우리는 LU-분해에 의하여 다음과 같이 표현할 수 있음을 안다.

$$PA = LU$$

여기에 행렬식을 취하면 다음과 같다.

$$\det PA = \det LU$$
$$\det P \det A = \det L \det U$$

여기에서, $\det P$를 일반성을 잃지 않고 1이라 하자. 그러면,

$$\det A = \det L \det U$$

가 된다. 따라서 행렬 A의 행렬식은 L과 U의 대각성분의 곱들로 이루어짐을 알 수 있다.

1. 다음의 자바 애플릿을 이용하여 그 결과를 비교해보자.

   LINK : http://matrix.skku.ac.kr/NewJAVA/newMatrixCalKOR/Test.html

   LU분해 및 행렬식을 구하기 위한 Applet

   행렬 A가 아래와 같이 주어졌다.

$$A = \begin{bmatrix} 1 & 2 & -4 \\ 0 & 1 & -1 \\ 2 & 0 & -3 \end{bmatrix}$$

(a) 이 행렬의 LU분해를 구하라.

행렬A의 L행렬 : 하삼각행렬(lower triangle matrix)		
1.0	0.0	0.0
0.5	1.0	0.0
0.0	0.5	1.0

행렬A의 U행렬 : 상삼각행렬(upper triangle matrix)		
2.0	0.0	−3.0
0.0	2.0	−2.5
0.0	0.0	2.25

(b) 이 행렬의 행렬식을 구해보자. 구하는 방법은 아까 그 행렬을 선택하고 바로 "Determinant"를 클릭하면 된다.

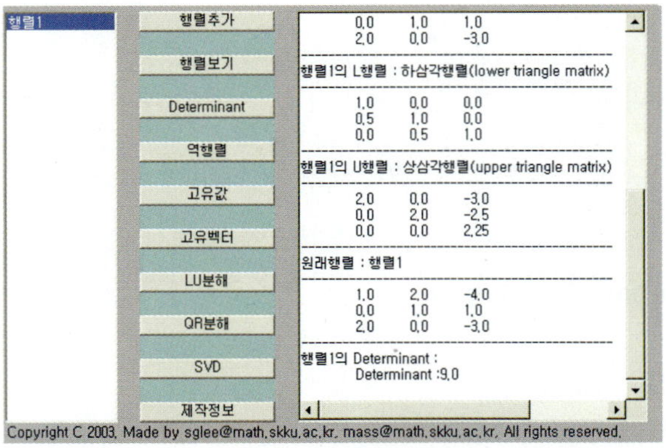

〈화면에 보듯이 행렬식은 9.0이다.〉

(c) L행렬과 U행렬의 대각성분들만 곱을 모두 해 보자. 그 값이 얼마인지 확인하고, 그 값이 행렬식값과 어떤 관계를 가지는지 확인하여라.

$$1\times1\times1\times2\times2\times2.25=9$$(정확히 행렬식의 값이다.)

여기서 보듯이 LU분해는 행렬식을 구하는데 중요한 역할을 한다. $LU-$분해의 방법은 그 기본을 가우스-조르단 소거법에 두고 있음을 배웠으므로, 가우스-조르단 소거법 과정을 이용하여 행렬식도 구할 수 있음도 본 셈이다.

실제로 컴퓨터는 행렬식의 여인자전개라던가, 치환에 의한 곱을 수행하는 알고리즘에는 효과적이지 않다. 그러나 반복적인 가우스-조르단 소거법 같은 알고리즘의 경우에는 매우 효과적으로 빠르게 수행할 수 있는 구조를 지니고 있다. 이러한 장점을 이용하여 실제로 컴퓨터가 행렬식을 구할 때에는 $LU-$분해의 방법을 이용하기도 한다. 이것이 행렬분해를 공부하는 하나의 이유이기도 하다.

2. 다음의 자바 애플릿을 이용하여 그 결과를 비교해보자.

   http://martix.skku.ac.kr/newMatrixCalKOR/Test.html

   LU분해 및 행렬식을 구하기 위한 Applet

행렬 A가 아래와 같이 주어졌다.

$$A=\begin{bmatrix}0 & 1 & -1\\ -2 & -1 & 4\\ 1 & 2 & -3\end{bmatrix}$$

(a) 이 행렬의 LU분해를 구하여라.

(b) 이 행렬의 행렬식을 구해보자. 구하는 방법은 아까 그 행렬을 선택하고 바로 "Determainant"를 클릭하면 된다.

(c) L행렬과 U행렬의 대각성분들의 곱을 모두 구해 보자.
그 값이 얼마인지 확인하고, 그 값이 행렬식 값과 어떤 관계를 가지는지 확인하여라.

<4장을 마치며>

• 읽을거리 James Joseph Sylvester(1814~1897.3.15)

Sylvester는 런던 출생으로 소년기부터 수학에 재능을 보였으며, 대학에서 A. DeMorgan의 지도를 받고 두각을 나타냈다. 1837년 케임브리지 대학을 다녔으나 유태인인 그는 영국정교회의 선서를 거부한 이유로 졸업은 못하고, 1841년 더블린 대학에서 바로 석사(碩士) 학위를 받았다. 그 후 런던 대학에서 강의를 하였으나 인종 문제로 여러 가지 장애에 부딪쳐 2년 만에 물러났으며, 그 후 미국으로 건너가 버지니아 대학교의 수학과 교수가 되었으나, 부임한지 3개월 만의 어느 수업시간에 신문을 읽고 있는 학생을 훈계하며 지팡이로 때려 학생이 기절하자, 그 학생이 죽을 줄로 알고 바로 짐을 싸서 영국으로 돌아갔다는 야사가 있으나, 실제로는 그 학생을 퇴학시키라는 요구를 총장이 받아들이지 않자, 바로 떠났다고 한다. 다행스럽게 그 학생은 죽지는 않고 졸도만 했었다. 런던에 돌아온 후 생명보험회사에 들어가 계리인으로 일하다가, 1846년 법과 대학원에 들어가 변호사가 되어 개업하였다. 이 때 변호사 A. Cayley와 알게 되어, 10년간의 수학 공백기를 끝내고 다시 수학 세계로 되돌아와 케일리와 함께 대수적 불변식론을 연구하였고, 그 결과 행렬(Matrix, 行列)과 대수적 불변식의 기초 이론을 확립하고 우리에게 행렬대수 연구의 서곡을 마련하여 주었다. 1855년 영국 Royal Military Academy (Woolwich) 교수가 되었으나, 1870에 영국에서 55세 이상의 민간인은 사관학교 교수를 할 수 없다는 내규 때문에 16년간 봉직하던 영국의 Royal Military Academy에서의 교수직을 잃고 연금으로 생활을 하였다. Sylvester는 그 후 5년 동안 무직 상태로 런던에서 살면서 꾸준히 수학 연구를 하며 시도 쓰면서 새로운 경력을 준비하였다. 1875년 초 60세인 그는 런던 신문에 난 호주의 Melbourne 대학의 교수직 구인 광고를 보고 친구인 Arthur Cayley에게 런던에서 연금이나 받으면서 이렇게 사느니 지구 반대편인 그곳에 가서라도 계속 수학 연구를 하고 싶다고 전한 편지가 얼마 전 공개되었다. **그는 60세에도 아직 이루지 못한 수학에 대한 자신만의 꿈을 가지고 있었다.** 1875년 여름 신문광고를 보고 그의 능력을 잘 아는 몇몇 미국인 학자의 추천장과 함께 미국 Baltimore의 신설학교인 Johns Hopkins 대학의 초대 총장 예정자인 Daniel Coit Gilman에게 편지를 써서 연구중심 대학을 추구하는 귀교 수학과의 학과장직에 관심이 있다는 의사를 표명한다. 그 추천서에는 "Sylvester는 살아있는 최고 수준의 수학자로 그의 귀교 수학과 교수 임용은 would give a celebrity to the institution which would at once direct to it the attention of the whole scientific world"라고 써있었다. 런던에서 인터뷰를 한 Gilman은 1875에 Sylvester를 교수로 임용하기로 결정하였으나, Sylvester는 갑자기 1875년 12월 17일 학교 재단이사회에 편지를 써서 "If the $5,000 salary therein named be understood to mean gold and if a house and the club fees be attached to [his] appointment" 할 경우에만 부임하겠다고 조건을 건다. 수 차례의 전보와 편지 그리고 적어도 한번의 부임 의사 철회 편지의 사연을 거친 후 결국 합의에 이르게 되어 1876년 봄에 대서양을 건너 부임한다. 비로소 그는 19세기 후반 수학 후진국인 미국에, 유럽식 학문하는 방법을 전수하며 열심히 학생을 지도하고, 마침내 대학원생을 지도하는 기회를 갖게 된다. 실로 7년 반 동안 미국에 머물면서 미국 수학계에 놀랄만한 큰 일을 해 낸다. 미국 최초의 수학저널인 American Journal of Mathematics이 1878년 Sylvester의 영향에 힘입어 창간되고, 미국의 수학을 학부 수학에서 대학원 수학으로 더 나아가 미국이 수학의 연구 그룹에 참여하게 하는 역할을 한다. Sylvester의 영향으로 9명이 박사학위를 취득하였다, 당시 미국에는 아이비리그 대학 중심으로 수학과 대학원 과정이 있었으나 수학 연구자를 배출하기에는 거리가 멀어서, 그는 후에 자신의 졸업생들을 당시 수학의 메카였던 독일의 Göttingen대학 등으로 유학을 보냈으며, 다른 미국의 대학 졸업생이 유럽으로 유학을 가는 길을 열어주었다. 미국에 온지 7년 반 만인 1884년 1월 Oxford 대학에서 교수직이 비었다는 얘기를 듣고 Johns Hopkins 대학을 사임하고 영국으로 돌아가지 전에 당시 Leipzig 대학에 근무하던 Felix Klein을 자신의 후임으로 초빙하려고 많은 노력을 하였다. 그러나 여러 가지 조건이 안 맞아 이 시도는 실패하고 Felix Klein은 후에 당시 수학의 메카였던 Göttingen대학으로 자리를 옮겼으며, Sylvester의 학생 여러 명이 Klein의 영향으로 박사학위를 받게 된다. 그들은 귀국하여 당시 세계 최고 수준이던 독일의 수학적 지식을 전수하며 유럽과 미국 사이의 차이를 메워간다. 그러면서 다른 아이비리그 대학의 졸업생들도 전문 연구자로 성장하여 돌아오며 미국은 비로소 수학 연구의 주류에 참여하게 된다. 미국에서의 역할을 정리하고 1884년 영국으로 돌아온 Sylvester는 마침내 어렵게 70세가 넘어서 Oxford 대학에 교수로 임용되고 그곳에서 정년을 맞는다. 지칠 줄 모르는 의지를 가졌던 Sylvester는 1850년 Matrix(행렬)이라는 용어를 소개한 후, Minor(소행렬)라는 용어도 1850년 처음으로 소개하였다. (위와 관련한 모든 자료는 Sylvester가 죽은 후 A. Cayley가 정리해 둔 것을 대학에 기증한 후, A. Cayley가 죽자 그의 처, Susan Cayley가 수학사학자에게 관련 내용을 알려주어 공개 되면서 연구가 되고 있다.)

〈미국 최초의 연구 중심 대학〉

Baltimore 의 백만장자 Johns Hopkins의 당시 700만불이라는 거액의 기증을 통하여 1876년 Maryland주 Baltimore에 기존의 teaching 대학과는 다르게 미국 최초의 연구중심대학을 목표로 Johns Hopkins University가 설립되었다. 초대 총장 Daniel Coit Gilman은 61세의 Sylvester를 1876년 3월 공식적으로 초대 학과장으로 임용하였다.

그리고 그는 Teaching Associate로 Benjamin Peirce의 Harvard 제자인 William E. Byerly (당시 Cornell 대 조교수)와 William E. Story (당시 Harvard Tutor)를 고용하고 7명의 학부생과 8명의 대학원생 총 15명의 학생으로 1876년 가을 수학과 강의가 시작 되었다. 첫 해에는 두 강사가 학부생을 가르치고 Sylvester는 대학원 과목으로 수학세미나에 보태 Determinant 이론과 현대대수학에 대하여 지도하였다. 시간이 지남에 따라 강좌의 수도 늘어나고 학생수도 15명에서 1883-1884년 사이에는 35명으로 늘었다.

1881-1883년 사이에 Fellowship을 받는 조교였고, 후에 Hobart College의 교수가 된 제자 William Pitt Durfee의 말에 의하면 Sylvester의 강의는 교재를 가지고 6-8주 정도는 따라가다가 질문이 나오고 토론이 진행되며 새로운 흥미로운 문제가 생기면 그 문제를 따라가며 새로운 분야에서 끝나는 경우가 대부분이었다고 한다. 그는 발표된 다른 사람의 연구 결과를 읽고 따라가기 보다는 강의 중에서 유도되는 본인의 새 문제에 집중하였으며 그의 강의는 대개 그 자신이 하루나 이틀 전에 생각해 낸 아이디어로 채워졌다고 한다. 이런 방법의 강의에 대해 익숙하지 않은 학생은 불만이 있었지만, 장점으로는 학생이 접하는 내용과 증명법이 모두 새로운 내용이었으므로, 그가 설명한 내용에서 바로 연구를 시작할 수 있었다는 점이라고 말했다.

Sylvester는 수학은 교재에 있는 정적이고 화석화된 지식이 아니라 동적이고 성장하는 생명체와 같은 것이므로 학생들이 그 성장에 기여해야 한다고 생각한 듯 했다고 제자들은 얘기했다.

http://genealogy.math.ndsu.nodak.edu/

〈부록에 추가내용이 있다.〉

• 읽을거리 http://matrix.skku.ac.kr/2008-Album/KJHM-sglee-EHMoore.htm

〔그림 1. J.J. 실베스터〕

〔그림 2. G.B. 헬스테드〕

〔그림 3. E.H. 무어〕

〔그림 4. L.E. 딕슨〕

〔그림 5. O. 베블런〕

〔그림 6. G.D. 버코프〕

〔그림 7. R.L. 무어〕

〔그림 8. 시카고 대학 수학과 건물인 Eckhart Hall〕

〔 100년 전 미국 시카고대학 수학의 주인공들 〕

제 05 장

행렬 모델 (Matrix Model)

1) 구글이란?

구글(www.google.com)은 2004년 9월 현재 42억8500만 페이지를 수집하고 있고 전 세계 104개 언어로 하루 2억개 이상의 검색결과를 제공하고 있는 세계 최대의 검색 엔진 서비스이다.

구글은 스탠포드대 컴퓨터공학과에서 5년간 진행한 연구의 산물이다. 창업자는 Sergey Brin 과 Larry Page로, 검색엔진 구글은 98년 9월 미국 캘리포니아 작은 도시의 직원의 차고에 첫 사무실을 차리고 출발했다. 그러나 이 때 당시의 창업자는 이미 10억 달러 이상 억만장자 명단에 이름이 올랐다. 당시 스탠포드 대학 박사 과정에 재학 중이던 두 창업자는 가족과 일부 투자자들로부터 100만 달러를 지원 받아 학교를 그만두고 회사를 차렸다. 당시 직원은 단 4명. 하루 처리 검색 건수는 1만개에 불과했었다. 구글은 메타태그나 키워드에만 의지하지 않고 페이지 랭크라는 독특한 기법을 사용하여 웹페이지의 공정한 순위를 매김하고 있다. 구글(google)이라는 말은 'googol' 이라는 신조어에서 유래된 것으로 10의 100승과도 같은 말이다. 인터넷의 광대한 정보를 구글이 모두 담겠다는 의지를 담고 있다.

구글은 국외 기업이 한국의 검색 광고 시장에 진출한 두 번째 사례인데 '구글 애드워즈(Adwords)'라는 서비스로 한미르와 제휴하여 CPC(Cost Per Click : 종량제 개념) 방식의 키워드 광고 시장에 진입하여 (2004년 현재는 포탈사이트 엠파스와 제휴하고 있다.) 한국에서 키워드 마케팅 광고 서비스를 제공한다.

2) 구글의 한국 시장 공략

검색 엔진을 기반으로 키워드 광고 부문에서 폭발적인 성장을 기록하고 있는 구글은 국내에서도 본격적인 영업을 시작, 포털들과 파트너쉽을 강화해왔다. 구글의 미국 본사 소속의 인력을 투입하여 본격적인 한국 시장 공략을 시작하고 있다.

구글은 국내시장에서는 우선 포털들과의 파트너십을 통한 키워드 검색 광고 시장에 집중하여 구글의 다양한 키워드 상품들을 국내 실정에 맞게 변환, 적극적으로 마케팅을 전개한다는 계획이다. 구글의 한국 시장 공략으로 가장 큰 영향을 받게 될 업체는 그동안 키워드 광고 시장을 독점해 온 Overture다. 현재 구글과 Overture Korea는 키워드 광고 시장의 성패를 가늠할 수 있는 네이버 사이트 확보를 두고 치열한 접전을 펼치고 있다고 한다.

3) 페이지 랭크

구글의 페이지 순위(Page Rank)는 500변수와 20억의 용어가 있는 세밀한 공식을 사용하여 객관적인 웹 페이지 순위를 계산한다. 이런 객관적인 순위를 구성하기 위해 구글은 인터넷의 광범위한 구조를 직접 이용한다. 근본적으로, A라는 페이지에서 B라는 페이지로 연결하는 링크가 있으면, 구글은 그 링크를 일종의 투표로 본다. 많이 투표된 페이지를 중심으로 구글이 평가한다. 구글이 "중요하다"고 평가한 페이지의 투표는 더욱 중요하게 평가되어서 투표대상의 페이지도 중요도가 높아진다.

중요하고 양질인 사이트들은 높은 페이지 순위 점수를 받고, 구글이 검색을 할 때마다 그

점수를 기억 해 둔다. 물론 결과의 페이지가 중요하다고 해서 검색에 관련성이 높은 것은 아니다. 그래서 구글은 페이지 순위와 함께 최첨단 텍스트 검색 기술을 도입해서 각각의 검색 관련된 결과를 보여주고 있다. 검색어가 페이지에 몇 번 나타나는가를 살펴보는 것을 월등히 초월한, 그 페이지에 대한(그리고 그 페이지에 링크하는 다른 페이지에 대한) 포괄적인 검사를 하여 검색에 관련성이 가장 높은 결과만을 보여준다.

4) 구글과 Power Method 사이의 관계

대부분의 다른 검색 엔진들은 관계있는 사이트를 결정하기 위해 페이지의 제목과 내용을 체크하지만, 구글의 페이지 순위는 어떤 페이지가 다른 페이지와 관련 있는가를 결정하고 참고적 구조를 표현하기 위해 링크 행렬을 만들고 행렬의 가장 큰 고유값을 이용해서 검색에서 가장 가까운 사이트들을 찾아내는 것이다.

구글의 체계를 보면, 사용자가 구글에서 단어나 문장으로 검색을 할 때 “문장기반 표준 검색 엔진”을 이용해서 찾고자 하는 단어나 문장과 관련된 사이트의 집합을 찾는다. 대개 수 백개나 그 보다 더 많을 수 있다.

구글은 이 점을 착안해서 초기 집합 S_0에서 확장된 S 즉, S_0를 포함하는 더 큰 집합 S를 찾는다. 중요한 과정은 집합 S가 검색단어에 가장 적합한 사이트를 포함한다는 것이다. 검색된 집합안의 사이트가 수 천개 일수도 있기에, 이 검색 엔진의 가장 큰 작업은 검색단어에 연관성에 따라 사이트를 순서대로 배열하는 것이다. 이 과정에서 구글은 이 장에서 소개 할 Power Method(거듭제곱법)와 페이지 순위(Page Rank) 연산법을 이용한다. 이와 같이 선형대수학에서 배우는 다양한 내용은 우리 주위에 알게 모르게 널리 이용되고 있음을 알 수 있다.

〈구글-한국의 최근 로고 중 하나〉
http://www.google.co.kr

5.1 Power Method

이 절의 목표는 행렬의 가장 큰 고유값을 수치적으로 구하는 방법을 소개하는 것이다. 사회 현상에서 유도되는 많은 행렬모델에 대응하는 행렬의 가장 큰 고유값은 그 모델의 변화에 대한 예측을 가능하게 하는 많은 정보를 준다. 따라서 가장 큰 고유값만 찾아도 원하는 답을 얻기에 충분한 경우가 많다. 그러나 손으로는 물론 소프트웨어 조차도 행렬이 조금만 커지면 정확한 고유값들을 모두 구하는 것은 매우 힘들어 진다. 따라서 크기가 큰 행렬의 경우에 모든 고유값을 찾기 보다는 가장 큰 고유값만을 손쉽게 찾는 새로운 방법을 연구해 낸 것이 바로 행렬의 거듭제곱을 이용하는 "Power Method"(거듭 제곱법)이다.

만약, A가 $\lambda_1, \lambda_2, \cdots, \lambda_n$을 서로 다른 고유값으로 갖는 $n \times n$행렬이라고 가정하면, 일반성을 잃지 않고 고유값을 다음처럼 크기 순으로 배열할 수 있다. 주로 감소하는 방법으로 순서를 정한다.

$$|\lambda_1| > |\lambda_2| > \cdots > |\lambda_n|$$

이 때 크기(절대값)가 가장 큰 (실수의) 고유값인 λ_1을 우세한(dominant) 고유값이라고 한다. 또 각각의 고유값에 대응하는 고유벡터를 각각

$$\mathbf{v}_1, \mathbf{v}_2, \cdots, \mathbf{v}_n$$

이라고 표시하자. 그러면 "고유값들이 서로 다르므로 그에 대응하는 고유벡터들의 집합은 일차독립인 집합이다. **정리 8.2.4**"에 의하여,

$$A\,\mathbf{v}_i = \lambda_i \mathbf{v}_i,\ i = 1, 2, \cdots, n.$$

라고 할 수 있다. 이제 우리의 문제는 주어진 행렬 A에 대해 크기가 가장 큰 고유값 λ_1과 그에 대응하는 고유벡터 $\mathbf{v}_1$을 찾는 것이다.

이러한 일을 하기 전에 다음과 같은 사실을 기억하자.

> i) 고유벡터의 스칼라배도 같은 고유값에 대응하는 고유벡터이다.
>
> ii) 고유값과 고유벡터 관계를 확인하는 가장 정확한 방법은 $A\,\mathbf{x} = \lambda\,\mathbf{x}$가 되는 것을 확인하는 방법이다.
>
> iii) 우리는 $\mathbf{e}_i$를 열벡터 $[0\ 0\ \cdots\ 1\ \cdots\ 0\ 0]^T$라고 표시하자. 즉, $\mathbf{e}_i$는 i번째 성분만 1이고, 나머지 성분은 모두 0인 열벡터이다. 그러므로 $A\,\mathbf{e}_i$는 A의 i번째 열이 될 것이다.

Power Method는 간단하다. 임의의 벡터 $\mathbf{x}$는

$$\mathbf{x} = c_1\,\mathbf{v}_1 + c_2\,\mathbf{v}_2 + \cdots + c_n\,\mathbf{v}_n$$

으로 표현할 수 있다. 왜냐하면 $\{\mathbf{v}_i\}_{i=1}^n$은 R^n의 기저 **정리 7.1.4**를 이루기 때문이다.

양변에 A를 곱하고, 이를 전개하면,

$$A\,\mathbf{x}=c_1A\,\mathbf{v}_1+c_2A\,\mathbf{v}_2+\cdots+c_nA\,\mathbf{v}_n$$

이 되며 또한 $A\,\mathbf{v}_i=\lambda_i\,\mathbf{v}_i$이므로

$$A\,\mathbf{x}=c_1\lambda_1\,\mathbf{v}_1+c_2\lambda_2\,\mathbf{v}_2+\cdots+c_n\lambda_n\,\mathbf{v}_n$$

이 된다. 여기서 양변에 A를 k번 반복하여 곱하면,

$$A^k\mathbf{x}=c_1\lambda_1^k\,\mathbf{v}_1+c_2\lambda_2^k\,\mathbf{v}_2+\cdots+c_n\lambda_n^k\,\mathbf{v}_n=\lambda_1^k\{c_1\mathbf{v}_1+c_2\left(\frac{\lambda_2}{\lambda_1}\right)^k\mathbf{v}_2+\cdots+c_n\left(\frac{\lambda_n}{\lambda_1}\right)^k\mathbf{v}_n\}$$

을 얻을 수 있다. 큰 k값에 대해서는, λ_1의 크기가 다른 λ_i들의 크기보다 크기 때문에 $|\lambda_1|^k$은 모든 $|\lambda_i|^k(i=2,\ \cdots,\ n)$보다 매우 커질 것이다. 즉, $\left(\frac{\lambda_i}{\lambda_1}\right)^k\to 0$. 그러므로 우변의 첫 번째 항의 값은 나머지 항의 값을 압도(dominate)할 것이고, 따라서 충분히 큰 k에 대해서

$$A^k\,\mathbf{x}\approx c_1\lambda_1^k\,\mathbf{v}_1$$

을 얻을 수 있다.

게다가 고유벡터의 스칼라배도 역시 고유벡터이므로 우리는 고유값 λ_1에 대응하는 고유벡터를 찾을 수 있으며, 다음의 두 벡터 $A^{k+1}\,\mathbf{x}$와 $A^k\,\mathbf{x}$의 성분들을 비교할 수 있다. $A^{k+1}\,\mathbf{x}$의 각 성분은 $A^k\,\mathbf{x}$의 각 성분의 λ_1배이다.

그러면 $\mathbf{x}$는 무엇일까? 그것은 임의로 선택될 수 있다. 그러나 다른 고유벡터 중에 하나이거나 그들의 1차 결합 중 하나이기는 원하지 않으므로 "Power Method"에서는 보통 $\mathbf{x}=\mathbf{x}_0$를 안전하게 열벡터

$$[1\ 1\ \cdots\ 1\ \cdots\ 1\ 1]^T$$

로 선택한다. 그리고 적당한 k에 대하여

$$\mathbf{x}_1=A\,\mathbf{x}_0,\quad \mathbf{x}_2=A^2\,\mathbf{x}_0=A\,\mathbf{x}_1,\quad \cdots,$$
$$\mathbf{x}_{k+1}=A^{k+1}\,\mathbf{x}_0\ \approx\ \lambda\,A^k\,\mathbf{x}_0=\lambda\,\mathbf{x}_k$$

되는 λ를 찾으면, 그것이 바로 우리가 찾는 크기가 가장 큰 "우세한(dominant) 고유값 λ_1"이 된다. 그리고 $\mathbf{x}_k$가 대응하는 고유벡터이다. 아래의 예를 통해 위의 설명을 확인하자.

예제 1 임의의 행렬 A를 다음과 같다고 하자.

$$A=\begin{pmatrix}1 & 2 & 0\\ 2 & 1 & 2\\ 1 & 2 & 3\end{pmatrix}$$

예를 들어 위의 $\mathbf{x}$를 (1, 1, 1)이라 두고 MATLAB이나 Maple 또는 MATHEMATICA를 이용하여 행렬의 충분히 큰(약 10 또는 20 정도) 거듭제곱을 구한다.

$$A^{10}\,\mathbf{x}=\begin{pmatrix}3498205\\ 6681695\\ 9264127\end{pmatrix},\ A^{11}\,\mathbf{x}=\begin{pmatrix}16861595\\ 32206359\\ 44653976\end{pmatrix}$$

이 값들만으로 보면 연관성이 적어 보인다. 그러나, 각각을 자신의 첫 번째 성분으로 나누면 다음을 얻게 된다.

$$A^{10}\mathbf{x} = 3498205\begin{bmatrix}1\\1.910\\2.648\end{bmatrix},\ A^{11}\mathbf{x} = 16861595\begin{bmatrix}1\\1.910\\2.648\end{bmatrix}$$

여기에서 연관성을 얻게 된다. 만약 이 단계에서 이런 연관성이 안 얻어지면 극한에 가까이 갈 정도로 충분히 큰 k값을 이용하면 궁극적으로 위와 같은 연관성을 갖게 된다.

우리는 고유값/고유벡터의 정의를 이용하여 다음의 결과를 확인할 수 있다. 즉, 우세한(dominant) 고유값은

$$\lambda_1 = \frac{16861595}{3498205} = 4.820$$

이며 그것에 대응하는 고유벡터는 $[1\ \ 1.910\ \ 2.648]^T$임을 알 수 있다.

$$\begin{bmatrix}1 & 2 & 0\\2 & 1 & 2\\1 & 2 & 3\end{bmatrix}\begin{bmatrix}1\\1.910\\2.648\end{bmatrix} = 4.820\begin{bmatrix}1\\1.910\\2.648\end{bmatrix}$$

따라서 우리는 가장 큰 고유값이 4.820임을 확인했고, 그것에 대응하는 고유벡터는

$$[1\ \ 1.910\ \ 2.648]^T$$

라는 것을 알 수 있었다. □

위에서 보았듯이 가장 큰 고유값과 그에 대응하는 고유벡터를 구하기 위하여 행렬 A의 거듭제곱을 이용하였던 것이다. 그러면 얼마나 큰 거듭제곱이 필요할까? 위의 예에서는 임의로 $A^{10}\mathbf{x}$, $A^{11}\mathbf{x}$를 소수 3자리까지 계산할 수 있었다. 그러나 더욱 정확한 고유값를 원한다면 연속적인 더 높은 거듭제곱의 행렬을 이용하면 된다. 아래 웹사이트에 소개된 "Perron Frobenius 정리"는 "음이 아닌 어떤 행렬에 대해서도 실수 값으로 유일하게 존재하는 크기가 가장 큰 고유값은 위의 방법으로 언제나 구할 수 있다"는 것을 이론적으로 보여준다.

(참고 : http://matrix.skku.ac.kr/sglee/perron_frobenius/perron_frobenius.html)

연 습 문 제 5 - 1

1. 다음은 각각 어떤 행렬 A의 서로 다른 고유값들을 구한 것이다. 이 중에서 크기가 가장 큰(우세한, dominant) 고유값은 무엇인가?

(1) $\lambda_1=7,\ \lambda_2=3,\ \lambda_3=-8,\ \lambda_4=1$

(2) $\lambda_1=-5,\ \lambda_2=3,\ \lambda_3=2,\ \lambda_4=5$

|2-3| 다음 행렬 A에 MATLAB이나 Maple 또는 MATHEMATICA를 이용하여 예제 1과 같은 방법으로 "우세한(dominant) 고유값과 그에 대응하는 고유벡터를 구하여라.

2. $A=\begin{bmatrix} -7 & -12 \\ 8 & 13 \end{bmatrix},\ \mathbf{x}_0=\begin{bmatrix} 1 \\ 0 \end{bmatrix}$

답 우세한 고유값: 5

대응하는 고유벡터 $\begin{bmatrix} 1 \\ -1 \end{bmatrix}$

3. $A=\begin{bmatrix} 2 & 3 \\ 4 & 6 \end{bmatrix},\ \mathbf{x}_0=\begin{bmatrix} 1 \\ 1 \end{bmatrix}$

답 우세한 고유값: 8

대응하는 고유벡터 $\begin{bmatrix} 1 \\ 2 \end{bmatrix}$

4. 다음 행렬 A를 MATLAB이나 Maple 또는 MATHEMATICA를 이용하여 거듭제곱이 커질수록 더 정확하게 우세한(dominant) 고유값과 그에 대응하는 고유벡터를 구할 수 있음을 확인하여라.

$$A=\begin{bmatrix} 3 & 2 & 3 \\ 2 & 6 & 6 \\ 3 & 6 & 11 \end{bmatrix},\ \mathbf{x}_0=\begin{bmatrix} 1 \\ 1 \\ 1 \end{bmatrix}$$

토론과 발견

P1 만일 행렬을 다음과 같이 생각하자.

$$A=\begin{bmatrix} 0 & 1 \\ 1 & 0 \end{bmatrix}$$

이 행렬에 대응하는 행렬의 거듭제곱 수열(power sequence) $\mathbf{x}_1 = A\,\mathbf{x}_0$, $\mathbf{x}_2 = A^2\,\mathbf{x}_0 = A\,\mathbf{x}_1$, $\cdots$, $\mathbf{x}_{k+1} = A^{k+1}\,\mathbf{x}_0$는 어떻게 전개되는가?

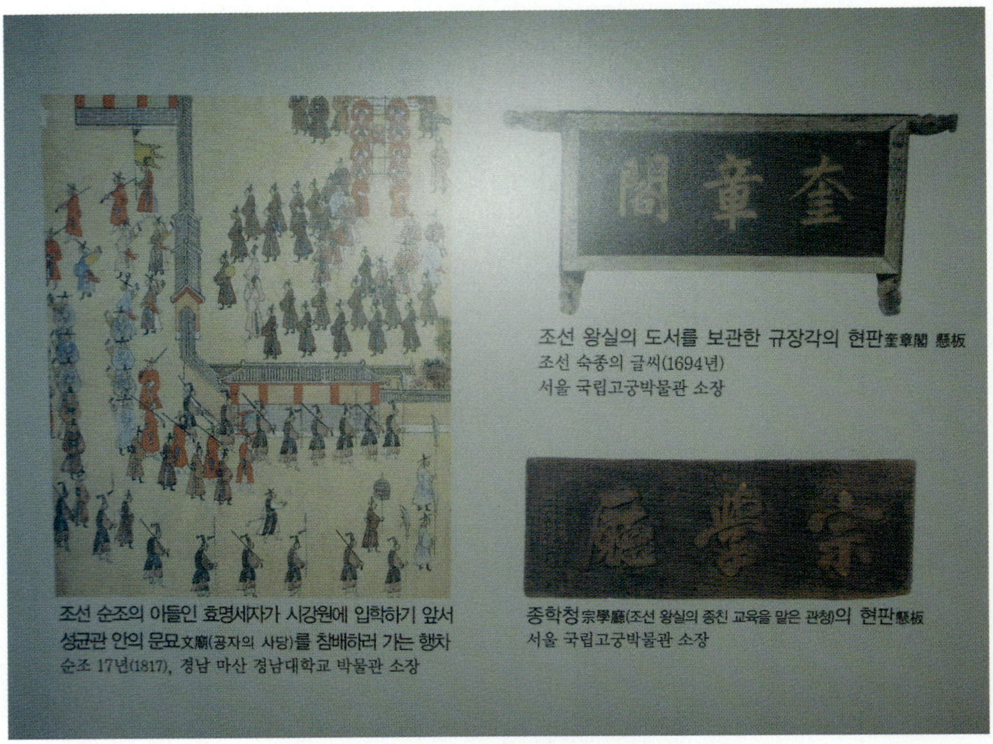

〈왕실의 교육, 국립중앙박물관〉

5.2 행렬을 이용한 암호시스템

- 암호문을 만들고 해독하는 기술은 현대 정보사회의 근간을 이룬다. 이 절에서는 행렬을 이용하는 암호시스템을 한 가지 소개한다. 여기서는 행렬 B가 행렬 A의 역행렬일 때, A를 이용하여 암호문을 만들고 B를 이용하여 그것을 해독하는 방법에 대하여 설명한다.
(참고 http://matrix.skku.ac.kr/sglee/sglee-crypto/index.htm)

(1) 한글의 암호화

한글 자모와 기호를 다음 표와 같이 숫자화 한다.

ㄱ	ㄴ	ㄷ	ㄹ	ㅁ	ㅂ	ㅅ	ㅇ	ㅈ	ㅊ
1	2	3	4	5	6	7	8	9	10
ㅋ	ㅌ	ㅍ	ㅎ	ㅏ	ㅑ	ㅓ	ㅕ	ㅗ	ㅛ
11	12	13	14	15	16	17	18	19	20
ㅜ	ㅠ	ㅡ	ㅣ	ㅐ	ㅒ	ㅔ	ㅖ	*	?
21	22	23	24	25	26	27	28	29	30
!	@	#	$	%	^	&	(	)	.
31	32	33	34	35	36	37	38	39	40

표 5.1

행렬 A를 고른다.

$$A=\begin{bmatrix} 6 & 5 & 1 \\ 7 & 5 & 3 \\ 6 & 4 & 3 \end{bmatrix}$$

이제,

A : 암호화하기 위하여 곱해 줄 행렬

M(message) : 원래의 전송하고자 하는 내용, 원문

C(cypher) : 변조 행렬, 암호문

를 만들어, 위의 C행렬을 상대방에게 전송하면 된다.

만일 암호로 전달하고자 하는 문장을 "나는 당신을 사랑합니다."라고 하자. 빈칸을 * 로 채워서 위의 문장을 표에 따라 숫자로 변환하면 다음과 같다.

ㄴ	ㅏ	ㄴ	ㅡ	ㄴ	*	ㄷ	ㅏ	ㅇ	ㅅ	ㅣ	ㄴ	ㅇ	ㅡ
2	15	2	23	2	29	3	15	8	7	24	2	8	23
ㄹ	*	ㅅ	ㅏ	ㄹ	ㅏ	ㅇ	ㅎ	ㅏ	ㅂ	ㄴ	ㅣ	ㄷ	ㅏ
4	29	7	15	4	15	8	14	15	6	2	24	3	15

표 5.2

위의 경우 A가 3×3 행렬이므로 이 수들을 행으로 나열하여 세 행을 가지는 다음과 같은 행렬 M(message)으로 만든다.(같은 방법으로 열로 나열하여도 된다.) 이때, M의 세 번째 행에 빈칸이 생기면 마지막에 "."에 해당되는 숫자 40을 채운다. 그러면 위의 표 5.2와 같이 된다.

이를 3행 짜리 행렬로 변환하면 다음과 같이 된다.

$$M=\begin{bmatrix} 2 & 15 & 2 & 23 & 2 & 29 & 3 & 15 & 8 & 7 \\ 24 & 2 & 8 & 23 & 4 & 29 & 7 & 15 & 4 & 15 \\ 8 & 14 & 15 & 6 & 2 & 24 & 3 & 15 & 40 & 40 \end{bmatrix}$$

보낼 문장을 암호화시키기 위해서 변조행렬 $C=AM$을 구한다.

$$C=AM=\begin{bmatrix} 6 & 5 & 1 \\ 7 & 5 & 3 \\ 6 & 4 & 3 \end{bmatrix}\begin{bmatrix} 2 & 15 & 2 & 23 & 2 & 29 & 3 & 15 & 8 & 7 \\ 24 & 2 & 8 & 23 & 4 & 29 & 7 & 15 & 4 & 15 \\ 8 & 14 & 15 & 6 & 2 & 24 & 3 & 15 & 40 & 40 \end{bmatrix}$$

$$=\begin{bmatrix} 140 & 114 & 67 & 259 & 34 & 343 & 56 & 180 & 108 & 157 \\ 158 & 157 & 99 & 294 & 40 & 420 & 65 & 225 & 196 & 244 \\ 132 & 140 & 89 & 248 & 34 & 362 & 55 & 195 & 184 & 222 \end{bmatrix}$$

이제 암호화된 C행렬을 상대방에게 전송하면 된다.

받는 측은 암호문 C가 의미하는 바는 모르지만, 암호를 보낸 상대방과 본인 두 명만 아는 행렬 A를 알고 있다면, 암호를 풀기 위해 A의 역행렬을 구하여 받은 문장에 곱하면(복호화) 원문 $M=A^{-1}C=A^{-1}AM$을 얻게 된다.

$$A^{-1}=\begin{bmatrix} 3 & -11 & 10 \\ -3 & 12 & -11 \\ -2 & 6 & -5 \end{bmatrix}$$

이므로

$$M=A^{-1}C=\begin{bmatrix} 3 & -11 & 10 \\ -3 & 12 & -11 \\ -2 & 6 & -5 \end{bmatrix}\begin{bmatrix} 140 & 114 & 67 & 259 & 34 & 343 & 56 & 180 & 108 & 157 \\ 158 & 157 & 99 & 294 & 40 & 420 & 65 & 225 & 196 & 244 \\ 132 & 140 & 89 & 248 & 34 & 362 & 55 & 195 & 184 & 222 \end{bmatrix}$$

$$=\begin{bmatrix} 2 & 15 & 2 & 23 & 2 & 29 & 3 & 15 & 8 & 7 \\ 24 & 2 & 8 & 23 & 4 & 29 & 7 & 15 & 4 & 15 \\ 8 & 14 & 15 & 6 & 2 & 24 & 3 & 15 & 40 & 40 \end{bmatrix}$$

가 된다.

따라서 수신자 측에서 암호를 복호화하여 위의 표 5.1을 대응하는 문자를 연결하면,

"나는 당신을 사랑합니다."

라는 원래 문장을 얻게 된다.

(2) 영문의 암호화

두 행렬 A, A^{-1}를

$$A=\begin{bmatrix} 6 & 5 & 1 \\ 7 & 5 & 3 \\ 7 & 4 & 3 \end{bmatrix},\ A^{-1}=\begin{bmatrix} 3 & -11 & 10 \\ -3 & 12 & -11 \\ -2 & 6 & -5 \end{bmatrix}$$

이라 하고, 알파벳과 기호를 다음 표와 같이 숫자화하자.

A	B	C	D	E	F	G	H	I	J	K	L	M	N	O
1	2	3	4	5	6	7	8	9	10	11	12	13	14	15
P	Q	R	S	T	U	V	W	X	Y	Z	*	!	?	.
16	17	18	19	20	21	22	23	24	25	26	27	28	29	30

표 5.3

즉, 표 5.3의 *는 단어사이를 띄는 빈칸 기호로 사용된다. 이제 다음 문장을 암호화하여 보자.

YOU ARE MY BEST FRIEND

이 문장을 숫자화 하면

문자	Y	O	U	*	A	R	E	*	M	Y	*
코드	25	15	21	27	1	18	5	27	13	25	27

문자	B	E	S	T	*	F	R	I	E	N	D
코드	2	5	19	20	27	6	18	9	5	14	4

표 5.4

이 된다. 그런데, A가 3×3 행렬이므로 이것을 세 행을 가지는 다음과 같은 행렬 M(message)으로 만든다. 이때, M의 세 번째 행에 빈칸이 생기면 마지막에 '.'에 해당되는 숫자 30을 채운다.

$$M=\begin{bmatrix} 25 & 15 & 21 & 27 & 1 & 18 & 5 & 27 \\ 13 & 25 & 27 & 2 & 5 & 19 & 20 & 27 \\ 6 & 18 & 9 & 5 & 14 & 4 & 30 & 30 \end{bmatrix}$$

그리고 이것을 암호화하기 위하여 M의 왼쪽에 A를 곱하여 암호문 C(cypher)를 만든다.

$$C=AM=\begin{bmatrix} 6 & 5 & 1 \\ 7 & 5 & 3 \\ 7 & 4 & 3 \end{bmatrix}\begin{bmatrix} 25 & 15 & 21 & 27 & 1 & 18 & 5 & 27 \\ 13 & 25 & 27 & 2 & 5 & 19 & 20 & 27 \\ 6 & 18 & 9 & 5 & 14 & 4 & 30 & 30 \end{bmatrix}$$

$$=\begin{bmatrix} 221 & 233 & 270 & 177 & 45 & 207 & 160 & 327 \\ 258 & 284 & 309 & 214 & 75 & 233 & 225 & 414 \\ 220 & 244 & 261 & 185 & 68 & 196 & 200 & 360 \end{bmatrix}$$

이 C의 성분들이 원래 메시지가 숫자화 된 암호문

221, 233, 270, 177, 45, 207, 160, 327, 258, 284, 309, 214, 74, 233, 225, 414, 220, 244, 261, 185, 68, 196, 200, 360

이 된다.

이제, 이 암호문을 행렬 A^{-1}을 이용하여 해독해 보자. A^{-1}가 존재하므로 다음이 성립한다.

$$M=A^{-1}C=A^{-1}AM$$

따라서 암호문을 세 행을 가지는 행렬로 만들고, 이것의 왼쪽에 A^{-1}를 곱하면 해독할 수 있다.

$$M=A^{-1}C=\begin{bmatrix} 3 & -11 & 10 \\ -3 & 12 & -11 \\ -2 & 6 & -5 \end{bmatrix}\begin{bmatrix} 221 & 233 & 270 & 177 & 45 & 207 & 160 & 327 \\ 258 & 284 & 309 & 214 & 75 & 233 & 225 & 414 \\ 220 & 244 & 261 & 185 & 68 & 196 & 200 & 360 \end{bmatrix}$$

$$=\begin{bmatrix} 25 & 15 & 21 & 27 & 1 & 18 & 5 & 27 \\ 13 & 25 & 27 & 2 & 5 & 19 & 20 & 27 \\ 6 & 18 & 9 & 5 & 14 & 4 & 30 & 30 \end{bmatrix}$$

이므로 다음 문장을 얻는다.

코드	25	15	21	27	1	18	5	27	13	25	27	2	5	19	20	27	6	18	9	5	14	4
문자	Y	O	U	*	A	R	E	*	M	Y	*	B	E	S	T	*	F	R	I	E	N	D

표 5.5

A를 이용하여 만든 암호문은 A^{-1}를 이용하여 해독할 수 있다. 또한, 행렬 A^{-1}를 모르면 이 암호문을 해독할 수 없으므로 숫자화하는 표가 알려지더라도 우리의 정보는 누설될 염려가 없다. 따라서, 행렬 A만 알려지지 않도록 주의하면 비밀이 보장된다. 또, 이 행렬 A를 정기적으로 바꾸어 주면 통신내용의 보안성을 효과적으로 유지하는 것이 가능하다.

여기서 잠깐!

위에 선정한 행렬이 임의의 가역행렬은 아니다. 만일 임의의 가역행렬이었다면, 정수 행렬 A의 역행렬 A^{-1}를 구하는데 있어서, 분수 등의 소수 계산이 나타나 여러분의 계산이 복잡했을 것이다. 그러나 여기에서는 그렇게 나타나지 않았던 이유는 $\det A=1$인 행렬을 선정했기 때문이다. 더구나 $A^TA=I$인 행렬 A를 고르면 $A^{-1}=A^T$이므로 더욱 편리하다. 아래 소개할 자바 애플릿은 위에서 언급한 단순한 행렬을 골라서 계산의 편의성을 도모하였다.

위에서 배운 암호화 기법을 이용하여 영문자를 암호화하는 방법을 구현한 자바 애플릿을 이용하여 직접 실습해 보자.

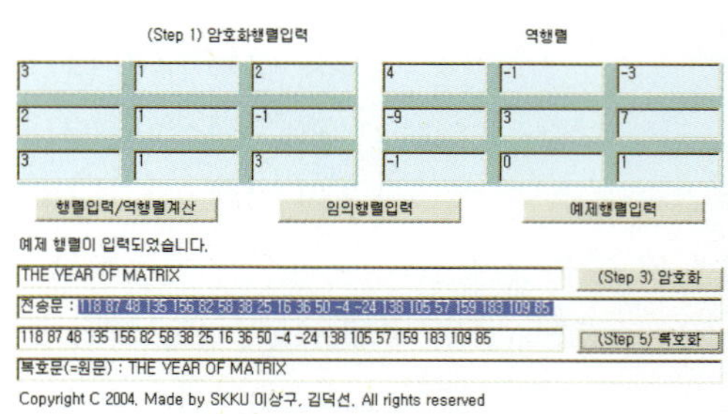

Link : http://matrix.skku.ac.kr/MatrixCryption/Test.html

행렬을 이용한 암호화/복호화 애플릿 사용법 (자바)

이 애플릿은 행렬을 이용하여 본래의 메시지를 암호화하여 전달하고 거기에 수반되는 역행렬을 이용하여 본래의 메시지로 복호화하는 프로그램이다.

우선 기능전체는 다음과 같다.

Step 1. 우선 전달하고자 하는 메시지를 암호화 할 행렬 A를 설정

Step 2. 전달하고자 하는 메시지를 행렬 M이라고 하면 원래의 메시지 M에 A를 곱하여 암호문 C를 생성 ($C=AM$)

Step 3. 암호화 된 메시지 C를 상대에게 전달

Step 4. 전달받은 측에서는 원래의 메시지를 판독하기 위해 A^{-1}를 C에 곱함. 이를 통하여 복호화 과정 종료

$$(M=A^{-1}C=A^{-1}(AM)).$$

단 여기서 A와 A^{-1}의 값은 서로 메시지를 주고받는 사람들끼리만 공유된다.

이제 애플릿을 실제 가동 시키면서 아래의 예제를 따라 해보시기 바랍니다.

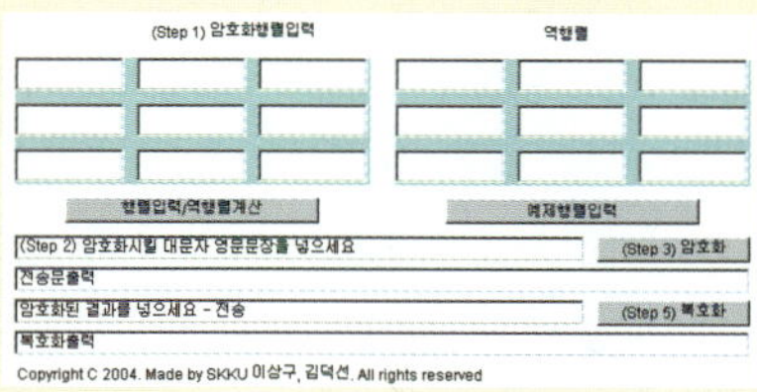

애플릿을 실행 시키면 좌측 상단에 "암호화 행렬입력" 아래의 사각형 모양의 빈 칸이 바로 A에 해당하는 메시지를 암호화 시켜주는 행렬에 들어갈 숫자를 입력하는 부분이다. 각 칸에 원하는 숫자들을 넣은 후 좌측 중앙의 "행렬입력/역행렬계산" 버튼을 클릭하면 우측상단의 역행렬까지 계산해서 그 결과를 보여준다.

아래의 그림 두 개는 순서대로 자신이 임의로 정한 행렬을 입력하고 "행렬입력/역행렬계산" 버튼을 눌렀을 때의 모습이다.

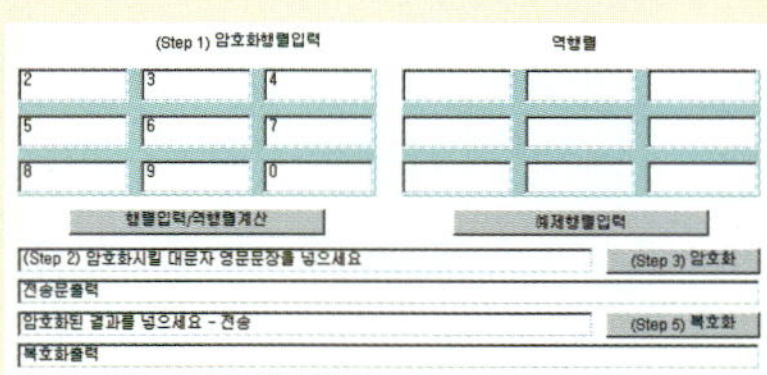

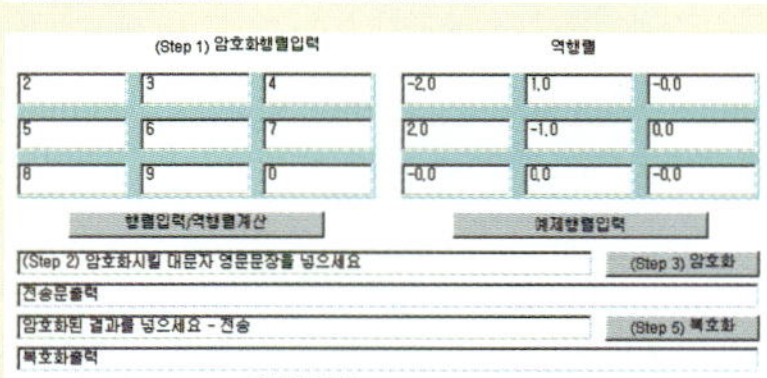

그림에서 보다시피 원문 M의 값을 암호화시켜줄 A의 값을 우선 정한다. 그 후에 행렬 A의 값을 넣어주는 칸 아래쪽의 "행렬입력/역행렬계산" 버튼을 누르면 위와 같이 행렬 A의 역행렬이 오른쪽에 표시된다.

이제 "I LOVE YOU" 문장의 암호화 복호화 전 과정을 소개한다.

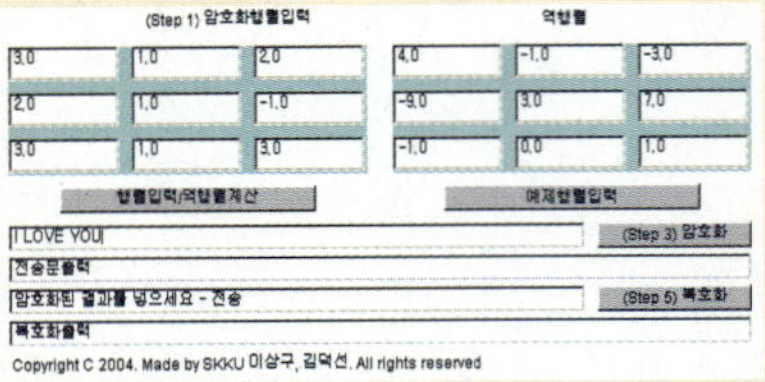

우선 위의 과정을 통하여 행렬을 입력한 다음 아래의 입력칸 중 첫째 칸에 암호화 하고자 하는 메시지를 입력하고 옆에 암호화 버튼을 눌러 아래의 그림과 같이 암호화를 한다.

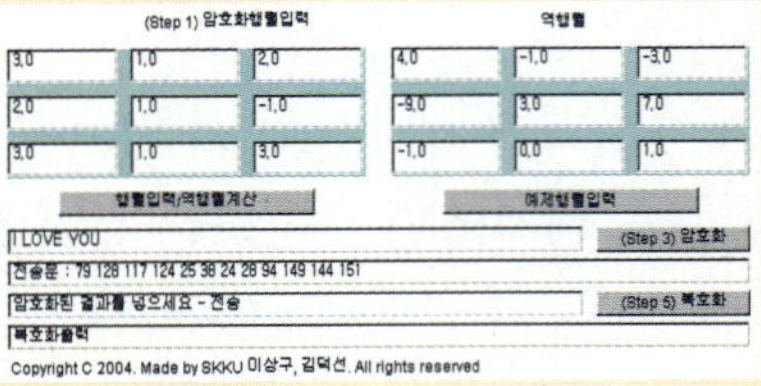

마지막으로 복호화를 하기 위해 전송문 즉 암호화 된 메시지 C를(두 번째 칸의 숫자들) 세 번째 칸에 복사, 붙여넣기를 하여 입력한다. (참고로 마우스 오른쪽 버튼이 되지 않으므로, [Ctrl]+[C]와 [Ctrl]+[V]를 적절하게 이용하도록 한다.)

그러고 나서 오른쪽에 있는 복호화 버튼을 누르면 아래의 그림과 같이 원래의 메시지가 나오는 것을 확인 할 수 있다.

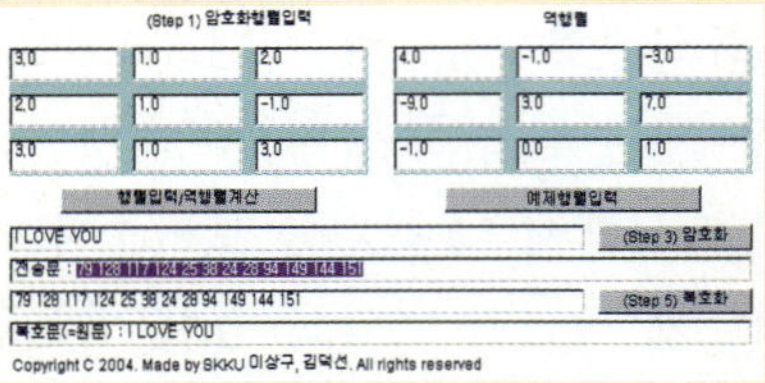

위의 행렬 계산 과정을 위의 자바를 이용하는 외에도 Mathematica, 매트랩 등을 이용할 수도 있으며, 이미 대중화된 엑셀을 이용하여 아래와 같이 계산하는 것도 가능하다. 엑셀을 이용하는 참고 자료는 아래 웹사이트에서 얻을 수 있다.

http://matrix.skku.ac.kr/sglee/MatrixTool/MatrixTools.htm

연습문제 5-2

1. 두 행렬 A, $B(=A^{-1})$과 표 5.1을 이용하여

$$A=\begin{bmatrix} 3 & 1 & 2 \\ 2 & 1 & -1 \\ 3 & 1 & 3 \end{bmatrix},\ B=\begin{bmatrix} 4 & -1 & -3 \\ -9 & 3 & 7 \\ -1 & 0 & 1 \end{bmatrix}$$

"엽기적인 그녀"를 암호화하고 복호화 하여 계산 과정을 확인하여라.

ㅇ	ㅕ	ㅂ	ㄱ	ㅣ	ㅈ	ㅓ	ㄱ	ㅇ	ㅣ	ㄴ	*	ㄱ	ㅡ	ㄴ	ㅕ	*	*
8	18	6	1	24	9	17	1	8	24	2	29	1	23	2	18	29	29

2. 문제 1과 같은 조건에서 문장 "난 최고다!"를 암호화하고 복호화하여 계산 과정을 확인하여라.

3. 두 행렬 A, $B(=A^{-1})$ $A=\begin{bmatrix} 3 & 2 \\ 2 & 1 \end{bmatrix}$, $B=\begin{bmatrix} -1 & 2 \\ 2 & -3 \end{bmatrix}$와 표 5.3을 이용하여 문장 "STAR WARS"를 암호화하고 복호화 하여 계산 과정을 확인하여라.

4. 다음 행렬과 표 5.3을 이용하여 "GOD BLESS YOU"를 암호화하라.

$$A=\begin{bmatrix} 2 & 1 \\ 1 & 1 \end{bmatrix},\ B=\begin{bmatrix} 1 & -1 \\ -1 & 2 \end{bmatrix}$$

5. 문제 4와 같은 조건에서 문장 "I KNOW WHO HE IS"를 암호화하고 복호화 하여 계산 과정을 확인하여라.

6. 다음 코드는 아래 주어진 행렬 A에 의하여 암호화된 코드이다. 원래의 문장으로 암호를 풀어라.

$$A=\begin{bmatrix} 1 & -1 & 2 \\ 2 & -1 & 1 \\ -1 & 2 & 1 \end{bmatrix}$$

$$\text{암호화된 코드 : } C=\begin{bmatrix} -6 & 41 & 24 & 12 & 2 & 48 & 2 & 30 & 64 & 52 \\ -12 & 42 & 11 & 29 & 2 & 53 & 2 & 30 & 42 & 29 \\ 54 & 3 & 29 & 29 & 8 & 53 & 14 & 30 & 30 & 53 \end{bmatrix}$$

|7-9| 다음 주어진 행렬과 본문의 표 5.3을 이용하여 주어진 암호화된 코드의 원래의 문장을 찾아라.

7. $A=\begin{bmatrix} 0 & 2 & 3 \\ 9 & 7 & 7 \\ 5 & 4 & 4 \end{bmatrix}$

암호화된 코드 : 90 75 89 111 100 81 38 85 135 326 390 460 403 451
453 128 453 441 185 220 259 229 255 255 73 255 251

8. $A=\begin{pmatrix} 7 & 5 & 2 \\ 8 & 7 & 3 \\ 9 & 7 & 3 \end{pmatrix}$

암호화된 코드 : 143 169 163 96 41 224 248 184 225 206 129 58 282
304 196 234 220 134 59 300 331

9. $A=\begin{pmatrix} 1 & 0 & 1 \\ 4 & 1 & 0 \\ 9 & 7 & 1 \end{pmatrix}$

암호화된 코드 : 3 1 18 16 17 31 76 73 67 211 217 234

토론과 발견

※ 아래에서는 교재에서는 소개하지 않았으나 대중적인 도구인 Excel을 이용하여 행렬을 이용한 암호화를 실습해 본다.

P1 엑셀을 이용하여 암호화 및 복호화하는 방법을 알아보자. 위의 변환표에 의해 전송하고자 하는 "인생은 자전거를 타는 것과 같다." 라는 문장은 다음과 같이 변환된다.

ㅇ	ㅣ	ㄴ	ㅅ	ㅐ	ㅇ	ㅇ	ㅡ	ㄴ	*
8	24	2	7	25	8	8	23	2	29
ㅈ	ㅏ	ㅈ	ㅓ	ㄴ	ㄱ	ㅓ	ㄹ	ㅡ	ㄹ
9	15	9	17	2	1	17	4	23	4
*	ㅌ	ㅏ	ㄴ	ㅡ	ㄴ	*	ㄱ	ㅓ	ㅅ
29	12	15	2	23	2	29	1	17	7
ㄱ	ㅗ	ㅏ	*	ㄱ	ㅏ	ㅌ	ㄷ	ㅏ	.
1	19	15	29	1	15	12	3	15	30

표 5.6

숫자로 변환된 문장을 4×10 행렬로 표현한 것을 행렬 $\boldsymbol{M}$이라고 정의한다.

$$M=\begin{pmatrix} 8 & 24 & 2 & 7 & 25 & 8 & 8 & 23 & 2 & 29 \\ 9 & 15 & 9 & 17 & 2 & 1 & 17 & 4 & 23 & 4 \\ 29 & 12 & 15 & 2 & 23 & 2 & 29 & 1 & 17 & 7 \\ 1 & 19 & 15 & 29 & 1 & 15 & 12 & 3 & 15 & 30 \end{pmatrix}$$

암호화를 위해 곱해주는 가역행렬 A와 해독을 위한 A^{-1}를 다음과 같이 정의하면.

$$A=\begin{bmatrix}1&2&3&3\\0&1&2&4\\0&0&1&1\\0&0&0&1\end{bmatrix},\ A^{-1}=\begin{bmatrix}0&-2&1&4\\0&1&-2&-2\\0&0&1&-1\\0&0&0&1\end{bmatrix}$$

M 행렬 앞에 A 행렬을 곱하여 행렬 C를 만든다.

$$C=AM=\begin{bmatrix}1&2&3&3\\0&1&2&4\\0&0&1&1\\0&0&0&1\end{bmatrix}\begin{bmatrix}8&24&2&7&25&8&8&23&2&29\\9&15&9&17&2&1&17&4&23&4\\29&12&15&2&23&2&29&1&17&7\\1&19&15&29&1&15&12&3&15&30\end{bmatrix}$$

$$=\begin{bmatrix}116&147&110&134&101&61&165&43&144&148\\71&115&99&137&52&65&123&18&117&138\\30&31&30&31&24&17&41&4&32&37\\1&19&15&29&1&15&12&3&15&30\end{bmatrix}$$

C 행렬 앞에 A^{-1} 행렬을 곱하여 암호를 해독한다.

$$A^{-1}C=\begin{bmatrix}0&-2&1&4\\0&1&-2&-2\\0&0&1&-1\\0&0&0&1\end{bmatrix}\begin{bmatrix}116&147&110&134&101&61&165&43&144&148\\71&115&99&137&52&65&123&18&117&138\\30&31&30&31&24&17&41&4&32&37\\1&19&15&29&1&15&12&3&15&30\end{bmatrix}$$

$$=\begin{bmatrix}8&24&2&7&25&8&8&23&2&29\\9&15&9&17&2&1&17&4&23&4\\29&12&15&2&23&2&29&1&17&7\\1&19&15&29&1&15&12&3&15&30\end{bmatrix}$$

암호해독 결과인 $A^{-1}C$를 〈표 5.1〉의 변환표와 대조해보면 “인생은 자전거를 타는 것과 같다.” 라는 문장을 얻을 수 있다.

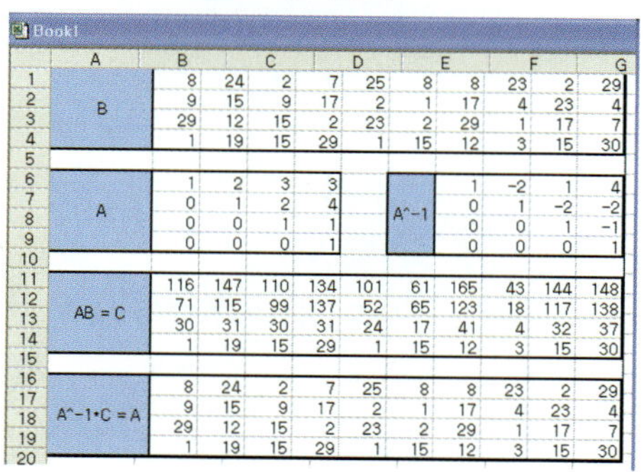

	A	B		C		D		E		F	G
1	B	8	24	2	7	25	8	8	23	2	29
2		9	15	9	17	2	1	17	4	23	4
3		29	12	15	2	23	2	29	1	17	7
4		1	19	15	29	1	15	12	3	15	30
5											
6	A	1	2	3	3		A^-1	1	-2	1	4
7		0	1	2	4			0	1	-2	-2
8		0	0	1	1			0	0	1	-1
9		0	0	0	1			0	0	0	1
10											
11	AB = C	116	147	110	134	101	61	165	43	144	148
12		71	115	99	137	52	65	123	18	117	138
13		30	31	30	31	24	17	41	4	32	37
14		1	19	15	29	1	15	12	3	15	30
15											
16	A^-1•C = A	8	24	2	7	25	8	8	23	2	29
17		9	15	9	17	2	1	17	4	23	4
18		29	12	15	2	23	2	29	1	17	7
19		1	19	15	29	1	15	12	3	15	30
20											

|그림 5.1 : Excel을 이용한 위의 계산과정 소개|

P2 P1 에서 소개한 방법과 Excel을 이용하여 아래의 문장을 암호화해보자.

문장 : CARPE DIEM!

(단, 행렬은 $A=\begin{bmatrix}0&1&3\\7&9&7\\1&3&6\end{bmatrix}$ 로 주어졌다.)

5.3 흑백 게임의 선형대수학

이 절에서는 여러분이 배운 선형대수학 지식이 주위의 문제 해결에 얼마만큼 중요한 열쇠가 되는지를 보여준다. 영화 '뷰티플 마인드' 에서 주인공 존 내쉬가 바둑 두는 모습이 나오며 관련 홈페이지에 '흑백(Blackout, Lightout, Merlin's Magic square)' 게임이 소개되었다. 우리는 이 게임을 선형대수학적으로 해석하여 게임을 이기는 최적의 전략을 소개한다.

자바 : http:// matrix.skku.ac.kr/Blackwhite2/BlackWhite.html

바둑판을 이용한 흑백 게임의 최적해를 구하는 선형대수학 알고리즘

그림 5.2 흑백(Blakout)게임

먼저 기본적인 흑백 게임의 규칙은 다음과 같다.

3×3 바둑판에 바둑알 9개가 있다. 게임은 바둑알을 선별적으로 클릭하는 과정을 거쳐 바둑알 9개 모두를 아래의 2가지 경우와 같이 같은 색으로 만드는 것이다. 이 과정에서 조건은 한 바둑알을 클릭하면 주변에 변을 같이하는 상 · 하 · 좌 · 우 바둑알들이 함께 뒤집어지게(toggle) 된다.

이 문제에서 일부의 바둑알이 뒤집힌 상태로 주어진 초기의 패턴에 따라서 답이 있는 문제와 답이 없는 문제가 존재하는가? 그런 존재성을 수학적으로 증명할 수 있을까? 즉 홈페이지 관리자가 '상대가 이길 수 없는 초기조건(영원히 이길 수 없는 문제)' 을 제시할 수 있을까? 그렇지 않다면 이 문제는 어떠한 초기조건이 주어져도 반드시 답이 존재하는 그런 부류의 문제일까? 만약 그렇다면 "그런 사실에 대한 증명은 가능한가?" 하는 해의 존재성에 대한 문제를 제기할 수 있다. 또, 그런 해의 개수(극단적인 경우 해의 유일성)에 대한 답을 모두 선형대수학적으로 줄 수 있다.

이제 이 게임의 해의 존재성에 대한 선형대수학적 증명을 시도해 보자. 이 게임에서 클릭을 한다는 것을 수학적으로 표현하면 어떻게 될까? 우리는 수없이 바둑알들을 클릭 할 수는 있지만 서로 다르게 클릭 할 수 있는 방법은 오로지 9가지뿐이다. 다른 것들은 모두 이들의 일차 결합이다. 그리고 9가지 바둑알 중 하나의 바둑알을 클릭하면 주변의 바둑알들이 뒤집어지게(Toggle) 되는데 이것은 수학적으로 어떻게 표현할 수 있을까? 이것은 바로 색을 바꾸어 준다는 의미로 대응하는 '9가지 바둑알들의 집합' 을 더하는 것으로 이해할 수 있다. 즉, 바둑판을 3×3 행렬로 표현하고, 9가지 행렬을 2를 법으로 하는 잉여류의 합으로 문제를 해결할 수 있다

다시 말하면 흰 색이 1이고 검은색이 0이라고 가정할 때 위의 9개의 바둑알 클릭이라는

동작은 아래의 9개 '행렬을 더한다'의 문제로 바뀌게 된다. 만약 초기 조건이 주어졌다고 가정하면 초기 조건에 해당하는 행렬에 9개의 바둑알 클릭을 수행함에 따라 9개의 행렬 중에 몇 개를 더하는 것과 같은 문제로 바뀐다는 것이다.

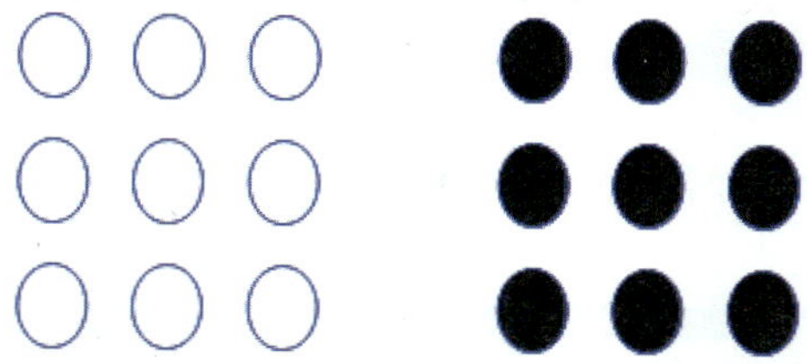

그림 5.3 완전히 뒤집어진 상태

이렇게 더했을 때 과연

$$\begin{bmatrix} 0 & 0 & 0 \\ 0 & 0 & 0 \\ 0 & 0 & 0 \end{bmatrix} \text{ 혹은 } \begin{bmatrix} 1 & 1 & 1 \\ 1 & 1 & 1 \\ 1 & 1 & 1 \end{bmatrix}$$

이라는 결과를 도출할 수 있느냐는 것인데 위의 9개의 서로 다른 바둑알의 클릭은 9개의 행렬 중 하나를 더한다는 것으로 대치가 된다. 이 때, 합은 대응하는 성분끼리의 합을 2를 법으로 하는 잉여류로 한다.

$$\begin{bmatrix} 1 & 1 & 0 \\ 1 & 0 & 0 \\ 0 & 0 & 0 \end{bmatrix} \begin{bmatrix} 1 & 1 & 1 \\ 0 & 1 & 0 \\ 0 & 0 & 0 \end{bmatrix} \begin{bmatrix} 0 & 1 & 1 \\ 0 & 0 & 1 \\ 0 & 0 & 0 \end{bmatrix} \begin{bmatrix} 1 & 0 & 0 \\ 1 & 1 & 0 \\ 1 & 0 & 0 \end{bmatrix} \begin{bmatrix} 0 & 1 & 0 \\ 1 & 1 & 1 \\ 0 & 1 & 0 \end{bmatrix}$$

$$\begin{bmatrix} 0 & 0 & 1 \\ 0 & 1 & 1 \\ 0 & 0 & 1 \end{bmatrix} \begin{bmatrix} 0 & 0 & 0 \\ 1 & 0 & 0 \\ 1 & 1 & 0 \end{bmatrix} \begin{bmatrix} 0 & 0 & 0 \\ 0 & 1 & 0 \\ 1 & 1 & 1 \end{bmatrix} \begin{bmatrix} 0 & 0 & 0 \\ 0 & 0 & 1 \\ 0 & 1 & 1 \end{bmatrix}$$

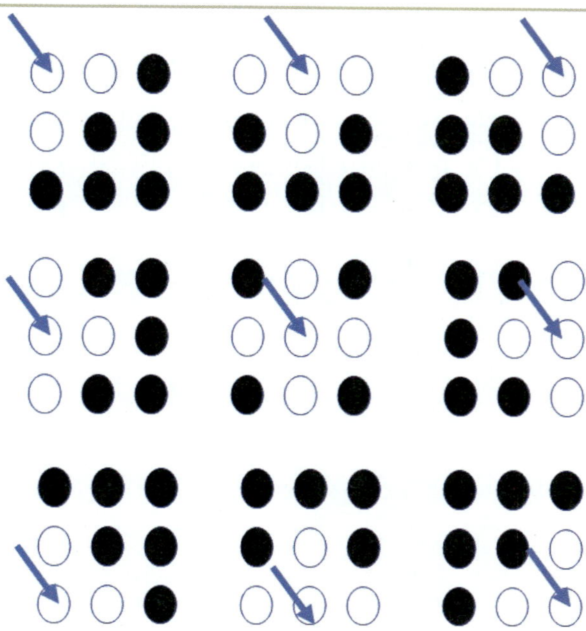

그림 5.4

클릭 한 번으로 게임이 끝날 수 있는 9가지 기본패턴
(색을 반전 시키면 나머지 9가지 패턴이 추가로 생성됨)

실제 한 가지 예를 들어 보자. 아래의 경우에는 3×3 바둑판에 검은색(파란) 돌 5개와 흰색(붉은) 돌 4개가 존재하고 있다.

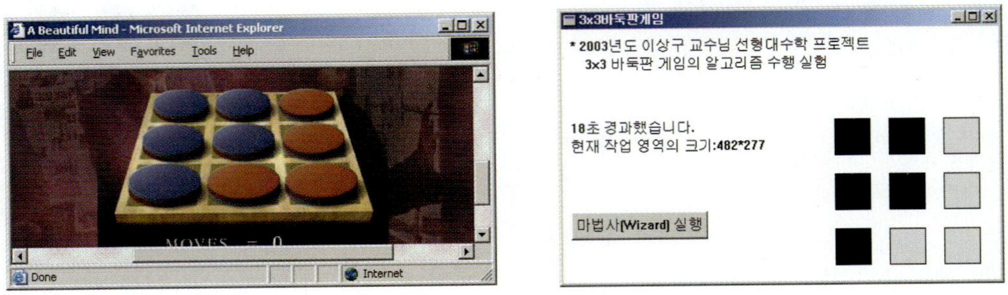

그림 5.5

위의 경우 검은색 돌을 0으로 흰색 돌을 1로 가정하면, 초기 조건에 해당하는 행렬은

$$B=\begin{bmatrix} 0 & 0 & 1 \\ 0 & 0 & 1 \\ 0 & 1 & 1 \end{bmatrix}$$

로 표현할 수 있고 여기에 마우스를 여러 번 클릭한다는 의미는 아래의 행렬들을 더하는 것이다.

$$a\begin{bmatrix} 1 & 1 & 0 \\ 1 & 0 & 0 \\ 0 & 0 & 0 \end{bmatrix}+b\begin{bmatrix} 1 & 1 & 1 \\ 0 & 1 & 0 \\ 0 & 0 & 0 \end{bmatrix}+c\begin{bmatrix} 0 & 1 & 1 \\ 0 & 0 & 1 \\ 0 & 0 & 0 \end{bmatrix}+d\begin{bmatrix} 1 & 0 & 0 \\ 1 & 1 & 0 \\ 1 & 0 & 0 \end{bmatrix}+e\begin{bmatrix} 0 & 1 & 0 \\ 1 & 1 & 1 \\ 0 & 1 & 0 \end{bmatrix}$$

$$+f\begin{bmatrix} 0 & 0 & 1 \\ 0 & 1 & 1 \\ 0 & 0 & 1 \end{bmatrix}+g\begin{bmatrix} 0 & 0 & 0 \\ 1 & 0 & 0 \\ 1 & 1 & 0 \end{bmatrix}+h\begin{bmatrix} 0 & 0 & 0 \\ 0 & 1 & 0 \\ 1 & 1 & 1 \end{bmatrix}+i\begin{bmatrix} 0 & 0 & 0 \\ 0 & 0 & 1 \\ 0 & 1 & 1 \end{bmatrix}$$

즉, 위의 행렬을 더한 값이 $\begin{bmatrix} 0 & 0 & 0 \\ 0 & 0 & 0 \\ 0 & 0 & 0 \end{bmatrix}$ 혹은 $\begin{bmatrix} 1 & 1 & 1 \\ 1 & 1 & 1 \\ 1 & 1 & 1 \end{bmatrix}$이 될 수 있느냐의 문제가 되는 것이다. 여기서 $\begin{bmatrix} 0 & 0 & 0 \\ 0 & 0 & 0 \\ 0 & 0 & 0 \end{bmatrix}$가 되게 한다는 것은 모든 바둑알을 검은색으로 만든다는 것이고 $\begin{bmatrix} 1 & 1 & 1 \\ 1 & 1 & 1 \\ 1 & 1 & 1 \end{bmatrix}$라는 것은 모두 흰색으로 만든다는 것을 의미한다. a라는 계수가 의미하는 것은 $\begin{bmatrix} 1 & 1 & 0 \\ 1 & 0 & 0 \\ 0 & 0 & 0 \end{bmatrix}$이라고 하는 행렬을 a번 더하는 것을 의미하는 것으로서 마우스로 첫 번

째 (1, 1) 바둑알을 몇 번 클릭하는지를 말하는 것이다. 다른 b, c, d, e, f, g, h, i 역시 마찬가지 방법으로 해석될 수 있다. 문제를 간결하게 생각하기 위해 결과가 모두 검은색이 되게 만드는 것이 목적이라고 가정하면 최종값이

$\begin{bmatrix} 0 & 0 & 0 \\ 0 & 0 & 0 \\ 0 & 0 & 0 \end{bmatrix}$ 이면 된다는 것이고, 위 게임을 그렇게 해석해 보자. 위 식을 묶어서 다시 쓰면 아래의 방정식을 만족하는 a, b, c, d, e, f, g, h, i를 구하라는 문제가 된다. 여기서 행렬 밑의 (i, j)는 (i, j)성분의 위치에 있는 바둑알을 클릭하는 것을 뜻한다.

$$a\underset{(1,\ 1)}{\begin{bmatrix} 1 & 1 & 0 \\ 1 & 0 & 0 \\ 0 & 0 & 0 \end{bmatrix}} + b\underset{(1,\ 2)}{\begin{bmatrix} 1 & 1 & 1 \\ 0 & 1 & 0 \\ 0 & 0 & 0 \end{bmatrix}} + c\underset{(1,\ 3)}{\begin{bmatrix} 0 & 1 & 1 \\ 0 & 0 & 1 \\ 0 & 0 & 0 \end{bmatrix}} + d\underset{(2,\ 1)}{\begin{bmatrix} 1 & 0 & 0 \\ 1 & 1 & 0 \\ 1 & 0 & 0 \end{bmatrix}} + e\underset{(2,\ 2)}{\begin{bmatrix} 0 & 1 & 0 \\ 1 & 1 & 1 \\ 0 & 1 & 0 \end{bmatrix}} + f\underset{(2,\ 3)}{\begin{bmatrix} 0 & 0 & 1 \\ 0 & 1 & 1 \\ 0 & 0 & 1 \end{bmatrix}}$$

$$+ g\underset{(3,\ 1)}{\begin{bmatrix} 0 & 0 & 0 \\ 1 & 0 & 0 \\ 1 & 1 & 0 \end{bmatrix}} + h\underset{(3,\ 2)}{\begin{bmatrix} 0 & 0 & 0 \\ 0 & 1 & 0 \\ 1 & 1 & 1 \end{bmatrix}} + i\underset{(3,\ 3)}{\begin{bmatrix} 0 & 0 & 0 \\ 0 & 0 & 1 \\ 0 & 1 & 1 \end{bmatrix}} + \underset{\text{초기값}}{\begin{bmatrix} 0 & 0 & 1 \\ 0 & 0 & 1 \\ 0 & 1 & 1 \end{bmatrix}} = \underset{\text{목표값}}{\begin{bmatrix} 0 & 0 & 0 \\ 0 & 0 & 0 \\ 0 & 0 & 0 \end{bmatrix}}$$

$$a\underset{(1,\ 1)}{\begin{bmatrix} 1 & 1 & 0 \\ 1 & 0 & 0 \\ 0 & 0 & 0 \end{bmatrix}} + b\underset{(1,\ 2)}{\begin{bmatrix} 1 & 1 & 1 \\ 0 & 1 & 0 \\ 0 & 0 & 0 \end{bmatrix}} + c\underset{(1,\ 3)}{\begin{bmatrix} 0 & 1 & 1 \\ 0 & 0 & 1 \\ 0 & 0 & 0 \end{bmatrix}} + d\underset{(2,\ 1)}{\begin{bmatrix} 1 & 0 & 0 \\ 1 & 1 & 0 \\ 1 & 0 & 0 \end{bmatrix}} + e\underset{(2,\ 2)}{\begin{bmatrix} 0 & 1 & 0 \\ 1 & 1 & 1 \\ 0 & 1 & 0 \end{bmatrix}} + f\underset{(2,\ 3)}{\begin{bmatrix} 0 & 0 & 1 \\ 0 & 1 & 1 \\ 0 & 0 & 1 \end{bmatrix}}$$

$$+ g\underset{(3,\ 1)}{\begin{bmatrix} 0 & 0 & 0 \\ 1 & 0 & 0 \\ 1 & 1 & 0 \end{bmatrix}} + h\underset{(3,\ 2)}{\begin{bmatrix} 0 & 0 & 0 \\ 0 & 1 & 0 \\ 1 & 1 & 1 \end{bmatrix}} + i\underset{(3,\ 3)}{\begin{bmatrix} 0 & 0 & 0 \\ 0 & 0 & 1 \\ 0 & 1 & 1 \end{bmatrix}} = \underset{\text{목표값}}{\begin{bmatrix} 0 & 0 & 0 \\ 0 & 0 & 0 \\ 0 & 0 & 0 \end{bmatrix}} - \underset{\text{초기값}}{\begin{bmatrix} 0 & 0 & 1 \\ 0 & 0 & 1 \\ 0 & 1 & 1 \end{bmatrix}} = -\mathbf{b}$$

위의 연립방정식을 푸는 과정에서 주어진 9개의 3×3 행렬은 각각 9×1 벡터(또는 행렬)로 생각할 수 있으므로 실제로 $\mathbf{x}=[a\ b\ c\ d\ e\ f\ g\ h\ i]^T$에 관하여 풀어보면 9개의 방정식이 생성되고 이렇게 생긴 연립 방정식을 다시 행렬로 표현하면 아래와 같은 9×9 대칭 행렬 A를 포함하는 연립일차방정식이 된다. 〈그림 5.5〉의 초기문제에 해당하는 행렬 $\mathbf{b}$와 A를 이용하여 실제 $\mathbf{x}$를 구해보자.

$$A\mathbf{x}=-\mathbf{b} \Rightarrow A\begin{bmatrix} a \\ b \\ c \\ d \\ e \\ f \\ g \\ h \\ i \end{bmatrix} = -\begin{bmatrix} 0 \\ 0 \\ 1 \\ 0 \\ 0 \\ 1 \\ 0 \\ 1 \\ 1 \end{bmatrix} \text{이므로 } A=\begin{bmatrix} 1 & 1 & 0 & 1 & 0 & 0 & 0 & 0 & 0 \\ 1 & 1 & 1 & 0 & 1 & 0 & 0 & 0 & 0 \\ 0 & 1 & 1 & 0 & 0 & 1 & 0 & 0 & 0 \\ 1 & 0 & 0 & 1 & 1 & 0 & 1 & 0 & 0 \\ 0 & 1 & 0 & 1 & 1 & 1 & 0 & 1 & 0 \\ 0 & 0 & 1 & 0 & 1 & 1 & 0 & 0 & 1 \\ 0 & 0 & 0 & 1 & 0 & 0 & 1 & 1 & 0 \\ 0 & 0 & 0 & 0 & 1 & 0 & 1 & 1 & 1 \\ 0 & 0 & 0 & 0 & 0 & 1 & 0 & 1 & 1 \end{bmatrix}$$

와 같은 값을 갖게 된다. MATHEMATICA, MATLAB 또는 저자가 개발한 자바행렬계산기 등을 이용하여 실제로 위의 계산을 수행해 보면

$$\mathbf{x}=\left[\frac{1}{7}\ -\frac{4}{7}\ \frac{1}{7}\ \frac{3}{7}\ \frac{2}{7}\ -\frac{4}{7}\ -\frac{6}{7}\ \frac{3}{7}\ -\frac{6}{7}\right]^T$$

가 되고 $\mathbf{x}$의 각 성분을 정수로 만들기 위해 $\mathbf{x}$에 7을 곱해 주면

$$7\mathbf{x}=[1\ -4\ 1\ 3\ 2\ -4\ -6\ 3\ -6]^T$$

이 되며, 이것의 각 성분들은 2를 법으로 하는 잉여류의 합에 의해

$$7\mathbf{x}\equiv[1\ 0\ 1\ 1\ 0\ 0\ 0\ 1\ 0]^T\ (\text{mod}2)$$

이 된다. 위의 벡터를 다시 3×3 행렬로 표현하면 아래와 같이 쓸 수 있는데 우리가 알아낸 것은 바로 이 행렬이 게임 승리의 전략에 대한 답을 준다는 것이다.

$$\begin{bmatrix} 1 & 0 & 1 \\ 1 & 0 & 0 \\ 0 & 1 & 0 \end{bmatrix}$$

실제 1이라고 쓴 (1, 1) (1, 3), (2, 1), (3, 2) 성분의 바둑알을 순서대로 클릭 해본다. 이 성분을 9×1 벡터 성분의 위치와 대응시켜 생각하면 1번, 3번, 4번, 8번 위치를 클릭하면 분명히 4번 만에 게임은 끝이 날 것이다. 사실 클릭하는 순서와는 관계가 없이 게임은 끝난다. 단지 이 4개의 위치를 한번씩 클릭 하는 것만 중요한 것이다. 아래의 〈그림 5.6〉은 실제로 주어진 바둑판에서의 지정된 4개 바둑알을 클릭하자 마자 4번 만에 게임이 끝났음을 보여주고 있다. 〈그림 5.6〉에서 '총 수행 횟수 4'는 클릭(MOVE) 4번에 게임이 끝났음을 의미한다. '마법사(Wizard) 실행'이라는 명령을 〈그림 5.6〉에서 볼 수 있듯이 그 아래 숫자 '1 3 4 8'이 쓰여지는데 이것은 저자가 개발한 소프트웨어에서 최적의 해를 확인하기 위해 제공한 기능인 마법사를 클릭하여 얻은 최적해, 즉 클릭해야 할 돌의 위치를 뜻한다.

위에서 보았듯이 선형연립방정식의 해를 구하는 능력은 주위의 여러분 다양한 문제에 적용이 가능하다. 위의 알고리즘을 이용해 저자와 연구원이 C^{++} 언어로 만든 프로그램으로 실험한 결과가 그림으로 첨부된 것이다. 이 프로그램은 다음 사이트에서 다운받아 사용할 수 있다. (웹상의 자바 도구는 http://matrix.skku.ac.kr/BlackWhite2/BlackWhite.html)

http://matrix.skku.ac.kr/sglee/blackout_win.exe

또는 http://matrix.skku.ac.kr/sglee/blackout_win.zip

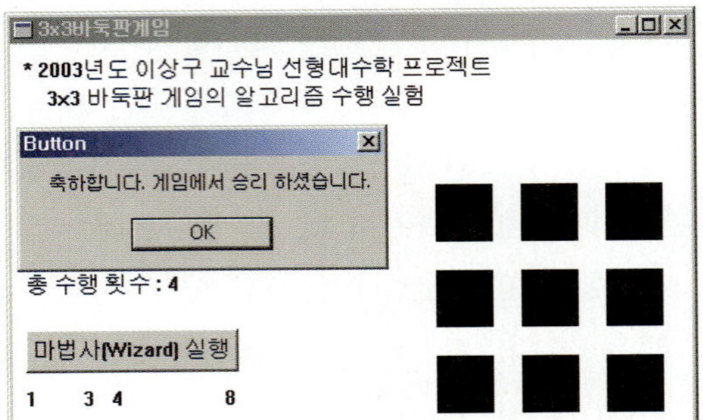

그림 5.6

을 다운 받아 실험해 보아라. 위의 내용은 선형대수학을 학습하면서 학생이 제기한 문제를 학생과 함께 풀고 관련 프로그램을 만들어서, 국제학회 및 국내 논문집에 발표한 내용으로 전문은 아래 참고 문헌에서 볼 수 있다.

〈참고 : 이 프로그램은 이상구 교수와 박종빈군에 의하여 이후 19×19바둑판 위의 3색게임으로 진화되었다.〉

참고문헌

1. "Linear algebra algorithm for the optimal solution in the Blackout game" (Sang-Gu Lee with J.-B. Park, J.-M. Yang, and Ik-Pyo Kim), Journal of Korean Soc. Math. Ed. Ser. A: The Mathematical Education, Feb. 2004, Vol. 43, No. 1, pp.87-96
2. Stiller, L. (1996), Multilinear Algebra and Chess Endgames, Games of No Chance, Volume 29, pp. 151-192. Berkeley: MSRI Publications
3. Tuckur, A. (1988), A Unified introduction to linear algebra: Models, methods and theory, New York: MaCmillan Pub. Inc.
4. Uhl, J. & Davis, W. (1999), Is the mathematics we do the mathematics we teach?, Contemporary issues in mathematics education, Volume 36, pp. 67-74, Berkeley: MSRI Publications

그림 5.6

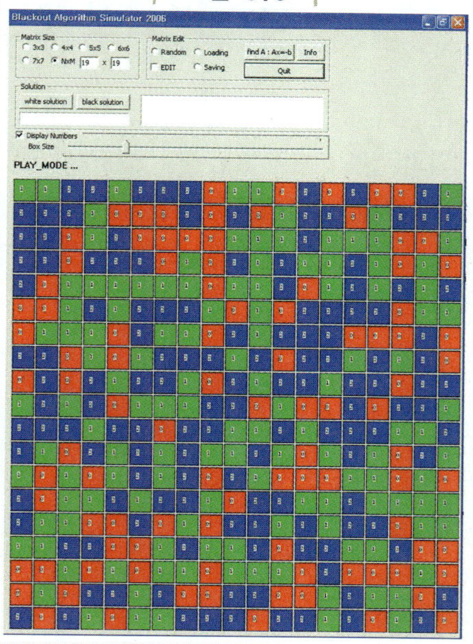

연습문제 5-3

1. 흑백(Blackout, Lightout, Merlin's Magic square)게임과 같이 그간 보아온 주위의 게임 중 선형대수학이나 행렬과 연관하여 생각해 볼 수 있는 게임을 찾아보아라. 마방진의 문제도 그 중에 하나의 예이다.

[Game 관련 홈페이지 참조]

동영상강의 : http://matrix.skku.ac.kr/2008-talks/Blackoutgame-talk.htm

토론과 발견

P1 미국과학재단(NSF)은 "학부생을 위한 기초 학문의 연구 경험"을 주는 Research Experience for Undergraduates(REU) 여름 프로그램에 집중 지원해 오고 있다. 아래 주소에서 선형대수학과 관련한 미국의 대학생들의 REU 수학 프로그램의 내용에 대해 알아보고 보고서를 제출하여라.

http://www.ams.org/employment/reu.html

5.4 마코프체인과 선형모델

사회과학분야, 특히 경영이나 경제에서 어떤 현상에 대해 분석하거나 이론을 정확히 표현하기 위해서 우리가 배우고 공부하는 수학적 기법을 이용한다. 경영분석을 위한 다양한 수학적 도구 중 하나로 마코프체인(Markov chain)이 쓰이곤 한다.

마코프체인Markov chain)은 '과거와 현재가 주어진 상황에서 미래는 과거와 관계없이 현재에만 의존한다.' 라는 마코프성질을 가진 확률과정인 마코프과정(process)중에서 시간공간과 상태공간이 이산적인 경우인 것이다. 이런 마코프체인은 다양한 경영 시스템을 모형화하는 수학적 기법으로써 과거에 있었던 변화를 토대로 시스템의 여러 변수들이 갖고 있는 동적 성격을 파악하여 미래에 있을 변화를 연속적으로 예측하는데 사용된다. 이를 이용하는 분야는 생산관리나 재고관리, 판매계획 상표의 대체 등 경영 전반에 이용하게 된다.

이제 이런 마코프체인이 무엇인지에 대해 알아보자. 다음에 소개하는 마코프체인의 모델은 여러 교재에 소개되는 단순하면서도 정확한 개념을 전달하는 예이다.

경쟁관계에 있는 TV뉴스채널인 채널 1과 채널 2는 현재 각각 60%와 40%의 시청자를 확보하고 있다. 1년마다 채널 2의 시청자중 20%가 채널 1로 이동하고, 채널 1의 시청자중 30%가 채널 2로 이동한다. 이 때 1년 후의 각 채널의 시청자 비율은 어떻게 되었는지를 알아보자. 일단 시간에 종속된 변수들을 소개하면

$$x_1(t) = t\text{시점에서 채널 1에 속한 시청자의 비율}$$
$$x_2(t) = t\text{시점에서 채널 2에 속한 시청자의 비율}$$

그리고 열벡터

$$\mathbf{x}(t) = \begin{bmatrix} x_1(t) \\ x_2(t) \end{bmatrix} \begin{matrix} \leftarrow t \text{ 시점에서 채널 1에 속한 시청자의 비율} \\ \leftarrow t \text{ 시점에서 채널 2에 속한 시청자의 비율} \end{matrix}$$

의 변수 $x_1(t)$와 $x_2(t)$는 시간이 t일 때 상태가 벡터 $\mathbf{x}(t)$인 Dynamical System을 구성한다. 시간 t가 0일 때 두 채널이 가지고 있는 시청자비율은 각각 60%, 40%라 하면 그 때의 상태는

$$\mathbf{x}(0) = \begin{bmatrix} x_1(0) \\ x_2(0) \end{bmatrix} = \begin{bmatrix} 0.6 \\ 0.4 \end{bmatrix} \begin{matrix} \leftarrow 0 \text{ 시점에서 채널 1의 시청자의 비율} \\ \leftarrow 0 \text{ 시점에서 채널 2의 시청자의 비율} \end{matrix}$$

위의 시간은 년(year)단위이다. 이제 1년이 지난 후 즉 $t=1$일 때 상태를 알아보자. 1년이 지난 후, 채널 1에는 처음 60% 시청자 중 70%(채널 2에 30%를 잃음)를 유지하고, 채널 2의 처음의 시청자비율 40% 중 20%를 새로 확보한다.
그러면

$$x_1(1) = 0.7(0.6) + 0.2(0.4) = 0.5$$

이다.

이와 마찬가지로, 채널 2는 채널 1의 처음 시청자인 60%중 30%를 새로 확보하고, 자신의 처음의 시청자인 40%중에서 80%를 유지한다. 그러면

$$x_2(1)=0.3(0.6)+0.8(0.4)=0.5$$

이다.

그러므로, $t=1$일 때 시청자 확보율의 상태는

$$\mathbf{x}(1)=\begin{bmatrix} x_1(1) \\ x_2(1) \end{bmatrix}=\begin{bmatrix} 0.5 \\ 0.5 \end{bmatrix} \begin{matrix} \leftarrow 1 \text{ 시점에서 채널 1의 시청자의 비율} \\ \leftarrow 1 \text{ 시점에서 채널 2의 시청자의 비율} \end{matrix}$$

이다. 즉 채널 1과 2는 1년 후 각각 50%와 50%의 시청자를 갖게 된다는 것을 알게 된다. 같은 식에서 5년 후의 각 채널의 시청자비율을 예측하기 위하여 위 식을 행렬의 형태로 표현하면,

$$\mathbf{x}(k+1)=\begin{bmatrix} x_1(k+1) \\ x_2(k+1) \end{bmatrix}=\begin{bmatrix} 0.7 & 0.2 \\ 0.3 & 0.8 \end{bmatrix}\begin{bmatrix} x_1(k) \\ x_2(k) \end{bmatrix}=\begin{bmatrix} 0.7 & 0.2 \\ 0.3 & 0.8 \end{bmatrix}\mathbf{x}(k)$$

이다.

이를 통해 $k=0$일 때 이 방법을 이용하면

$$\mathbf{x}(1)=\begin{bmatrix} x_1(1) \\ x_2(1) \end{bmatrix}=\begin{bmatrix} 0.7 & 0.2 \\ 0.3 & 0.8 \end{bmatrix}\begin{bmatrix} 0.6 \\ 0.4 \end{bmatrix}=\begin{bmatrix} 0.5 \\ 0.5 \end{bmatrix}$$

이 된다.

이런 방법으로 $\mathbf{x}(5)$의 값을 구하면

$$\mathbf{x}(2)=\begin{bmatrix} 0.7 & 0.2 \\ 0.3 & 0.8 \end{bmatrix}\mathbf{x}(1)=\begin{bmatrix} 0.7 & 0.2 \\ 0.3 & 0.8 \end{bmatrix}\begin{bmatrix} 0.5 \\ 0.5 \end{bmatrix}=\begin{bmatrix} 0.45 \\ 0.55 \end{bmatrix},$$

$$\mathbf{x}(3)=\begin{bmatrix} 0.7 & 0.2 \\ 0.3 & 0.8 \end{bmatrix}\mathbf{x}(2)=\begin{bmatrix} 0.7 & 0.2 \\ 0.3 & 0.8 \end{bmatrix}\begin{bmatrix} 0.45 \\ 0.55 \end{bmatrix}=\begin{bmatrix} 0.425 \\ 0.575 \end{bmatrix},$$

$$\mathbf{x}(4)=\begin{bmatrix} 0.4125 \\ 0.5875 \end{bmatrix}, \qquad \mathbf{x}(5)=\begin{bmatrix} 0.40625 \\ 0.59375 \end{bmatrix}$$

5년 뒤에, 채널 1은 약 40%의 시청자를 보유하고, 채널 2는 약 60%의 시청자를 보유한다는 것을 알 수 있다. 더 나아가 이 과정을 계속하여 장기적으로 이런 시장 점유율의 변화를 지켜보면,

$$\mathbf{x}(40)=\begin{bmatrix} 0.4 \\ 0.6 \end{bmatrix}=\begin{bmatrix} 0.7 & 0.2 \\ 0.3 & 0.8 \end{bmatrix}^{40}\begin{bmatrix} 0.5 \\ 0.5 \end{bmatrix}$$

이 된다. 즉 40년 뒤에는 결국 채널 1은 전체 시장점유율 40%을 가지고 채널 2는 전체 시장 점유율 60%를 가지게 된다는 예측이 가능하다. 이에 따라 각 회사는 경영 전략을 세우고 변화를 모색하게 되는 것이다.

이와 같이 주위의 변화하는 상황을 선형연립방정식으로 만들어 예측을 가능하게 하는 모델을 선형모델이라고 하고, 위와 같은 예 중에서 특히 그 시스템의 변수들의 상태는 확실하게 알 수 없지만, 확률적으로 표현할 수 있다는 의미에서 확률과정(Stochastic Process)이라고 부른다.

즉, 마코프체인이란 연속적인 시간공간상에서 성분들의 합이 1이 되는 확률벡터(stochastic vector) $\mathbf{x}(k)$사이에 식

$$\mathbf{x}(k+1)=P\,\mathbf{x}(k)$$

로 관계되어 있는 시스템을 말하며 사이에 있는 행렬 P를 이 시스템의 전이행렬(transition matrix)이라 한다.

여기서 잠깐!

마코프체인(Markov chains)은 러시아의 수학자 A.A.Markov의 이름을 기리기 위해 붙여졌다.

마코프는 시를 사랑했으며 푸시킨의 시 Eugene Onegin에서 마코프체인을 이용하여 자음과 모음의 교대 형태를 분석했다. 마코프는 마코프체인이 문학적인 작품의 분석 정도에나 쓰이는 것이라고 생각했었는데 그가 만일 살아있었다면 마코프체인이 현대에 사회과학이나 유전학에서 사용된다는 것을 보고 매우 놀랐을 것이다.

예제 1 처음 시내에 사람이 100,000명이 살고 교외에는 25,000명이 산다. 지역계획위원회에서는 매년 5%의 시내주민을 교외로 이사시키고 3%의 교외주민을 시내로 이사시키는 정책을 수정하기로 결정을 했다.

풀이 (1) 전체 인구수는 일정하다고 할 때, 5년 동안 시내와 교외의 인구수를 표를 만들어서 보아라.

(2) 오랜 시간 후에 시내와 교외의 인구가 어떻게 분포되겠는가?

(1) $$\mathbf{x}_0=\begin{bmatrix}100{,}000\\25{,}000\end{bmatrix},\quad P=\begin{bmatrix}0.95 & 0.03\\0.05 & 0.97\end{bmatrix}$$

$$\mathbf{x}_1=\begin{bmatrix}0.95 & 0.03\\0.05 & 0.97\end{bmatrix}\ \mathbf{x}_0=\begin{bmatrix}100{,}000\times0.95+25{,}000\times0.03\\100{,}000\times0.05+25{,}000\times0.97\end{bmatrix}=\begin{bmatrix}95750\\29250\end{bmatrix}$$

$$\mathbf{x}_2=P\,\mathbf{x}_1=\begin{bmatrix}0.95 & 0.03\\0.05 & 0.97\end{bmatrix}\begin{bmatrix}95{,}750\\29{,}250\end{bmatrix}$$

$$=\begin{bmatrix}91{,}840\times0.95+33{,}160\times0.03\\95{,}750\times0.05+29{,}250\times0.97\end{bmatrix}=\begin{bmatrix}91{,}840\\33{,}160\end{bmatrix}$$

$$\mathbf{x}_3=P\,\mathbf{x}_2=\begin{bmatrix}0.95 & 0.03\\0.05 & 0.97\end{bmatrix}\begin{bmatrix}91{,}840\\33{,}160\end{bmatrix}$$

$$=\begin{bmatrix}91{,}840\times0.95+33{,}160\times0.03\\91{,}840\times0.05+33{,}160\times0.97\end{bmatrix}\approx\begin{bmatrix}88{,}243\\36{,}757\end{bmatrix}$$

$$\mathbf{x}_4=P\,\mathbf{x}_2=\begin{bmatrix}0.95 & 0.03\\0.05 & 0.97\end{bmatrix}\begin{bmatrix}88{,}243\\36{,}757\end{bmatrix}$$

$$=\begin{bmatrix}88{,}243\times0.95+36{,}757\times0.03\\88{,}243\times0.05+36{,}757\times0.97\end{bmatrix}\approx\begin{bmatrix}84{,}933\\40.067\end{bmatrix}$$

$$\mathbf{x}_5 = P\,\mathbf{x}_4 = \begin{bmatrix} 0.95 & 0.03 \\ 0.05 & 0.97 \end{bmatrix}\begin{bmatrix} 84,933 \\ 40,067 \end{bmatrix}$$

$$= \begin{bmatrix} 84,934 \times 0.95 + 40,066 \times 0.03 \\ 84,934 \times 0.05 + 40,066 \times 0.97 \end{bmatrix} \approx \begin{bmatrix} 81,889 \\ 43,111 \end{bmatrix}$$

	시내(명)	교외(명)
현재 ($\mathbf{x}_0$)	100,000	25,000
1년 후 ($\mathbf{x}_1$)	95,750	29,250
2년 후 ($\mathbf{x}_2$)	91,840	33,160
3년 후 ($\mathbf{x}_3$)	88,243	36,757
4년 후 ($\mathbf{x}_4$)	84,934	40,066
5년 후 ($\mathbf{x}_5$)	81,889	43,111

(2) 여기에서 전이행렬 $P = \begin{bmatrix} 0.95 & 0.03 \\ 0.05 & 0.97 \end{bmatrix}$에 대응하는 $(I-P)\mathbf{q} = \mathbf{0}$을 이용하면

$$\begin{bmatrix} 0.05 & -0.03 \\ -0.05 & 0.03 \end{bmatrix}\begin{bmatrix} q_1 \\ q_2 \end{bmatrix} = \begin{bmatrix} 0.05q_1 - 0.03q_2 \\ -0.05q_1 + 0.03q_2 \end{bmatrix} = \mathbf{0}$$

이다. 이 때 $q_2 = s$라고 두면

$\mathbf{q}$는 확률벡터이기 때문에 $q_1 = \frac{3}{5}s$이고,

$$q_1 + q_2 = \frac{8}{5}s = 1$$

이다. 즉 $s = q_2 = \frac{5}{8}$, $q_1 = \frac{3}{8}$이다. 이는 $P^k\mathbf{x}_0 \rightarrow q$, $k \rightarrow \infty$이다.

그러므로 오랜 시간 후에 인구 분포는 $125000\begin{bmatrix} \frac{3}{8} \\ \frac{5}{8} \end{bmatrix} = \begin{bmatrix} 46,875 \\ 78,125 \end{bmatrix}$이 될 것이다. □

예제 2 A는 미팅할 때마다 만나는 파트너의 성격, 지식, 용모 등을 고려하여 5등급으로 분류한다. 1등급은 더할 나위 없이 마음에 드는 파트너(eye-opener)이고 5등급은 피하고 싶은 파트너(disheartener)이다. 그는 내심 다음과 같은 마음의 결정을 보았다.

(1) 1등급 파트너를 만나면 "애프터"를 신청하고, 신청이 받아들여지면 사귄다. (받아들여지지 않으면 계속 미팅을 한다. 받아들여질 확률은 0.3)

(2) 5등급 파트너를 만나면 미팅과는 인연이 없는 것으로 알고 영원히 미팅계를 떠난다.

그는 과거 수 많은 자신의 미팅을 분석한 결과등급에 관한 다음과 같은 전이행렬를 얻었다.

$$P = \begin{bmatrix} 0.05 & 0.07 & 0.03 & 0.08 & 0.1 \\ 0.2 & 0.25 & 0.2 & 0.3 & 0.3 \\ 0.4 & 0.4 & 0.4 & 0.3 & 0.3 \\ 0.2 & 0.2 & 0.2 & 0.2 & 0.2 \\ 0.15 & 0.08 & 0.17 & 0.12 & 0.1 \end{bmatrix}$$

가장 최근의 미팅파트너는 3등급이었다.

A의 미팅 일생이 결국 해피엔딩으로 끝날 확률을 구하여라.

풀이

$$P\begin{bmatrix}0\\0\\1\\0\\0\end{bmatrix}=\begin{bmatrix}0.05 & 0.07 & 0.03 & 0.08 & 0.1\\0.2 & 0.25 & 0.2 & 0.3 & 0.3\\0.4 & 0.4 & 0.4 & 0.3 & 0.3\\0.2 & 0.2 & 0.2 & 0.2 & 0.2\\0.15 & 0.08 & 0.17 & 0.12 & 0.1\end{bmatrix}\begin{bmatrix}0\\0\\1\\0\\0\end{bmatrix}=\begin{bmatrix}0.03\\0.2\\0.4\\0.2\\0.3\end{bmatrix}$$

이다.

이 때 1등급의 파트너일 확률은 0.03이다. 그럼 이 파트너가 애프터를 받아들일 확률은 0.3이므로 그녀와 함께 행복하게 미팅계를 떠날 확률은 $0.03 \times 0.3 = 0.009$이다. □

이 절에서는 시간의 흐름에 따라 현상을 파악해 나가면서 행렬의 거듭제곱의 성질들을 이용하여 초기값을 대입하여 시간이 지남에 따라 궁극적으로 그대로 둔다면 어떤 결과에 이르게 되는지를 살펴볼 수 있었다.

여기서 잠깐!

마코프체인에 대하여 더 자세한 사항을 알고 싶은 독자는 다음과 같은 웹사이트나 책을 참고할 수 있다.

- http://nlp.korea.ac.kr/new/seminar/2002winter/master_fsnlp/ch9.ppt
- Kemeny and J.Snell, Finite Markov Chains, Springer-Verlag, New York, 1976

1973년 경제학자 Wassily Leontief는 경제현상에서 다양한 요인들 사이의 관계를 연구하며 행렬을 이용한 방법을 소개한 공로로 노벨 경제학상을 수상하였다. 이 절에서는 마지막으로 Leontief가 소개한 아이디어인 투입산출모델의 일부를 소개한다.

아래의 경제시스템을 생각해보자. 입력과 출력은 1만원 단위로 생각하자. 다음 표에서는 만원가치의 출력(생산품)을 생산하기 위해 요구되는 입력(투자)를 만원단위로 표시했다고 하자.

		출 력		
		생산업	농업	기타
입력	생산업	0.6	0.2	0.2
	농업	0.1	0.6	0.1
	기타	0.2	0.1	0.4

이것을 행렬로 표현하면 다음과 같다.

$$C=\begin{bmatrix}0.6 & 0.2 & 0.2\\0.1 & 0.6 & 0.1\\0.2 & 0.1 & 0.4\end{bmatrix}$$

이런 행렬을 소비(consumption)행렬이라 한다. 열벡터 $\mathbf{c}_1$, $\mathbf{c}_2$, $\mathbf{c}_3$는 각각 1만원 가치의 출력을 만들기 위하여 생산업, 농업, 기타(utilities) 부분이 필요로 하는 입력을 나타낸다. 이들을 소비벡터라 한다.

예를 들어 $\mathbf{c}_1=[0.6,\ 0.1,\ 0.2]^T$은 생산업 부분이 1만원가치의 출력을 생산하는데 6000원을 생산업에, 1000원을 농업에, 2000원을 기타(utility)에 입력(투입)해야 한다는 것이다. 계속하여 생산 주체외의 일반인들이 d_1 만원의 공산품과 d_2 만원의 농산품과 d_3 만원의 기타소요품(utility)을 공급해주기를 원할 때 열벡터

$$\mathbf{d}=[d_1 \quad d_2 \quad d_3]^T$$

를 외부수요벡터(outside demand)라 한다.

농산물을 생산하는 농민은 외부에서 구입을 원하는 만큼 농산물을 생산하여야 하지만 동시에 생산을 하며 본인들도 대개 그 생산물의 일부를 소비하게 한다. 즉, 생산을 하기 위하여 생산을 하는 주체들 자신의 출력(생산품)의 일부를 입력(소모품)으로 써야 하므로 이를 위해 요구되는 비용을 만원단위로 쓰면 x_1 만원의 공산품, x_2 만원의 농산품, x_3 만원의 기타(utilities) 투입이 필요하다고 하고 열벡터 $\mathbf{x}$를 생산벡터(production)라 하면, 아래의 방정식을 만들어 진다.

$$x_1\underbrace{\begin{bmatrix}0.6\\0.1\\0.2\end{bmatrix}}_{\substack{\text{생산업이}\\\text{소비한}\\\text{부분}}}+x_2\underbrace{\begin{bmatrix}0.2\\0.6\\0.1\end{bmatrix}}_{\substack{\text{농업이}\\\text{소비한}\\\text{부분}}}+x_3\underbrace{\begin{bmatrix}0.2\\0.1\\0.4\end{bmatrix}}_{\substack{\text{기타가}\\\text{소비한}\\\text{부분}}}=\begin{bmatrix}0.6&0.2&0.2\\0.1&0.6&0.1\\0.2&0.1&0.4\end{bmatrix}\begin{bmatrix}x_1\\x_2\\x_3\end{bmatrix}=C\,\mathbf{x}$$

이 벡터 $C\,\mathbf{x}$를 주어진 경제시스템에 대한 중간수요벡터(intermediate demand)라 한다. 이제 전체생산 $\mathbf{x}$에서 생산을 위하여 쓴 $C\,\mathbf{x}$를 뺀 나머지가 외부수요(outside demand) $\mathbf{d}$를 충족시켜야 한다. 즉,

$$\mathbf{x} \quad - \quad C\,\mathbf{x} \quad = \quad \mathbf{d}$$

(총생산)−(중간 수요)=(외부수요)

$$\Rightarrow\ (I-C)\mathbf{x}=\mathbf{d}$$

여기서 행렬 $I-C$를 **Leontief** 행렬이라 한다. 또한 위의 식을 **Leontief** 방정식이라 한다.

예제 3 위의 표에서 보여진 경제시스템을 생각해 보자. 만일 외부의 수요 중 공산품에 대한 수요가 2,000만원어치, 농산품에 대한 수요가 8,420만원어치, 또 3,325만원어치의 기타에 대한 수요가 있다고 하자. 이 때,

(1) 주어진 경제여건은 이 수요를 충족시킬 수 있나?

(2) 만일 충족시킨다면, 이 수요를 충족시키는 생산벡터 $\mathbf{x}$를 구하여라.

풀이

$$C=\begin{bmatrix}0.6&0.2&0.2\\0.1&0.6&0.1\\0.2&0.1&0.4\end{bmatrix},\ \mathbf{x}=\begin{bmatrix}x_1\\x_2\\x_3\end{bmatrix},\ \mathbf{d}=\begin{bmatrix}2000\\8420\\3320\end{bmatrix}$$

$$\Rightarrow\ (I-C)\ \mathbf{x}=\mathbf{d}$$

$$\Rightarrow\ \begin{bmatrix}0.4&-0.2&-0.2\\-0.1&0.4&-0.1\\-0.2&-0.1&0.6\end{bmatrix}\begin{bmatrix}x_1\\x_2\\x_3\end{bmatrix}=\begin{bmatrix}2000\\8420\\3320\end{bmatrix}$$

$$\Rightarrow \begin{bmatrix} 1 & 0 & 0 & : & 33979.3 \\ 0 & 1 & 0 & : & 35227.6 \\ 0 & 0 & 1 & : & 22731 \end{bmatrix}$$

따라서 공산품 3억3979만3천원어치, 농산품 3억5천227만6천원어치, 기타 2억2천731만원어치를 생산하면 이 경제시스템은 외부의 수요를 정확히 충족시키게 된다. □

앞에서는 3개의 생산관련요소인 생산업, 농업, 기타를 갖는 경제시스템에 대하여 논의하였다. 같은 아이디어가 n개의 생산 관련요소가 있는 경제시스템에 적용된다. 이 경우 수요행렬, 생산벡터, 외부의 수요벡터는 다음과 같이 주어진다.

$$C = \begin{bmatrix} c_{11} & c_{12} & \cdots & c_{1n} \\ c_{21} & c_{22} & \cdots & c_{2n} \\ \vdots & \vdots & \ddots & \vdots \\ c_{n1} & c_{n2} & \cdots & c_{nn} \end{bmatrix}, \ \mathbf{x} = \begin{bmatrix} x_1 \\ x_2 \\ \vdots \\ x_n \end{bmatrix}, \ \mathbf{d} = \begin{bmatrix} d_1 \\ d_2 \\ \vdots \\ d_n \end{bmatrix}$$

앞의 예에서 보았듯이 수요벡터 $\mathbf{d}$를 충족시키는 생산벡터 $\mathbf{x}$는 아래의 Leontief 방정식 $(I-C)\mathbf{x}=\mathbf{d}$를 만족하여야 하며, 행렬 $I-C$가 가역행렬이면 어떤 $\mathbf{d}$에 대해서도 유일해 $\mathbf{x}=(I-C)^{-1}\mathbf{d}$가 존재함을 알 수 있다.

여기서 잠깐!

경제시스템의 수요행렬 C의 각 열의 성분의 합이 모두 1보다 적으면, 이 경제시스템은 생산활동을 통하여 모든 구성원이 이익을 보는 경제시스템이라 한다.

FAQ

질문 :
수요행렬의 각 행의 성분의 합의 경제학적 중요성은 무엇일까?

답 : 만일 수요행렬 C의 각 열의 성분의 합이 모두 1보다 적으면, $(I-C)^{-1}$가 언제나 존재한답니다. 더구나 이 역행렬의 성분이 모두 0보다 크거나 같은 음이 아닌 행렬이 됩니다. 이 사실을 예를 자바행렬계산기에 입력하여 확인해 보시오.

예제 4 예를 들어 임의의 수요행렬

$$C = \begin{bmatrix} 0.5 & 0.1 & 0.1 \\ 0.2 & 0.5 & 0.3 \\ 0.1 & 0.3 & 0.4 \end{bmatrix}$$

에 대하여 $I-C$가 어떤 행렬인지 살펴보면 다음과 같다.

$$C = \begin{bmatrix} 0.5 & -0.1 & -0.1 \\ -0.2 & 0.5 & -0.3 \\ -0.1 & -0.3 & 0.6 \end{bmatrix}$$

이 행렬의 역행렬을 행렬계산기를 통해 구하면 다음과 같다.

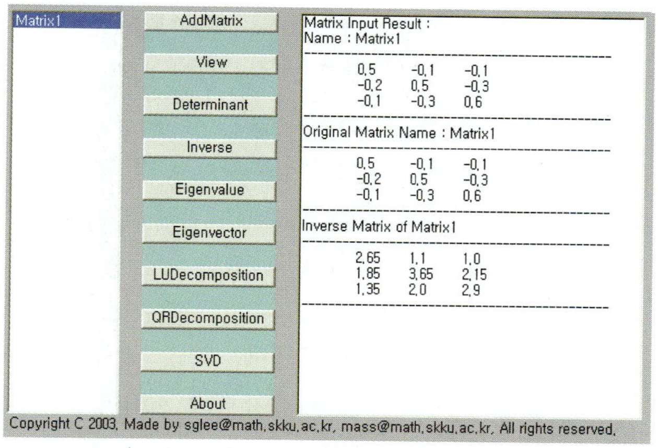

[Link : http://matrix.skku.ac.kr/newMatrixCal/Test.html]

따라서 위 행렬이 가역행렬이며, 그 역행렬이 존재함을 알 수 있다. □

투입산출 분석은 경제활동에 있어서 산업부문간 상호 연관효과를 분석하는 분석도구로서 특정부문에 대한 투자효과를 분석, 수출이 국내생산, 고용 및 국제수지 등에 미치는 효과에 관하여 국민경제수준은 물론 지역수준에 이르기까지 분석하는 등 매우 다양하게 응용되어 오고 있다. 투입산출분석은 경제활동에 있어서 산업부문간 상호 연관효과를 처음으로 분석한 Leontief(1953)에 의하여 제시된 이래 국민경제수준 및 지역경제수준에서 광범위하게 응용되고 있다.

Input-output 분석

여기서 잠깐!

사회주의국가인 러시아 출신의 Wassily Leontief (1906-1999)가 현대 자유무역의 분석 방법에 대한 연구로 1973년에 노벨상을 받았다는 것은 약간 아이러니해 보인다. Leontief는 15살 나이로 레닌그라드 대학에 입학한 천재였다. 그는 소비에트 연방시절 반 사회주의 활동에 참여한 이유로 감옥에 수감되기도 하였으며, 후에 베를린 대학으로 유학을 가서 1928년 박사학위를 받았다. 그 후 1931년 미국으로 가서 하버드 대학 교수, 경제연구소장을 거쳐 뉴욕 대학 교수로 초빙되어 근무하다 1999년 사망하였다. Leontief는 "빵을 만들 때는 달걀과 밀가루 그리고 우유가 필요하다. 만일 더 많은 빵을 만들고자 한다면 더 많은 달걀을 사용할 것이다. 마찬가지로 경제에 관련된 모든 기업에도 이와 같은 요리법이 있다"고 하면서 그의 input-output 분석 방법을 쉽게 설명했었다.

여기서 잠깐!

자동차 산업은 금세기 시작과 함께 오랫동안 미국 제조업을 대표하는 예가 되었다. 2차 세계대전부터 1960년대까지, 몇몇 예외가 있었긴 했지만, 자동차 시장은 경쟁이 거의 없는 폐쇄적인 성격이 근본적으로 짙었다고 할 수 있다. 세 개의 거대 회사 즉, 포드(Ford), 제너럴 모터스(General Motors)와 크라이슬러(Chrysler)는 미국시장을 독점했다. 그 결과, 큰 시장과 이윤이 안정적으로 보장되자 모두가 자기만족에 빠지게 되어, 상품의 질과 생산성은 심각하게 떨어졌다. 그러나 1970년대 새로운 변수가 등장하게 된다. 1972년에 혼다(Honda) Civic의 첫 모델에 이어 닷선(Datsun, 현재의 Nissan), 도요다(Toyota) 등의 회사에서 만든 작고 경제적인 차들이 수입되었기 때문이다. 이런 자동차들은 질이 좋았을 뿐 아니라 작고, 저가의 상품들이었다. 처음에는 미국인 소비자들이 큰 차를 좋아했기 때문에 이러한 일본산 소형차의 영향력이 작았다. 그러나 1973년 석유파동 이후로 상황은 달라졌다. 석유를 구하려는 행렬이 이어지고, 1개월 만에 가격은 세배로 뛰었다. 그래서 사람들은 연비가 적은 외제 전륜 구동에 관심을 갖게 된다.(혼다의 소형차 Civic의 연비가 고속도로에서 35mpg[1]였던 반면, 미국산 8기통 대형차는 18mpg정도에 머물렀다.) 그래서 포드사는 미국 최저가의 소형 자동차인 Pinto를 개발하였다. 즉 중동, 미국, 일본에서 생긴 변수들이 복합적으로 작용해서 미국 자동차 산업에 지속적인 변화를 몰고 왔다. 이와 같이 산업 현장과 시장에 큰 변화가 생기자, 경쟁해야하는 기업과 나라는 투자대비효과에 대한 다양한 분석이 필요했고, 행렬모델은 이런 연구에 필수적이었다. 이에 마코프체인도 자연스럽게 이용되었다.

〈21세기 선형대수학자의 일부, 2005년 ILAS 12 Canada〉

1) mpg : mile per gallon(1마일당 소모한 휘발류양 gallon을 의미한다.)

※ 다음에 주어진 내용을 읽고 다양한 선형모델에 대하여 논의 하여라.

케이블 TV 모델

배경

우리는 몇 년에 걸쳐 두 개의 서로 다른 케이블 TV 사용자와 어떤 케이블 TV도 이용하지 않는 사람들의 수의 변화를 모델화시킨 문제에 대해 다뤄 보고자 한다. 이 모델은 일반적이고 평범한 것이기는 하지만, 인구 변화나 경제학 등 여러 다양한 현상들에 대해서도 적용가능하기 때문에 매우 중요한 모델이 될 수도 있다.

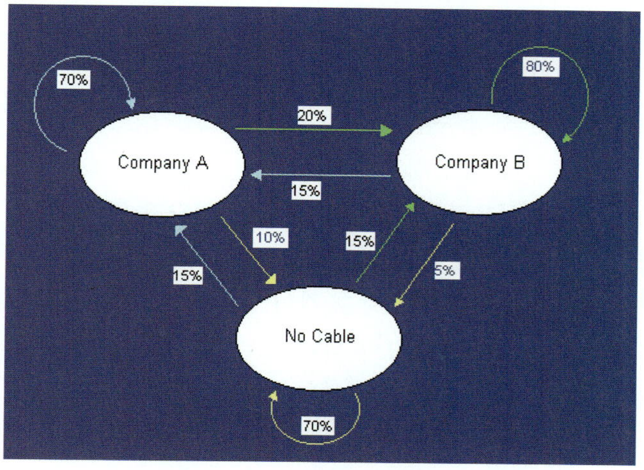

그림 5.7

예를 들어, 100,000명의 인구가 있다고 생각해 보자. 처음에, 15,000명은 A케이블 TV회사에, 20,000명은 B회사에 가입을 하고, 나머지 65,000은 어떤 회사에도 미가입한 상태라고 하자. 그렇다면, 인구는 A회사 가입자, B회사 가입자, 미가입자 이렇게 세 가지 그룹으로 나누어지게 된다. 해마다 우리는 이 세 그룹 사이에서의 인구 변화를 기대할 수 있다. 이 세 그룹 사이에서 현재 자신의 그룹에 머물러 있는 사람들은 물론, 서로 다른 그룹으로 이동하는 사람들의 비율을 나타내 보자.

이 변화하는 인구 수는 행렬로도 표현 가능하다. j상태에서 i상태로 변하는 사람들의 비율을 행렬의 i행 j열 성분에 표현하는데, 여기서 1 상태는 "A 회사 가입자", 2 상태는 "B 회사 가입자", 그리고 3 상태는 "미가입자"를 의미한다. 아래에 그렇게 만든 주어진 비율로 이루어진 전이행렬(transition matrix)이 있다.

$$\begin{bmatrix} 0.70 & 0.15 & 0.15 \\ 0.20 & 0.80 & 0.15 \\ 0.10 & 0.05 & 0.70 \end{bmatrix}$$

초기값(즉, A회사, B회사의 가입자, 케이블을 사용하지 않는 사람들의 수)은 다음과 같은 벡터로 표현될 수 있다.

$$\begin{bmatrix} 15{,}000 \\ 20{,}000 \\ 65{,}000 \end{bmatrix}$$

1년 후 각각 사람들의 수를 나타내는 벡터는 초기값과 행렬의 곱으로 나타난다.

$$\begin{bmatrix} 0.70 & 0.15 & 0.15 \\ 0.20 & 0.80 & 0.15 \\ 0.10 & 0.05 & 0.70 \end{bmatrix} \begin{bmatrix} 15{,}000 \\ 20{,}000 \\ 65{,}000 \end{bmatrix}$$

위 식을 계산하면, 1년 후 A 회사 가입자는 23,250명, B 회사 가입자는 28,750명, 어떤 케이블도 사용하지 않는 사람은 48,000명이 됨을 확인할 수 있다.

해마다 이 세 그룹의 사람수를 알아보려면 위의 과정을 계속 반복하면 된다. 즉, 만약 A를 전이행렬, $\mathbf{x}_k$를 k년 후의 사람수를 나타내는 벡터라고 하면,

$$\mathbf{x}_{k+1} = A\,\mathbf{x}_k$$

라는 식을 얻을 수 있다. 이 식은 $\mathbf{x}_k = A^k\,\mathbf{x}_0$으로 표현될 수도 있다.

아래의 도구는 전이행렬의 성분, 즉 초기값을 변화시켜줌으로써 이 모델을 연구할 수 있도록 해주고, 매년 그 해의 결과값을 보여줄 것이다. 우리는 도시 인구가 상수라고 가정하기 때문에, 행렬의 각 열의 합은 모두 1이 되어야 한다. 그리고 이 행렬의 모든 성분은 비율을 나타내기 때문에 0보다는 커야 한다.

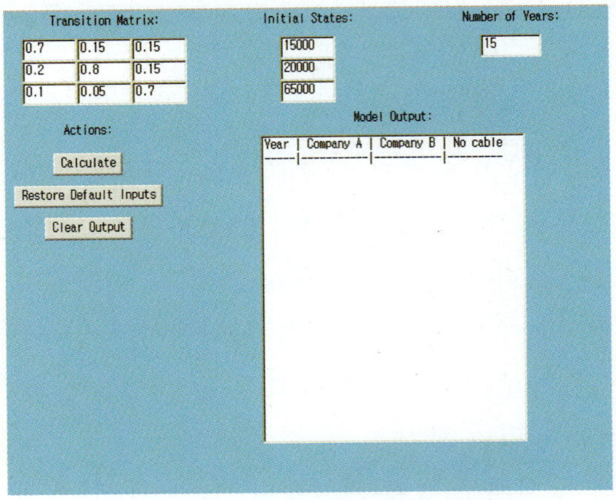

그림 5.8 공학용 자바 도구

이런 종류의 모델의 한 가지 재미있는 특징은 그것이 일정한 값에 도달할수도 있고, 그렇지 않을수도 있다는 점이다. 주어진 모델의 경우 결론의 상태는 일정한 값에 도달한다.

해의 수를 30까지 바꾸는 시도를 해보면, 모델의 값이 A사는 33,333 명의 가입자, B사는 47,619명, 비가입자는 19,048명으로 수렴한다는 것을 증명하는 것이 가능하다.

이런 선형모델이 어떤 조건 하에서 수렴할지를 말해주는 사실을 아래에 소개한다.

수렴정리

마코프체인 $\mathbf{x}_k = A^k \mathbf{x}_0$가 모든 초기 조건에 대해 $\mathbf{x}_0$에 수렴한다는 것은 1 아닌 A의 모든 고유값 λ의 크기가 $|\lambda| < 1$ 라는 것과 동치이다. 만약 고유값 λ의 값이 1인 경우에 대해서는 중복도에 따라 달라질 수 있다.

이 이론은 Perron의 정리에서 유도된다. 필요에 따라 아래 주소의 자료 내용을 참고하여라.

http://matrix.skku.ac.kr/sglee/perron_frobenius/perron_frobenius.html

위의 전이행렬 $\begin{bmatrix} 0.70 & 0.15 & 0.15 \\ 0.20 & 0.80 & 0.15 \\ 0.10 & 0.05 & 0.70 \end{bmatrix}$의 고유값들은 $1, \frac{11}{20}, \frac{13}{20}$이고, 위의 **수렴정리**에 의하여 이런 전이행렬을 갖는 위의 마코프체인은 어떤 주어진 조건에 대해서도 시간이 충분히 지나면 대응하는 확정된 시장점유율이 나온다는 것을 알 수 있으므로, 우리는 투자 조건이나 관련 규정을 다양하게 바꾸어 가면서 원하는 시장 점유율을 유지하기 위하여 어느 정도의 투자를 어떻게 해야 하는지에 대한 과학적인 답을 줄 수 있다.

위에서 보듯이 선형연립방정식과 관련 지식은 사회의 다양한 문제에 대한 과학적인 답을 주는 훌륭한 도구로 다시 태어나고 있다.

토론과 발견

P1 본인의 전공과 관련한 선형모델의 예에 대하여 조사하여 보아라.

5.5 선형대수학 프로젝트 모델

• 이 교재는 기본적으로 다양한 전공의 다양한 배경을 가진 학생에게 PBL(Problem Based Learning, Project Based Learning)을 기반으로 학생 개인별 능력과 개인별 동기에 맞게 자기 주도적으로 학습이 가능하도록 의도된 교재이다.

이를 위하여 중간고사와 함께 본인이 심화학습을 원하는 선형대수학 및 본인의 전공이나 관심사와 관련된 주제를 선정하여 제목을 제시하고, 나머지 반 학기 동안 수업을 진행하며 담당교수의 지도를 받아가며 과거의 지식을 전수 받는데 그치지 않고, 미래를 주도할 현재 진행형의 지식을 만들어 가는 것을 지향한다.

따라서 이 절에서는 프로젝트의 예시를 제시한다.

1. 미국과학재단 (NSF)이 제공하는 "학부생을 위한 기초 학문의 연구 경험"을 주는 Research Experience for Undergraduates(REU) 여름 프로그램을 참고한다.
   http://www.ams.org/employment/reu.html

2. 미국 매사츄세츠주 Worcester시에 있는 Worcester Polytechnic Institute 수학과의 John Goulet 교수가 개발한 선형대수학과 응용의 학생 Project를 참고한다.
   http://matrix.skku.ac.kr/sglee/Projects.htm

3. 출판사나 기타 인터넷 자료를 참고한다.
   http://www.prenhall.com/divisions/esm/app/ph-linear/leon/html/proj12.html
   http://matrix.skku.ac.kr/sglee/algebra/

4. 이 교재의 토론과 발견의 주제를 발전시킨다.

5. 위의 관련 자료나 지도교수님의 조언에 따라 수행할 과제를 선정한 후, 신청하여 승인을 받은 경우, 과제 수행 방법은 확정된 주제에 관하여 학생들은 개인별로 또는 3-4명 씩 팀을 짜서 팀 별로 중간고사이후에 시작하여 기말고사 전까지 보고서를 작성하여 선택된 우수한 보고서는 발표한다.

연습문제 5-5

※ 다음은 프로젝트 제안서의 예시이다. 이를 참조하여 프로젝트 제안서를 제출하고, 진행 과정에 보고하면서 완성된 보고서를 학기말고사 2주전에 제출한다.

〈학생 프로젝트 제안서의 예〉

0. 기하 보정과 선형대수학

【목 차】

1. 서론
   1) 연구의 목적과 배경
   2) 연구범위와 방법
2. 기하보정
   1) 기하보정의 개요
   2) 지상기준점 보정의 과정
   3) 지상기준점의 결정
   4) 2차원 변환 방법

      ① Helmert　② Affine　③ Projection

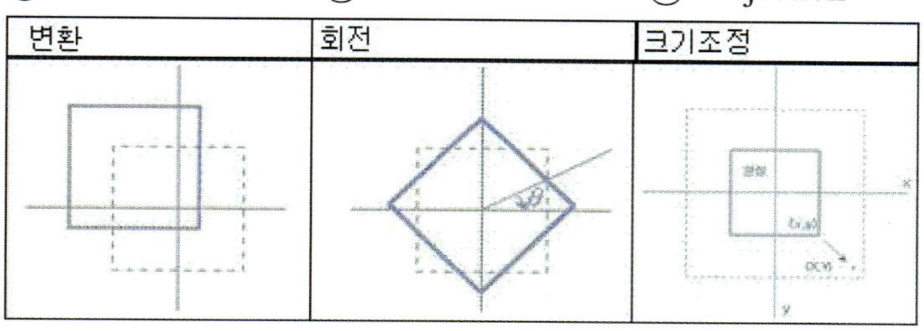

   5) Resampling

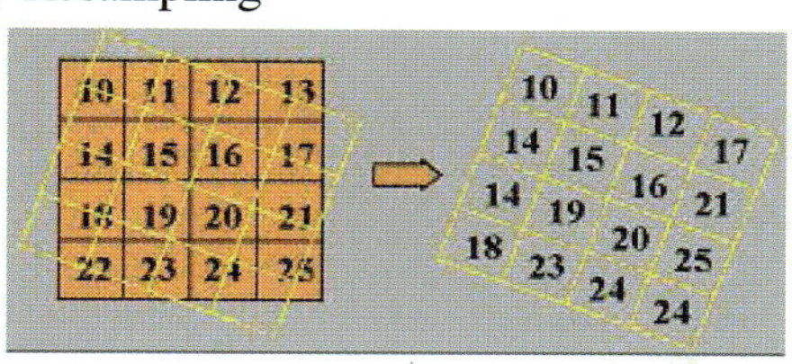

3. 선형변환의 활용(Affine 변환 이용)

$$x = Au + Bv + C \quad \cdots\cdots ①$$
$$y = Du + Ev + F \quad \cdots\cdots ②$$

4. 결론
5. 참고문헌

Wim H. Bakker 외, "원격탐사의 원리", 대한측량협회, 2005
Poul R. Wolf, Bon A. Dewitt 저, "Elements of Photogrammetry with Applications in GIS(3rd), MC Grow Hill, 2005
조재명, "지형공간정보학3(영상처리)", 지리정보시스템수업자료, 2005
측지정보학연구실 http://geo.skku.ac.kr/
네이버 www.naver.com

<학생 프로젝트 결과물의 예>

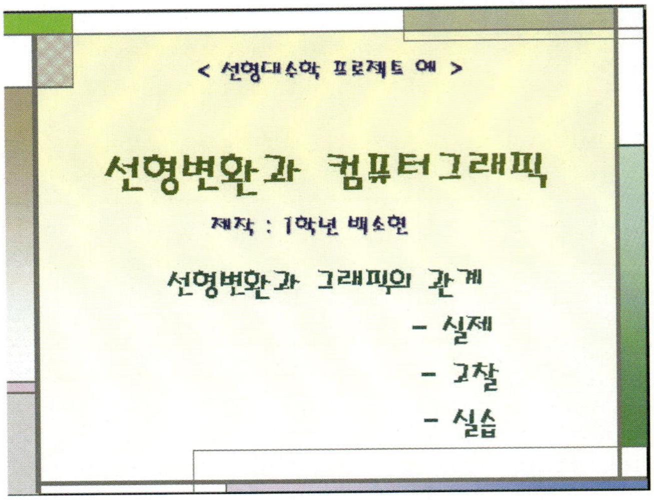

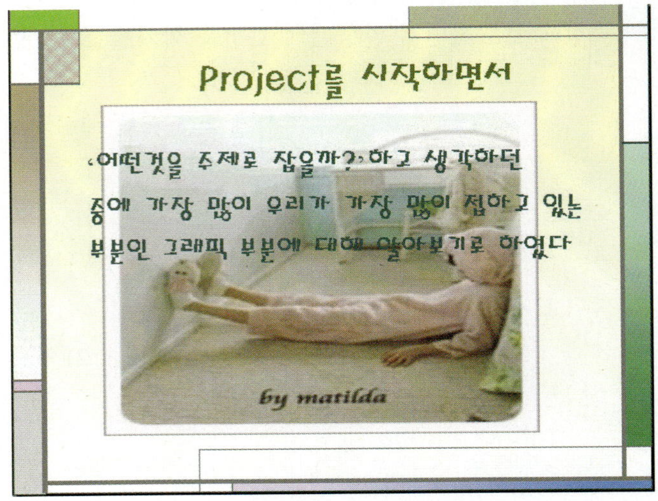

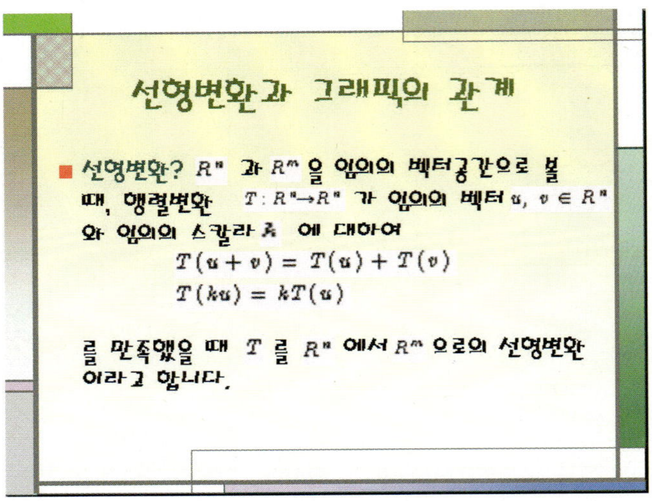

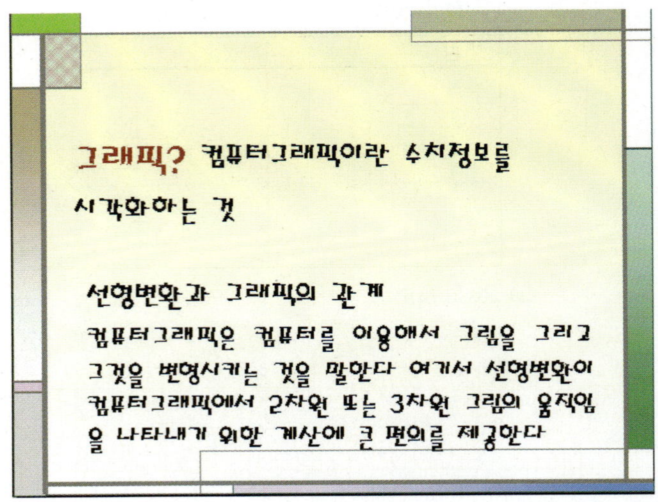

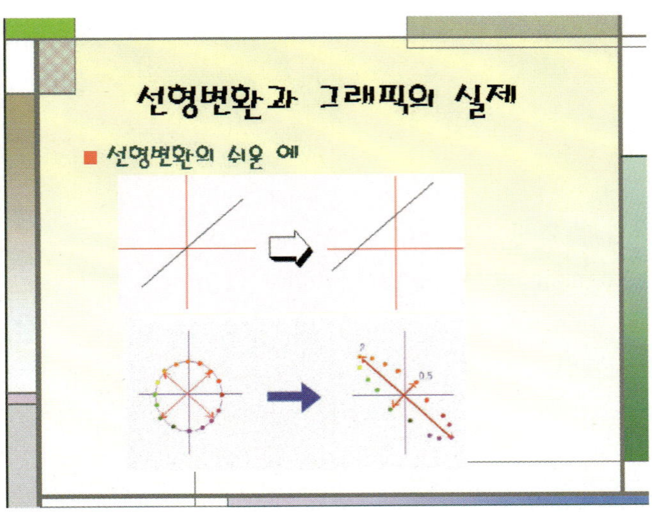

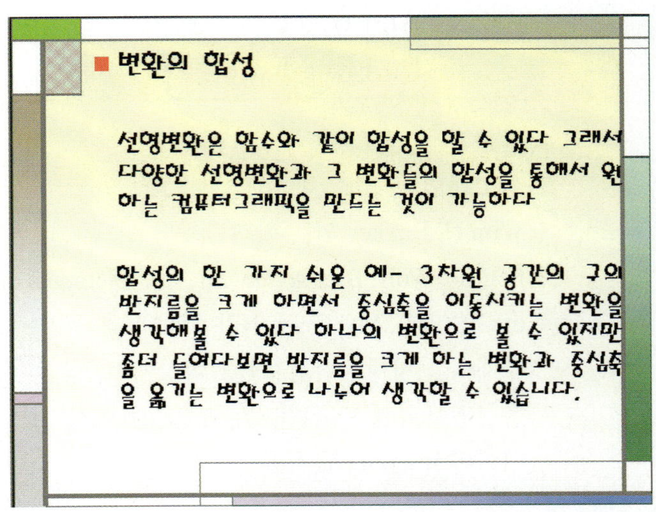

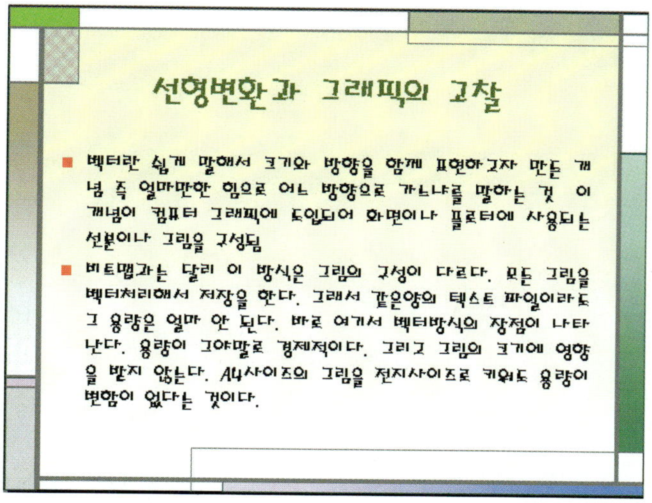
선형변환과 그래픽의 고찰
벡터란 쉽게 말해서 크기와 방향을 함께 표현하고자 만든 개념 즉 얼마만한 힘으로 어느 방향으로 가느냐를 말하는 것 이 개념이 컴퓨터 그래픽에 도입되어 화면이나 플로터에 사용되는 선분이나 그림을 구성됨
비트맵과는 달리 이 방식은 그림의 구성이 다르다. 모든 그림을 벡터처리해서 저장을 한다. 그래서 같은양의 텍스트 파일이라도 그 용량은 얼마 안 된다. 바로 여기서 벡터방식의 장점이 나타난다. 용량이 그야말로 경제적이다. 그리고 그림의 크기에 영향을 받지 않는다. A4사이즈의 그림을 전지사이즈로 키워도 용량이 변함이 없다는 것이다.

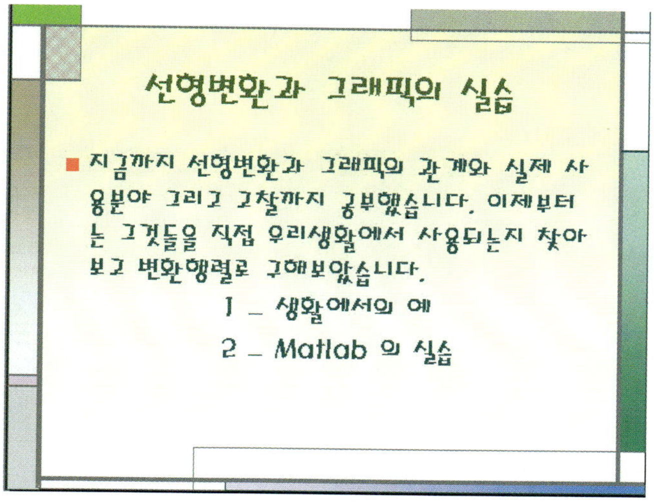
선형변환과 그래픽의 실습
지금까지 선형변환과 그래픽의 관계와 실제 사용분야 그리고 고찰까지 공부했습니다. 이제부터는 그것들을 직접 우리생활에서 사용되는지 찾아보고 변환행렬로 구해보았습니다.
1 _ 생활에서의 예
2 _ Matlab 의 실습

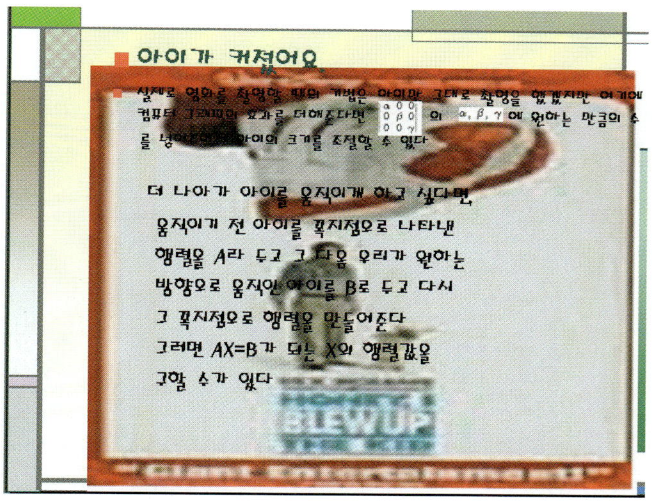
아이가 커졌어요
실제로 영화를 촬영할 때의 기법은 아이만 그대로 촬영을 했겠지만 여기에 컴퓨터 그래픽의 효과를 더해준다면 의 α, β, γ 에 원하는 만큼의 수를 넣어 아이의 크기를 조절할 수 있다
더 나아가 아이를 움직이게 하고 싶다면,
움직이기 전 아이를 꼭지점으로 나타낸
행렬을 A라 두고 그 다음 우리가 원하는
방향으로 움직인 아이를 B로 두고 다시
그 꼭지점으로 행렬을 만들어준다
그러면 AX=B가 되는 X의 행렬값을
구할 수가 있다
BLEW UP

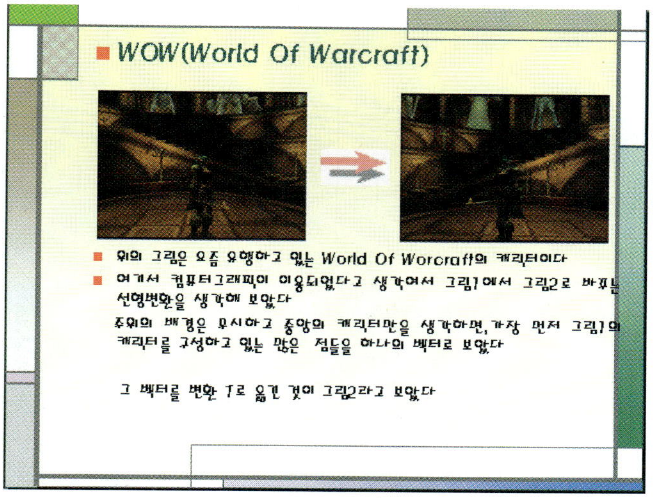
WOW(World Of Warcraft)
위의 그림은 요즘 유행하고 있는 World Of Worcraft의 케릭터이다
여기서 컴퓨터그래픽이 이용되었다고 생각여서 그림1에서 그림2로 바뀌는 선형변환을 생각해 보았다
주위의 배경은 무시하고 중앙의 케릭터만을 생각하면, 가장 먼저 그림1의 케릭터를 구성하고 있는 많은 점들을 하나의 벡터로 보았다
그 벡터를 변환 1로 옮긴 것이 그림2라고 보았다

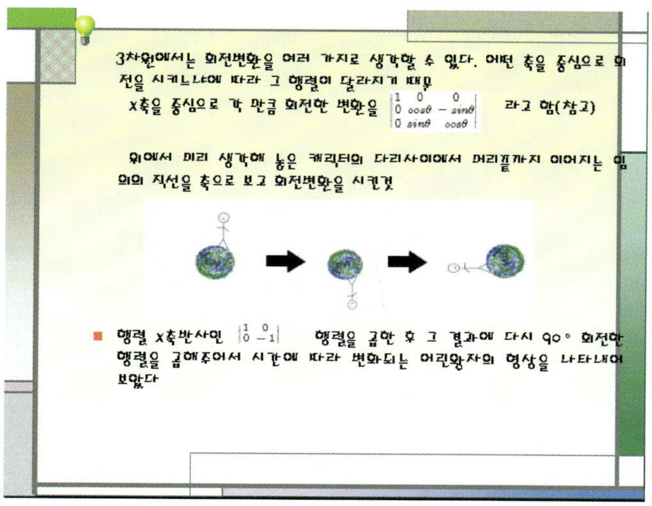
3차원에서는 회전변환을 여러 가지로 생각할 수 있다. 어떤 축을 중심으로 회전을 시키느냐에 따라 그 행렬이 달라지기 때문
x축을 중심으로 각 만큼 회전한 변환을 라고 함(참고)
위에서 미리 생각해 놓은 캐릭터의 다리사이에서 머리끝까지 이어지는 임의의 직선을 축으로 보고 회전변환을 시킨것
행렬 x축반사인 행렬을 곱한 후 그 결과에 다시 90° 회전한 행렬을 곱해주어서 시간에 따라 변화되는 어린왕자의 형상을 나타내어 보았다

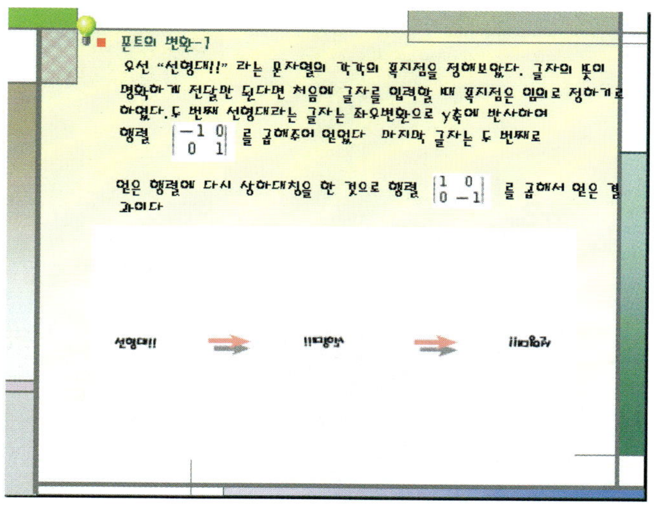
폰트의 변환-1
우선 "선형대!!" 라는 문자열의 각각의 꼭지점을 정해보았다. 글자의 뜻이 명확하게 전달만 된다면 처음에 글자를 입력할 때 꼭지점은 임의로 정하기로 하였다. 두 번째 선형대라는 글자는 좌우변환으로 y축에 반사하여
행렬 를 곱해주어 얻었다 마지막 글자는 두 번째로
얻은 행렬에 다시 상하대칭을 한 것으로 행렬 를 곱해서 얻은 결과이다
선형대!!

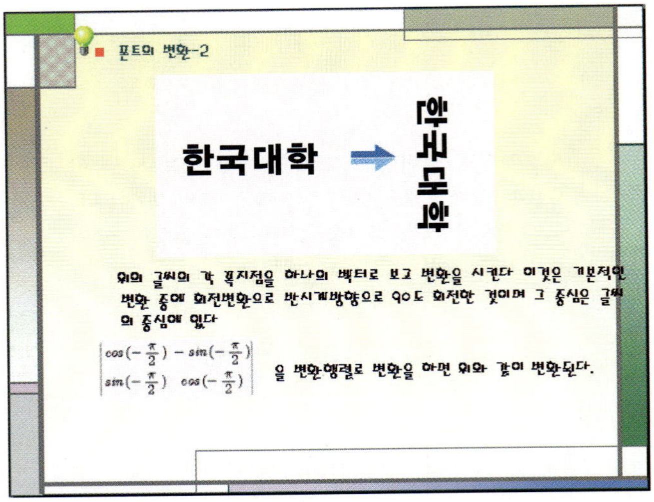

폰트의 변환-2
한국대학
위의 글씨의 각 꼭지점을 하나의 벡터로 보고 변환을 시킨다 이것은 기본적인 변환 중에 회전변환으로 반시계방향으로 90도 회전한 것이며 그 중심은 글씨의 중심에 있다
$\begin{vmatrix} \cos(-\frac{\pi}{2}) & -\sin(-\frac{\pi}{2}) \\ \sin(-\frac{\pi}{2}) & \cos(-\frac{\pi}{2}) \end{vmatrix}$ 을 변환행렬로 변환을 하면 위와 같이 변환된다.

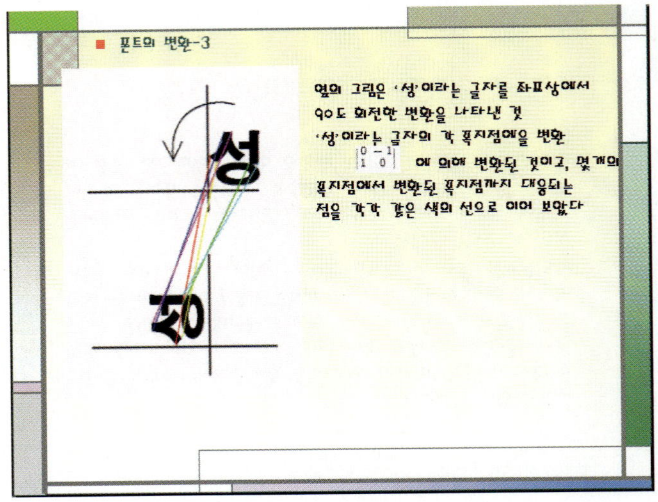

폰트의 변환-3
성
위의 그림은 '성'이라는 글자를 좌표상에서 90도 회전한 변환을 나타낸 것
'성'이라는 글자의 각 꼭지점에을 변환
$\begin{vmatrix} 0 & -1 \\ 1 & 0 \end{vmatrix}$ 에 의해 변환된 것이고, 몇개의 꼭지점에서 변환된 꼭지점까지 대응되는 점을 각각 같은 색의 선으로 이어 보았다

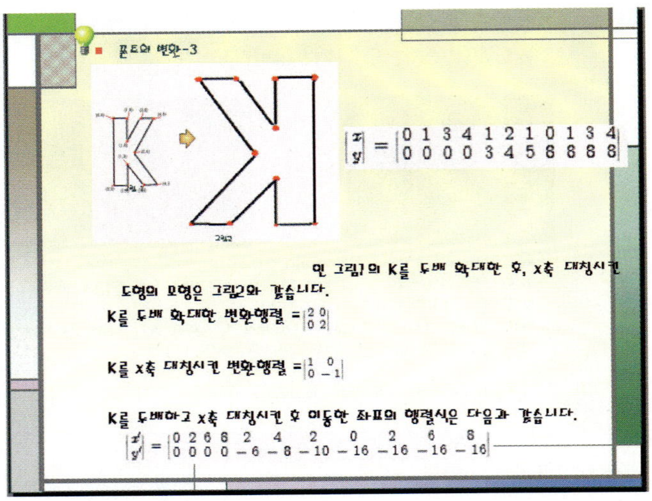

폰트의 변환-3
$\begin{vmatrix} x \\ y \end{vmatrix} = \begin{vmatrix} 0 & 1 & 3 & 4 & 1 & 2 & 1 & 0 & 1 & 3 & 4 \\ 0 & 0 & 0 & 0 & 3 & 4 & 5 & 8 & 8 & 8 & 8 \end{vmatrix}$
위 그림1의 K를 두배 확대한 후, x축 대칭시킨 도형의 모형은 그림2와 같습니다.
K를 두배 확대한 변환행렬 = $\begin{vmatrix} 2 & 0 \\ 0 & 2 \end{vmatrix}$
K를 x축 대칭시킨 변환행렬 = $\begin{vmatrix} 1 & 0 \\ 0 & -1 \end{vmatrix}$
K를 두배하고 x축 대칭시킨 후 이동한 좌표의 행렬식은 다음과 같습니다.
$\begin{vmatrix} x' \\ y' \end{vmatrix} = \begin{vmatrix} 0 & 2 & 6 & 6 & 2 & 4 & 2 & 0 & 2 & 6 & 8 \\ 0 & 0 & 0 & 0 & -6 & -8 & -10 & -16 & -16 & -16 & -16 \end{vmatrix}$

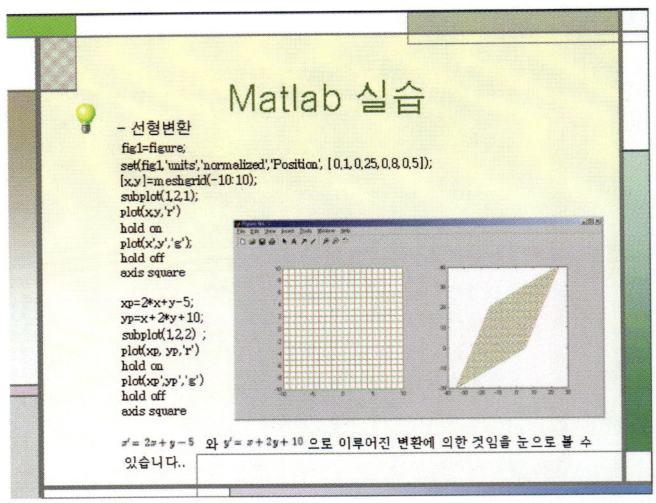

Matlab 실습
- 선형변환
fig1=figure;
set(fig1,'units','normalized','Position', [0.1,0.25,0.8,0.5]);
[x,y]=meshgrid(-10:10);
subplot(1,2,1);
plot(x,y,'r')
hold on
plot(x',y','g');
hold off
axis square
xp=2*x+y-5;
yp=x+2*y+10;
subplot(1,2,2) ;
plot(xp, yp,'r')
hold on
plot(xp',yp','g')
hold off
axis square
$x' = 2x + y - 5$ 와 $y' = x + 2y + 10$ 으로 이루어진 변환에 의한 것임을 눈으로 볼 수 있습니다..

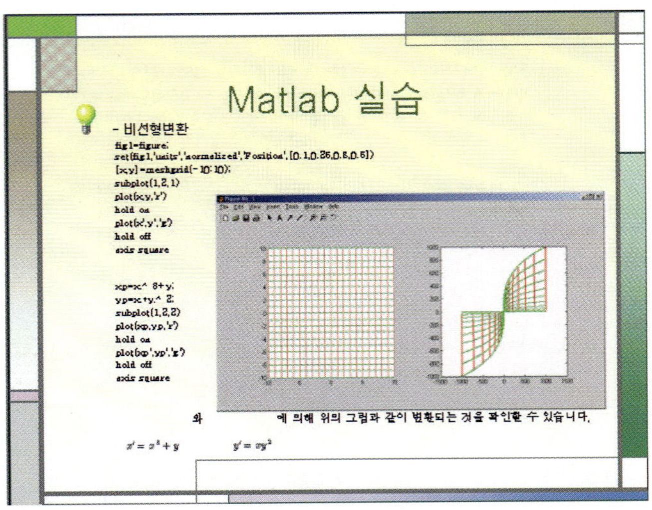

Matlab 실습
- 비선형변환
fig1=figure;
set(fig1,'units','normalized','Position',[0.1,0.25,0.8,0.5])
[x,y]=meshgrid(-10:10);
subplot(1,2,1)
plot(x,y,'r')
hold on
plot(x',y','g')
hold off
axis square
xp=x.^3+y;
yp=x+y.^2;
subplot(1,2,2)
plot(xp,yp,'r')
hold on
plot(xp',yp','g')
hold off
axis square
와 에 의해 위의 그림과 같이 변환되는 것을 확인할 수 있습니다.
$x' = x^3 + y$ $y' = xy^2$

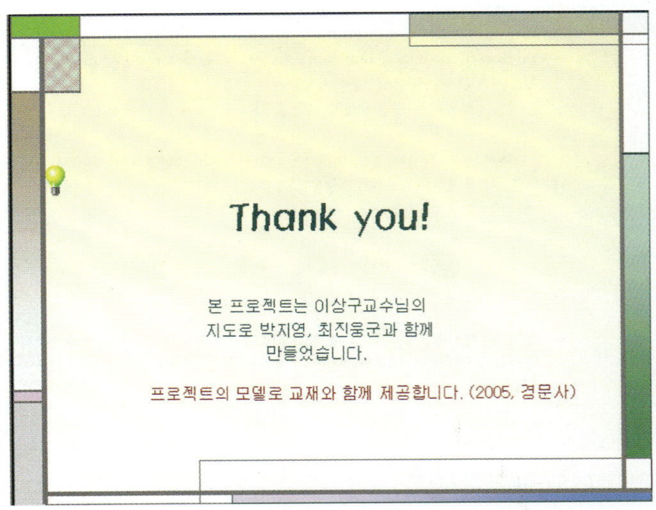

Thank you!
본 프로젝트는 이상구교수님의
지도로 박지영, 최진웅군과 함께
만들었습니다.
프로젝트의 모델로 교재와 함께 제공합니다. (2005, 경문사)

제 06 장

선형변환 (Linear Transformation)

지금까지는 행렬을 연립방정식과 관련하여 생각했다. 여기서는 함수로서의 행렬에 대해 생각한다. 또, 벡터들의 집합이 두 개의 연산에 의하여 부분공간이라는 대수적 구조체로서 다시 태어나는 것을 보았다. 행렬은 이런 부분공간 사이에 연산을 보존한다는 의미를 갖는 함수인 선형변환으로 다시 태어난다. 즉, n차원 공간 R^n에서 m-차원공간 R^m으로의 선형변환은 $m \times n$행렬 A를 이용하여 나타낼 수 있음을 보이고, R^2에서 R^2로의 선형변환에 대한 기하학적 의미와 컴퓨터 그래픽에서의 이용을 살펴본다. 선형변환은 전자 신호의 전송에서 잡음의 필터링이나, 공학적 공정을 해석하는데 쓰인다.

행렬식과 행렬의 탄생

선형연립방정식의 해법은 263년경 유휘가 저술한 『구장산술(九章算術)』의 제 8장 "방정"에 자세히 소개가 되어있을 정도로 동양에서 잘 알려진 수학적 내용이었다. 그러나 **행렬식의 개념**은 사무라이 가정에서 태어나 Seki Gorozayemon가문에 입양된 일본인 (Takakazu) SEKI Kowa(関 孝和, 1642–1708, 사진)가 세계 최초로 발표하였다. Seki라는 성은 그래서 얻은 것이며, 이름 孝和는 Kowa 또는 Takakazu라고 읽는다. 1683년 Seki는 행렬의 행렬식을 구하는 방법을 찾아서 방정식의 해법을 구했다. 수학자 Seki Kowa(1642–1708)는 뉴턴(Newton)과 동시대인으로서 미적분학을 발견한 동양의 뉴턴(Isaac Newton)으로 재평가되고 있다.

그로부터 10년 후인 1693년 Leibniz는 L'Hospital에게 보내는 편지에서 독자적으로 유럽에서는 최초로 행렬식의 개념을 소개하였기 때문에 일반적으로 서양에서는 행렬식의 개념이 라이프니츠에 의하여 소개된 것으로 알려지기도 하고 그 전에 가우스에 의하여 알려졌다고 하기도 한다. **"행렬식(determinant)"이라는 용어**를 처음으로 소개한 사람은 가우스였는데 **1812년 현대적 의미에서의 "행렬식"**이라는 용어를 사용하기 시작한 사람은 코시(Cauchy)였다. 그는 초기 연구결과들을 다시 증명했고, 계수행렬을 "tableau"라고 불렀으며, 고유값(eigenvalue)을 발견했고, "모든 실계수 대칭행렬은 대각화가능함 (diagonalizable)"을 증명했다. 1821년 "tableau"란 이름으로 **행렬을 처음 소개**한 코시는 1841년 논문에서 두 개의 수직선을 행렬의 양옆에 그려 행렬식을 표기했고, | * |, 그 표기법이 현재 행렬식을 표현하는 표준 기호가 되었다.

즉, 1812년에야 비로소 코시가 행렬을 정의한 후 그 행렬의 행렬식을 정의하는 방식을 처음 적용하였다는 의미이다. 그러나 그 때는 현재 우리가 쓰고 있는 편리한 행렬의 표기법을 쓰지 않았기 때문에 널리 이용되지 않고 있다가 1851년에 가서야 J.J. Sylvester가 제안한 표기법이 보편화되면서 발전하였다. Sylvester는

$$\begin{matrix} a_1\alpha_1 & \cdots & a_1\alpha_n \\ \vdots & \ddots & \vdots \\ a_n\alpha_1 & \cdots & a_n\alpha_n \end{matrix}$$

로 n^2개의 계수들의 배열을 나타내고 이것을 행렬(matrix), 즉 $n\times n$(정사각) 행렬이라고 이름을 주었다. **Matrix(행렬)라는 말은 자궁(womb)이라는 말의 Latin어 단어**로서 이것은 위의 계수들의 배열의 행(row) 또는 열(column)들이 행렬식을 배태해 낸다는 것을 고려하여 이름붙인 것으로 생각된다. 이것이 첨자를 간편하게 섞어 쓰면서 현재 쓰는 행렬의 표기법 $A=[a_{ij}]$로 발전한 것이다.

1851년 당시 영국에서 변호사로 활동하던 J.J. Sylvester는 동료 변호사이자 그와 마찬가지로 수학에 관한 깊은 관심을 갖고 있던 케일리(Arthur Cayley)를 만나게 된다. 케일리는

Sylvester를 통하여 행렬 개념의 중요성을 인식하고 1853년 역행렬에 관한 논문을 최초로 발표했다.

곧이어, 케일리는 1855년 **합성함수와 선형변환을 연구**하면서 행렬간의 곱셈을 정의하게 되고 행렬 대수(Matrix Algebra)를 연구하게 된 것이다.

즉,

$$T_1 : x' = ax + by \quad \text{이고} \quad T_2 : x'' = \alpha x' + \beta y'$$
$$\qquad y' = cx + dy \qquad\qquad\quad y'' = \gamma x' + \delta y'$$

이면

$$T_2 \cdot T_1 \begin{pmatrix} x \\ y \end{pmatrix} = \begin{pmatrix} x'' \\ y'' \end{pmatrix}$$

이 되는 $T_2 \cdot T_1$은 무엇인가 생각하던 중,

$$\begin{pmatrix} x'' \\ y'' \end{pmatrix} = \begin{pmatrix} \alpha a + \beta c & \alpha b + \beta d \\ \gamma a + \delta d & \gamma a + \delta d \end{pmatrix} \begin{pmatrix} x \\ y \end{pmatrix}$$

임을 알아차리고, **두 선형변환의 합성함수에 대한 행렬표현**을

$$T_2 \cdot T_1 \equiv \begin{bmatrix} \alpha & \beta \\ \gamma & \delta \end{bmatrix} \begin{bmatrix} a & b \\ c & d \end{bmatrix} \text{를} \begin{bmatrix} \alpha a + \beta c & \alpha b + \beta d \\ \gamma a + \delta d & \gamma a + \delta d \end{bmatrix}$$

로 정의한 것이다. (6장에서는 이런 "함수로서의 행렬"의 의미와 "합성함수에 대응하는 행렬"에 대하여 공부한다.) 이런 발견 이후에 비로소 (벡터가 아닌) 행렬들의 집합 안에 수학적 구조를 주는 행렬대수가 시작됐다. 따라서 자연스러운 다음 관계로 그간 진행된 행렬식에 관한 연구와 새로 시작된 행렬대수 사이의 관계를 조사하게 되었고, 그래서 나온 첫 번째 중요한 결과가 행렬식의 곱셈에 관한 성질 즉, $\det(AB) = \det(A) \cdot \det(B)$이다.

케일리는 이 결과를 보면서 "**행렬이론**은 그간 150여년 간 그렇게 중요하게 생각하고 많이 연구되어온 **행렬식이론**을 크게 압도하게 될 것"이라고 예언하였다. 실제로 이후의 선형대수학의 연구는 행렬자체의 연구, 선형변환으로서의 행렬연구, 행렬대수이론 등을 중심으로 재편되었다.

케일리는 또한 "2차 정사각행렬은 자신의 특성방정식을 만족한다"는 것을 증명했다. 그는 자신이 3차 정사각행렬에 관한 연구결과도 확인했다고 주장했다. "임의의 행렬이 자신의 특성방정식을 만족한다"는 정리를 일컬어 "Cayley-Hamilton 정리"라고 하는 이유는 실제로 Hamilton도 4원수 연구를 하던 중 "4차 정사각행렬은 자신의 특성방정식을 만족한다"는 것을 증명했기 때문이다.

참고자료

- http://matrix.skku.ac.kr/sglee/Matrix/ch4/chap4-1.htm
- http://matrix.skku.ac.kr/sglee/LT/index.htm
- http://www-gap.dcs.st-and.ac.uk/~history/Mathematicians/Seki.html

6.1 함수(변환)로서의 행렬

행렬은 선형성이라는 성질을 갖는 특수한 함수이기도 하다. 이런 함수는 수학, 물리학, 공학적 제어이론, 이미지처리, 음향신호, 컴퓨터그래픽등 과학 및 일상생활의 여러 분야에서 매우 중요한 역할을 한다.

집합 D가 주어지고, D안의 각 원소를 받아서(입력), 유일한 원소를 내놓는(출력) 규칙을 함수 f라 하고, 이 집합 D를 f의 정의역(domain)이라 한다. 입력한 원소를 x라 할 때, 이에 대응하는 출력된 원소를 $f(x)$라 하고, 이들 출력원소들의 집합

$$\{f(x) : x \in D\}$$

를 f의 치역(range)이라 한다.

입력과 출력이 모두 벡터인 함수를 변환(Transformation)이라 하고, 보통 대문자 T, L 또는 F로 쓴다.

만일 T가 변환이고, 벡터 $\mathbf{x}$에 대하여 벡터 $\mathbf{w}$가 대응될 때, $\mathbf{w} = \mathrm{T}(\mathbf{x})$로 나타내고 이를 벡터 $\mathbf{x}$의 T에 대한 이미지(image)라 하며, $\mathbf{x}$를 벡터 $\mathbf{w}$의 원상(pre-image)이라고 한다.

공변역(co-domain, 또는 공역) : 집합 D의 임의의 원소에 대응하는 집합 Y의 원소 y를 나타내는 함수 $f : D \to Y$에서 집합 Y

R^n에서의 R^m으로의 함수 $T : R^n \to R^m$에서 R^n이 정의역이고, R^m은 공변역(co-domain, 또는 공역)이며

$$T(R^n) = \{T(\mathbf{x}) \in R^m \mid \mathbf{x} \in R^n\}$$

이 치역이다.

변환의 특수한 경우로, A가 $m \times n$행렬이고,

$$T_A(\mathbf{x})=A\mathbf{x},\ \mathbf{x}\in R^n$$

인 변환 $T_A : R^n \to R^m$을 자연스럽게 만들 수 있다.

정 의

R^n에서 R^m으로의 변환 $T : R^n \to R^m$가 임의의 벡터 $\mathbf{u}$, $\mathbf{v}\in R^n$와 임의의 스칼라 k에 대하여 다음 두 조건을 만족하면 T를 R^n에서 R^m으로의 선형변환(linear transformation)이라고 한다.

(i) $T(\mathbf{u}+\mathbf{v})=T(\mathbf{u})+T(\mathbf{v})$

(ii) $T(k\mathbf{u})=kT(\mathbf{u})\ \ (k\in R)$

특히, R^n에서 R^n 자신으로의 선형변환 $T : R^n \to R^n$를 R^n위의 선형연산자(linear operator)라고 한다.

즉, 선형변환의 기하학적 의미는 R^n상의 "$\mathbf{u}$와 $\mathbf{v}$를 잇는 선분을 R^m 상의 $T(\mathbf{u})$와 $T(\mathbf{v})$를 잇는 선분으로 보내는 함수"라는 것이다. 또 선형(linear)의 어원은 선을 의미하는 라틴어 linearis이다. 위의 두 성질을 선형성(linearity)이라고 부르기도 한다.

일반적으로 R^2에서 R^2로 가는 선형변환(일차변환) $\begin{bmatrix} x \\ y \end{bmatrix} \longmapsto \begin{bmatrix} x' \\ y' \end{bmatrix}$은 아래와 같이 표현됨을 (고교과정)에서 배웠다.

$$x'=ax+by$$
$$y'=cx+dy$$

이제 위의 선형변환에 대하여 생각해보자. 행렬 A를

$\begin{bmatrix} a & b \\ c & d \end{bmatrix}$로 정의하고, $T(\mathbf{x})=A\mathbf{x}$로 정의되는 변환을 생각하면

$$\mathbf{x}=\begin{bmatrix} x \\ y \end{bmatrix},\ T(\mathbf{x})=\begin{bmatrix} x' \\ y' \end{bmatrix}$$

이라 하면 $T(\mathbf{x})=A\mathbf{x}$를 다음과 같이 나타낼 수 있다. 즉,

$$T(\mathbf{x})=A\mathbf{x}$$
$$\Leftrightarrow \begin{bmatrix} x' \\ y' \end{bmatrix}=\begin{bmatrix} a & b \\ c & d \end{bmatrix}\begin{bmatrix} x \\ y \end{bmatrix} \Leftrightarrow \begin{bmatrix} x' \\ y' \end{bmatrix}=\begin{bmatrix} ax+by \\ cx+dy \end{bmatrix}$$
$$\Leftrightarrow \begin{matrix} x'=ax+by \\ y'=cx+dy \end{matrix}$$

이다. 이의 기하학적 의미를 다음의 그림을 통하여 생각해보자. 우선 왼쪽의 정의역에 격자 축(수평선으로 붉은색 선분, 수직선으로 푸른색 선분)을 그리고, 위의 선형변환의 각 수평선과 수직선의 이미지를 같은 색으로 오른쪽에 그려보자.

아래 그림은 정의역의 선분들의 이미지가 치역에서 선분이 되는, 즉, 원상을 시계 반대 방향으로 45°로 회전시킨 전형적인 선형변환

$$x'=\frac{1}{\sqrt{2}}x-\frac{1}{\sqrt{2}}y$$

$$y' = \frac{1}{\sqrt{2}}x + \frac{1}{\sqrt{2}}y$$

의 이미지를 보여주는 예이다. (*MATLAB* 이용한 그림)

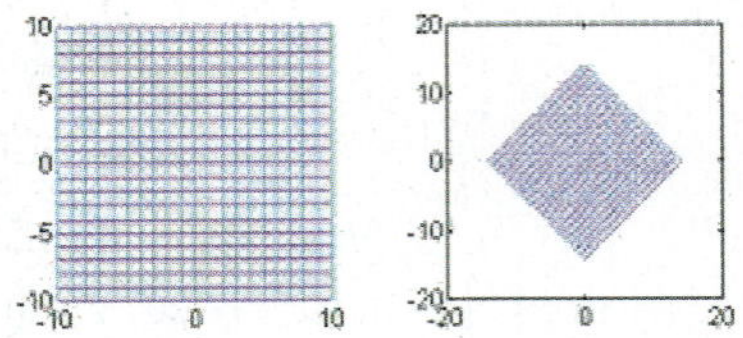

원상(preimage), 이미지

예제 1 $x' = x^2 + y^2$와 $y' = x + y$로 정의되는 평면 위의 비선형변환을 생각해보자. 이를 위와 같이 *MATLAB*을 이용하여 원상과 이미지를 비교하며 보면 비선형변환에 의해서는 선분이 선분으로 변환되지 않음을 확인할 수 있다.

다음의 *MATLAB* 명령어는 주어진 비선형변환의 원상에 대한 이미지를 보여 준다.

```
» fig1-figure;
» set(fig1,'units','normalized','Position',[0.1,0.25,0.8,0.5])
» [x,y]=meshgrid(-10:10);
» subplot(1,2,1)
» plot(x,y,'b')
» hold on
» plot(x',y','y')
» hold off
» axis square
» xr=x.^2+y.^2;
» yr=x+y;
» subplot(1,2,2)
» plot(xr,yr,'b')
» hold on
» plot(xr',yr','y')
» hold off
» axis square
```

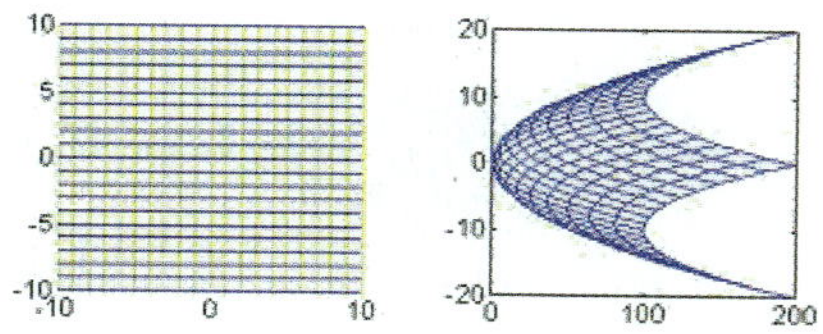

비선형변환은 선분을 선분으로 옮기지 않는다.

□

더 자세한 내용은 아래 주소를 참고하여라.

http://matrix.skku.ac.kr/sglee/LT/index.htm

예제 2 R^2의 벡터 $\mathbf{x}=\begin{bmatrix} x \\ y \end{bmatrix}$에 대하여 $T: R^2 \to R^3$을 다음과 같이 정의하면 T는 선형변환임을 보여라.

$$T(\mathbf{x})=\begin{bmatrix} x \\ y \\ x-y \end{bmatrix}$$

풀이 R^2의 임의의 두 벡터 $\mathbf{u}=\begin{bmatrix} u_1 \\ u_2 \end{bmatrix}$, $\mathbf{v}=\begin{bmatrix} v_1 \\ v_2 \end{bmatrix}$와 임의의 스칼라 k에 대하여

$$\text{(i) } T(\mathbf{u}+\mathbf{v})=\begin{bmatrix} u_1+v_1 \\ u_2+v_2 \\ (u_1+v_1)-(u_2+v_2) \end{bmatrix}$$

$$=\begin{bmatrix} u_1 \\ u_2 \\ u_1-u_2 \end{bmatrix}+\begin{bmatrix} v_1 \\ v_2 \\ v_1-v_2 \end{bmatrix}=T(\mathbf{u})+T(\mathbf{v})$$

$$\text{(ii) } T(k\mathbf{u})=\begin{bmatrix} ku_1 \\ ku_2 \\ ku_1-ku_2 \end{bmatrix}$$

$$=k\begin{bmatrix} u_1 \\ u_2 \\ u_1-u_2 \end{bmatrix}=kT(\mathbf{u})$$

이므로 T는 R^2에서 R^3로의 선형변환이다. □

예제 3 $T: R^3 \to R^2$을 다음과 같이 정의하면 T는 선형변환임을 보여라.

$$T(x, y, z)=(x, y)$$

풀이 R^3의 임의의 두 벡터 $\mathbf{u}=(u_1, u_2, u_3)$, $\mathbf{v}=(v_1, v_2, v_3)$와 임의의 스칼라 k에 대하여

(i) $T(\mathbf{u}+\mathbf{v})=T(u_1+v_1,\ u_2+v_2,\ u_3+v_3)$
$\quad=(u_1+v_1,\ u_2+v_2)$
$\quad=(u_1,\ u_2)+(v_1,\ v_2)=T(\mathbf{u})+T(\mathbf{v})$

(ii) $T(k\mathbf{u})=T(ku_1,\ ku_2,\ ku_3)=(ku_1,\ ku_2)=k(u_1,\ u_2)=kT(\mathbf{u})$

이므로 T는 선형변환이다. 이러한 선형변환을 xy-평면상으로의 정사영(orthogonal projection)이라 한다. □

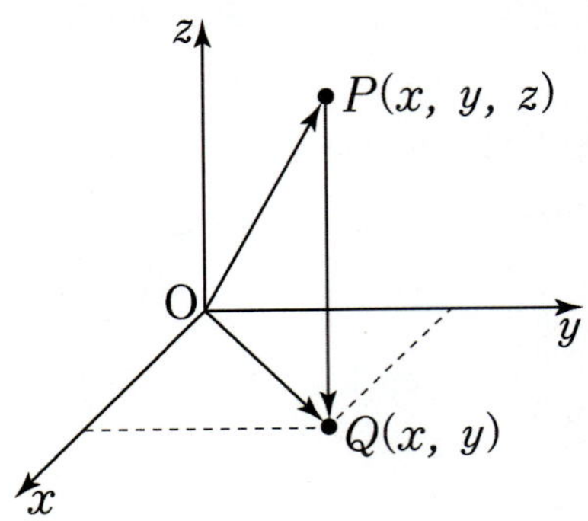

그림 6.1 xy-평면상으로의 정사영

예제 4 $T : R^2 \rightarrow R^2$을 다음과 같이 정의하면 T는 선형변환이 아님을 보여라.

$$T\left(\begin{bmatrix} x \\ y \end{bmatrix}\right)=\begin{bmatrix} x \\ y+1 \end{bmatrix}$$

풀이 R^2의 임의의 두 벡터 $\mathbf{u}=\begin{bmatrix} u_1 \\ u_2 \end{bmatrix}$, $\mathbf{v}=\begin{bmatrix} v_1 \\ v_2 \end{bmatrix}$에 대하여

$$T(\mathbf{u}+\mathbf{v})=T\left(\begin{bmatrix} u_1 \\ u_2 \end{bmatrix}+\begin{bmatrix} v_1 \\ v_2 \end{bmatrix}\right)=T\left(\begin{bmatrix} u_1+v_1 \\ u_2+v_2 \end{bmatrix}\right)=\begin{bmatrix} u_1+v_1 \\ u_2+v_2+1 \end{bmatrix}$$

그런데,

$$\begin{aligned} T(\mathbf{u})+T(\mathbf{v}) &= T\left(\begin{bmatrix} u_1 \\ u_2 \end{bmatrix}\right)+T\left(\begin{bmatrix} v_1 \\ v_2 \end{bmatrix}\right) \\ &= \begin{bmatrix} u_1 \\ u_2+1 \end{bmatrix}+\begin{bmatrix} v_1 \\ v_2+1 \end{bmatrix} \\ &= \begin{bmatrix} u_1+v_1 \\ u_2+v_2+2 \end{bmatrix} \end{aligned}$$

이므로

$$T(\mathbf{u}+\mathbf{v})\neq T(\mathbf{u})+T(\mathbf{v})$$

이다. 따라서 T는 선형변환이 아니다. □

예제 5 임의의 $\mathbf{v}\in R^n$에 대하여 $T : R^n \rightarrow R^m$을

$$T(\mathbf{v})=\mathbf{0}$$

로 정의하면 $\mathbf{u}$, $\mathbf{v} \in R^n$과 임의의 스칼라 k에 대하여

$$T(\mathbf{u}+\mathbf{v})=\mathbf{0}=T(\mathbf{u})+T(\mathbf{v})$$
$$T(k\mathbf{u})=\mathbf{0}=kT(\mathbf{u})$$

이므로 T는 선형변환이다. 이러한 선형변환을 영변환(zero transformation)이라 한다. □

예제 6 모든 $\mathbf{u} \in R^n$에 대하여 $T: R^n \to R^n$을 $T(\mathbf{u})=\mathbf{u}$로 정의하면 T가 선형변환임을 쉽게 보일 수 있다. 이러한 선형변환을 항등변환(identity transformation)이라고 한다. □

선형적인 성질을 갖는 물리학에서의 예로는 용수철저울에 대한 Hooke의 법칙을 들 수 있다.

두 변수 x, y의 관계가 $y=kx$(k는 상수)를 만족하는 경우 변수 y는 x에 정비례(directly proportional)한다고 한다. 정비례관계를 잘 설명하는 Hooke의 법칙은 선형적인 성질을 갖는다.

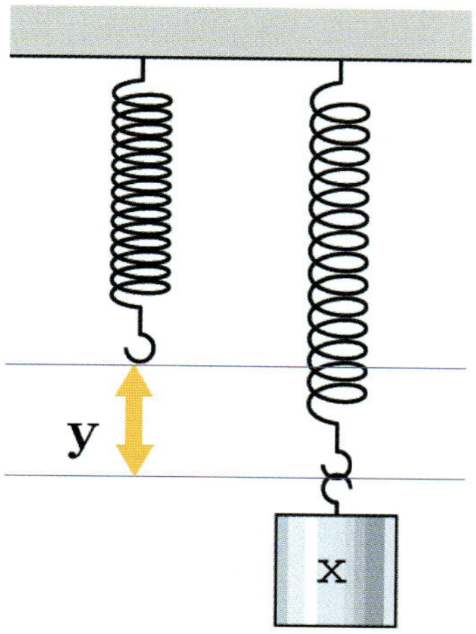

Hooke의 법칙은 "용수철의 늘어난 길이 y는 매달린 물체의 질량 x에 비례한다"이다. 이것을 함수로 표시하면

$$y=f(x)=kx \quad (k: \text{용수철상수})$$

와 같다. 선형변환의 조건 (i), (ii)를 확인하면

(i) $f(x_1+x_2)=k(x_1+x_2)=kx_1+kx_2=f(x_1)+f(x_2)$

(ii) $f(cx)=k(cx)=(ckx)=cf(x)$

이므로 f는 $R \to R$로의 선형변환이다. □

다음은 앞으로 자주 이용하게 될 선형변환의 몇 가지 기본적인 성질들이다.

정리 6.1.1 [선형변환의 성질]

만일 $T : R^n \rightarrow R^m$이 선형변환이면,

(1) $T(\mathbf{0})=\mathbf{0}$

(2) $T(-\mathbf{v})=-T(\mathbf{v})$

(3) $T(\mathbf{v}-\mathbf{w})=T(\mathbf{v})-T(\mathbf{w})$

증명 (1) $\forall \mathbf{v}\in R^n$, $0\mathbf{v}=\mathbf{0}$이므로 $T(\mathbf{0})=T(0\mathbf{v})=0T(\mathbf{v})=\mathbf{0}$이다.

(2) $T(-\mathbf{v})=T((-1)\mathbf{v})=(-1)T(\mathbf{v})=-T(\mathbf{v})$

(3) $T(\mathbf{v}-\mathbf{w})=T(\mathbf{v}+(-1)\mathbf{w})$

$=T(\mathbf{v})+(-1)T(\mathbf{w})=T(\mathbf{v})-T(\mathbf{w})$ ■

예제 7 $T : R^3 \rightarrow R^2$를 다음과 같이 정의하면 T는 선형변환임을 보여라.

$$T\left(\begin{bmatrix} x \\ y \\ z \end{bmatrix}\right)=\begin{bmatrix} 1 & -1 & 0 \\ 0 & 2 & -1 \end{bmatrix}\begin{bmatrix} x \\ y \\ z \end{bmatrix}$$

풀이

R^3의 임의의 두 벡터 $\mathbf{u}=\begin{bmatrix} u_1 \\ u_2 \\ u_3 \end{bmatrix}$, $\mathbf{v}=\begin{bmatrix} v_1 \\ v_2 \\ v_3 \end{bmatrix}$와 임의의 스칼라 k에 대하여

$$\begin{aligned}\text{(i) } T(\mathbf{u}+\mathbf{v}) &= \begin{bmatrix} 1 & -1 & 0 \\ 0 & 2 & -1 \end{bmatrix}\begin{bmatrix} u_1+v_1 \\ u_2+v_2 \\ u_3+v_3 \end{bmatrix} \\ &= \begin{bmatrix} 1 & -1 & 0 \\ 0 & 2 & -1 \end{bmatrix}\left(\begin{bmatrix} u_1 \\ u_2 \\ u_3 \end{bmatrix}+\begin{bmatrix} v_1 \\ v_2 \\ v_3 \end{bmatrix}\right) \\ &= \begin{bmatrix} 1 & -1 & 0 \\ 0 & 2 & -1 \end{bmatrix}\begin{bmatrix} u_1 \\ u_2 \\ u_3 \end{bmatrix}+\begin{bmatrix} 1 & -1 & 0 \\ 0 & 2 & -1 \end{bmatrix}\begin{bmatrix} v_1 \\ v_2 \\ v_3 \end{bmatrix} \\ &= T(\mathbf{u})+T(\mathbf{v})\end{aligned}$$

$$\begin{aligned}\text{(ii) } T(k\mathbf{u}) &= \begin{bmatrix} 1 & -1 & 0 \\ 0 & 2 & -1 \end{bmatrix}\begin{bmatrix} ku_1 \\ ku_2 \\ ku_3 \end{bmatrix} \\ &= k\begin{bmatrix} 1 & -1 & 0 \\ 0 & 2 & -1 \end{bmatrix}\begin{bmatrix} u_1 \\ u_2 \\ u_3 \end{bmatrix} \\ &= kT(\mathbf{u})\end{aligned}$$

이므로 T는 선형변환이다. □

위의 예제에서 볼 수 있듯이 행렬에 의한 변환은 선형변환의 좋은 예이다. 이를 일반화하면 아래와 같으며 행렬변환이라고 부른다.

A가 $m\times n$ 행렬일 때 R^n의 임의의 벡터

$$\mathbf{x}=\begin{bmatrix} x_1 \\ x_2 \\ \vdots \\ x_n \end{bmatrix}$$

에 대하여 행렬변환 T_A을 $T_A(\mathbf{x})=A\mathbf{x}$라고 정의하자. $\mathbf{x}$가 $n\times 1$ 행렬이므로 $A\mathbf{x}$는 $m\times 1$ 행렬이다. 따라서 T는 R^n에서 R^m으로의 변환이다. 그리고 임의의 두 벡터 $\mathbf{u}$, $\mathbf{v}\in R^n$에 대하여

$$\text{(i) } T_A(\mathbf{u}+\mathbf{v})=A(\mathbf{u}+\mathbf{v})=A\mathbf{u}+A\mathbf{v}$$
$$=T_A(\mathbf{u})+T_A(\mathbf{v})$$

이고, 임의의 스칼라 k에 대하여

$$\text{(ii) } T_A(k\mathbf{u})=A(k\mathbf{u})=kA\mathbf{u}$$
$$=kT_A(\mathbf{u})$$

이므로 T_A는 선형변환이다.

예제 8 예제 2 에서 주어진 선형변환 T는

$$T_A(\mathbf{x})=T\left(\begin{bmatrix} x \\ y \end{bmatrix}\right)=\begin{bmatrix} x \\ y \\ x-y \end{bmatrix}=\begin{bmatrix} 1 & 0 \\ 0 & 1 \\ 1 & -1 \end{bmatrix}\begin{bmatrix} x \\ y \end{bmatrix}$$

이므로 T는 행렬변환이다. □

이제 행렬 T_A가 갖는 성질 (ii)인 $A(k\mathbf{x})=kA\mathbf{x}$를 시각적으로 확인해보도록 하자. 만일 $k=2$이고 A는 $\begin{bmatrix} 1 & 0.2 \\ 0.3 & 0.2 \end{bmatrix}$이라 하자. 그러면 $A(2\mathbf{x})=2A\mathbf{x}$임을 보여야 한다. 중심이 (0, 0)이고 반지름이 2인 원에 행렬 A를 곱한 것과 단위원에 행렬 $2A=\begin{bmatrix} 2 & 0.4 \\ 0.6 & 0.4 \end{bmatrix}$를 곱하여 나온 선형변환의 이미지가 같음을 보이면된다.

아래 그림은 중심이 (0, 0)이고 반지름이 2인 원에 행렬 $A=\begin{bmatrix} 1 & 0.2 \\ 0.3 & 0.2 \end{bmatrix}$를 곱하여 나온 이미지이다.

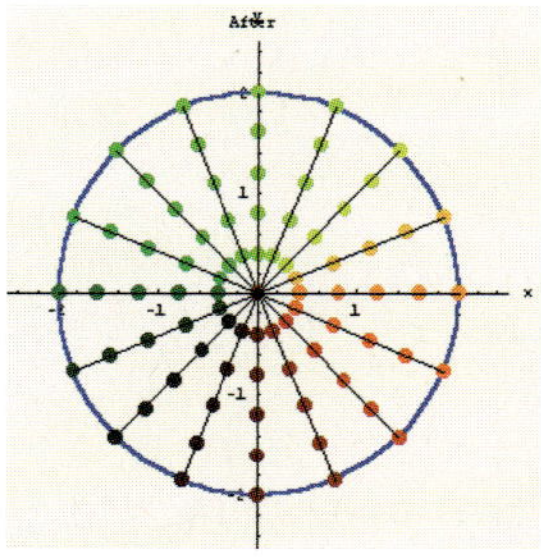

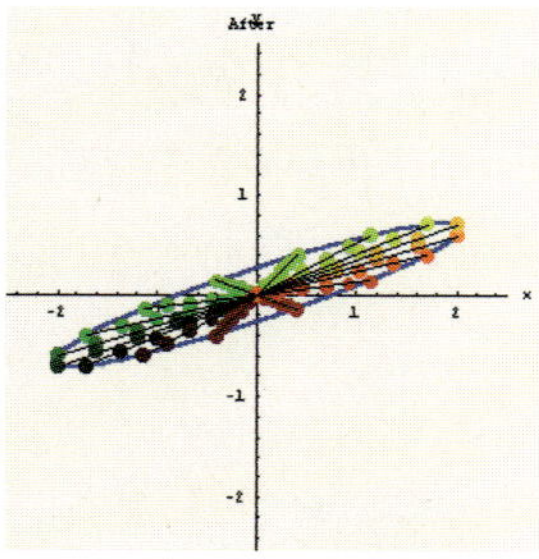

다음 그림은 단위원에 행렬 $2A=\begin{bmatrix} 2 & 0.4 \\ 0.6 & 0.4 \end{bmatrix}$을 곱하여 나온 이미지이다.

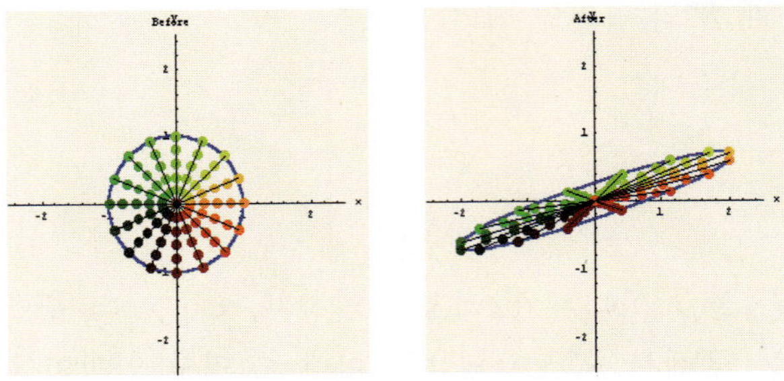

위 오른쪽의 두 이미지가 같으므로, 시각적으로 $A(2\mathbf{x})=2A\mathbf{x}$가 성립됨을 알 수 있다.

A가 $m\times n$ 행렬일 때, 모든 $\mathbf{x}\in R^n$에 대하여 $T(\mathbf{x})=A\mathbf{x}$로 정의하면 $T: R^n\to R^m$은 선형변환임을 알았다. 이제 R^n에서 R^m으로의 모든 선형변환은 행렬변환임을 보이고, 그에 대응하는 행렬에 대하여 알아보자.

$T: R^n\to R^m$을 임의의 선형변환이라 할 때, R^n의 기본단위벡터

$$\mathbf{e}_1,\ \mathbf{e}_2,\ \cdots,\ \mathbf{e}_{\mathrm{n}}$$

에 대하여 모든 $\mathbf{x}\in R^n$는

$$\mathbf{x}=\begin{bmatrix} x_1 \\ x_2 \\ \vdots \\ x_n \end{bmatrix}=x_1\mathbf{e}_1+x_2\mathbf{e}_2+\cdots+x_n\mathbf{e}_n$$

와 같이 나타낼 수 있고, $T(\mathbf{e}_1)$, $T(\mathbf{e}_2)$, $\cdots$, $T(\mathbf{e}_n)$은 각각 $m\times 1$ 행렬이므로

$$T(\mathbf{e}_1)=\begin{bmatrix} a_{11} \\ a_{21} \\ \vdots \\ a_{m1} \end{bmatrix},\ T(\mathbf{e}_2)=\begin{bmatrix} a_{12} \\ a_{22} \\ \vdots \\ a_{m2} \end{bmatrix},\ \cdots,\ T(\mathbf{e}_n)=\begin{bmatrix} a_{1n} \\ a_{2n} \\ \vdots \\ a_{mn} \end{bmatrix}$$

이라 할 수 있다. 따라서 모든 선형변환 $T: R^n\to R^m$은

$$\begin{aligned} T(\mathbf{x})&=x_1T(\mathbf{e}_1)+x_2T(\mathbf{e}_2)+\cdots+x_nT(\mathbf{e}_n) \\ &=x_1\begin{bmatrix} a_{11} \\ a_{21} \\ \vdots \\ a_{m1} \end{bmatrix}+x_2\begin{bmatrix} a_{12} \\ a_{22} \\ \vdots \\ a_{m2} \end{bmatrix}+\cdots+x_n\begin{bmatrix} a_{1n} \\ a_{2n} \\ \vdots \\ a_{mn} \end{bmatrix} \\ &=\begin{bmatrix} a_{11}x_1+a_{12}x_2+\cdots+a_{1n}x_n \\ a_{21}x_1+a_{22}x_2+\cdots+a_{2n}x_n \\ \vdots \\ a_{m1}x_1+a_{m2}x_2+\cdots+a_{mn}x_n \end{bmatrix} \end{aligned} \qquad (1)$$

의 형태로 표시할 수 있다. 여기서 $T(\mathbf{e}_1)$, $T(\mathbf{e}_2)$, $\cdots$, $T(\mathbf{e}_n)$을 열벡터로 갖는 $m\times n$

행렬 A를

$$A=[T(\mathbf{e}_1):T(\mathbf{e}_2):\cdots:T(\mathbf{e}_n)]=\begin{bmatrix} a_{11} & a_{12} & \cdots & a_{1n} \\ a_{21} & a_{22} & \cdots & a_{2n} \\ \vdots & \vdots & \cdots & \vdots \\ a_{m1} & a_{m2} & \cdots & a_{mn} \end{bmatrix}$$

이라 하면

$$T(\mathbf{x})=\begin{bmatrix} a_{11} & a_{12} & \cdots & a_{1n} \\ a_{21} & a_{22} & \cdots & a_{2n} \\ \vdots & \vdots & \vdots & \vdots \\ a_{m1} & a_{m2} & \cdots & a_{mn} \end{bmatrix}\begin{bmatrix} x_1 \\ x_2 \\ \vdots \\ x_n \end{bmatrix}$$
$$=A\mathbf{x}$$

이다. 위의 행렬 $A=[a_{ij}]$를 선형변환 T의 표준행렬(standard matrix)이라 하며 $[T]$라 표시한다. 따라서 (1)로 주어진 선형변환의 표준행렬은 $x_1, x_2, \cdots, x_n$의 계수로부터 쉽게 구할 수 있다. 위의 설명으로부터 다음 정리를 얻는다.

정리 6.1.2

$T: R^n \to R^m$이 선형변환이면 T의 표준행렬 $A=[T]$와 $\mathbf{x}\in R^n$에 대하여 다음이 성립한다.

$$T(\mathbf{x})=A\mathbf{x},\ \forall \mathbf{x}\in R^n$$

여기서 $A=[T(\mathbf{e}_1):T(\mathbf{e}_2):\cdots:T(\mathbf{e}_n)]$

예제 9 선형변환 $T: R^2\to R^3$가 $T\left(\begin{bmatrix} x \\ y \end{bmatrix}\right)=\begin{bmatrix} 2x-y \\ x+3y \\ 3x+y \end{bmatrix}$일 때, $T(\mathbf{e}_1)=\begin{bmatrix} 2 \\ 1 \\ 3 \end{bmatrix}$,

$$T(\mathbf{e}_2)=\begin{bmatrix} -1 \\ 3 \\ 1 \end{bmatrix}$$ 이므로 T의 표준행렬은

$$[T]=A=\begin{bmatrix} 2 & -1 \\ 1 & 3 \\ 3 & 1 \end{bmatrix}$$

이다. □

예제 10 선형변환 $T: R^3\to R^4$이 $T\left(\begin{bmatrix} x_1 \\ x_2 \\ x_3 \end{bmatrix}\right)=\begin{bmatrix} 3x_1+2x_2 \\ -x_1+x_2 \\ x_2-x_3 \\ x_1+x_3 \end{bmatrix}$일 때, T를 행렬변환으로 표시하여라.

풀이 표준행렬이

〈세계의 수학, ICME 10 코펜하겐, 전시물〉

$$[T]=A=\begin{bmatrix} 3 & 2 & 0 \\ -1 & 1 & 0 \\ 0 & 1 & -1 \\ 1 & 0 & 1 \end{bmatrix}$$

이므로

$$T\left(\begin{bmatrix} x_1 \\ x_2 \\ x_3 \end{bmatrix}\right)=\begin{bmatrix} 3x_1+2x_2 \\ -x_1+x_2 \\ x_2-x_3 \\ x_1+x_3 \end{bmatrix}=\begin{bmatrix} 3 & 2 & 0 \\ -1 & 1 & 0 \\ 0 & 1 & -1 \\ 1 & 0 & 1 \end{bmatrix}\begin{bmatrix} x_1 \\ x_2 \\ x_3 \end{bmatrix}$$

이다. □

여기서 잠깐!

Robert Hooke (1635–1703)

Hooke는 영국 Freshwater에서 태어나서 Westminster 학교에서 라틴어와 그리스어를 배웠다. 기하학을 배우기 시작하며 역학에 Hooke는 그 내용을 적용하기 시작하였다. 그래서 하늘을 나는 기계의 발명을 시도하였다. 1653년 Westminster에서 배울 것은 다 배웠다고 생각한 후 그는 옥스포드의 Christ College에 입학하여 Thomas Willis, Seth Ward, Robert Boyle, John Wilkins, John Wallis, Christopher Wren , William Petty 등을 만나며 연구한다.

옥스포드에서 Hooke는 Seth Ward에게 천문학을 배우고, Wilkins는 그의 놀라운 역학지식을 알아차리고 자신의 저서인 Mathematical Magic을 포함한 책들을 선물한다. 이것을 보며 그는 하늘을 나는 기계를 만드는 노력을 기울이고 관련된 실험을 한다. 1655년 부터 Boyle에게 고용되어 에어펌프(air pump) 개발 프로젝트에 참여하여, 이전의 모델을 개선한 현재 우리가 쓰는 모양의 에어펌프를 만들어낸다.

1665년 Hooke는 세계가 관심을 갖는 업적을 남긴다. 그의 책 Micrographia에는 그가 만든 현미경으로 공부한 많은 물체의 그림이 소개된다. Hook의 법칙을 보인 Hooke는 그가 예측하고 확인한 다른 많은 사실들을 수학적으로 엄밀하게 증명하는 데는 많은 관심을 두지 않았다.

그래서 뉴턴이 1672년 빛과 색의 원리를 발표하자, Hooke는 그 결과 중에 많은 것은 1665년 이미 자신이 보인 결과라고 주장하며 뉴턴과 수차례의 논쟁을 벌이게 된다. 이런 저런 기억으로 결국 뉴턴은 그의 책 Principia에서 Hooke의 문헌을 참고한 내용은 모두 지워버렸다고 한다. 1672년 Hooke는 지구의 궤도를 연구하다가 중력의 inverse square law도 발견한다.

이런 공로로 Hooke는 옥스포드의 정규학사학위를 받지는 못했지만, 후에 옥스포드대학으로부터 명예박사학위를 받았다.

연습문제 6-1

|1-5| 다음에 주어지는 변환 중 선형변환인 것을 결정하여라.

1. $T(x_1,\ x_2)=(2x_1+3x_2+1,\ -x_1+x_2)$

2. $T(x_1,\ x_2)=(x_1^2+x_1,\ -x_1+3x_2)$

3. $T(x_1,\ x_2)=(1+x_1,\ x_2)$

4. $T(x_1,\ x_2)=(x_1-x_2,\ 0)$

5. 다음 변환 $T: R^3 \to R^3$가 선형변환임을 확인한 후

$$T(x_1,\ x_2,\ x_3)=(x_1,\ x_1+x_2,\ x_1+x_2+x_3)$$

에 대한 $\mathbf{x}=(1,\ 2,\ 3)$의 이미지 $T(\mathbf{x})$를 구하여라.

|6-9| 다음에 주어진 변환이 선형변환인지 아닌지 판단하고, 아닌 경우에는 그 이유를 설명하여라.

6. $T(x,\ y)=(2x,\ 5y)$

7. $T(x,\ y)=(x^2,\ y)$

8. $T(x,\ y,\ z)=(x,\ x+y+z)$

9. $T(x,\ y,\ z)=(1,\ 2)$

|10-11| 표준기저를 이용하여 다음 선형변환의 표준행렬 $[T]$를 구하여라.

10. $T(x,\ y,\ z)=(x-y,\ y-z,\ z-x)$

11. $T(x,\ y,\ z)=(3x+5y-z,\ 4x-y+z,\ 3x+2y-z)$

|12-13| 다음에 주어진 행렬 $[T]$를 선형변환 T의 표준행렬이라 할 때, 주어진 벡터 $\mathbf{x}$에 대한 이미지 $T(\mathbf{x})$를 구하여라.

12. $[T]=\begin{bmatrix} 2 & 0 \\ 0 & 1 \end{bmatrix},\ \mathbf{x}=\begin{bmatrix} 2 \\ 1 \end{bmatrix}$

13. $[T]=\begin{bmatrix} 1 & 2 & 3 \\ 1 & 0 & 3 \\ -2 & 1 & -3 \end{bmatrix},\ \mathbf{x}=\begin{bmatrix} 1 \\ 1 \\ 1 \end{bmatrix}$

14. 선형변환 $T: R^2 \to R^2$이 다음 조건을 만족하는 경우 물음에 답하여라.

$$T(1,\ 0)=(2,\ 3),\ T(0,\ 1)=(-1,\ 1)$$

(1) $T(-1,\ 1)$을 구하여라.

(2) $T(x, y)$를 구하여라.

15. 선형변환 $T : R^3 \to R^3$이 다음 조건을 만족하는 경우 물음에 답하여라.

$$T(1, 0, 0)=(1, 1, 1),\ T(1, 1, 1)=(0, 1, 1),\ T(1, 0, 1)=(0, 0, 0)$$

(1) $T(3, 1, 1)$을 구하여라.

(2) $T(2, 3, 4)$를 구하여라.

16. $T : R^n \to R^m$인 선형변환 $T(\mathbf{x})=A\mathbf{x}$의 표준행렬 A의 크기가 7×5인 행렬이라면 위의 n, m의 값은?

토론과 발견

P1 선형변환의 조건을 사용하여 $T(\mathbf{x})=k\mathbf{x}(k\in R,\ \mathbf{x}\in R^n)$이 선형변환임을 보이고, 표준행렬 $[T]$를 구하여라.

P2 $T : R^3 \to R^3$를 다음과 같이 정의하자.

$$T(\mathbf{x})=A\mathbf{x}+B\mathbf{x}$$

$$A=\begin{bmatrix}1&1&1\\0&1&1\\0&0&1\end{bmatrix},\quad B=\begin{bmatrix}1&0&0\\1&1&0\\1&1&1\end{bmatrix}$$

변환 T가 선형변환임을 보이고 표준행렬 $[T]$를 구하여라.

P3 선형변환 $T : R^n \to R^m$에 대하여 다음이 성립함을 증명하여라.

(1) $T(\mathbf{x})=\mathbf{b},\ T(\mathbf{y})=\mathbf{b} \quad\Longrightarrow\quad T(\mathbf{x}-\mathbf{y})=\mathbf{0}$

(2) $T(\mathbf{x})=\mathbf{b},\ T(\mathbf{y})=\mathbf{c} \quad\Longrightarrow\quad T(\mathbf{x}+\mathbf{y})=\mathbf{b}+\mathbf{c}$

(3) $T(\mathbf{x})=\mathbf{0},\ T(\mathbf{y})=\mathbf{c} \quad\Longrightarrow\quad T(\alpha\mathbf{x}+\mathbf{y})=\mathbf{c},\ (\forall\alpha\in R)$

P4 R^3의 벡터 $\mathbf{x}=\begin{bmatrix}x\\y\\z\end{bmatrix}$에 대하여 $\widetilde{\mathbf{x}}=\begin{bmatrix}z\\y\\x\end{bmatrix}$라 정의하자. 변환 $T : R^3 \to R^3$이 $T(\mathbf{x})=\mathbf{x}+\widetilde{\mathbf{x}}$일 때, T가 선형변환임을 보이고 표준 행렬 $[T]$를 구하여라.

P5 R^n의 두 벡터 $\mathbf{p}$, $\mathbf{q}$의 끝점을 지나는 직선을 매개방정식

$$\mathbf{x}=(1-t)\mathbf{p}+t\mathbf{q} \quad (t\in R)$$

로 정의한다. $T : R^n \to R^n$가 선형변환일 때 $\mathbf{p}$, $\mathbf{q}$를 잇는 선분 $(1-t)\mathbf{p}+t\mathbf{q}(0\le t\le 1)$의 이미지는 선분임을 증명하여라. (특히 $T(\mathbf{p})=T(\mathbf{q})$이면 이미지는 한 점이 된다.)

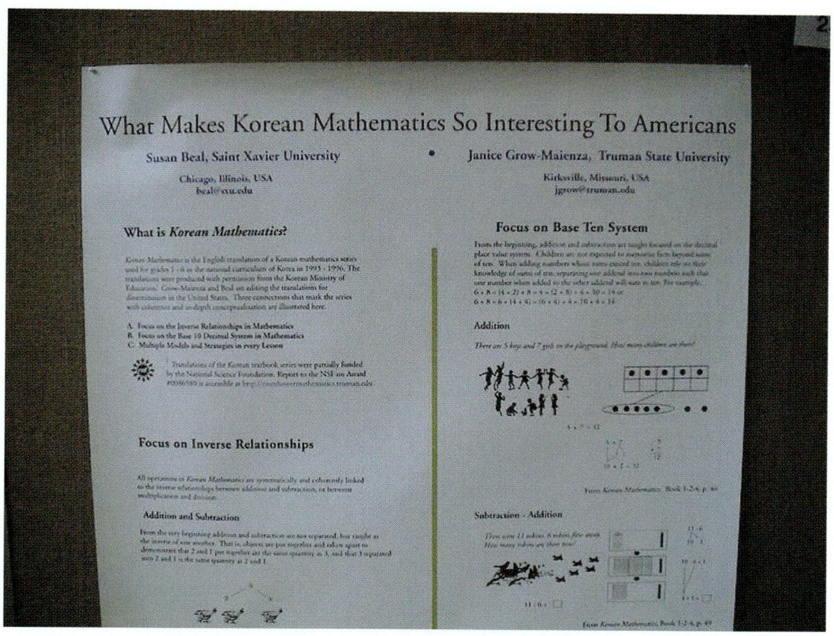

〈한국 수학교과서를 연구하는 미국교수의 발표자료, ICME 10〉

6.2 선형변환의 기하적 의미

이 절에서는 선형변환이 주는 기하적 의미를 학습한다. 주어진 이미지에 약간의 변화를 주어 만들어진 여러 개의 이미지들을 연속하여 보여주면서 동영상이 만들어진다. 선형변환은 컴퓨터그래픽과 수치적 알고리즘에 응용되며 애니메이션 영화와 같은 영역에 절대적으로 필요한 도구이다. 컴퓨터그래픽은 이 과정의 분석과 이용을 의미하며 이 과정에 대한 답을 주는 것이 바로 선형변환이다.

예를 들어 컴퓨터 화면에 나타난 도형을 원점을 중심으로 시계반대방향으로 30° 만큼 회전하려고 한다. 회전된 새로운 도형을 어떻게 그릴 수 있을까?

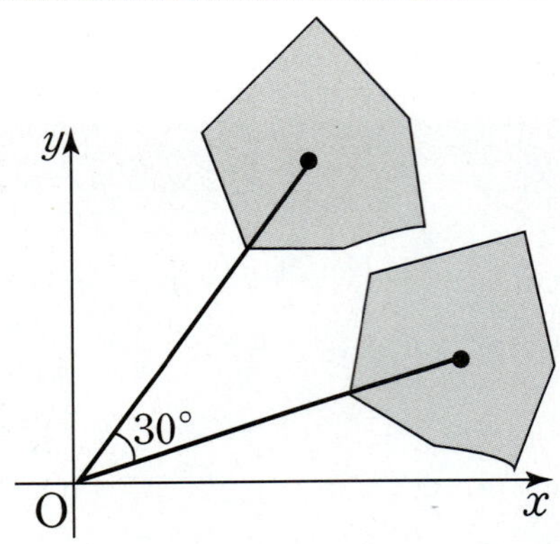

그림 6.2

위의 회전은 R^2에서 R^2로의 변환으로, 이 변환을 식으로 표현하기 위해 그림 6.2에 있는 도형 위의 임의의 점을 $\mathbf{x}=(x,\ y)=(r\cos\theta,\ r\sin\theta)$라 하자. 그러면 r과 θ는 $\mathbf{x}$의 극좌표이고, 시계 반대 방향으로 $30°=\frac{\pi}{6}$회전 변환된 점을 $\mathbf{x}'=(x',\ y')$이라 하면

$$x'=r\cos\left(\theta+\frac{\pi}{6}\right)=r\cos\theta\cos\frac{\pi}{6}-r\sin\theta\sin\frac{\pi}{6}=\frac{\sqrt{3}}{2}x-\frac{1}{2}y$$

$$y'=r\sin\left(\theta+\frac{\pi}{6}\right)=r\cos\theta\sin\frac{\pi}{6}+r\sin\theta\cos\frac{\pi}{6}=\frac{1}{2}x+\frac{\sqrt{3}}{2}y$$

이다. 따라서 $T_\theta : R^2 \to R^2$를 $T_\theta(x,\ y)=(x',\ y')$라 하면 $\theta=\frac{\pi}{6}$일때 T_θ는

$$T_\theta\begin{bmatrix} x \\ y \end{bmatrix}=\begin{bmatrix} \frac{\sqrt{3}}{2}x-\frac{1}{2}y \\ \frac{1}{2}x+\frac{\sqrt{3}}{2}y \end{bmatrix}=\begin{bmatrix} x' \\ y' \end{bmatrix} \tag{1}$$

로 나타나는 변환, 즉 선형변환이다. 그리고 이 선형변환의 표준행렬은

$$\begin{bmatrix} \frac{\sqrt{3}}{2} & -\frac{1}{2} \\ \frac{1}{2} & \frac{\sqrt{3}}{2} \end{bmatrix}=\begin{bmatrix} \cos\frac{\pi}{6} & -\sin\frac{\pi}{6} \\ \sin\frac{\pi}{6} & \cos\frac{\pi}{6} \end{bmatrix}=R_{\frac{\pi}{6}}$$

이다. 일반적으로 θ 만큼의 회전은 선형변환 $T(\mathbf{x})=R_\theta \mathbf{x}$임을 알 수 있다. 또 선형변환이므로 아래 두 성질을 만족하는 것을 쉽게 확인할 수 있다.

$$\text{(i)}\ T_\theta(\mathbf{x}+\mathbf{y})=T_\theta(\mathbf{x})+T_\theta(\mathbf{y})$$
$$\text{(ii)}\ T_\theta(c\mathbf{x})=cT_\theta(\mathbf{x})$$

이제, R^2에서 R^2로의 회전변환을 포함하는 일반적인 선형변환에 대하여 생각해보자.

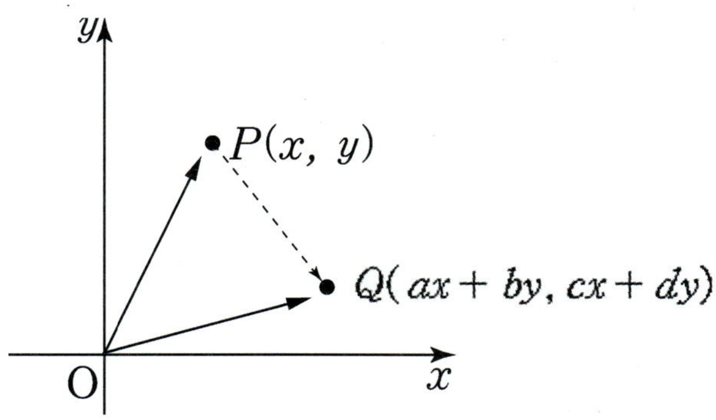

그림 6.3

R^2의 점 $P(x, y)$를 점 $Q(ax+by, cx+dy)$로 옮기는 선형변환

$$T : R^2 \rightarrow R^2$$

를 다음과 같이 정의하자.

$$T\begin{bmatrix} x \\ y \end{bmatrix}=\begin{bmatrix} ax+by \\ cx+dy \end{bmatrix}$$

이 때, T의 표준행렬 A는 $\begin{bmatrix} a & b \\ c & d \end{bmatrix}$이다. 즉, $T(\mathbf{x})=A\mathbf{x}$이므로 그림 6.3에서 보듯이 R^2의 벡터 $\overrightarrow{OP}=\begin{bmatrix} x \\ y \end{bmatrix}$는 선형변환 T의 표준행렬 A를 곱하면 다른 벡터 $\overrightarrow{OQ}=\begin{bmatrix} ax+by \\ cx+dy \end{bmatrix}$로 옮겨지는 것이다.

예제 1 [회전, 대칭, 정사영]

다음은 몇 가지 형태의 R^2 상의 선형변환의 예이다.

(1) R^2 안의 벡터에 행렬

$$R_\theta=\begin{bmatrix} \cos\theta & -\sin\theta \\ \sin\theta & \cos\theta \end{bmatrix}$$

를 곱하는 것은 R^2 안의 벡터를 원점을 중심으로 θ 만큼 시계 반대 방향으로 회전하는 선형변환이다.

(2) x−축 상의 정사영(orthogonal projection)은 $P : R^2 \to R^2$ 인 선형변환이다.

$$P(\mathbf{x}) = \begin{bmatrix} 1 & 0 \\ 0 & 0 \end{bmatrix} \begin{bmatrix} x \\ y \end{bmatrix} = \begin{bmatrix} x \\ 0 \end{bmatrix}$$

(3) x−축에 대한 대칭이동 $T : R^2 \to R^2$는 선형변환이다.

$$T(\mathbf{x}) = \begin{bmatrix} 1 & 0 \\ 0 & -1 \end{bmatrix} \begin{bmatrix} x \\ y \end{bmatrix} = \begin{bmatrix} x \\ -y \end{bmatrix}$$

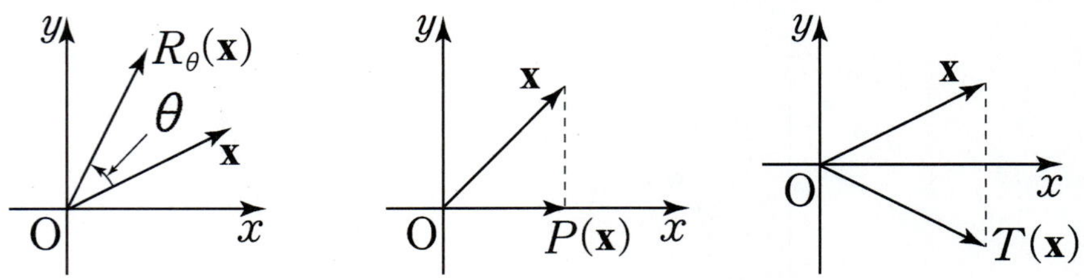

그림 6.4 R^2상의 3개의 선형변환

http://matrix.skku.ac.kr/sglee/LT/11.swf

예제 2 R^2의 점 $P(x, y)$를 다음에 대하여 대칭으로 옮기는 선형변환의 표준행렬 A를 각각 구하여라.

(1) y−축　　　　(2) 직선 $y=x$

풀이 y−축, 직선 $y=x$에 관하여 대칭으로 옮기는 선형변환은 각각

$$T\left(\begin{bmatrix} x \\ y \end{bmatrix}\right) = \begin{bmatrix} -x \\ y \end{bmatrix}, \qquad T\left(\begin{bmatrix} x \\ y \end{bmatrix}\right) = \begin{bmatrix} y \\ x \end{bmatrix}$$

이므로 이에 대응하는 표준행렬은 각각 다음과 같다.

$$A = \begin{bmatrix} -1 & 0 \\ 0 & 1 \end{bmatrix}, \qquad A = \begin{bmatrix} 0 & 1 \\ 1 & 0 \end{bmatrix}$$ □

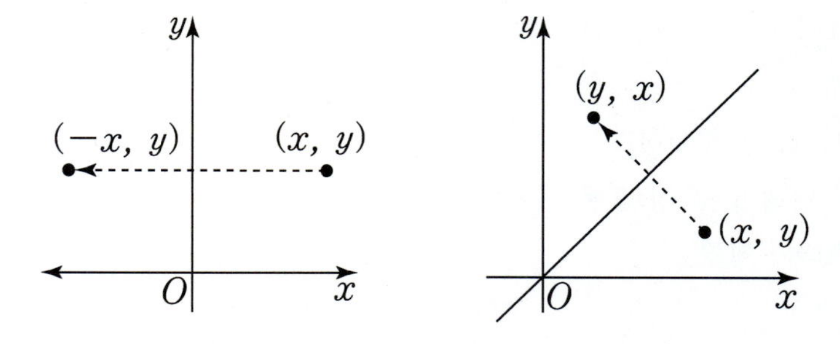

그림 6.5

http://matrix.skku.ac.kr/sglee/LT/22.swf와 44.swf

예제 3 선형변환 $T : R^2 \to R^2$가 임의의 벡터 $\mathbf{x}=(x,\ y)\in R^2$를 아래 그림과 같이 직선 $y=(\tan\theta)x$에 대칭이동 시키는 변환인 경우 행렬 $H_\theta=[T(\mathbf{e}_1) : T(\mathbf{e}_2)]$를 구하자.

아래 그림에서와 같이

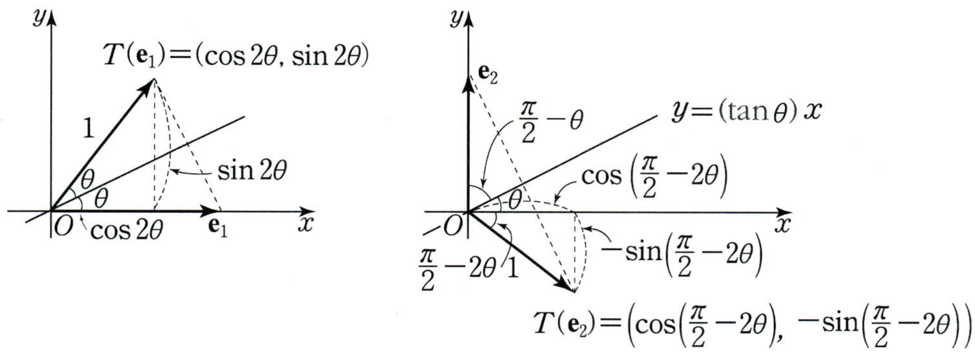

그림 6.6

$$T(\mathbf{e}_1)=\begin{bmatrix}\cos 2\theta\\ \sin 2\theta\end{bmatrix} \text{이고 } T(\mathbf{e}_2)=\begin{bmatrix}\cos\left(\frac{\pi}{2}-2\theta\right)\\ -\sin\left(\frac{\pi}{2}-2\theta\right)\end{bmatrix} \text{이므로}$$

$$\begin{aligned}H_\theta=[T(\mathbf{e}_1):T(\mathbf{e}_2)]&=\begin{bmatrix}\cos 2\theta & \vdots & \cos\left(\frac{\pi}{2}-2\theta\right)\\ \sin 2\theta & \vdots & -\sin\left(\frac{\pi}{2}-2\theta\right)\end{bmatrix}\\ &=\begin{bmatrix}\cos 2\theta & \sin 2\theta\\ \sin 2\theta & -\cos 2\theta\end{bmatrix}\end{aligned}$$

이다. 실제로 H_θ는 원점을 지나는 기울기 $\tan\theta$인 직선에 대한 대칭 변환에 대응하는 행렬이다.

□

예제 4 선형변환 $T : R^2 \to R^2$를 아래 그림과 같이 R^2 상의 임의의 벡터 $\mathbf{x}$를 x축과 이루는 각이 θ인 원점을 지나는 직선으로 정사영시키는 것으로 정의하자. 그러면 이 변환 T는

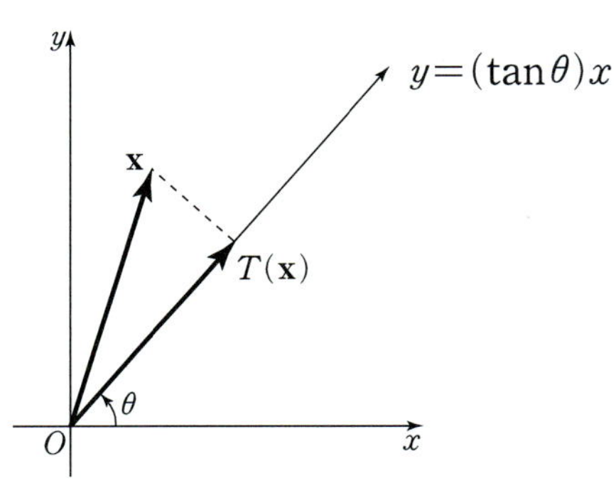

그림 6.7

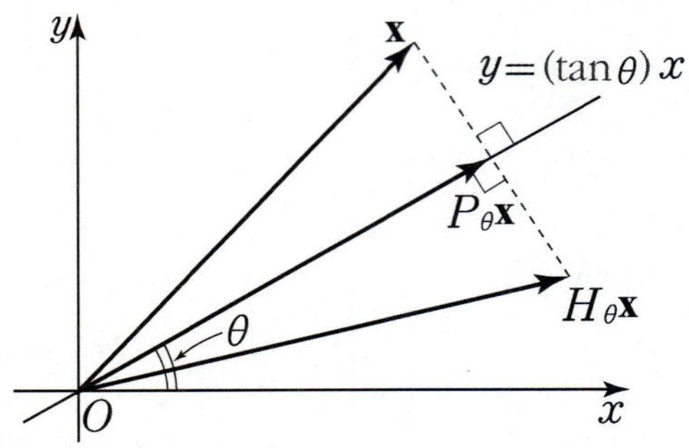

그림 6.8

선형변환이고, 대응하는 선형변화 T의 표준행렬을 P_θ라 하자. 이제 예제 3 의 H_θ에 대하여 $H_\theta\mathbf{x}$를 그림 6.8에서와 같이 표시하면

$$P_\theta\mathbf{x}-\mathbf{x}=\frac{1}{2}(H_\theta\mathbf{x}-\mathbf{x})$$

이다. 이것을 $P_\theta\mathbf{x}$에 대하여 정리하면,

$$P_\theta\mathbf{x}=\frac{1}{2}(H_\theta\mathbf{x}+\mathbf{x})=\frac{1}{2}H_\theta\mathbf{x}+\frac{1}{2}\mathbf{x}=\frac{1}{2}H_\theta\mathbf{x}+\frac{1}{2}I\mathbf{x}=\frac{1}{2}(H_\theta+I)\mathbf{x}$$

이다. 그러므로,

$$P_\theta=\frac{1}{2}(H_\theta+I)=\frac{1}{2}\left\{\begin{bmatrix}\cos 2\theta & \sin 2\theta \\ \sin 2\theta & -\cos 2\theta\end{bmatrix}+\begin{bmatrix}1 & 0 \\ 0 & 1\end{bmatrix}\right\}$$

$$=\begin{bmatrix}\frac{1}{2}(1+\cos 2\theta) & \frac{1}{2}\sin 2\theta \\ \frac{1}{2}\sin 2\theta & \frac{1}{2}(1-\cos 2\theta)\end{bmatrix}=\begin{bmatrix}\cos^2\theta & \sin\theta\cos\theta \\ \sin\theta\cos\theta & \sin^2\theta\end{bmatrix}$$

□

여기서 잠깐!

R^2상의 기본적인 대칭행렬의 표준행렬

(1) x축 대칭 : $\begin{bmatrix}1 & 0 \\ 0 & -1\end{bmatrix}$

(2) y축 대칭 : $\begin{bmatrix}-1 & 0 \\ 0 & 1\end{bmatrix}$

(3) 원점대칭 : $\begin{bmatrix}-1 & 0 \\ 0 & -1\end{bmatrix}$

(4) $y=x$대칭 : $\begin{bmatrix}0 & 1 \\ 1 & 0\end{bmatrix}$

만일 어떠한 변환 T가

(i) $\begin{bmatrix}x \\ y\end{bmatrix}\to\begin{bmatrix}x+ky \\ y\end{bmatrix}$

(ii) $\begin{bmatrix}x \\ y\end{bmatrix}\to\begin{bmatrix}x \\ kx+y\end{bmatrix}$

로 대응시키는 변환을 각각 x축 방향, y축 방향의 층밀림(shear)변환이라 한다. 그러므로 이들의 표준행렬은

$$\begin{bmatrix} 1 & k \\ 0 & 1 \end{bmatrix}, \begin{bmatrix} 1 & 0 \\ k & 1 \end{bmatrix}$$

이다.

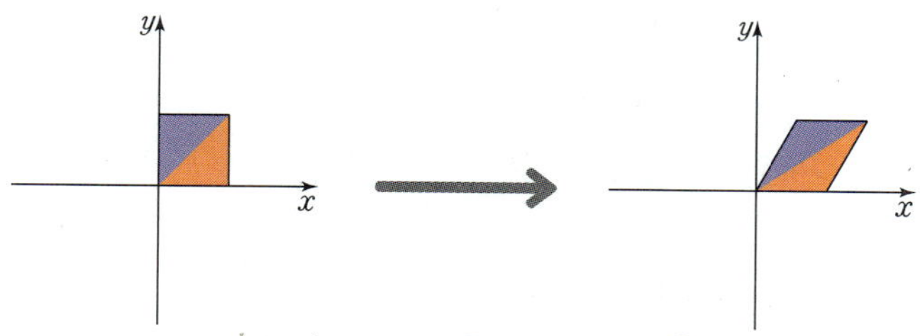

그림 6.9 x축방향 층밀림

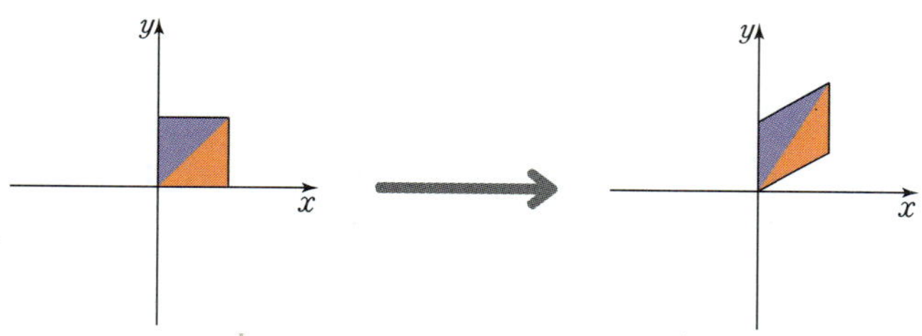

그림 6.10 y축방향 층밀림

일반적으로 길이가 보존되는 성질 $\|T(\mathbf{x})\| = \|\mathbf{x}\|$를 가지는 선형변환 $T : R^n \to R^n$을 Euclid isometry라 한다. (같은 거리라는 그리스어 isometros에서 유래) 이런 선형변환들이 가지는 성질에 대하여 생각한다.

정리 6.2.1

만일 $T : R^n \to R^n$이 R^n 위의 선형변환이면 아래는 동치이다.

(1) $\|T(\mathbf{x})\| = \|\mathbf{x}\|,\ \mathbf{x} \in R^n$ (길이보존 ; isometry)

(2) $T(\mathbf{x}) \cdot T(\mathbf{y}) = \mathbf{x} \cdot \mathbf{y},\ \mathbf{x},\ \mathbf{y} \in R^n$

증명 (1) $\Rightarrow$ (2)

$\mathbf{x}$, $\mathbf{y}$를 R^n의 임의의 벡터라 하면,

$\|\mathbf{x}+\mathbf{y}\|^2 = (\mathbf{x}+\mathbf{y}) \cdot (\mathbf{x}+\mathbf{y})$

$\|\mathbf{x}-\mathbf{y}\|^2 = (\mathbf{x}-\mathbf{y}) \cdot (\mathbf{x}-\mathbf{y})$

이므로,

$\mathbf{x} \cdot \mathbf{y} = \frac{1}{4}(\|\mathbf{x}+\mathbf{y}\|^2 - \|\mathbf{x}-\mathbf{y}\|^2)$

임을 알 수 있다. 따라서

$T(\mathbf{x}) \cdot T(\mathbf{y}) = \frac{1}{4}(\|T(\mathbf{x})+T(\mathbf{y})\|^2 - \|T(\mathbf{x})-T(\mathbf{y})\|^2)$

$$=\frac{1}{4}(\|T(\mathbf{x}+\mathbf{y})\|^2-\|T(\mathbf{x}-\mathbf{y})\|^2)$$
$$=\frac{1}{4}(\|\mathbf{x}+\mathbf{y}\|^2-\|\mathbf{x}-\mathbf{y}\|^2)\ (\because\ (1)T\text{는 isometry})$$
$$=\mathbf{x}\cdot\mathbf{y}$$

$(2) \Rightarrow (1)$

$\|\mathbf{x}\|=\sqrt{\mathbf{x}\cdot\mathbf{x}}$로 쓸 수 있으므로,

$$\|T(\mathbf{x})\|=\sqrt{T(\mathbf{x})\cdot T(\mathbf{x})}=\sqrt{\mathbf{x}\cdot\mathbf{x}}=\|\mathbf{x}\|$$ ■

여기서 잠깐!

위 정리의 (1)은 T가 길이를 보존한다는 것을,
(2)는 내적을 보존한다는 것을 의미한다.

정 의

정사각행렬 A에 대해

$$A^{-1}=A^T$$

이면 A를 직교행렬(orthogonal matrix)이라 한다.

예제 5 임의의 실수 θ에 대하여

$$Q=\begin{bmatrix}\cos\theta & -\sin\theta \\ \sin\theta & \cos\theta\end{bmatrix}$$

는 직교행렬이고,

$$Q^{-1}=\begin{bmatrix}\cos\theta & \sin\theta \\ -\sin\theta & \cos\theta\end{bmatrix}$$

이다. □

예제 6 다음 행렬들이 직교행렬임을 확인하여라.

$$A=\begin{bmatrix}\frac{3}{5} & -\frac{4}{5} \\ \frac{4}{5} & \frac{3}{5}\end{bmatrix},\quad B=\begin{bmatrix}\frac{1}{\sqrt{3}} & \frac{1}{\sqrt{2}} & \frac{1}{\sqrt{6}} \\ \frac{1}{\sqrt{3}} & -\frac{1}{\sqrt{2}} & \frac{1}{\sqrt{6}} \\ \frac{1}{\sqrt{3}} & 0 & -\frac{2}{\sqrt{6}}\end{bmatrix}$$

풀이 직교행렬의 정의에 의하여 $A^{-1}=A^T$이므로 $A^TA=I$임을 이용하면 바로 확인할 수 있다.

$$A^TA=\begin{bmatrix}\frac{3}{5} & \frac{4}{5} \\ -\frac{4}{5} & \frac{3}{5}\end{bmatrix}\begin{bmatrix}\frac{3}{5} & -\frac{4}{5} \\ \frac{4}{5} & \frac{3}{5}\end{bmatrix}=\begin{bmatrix}1 & 0 \\ 0 & 1\end{bmatrix}$$

$$B^TB=\begin{bmatrix} \frac{1}{\sqrt{3}} & \frac{1}{\sqrt{3}} & \frac{1}{\sqrt{3}} \\ \frac{1}{\sqrt{2}} & -\frac{1}{\sqrt{2}} & 0 \\ \frac{1}{\sqrt{6}} & \frac{1}{\sqrt{6}} & -\frac{2}{\sqrt{6}} \end{bmatrix} \begin{bmatrix} \frac{1}{\sqrt{3}} & \frac{1}{\sqrt{2}} & \frac{1}{\sqrt{6}} \\ \frac{1}{\sqrt{3}} & -\frac{1}{\sqrt{2}} & \frac{1}{\sqrt{6}} \\ \frac{1}{\sqrt{3}} & 0 & -\frac{2}{\sqrt{6}} \end{bmatrix} = \begin{bmatrix} 1 & 0 & 0 \\ 0 & 1 & 0 \\ 0 & 0 & 1 \end{bmatrix}$$ □

정리 6.2.2

n차의 정사각행렬 A에 대해, 다음이 성립한다.

(1) 직교행렬의 전치행렬은 직교행렬이다.

(2) 직교행렬의 역행렬은 직교행렬이다.

(3) 직교행렬의 곱은 직교행렬이다.

(4) A가 직교행렬이면, $\det A=1$ 또는 $\det A=-1$이다.

증명 간단한 (1), (2)는 직접보이고, 여기서는 (3), (4)만 보이도록 한다.

(3) 만일 $A^{-1}=A^T$, $B^{-1}=B^T$이면,

$$(AB)^{-1}=B^{-1}A^{-1}=B^TA^T=(AB)^T$$

이므로 AB는 직교행렬이다.

(4) $1=\det I=\det(AA^T)=\det(A)\det(A^T)=(\det A)^2$

$\therefore \det A=1$ 또는 -1 ■

직교행렬과 관련하여 다음과 같은 성질을 증명 없이 소개한다. 일반적인 증명은 9장 내적공간에서 한다.

정리 6.2.3

n차의 정사각행렬 A에 대해, 다음은 동치이다.

(1) A가 직교행렬

(2) $\|A\mathbf{x}\|=\|\mathbf{x}\|$, $\mathbf{x}\in R^n$ (Euclid isometry)

(3) $A\mathbf{x}\cdot A\mathbf{y}=\mathbf{x}\cdot\mathbf{y}$, $\mathbf{x}, \mathbf{y}\in R^n$

(4) A의 열벡터들은 정규직교벡터들이다.

(5) A의 행벡터들은 정규직교벡터들이다.

여기서 잠깐!

내적은 다음과 같이 정의할 수도 있다.

$$\mathbf{x}\cdot\mathbf{y}=\mathbf{y}^T\mathbf{x}$$

Euclid isometry인 선형변환 T의 행렬표현을 $[T]=A$라 한다면, $T(\mathbf{x})=A\mathbf{x}$에 대하여 $T(\mathbf{x})\cdot T(\mathbf{x})=T(\mathbf{x})^TT(\mathbf{x})=(A\mathbf{x})^TA\mathbf{x}=\mathbf{x}^TA^TA\mathbf{x}$이다. 이때 $A^TA=I$이면 isometry인 $T(\mathbf{x})\cdot T(\mathbf{x})=\mathbf{x}^T\mathbf{x}=\mathbf{x}\cdot\mathbf{x}$가 성립한다. 이런 이유로 $A^TA=I$인 행렬 A에 직교 행렬이라는 특별한 이름을 준 것이다.

연습문제 6-2

|1-4| $U=\{(x,\ y)\,|\,0\leq x\leq 1,\ 0\leq y\leq 1\}$이라 하자. 다음 행렬에 의한 선형변환에 대한 U의 이미지를 R^2 평면 위에 그려라.

1. $A=\begin{bmatrix} 1 & 0 \\ 0 & 0 \end{bmatrix}$

2. $A=\begin{bmatrix} 1 & 0 \\ 0 & -1 \end{bmatrix}$

3. $A=\begin{bmatrix} 0 & 1 \\ 1 & 0 \end{bmatrix}$

4. $A=\begin{bmatrix} \frac{1}{\sqrt{2}} & -\frac{1}{\sqrt{2}} \\ \frac{1}{\sqrt{2}} & \frac{1}{\sqrt{2}} \end{bmatrix}$

|5-10| 다음에 서술한 R^2 상의 선형변환의 표준행렬을 구하여라.

5. 각 성분을 $\frac{1}{3}$로 줄이는 변환

6. x축 방향으로만 $\frac{1}{3}$로 줄이는 변환

7. y축 방향으로만 $\frac{1}{3}$로 줄이는 변환

8. 각 성분을 3배로 늘이는 변환
[Hint : http://matrix.skku.ac.kr/sglee/CMT/55.swf]

9. 임의의 벡터 $\mathbf{x}\in R^2$에 대하여 원점을 지나고 x축과 이루는 각이 θ인 직선에 대칭시키는 변환 $T : R^2 \to R^2$에 대하여 $\theta=\frac{\pi}{3}$일 때 $\mathbf{x}=\begin{bmatrix} 3 \\ 1 \end{bmatrix}$의 이미지 $T(\mathbf{x})$를 구하여라.

10. 임의의 벡터 $\mathbf{x}\in R^2$에 대하여 원점을 지나고 x축과 이루는 각이 θ인 직선에 정사영시키는 변환 $T : R^2 \to R^2$에 대하여 $\theta=\frac{\pi}{4}$일 때 $\mathbf{x}=\begin{bmatrix} 1 \\ 3 \end{bmatrix}$의 이미지 $T(\mathbf{x})$를 구하여라.

|11-13| 다음 행렬 중 직교행렬인 것을 찾고, 직교행렬인 경우 그의 역행렬을 구하여라.

11. $A=\begin{bmatrix} \frac{1}{\sqrt{2}} & -\frac{1}{\sqrt{2}} \\ \frac{1}{\sqrt{2}} & \frac{1}{\sqrt{2}} \end{bmatrix}$

12. $B=\begin{bmatrix} \frac{1}{3} & \frac{1}{3} & \frac{1}{3} \\ \frac{1}{3} & \frac{1}{3} & \frac{1}{3} \\ \frac{1}{3} & \frac{1}{3} & \frac{1}{3} \end{bmatrix}$

13. $C=\begin{bmatrix} \frac{4}{5} & \frac{9}{\sqrt{850}} & \frac{3}{\sqrt{34}} \\ 0 & \frac{25}{\sqrt{850}} & \frac{-3}{\sqrt{34}} \\ \frac{3}{5} & \frac{-12}{\sqrt{850}} & \frac{-4}{\sqrt{34}} \end{bmatrix}$

14. 다음 행렬에 의한 선형변환 T에 대하여 $T(\mathbf{x})$를 구하고 그의 기하학적 위치관계를 말하시오.

$$A=\begin{bmatrix} 1 & 0 & 0 \\ 0 & 0 & -1 \\ 0 & 1 & 0 \end{bmatrix},\ \mathbf{x}=\begin{bmatrix} a \\ b \\ c \end{bmatrix}$$

15. R^3에서의 xy 방향으로의 k 만큼 층밀림(shear)변환을 다음과 같이 정의한다.

$$T(x,\ y,\ z)=(x+kz,\ y+kz,\ z)$$

이 때, T가 선형변환임을 보이고, 표준행렬을 구하여라.

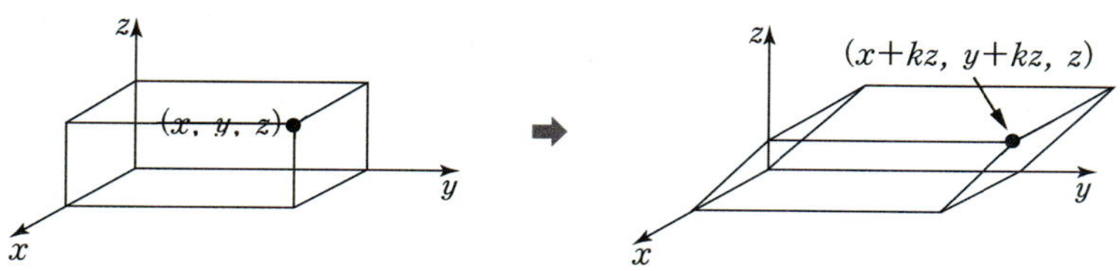

http://matrix.skku.ac.kr/sglee/LT/55.swf

토론과 발견

P1 아래 주어진 행렬을 표준행렬로 갖는 선형변환에 대하여

$$U=\{(x,\ y)\,|\,0\le x,\ y\le 1\}$$

에 대한 이미지의 넓이를 각각 구하여라

(1) $A=\begin{bmatrix} 2 & 0 \\ 0 & 3 \end{bmatrix}$ (2) $A=\begin{bmatrix} 0 & 1 \\ 1 & 0 \end{bmatrix}$

(3) $A=\begin{bmatrix} \frac{1}{2} & 0 \\ 0 & \frac{1}{3} \end{bmatrix}$ (4) $A=\begin{bmatrix} \frac{\sqrt{3}}{2} & \frac{1}{2} \\ -\frac{1}{2} & \frac{\sqrt{3}}{2} \end{bmatrix}$

P2 $T_x : R^3 \to R^3$는 $T_x(x, y, z) = (x, 0, 0)$으로 정의하자. T_x가 선형변환임을 보이고 모든 $\mathbf{x} \in R^3$에 대하여 $T_x(\mathbf{x})$와 $\mathbf{x} - T_x(\mathbf{x})$는 직교함을 보여라.

P3 다음 행렬이 직교행렬이 되는 성분 $*$들을 구하여라.

$$\begin{bmatrix} \frac{1}{\sqrt{3}} & 0 & * \\ \frac{1}{\sqrt{3}} & \frac{1}{\sqrt{2}} & * \\ \frac{1}{\sqrt{3}} & -\frac{1}{\sqrt{2}} & * \end{bmatrix}$$

P4 다음 행렬의 a, b가 어떤 조건을 만족해야 직교행렬이 되는지 구하여라.

$$\begin{bmatrix} b-a & a+b \\ b+a & a-b \end{bmatrix}$$

P5 영 아닌 벡터 $\mathbf{x}_0 \in R^2$에 대하여 $T(\mathbf{x}) = \mathbf{x}_0 + R_\theta \mathbf{x}$라고 하자. 여기서 R_θ란 시계 반대방향으로 θ각만큼 회전시키는 회전변환에 대응하는 표준행렬이다. T가 선형변환이 아님을 보이고 기하학적 의미를 서술하여라.

P6 **정리 6.2.3**의 (4)를 이용하여 U가 $n \times n$ 직교행렬이면

$$U^{(1)} U^{(1)T} + U^{(2)} U^{(2)T} + \cdots + U^{(n)} U^{(n)T} = I_n$$

임을 보여라. 〔참고 : $U^{(j)}$는 U의 j번째 열〕

P7 **정리 6.2.3**의 (2)를 이용하여 직교행렬 A의 고유값 λ에 대하여 $|\lambda| = 1$임을 보여라. (즉, 직교행렬의 고유값의 크기는 모두 1이다.)

〈수학과 음악에 관한 책의 소개〉

6.3 핵과 치역

- 선형변환의 이미지가 영벡터인 정의역의 부분집합이 부분공간이 됨을 보이고 이 부분공간이 갖는 성질을 알아본다. 또한 모양은 다르지만 구조가 같은 부분공간들을 한번에 설명 할 수 있게 하는 선형사상을 소개한다.

R^n 상의 선형변환 T에 대하여, $\mathbf{x}=t\mathbf{v}(t\in R)$는 원점을 지나는 직선이고 $T(\mathbf{x})=T(t\mathbf{v})=tT(\mathbf{v})$이므로 기하학적으로 다음과 같은 두 가지 가능성이 있다. 즉,

1. $T(\mathbf{v})=\mathbf{0}$
2. $T(\mathbf{v})\neq\mathbf{0}$

$T(\mathbf{v})=\mathbf{0}$인 경우는 $T(\mathbf{x})=\mathbf{0}$이므로 모든 $\mathbf{x}=t\mathbf{v}$의 이미지는 하나의 점 $\mathbf{0}$이 된다. 그러나, $T(\mathbf{v})\neq\mathbf{0}$인 경우 $T(\mathbf{x})$는 $T(\mathbf{v})$에 의해 결정되는 원점을 지나는 직선이 됨을 알 수 있다.

유사하게 $\mathbf{x}=t\mathbf{v}_1+s\mathbf{v}_2$ $(t,\ s\in R)$는 R^n 상의 원점을 포함하는 평면으로,

$$T(\mathbf{x})=T(t\mathbf{v}_1+s\mathbf{v}_2)=tT(\mathbf{v}_1)+sT(\mathbf{v}_2)$$

이고, 다음과 같은 세 가지 가능성이 존재한다.

1. $T(\mathbf{v}_1)=\mathbf{0}=T(\mathbf{v}_2)$
2. $T(\mathbf{v}_1)\neq\mathbf{0}$, $T(\mathbf{v}_2)\neq\mathbf{0}$
3. $T(\mathbf{v}_1)=\mathbf{0}$, $T(\mathbf{v}_2)\neq\mathbf{0}$ (또는 $T(\mathbf{v}_1)\neq\mathbf{0}$, $T(\mathbf{v}_2)=\mathbf{0}$)

첫 번째 경우는 모든 $\mathbf{x}$에 대하여 $T(\mathbf{x})=\mathbf{0}$이므로 이미지는 단지 한 점이다. 두 번째 경우는 $T(\mathbf{x})=tT(\mathbf{v}_1)+sT(\mathbf{v}_2)$이므로 $T(\mathbf{x}_1)$, $T(\mathbf{x}_2)$에 의해 결정되는 "원점을 지나는 평면"임을 알 수 있다. 마지막으로 세 번째 경우는 T의 이미지가 하나의 벡터에 의하여 결정되는 "원점을 지나는 직선"임을 알 수 있다.

위에서 본 내용 중 이미지가 원점 $\mathbf{0}$에 대응되는 경우는 특히 중요한 의미를 지니며, 이런 벡터들의 집합을 다음과 같이 정의한다.

정의

$T: R^n \to R^m$이 선형변환일 때, T에 의한 상이 $\mathbf{0}$이 되는 R^n 안의 벡터들의 집합을 T의 핵(kernel)이라 하고 $\ker T$로 나타낸다. 즉

$$\ker T=\{\mathbf{v}\in R^n \mid T(\mathbf{v})=\mathbf{0}\}$$

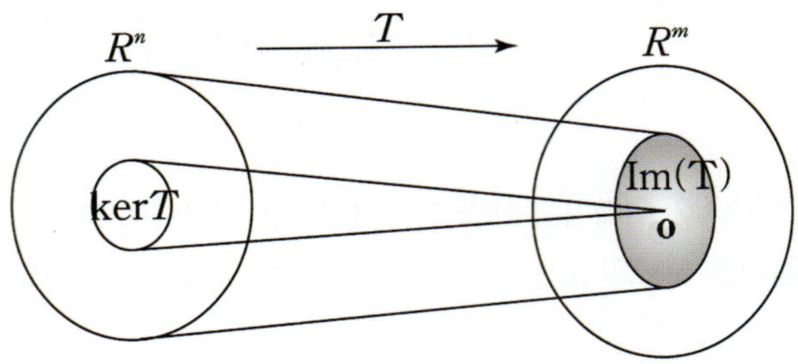

예제 1 선형변환 $T : R^2 \to R^2$, $T(x, y)=(x-y, 0)$에 대하여 ker T는 다음과 같다.

$$\ker T=\{(x, y)\in R^2 \mid (x-y, 0)=(0, 0)\}$$
$$=\{(x, y)\in R^2 \mid y=x\}$$

예제 2 선형변환 T가 $T(x, y)=(x+y, x-y)$와 같이 정의될 때 ker T를 구하라.

풀이 $T(x, y)=(x+y, x-y)=(0, 0)$ 즉, $x+y=0$, $x-y=0$

$\therefore \ker T=\{(0, 0)\}=\{\mathbf{0}\}$

정의

[단사, 1-1]

변환 $T : R^n \to R^m$이 임의의 $\mathbf{u}$, $\mathbf{v}\in R^n$에 대하여

$$T(\mathbf{u})=T(\mathbf{v}) \Rightarrow \mathbf{u}=\mathbf{v}$$

를 만족하면 단사(1-1)이라 한다.

정의

[전사, onto]

변환 $T : R^n \to R^m$이 임의의 $\mathbf{w}\in R^m$에 대해 $T(\mathbf{v})=\mathbf{w}$인 $\mathbf{v}\in R^n$가 존재하면 전사(onto)라 한다.

즉, 변환이 전사라는 뜻은 그 변환의 치역 $T(R^n)$이 공변역 R^m 전체인 경우를 말한다. 단사와 전사가 선형변환에서 어떤 의미를 가지는지 알아보자.

정리 6.3.1

선형변환 $T : R^n \to R^m$가 단사일 필요충분조건은 $\ker T=\{\mathbf{0}\}$이다.

증명 $(\Rightarrow)$ $\forall$ $\mathbf{v}\in\ker T$에 대하여 $T(\mathbf{v})=\mathbf{0}=T(\mathbf{0})$ ($\because$ **정리 6.1.1**의 (1)번)이고, T가 단사이므로 $\mathbf{v}=\mathbf{0}$이다.

$$\therefore \ker T=\{\mathbf{0}\}$$

$(\Leftarrow)$ $T(\mathbf{v}_1)=T(\mathbf{v}_2)$이면

$$\mathbf{0}=T(\mathbf{v}_1)-T(\mathbf{v}_2)=T(\mathbf{v}_1-\mathbf{v}_2)$$

이므로 $\mathbf{v}_1-\mathbf{v}_2\in\ker T=\{\mathbf{0}\}$, 즉, $\mathbf{v}_1=\mathbf{v}_2$이다.

따라서 T는 단사이다.

예제 3 선형변환 $T: R^3 \to R^3$를 $T(x, y, z) = (x+2y-z, y+z, x+y-2z)$로 정의하면

$$T(x, y, z) = (0, 0, 0) \iff \begin{cases} x+2y-z=0 \\ y+z=0 \\ x+y-2z=0 \end{cases} \iff \begin{cases} x+2y-z=0 \\ y+z=0 \end{cases}$$

이므로 이 연립일차방정식은 자명한 해 이외에 무수히 많은 해를 가진다. 따라서 $\ker T \neq \{\mathbf{0}\}$ 이고 **정리 6.3.1** 에 의하여 T는 단사가 아니다. □

이제 $\ker T$가 가지는 성질을 알아보자. 첫 번째로 $\ker T$는 정의역의 부분 공간이 된다.

정리 6.3.2

선형변환 $T: R^n \to R^m$에 대하여 $\ker T$은 R^n의 부분공간이다. (이 부분공간 $\ker T$를 핵공간이라 부른다.)

증명 $\forall\ \mathbf{v}_1, \mathbf{v}_2 \in \ker T$, $T(\mathbf{v}_1) = T(\mathbf{v}_2) = \mathbf{0}$ 이므로

(i) $T(\mathbf{v}_1 + \mathbf{v}_2) = T(\mathbf{v}_1) + T(\mathbf{v}_2) = \mathbf{0} + \mathbf{0} = \mathbf{0}$

이다. 즉, $\mathbf{v}_1 + \mathbf{v}_2 \in \ker T$

(ii) 임의의 스칼라 k에 대하여

$$T(k\ \mathbf{v}_1) = k\,T(\mathbf{v}_1) = k\mathbf{0} = \mathbf{0}$$

이므로 $k\,\mathbf{v}_1 \in \ker T$이다. 따라서 $\ker T$는 R^n의 부분공간이다. ■

여기서 잠깐!

일반적으로 A가 $m \times n$ 행렬일 때, 선형변환 $T: R^n \to R^m$를 $T(\mathbf{x}) = A\,\mathbf{x}$로 정의하면 $\ker T$는 $A\,\mathbf{x} = \mathbf{0}$인 동차연립방정식의 해공간이 된다.

A가 $m \times n$ 행렬이고, $T_A: R^n \to R^m$이 $T_A(\mathbf{x}) = A\,\mathbf{x}$일 때, $\mathbf{x} \in \ker T_A$라는 것은 $\mathbf{x}$가 $A\,\mathbf{x} = \mathbf{0}$의 해라는 말이다. 이것으로부터 다음 정리를 얻을 수 있다.

정리 6.3.3

A가 $m \times n$ 행렬이면 A를 표준행렬로 갖는 선형변환의 핵(kernel)은 $A\,\mathbf{x} = \mathbf{0}$의 해공간과 일치한다.

정리 6.3.4

A가 $m \times n$ 행렬일 때, 선형변환 $T_A(\mathbf{x}) = A\,\mathbf{x}$가 단사일 필요충분조건은 동차연립방정식 $A\,\mathbf{x} = \mathbf{0}$이 자명한 해만을 가질 때이다.

정의 선형변환 $T : R^n \to R^m$에 대하여, 임의의 $\mathbf{v} \in R^n$의 이미지 $T(\mathbf{v})$ 전체의 집합을 T의 치역(range)이라 하고 $\mathrm{Im}\, T$로 나타낸다. 즉,

$$\mathrm{Im}\, T = \{T(\mathbf{v}) : \mathbf{v} \in R^n\}$$

특히, $\mathrm{Im}\, T = R^m$이면 T는 전사(onto)가 된다. 또한, 선형변환 T가 단사이고 전사이면 (이 경우 $n=m$이다) T를 R^n에서 R^m으로의 동형사상(isomorphism)이라고 한다.

예제 4 다음과 같이 주어진 선형변환 $T(x, y) = (x-y, 0)$의 치역은

$$\begin{aligned}\mathrm{Im}\, T &= \{T(x, y) : (x, y) \in R^2\} \\ &= \{(x-y, 0) : (x, y) \in R^2\} \\ &= \{(a, 0) : a \in R\}\end{aligned}$$

이다. 즉, T의 치역은 R^2 안의 y성분이 0인 벡터 전체의 집합이다. 그리고 $\mathrm{Im}\, T \neq R^2$이므로 T는 전사가 아니고 그러므로 동형사상도 아니다. □

예제 5 $W_1 = \{(x_1, x_2, 0, 0) \mid x_1, x_2 \in R\}$

$W_2 = \{(0, 0, x_3, x_4) \mid x_3, x_4 \in R\}$

은 각각 R^4의 부분공간이다. 이 때 선형변환 $T : W_1 \to W_2$를

$$T(x, y, 0, 0) = (0, 0, x, y)$$

로 정의하면 T는 전사이면서 단사이므로 동형사상이다. □

정리 6.3.5 선형변환 $T : R^n \to R^m$에 대하여, 치역 $\mathrm{Im}\, T$는 R^m의 부분공간이다.

증명 $\forall\, \mathbf{w}_1, \mathbf{w}_2 \in \mathrm{Im}\, T$이라 하면 $T(\mathbf{v}_1) = \mathbf{w}_1$, $T(\mathbf{v}_2) = \mathbf{w}_2$인 $\mathbf{v}_1$, $\mathbf{v}_2$가 R^n에 존재하므로

$$\mathbf{w}_1 + \mathbf{w}_2 = T(\mathbf{v}_1) + T(\mathbf{v}_2) = T(\mathbf{v}_1 + \mathbf{v}_2) \in \mathrm{Im}\, T$$

이고, 또 임의의 스칼라 k에 대하여

$$k\,\mathbf{w}_1 = kT(\mathbf{v}_1) = T(k\,\mathbf{v}_1) \in \mathrm{Im}\, T$$

이다. 따라서 $\mathrm{Im}\, T$는 R^m의 부분공간이다. ■

3.4절에서 정의한 열공간과 선형변환의 치역 사이의 관계를 다음 예제에서 살펴본다.

예제 6 A가 $m \times n$ 행렬일 때, 선형변환 $T : R^n \to R^m$를 $T(\mathbf{x}) = A\,\mathbf{x}$로 정의하면 $\mathrm{Im}\, T$는 행렬 A의 열공간임을 보여라.

풀이 $A^{(j)}$를 $m \times n$ 행렬 A의 j번째 열벡터라 하고

$$A = [A^{(1)} : A^{(2)} : \cdots : A^{(n)}]$$

이라 하자. 그러면 임의의 $\mathbf{x} = [x_1\, x_2\, \cdots\, x_n]^T \in R^n$에 대하여

$$A\,\mathbf{x}=[A^{(1)} : A^{(2)} : \cdots : A^{(n)}]\begin{bmatrix} x_1 \\ x_2 \\ \vdots \\ x_n \end{bmatrix}$$
$$=x_1 A^{(1)}+x_2 A^{(2)}+\cdots+x_n A^{(n)}$$

이므로 전체집합은 A의 열들에 의하여 생성된 R^m의 부분공간과 같아진다. 즉,

$$\mathrm{Im}\,T=T(R^n)=\{A\,\mathbf{x}\,|\,\mathbf{x}\in R^n\}=\langle A^{(1)},\ A^{(2)},\ \cdots,\ A^{(n)}\rangle$$

이다. □

예제 7 다음에서 주어진 선형변환 T에 대하여 $\mathrm{Im}\,T$를 구하여라.

$$T\left(\begin{bmatrix} x_1 \\ x_2 \\ x_3 \end{bmatrix}\right)=A\begin{bmatrix} x_1 \\ x_2 \\ x_3 \end{bmatrix},\ A=\begin{bmatrix} 1 & 3 & 1 \\ 2 & 7 & -1 \end{bmatrix}$$

풀이

$$T\left(\begin{bmatrix} x_1 \\ x_2 \\ x_3 \end{bmatrix}\right)=\begin{bmatrix} 1 & 3 & 1 \\ 2 & 7 & -1 \end{bmatrix}\begin{bmatrix} x_1 \\ x_2 \\ x_3 \end{bmatrix}=x_1\begin{bmatrix} 1 \\ 2 \end{bmatrix}+x_2\begin{bmatrix} 3 \\ 7 \end{bmatrix}+x_3\begin{bmatrix} 1 \\ -1 \end{bmatrix}$$

이므로

$$\mathrm{Im}\,T=\langle A^{(1)},\ A^{(2)},\ A^{(3)}\rangle=\left\langle\begin{bmatrix} 1 \\ 2 \end{bmatrix},\ \begin{bmatrix} 3 \\ 7 \end{bmatrix},\ \begin{bmatrix} 1 \\ -1 \end{bmatrix}\right\rangle=\left\langle\begin{bmatrix} 1 \\ 2 \end{bmatrix},\ \begin{bmatrix} 3 \\ 7 \end{bmatrix}\right\rangle$$

이다. □

정리 6.3.6

A가 $n\times n$ 행렬이고 선형변환 $T_A(\mathbf{x})=A\,\mathbf{x}$가 전사일 필요충분조건은 선형연립방정식 $A\,\mathbf{x}=\mathbf{b}$가 R^n 안의 모든 b에 대하여 해를 가질 때이다.

선형변환 T가 단사이면 서로 다른 벡터는 서로 다른 벡터에 대응된다. 그러므로, 정의역과 공변역이 같은 선형변환에는 다음과 같은 성질이 만족됨을 알 수 있다.

정리 6.3.7

만일 $T : R^n \rightarrow R^n$이 선형변환이면, T가 단사일 필요충분조건은 T가 전사이다.

증명 행렬 A를 T의 표준행렬이라 하면 동차연립방정식 $A\,\mathbf{x}=\mathbf{0}$가 자명한 해만을 가질 필요충분조건은 $A\,\mathbf{x}=\mathbf{b}$가 R^n의 모든 벡터 $\mathbf{b}\in R^n$에 대하여 해가 존재할 때 이다. 그러므로 정리 6.3.4, 정리 6.3.6에 의하여 양방향 증명이 완성된다. ■

따라서 앞에서 학습한 정리에 보태어 다음을 얻는다.

정리 6.3.8

행렬 A가 n차의 정사각행렬일 때 다음은 동치이다.

(1) A는 I_n과 행동치이다.

(2) A는 기본행렬의 곱으로 표현된다.

(3) A는 가역이다.

(4) $A\mathbf{x}=\mathbf{0}$은 자명한 해 $\mathbf{x}=\mathbf{0}$만을 갖는다.

(5) $A\mathbf{x}=\mathbf{b}$는 모든 $n\times 1$벡터 $\mathbf{b}$에 대하여 유일한 해를 갖는다.

(6) A의 열벡터들이 일차독립이다.

(7) A의 행벡터들이 일차독립이다.

(8) A의 모든 행(열) 벡터는 R^n에서 일차독립이다.

(9) $\det(A)\neq 0$

(10) $\lambda=0$은 A의 고유값이 아니다.

(11) T_A는 단사이다.

(12) T_A는 전사이다.

〈세계의 수학, ICME 10 코펜하겐, 전시물〉

연습문제 6-3

|1-2| **1.** 다음 주어진 선형변환 T에 대하여 핵(kernel)을 구하여라.

(1) $T\left(\begin{bmatrix} x_1 \\ x_2 \\ x_3 \\ x_4 \end{bmatrix}\right)=\begin{bmatrix} 2x_2+3x_3 \\ x_1+x_2-2x_3 \\ 4x_1+x_2 \\ 3x_1-x_2-x_3 \end{bmatrix}$ (2) $T\left(\begin{bmatrix} x_1 \\ x_2 \\ x_3 \end{bmatrix}\right)=\begin{bmatrix} x_1-x_3 \\ 2x_2+x_3 \\ 5x_3 \end{bmatrix}$

2. 다음에 주어진 선형변환의 핵(kernel)과 치역(range)을 구하고 전단사를 판정하여라.

(1) $T\left(\begin{bmatrix} x_1 \\ x_2 \end{bmatrix}\right)=\begin{bmatrix} 4x_1-2x_2 \\ x_2-x_1 \end{bmatrix}$ (2) $S\left(\begin{bmatrix} x_1 \\ x_2 \end{bmatrix}\right)=\begin{bmatrix} 3x_1+9x_2 \\ -3x_2-x_1 \end{bmatrix}$

|3-5| 아래의 행렬에 의해 결정되는 핵(kernel)을 구하여라.

3. $\begin{bmatrix} 1 & 1 \\ 3 & 3 \end{bmatrix}$) **4.** $\begin{bmatrix} 1 & 0 & 0 \\ 0 & 1 & 0 \\ 0 & 0 & 1 \end{bmatrix}$ **5.** $\begin{bmatrix} 1 & 1 & 1 \\ 1 & 0 & 1 \\ 0 & 0 & 0 \end{bmatrix}$

6. 다음 선형변환의 핵(kernel)이 연립방정식의 해공간과 같게 되는 연립방정식을 행렬을 이용하여 표현하여라.

$T: R^3 \to R^4,\ T(x, y, z)=(x-z, y-z, x-y, x+y+z)$

|7-8| 다음에 벡터 $\mathbf{b}$가 행렬 A의 열공간에 속하는지 확인하고, 속한다면 A의 열들의 일차결합으로 $\mathbf{b}$를 표현하여라.

7. $A=\begin{bmatrix} 1 & 2 & 0 \\ -2 & 2 & 1 \\ 1 & 8 & 1 \end{bmatrix},\ \mathbf{b}=\begin{bmatrix} 1 \\ 1 \\ 1 \end{bmatrix}$ **8.** $A=\begin{bmatrix} 1 & 2 & 0 \\ -2 & 2 & 1 \\ 1 & 8 & 1 \end{bmatrix},\ \mathbf{b}=\begin{bmatrix} 3 \\ 1 \\ -8 \end{bmatrix}$

|9-10| 다음에 주어진 선형변환이 단사인지 아닌지를 판정하여라.
그리고 **정리 6.3.7**을 이용하여 전사인지 아닌지를 판정하여라.

9. $w_1=2x_1-3x_2$
$w_2=5x_1+x_2$

10. $w_1=-x_1+3x_2+2x_3$
$w_2=2x_1+4x_3$
$w_3=x_1+3x_2+6x_3$

토론과 발견

P1 V, W가 R^n의 각각의 부분공간이라 하자. 이 두 부분공간 사이에 선형변환 $T: V \rightarrow W$를 생각하자. U를 V의 부분공간이라 하고
$T(U)=\{T\mathbf{x} \in W \mid \mathbf{x} \in U\}$
라고 하면, $T(U)$는 W의 부분공간임을 보여라.

P2 A가 $m \times n$ 크기인 행렬이다. 만일 $T_A(\mathbf{x})=A\mathbf{x}$이면, T_A의 치역(range)은 어떻게 만들어지는가?

P3 $\mathbf{x}=t\mathbf{v}$는 R^n에서 원점을 지나는 직선을 의미한다. 만일 $\mathbf{x}_0$가 R^n 상에서 $\mathbf{0}$이 아닌 벡터라면, $\mathbf{x}=t\mathbf{v}$에서 $\mathbf{x}=\mathbf{x}_0+t\mathbf{v}$로 보내는 변환이 선형변환인가?

〈세계의 수학, ICME 10 코펜하겐, 전시물〉

6.4 선형변환의 합성과 가역성

• 이 절에서는 두 개나 그 이상의 선형변환들이 연속적으로 수행되는 문제에 대하여 학습하고, 행렬의 가역성과 그에 대응하는 선형변환의 기하학적 성질 사이의 관계를 생각한다. 함수 합성의 개념인 선형변환의 합성과, 그에 따르는 역함수의 개념을 이용한 선형변환의 가역성에 대해 서술한다.

합성함수 $S \circ T$를 S circle T라고 읽는다.

정리 6.4.1

$T : R^n \to R^k$와 $S : R^k \to R^m$이 모두 선형변환이면 합성함수

$$S \circ T : R^n \to R^m$$

도 선형변환이다.

증명 $\forall \mathbf{u}, \mathbf{v} \in R^n$, $\forall k \in R$

(i) $(S \circ T)(\mathbf{u}+\mathbf{v}) = S(T(\mathbf{u}+\mathbf{v})) = S(T(\mathbf{u})+T(\mathbf{v}))$

$= S(T(\mathbf{u})) + S(T(\mathbf{v}))$

$= (S \circ T)(\mathbf{u}) + (S \circ T)(\mathbf{v})$

(ii) $(S \circ T)(k\mathbf{v}) = S(T(k\mathbf{v})) = S(kT(\mathbf{v}))$

$= kS(T(\mathbf{v}))$

$\therefore$ $S \circ T$는 선형변환이다. ■

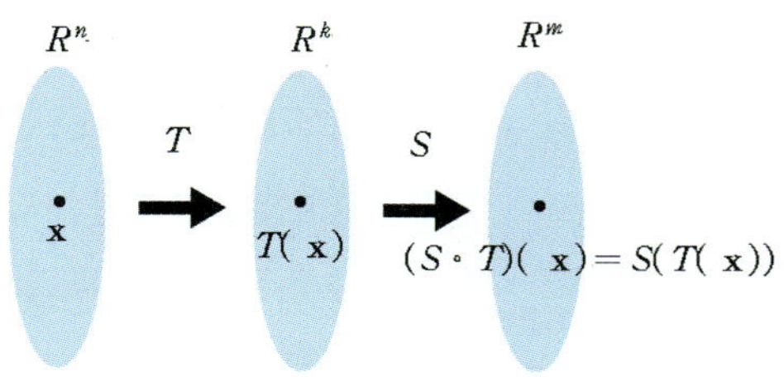

그림 6.11

정리 6.4.2

$T : R^n \to R^k$와 $S : R^k \to R^m$이 모두 선형변환일 때

(1) $S \circ T$가 단사이면, T가 단사이다.

(2) $S \circ T$가 전사이면, S가 전사이다.

증명 (1) 만일 $T(\mathbf{v}_1)=T(\mathbf{v}_2)$, $\mathbf{v}_1$, $\mathbf{v}_2 \in R^n$이라면,

$S(T(\mathbf{v}_1))=S(T(\mathbf{v}_2))$이므로

$\Rightarrow \quad S\circ T(\mathbf{v}_1)=S\circ T(\mathbf{v}_2)$

$\Rightarrow \quad \mathbf{v}_1=\mathbf{v}_2$ ($\because$ $S\circ T$이 단사이므로)

$\therefore$ T는 단사이다.

(2) $S\circ T$가 전사이면 $\forall \mathbf{z}\in R^m$에 대하여 $(S\circ T)(\mathbf{v})=\mathbf{z}$을 만족하는 $\mathbf{v}\in R^n$가 존재한다. 즉, $S(T(\mathbf{v}))=\mathbf{z}$를 만족하는 $\mathbf{v}\in R^n$가 존재한다.

$T(\mathbf{v})=\mathbf{w}\in R^k$이므로, $\exists\, \mathbf{w}\in R^k$ such that $S(\mathbf{w})=\mathbf{z}$

$\therefore$ S는 전사이다. ■

두 개의 선형변환이 합성된 경우 이에 대응하는 표준행렬은 각각의 표준행렬의 곱으로 표시된다. 즉, $T : R^n \to R^k$, $S : R^k \to R^m$일 때

$T : R^n \to R^k$가 표준행렬 $[T]$를 $S : R^k \to R^m$이 표준행렬 $[S]$를 갖는다고 하자.

$$S\circ T : R^n \to R^m \text{이고, } [S\circ T]=[S][T]$$

이다. 왜냐하면 모든 표준단위벡터 $\mathbf{e}_i\in R^n$에 대해

$$\begin{aligned}(S\circ T)(\mathbf{e}_i)&=S(T(\mathbf{e}_i))=S([T]\,\mathbf{e}_i)\\&=[S]([T]\,\mathbf{e}_i)=[S][T]\,\mathbf{e}_i\end{aligned}$$

이다. 따라서 $S\circ T$의 표준행렬이 $[S][T]$임을 보여준다.

즉, 두 가지 변환을 연속해서 수행할 때 두 변환의 합성은 합성함수와 같은 방법으로 정의된다. 즉 T의 공변역이 S의 정의역과 같으면

$$S\circ T(\mathbf{x})=S(T(\mathbf{x})),$$

이 때 행렬 B와 A가 각각 선형변환 S와 T의 표준행렬이면

$$S\circ T(\mathbf{x})=S(T(\mathbf{x}))=B(A\,\mathbf{x})=(BA)\mathbf{x}$$

이므로 S와 T의 표준행렬의 곱 BA가 $S\circ T$의 표준행렬이다. 만약 변환 T의 역변환 T^{-1}가 존재한다면 T^{-1}의 표준행렬은 A의 역행렬이다.

예제 1 T, $S : R^2 \to R^2$를 각각 θ_1과 θ_2 (시계 반대방향으로) 각도만큼 회전변환시키는 선형변환이라고 하자. 이 변환에 대응하는 각각의 표준행렬은 다음과 같이 나타난다.

$$[T]=\begin{bmatrix}\cos\theta_1 & -\sin\theta_1\\ \sin\theta_1 & \cos\theta_1\end{bmatrix},\ [S]=\begin{bmatrix}\cos\theta_2 & -\sin\theta_2\\ \sin\theta_2 & \cos\theta_2\end{bmatrix}$$

이 두 변환의 합성변환은 $\theta_1+\theta_2$ 만큼의 회전변환이므로 $R=S\circ T$의 표준행렬을 고려해 보면 다음과 같다.

$$[R]=\begin{bmatrix}\cos(\theta_1+\theta_2) & -\sin(\theta_1+\theta_2)\\ \sin(\theta_1+\theta_2) & \cos(\theta_1+\theta_2)\end{bmatrix}$$

또 T와 S에 대한 각각의 표준행렬의 곱은 다음과 같다.

$$[S][T]=\begin{bmatrix}\cos\theta_2 & -\sin\theta_2\\ \sin\theta_2 & \cos\theta_2\end{bmatrix}\begin{bmatrix}\cos\theta_1 & -\sin\theta_1\\ \sin\theta_1 & \cos\theta_1\end{bmatrix}$$
$$=\begin{bmatrix}\cos\theta_2\cos\theta_1-\sin\theta_2\sin\theta_1 & -\cos\theta_2\sin\theta_1-\sin\theta_2\cos\theta_1\\ \sin\theta_2\cos\theta_1+\cos\theta_2\sin\theta_1 & -\sin\theta_2\sin\theta_1+\cos\theta_2\cos\theta_1\end{bmatrix}$$
$$=\begin{bmatrix}\cos(\theta_1+\theta_2) & -\sin(\theta_1+\theta_2)\\ \sin(\theta_1+\theta_2) & \cos(\theta_1+\theta_2)\end{bmatrix}$$

즉 합성함수의 표준행렬은 각각의 표준행렬의 곱과 같음을 알 수 있다. □

예제 2 반지름이 1인 원을 그림 6.12와 같은 타원으로 변환시키는 선형변환의 표준행렬을 구하여라.

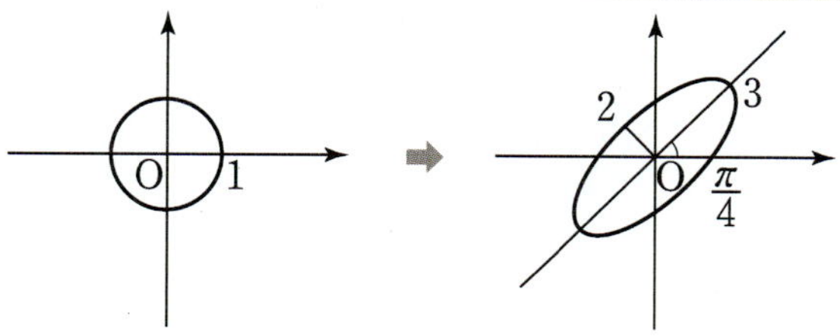

그림 6.12

풀이 먼저 원을 x축 방향으로 3배, y축 방향으로 2배만큼 확대하는 변환을 하고 다시 $\frac{\pi}{4}$만큼 시계 반대방향으로 회전 변환한다. 처음 변환 T는 $T(x, y)=(3x, 2y)$이므로 T와 회전변환의 표준행렬은 각각

$$\begin{bmatrix}3 & 0\\ 0 & 2\end{bmatrix},\ \begin{bmatrix}\frac{\sqrt{2}}{2} & -\frac{\sqrt{2}}{2}\\ \frac{\sqrt{2}}{2} & \frac{\sqrt{2}}{2}\end{bmatrix}$$

이다. 따라서 합성변환의 표준행렬은 두 행렬의 곱

$$\begin{bmatrix}\frac{\sqrt{2}}{2} & -\frac{\sqrt{2}}{2}\\ \frac{\sqrt{2}}{2} & \frac{\sqrt{2}}{2}\end{bmatrix}\begin{bmatrix}3 & 0\\ 0 & 2\end{bmatrix}=\begin{bmatrix}\frac{3\sqrt{2}}{2} & -\sqrt{2}\\ \frac{3\sqrt{2}}{2} & \sqrt{2}\end{bmatrix}$$ □

같은 방법으로 세 개나 그 이상의 선형변환이 합성인 경우에 대하여도 그 합성된 선형변환에 대한 표준행렬은 각각의 표준행렬의 연산순서에 따른 곱으로 표시된다.

정리 6.4.3

함수 $f: X\to Y$가 가역일 필요충분조건은 f가 전사이면서 단사이다.

정리 6.4.4 선형변환 $T: R^n \to R^n$이 가역이면 $T^{-1}: R^n \to R^n$도 선형변환이다.

증명 T가 가역이면 T^{-1}는 물론 가역이므로 선형변환인 것만 보이면 된다. T는 전사이므로,

$$\forall\, \mathbf{y}_1,\, \mathbf{y}_2 \in R^n,\ \forall k \in R$$

$T(\mathbf{x}_1)=\mathbf{y}_1$, $T(\mathbf{x}_2)=\mathbf{y}_2$를 만족하는 $\mathbf{x}_1$, $\mathbf{x}_2$가 존재한다.

(i) $$\begin{aligned} T^{-1}(\mathbf{y}_1+\mathbf{y}_2) &= T^{-1}(T(\mathbf{x}_1)+T(\mathbf{x}_2)) \\ &= T^{-1}(T(\mathbf{x}_1+\mathbf{x}_2)) \\ &= \mathbf{x}_1+\mathbf{x}_2 \\ &= T^{-1}(\mathbf{y}_1)+T^{-1}(\mathbf{y}_2) \end{aligned}$$

(ii) $$\begin{aligned} T^{-1}(k\mathbf{y}_1) &= T^{-1}(kT(\mathbf{x}_1)) = T^{-1}(T(k\mathbf{x}_1)) \\ &= k\,\mathbf{x}_1 \\ &= kT^{-1}(\mathbf{y}_1) \end{aligned}$$

■

〈원주와 대응하는 길이의 사각형 바퀴 자전거, ICME 10 코펜하겐, 전시물〉

|1-3| $T_1(x_1, x_2)=(x_1+x_2, x_1-x_2)$, $T_2(x_1, x_2)=(3x_1, 2x_1+4x_2)$라고 주어져 있다. 다음 물음에 답하여라.

1. T_1과 T_2의 표준행렬을 각각 구하여라.

2. $T_2 \circ T_1$과 $T_1 \circ T_2$의 표준행렬을 각각 구하여라.

3. 2번에서 구한 행렬을 이용하여 $T_1(T_2(x_1, x_2))$와 $T_2(T_1(x_1, x_2))$을 표현하여라.

|4-6| 아래와 같이 T_1과 T_2가 정의되었을 때 다음 물음에 답하여라.

$$T_1(x_1, x_2, x_3)=(4x_1, -2x_1+x_2, -x_1-3x_2),$$
$$T_2(x_1, x_2, x_3)=(x_1+2x_2, -x_3, 4x_1-x_3)$$

4. T_1과 T_2의 표준행렬을 각각 구하여라.

5. $T_2 \circ T_1$과 $T_1 \circ T_2$의 표준행렬을 각각 구하여라.

6. 5에서 구한 행렬을 이용하여 $T_1(T_2(x_1, x_2, x_3))$와 $T_2(T_1(x_1, x_2, x_3))$를 표현하여라.

|7-10| 다음 선형변환에 맞는 표준행렬을 구하여라.

7. 선형변환 $T: R^2 \rightarrow R^2$는 우선 벡터를 3배로 확대하고, $y=x$에 대하여 대칭이동시킨 뒤에, y축으로 직교사영(정사영)시키는 변환

8. 선형변환 $T: R^2 \rightarrow R^2$는 $y=-x$에 대하여 대칭이동하고, y축에 직교사영, y방향으로 $\frac{1}{2}$크기로 축소하는 변환

9. y축으로의 직교사영 후, $\frac{1}{3}$크기로 축소변환

10. 반시계방향으로 60° 회전변환 후, x축으로의 직교사영 후 $y=x$에 대한 대칭이동

|11-12| $\mathbf{x}, \mathbf{z} \in R^2$가 두 개의 선형변환 T, S에 의하여

$$T(\mathbf{x})=\begin{bmatrix} x_1+2x_2 \\ x_2 \end{bmatrix}, \quad S(\mathbf{z})=\begin{bmatrix} z_1 \\ -z_1+z_2 \end{bmatrix}$$

로 이동한다고 하자. 이 때,

11. $S \circ T(\mathbf{x})$를 구하여라.

12. $T \circ S(\mathbf{x})$를 구하여라.

|13-16| 다음 주어진 선형변환의 역변환을 구하여라.

13. R^2 상에서의 x축 대칭이동

14. R^2 상에서의 $\frac{\pi}{4}$ 만큼의 회전이동

15. R^2에서의 3배 확대

16. R^2에서의 y 방향만 $\frac{1}{2}$로 축소

|17-18| 다음 R^2 상에서의 선형연산자에 대하여 표준행렬을 찾고, 이를 이용하여 역변환이 있으면 역변환을 구하여라.

17. $w_1 = x_1 + 2x_2$
$w_2 = x_1 + x_2$

18. $w_1 = 3x_1$
$w_2 = 5x_2$

토론과 발견

P1 일반적으로 선형변환의 합성에서 $S \circ T \neq T \circ S$는 같지 않다. 이것이 대응하는 표준행렬에 대한 다음 성질과 어떠한 관계가 있는지 설명하여라.

$$AB \neq BA$$

P2 **P1**의 내용은 합성함수의 결합법칙

$$f \circ (g \circ h) = (f \circ g) \circ h$$

에 대하여 대응하는 표준행렬에는 어떤 의미를 주는가?

P3 L이 원점을 지나는 기울기가 β인 직선이라 하자. 그리고, β만큼 회전하는 선형변환의 표준행렬을 R_β라 하고, H_0를 x축 대칭에 관한 표준행렬이라 하면, $R_\beta H_0 R_\beta^{-1}$이 가지는 기하적인 의미를 직선 L의 위치로 설명하여라.

P4 모든 회전변환은 원점을 지나는 두 개의 직선에 의한 대칭이동으로 표현될 수 있음을 증명하여라.

P5 가역인 선형변환 $T, S : R^n \rightarrow R^n$에 대하여

$$(T \circ S)^{-1} = S^{-1} \circ T^{-1}$$

가 대응하는 표준행렬에 대하여 의미하는 바를 설명하여라.

*6.5 컴퓨터 그래픽

컴퓨터 그래픽은 컴퓨터 모니터에 나타나는 이차원과 삼차원 물체의 변환과 이동을 다루며, 자동차 설계나 비행 시뮬레이션, 게임 제작에 핵심적 역할을 하고 있다. 행렬은 2차원이나 3차원 물체의 움직이는 화면을 묘사하기 위해 필요한 많은 계산을 다루는 데 편리한 방법을 제공한다. 예를 들면 자동차 모형과 같은 3차원 물체의 위치 데이터는 행렬로 저장되고, 물체를 변환시켜 점들의 위치가 바뀌면 새롭게 그려야 한다. 만약 이 변환이 선형변환이면 데이터의 변환은 행렬의 곱셈에 의해 수행된다. 이 절에서는 컴퓨터 그래픽에 많이 사용되는 행렬을 이용한 기하학적 변환을 살펴보자.

1. 확대 혹은 축소

각 변의 길이가 1인 정육면체를 가로 세로 높이가 α, β, γ 인 직육면체로 보내는 변환을 생각해보자.

그림 6.13

이에 대응하는 선형변환의 표준행렬 S는 다음과 같다.

$$S=\begin{bmatrix} \alpha & 0 & 0 \\ 0 & \beta & 0 \\ 0 & 0 & \gamma \end{bmatrix}$$

R^3에서 x, y, z축 방향으로 각각 α, β, γ 만큼 확대 혹은 축소하는 변환은 좌표가 (x, y, z)인 점 P를 좌표 $(\alpha x, \beta y, \gamma z)$의 점 P'으로 이동시키는 변환이다. 따라서 이는

$$\begin{bmatrix} x' \\ y' \\ z' \end{bmatrix} = \begin{bmatrix} \alpha & 0 & 0 \\ 0 & \beta & 0 \\ 0 & 0 & \gamma \end{bmatrix} \begin{bmatrix} x \\ y \\ z \end{bmatrix}$$

좀 더 일반적으로 컴퓨터 스크린 위에 3차원 물체의 변화하는 모습을 시각화하려고 한다면, 그 물체를 유한개의 꼭지점과 선분들로 나타낼 수 있다. 가장 간단한 2차원 그래픽 기호는 모니터 위에 쓰는 문자이다. 평면상의 문자 혹은 도형은 꼭지점들의 집합으로 컴퓨터에 저장된다. n개의 꼭지점이 있다면 이들은 $2\times n$ 행렬로 저장되고 연속된 점들은 한 선

분으로 연결된다. 다음 예를 보자.

예제 1 그림 6.14(a)의 문자는 8개의 점으로 결정되고 2×8 행렬

$$T=\begin{bmatrix} 0 & 0.5 & 6 & 5.5 & 0.5 & 0 & 5.5 & 6 \\ 0 & 0 & 0 & 1.58 & 6.42 & 8 & 8 & 8 \end{bmatrix} \quad \begin{matrix} (x\text{좌표}) \\ (y\text{좌표}) \end{matrix}$$

로 저장할 수 있다. 아래 행렬 A에 의한 층 밀림 변환의 결과를 설명하라.

$$A=\begin{bmatrix} 1 & 0.25 \\ 0 & 1 \end{bmatrix}$$

풀이 문자 N의 꼭지점 $\mathbf{x}$들을 열로 하는 행렬의 행렬 A에 의한 변환의 상은 AT이므로 행렬 곱 AT의 열들은 N의 꼭지점이 변환된 상의 좌표를 나타낸다. 이 변환된 꼭지점들을 연결하면 그림 6.14(b)와 같은 문자이다. □

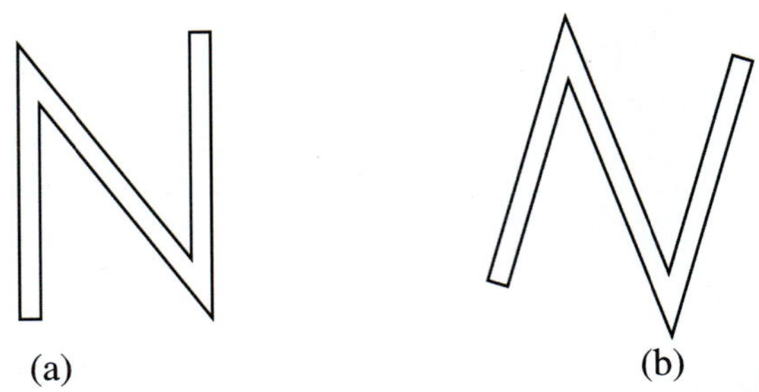

그림 6.14

축소변환으로 그림 6.14(b)의 문자 N의 폭을 줄일 수 있다. 즉 모든 x좌표를 0.65배만큼 축소하기 위해 행렬

$$S=\begin{bmatrix} 0.65 & 0 \\ 0 & 1 \end{bmatrix}$$

을 곱하면 된다.

R^2나 R^3에서 한 직선이나 평면에 대해서 대칭인 상으로 보내는 대칭이동 변환을 반사(reflection)라고 한다. 다음은 플래쉬로 표현한 기본적인 선형변환(반사)을 보여준다.

변 환	그 림	식	표준행렬
y축에 반사	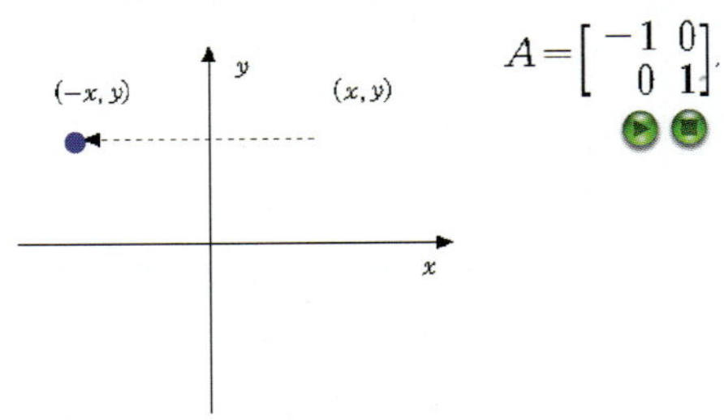 http://matrix.skku.ac.kr/sglee/LT/22.swf	$w_1=-x$ $w_2=y$	$\begin{bmatrix} -1 & 0 \\ 0 & 1 \end{bmatrix}$

변 환	그 림	식	표준행렬
x축에 반사	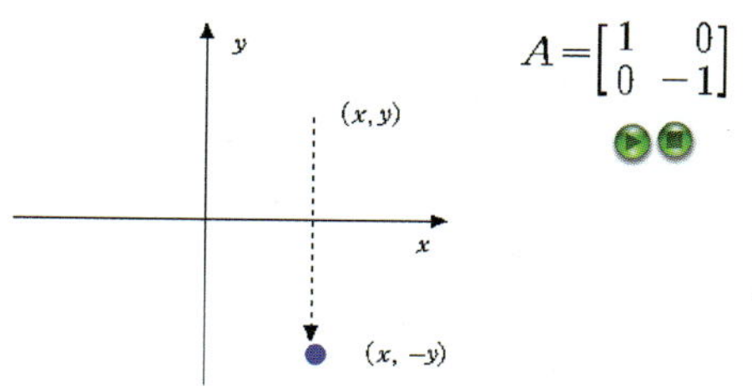 http://matrix.skku.ac.kr/sglee/LT/11.swf	$w_1=x$ $w_2=-y$	$\begin{bmatrix}1 & 0\\ 0 & -1\end{bmatrix}$
직선 $y=x$에 반사	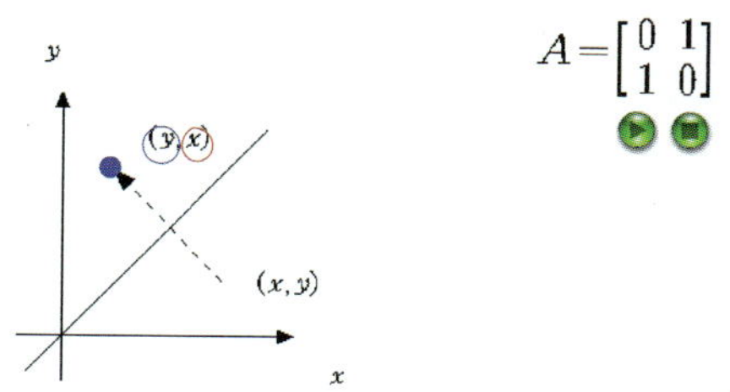 http://matrix.skku.ac.kr/sglee/LT/44.swf	$w_1=y$ $w_2=x$	$\begin{bmatrix}0 & 1\\ 1 & 0\end{bmatrix}$

그림 6.15

또 한 축 혹은 평면 위의 그림자로 보내는 변환을 정사영(projection)이라고 한다. R^2에서의 정사영을 다음 표에 요약한다. R^3의 경우도 비슷하다.

변 환	그 림	식	표준행렬
x축 사영	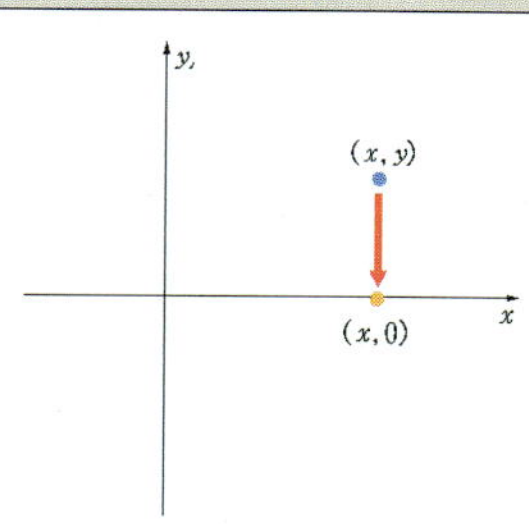	$w_1=x$ $w_2=0$	$\begin{bmatrix}1 & 0\\ 0 & 0\end{bmatrix}$
y축 사영	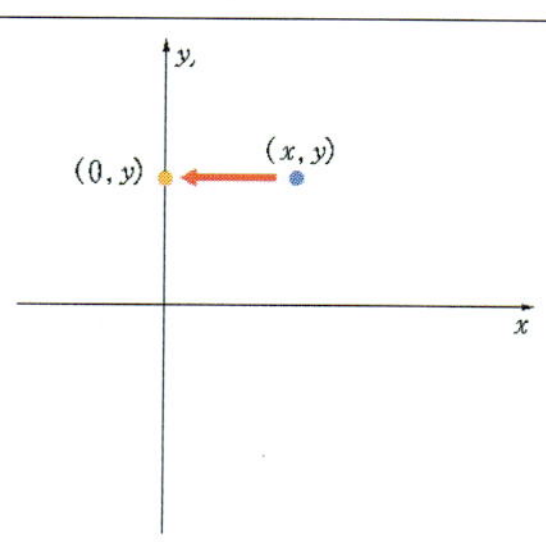	$w_1=0$ $w_2=y$	$\begin{bmatrix}0 & 0\\ 0 & 1\end{bmatrix}$

그림 6.16

그 외의 선형변환은 아래의 Flash를 이용하여 볼 수 있다.

http://matrix.skku.ac.kr/sglee/CMT/55.swf

$$\begin{bmatrix} 2 & 0 \\ 0 & 1 \end{bmatrix}.$$
$$\begin{bmatrix} \frac{1}{2} & 0 \\ 0 & 1 \end{bmatrix}.$$
$$\begin{bmatrix} 2 & 0 \\ 0 & 3 \end{bmatrix}.$$
$$\begin{bmatrix} 1 & 2 \\ 0 & 1 \end{bmatrix}.$$

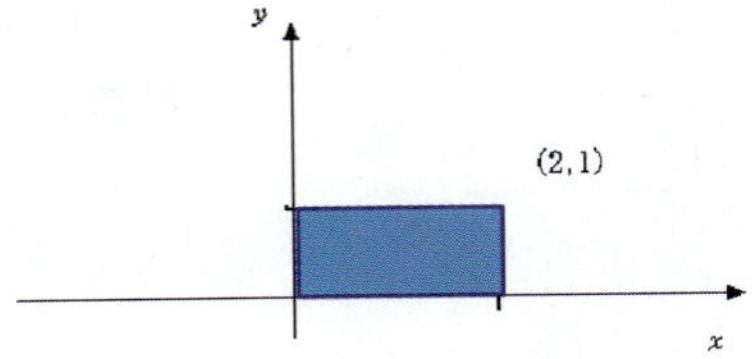

그림 6.17

2. 회전

3차원 공간에서 한 축을 중심으로 회전하는 변환을 살펴보자. 실제로 다양한 회전변환은 이와 같이 한 축을 고정하고 변환을 취한 후, 또 다른 축을 고정하고 회전변환시키는 합성함수로 표현하는 것이다. 우선, z축을 중심으로 점 $P(x, y, z)$를 각 θ 만큼 회전한 점 P'의 좌표를 (x', y', z')이라고 하면, 그림 6.18을 참고하여 다음 식을 얻을 수 있다.

$$\begin{cases} x' = \rho\cos(\varepsilon+\theta) = \rho\cos\varepsilon\cos\theta - \rho\sin\varepsilon\sin\theta = x\cos\theta - y\sin\theta \\ y' = \rho\sin(\varepsilon+\theta) = \rho\cos\varepsilon\sin\theta + \rho\sin\varepsilon\cos\theta = x\sin\theta + y\cos\theta \\ z' = z \end{cases} \tag{1}$$

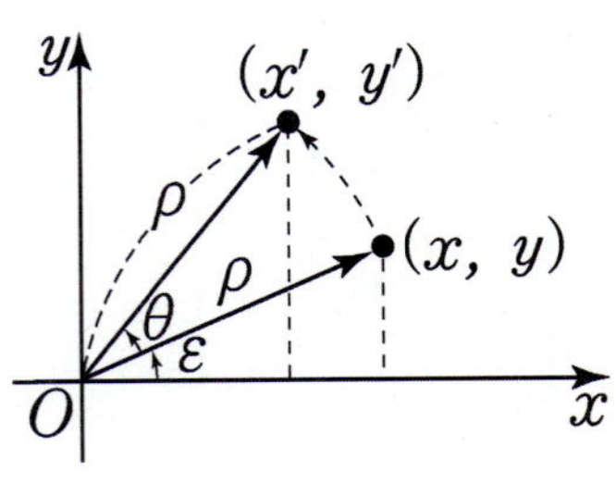

그림 6.18

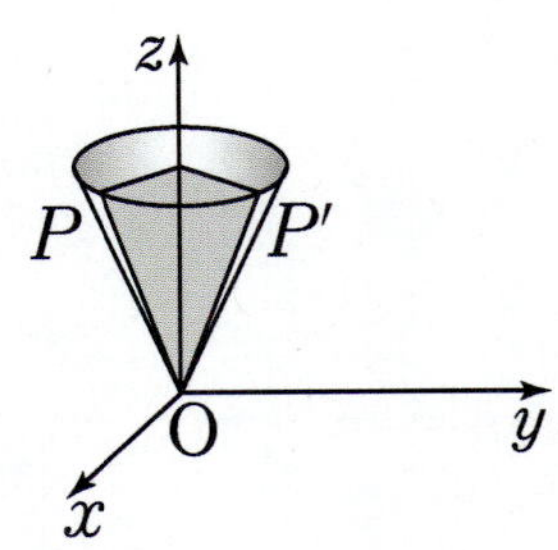

그림 6.19

식 (1)은

$$\begin{bmatrix} x' \\ y' \\ z' \end{bmatrix} = \begin{bmatrix} \cos\theta & -\sin\theta & 0 \\ \sin\theta & \cos\theta & 0 \\ 0 & 0 & 1 \end{bmatrix} \begin{bmatrix} x \\ y \\ z \end{bmatrix}$$

과 같은 행렬 곱으로 표현되므로 각 θ만큼 회전변환에 대응하는 행렬은

$$R=\begin{bmatrix}\cos\theta & -\sin\theta & 0\\ \sin\theta & \cos\theta & 0\\ 0 & 0 & 1\end{bmatrix}$$

이다. 즉 $P'=RP$에 의해 회전변환 된 점 P'의 좌표를 구할 수 있다.

비슷하게 x축 혹은 y축을 중심으로 각 θ 만큼 회전한 변환에 대응하는 행렬은

$$\begin{bmatrix}1 & 0 & 0\\ 0 & \cos\theta & -\sin\theta\\ 0 & \sin\theta & \cos\theta\end{bmatrix},\ \begin{bmatrix}\cos\theta & 0 & -\sin\theta\\ 0 & 1 & 0\\ \sin\theta & 0 & \cos\theta\end{bmatrix}$$

이다. 이와 같이 각 축별로 다양한 선형변환과 그들의 합성변환을 이용하여 원하는 컴퓨터 그래픽을 만드는 것이 가능한 것이다.

⊙ 정육면체와 이미지인 평행육면체

이 절에서는 하나의 구체적인 예로 단위 정육면체가 선형변환에 의해 평행육면체가 된다는 것과 그 선형변환의 행렬이 일반행렬일 때와 직교행렬일 때를 비교하여 시각화 할 것이다.

R^3 위의 벡터 $\mathbf{x}=(a, b, c)$는 $\mathbf{e}_1=(1, 0, 0)$, $\mathbf{e}_2=(0, 1, 0)$, $\mathbf{e}_3=(0, 0, 1)$일 때 일차결합 $a\mathbf{e}_1+b\mathbf{e}_2+c\mathbf{e}_3$로 쓸 수 있다.

아래 그림은 단위 정육면체의 각 점에 임의로 선택한 행렬 $A=\begin{bmatrix}1 & 0 & -1\\ 1 & 2 & 2\\ 2 & 1 & 2\end{bmatrix}$를 곱하여 각각에 대응하는 점들을 3차원 공간에 나타낸 것이다. 대응된 점들은 단위 정육면체의 이미지인 평행육면체를 나타낸다.

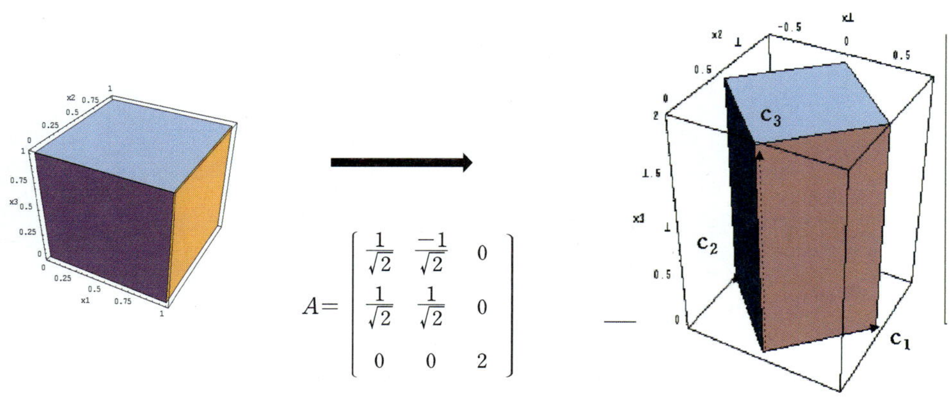

| 그림 6.20 |

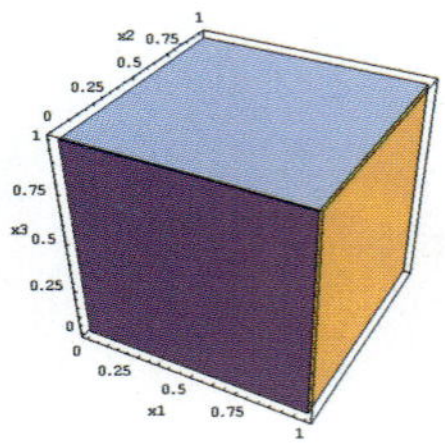

$$A=\begin{pmatrix}1 & 0 & -1\\ 1 & 2 & 2\\ 2 & 1 & 2\end{pmatrix}$$

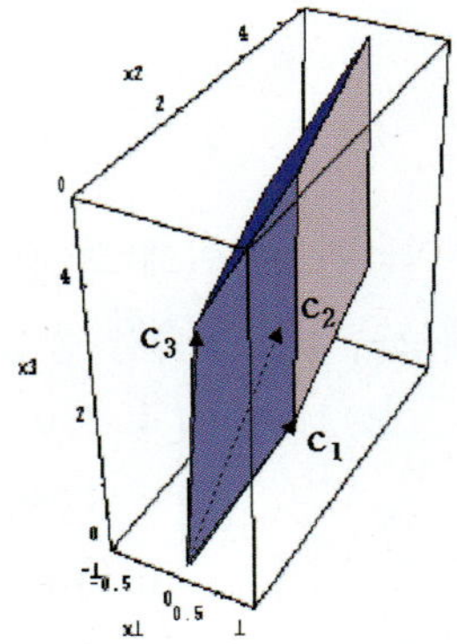

| 그림 6.21 |

일반적으로 단위정육면체의 꼭지점들은 선형변환 T에 의하여 원점을 갖는 평행육면체의 꼭지점이 된다.

더 나아가 위의 그림 6.20과 같이 만약 A의 열들이 직교(orthogonal)이면 행렬 A에 의한 이미지인 평행육면체는 상자모양의 직육면체가 된다. 특히 각 열들이 정규직교(orthonormal) $A^TA=I$라는 성질을 갖는 직교행렬(orthogonal matrix)

$$\begin{bmatrix} -\frac{1}{\sqrt{2}} & \frac{-1}{\sqrt{6}} & \frac{1}{\sqrt{3}} \\ \frac{1}{\sqrt{2}} & -\frac{1}{\sqrt{6}} & \frac{1}{\sqrt{3}} \\ 0 & \frac{2}{\sqrt{6}} & \frac{1}{\sqrt{3}} \end{bmatrix}$$

에 의한 선형변환 이미지는 다시 정육면체가 됨을 그림 6.22에서 시각적으로 확인할 수 있다.

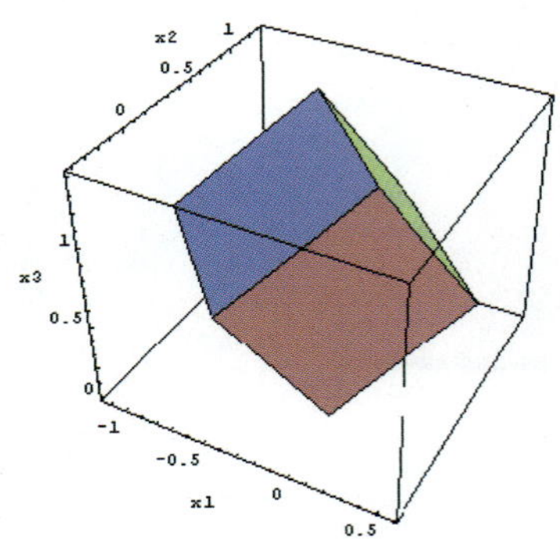

| 그림 6.22 |

일반적으로 단위정육면체가 직교행렬($A^TA=I$)에 대응하는 선형변환에 의하여 평행정육면체 특히 단위정육면체로 변환되며 각 꼭지점들은 선형변환 T에 의하여 새 평행육면체의 꼭지점이 된다는 것이다.

⊙ 평행이동

점 $P(x,\ y,\ z)$를 $P'(x+x_0,\ y+y_0,\ z+z_0)$으로 평행이동하는 변환 T는

$$T(x,\ y,\ z)=(x,\ y,\ z)+(x_0,\ y_0,\ z_0)$$

평행이동은 선형변환이 아니므로 행렬과의 곱으로 표현되지 않는다. 평행이동을 행렬의 곱셈으로 수행하기 위해서 동차좌표(homogeneous coordinates)라는 새로운 좌표계를 도입한다.

동차좌표?

여기서 잠깐!

평면 R^2의 점 $(x,\ y)$는 R^3의 xy 평면을 1만큼 평행이동한 평면 위의 점 $(x,\ y,\ 1)$과 일대일 대응된다. 이 때 $(x,\ y)$는 동차좌표 $(x,\ y,\ 1)$을 갖는다고 한다. R^2에서 P를 $P'(x+x_0,\ y+y_0)$으로 평행이동하는 변환 T는 다음과 같이 행렬의 곱으로 계산될 수 있다.

$$\begin{aligned} T(x,\ y,\ 1) &= (x+x_0,\ y+y_0,\ 1) \\ &= \begin{bmatrix} 1 & 0 & x_0 \\ 0 & 1 & y_0 \\ 0 & 0 & 1 \end{bmatrix} \begin{bmatrix} x \\ y \\ 1 \end{bmatrix} = \begin{bmatrix} x+x_0 \\ y+y_0 \\ 1 \end{bmatrix} \end{aligned}$$

R^2와 마찬가지로 R^3의 점 $(x,\ y,\ z)$는 동차좌표 $(x,\ y,\ z,\ 1)$을 갖는다고 한다.

일반적으로 R^3 위의 컴퓨터 그래픽 변환은 동차좌표에 관한 4×4 행렬

$$\begin{bmatrix} A & \mathbf{p} \\ 0 & 1 \end{bmatrix}$$

로 표현된다. 여기서 A는 R^3에서 회전, 확대 등과 같은 선형변환을 나타내는 3×3 행렬이고, $\mathbf{p}$는 R^3에서 평행이동시키는 벡터이다.

예제 2 0.3배로 축소하고 90°만큼 회전한 후, $(-0.5,\ 2)$만큼 평행이동한 합성변환에 대응하는 3×3 행렬을 구하라.

풀이 0.3배의 축소와 90° 회전, $(-0.5,\ 2)$만큼 평행이동한 변환을 나타내는 3×3 행렬은 각각

$$\begin{bmatrix} 0.3 & 0 & 0 \\ 0 & 0.3 & 0 \\ 0 & 0 & 1 \end{bmatrix},\quad \begin{bmatrix} 0 & -1 & 0 \\ 1 & 0 & 0 \\ 0 & 0 & 1 \end{bmatrix},\quad \begin{bmatrix} 1 & 0 & -0.5 \\ 0 & 1 & 2 \\ 0 & 0 & 1 \end{bmatrix}$$

따라서 합성변환에 대응하는 행렬은

$$\begin{bmatrix} 1 & 0 & -0.5 \\ 0 & 1 & 2 \\ 0 & 0 & 1 \end{bmatrix} \begin{bmatrix} 0 & -1 & 0 \\ 1 & 0 & 0 \\ 0 & 0 & 1 \end{bmatrix} \begin{bmatrix} 0.3 & 0 & 0 \\ 0 & 0.3 & 0 \\ 0 & 0 & 1 \end{bmatrix} = \begin{bmatrix} 0 & -0.3 & -0.5 \\ 0.3 & 0 & 2 \\ 0 & 0 & 1 \end{bmatrix}$$ □

여기서 잠깐!

PDF파일과 선형변환

그래픽 소프트웨어의 대명사인 Adobe 시스템(adobe.com)은 1985년에 PostScript라는 프로그래밍 언어를 개발했는데 이것은 활자, 지면배정, 그래픽을 인쇄장치로 그대로 보내줌으로서 워드프로세서의 종류에 제한되지 않고, 최대한 형태를 유지하면서 문서를 인쇄할 수 있게 하였다. 오늘날 대부분의 잡지나 책(글과 그림이 모두 포함된)은 PostScript를 이용해서 만들어진다. PostScript의 진정한 힘은 활자, 지면배정, 그래픽 이미지에 대한 수학적 정보를 행렬 변환을 사용하여 빠르게 계산할 수 있는 능력으로부터 나온다. Adobe사는 프린트 미디어 위주의 사업 전략에서 인터넷과 성장 분야인 디지털 서류 및 이미지 관련 분야로 주력 사업을 전환하며 1998년 경쟁회사에 인수당할 뻔 했던 위기를 딛고 재기에 성공해 지난 수 년간 기록적인 매출성장을 이루어 내고 있다. 이 같은 지속적인 매출신장에 대해 공동회장 겸 CTO인 John Warnock은 "Adobe가 웹에서 폭발적으로 늘어나고 있는 콘텐츠 수요에 아주 잘 적응하고 있다는 반증"이라고 해석했다. PDF 파일을 읽을 수 있는 Acrobat Reader는 무료로 보급돼 이제 네티즌의 필수품이 됐지만, 일반 문서를 **PDF 파일로 변환할 수 있는 Acrobat 속의 수학**에 대해서 아는 사람은 많지 않다. 친구에게 문서를 보낼 때나 인터넷에 올려 다수와 공유하고자 할 때, 상대방의 운영체제나 사용하는 워드 프로그램이 무엇인지 고민할 필요가 없다. 일단 PDF 파일로 변환해 놓으면 누구나 무료로 Acrobat Reader를 사용해 읽을 수 있기 때문이다. 워드뿐 아니라 엑셀이나 파워포인트 등 거의 모든 종류의 문서를 원본의 스타일과 똑같이 전달할 수 있다. 인터넷 서핑을 하다가 현재 페이지를 저장하고 싶을 경우, 인터넷 익스플로러에 추가된 작은 Acrobat 버튼만 누르면 현재 페이지가 하나의 PDF 문서로 만들어진다. 더구나 긴 문서의 경우 별도의 색인을 만들거나 서명과 코멘트를 다는 등 매우 다양한 기능을 갖추고 있다. 저장시 하이퍼링크까지 완벽하게 따라오기 때문에 PDF 문서의 링크를 마우스로 클릭하면 연결된 페이지가 자동으로 뜬다. 같은 방법으로 MS 아웃룩에서 이메일을 PDF 파일로 변환할 수도 있다.

PostScript font의 특징은 프린트 될 페이지에 맞추어 회전하거나 평행이동하여, 초상화 형태나 풍경화 형태로 바꾸어 주거나, 글과 그림의 위치를 조정하여 가운데로 오게 하는 기능도 갖는데, 이와 같이 **크기와 모양은 글꼴의 외곽선 처리방식(outline vector)를 선형변환 시킴으로써 글자의 형태를 최대한 보전하는 수학적인 방법에 의해 표현된다**는 것이다. 이것이 현재 여러분이 수시로 이용하는 **Adobe**의 **PDF** 파일의 시작이다.

연습문제 6-5

|1-4| 다음 선형변환의 합성변환에 대응하는 표준행렬을 구하여라.

1. 선형변환 $T : R^3 \to R^3$는 xz 평면에 정사영(orthogonal projection)시켰다가, xy 평면에 정사영하는 변환

2. 선형변환 $T : R^3 \to R^3$는 xy 평면에 대칭이동한 후, xz 평면에 대칭이동하고, 마지막으로 yz 평면에 대칭이동하는 변환

3. 반시계방향으로 $45°$ 회전변환을 y축을 중심으로 한 후에, $\sqrt{2}$배의 확대변환

4. x축을 중심으로 반시계방향으로 $30°$ 회전이동을 한 후, z축을 중심으로 반시계방향으로 $30°$ 회전이동, 그 뒤에 $\frac{1}{4}$ 만큼 축소변환

|5-7| 다음의 그림을 보고 각각의 물음에 답하여라.

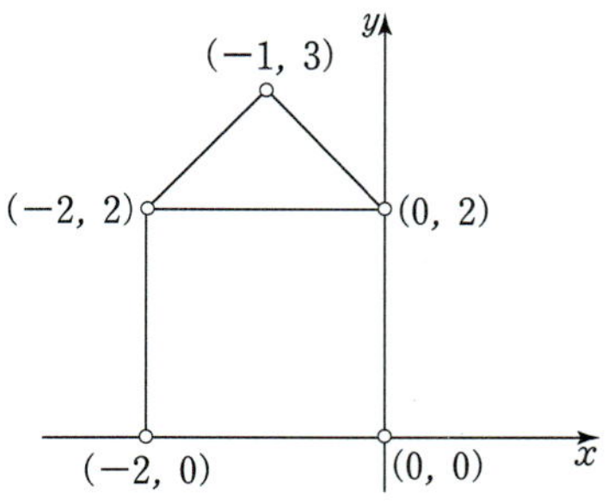

(a)

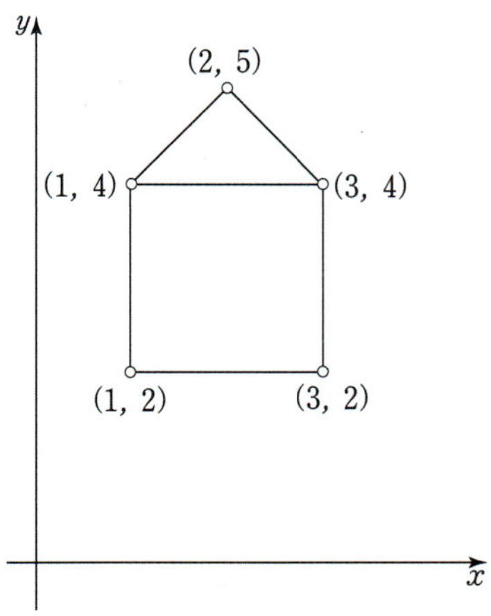

(b)

5. 위의 그림으로부터 (a)의 꼭지점들로 행렬

$$A=\begin{bmatrix} 0 & 0 & -1 & -2 & -2 \\ 0 & 2 & 3 & 2 & 0 \end{bmatrix}$$

을 만들고, (b)의 꼭지점들로 행렬

$$B=\begin{bmatrix} 1 & 1 & 2 & 3 & 3 \\ 2 & 4 & 5 & 4 & 2 \end{bmatrix}$$

를 만들 때 $XA+C=B$가 되는 행렬 $X=\begin{bmatrix} a & b \\ c & d \end{bmatrix}$와 C를 구하여라.

6. 위의 5번에서 $X=\begin{bmatrix} 0 & -1 \\ 1 & 0 \end{bmatrix}$으로 주었을 경우 XA의 열벡터들을 꼭지점으로 하는 도형을 그려라.

7. $X=\begin{bmatrix} \frac{1}{\sqrt{2}} & -\frac{1}{\sqrt{2}} \\ \frac{1}{\sqrt{2}} & \frac{1}{\sqrt{2}} \end{bmatrix}$일 경우 XA의 열벡터들을 꼭지점으로 하는 도형은 원래의 도형을 어떻게 변환시킨 것인가?

토론과 발견

P1 6.5절에서 다룬 선형변환을 이용한 컴퓨터 그래픽에 대한 응용법에 관한 자료를 조사하여라.

P2 http://matrix.skku.ac.kr/sglee/LT/index.htm 사이트를 방문해보고 선형변환의 시각적 이해 내용을 숙지하고 이에 대한 소감을 정리하여라.

P3 3D-컴퓨터 그래픽에서 수학이 어떻게 이용되는지에 대하여 토론하여라.

심화학습 Maple, MATLAB을 이용한 선형변환(ATLAST)

수학에서 널리 쓰이는 프로그램인 Maple과 MATLAB을 이용하여 선형변환이 어떻게 이루어지는지를 관찰하도록 한다.

(1) Maple 실습

세 벡터를 입력하고, 이를 행벡터로 가지는 행렬을 A라 하자.

```
> v1:=vector([1, 1, 2]) ; [Enter↵]
> v2:=vector([1, 2, 1]) ; [Enter↵]
> v3:=vector([0, 1, 1]) ; [Enter↵]
```

v1 : =[1, 1, 2]

v2 : =[1, 2, 1]

v3 : =[0, 1, 1]

```
> A:=matrix(3, 3, [v1, v2, v3]) ; [Enter↵]
```

$$A := \begin{bmatrix} 1 & 1 & 2 \\ 1 & 2 & 1 \\ 0 & 1 & 1 \end{bmatrix}$$

여기서 잠깐!

명령문

```
> linsolve(A, B) ; [SHIFT]
```

의 실행 결과는 $A\mathbf{x}=B$의 해이다.

예제 1 > with(linalg) ; [Enter↵]를 타이프하고 선형대수학을 시작한다.

임의의 벡터 v=(10, −1, 9)에 대해 연립 방정식을 풀려면

```
> linsolve(A, [10, -1, 9]) ; [Enter↵]
```

[−9, −1, 10]

이므로 $\mathbf{x}=(-9, -1, 10)$이다. □

예제 2 $T\left(\begin{bmatrix} x \\ y \end{bmatrix}\right)=\begin{bmatrix} 2x+3y \\ x-y \\ y \end{bmatrix}$로 정의된 변환 $T:R^2 \rightarrow R^3$의 표준행렬을 구하여라.

풀이 > with(linalg) : [Enter↵]

T를 함수로 정의하면

```
> T:=(x, y)→ (2*x+3*y, x-y, y) ; [Enter↵]
```

$T := (x,\ y) \rightarrow (2x+3y,\ x-y,\ y)$

R^2의 표준기저벡터 $\mathbf{e}_1$, $\mathbf{e}_2$의 변환 T에 의한 이미지

$T(\mathbf{e}_1)$, $T(\mathbf{e}_2)$

을 열벡터로 갖는 행렬 M이 T의 표준행렬이다. 먼저 $\mathbf{e}_1$, $\mathbf{e}_2$와 $T(\mathbf{e}_1)$, $T(\mathbf{e}_2)$를 벡터로 입력하자.

```
> e1:=vector([1, 0]);  e2:=vector([0, 1]) ; [Enter]
```

$e1 := [1, 0]$

$e2 := [0, 1]$

```
> T(e1):=vector(T[1, 0]); T(e2):=vector(T[0, 1]) ; [Enter]
```

$Te1 := [2, 1, 0]$

$Te2 := [3, -1, 1]$

```
> M:=augment(T(e1),T(e2)) ; [Enter]
```

$$M := \begin{bmatrix} 2 & 3 \\ 1 & -1 \\ 0 & 1 \end{bmatrix}$$

$T(\mathbf{x}) = M\mathbf{x}$가 성립하는지 확인해 보자.

```
> X:=vector([x,y]) ; [Enter]
```

$X := [x, y]$

```
> evalm(M&*X) ; [Enter]
```

$[2x+3y, x-y, y]$ □

예제 3 세 꼭지점 (0, 0), (1, −1), (1, 1)을 갖는 삼각형을 (1, 2)만큼 평행이동한 선형변환의 이미지를 그려라. 또 y축에 대한 반사와 60° 회전변환에 의한 이미지를 그려라.

풀이

```
> with(linalg) : [Enter]
> with(plots) : [Enter]
```

수치적 데이터를 그리기 위해서는 좌표들의 리스트에 명령어 pointplot을 사용한다. style=line 옵션을 주면 Maple은 주어진 데이터를 선분으로 연결한다. 삼각형의 꼭지점에 대한 좌표의 리스트(리스트는 대괄호를 사용하여 나타낸다)를 T1이라 하면

```
> T1:=[[0, 0],[1, 1], [1, −1], [0, 0]] ; [Enter]
```

$T1 := [[0, 0], [1, 1], [1, -1], [0, 0]]$

```
> pointplot(T1, style=line, view=[−1..2, −2..2], scaling =constrained) ; [Enter]
```

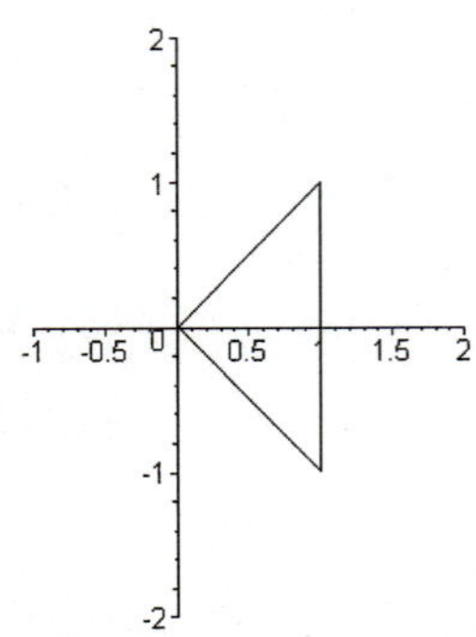

주어진 좌표의 리스트에 벡터 $\mathbf{v}$를 더하는 연산 "addition"을 정의하고, 삼각형의 꼭지점의 리스트 T1에 (1, 2)를 첨가한 후의 좌표의 리스트를 T2라 하자.

> addition:=(v, list)-> map('+',list, v) : Enter↵

> T2:=addition([1, 2], T1) ; Enter↵

$$T2 := [[1, 2], [2, 3], [2, 1], [1, 2]]$$

T1과 T2를 함께 그린다.

> plot([T1, T2], view=[-1..3, -3..3], scaling=constrained) ; Enter↵

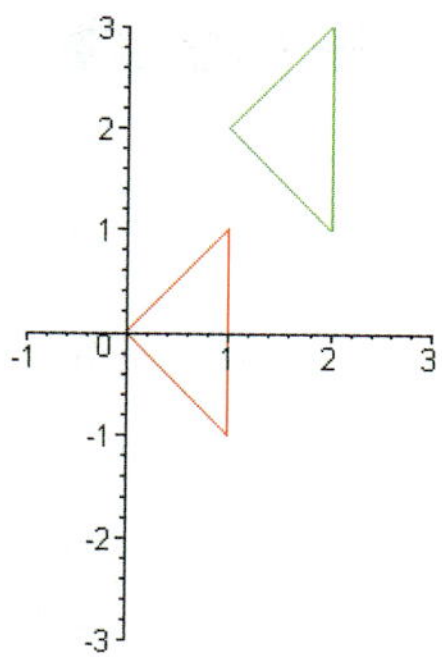

함수 f는 행렬 A와 벡터 $\mathbf{x}$를 곱한 결과를 리스트로 출력하도록 정의한다. 또 연산 "multip"은 (A, S)를 $f(\mathbf{x}, A)$ $(\mathbf{x} \in S)$의 리스트에 대응시키는 함수로 정의한다.

> f:=(x,A) -> convert(evalm(A&*x),list) : Enter↵

> multip:=(A,S)->map(f,S,A) : Enter↵

y축에 대한 반사를 나타내는 행렬을 B라 하면

> B:=matrix(2,2,[-1,0,0,1]) : Enter↵

$$B := \begin{bmatrix} -1 & 0 \\ 0 & 1 \end{bmatrix}$$

T1에 행렬 B를 곱하여 얻은 좌표의 리스트를 M이라 하고 그리면

> M:=multip(B,T1) ; Enter↵

plot(M,x=-2..2,y=-2..2, scaling=constrained) ; Enter↵

$$M := [[0, 0], [-1, 1], [-1, -1], [0, 0]]$$

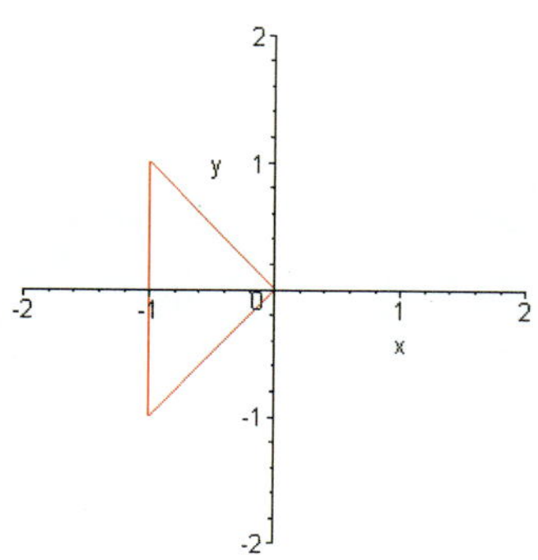

회전변환에 의한 이미지도 위와 비슷한 과정으로 그릴 수 있다.

> rotation:= alpha -> matrix(2,2,[cos(alpha), -sin(alpha),
 sin(alpha),cos(alpha)]) : Enter↵

> rot60:= rotation(Pi/3) ; Enter↵

$$rot60 := \begin{bmatrix} \frac{1}{2} & -\frac{\sqrt{3}}{2} \\ \frac{\sqrt{3}}{2} & \frac{1}{2} \end{bmatrix}$$

> plot(multip(rot60,T1),x=-1..2,y=-2..2,scaling=constrained) ; [Enter]

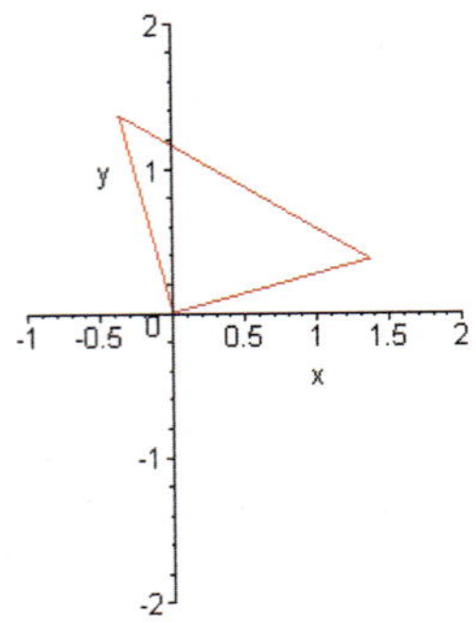

□

여기서 잠깐!

명령어 map은 Maple에서 많이 사용되는 명령어로, 데이터의 리스트나 집합, array의 각 원소에 함수를 적용하는 데 편리하게 사용된다.

> map(f, [a, b, c]) ; [SHIFT]

[f(a), f(b), f(c)]

> map(f, [a, b, c], x) ; [SHIFT]

[f(a, x), f(b, x), f(c, x)]

(2) MATLAB

MATLAB으로도 같은 방법의 실습을 할 수 있다. 이 내용은

http://www.umassd.edu/SpecialPrograms/Atlast/

을 참고하기 바란다. 미국과학재단이 지원한 연구의 결과물이다.

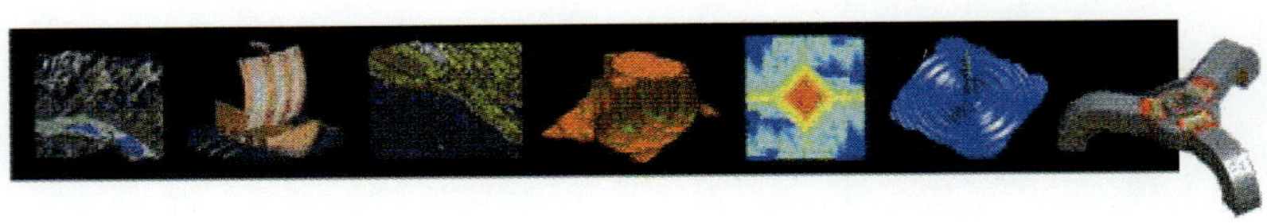

The MathWorks http://www.mathworks.com/

1. 개념토론

- 정의역(domain), 치역(range)
- A가 $m\times n$ 행렬인 행렬변환 : $T_A(\mathbf{x})=A\,\mathbf{x}$인 $T_A : R^n \rightarrow R^m$, $\mathbf{x}\in R^n$
- 선형변환(linear transformation) : $T : R^n \rightarrow R^n$
  - (i) $T(\mathbf{u}+\mathbf{v})=T(\mathbf{u})+(\mathbf{v})$
  - (ii) $T(k\mathbf{u})=kT(\mathbf{u})$
- 선형변환의 기하학적 의미 : 벡터공간에서 $\mathbf{u}$에서 $\mathbf{v}$방향으로의 line을 $T(\mathbf{u})$에서 $T(\mathbf{v})$방향으로의 line으로 보내는 함수
- 선형변환 T의 표준행렬(standard matrix) $A=[a_{ij}]$
- 정사각행렬 A에 대해 $A^{-1}=A^T$이면 A를 직교(orthogonal) 행렬이라 한다.
- n차의 정사각행렬 A에 대해, 다음은 동치이다.
  - (1) A가 직교행렬
  - (2) $\|A\,\mathbf{x}\|=\|\mathbf{x}\|$, $\mathbf{x}\in R^n$
  - (3) $A\,\mathbf{x}\cdot A\,\mathbf{y}=\mathbf{x}\cdot\mathbf{y}$, $\mathbf{x}$, $\mathbf{y}\in R^n$
  - (4) A의 열벡터들은 정규직교이다.
  - (5) A의 행벡터들은 정규직교이다.
- T의 핵(kernel) : $\ker T=\{\mathbf{v}\in R^n | T(\mathbf{v})=\mathbf{0}\}$
- 단사(one-to-one), 전사(onto)
- T의 치역(range) : $\mathrm{Im}\,T=\{T(\mathbf{v}) : \mathbf{v}\in R^n\}$
- 행렬 A가 n차의 정사각행렬일 때 다음은 동치이다.
  - (1) A는 I_n과 행동치이다.
  - (2) A는 기본행렬의 곱으로 표현된다.
  - (3) A는 가역이다.
  - (4) $A\,\mathbf{x}=\mathbf{0}$은 자명한 해 $\mathbf{x}=\mathbf{0}$만을 갖는다.
  - (5) $A\,\mathbf{x}=\mathbf{b}$는 모든 $n\times 1$ 벡터 $\mathbf{b}$에 대하여 유일한 해를 갖는다.
  - (6) A의 열벡터들이 일차독립이다.
  - (7) A의 행벡터들이 일차독립이다.
  - (8) A의 모든 행(열) 벡터는 R^n에서 일차독립이다.
  - (9) $\det(A)\neq 0$
  - (10) $\lambda=0$은 A의 고유값이 아니다.
  - (11) T_A는 단사이다.
  - (12) T_A는 전사이다.
- $T_2\circ T_1$의 표준행렬은 $[T_2][T_1]$이다.
- 선형변환 $T : R^n \rightarrow R^n$이 가역이면 $T^{-1} : R^n \rightarrow R^n$도 선형변환이다.

2. 참 · 거짓 문제

> 만일 주어진 문장이 참이면, 이유를 설명하거나 교재에 서술된 적절한 내용을 인용하여라. 만일 거짓이면 반례를 하나 주거나 교재에 서술된 적절한 내용을 인용하여 이유를 주어라.

(1) (　) 만약 $T: R^n \to R^m$ 이고,
$T(c_1\mathbf{u}+c_2\mathbf{v})=c_1T(\mathbf{u})+c_2T(\mathbf{v})$ (c_i는 상수, $\mathbf{u}, \mathbf{v} \in R^n$)
라면, T는 선형변환이다.

(2) (　) 모든 $\mathbf{v} \in R^n$에 대하여 $T(-\mathbf{v})=-T(\mathbf{v})$을 만족하는 선형변환인 선형변환 $T: R^n \to R^n$는 단 하나만 존재한다.

(3) (　) 모든 $\mathbf{u}, \mathbf{v} \in R^n$에 대하여 $T(\mathbf{u}+\mathbf{v})=T(\mathbf{u}-\mathbf{v})$인 선형변환 $T: R^n \to R^n$인 선형변환은 단하나 존재한다.

(4) (　) $\mathbf{v}_0 \in R^n$일 때, $T(\mathbf{v})=\mathbf{v}_0+\mathbf{v}$는 V의 선형연산자이다.

(5) (　) $T_1: R^n \to R^m$, $T_2: R^m \to R^k$이 선형변환이라 하자. 만일 T_1이 단사가 아니라면, $T_2 \circ T_1$도 단사가 아니다.

(6) (　) $T_1: R^n \to R^m$, $T_2: R^m \to R^k$이 선형변환이라 하자. 만일 T_2이 단사가 아니라면, $T_2 \circ T_1$도 단사가 아니다.

(7) (　) 임의의 선형변환 $T: R^n \to R^m$이 전사라면 $T(\mathbf{u}-\mathbf{v})=\mathbf{0}$이라면 $\mathbf{u}=\mathbf{v}$이다.

(8) (　) 임의의 선형변환 $T: R^n \to R^n$이 단사라면 $T(\mathbf{u}-\mathbf{v})=\mathbf{0}$이라면 $\mathbf{u}=\mathbf{v}$이다.

(9) (　) $\det A=0$이라면, T_A는 전사 또는 단사가 된다.

(10) (　) 임의의 선형변환 $T: R^n \to R^n$이 전사라면 $\ker T$는 무수히 많은 벡터를 가지고 있다.

(11) (　) R^2에서의 층밀림(Shear)변환은 전사인 선형연산자이다.

*** Project** 1. 다음의 주소는 ATLAST Project의 홈페이지이다.

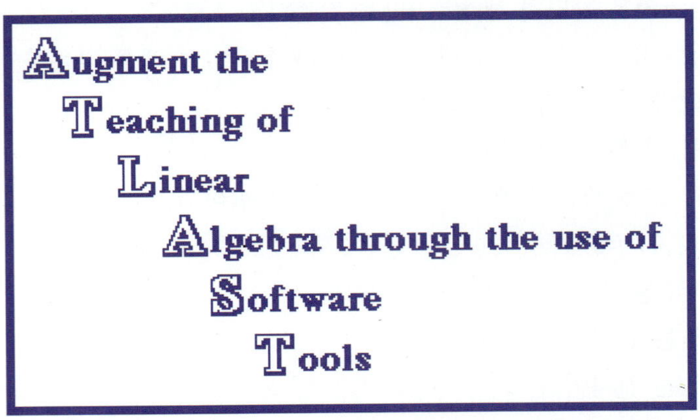

http://www.umassd.edu/SpecialPrograms/Atlast/

이 사이트로부터 다음 내용을 다운받아서 직접 MATLAB 등을 이용하여 실습해 보고 그에 대한 의견을 서술하여라.

- http://www.umassd.edu/SpecialPrograms/Atlast/lplans/algdet.zip

제 07 장

차원과 부분공간 (Dimension & Subspaces)

한국의 전통 수학 : 대입 수학능력시험 지문

〈아래는 2000학년도 대입 수학능력시험의 과학 지문중의 하나이다.〉

연립방정식에 관한 한국의 전통수학 내용

이수신편(상, 하) 1774년(영조 50), (1993) 아세아문화사, 총 1056페이지에서 발췌

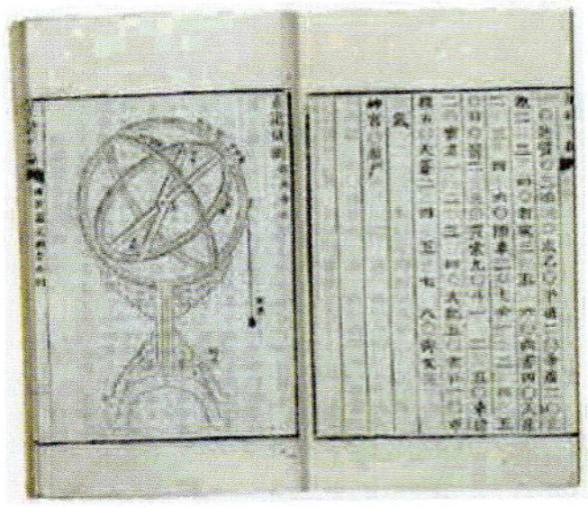

선택기요(選擇紀要) : 1867년 (고종 4년)에 간행한 천문역법 및 간지(干支)술에 관한 책

'수학'이라고 할 때 우리는 일반적으로 서양의 수학을 떠올린다. 그렇다면 동양에는 수학적인 사고 방식이 존재하지 않았던 것일까? 이러한 의문은 우리 선조들이 수학적인 문제 상황을 어떤 방법으로 해결하였는지 확인함으로써 풀릴 수 있을 것이다.

조선 후기의 실학자인 황윤석의 『이수신편 (理藪新編)』에 있는 '난법가(難法歌)'의 문제 중 하나를 보자. "㉠ 만두 백 개에 ㉡ 스님이 백 명인데, ㉢'큰 스님'에게 세 개씩 나누어 주고 ㉣'작은 스님'은 세 사람 당 한 개씩 나누어 준다면, ㉤ 큰 스님은 몇 명이고 작은 스님은 몇 명일까?"

요즈음의 중 · 고등 학생들은 이 문제를 어떻게 풀까? 아마도 많은 학생들은 연립방정식을 세워 문제를 해결할 것이다. 즉, 큰 스님의 수를 x, 작은 스님의 수를 y로,

$$x+y=100,\ 3x+\frac{1}{3}y=100$$

이므로 이를 풀어 답을 구할 것이다. 이러한 해법은 서양에서 들어온 것으로, 서양에서는 17세기 경부터 쓰여 온 방법이다.

그런데 난법가에서는 이를 다음과 같이 풀이한다. 만두가 100개, 스님이 100명이니까. 큰 스님 1명이 먹는 3개와 작은 스님 3명이 함께 먹는 1개를 묶은 4개를 기본 단위로 삼는다. 이것은 만두 4개에 스님 4명이 대응한다는 데서 이루어진 발상이다. 그리고 만두 100개를 기본 단위인 4로 나누면 25가 나온다. 이 25는 3개씩 먹는 큰 스님의 수이면서 동시에 작은 스님들이 먹는 만두의 개수이다. 따라서 큰 스님의 수가 25이므로 작은 스님의 수는 75가 된다.

창의적인 문제 해결의 예로 많이 인용되는 '계토산(鷄兎算)' 문제도 『이수신편』에 소개되어 있다. "닭과 토끼가 모두 100마리인데, 다리를 세어보니 272개 였다. 닭과 토끼는 각각 몇 마리인가?" 이 문제는 이율분신(二率分身)이라는 방법으로 풀고 있다. 이율분신이란 닭과 토끼가 모두 다리의 절반을 들고 있다고 가정하는 것이다. 그러면 닭은 다리가 하나, 토끼는 다리가 둘이 되고 그 수는 모두 136이 된다. 여기서 다리 수와 총 마리 수의 차이, 곧 36은 토끼의 마리 수가 된다. 왜냐하면 이율분신에 의해 닭은 다리 수와 마리 수가 같지만, 토끼는 다리 수가 마리 수보다 하나씩 많기 때문이다. 기발한 착상이다. 이율분신 역시 연립방정식을 세워 푸는 과정과 비교할 때 그 착상의 실체를 확인할 수 있다.

이러한 사례는 서양과는 다른, 우리 식의 수학적 사고가 분명히 존재했다는 것을 보여준다. 다만 그것이 현재까지 계승되지 못하였을 뿐이다.

7.1 기저와 차원

• 우리는 종종 시간의 축을 하나 보태어 4차원이라는 개념을 이해한다. 그렇다면 구체적으로 차원은 어떤 의미를 갖는가? 이제 차원의 개념을 설명할 것이다. 이 절에서는 R^n을 생성하는 벡터들 중 최소의 집합을 구체적으로 결정함으로써 R^n의 구조를 자세히 알아본다.

기저를 정의하기 위하여 우리는 3.4절에서 배운 일차독립성과 생성(span)의 개념을 이용한다.

정의

R^n의 부분집합 $\{\mathbf{x}_1, \mathbf{x}_2, \cdots, \mathbf{x}_s\}$가 부분공간 V를 생성하고 일차독립이면 집합

$$S=\{\mathbf{x}_1, \mathbf{x}_2, \cdots, \mathbf{x}_s\}$$

를 V의 기저(basis)라 한다.

예제 1 1. V를 R^n 상의 원점을 지나는 직선(line)이라 하면, V의 임의의 영 아닌 벡터는 V의 기저가 된다.

2. V를 R^n 상의 원점을 지나는 평면(plane)이라 하면, V의 임의의 서로 상수배가 아닌 영 아닌 두 벡터는 V의 기저를 이룬다.

3. 부분공간 $V=\{\mathbf{0}\}$에는 일차독립인 벡터가 없으므로 기저가 존재하지 않는다. □

예제 2 R^2의 기본 단위벡터 $\mathbf{e}_1=(1, 0)$, $\mathbf{e}_2=(0, 1)$에 대하여 $S=\{\mathbf{e}_1, \mathbf{e}_2\}$라 할 때, S는 일차독립이고 R^2를 생성하므로 S는 R^2의 기저이다. □

일반적으로, R^n의 기본단위벡터

$$\mathbf{e}_1=(1, 0, \cdots, 0),\ \mathbf{e}_2=(0, 1, \cdots, 0),\ \mathbf{e}_n=(0, \cdots, 0, 1)$$

는 $c_1\mathbf{e}_1+c_2\mathbf{e}_2+\cdots+c_n\mathbf{e}_n=\mathbf{0} \Rightarrow (c_1, c_2, \cdots, c_n)=(0, 0, \cdots, 0)$이므로, 일차독립이고 R^n의 임의의 벡터 $\mathbf{x}=(x_1, x_2, \cdots, x_n)$를

$$\begin{aligned}\mathbf{x}&=x_1(1, 0, \cdots, 0)+\cdots+x_n(0, \cdots, 0, 1)\\&=x_1\mathbf{e}_1+\cdots+x_n\mathbf{e}_n\end{aligned}$$

으로 표현되므로 R^n을 생성한다. 따라서 $S=\{\mathbf{e}_1, \mathbf{e}_2, \cdots, \mathbf{e}_n\}$이라 정의하면 집합 S는 R^n의 기저이다. 이 S를 R^n의 표준기저(standard basis)라고 한다.

⊙ 일차독립을 보이는 방법

3장에서 우리는 R^n의 벡터들이 일차독립일 조건을 다음과 같이 정의했다.

$$c_1\mathbf{x}_1+c_2\mathbf{x}_2+\cdots+c_n\mathbf{x}_n=\mathbf{0} \Rightarrow c_1=c_2=\cdots=c_n=0$$

만일 행렬 $A=[\mathbf{x}_1 : \mathbf{x}_2 : \cdots : \mathbf{x}_n]$가 $\mathbf{x}_i$들을 열벡터(column vector)로 가지는 행렬이라고 하자. 이를 다시 쓰면,

$$\mathbf{x}_1=\begin{bmatrix} a_{11} \\ a_{21} \\ \vdots \\ a_{n1} \end{bmatrix},\ \mathbf{x}_2=\begin{bmatrix} a_{12} \\ a_{22} \\ \vdots \\ a_{n2} \end{bmatrix},\ \cdots,\ \mathbf{x}_n=\begin{bmatrix} a_{n1} \\ a_{2n} \\ \vdots \\ a_{nn} \end{bmatrix}$$

라고 하고, $\mathbf{c}=[c_1 \cdots c_n]^T$이라고 가정하자. (열벡터 $\mathbf{x}_i$를 타이프하기 쉽게 보통 $(a_{1n},\ a_{2n},\ \cdots,\ a_{nn})$또는 $[a_{1n}\ a_{2n}\ \cdots\ a_{nn}]^T$로 쓰기도 한다.) 그렇다면 일차독립임을 보이기 위해서 $A\mathbf{c}=\mathbf{0}$이면 $\mathbf{c}=\mathbf{0}$만을 해로 가져야 한다. 즉, 동차연립방정식

$$A\,\mathbf{c}=[\mathbf{x}_1 : \cdots : \mathbf{x}_n]\begin{bmatrix} c_1 \\ \vdots \\ c_n \end{bmatrix}=\begin{bmatrix} a_{11}\cdots & a_{1n} \\ \vdots\ \ \ddots & \vdots \\ a_{n1}\cdots & a_{nn} \end{bmatrix}\begin{bmatrix} c_1 \\ \vdots \\ c_n \end{bmatrix}=\mathbf{0}$$

이 $[c_1 \cdots c_n]^T=\mathbf{0}$만을 해로 가지려면, 행렬 A는 가역행렬, 즉 $\det(A)\neq 0$이어야 한다.

또한, $\det(A)\neq 0$이라면 A의 열벡터나 행벡터는 각각 일차독립이 된다는 사실로부터 행렬의 열벡터 혹은 행벡터들이 기저임을 판단하는 좋은 준거가 바로 $\det(A)$의 값이 될 수 있다. 이를 요약하면 다음과 같은 정리를 얻는다.

정리 7.1.1

벡터공간 R^n에서 n개의 (열)벡터

$$\mathbf{x}_1=(x_{11},\ x_{21},\ \cdots,\ x_{n1}),\ \cdots,\ \mathbf{x}_n=(x_{1n},\ x_{2n},\ \cdots,\ x_{nn})$$

이 일차독립일 필요충분조건은 다음과 같다.

$$\Delta=\det[\mathbf{x}_1 : \cdots : \mathbf{x}_n]=\begin{vmatrix} x_{11}\ x_{12}\ \cdots x_{1n} \\ \vdots \\ x_{n1}\ x_{n2}\ \cdots x_{nn} \end{vmatrix}\neq 0$$

증 명 임의의 $c_1,\ \cdots,\ c_n\in R$에 대하여

$$c_1\,\mathbf{x}_1+\cdots+c_n\,\mathbf{x}_n=\mathbf{0}$$

$$\Rightarrow c_1\begin{bmatrix} x_{11} \\ x_{21} \\ \vdots \\ x_{n1} \end{bmatrix}+c_2\begin{bmatrix} x_{12} \\ x_{22} \\ \vdots \\ x_{n2} \end{bmatrix}+\cdots+c_n\begin{bmatrix} x_{1n} \\ x_{2n} \\ \vdots \\ x_{nn} \end{bmatrix}$$

$$=\begin{bmatrix} c_1x_{11}+c_2x_{12}+\cdots+c_nx_{1n} \\ c_1x_{21}+c_2x_{22}+\cdots+c_nx_{2n} \\ \vdots \\ c_1x_{n1}+c_2x_{n2}+\cdots+c_nx_{nn} \end{bmatrix}=\begin{bmatrix} 0 \\ 0 \\ \vdots \\ 0 \end{bmatrix}$$

이므로 다음 연립방정식을 얻는다. 즉,

$$\begin{pmatrix} x_{11} & x_{12} & \cdots & x_{1n} \\ x_{21} & x_{22} & \vdots & x_{2n} \\ \vdots & \vdots & \ddots & \vdots \\ x_{n1} & x_{n2} & \cdots & x_{nn} \end{pmatrix} \begin{pmatrix} c_1 \\ c_2 \\ \vdots \\ c_n \end{pmatrix} = \begin{pmatrix} 0 \\ 0 \\ \vdots \\ 0 \end{pmatrix}$$

이 자명한 해

$$c_1=0,\ \cdots,\ c_n=0$$

만을 갖기 위한 필요충분조건은 $\Delta \neq 0$이다. 그러므로 $\mathbf{x}_1, \cdots, \mathbf{x}_n$이 일차독립일 필요충분조건은 $\Delta \neq 0$이다. ■

예제 3 위의 판정법을 이용하여 다음의 예제에서 일차독립성을 알아보자.

R^3의 벡터 $\mathbf{x}_1=(1,\ 1,\ 2)$, $\mathbf{x}_2=(-1,\ -4,\ -2)$, $\mathbf{x}_3=(1,\ 1,\ 1)$에 대하여

$$\Delta = \begin{vmatrix} 1 & -1 & 1 \\ 1 & -4 & 1 \\ 2 & -2 & 1 \end{vmatrix} = 3 \neq 0$$

이므로 $\mathbf{x}_1,\ \mathbf{x}_2,\ \mathbf{x}_3$는 일차독립이다. □

예제 4 $S'=\{\mathbf{e}_1,\ \mathbf{e}_2,\ \mathbf{e}_3\}$ 외에도 R^3의 벡터

$$\mathbf{x}_1=(1,\ 1,\ 1),\ \mathbf{x}_2=(1,\ 1,\ 0),\ \mathbf{x}_3=(1,\ 0,\ 0)$$

로 이루어진 $S=\{\mathbf{x}_1,\ \mathbf{x}_2,\ \mathbf{x}_3\}$도 R^3의 기저임을 보여라.

풀이

$$\Delta = \begin{vmatrix} 1 & 1 & 1 \\ 1 & 1 & 0 \\ 1 & 0 & 0 \end{vmatrix} = -1 \neq 0$$

이므로 S의 원소들은 일차독립이다. 이제 S가 R^3를 생성함을 보이자.

R^3의 임의의 벡터를 $\mathbf{x}=(x,\ y,\ z)$라 하고, $\mathbf{x}=c_1\mathbf{x}_1+c_2\mathbf{x}_2+c_3\mathbf{x}_3$라 놓으면,

$$\begin{aligned}(x,\ y,\ z) &= c_1(1,\ 1,\ 1)+c_2(1,\ 1,\ 0)+c_3(1,\ 0,\ 0),\ (c_i \in R) \\ &= (c_1+c_2+c_3,\ c_1+c_2,\ c_1)\end{aligned}$$

이므로 $c_1,\ c_2,\ c_3$에 관한 연립방정식

$$\begin{aligned} c_1+c_2+c_3 &= x \\ c_1+c_2 &= y \\ c_1 &= z \end{aligned} \qquad (1)$$

를 얻는다. 따라서, S가 R^3를 생성함을 보이려면 위 연립방정식 (1)이 항상 해를 가짐을 보이면 된다.

실제로, 연립방정식 (1)의 계수행렬은 가역행렬이므로 항상 해를 갖는다. 따라서 S는 R^3의 기저이다. □

정리 7.1.2 집합 $S=\{\mathbf{x}_1, \mathbf{x}_2, \cdots, \mathbf{x}_n\}$이 R^n의 기저일 때, R^n의 n개보다 많은 벡터들의 집합 $S'=\{\mathbf{y}_1, \mathbf{y}_2, \cdots, \mathbf{y}_r\}(r>n)$은 항상 일차종속이다. 따라서 S'이 일차독립이면 $r\leq n$이다.

증명 S가 R^n의 기저이므로 집합 $S'=\{\mathbf{y}_1, \mathbf{y}_2, \cdots, \mathbf{y}_r\}$에 속하는 모든 벡터는 $\mathbf{x}_1, \mathbf{x}_2, \cdots, \mathbf{x}_n$의 일차결합으로 표시된다. 즉, $a_{ij}\in R$에 대하여

$$\mathbf{y}_j=a_{1j}\mathbf{x}_1+a_{2j}\mathbf{x}_2+\cdots+a_{nj}\mathbf{x}_n=\sum_{i=1}^{n}a_{ij}\mathbf{x}_i,\ (j=1, 2, \cdots, r) \tag{2}$$

이다. 이제, 임의의 $c_1, c_2, \cdots, c_r\in R$에 대하여

$$c_1\mathbf{y}_1+c_2\mathbf{y}_2+\cdots+c_r\mathbf{y}_r=\sum_{j=1}^{r}c_j\mathbf{y}_j=\mathbf{0}$$

이라 하면 식 (2)로 부터 다음을 얻는다.

$$\sum_{j=1}^{r}c_j\left(\sum_{i=1}^{n}a_{ij}\mathbf{x}_i\right)=\sum_{i=1}^{n}\left(\sum_{j=1}^{r}a_{ij}c_j\right)\mathbf{x}_i=\mathbf{0}$$

$\mathbf{x}_1, \mathbf{x}_2, \cdots, \mathbf{x}_n$ 이 일차독립이므로

$$\sum_{j=1}^{r}a_{ij}c_j=0,\ (\forall i=1, 2, \cdots, n)$$

즉, 다음 연립방정식을 얻는다.

$$\begin{aligned} a_{11}c_1+\cdots+a_{1r}c_r&=0\\ a_{21}c_1+\cdots+a_{2r}c_r&=0\\ \vdots\qquad\quad &\vdots\\ a_{n1}c_1+\cdots+a_{nr}c_r&=0 \end{aligned} \tag{3}$$

그런데, 식 (3)은 r개의 미지수 $c_1, c_2, \cdots, c_r$과 n개의 식으로 된 동차연립방정식이다. 그런데 $r>n$이므로 동차연립방정식 (3)은 반드시 자유변수를 갖고, 따라서 무수히 많은 해를 갖는다. 즉, 자명하지 않은 해도 갖는다. 따라서 S'은 일차종속이다. ■

정리 7.1.3 집합 $S=\{\mathbf{x}_1, \mathbf{x}_2, \cdots, \mathbf{x}_n\}$과 $S'=\{\mathbf{y}_1, \mathbf{y}_2, \cdots, \mathbf{y}_m\}$이 R^n의 기저이면 $n=m$이다.

증명 S와 S'은 R^n의 기저이므로 모두 일차독립이다. 따라서 **정리 7.1.2**에 의하여 $m\leq n$이고 위의 증명과 같은 방법으로 $n\leq m$임을 보일 수 있으므로 $n=m$이다. ■

집합 $\{\mathbf{x}_1, \mathbf{x}_2, \cdots, \mathbf{x}_n\}$이 R^n의 기저이면 스칼라 $k\neq 0$에 대하여 $\{k\mathbf{x}_1, \mathbf{x}_2, \cdots, \mathbf{x}_n\}$도 R^n의 기저이므로 일반적으로 R^n은 무수히 많은 기저를 갖는다. 그러나 R^n이 비록 많은 기저를 가지고 있다 하더라도 **정리 7.1.3**의 의미는 R^n의 각 기저에 속하는 벡터의 개수는 항상 같다는 것이다.

정의 집합 S가 R^n의 한 기저일 때, S에 속하는 벡터의 개수를 R^n의 차원(dimension)이라 하며 $\dim R^n$로 나타낸다.

즉, $\dim R^n = n$이다. 참고로 영부분공간의 차원은 0이다.

여기서 잠깐!

정리 7.1.2은 R^n이 n차원이므로 R^n의 $n+1$개 이상의 벡터들의 집합은 항상 일차종속임을 의미한다.

정리 7.1.4

n개의 벡터들의 집합

$S=\{\mathbf{x}_1, \mathbf{x}_2, \cdots, \mathbf{x}_n\} \subseteq R^n$에 대하여 다음이 성립한다.

(1) 집합 S가 일차독립이면 S는 R^n의 기저이다.

(2) 집합 S가 R^n을 생성하면 (즉, $<S>=R^n$이면) S는 R^n의 기저이다.

증명 (1) S가 R^n을 생성함을 보이자. R^n이 $n-$차원이므로 임의의 벡터 $\mathbf{x} \in R^n$에 대하여

$$\{\mathbf{x}_1, \mathbf{x}_2, \cdots, \mathbf{x}_n, \mathbf{x}\}$$

는 **정리 7.1.2**에 의하여 일차종속이다. 따라서

$$c_1 \mathbf{x}_1 + c_2 \mathbf{x}_2 + \cdots + c_n \mathbf{x}_n + c_{n+1} \mathbf{x} = \mathbf{0} \tag{4}$$

을 만족하는 모두는 영이 아닌 스칼라 $c_1, c_2, \cdots, c_n, c_{n+1}$이 존재한다.

만일 $c_{n+1}=0$이라면 S가 일차독립이라는데 모순이므로 $c_{n+1} \neq 0$이다. 따라서 식 (4)를 $\mathbf{x}$에 관하여 풀면

$$\mathbf{x} = \alpha_1 \mathbf{x}_1 + \alpha_2 \mathbf{x}_2 + \cdots + \alpha_n \mathbf{x}_n, \ \left(\alpha_i = -\frac{c_i}{c_{n+1}}, \ i=1, 2, \cdots, n\right)$$

이므로 $<S>=R^n$이다. 그러므로 S는 R^n의 기저이다.

(2) 이제 S가 일차독립임을 보이기 위해 S가 일차종속이라면

$$\mathbf{x}_j = d_1 \mathbf{x}_1 + d_2 \mathbf{x}_2 + \cdots + d_{j-1} \mathbf{x}_{j-1} + d_{j+1} \mathbf{x}_{j+1} + \cdots + d_n \mathbf{x}_n$$

인 $j(1 \leq j \leq n)$가 존재한다. 따라서,

$$S_1 = \{\mathbf{x}_1, \mathbf{x}_2, \cdots, \mathbf{x}_{j-1}, \cdots, \mathbf{x}_n\}$$

이라 하면 S_1도 R^n을 생성한다. 즉 $<S_1>=R^n$.

S_1이 일차독립이면 S_1이 R^n의 기저이다. S_1이 일차종속이면 위와 같은 방법으로 $R^n = \langle S_2 \rangle$인 집합 S_2를 얻는다. S가 유한집합이므로 이러한 과정을 계속하면 일차독립이면서 R^n를 생성하는 S의 부분집합 T를 찾을 수 있다. 이 T가 바로 R^n의 한 기저인데, 이것은 **정리 7.1.3**에 의하여 모순이다. 따라서 S는 일차독립이고 R^n의 기저가 된다. ■

예제 5 R^3의 벡터

$$\mathbf{x}_1=(1, 2, -2), \ \mathbf{x}_2=(1, 3, 2), \ \mathbf{x}_3=(1, 0, 0)$$

에 대하여

$$\begin{vmatrix} 1 & 1 & 1 \\ 2 & 3 & 0 \\ -2 & 2 & 0 \end{vmatrix} = 10 \neq 0$$

이므로 $S=\{\mathbf{x}_1, \mathbf{x}_2, \mathbf{x}_3\}$은 일차독립이고 S의 원소는 3개이므로 S는 R^3의 기저이다. □

정리 7.1.5

$S=\{\mathbf{v}_1, \mathbf{v}_2, \cdots, \mathbf{v}_k\}$를 R^n의 부분공간 V의 기저라 하면, V의 모든 벡터 $\mathbf{v}$는 기저 S의 일차결합으로 유일하게 표현된다.

증명 S가 V를 생성하므로 V의 임의의 원소 $\mathbf{v}$는 S의 일차결합으로 표현할 수 있다. 이제,

$$\mathbf{v}=t_1\mathbf{v}_1+t_2\mathbf{v}_2+\cdots+t_k\mathbf{v}_k \text{이면서 } \mathbf{v}=t'_1\mathbf{v}_1+t'_2\mathbf{v}_2+\cdots+t'_k\mathbf{v}_k$$

라 하자. 두 식을 빼면

$$\mathbf{0}=(t_1-t'_1)\mathbf{v}_1+(t_2-t'_2)\mathbf{v}_2+\cdots+(t_k-t'_k)\mathbf{v}_k \text{이다.}$$

S가 일차독립이므로,

$$t_1-t'_1=0,\ t_2-t'_2=0,\ \cdots,\ t_k-t'_k=0$$

이다. 그러므로, $\mathbf{v}=t_1\mathbf{v}_1+t_2\mathbf{v}_2+\cdots+t_k\mathbf{v}_k$는 유일하다. ■

예제 6 위의 정리는 일차결합의 유일한 표현을 위한 조건이 기저의 성질임을 알았다. 다음 예는 기저가 아닌 집합의 벡터표현에 대하여 설명한 예이다.

$S=\{\mathbf{v}_1=(1, 0, 0), \mathbf{v}_2=(0, 1, 0), \mathbf{v}_3=(0, 0, 1), \mathbf{v}_4=(1, 1, 1)\}$이라 하자.

$$\mathbf{v}=(3, 4, 5)=3\mathbf{v}_1+4\mathbf{v}_2+5\mathbf{v}_3+0\mathbf{v}_4 \text{이다. 그러나,}$$

$$\begin{aligned}\mathbf{v}=(3, 4, 5)&=4(1, 0, 0)+5(0, 1, 0)+6(0, 0, 1)-(1, 1, 1)\\&=4\mathbf{v}_1+5\mathbf{v}_2+6\mathbf{v}_3-\mathbf{v}_4\end{aligned}$$

또는,

$$\begin{aligned}\mathbf{v}=(3, 4, 5)&=2(1, 0, 0)+3(0, 1, 0)+4(0, 0, 1)+(1, 1, 1)\\&=2\mathbf{v}_1+3\mathbf{v}_2+4\mathbf{v}_3+\mathbf{v}_4\end{aligned}$$

으로도 표현가능하다. 그 이유는 집합 S는 R^3의 기저가 아니기 때문이다. □

연습문제 7-1

|1-4| 다음의 벡터들이 일차독립인지 아닌지를 행렬식을 이용하여 확인하여라.

1. $\mathbf{v}_1=(1,\ 0,\ 0)$, $\mathbf{v}_2=(1,\ 1,\ 0)$, $\mathbf{v}_3=(1,\ 1,\ 1)$

2. $\mathbf{v}_1=(1,\ 1,\ 1)$, $\mathbf{v}_2=(1,\ 0,\ 1)$, $\mathbf{v}_3=(0,\ 1,\ 0)$

3. $\mathbf{v}_1=(4,\ 2,\ 3)$, $\mathbf{v}_2=(2,\ 3,\ 1)$, $\mathbf{v}_3=(2,\ -5,\ 3)$

4. $\mathbf{v}_1=(1,\ 0,\ 0,\ 0)$, $\mathbf{v}_2=(0,\ 1,\ 0,\ 0)$,
$\mathbf{v}_3=(1,\ 1,\ 1,\ 0)$, $\mathbf{v}_4=(1,\ 2,\ 3,\ 4)$

|5-6| 다음에 주어진 벡터들의 집합이 R^2에 대한 기저가 될 수 없는 이유를 설명하여라.

5. $\{(1,\ 2),\ (0,\ 1),\ (2,\ 1)\}$

6. $\{(2,\ 1),\ (4,\ 2)\}$

|7-8| 다음에 주어진 벡터들의 집합이 R^2의 기저가 됨을 보여라.

7. $\{(1,\ 0),\ (1,\ 1)\}$

8. $\{(1,\ 1),\ (3,\ 0)\}$

|9-12| 다음에 주어진 집합 S가 R^3의 기저인지를 판정하여라.

9. $S=\{(1,\ 1,\ 1),\ (1,\ 0,\ 1)\}$

10. $S=\{(1,\ 1,\ 1),\ (1,\ 0,\ 1),\ (0,\ 1,\ 0)\}$

11. $S=\{(4,\ 2,\ 3),\ (2,\ 3,\ 1),\ (2,\ -5,\ -3)\}$

12. $S=\{(1,\ 0,\ 0),\ (0,\ 1,\ 1),\ (1,\ 0,\ 1),\ (1,\ 2,\ 3)\}$

13. R^2의 부분공간 $\{(x,\ y)\,|\,y=3x\}$에 대한 서로 다른 기저를 찾아라.
(Hint : $\{(a,\ b)\}$가 기저이면 $\{k(a,\ b),\ k\neq 0\}$도 기저이다.)

14. R^3의 부분공간인 평면 $x+y+2z=0$에 대한 서로 다른 기저를 두 개 찾아라.

|15-18| 다음 동차연립방정식에서 유도되는 해공간의 차원을 구하여라.

15. $x_1+x_2+x_3=0$

16. $x_1+x_2+x_3+x_4=0$
$5x_1-x_2+x_3-x_4=0$

17. $x_1 - x_2 + x_3 = 0$

$x_1 - x_2 + 4x_3 = 0$

$3x_1 + x_2 + 11x_3 = 0$

18. $x_1 + 3x_2 - 2x_3 + x_4 = 0$

$4x_1 + 12x_2 - 7x_3 + 6x_4 = 0$

$3x_1 + 9x_2 - 2x_3 + 11x_4 = 0$

|19-20| 아래 주어진 벡터 $\mathbf{a}$에 의해서 만들어지는 hyperplane

$$\mathbf{a}^{\perp} = \{\mathbf{x} \in R^3 \text{ 또는 } \mathbf{x} \in R^4 \mid \mathbf{a} \cdot \mathbf{x} = \mathbf{0}\}$$

의 기저와 차원을 구하여라

19. $\mathbf{a} = (1,\ 2,\ 3)$

20. $\mathbf{a} = (2,\ 4,\ 1,\ 1)$

토론과 발견

P1 (1) 다음의 벡터들이 R^3를 생성(span)할 수 있지만, R^3의 기저는 될 수 없음을 보여라.

$\mathbf{v}_1 = (1,\ 0,\ 0)$, $\mathbf{v}_2 = (0,\ 2,\ 0)$, $\mathbf{v}_3 = (0,\ 0,\ 3)$, $\mathbf{v}_4 = (1,\ 2,\ 3)$

(2) (1)의 일부 벡터를 이용하여 $\mathbf{v} = (2,\ 3,\ 5)$을 두 가지 방법으로 표현하여라.

P2 (1) 만일 $A\mathbf{x} = \mathbf{0}$이 m개의 선형방정식과 n개의 미지수로 되어 있는 선형연립방정식이라면, 그 해공간의 차원은 최대 얼마인가?

(2) R^6 안의 영이 아닌 벡터 $\mathbf{a}$에 의해 만들어지는 hyperplane의 차원은 얼마인가?

(3) R^5의 부분공간의 차원은 얼마가 될 수 있는가? 모두 찾아라.

(4) R^4의 부분공간 중 다음의 벡터들

$\mathbf{v}_1 = (1,\ 0,\ 1,\ 0)$, $\mathbf{v}_2 = (1,\ 1,\ 0,\ 0)$, $\mathbf{v}_3 = (1,\ 1,\ 1,\ 0)$

에 의하여 생성(span)된 공간의 차원은 얼마인가?

P3 R^6의 벡터들인 $\mathbf{v}_1$, $\mathbf{v}_2$, $\mathbf{v}_3$, $\mathbf{v}_4$가 아래와 같은 형태를 하고 있다.

$\mathbf{v}_1=(1, *, *, *, *, *)$, $\mathbf{v}_2=(0, 0, 1, *, *, *)$

$\mathbf{v}_3=(0, 0, 0, 1, *, *)$, $\mathbf{v}_4=(0, 0, 0, 0, 1, *)$

$*$를 임의의 실수라고 한다면, 이 집합은 일차독립이 되는가?

P4 만일 $\mathbf{a}=(a_1, a_2, \cdots, a_n)$가 R^n의 영 아닌 벡터라면

$$\dim(\mathbf{a}^{\perp})=n-1$$

임을 보여라.

P5 R^n 안에 있는 일차독립인 부분집합 중 원소의 개수가 가장 많은 (즉, n개)집합은 모두 기저임을 설명하여라.

P6 R^n을 생성하는 벡터들의 집합 중 가장 적은(즉, n개의)원소를 가지는 집합은 모두 기저임을 설명하여라.

P7 $S=\{(1, 0, 0), (0, 1, 1), (1, 0, 1)\}$이 R^3를 생성(span)함을 보여라.

〈2004년 대한수학회 학술회의, 전북대〉
http://www.kms.or.kr/

7.2 행렬이 갖는 기본공간

하나의 행렬은 행공간, 열공간, 영공간 등 세 가지 중요한 부분공간들을 갖는다. 이들 세 가지 부분공간들은 행렬과 관련된 다양한 대수적, 기하학적 성질규명의 도구가 된다. 이 절에서는 영공간의 기저를 찾는 방법과 행공간, 열공간 사이의 관계에 대하여 알아본다.

$m\times n$ 행렬 A와 $\mathbf{x}\in R^n$에 대하여 동차연립방정식

$$A\,\mathbf{x}=\mathbf{0} \tag{1}$$

의 해집합은 R^n의 부분공간임을 보였다. 이 부분공간을 동차연립방정식 $A\,\mathbf{x}=\mathbf{0}$의 해공간 혹은 행렬 A의 영공간(null space)이라 하며 기호로 Null(A)로 나타낸다.

해공간의 기저와 차원을 결정하여 보자. 연립방정식 (1)의 첨가행렬 $[A\,\vdots\,\mathbf{0}]$에 기본행연산을 수행하여 얻은 RREF를 $[B\,\vdots\,\mathbf{0}]$라 하자. 이 때, 행렬 B가 첫 행부터 $r(1\leq r\leq n)$개의 영이 아닌 행을 갖는다고 하자.

Ⅰ. $r=n$인 경우, $A\,\mathbf{x}=\mathbf{0}$은 그 해로 $\mathbf{x}=\mathbf{0}$만을 갖는다. 따라서 해공간은 영공간 $\{\mathbf{0}\}$이고 차원은 0이다.

Ⅱ. $r<n$인 경우는,(필요한 경우 열을 교환하면-변수의 위치만 변경) 일반성을 잃지 않고

$$[B\,\vdots\,\mathbf{0}]=\begin{bmatrix} 1 & 0 & 0 & \cdots & 0 & b_{1r+1} & \cdots & b_{1n} & \vdots & 0 \\ 0 & 1 & 0 & \cdots & 0 & b_{2r+1} & \cdots & b_{2n} & \vdots & 0 \\ \vdots & \vdots & \vdots & \vdots & \vdots & \vdots & \vdots & \vdots & \vdots & \vdots \\ 0 & 0 & 0 & \cdots & 1 & b_{rr+1} & \cdots & b_{rn} & \vdots & 0 \\ 0 & 0 & 0 & \cdots & 0 & 0 & \cdots & 0 & \vdots & 0 \\ \vdots & \vdots & \vdots & \vdots & \vdots & \vdots & \vdots & \vdots & \vdots & \vdots \\ 0 & 0 & 0 & \cdots & 0 & 0 & \cdots & 0 & \vdots & 0 \end{bmatrix}$$

라고 할 수 있다. 그러면 연립방정식 (1)은 다음과 동치이다.

$$\begin{aligned} x_1 &= -b_{1r+1}x_{r+1}-b_{1r+2}x_{r+2}-\cdots-b_{1n}x_n \\ x_2 &= -b_{2r+1}x_{r+1}-b_{2r+2}x_{r+2}-\cdots-b_{2n}x_n \\ &\vdots \\ x_r &= -b_{rr+1}x_{r+1}-b_{rr+2}x_{r+2}-\cdots-b_{rn}x_n \end{aligned}$$

즉, $x_{r+1},\ x_{r+2},\ \cdots,\ x_n$은 $n-r$개의 자유변수이다. 따라서 $n-r$개의 임의의 실수 $s_1,\ \cdots,\ s_{n-r}$에 대하여

$$x_{r+1}=s_1,\ \cdots,\ x_n=s_{n-r}$$

이라 하면, 식 (1)의 일반해는 다음과 같이 $n-r$개의 벡터의 일차결합으로 표현이 가능하다.

$$\mathbf{x}=\begin{bmatrix} x_1 \\ x_2 \\ \vdots \\ x_r \\ x_{r+1} \\ x_{r+2} \\ x_{r+3} \\ \vdots \\ x_n \end{bmatrix}=s_1\begin{bmatrix} -b_{1r+1} \\ -b_{2r+1} \\ \vdots \\ -b_{rr+1} \\ 1 \\ 0 \\ 0 \\ \vdots \\ 0 \end{bmatrix}+s_2\begin{bmatrix} -b_{1r+2} \\ -b_{2r+2} \\ \vdots \\ -b_{rr+2} \\ 0 \\ 1 \\ 0 \\ \vdots \\ 0 \end{bmatrix}+\cdots+s_{n-r}\begin{bmatrix} -b_{1n} \\ -b_{2n} \\ \vdots \\ -b_{rn} \\ 0 \\ 0 \\ \vdots \\ 0 \\ 1 \end{bmatrix}$$

여기서, s_1, $\cdots$, s_{n-r}이 임의의 실수 이므로

$$\mathbf{v}_1=\begin{bmatrix} -b_{1r+1} \\ -b_{2r+1} \\ \vdots \\ -b_{rr+1} \\ 1 \\ 0 \\ 0 \\ \vdots \\ 0 \end{bmatrix},\ \mathbf{v}_2=\begin{bmatrix} -b_{1r+2} \\ -b_{2r+2} \\ \vdots \\ -b_{rr+2} \\ 0 \\ 1 \\ 0 \\ \vdots \\ 0 \end{bmatrix},\ \cdots,\ \mathbf{v}_{n-r}=\begin{bmatrix} -b_{1n} \\ -b_{2n} \\ \vdots \\ -b_{rn} \\ 0 \\ 0 \\ \vdots \\ 0 \\ 1 \end{bmatrix}$$

도 식 (1)의 해이다. 따라서 모든 해는 위의 $n-r$개의 벡터들의 일차결합

$$\mathbf{x}=s_1\,\mathbf{v}_1+s_2\,\mathbf{v}_2+\cdots+s_{n-r}\,\mathbf{v}_{n-r}$$

로 표현되므로 $S=\{\mathbf{v}_1,\ \mathbf{v}_2,\ \cdots,\ \mathbf{v}_{n-r}\}$는 $A\,\mathbf{x}=\mathbf{0}$의 해공간을 생성한다. 또한, S의 벡터들의 $r+1$번째의 성분부터 n번째 성분의 형태로부터 S가 일차독립임을 쉽게 알 수 있다. 따라서 S는 이 해공간 $\{\mathbf{x}\in R^n | A\,\mathbf{x}=\mathbf{0}\}$의 기저이고, 이 해공간의 차원은 $n-r$이 된다.

$m\times n$ 행렬 A에 대하여 $A\,\mathbf{x}=\mathbf{0}$의 해공간 즉, A의 영공간의 차원을 nullity(A)라고 나타낸다. 즉 $\dim \mathrm{Null}(A)=\mathrm{nullity}(A)$이다.

예제 1 다음 행렬 A에 대하여 $A\,\mathbf{x}=\mathbf{0}$의 해공간에 대한 기저와 차원을 구하라.

$$A=\begin{bmatrix} 1 & 1 & 0 & 2 \\ 2 & 2 & 1 & 5 \\ 1 & 1 & 2 & 2 \\ 3 & 3 & -1 & 2 \end{bmatrix}$$

풀이 $A\,\mathbf{x}=\mathbf{0}$의 첨가행렬 $[A\,\vdots\,\mathbf{0}]$의 RREF를 구하면 다음과 같다.

$$\begin{bmatrix} 1 & 1 & 0 & 0 & : & 0 \\ 0 & 0 & 1 & 0 & : & 0 \\ 0 & 0 & 0 & 1 & : & 0 \\ 0 & 0 & 0 & 0 & : & 0 \end{bmatrix}$$

따라서 일반해가

$$\mathbf{x}=\begin{bmatrix} x_1 \\ x_2 \\ x_3 \\ x_4 \end{bmatrix}=\begin{bmatrix} -x_2 \\ x_2 \\ 0 \\ 0 \end{bmatrix}=\begin{bmatrix} -s \\ s \\ 0 \\ 0 \end{bmatrix}$$

$$=s\begin{bmatrix} -1 \\ 1 \\ 0 \\ 0 \end{bmatrix},\ (s\in R)$$

이므로 해공간의 기저와 차원은 각각 다음과 같다.

$$S=\left\{\begin{bmatrix} -1 \\ 1 \\ 0 \\ 0 \end{bmatrix}\right\},\ \text{nullity}(A)=1$$

□

예제 2 다음 동차연립방정식의 해공간에 대한 기저와 차원을 구하여라.

$$2x_1+6x_2-2x_3+6x_4=0$$
$$x_1+3x_2+5x_4=0$$
$$3x_1+9x_2+15x_4=0$$

풀이 먼저, 연립방정식 (2)의 첨가행렬

$$[A\,\vdots\,\mathbf{0}]=\begin{bmatrix} 2 & 6 & -2 & 6 & \vdots & 0 \\ 1 & 3 & 0 & 5 & \vdots & 0 \\ 3 & 9 & 0 & 15 & \vdots & 0 \end{bmatrix}$$

의 RREF를 구하면 다음과 같다.

$$[B\,\vdots\,\mathbf{0}]=\begin{bmatrix} 1 & 3 & 0 & 5 & \vdots & 0 \\ 0 & 0 & 1 & 2 & \vdots & 0 \\ 0 & 0 & 0 & 0 & \vdots & 0 \end{bmatrix}$$

따라서, 식 (2)는 다음과 동치이다.

$$x_1=-3x_2-5x_4$$
$$x_3=-2x_4$$

x_2, x_4가 자유변수이므로 임의의 실수 r, s에 대하여 $x_2=r$, $x_4=s$라 하고 x_1, x_3를 r, s로 풀면

$$\mathbf{x}=\begin{bmatrix} x_1 \\ x_2 \\ x_3 \\ x_4 \end{bmatrix}=\begin{bmatrix} -3r-5s \\ r \\ -2s \\ s \end{bmatrix}=r\begin{bmatrix} -3 \\ 1 \\ 0 \\ 0 \end{bmatrix}+s\begin{bmatrix} -5 \\ 0 \\ -2 \\ 1 \end{bmatrix}$$

이므로 해공간의 기저와 차원은 각각 다음과 같다.

$$S=\{(-3,\ 1,\ 0,\ 0),\ (-5,\ 0,\ -2,\ 1)\},\ \text{nullity}(A)=2$$

□

여기서 잠깐!

위의 예제에서와 같은 해공간의 기저와 차원을 구하는 문제는 RREF를 구하는 자바를 이용하여 손쉽게 구할 수 있다. 아래의 자바 애플릿은 REF와 RREF를 동시에 구해준다. 위의 예제를 자바 애플릿에 넣어서 실행해 보아라.

Link : http://matrix.skku.ac.kr/MatrixRREF2/Test.html

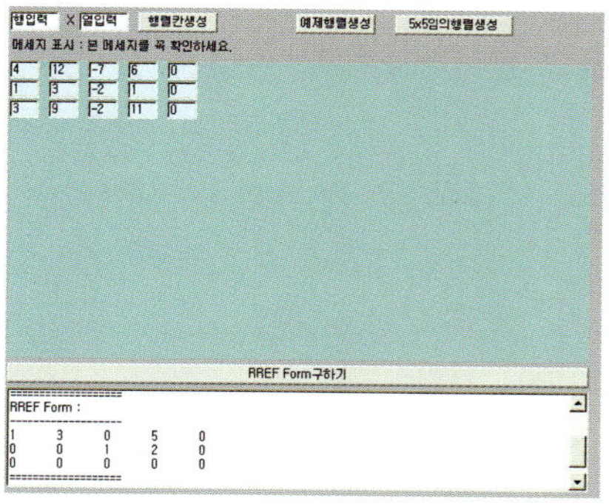

다음은 행렬과 관계되는 **기본적인 부분공간**들에 대하여 정의한다.(참조. 3.4절)

정의

$m\times n$ 행렬

$$A=\begin{bmatrix} a_{11} & a_{12} & \cdots & a_{1n} \\ a_{21} & a_{22} & \cdots & a_{2n} \\ \vdots & \vdots & & \vdots \\ a_{m1} & a_{m2} & \cdots & a_{mn} \end{bmatrix}$$

에 대하여 A의 각 행으로 이루어진 m개의 벡터

$$A_{(1)}=[a_{11}\ a_{12}\ \cdots\ a_{1n}],\ A_{(2)}=[a_{21}\ a_{22}\ \cdots\ a_{2n}],\ \cdots,\ A_{(m)}=[a_{m1}\ a_{m2}\ \cdots\ a_{mn}]$$

과 A의 각 열로 이루어진 n개의 벡터

$$A^{(1)}=\begin{bmatrix} a_{11} \\ a_{21} \\ \vdots \\ a_{m1} \end{bmatrix},\ A^{(2)}=\begin{bmatrix} a_{12} \\ a_{22} \\ \vdots \\ a_{m2} \end{bmatrix},\ \cdots,\ A^{(n)}=\begin{bmatrix} a_{1n} \\ a_{2n} \\ \vdots \\ a_{mn} \end{bmatrix}$$

을 각각 A의 행벡터(row vector), 열벡터(column vector)라고 한다. 이 행벡터 $A_{(1)}, \cdots, A_{(m)}$들에 의해서 생성된 R^n의 부분공간 즉, $<A_{(1)}, \cdots, A_{(m)}>$을 A의 행공간(row space), $\text{Row}(A)$로 나타내고, 열벡터 $A^{(1)}, \cdots, A^{(n)}$에 의해 생성된 R^m의 부분공간 즉 $<A^{(1)}, \cdots, A^{(n)}>$을 A의 열공간(column space)이라 하고, $\text{Col}(A)$로 나타낸다.

정의

행공간의 차원을 A의 행계수(row rank), 열공간의 차원을 A의 열계수(column rank)라 하고, 각각, $r(A)$, $c(A)$로 나타낸다. 즉,

$$\dim \text{Row}(A)=r(A),\ \dim \text{Col}(A)=c(A)$$

행렬에 기본행연산을 수행하여 얻어지는 행렬들의 행공간 사이의 관계를 다음과 같은 정리로 요약할 수 있다.

정리 7.2.1 두 행렬 A, B가 행동치이면 이들은 같은 행공간을 갖는다.

증명 두 행렬 A, B가 행동치이면 B는 A에 기본행연산을 유한번 시행하여 얻어지므로 B의 각 행은 A의 행들의 일차결합이다. 따라서

$$\text{Row}(B) \subset \text{Row}(A)$$

마찬가지로, A는 B에 기본행연산을 유한 번 시행하면 얻어지므로

$$\text{Row}(A) \subset \text{Row}(B)$$

그러므로 A, B는 같은 행공간을 갖는다. ■

위 정리는 전치행렬의 행연산 (또는 열연산)에 의해 열에 대해서도 성립함을 알 수 있다. 또한 행공간의 기저, 행계수들의 계산은 위의 **정리 7.2.1** 로부터 행렬 A의 RREF에 나타나는 영이 아닌 행벡터들로부터 알 수 있다.

그런데, 행렬의 RREF에 나타나는 영 아닌 행벡터들은 일차독립이므로 행공간의 기저를 이룬다. 이 사실을 이용하면 R^n의 벡터들에 의해서 생성된 부분공간의 기저를 쉽게 찾을 수 있다.

예제 3 집합 S가 다음과 같을 때, R^5의 부분공간 $W=<S>$의 기저를 찾아라.

$S=\{(1,\ -2,\ 1,\ 1,\ 2),\ (-1,\ 3,\ 0,\ 2,\ -2),\ (0,\ 1,\ 1,\ 3,\ 4),\ (1,\ 2,\ 5,\ 13,\ 5)\}$

풀이 W는 S에 있는 벡터들을 행으로 갖는 행렬

$$A=\begin{bmatrix} 1 & -2 & 1 & 1 & 2 \\ -1 & 3 & 0 & 2 & -2 \\ 0 & 1 & 1 & 3 & 4 \\ 1 & 2 & 5 & 13 & 5 \end{bmatrix}$$

의 행공간 Row(A)와 같으므로 A의 RREF인

$$B=\begin{bmatrix} 1 & 0 & 3 & 7 & 0 \\ 0 & 1 & 1 & 3 & 0 \\ 0 & 0 & 0 & 0 & 1 \\ 0 & 0 & 0 & 0 & 0 \end{bmatrix}$$

의 행공간과 같다. 따라서 B의 영 아닌 행벡터들의 집합

$$\{(1,\ 0,\ 3,\ 7,\ 0),\ (0,\ 1,\ 1,\ 3,\ 0),\ (0,\ 0,\ 0,\ 0,\ 1)\}$$

이 $W=\text{Row}(A)$의 기저이다. □

여기서 잠깐!

행렬 A의 열공간은 A^T의 행공간과 같다.

예제 4 다음 행렬 A의 열공간의 기저를 찾아라.

$$A=\begin{bmatrix} 1 & -2 & 1 & 1 & 2 \\ -1 & 3 & 0 & 2 & -2 \\ 0 & 1 & 1 & 3 & 4 \\ 1 & 2 & 5 & 13 & 5 \end{bmatrix}$$

풀이 A의 열공간은 $A^T=\begin{bmatrix} 1 & -1 & 0 & 1 \\ -2 & 3 & 1 & 2 \\ 1 & 0 & 1 & 5 \\ 1 & 2 & 3 & 13 \\ 2 & -2 & 4 & 5 \end{bmatrix}$의 행공간과 같으므로

A^T의 RREF $A^T=\begin{bmatrix} 1 & 0 & 0 & \frac{17}{4} \\ 0 & 1 & 0 & \frac{13}{4} \\ 0 & 0 & 1 & \frac{3}{4} \\ 0 & 0 & 0 & 0 \\ 0 & 0 & 0 & 0 \end{bmatrix}$의 행공간과 같다.

따라서

$$S=\left\{\begin{bmatrix} 4 \\ 0 \\ 0 \\ 17 \end{bmatrix}, \begin{bmatrix} 0 \\ 4 \\ 0 \\ 13 \end{bmatrix}, \begin{bmatrix} 0 \\ 0 \\ 4 \\ 3 \end{bmatrix}\right\}$$

은 A의 열공간의 한 기저이다. □

앞의 예제 3에서 행렬 A의 RREF는 $\begin{bmatrix} 1 & 0 & 3 & 7 & 0 \\ 0 & 1 & 1 & 3 & 0 \\ 0 & 0 & 0 & 0 & 1 \\ 0 & 0 & 0 & 0 & 0 \end{bmatrix}$이므로 선행성분을 갖는 열, 즉 A의 1, 2, 5열은 행렬 A의 열공간의 기저가 된다. 즉,

$$S'=\left\{\begin{bmatrix} 1 \\ -1 \\ 0 \\ 1 \end{bmatrix}, \begin{bmatrix} -2 \\ 3 \\ 1 \\ 2 \end{bmatrix}, \begin{bmatrix} 2 \\ -2 \\ 4 \\ 5 \end{bmatrix}\right\}$$

도 행렬 A의 열공간의 기저이다.

예제 3 과 예제 4 로부터 행렬 A의 행계수와 열계수는 모두

$$r(A)=c(A)=3$$

으로 같음을 알 수 있다. 이것은 실수성분을 갖는 임의의 행렬 A에 대하여도 성립한다. 따라서 아래의 정리를 얻는다. 자세한 증명은 **정리 7.4.1** 에서 준다.

정리 7.2.2 임의의 행렬 $A \in M_{m \times n}$에 대하여 A의 행계수와 열계수는 일치한다.

여기서 잠깐!

따라서 이 계수를 행렬의 A의 계수(rank)라 하고

$$r(A) = c(A) = \text{rank}(A)$$

로 쓴다.

따라서 행렬 $A \in M_{m \times n}$가 주어지면 다음과 같은 6가지 부분공간이 생긴다.

$$\text{Row}(A),\ \text{Row}(A^T),\ \text{Col}(A),\ \text{Col}(A^T),\ \text{Null}(A),\ \text{Null}(A^T)$$

그런데 $\text{Row}(A^T) = \text{Col}(A)$이고 , $\text{Col}(A^T) = \text{Row}(A)$이므로, A와 A^T에 대한 서로 다른 4개의 부분공간은

Row(A)	Null(A)
Col(A)	Null(A^T)

이다. 영공간 $\text{Null}(A) = \{\mathbf{x} \mid A\,\mathbf{x} = \mathbf{0}\} = \left\{ \mathbf{x} \,\middle|\, \left\{ \begin{matrix} A_{(1)}\mathbf{x} = \mathbf{0} \\ \vdots \\ A_{(m)}\mathbf{x} = \mathbf{0} \end{matrix} \right\} \right\}$이므로 $A\,\mathbf{x} = \mathbf{0}$으로부터 $\mathbf{x}$는 A의 모든 행벡터에 수직임을 알 수 있다. 그러므로 A의 모든 행벡터에 수직이라는 의미는 행공간 $\text{Row}(A)$에 수직임을 뜻한다. 그런데

$$\text{Row}(A) = \text{Col}(A^T)$$

이므로 $\text{Null}(A) = (\text{Row}(A))^{\perp} = (\text{Col}(A^T))^{\perp}$임을 알 수 있다. 여기에서 "⊥"은 3장 5절의 hyperplane에서 소개했듯이 "perp"라 읽고 $\text{Col}(A^T)$에 수직인 원소들이 모여있는 집합을 뜻한다.[Note: $(\text{Row}(A))^{\perp} = \text{Row}(A)^{\perp}$로 쓴다]

여기서 잠깐!

$$\left\{ \begin{matrix} a_{11}x_1 + a_{12}x_2 + \cdots + a_{1n}x_n = 0 \\ \vdots \\ a_{m1}x_1 + a_{m2}x_2 + \cdots + a_{mn}x_n = 0 \end{matrix} \right. \iff \left\{ \begin{matrix} A_{(1)} \cdot \mathbf{x} = 0 \\ \vdots \\ A_{(m)} \cdot \mathbf{x} = 0 \end{matrix} \right.$$

$\iff \text{Null}(A) = \{\mathbf{x} \in R^n \mid A\,\mathbf{x} = \mathbf{0}\}$

$= A$의 모든 행벡터(row vector)에 수직인 벡터들의 집합

$= \text{Col}(A^T)^{\perp}$

$\therefore\ \text{Null}(A) = \text{Col}(A^T)^{\perp} \qquad \therefore\ \text{Col}(A)^{\perp} = \text{Null}(A^T)$

예제 4 $\mathbf{a} \in R^n$에 대하여 $\mathbf{a}^{\perp} = \{(x_1,\ x_2,\ \cdots,\ x_n) \in R^n \mid a_1x_1 + \cdots + a_nx_n = 0\}$이므로 $\mathbf{a}^{\perp}$은 R^n의 hyperplane이다.

정리 7.2.3

W를 R^n의 $n-1$차원 부분공간이라 하면, $W=\mathbf{a}^{\perp}$인 영 아닌 벡터 $\mathbf{a}\in R^n$이 존재한다.

증명 $\dim W=n-1$이므로 차원정리에 의해 $\dim W^{\perp}=1$이어야 한다. 그러므로, $W^{\perp}=\text{span}\{\mathbf{a}\}$인 $\mathbf{a}$가 존재한다. 즉,

$$W=(W^{\perp})^{\perp}=(\text{span}\{\mathbf{a}\})^{\perp}=\mathbf{a}^{\perp}$$

■

여기서 잠깐!

위에서 확인된 같은 공간을 정리하면 다음과 같다.

$$\text{Row}(A^T)=\text{Col}(A),\ \text{Col}(A^T)=\text{Row}(A)$$
$$\text{Row}(A)^{\perp}=\text{Null}(A),\ \text{Null}(A)^{\perp}=\text{Row}(A)$$
$$\text{Col}(A)^{\perp}=\text{Null}(A^T),\ \text{Null}(A^T)^{\perp}=\text{Col}(A)$$

연습문제 7-2

1. 다음에서 주어진 동차연립방정식의 해공간에 대한 기저와 차원을 구하여라.

$$\begin{aligned} x_1+x_2-x_3&=0\\ -2x_1-x_2+2x_3&=0\\ -x_1+x_3&=0 \end{aligned}$$

2. 다음에서 주어진 행렬 A의 영공간의 기저와 $\text{nullity}(A)$를 구하여라.

$$A=\begin{bmatrix} 2 & 2 & -1 & 0 & 1\\ -1 & -1 & 2 & -3 & 1\\ 1 & 1 & -2 & 0 & -1\\ 0 & 0 & 1 & 1 & 1 \end{bmatrix}$$

3. 다음에서 주어진 행렬A의 행공간 $\text{Row}(A)$의 기저와 차원 및 행계수 $r(A)$를 각각 구하여라.

$$A=\begin{bmatrix} 1 & 2 & 0 & 2 & 5\\ -2 & -5 & 1 & -1 & -8\\ 0 & -3 & 3 & 4 & 1\\ 3 & 6 & 0 & -7 & 2 \end{bmatrix}$$

4. 문제 3에 다음에서 주어진 행렬 A의 열공간 $\text{Col}(A)$의 기저와 차원 및 열계수 $c(A)$를 각각 구하여라.

5. 다음 선형변환의 표준행렬 A를 구하고 $\text{nullity}(A)$를 구하여라.

$$T\begin{bmatrix} x_1\\ x_2\\ x_3\\ x_4\\ x_5 \end{bmatrix}=\begin{bmatrix} x_1+2x_2+2x_4+5x_5\\ -2x_1-5x_2+x_3-x_4-8x_5\\ -3x_2+3x_3+4x_4+x_5\\ 3x_1+6x_2-7x_4+2x_5 \end{bmatrix}$$

토론과 발견

P1 $3x-4y=0$인 직선을 영공간으로 가지는 모든 2×2 크기의 행렬을 찾아라.

P2 $A\mathbf{x}=\mathbf{0}$은 세 개의 미지수 x, y, z를 가지는 세 개의 일차방정식으로 이루어진 연립방정식이라 하자. 다음 물음에 답하여라.

(1) 만일 해공간이 R^3 상에서 원점을 지나가는 직선이라고 하면, A의 행공간은 기하학적으로 어떤 형태가 되겠는가?

(2) A의 열공간이 원점을 지나는 직선이라면, $A^T\mathbf{x}=\mathbf{0}$인 동차연립방정식의 해공간은 기하학적으로 어떻게 나타나겠는가?

P3 W가 R^n의 hyperplane이라면, $W^{\perp}$는 무엇이라고 할 수 있는가?

P4 (1) S가 xy 평면상에 있는 $y=4x$라는 직선 위에 놓인 모든 벡터의 집합이라 하자. 집합 $S^{\perp}$와 $(S^{\perp})^{\perp}$를 구하여라.

(2) xy 평면상에서 $\mathbf{v}=(1,\ 2)$라는 벡터가 있다고 하자. $S=\{\mathbf{v}\}$라면, 집합 $S^{\perp}$와 $(S^{\perp})^{\perp}$을 구하여라.

P5 집합 $S=\{\mathbf{x}_1,\ \cdots,\ \mathbf{x}_n\}$을 R^n의 기저라 할 때, A가 n차의 가역행렬이면 $\{A\mathbf{x}_1,\ \cdots,\ A\mathbf{x}_n\}$도 R^n의 기저임을 증명하여라.

P6 집합 $S=\{\mathbf{x}_1,\ \mathbf{x}_2,\ \cdots,\ \mathbf{x}_n\}$의 R^n의 기저이면, R^n의 임의의 벡터 $\mathbf{x}$는 $\mathbf{x}_1,\ \cdots,\ \mathbf{x}_n$의 일차결합으로 유일하게 표현됨을 보여라.

〈대한수학회 학술회의 이름표〉

7.3 차원정리

• 우리는 행렬 A의 영공간, 행공간, 열공간 등에 대하여 알아보았다. 이 공간들의 차원과 행렬 A의 크기와의 관계에 대하여 알아본다.

정의

행렬 A의 행공간이나 열공간의 차원이 일치하므로 간단히 행렬 A의 계수(rank)라 하고 $\text{rank}(A)$로 쓴다.

A의 RREF U가 r개의 영 아닌 행들을 가질 때, 앞 절에서 행렬 $A \in M_{m\times n}$에 대한 $A\,\mathbf{x}=\mathbf{0}$의 해공간 즉, A의 영공간의 차원 $\text{nullity}(A)$는 아래 도표에서 보듯이 $n-r$임을 알았다. (참고 : A의 RREF의 모양이 U와 다르면 필요한 경우 열을 교환하여 U 모양으로 생각할 수 있다. 이 경우 대응하는 변수의 위치만 변경한다는 의미)

$$U=\overbrace{\left[\begin{array}{c:c} I_r & * \\ \hdashline 0 & 0 \end{array}\right]}^{n}\Bigg\}m$$

따라서 A의 계수와 영공간의 차원 사이에는 다음과 같은 관계가 있음을 알 수 있다.

정리 7.3.1

[행렬의 차원정리, Rank-Nullity 정리]
임의의 행렬 $A \in M_{m\times n}$에 대하여 다음이 성립한다.

$$\text{rank}(A)+\text{nullity}(A)=n$$

증명 $U=\text{RREF}(A)$라 하고 U가 r개의 선행성분 1을 갖는다고 하자. 그러면 $r=\text{rank}(A)$이고 선형연립방정식 $U\,\mathbf{x}=\mathbf{0}$는 $A\,\mathbf{x}=\mathbf{0}$와 동치이다.
그런데 $U\,\mathbf{x}=\mathbf{0}$의 해공간의 차원은 U의 자유변수의 개수 즉, $n-r$이다. 그러므로 $A\,\mathbf{x}=\mathbf{0}$의 해공간의 차원 또한 $n-r$이므로,
$\text{rank}(A)+\text{nullity}(A)=r+(n-r)=n$ ■

예제 1 앞 절의 예제 3 에서 계산한 행렬

$$A=\begin{bmatrix} 1 & -2 & 1 & 1 & 2 \\ -1 & 3 & 0 & 2 & -2 \\ 0 & 1 & 1 & 3 & 4 \\ 1 & 2 & 5 & 13 & 5 \end{bmatrix}$$

에 대하여 $\text{rank}(A)=3$이고 $n=5$이므로 $A\mathbf{x}=\mathbf{0}$의 해공간의 차원은

$$\text{nullity}(A)=5-3=2$$

이다. □

위의 예제를 앞에서 소개한 자바를 이용해서 rank와 nullity를 손쉽게 구해 볼 수 있다. 한번 직접 구해보자.

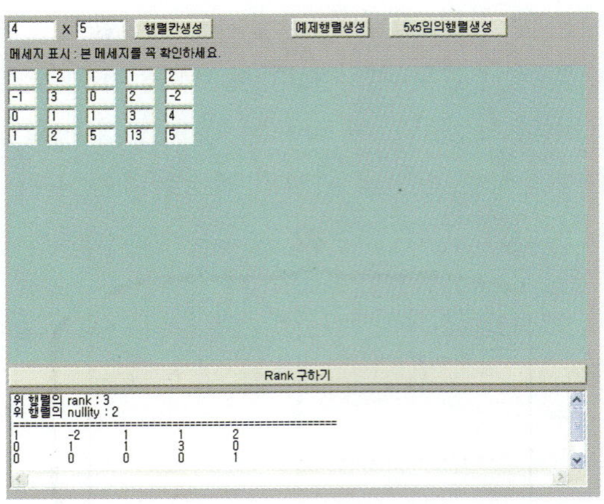

http://matrix.skku.ac.kr/SKKMatrix/Test.html

다음 정리는 비동차연립방정식 $A\mathbf{x}=\mathbf{b}$에 관한 해의 존재성과 행렬 A의 계수(rank) 사이의 관계를 말해준다.

정리 7.3.2

연립방정식 $A\mathbf{x}=\mathbf{b}$가 해를 가질(consistent) 필요충분조건은 다음과 같다.

$$\text{rank}(A)=\text{rank}[A\,\vdots\,\mathbf{b}]$$

증명 $A=[a_{ij}]\in M_{m\times n}$, $\mathbf{x}=(x_1, x_2, \cdots, x_n)$, $\mathbf{b}=(b_1, b_2, \cdots, b_m)$라 하면 연립방정식 $A\mathbf{x}=\mathbf{b}$는

$$x_1\begin{bmatrix} a_{11} \\ a_{21} \\ \vdots \\ a_{m1} \end{bmatrix}+x_2\begin{bmatrix} a_{12} \\ a_{22} \\ \vdots \\ a_{m2} \end{bmatrix}+\cdots+x_n\begin{bmatrix} a_{1n} \\ a_{2n} \\ \vdots \\ a_{mn} \end{bmatrix}=\begin{bmatrix} b_1 \\ b_2 \\ \vdots \\ b_m \end{bmatrix} \tag{1}$$

과 동치이므로 다음이 성립한다.

$A\mathbf{x}=\mathbf{b}$가 해를 갖는다. $\Longleftrightarrow$ 방정식 (1)을 만족하는 실수 $x_1, x_2, \cdots, x_n$이 존재한다.
$\Longleftrightarrow$ $\mathbf{b}$는 A의 열벡터들의 일차결합이다.
$\Longleftrightarrow$ $\mathbf{b}\in \mathrm{Col}(A)$
$\Longleftrightarrow$ $\mathrm{rank}(A)=\mathrm{rank}[A \,\vdots\, \mathbf{b}]$ ■

예제 2 연립방정식

$$\begin{aligned} x+3y+z-w&=1 \\ -x-3y+3w&=-1 \\ 2x+6y+3z&=2 \end{aligned} \tag{2}$$

은

$$\begin{bmatrix} 1 & 3 & 1 & -1 \\ -1 & -3 & 0 & 3 \\ 2 & 6 & 3 & 0 \end{bmatrix}\begin{bmatrix} x \\ y \\ z \\ w \end{bmatrix}=\begin{bmatrix} 1 \\ -1 \\ 2 \end{bmatrix}$$

으로 나타낼 수 있고, 계수행렬 A의 첫 번째 열과 $\mathbf{b}$가 일치하므로

$$\mathrm{rank}(A)=\mathrm{rank}[A \,\vdots\, \mathbf{b}]=2$$

이므로 **정리 7.3.2**에 의하여 해가 존재한다. □

〈포항공대 전산수학연구센터의 2002년 국제 조합적 행렬론 학술회의〉
http://matrix.skku.ac.kr/sglee/postech/index.htm

〈전산수학연구센터-KOSEF, 1998년 11월 설립〉
http://com2mac.postech.ac.kr/

연습문제 7-3

|1-5| 다음 주어진 행렬 A에 대하여 rank와 nullity를 구하고, 이것이 행렬에 대한 차원정리를 만족하는지 확인하여라.

1. $A=\begin{bmatrix} 2 & -2 & 2 \\ 3 & -3 & 3 \\ 4 & -4 & 5 \end{bmatrix}$

2. $A=\begin{bmatrix} 1 & -1 & 1 \\ 2 & -2 & 2 \\ 3 & -3 & 3 \\ 4 & -4 & 4 \end{bmatrix}$

3. $A=\begin{bmatrix} 1 & 2 & -1 & -3 & 0 & 6 \\ 0 & 0 & 0 & 0 & 2 & 4 \\ 0 & 0 & 0 & 0 & 0 & 9 \end{bmatrix}$

4. $A=\begin{bmatrix} 1 & -1 & 2 & -1 \\ 2 & -2 & -2 & 4 \\ 0 & -3 & 3 & 9 \end{bmatrix}$

5. $A=\begin{bmatrix} 1 & -1 & 2 & -1 \\ -1 & 0 & -1 & 2 \\ 2 & -4 & 6 & 0 \\ 3 & 3 & 0 & -1 \\ 0 & -1 & 1 & 1 \end{bmatrix}$

|6-7| 다음 주어진 행렬 중 계수(rank)가 1인 행렬을 찾아서 그 행렬이

$$A=\mathbf{u}\,\mathbf{v}^T$$

로 표현할 수 있는지 확인하여라.

6. $A=\begin{bmatrix} 1 & 0 \\ 0 & 1 \end{bmatrix}$

7. $A=\begin{bmatrix} 1 & 6 & -3 \\ 0 & 0 & 0 \\ 4 & 24 & -12 \end{bmatrix}$

8. t값에 따라 다음 행렬 A의 계수(rank)가 어떻게 변하는지 확인하여라.

$$A=\begin{bmatrix} 1 & 1 & t \\ 1 & t & 1 \\ t & 1 & 1 \end{bmatrix}$$

토론과 발견

P1 A의 열벡터들이 일차종속이고, $\mathbf{b}$가 A의 열공간에 포함된다면, 연립방정식 $A\mathbf{x}=\mathbf{b}$의 해의 개수는? 그리고 그 이유는 무엇인가?

P2 만일 A가 $m\times n$ 크기의 행렬이라 하자.

$$\text{rank}(A^T)+\text{nullity}(A^T)$$

의 값은 무엇인가?

P3 $T : R^n \to R^n$을 선형변환이라 하자. 만일 T의 핵(kernel)이 원점을 지나는 직선이라고 하면, T의 치역의 기하학적 모양은 무엇인가?

P4 다음 행렬의 계수(rank)에 대하여 논하여라.

$$A=\begin{bmatrix} 2 & 0 & 0 \\ 0 & r-2 & 2 \\ 0 & s-1 & r+2 \\ 0 & 0 & 2 \end{bmatrix}$$

P5 다음의 행렬 A가 최소의 계수(rank)를 가지게 하는 λ 값을 결정하여라.

$$A=\begin{bmatrix} 3 & 1 & 1 & 0 \\ \lambda & 6 & 0 & 9 \\ 1 & 2 & 0 & 3 \\ 2 & 4 & 0 & 6 \end{bmatrix}$$

〈2004년 8월 한국수학교육학회 학술회의〉와

http://matrix.skku.ac.kr/sglee/album/2001-ILAS.html
〈2001년 국제선형대수학회의 Haifa, 이스라엘 Technion 학회〉

7.4 Rank 정리

행렬에 대하여 정의되는 계수(rank)의 성질에 대하여 자세히 살펴보도록 하자.

정리 7.4.1

임의의 행렬 $A \in M_{m \times n}$에 대하여

$$\dim \mathrm{Row}(A) = \dim \mathrm{Col}(A)$$

* **증명** $\dim \mathrm{Row}(A) = r$이라 하고, $U = \mathrm{RREF}(A)$라 하면 r은 U의 선행성분 1의 개수이다. 만일 r개의 선행성분 1에 대응하는 A의 열벡터들이 일차독립이면 $r \le \dim \mathrm{Col}(A)$이다. 그러면 다음이 성립한다.

$$\dim \mathrm{Row}(A) = r \le \dim \mathrm{Col}(A)$$

이고 이것을 A^T에 적용하면

$$\dim \mathrm{Row}(A^T) \le \dim \mathrm{Col}(A^T)$$
$$\Longleftrightarrow \dim \mathrm{Col}(A) \le \dim \mathrm{Row}(A) = r$$

따라서 r개의 선행성분 1에 대응하는 A의 열벡터들이 일차독립인 것만을 아래와 같이 보이면 증명은 끝난다.

A'을 U의 r개의 선행성분 1에 대응하는 A의 열벡터들로 이루어진 A의 $m \times r$ 크기의 부분행렬이라 하자. 또한 U'을 r개의 선행성분 1을 포함하는 열들로 이루어진 U의 부분행렬이라 하자.

$A'\mathbf{x} = \mathbf{0} \Leftrightarrow U'\mathbf{x} = \mathbf{0}$이고 U'의 열벡터들은 일차독립이므로 $U'\mathbf{x} = \mathbf{0}$ 즉 $A'\mathbf{x} = \mathbf{0}$는 자명한 해만을 갖는다. 즉,

$$A'\mathbf{x} = \mathbf{0} \Longrightarrow \mathbf{x} = \mathbf{0}$$

그러므로 A'의 열벡터들은 일차독립이다. 따라서 $\dim \mathrm{Row}(A) = \dim \mathrm{Col}(A)$이다. ■

정리 7.4.2

임의의 $A \in M_{m \times n}$에 대하여

$$\mathrm{rank}(A) \le \min\{m, n\}$$

증명 $\dim \mathrm{Row}(A) \le m$, $\dim \mathrm{Col}(A) \le n$이며,
$\mathrm{rank}(A) = \dim \mathrm{Row}(A) = \dim \mathrm{Col}(A)$이므로,
$\mathrm{rank}(A) \le \min\{m, n\}$ ■

정리 7.4.3

[Rank 정리]

임의의 $A \in M_{m \times n}$에 대하여 다음이 성립한다.

(1) $\dim \text{Row}(A) + \dim \text{Null}(A) = A$의 열의 개수
(즉, $\text{rank}(A) + \text{nullity}(A) = n$)

(2) $\dim \text{Col}(A) + \dim \text{Null}(A^T) = A$의 행의 개수
(즉 $\text{rank}(A^T) + \text{nullity}(A^T) = m$)

증명 (1)의 경우에는 위의 정리와 행렬의 차원정리에 의해서 바로 유도되며, $\text{Row}(A^T) = \text{Col}(A)$이고 $\text{rank}(A) = \text{rank}(A^T)$이므로 (2)는 (1)번에서 A 대신 A^T를 넣으면 얻어지는 결과이다. ■

여기서 잠깐!

$A \in M_{m \times n}$을 $T : R^n \to R^m$인 선형변환의 변환행렬로 보면 선행변수의 개수와 자유변수의 개수의 합은 정의역의 차원이 된다.

정리 7.4.4

행렬 A가 크기 n인 정사각행렬일 때, A가 가역행렬일 필요충분조건은 $\text{rank}(A) = n$이다.

증명 행렬 A가 가역행렬이면 $A\mathbf{x} = \mathbf{0}$은 자명한 해만을 가지므로 $\text{Null}(A) = \{\mathbf{0}\}$, 즉 $\text{nullity}(A) = 0$이므로 행렬의 차원정리에 의하여 $\text{rank}(A) = n$이다. ■

예제 1 다음 행렬의 계수와 nullity를 구하여라.

$$A = \begin{bmatrix} 1 & 3 & 1 & 7 \\ 2 & 3 & -1 & 9 \\ -1 & -2 & 0 & -5 \end{bmatrix}$$

풀이

$$\text{RREF}(A) = \begin{bmatrix} 1 & 0 & -2 & 0 \\ 0 & 1 & 1 & 0 \\ 0 & 0 & 0 & 1 \end{bmatrix}$$ 이므로 선행계수의 개수 $= 3 = \text{rank}(A)$이고 행렬의 차원정리에 의해 A의 열의 개수가 4이므로

$$4 - \text{rank}(A) = 4 - 3 = 1 = \text{nullity}(A)$$

즉, $\text{rank}(A) = 3$, $\text{nullity}(A) = 1$이다. □

정리 7.4.5

임의의 행렬 A, B에 대하여 다음이 항상 성립한다.

(1) $\text{Null}(B) \subseteq \text{Null}(AB)$

(2) $\text{Null}(A^T) \subseteq \text{Null}(AB)^T$

(3) $\text{Col}(AB) \subseteq \text{Col}(A)$

(4) $\text{Row}(AB) \subseteq \text{Row}(B)$

증명 (1) 임의의 $\mathbf{x} \in \text{Null}(B)$는 $B\mathbf{x}=\mathbf{0}$을 만족한다.

$$B\mathbf{x}=\mathbf{0}\text{이면 } AB\mathbf{x}=A\mathbf{0}=\mathbf{0}$$

따라서 $\mathbf{x} \in \text{Null}(AB)$ ■

나머지 (2), (3), (4)번의 증명은 스스로 해보기 바란다. 위 정리에 의하여 다음 정리를 생각해 볼 수 있다.

정리 7.4.6

$\text{rank}(AB) \le \min\{\text{rank}(A),\ \text{rank}(B)\}$

그렇다면 이제 행렬의 곱과 계수와의 관계가 어떻게 되는지 살펴보도록 하자. 그 곱에 대해서도 계수는 아래 정리와 같은 성질을 가진다.

정리 7.4.7

A를 임의의 가역행렬이라 하자. 그렇다면 임의의 행렬 B에 대하여 아래의 등식을 만족한다.

$$\text{rank}(AB)=\text{rank}(B)=\text{rank}(BA)$$

* **증명** A를 $n \times n$ 크기의 가역행렬이라 하면, A와 B가 곱셈에 대하여 위와 같이 연산이 되려면 B 또한 n차 정사각행렬이어야 한다.

위의 정리에 의하여 $\text{rank}(A)=n$이고, 행렬의 차원정리에 의해

$\dim \text{Row}(B)+\dim \text{Null}(B)=n$

그러므로, $\dim \text{Row}(B) \le n$ 이고, $\text{rank}(B) \le n$이다. (1)

또한 바로 앞의 정리에 의하여,

$\text{rank}(AB) \le \min\{\text{rank}(A),\ \text{rank}(B)\}$

(1)에서 $\text{rank}(B) \le n=\text{rank}(A)$이므로

$\text{rank}(AB) \le \text{rank}(B)$ (2)

이다.

자, 이제 반대인 $\text{rank}(B) \le \text{rank}(AB)$임을 보이도록 하자.

위의 명제를 보이기 위해서 우선 $\text{Null}(AB) \subseteq \text{Null}(B)$임을 보이자.

$\forall\, \mathbf{x} \in \text{Null}(AB)$

$\Longrightarrow (AB)\mathbf{x}=\mathbf{0}$

$\Longrightarrow A(B\mathbf{x})=\mathbf{0}$

$\Longrightarrow B\mathbf{x}=A^{-1}A(B\mathbf{x})=A^{-1}\mathbf{0}=\mathbf{0}$

$\Longrightarrow B\mathbf{x}=\mathbf{0}$

$\Longrightarrow \mathbf{x} \in \text{Null}(B)$

따라서 $\dim \text{Null}(B) \ge \dim \text{Null}(AB)$

그러므로 $\text{rank}(B) \le \text{rank}(AB)$ (3)

(2)와 (3)에 의해서 $\text{rank}(B) = \text{rank}(AB)$

마찬가지로 $\text{rank}(BA) \le \min\{\text{rank}(B), \text{rank}(A)\}$

위에서와 같은 방법으로 $\text{rank}(B) = \text{rank}(BA)$

그러므로, $\text{rank}(AB) = \text{rank}(B) = \text{rank}(BA)$ ■

정리 7.4.8

임의의 행렬 $A \in M_{m\times n}$가 $\text{rank}(A) = r$이라 하자.

(1) A의 모든 부분행렬 C는 $\text{rank}(C) \le r$을 만족한다.

(2) A는 계수(rank)를 r로 가지는 부분행렬을 하나 이상 가진다.

증명 (1) 임의의 부분행렬 C에 대하여, $\text{Row}(C) \subseteq \text{Row}(A)$이므로

$\text{rank}(C) = \dim \text{Row}(C) \le \dim \text{Row}(A) = \text{rank}(A) = r$

(2) r개의 일차독립인 행들이 있고, (즉, $\text{Row}(A)$의 기저) r개의 일차독립인 열들을 A에서 뽑아보자. (즉, $\text{Col}(A)$의 기저) 이것들로부터 대응하는 $r \times r$ 크기의 부분행렬을 찾으면 이것이 rank가 r인 부분행렬이 된다. ■

위의 내용을 행렬에 대한 차원정리에 추가하여 이제, 주요한 모든 개념을 아래 [가역행렬의 동치정리]에 통합하였다.

정리 7.4.9

[가역행렬의 동치정리] 행렬 A가 n차 정사각행렬일 때 다음은 동치이다.

(1) A는 I_n과 행동치이다.

(2) A는 기본행렬의 곱으로 표현된다.

(3) A는 가역이다.

(4) $A\mathbf{x} = \mathbf{0}$은 자명한 해 $\mathbf{x} = \mathbf{0}$만을 갖는다.

(5) $A\mathbf{x} = \mathbf{b}$는 모든 $n \times 1$ 벡터 $\mathbf{b}$에 대하여 유일한 해를 갖는다.

(6) A의 열벡터들이 일차독립이다.

(7) A의 행벡터들이 일차독립이다.

(8) A의 모든 행(열) 벡터는 R^n에서 일차독립이다.

(9) $\det(A) \ne 0$

(10) $\lambda = 0$은 A의 고유값이 아니다.

(11) T_A는 단사이다.

(12) T_A는 전사이다.

(13) $\text{rank}(A) = n$이다.

(14) $\text{nullity}(A) = 0$이다.

연습문제 7-4

|1-2| 다음 행렬에 대하여 $\text{rank}(A)=\text{rank}(A^T)$임을 확인하여라.

1. $A=\begin{bmatrix} 1 & -3 & -3 \\ 2 & 1 & 8 \\ -1 & 3 & 4 \\ -2 & 4 & 2 \end{bmatrix}$ **2.** $A=\begin{bmatrix} 1 & -2 & 1 & 1 & 2 \\ 0 & 1 & 1 & 3 & 4 \\ 1 & 2 & 5 & 13 & 5 \\ -1 & 3 & 0 & 2 & -2 \end{bmatrix}$

3. 아래의 표를 이용하여 A의 $\text{Row}(A)$, $\text{Null}(A)$, $\text{Col}(A)$, $\text{Null}(A^T)$의 차원을 각각 구하여라.

	(a)	(b)	(c)	(d)	(e)
A의 크기	3×3	3×3	3×3	5×9	9×5
$\text{rank}(A)$	3	2	1	3	2

|4-7| $A\in M_{m\times n}$에 대하여 $\text{rank}(A)=m$인 경우 A는 full row rank를 갖는다고 하고, $\text{rank}(A)=n$인 경우 A는 full column rank를 갖는다고 한다. 다음 행렬들이 full row rank인지, full column rank인지 또는 둘 다 아닌지 판정하여라.

4. $A=\begin{bmatrix} 1 & 3 \\ 0 & 1 \\ 4 & 7 \end{bmatrix}$ **5.** $A=\begin{bmatrix} 1 & 3 & -2 \\ 2 & 6 & -4 \end{bmatrix}$

6. $A=\begin{bmatrix} 3 & 1 & 5 \\ -1 & 0 & 1 \end{bmatrix}$ **7.** $A=\begin{bmatrix} 2 & 0 \\ 1 & 4 \end{bmatrix}$

8. 만일 A가 7×5 행렬이고, rank가 3이었다면,

$$\dim(\text{row}(A^TA))=?$$
$$\dim(\text{col}(A^TA))=?$$
$$\dim(\text{null}(A^TA))=?$$

9. 다음에 주어진 행렬 A는 full column rank행렬이다. $A\mathbf{x}=\mathbf{0}$이 오직 자명한 해만을 가지는지 확인하고, $A\mathbf{x}=\mathbf{b}$가 오로지 한 값만을 가지는지 확인하여라. 또 **정리 7.4.9**를 이용하여 A^TA가 가역행렬임을 보여라.

$$A=\begin{bmatrix} 1 & 2 \\ -1 & -2 \\ 3 & 0 \end{bmatrix}$$

10. 만일 A가 $m\times n$ 행렬이고 rank가 k라면,

$$\dim(\text{row}(A^TA))=?$$
$$\dim(\text{row}(AA^T))=?$$

토론과 발견

P1 4, 5, 6, 7번의 행렬들의 A^TA나 AA^T가 가역인지를 판정하여라. 그리고 이들이 full row rank, 또는 full column rank와 무슨 관계인지 서술하여라.

P2 다음에 주어진 행렬 A가 A^TA와 같은 영공간과 행공간을 가지는지 확인하여라.

$$A=\begin{bmatrix} 1 & 2 \\ 2 & 4 \\ -1 & -2 \end{bmatrix}$$

P3 A과 A^TA의 영공간과 행공간의 차원이 각각 같음을 확인하여라.
〔Hint〕 $A\,\mathbf{x}=\mathbf{0}$이면 $A^TA\,\mathbf{x}=\mathbf{0}$이고, $A^TA\,\mathbf{x}=\mathbf{0}$이면
$0=\mathbf{x}^TA^TA\,\mathbf{x}=(A\,\mathbf{x})^T(A\,\mathbf{x})=\|A\,\mathbf{x}\|^2$이므로 영공간이 같다. 따라서 Nullity가 같고 Rank-Nullity 정리에 의하여 행공간의 차원도 같다. 즉, A가 full column rank를 가지면 A^TA는 가역행렬이다. (**정리 7.5.4**에 이용)

P4 다음을 증명하여라.
(1) A가 3×5 행렬이라면, A의 열벡터는 일차종속이다.
(2) A가 5×3 행렬이라면, A의 행벡터는 일차종속이다.
(3) (1)와 (2)의 경우를 일반화하여 $m\neq n$인 $m\times n$ 행렬에 대하여 서술하여라.

P5 **정리 7.4.9**에 증명에 대하여 토론하여라.

〈2000년 수학의 해 기념 대한수학회 새천년 국제 학술회의〉
http://matrix.skku.ac.kr/sglee/SGLee-Old/kms2000/index.html

7.5 정사영 정리

1장에서는 눈으로 확인이 가능한 벡터공간 R^3에서의 정사영을 정의하였다. 이제 정사영의 개념을 R^n으로 확장하고 선형변환으로서의 정사영에 대응하는 표준행렬에 대하여 알아보자.

1장에서 도입한 정사영을 생각해보자. R^2 상의 임의의 벡터 $\mathbf{x}$와 고정된 벡터 $\mathbf{a}$에 대하여 $W=\text{span}\{\mathbf{a}\}$라 하고, $\mathbf{x}$를 W에 정사영시키면 그림과 같이 $\mathbf{x}=\mathbf{p}+\mathbf{w}$로 표현 할 수 있다.

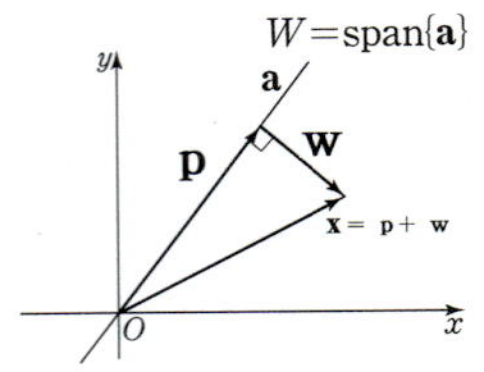

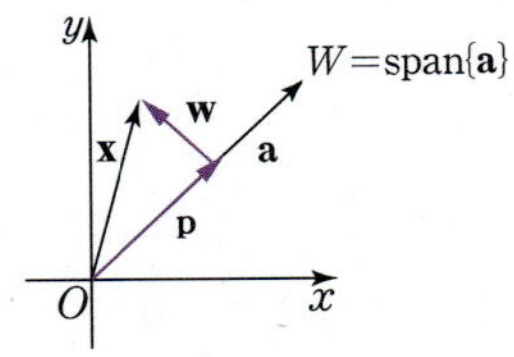

그러면 $\mathbf{p}=\dfrac{\mathbf{x}\cdot\mathbf{a}}{\|\mathbf{a}\|^2}\mathbf{a}=\text{proj}_{<\mathbf{a}>}\mathbf{x}$임을 알았다. 이제 자연스럽게 이러한 정사영의 개념을 R^n으로 확장해보면 다음과 같은 정리를 얻을 수 있다.

정리 7.5.1

R^n 위의 영 아닌 벡터 $\mathbf{a}$에 대하여, 모든 $\mathbf{x}\in R^n$은 다음과 같이 유일하게 표현가능하다.

$$\mathbf{x}=\mathbf{p}+\mathbf{w}$$

여기에서 $\mathbf{p}$는 $\mathbf{a}$의 상수배인 벡터이고 $\mathbf{w}$는 $\mathbf{a}$에 수직인 벡터이다. 또한 위의 $\mathbf{p}$, $\mathbf{w}$ 벡터는 다음과 같이 쓸 수 있다.

$$\mathbf{p}=\frac{\mathbf{x}\cdot\mathbf{a}}{\|\mathbf{a}\|^2}\mathbf{a},\ \mathbf{w}=\mathbf{x}-\mathbf{p}=\mathbf{x}-\frac{\mathbf{x}\cdot\mathbf{a}}{\|\mathbf{a}\|^2}\mathbf{a}$$

위의 정리에서 $\mathbf{p}$ 벡터를 $\mathbf{x}$의 $\text{span}\{\mathbf{a}\}$ 위로의 정사영(또는 직교사영, orthogonal projection)이라 하며 $\text{proj}_{<\mathbf{a}>}\mathbf{x}=\dfrac{\mathbf{x}\cdot\mathbf{a}}{\|\mathbf{a}\|^2}\mathbf{a}$로 표기하고 $\mathbf{w}$를 $\mathbf{x}$의 직교성분(orthogonal component)이라 한다.

정의

[R^n 상의 정사영]

선형변환(연산자) $T: R^n\rightarrow R^n$을 다음과 같이 정의하자.

$$T(\mathbf{x})=\text{proj}_{<\mathbf{a}>}\mathbf{x}=\frac{\mathbf{x}\cdot\mathbf{a}}{\|\mathbf{a}\|^2}\mathbf{a}$$

이것을 벡터 $\mathbf{x}$의 $\mathbf{a}$에 의해 생성되는 부분공간 위로의 정사영(R^n의 $<\mathbf{a}>$ 위로의 orthogonal projection) 이라 한다.

T의 선형성은 다음과 같이 확인할 수 있다.

$$T(\mathbf{x})=\frac{\mathbf{x}\cdot\mathbf{a}}{\|\mathbf{a}\|^2}\mathbf{a},\ T(\mathbf{y})=\frac{\mathbf{y}\cdot\mathbf{a}}{\|\mathbf{a}\|^2}\mathbf{a}$$

라면 $T(\mathbf{x}+\mathbf{y})=\dfrac{(\mathbf{x}+\mathbf{y})\cdot\mathbf{a}}{\|\mathbf{a}\|^2}\mathbf{a}$

$$=\frac{\mathbf{x}\cdot\mathbf{a}+\mathbf{y}\cdot\mathbf{a}}{\|\mathbf{a}\|^2}\mathbf{a}=\frac{\mathbf{x}\cdot\mathbf{a}}{\|\mathbf{a}\|^2}\mathbf{a}+\frac{\mathbf{y}\cdot\mathbf{a}}{\|\mathbf{a}\|^2}\mathbf{a}$$

$$=T(\mathbf{x})+T(\mathbf{y})$$

또한 $T(k\,\mathbf{x})=\dfrac{k\,\mathbf{x}\cdot\mathbf{a}}{\|\mathbf{a}\|^2}\mathbf{a}=k\dfrac{\mathbf{x}\cdot\mathbf{a}}{\|\mathbf{a}\|^2}\mathbf{a}=kT(x)\quad(k\in R)$이므로 선형변환으로의 두 가지 조건을 모두 만족한다.

이제 위에서 정의된 정사영이라는 선형변환 $T(\mathbf{x})=\text{proj}_{<\mathbf{a}>}\mathbf{x}$의 표준행렬에 대해 생각해 본다.

정리 7.5.2

$\mathbf{a}$를 R^n 상의 $\mathbf{0}$ 아닌 열벡터라고 하자. 그러면 선형변환

$$T(\mathbf{x})=\text{proj}_{<\mathbf{a}>}\mathbf{x}=P\,\mathbf{x}$$

인 표준행렬 P는 다음과 같다.

$$P=\frac{1}{\mathbf{a}^T\mathbf{a}}\mathbf{a}\,\mathbf{a}^T$$

(이 때, P는 대칭행렬이며 $\text{rank}(P)=1$이다.)

증 명 $\mathbf{a}=(a_1,\ a_2,\ \cdots,\ a_n)$이라 하자. 선형변환 T의 표준행렬은

$$P=[T(\mathbf{e}_1) : T(\mathbf{e}_2) : \cdots : T(\mathbf{e}_n)]$$

이고, 각각의 i에 대하여

$$T(\mathbf{e}_i)=\text{proj}_{<\mathbf{a}>}\mathbf{e}_i=\frac{\mathbf{e}_i\cdot\mathbf{a}}{\|\mathbf{a}\|^2}\mathbf{a}=\frac{a_i}{\|\mathbf{a}\|^2}\mathbf{a}$$

이므로,

$$P=\left[\frac{a_1}{\|\mathbf{a}\|^2}\mathbf{a} : \frac{a_2}{\|\mathbf{a}\|^2}\mathbf{a} : \cdots : \frac{a_n}{\|\mathbf{a}\|^2}\mathbf{a}\right]$$

$$=\frac{1}{\|\mathbf{a}\|^2}[a_1\,\mathbf{a} : a_2\,\mathbf{a} : \cdots : a_n\,\mathbf{a}]=\frac{1}{\|\mathbf{a}\|^2}\begin{bmatrix} a_1a_1 & a_2a_1 & \cdots & a_na_1 \\ a_1a_2 & a_2a_2 & \cdots & a_na_2 \\ \vdots & \vdots & \ddots & \vdots \\ a_1a_n & a_2a_n & \cdots & a_na_n \end{bmatrix}$$

$$=\frac{1}{\|\mathbf{a}\|^2}\begin{bmatrix} a_1a_1 & a_1a_2 & \cdots & a_1a_n \\ a_2a_1 & a_2a_2 & \cdots & a_2a_n \\ \vdots & \vdots & & \vdots \\ a_na_1 & a_na_2 & \cdots & a_na_n \end{bmatrix}=\frac{1}{\|\mathbf{a}\|^2}\begin{bmatrix} a_1 \\ a_2 \\ \vdots \\ a_n \end{bmatrix}[a_1\ a_2\ \cdots\ a_n]=\frac{1}{\|\mathbf{a}\|^2}\mathbf{a}\,\mathbf{a}^T$$ ■

여기서 잠깐!

$\mathbf{a}$가 크기가 1인 단위행렬 $\mathbf{u}$이면 $\|\mathbf{u}\|^2=1$이므로 정사영에 대응하는 표준행렬을 $P=\mathbf{u}\,\mathbf{u}^T$로 고를 수 있다.

예제 1 위의 정리를 이용하여 양의 x축과 이루는 각이 θ인 R^2 상의 원점을 지나는 직선으로의 정사영에 대응하는 표준행렬 P_θ를 구하여라. (6.2절 **예제** 와 비교)

풀이 정사영 선형변환 $T(\mathbf{x})=\text{proj}_{<\mathbf{a}>}\mathbf{x}$에 대응하는 표준행렬 $P=\dfrac{1}{\mathbf{a}^T\mathbf{a}}\,\mathbf{a}\,\mathbf{a}^T$를 구하는 문제인데, $\mathbf{a}$를 x축과 이루는 각이 θ인 원점을 지나는 직선을 따라 크기 1인 단위벡터 $\mathbf{u}=(\cos\theta,\ \sin\theta)$로 택하면

$$\mathbf{u}=\begin{bmatrix}\cos\theta\\ \sin\theta\end{bmatrix}$$

이다. 그러므로 앞의 정리에서

$$P_\theta=\mathbf{u}\,\mathbf{u}^T=\begin{bmatrix}\cos\theta\\ \sin\theta\end{bmatrix}[\cos\theta\ \ \sin\theta]=\begin{bmatrix}\cos^2\theta & \sin\theta\cos\theta\\ \sin\theta\cos\theta & \sin^2\theta\end{bmatrix}$$

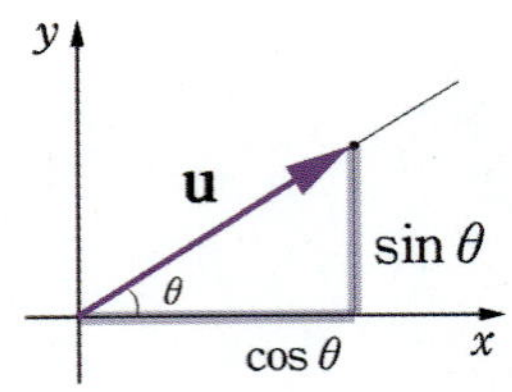

□

예제 2 벡터 $\mathbf{a}=(1,\ 3,\ 2)$에 의해 생성되는 R^3의 직선에 대한 정사영 T의 표준행렬 P를 구하여라.

풀이

$$\mathbf{a}^T\mathbf{a}=[1\ \ 3\ \ 2]\begin{bmatrix}1\\3\\2\end{bmatrix}=14$$

$$\mathbf{a}\mathbf{a}^T=\begin{bmatrix}1\\3\\2\end{bmatrix}[1\ \ 3\ \ 2]=\begin{bmatrix}1&3&2\\3&9&6\\2&6&4\end{bmatrix}$$

이므로,

$$P=\frac{1}{\mathbf{a}^T\mathbf{a}}\mathbf{a}\mathbf{a}^T=\frac{1}{14}\begin{bmatrix}1&3&2\\3&9&6\\2&6&4\end{bmatrix}$$

□

이제 하나의 벡터에 의해 생성되는 부분공간 위로의 정사영을 R^n 안의 일반적인 부분공간 위로의 정사영 개념으로 확장해보면 다음과 같은 정리를 얻을 수 있다.

W를 R^n의 부분공간이라 하면 R^n의 모든 벡터 $\mathbf{x}$는

정리 7.5.3

$$\mathbf{x}=\mathbf{x}_1+\mathbf{x}_2 \quad (\mathbf{x}_1=\text{proj}_W\ \mathbf{x}\in W,\ \mathbf{x}_2=\mathbf{x}-\mathbf{x}_1\in W^{\perp})$$

로 유일하게 표현된다. 여기서 $W^{\perp}$는 W에 수직인 벡터들의 집합이다.

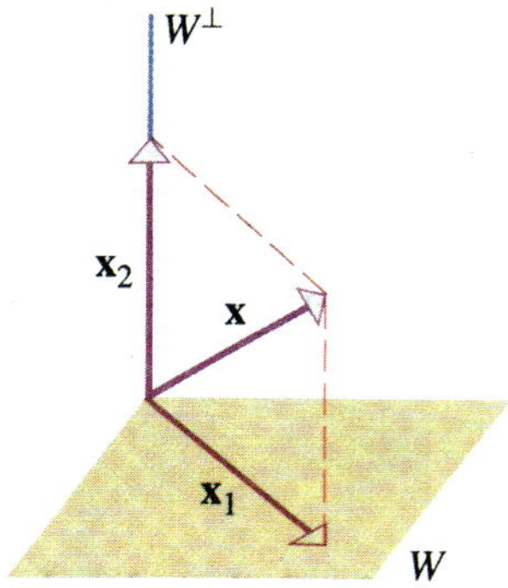

$\mathbf{x}_1 = \text{proj}_W\mathbf{x}$
$\mathbf{x}_2 = \mathbf{x} - \mathbf{x}_1 = \text{proj}_{W^{\perp}}\mathbf{x}$

정리 7.5.4

W를 R^n의 부분공간이라 하고, M의 열벡터들이 W의 기저(따라서 일차독립)를 이룰 때 모든 $\mathbf{x}\in R^n$에 대하여

$$\text{proj}_W\ \mathbf{x}=M(M^TM)^{-1}M^T\mathbf{x}$$

이다.

만일 W가 k 차원 부분공간

증명

$$<\mathbf{w}_1,\ \mathbf{w}_2,\ \cdots,\ \mathbf{w}_k>=W$$

이라 하자.

$$M=[\mathbf{w}_1 : \mathbf{w}_2 : \cdots : \mathbf{w}_k]_{n\times k}$$

라면 W는 M 행렬의 열공간이 되고, $W^{\perp}$는 M^T의 영공간(null space)이 된다.

여기서 우리는 $\mathbf{x}=\mathbf{x}_1+\mathbf{x}_2$ $(\mathbf{x}_1\in W,\ \mathbf{x}_2\in W^{\perp})$라 하자. 그러면

$$\mathbf{x}_1\in \text{Col}(M),\ M^T\mathbf{x}_2=\mathbf{0}$$

이다. 따라서

$\mathbf{x}_1\in \text{Col}(M) \Longleftrightarrow$ 어떤 $\mathbf{v}\in R^k$에 대하여 $M\ \mathbf{v}=\mathbf{x}_1$

이고,

$$M^T\ \mathbf{x}_2=\mathbf{0} \Longleftrightarrow M^T(\mathbf{x}-\mathbf{x}_1)=\mathbf{0}$$

이다. 따라서 $M^T(\mathbf{x}-M\ \mathbf{v})=\mathbf{0}$이라는 동차연립방정식이 어떤 $\mathbf{v}\in R^k$에 대하여 유일한 해를 가지면 된다. 그런데,

$$M^T\ \mathbf{x}-M^TM\ \mathbf{v}=\mathbf{0} \Longleftrightarrow M^T\mathbf{x}=M^TM\ \mathbf{v}$$

이므로, $\mathbf{v}=(M^TM)^{-1}M^T\mathbf{x}$($\because$ 7.4절 연습문제 P.3에 의하여 M^TM은 가역행렬) ■

평면 $x-3y+2z=0$ 위의 정사영(orthogonal projection)에 대한 표준행렬을 구하여라.

예제 3 방정식 $x-3y+2z=0$의 일반해는

풀이

$$\begin{bmatrix} x \\ y \\ z \end{bmatrix} = \begin{bmatrix} 3t_1-2t_2 \\ t_1 \\ t_2 \end{bmatrix} = t_1\begin{bmatrix} 3 \\ 1 \\ 0 \end{bmatrix} + t_2\begin{bmatrix} -2 \\ 0 \\ 1 \end{bmatrix}$$

이다. 따라서 해공간 W의 기저가 $\mathbf{w}_1=(3,\ 1,\ 0)$, $\mathbf{w}_2=(-2,\ 0,\ 1)$이므로

$M=\begin{bmatrix} 3 & -2 \\ 1 & 0 \\ 0 & 1 \end{bmatrix}$이고, 표준행렬은 $P=M(M^TM)^{-1}M^T$이다.

$M^TM=\begin{bmatrix} 3 & 1 & 0 \\ -2 & 0 & 1 \end{bmatrix}\begin{bmatrix} 3 & -2 \\ 1 & 0 \\ 0 & 1 \end{bmatrix}=\begin{bmatrix} 10 & -6 \\ -6 & 5 \end{bmatrix}$이고

$(M^TM)^{-1}=\begin{bmatrix} \frac{5}{14} & \frac{3}{7} \\ \frac{3}{7} & \frac{5}{7} \end{bmatrix}$이므로

$$P=M(M^TM)^{-1}M^T=\begin{bmatrix} 3 & -2 \\ 1 & 0 \\ 0 & 1 \end{bmatrix}\begin{bmatrix} \frac{5}{14} & \frac{3}{7} \\ \frac{3}{7} & \frac{5}{7} \end{bmatrix}\begin{bmatrix} 3 & 1 & 0 \\ -2 & 0 & 1 \end{bmatrix}$$

$$=\begin{bmatrix} \frac{13}{14} & \frac{3}{14} & -\frac{1}{7} \\ \frac{3}{14} & \frac{5}{14} & \frac{3}{7} \\ -\frac{1}{7} & \frac{3}{7} & \frac{5}{7} \end{bmatrix}$$ □

앞의 예제에서 정사영의 표준행렬

여기서 잠깐!

위에서 언급한 정사영(orthogonal projection)의 표준행렬 P의 성질을 알아보자.
$P=M(M^TM)^{-1}M^T$라 하면

$$P^T=(M(M^TM)^{-1}M^T)^T=M(M^TM)^{-1}M^T=P$$

그러므로 P는 대칭행렬이다. 게다가,

$$P^2=(M(M^TM)^{-1}M^T)(M(M^TM)^{-1}M^T)$$
$$=M(M^TM)^{-1}(M^TM)(M^TM)^{-1}M^T=M(M^TM)^{-1}M^T=P$$

그러므로 P는 자기 자신의 제곱과 같은 행렬이 된다. 이와 같은 행렬을 "idempotent"라 한다. 즉, $P^2\mathbf{x}=P(P\mathbf{x})=P\mathbf{x}$이므로 행렬 P의 열공간 W 위로의 정사영은 자기 자신이 됨을 의미한다.

예제 4

$$P=\frac{1}{14}\begin{bmatrix} 13 & 3 & -1 \\ 3 & 5 & 6 \\ -1 & 6 & 10 \end{bmatrix}$$

가 idempotent임을 확인하여라.

풀이 $P^2 = \frac{1}{14^2}\begin{bmatrix} 13 & 3 & -2 \\ 3 & 5 & 6 \\ -1 & 6 & 10 \end{bmatrix}\begin{bmatrix} 13 & 3 & -2 \\ 3 & 5 & 6 \\ -1 & 6 & 10 \end{bmatrix}$

$$= \frac{1}{14}\begin{bmatrix} 13 & 3 & -2 \\ 3 & 5 & 6 \\ -1 & 6 & 10 \end{bmatrix} = P$$

□

여기서 잠깐!

앞의 예제를 직접 애플릿을 이용하여 $P^2=P$ 확인해 보도록 하여라.

Link : http://matrix.skku.ac.kr/MatrixPow/Test.html

원래행렬 :

13/14	3/14	-1/7
3/14	5/14	3/7
-1/7	3/7	5/7

A^2 :

13/14	3/14	-1/7
3/14	5/14	3/7
-1/7	3/7	5/7

=========================

같은 것을 손쉽게 확인할 수 있다.

연습문제 7-5

|1-2| 벡터 $\mathbf{x}$의 $\text{span}\{\mathbf{a}\} = <\mathbf{a}>$ 위로의 정사영$(\text{proj}_{<\mathbf{a}>}\mathbf{x})$을 구하여라.

1. $\mathbf{x}=(1,\ 6),\ \mathbf{a}=(1,\ 2)$

2. $\mathbf{x}=(1,\ 2,\ 1),\ \mathbf{a}=(2,\ 1,\ -1)$

|3-4| 정리 7.5.2 를 이용하여 1, 2번 문제의 선형변환 $T(\mathbf{x})=\text{proj}_{<\mathbf{a}>}\mathbf{x}$의 표준행렬 P를 구하여라.

|5-6| 정리 7.5.3 을 이용하여 1, 2번 문제의 $\mathbf{x}$를 $\mathbf{x}_1 \in <\mathbf{a}>$, $\mathbf{x}_2 \in <\mathbf{a}>^{\perp}$인 $\mathbf{x}=\mathbf{x}_1+\mathbf{x}_2$가 되는 $\mathbf{x}_1$과 $\mathbf{x}_2$를 구하여라.

|7-8| 주어진 벡터 $\mathbf{x}$는 $\mathbf{a}$ 방향의 벡터 $\mathbf{x}_1$과 $\mathbf{a}$와 직교하는 벡터 $\mathbf{x}_2$의 합으로 표현하여라.

7. $\mathbf{x}=(1,\ 0,\ 2),\ \mathbf{a}=(2,\ 3,\ 1)$

8. $\mathbf{x}=(-1,\ -3,\ 2,\ 1),\ \mathbf{a}=(1,\ 1,\ -1,\ -1)$

|9-13| 다음의 벡터 $\mathbf{x}$의 $\mathbf{a}$ 위로의 정사영벡터의 크기를 구하여라.

9. $\mathbf{x}=(1,\ -2,\ 3),\ \mathbf{a}=(2,\ 3,\ 5)$

10. $\mathbf{x}=(2,\ 0,\ 1,\ 4),\ \mathbf{a}=(1,\ 2,\ 1,\ -3)$

11. 예제 3 을 참고하여 평면 $x-4y+2z=0$ 위로의 정사영에 대응하는 표준행렬을 구하여라.

12. 벡터 $\mathbf{a}=(1,1,2)$에 의해 생성되는 R^3 안의 직선위로의 정사영에 대응하는 선형변환 T의 표준행렬을 구하여라.

13. 벡터 $\mathbf{x}$의 직선 l 위로의 정사영을 구하여라.
$\mathbf{x}=(1,\ 2),\ l : x+y=0$

토론과 발견

P1 R^n 상에서 원점을 지나는 하나의 직선 위로의 정사영에 대응하는 표준행렬의 계수(rank)는?

P2 $n \geq 2$일 때, R^n에서 원점을 지나는 평면 위로의 정사영에 대응하는 표준행렬의 계수(rank)는?

P3 만약 W가 R^n의 부분공간이라 하면 $((W^{\perp})^{\perp})^{\perp}$는?

P4 R^3의 벡터를 행렬 $A=\begin{bmatrix} 1 & 1 \\ 1 & 0 \\ 0 & 1 \end{bmatrix}$의 Col$(A)$ 위로 정사영시키는 선형변환에 대응하는 표준행렬 P를 구하여라.

P5 정사영의 표준행렬 $P=M(M^TM)^{-1}M^T$의 성질 $P^2=P$가 의미하는 바에 대하여 토론하여라.

사단법인 설립 대한수학회 총회 (1978년, 성균관대학교)

*7.6 최소제곱해

$A\mathbf{x}=\mathbf{b}$가 해를 갖는 경우 해를 구하는 방법을 앞에서 학습하였다. 여기서는 정사영을 이용하여 해가 존재하지 않는 경우에도 가장 근사한 해를 찾는 방법을 소개한다.

R^n의 한 점과 부분공간 W 사이의 최단거리 문제를 생각해 보자. R^n 상의 부분공간 W와 벡터 $\mathbf{b}$가 주어졌을 때,

$$\|\mathbf{b}-\hat{\mathbf{w}}\| < \|\mathbf{b}-\mathbf{w}\|,\ \forall\, \mathbf{w}\in W\backslash\{\mathbf{w}\}$$

를 만족하는 $\hat{\mathbf{w}}\in W$를 구하자.

만일 이러한 벡터 $\hat{\mathbf{w}}$이 존재하면 이것을 "W로부터 $\mathbf{b}$로의 최적근사(best approximation)"라 한다.

위의 문제를 우선 쉽게 그려볼 수 있는 R^3에서 생각해보자. $\mathbf{b}$를 R^3의 한 점이라 하고 W를 원점을 지나는 평면이라 하자. 그러면 $\mathbf{b}$에 가장 가까운 W의 벡터 $\hat{\mathbf{w}}$은 $\mathbf{b}$에서 W로의 정사영 $\hat{\mathbf{w}}=\text{proj}_W\mathbf{b}$을 이용하여 얻을 수 있다. 따라서 부분공간 W에서 벡터 $\mathbf{b}$로의 직교성분은 $\mathbf{b}-\text{proj}_W\mathbf{b}\in W$이고 최단거리는 $d=\|\mathbf{b}-\text{proj}_W\mathbf{b}\|$ 또는 $d=\|\text{proj}_{W^\perp}\mathbf{b}\|$임을 알 수 있다.

예제 1 정사영을 이용하여 원점을 지나는 평면 $ax+by+cz=0$과 점 $(x_0,\ y_0,\ z_0)$ 사이의 거리 d를 구하는 공식을 만들어라. (정리 1.3.2 참고)

풀이 $\mathbf{b}=(x_0,\ y_0,\ z_0)$라 하고, W를 평면 $ax+by+cz=0$이라 하자. l을 원점을 지나고 평면 W에 수직인 직선이라고 하면, 직선 l은 법선벡터 $\mathbf{n}=(a,\ b,\ c)$에 의해 생성된다. 그러므로, R^3에서 $W^\perp=<\mathbf{n}>$이고

$$d=\|\mathbf{b}-\text{proj}_W\mathbf{b}\|=\|\text{proj}_{<\mathbf{n}>}\mathbf{b}\|=\frac{|\mathbf{n}\cdot\mathbf{b}|}{\|\mathbf{n}\|}$$

이다.

$$\therefore\ d=\frac{|(a,\ b,\ c)\cdot(x_0,\ y_0,\ z_0)|}{\|(a,\ b,\ c)\|}=\frac{|ax_0+by_0+cz_0|}{\sqrt{a^2+b^2+c^2}}$$ 임을 알 수 있다. □

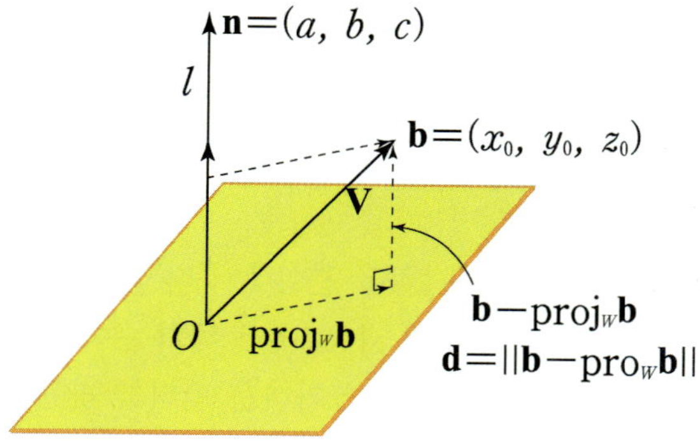

원점을 지나는 평면 $W: ax+by+cz=0$

예제 2 점 (1, 5, 4)에서 원점을 지나는 평면 $x-2y+3=0$에 이르는 최단거리를 구하여라.

풀이 $d=\dfrac{|1-10+12|}{\sqrt{1^2+2^2+3^2}}=\dfrac{3}{\sqrt{14}}$ □

정리 7.6.1

[Best Approximation 정리]
W를 R^n의 부분공간이라 하고, $\mathbf{b}$를 R^n 위의 한 점이라 하면, $\mathbf{b}$에서 W로의 best approximation(최적근사) 벡터 $\hat{\mathbf{w}}$는 유일하고, 그것은 $\hat{\mathbf{w}}=\text{proj}_W\,\mathbf{b}$이다.

증 명 W의 임의의 벡터 $\mathbf{w}$에 대하여

$$\mathbf{b}-\mathbf{w}=(\mathbf{b}-\text{proj}_W\,\mathbf{b})+(\text{proj}_W\,\mathbf{b}-\mathbf{w})$$

로 쓸 수 있다. 앞의 그림에서 보듯이 우변의 두 항은 서로 수직이다. 그러므로 피타고라스의 정리를 적용하면,

$$\|\mathbf{b}-\mathbf{w}\|^2=\|\mathbf{b}-\text{proj}_W\,\mathbf{b}\|^2+\|\text{proj}_W\,\mathbf{b}-\mathbf{w}\|^2$$

만일 $\mathbf{w}\neq\text{proj}_W\,\mathbf{b}$이면 $\|\mathbf{b}-\text{proj}_W\,\mathbf{b}\|^2<\|\mathbf{b}-\mathbf{w}\|^2$이다.
따라서 $\mathbf{w}\neq\mathbf{b}-\text{proj}_W\,\mathbf{b}$이면 $\|\mathbf{b}-\text{proj}_W\,\mathbf{b}\|<\|\mathbf{b}-\mathbf{w}\|$이고
$\mathbf{b}$에서 W로의 유일한 best approximation(최적근사) 벡터 $\hat{\mathbf{w}}$는 $\hat{\mathbf{w}}=\text{proj}_W\,\mathbf{b}$이다. 유일성의 증명은 연습문제로 남긴다. ■

여기서 잠깐!

위에서 계산된 $\|\mathbf{b}-\text{proj}_W\,\mathbf{b}\|$을 점 $\mathbf{b}$에서 부분공간 W로의 거리(distance)라 하고 $d=\|\mathbf{b}-\text{proj}_W\,\mathbf{b}\|$로 쓴다. 또 $\|\mathbf{b}-\text{proj}_W\,\mathbf{b}\|=\|\text{proj}_{W^\perp}\,\mathbf{b}\|$이다.

예제 3 R^n 상의 점 $\mathbf{b}=(b_1, b_2, \cdots, b_n)$과 hyperplane $a_1x_1+a_2x_2+\cdots+a_nx_n=0$사이의 거리 d의 공식을 만들어라.

풀 이 hyperplane을 W라 하자. $\mathbf{a}=(a_1, a_2, \cdots, a_n)$은 W와 수직이므로 $<\mathbf{a}>=\text{span}\{\mathbf{a}\}$는 W에 수직이다. 그러므로 위의 정의로부터

$$d=\|\text{proj}_{<\mathbf{a}>}\mathbf{b}\|=\frac{|\mathbf{a}\cdot\mathbf{b}|}{\|\mathbf{a}\|}=\frac{|a_1b_1+a_2b_2+\cdots+a_nb_n|}{\sqrt{a_1^2+a_2^2+\cdots+a_n^2}}$$ □

연립방정식 $A\mathbf{x}=\mathbf{b}$의 해의 존재성은 많은 분야에서 다양한 응용이 가능하다. 그러나 행렬 A 또는 벡터 $\mathbf{b}$의 측정 오차등에 따라 $A\mathbf{x}=\mathbf{b}$의 해가 존재하지 않는 경우에도 가능한 한 오차 $\|\mathbf{b}-A\mathbf{x}\|$를 최소화하여 해에 가장 가까운 벡터를 찾는 것은 공학 및 과학 분야에서의 중요한 문제이다. 따라서 우리는 다음과 같은 정의를 통해 이를 해결할 것이다.

정의

$A\in M_{m\times n}$이고 $\mathbf{b}\in R^m$이라 하자.

모든 $\mathbf{x}\in R^n$에 대하여 $\|\mathbf{b}-A\hat{\mathbf{x}}\|\le\|\mathbf{b}-A\mathbf{x}\|$을 만족하는 벡터 $\hat{\mathbf{x}}\in R^n$을 $A\mathbf{x}=\mathbf{b}$의 최소제곱해(least squares solution, 또는 best approximation solution)라 한다.

여기에서 $\mathbf{b}-A\hat{\mathbf{x}}$을 최소제곱오차(least squares error)벡터라 하고, $\|\mathbf{b}-A\hat{\mathbf{x}}\|$을 최소제곱오차(least squares error)라 한다.

여기서 잠깐!

$\mathbf{b}-A\mathbf{x}=(\varepsilon_1, \varepsilon_2, \cdots, \varepsilon_n)$이라 하면

$$\|\mathbf{b}-A\mathbf{x}\|=(\varepsilon_1^2+\varepsilon_2^2+\cdots+\varepsilon_n^2)^{\frac{1}{2}}$$

이다. 이를 최소화 한다는 의미는 $\varepsilon_1^2+\varepsilon_2^2+\cdots+\varepsilon_n^2$을 최소화하는 문제와 같으므로 이를 최소화하는 해 $\hat{\mathbf{x}}$을 "최소제곱(least squares solution)해"라 부른다.

이제 m개의 방정식과 n개의 미지수를 갖는 연립방정식 $A\mathbf{x}=\mathbf{b}$의 최소제곱해를 찾는 방법을 알아보자.

우선, $A\mathbf{x}$는 행렬 A의 열공간의 벡터를 의미하므로 $\|\mathbf{b}-A\mathbf{x}\|$를 최소화하는 것은 $A\mathbf{x}=\text{proj}_{\text{Col}(A)}\mathbf{b}$이다. 여기에서 $\text{proj}_{\text{Col}(A)}\mathbf{b}$는 A의 열공간에 들어있으므로 $A\mathbf{x}=\text{proj}_{\text{Col}(A)}\mathbf{b}$는 항상 해가 존재하며 그 해가 바로 최소제곱해이다. 이제 $\hat{\mathbf{x}}$을 구하는 방법을 살펴보자.

$\mathbf{b}-A\mathbf{x}=\mathbf{b}-\text{proj}_{\text{Col}(A)}\mathbf{b}$의 양변에 A^T를 곱하면

$$A^T(\mathbf{b}-A\mathbf{x})=A^T(\mathbf{b}-\text{proj}_{\text{Col}(A)}\mathbf{b})$$

$\text{Null}(A^T)$는 $\text{Col}(A)$에 수직이므로 $\mathbf{b}-\text{proj}_{\text{Col}(A)}\mathbf{b}=\text{proj}_{\text{Null}(A^T)}\mathbf{b}$이고, $\mathbf{b}-\text{proj}_{\text{Col}(A)}\mathbf{b}\in\text{Null}(A^T)$이므로 $A^T(\mathbf{b}-\text{proj}_{\text{Col}(A)}\mathbf{b})=0$이다.

$$\therefore A^T(\mathbf{b}-A\mathbf{x})=0 \iff A^TA\mathbf{x}=A^T\mathbf{b}$$

여기에서 $A^TA\mathbf{x}=A^T\mathbf{b}$를 $A\mathbf{x}=\mathbf{b}$에 관한 정규방정식(normal equation)이라 한다. 위의 내용을 요약하면 다음 정리를 얻는다.

정리 7.6.2 연립방정식 $A\mathbf{x}=\mathbf{b}$의 최소제곱해는 정규방정식 $A^TA\mathbf{x}=A^T\mathbf{b}$의 해이다.

예제 4 다음 연립방정식의 최소제곱(least squares)해를 찾아라.

$$\begin{cases} x-y=4 \\ 2x+3y=1 \\ -2x+3y=3 \end{cases}$$

풀이

$$A=\begin{bmatrix} 1 & -1 \\ 2 & 3 \\ -2 & 3 \end{bmatrix},\ \mathbf{b}=\begin{bmatrix} 4 \\ 1 \\ 3 \end{bmatrix}$$ 이므로

$$A^TA=\begin{bmatrix} 1 & 2 & -2 \\ -1 & 3 & 3 \end{bmatrix}\begin{bmatrix} 1 & -1 \\ 2 & 3 \\ -2 & 3 \end{bmatrix}=\begin{bmatrix} 9 & -1 \\ -1 & 19 \end{bmatrix}$$

$$(A^TA)^{-1}=\frac{1}{170}\begin{bmatrix} 19 & 1 \\ 1 & 9 \end{bmatrix}$$ 이므로

$$\hat{\mathbf{x}}=(A^TA)^{-1}A^T\mathbf{b}=\frac{1}{170}\begin{bmatrix} 19 & 1 \\ 1 & 9 \end{bmatrix}\begin{bmatrix} 1 & 2 & -2 \\ -1 & 3 & 3 \end{bmatrix}\begin{bmatrix} 4 \\ 1 \\ 3 \end{bmatrix}=\begin{bmatrix} \frac{4}{85} \\ \frac{36}{85} \end{bmatrix}$$

$\therefore\ x=\frac{4}{85},\ y=\frac{36}{85}$ □

참고 [다항식 Curve Fitting]

실험에서의 공통적인 문제는 실험 관측값으로부터 시간과 측정값이라는 두 변수간의 수학적 관계를 결정하는 것이다.

곡선 $y=f(x)$를 데이터들에 대한 수학적 모델이라 하자. 우선 $x_i \neq x_j$일때 얻은 데이터 $(x_1, y_1), (x_2, y_2), \cdots, (x_n, y_n)$에 대하여 두 변수 x와 y의 관계를 설정해주는 선형모델 $y=a+bx$를 결정하여 보자. 만일 데이터들이 모두 직선 위에 놓인다면, $y=a+bx$를 만족할 것이다. 그러므로 미지의 계수 a, b는 연립방정식

$$\begin{aligned} y_1&=a+bx_1 \\ y_2&=a+bx_2 \\ &\vdots \\ y_n&=a+bx_n \end{aligned}$$

의 해이다. 위의 연립방정식을 행렬을 이용하여 표시하면

$$\begin{bmatrix} 1 & x_1 \\ 1 & x_2 \\ \vdots & \\ 1 & x_n \end{bmatrix}\begin{bmatrix} a \\ b \end{bmatrix}=\begin{bmatrix} y_1 \\ y_2 \\ \vdots \\ y_n \end{bmatrix}$$

이고 간단히 $M\mathbf{v}=\mathbf{y}$라 하자.

여기서 $M=\begin{bmatrix} 1 & x_1 \\ 1 & x_2 \\ & \vdots \\ 1 & x_n \end{bmatrix}$, $\mathbf{v}=\begin{bmatrix} a \\ b \end{bmatrix}$, $\mathbf{y}=\begin{bmatrix} y_1 \\ y_2 \\ \vdots \\ y_n \end{bmatrix}$이다.

대개의 경우 실험의 오차가 있으므로 우리가 측정한 데이터는 정확하게 직선 위에 있지는 않다. 이런 경우의 a, b에 대한 최소제곱근사식을 다음과 같은 정규방정식으로부터 얻을 수 있다.

$$M^T M\,\mathbf{v}=M^T\mathbf{y}$$

$\therefore\ \mathbf{v}=(M^TM)^{-1}M^T\mathbf{y}$ ($\because$ rank $M=2$이므로 7장 4절 연습문제에 의하여 2차 행렬 M^TM는 계수가 2이므로 가역행렬이다.)

이 때 얻은 직선 $y=a+bx$를 주어진 데이터에 대한 최소제곱직선(least squares line of best fit) 혹은 회귀직선(regression line)이라 한다.

예제 5 다음 네 점 (1, 0), (2, 3), (3, 4), (4, 4)를 지나는 최소제곱직선(least square line) $y=a+bx$을 구하여라.

풀이 우선 위의 과정과 같이 M과 $\mathbf{y}$를 구하면,

$$M=\begin{bmatrix} 1 & 1 \\ 1 & 2 \\ 1 & 3 \\ 1 & 4 \end{bmatrix},\ \mathbf{y}=\begin{bmatrix} 0 \\ 3 \\ 4 \\ 4 \end{bmatrix}$$

이다. 여기서 위의 내용을 이용하기 위하여 M^TM과 $(M^TM)^{-1}$를 계산하면,

$$M^TM=\begin{bmatrix} 1 & 1 & 1 & 1 \\ 1 & 2 & 3 & 4 \end{bmatrix}\begin{bmatrix} 1 & 1 \\ 1 & 2 \\ 1 & 3 \\ 1 & 4 \end{bmatrix}=\begin{bmatrix} 4 & 10 \\ 10 & 30 \end{bmatrix}$$

$$(M^TM)^{-1}=\begin{bmatrix} \frac{3}{2} & -\frac{1}{2} \\ -\frac{1}{2} & \frac{1}{5} \end{bmatrix}$$

이 행렬을 이용하여 $\mathbf{v}$를 구하면 다음과 같다.

$$\mathbf{v}=\begin{bmatrix} a \\ b \end{bmatrix}=(M^TM)^{-1}M^T\mathbf{y}=\begin{bmatrix} \frac{3}{2} & -\frac{1}{2} \\ -\frac{1}{2} & \frac{1}{5} \end{bmatrix}\begin{bmatrix} 1 & 1 & 1 & 1 \\ 1 & 2 & 3 & 4 \end{bmatrix}\begin{bmatrix} 0 \\ 3 \\ 4 \\ 4 \end{bmatrix}$$

$$=\begin{bmatrix} -\frac{1}{2} \\ \frac{13}{10} \end{bmatrix}=\begin{bmatrix} a \\ b \end{bmatrix}$$

따라서 위의 점에 가장 근접하는 최소제곱직선은 $y=-\frac{1}{2}+\frac{13}{10}x$이다. □

이 내용을 고차다항식의 curve fitting으로 확장해보자. 직선과 마찬가지 방법으로 데이터

$$(x_1, y_1), (x_2, y_2), \cdots, (x_n, y_n) \text{ (단 } x_i \neq x_j, \forall i \neq j)$$

에 대한 $y = a_0 + a_1 x + \cdots + a_m x^m$의 m차 다항식의 curve fitting은 다음과 같다.

$$\begin{aligned} y_1 &= a_0 + a_1 x_1 + a_2 x_1^2 + \cdots + a_m x_1^m \\ y_2 &= a_0 + a_1 x_2 + a_2 x_2^2 + \cdots + a_m x_2^m \\ &\vdots \\ y_n &= a_0 + a_1 x_n + a_2 x_n^2 + \cdots + a_m x_n^m \end{aligned}$$

이므로 행렬로 표현하면,

$$\begin{bmatrix} 1 & x_1 & x_1^2 & \cdots & x_1^m \\ 1 & x_2 & x_2^2 & \cdots & x_2^m \\ \vdots & \vdots & \vdots & & \vdots \\ 1 & x_n & x_n^2 & \cdots & x_n^m \end{bmatrix} \begin{bmatrix} a_0 \\ a_1 \\ \vdots \\ a_m \end{bmatrix} = \begin{bmatrix} y_0 \\ y_1 \\ \vdots \\ y_n \end{bmatrix} \Longleftrightarrow M\,\mathbf{v} = \mathbf{y}$$

여기서 $M = \begin{bmatrix} 1 & x_1 & x_1^2 & \cdots & x_1^m \\ 1 & x_2 & x_2^2 & \cdots & x_2^m \\ \vdots & \vdots & \vdots & & \vdots \\ 1 & x_n & x_n^2 & \cdots & x_n^m \end{bmatrix}$, $\mathbf{v} = \begin{bmatrix} a_0 \\ a_1 \\ \vdots \\ a_m \end{bmatrix}$, $\mathbf{y} = \begin{bmatrix} y_0 \\ y_1 \\ \vdots \\ y_n \end{bmatrix}$

그러므로, $M^T M\,\mathbf{v} = M^T \mathbf{y} \Longleftrightarrow \mathbf{v} = (M^T M)^{-1} M^T \mathbf{y}$

위의 경우에서 만일 $n = m + 1$의 경우에 사용하였다면 행렬 M을 Vandermonde행렬(2장 3절 Project 참조)이라고 부른다. 특히 x_i가 모두 다르면 행렬 M은 full column rank를 갖는다. (참고 : 7장 4절 연습문제) 따라서 $M^T M$은 가역행렬이 된다.

http://matrix.skku.ac.kr/sglee/ejd/CurveFitting/CurveFittingApplet.html

예제 6 로켓트 발사대에서 하늘에서 떨어지고 있는 물체를 0.1초 단위로 측정하였다. 0.1초에는 기준점 위 0.18 피트(feet)에 있었고 0.2초 후에는 기준점에 아래 0.31피트 위치에, 0.3초 후에는 기준점아래 1.03피트 위치 등 아래 표와 같이 측정되었다. t는 시간, y는 시간 t에 따른 높이를 의미한다.

시간(t)	0.10	0.20	0.30	0.40	0.50
높이(y)	−0.18	0.31	1.03	2.48	3.73

그러면 물리학에서 뉴턴운동의 제 2법칙에 따라 다음과 같은 방정식을 만족한다.

$$y = y_0 + v_0 t + \frac{1}{2} g t^2$$

여기서 y_0는 물체의 최초의 높이, v_0는 떨어지기 시작할 때의 속도, g는 중력가속도를 의미한다.

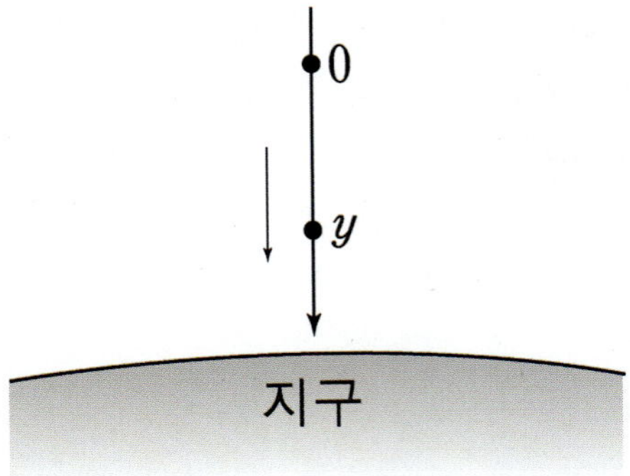

$$y = y_0 + v_0 t + \frac{1}{2} g t^2$$

이 때, $\boldsymbol{M}$, $\mathbf{v}$, $\mathbf{y}$를 아래와 같이 정의하자.

$$M = \begin{bmatrix} 1 & t_1 & t_1^2 \\ 1 & t_2 & t_2^2 \\ 1 & t_3 & t_3^2 \\ 1 & t_4 & t_4^2 \\ 1 & t_5 & t_5^2 \end{bmatrix} = \begin{bmatrix} 1 & 0.10 & 0.01 \\ 1 & 0.20 & 0.04 \\ 1 & 0.30 & 0.09 \\ 1 & 0.40 & 0.16 \\ 1 & 0.50 & 0.25 \end{bmatrix}, \quad \mathbf{v} = \begin{bmatrix} y_0 \\ v_0 \\ \frac{1}{2} g \end{bmatrix},$$

$$\mathbf{y} = \begin{bmatrix} y_1 \\ y_2 \\ y_3 \\ y_4 \\ y_5 \end{bmatrix} = \begin{bmatrix} -0.18 \\ 0.31 \\ 1.03 \\ 2.48 \\ 3.73 \end{bmatrix}$$

즉, $M\,\mathbf{v} = \mathbf{y}$를 풀면, 물체의 시간에 따른 이동거리 y를 구할 수 있다. 정규방정식을 이용하여 위 조건을 만족하는 방정식 $y = y_0 + v_0 t + \frac{1}{2} g t^2$을 결정하여라.

풀이 정규방정식 $M^T M\,\mathbf{v} = M^T\mathbf{y}$을 풀어쓰면 다음과 같다.

$$\begin{bmatrix} 5 & 1.5 & 0.55 \\ 1.5 & 0.55 & 0.225 \\ 0.55 & 0.225 & 0.0979 \end{bmatrix} \begin{bmatrix} y_0 \\ v_0 \\ \frac{1}{2} g \end{bmatrix}$$

따라서 이를 풀면 미지수들을 구할 수 있다.

$$y_0 = -0.40, \quad v_0 = 0.35, \quad g = 32.14$$

따라서 $y = -0.4 + 0.5t + 16.07t^2$이다. 위에서 보듯이 실제 우리가 공학에서 쓰는 중력 가속도 $g \cong 32.2\ ft/\mathrm{sec}^2 \cong 9.8 m/s^2$은 위와 같은 방법으로 다양한 장소에서 측정하여 얻은 값이다. 이 식을 그림으로 나타내면 다음과 같다.

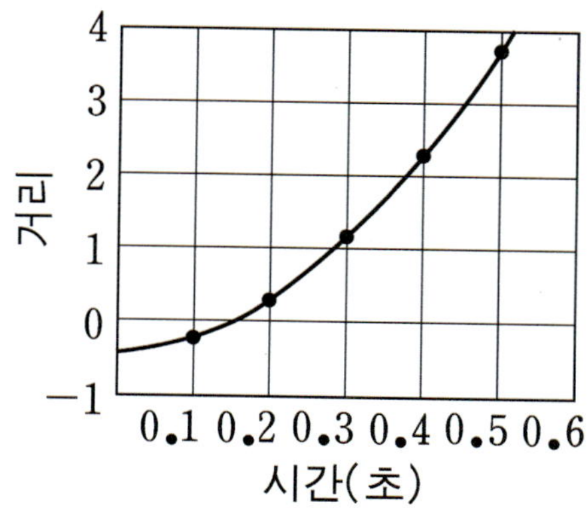

□

〈헝가리 학술원의 수학연구소 Renyi Institute〉
〈제 1회 Korea-Hungary 조합론 공동 학술대회, 2001년 6월, Budapest〉
http://matrix.skku.ac.kr/sglee/album/hungary.html

연습문제 7-6

1. 정사영을 이용하여 점 $(1, 1, 1)$에서 원점을 지나는 평면 $2x+y-z=0$ 사이의 최단거리 d를 구하여라.

2. 점 $(1, 2, 0, -1)$와 hyperplane $x-y+2z-2w=0$ 사이의 최단거리 d를 구하여라.

|3-4| A, $\mathbf{b}$가 다음과 같을 때 연립방정식 $A\mathbf{x}=\mathbf{b}$의 최소제곱해를 찾아라.

3. $A=\begin{bmatrix} 1 & 2 & -1 \\ 2 & 3 & -1 \\ -1 & -1 & -2 \\ 3 & 5 & 0 \end{bmatrix}$, $\mathbf{b}=\begin{bmatrix} 1 \\ 0 \\ 1 \\ 0 \end{bmatrix}$

4. $A=\begin{bmatrix} 0 & 1 \\ 3 & 2 \\ -1 & 0 \end{bmatrix}$, $\mathbf{b}=\begin{bmatrix} 1 \\ 0 \\ 1 \end{bmatrix}$

5. 다음에 주어진 A와 $\mathbf{b}$를 이용하여 최소제곱해(least square solution)를 구하여라.

$A=\begin{bmatrix} 1 & 1 \\ 1 & 2 \\ 1 & 3 \end{bmatrix}$, $\mathbf{b}=\begin{bmatrix} 2 \\ 4 \\ 3 \end{bmatrix}$

6. 3번의 행렬에 대하여 $\text{proj}_{\text{Col}(A)}\,\mathbf{b}$를 구하여라.

|7-8| 다음에 주어진 A와 $\mathbf{b}$를 이용하여 최소제곱해를 구하여라.

7. $A=\begin{bmatrix} 1 & -2 \\ -1 & 1 \\ 1 & 2 \end{bmatrix}$, $\mathbf{b}=\begin{bmatrix} -1 \\ 2 \\ 1 \end{bmatrix}$

8. $A=\begin{bmatrix} 2 & 1 \\ -1 & 1 \\ 2 & 2 \\ -1 & 0 \end{bmatrix}$, $\mathbf{b}=\begin{bmatrix} 1 \\ 2 \\ 0 \\ 1 \end{bmatrix}$

9. 네 점 $(1, 10)$, $(2, 8)$, $(3, 12)$, $(4, 10)$을 지나는 최소제곱직선 $y=a+bx$를 구하여라.

10. 네 점 (1, 10), (2, 8), (3, 12), (4, 10)을 지나는 최소제곱곡선

$$y=a+bx+cx^2$$

을 구하여라.

11. 네 점 (1, 10), (2, 8), (3, 12), (4, 10)을 지나는 최소제곱곡선

$$y=a_0+a_1x+a_2x^2+a_3x^3$$

을 구하여라.

12. $\begin{bmatrix} 2 & -1 \\ 1 & 0 \end{bmatrix}\mathbf{x}=\begin{bmatrix} 5 \\ 3 \end{bmatrix}$의 해를 구하고 최소제곱해와 비교하여라.

토론과 발견

P1 R^3 상에서 $P_0=(1, 1, 1)$과 평면 $2x+y-z=0$과의 거리는 앞에서 구하였다. 이어서 평면위의 점 중 P_0와 제일 가까운 점을 구하여라.

P2 R^4 상에서 $\mathbf{b}=(1, 2, 0, -1)$과 hyperplane

$$x-y+2z-2w=0$$

과의 거리는 앞에서 구하였다. 이어서 이 평면에서 $\mathbf{b}$와 제일 가까운 점을 구하여라.

P3 **정리 7.6.1**의 유일성을 증명하여라.

P4 s가 어떤 조건을 가져야만 다음의 연립방정식이 $x_1=1$, $x_2=2$일 때 최소제곱해가 되겠는가?

$$x_1-x_2=1$$
$$2x_1+3x_2=1$$
$$4x_1+5x_2=s$$

P5 행렬 $A \in M_{n\times n}$의 모든 열이 일차독립이고 $A\,\mathbf{x}=\mathbf{b}$가 해를 가진다면 $A\,\mathbf{x}=\mathbf{b}$의 최소제곱해와 $A\,\mathbf{x}=\mathbf{b}$의 실제 해가 같음을 보여라.

P6 A를 $m\times n$ 행렬이라 하자. 이 행렬의 열이 모두 일차독립이라 하고, $\mathbf{b}\in R^m$이라 하자. 이때 다음을 A와 A^T를 써서 구하여라.

(1) A의 열공간에서 $\mathbf{b}$와 제일 가까운 벡터

(2) $A\,\mathbf{x}=\mathbf{b}$의 최소제곱해

(3) R^m에서 A의 열공간으로의 정사영에 대한 표준행렬

2001년 헝가리 Renyi 수학연구소에서 가진 한국-헝가리 수학자 대회에서
맨 우측이 1978년 필드메달 수상자인 러시아의 Gregori Aleksandrovic Margulis

http://www-groups.dcs.st-and.ac.uk/~history/Mathematicians/Margulis.html

(Photo by SGLee)

7.7 정규직교화과정

벡터공간을 이해하는데 기저의 역할은 매우 중요하다. 7.1절에서 소개한 표준기저는 이러한 기저들 중 가장 다루기 편리한 장점을 가지고 있다. 이 절에서는 R^n의 모든 부분공간은 기저를 가진다는 것을 보이고, 이 기저로부터 표준기저와 같이 서로 직교하며 크기가 1인 정규직교기저를 찾는 방법에 대하여 알아본다.

정의

R^n의 벡터 $\mathbf{x}_1,\ \mathbf{x}_2,\ \cdots,\ \mathbf{x}_k$에 대하여

$$S=\{\mathbf{x}_1,\ \mathbf{x}_2,\ \cdots,\ \mathbf{x}_k\}$$

라 하자. 이때, S의 서로 다른 임의의 두 벡터가 모두 직교하면 S를 직교집합(orthogonal set)이라 한다. 특히, 직교집합 S에 속하는 벡터가 모두 크기가 1인 경우 S를 정규직교집합(orthonormal set)이라고 한다.

위 정의를 간단히 기호화하여 표현하면 다음과 같음을 알 수 있다.

$$S : \text{직교집합} \iff \mathbf{x}_i\cdot\mathbf{x}_j=0 \ \ (i\neq j)$$

$$S : \text{정규직교집합} \iff \mathbf{x}_i\cdot\mathbf{x}_j=\begin{cases}0 & (i\neq j)\\ 1 & (i=j)\end{cases} \ \ (=\delta_{ij},\ \text{Kroneker의 델타})$$

예제 1 (1) R^3의 표준기저 $\{\mathbf{e}_1,\ \mathbf{e}_2,\ \mathbf{e}_3\}$는 정규직교집합이다.

(2) R^3에서

$$\mathbf{x}_1=(0,\ 1,\ 0),\ \mathbf{x}_2=(3,\ 0,\ 4),\ \mathbf{x}_3=(-4,\ 0,\ 3)$$

라 하면, $\{\mathbf{x}_1,\ \mathbf{x}_2,\ \mathbf{x}_3\}$은 직교집합이지만 $\|\mathbf{x}_2\|=\|\mathbf{x}_3\|=5\neq 1$이므로 정규직교집합은 아니다.

(3) R^3에서

$$\mathbf{y}_1=(0,\ 1,\ 0),\ \mathbf{y}_2=\left(\frac{3}{5},\ 0,\ \frac{4}{5}\right),\ \mathbf{y}_3=\left(-\frac{4}{5},\ 0,\ \frac{3}{5}\right)$$

라 하면 $\{\mathbf{y}_1,\ \mathbf{y}_2,\ \mathbf{y}_3\}$는 정규직교집합이다. □

정리 7.7.1

R^n의 영 아닌 벡터들의 집합 $S=\{\mathbf{x}_1,\ \mathbf{x}_2,\ \cdots,\ \mathbf{x}_k\}$가 직교집합이면 S는 일차독립이다.

증명 임의의 $c_1,\ c_2,\ \cdots,\ c_k\in R$에 대하여

$$c_1\mathbf{x}_1+c_2\mathbf{x}_2+\cdots+c_k\mathbf{x}_k=\mathbf{0}$$

이라 하자. 각 $i(i=1,\ 2,\ \cdots,\ k)$에 대하여

$$(c_1\mathbf{x}_1+c_2\mathbf{x}_2+\cdots+c_k\mathbf{x}_k)\cdot\mathbf{x}_i=\mathbf{0}\cdot\mathbf{x}_i$$

을 확인하자. 그러면

$$c_1(\mathbf{x}_1\cdot\mathbf{x}_i)+c_2(\mathbf{x}_2\cdot\mathbf{x}_i)+\cdots+c_k(\mathbf{x}_k\cdot\mathbf{x}_i)=\mathbf{0}\cdot\mathbf{x}_i=0$$

이 때, $i \neq j$이면 $\mathbf{x}_j \cdot \mathbf{x}_i = 0$이므로 위 식으로부터 다음을 얻는다.

$$c_i(\mathbf{x}_i \cdot \mathbf{x}_i) = c_i \|\mathbf{x}_i\|^2 = 0 \quad (i=1,\ 2,\ \cdots,\ k)$$

그런데 $\mathbf{x}_i \neq \mathbf{0}$이므로

$$c_1 = c_2 = \cdots = c_k = 0$$

이다. 따라서 S는 일차독립이다. ■

정의

R^n의 기저 S가 직교집합이면 직교기저(orthogonal basis), 정규직교집합이면 정규직교기저(Orthonormal Basis, ONB)라고 한다.

위 정의와 **정리 7.7.1** 과 **정리 7.1.4** 에 의하여 R^n의 n개의 영 아닌 벡터들의 집합 $S = \{\mathbf{x}_1,\ \mathbf{x}_2,\ \cdots,\ \mathbf{x}_n\}$가 직교집합(정규직교집합)이면 S는 R^n의 직교기저(정규직교기저)이다.

예제 2 **예제 1** 에서 (1)과 (3)에 있는 집합은 R^3의 정규직교기저이고, (2)에 있는 집합은 R^3의 직교기저이다. □

n개의 벡터들의 집합 $S = \{\mathbf{x}_1,\ \mathbf{x}_2,\ \cdots,\ \mathbf{x}_n\}$이 R^n의 기저이면 R^n의 임의의 벡터 $\mathbf{x}$는 다음과 같이 유일하게 표시된다. (**정리 7.1.5**)

$$\mathbf{x} = c_1\mathbf{x}_1 + c_2\mathbf{x}_2 + \cdots + c_n\mathbf{x}_n,\ (c_i \in R)$$

이 때, $c_1,\ c_2,\ \cdots,\ c_n$ 을 구하려면 n개의 미지수를 갖는 연립방정식을 풀어야 한다. 그러나, S가 R^n의 정규직교기저이면 $i \neq j$일 때 $\mathbf{x}_i \cdot \mathbf{x}_j = \mathbf{0}$임을 이용하여 아래와 같이 $c_1,\ c_2,\ \cdots,\ c_n$을 쉽게 구할 수 있다.

정리 7.7.2

집합 $S = \{\mathbf{x}_1,\ \mathbf{x}_2,\ \cdots,\ \mathbf{x}_n\}$이 R^n의 직교기저이고 R^n의 임의의 벡터 $\mathbf{x} = c_1\mathbf{x}_1 + c_2\mathbf{x}_2 + \cdots + c_n\mathbf{x}_n$이면

(1) $c_i = \dfrac{\mathbf{x} \cdot \mathbf{x}_i}{\|\mathbf{x}_i\|^2} (i=1,\ 2,\ \cdots,\ n)$이다.

(2) 만일 S가 R^n의 정규직교기저이면, $c_i = \mathbf{x} \cdot \mathbf{x}_i \ (i=1,\ 2,\ \cdots,\ n)$이다.

증명 (1) S가 R^n의 기저이므로 임의의 $\mathbf{x} \in R^n$는

$$\mathbf{x} = c_1\mathbf{x}_1 + c_2\mathbf{x}_2 + \cdots + c_n\mathbf{x}_n,\ (c_i \in R)$$

로 표현되고, 각 $i\ (i=1,\ 2,\ \cdots,\ n)$에 대하여

$$\begin{aligned}\mathbf{x} \cdot \mathbf{x}_i &= (c_1\mathbf{x}_1 + c_2\mathbf{x}_2 + \cdots + c_n\mathbf{x}_n) \cdot \mathbf{x}_i \\ &= c_1(\mathbf{x}_1 \cdot \mathbf{x}_i) + c_2(\mathbf{x}_1 \cdot \mathbf{x}_i) + \cdots + c_n(\mathbf{x}_n \cdot \mathbf{x}_i)\end{aligned}$$

이다. 그런데 S가 직교기저이므로

$$\mathbf{x}_i \cdot \mathbf{x}_j = 0,\ i \neq j$$

이다. 따라서

$$c_i = \frac{\mathbf{x}\cdot\mathbf{x}_i}{\mathbf{x}_i\cdot\mathbf{x}_i} = \frac{\mathbf{x}\cdot\mathbf{x}_i}{\|\mathbf{x}_i\|^2} \quad (i=1,\ 2,\ \cdots,\ n)$$

(2) S가 정규직교기저이면, 위에서 $\|\mathbf{x}_i\|=1$ $(i=1,\ 2,\ \cdots,\ n)$인 경우이다. ■

예제 3 $\mathbf{y}=(10,\ -2,\ 5)$를 **예제 1**의 (3)에 있는 R^3의 정규직교기저

$$\left\{\mathbf{y}_1=(0,\ 1,\ 0),\ \mathbf{y}_2=\left(\frac{3}{5},\ 0,\ \frac{4}{5}\right),\ \mathbf{y}_3=\left(-\frac{4}{5},\ 0,\ \frac{3}{5}\right)\right\}$$

의 일차결합으로 표시하라.

풀이 $\mathbf{y}=c_1\mathbf{y}_1+c_2\mathbf{y}_2+c_3\mathbf{y}_3$라 하면 **정리 7.7.2**에 의하여

$$c_i=\mathbf{y}\cdot\mathbf{y}_i \ (i=1,\ 2,\ 3)$$

이므로

$$c_1=\mathbf{y}\cdot\mathbf{y}_1=-2,\ c_2=\mathbf{y}\cdot\mathbf{y}_2=10,\ c_3=\mathbf{y}\cdot\mathbf{y}_3=-5$$

$\therefore\ \mathbf{y}=-2\mathbf{y}_1+10\mathbf{y}_2-5\mathbf{y}_3$ □

정규직교 기저를 구하는 방법을 배우기에 앞서 직교집합의 성질을 생각해 본다.

집합 $S=\{\mathbf{x}_1,\ \mathbf{x}_2,\ \cdots,\ \mathbf{x}_m\}$는 R^n의 직교집합이고 $W\equiv<S>$를 생성된 R^n의 부분공간이라 하자. 이때, R^n의 임의의 벡터 $\mathbf{y}$에 대하여

$$\begin{aligned}\mathbf{y}_1&=\frac{(\mathbf{y}\cdot\mathbf{x}_1)}{\|\mathbf{x}_1\|^2}\mathbf{x}_1+\frac{(\mathbf{y}\cdot\mathbf{x}_2)}{\|\mathbf{x}_2\|^2}\mathbf{x}_2+\cdots+\frac{(\mathbf{y}\cdot\mathbf{x}_m)}{\|\mathbf{x}_m\|^2}\mathbf{x}_m\\&=\mathrm{proj}_W\,\mathbf{y}\\\mathbf{y}_2&=\mathbf{y}-\mathbf{y}_1\end{aligned}$$

이라 하면 각 $i,\ j=1,\ 2,\ \cdots,\ m$에 대하여 $\mathbf{x}_i\cdot\mathbf{x}_j=0\ (i\neq j)$이므로

$$\begin{aligned}\mathbf{y}_2\cdot\mathbf{x}_i&=(\mathbf{y}-\mathbf{y}_1)\cdot\mathbf{x}_i=\mathbf{y}\cdot\mathbf{x}_i-\mathbf{y}_1\cdot\mathbf{x}_i\\&=\mathbf{y}\cdot\mathbf{x}_i-\left\{\frac{(\mathbf{y}\cdot\mathbf{x}_1)}{\|\mathbf{x}_1\|^2}\mathbf{x}_1+\cdots+\frac{(\mathbf{y}\cdot\mathbf{x}_m)}{\|\mathbf{x}_m\|^2}\mathbf{x}_m\right\}\cdot\mathbf{x}_i\\&=\mathbf{y}\cdot\mathbf{x}_i-\frac{(\mathbf{y}\cdot\mathbf{x}_i)}{\|\mathbf{x}_i\|^2}\mathbf{x}_i\cdot\mathbf{x}_i\\&=\mathbf{y}\cdot\mathbf{x}_i-\mathbf{y}\cdot\mathbf{x}_i=0\end{aligned}$$

$$\Rightarrow\ \mathbf{y}_2\cdot\mathbf{x}_i=0\ (i=1,\ 2,\ \cdots,\ m)$$

이다. 그리고 $W=<S>$의 임의의 벡터 $\mathbf{w}$는

$$\mathbf{w}=c_1\mathbf{x}_1+c_2\mathbf{x}_2+\cdots+c_m\mathbf{x}_m\ (c_i\in R)$$

이므로 $\mathbf{y}_2\cdot\mathbf{w}=0$이다. 따라서 $\mathbf{y}_2$는 W의 모든 벡터와 직교한다. 이때, $\mathbf{y}_1$을 $\mathbf{y}$의 W로의 정사영이라 하고 $\mathbf{y}_1=\mathrm{proj}_W\,\mathbf{y}$로 나타내며 $\mathbf{y}_2$를 $\mathbf{y}$의 W에 관한 $\mathbf{y}$의 직교성분이라고 한다. 따라서 $\mathbf{y}_2=\mathbf{y}-\mathrm{proj}_W\,\mathbf{y}$이다.

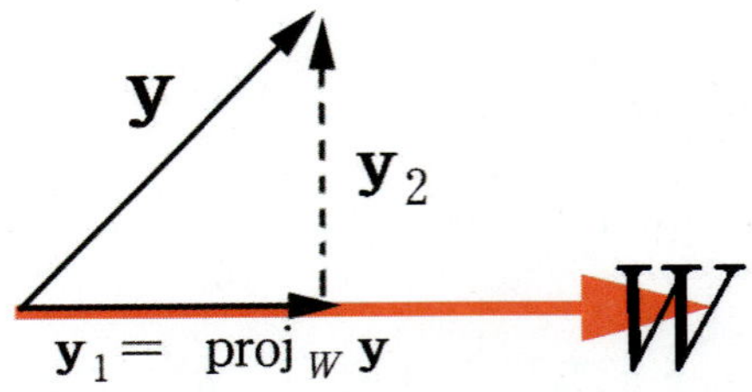

여기서 잠깐!

참고로 $S'=\{\mathbf{x}_1,\ \mathbf{x}_2,\ \cdots,\ \mathbf{x}_n\}$을 R^n의 정규직교집합이라 하면 $\|\mathbf{x}_i\|=1$이므로 $\mathbf{y}\in R^n$의 $W_k=<\mathbf{x}_1,\ \mathbf{x}_2,\ \cdots,\ \mathbf{x}_k>$로의 정사영은 다음과 같다.

$$\text{proj}_{W_k}\mathbf{y}=(\mathbf{y}\cdot\mathbf{x}_1)\mathbf{x}_1+(\mathbf{y}\cdot\mathbf{x}_2)\mathbf{x}_2+\cdots+(\mathbf{y}\cdot\mathbf{x}_k)\mathbf{x}_k$$

예제 4 R^3의 두 벡터 $\mathbf{x}_1=(0,\ 1,\ 0)$, $\mathbf{x}_2=\left(\frac{1}{\sqrt{5}},\ 0,\ -\frac{2}{\sqrt{5}}\right)$로 이루어진 정규직교 집합 $S=\{\mathbf{x}_1,\ \mathbf{x}_2\}$에 의하여 생성되는 부분공간을 W라 하자. 벡터 $\mathbf{y}=(3,\ 1,\ 1)$의 W 위로의 정사영 $\mathbf{y}_1=\text{proj}_W\,\mathbf{y}$와 W에 관한 $\mathbf{y}$의 직교성분 $\mathbf{y}_2=\mathbf{y}-\text{proj}_W\,\mathbf{y}$을 구하라.

풀이

$$\begin{aligned}\mathbf{y}_1=\text{proj}_W\,\mathbf{y}&=(\mathbf{y}\cdot\mathbf{x}_1)\mathbf{x}_1+(\mathbf{y}\cdot\mathbf{x}_2)\mathbf{x}_2\\&=1(0,\ 1,\ 0)+\left(\frac{1}{\sqrt{5}}\right)\left(\frac{1}{\sqrt{5}},\ 0,\ -\frac{2}{\sqrt{5}}\right)\\&=\left(\frac{1}{5},\ 1,\ -\frac{2}{5}\right)\end{aligned}$$

또, W에 관한 $\mathbf{y}$의 직교 성분은

$$\mathbf{y}_2=\mathbf{y}-\text{proj}_W\,\mathbf{y}=(3,\ 1,\ 1)-\left(\frac{1}{5},\ 1,\ -\frac{2}{5}\right)=\left(\frac{14}{5},\ 0,\ \frac{7}{5}\right)$$ □

⊙ R^n의 정규직교기저를 만드는 방법

이제, **정리 7.5.1**의 앞의 설명을 이용하여 Gram-Schmidt 정규직교화 과정(Gram-Schmidt orthonormalization process)이라 불리는 R^n의 임의의 기저를 정규직교기저로 만드는 방법을 소개한다.

정리 7.7.3

집합 $S=\{\mathbf{x}_1,\ \mathbf{x}_2,\ \cdots,\ \mathbf{x}_n\}$을 R^n의 임의의 기저라 하자. 그러면, S로부터 얻어지는 정규직교기저가 존재한다.

증명 (Gram-Schmidt 정규직교화 과정)

먼저 R^n의 기저 S로부터 직교집합 $T=\{\mathbf{y}_1,\ \mathbf{y}_2,\ \cdots,\ \mathbf{y}_n\}$을 다음과 같은 단계로 계산한다.

단계 1 : $\mathbf{y}_1=\mathbf{x}_1$이라 한다.

단계 2 : $\mathbf{y}_1$에 의하여 생성되는 부분공간을 W_1이라 하고

$$\mathbf{y}_2=\mathbf{x}_2-\text{proj}_{W_1}\mathbf{x}_2=\mathbf{x}_2-\frac{\mathbf{x}_2\cdot\mathbf{y}_1}{\|\mathbf{y}_1\|^2}\mathbf{y}_1\text{로 한다.}$$

단계 3 : $\mathbf{y}_1$, $\mathbf{y}_2$에 의하여 생성되는 부분공간을 W_2라 하고

$$\begin{aligned}\mathbf{y}_3&=\mathbf{x}_3-\text{proj}_{W_2}\mathbf{x}_3=\mathbf{x}_3-\{\text{proj}_{<\mathbf{y}_1>}\mathbf{x}_3+\text{proj}_{<\mathbf{y}_2>}\mathbf{x}_3\}\\&=\mathbf{x}_3-\left(\frac{\mathbf{x}_3\cdot\mathbf{y}_1}{\|\mathbf{y}_1\|^2}\mathbf{y}_1+\frac{\mathbf{x}_3\cdot\mathbf{y}_2}{\|\mathbf{y}_2\|^2}\mathbf{y}_2\right)\text{로 한다.}\end{aligned}$$

단계 4에서부터 단계 n까지는 마찬가지 방법으로

$$\begin{aligned}\mathbf{y}_k&=\mathbf{x}_k-\text{proj}_{W_{k-1}}\mathbf{x}_k \qquad (k=4,\ 5,\ \cdots,\ n)\\&=\mathbf{x}_k-\{\text{proj}_{<\mathbf{y}_1>}\mathbf{x}_k+\text{proj}_{<\mathbf{y}_2>}\mathbf{x}_k+\cdots+\text{proj}_{<\mathbf{y}_{k-1}>}\mathbf{x}_k\}\\&=\mathbf{x}_k-\left(\frac{\mathbf{x}_k\cdot\mathbf{y}_1}{\|\mathbf{y}_1\|^2}\mathbf{y}_1+\frac{\mathbf{x}_k\cdot\mathbf{y}_2}{\|\mathbf{y}_2\|^2}\mathbf{y}_2+\cdots+\frac{\mathbf{x}_k\cdot\mathbf{y}_{k-1}}{\|\mathbf{y}_{k-1}\|^2}\mathbf{y}_{k-1}\right)\end{aligned}$$

위의 단계로부터 얻어지는 $T=\{\mathbf{y}_1,\ \mathbf{y}_2,\ \cdots,\ \mathbf{y}_n\}$은 서로 수직인 직교집합이고, 이제 각각의 크기를 1로 한다. 즉, $\mathbf{z}_k=\dfrac{\mathbf{y}_k}{\|\mathbf{y}_k\|}$ $(k=1,\ 2,\ \cdots,\ n)$라 정의하면

집합 $Z=\{\mathbf{z}_1,\ \mathbf{z}_2,\ \cdots,\ \mathbf{z}_n\}$은 R^n의 정규직교기저가 된다. ■

예제 5 $\mathbf{x}_1=(1,\ 1)$, $\mathbf{x}_2=(1,\ 2)$ 일 때 위의 Gram-Schmidt 정규직교화 과정을 이용하여 정규직교기저 $Z=\{\mathbf{z}_1,\ \mathbf{z}_2\}$를 구하라.

풀이 먼저 위의 직교화과정을 이용하여 먼저 $\mathbf{y}_1$, $\mathbf{y}_2$를 구하면 다음과 같다.

단계 1 : $\mathbf{y}_1=\mathbf{x}_1=(1,\ 1)$

단계 2 : $\mathbf{y}_2=\mathbf{x}_2-\text{proj}_{W_1}\mathbf{x}_2=\mathbf{x}_2-\dfrac{\mathbf{x}_2\cdot\mathbf{y}_1}{\|\mathbf{y}_1\|^2}\mathbf{y}_1$

$$=(1,\ 2)-\frac{3}{2}(1,\ 1)=\left(-\frac{1}{2},\ \frac{1}{2}\right)$$

그러므로, $\mathbf{z}_1=\dfrac{\mathbf{y}_1}{\|\mathbf{y}_1\|}=\left(\dfrac{1}{\sqrt{2}},\ \dfrac{1}{\sqrt{2}}\right)$, $\mathbf{z}_2=\dfrac{\mathbf{y}_2}{\|\mathbf{y}_2\|}=\left(-\dfrac{1}{\sqrt{2}},\ \dfrac{1}{\sqrt{2}}\right)$

$$Z=\{\mathbf{z}_1,\ \mathbf{z}_2\}=\left\{\left(\frac{1}{\sqrt{2}},\ \frac{1}{\sqrt{2}}\right),\left(-\frac{1}{\sqrt{2}},\ \frac{1}{\sqrt{2}}\right)\right\}$$ □

이 정규직교화 결과가 실제로 그 결과벡터들이 정규직교화가 되었는지 눈으로 확인할 필요가 있다. 이를 위하여 다음의 자바 프로그램을 이용하여 보자.

Link : http://matrix.skku.ac.kr/GSprocess2/Test.html

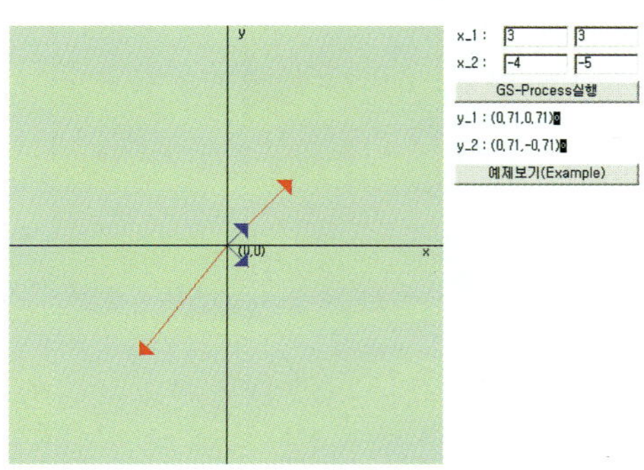

이러한 방법을 3차원 이상으로 확장해서 풀어보기로 한다.

예제 6 $\mathbf{x}_1=(1, 2, 1)$, $\mathbf{x}_2=(1, 0, 1)$, $\mathbf{x}_3=(3, 1, 0)$일 때, Gram-Schmidt 정규직교화 과정을 이용하여 R^3의 기저 $S=\{\mathbf{x}_1, \mathbf{x}_2, \mathbf{x}_3\}$로 부터 R^3의 정규직교기저 $Z=\{\mathbf{z}_1, \mathbf{z}_2, \mathbf{z}_3\}$를 구하라.

풀이 먼저 정규직교화과정을 이용하여 $\mathbf{y}_1$, $\mathbf{y}_2$, $\mathbf{y}_3$를 계산하면,

단계 1 : $\mathbf{y}_1=\mathbf{x}_1=(1, 2, 1)$

단계 2 : $\mathbf{y}_2=\mathbf{x}_2-\text{proj}_{W_1}\mathbf{x}_2=\mathbf{x}_2-\dfrac{\mathbf{x}_2\cdot\mathbf{y}_1}{\|\mathbf{y}_1\|^2}\mathbf{y}_1$

$$=(1, 0, 1)-\frac{1}{3}(1, 2, 1)=\left(\frac{2}{3}, -\frac{2}{3}, \frac{2}{3}\right)$$

단계 3 : $\mathbf{y}_3=\mathbf{x}_3-\text{proj}_{W_2}\mathbf{x}_3$

$$=\mathbf{x}_3-\left[\frac{\mathbf{x}_3\cdot\mathbf{y}_1}{\|\mathbf{y}_1\|^2}\mathbf{y}_1+\frac{\mathbf{x}_3\cdot\mathbf{y}_2}{\|\mathbf{y}_2\|^2}\mathbf{y}_2\right]$$

$$=(3, 1, 0)-\left[\frac{5}{6}(1, 2, 1)+\left(\frac{2}{3}, -\frac{2}{3}, \frac{2}{3}\right)\right]$$

$$=\left(\frac{3}{2}, 0, -\frac{3}{2}\right)$$

그러므로 $\mathbf{y}_1$, $\mathbf{y}_2$, $\mathbf{y}_3$를 각각 정규화하면,

$$\mathbf{z}_1=\frac{\mathbf{y}_1}{\|\mathbf{y}_1\|}=\left(\frac{1}{\sqrt{6}}, \frac{2}{\sqrt{6}}, \frac{1}{\sqrt{6}}\right)$$

$$\mathbf{z}_2=\frac{\mathbf{y}_2}{\|\mathbf{y}_2\|}=\left(\frac{\sqrt{3}}{3}, -\frac{\sqrt{3}}{3}, \frac{\sqrt{3}}{3}\right)$$

$$\mathbf{z}_3=\frac{\mathbf{y}_3}{\|\mathbf{y}_3\|}=\left(\frac{\sqrt{2}}{2}, 0, \frac{\sqrt{2}}{2}\right)$$

그러므로 $Z=\left\{\left(\frac{1}{\sqrt{6}}, \frac{2}{\sqrt{6}}, \frac{1}{\sqrt{6}}\right), \left(\frac{\sqrt{3}}{3}, -\frac{\sqrt{3}}{3}, \frac{\sqrt{3}}{3}\right), \left(\frac{\sqrt{2}}{2}, 0, \frac{\sqrt{2}}{2}\right)\right\}$ □

예제 7 $\mathbf{x}_1=(1, 1, 0)$, $\mathbf{x}_2=(-1, 0, 1)$일 때, Gram-Schmidt 정규직교화 과정을 이용하여 집합 $S=\{\mathbf{x}_1, \mathbf{x}_2\}$를 기저로 갖는 R^3의 부분공간 W의 정규직교기저 $Z=\{\mathbf{z}_1, \mathbf{z}_2\}$를 구하라.

풀이 $\mathbf{y}_1=\mathbf{x}_1=(1, 1, 0)$

$\mathbf{y}_2=\mathbf{x}_2-\text{proj}_{W_1}\mathbf{x}_2=\mathbf{x}_2-\dfrac{\mathbf{x}_2\cdot\mathbf{y}_1}{\|\mathbf{y}_1\|^2}\mathbf{y}_1$

$$=(-1, 0, 1)-\left(-\frac{1}{2}\right)(1, 1, 0)=\left(-\frac{1}{2}, \frac{1}{2}, 1\right)$$

$\therefore\ \mathbf{z}_1=\dfrac{\mathbf{y}_1}{\|\mathbf{y}_1\|}=\left(\dfrac{1}{\sqrt{2}}, \dfrac{1}{\sqrt{2}}, 0\right)$, $\mathbf{z}_2=\dfrac{\mathbf{y}_2}{\|\mathbf{y}_2\|}=\left(-\dfrac{1}{\sqrt{6}}, \dfrac{1}{\sqrt{6}}, \dfrac{2}{\sqrt{6}}\right)$ □

정리 7.7.4 R^n의 $\{0\}$ 아닌 모든 부분공간은 정규직교기저를 갖는다.

증명 W가 R^n의 $\{0\}$ 아닌 부분공간이고 $S=\{\mathbf{w}_1, \mathbf{w}_2, \cdots, \mathbf{w}_k\}$가 W에 대한 기저라 하자. 그러면 **정리 7.7.3** 에 의하여 S로 부터 직교기저 $\{\mathbf{y}_1, \mathbf{y}_2, \cdots, \mathbf{y}_k\}$를 구한 후 이

것을 정규화하여 정규직교기저 $\{\mathbf{z}_1, \mathbf{z}_2, \cdots, \mathbf{z}_k\}$를 구하면 된다. ■

국제선형대수학회 교육 사이트

http://matrix.skku.ac.kr/ilas/

와

국제선형대수학회 정보센터 사이트

http://www.ilasic.math.uregina.ca/iic

〈대한민국 학술원 수학 분야 역대 회원〉

박정기, 김치영, 김정수, 박을룡, 윤갑병, 박세희, 기우항

〈대한민국 학술원〉

http://www.nas.go.kr

연습문제 7-7

1. 집합 $\{(1, 0, 0, -1), (1, 2, -1, 1), (0, -1, 2, 0)\}$이 직교집합인지 아닌지를 결정하여라.

2. 집합 $\left\{(0, 1, 0), \left(\frac{1}{\sqrt{2}}, 0, -\frac{1}{\sqrt{2}}\right), \left(\frac{1}{\sqrt{3}}, 0, \frac{1}{\sqrt{3}}\right)\right\}$이 정규직교집합인지 아닌지를 결정하여라.

3. 집합 $\{(1, 1, 1), (3, 2, -5), (a, b, c)\}$이 직교집합이 되도록 상수 a, b, c의 값을 정하여라.

4. 집합 $\left\{\left(a, 0, \frac{1}{\sqrt{2}}\right), \left(-\frac{1}{2}, \frac{1}{\sqrt{2}}, b\right)\right\}$이 정규직교집합이 되도록 상수 a, b의 값을 정하여라.

|5-6| 다음 직교집합의 정규직교집합을 구하여라.

5. $\mathbf{v}_1=(-1, 1)$, $\mathbf{v}_2=(1, 1)$

6. $\mathbf{v}_1=(-2, 1, 1)$, $\mathbf{v}_2=(1, 0, 2)$, $\mathbf{v}_3=(-2, -5, 1)$

7. 주어진 $\{\mathbf{v}_1, \mathbf{v}_2, \mathbf{v}_3\}$가 R^3의 직교기저인지 확인하고, 주어진 벡터 $\mathbf{w}$를 위 벡터들의 일차결합으로 나타내어라.

$\mathbf{v}_1=\left(\frac{1}{\sqrt{11}}, \frac{1}{\sqrt{11}}, \frac{1}{\sqrt{11}}\right)$, $\mathbf{v}_2=\left(-\frac{1}{\sqrt{6}}, \frac{2}{\sqrt{6}}, \frac{1}{\sqrt{6}}\right)$

$\mathbf{v}_3=\left(-\frac{1}{\sqrt{66}}, -\frac{4}{\sqrt{66}}, \frac{7}{\sqrt{66}}\right)$, $\mathbf{w}=(-1, 1, 2)$

8. 정규직교집합

$$\left\{\left(\frac{1}{\sqrt{2}}, 0, 0, \frac{1}{\sqrt{2}}\right), (0, 0, 1, 0)\right\}$$

에 의하여 생성되는 부분공간을 W라 하자. 벡터 $\mathbf{y}=(1, 2, 2, 4)$의 W 위로의 정사영 $\mathrm{proj}_W\,\mathbf{y}$와 W에 관한 $\mathbf{y}$의 직교성분 $\mathbf{y}-\mathrm{proj}_W\,\mathbf{y}$를 구하여라.

|9-10| 다음 R^4의 부분집합이 일차독립임을 보이고 이들을 정규직교화하여라.

9. $\mathbf{v}_1=(0, 0, 1, 0)$, $\mathbf{v}_2=(1, 0, 1, 1)$, $\mathbf{v}_3=(1, 1, 2, 1)$

10. $\mathbf{v}_1=(1, 1, 1, 1)$, $\mathbf{v}_2=(-1, 4, 4, -1)$, $\mathbf{v}_3=(4, -2, 2, 0)$

토론과 발견

P1 $\{(a, b, c, d), (1, 0, 1, 2), (1, 1, -1, 0), (1, -2, -1, 0)\}$가 직교집합이 되는 a, b, c, d를 구하여라.

P2 일차종속인 벡터들에 Gram-Schmidt 과정을 적용하면 어떤 결과가 얻어지는가?

P3 $\{\mathbf{y}_1, \mathbf{y}_2, \cdots, \mathbf{y}_k\}$가 R^n의 직교집합일 때, 상수 $c_i(i=1, \cdots, n)$에 대하여 $\{c_1\mathbf{y}_1, c_2\mathbf{y}_2, \cdots, c_k\mathbf{y}_k\}$도 직교집합임을 보여라.

P4 행렬 A의 열벡터가 모두 정규직교벡터라 하자. AA^T와 A의 열공간은 서로 어떻게 관계되는가?

P5 n차 정사각행렬 A가 가역이고 $A^{-1}=A^T$라 하자. 이때 A의 열벡터들이 R^n 상의 정규직교벡터임을 보여라.

〈2003년 가을 대한수학회 수학대중화 강연〉

http://matrix.skku.ac.kr/2003KMS-Public/index.html

*7.8 QR-분해

$m\times k$ 행렬 A가 k개의 1차독립인 열들을 가지면 여기에 Gram-Schmidt의 정규직교화과정을 적용하여 얻은 정규직교벡터들을 열로 하는 행렬 Q를 만들면 행렬 $A=QR$(여기서 R은 상삼각행렬)로 분해가 된다. 행렬분해는 수치적으로 연립방정식을 풀거나 고유값 및 고유벡터를 구하는데 널리 이용된다. 이 절에서는 $QR-$분해를 간단히 소개한다.

정의

행렬 $A\in M_{m\times n}$가 $\text{rank}(A)=m$이면 행렬 A는 full row rank를 갖는다고 한다. $\text{rank}(A)=n$이면 행렬 A는 full column rank를 갖는다고 한다.

행렬 $A\in M_{m\times n}$이면 $\text{rank}(A)\le\min\{m, n\}$임을 안다 **정리 7.4.2**. 따라서 행렬 A가 full row 또는 column rank를 가지면 단순히 A는 full rank를 갖는 행렬이라 부른다.

이제 행렬 $A\in M_{m\times k}$이고 $\text{rank}(A)=k$인 경우

$$A=[\mathbf{w}_1 : \mathbf{w}_2 : \cdots : \mathbf{w}_k]_{m\times k}$$

라 하자.

정규직교화 과정을 $\mathbf{w}_1, \mathbf{w}_2, \cdots, \mathbf{w}_k$에 적용하여 A의 열공간 $\text{Col}(A)$의 정규직교기저 $\{\mathbf{q}_1, \mathbf{q}_2, \cdots, \mathbf{q}_k\}$를 얻을 수 있다. 이제 A와 $Q=[\mathbf{q}_1 : \mathbf{q}_2 : \cdots : \mathbf{q}_k]_{m\times k}$ 사이의 관계를 알아보자.

정리 7.8.1

[QR - 분해]

만일 행렬 $A\in M_{m\times k}$의 rank가 k이면, $A=QR$로 분해 가능하다. 여기서 Q는 A의 열공간 $\text{Col}(A)$의 정규직교기저로 만들어진 $m\times k$ 행렬이고 R은 주대각선 성분이 모두 양인 $k\times k$ 가역 상삼각행렬이다.

증명 rank가 k인 $m\times k$ 행렬 A의 열들의 집합 $\{\mathbf{w}_1, \cdots, \mathbf{w}_k\}$는 $\text{Col}(A)$의 기저를 이룬다. 이것을 정규직교화 시켜 $W=\text{Col}(A)$의 정규직교기저 $\{\mathbf{q}_1, \cdots, \mathbf{q}_k\}$를 얻을 수 있다. 행렬 Q를 다음과 같이 정의하자.

$$Q=[\mathbf{q}_1 : \mathbf{q}_2 : \cdots : \mathbf{q}_k]$$

$j=1, \cdots, k$에 대하여 $\mathbf{w}_j\in\text{span}\{\mathbf{w}_1, \cdots, \mathbf{w}_k\}=\text{span}\{\mathbf{q}_1, \cdots, \mathbf{q}_j\}$이므로

따라서 $\mathbf{w}_j=c_{1j}\,\mathbf{q}_1+\cdots+c_{jj}\,\mathbf{q}_j+0\,\mathbf{q}_{j+1}+\cdots+0\,\mathbf{q}_k$인 상수 $c_{1j}, c_{2j}, \cdots, c_{jj}$가 존재한다. 여기서 $c_{jj}\ge 0$이라고 가정할 수 있다. ($\because$ 만일 $c_{jj}<0$이면 c_{jj}와 $\mathbf{q}_j$ 모두에 -1을 곱하면 된다.). 더구나 $\mathbf{w}_j\notin\text{span}\{\mathbf{w}_1, \cdots, \mathbf{w}_{j-1}\}=\text{span}\{\mathbf{q}_1, \cdots, \mathbf{q}_{j-1}\}$이므로 $c_{jj}\ne 0$이고 따라서 $c_{jj}>0$이다.

즉, $\mathbf{w}_j$가 Q의 열들의 일차결합이고, $\mathbf{w}_j=Q\begin{bmatrix} c_{1j} \\ c_{2j} \\ \vdots \\ c_{jj} \\ 0 \\ \vdots \\ 0 \end{bmatrix}$ 이고 $\mathbf{c}_j=\begin{bmatrix} c_{1j} \\ c_{2j} \\ \vdots \\ c_{jj} \\ 0 \\ \vdots \\ 0 \end{bmatrix}$ 로 놓으면,

$$\mathbf{w}_j=Q\,\mathbf{c}_j \ (\forall \ j=1, \cdots, k)\text{이다.}$$

$R=[\mathbf{c}_1 : \cdots : \mathbf{c}_k]_{k\times k}$라 놓으면

$$A=[\mathbf{w}_1 : \cdots : \mathbf{w}_k]=[Q\,\mathbf{c}_1 : \cdots : Q\,\mathbf{c}_k]=QR$$

A의 열들이 일차독립이므로 R은 가역행렬이 된다. R은 상삼각행렬이므로 가역행렬 R의 주대각선성분은 모두 양이다. ■

예제 1 행렬 A가 다음과 같이 주어졌을 때 $QR-$분해를 구하라.

$$A=\begin{bmatrix} 1 & 0 & 0 \\ 1 & 1 & 0 \\ 1 & 1 & 1 \end{bmatrix}$$

풀이 행렬 A가 full rank를 가지고 있다. 따라서 $QR-$분해가 존재함을 알 수 있다. Gram-Schmidt 정규직교화를 다음의 열벡터들에 적용해 보자.

$$\mathbf{w}_1=\begin{bmatrix} 1 \\ 1 \\ 1 \end{bmatrix}, \ \mathbf{w}_2=\begin{bmatrix} 0 \\ 1 \\ 1 \end{bmatrix}, \ \mathbf{w}_3=\begin{bmatrix} 0 \\ 0 \\ 1 \end{bmatrix}$$

그러면 정규직교화 과정을 이용하면 직교행렬 Q를 다음과 같이 구해볼 수 있다.

$$Q=\begin{bmatrix} \frac{1}{\sqrt{3}} & -\frac{\sqrt{2}}{\sqrt{3}} & 0 \\ \frac{1}{\sqrt{3}} & \frac{1}{\sqrt{6}} & -\frac{1}{\sqrt{2}} \\ \frac{1}{\sqrt{3}} & \frac{1}{\sqrt{6}} & \frac{1}{\sqrt{2}} \end{bmatrix}$$

그러면 $A=QR$이고 $Q^{-1}=Q^T$이므로 상삼각행렬 R은 다음과 같다.

$$R=Q^{-1}A=Q^TA$$

$$=\begin{bmatrix} \frac{1}{\sqrt{3}} & \frac{1}{\sqrt{3}} & \frac{1}{\sqrt{3}} \\ -\frac{\sqrt{2}}{\sqrt{3}} & \frac{1}{\sqrt{6}} & \frac{1}{\sqrt{6}} \\ 0 & -\frac{1}{\sqrt{2}} & \frac{1}{\sqrt{2}} \end{bmatrix}\begin{bmatrix} 1 & 0 & 0 \\ 1 & 1 & 0 \\ 1 & 1 & 1 \end{bmatrix}=\begin{bmatrix} \sqrt{3} & \frac{2}{\sqrt{3}} & \frac{1}{\sqrt{3}} \\ 0 & \frac{2}{\sqrt{6}} & \frac{1}{\sqrt{6}} \\ 0 & 0 & \frac{1}{\sqrt{2}} \end{bmatrix}$$

따라서 다음과 같은 $QR-$분해를 얻을 수 있다.

$$\begin{bmatrix} 1 & 0 & 0 \\ 1 & 1 & 0 \\ 1 & 1 & 1 \end{bmatrix} = \begin{bmatrix} \frac{1}{\sqrt{3}} & -\frac{\sqrt{2}}{\sqrt{3}} & 0 \\ \frac{1}{\sqrt{3}} & \frac{1}{\sqrt{6}} & -\frac{1}{\sqrt{2}} \\ \frac{1}{\sqrt{3}} & \frac{1}{\sqrt{6}} & \frac{1}{\sqrt{2}} \end{bmatrix} \begin{bmatrix} \sqrt{3} & \frac{2}{\sqrt{3}} & \frac{1}{\sqrt{3}} \\ 0 & \frac{2}{\sqrt{6}} & \frac{1}{\sqrt{6}} \\ 0 & 0 & \frac{1}{\sqrt{2}} \end{bmatrix}$$

$$A \qquad\qquad Q \qquad\qquad R \qquad \square$$

행렬 $A \in M_{m\times k}$이고 $\text{rank}(A)=k$인 경우 $A\,\mathbf{x}=\mathbf{b}$의 최소제곱해는 $A^TA\,\mathbf{x}=A^T\mathbf{b}$의 해이므로 $\mathbf{x}=(A^TA)^{-1}A^T\mathbf{b}$이다. 즉, $k\times k$ 가역행렬 [A^TA의 역행렬을 구하는 것]이 위의 최소제곱해, 즉 $A\,\mathbf{x}=\mathbf{b}$의 최적해를 구하는 가장 중요한 문제가 된다.

그러나 크기가 큰 행렬의 역행렬을 구하는 것은 많은 계산을 필요로 한다. 바로 이 문제를 QR−분해가 해결해주는 것이다. **정리 7.8.1** 에 의하여 $A=QR$로 쓸 수 있으므로 아래의 정규방정식에서 A를 대치하면,

$A^TA\,\mathbf{x}=A^T\mathbf{b} \Longleftrightarrow$

$$R^T(Q^TQ)R\,\mathbf{x}=(R^TQ^T)QR\,\mathbf{x}=(QR)^T(QR)\,\mathbf{x}=(QR)^T\mathbf{b}=R^TQ^T\mathbf{b}$$

$$\Longleftrightarrow R^TR\,\mathbf{x}=R^TQ^T\mathbf{b}$$

$$\Longleftrightarrow R\,\mathbf{x}=Q^T\mathbf{b} \quad (\because R^T\text{는 가역행렬})$$

R이 가역인 상삼각행렬이므로 여기에 후진대입법을 적용하면 A^TA의 역행렬을 구하지 않고 $\mathbf{x}=R^{-1}Q^T\mathbf{b}$를 얻게 된다.

이와 같이 QR−분해는 선형연립방정식의 (최소제곱)해를 역행렬을 구하지 않고 손쉽게 구할 수 있도록 해주므로 다양한 계산이 필요한 컴퓨터 알고리즘의 연구에서 가장 중요한 도구로 여겨진다.

QR−분해의 이론에 대해 좀 더 자세한 내용은 아래 주소를 참고하기 바란다.

> http://matrix.skku.ac.kr/nla/chn.html
> http://matrix.skku.ac.kr/sglee/03-Note/QR-Decomp.htm

마지막으로 직접 QR−분해를 수행하도록 만든 자바도구를 소개한다.

크기가 큰 행렬 A에 관한 QR−분해에 소요되는 계산은 복잡한 편이다. 따라서 다음과 같은 자바 애플릿을 이용하여 직접 QR−분해를 수행해 볼 수 있다.

http://matrix.skku.ac.kr/NewJAVA/newMatrixCalKOR/Test.html

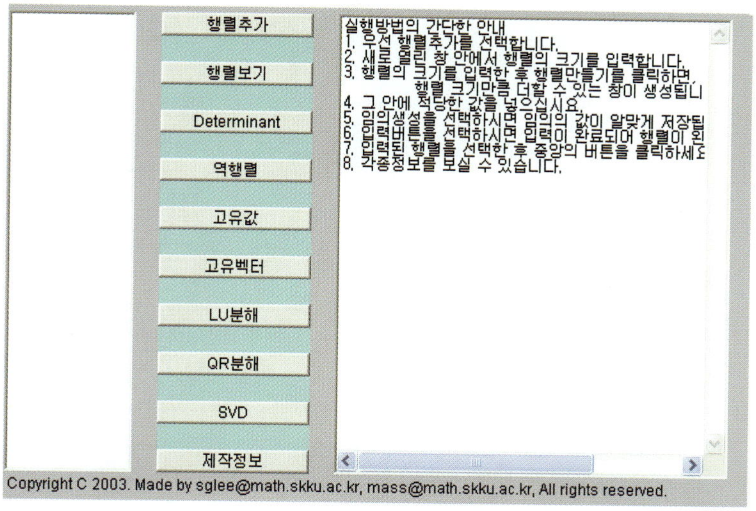

http://matrix.skku.ac.kr/SKKMatrix/Test.html

이를 이용하여 다음의 행렬의 $QR-$분해를 해 보도록 하자.
〔편의상 이 프로그램에서는 $c_{jj}>0$이 되도록 $\mathbf{q}_j$에 -1을 곱하여 조정하는 과정은 생략하였다.〕

예제 2 다음 행렬의 $QR-$분해를 구하여라.

$$A=\begin{bmatrix} 1 & 3 & 1 \\ 2 & -5 & -2 \\ 2 & -4 & -3 \end{bmatrix}$$

풀이 http://matrix.skku.ac.kr/NewJAVA/newMatrixCalKOR/Test.html

주소를 이용하여 인터넷 익스플로러에서 접속한다. 그 다음 "행렬입력" 버튼을 눌러서 다음 행렬을 아래 화면과 같이 입력한다.

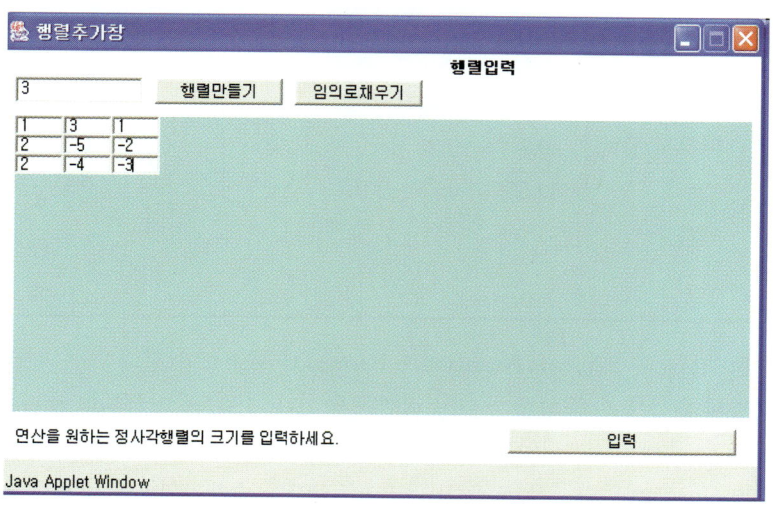

행렬을 입력한 후, "입력" 버튼을 눌러서 행렬이 입력되면 "행렬1"이 생긴다. 이 "행렬1"을 선택한 후, "QR분해" 버튼을 눌러서 그 결과를 확인한다.

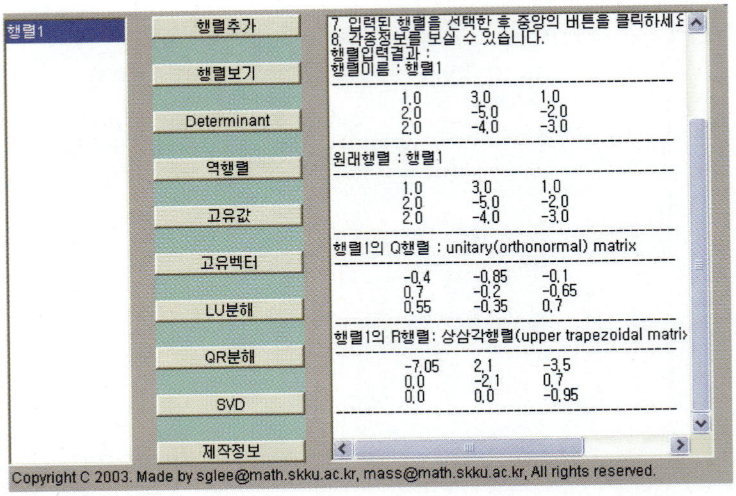

그러면 아래와 같이 Q 행렬과 R 행렬을 구할 수 있다.

행렬1의 Q행렬 : unitary(orthonormal) matrix

−0.4	−0.85	−0.1
0.7	−0.2	−0.65
0.55	−0.35	0.7

행렬1의 R행렬 : 상삼각행렬(upper trapezoidal matrix)

−7.05	2.1	−3.5
0.0	−2.1	0.7
0.0	0.0	−0.95

따라서 $Q=\begin{bmatrix} -0.4 & -0.85 & -0.1 \\ 0.7 & -0.2 & -0.65 \\ 0.55 & -0.35 & 0.7 \end{bmatrix}$, $R=\begin{bmatrix} {=}0.75 & 2.1 & -3.5 \\ 0.0 & -2.1 & 0.7 \\ 0.5 & 0.5 & -0.95 \end{bmatrix}$이 됨을 알 수 있다. □

이차세계대전 이후 John von Neumann과 Herman Goldstine이 현대적인 디지털 컴퓨터의 발전을 이끌며 행렬에 대한 활발한 연구가 다시 꽃피우게 된다. 1947년 round-off errors를 분석하는 과정에서 condition number가 소개되었다. 20세기 stored-program computers 개발을 이끈 사람은 Alan Turing과 von Neumann이었다. Turing은 1948년 *LU*-분해를 소개하였으며, *QR*-분해의 장점은 그 후 10년이 지난 후에야 인식이 되기 시작하였다. 특히 *QR*-분해는 연립방정식의 해를 구하거나, 고유값을 구하는 등 다양한 컴퓨터 알고리즘에 이용되면서 그 중요성이 더욱 커졌다.

연습문제 7-8

1. 행렬

$$A=\begin{bmatrix}1&0&0\\1&1&0\\1&1&1\\1&1&1\end{bmatrix}$$

에 대하여 정규직교과정을 통하여

$$Q=\begin{bmatrix}\frac{1}{2}&-\frac{3}{\sqrt{12}}&0\\\frac{1}{2}&\frac{1}{\sqrt{12}}&-\frac{2}{\sqrt{6}}\\\frac{1}{2}&\frac{1}{\sqrt{12}}&\frac{1}{\sqrt{6}}\\\frac{1}{2}&\frac{1}{\sqrt{12}}&\frac{1}{\sqrt{6}}\end{bmatrix}$$

는 쉽게 구할 수 있다. **정리 7.8.1** 의 증명부분을 이용하여 이 A의 QR-분해를 마무리하여라.

2. 위의 행렬 A를 이용하여 $\mathbf{b}=\begin{bmatrix}1\\-1\\1\end{bmatrix}$일 때 $A\mathbf{x}=\mathbf{b}$의 최소제곱해를 구하여라.

토론과 발견

P1 A가 가역행렬이면 $A=QR$인 $QR-$분해에서 Q는 직교행렬일 때 R은 주대각선원소가 모두 영이 아님을 보여라.

P2 $QR-$분해에 대하여 검색하여 고유값을 구하는데 QR분해가 어떻게 이용되는지 찾아보아라.

P3 P2와 같은 방법으로 고유벡터를 구하는데 $QR-$분해가 어떻게 이용되는지 알아보아라.

P4 $\mathbf{a}$가 R^n 위의 영 아닌 벡터일 때 n차의 정사각행렬

$$H = I - \frac{2}{\mathbf{a}^T\mathbf{a}}\mathbf{a}\,\mathbf{a}^T$$

를 Householder행렬이라 한다. 이 행렬과 QR 분해와의 관계를 검색을 통하여 알아보아라.

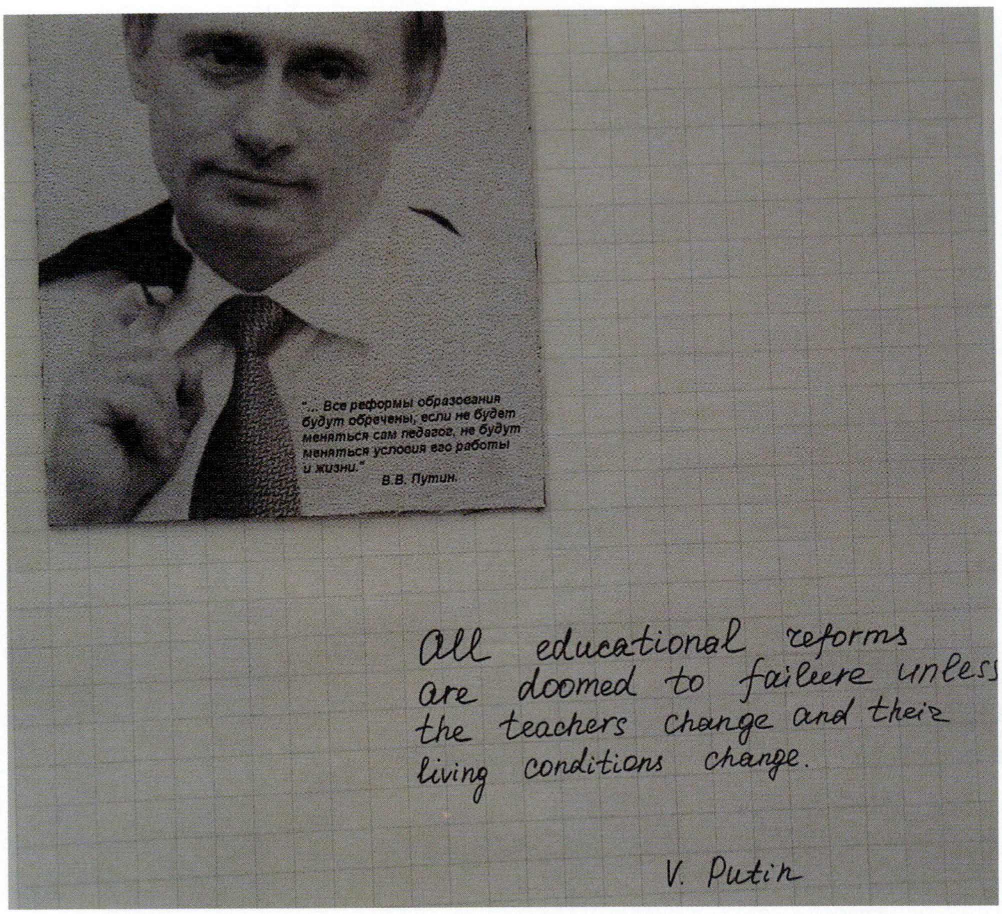

〈2004년 ICME 10 러시아 발표장 앞에 전시된 Putin 대통령의 자필〉

7.9 좌표벡터

- 유한차원 벡터공간에서 기저의 개념은 좌표계의 개념과 밀접한 관계가 있다. 지금까지는 R^n에서 표준기저에 대한 좌표벡터만 다루어왔다. 이 절에서는 주어진 벡터의 표준기저가 아닌 다른 기저에 대한 좌표벡터표현을 소개한다. 이어서 이 두 표현 사이를 연결시켜주는 행렬을 알아본다.

R^3의 점 $P(a_1, a_2, a_3)$에 대하여 벡터 $\mathbf{x}=\overrightarrow{OP}=(a_1, a_2, a_3)$는 벡터공간 R^3의 표준기저 $\varepsilon=\{\mathbf{e}_1, \mathbf{e}_2, \mathbf{e}_3\}$에 관하여 다음과 같은 유일한 표현을 갖는다.

$$\mathbf{x}=a_1\,\mathbf{e}_1+a_2\,\mathbf{e}_2+a_3\,\mathbf{e}_3$$

이때, a_1, a_2, a_3는 점 P의 좌표(coordinate)라 하며 벡터 $\mathbf{x}=(a_1, a_2, a_3)$는 표준기저 $\{\mathbf{e}_1, \mathbf{e}_2, \mathbf{e}_3\}$에 관한 좌표로 a_1, a_2, a_3를 갖는 것으로 생각할 수 있다.

일반적으로 집합 $\alpha=\{\mathbf{x}_1, \mathbf{x}_2, \cdots, \mathbf{x}_n\}$가 R^n의 기저이면 R^n에 속하는 모든 벡터 $\mathbf{x}$는 이 기저에 관하여 다음과 같이 유일하게 표현된다.

$$\mathbf{x}=c_1\,\mathbf{x}_1+c_2\,\mathbf{x}_2+\cdots+c_n\,\mathbf{x}_n,\ (c_1, c_2, \cdots, c_n\in R) \tag{1}$$

정의

식 (1)의 스칼라 $c_1, c_2, \cdots, c_n$을 순서기저(ordered basis) α에 관한 벡터 $\mathbf{x}$의 좌표(coordinates)라 한다. 또한 R^n의 벡터

$$\begin{bmatrix} c_1 \\ c_2 \\ \vdots \\ c_n \end{bmatrix}$$

을 순서기저 α에 관한 $\mathbf{x}$의 좌표벡터(coordinate vector)라 하며, $[\mathbf{x}]_\alpha$로 나타낸다.

앞으로 순서기저를 $\alpha, \beta, \cdots$로 쓰고, 표준기저를 $\varepsilon, \varepsilon', \cdots$으로 쓰도록 한다.

집합 α를 R^n의 기저라 할 때, 좌표벡터의 정의로부터 R^n의 한 벡터 $\mathbf{x}$에 R^n의 한 벡터 $[\mathbf{x}]_\alpha$가 일대일로 대응되고, 역으로 R^n의 한 벡터 $[\mathbf{x}]_\alpha$가 주어지면 이것을 좌표벡터로 갖는 R^n의 벡터 $\mathbf{x}$가 유일하게 정해진다.

예제 1 R^3의 벡터 $\mathbf{x}=(1, 2, -5)$는 R^3의 표준기저 $\varepsilon=\{\mathbf{e}_1, \mathbf{e}_2, \mathbf{e}_3\}$에 대하여

$$\mathbf{x}=(1, 2, -5)=\mathbf{e}_1+2\,\mathbf{e}_2-5\,\mathbf{e}_3$$

이므로

$$[\mathbf{x}]_\varepsilon=\begin{bmatrix} 1 \\ 2 \\ -5 \end{bmatrix}$$

이다. □

일반적으로, R^n의 표준기저 $\varepsilon=\{\mathbf{e}_1, \mathbf{e}_2, \cdots, \mathbf{e}_n\}$에 관한 $\mathbf{x}=(a_1, a_2, \cdots, a_n)$의 좌표벡터 $[\mathbf{x}]_\varepsilon$는 다음과 같다.

$$[\mathbf{x}]_\varepsilon=\begin{bmatrix} a_1 \\ a_2 \\ \vdots \\ a_n \end{bmatrix}$$

예제 2 $\mathbf{x}_1=(1, 1, 1)$, $\mathbf{x}_2=(1, -1, 1)$, $\mathbf{x}_3=(1, 2, 2)$일 때, R^3의 기저

$$\alpha=\{\mathbf{x}_1, \mathbf{x}_2, \mathbf{x}_3\}$$

에 관한 $\mathbf{x}=(3, 6, -2)$의 좌표벡터 $[\mathbf{x}]_\alpha$를 구하라.

풀이 $\mathbf{x}=(3, 6, -2)=c_1\mathbf{x}_1+c_2\mathbf{x}_2+c_3\mathbf{x}_3$, $(c_i\in R)$

$=c_1(1, 1, 1)+c_2(1, -1, 1)+c_3(1, 2, 2)$

이므로

$$\begin{aligned} c_1+c_2+\ c_3&=3 \\ c_1-c_2+2c_3&=6 \\ c_1+c_2+2c_3&=-2 \end{aligned}$$

이다. 이 연립방정식을 풀면

$$c_1=12,\ c_2=-4,\ c_3=-5$$

$$\therefore [\mathbf{x}]_\alpha=\begin{bmatrix} 12 \\ -4 \\ -5 \end{bmatrix}$$ □

정리 7.9.1

집합 α가 R^n의 기저일 때, R^n의 벡터 $\mathbf{x}$, $\mathbf{y}$와 스칼라 $c\in R$에 대하여 다음이 성립한다.

(1) $[\mathbf{x}+\mathbf{y}]_\alpha=[\mathbf{x}]_\alpha+[\mathbf{y}]_\alpha$

(2) $[c\,\mathbf{x}]_\alpha=c[\mathbf{x}]_\alpha$

증명 (1) 기저 $\alpha=\{\mathbf{v}_1, \mathbf{v}_2, \cdots, \mathbf{v}_n\}$이라 하면 R^n의 벡터 $\mathbf{x}$, $\mathbf{y}$는

$$\mathbf{x}=\sum_{i=1}^{n}a_i\mathbf{v}_i,\ \ \mathbf{y}=\sum_{i=1}^{n}b_i\mathbf{v}_i,\ (a_i, b_i\in R)$$

으로 유일하게 표현되므로

$$[\mathbf{x}]_\alpha=\begin{bmatrix} a_1 \\ a_2 \\ \vdots \\ a_n \end{bmatrix},\ [\mathbf{y}]_\alpha=\begin{bmatrix} b_1 \\ b_2 \\ \vdots \\ b_n \end{bmatrix}$$

이고,

$$\mathbf{x}+\mathbf{y}=\sum_{i=1}^{n}(a_i+b_i)\mathbf{v_i}$$

이다. 따라서

$$[\mathbf{x}+\mathbf{y}]_\alpha=\begin{bmatrix} a_1+b_1 \\ a_2+b_2 \\ \vdots \\ a_n+b_n \end{bmatrix}=\begin{bmatrix} a_1 \\ a_2 \\ \vdots \\ a_n \end{bmatrix}+\begin{bmatrix} b_1 \\ b_2 \\ \vdots \\ b_n \end{bmatrix}=[\mathbf{x}]_\alpha+[\mathbf{y}]_\alpha$$

(2)의 증명도 (1)과 같은 방법으로 쉽게 증명할 수 있다. ■

일반적으로, 집합 α가 R^n의 기저일 때, $\mathbf{v}_i \in R^n$, $c_i \in R$ $(i=1, 2, \cdots, n)$에 대하여 다음이 성립한다.

$$[c_1\mathbf{v}_1+c_2\mathbf{v}_2+\cdots+c_n\mathbf{v}_n]_\alpha=c_1[\mathbf{v}_1]_\alpha+c_2[\mathbf{v}_2]_\alpha+\cdots+c_n[\mathbf{v}_n]_\alpha$$

〔기저변환문제〕 두 집합

$$\alpha=\{\mathbf{x}_1, \mathbf{x}_2, \cdots, \mathbf{x}_n\}\text{과 } \beta=\{\mathbf{y}_1, \mathbf{y}_2, \cdots, \mathbf{y}_n\}$$

을 n차원 벡터공간 R^n의 서로 다른 순서 기저라 하자. 이때 α와 β에 관한 $\mathbf{x}\in R^n$의 두 좌표벡터 $[\mathbf{x}]_\alpha$와 $[\mathbf{x}]_\beta$ 사이의 관계를 생각해 보자.

$$\mathbf{x}=c_1\mathbf{y}_1+c_2\mathbf{y}_2+\cdots+c_n\mathbf{y}_n,\ (c_i\in R)$$

이라 하면, β에 관한 $\mathbf{x}\in R^n$의 좌표벡터 $[\mathbf{x}]_\beta$는

$$[\mathbf{x}]_\beta=\begin{bmatrix} c_1 \\ c_2 \\ \vdots \\ c_n \end{bmatrix}$$

이고, 또한 α에 관한 $\mathbf{x}\in R^n$의 좌표벡터 $[\mathbf{x}]_\alpha$는 다음과 같이 나타낼 수 있다.

$$\begin{aligned}[\mathbf{x}]_\alpha&=[c_1\mathbf{y}_1+c_2\mathbf{y}_2+\cdots+c_n\mathbf{y}_n]_\alpha\\&=c_1[\mathbf{y}_1]_\alpha+c_2[\mathbf{y}_2]_\alpha+\cdots+c_n[\mathbf{y}_n]_\alpha\end{aligned}$$

여기서, α에 관한 $\mathbf{y}_j$의 좌표벡터를

$$[\mathbf{y}_j]_\alpha=\begin{bmatrix} p_{1j} \\ p_{2j} \\ \vdots \\ p_{nj} \end{bmatrix}$$

라 하고, 행렬 P를

$$P=[[\mathbf{y}_1]_\alpha : [\mathbf{y}_2]_\alpha : \cdots : [\mathbf{y}_n]_\alpha]$$

$$=\begin{bmatrix} p_{11} & p_{12} & \cdots & p_{1n} \\ p_{21} & p_{22} & \cdots & p_{2n} \\ \vdots & \vdots & & \vdots \\ p_{n1} & p_{n2} & \cdots & p_{nn} \end{bmatrix}$$

라 하면 다음이 성립한다.

$$[\mathbf{x}]_\alpha = c_1\begin{bmatrix} p_{11} \\ p_{21} \\ \vdots \\ p_{n1} \end{bmatrix} + c_2\begin{bmatrix} p_{12} \\ p_{22} \\ \vdots \\ p_{n2} \end{bmatrix} + \cdots + c_n\begin{bmatrix} p_{1n} \\ p_{2n} \\ \vdots \\ p_{nn} \end{bmatrix} = \begin{bmatrix} p_{11} & p_{12} & \cdots & p_{1n} \\ p_{21} & p_{22} & \cdots & p_{2n} \\ \vdots & \vdots & & \vdots \\ p_{n1} & p_{n2} & \cdots & p_{nn} \end{bmatrix}\begin{bmatrix} c_1 \\ c_2 \\ \vdots \\ c_n \end{bmatrix}$$

$$= P[\mathbf{x}]_\beta$$

즉,

$$[\mathbf{x}]_\alpha = P[\mathbf{x}]_\beta \tag{2}$$

위의 식 (2)에서 행렬 P는 좌표벡터 $[\mathbf{x}]_\beta$를 좌표벡터 $[\mathbf{x}]_\alpha$로 변환 시키는 역할을 한다. 이 때, 행렬

$$P = [\,[\mathbf{y}_1]_\alpha : [\mathbf{y}_2]_\alpha : \cdots : [\mathbf{y}_n]_\alpha]$$

를 순서기저 β에서 α로의 **전이행렬**(transition matrix)이라 하고

$$P = [I]_\beta^\alpha$$

로 쓰기로 한다. 즉, $[\mathbf{x}]_\alpha = P[\mathbf{x}]_\beta = [I]_\beta^\alpha[\mathbf{x}]_\beta$이다.

예제 3 집합 $\varepsilon = \{\mathbf{e}_1, \mathbf{e}_2\}$가 R^2의 표준기저이고

$$\mathbf{y}_1 = \begin{bmatrix} 2 \\ 1 \end{bmatrix},\ \mathbf{y}_2 = \begin{bmatrix} 1 \\ -1 \end{bmatrix}$$

일 때, 두 기저 ε, $\beta = \{\mathbf{y}_1, \mathbf{y}_2\}$에 관하여 다음 물음에 답하여라.

(1) 기저 β에서 기저 ε으로의 전이행렬 $P = [I]_\beta^\varepsilon$를 구하여라.

(2) $[\mathbf{x}]_\beta = \begin{bmatrix} 3 \\ 4 \end{bmatrix}$일 때, 좌표벡터 $[\mathbf{x}]_\varepsilon$를 구하라.

(3) $\mathbf{x} = \begin{bmatrix} 3 \\ 9 \end{bmatrix}$일 때, 식 (2)가 성립함을 보여라.

풀이 (1) $P = [I_1]_\beta^\varepsilon = [\,[\mathbf{y}_1]_\varepsilon : [\mathbf{y}_2]_\varepsilon]$이므로 기저 ε에 관한 $\mathbf{y}_1$, $\mathbf{y}_2$의 좌표벡터를 각각 구한다.

$$\mathbf{y}_1 = 2\,\mathbf{e}_1 + \mathbf{e}_2$$
$$\mathbf{y}_2 = \mathbf{e}_1 - \mathbf{e}_2$$

이므로 $[\mathbf{y}_1]_\varepsilon = \begin{bmatrix} 2 \\ 1 \end{bmatrix}$, $[\mathbf{y}_2]_\varepsilon = \begin{bmatrix} 1 \\ -1 \end{bmatrix}$이다. 따라서

$$P=\begin{bmatrix} 2 & 1 \\ 1 & -1 \end{bmatrix}$$

(2) $[\mathbf{x}]_\varepsilon = P[\mathbf{x}]_\beta = [I_1]_\beta^\varepsilon [\mathbf{x}]_\beta$

$$=\begin{bmatrix} 2 & 1 \\ 1 & -1 \end{bmatrix}\begin{bmatrix} 3 \\ 4 \end{bmatrix}=\begin{bmatrix} 10 \\ -1 \end{bmatrix}$$

(3) $\mathbf{x}=\begin{bmatrix} 3 \\ 9 \end{bmatrix}=3\mathbf{e}_1+9\mathbf{e}_2$

또한,

$$\mathbf{x}=\begin{bmatrix} 3 \\ 9 \end{bmatrix}=4\mathbf{y}_1-5\mathbf{y}_2$$

이므로

$$[\mathbf{x}]_\varepsilon=\begin{bmatrix} 3 \\ 9 \end{bmatrix},\ [\mathbf{x}]_\beta=\begin{bmatrix} 4 \\ -5 \end{bmatrix}$$

이다. 따라서 식 (2)가 성립함을 확인하면 다음과 같다.

$$\begin{bmatrix} 3 \\ 9 \end{bmatrix}=[\mathbf{x}]_\varepsilon=[I]_\beta^\varepsilon[\mathbf{x}]_\beta=P[\mathbf{x}]_\beta=\begin{bmatrix} 2 & 1 \\ 1 & -1 \end{bmatrix}\begin{bmatrix} 4 \\ -5 \end{bmatrix}$$ □

$$[I]_\beta^\varepsilon=[\,[\mathbf{y}_1]_\varepsilon : [\mathbf{y}_2]_\varepsilon]=\begin{bmatrix} 2 & 1 \\ 1 & -1 \end{bmatrix}=P$$

다음 예제를 통하여 RREF를 이용하여 전이행렬을 구하는 방법을 소개한다.

예제 4 $\mathbf{x}_1=(1,\ 2,\ 0),\ \mathbf{x}_2=(1,\ 1,\ 1),\ \mathbf{x}_3=(2,\ 0,\ 1)$
$\mathbf{y}_1=(3,\ -1,\ 4),\ \mathbf{y}_2=(7,\ 1,\ 1),\ \mathbf{y}_3=(6,\ 1,\ -4)$

일 때, R^3의 두 순서기저

$\alpha=\{\mathbf{x}_1,\ \mathbf{x}_2,\ \mathbf{x}_3\},\ \beta=\{\mathbf{y}_1,\ \mathbf{y}_2,\ \mathbf{y}_3\}$,

에 대하여 전이행렬 $P=[I]_\beta^\alpha$를 구하라.

풀이 $P=[\,[\mathbf{y}_1]_\alpha : [\mathbf{y}_2]_\alpha : [\mathbf{y}_3]_\alpha]$

이므로 순서기저 α에 관한 $\mathbf{y}_1,\ \mathbf{y}_2,\ \mathbf{y}_3$의 좌표벡터를 각각 구한다.

$a_1\mathbf{x}_1+a_2\mathbf{x}_2+a_3\mathbf{x}_3=\mathbf{y}_1,\ (a_i\in R)$

$b_1\mathbf{x}_1+b_2\mathbf{x}_2+b_3\mathbf{x}_3=\mathbf{y}_2,\ (b_i\in R)$

$c_1\mathbf{x}_1+c_2\mathbf{x}_2+c_3\mathbf{x}_3=\mathbf{y}_3,\ (c_i\in R)$

라 하면, 다음과 같은 3개의 연립방정식

$a_1+a_2+2a_3=3$

$$\begin{aligned} 2a_1 + a_2 \qquad &= -1 \\ a_2 + \ a_3 &= 4 \end{aligned}$$

$$\begin{aligned} b_1 + b_2 + 2b_3 &= 7 \\ 2b_1 + b_2 \qquad &= 1 \\ b_2 + \ b_3 &= 1 \end{aligned}$$

$$\begin{aligned} c_1 + c_2 + 2c_3 &= 6 \\ 2c_1 + c_2 \qquad &= 1 \\ c_2 + \ c_3 &= -4 \end{aligned}$$

은 모두 계수행렬로

$$A = \begin{bmatrix} 1 & 1 & 2 \\ 2 & 1 & 0 \\ 0 & 1 & 1 \end{bmatrix}$$

을 갖는다. 이 세 개의 연립방정식은 RREF를 이용하여 동시에 계산이 가능하다. 즉, 행렬

$$[A : \mathbf{y}_1 : \mathbf{y}_2 : \mathbf{y}_3]$$

를 RREF로 변환함으로써 a_i, b_i, c_i $(i=1, 2, 3)$를 한번에 구할 수 있다.

$$A = \begin{bmatrix} 1 & 1 & 2 & \vdots & 3 & \vdots & 7 & \vdots & 6 \\ 2 & 1 & 0 & \vdots & -1 & \vdots & 1 & \vdots & 1 \\ 0 & 1 & 1 & \vdots & 4 & \vdots & 1 & \vdots & -4 \end{bmatrix}$$

의 RREF는

$$B = \begin{bmatrix} 1 & 0 & 0 & \vdots & -2 & \vdots & 2 & \vdots & 5 \\ 0 & 1 & 0 & \vdots & 3 & \vdots & -3 & \vdots & -9 \\ 0 & 0 & 1 & \vdots & 1 & \vdots & 4 & \vdots & 5 \end{bmatrix}$$

이고, 따라서 기저 β에서 기저 α로의 전이행렬은 다음과 같다.

$$P = [I]_\beta^\alpha = \begin{bmatrix} -2 & 2 & 5 \\ 3 & -3 & -9 \\ 1 & 4 & 5 \end{bmatrix}$$

□

정리 7.9.2

두 집합 α와 β를 벡터공간 R^n의 서로 다른 순서기저라 하고 P를 기저 β에서 기저 α로의 전이행렬이라 하자. 그러면 P는 가역이고 P^{-1}는 기저 α에서 기저 β로의 전이행렬이다. 즉, $P^{-1} = [I]_\alpha^\beta$.

증명 먼저, $[\mathbf{x}]_\alpha = P[\mathbf{x}]_\beta$인 P가 가역임을 증명하기 위하여 동차연립방정식 $P[\mathbf{x}]_\beta = \mathbf{0}$이 자명한 해만을 가짐을 보이자.

R^n의 임의의 벡터 $\mathbf{x}$에 대하여 $[\mathbf{x}]_\alpha = P[\mathbf{x}]_\beta = \mathbf{0}$이라 하면 식 (2)로 부터 $[\mathbf{x}]_\alpha = \mathbf{0}$이

므로 $\mathbf{x}=\mathbf{0}$이다. 그리고 β가 일차독립이므로 $[\mathbf{x}]_\beta=\mathbf{0}$이어야 한다. 따라서 P는 가역이다.

이제, $P[\mathbf{x}]_\beta=[\mathbf{x}]_\alpha$의 양변에 P^{-1}를 곱하면

$$[\mathbf{x}]_\beta=P^{-1}[\mathbf{x}]_\alpha$$

이므로 P^{-1}는 기저 α에서 기저 β로의 전이행렬이다. ■

예제 5 예제 4 에 있는 R^3의 두 순서기저 α, β에 대하여 다음을 구하여라.

(1) 기저 α에서 기저 β로의 전이행렬 $[I]_\alpha^\beta$

(2) $[\mathbf{x}]_\alpha=\begin{bmatrix}1\\5\\2\end{bmatrix}$일 때, 좌표벡터 $[\mathbf{x}]_\beta$

풀이 (1) 기저 β에서 기저 α로의 전이행렬 $[I]_\beta^\alpha$은

$$[I]_\beta^\alpha=P=\begin{bmatrix}-2&2&5\\3&-3&-9\\1&4&5\end{bmatrix}$$

이므로 **정리 7.9.2** 에 의하여

$$[I]_\alpha^\beta=P^{-1}=\begin{bmatrix}-\frac{7}{5}&-\frac{2}{3}&\frac{1}{5}\\\frac{8}{5}&1&\frac{1}{5}\\-1&-\frac{2}{3}&0\end{bmatrix}$$

(2) $[\mathbf{x}]_\beta=[I]_\alpha^\beta[\mathbf{x}]_\alpha$

$$=\begin{bmatrix}-\frac{7}{5}&-\frac{2}{3}&\frac{1}{5}\\\frac{8}{5}&1&\frac{1}{5}\\-1&-\frac{2}{3}&0\end{bmatrix}\begin{bmatrix}1\\5\\2\end{bmatrix}=\begin{bmatrix}-\frac{13}{3}\\7\\-\frac{13}{3}\end{bmatrix}$$

□

연습문제 7-9

|1-2| 순서기저 $\alpha=\{\mathbf{v}_1, \mathbf{v}_2\}$로 주어질 때, 좌표벡터 $[\mathbf{w}]_\alpha$를 구하여라.

1. $\mathbf{w}=(2, 5)$, $\mathbf{v}_1=(1, 0)$, $\mathbf{v}_2=(0, 1)$

2. $\mathbf{w}=(2, 3)$, $\mathbf{v}_1=(2, 4)$, $\mathbf{v}_2=(3, 8)$

|3-6| R^3의 순서기저 $\beta=\{(1, 1, 1), (1, -1, 1), (1, 2, 2)\}$에 대하여 다음을 구하여라.

3. $\mathbf{x}=(7, -7, 5)$의 좌표벡터 $[\mathbf{x}]_\beta$를 구하여라.

4. $\mathbf{y}=(1, -4, 4)$의 좌표벡터 $[\mathbf{y}]_\beta$를 구하여라.

5. $\mathbf{x}+\mathbf{y}$의 좌표벡터 $[\mathbf{x}+\mathbf{y}]_\beta$를 구하여라.

6. $3\mathbf{x}$, $3\mathbf{y}$의 좌표벡터 $[3\,\mathbf{x}]_\beta$, $[5\,\mathbf{y}]_\beta$를 구하여라.

|7-8| 주어진 $\mathbf{v}_1$, $\mathbf{v}_2$에 대하여 $\mathbf{w}$의 좌표를 구하여라.

7. $\mathbf{w}=(2, 5)$, $\mathbf{v}_1=\left(\frac{1}{\sqrt{2}}, -\frac{1}{\sqrt{2}}\right)$, $\mathbf{v}_2=\left(\frac{1}{\sqrt{2}}, \frac{1}{\sqrt{2}}\right)$

8. $\mathbf{w}=(1, 0, 3)$, $\mathbf{v}_1=\left(\frac{2}{3}, -\frac{2}{3}, \frac{1}{3}\right)$, $\mathbf{v}_2=\left(\frac{2}{3}, \frac{1}{3}, -\frac{2}{3}\right)$, $\mathbf{v}_3=\left(\frac{1}{3}, \frac{2}{3}, \frac{2}{3}\right)$

|9-10| $\alpha=\{\mathbf{v}_1, \mathbf{v}_2\}$가 R^2에서 직교기저라 하자.

$$\mathbf{v}_1=\left(\frac{3}{5}, -\frac{4}{5}\right),\ \mathbf{v}_2=\left(\frac{4}{5}, \frac{3}{5}\right)$$

라고 하고, 다음 물음에 답하시오.

9. $[\mathbf{u}]_\alpha=(1, 1)=[1\quad 1]^T$, $[\mathbf{v}]_\alpha=(-1, 4)=[-1\quad 4]^T$인 $\mathbf{u}$, $\mathbf{v}$를 구하여라.

10. 연습문제 9번에서 구한 $\mathbf{u}$, $\mathbf{v}$의 노름(크기) $\|\mathbf{u}\|$, $\|\mathbf{v}\|$를 구하여라.

|11-14| $\alpha=\{\mathbf{u}_1, \mathbf{u}_2\}$, $\beta=\{\mathbf{v}_1, \mathbf{v}_2\}$가 R^2에서 기저라고 하고,

$$\mathbf{u}_1=(1, 2),\ \mathbf{u}_2=(2, 3),\ \mathbf{v}_1=(1, 3),\ \mathbf{v}_2=(1, 4)$$

라고 하자. 다음 물음에 답하여라.

11. 전이행렬 $[I]_\beta^\alpha$을 구하여라.

12. 전이행렬 $[I]_\alpha^\beta$을 구하여라.

13. 기저 α에 대해 $[\mathbf{w}]_\alpha=(1, 1)$일 때, $[I]_\alpha^\beta$를 이용하여 $[\mathbf{w}]_\beta$을 구하여라.

14. 기저 β에 대해 $[\mathbf{w}]_\beta=(3, 2)$일 때, $[I]_\beta^\alpha$를 이용하여 $[\mathbf{w}]_\alpha$을 구하여라.

> **참고** $[\mathbf{x}]_\beta=[I]_\varepsilon^\beta[\mathbf{x}]_\varepsilon$
> $[\mathbf{x}+\mathbf{y}]_\beta=[I]_\varepsilon^\beta[\mathbf{x}+\mathbf{y}]_\varepsilon$

| 15-18 | R^3의 두 순서기저

$\varepsilon=\{(1,\ 0,\ 0),\ (0,\ 1,\ 0),\ (0,\ 0,\ 1)\}$, $\beta=\{(1,\ 1,\ 1),\ (1,\ -1,\ 1),\ (1,\ 2,\ 2)\}$
에 대하여 다음을 구하여라.

15. 전이행렬 $[I]_\beta^\varepsilon$ 을 구하여라.

16. 전이행렬 $[I]_\varepsilon^\beta$을 구하여라.

17. 연습문제 3번의 $[\mathbf{x}]_\beta$를 $[I]_\beta^\varepsilon$ 를 이용하여 $\mathbf{x}$를 구하여라.

18. 연습문제 5번의 $[\mathbf{x}+\mathbf{y}]_\beta$와 $[I]_\varepsilon^\beta$를 이용하여 $\mathbf{x}+\mathbf{y}$를 구하여라.

| 19-20 | R^3의 두 순서기저

$\alpha=\{(1,\ 1,\ 1),\ (2,\ 3,\ 2),\ (1,\ 5,\ 4)\}$, $\beta=\{(1,\ 1,\ 0),\ (1,\ 2,\ 0),\ (1,\ 2,\ 1)\}$

19. 전이행렬 $[I]_\beta^\alpha$ 을 구하여라.

20. 전이행렬 $[I]_\alpha^\beta$ 을 구하여라.

토론과 발견

P1 R^n의 순서기저 $\alpha=\{\mathbf{x}_1,\ \mathbf{x}_2,\ \cdots,\ \mathbf{x}_n\}$에 대한 좌표벡터 $[\mathbf{x}]_\alpha$는 항상 유일함을 증명하여라.

P2 α, β, γ가 모두 R^2의 순서기저라 하자. 만일

$$[I]_\alpha^\beta=\begin{bmatrix}3 & 1\\ 5 & 2\end{bmatrix},\ [I]_\beta^\gamma=\begin{bmatrix}7 & 2\\ 4 & -1\end{bmatrix}$$

이라면, $[I]_\gamma^\alpha$을 구하여라.

P3 다음 행렬을 생각하자.

$$P=\begin{bmatrix}1 & 1 & 0\\ 1 & 0 & 2\\ 0 & 2 & 1\end{bmatrix}$$

(1) P는 표준기저 $\alpha=\{\mathbf{e}_1,\ \mathbf{e}_2,\ \mathbf{e}_3\}$로부터 어떤 기저 β로의 전이행렬이다. 집합

β를 구하여라.

(2) P는 어떤 기저 β로부터 표준기저 $\alpha=\{\mathbf{e}_1, \mathbf{e}_2, \mathbf{e}_3\}$로의 전이행렬이다. 집합 β를 구하여라.

P4 R^2의 두 순서기저,

$$\alpha=\{\mathbf{x}_1=(5,\ 2),\ \mathbf{x}_2=(7,\ 3)\},\ \beta=\{\mathbf{y}_1=(3,\ 2),\ \mathbf{y}_2=(1,\ 1)\}$$

일 때, 행렬 X, Y를 다음과 같이 정의하자.

$$X=[\mathbf{x}_1 : \mathbf{x}_2]=\begin{bmatrix} 5 & 7 \\ 2 & 3 \end{bmatrix}$$

$$Y=[\mathbf{y}_1 : \mathbf{y}_2]=\begin{bmatrix} 3 & 1 \\ 2 & 1 \end{bmatrix}$$

이 때, 전이행렬 $[I]_\alpha^\beta=Y^{-1}X$임을 확인하여라.

P5 α를 순서기저라 하자. 만일 $[\mathbf{y}]_\alpha=\mathbf{0}$이라 하자. 이 때 $\mathbf{y}$는 어떤 벡터인가?

GLOBAL ANALYSIS RESEARCH CENTER

〈대역해석학연구센터-KOSEF, 1991년 설립〉

http://www.rim.snu.ac.kr/garc/

제 7 장 단원 복습

1. 개념요약

- R^n의 부분집합 $\{\mathbf{v}_1, \mathbf{v}_2, \cdots, \mathbf{v}_s\}$가 부분공간 V를 생성하고 일차독립이면 집합 $\{\mathbf{v}_1, \mathbf{v}_2, \cdots, \mathbf{v}_s\}$를 V의 기저라 한다.
- 벡터공간 R^n에서 n개의 (열)벡터

  $\mathbf{x}_1=(x_{11}, x_{12}, \cdots, x_{1n}),\cdots, \mathbf{x}_n=(x_{n1}, x_{n2}, x_{nn})$

  이 일차독립일 필요충분조건은 다음과 같다.

$$\Delta=\begin{vmatrix} x_{11} & x_{21} \cdots & x_{n1} \\ \vdots & \vdots & \\ x_{1n} & x_{2n} \cdots & x_{nn} \end{vmatrix} \neq 0$$

- 집합 S가 R^n의 한 기저일 때, S에 속하는 벡터의 개수를 R^n의 차원(dimension)이라 하며 $\dim\ R^n$으로 나타낸다.
- $m\times n$ 행렬 A와 $\mathbf{x}=(x_1, x_2, \cdots, x_n)\in R^n$에 대하여 동차연립방정식 $A\mathbf{x}=\mathbf{0}$의 해집합은 R^n의 부분공간, 즉, 해공간 또는 행렬 A의 영공간(null space)이라 한다.
- 행렬 A의 영공간의 차원을 $\text{nullity}(A)$라 한다.
- 행렬 A의 행벡터들이 생성하는 R^n의 부분공간을 A의 행공간(row space), 열벡터에 의해서 생성된 R^n의 부분공간을 A의 열공간(column space)이라 한다.
- 행렬 A의 행공간이나 열공간의 차원은 A의 계수(rank)이며 $\text{rank}(A)$로 나타낸다.
- 임의의 행렬 $A\in M_{m\times n}$에 대하여 다음이 성립한다.

  $\text{rank}(A)+\text{nullity}(A)=n$
- 연립방정식 $A\mathbf{x}=\mathbf{b}$가 해를 가질 필요충분조건은 다음과 같다.

  $\text{rank}(A)=\text{rank}[A:\mathbf{b}]$
- $\mathbf{a}\in R^n$의 영 아닌 벡터라 하자.

  $\mathbf{a}^{\perp}=\{\mathbf{x}\in R^n | \mathbf{a}\cdot\mathbf{x}=0\}$

  을 hyperplane이라 한다.
- 행렬 A가 n차의 정사각행렬일 때 다음은 동치이다.

  (1) $\text{rank}(A)=n$

  (2) $\text{nullity}(A)=0$

  (3) A의 모든 행(열) 벡터는 R^n에서 일차독립이다.

  (4) $A\mathbf{x}=\mathbf{0}$은 자명한 해 $\mathbf{x}=\mathbf{0}$만을 갖는다.

  (5) $A\mathbf{x}=\mathbf{b}$는 모든 $n\times 1$ 행렬 $\mathbf{b}$에 대하여 유일한 해를 갖는다.

  (6) A는 I_n과 행동치이다.

  (7) A는 가역이다.

  (8) $\det(A)\neq 0$
- R^n 상의 영 아닌 벡터 $\mathbf{a}$에 대하여, $\mathbf{x}$의 $\text{span}\{\mathbf{a}\}$상의 정사영(orthogonal projection)은

$\mathbf{p}=\text{proj}_{<\mathbf{a}>}\mathbf{x}=\dfrac{\mathbf{x}\cdot\mathbf{a}}{\|\mathbf{a}\|^2}\mathbf{a}$로 표기한다.

- W를 R^n의 부분공간이라 하고, M의 열벡터들이 W의 기저를 이룰 때 모든 $\mathbf{x}\in R^n$에 대하여 $\text{proj}_W\,\mathbf{x}=M(M^TM)^{-1}M^T\mathbf{x}$이다.
- $A^TA\,\mathbf{x}=A^T\mathbf{b}$는 $A\,\mathbf{x}=\mathbf{b}$에 관한 정규방정식(normal equation)이다.
- 연립방정식 $A\,\mathbf{x}=\mathbf{b}$의 최소제곱해는 정규방정식 $A^TA\,\mathbf{x}=A^T\mathbf{b}$의 해이다.
- R^n의 기저 S가 직교집합이면 직교기저(orthogonal basis), 정규직교집합이면 정규직교기저(orthonormal basis)라고 한다.
- 기저 α에 관한 $\mathbf{x}$의 좌표벡터(coordinate vector)라 하며, $[\mathbf{x}]_\alpha$로 나타낸다.
- 집합 α가 벡터공간 R^n의 기저일 때, R^n의 벡터 $\mathbf{x}$, $\mathbf{y}$와 스칼라 $c\in R$에 대하여 다음이 성립한다.
  (1) $[\mathbf{x}+\mathbf{y}]_\alpha=[\mathbf{x}]_\alpha+[\mathbf{y}]_\alpha$
  (2) $[c\,\mathbf{x}]_\alpha=c[\mathbf{x}]_\alpha$
- $[\mathbf{x}]_\alpha=P[\mathbf{x}]_\beta$
- 기저 β에서 기저 α로의 전이행렬 $P=[I_1]_\beta^\alpha=[[\mathbf{y}_1]_\alpha:[\mathbf{y}_2]_\alpha:\cdots:[\mathbf{y}_n]_\alpha]$는 $[\mathbf{x}]_\beta$를 $[\mathbf{x}]_\alpha$로 변환 시키는 전이행렬(transition matrix) 이다.
- 두 집합 α와 β를 벡터공간 R^n의 서로 다른 기저라 하고 P를 기저 β에서 기저 α로의 전이행렬이라 하자. 그러면 P는 가역이고 P^{-1}는 기저 α에서 기저 β로의 전이행렬이다. 즉, $P^{-1}=[I]_\alpha^\beta$.

2. 참 · 거짓 문제

> 만일 주어진 문장이 참이면, 이유를 설명하거나 교재에 서술된 적절한 내용을 인용하여라. 만일 거짓이면 반례를 하나 주거나 교재에 서술된 적절한 내용을 인용하여 이유를 주어라.

(1) (　) 만일 $S=\{\mathbf{v}_1,\ \cdots,\ \mathbf{v}_n\}$이 두 개 이상의 0이 아닌 R^n 상의 벡터를 포함하고 있다고 하자. 그러면 S가 일차독립일 필요충분조건은 S의 몇몇 벡터들은 나머지 벡터들의 일차결합으로 이루어진다.

(2) (　) 만일 $S=\{\mathbf{v}_1,\ \cdots,\ \mathbf{v}_k\}$가 R^n 상의 일차독립인 집합이라면 $k\le n$이다.

(3) (　) $S=\{\mathbf{v}_1,\ \cdots,\ \mathbf{v}_k\}$이 R^n을 생성하면, $k\ge n$이다.

(4) (　) $S=\{\mathbf{v}_1,\ \cdots,\ \mathbf{v}_k\}$이 R^n에서 부분집합이라 하자. 만일 R^n의 모든 벡터들이 위의 S의 원소들의 일차결합으로 유일하게 나타난다면 $k=n$이다.

(5) (　) $A\,\mathbf{x}=\mathbf{0}$이 n개의 선형방정식과 n개의 미지수로 이루어져 있는 동차연립방정식이라 하자. 이 방정식의 해가 무수히 많다면 A의 열벡터는 R^n의 기저로 표현될 수 없다.

(6) (　) A에서 0이 아닌 행벡터는 A의 행공간의 기저를 구성한다.

(7) (　) 만약 E가 기본행렬이라면 A와 EA는 같은 영공간을 가진다.

(8) (　) 만약 A가 $n\times n$ 행렬이고, 그 계수(rank)가 n이라면 A는 가역행렬이다.

(9) ( ) A가 0이 아닌 $m\times n$ 행렬이라면 Null$(A)\cap$Row(A)는 최소한 하나의 0이 아닌 벡터를 포함한다.

(10) ( ) A가 정사각행렬이 아니라면, A의 행벡터들의 집합 또는 A의 열벡터들의 집합 중 적어도 하나는 항상 일차종속이다.

(11) ( ) A에 0이 아닌 행을 하나 더 더하면, rank도 1 증가한다.

(12) ( ) A가 0이 아닌 $m\times n$ 크기의 행렬이라면 A의 nullity는 기껏해야 m이다.

(13) ( ) 일차종속인 행들을 포함하는 정사각행렬의 nullity는 최소한 1이상이다.

(14) ( ) A가 정사각행렬이고, 연립방정식 $A\mathbf{x}=\mathbf{b}$의 해가 존재하지 않는다(inconsistent)면 nullity$(A)=0$이다.

(15) ( )만약 A가 열보다 행을 더 많이 가지고 있다면, 행공간의 차원은 열공간의 차원보다 크다.

(16) ( ) 만일 rank$(A)=$rank(A^T)라면 A는 정사각행렬이다.

(17) ( ) A가 n차 가역행렬이라고 하고, $\mathbf{b}\in R^n$인 벡터라고 하면, A와 $\mathbf{b}$의 첨가행렬 $[A:\mathbf{b}]$는 A와 같은 rank를 가진다.

(18) ( ) 만일 A가 full row rank와 full column rank를 동시에 가지면 A는 정사각행렬이 된다.

(19) ( ) A^TA와 AA^T둘 다 가역행렬이라 하면 A는 가역행렬이다.

(20) ( ) 3×3 크기의 임의의 행렬 중 rank와 nullity가 같은 행렬은 없다.

(21) ( ) W가 R^n의 부분공간이라 하면, 임의의 $\mathbf{u}\in R^n$에 대하여 $\text{proj}_W\,\mathbf{u}$는 $\text{proj}_{W^\perp}\,\mathbf{u}$에 직교이다.

(22) ( ) $n\times n$ 행렬 P가 만약 R^n에서 임의의 부분공간으로의 직교사영인 표준행렬이라면, $P^2=P$을 만족한다.

(23) ( ) $A\mathbf{x}=\mathbf{b}$의 해가 $\mathbf{x}$라고 하면 $\text{proj}_{\text{row}(A)}\,\mathbf{x}$도 마찬가지로 해가 된다.

(24) ( ) 행렬 P가 R^n에서 임의의 부분공간으로의 정사영인 표준행렬이라면 $I-P$는 idempotent이다.

(25) ( ) 만일 $A\mathbf{x}=\mathbf{b}$가 해를 갖지 않으면 $A\mathbf{x}=\text{proj}_{\text{col}(A)}\,\mathbf{b}$도 마찬가지이다.

(26) ( ) R^n 상에는 일차종속이며 동시에 정규직교인 벡터들의 집합은 존재하지 않는다.

(27) ( ) R^n 상에는 일차종속이며 동시에 직교인 벡터들의 집합은 존재하지 않는다.

(28) ( ) R^n의 모든 부분공간은 정규직교기저를 가진다.

(29) ( ) $\mathbf{q}_1$, $\mathbf{q}_2$, $\mathbf{q}_3$가 $\mathbf{w}_1$, $\mathbf{w}_2$, $\mathbf{w}_3$에 대하여 Gram-Schmidt 정규직교화를 거친 벡터들이라고 하자. 그러면, $\mathbf{q}_3\cdot\mathbf{w}_1=0$, $\mathbf{q}_3\cdot\mathbf{w}_2=0$이다.

✻ Project (1) 자신의 전공과 선형대수학 사이의 연관성에 대하여 논의하여라.

(2) 한국의 수학에 관한 자료를 모아본 후 서양수학과의 차이를 분석하고 앞으로의 한국 및 동아시아의 수학에 대해 토론해 보아라.

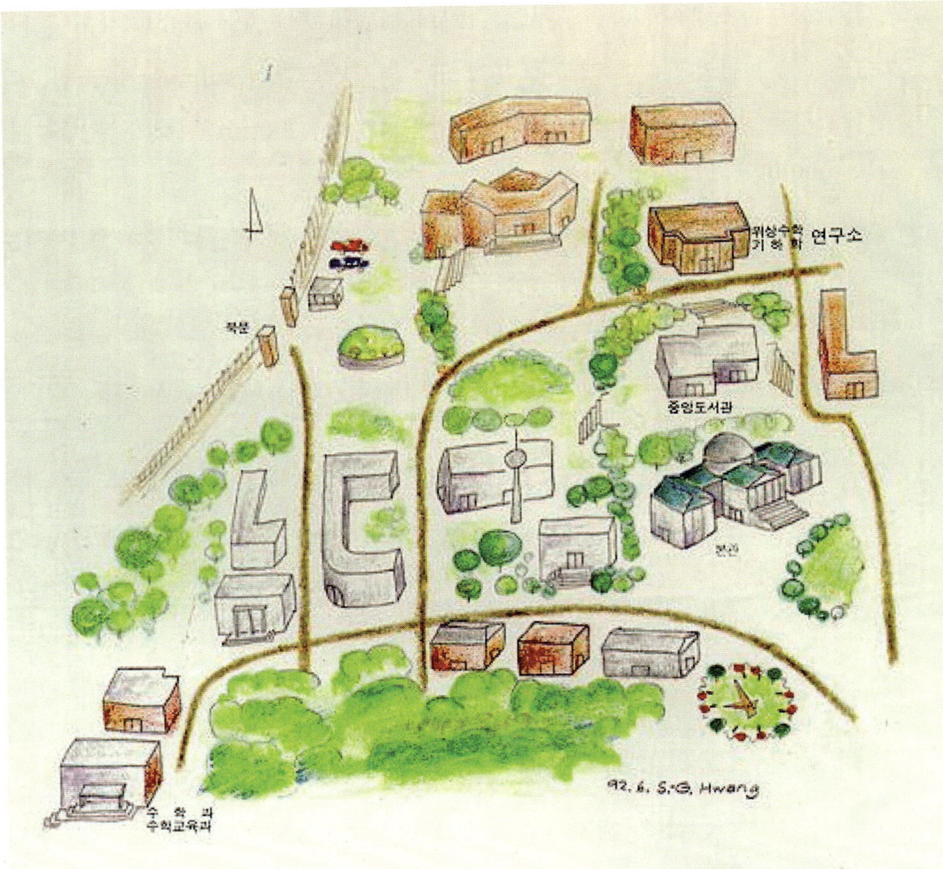

〈위상수학 및 기하학연구센터-KOSEF, 1990년 5월 11일 설립, 그림 황석근교수〉

http://www.nas.go.kr/member/member_datail_action.asp?num=138

제 08 장

행렬의 대각화(Diagonalizations)

Olga Taussky-Todd (1906-1995)

오스트리아의 Olmutz(현재 체코의 Olomouc) 에서 태어난 Olga Taussky-Todd는 20세기 행렬이론 분야의 선구자 중의 한명이다.

Vienna대학에서 박사학위를 받고, 1937년까지는 Vienna대와 Gottingen대, Girton College와 Cambridge대학 및 여류수학자 Emmy Noether가 근무하던 미국의 Bryn Mawr College에서도 연구하였다. 런던대학으로 옮긴 1937년 같이 근무하던 수학자인 남편 John Todd를 만나 결혼했으며. 2차 세계대전 중에는 런던에 있는 National Physical Laboratory와 Queens대학에서 일했다. 연구소에서는 초음속 항공기의 고르지 못한 진동(flutter)에 관해 연구했는데, 진동에 관한 주요 문제는 6×6 복소행렬의 고유값의 위치와 관계된 것이었다. 그래서 연구소에서는 대규모 직원을 고용하여 수도 없이 번거로운 계산을 하고 있었다. Taussky-Todd는 주어진 복소행렬의 고유값들을 포함하는 영역을 쉽게 구하게 하는 방법을 제공하는 Gersgorin 정리라는 내용으로부터 이 정리를 이용하면 위의 고된 계산이 요구되는 수고를 덜 수 있다는 것을 알아차리고 Gersgorin의 정리를 실용적인 의의를 갖는 도구로 이용하여 엄청난 수고를 덜어주었다. 그러면서 평생의 연구 주제가 된 행렬의 가환성에 대한 일반화와 정수 행렬을 연구하기 시작한다. 전쟁이 끝나자 미국으로 옮겨 National Bureau of Standards에 근무하며 행렬 관련 주제들에 대한 그녀의 연구를 계속했고, 수 백년간 행렬에 관하여 연구된 다양한 결과들로부터 현재 "행렬이론"이라 부르는 연구 분야를 만들어 냈다. 1957년 여성으로는 최초로 California Institute of Technology의 교수가 되어 1995년 돌아가실 때 까지 평생을 남편과 함께 Cal. Tech. 수학과에 근무하며 많은 유명한 **선형대수학자**를 배출한다.

http://www.genealogy.ams.org/

200편이상의 논문을 쓴 Taussky-Todd는 1970년 Ford상, 1978년 Austrian Cross of Honour for Science and Art, 1988년에 University of Southern California의 명예박사학위 등 많은 영예와 상을 수상하였으며, 미국수학회부회장을 역임하였고, 1993년에는 International Linear Algebra Society가 선형대수학 분야의 그녀의 업적을 기념하여 매 정기학회마다 초청강연을 하는 Taussky-Todd 강연 시리즈를 만들어서 보통 4년에 3번씩 그녀 이름으로 유명 선형대수학자의 강연이 이루어진다.

http://www.agnesscott.edu/lriddle/women/todd.htm

〈Gersgorin Circle 정리 〉

http://matrix.skku.ac.kr/sglee/l-G-CircleThm/G-CirclThm.htm

http://matrix.skku.ac.kr/sglee/LT/java/main/gs/Test.html (자바)

8.1 선형변환의 행렬표현

• 우리는 6장에서 R^n 에서 R^m으로의 모든 선형변환은 표준행렬을 이용하여 행렬변환으로 나타낼 수 있음을 보았다. 이 표준행렬은 R^n의 모든 벡터는 항상 표준기저의 일차결합으로 표시된다는 것으로부터 얻어졌다. 이 절에서는, 보다 일반적으로 R^n 과 R^m의 임의의 순서기저(ordered basis)에 대하여 R^n 에서 R^m으로의 선형변환도 행렬변환으로 나타낼 수 있음을 좌표벡터를 이용하여 알아본다.

R^n과 R^m의 임의의 순서기저를 각각

$$\alpha=\{\mathbf{x}_1, \cdots, \mathbf{x}_n\}, \ \beta=\{\mathbf{y}_1, \cdots, \mathbf{y}_m\}$$

라 하고 $T: R^n \to R^m$를 선형변환이라 하자. 그러면 α의 각 벡터 $\mathbf{x}_j \in R^n$ $(j=1, 2, \cdots, n)$에 대하여 $T(\mathbf{x}_j)$는 R^m의 벡터이고, β가 R^m의 기저이므로 $T(\mathbf{x}_j)$는 다음과 같이 유일한 일차결합을 갖는다.

$$T(\mathbf{x}_j)=a_{1j}\mathbf{y}_1+a_{2j}\mathbf{y}_2+\cdots+a_{mj}\mathbf{y}_m \qquad (1\le j\le n)$$

따라서 β에 관한 $T(\mathbf{x}_j)$의 좌표벡터는

$$[T(\mathbf{x}_j)]_\beta=\begin{bmatrix} a_{1j} \\ a_{2j} \\ \vdots \\ a_{mj} \end{bmatrix}$$

이다. 여기서 $[T(\mathbf{x}_1)]_\beta, [T(\mathbf{x}_2)]_\beta, \cdots, [T(\mathbf{x}_n)]_\beta$를 열벡터로 갖는 $m\times n$행렬을 A'이라 하자. 즉,

$$A'=[[T(\mathbf{x}_1)]_\beta : [T(\mathbf{x}_2)]_\beta : \cdots : [T(\mathbf{x}_n)]_\beta]=\begin{bmatrix} a_{11} & a_{12} & \cdots & a_{1n} \\ a_{21} & a_{22} & \cdots & a_{2n} \\ \vdots & \vdots & \cdots & \vdots \\ a_{m1} & a_{m2} & \cdots & a_{mn} \end{bmatrix}$$

이 때, 위의 행렬 $A'=[a_{ij}]$를 기저 α와 β에 관한 선형변환 T의 변환행렬(matrix representation of T with respect to α and β)이라 하고, 간단히 기호로 다음과 같이 표시한다.

$$A'=[T]_\alpha^\beta$$

특히, $R^n=R^m$ 일 때 순서기저를 $\alpha=\beta$로 택하여 위와 같은 방법으로 얻어진 행렬 A'를 기저 α에 관한 선형변환(선형연산자) T의 (변환)행렬이라 하고, 기호 $A'=[T]_\alpha=[T]_\alpha^\alpha$로 표시한다. 위의 내용으로부터 다음과 같은 정리를 얻는다.

여기서 잠깐!

$A=[T]=[T]_\varepsilon^{\varepsilon'}$와 $A'=[T]_\alpha^\beta$는 같지는 않지만 다음과 같은 관계를 만족한다.

$$A'=[T]_\alpha^\beta=[I]_{\varepsilon'}^\beta [T]_\varepsilon^{\varepsilon'} [I]_\alpha^\varepsilon \cong [T]_\varepsilon^{\varepsilon'}=A$$

위의 두 행렬을 닮음(similar) 행렬이라 한다.

정리 8.1.1 $T: R^n \to R^m$을 $\mathbf{y}=T(\mathbf{x})$ $(\mathbf{x}\in R^n)$로 정의된 선형변환이라 하고, $\alpha=\{\mathbf{x}_1, \dots, \mathbf{x}_n\}$와 $\beta=\{\mathbf{y}_1, \dots, \mathbf{y}_m\}$를 각각 R^n와 R^m의 순서기저라 하자. 그러면

$$[\mathbf{y}]_\beta = A'[\mathbf{x}]_\alpha = [T]_\alpha^\beta[\mathbf{x}]_\alpha$$

이고, 이러한 행렬 A'는 다음과 같다.

$$A' = [[T(\mathbf{x}_1)]_\beta : [T(\mathbf{x}_2)]_\beta : \cdots [T(\mathbf{x}_n)]_\beta]$$

증 명 임의의 벡터 $\mathbf{x}\in R^n$는 R^n의 기저 $\alpha=\{\mathbf{x}_1, \cdots, \mathbf{x}_n\}$에 의하여

$$\mathbf{x} = c_1\mathbf{x}_1 + c_2\mathbf{x}_2 + \cdots + c_n\mathbf{x}_n$$

으로 유일하게 표시되며, α에 관한 $\mathbf{x}$의 좌표벡터는

$$[\mathbf{x}]_\alpha = \begin{bmatrix} c_1 \\ c_2 \\ \vdots \\ c_n \end{bmatrix}$$

이다. T의 선형성에 의하여

$$\mathbf{y} = T(\mathbf{x}) = c_1T(\mathbf{x}_1) + c_2T(\mathbf{x}_2) + \cdots + c_nT(\mathbf{x}_n)$$

이고, $\mathbf{y}$는 R^m의 벡터이므로 기저 β에 관하여 다음이 성립한다.

$$\begin{aligned}[\mathbf{y}]_\beta &= c_1[T(\mathbf{x}_1)]_\beta + c_2[T(\mathbf{x}_2)]_\beta + \cdots + c_n[T(\mathbf{x}_n)]_\beta \\ &= [[T(\mathbf{x}_1)]_\beta : [T(\mathbf{x}_2)]_\beta : \cdots : [T(\mathbf{x}_n)]_\beta]\begin{bmatrix} c_1 \\ c_2 \\ \vdots \\ c_n \end{bmatrix} \\ &= A'[\mathbf{x}]_\alpha \end{aligned}$$

■

다음 그림 8.1은 $\mathbf{y}=T(\mathbf{x})$로 정의된 선형변환 $T: R^n \to R^m$의 A'에 의한 행렬표현을 보여준다.

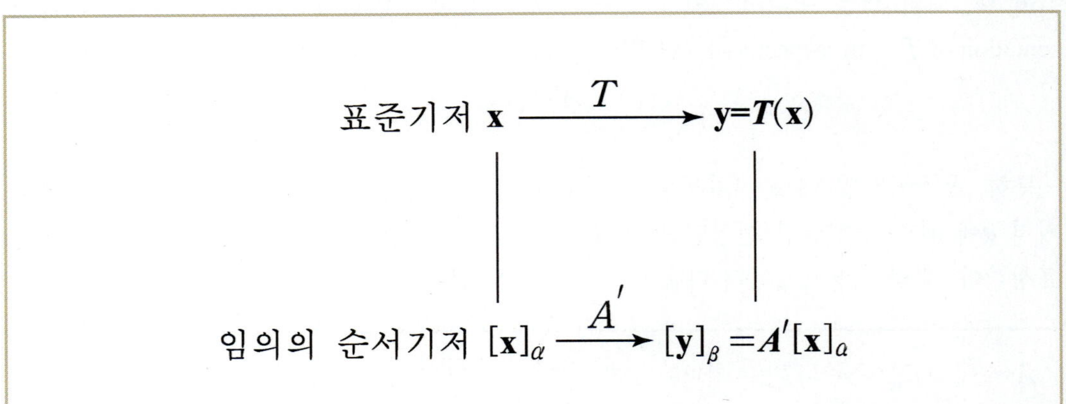

그림 8.1

1 **정리 8.1.1** 의 유용성은 $T(\mathbf{x})$의 값을 행렬의 곱으로 계산할 수 있음을 뜻한다. 즉,

$$[T(\mathbf{x})]_\beta = [T]_\alpha^\beta[\mathbf{x}]_\alpha = A'[\mathbf{x}]_\alpha$$

2. 행렬 $[T]_\alpha^\beta = A'$의 모양은 기저 α, β에 따라 변한다. 한 예로 순서 기저 α, β 안의 벡터들의 순서를 변경하면 A'의 행과 열도 변함을 뜻한다.

예제 1 선형변환 $T : R^3 \to R^2$를 $T\left(\begin{bmatrix} x \\ y \\ z \end{bmatrix}\right) = \begin{bmatrix} 2x-z \\ y-z \end{bmatrix}$이라 정의하고,

$$\alpha = \left\{\mathbf{x}_1 = \begin{bmatrix} 1 \\ 0 \\ 1 \end{bmatrix}, \mathbf{x}_2 = \begin{bmatrix} 0 \\ 1 \\ 1 \end{bmatrix}, \mathbf{x}_3 = \begin{bmatrix} 1 \\ 1 \\ 0 \end{bmatrix}\right\}$$

$$\beta = \left\{\mathbf{y}_1 = \begin{bmatrix} 1 \\ 1 \end{bmatrix}, \mathbf{y}_2 = \begin{bmatrix} -1 \\ 1 \end{bmatrix}\right\}$$

를 각각 R^3와 R^2의 (순서)기저라 하자. 이때 $A' = [T]_\alpha^\beta$를 구하라.

풀이 $A' = [T]_\alpha^\beta = [[T(\mathbf{x}_1)]_\beta : [T(\mathbf{x}_2)]_\beta : [T(\mathbf{x}_3)]_\beta]_{2\times 3}$

이므로 먼저 $T(\mathbf{x}_1)$, $T(\mathbf{x}_2)$, $T(\mathbf{x}_3)$를 구하면 다음과 같다.

$$T(\mathbf{x}_1) = \begin{bmatrix} 1 \\ -1 \end{bmatrix}, \; T(\mathbf{x}_2) = \begin{bmatrix} -1 \\ 0 \end{bmatrix}, \; T(\mathbf{x}_3) = \begin{bmatrix} 2 \\ 1 \end{bmatrix}$$

(참고로 $A = [T] = [T]_\varepsilon^{\varepsilon'} = \begin{bmatrix} 2 & 0 & -1 \\ 0 & 1 & -1 \end{bmatrix}$이다.)

이제, 기저 β에 관한 이 벡터들의 좌표벡터를 각각 구하자.

$$T(\mathbf{x}_1) = \begin{bmatrix} 1 \\ -1 \end{bmatrix} = a_1\mathbf{y}_1 + a_2\mathbf{y}_2 = a_1\begin{bmatrix} 1 \\ 1 \end{bmatrix} + a_2\begin{bmatrix} -1 \\ 1 \end{bmatrix},$$

$$T(\mathbf{x}_2) = \begin{bmatrix} -1 \\ 0 \end{bmatrix} = b_1\mathbf{y}_1 + b_2\mathbf{y}_2 = b_1\begin{bmatrix} 1 \\ 1 \end{bmatrix} + b_2\begin{bmatrix} -1 \\ 1 \end{bmatrix},$$

$$T(\mathbf{x}_3) = \begin{bmatrix} 2 \\ 1 \end{bmatrix} = c_1\mathbf{y}_1 + c_2\mathbf{y}_2 = c_1\begin{bmatrix} 1 \\ 1 \end{bmatrix} + c_2\begin{bmatrix} -1 \\ 1 \end{bmatrix}$$

이므로 이 세 개의 연립방정식을 각각 풀면 된다. 그런데 이 연립방정식의 계수행렬이 모두

$$\begin{bmatrix} 1 & -1 \\ 1 & 1 \end{bmatrix}$$

이므로 첨가행렬의 형태를 확장한 행렬

$$\begin{bmatrix} 1 & -1 & \vdots & 1 & \vdots & -1 & \vdots & 2 \\ 1 & 1 & \vdots & -1 & \vdots & 0 & \vdots & 1 \end{bmatrix}$$

을 RREF로 변환하여 다음 행렬을 구한다.

$$\begin{bmatrix} 1 & 0 & \vdots & 0 & \vdots & -\frac{1}{2} & \vdots & \frac{3}{2} \\ 0 & 1 & \vdots & -1 & \vdots & \frac{1}{2} & \vdots & -\frac{1}{2} \end{bmatrix} = \begin{bmatrix} 1 & 0 & \vdots & a_1 & \vdots & b_1 & \vdots & c_1 \\ 0 & 1 & \vdots & a_2 & \vdots & b_2 & \vdots & c_2 \end{bmatrix}$$

따라서 $(a_1, a_2)=(0, -1)$, $(b_1, b_2)=(-\frac{1}{2}, \frac{1}{2})$, $(c_1, c_2)=(\frac{3}{2}, -\frac{1}{2})$이고

$$A'=[T]_\alpha^\beta=[[T(\mathbf{x}_1)]_\beta : [T(\mathbf{x}_2)]_\beta : [T(\mathbf{x}_3)]_\beta]_{2\times 3}=\begin{bmatrix} 0 & -\frac{1}{2} & \frac{3}{2} \\ -1 & \frac{1}{2} & -\frac{1}{2} \end{bmatrix}$$ □

여기서 잠깐!

위의 예제 1 에서 보았듯이 특히, 선형변환이 $T : R^n \to R^m$이고

$$\alpha=\{\mathbf{x}_1, \cdots, \mathbf{x}_n\}, \ \beta=\{\mathbf{y}_1, \cdots, \mathbf{y}_m\}$$

가 각각 R^n과 R^m의 임의의 순서기저이면, 다음과 같은 방법으로 쉽게 $A'=[T]_\alpha^\beta$를 구할 수 있다.

행렬

$$[\mathbf{y}_1 : \mathbf{y}_2 : \cdots : \mathbf{y}_m : T(\mathbf{x}_1) : T(\mathbf{x}_2) : \cdots : T(\mathbf{x}_n)]$$

을 다음과 같은 형태의 RREF로 변환한다.

$$[I_m : A'_{m\times n}]=[I_m : [T(\mathbf{x}_1)]_\beta : [T(\mathbf{x}_2)]_\beta : \cdots : [T(\mathbf{x}_n)]_\beta]$$

예제 2 선형변환 $T : R^2 \to R^3$를 $T\left(\begin{bmatrix} x \\ y \end{bmatrix}\right)=\begin{bmatrix} x+y \\ x-3y \\ -2x+y \end{bmatrix}$이라 정의하고,

$$\alpha=\left\{\mathbf{x}_1=\begin{bmatrix} 1 \\ 1 \end{bmatrix}, \mathbf{x}_2=\begin{bmatrix} 2 \\ 1 \end{bmatrix}\right\}, \ \beta=\left\{\mathbf{y}_1=\begin{bmatrix} 1 \\ 0 \\ -1 \end{bmatrix}, \mathbf{y}_2=\begin{bmatrix} -1 \\ 2 \\ 1 \end{bmatrix}, \mathbf{y}_3=\begin{bmatrix} 0 \\ 1 \\ 1 \end{bmatrix}\right\}$$

를 각각 R^2와 R^3의 기저라 하자. 이때 $\mathrm{A}'=[T]_\alpha^\beta$를 구하라.

풀이

$$T(\mathbf{x}_1)=\begin{bmatrix} 2 \\ -2 \\ -1 \end{bmatrix}, \ T(\mathbf{x}_2)=\begin{bmatrix} 3 \\ -1 \\ -3 \end{bmatrix}$$

이므로

$$[\mathbf{y}_1 \ \mathbf{y}_2 \ \mathbf{y}_3 : T(\mathbf{x}_1) : T(\mathbf{x}_2)] = \begin{bmatrix} 1 & -1 & 0 & \vdots & 2 & \vdots & 3 \\ 0 & 2 & 1 & \vdots & -2 & \vdots & -1 \\ -1 & 1 & 1 & \vdots & -1 & \vdots & -3 \end{bmatrix}$$

이다. 이것을 RREF로 변환하면

$$=\begin{bmatrix} 1 & -1 & 0 & \vdots & 2 & \vdots & 3 \\ 0 & 2 & 1 & \vdots & -2 & \vdots & -1 \\ -1 & 1 & 1 & \vdots & -1 & \vdots & -3 \end{bmatrix} \to \begin{bmatrix} 1 & -1 & 0 & \vdots & 2 & \vdots & 3 \\ 0 & 2 & 1 & \vdots & -2 & \vdots & -1 \\ 0 & 0 & 1 & \vdots & 1 & \vdots & 0 \end{bmatrix}$$

$$\to\begin{bmatrix} 1 & 0 & 0 & \vdots & \frac{1}{2} & \vdots & \frac{5}{2} \\ 0 & 1 & 0 & \vdots & -\frac{3}{2} & \vdots & -\frac{1}{2} \\ 0 & 0 & 1 & \vdots & 1 & \vdots & 0 \end{bmatrix}$$

이므로 A'는 다음과 같다.

$$A'=[T]_\alpha^\beta=\begin{bmatrix} \frac{1}{2} & \frac{5}{2} \\ -\frac{3}{2} & -\frac{1}{2} \\ 1 & 0 \end{bmatrix}$$

□

예제 3 선형변환 $T : R^2 \to R^3$를 $T\left(\begin{bmatrix} x \\ y \end{bmatrix}\right)=\begin{bmatrix} 2x+y \\ x-y \\ x+4y \end{bmatrix}$라 정의하고 R^2와 R^3의 순서 기저를 각각 $\alpha=\{\mathbf{e}_2, \mathbf{e}_1\}$, $\beta=\{\mathbf{e}_3, \mathbf{e}_2, \mathbf{e}_1\}$라 할 때, 다음을 구하여라.

(1) $T\left(\begin{bmatrix} -4 \\ 6 \end{bmatrix}\right)$을 정의에 의하여 계산하여라.

(2) $A'=[T]_\alpha^\beta$를 구하여라.

(3) $\left[T\left(\begin{bmatrix} -4 \\ 6 \end{bmatrix}\right)\right]_\beta=[T]_\alpha^\beta\begin{bmatrix} -4 \\ 6 \end{bmatrix}_\alpha$을 $A'=[T]_\alpha^\beta$을 이용하여 계산하여라.

풀이 (1) $T\left(\begin{bmatrix} -4 \\ 6 \end{bmatrix}\right)=\begin{bmatrix} 2\cdot(-4)+6 \\ -4-6 \\ -4+4\cdot 6 \end{bmatrix}=\begin{bmatrix} -2 \\ -10 \\ 20 \end{bmatrix}$, $[T]_\varepsilon^{\varepsilon'}=\begin{bmatrix} 2 & 1 \\ 1 & -1 \\ 1 & 4 \end{bmatrix}$

(2) $T(\mathbf{e}_2)=\begin{bmatrix} 1 \\ -1 \\ 4 \end{bmatrix}$, $T(\mathbf{e}_1)=\begin{bmatrix} 2 \\ 1 \\ 1 \end{bmatrix}$이므로, $\begin{bmatrix} 1 \\ -1 \\ 4 \end{bmatrix}_\beta=\begin{bmatrix} 4 \\ -1 \\ 1 \end{bmatrix}$, $\begin{bmatrix} 2 \\ 1 \\ 1 \end{bmatrix}_\beta=\begin{bmatrix} 1 \\ 1 \\ 2 \end{bmatrix}$

그러므로, $A'=[T]_\alpha^\beta=\begin{bmatrix} 4 & 1 \\ -1 & 1 \\ 1 & 2 \end{bmatrix}$. 또는 $\begin{bmatrix} 0 & 0 & 1 & \vdots & 1 & \vdots & 2 \\ 0 & 1 & 0 & \vdots & -1 & \vdots & 1 \\ 1 & 0 & 0 & \vdots & 4 & \vdots & 1 \end{bmatrix}$

$$\to\begin{bmatrix} 1 & 0 & 0 & \vdots & 4 & \vdots & 1 \\ 0 & 1 & 0 & \vdots & -1 & \vdots & 1 \\ 0 & 0 & 1 & \vdots & 1 & \vdots & 2 \end{bmatrix}\Rightarrow A'=[T]_\alpha^\beta=\begin{bmatrix} 4 & 1 \\ -1 & 1 \\ 1 & 2 \end{bmatrix}$$

(3) $\begin{bmatrix} -4 \\ 6 \end{bmatrix}_\alpha=\begin{bmatrix} 6 \\ -4 \end{bmatrix}$이므로,

$$\left[T\left(\begin{bmatrix} -4 \\ 6 \end{bmatrix}\right)\right]_\beta=A'\begin{bmatrix} -4 \\ 6 \end{bmatrix}_\alpha=\begin{bmatrix} 4 & 1 \\ -1 & 1 \\ 1 & 2 \end{bmatrix}\begin{bmatrix} 6 \\ -4 \end{bmatrix}=\begin{bmatrix} 20 \\ -10 \\ -2 \end{bmatrix}$$

그러므로, $T\left(\begin{bmatrix} -4 \\ 6 \end{bmatrix}\right)=\begin{bmatrix} -2 \\ -10 \\ 20 \end{bmatrix}$ □

연습문제 8-1

1. 선형변환(선형연산자)가

$$T\left(\begin{bmatrix} x_1 \\ x_2 \end{bmatrix}\right)=\begin{bmatrix} x_1-x_2 \\ x_1+x_2 \end{bmatrix}$$

이고, 기저가 $\alpha=\left\{\begin{bmatrix} 1 \\ 1 \end{bmatrix}, \begin{bmatrix} -1 \\ 0 \end{bmatrix}\right\}$일 때, α에 관한 T의 (변환)행렬 $[T]_\alpha$를 구하여라.

2. R^2의 순서기저 $\alpha=\left\{\mathbf{x}_1=\begin{bmatrix} 1 \\ 1 \end{bmatrix}, \mathbf{x}_2=\begin{bmatrix} 2 \\ 0 \end{bmatrix}\right\}$에 대하여 선형변환 $T: R^2 \to R^3$가 $T(\mathbf{x}_1)=(-1, 3, 4)$, $T(\mathbf{x}_2)=(0, 2, -5)$를 만족할 때, $T(\mathbf{x})=T(x_1, x_2)$의 식을 구하고, $T(3, -6)$을 계산하여라.

3. 선형변환 $T: R^2 \to R^3$가

$$T\left(\begin{bmatrix} x \\ y \end{bmatrix}\right)=\begin{bmatrix} 2x+y \\ x-y \\ x+y \end{bmatrix}$$

로 정의되고, $\alpha=\{\mathbf{v}_1, \mathbf{v}_2\}$, $\beta=\{\mathbf{v}'_1, \mathbf{v}'_2, \mathbf{v}'_3\}$를 각각 R^2, R^3의 순서기저로

$$\mathbf{v}_1=\begin{bmatrix} 1 \\ 0 \end{bmatrix}, \mathbf{v}_2=\begin{bmatrix} 0 \\ 1 \end{bmatrix}, \mathbf{v}'_1=\begin{bmatrix} 0 \\ 0 \\ 1 \end{bmatrix}, \mathbf{v}'_2=\begin{bmatrix} 0 \\ 1 \\ 0 \end{bmatrix}, \mathbf{v}'_3=\begin{bmatrix} 1 \\ 0 \\ 0 \end{bmatrix}$$

일 때, 기저 α, β에 대한 T의 변환행렬 $[T]_\alpha^\beta$를 구하여라.

4. 선형변환 $T: R^3 \to R^3$를

$$T\left(\begin{bmatrix} x_1 \\ x_2 \\ x_3 \end{bmatrix}\right)=\begin{bmatrix} x_1+x_2 \\ x_2+x_3 \\ x_3+x_1 \end{bmatrix}$$

이라 정의하고,

$$\alpha=\left\{\begin{bmatrix} 1 \\ 1 \\ 1 \end{bmatrix}, \begin{bmatrix} 1 \\ 1 \\ 0 \end{bmatrix}, \begin{bmatrix} 1 \\ 0 \\ 0 \end{bmatrix}\right\}, \beta=\left\{\begin{bmatrix} 1 \\ 1 \\ 0 \end{bmatrix}, \begin{bmatrix} 0 \\ 1 \\ 1 \end{bmatrix}, \begin{bmatrix} 1 \\ 0 \\ 1 \end{bmatrix}\right\}$$

는 R^3의 두 기저이다. 이때 $A'=[T]_\alpha^\beta$를 구하라

5. 선형변환 $T: R^n \to R^n$이 $T(\mathbf{x})=\mathbf{x}$일 때, 임의의 순서기저 $\alpha=\{\mathbf{x}_1, \mathbf{x}_2, \cdots, \mathbf{x}_n\}$에 대한 T의 변환행렬 $[T]_\alpha$는 항등행렬인가?

|6-10| 선형변환(선형연산자) $T: R^2 \to R^2$가 $T\left(\begin{bmatrix} x \\ y \end{bmatrix}\right)=\begin{bmatrix} -5x+6y \\ -3x+4y \end{bmatrix}$로 정의되고 순

서기저가 $\alpha=\left\{\begin{bmatrix}1\\0\end{bmatrix}, \begin{bmatrix}0\\1\end{bmatrix}\right\}$, $\beta=\left\{\begin{bmatrix}1\\1\end{bmatrix}, \begin{bmatrix}2\\1\end{bmatrix}\right\}$일 때, 다음 물음에 답하여라.

6. 기저 α에 대한 선형변환 T의 변환행렬(표준행렬) $[T]_\alpha=[T]_\alpha^\alpha$를 구하여라.
7. 기저 β에서 α로의 전이행렬 $P=[I]_\beta^\alpha$를 구하여라.
8. 기저 β에 대한 선형변환 T의 (변환)행렬 $[T]_\beta=[T]_\beta^\beta$를 구하여라.
9. $P^{-1}[T]_\alpha P$를 구하여라.
10. $(P^{-1}[T]_\alpha P)\begin{bmatrix}3\\-2\end{bmatrix}$를 계산하여라.

토론과 발견

P1 $\mathbf{v}_1=(2,\ 0)$, $\mathbf{v}_2=(0,\ 4)$라고 하고 $T: R^2\to R^2$인 선형변환이라 하자. 만일 $T(\mathbf{v}_1)=\mathbf{v}_2$이고, $T(\mathbf{v}_2)=\mathbf{v}_1$이라면 선형변환 T의 표준행렬은 어떻게 되겠는가? 그리고 기저를 $\beta=\{\mathbf{v}_1,\ \mathbf{v}_2\}$로 가지는 경우 이 기저에 대한 T의 (변환)행렬 $[T]_\beta$는 어떻게 되겠는가?

P2 $\mathbf{v}_0=(a_0,\ b_0,\ c_0)$를 R^3의 고정된 벡터라 하자. 선형변환(선형연산자)

$$T: R^3\to R^3$$

를 다음과 같이 정의하면 $\alpha=\{\mathbf{i},\ \mathbf{j},\ \mathbf{k}\}$에 관한 T의 변환행렬(표준행렬)을 구하여라.

$$T_{\mathbf{v}_0}(x,\ y,\ z)=\begin{vmatrix}\mathbf{i} & \mathbf{j} & \mathbf{k}\\ a_0 & b_0 & c_0\\ x & y & z\end{vmatrix}=\begin{bmatrix}b_0 & c_0\\ y & z\end{bmatrix}\mathbf{i}-\begin{bmatrix}a_0 & c_0\\ x & z\end{bmatrix}\mathbf{j}+\begin{bmatrix}a_0 & b_0\\ x & y\end{bmatrix}\mathbf{k}$$

P3 선형변환 $T: R^n\to R^m$의 변환행렬을 결정하는데, R^n과 R^m의 다양한 기저에 따라 변환행렬이 서로 다르게 결정된다. 표준기저를 택하면 변환행렬이 가장 간단한 형태의 행렬이 된다고 할 수 있는가?

8.2 닮음과 행렬의 대각화

앞 절에서 본 바와 같이 선형연산자 $T : R^n \to R^n$의 행렬의 모양은 R^n의 기저에 따라 변한다. 따라서 R^n의 기저가 바뀌면 T의 변환행렬도 바뀐다. 그러나 T는 R^n에서 R^n 자신으로의 선형변환이므로 서로 다른 기저에 대한 T의 행렬표현 사이에는 적당한 관계가 존재할 것이다. 이 절에서는 R^n 사이의 선형변환 T의 다양한 기저에 대한 변환행렬 사이의 관계를 전이행렬을 이용하여 알아보고, 변환행렬이 간단한 형태인 대각행렬로 표현되는 경우인 대각화에 대하여 알아본다.

정리 8.2.1

$T : R^n \to R^n$이 선형변환이고 α와 β가 R^n 의 두 기저일 때,

$$A=[T]_\alpha,\ A'=[T]_\beta$$

라 하자. 이 때 기저 β에서 기저 α로의 전이행렬 $P=[I]_\beta^\alpha$에 대하여 다음이 성립한다.

$$A'=P^{-1}AP$$

증명 A, A'이 각각 기저 α, β에 관한 T의 행렬이므로 임의의 $\mathbf{x}\in R^n$ 에 대하여

$$A[\mathbf{x}]_\alpha=[T(\mathbf{x})]_\alpha,$$
$$A'[\mathbf{x}]_\beta=[T(\mathbf{x})]_\beta,$$

이다. 또한 P를 β에서 α로의 전이행렬이라 하면 P^{-1}는 α에서 β로의 전이행렬이고 임의의 $\mathbf{x}\in R^n$에 대하여 $T(\mathbf{x})\in R^n$이므로 다음이 성립한다.

$$P[\mathbf{x}]_\beta=[\mathbf{x}]_\alpha,$$
$$P^{-1}[T(\mathbf{x})]_\alpha=[T(\mathbf{x})]_\beta$$

따라서 임의의 $\mathbf{x}\in R^n$ 에 대하여

$$A'[\mathbf{x}]_\beta=[T(\mathbf{x})]_\beta=P^{-1}[T(\mathbf{x})]_\alpha$$
$$=P^{-1}A[\mathbf{x}]_\alpha=P^{-1}AP[\mathbf{x}]_\beta$$

이므로 다음이 성립한다.

$$A'=P^{-1}AP$$ ■

위의 정리를 그림으로 나타내면 다음과 같다.

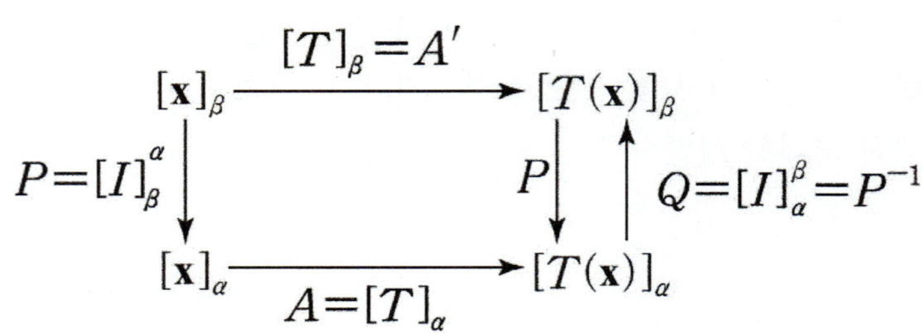

그림 8.2

예제 1 선형변환 $T: R^2 \to R^2$을

$$T\left(\begin{bmatrix} x \\ y \end{bmatrix}\right)=\begin{bmatrix} 2x-y \\ x+3y \end{bmatrix}$$

으로 정의하자. R^2의 기저 α를 표준기저 ε이라 하고, 또 다른 기저를

$$\beta=\left\{\mathbf{y}_1=\begin{bmatrix} 0 \\ 1 \end{bmatrix}, \mathbf{y}_2=\begin{bmatrix} -1 \\ 1 \end{bmatrix}\right\}$$

이라 할 때, 전이행렬을 이용하여 $A'=[T]_\beta$을 구하라.

풀이 표준기저 $\alpha=\varepsilon$에 관한 T의 표준행렬을 A라 하면

$$A=\begin{bmatrix} 2 & -1 \\ 1 & 3 \end{bmatrix}$$

이고, 기저 β에서 표준기저 α로의 전이행렬을 $[I]_\beta^\alpha=P$라 하면

$$P=[[\mathbf{y}_1]_\alpha : [\mathbf{y}_2]_\alpha]=\begin{bmatrix} 0 & -1 \\ 1 & 1 \end{bmatrix}$$

이므로 $P^{-1}=\begin{bmatrix} 1 & 1 \\ -1 & 0 \end{bmatrix}$이다. 따라서 **정리 8.2.1**에 의하여 A'은 다음과 같다.

$$\begin{aligned} A'&=P^{-1}AP \\ &=\begin{bmatrix} 1 & 1 \\ -1 & 0 \end{bmatrix}\begin{bmatrix} 2 & -1 \\ 1 & 3 \end{bmatrix}\begin{bmatrix} 0 & -1 \\ 1 & 1 \end{bmatrix} \\ &=\begin{bmatrix} 2 & -1 \\ 1 & 3 \end{bmatrix} \end{aligned}$$

□

선형변환의 변환행렬들의 관계를 일반적인 행렬의 관계로 다음과 같이 정의한다.

정의

정사각행렬 A, B에 대하여 다음을 만족하는 가역행렬 P가 존재할 때 B는 A와 닮음(similar)행렬이라고 한다.

$$B=P^{-1}AP$$

이 때, $B \sim A$라 쓴다.

예제 2 행렬

$$A=\begin{bmatrix} 1 & 0 & 0 \\ 0 & 1 & 0 \\ 0 & 0 & -1 \end{bmatrix},\ B=\begin{bmatrix} 1 & 0 & 0 \\ 0 & -1 & 0 \\ 0 & 0 & 1 \end{bmatrix},\ P=\begin{bmatrix} 1 & 0 & 0 \\ 0 & 0 & 1 \\ 0 & 1 & 0 \end{bmatrix}$$

에 대하여 $B=P^{-1}AP$이므로 B는 A와 닮은행렬이다. 즉 $B \sim A$ □

다음은 닮은행렬에 관한 몇 가지 기본적인 성질이다.

정리 8.2.2

n차의 정사각행렬 A, B, C에 대하여 다음이 성립한다.

(1) $A \sim A$

(2) $B \sim A \Rightarrow A \sim B$

(3) $B \sim A,\ A \sim C \Rightarrow B \sim C$

증명 (1) n차의 단위행렬 I_n에 대하여 $A = I_n^{-1} A I_n$이므로 A는 A와 닮은행렬이다.

(2) B가 A와 닮은행렬이므로 $B = P^{-1}AP$를 만족하는 가역행렬 P가 존재한다. 따라서 $A = PBP^{-1} = (P^{-1})^{-1}BP^{-1}$이므로 A는 B와 닮은행렬이다.

(3) B가 A와 닮은행렬이고 A가 C와 닮은행렬이므로

$$B = P^{-1}AP,\ A = Q^{-1}CQ$$

를 만족하는 가역행렬 P, Q가 존재한다. 따라서

$$B = P^{-1}AP = P^{-1}(Q^{-1}CQ)P = (QP)^{-1}C(QP)$$

이고 QP가 가역행렬이므로 B는 C와 닮은행렬이다. ■

여기서 잠깐!

정리 8.2.2에 의하여 "닮음"이라는 관계가 (1), (2), (3)을 만족하므로 이러한 관계를 "동치관계(equivalence relation)"이라 한다. 동치관계는 동치류(equivalence class)를 만들고 이들 동치류의 행렬들은 비슷한 성질을 가지고 있음을 의미한다. 그러므로 동치류의 대표행렬로 동치류 전체 행렬들을 설명할 수 있다는 의미이다.

어떤 정사각행렬 A에 대하여 $P^{-1}AP$가 대각행렬이 되는 가역행렬 P가 존재할 것인가 하는 문제와 그 때 가역행렬 P를 구하는 방법에 대하여 알아보자.

정의

정사각행렬 A가 어떤 대각행렬과 닮은행렬일 때 즉, 적당한 가역행렬 P가 존재하여 $P^{-1}AP$가 대각행렬일 때 A를 대각화가능한(diagonalizable)행렬이라 하며 이때 행렬 P는 "A를 대각화하는(diagonalizing) 행렬"이라고 한다.

예제 3 가역행렬 $P = \begin{bmatrix} 1 & 1 \\ 2 & 1 \end{bmatrix}$와 행렬 $A = \begin{bmatrix} 1 & 1 \\ -2 & 4 \end{bmatrix}$에 대하여

$$P^{-1}AP = \begin{bmatrix} -1 & 1 \\ 2 & -1 \end{bmatrix} \begin{bmatrix} 1 & 1 \\ -2 & 4 \end{bmatrix} \begin{bmatrix} 1 & 1 \\ 2 & 1 \end{bmatrix}$$

$$= \begin{bmatrix} 3 & 0 \\ 0 & 2 \end{bmatrix}$$

이므로 A는 대각화 가능하다. □

예제 4 대각행렬 D는 $I^{-1}DI = D$이므로 대각화 가능하다. □

예제 5 행렬 $A=\begin{bmatrix}0&1\\0&0\end{bmatrix}$이 대각화 가능하지 않음을 보여라.

풀이 만일 A가 대각화가능하다고 가정하자. 즉,

$$P=\begin{bmatrix}a&b\\c&d\end{bmatrix},\ (ad-bc\neq 0),\ D=\begin{bmatrix}e&0\\0&f\end{bmatrix}$$

로서 $P^{-1}AP=D(AP=PD)$가 성립한다고 하자.

그러면 $\begin{bmatrix}a&b\\c&d\end{bmatrix}\begin{bmatrix}e&0\\0&f\end{bmatrix}=\begin{bmatrix}0&1\\0&0\end{bmatrix}\begin{bmatrix}a&b\\c&d\end{bmatrix}$

즉, $\begin{bmatrix}ae&bf\\ce&df\end{bmatrix}=\begin{bmatrix}c&d\\0&0\end{bmatrix}$이 성립해야 한다. 그러면 $ce=0$이다.

만일 $c\neq 0$이면 $e=0$이므로, $0=ae=c(\neq 0)$이므로 모순이다. 그러므로 $c=0$일 수 밖에 없다. 마찬가지 방법으로 $d=0$이어야만 하므로, $ad-bc\neq 0$에 모순이므로 A는 대각화 가능하지 않다. □

이제 대각화 가능한 행렬 A를 대각화시키는 행렬에 대하여 알아보자.

정리 8.2.3

n차의 정사각행렬 A가 대각화 가능할 필요충분조건은 A가 n개의 일차독립인 고유벡터를 갖는 것이다. 이 때, A는 자신의 고유값 $\lambda_1, \cdots, \lambda_n$을 주대각선성분으로 갖는 대각행렬 D와 닮은 행렬이다.

증명 ($\Rightarrow$) A가 대각화 가능하면 적당한 가역행렬

$$P=[\mathbf{p}^{(1)} : \mathbf{p}^{(2)} : \cdots : \mathbf{p}^{(n)}]$$

에 대하여 $P^{-1}AP=B$인 대각 행렬 $B=\text{diag}\{b_1, b_2, \cdots, b_n\}$이 존재한다. 이 때,

$$AP=PB$$

이므로

$$A\mathbf{p}^{(1)}=b_1\mathbf{p}^{(1)},\ A\mathbf{p}^{(2)}=b_2\mathbf{p}^{(2)},\ \cdots,\ A\mathbf{p}^{(n)}=b_n\mathbf{p}^{(n)}$$

이다. 따라서 $b_1, b_2, \cdots, b_n$은 A의 고유값이므로 $B=D$이다. 이때, $\mathbf{p}^{(1)}, \mathbf{p}^{(2)}, \cdots, \mathbf{p}^{(n)}$은 각각 고유값 $b_1=\lambda_1, b_2=\lambda_2, \cdots, b_n=\lambda_n$에 대응하는 고유벡터이다. 그런데 P가 가역이므로 이러한 n개의 고유벡터들은 일차독립이다.

($\Leftarrow$) A의 고유값 $\lambda_1, \lambda_2, \cdots, \lambda_n$에 대응하는 일차독립인 고유벡터를

$$\mathbf{p}^{(1)} : \mathbf{p}^{(2)} : \cdots : \mathbf{p}^{(n)}$$

이라 하고 이것을 열벡터로 갖는 행렬을

$$P=[\mathbf{p}^{(1)} : \mathbf{p}^{(2)} : \cdots : \mathbf{p}^{(n)}]$$

이라 하자. 그러면

$$\begin{aligned}AP&=[A\mathbf{p}^{(1)} : A\mathbf{p}^{(2)} : \cdots : A\mathbf{p}^{(n)}]\\&=[\lambda_1\mathbf{p}^{(1)} : \lambda_2\mathbf{p}^{(2)} : \cdots : \lambda_n\mathbf{p}^{(n)}]\end{aligned}$$

$$=[\mathbf{p}^{(1)} : \mathbf{p}^{(2)} : \cdots : \mathbf{p}^{(n)}]\begin{bmatrix}\lambda_1 & 0 & \cdots & 0\\ 0 & \lambda_2 & \cdots & 0\\ \vdots & \vdots & \ddots & \vdots\\ 0 & 0 & \cdots & \lambda_n\end{bmatrix}$$

$$=PD$$

그런데 P의 열벡터들은 일차독립이므로 P는 가역이다. 따라서 $P^{-1}AP=D$ 즉, A는 대각화 가능하다. ■

앞에서 제시한 질문의 답은 **정리 8.2.3**의 증명으로부터 나온다. 우선 대각화가능한 n차의 정사각행렬 A는 n개의 일차독립인 고유벡터를 가지므로 이 고유벡터들을 이용하여 대각화하는 행렬 P를 구한다.

[A를 대각화하는 행렬 P를 구하는 과정]

1단계 : A의 n개의 일차독립인 고유벡터 $\mathbf{p}^{(1)}, \mathbf{p}^{(2)}, \cdots, \mathbf{p}^{(n)}$을 구한다.

2단계 : $\mathbf{p}^{(1)}, \mathbf{p}^{(2)}, \cdots, \mathbf{p}^{(n)}$을 열벡터로 갖는 행렬 P를 만든다.

3단계 : 이 P가 A를 대각화하는 행렬이고 $P^{-1}AP$는 A의 대응하는 고유값 $\lambda_1, \cdots, \lambda_n$을 순서대로 주 대각선 성분으로 갖는 대각행렬 $D=\text{diag}(\lambda_1, \lambda_2, \cdots, \lambda_n)$이다.

예제 6 행렬 $A=\begin{bmatrix}5 & -6\\ 2 & -2\end{bmatrix}$의 고유값은 $\lambda_1=2$, $\lambda_2=1$이고,

$$\mathbf{x}_1=\begin{bmatrix}2\\ 1\end{bmatrix},\ \mathbf{x}_2=\begin{bmatrix}3\\ 2\end{bmatrix}$$

가 고유값 $\lambda_1=2$, $\lambda_2=1$에 각각 대응하는 A의 고유벡터이다. 따라서 이것들이 일차독립이므로 **정리 8.2.3**에 의하여 A는 대각화가능하다. 실제로

$$P=[\mathbf{x}_1 : \mathbf{x}_2]=\begin{bmatrix}2 & 3\\ 1 & 2\end{bmatrix}$$

라 하면

$$P^{-1}AP=\begin{bmatrix}2 & -3\\ -1 & 2\end{bmatrix}\begin{bmatrix}5 & -6\\ 2 & -2\end{bmatrix}\begin{bmatrix}2 & 3\\ 1 & 2\end{bmatrix}$$

$$=\begin{bmatrix}2 & 0\\ 0 & 1\end{bmatrix}$$

이다. □

예제 7 행렬

$$A=\begin{bmatrix} 0 & 0 & -2 \\ 1 & 2 & 1 \\ 1 & 0 & 3 \end{bmatrix}$$

는 대각화가능함을 보이고 이때, A를 대각화하는 행렬 P를 구하라.

풀이 A의 특성방정식은

$$|\lambda I_3-A|=(\lambda-1)(\lambda-2)^2=0$$

이므로 A의 서로 다른 고유값은 $\lambda_1=1$, $\lambda_2=2$이다. 이 때, $\lambda_1=1$에 대응하는 고유벡터를

$\mathbf{x}=\begin{bmatrix} x_1 \\ x_2 \\ x_3 \end{bmatrix}$라 하면 $(I_3-A)\mathbf{x}=\mathbf{0}$ 즉,

$$\begin{bmatrix} 1 & 0 & 2 \\ -1 & -1 & -1 \\ -1 & 0 & -2 \end{bmatrix}\begin{bmatrix} x_1 \\ x_2 \\ x_3 \end{bmatrix}=\begin{bmatrix} 0 \\ 0 \\ 0 \end{bmatrix}$$

로 부터 이 연립방정식의 해는

$$\mathbf{x}=\begin{bmatrix} -2t \\ t \\ t \end{bmatrix}=t\begin{bmatrix} -2 \\ 1 \\ 1 \end{bmatrix} \quad (t\in R)$$

이므로 일차독립인 고유벡터로

$$\mathbf{x}_1=\begin{bmatrix} -2 \\ 1 \\ 1 \end{bmatrix}$$

를 얻는다. 또, 같은 방법으로 $\lambda_2=2$에 대응하는 A의 고유벡터는

$$\mathbf{x}=\begin{bmatrix} -s \\ t \\ s \end{bmatrix}=s\begin{bmatrix} -1 \\ 0 \\ 1 \end{bmatrix}+t\begin{bmatrix} 0 \\ 1 \\ 0 \end{bmatrix} \quad (s,\ t\in R)$$

이므로 $\mathbf{x}_2=\begin{bmatrix} -1 \\ 0 \\ 1 \end{bmatrix}$, $\mathbf{x}_3=\begin{bmatrix} 0 \\ 1 \\ 0 \end{bmatrix}$을 얻을 수 있다. 따라서 $\{\mathbf{x}_1,\ \mathbf{x}_2,\ \mathbf{x}_3\}$는 일차독립이므로 **정리 8.2.3**에 의하여 A는 대각화 가능하다. 따라서 대각화하는 행렬은 다음과 같다.

$$P=[\mathbf{x}_1 : \mathbf{x}_2 : \mathbf{x}_3]=\begin{bmatrix} -2 & -1 & 0 \\ 1 & 0 & 1 \\ 1 & 1 & 0 \end{bmatrix}$$

□

예제 8 행렬 $A=\begin{bmatrix} 2 & 0 & 0 \\ 1 & 3 & 0 \\ -3 & 5 & 3 \end{bmatrix}$의 특성방정식은 $|\lambda I_3-A|=(\lambda-2)(\lambda-3)^2=0$이므로 A의 고유값은 $\lambda=2$, 3이고 $\lambda=3$은 중근이다. 이 고유값에 대응하는 A의 고유벡터는

$$\mathbf{x}_1=\begin{bmatrix} 1 \\ -1 \\ 8 \end{bmatrix},\ \mathbf{x}_2=\begin{bmatrix} 0 \\ 0 \\ 1 \end{bmatrix}$$

이므로 A는 세 개의 일차독립인 고유벡터를 갖지 않는다. 따라서 **정리 8.2.3** 에 의하여 A는 대각화가능하지 않다. □

다음은 서로 다른 고유값에 대응하는 고유벡터들 사이의 관계를 알려주는 정리이다.

정리 8.2.4

$\mathbf{x}_1, \mathbf{x}_2, \cdots, \mathbf{x}_k$를 행렬 $A\in M_n$의 서로 다른 고유값 $\lambda_1, \lambda_2, \cdots, \lambda_k$에 대응하는 고유벡터라 하면 $\{\mathbf{x}_1, \mathbf{x}_2, \cdots, \mathbf{x}_k\}$는 일차독립이다.

증명 집합 $\{\mathbf{x}_1, \mathbf{x}_2, \cdots, \mathbf{x}_k\}$가 일차종속이라 가정하자. 고유벡터는 $\mathbf{0}$이 아니므로 $\{\mathbf{x}_1\}$은 일차독립이다. 이제, $\{\mathbf{x}_1, \cdots, \mathbf{x}_r\}$이 일차독립이 되는 최대정수를 $r(1\le r<k)$이라 하자. 그러면 $\{\mathbf{x}_1, \cdots, \mathbf{x}_r, \mathbf{x}_{r+1}\}$이 일차종속이므로

$$c_1\mathbf{x}_1+\cdots+c_r\mathbf{x}_r+c_{r+1}\mathbf{x}_{r+1}=\mathbf{0} \quad (1)$$

을 만족하는 모두는 영이 아닌 스칼라 $c_1, \cdots, c_r, c_{r+1}$이 존재한다. 식 (1)의 양변의 왼쪽에 A를 곱하면

$$\begin{aligned} &A(c_1\mathbf{x}_1+\cdots+c_r\mathbf{x}_r+c_{r+1}\mathbf{x}_{r+1}) \\ &=c_1(A\mathbf{x}_1)+\cdots+c_r(A\mathbf{x}_r)+c_{r+1}(A\mathbf{x}_{r+1}) \\ &=c_1\lambda_1\mathbf{x}_1+\cdots+c_r\lambda_r\mathbf{x}_r+c_{r+1}\lambda_{r+1}\mathbf{x}_{r+1}=\mathbf{0} \end{aligned} \quad (2)$$

이다. 또 식 (1)의 양변에 λ_{r+1}을 곱하면

$$c_1\lambda_{r+1}\mathbf{x}_1+\cdots+c_r\lambda_{r+1}\mathbf{x}_r+c_{r+1}\lambda_{r+1}\mathbf{x}_{r+1}=\mathbf{0} \quad (3)$$

이다. 따라서 식 (2)와 (3)으로 부터 다음 식을 얻는다.

$$c_1(\lambda_1-\lambda_{r+1})\mathbf{x}_1+\cdots+c_r(\lambda_r-\lambda_{r+1})\mathbf{x}_r=\mathbf{0}$$

그런데 $\{\mathbf{x}_1, \cdots, \mathbf{x}_r\}$이 일차독립이므로

$$c_1(\lambda_1-\lambda_{r+1})=\cdots=c_r(\lambda_r-\lambda_{r+1})=\mathbf{0}$$

이고, $\lambda_1, \cdots, \lambda_r, \lambda_{r+1}$이 서로 다르므로

$$c_1=\cdots=c_r=0$$

이다. 이 값을 식 (1)에 대입하면

$$c_{r+1}\mathbf{x}_{r+1}=\mathbf{0}$$

이고 $\mathbf{x}_{r+1}$이 영이 아닌 벡터이므로 $c_{r+1}=0$이다. 따라서 식 (1)의 스칼라 $c_1, \cdots, c_r, c_{r+1}$이 모두는 영이 아니라는 것에 모순된다. 그러므로 $\{\mathbf{x}_1, \mathbf{x}_2, \cdots, \mathbf{x}_k\}$는 일차독립

이다. ■

위의 정리는 아래와 같이 대각화가능한 행렬의 조건을 준다.

정리 8.2.5

n차의 정사각행렬 A가 n개의 서로 다른 고유값을 가지면 A는 대각화가능하다.

증명 $\mathbf{x}_1, \mathbf{x}_2, \cdots, \mathbf{x}_n$을 각각 A의 서로 다른 고유값 $\lambda_1, \lambda_2, \cdots, \lambda_n$에 대응하는 고유벡터라하면 **정리 8.2.4** 에 의하여 이들은 일차독립이다. 따라서 정리 **정리 8.2.3** 에 의하여 A는 대각화 가능한 행렬이다. ■

예제 9 **예제 6** 에서 주어진 행렬 $A=\begin{bmatrix} 5 & -6 \\ 2 & -2 \end{bmatrix}$는 2개의 서로 다른 고유값을 가지므로 앞의 정리에 의하여 A는 대각화가능하다. □

일반적으로 앞의 정리의 역은 성립하지 않는다. 즉, A가 대각화가능한 행렬이라 하더라도 A의 고유값 $\lambda_1, \lambda_2, \cdots, \lambda_n$ 중에는 같은 값이 존재할 수 있다.

일반적으로 A의 특성다항식은 λ_i가 A의 고유값일 때 $(\lambda-\lambda_i)$들의 곱으로 나타낼 수 있으므로 $\lambda_1, \lambda_2, \cdots, \lambda_k$를 행렬 $A\in M_n$의 서로 다른 고유값이라 하면 [참고 : 실수 행렬 A의 고유값 λ_i는 복소수일수도 있다] A의 특성다항식은

$$|\lambda I_n - A| = (\lambda-\lambda_1)^{m_1}(\lambda-\lambda_2)^{m_2}\cdots(\lambda-\lambda_k)^{m_k}$$

와 같이 나타낼 수 있다. 여기서 $m_1, m_2, \cdots, m_k$의 합은 n이 된다. 이 때, 정수 m_i를 λ_i의 대수적 중복도(algebraic multiplicity)라 한다.

정사각행렬 A가 대각화가능한 경우 A의 거듭제곱을 계산하여 보자.

$\lambda_1, \cdots, \lambda_n$을 A의 고유값이라 하면 $P^{-1}AP=D=\mathrm{diag}(\lambda_1, \lambda_2, \cdots, \lambda_n)$이므로 $A=PDP^{-1}$로 쓸 수 있다. 그러므로 $A^k=A\cdots A=(PDP^{-1})\cdots(PDP^{-1})=PD^kP^{-1}$임을 알 수 있다.

예제 10 행렬 $A=\begin{bmatrix} 4 & -2 & 1 \\ 2 & 0 & 1 \\ 2 & -2 & 3 \end{bmatrix}$의 고유값은 2, 2, 3이고, $P=\begin{bmatrix} 1 & -1 & 1 \\ 1 & 0 & 1 \\ 0 & 2 & 1 \end{bmatrix}$에 의하여 대각화가능하다. 그러므로 $A=PDP^{-1}$, $D=\begin{bmatrix} 2 & 0 & 0 \\ 0 & 2 & 0 \\ 0 & 0 & 3 \end{bmatrix}$이다. 그래서

$$A^5 = PD^5P^{-1} = \begin{bmatrix} 1 & -1 & 1 \\ 1 & 0 & 1 \\ 0 & 2 & 1 \end{bmatrix} \begin{bmatrix} 2^5 & 0 & 0 \\ 0 & 2^5 & 0 \\ 0 & 0 & 3^5 \end{bmatrix} \begin{bmatrix} -2 & 3 & -1 \\ -1 & 1 & 0 \\ 2 & -2 & 1 \end{bmatrix}$$

$$= \begin{bmatrix} 454 & -422 & 211 \\ 422 & -390 & 211 \\ 422 & -422 & 243 \end{bmatrix}$$ □

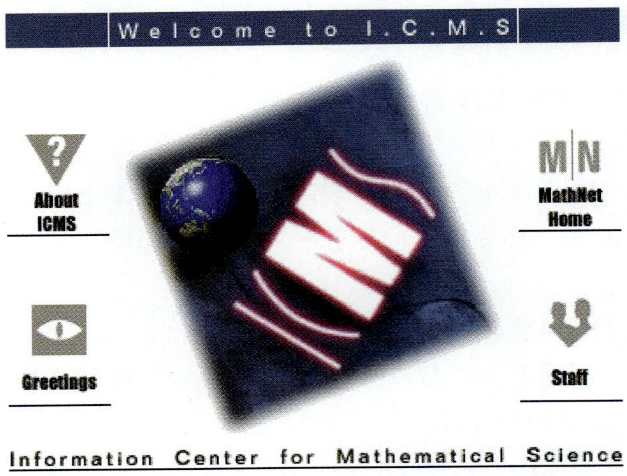

〈수리과학정보센터-KOSEF, 1995년 10월 25일 설립〉

http://www.mathnet.or.kr/index.html

연습문제 8-2

|1-4| 선형변환 $T(x, y)=(y, x)$에 대하여 표준기저와 순서기저

$$\varepsilon=\{\mathbf{e}_1, \mathbf{e}_2\}, \alpha=\{(1, 1), (-1, 1)\}$$

에 대한 다음 행렬을 각각 구하여라.

1. $[T]_\varepsilon=[T]_\varepsilon^\varepsilon$

2. $[T]_\alpha^\alpha$

3. $[I]_\alpha^\varepsilon$, $[I]_\varepsilon^\alpha$

4. $[I]_\alpha^\varepsilon[T]_\alpha^\alpha[I]_\varepsilon^\alpha$, $[I]_\varepsilon^\alpha[T]_\varepsilon^\varepsilon[I]_\alpha^\varepsilon$

|5-8| 다음 행렬에서 대각화의 가능성을 판정하고 대각화가 가능한 행렬인 경우 대각화시키는 행렬 P와 그에 대응하는 대각행렬 D를 구하여라.

5. $A=\begin{bmatrix} -2 & 5 \\ 5 & -2 \end{bmatrix}$

6. $A=\begin{bmatrix} -2 & 0 \\ 5 & -2 \end{bmatrix}$

7. $A=\begin{bmatrix} 3 & 0 & 1 \\ 4 & -2 & -8 \\ -4 & 0 & -1 \end{bmatrix}$

8. $A=\begin{bmatrix} 2 & 1 & 1 \\ 1 & 2 & 1 \\ 1 & 1 & 2 \end{bmatrix}$

|9-10| 다음 행렬의 각 고유값의 대수적 중복도를 구하여라.

9. $A=\begin{bmatrix} -1 & -1 & 1 \\ 0 & 1 & 0 \\ 2 & 1 & 0 \end{bmatrix}$

10. $A=\begin{bmatrix} 1 & 2 & 0 & 0 \\ 2 & 1 & 0 & 0 \\ 0 & 0 & 1 & 2 \\ 0 & 0 & 2 & 1 \end{bmatrix}$

|11-12| 다음과 같이 주어진 특성방정식을 갖는 행렬의 크기와 각 고유값에 대한 대수적 중복도를 구하여라.

11. $\lambda(\lambda+1)^3(\lambda-1)^2$

12. $\lambda(\lambda-1)(\lambda+2)^2(\lambda-3)^3$

|13-14| 선형연산자 $T : R^n \to R^n$에 대하여 임의의 순서기저 α에 대한 T의 변환행렬 $[T]_\alpha$에 대하여 행렬 $[T]_\alpha$의 고유값을 선형변환 T의 고유값이라 하고 $[T]_\alpha$의 대각화가능함을 T의 대각화가능으로 정의한다. 다음에 주어진 선형변환에 대하여 T의 고유값을 구하고 T의 대각화가능함을 보여라. (단, 여기서 순서기저 α는 표준기저 $\{\mathbf{e}_1, \mathbf{e}_2, \mathbf{e}_3\}$로 한다.

13. $T : R^3 \to R^3$,
$T(x_1, x_2, x_3)=(-2x_1+x_2-x_3, x_1-2x_2-x_3, -x_1-x_2-2x_3)$

14. $T : R^3 \to R^3$,
$T(x_1, x_2, x_3)=(-x_2+x_3, -x_1+x_3, x_1+x_2)$

토론과 발견

P1 다양한 θ에 대하여 행렬 $A_\theta = \begin{bmatrix} \cos\theta & \sin\theta \\ \sin\theta & -\cos\theta \end{bmatrix}$의 형태로 생긴 행렬은 모두 서로 닮음임을 보여라.

P2 $A = \begin{bmatrix} 1 & 0 \\ 1 & 1 \end{bmatrix}$ 행렬은 대각화 불가능함을 보여라.

P3 3×3 크기의 대각화 불가능한 행렬을 두 개만 찾아보아라. 이 방법을 이용하여 $n\times n$ 크기의 대각화 불가능한 행렬도 찾아보아라.

P4 다음 특성방정식을 갖는 행렬 A에 대해 생각해보자.

$$p(\lambda) = (\lambda-1)(\lambda-3)^2(\lambda-4)^3$$

(1) A 행렬의 크기는 무엇인가?

(2) 만일 일차독립인 A의 고유벡터가 세 개 $\{\mathbf{v}_1, \mathbf{v}_2, \mathbf{v}_3\}$뿐이라면 이 행렬은 대각화가 가능한가?

(3) A의 각 고유값에 대한 고유공간의 가능한 최대차원은 무엇인가?

(4) 만일 A가 대각화가능하다면 6개의 일차독립인 고유벡터가 필요하다. 따라서 A의 각 고유값에 대하여 $(\lambda I - A)\mathbf{x} = \mathbf{0}$의 해공간의 차원(이것을 고유값 λ의 기하적 중복도(geometric multiplicity)라 한다.)은 각각의 대수적 중복도와 어떤 관계를 가져야 할 것인지에 대해 인터넷을 검색한 후 토론하여라.

P5 $T : R^n \to R^m$인 선형변환이라 하자. ε, α를 R^n의 기저라 하고, C를 α에서 ε으로의 전이행렬이라 하자. 마찬가지로 ε', β를 R^m의 기저라 하고, D를 β에서 ε'으로의 전이행렬이라 하자. 그렇다면 $[T]_{\varepsilon}^{\varepsilon'}$과 $[T]_{\alpha}^{\beta}$ 사이의 관계를 그림으로 그려서 표현하여라.

P6 행렬 $A = \begin{bmatrix} 5 & 1 \\ 1 & 5 \end{bmatrix}$는 $P = \begin{bmatrix} -1 & 1 \\ 1 & 1 \end{bmatrix}$, $P^{-1} = \begin{bmatrix} -\frac{1}{2} & \frac{1}{2} \\ \frac{1}{2} & \frac{1}{2} \end{bmatrix}$에 의해

$$P^{-1}AP = D = \begin{bmatrix} 4 & 0 \\ 0 & 6 \end{bmatrix}$$

으로 대각화가능하다. 연립방정식 $A\mathbf{x} = \mathbf{b}$에서 $\mathbf{x} = P\mathbf{y}$로 치환한 경우 임의의 $\mathbf{b} = \begin{bmatrix} b_1 \\ b_2 \end{bmatrix}$에 대한 해 $\mathbf{x}$를 구하여라.

8.3 직교대각화 ; *행렬 함수

- 대칭행렬은 어떤 다른 종류의 행렬보다 응용에서 많이 이용된다. 이 절에서는 대칭행렬의 효용성에 대하여 이야기하고 모든 대칭행렬은 대각화가능함을 확인할 것이다. 모든 정사각행렬은 대칭행렬과 반대칭행렬의 합으로 나타낼 수 있으므로 대칭행렬의 대각화에 대하여도 알아볼 것이다. 이의 응용으로 행렬함수를 소개한다.

대칭행렬의 유용성에 대하여 생각해보자. 대칭행렬은 일반 행렬보다 다루기 쉽고 많은 응용문제에서 나타난다. 가장 간단한 예가 이차형식이다. 즉 다음과 같은 식은 대칭행렬을 이용하여 간략히 표현되어 짐을 알 수 있다.

$$2x^2+6xy+2y^2=5 \Longleftrightarrow [x \ \ y]\begin{bmatrix}2&3\\3&2\end{bmatrix}\begin{bmatrix}x\\y\end{bmatrix}=5$$

이제 대칭행렬의 중요한 성질을 몇 가지 알아보자.

정리 8.3.1

대칭행렬의 고유값은 모두 실수이다.

이 정리의 증명은 복소행렬과 관련하여 8.7 및 8.8절에서 다룬다.

예제 1 대칭행렬 $A=\begin{bmatrix}0&0&-2\\0&-2&0\\-2&0&3\end{bmatrix}$의 특성방정식은

$$|\lambda I_3-A|=(\lambda+2)(\lambda-4)(\lambda+1)=0$$

이므로 고유값은 $\lambda_1=-2$, $\lambda_2=4$, $\lambda_3=-1$이고 모두 실수이다. □

일반적으로 정사각행렬의 역행렬을 계산하는 것은 간단한 일이 아니다. 그러나, 다음에 정의하는 행렬은 역행렬의 계산이 너무 간단한 형태이므로, 많은 응용을 가지고 있다.

정의

정사각행렬 A에 대하여 $A^{-1}=A^T$이면 A를 직교행렬(real orthogonal matrix)이라고 한다.

위 정의로부터 A가 직교행렬일 필요충분조건은

$$A^TA=I_n=AA^T$$

임을 알 수 있다.

여기서 잠깐!

일반적으로 역행렬의 계산은 간단하지 않다. 그러나 직교행렬의 역행렬은 단지 전치행렬을 구하므로 얻을 수 있는 좋은 성질을 가지고 있다.

예제 2 $A=\begin{bmatrix} \frac{2}{3} & -\frac{2}{3} & \frac{1}{3} \\ \frac{2}{3} & \frac{1}{3} & -\frac{2}{3} \\ \frac{1}{3} & \frac{2}{3} & \frac{2}{3} \end{bmatrix}$라 하면 $A^T=\begin{bmatrix} \frac{2}{3} & \frac{2}{3} & \frac{1}{3} \\ -\frac{2}{3} & \frac{1}{3} & \frac{2}{3} \\ \frac{1}{3} & -\frac{2}{3} & \frac{2}{3} \end{bmatrix}$이고

$$A^TA=\begin{bmatrix} \frac{2}{3} & -\frac{2}{3} & \frac{1}{3} \\ \frac{2}{3} & \frac{1}{3} & -\frac{2}{3} \\ \frac{1}{3} & \frac{2}{3} & \frac{2}{3} \end{bmatrix}\begin{bmatrix} \frac{2}{3} & \frac{2}{3} & \frac{1}{3} \\ -\frac{2}{3} & \frac{1}{3} & \frac{2}{3} \\ \frac{1}{3} & -\frac{2}{3} & \frac{2}{3} \end{bmatrix}=I_3$$

이므로 A는 직교행렬이다. □

닮은 행렬에 대해서는 앞에서 보았다. 이 중에 좀 더 특수한 경우가 $C=P^{-1}AP=P^TAP$인 직교행렬 P가 존재하는 경우이다. 이는 특히 중요하기 때문에 다음과 같은 용어로 정의한다.

정의

만일 A와 C가 같은 크기의 정사각행렬이라 할 때, $C=P^TAP$인 직교행렬 P가 존재하면, C는 A에 직교닮음(orthogonally similar)이라고 한다.

앞 절에서 우리는 이미 대각화에 관한 문제들을 다루어 왔다. 이제 좀 더 편리하고 특수한 형태의 대각화 경우를 생각한다.

정의

정사각행렬 A에 대하여 A를 대각화하는 직교행렬 P가 존재할 때 A는 직교대각화가능(orthogonally diagonalizable)하다고 하며 P는 A를 직교대각화하는(orthogonally diagonalizing) 행렬이라고 한다.

위의 정의로부터 다음 두 가지 문제를 생각 할 수 있을 것이다.

Q1. 어떤 행렬들이 직교대각화 가능한가?

Q2. 직교대각화하는 직교행렬 P를 어떻게 구할 것인가?

이 두 가지 문제를 해결하는데 중요한 다음 정리를 소개한다.

정리 8.3.2

n차 정사각행렬 A에 대하여 A가 직교대각화가능 할 필요충분조건은 A가 대칭행렬인 것이다.

증명 (⇒) : A가 직교대각화가능하므로 $P^TAP=D$인 직교행렬 P와 대각행렬 D가 존재한다. 그런데 $D=D^T$이고 $A=PDP^T$이므로

$$A^T=(PAP^T)^T=(P^T)^T(PD)^T=P(PD)^T$$
$$=PD^TP^T=PDP^T=A\text{이다.}$$

따라서 A는 대칭행렬이다.

(⇐) : A가 대칭행렬이므로 **정리 8.3.1** 로 부터 A의 고유값은 모두 실수이다. 따라서 $P^TAP=M$인 직교행렬 P와 상삼각행렬 M이 존재한다. (이것은 Schur 정리의 한 특수한 경우로서 Schur 정리는 8.8절에서 소개한다.) 따라서 다음이 성립한다.

$$M^T=(P^TAP)^T=P^TA^TP=P^TAP=M$$

그런데 M이 상삼각행렬이고 $M^T=M$이므로 M은 대각행렬이다. 즉, A는 직교대각화가능이다. ■

정리 8.3.3

A가 대칭행렬이면 A는 n개의 고유벡터들의 정규직교집합을 갖는다.

증명 A가 대칭행렬이므로 **정리 8.3.2** 로 부터 A는 직교대각화가능하다. 즉, $P^TAP=D$인 직교행렬 P와 대각행렬 D가 존재한다. 따라서 A의 고유값들은 D의 대각선 성분이고 A의 n개의 일차독립인 고유벡터들은 P의 열벡터로서 취해질 수 있다. 그런데 P의 열벡터들은 정규직교집합을 이루므로 A는 n개의 고유벡터들의 정규직교집합을 갖는다. ■

정리 8.3.2 로 부터 모든 대칭행렬 A는 직교대각화가능하며 이때, 직교대각화하는 행렬 P는 **정리 8.3.3** 으로부터 A의 n개의 일차독립인 정규직교 고유벡터들을 열벡터로 갖는 행렬임을 알 수 있다.
위의 내용을 하나로 묶으면 다음의 정리가 된다.

정리 8.3.4

n차 정사각행렬 A에 대하여 다음은 동치이다.
(1) A는 직교대각화 가능하다.
(2) A는 n개의 고유벡터들의 정규직교집합을 갖는다.
(3) A는 대칭행렬이다.

여기서 잠깐!

행렬이 직교대각화가능하면 A^k를 구하는 문제는 $A=P^TDP$일 때,

$$A^k=(P^TDP)^k=(P^TDP)\cdots(P^TDP)=P^TD^kP$$

가 되어 대각행렬 D와 P만 알면 되는 Markov 과정은 간단한 계산문제로 바뀐다.

정리 8.3.5 A가 대칭행렬이면, A의 서로 다른 고유값에 대응하는 고유벡터는 서로 직교한다.

증명 λ_1, λ_2를 대칭행렬 A의 서로 다른 고유값이라 하고 $\mathbf{x}_1$, $\mathbf{x}_2$를 각각 λ_1, λ_2에 대응하는 고유벡터라 할 때, 즉

$$A\,\mathbf{x}_1=\lambda_1\,\mathbf{x}_1 \tag{1}$$

$$A\,\mathbf{x}_2=\lambda_2\,\mathbf{x}_2 \tag{2}$$

이제 $\mathbf{x}_1\cdot\mathbf{x}_2=\mathbf{x}_2{}^T\mathbf{x}_1=0$임을 보이면 된다.

이 식 (2)와 A가 대칭행렬이라는 사실로부터

$$(A\,\mathbf{x}_2)^T=(\lambda_2\,\mathbf{x}_2)^T \Rightarrow \mathbf{x}_2^T A^T=\lambda_2\,\mathbf{x}_2^T$$

$$\Rightarrow \mathbf{x}_2^T A\,\mathbf{x}_1=\lambda_2\,\mathbf{x}_2^T\,\mathbf{x}_1 \tag{3}$$

같은 방법으로 식 (1)로 부터

$$\mathbf{x}_2^T A\,\mathbf{x}_1=\lambda_1\,\mathbf{x}_2^T\,\mathbf{x}_1 \tag{4}$$

식 (3), (4)로 부터

$$\lambda_1\,\mathbf{x}_2^T\,\mathbf{x}_1=\lambda_2\,\mathbf{x}_2^T\,\mathbf{x}_1 \Longleftrightarrow (\lambda_1-\lambda_2)\,\mathbf{x}_2^T\,\mathbf{x}_1=\mathbf{0}$$

그런데 $\lambda_1\neq\lambda_2$이므로 $\mathbf{x}_1\cdot\mathbf{x}_2=\mathbf{x}_2^T\,\mathbf{x}_1=0$이다. ■

예제 3 대칭행렬 $A=\begin{bmatrix}-1 & -1 & 1\\ -1 & 2 & 4\\ 1 & 4 & 2\end{bmatrix}$를 직교대각화 하는 행렬 P를 구하라.

풀이 A의 특성다항식은

$$|\lambda I_3-A|=\lambda(\lambda+3)(\lambda-6)=0$$

이므로 대칭행렬 A의 서로 다른 고유값은 $\lambda_1=-3$, $\lambda_2=0$, $\lambda_3=6$이고 각 고유값에 대응하는 일차독립인 세 개의 고유벡터는 각각 다음과 같다.

$$\mathbf{x}_1=\begin{bmatrix}-1\\ -1\\ 1\end{bmatrix},\ \mathbf{x}_2=\begin{bmatrix}2\\ -1\\ 1\end{bmatrix},\ \mathbf{x}_3=\begin{bmatrix}0\\ 1\\ 1\end{bmatrix}$$

집합 $\mathbf{x}_1$, $\mathbf{x}_2$, $\mathbf{x}_3$은 직교집합이고 이것을 정규화하면

$$\begin{bmatrix}-\frac{1}{\sqrt{3}}\\ -\frac{1}{\sqrt{3}}\\ \frac{1}{\sqrt{3}}\end{bmatrix},\ \begin{bmatrix}\frac{2}{\sqrt{6}}\\ -\frac{1}{\sqrt{6}}\\ \frac{1}{\sqrt{6}}\end{bmatrix},\ \begin{bmatrix}0\\ \frac{1}{\sqrt{2}}\\ \frac{1}{\sqrt{2}}\end{bmatrix}$$

$$\therefore P=\begin{bmatrix}-\frac{1}{\sqrt{3}} & \frac{2}{\sqrt{6}} & 0\\ -\frac{1}{\sqrt{3}} & -\frac{1}{\sqrt{6}} & \frac{1}{\sqrt{2}}\\ \frac{1}{\sqrt{3}} & \frac{1}{\sqrt{6}} & \frac{1}{\sqrt{2}}\end{bmatrix}$$ □

예제 4 대칭행렬 $A=\begin{pmatrix} 0 & 3 & 3 \\ 3 & 0 & 3 \\ 3 & 3 & 0 \end{pmatrix}$의 고유값은 $\lambda_1=\lambda_2=-3$(중복도 2), $\lambda_3=6$이었다.

$\lambda_1=-3$에 대응하는 두 개의 일차독립인 고유벡터는

$$\mathbf{x}_1=\begin{pmatrix} -1 \\ 1 \\ 0 \end{pmatrix},\ \mathbf{x}_2=\begin{pmatrix} -1 \\ 0 \\ 1 \end{pmatrix}$$

이고 Gram-Schmidt 정규직교화과정을 이용하면

$$\mathbf{y}_1=\mathbf{x}_1=\begin{pmatrix} -1 \\ 1 \\ 0 \end{pmatrix}$$

$$\mathbf{y}_2=\mathbf{x}_2-\frac{\mathbf{x}_2\cdot\mathbf{y}_1}{\|\mathbf{y}_1\|^2}\mathbf{y}_1=\begin{pmatrix} -1 \\ 1 \\ 0 \end{pmatrix}-\frac{1}{2}\begin{pmatrix} -1 \\ 1 \\ 0 \end{pmatrix}=\begin{pmatrix} -\frac{1}{2} \\ -\frac{1}{2} \\ 1 \end{pmatrix}$$

$$\mathbf{z}_1=\frac{\mathbf{y}_1}{\|\mathbf{y}_1\|}=\begin{pmatrix} -\frac{1}{\sqrt{2}} \\ \frac{1}{\sqrt{2}} \\ 0 \end{pmatrix},\ \mathbf{z}_2=\frac{\mathbf{y}_2}{\|\mathbf{y}_2\|}=\begin{pmatrix} -\frac{1}{\sqrt{6}} \\ -\frac{1}{\sqrt{6}} \\ \frac{2}{\sqrt{6}} \end{pmatrix}$$

$\lambda_3=6$에 대응하는 고유벡터는 $\mathbf{x}_3=\begin{pmatrix} 1 \\ 1 \\ 1 \end{pmatrix}$이고 (이미 직교이므로) 정규화만 하면

$$\mathbf{z}_3=\begin{pmatrix} \frac{1}{\sqrt{3}} \\ \frac{1}{\sqrt{3}} \\ \frac{1}{\sqrt{3}} \end{pmatrix}$$

따라서 직교행렬은

$$P=\begin{pmatrix} -\frac{1}{\sqrt{2}} & -\frac{1}{\sqrt{6}} & \frac{1}{\sqrt{3}} \\ \frac{1}{\sqrt{2}} & -\frac{1}{\sqrt{6}} & \frac{1}{\sqrt{3}} \\ 0 & \frac{2}{\sqrt{6}} & \frac{1}{\sqrt{3}} \end{pmatrix}$$

이다. □

힌트 고유값이 같으면 대응하는 (두 개의) 고유벡터는 수직이 아닐 수 있다.

* 심화학습 행렬 함수(Function of Matrices)

$y=f(x)$와 같이 변수 x 대신에 행렬 A를 변수로 하는 함수 $B=f(A)$는 생각할 수 없을까? 이번에는 행렬을 다항식에서의 문자처럼 취급하여 행렬 함수를 정의하고 행렬급수(matrix series)를 정의하고 Cayley-Hamilton정리를 증명하며, 이 결과를 이용하는 다양한 예를 통하여 행렬의 강력한 의미를 되새기도록 해보자.

가. 도입

정사각행렬의 거듭제곱(power)은 행렬과 닮음인 대각행렬을 이용하여 쉽게 얻을 수 있다는 것을 보았다. 행렬의 거듭 제곱은 행렬 함수(matrix function)의 연구에 각별하게 이용된다. 한 예로 A의 양의 거듭제곱에 의해 다음의 멱급수(power series)를 알아보자.

$$e^x=1+x+\frac{x^2}{2!}+\cdots \quad \text{과} \quad e^A=I+A+\frac{A^2}{2!}+\cdots$$

우리는 이 식이 어떻게 성립하는지는 다음 절에서 다룰 것이다. 그런데 모든 행렬이 대각화 가능하지는 않다. 따라서 일반행렬의 거듭 제곱을 이용하려면 좀 더 개선된 방법이 요구된다. 우선 다음 절에서 배울 Cayley-Hamilton 정리(C.H.T)에서 행렬의 거듭 제곱과 다항식과의 관계를 볼 수 있다.

나. Cayley-Hamilton 정리

이 정리는 "모든 정사각행렬은 각자의 특성 방정식을 만족한다"는 의미이다. 다시 말하면, $A\in M_n$일 때 다항식

$$f(\lambda)=|A-\lambda I| \tag{1}$$

를 정사각행렬 A의 특성 방정식이라고 하면

$$f(A)=O \quad (\text{여기서 } O\text{는 크기가 } n\text{인 영행렬})$$

를 만족한다는 것이다. 우리는 이 정리의 기원을 다음 분석을 통해 살펴 볼 수 있다.

$$f(\lambda)=(-1)^n(\lambda^n-\alpha_1\lambda^{n-1}+\cdots+(-1)^n\alpha_n)$$

로부터 다음을 얻는다.

$$f(A)=(-1)^n(A^n-\alpha_1A^{n-1}+\cdots+(-1)^n\alpha_nI)$$

만약 $\mathbf{x}_i$를 A의 고유벡터라고 하고 λ_i를 A의 i번째 고유값이라고 하면

$$A\,\mathbf{x}_i=\lambda_i\,\mathbf{x}_i \tag{2}$$

그리고

$$f(A)\,\mathbf{x}_i=(-1)^n(A^n-\alpha_1A^{n-1}+\cdots+(-1)^n\alpha_nI)\mathbf{x}_i \tag{3}$$

따라서 식 (2)에 의해

$$A^k\,\mathbf{x}_i=\lambda_i^k\,\mathbf{x}_i \quad (k=1,\ \cdots,\ n) \tag{4}$$

이고 (3)의 우변의 각 항을 (4)에 의해 바꾸면

$$f(A)\,\mathbf{x}_i=(-1)^n(\lambda_i^n-\alpha_1\lambda_i^{n-1}+\cdots+(-1)^n\alpha_n)\,\mathbf{x}_i$$

이고 $\lambda_i^n - a_1\lambda_i^{n-1} + \cdots + (-1)^n a_n = 0$이므로,

$$f(A)\ \mathbf{x}_i = \mathbf{0} \tag{5}$$

이다. (여기서 $\mathbf{0}$은 $n\times 1$ 영벡터이다)

만약 A가 n개의 서로 다른 고유값을 가지면 n개의 일차독립인 고유벡터 $\mathbf{x}_1$, $\mathbf{x}_2$, $\cdots$, $\mathbf{x}_n$이 존재한다.

$$S = [\mathbf{x}_1 : \mathbf{x}_2 : \cdots : \mathbf{x}_n]$$

라 하면 (5)는 다음과 같이 표현될 수 있다.

$$f(A)S = O_n \ (n\text{차 영행렬})$$

여기서 각각의 $\mathbf{x}_i$는 일차독립이므로 S^{-1}가 존재하여

$$f(A)SS^{-1} = O$$

또는

$$f(A) = O_n$$

이 된다.

이것이 Cayley-Hamilton 정리이다.

그러나 위의 증명은 A가 서로 다른 고유값을 가지는 경우의 증명일 뿐이다. 이제 일반적으로 Cayley-Hamilton정리가 성립하는 것을 보일 것이다.

정리 8.3.6

임의의 정사각행렬 A에 대하여 특성방정식을 $f(\lambda)$라 하면 행렬함수 $f(A) = O_n$이다.

증명 우선 $\mathrm{adj}(A-\lambda I)$를 생각하면 (즉, $\mathrm{adj}(A-\lambda I) \equiv A-\lambda I$의 여인자들의 전치행렬. 즉 수반행렬), $|A-\lambda I|$는 차수가 n인 다항식이고 행렬 $\mathrm{adj}(A-\lambda I)$의 성분은 모두 차수가 $n-1$인 다항식이 될 것이다. 따라서

$$\mathrm{adj}(A-\lambda I) = C_0\lambda^{n-1} + C_1\lambda^{n-2} + \cdots + C_{n-1} \tag{6}$$

여기서 C_0, C_1, $\cdots$, C_{n-1}는 A의 성분에 의해 결정되는 크기가 n인 행렬이다.

임의의 가역행렬 $B \in M_n$에 대하여 $B \cdot \mathrm{adj}(B) = |B| I_n$이므로

$$(A-\lambda I)\ \mathrm{adj}(A-\lambda I) = |A-\lambda I| I = f(\lambda) I \tag{7}$$

$$\Longleftrightarrow (A-\lambda I)\ (C_0\lambda^{n-1} + \cdots + C_{n-1})$$

$$= (-1)^n \times (\lambda^n - a_1\lambda^{n-1} + \cdots + (-1)^n a_n) I$$

따라서

$$-C_0 = (-1)^n I$$
$$AC_0 - C_1 = -(-1)^n a_1 I$$
$$AC_1 - C_2 = -(-1)^n a_2 I$$
$$\vdots$$
$$AC_{n-1} \quad = -(-1)^{2n} a_n I$$

첫 번째 방정식에 A^n을 곱하고 두 번째 방정식에 A^{n-1}을 곱하고 이 과정을 반복한다. 마지막 방정식에 단위행렬 I를 곱하고 각 식을 변변 더하면 다음을 얻는다.

$$O_n=(-1)^n\,(A^n-\alpha_1 A^{n-1}+\cdots+(-1)^n\alpha_n I)$$

또는

$$f(A)=O_n$$ ■

다음 예를 통하여 Cayley-Hamilton정리가 어떻게 이용되는지를 확인해 보자.

예제 5 행렬 $A=\begin{bmatrix}1 & 2\\ 4 & 3\end{bmatrix}$

의 특성방정식은 다음과 같다.

$$f(\lambda)=\lambda^2-4\lambda-5=0$$

Cayley-Hamilton정리에 의하여 A는 다음을 만족한다.

$$f(A)=A^2-4A-5I=O \ (O\text{은 2차 영행렬}) \tag{8}$$

위의 정리는 일반행렬의 거듭 제곱과 역행렬을 구하는 다음과 같은 방법을 제공한다.

〔거듭 제곱〕 즉, 위 식은 A^2을 쉽게 계산하는 방법을 제공한다.

$$\begin{bmatrix}9 & 8\\ 16 & 17\end{bmatrix}=A^2=4A+5I=4\begin{bmatrix}1 & 2\\ 4 & 3\end{bmatrix}+5\begin{bmatrix}1 & 0\\ 0 & 1\end{bmatrix}$$

또 A^3을 계산하면

$$\begin{aligned}A^3&=A^2A=A(4A+5I)=4A^2+5A\\&=5A+4(4A+5I)=21A+20I\\&=21\begin{bmatrix}1 & 2\\ 4 & 3\end{bmatrix}+20\begin{bmatrix}1 & 0\\ 0 & 1\end{bmatrix}=\begin{bmatrix}41 & 42\\ 84 & 83\end{bmatrix}\end{aligned}$$

마찬가지로

$$\begin{aligned}A^4&=AA^3=A(21A+20I)\\&=21A^2+20A=21(4A+5I)=20A\\&=104A+105I\\&=104\begin{bmatrix}1 & 2\\ 4 & 3\end{bmatrix}+105\begin{bmatrix}1 & 0\\ 0 & 1\end{bmatrix}=\begin{bmatrix}209 & 208\\ 416 & 417\end{bmatrix}\end{aligned}$$

〔역행렬〕 또한 A는 가역행렬이기 때문에 양변에 역행렬을 곱하면 (8)은 다음과 같이 쓰여진다.

$$A-4I-5A^{-1}=0$$

이것은 다시

$$\begin{aligned}A^{-1}&=\frac{1}{5}(A-4I)=\frac{1}{5}\begin{bmatrix}1 & 2\\ 4 & 3\end{bmatrix}-\frac{4}{5}\begin{bmatrix}1 & 0\\ 0 & 1\end{bmatrix}\\&=\begin{bmatrix}-\frac{3}{5} & \frac{2}{5}\\ \frac{4}{5} & -\frac{1}{5}\end{bmatrix}\end{aligned}$$

이것은 역행렬을 구하는데 아주 유용하며 그것의 고차 음의 거듭제곱 A^{-k}에도 적용된다.

$$
\begin{aligned}
A^{-2}=A^{-1}A^{-1}&=\frac{1}{5}(A-4I)\frac{1}{5}(A-4I)\\
&=\frac{1}{25}(A^2-8A+16I)\\
&=\frac{1}{25}(4A+5I)-\frac{8}{25}A+\frac{16}{25}I\\
&=-\frac{4}{25}A+\frac{21}{25}I\\
&=-\frac{4}{25}\begin{bmatrix}1&2\\4&3\end{bmatrix}+\frac{21}{25}\begin{bmatrix}1&0\\0&1\end{bmatrix}\\
&=\begin{bmatrix}\frac{17}{25}&-\frac{8}{25}\\-\frac{16}{25}&\frac{9}{25}\end{bmatrix}
\end{aligned}
$$

□

모든 2차 행렬 A의 정수 거듭제곱은 A와 I의 일차 결합으로 표시 될 수 있다. 즉,

$$A^r=a_1A+a_2I \quad (r\in Z,\ a_1,\ a_2 : \text{상수})$$

같은 이유로 모든 n차 행렬 A의 정수 거듭제곱은 A^{n-1}, …, A, I의 일차 결합으로 표시 할 수 있다.

예제 6 행렬

$$A=\begin{bmatrix}2&1&2\\0&2&3\\0&0&5\end{bmatrix}$$

의 특성 방정식

$$f(\lambda)=\lambda^3-9\lambda^2+24\lambda-20=0$$

이므로 Cayley-Hamilton정리에 의해

$$f(A)=A^3-9A^2+24A-20I=0$$

마찬가지로 A^4을 구해보면

$$
\begin{aligned}
A^4=AA^3&=A(9A^2-24A+20I)\\
&=9(9A^2-24A+20I)-24A^2+20A\\
&=57A^2-196A+180I\\
&=57\begin{bmatrix}4&4&17\\0&4&21\\0&0&25\end{bmatrix}-196\begin{bmatrix}2&1&2\\0&2&3\\0&0&5\end{bmatrix}+180\begin{bmatrix}1&0&0\\0&1&0\\0&0&1\end{bmatrix}\\
&=\begin{bmatrix}16&32&577\\180&16&609\\0&0&625\end{bmatrix}
\end{aligned}
$$

또한 A가 가역행렬이기 때문에 A^{-1}을 계산하면

$$A^2-9A+24I-20A^{-1}=0$$

에서

$$A^{-1}=\frac{1}{20}(A^2-9A+24I)$$
$$=\frac{1}{20}\begin{bmatrix} 10 & -5 & -1 \\ 0 & 10 & -6 \\ 0 & 0 & 4 \end{bmatrix}$$

□

따라서 더 높은 A의 정수 거듭제곱을 구하면 다음과 같은 식이 된다.

$$A^r=a_1A^2+a_2A+a_3I \ \ (r \in Z,\ a_1,\ a_2,\ a_3 : \text{상수})$$

앞의 두 예는 첫 번째

$$A^r=a_1A+a_2I \ \ (A : 2\times 2 \text{ 행렬}) \tag{9}$$

두 번째

$$A^r=a_1A^2+a_2A+a_3I \ \ (A : 3\times 3 \text{ 행렬})$$

을 보여줬다. 이제 이를 일반화 하여보자.

Cayley-Hamilton 정리를 이용하면 정수 거듭제곱 A^r로 표현된 크기가 n인 모든 행렬도 쉽게 다음과 같이 표현할 수 있다.

즉,

$$A^r=a_1A^{n-1}+a_2A^{n-2}+\cdots+a_nI$$

다. 행렬멱급수(Matrix power series)

앞의 Cayley-Hamilton정리에서와 같이 정사각행렬 A와 다항식

$$p(x)=a_0+a_1x+a_2x^2+\cdots+a_mx^m$$

로부터 행렬

$$p(A)=a_0I+a_1A+\cdots+a_mA^m$$

를 정의하자. 이를 일반화하여 Maclaurin 급수

$$f(x)=f(0)+f'(0)x+\frac{f''(0)}{2!}x^2+\cdots+\frac{f^{(m)}(0)}{m!}x^m+\cdots$$

에 적용하면,

$$f(A)=f(0)I+f'(0)A+\frac{f''(0)}{2!}A^2+\cdots+\frac{f^{(m)}(0)}{m!}A^m+\cdots$$

여기서 $f(A)$의 (i, j)-성분을 생각해 보자.

만일 A가 대각행렬 $\mathrm{diag}(d_1, d_2, \cdots, d_n)$이라면

$$f(A)_{kk}=f(0)+f'(0)d_k+\frac{f''(0)}{2!}d_k^2+\cdots+\frac{f^{(m)}(0)}{m!}d_k^m+\cdots$$
$$\equiv f(d_k)$$

가 된다. 그러면,

$$f(A)=\begin{bmatrix} f(d_1) & \cdots & 0 \\ 0 & \ddots & 0 \\ 0 & \cdots & f(d_n) \end{bmatrix}$$

예를 들어

$$A=\begin{bmatrix} 1 & 0 & 0 \\ 0 & -2 & 0 \\ 0 & 0 & 3 \end{bmatrix}$$

이면,

$$e^A=\begin{bmatrix} e & 0 & 0 \\ 0 & e^{-2} & 0 \\ 0 & 0 & e^3 \end{bmatrix}$$

만일 n차의 대각화가능 행렬 A가 $P^{-1}AP=D=\mathrm{diag}(\lambda_1, \cdots, \lambda_n)$이라면

$$\begin{aligned} P^{-1}f(A)P &= f(0)I+f'(0)(P^{-1}AP)+\frac{f''(0)}{2!}(P^{-1}A^2P)\cdots+\frac{f^{(m)}(0)}{m!}(P^{-1}A^mP)+\cdots \\ &= f(0)I+f'(0)D+\frac{f''(0)}{2!}D^2+\cdots+\frac{f^{(m)}(0)}{m!}D^m+\cdots \\ &= f(D) \end{aligned}$$

따라서

$$f(A)=Pf(D)P^{-1}$$

로 표현된다.

예제 7 행렬 $A=\begin{bmatrix} 0 & 0 & -2 \\ 1 & 2 & 1 \\ 1 & 0 & 3 \end{bmatrix}$가

$$\begin{aligned} P^{-1}AP &= \begin{bmatrix} -1 & 0 & 1 \\ 1 & 0 & 2 \\ 1 & 1 & 1 \end{bmatrix}\begin{bmatrix} 0 & 0 & -2 \\ 1 & 2 & 1 \\ 1 & 0 & 3 \end{bmatrix}\begin{bmatrix} -2 & -1 & 0 \\ 1 & 0 & 1 \\ 1 & 1 & 0 \end{bmatrix} \\ &= \begin{bmatrix} 1 & 0 & 0 \\ 0 & 2 & 0 \\ 0 & 0 & 2 \end{bmatrix}=D,\ A=PDP^{-1} \end{aligned}$$

로 대각화가 된다면, e^{tA}를 구하여라

풀이 $e^{tA}=e^{t(PDP^{-1})}=Pe^{tD}P^{-1}$

$$=\begin{bmatrix} -2 & -1 & 0 \\ 1 & 0 & 1 \\ 1 & 1 & 0 \end{bmatrix}\begin{bmatrix} e^t & 0 & 0 \\ 0 & e^{2t} & 0 \\ 0 & 0 & e^{2t} \end{bmatrix}\begin{bmatrix} -1 & 0 & 1 \\ 1 & 0 & 2 \\ 1 & 1 & 1 \end{bmatrix}=\begin{bmatrix} 2e^t-e^{2t} & 2e^t-2e^{2t} \\ e^{2t}-e^t & e^{2t}-e^{tt} \\ e^{2t}-e^t & 2e^{2t}-e^t \end{bmatrix}$$ □

연습문제 8-3

|1-2| 다음 대칭행렬들에 대하여 직교대각화하는 직교행렬 P와 그 때 $P^{-1}AP=D$인 대각행렬 D를 구하여라.

1. $A=\begin{bmatrix} -2 & 5 \\ 5 & -2 \end{bmatrix}$

2. $A=\begin{bmatrix} 2 & 3 & 0 \\ 3 & 5 & -1 \\ 0 & -1 & 2 \end{bmatrix}$

|3-6| 다음 행렬 A의 일차독립인 고유벡터들의 집합 S가 주어진 경우 A를 직교대각화하는 직교행렬 P와 $P^TAP=D$인 대각행렬 D를 구하여라.

3. $A=\begin{bmatrix} -3 & 6 \\ 6 & -3 \end{bmatrix}$, $S=\{(-2, 2), (5, 5)\}$

4. $A=\begin{bmatrix} -1 & 6 \\ 6 & 4 \end{bmatrix}$, $S=\{(-3, 2), (2, 3)\}$

5. $A=\begin{bmatrix} 7 & 0 & 0 \\ 0 & -3 & 6 \\ 0 & 6 & -3 \end{bmatrix}$, $S=\{(0, -1, 1), (1, 0, 0)\}, (0, 1, 1)$

6. $A=\begin{bmatrix} 1 & 0 & 0 \\ 0 & -1 & 6 \\ 0 & 6 & 4 \end{bmatrix}$, $S=\{(0, 2, 3), (0, -3, 2), (1, 0, 0)\}$

7. 직접계산 또는 행렬의 대각화를 이용하여 행렬 $A=\begin{bmatrix} 0 & 8 \\ 2 & 0 \end{bmatrix}$의 거듭제곱 A^6, A^9를 각각 구하여라.

8. 7번에서 A^n의 성분에 대한 일반항을 구하여라.

9. $b\neq 0$일때, 대칭행렬 $\begin{bmatrix} a & b \\ b & a \end{bmatrix}$를 직교대각화하는 행렬 P를 구하여라.

10. 다음에 주어진 행렬 A를 이용하여 e^A를 계산하여라.

(1) $A=\begin{bmatrix} 1 & 1 \\ 0 & 0 \end{bmatrix}$ (2) $A=\begin{bmatrix} 3 & 1 \\ 1 & 3 \end{bmatrix}$

11. A의 특성다항식 $p(\lambda)$을 구하고, $p(A)$를 계산하여라.

(1) $A=\begin{bmatrix} 3 & 1 & 1 \\ 2 & 4 & 2 \\ 1 & 1 & 3 \end{bmatrix}$ (2) $A=\begin{bmatrix} 1 & 2 & 2 \\ 1 & 2 & -1 \\ -1 & 1 & 4 \end{bmatrix}$

|12-13| 다음에 주어진 행렬의 거듭제곱을 계산하여라.

12. $A=\begin{bmatrix} 8 & 9 \\ -6 & -7 \end{bmatrix}$, A^{10}

13. $A=\begin{bmatrix} -5 & 0 & 6 \\ -3 & 1 & 3 \\ -4 & 0 & 5 \end{bmatrix}$, A^{100}

|14-16| 다음 행렬을 보고 질문에 답하여라.

$$A=\begin{bmatrix} 3 & -2 & 1 \\ 2 & -2 & 2 \\ 3 & -6 & 5 \end{bmatrix}$$

14. A가 Cayley-Hamilton 정리를 만족하는지 확인하여라.

15. A^4을 A^2, A, I를 이용하여 표시해 보고, 실제 값을 구하여라.

16. A^{-1}를 A^2, A, I를 이용하여 표시하여라.

|17-18| 다음 행렬을 보고 질문에 답하여라.

$$A=\begin{bmatrix} 0 & 0 & 0 \\ 1 & 0 & 0 \\ 2 & 1 & 0 \end{bmatrix},\ B=\begin{bmatrix} 1 & 0 \\ 0 & 2 \end{bmatrix}$$

17. $A^k=O$이 되는 최소의 양의 정수 k를 구하여라.

18. e^B를 계산하여라.

|19-20| 다음의 등식을 확인하여라. (단 k는 양의 정수)

19. $\begin{bmatrix} 1 & 1 \\ 1 & 1 \end{bmatrix}^{k+1}=\begin{bmatrix} 2^k & 2^k \\ 2^k & 2^k \end{bmatrix}$

20. $\begin{bmatrix} 1 & 1 \\ 1 & 0 \end{bmatrix}^{k}\begin{bmatrix} 1 \\ 0 \end{bmatrix}=\dfrac{1}{\sqrt{5}}\begin{bmatrix} r_1^{k+1}-r_2^{k+1} \\ r_1^k-r_2^k \end{bmatrix}$, 여기에서 $r_1=\dfrac{1+\sqrt{5}}{2}$, $r_2=\dfrac{1-\sqrt{5}}{2}$

토론과 발견

P1 A가 대칭행렬이며, 동시에 직교행렬이라면, 1과 -1만을 고유값으로 가진다는 것을 증명하여라.

P2 (1) 어떤 3×3 크기 대칭행렬의 고유값과 그에 대응하는 고유벡터가 각각 아래와 같다면 그 행렬은 어떤 행렬인지 찾아라.

$$\lambda_1=-1,\ \lambda_2=3,\ \lambda_3=7$$
$$\mathbf{v}_1=(0,\ 1,\ -1),\ \mathbf{v}_2=(1,\ 0,\ 0),\ \mathbf{v}_3=(0,\ 1,\ 1)$$

(2) 다음의 고유값과 고유벡터를 가지는 3×3 크기의 행렬이 존재하는가?

$$\lambda_1=-1,\ \lambda_2=3,\ \lambda_3=7$$
$$\mathbf{v}_1=(0,\ 1,\ -1),\ \mathbf{v}_2=(1,\ 0,\ 0),\ \mathbf{v}_3=(1,\ 1,\ 1)$$

P3 A가 대각화가능하고, 그 서로 다른 고유값에 대응하는 고유벡터들이 모두 직교라고 하자. 이 경우 A는 대칭행렬이어야 하는가?

P4 $\mathbf{v}$를 R^n의 임의의 벡터라고 하고 I를 n차의 단위행렬이라 할 때, 행렬 $I-\mathbf{v}\ \mathbf{v}^T$는 직교대각화 가능함을 보여라.

P5 $\mathbf{v}=\begin{bmatrix}1\\0\\1\end{bmatrix}$일 때, $I-\mathbf{v}\ \mathbf{v}^T$를 직교대각화하는 행렬 P를 구하여라.

〈Sir William Rowan Hamilton (1805년 8월4일–1865년 9월 2일, Dublin, Ireland)〉
http://www-groups.dcs.st-and.ac.uk/~history/Mathematicians/Hamilton.html

〈행렬함수와 Cayley–Hamilton의 정리〉
http://matrix.skku.ac.kr/nla/MatrixFt/MatrixFunction-2003.htm

8.4 이차형식

우리는 이미 2장에서 n개의 미지수를 갖는 선형연립방정식을 다룰 때, 행렬의 역할이 얼마나 중요한지를 보았다. 이 절에서는 이차형식(quadratic form)이라 부르는 각 항이 이차인 다항식에 대하여 알아본다. 이차형식의 연구에서도 행렬, 특히 대칭행렬이 매우 중요한 역할을 한다는 것을 보게 될 것이다. 이 절에서는 이차형식(quadratic form)의 연구에 대칭행렬의 대각화를 어떻게 적용할 것인지를 알아볼 것이다. 이차형식은 수학, 물리학, 경제학, 통계학, 이미지 처리 등 다양한 분야에서 사용된다.

일반적으로, 두 변수 x, y를 갖는 이차방정식은

$$ax^2+2bxy+cy^2+dx+ey+f=0 \tag{1}$$

의 꼴로 나타내어지며 이것을 이차곡선의 방정식이라 한다. 방정식 (1)은 다음과 같이 행렬을 이용하여 나타낼 수 있다.

$$\begin{bmatrix} x & y \end{bmatrix} \begin{bmatrix} a & b \\ b & c \end{bmatrix} \begin{bmatrix} x \\ y \end{bmatrix} + \begin{bmatrix} d & e \end{bmatrix} \begin{bmatrix} x \\ y \end{bmatrix} + f = 0$$

각 항이 이차인 식 (1)의 앞부분 $ax^2+2bxy+cy^2$, 즉, 이차형식은 행렬 곱의 형태 $\mathbf{x}^T A\,\mathbf{x}$꼴로 표현할 수 있다. 예를 들어,

$$3x^2+7y^2-2xy = \begin{bmatrix} x & y \end{bmatrix} \begin{bmatrix} 3 & -1 \\ -1 & 7 \end{bmatrix} \begin{bmatrix} x \\ y \end{bmatrix}$$

또는,

$$3x^2+7y^2-2xy = \begin{bmatrix} x & y \end{bmatrix} \begin{bmatrix} 3 & -2 \\ 0 & 7 \end{bmatrix} \begin{bmatrix} x \\ y \end{bmatrix}$$

위의 두 표현에서의 정사각행렬 중 첫째 것은 대칭행렬이라는 특징이 있다. 이제 우리는 주어진 식을 이차형식으로 표현할 때 언제나 아래와 같은 방법으로 사이의 정사각행렬을 대칭행렬로 택할 것이다.

즉,

$$ax^2+by^2+cxy = \begin{bmatrix} x & y \end{bmatrix} \begin{bmatrix} a & \frac{c}{2} \\ \frac{c}{2} & b \end{bmatrix} \begin{bmatrix} x \\ y \end{bmatrix}$$

$$ax^2+by^2+cz^2+dxy+exz+fyz$$

$$= \begin{bmatrix} x & y & z \end{bmatrix} \begin{bmatrix} a & \frac{d}{2} & \frac{e}{2} \\ \frac{d}{2} & b & \frac{f}{2} \\ \frac{e}{2} & \frac{f}{2} & c \end{bmatrix} \begin{bmatrix} x \\ y \\ z \end{bmatrix}$$

이와 같이 대칭행렬을 택하는 이유는 직교대각화가 가능하기 때문이다.

정의

$$[x\ y]\begin{bmatrix} a & b \\ b & c \end{bmatrix}\begin{bmatrix} x \\ y \end{bmatrix}=ax^2+2bxy+cy^2 \qquad (2)$$

을 이차방정식 (1)에 관한 이차형식(quadratic form)이라고 한다.

예제 1 $2x^2+6xy+y^2$, x^2+y^2은 이차형식이고, $3x^2-6xy+y^2-3x+1$은 $-3x$와 1이 이차항이 아니므로 이차형식이 아니다. □

정의

$A=[a_{ij}]$가 n차의 대칭행렬이고, n개의 변수 $x_1, x_2, \cdots, x_n$을 성분으로 갖는 R^n의 벡터 $\mathbf{x}=\begin{bmatrix} x_1 \\ x_2 \\ \vdots \\ x_n \end{bmatrix}$에 대하여 이차다항식

$$q(\mathbf{x})=(<A\,\mathbf{x},\ \mathbf{x}>)=\mathbf{x}^TA\mathbf{x}=\sum_{i,\,j=1}^{n} a_{ij}\,x_i\,x_j$$

을 R^n 상의 이차형식이라 한다.

위의 정의에서 A를 n차의 대칭행렬로 가정한 이유는 다음과 같다.

임의의 행렬 $A\in M_n$은 대칭행렬 B와 반대칭행렬 C의 합으로 표시된다. 또한 $\mathbf{x}^TC\mathbf{x}$는 1×1이고 $C^T=-C$이므로

$$\mathbf{x}^TC\mathbf{x}=(\mathbf{x}^TC\mathbf{x})^T=\mathbf{x}^TC^T\mathbf{x}=-\mathbf{x}^TC\mathbf{x}$$

이다. 따라서 $\mathbf{x}^TC\mathbf{x}=0$이고 다음이 성립한다.

$$\begin{aligned} q(\mathbf{x})&=(<A\,\mathbf{x},\ \mathbf{x}>)=\mathbf{x}^TA\,\mathbf{x}=\mathbf{x}^T(B+C)\mathbf{x} \\ &=\mathbf{x}^TB\mathbf{x}+\mathbf{x}^TC\mathbf{x}=\mathbf{x}^TB\mathbf{x} \end{aligned}$$

그러므로 $\mathbf{x}^TA\,\mathbf{x}=\mathbf{x}^TB\mathbf{x}$이고 B는 대칭행렬이므로, 일반성을 잃지 않고 정의에서 A를 대칭행렬이라고 했다.

이차형식에 관한 연구의 많은 부분은 8.3절에서 알아본 「대칭행렬 A는 언제나 직교대각화가 가능하다」는 사실과 밀접한 관계가 있다

이제, 두 변수 x, y를 갖는 이차방정식 (1)의 그래프는 원뿔곡선(conic section)임을 보이자. 원뿔곡선이란 용어는 평면이 원뿔과 교차될 때 생기는 곡선에서 유래된 말이다. 방정식 (1)을 만족하는 점 $(x,\ y)\in R^2$가 없을 때는 식 (1)을 허 원뿔곡선(imaginary conic)의 방정식이라 한다. 또한, 방정식 (1)의 그래프가 한 점, 한 직선, 또는 한 쌍의 직선으로 이루어지거나 존재하지 않을 때, 이 그래프를 퇴화 원뿔곡선(degenerate conic)이라고 한다. 이 경우는 단순하므로 우리가 좀더 관심을 갖는 경우는 퇴화되지 않는 정상적인 경우이다. 정상적인 원뿔곡선(nondegenerate conic section)의 그래프는 타원, 쌍곡선 또는 포물선이 된다.

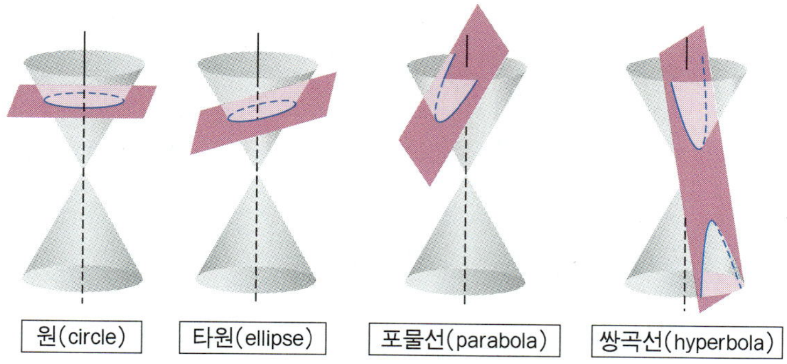

그림 8.3

원뿔곡선의 방정식이 다음의 식 (3), (4), (5)로 표현되면 이 원뿔곡선은 표준위치(standard position)에 있다고 한다.

$$\frac{x^2}{a^2}+\frac{y^2}{b^2}=1 \qquad \text{(타원)} \qquad (3)$$

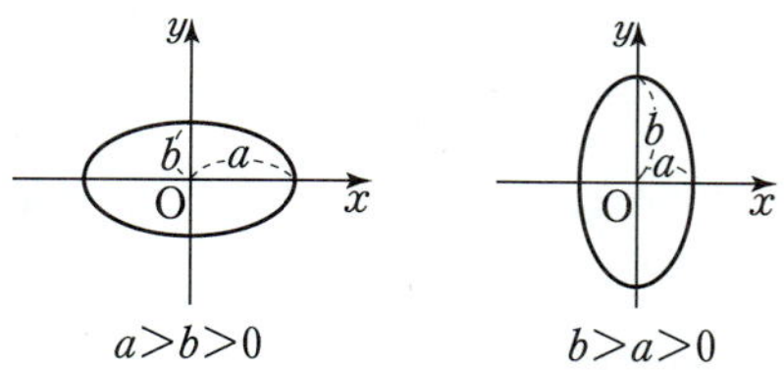

그림 8.4 : 타원

$$\frac{x^2}{a^2}-\frac{y^2}{b^2}=1 \text{ 또는 } \frac{y^2}{a^2}-\frac{x^2}{b^2}=1 \qquad \text{(쌍곡선)} \qquad (4)$$

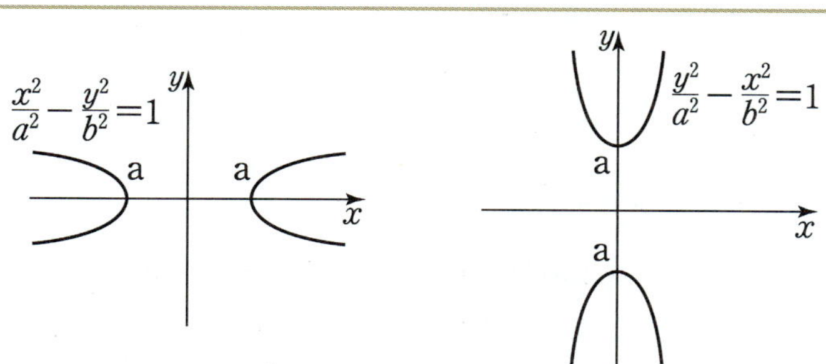

그림 8.5 : 쌍곡선

$$y^2=ax \text{ 또는 } x^2=ay \qquad \text{(포물선)} \qquad (5)$$

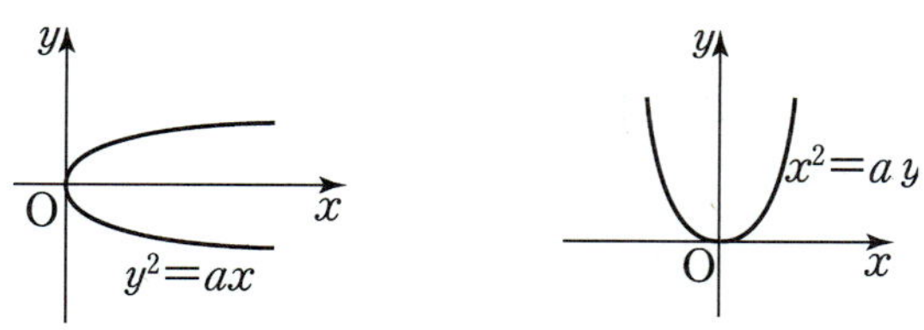

그림 8.6 : 포물선($a>0$인 경우)

예제 2 방정식 $9x^2+4y^2-144=0$은 $\frac{x^2}{16}+\frac{y^2}{36}=1$로 표현되므로 이 방정식의 그래프는 타원이다. 또, 방정식 $9x^2-4y^2+144=0$은 $\frac{y^2}{36}-\frac{x^2}{16}=1$로 표현되므로 이 방정식의 그래프는 쌍곡선이다. 그리고 방정식 $y^2+3x=0$은 $y^2=-3x$로 표현되므로 이 방정식의 그래프는 포물선이다. □

다음은 퇴화 원뿔곡선의 예이다.

예제 3 $x^2=0$의 그래프는 y축이다. 방정식 $y^2-9=0$의 그래프는 $y=3$, $y=-3$인 한 쌍의 평행인 직선이다. $x^2-y^2=0$의 그래프는 $y=x$와 $y=-x$인 한 쌍의 직선이다. 방정식 $x^2+y^2=0$의 그래프는 $(0, 0)$의 한 점으로 이루어진다. 방정식 $x^2+y^2+1=0$의 그래프는 존재하지 않는다. □

식 (3), (4), (5)중 어떤 것도 x^2항과 x항을 동시에 포함하거나, y^2항과 y항을 동시에 포함하지는 않는다. 이차방정식에서 x^2항과 x항, y^2항과 y항을 갖는 이차방정식의 그래프는 다음의 예제에서 보듯이, 표준위치로부터 평행이동한 원뿔곡선이다.

예제 4 방정식 $3x^2-2y^2-18x+4y+19=0$은 완전제곱 꼴로 만들면

$$3(x-3)^2-2(y-1)^2=6 \tag{6}$$

이므로 $x'=x-3$, $y'=y-1$로 치환하면 새로운 $x'y'-$좌표계에서 다음과 같이 나타내어진다.

$$\frac{(x')^2}{2}-\frac{(y')^2}{3}=1$$

이 식은 $x'y'-$좌표계에서 표준위치에 있는 쌍곡선의 방정식이다. 따라서 식 (6)의 그래프는 $x'y'-$좌표계에서 표준위치에 있는 쌍곡선을 $x-$축으로 3 만큼, $y-$축으로 1 만큼 평행이동한 그래프이다. □

* 심화학습 이차형식의 대각화

이차방정식에서 xy 항을 교차항이라 한다. 교차항을 갖는 이차방정식의 그래프를 쉽게 그리는 방법은 좌표계를 직교변환에 의해 회전하여 교차항을 제거하는 것이다. 이렇듯 교차항을 제거하기 위한 좌표계의 변환과 관계되는 것이 대각화이다.

이차형식

$$q(\mathbf{x})=\mathbf{x}^TA\,\mathbf{x}=ax^2+2bxy+cy^2 \tag{7}$$

은 $b\neq 0$이라면 교차항을 갖는다.

이제, 행렬 $A=\begin{bmatrix} a & b \\ b & c \end{bmatrix}$의 고유값 λ_1, λ_2에 대응하는 A의 정규직교인 고유벡터 $\mathbf{v}_1$, $\mathbf{v}_2$에 대하여 $P=[\mathbf{v}_1 : \mathbf{v}_2]$라 하면 A가 대칭행렬이므로 이러한 P에 의하여 A는 대각화 가능하

다. 따라서

$$P^TAP=\begin{bmatrix}\lambda_1 & 0\\ 0 & \lambda_2\end{bmatrix}$$

이다. 여기서, 고유벡터 $\mathbf{v}_1$과 $\mathbf{v}_2$는 λ_1과 λ_2의 역할을 바꾸어서 교환 할 수 있으므로 일반성을 잃지 않고 $\det(P)=1$이라 할 수 있고 직교행렬 P는 $\begin{bmatrix}\cos\theta & -\sin\theta\\ \sin\theta & \cos\theta\end{bmatrix}$꼴의 R^2의 회전 행렬이다. 이러한 행렬 P에 의하여 얻어진 새로운 좌표계를 $x'y'$-좌표계라 하고 $\mathbf{x}'=\begin{bmatrix}x'\\ y'\end{bmatrix}$이라 하자. 그러면 $\mathbf{x}=P\,\mathbf{x}'$이고

$$q(\mathbf{x})=\mathbf{x}^TA\mathbf{x}=(P\,\mathbf{x}')^TA(P\,\mathbf{x}')=(\mathbf{x}')^T(P^TAP)\mathbf{x}'$$

$$=[x'\ y']\begin{bmatrix}\lambda_1 & 0\\ 0 & \lambda_2\end{bmatrix}\begin{bmatrix}x'\\ y'\end{bmatrix}=\lambda_1(x')^2+\lambda_2(y')^2$$

이므로 이차형식 q는 새로운 좌표계에서는 교차항이 없이 표현된다. 따라서 다음 정리를 얻는다.

정리 8.4.1

[R^2의 주축정리]

대칭행렬 $A\in M_2$의 고유값을 λ_1, λ_2라 할 때, 좌표축의 회전에 의하여 이차형식 $q(\mathbf{x})=\mathbf{x}^{\mathrm{T}}A\,\mathbf{x}$는 새로운 $x'y'$-좌표계에서

$$q(\mathbf{x})=\lambda_1(x')^2+\lambda_2(y')^2 \tag{8}$$

으로 표현될 수 있다. 이 회전은 행렬식이 1이고 A를 대각화하는 직교행렬을 P라 할 때 $\mathbf{x}=P\,\mathbf{x}'$이라는 치환에 의하여 얻어진다.

이차형식 (7)을 식 (8)과 같이 제곱항의 합으로만 간단히 나타내는 것을 이차형식의 대각화라고 한다. xy 항을 갖는 그래프는 다음 **예제 5** 에서 알 수 있듯이, 표준위치로 부터 회전 이동된 원뿔곡선이다.

예제 5 이차형식의 대각화를 이용하여 다음 방정식이 어떤 이차곡선을 나타내는지를 결정하시오.

$$3x^2+2xy+3y^2-8=0 \tag{9}$$

풀이 이차방정식 $3x^2+2xy+3y^2-8=0$은

$$\mathbf{x}^TA\,\mathbf{x}=[x\ y]\begin{bmatrix}3 & 1\\ 1 & 3\end{bmatrix}\begin{bmatrix}x\\ y\end{bmatrix}=8$$

로 나타낼 수 있고, A의 특성방정식은

$$|A-\lambda I|=(3-\lambda)^2-1=(\lambda-2)(\lambda-4)=0$$

이므로 고유값은 $\lambda_1=2,\ \lambda_2=4$이다. 따라서 **정리 8.4.1**에 의하여

$$q(\mathbf{x})=\mathbf{x}^{\mathrm{T}}A\,\mathbf{x}=2(x')^2+4(y')^2$$

이다. 따라서 새로운 좌표계에서 이차곡선의 방정식은

$$2(x')^2+4(y')^2=8$$

이다. 그런데 고유값 $\lambda_1=2,\ \lambda_2=4$에 대응하는 정규직교인 고유벡터들은

$$\mathbf{v}_1=\begin{bmatrix}\frac{1}{\sqrt{2}}\\ -\frac{1}{\sqrt{2}}\end{bmatrix},\ \mathbf{v}_2=\begin{bmatrix}\frac{1}{\sqrt{2}}\\ \frac{1}{\sqrt{2}}\end{bmatrix}$$

이므로 직교행렬 P는

$$P=\begin{bmatrix}\frac{1}{\sqrt{2}} & \frac{1}{\sqrt{2}}\\ -\frac{1}{\sqrt{2}} & \frac{1}{\sqrt{2}}\end{bmatrix}=\begin{bmatrix}\cos(-45^\circ) & -\sin(-45^\circ)\\ \sin(-45^\circ) & \cos(-45^\circ)\end{bmatrix}$$

이다. 따라서 $x'y'-$축은 $xy-$축을 시계 반대 방향으로 -45°만큼 (즉, 시계 방향으로 45°만큼) 회전한 축이고, 식 (9)는 $x'y'-$축에서의 타원이다

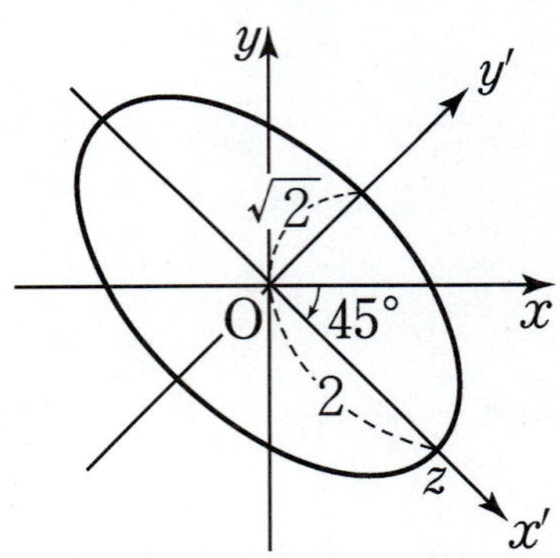

그림 8.7

□

이제 처음 도입한 이차형식 $ax^2+2bxy+cy^2+dx+ey+f=0$을 대각화를 이용하여 어떤 곡선이 되는지 알아보자. $B=[d\ \ e]$라 하면 이차방정식 (7)은 $\mathbf{x}^TA\,\mathbf{x}+B\,\mathbf{x}+f=0$로 표현되고, **정리 8.4.1**의 직교행렬 P를 이용하여 $\mathbf{x}=P\,\mathbf{x}'$으로 치환하면 다음과 같이 나타낼 수 있다.

$$(\mathbf{x}')^T(P^TAP)\mathbf{x}'+BP\,\mathbf{x}'+f=0$$

이때, $[d'\ \ e']=BP=[d\ \ e][\mathbf{v}_1\ \ \mathbf{v}_2]$이라 하고, 위의 식을 정리하면 다음을 얻는다 〈교차항이 소거된다〉.

$$\lambda_1(x')^2+\lambda_2(y')^2+d'x'+e'y'+f=0$$

$\mathbf{x}=P\,\mathbf{x}'$ (또는 $\mathbf{x}'=P^T\mathbf{x}$)에서, 변환행렬 P는 주어진 벡터를 시계반대 방향으로 각 θ 만큼 회전시키므로 변환행렬의 모양은 다음과 같다.

$$P=\begin{bmatrix} p_1 & p_2 \\ p_3 & p_4 \end{bmatrix}=\begin{bmatrix} \cos\theta & -\sin\theta \\ \sin\theta & \cos\theta \end{bmatrix} \quad (\text{참고로 } P^{-1}=P^T=\begin{bmatrix} \cos\theta & \sin\theta \\ -\sin\theta & \cos\theta \end{bmatrix}\text{이다.})$$

이 의미는 $\mathbf{x}$ 좌표축과 새 좌표축 $\mathbf{x}'$ 사이에 각 θ 만큼의 차이가 있다는 의미이고 더 나아가 좌표축의 입장에서 보면 $\mathbf{x}'$ 좌표축은 $\mathbf{x}$ 좌표축을 각 θ 만큼 시계방향으로 회전하여 얻어진 것으로 생각할 수 있다.

따라서 $\tan\theta=\dfrac{\sin\theta}{\cos\theta}=\dfrac{p_3}{p_1}$이므로 $xy-$축을 시계방향으로 $\theta=\tan^{-1}\left(\dfrac{p_3}{p_1}\right)$만큼 회전하여 얻어진 좌표축이 $x'y'-$축이다.

예제 6 다음 방정식의 그래프를 그려라.

$$34x^2-24xy+41y^2-40x-30y-25=0 \tag{10}$$

풀이 $A=\begin{bmatrix} 34 & -12 \\ -12 & 41 \end{bmatrix}$, $B=[-40,\ -30]$, $\mathbf{x}=\begin{bmatrix} x \\ y \end{bmatrix}$라 하면 식 (10)의 행렬 표현은

$$\mathbf{x}^TA\,\mathbf{x}+B\,\mathbf{x}-25=0 \tag{11}$$

이다. 먼저 회전이동을 하여 교차항을 소거하자. A의 특성 방정식

$$|A-\lambda I|=(\lambda-25)(\lambda-50)=0$$

으로부터 A의 고유값은 $\lambda_1=25$, $\lambda_2=50$이고, 이에 대응하는 정규직교인 고유벡터는 각각

$$\mathbf{v}_1=\frac{1}{5}\begin{bmatrix} 4 \\ 3 \end{bmatrix},\ \mathbf{v}_2=\frac{1}{5}\begin{bmatrix} -3 \\ 4 \end{bmatrix}$$

이므로

$$P=[\mathbf{v}_1 : \mathbf{v}_2]=\frac{1}{5}\begin{bmatrix} 4 & -3 \\ 3 & 4 \end{bmatrix}$$

이다. R^2의 주축정리에서 $\mathbf{x}=P\,\mathbf{x}'$이므로

$$\mathbf{x}^TA\,\mathbf{x}=25(x')^2+50(y')^2,$$

$$B\,\mathbf{x}=BP\,\mathbf{x}'=-50x'$$

이고, 따라서 식 (11)로 부터 다음을 얻는다.

$$25(x')^2+50(y')^2-50x'-25=0 \tag{12}$$

이제, 평행이동을 하여 방정식 (12)의 x'을 소거하자. 식 (12)를 완전제곱꼴로 바꾸면

$$25[(x')^2-2(x')+1]+50(y')^2=25+25=50$$

즉,

$$25(x'-1)^2+50(y')^2=50$$

이므로 식 (11)은 $x'y'-$좌표축을 x'축 방향으로 1만큼 평행이동한 $x''y''-$축에서 다음과 같이 나타내어지는 타원의 방정식이다. □

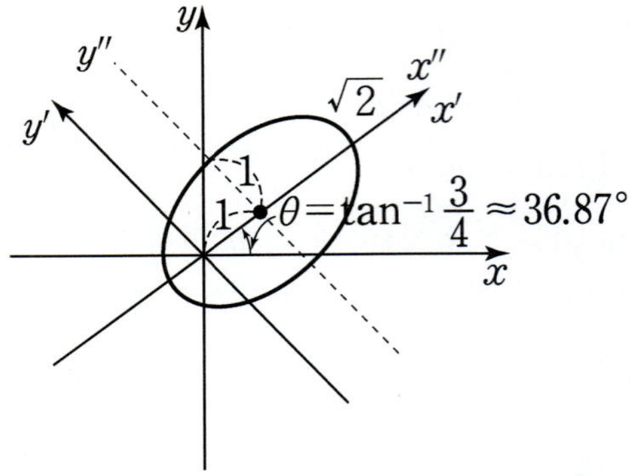

그림 8.8

이제, 이차형식의 대각화를 이용하여 3차원 곡면에 대하여 알아보자.

이차형식 (7)을

$$z=ax^2+2bxy+cy^2 \tag{13}$$

라 하고 이것을 대각화하면 회전된 $x'y'z-$좌표계에서는

$$z=\lambda_1(x')^2+\lambda_2(y')^2 \tag{14}$$

으로 변환 되므로 R^3 상에서 식 (13)의 그래프를 쉽게 알 수 있다.

식 (14)에서 λ_1, λ_2가 모두 양이라면, 이 그래프는 〈그림 8.9(a)〉와 같이 위쪽이 열린 포물면(paraboloid)이다. 또한, λ_1, λ_2가 모두 음이라면 〈그림 8.9(b)〉와 같이 아래쪽이 열린 포물면이다. 이러한 포물면의 수평절단면은 타원이므로 타원포물면(elliptic paraboloid)이라고 한다.

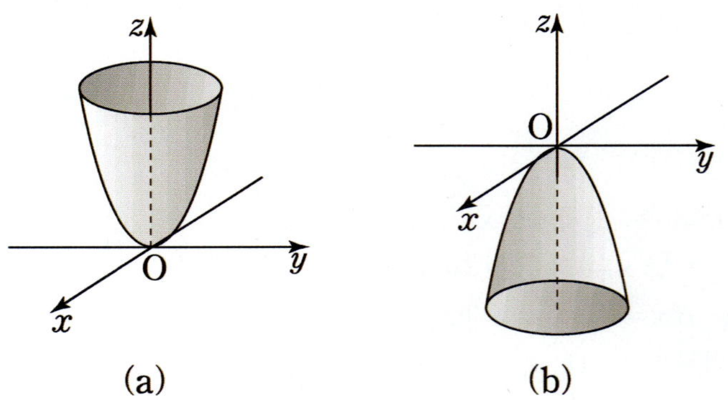

그림 8.9 : 타원포물선

또한 식 (14)에서 λ_1, λ_2가 모두 영이 아니고 서로 다른 부호이면, 이 그래프는 〈그림 8.10(a)〉와 같이 안장 모양의 쌍곡포물면(hyperbolic paraboloid)이 된다. λ_1, λ_2 중 하나가 영이라면, 그래프는 〈그림 8.10(b)〉와 같은 포물기둥(parabolic cylinder)이 된다.

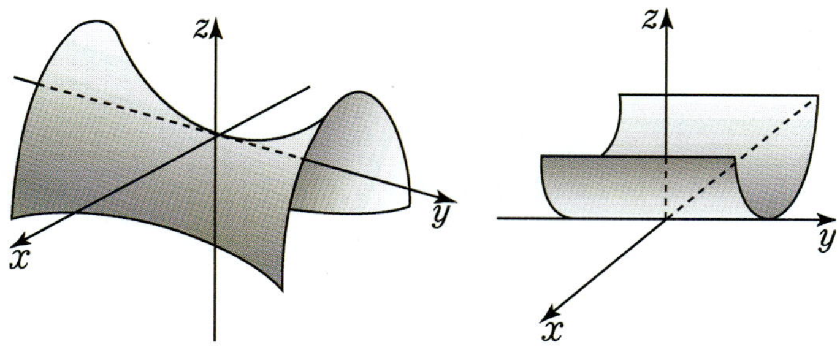

(a) 쌍곡포물선 (b) 포물기둥

그림 8.10

예제 7 다음 방정식의 그래프가 타원포물면임을 설명하고 $z=50$일 때의 단면을 그려라.

$$z=34x^2-24xy+41y^2 \tag{15}$$

풀이 식 (15)의 우변을 대각화하는 행렬 P를 구하면 $P=\frac{1}{5}\begin{bmatrix} 4 & -3 \\ 3 & 4 \end{bmatrix}$이므로

$\mathbf{x}=P\,\mathbf{x}'$로 치환하면 식 (15)는 다음과 같이 변환된다.

$$z=25(x')^2+50(y')^2 \tag{16}$$

식 (16)은 회전된 $x'y'x$−좌표계에서 타원포물면이다. 여기서 $x'y'$−좌표계는 xy−좌표계를 $\mathbf{x}=P\,\mathbf{x}'$에 의하여 시계반대방향으로 θ만큼 회전한 것이므로

$$P=\frac{1}{5}\begin{bmatrix} 4 & -3 \\ 3 & 4 \end{bmatrix}=\begin{bmatrix} \cos\theta & -\sin\theta \\ \sin\theta & \cos\theta \end{bmatrix}$$

으로부터 회전각 $\theta=\tan^{-1}\left(\frac{3}{4}\right)$을 얻는다.

이제, 식 (15)의 포물면을 $z=50$으로 자른 단면을 그리자.

식 (16)에 $z=50$을 대입하여 정리하면

$$\frac{(x')^2}{2}+\frac{(y')^2}{1}=1$$

이므로 이 그래프는 아래와 같다.

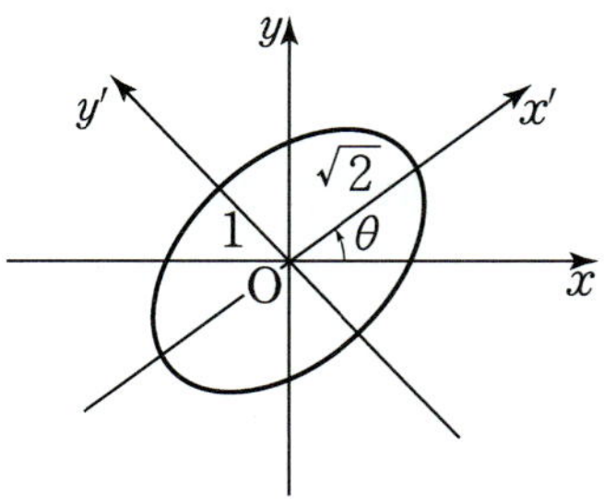

그림 8.11

□

연습문제 8-4

|1-2| 다음 행렬에 대하여 $q(\mathbf{x})=\mathbf{x}^TA\mathbf{x}$를 구하여라.

1. $A=\begin{bmatrix} -2 & 2 \\ 2 & 3 \end{bmatrix}$, $\mathbf{x}=\begin{bmatrix} x \\ y \end{bmatrix}$

2. $A=\begin{bmatrix} 1 & -3 & 2 \\ -3 & 0 & 1 \\ 2 & 1 & 5 \end{bmatrix}$, $\mathbf{x}=\begin{bmatrix} x \\ y \\ x \end{bmatrix}$

|3-6| 다음 주어진 이차형식을 $\mathbf{x}^TA\,\mathbf{x}$ 꼴로 나타내어라.

3. $9x^2+4y^2$

4. $3x^2+2xy+3y^2$

5. $2x^2+3y^2+z^2+xy-2xz+3yz$

6. $-2xy+6xz+4yz$

|7-8| 다음 이차형식에 대한 대칭행렬 A를 구하여라.

7. $q(x,\ y)=3x^2-6xy+3y^2$

8. $q(x,\ y)=-x^2+10xy-y^2$

|9-10| 다음에서 교차항을 소거하여라. [회전이동]

9. $q(x,\ y)=x^2-2xy+y^2$

10. $q(x,\ y)=5x^2+5y^2+2xy$

11. 이차형식 $8x^2-24xy+5y^2+10x-7y+3$을 행렬표현인

$$\mathbf{x}^TA\,\mathbf{x}+B\,\mathbf{x}+f$$

로 나타내어라.

|12-13| 다음의 정상적인 이차곡선을 평행이동하여 x항과 y항을 소거하여라(즉, 완전제곱꼴).

12. $2x^2+y^2-12x-4y+18=0$

13. $y^2-8x^2-14y+49=0$

14. 다음 3차원곡면에 대하여 교차항을 소거하여라.

$$5x^2+2y^2+4z^2+4xy=0$$

|15-16| 다음 방정식의 그래프의 개형을 그려라.

15. $3x^2+2xy+3y^2-8=0$

16. $4x^2+6xy-4y^2=5$

토론과 발견

P1-P2 이차형식 $\mathbf{x}^T A\,\mathbf{x}$에 대하여 함수 $T: R^2 \to R$을

$$T(\mathbf{x}) = \mathbf{x}^T A\,\mathbf{x}$$

로 정의할 때, 다음을 보여라.

P1. $T(\mathbf{x}+\mathbf{y}) = T(\mathbf{x}) + \mathbf{x}^T A\,\mathbf{y} + \mathbf{y}^T A\,\mathbf{x} + T(\mathbf{y})$

P2. $T(k\,\mathbf{x}) = k^2 T(\mathbf{x})$

P3 이차 방정식 $ax^2+2bxy+cy^2+dx+ey+f=0$의 그래프가 정상적인 원뿔곡선이라 할 때, 다음을 보여라.

(1) $ac-b^2>0$이면 타원이다.

(2) $ac-b^2<0$이면 쌍곡선이다.

(3) $ac-b^2=0$이면 포물선이다.

P4 2×2크기의 대칭행렬 A에 어떤 성질이 추가되어야 이차방정식 $\mathbf{x}^T A\,\mathbf{x}=1$이 반드시 원을 나타내는가?

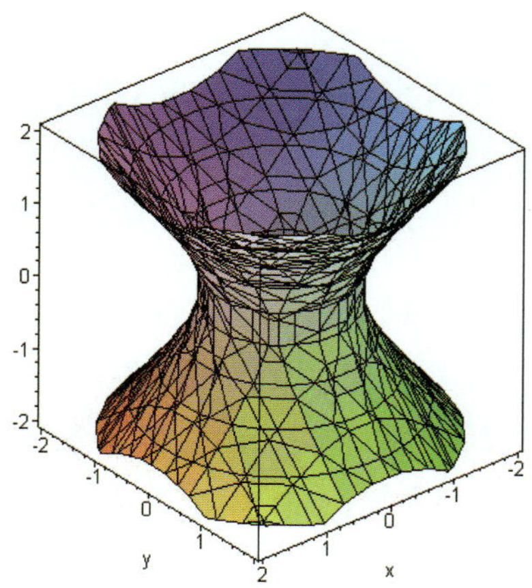

〈Maple 로 그리는 이차형식〉

http://www.maplesoft.com/Products/Maple/

*8.5 이차형식의 응용

8.4절의 <그림 8.9(a), (b), 8.10(a)>에서 보듯이 3차원 곡면의 그래프는 각각 xy-평면($z=0$)을 기준으로 위쪽, 아래쪽, 또는 양쪽 모두에 그려진다. 이 절에서는 이와 같은 세 가지 형태를 구분하는데 매우 유용한 이차형식의 부호를 알아보고, 이를 이용하여 다변수함수의 극값에 대하여 알아본다.

정 의 행렬 $A\in M_n$가 대칭행렬일 때, 이차형식 $q(\mathbf{x})=\mathbf{x}^TA\,\mathbf{x}$가 임의의 $\mathbf{x}\neq\mathbf{0}$에 대하여 $q(\mathbf{x})>0$이면 양의 정부호(positive definite), $q(\mathbf{x})<0$이면 음의 정부호(negative definite)라 한다. 또한, 어떤 $\mathbf{x}$에 대하여는 $q(\mathbf{x})>0$이고, 어떤 $\mathbf{x}$에 대하여는 $q(\mathbf{x})<0$이면 부정부호(indefinite)라 한다.

예제 1 이차형식 $q_1(x,\ y)=3x^2+4y^2$은 $3x^2+4y^2$이 항상 양수이므로 양의 정부호이다. 또한, $q_2(x,\ y)=-3x^2-4y^2$은 음의 정부호이다. 이차형식 $q_3(x,\ y)=3x^2-4y^2$은 $q_3(1,\ 0)=3$이고 $q_3(0,\ 1)=-4$이므로 부정부호이다. □

앞 절의 R^2의 주축정리는 R^3에서 다음과 같이 확장할 수 있다.

정리 8.5.1

[R^3의 주축정리]

$q(\mathbf{x})=\mathbf{x}^TA\mathbf{x}$를 대칭행렬 $A\in M_3$의 이차형식이라 하고 P는 A를 직교 대각화하는 직교행렬이라 하자. 그러면 치환 $\mathbf{x}=P\mathbf{x}'$에 의하여 $\lambda_1,\ \lambda_2,\ \lambda_3$의 고유값이라 할 때 $q(\mathbf{x})$는 다음과 같이 나타낼 수 있다.

$$q(\mathbf{x}')=\lambda_1(x_1')^2+\lambda_2(x_2')^2+\lambda_3(x_3')^2 \qquad (1)$$

증 명 대칭행렬 A의 고유값을 $\lambda_1,\ \lambda_2,\ \lambda_3$라 할 때, $D=\text{diag}\{\lambda_1,\ \lambda_2,\ \lambda_3\}$에 대하여

$$P^TAP=D$$

를 만족하는 직교행렬 P가 존재한다. 또한, P의 열벡터들의 집합 $S=\{\mathbf{v}_1,\ \mathbf{v}_2,\ \mathbf{v}_3\}$는 A의 고유값 $\lambda_1,\ \lambda_2,\ \lambda_3$에 대응되는 일차독립인 크기가 1인 고유벡터들의 집합이므로 R^3의 기저이다. 표준기저에 관한 좌표벡터 $\mathbf{x}=\{x_1,\ x_2,\ x_3\}$에 대하여 치환 $\mathbf{x}=P\mathbf{x}'$을 취하여 얻어진 새로운 벡터 $\mathbf{x}'=(x_1',\ x_2',\ x_3')$은 기저 S에 관한 $\mathbf{x}$의 좌표벡터이고,

$$q(\mathbf{x})=\mathbf{x}^TA\mathbf{x}=(P\,\mathbf{x}')^TA(P\,\mathbf{x}')=\mathbf{x}'^T(P^TAP)\mathbf{x}'=\mathbf{x}'^TD\mathbf{x}'$$

이다. 따라서 이차형식 q는 이 기저 S에 관한 좌표벡터를 이용하여 다음과 같이 표현할 수 있다.

$$q(\mathbf{x}')=\lambda_1(x_1')^2+\lambda_2(x_2')^2+\lambda_3(x_3')^2$$ ■

특히, A가 3차의 대칭행렬일 때는 A의 고유값 λ_1, λ_2, λ_3만 알면, 이차형식 $q(\mathbf{x})=\mathbf{x}^TA\mathbf{x}$의 정부호에 관한 성질은 식 (1)로 부터 쉽게 알 수 있다. 즉, A의 고유값들이 모두 양수라면 $\mathbf{x}'=\mathbf{0}$을 제외하고는 $q(\mathbf{x}')>0$이다. 마찬가지로 고유값들이 모두 음수라면 $\mathbf{x}'=0$을 제외하고는 $q(\mathbf{x}')<0$이다. 그러나 A가 양의 고유값 λ_i와 함께 음의 고유값 λ_j를 갖고 이에 대응하는 고유 벡터를 $\mathbf{v}_i$와 $\mathbf{v}_j$라 하면 $q(\mathbf{v}_i)=\lambda_i>0$이고 $q(\mathbf{v}_j)=\lambda_j<0$이므로 $q(\mathbf{x})$는 양수값과 음수값을 모두 갖게 되어, 다음 결과를 얻는다.

정리 8.5.2

행렬 $A\in M_3$가 대칭행렬일 때, A의 이차형식 $q(\mathbf{x})=\mathbf{x}^TA\mathbf{x}$는 다음을 만족한다.
(1) A의 고유값들이 모두 양이라면 $q(\mathbf{x})$는 양의 정부호(positive definite)이다.
(2) A의 고유값들이 모두 음이라면 $q(\mathbf{x})$는 음의 정부호(negative definite)이다.
(3) A가 양의 고유값과 음의 고유값을 모두 가지면 $q(\mathbf{x})$는 부정부호(indefinite) 이다.

예제 2 다음 이차형식이 양의 정부호임을 보여라.

$$q(x,\ y,\ z)=5x^2+6y^2+7z^2+4xy+4yz$$

풀이 $q(x,\ y,\ z)$의 행렬

$$A=\begin{bmatrix}5&2&0\\2&6&2\\0&2&7\end{bmatrix}$$

의 특성 방정식은

$$|A-\lambda I|=(2-\lambda)(6-\lambda)(9-\lambda)=0$$

이므로 A의 고유값은 $\lambda_1=2$, $\lambda_2=6$, $\lambda_3=9$이다. 따라서 **정리 8.5.2** 의 (1)에 의하여 이차형식 $q(x,\ y,\ z)$는 양의 정부호이다. □

예제 3 다음 이차형식이 부정부호임을 보여라.

$$q(x,\ y,\ z)=3x^2+2xy+2xz+4yz$$

풀이 $q(x,\ y,\ z)$의 행렬

$$A=\begin{bmatrix}3&1&1\\1&0&2\\1&2&0\end{bmatrix}$$

의 특성 방정식은

$$|A-\lambda I|=(1-\lambda)(4-\lambda)(\lambda+2)=0$$

이므로 A의 고유값은 $\lambda_1=1$, $\lambda_2=4$, $\lambda_3=-2$이다. 따라서 **정리 8.5.2** 의 (3)에 의하여 이차형식 q는 부정부호이다. □

정리 8.5.1 와 **정리 8.5.2** 는 R^n에서도 성립한다. **정리 8.5.2** 에 의하여

이차형식이 양의 정부호, 음의 정부호, 또는 부정부호인지는 A의 고유값만 알면 바로 결정할 수 있다. 그러나, A가 0을 고유값으로 가지는 경우는 다루지 않았다.

이차형식 $q(\mathbf{x})$의 행렬 A의 각 고유값이 모두 $\lambda_i \geq 0$이면 양의 준정부호(positive semidefinite), $\lambda_i \leq 0$이면 음의 준정부호(negative semidefinite)라 한다. 예를 들면 이차형식 $g(x, y)=2x^3$은 양의 준정부호이다.

이제, 행렬의 고유값을 계산하지 않고도 두 변수를 갖는 정상적인 이차형식의 정부호를 결정하는 방법을 알아본다.

이차형식 $q(\mathbf{x})=\mathbf{x}^T A\mathbf{x}$의 행렬 A에 대한 행렬식은

$$|A|=|PDP^{-1}|=|D|=\lambda_1 \lambda_2 \lambda_3 \cdots \lambda_n \tag{2}$$

이므로, $|A|$는 A의 고유값들의 곱과 같다. 따라서 이차형식 $q(\mathbf{x})=\mathbf{x}^T A\mathbf{x}$가 정상적인 이차형식(nondegenerate)이 될 필요충분조건은 A의 고유값들이 모두 영이 아닌 것이다.

정리 8.5.3

$q(x, y)=ax^2+2bxy+cy^2$을 x와 y에 대한 이차형식이라 하고 $\Delta=ac-b^2 \neq 0$이라 하자. 그러면 다음이 성립한다.

(1) $\Delta>0$이고 $a>0$이면 q는 양의 정부호 이다.

(2) $\Delta>0$이고 $a<0$이면 q는 음의 정부호 이다.

(3) $\Delta<0$이면 q는 부정부호 이다.

증명 이차형식 q의 행렬은 $A=\begin{bmatrix} a & b \\ b & c \end{bmatrix}$이고 $|A|=ac-b^2=\Delta$이다.

따라서 식 (2)로 부터 $\Delta=\lambda_1 \lambda_2$이므로 $\Delta>0$이면, λ_1과 λ_2는 같은 부호를 갖는다. 그런데 $ac=\Delta+b^2=\lambda_1 \lambda_2+b^2>0$이므로 a와 c도 같은 부호를 갖고

$$\lambda_1+\lambda_2=\mathrm{tr}(A)=a+c$$

이므로 λ_1, λ_2, a, c는 모두 같은 부호를 갖는다. 따라서 $a>0$이면 λ_1, λ_2는 모두 양수이고, **정리 8.5.2**에 의하여 q는 양의 정부호이다.

한편, $a<0$이면 λ_1과 λ_2는 모두 음수이므로, q는 음의 정부호이다.

또한, $\Delta=\lambda_1 \lambda_2$이므로 $\Delta<0$이면 λ_1, λ_2는 서로 다른 부호를 갖는다. 따라서 q는 부정부호이다. ■

예제 4 이차형식 $q_1(x, y)=5x^2+4xy+2y^2$에서는 $\Delta=(5)(2)-(2)^2=6>0$, $a=5>0$이므로 q_1은 양의 정부호이다.

이차형식 $q_2(x, y)=x^2+6xy+2y^2$에서는 $\Delta=(1)(2)-(3)^2=-7<0$이므로 q_2는 부정부호이다. □

정리 8.5.3 은 n차원으로 자연스럽게 일반화가 가능하다. 대칭행렬 $A=[a_{ij}]\in M_n$의 $k\times k$ $(k=1, 2, \cdots, n)$ 소행렬식을 각각

$$\Delta_1=a_{11},\ \Delta_2=\begin{vmatrix} a_{11} & a_{12} \\ a_{21} & a_{22} \end{vmatrix},\ \Delta_3=\begin{vmatrix} a_{11} & a_{12} & a_{13} \\ a_{21} & a_{22} & a_{23} \\ a_{31} & a_{32} & a_{33} \end{vmatrix},\ \cdots,\ \Delta=|A|$$

이라할 때, Δ_1, Δ_2, $\cdots$, Δ_n을 A의 선행 주 소행렬식(leading principal minors)이라고 한다. 아래는 주 부분행렬을 보여준다.

$$\begin{bmatrix} a_{11} & a_{12} & a_{13} & a_{14} \\ a_{21} & a_{22} & a_{23} & a_{24} \\ a_{31} & a_{32} & a_{33} & a_{34} \\ a_{41} & a_{42} & a_{43} & a_{44} \end{bmatrix} \quad \begin{bmatrix} a_{11} & a_{12} & a_{13} & a_{14} \\ a_{21} & a_{22} & a_{23} & a_{24} \\ a_{31} & a_{32} & a_{33} & a_{34} \\ a_{41} & a_{42} & a_{43} & a_{44} \end{bmatrix} \quad \begin{bmatrix} a_{11} & a_{12} & a_{13} & a_{14} \\ a_{21} & a_{22} & a_{23} & a_{24} \\ a_{31} & a_{32} & a_{33} & a_{34} \\ a_{41} & a_{42} & a_{43} & a_{44} \end{bmatrix} \quad \begin{bmatrix} a_{11} & a_{12} & a_{13} & a_{14} \\ a_{21} & a_{22} & a_{23} & a_{24} \\ a_{31} & a_{32} & a_{33} & a_{34} \\ a_{41} & a_{42} & a_{43} & a_{44} \end{bmatrix}$$

Δ_1 $\quad\quad$ Δ_2 $\quad\quad$ Δ_3 $\quad\quad$ Δ_3

| 그림 8.12 |

정리 8.5.4

대칭행렬 $A\in M_n$의 정상적인 이차형식 $q(\mathbf{x})=\mathbf{x}^TA\mathbf{x}$에 대하여 다음이 성립한다.

(1) q가 양의 정부호일 필요충분조건은 모든 $k=1,\ 2,\ \cdots,\ n$에 대하여 $\Delta_k>0$이다.

(2) q가 음의 정부호일 필요충분조건은 모든 $k=1,\ 2,\ \cdots,\ n$에 대하여 $(-1)^k\Delta_k>0$이다.

예제 5 다음 이차형식이 음의 정부호임을 보여라.

$$q(x,\ y,\ z)=2x^2+2y^2+9z^2-2xy-6xz+8yz$$

풀이 이차형식 q의 행렬은

$$A=\begin{bmatrix} 2 & -1 & -3 \\ -1 & 2 & 4 \\ -3 & 4 & 9 \end{bmatrix}$$

이고, $\Delta_1=2$, $\Delta_2=3$, $\Delta_3=1$이므로 정리 8.5.4 의 (1)에 의하여 이차형식 q는 양의 정부호이다. □

이제, 위에서 정의한 양의 정부호등의 성질이 극대, 극소 문제를 푸는데 어떻게 적용되는지를 알아보자.

먼저, R^n에서 두 번 편미분가능한 실변수 함수 $f: R^n\to R$를 생각하자.

$f(\mathbf{a})$가 극소값 또는 극대값이 되려면, 우선 $\mathbf{x}=\mathbf{a}$는 임계점(critical point)이어야 한다. 즉, f의 일계편도함수는 $\mathbf{a}$에서 모두 0이어야 한다. 다음 $f(\mathbf{a})$가 극소값 또는 극대값이 되기 위한 충분조건을 얻으려면 임계점 $\mathbf{x}=\mathbf{a}$에서 이계 편도함수를 생각해 보아야 한다. $\mathbf{x}=\mathbf{a}$에서 f의 이계 편도함수를 성분으로 가지는 다음과 같은 n차의 대칭행렬 H를 f의

Hessian 행렬이라고 한다.

$$H=\left[\frac{\partial^2 f}{\partial x_i\,\partial x_j}\right]_{\mathbf{x}=\mathbf{a}} \tag{3}$$

예를 들어, 만일 $n=2$이면 f의 Hessian 행렬 H는 다음과 같다.

$$H=\begin{bmatrix}\dfrac{\partial^2 f}{\partial x^2} & \dfrac{\partial^2 f}{\partial x\,\partial y}\\[2mm] \dfrac{\partial^2 f}{\partial y\,\partial x} & \dfrac{\partial^2 f}{\partial y^2}\end{bmatrix}_{\mathbf{x}=\mathbf{a}} \tag{4}$$

$\mathbf{x}=\mathbf{a}$에서 함수 f의 이차형식은 $q(\mathbf{x})=\mathbf{x}^T H\mathbf{x}$로 정의한다. 여기서 H는 (3)과 같은 Hessian 행렬이다.

정리 8.5.5

함수 $f: R^n\to R$가 임계점 $\mathbf{x}=\mathbf{a}$에서 연속인 2계 편도함수를 갖고, 이 점에서 f의 이차형식을 $q(\mathbf{x})=\mathbf{x}^T H\mathbf{x}$라고 할 때, 다음이 성립한다.

(1) q가 양의 정부호이면 $f(\mathbf{a})$는 극소값이다.

(2) q가 음의 정부호이면 $f(\mathbf{a})$는 극대값이다.

(3) q가 부정부호이면, $f(\mathbf{a})$는 극대값도 아니고 극소값도 아니다.

이때, $\mathbf{x}=\mathbf{a}$를 안장점(saddle point)이라고 한다.

정리 8.5.5 에서 $n=2$ 일때 f가 이변수함수가 되고 f의 Hessian행렬이 (4)와 같으므로 **정리 8.5.4** 와 **정리 8.5.5** 에 의하여 미적분학에서 배운 이변수함수의 극대 극소판정법을 얻는다.

예제 6 함수 $f(x, y)=-x^2-y^2+xy-2x-2y+4$의 극값을 구하라.

풀이

$$\frac{\partial f}{\partial x}=y-2x-2,\ \frac{\partial f}{\partial y}=x-2y-2$$

이므로 f의 임계점은 $\mathbf{a}=(2, 3)$이다. 또한

$$\frac{\partial^2 f}{\partial x^2}=-2,\ \frac{\partial^2 f}{\partial y^2}=-2,\ \frac{\partial^2 f}{\partial x\,\partial y}=\frac{\partial^2 f}{\partial y\,\partial x}=1$$

이므로, $\mathbf{x}=\mathbf{a}$에서 f의 Hessian행렬은 다음과 같다.

$$H=\begin{bmatrix}-2 & 1\\ 1 & -2\end{bmatrix}$$

그런데 $\Delta_1=-2<0$, $\Delta_2=3>0$이므로 f가 음의 정부호이고 $f(-2, -2)=8$은 f의 극대값이다. □

예제 7 다음 함수의 극값을 구하라.

$$f(x, y, z)=x^2+xz-3\cos y+z^2$$

풀이 $\dfrac{\partial f}{\partial x}=2x+z,\ \dfrac{\partial f}{\partial y}=3\sin y,\ \dfrac{\partial f}{\partial z}=x+2z,\ \dfrac{\partial^2 f}{\partial y^2}=3\cos y$

이므로 f의 임계점은 n이 정수일 때 $\mathbf{a}=(0, n\pi, 0)$이다.

(i) $\mathbf{a}=(0, 2k\pi, 0)$일 때, f의 Hessian 행렬은

$$H_1=\begin{bmatrix} 2 & 0 & 1 \\ 0 & 3 & 0 \\ 1 & 0 & 2 \end{bmatrix}$$

이고 $\Delta_1=2>0$, $\Delta_2=6>0$, $\Delta_3=9>0$이므로 $f(x, y, z)$는 $\mathbf{x}=\mathbf{a}$에서 양의 정부호이다. 따라서 $f=(0, 2k\pi, 0)=-3$은 f의 극소값이다.

(ii) $\mathbf{a}=(0, (2k+1)\pi, 0)$일 때, f의 Hessian 행렬은

$$H_2=\begin{bmatrix} 2 & 0 & 1 \\ 0 & -3 & 0 \\ 1 & 0 & 2 \end{bmatrix}$$

이고, $\Delta_1=2>0$, $\Delta_2=-6>0$, $\Delta_3=-9<0$이다.

$f(x, y, z)$는 $\mathbf{x}=\mathbf{a}$에서 부정부호이다. 따라서, $\mathbf{a}$는 f의 안장점이다. □

Otto Hesse

여기서 잠깐!

(1811, 독일의 Königsberg-현재 러시아의 Kaliningrad에서 탄생, 1874 독일 Munich에서 사망)

Otto Hesse는 Königsberg에서 Jacobi에게 수학을 배운 우수한 학생으로 이미 학부생 시절에도 그 대학에서 물리와 화학을 가르치기도 했으며 1840년 졸업 후 바로 Königsberg대에서 강의를 시작하여 16년간 근무하며 1842년 Hessian 행렬과 행렬식을 소개하였다. 그 후 1856년 Heidelberg대에 교수로 임용되어 근무하다 1868년 Munich에 교수로 초빙되었다.

Hesse는 대수함수론과 불변함수론 특히 대수변환의 기하학적 의미 연구에 기여하였다.

더구나 케일리와 동시에 같은 분야를 연구하여, 각자 독자적으로 동차방정식에 관한 주요연구 결과를 발표한바 있다. 특히 대칭행렬인 Hessian 행렬은 이차형식 연구에 큰 도움을 주었다.

http://www-history.mcs.st-and.ac.uk/~history/Mathematicians/Hesse.html

연습문제 8-5

|1-2| 다음 이차형식에 대응하는 대칭행렬을 구하여라.

1. $(x,\ y,\ z)=2x^2+2xz+2z^2$

2. $(x,\ y,\ z)=5x^2-8xy+3y^2+12yz+z^2$

|3-4| 다음 이차형식이 양의 정부호, 음의 정부호 또는 부정부호 중 어디에 속하는가를 결정하여라.

3. $2x^2-6xy+8y^2$

4. $3x^2-y^2-2z^2-8xy+12yz+4xz$

|5-6| 다음 행렬이 양의 정부호인지 음의 정부호인지를 결정하여라.

5. $\begin{bmatrix} 2 & 3 \\ 3 & 5 \end{bmatrix}$

6. $\begin{bmatrix} -2 & - & 0 \\ 1 & -2 & 1 \\ 0 & 1 & -2 \end{bmatrix}$

|7-8| 다음 함수의 극값을 구하여라.

7. $f(x,\ y)=10+12x-12y-3x^2-2y^2$

8. $f(x,\ y,\ z)=x^2+y^2+z^2-xy-yz-zx$

9. 2차곡면 $5x^2+6y^2+7z^2+4xy+4yz=1$의 교차항을 주축정리를 이용하여 소거하여라.

10. $q(x,\ y,\ z)=5x^2+6y^2+7z^2+4xy+4yz$의 교차항을 소거하여라.

토론과 발견

P1 행렬 A가 양의 정부호이면 A^2과 A^{-1}도 양의 정부호임을 보여라.

P2 n차의 대칭행렬 A가 양의 정부호일 때, 각 $\mathbf{x}$, $\mathbf{y} \in R^n$에 대하여 함수 $<\,,\,>$을 다음과 같이 정의한다.

$$<\mathbf{x},\ \mathbf{y}> = \mathbf{y}^T A\,\mathbf{x}$$

이때, 이 함수가 다음을 만족함을 보여라.

(1) $<\mathbf{x},\ \mathbf{x}> \geq 0$

(2) $<\mathbf{x},\ \mathbf{y}+\mathbf{z}> = <\mathbf{x},\ \mathbf{y}> + <\mathbf{x},\ \mathbf{z}>$

(3) $<\alpha\mathbf{x},\ \mathbf{y}> = \alpha<\mathbf{x},\ \mathbf{y}>$

(4) $<\mathbf{x},\ \mathbf{y}> = <\mathbf{y},\ \mathbf{x}>$

P3 다음 함수의 모든 임계점을 구하여라.

$$f(x,\ y) = \frac{1}{3}x^3 + xy^2 - 4xy + 1$$

P4 임의의 이차형식 $f(x,\ y)$에 대한 Hessian 행렬이 다음과 같다.

$$H = \begin{bmatrix} 2x_0 & 4y_0 - 4 \\ 2y_0 - 4 & 2x_0 \end{bmatrix}$$

f의 임계점이 만일 $(0,\ 0)$인 경우 이 점에서의 정부호에 대해 설명하여라.

P5 A가 임의의 $n \times n$ 크기의 대칭행렬이라 하고,

$$q(\mathbf{x}) = \mathbf{x}^T A\mathbf{x}$$

를 만족한다고 하자. 만일 $\mathbf{x}$에 A의 고유벡터를 넣으면 q 함수의 결과값은 A의 고유값과 어떤 관계를 가지겠는가?

$$\mathrm{H}(f) = \begin{bmatrix} \frac{\partial^2 f}{\partial x_1^2} & \frac{\partial^2 f}{\partial x_1\,\partial x_2} & \cdots & \frac{\partial^2 f}{\partial x_1\,\partial x_n} \\ \frac{\partial^2 f}{\partial x_2\,\partial x_1} & \frac{\partial^2 f}{\partial x_2^2} & \cdots & \frac{\partial^2 f}{\partial x_2\,\partial x_n} \\ \vdots & \vdots & \vdots & \vdots \\ \frac{\partial^2 f}{\partial x_n\,\partial x_1} & \frac{\partial^2 f}{\partial x_n\,\partial x_2} & \cdots & \frac{\partial^2 f}{\partial x_n^2} \end{bmatrix}$$

〈Hessian 행렬〉

http://planetmath.org/encyclopedia/HessianMatrix.html

〈경복궁, 2004년〉

*8.6 SVD와 일반화된 역행렬

• n차 대칭행렬은 대각화가능함을 알았다. 이제 일반적인 $m\times n$ 행렬 A의 대각화에 대하여 이 절에서 소개한다. 또한 대칭행렬의 대각화의 확장을 통하여 이에 대한 응용방법을 알아본다.

가우스 소거법에서 유도되는 행렬의 $LU-$분해와 정규직교화과정에서 유도되는 행렬의 $QR-$분해에 보태어 세 번째 중요한 행렬분해가 현대수학의 연구분야인 특이값분해(SVD, singular value decomposition)이다.

행렬 A는 다음과 같이 분해 될 수 있다.

$$A=U\Sigma V^T$$

여기서 U와 V는 직교행렬이고 $\Sigma\in M_{m\times n}$는 대각행렬이다. 이러한 분해를 singular value decomposition, 또는 행렬 A의 SVD라 부른다.

정리 8.6.1

[특이값분해(SVD) 정리]

행렬 A를 $m\times n$의 실수행렬이라 하자. 그러면 다음과 같은 직교(orthogonal)행렬 $U_{m\times m}$와 $V_{n\times n}$가 존재한다.

$$U^TAV=\begin{bmatrix}\Sigma_1 & O\\ O & O\end{bmatrix}=\Sigma \qquad (\Sigma\in M_{m\times n}) \tag{1}$$

Σ_1은 주대각선성분이 모두 양인 〈단조감소의 순서로 배열된〉 대각행렬이고 O은 영행렬이다.

즉, $A=U\Sigma V^T$

$$=[\mathbf{u}_1\ \mathbf{u}_2\ \cdots\ \mathbf{u}_k\ \mathbf{u}_{k+1}\ \cdots\ \mathbf{u}_n\ \mathbf{u}_m]\left[\begin{array}{cccc|c}\sigma_1 & & O & & 0\\ & \sigma_2 & & & \\ & & \ddots & & O\\ O & & & \sigma_k & \\ \hline & & & & 0\\ & O & & & O\\ 0 & & & & 0\end{array}\right]_{m\times n}\begin{bmatrix}\mathbf{v}_1{}^T\\ \mathbf{v}_2{}^T\\ \vdots\\ \mathbf{v}_n{}^T\end{bmatrix}$$

(단 $\sigma_1\geq\sigma_2\geq\cdots\geq\sigma_k>0$)

정의 행렬 Σ의 주대각선성분들을 행렬 A의 특이값(singular value)들이라 하고, U의 열들을 A의 left singular vector, V의 열들을 A의 right singular vector라고 한다.

SVD의 유일성에 대하여 이야기 해 보자.

$m\times n$ 크기의 행렬 A에 대하여, $\min(m, n)=k$개의 특이값이 있다고 하자. 행렬 A의 계수를 r이라 하면, r개의 양의 특이값이 존재한다. 이들은 A^TA(또는 AA^T)의 영이 아닌 고유값들의 양의 제곱근이다. 만약 $r<k$이면, $k-r$개의 특이값은 0이 된다. 따라서 k개의 특이값은 확정된다. 행렬 A의 특이값이 $\sigma>0$이면 $A=U\Sigma V^T$ 안의 행렬 V의 열들은 A^TA의 고유값 $\lambda=\sigma^2$에 대한 (일차독립인 정규직교) 고유벡터들이다.

정리 8.6.2 $m\times n(m\geq n)$ 크기의 행렬 $A=U\Sigma V^T$를 특이값분해(SVD)라 하고 r을 행렬 A의 계수라 하자. 그러면

1. $V^T(A^TA)V=\text{diag}\{\sigma_1^2, \sigma_2^2, \cdots, \sigma_r^2, 0, \cdots, 0\}_{n\times n}$
2. $U^T(AA^T)U=\text{diag}\{\sigma_1^2, \sigma_2^2, \cdots, \sigma_r^2, 0, \cdots, 0\}_{m\times m}$

증명

$$\begin{aligned}A^TA&=(V\Sigma^TU^T)(U\Sigma V^T)\\&=V\Sigma^T\Sigma V^T\\&=V\Sigma' V^T\end{aligned}$$

Σ'은 대각 성분이 $\sigma_1^2, \sigma_2^2, \cdots, \sigma_r^2, 0, \cdots, 0$인 $n\times n$ 크기의 대각선행렬이다. 따라서

$$V^TA^TAV=\Sigma'=\text{diag}\{\sigma_1^2, \sigma_2^2, \cdots, \sigma_r^2, 0, \cdots, 0\}_{n\times n}$$

유사한 방법에 의하여 $AA^T=U\Sigma\Sigma^TU^T=\text{diag}\{\sigma_1^2, \sigma_2^2, \cdots, \sigma_r^2, 0, \cdots, 0\}_{m\times m}$ ■

예제 1 행렬 $A=\begin{bmatrix}\sqrt{3} & 2\\ 0 & \sqrt{3}\end{bmatrix}$을 특이값분해하여라.

풀이

$A^TA=\begin{bmatrix}\sqrt{3} & 0\\ 2 & \sqrt{3}\end{bmatrix}\begin{bmatrix}\sqrt{3} & 2\\ 0 & \sqrt{3}\end{bmatrix}=\begin{bmatrix}3 & 2\sqrt{3}\\ 2\sqrt{3} & 7\end{bmatrix}$의 고유값을 구하면 $\lambda_1=9$, $\lambda_2=1$이고, 특이값 $\sigma_1=\sqrt{\lambda_1}=3$, $\sigma_2=\sqrt{\lambda_2}=1$이다.

$\lambda_1=9$에 대응하는 A^TA의 단위고유벡터는 $\mathbf{v}_1=\begin{bmatrix}\frac{1}{2}\\ \frac{\sqrt{3}}{2}\end{bmatrix}$, $\lambda_2=1$에 대응하는 A^TA의 단위고유벡터는 $\mathbf{v}_2=\begin{bmatrix}-\frac{\sqrt{3}}{2}\\ \frac{1}{2}\end{bmatrix}$이므로, $\sigma_1\mathbf{u}_1=A\mathbf{v}_1$, $\sigma_2\mathbf{u}_2=A\mathbf{v}_2$로부터

$$\mathbf{u}_1=\frac{1}{\sigma_1}A\,\mathbf{v}_1=\begin{bmatrix}\frac{\sqrt{3}}{2}\\ \frac{1}{2}\end{bmatrix},\ \mathbf{u}_2=\frac{1}{\sigma_2}A\,\mathbf{v}_2=\begin{bmatrix}-\frac{1}{2}\\ \frac{\sqrt{3}}{2}\end{bmatrix}$$

이다. 그러므로,

$$U=[\mathbf{u}_1 : \mathbf{u}_2]=\begin{bmatrix}\frac{\sqrt{3}}{2} & -\frac{1}{2}\\ \frac{1}{2} & \frac{\sqrt{3}}{2}\end{bmatrix},\ V=[\mathbf{v}_1\ \ \mathbf{v}_2]=\begin{bmatrix}\frac{1}{2} & \frac{\sqrt{3}}{2}\\ -\frac{\sqrt{3}}{2} & \frac{1}{2}\end{bmatrix}$$

이라 하면,

$$A=U\Sigma V^T \Longleftrightarrow \begin{bmatrix}\sqrt{3} & 2\\ 0 & \sqrt{3}\end{bmatrix}=\begin{bmatrix}\frac{\sqrt{3}}{2} & -\frac{1}{2}\\ \frac{1}{2} & \frac{\sqrt{3}}{2}\end{bmatrix}\begin{bmatrix}3 & 0\\ 0 & 1\end{bmatrix}\begin{bmatrix}\frac{1}{2} & \frac{\sqrt{3}}{2}\\ -\frac{\sqrt{3}}{2} & \frac{1}{2}\end{bmatrix}$$

이다. □

정리 8.6.3

$n\times n$ 크기의 행렬 A가 가역행렬(nonsingular matrix)이기 위한 필요충분조건은 행렬의 특이값들이 모두 0이 아니라는 것이다.

증명 $\det(AA^T)=(\det A)^2$이므로 행렬 A가 가역이기 위한 필요충분조건은 AA^T가 가역이어야 한다. 그런데 행렬이 가역이기 위한 필요충분조건은 그것의 고유값들이 0이 아니어야 하므로, **정리 8.6.2**에 의하여 특이값들이 0이 아니어야 한다. ■

정리 8.6.4

$m\times n$ 행렬 A에서 r개의 특이값들이 $\sigma_1\geq\sigma_2\geq\cdots\geq\sigma_r$이라 하자.
그러면 행렬 A는

$$A=\sum_{j=1}^{r}\sigma_j\mathbf{u}_j\mathbf{v}_j^{\ T}$$

역행렬은 정사각행렬에 적용되는 개념이다. 이러한 역행렬의 개념을 일반화하여 정사각행렬이 아닌 직사각행렬의 "pseudoinverse"를 소개하고자 한다.

이를 통하여 pseudoinverse는 최소제곱해 연구에 중요하게 응용되는 것을 알 수 있을 것이다.

A가 크기 $n\times n$인 가역행렬인 경우 특이값분해에 의해

$$A=U_1\Sigma_1V_1^T \tag{1}$$

로 표현할 수 있다. 여기에서, U_1, Σ_1, V_1은 모두 $n\times n$인 가역행렬들이고, U_1, V_1은 직교행렬들이다. 그러므로 A의 역행렬은 다음과 같이 표현된다.

$$A^{-1}=V_1\Sigma_1^{-1}U_1^T \tag{2}$$

이제 행렬 A가 정사각행렬이 아니거나, 비가역인 정사각행렬인 경우에는 (2)식은 적용할 수 없다. 그러나 Σ_1은 항상 가역행렬임을 앞의 식 (1)에서 보았다. $\Sigma_{m\times n}=\begin{bmatrix} \Sigma_1 & O \\ O & O \end{bmatrix}$ 이고 Σ_1은 가역행렬이므로 일반성을 잃지 않고 $\Sigma^{-1}=\begin{bmatrix} \Sigma_1^{-1} & O \\ O & O \end{bmatrix}$이라 하면 모든 행렬 A에대한 행렬곱 $V_1\Sigma^{-1}U_1^T$을 정의할 수 있다.

정의

행렬 A가 크기 $m\times n$인 경우 크기 $n\times m$인 행렬 $A^{\dagger}=V_1\Sigma_1^{-1}U_1^T$를 행렬 A의 pseudoinverse라 한다. 여기서 U_1, V_1은 직교행렬이고, Σ_1은 가역행렬이다.

여기서 잠깐!

$A^{\dagger}$은 A "dagger"로 읽는다. $A=O$인 경우 $A^{\dagger}=O$로 정의한다.

예제 2 행렬 $A=\begin{bmatrix} 1 & 1 \\ 0 & 1 \\ 1 & 0 \end{bmatrix}$의 pseudoinverse를 구하여라.

풀이 **예제 1** 에서 보았듯이 2차행렬 A^TA의 right singular 벡터 $\mathbf{v}_1$과 $\mathbf{v}_2$를 구한 후 그에 대응하는 $\mathbf{u}_1$과 $\mathbf{u}_2$만을 구하여 $\mathbf{u}=[\mathbf{u}_1 : \mathbf{u}_2]_{3\times 2}$를 이용하면 A의 특이값분해는 아래와 같이 쓸 수도 있다.

$$A=[\mathbf{u}_1\ \mathbf{u}_2]\begin{bmatrix} \sigma_1 & 0 \\ 0 & \sigma_2 \end{bmatrix}\begin{bmatrix} \mathbf{v}_1{}^T \\ \mathbf{v}_2{}^T \end{bmatrix}$$

$$=\begin{bmatrix} \frac{\sqrt{6}}{3} & 0 \\ \frac{\sqrt{6}}{6} & -\frac{\sqrt{2}}{2} \\ \frac{\sqrt{6}}{6} & \frac{\sqrt{2}}{2} \end{bmatrix}\begin{bmatrix} \sqrt{3} & 0 \\ 0 & 1 \end{bmatrix}\begin{bmatrix} \frac{\sqrt{2}}{2} & \frac{\sqrt{2}}{2} \\ \frac{\sqrt{2}}{2} & -\frac{\sqrt{2}}{2} \end{bmatrix}$$

그러므로 위 정의에 의하여

$$A^{\dagger}=[\mathbf{v}_1\ \mathbf{v}_2]\begin{bmatrix} \frac{1}{\sigma_1} & 0 \\ 0 & \frac{1}{\sigma_2} \end{bmatrix}\begin{bmatrix} \mathbf{u}_1{}^T \\ \mathbf{u}_2{}^T \end{bmatrix}$$

$$=\begin{bmatrix} \frac{\sqrt{2}}{2} & \frac{\sqrt{2}}{2} \\ \frac{\sqrt{2}}{2} & -\frac{\sqrt{2}}{2} \end{bmatrix}\begin{bmatrix} \frac{1}{\sqrt{3}} & 0 \\ 0 & 1 \end{bmatrix}\begin{bmatrix} \frac{\sqrt{6}}{3} & \frac{\sqrt{6}}{6} & \frac{\sqrt{6}}{6} \\ 0 & -\frac{\sqrt{2}}{2} & \frac{\sqrt{2}}{2} \end{bmatrix}$$

$$=\begin{bmatrix} \frac{1}{3} & -\frac{1}{3} & \frac{2}{3} \\ \frac{1}{3} & \frac{2}{3} & -\frac{1}{3} \end{bmatrix}$$

□

pseudoinverse는 가역행렬인 경우의 역행렬과 일치한다. 이제 pseudoinverse의 몇몇 성질들을 알아보자.

행렬 $A \in M_{m\times n}$의 rank$A=n$일때 A는 full column rank를 갖는다고 한다. 또한 A^TA는 가역행렬이다. (7.4절 연습문제)

정리 8.6.5

행렬 A가 full column rank를 갖는 $m\times n$ 행렬이면

$$A^{\dagger}=(A^TA)^{-1}A^T$$

이다.

증명 일반성을 잃지 않고 $\Sigma=\Sigma_1$이라 하자. 그리고 $A=U_1\Sigma_1V_1^T$를 특이값분해라 하자. 그러면

$$A^TA=(U_1\Sigma_1V_1^T)^T(U_1\Sigma_1V_1^T)=V_1\Sigma_1^TU_1^TU_1\Sigma_1V_1^T=V_1\Sigma_1^2V_1^T$$

A가 full column rank를 가지므로 A^TA는 가역행렬이고 행렬 V_1은 $n\times n$인 직교행렬이다. 그러므로 $(A^TA)^{-1}=V_1\Sigma_1^{-2}V_1^T$이고,

$$\begin{aligned}(A^TA)^{-1}A^T&=(V_1\Sigma_1^{-2}V_1^T)(U_1\Sigma_1V_1^T)^T\\&=(V_1\Sigma_1^{-2}V_1^T)(V_1\Sigma_1U_1^T)=V_1\Sigma_1^{-1}U_1^T=A^{\dagger}\end{aligned}$$

■

예제 3 다음 행렬의 pseudoinverse를 구하여라.

$$A=\begin{bmatrix}1&1\\0&1\\1&0\end{bmatrix}$$

풀이 A가 full column rank를 가지므로,

$$A^TA=\begin{bmatrix}1&0&1\\1&1&0\end{bmatrix}\begin{bmatrix}1&1\\0&1\\1&0\end{bmatrix}=\begin{bmatrix}2&1\\1&2\end{bmatrix}$$

는 가역행렬이고,

$$A^{\dagger}=(A^TA)^{-1}A^T=\begin{bmatrix}\frac{2}{3}&-\frac{1}{3}\\-\frac{1}{3}&\frac{2}{3}\end{bmatrix}\begin{bmatrix}1&0&1\\1&1&0\end{bmatrix}=\begin{bmatrix}\frac{1}{3}&-\frac{1}{3}&\frac{2}{3}\\\frac{1}{3}&\frac{2}{3}&-\frac{1}{3}\end{bmatrix}$$

□

이제 pseudoinverse의 성질을 정리한다. 증명은 연습문제에서 다루도록 한다.

정리 8.6.6

$A^{\dagger}$를 $m\times n$ 행렬 A의 pseudoinverse라 하면,

(1) $AA^{\dagger}A=A$ (2) $A^{\dagger}AA^{\dagger}=A^{\dagger}$ (3) $(AA^{\dagger})^T=AA^{\dagger}$

(4) $(A^{\dagger}A)^T=A^{\dagger}A$ (5) $(A^T)^{\dagger}=(A^{\dagger})^T$ (6) $A^{\dagger\dagger}=A$

여기서 잠깐!

pseudoinverse는 최소제곱해를 찾는데 특이값분해를 이용하는 방법을 제공하므로 매우 중요한 역할을 한다. 이미 알고있는대로 선형연립방정식 $A\mathbf{x}=\mathbf{b}$의 최소제곱해는 정규방정식 $A^TA\mathbf{x}=A^T\mathbf{b}$의 해이다. 이 경우 A가 full column rank를 가지면 행렬 A^TA는 가역행렬이므로 유일해

$$\mathbf{x}=(A^TA)^{-1}A^T\mathbf{b}=A^{\dagger}\mathbf{b}$$

가 존재한다. 그러므로 full rank column인 경우 최소제곱해는 pseudoinverse $A^{\dagger}$와 $\mathbf{b}$의 곱이다.

정리 8.6.7 A가 $m\times n$ 행렬이고, $\mathbf{b}$는 R^m의 임의의 벡터이면, $\mathbf{x}=A^{\dagger}\mathbf{b}$는 $A\mathbf{x}=\mathbf{b}$의 최소제곱해이다.

증명 $A=U_1\Sigma_1V_1^T$를 A의 특이값분해라 하면,

$$A^{\dagger}\mathbf{b}=V_1\Sigma_1^{-1}U_1^T\mathbf{b}$$

이다. 그러므로,

$$\begin{aligned}(A^TA)A^{\dagger}\mathbf{b}&=V_1\Sigma_1^2V_1^TV_1\Sigma_1^{-1}U_1^T\mathbf{b}\\&=V_1\Sigma_1^2\Sigma_1^{-1}U_1^T\mathbf{b}=V_1\Sigma_1U_1^T\mathbf{b}=A^T\mathbf{b}\end{aligned}$$

그러므로, $\mathbf{x}=A^{\dagger}\mathbf{b}$는 $A^TA\mathbf{x}=\mathbf{b}$를 만족한다. ■

예제 4 다음 네 점 (0, 1), (1, 3), (2, 4), (3, 4)를 지나는 least square line을 구하여라.

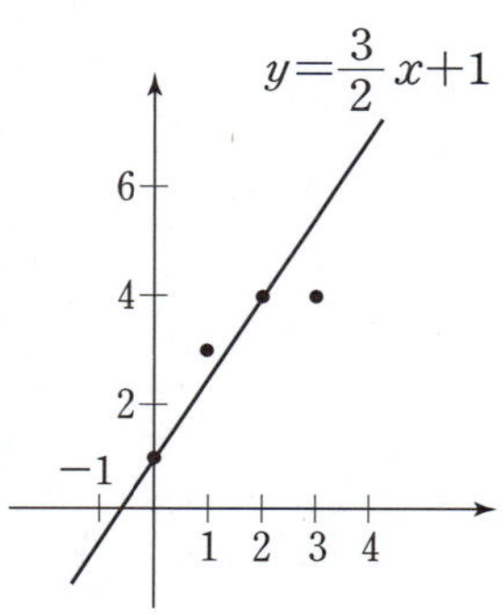

풀이

$$A=\begin{bmatrix}1&0\\1&1\\1&2\\1&3\end{bmatrix},\ \mathbf{b}=\begin{bmatrix}1\\3\\4\\4\end{bmatrix}$$

라 하면, A는 full column rank를 가지므로,

$A^{\dagger}=(A^TA)^{-1}A^T$를 구하면,

$$A^{\dagger}=\begin{bmatrix}\frac{7}{10}&-\frac{3}{10}\\-\frac{3}{10}&\frac{2}{10}\end{bmatrix}\begin{bmatrix}1&1&1&1\\0&1&2&3\end{bmatrix}=\begin{bmatrix}\frac{7}{10}&\frac{2}{5}&\frac{1}{10}&-\frac{1}{5}\\-\frac{3}{10}&-\frac{1}{10}&\frac{1}{10}&\frac{3}{10}\end{bmatrix}$$

이므로 $\mathbf{x}=A^{\dagger}\mathbf{b}=\begin{bmatrix}\frac{3}{2}\\1\end{bmatrix}$이다. 그러므로 구하려는 least square line은 $y=\frac{3}{2}x+1$이다. □

여기서 잠깐!

Gene H. Golub(1932–)

현직 Stanford 대학의 교수인 Gene H. Golub은 특이값분해(SVD)를 계산하기 위한 안정적이고 효율적인 연산을 만들었다. 원래 singular value decomposition의 이론은 1873년 처음 소개한 이탈리아의 수학자 Eugenio Beltrami와 그것을 다듬은 프랑스 수학자 Camille Jordan, 이 결과의 중요성을 인식하고 이용한 영국 수학자 James Sylvester, SVD를 이용하여 주어진 행렬을 계수가 적은 행렬들의 합으로 분해가 가능하다는 것을 보인 독일의 수학자 Erhard Schmidt, 마지막으로 실제로 오차한도내에서 그것을 수행한 Herman Weyl라는 다섯 명의 학자들의 업적으로 이루어진 이론이다. 이 이론을 현장에 적용한 미국 수학자 Gene Golub은 matrix computation 분야의 명저를 남겼다.

연습문제 8-6

|1-2| 다음 행렬에 대하여 A^TA, B^TB를 구하여라.

1. $A=\begin{bmatrix} 1 & 0 \\ 1 & 1 \\ -1 & 1 \end{bmatrix}$ **2.** $B=\begin{bmatrix} -2 & -1 & 2 \\ 2 & 1 & -2 \end{bmatrix}$

|3-4| 위의 1, 2번 문제에서 얻은 A^TA에 대하여 다음을 구하여라.

3. $\det(A^TA-\lambda I)$

4. $\det(B^TB-\lambda I)$

|5-6| 다음 주어진 행렬의 singular value를 구하여라.

5. $A=[1\ \ 2\ \ 0]$ **6.** $A=\begin{bmatrix} 6 & 2 \\ -7 & 6 \end{bmatrix}$

|7-8| 다음 주어진 행렬의 특이값분해(SVD)를 구하여라.

7. $A=\begin{bmatrix} 0 & 1 & 1 \\ 1 & 1 & 0 \end{bmatrix}$ **8.** $A=\begin{bmatrix} 6 & 2 \\ -7 & 6 \end{bmatrix}$

9. 주어진 대칭행렬 A에 대하여 특이값분해를 이용하여 A의 고유값을 구하여라.

$$A=\begin{bmatrix} 1 & 2 & 0 \\ 2 & 1 & 0 \\ 0 & 0 & 3 \end{bmatrix}$$

10. 8.6절 예제 1 의 행렬 $A=\begin{bmatrix} \sqrt{3} & 2 \\ 0 & \sqrt{3} \end{bmatrix}$의 SVD를 이용하여 $A^\dagger$를 구하여라.

11. 행렬 A가 다음과 같은 SVD를 갖는 경우 $A^\dagger$를 구하여라.

$$A=\begin{bmatrix} \frac{1}{\sqrt{2}} & -\frac{1}{\sqrt{2}} \\ \frac{1}{\sqrt{2}} & \frac{1}{\sqrt{2}} \end{bmatrix}\begin{bmatrix} \sqrt{3} & 0 & 0 \\ 0 & 1 & 0 \end{bmatrix}\begin{bmatrix} \frac{1}{\sqrt{6}} & \frac{2}{\sqrt{6}} & \frac{1}{\sqrt{6}} \\ \frac{1}{\sqrt{2}} & 0 & -\frac{1}{\sqrt{2}} \\ \frac{1}{\sqrt{3}} & -\frac{1}{\sqrt{3}} & \frac{1}{\sqrt{3}} \end{bmatrix}$$

|12-14| 다음 주어진 행렬은 full column rank 행렬이다. 이를 이용하여 pseudoinverse를 구하여라

12. $A=\begin{bmatrix} 1 & 1 \\ 2 & 3 \\ 2 & 1 \end{bmatrix}$ **13.** $B=\begin{bmatrix} -2 & 6 \\ 1 & 6 \\ 2 & 3 \end{bmatrix}$ **14.** $C=\begin{bmatrix} -3 & 0 \\ 0 & 0 \\ 0 & 4 \end{bmatrix}$

15. 다음에 주어진 행렬은 가역행렬이다. 이를 이용하여 $A^{-1}=A^{\dagger}$인지 확인하여라.

$$A=\begin{bmatrix} 2 & 2 \\ -1 & 1 \end{bmatrix}$$

16. pseudoinverse를 이용하여 다음 연립방정식의 least square solution을 구하여라.

$$\begin{aligned} x_1+x_2&=1 \\ 2x_1+2x_2&=0 \\ 2x_1+2x_2&=-1 \end{aligned}$$

17. $A=[1\ \ 2\ \ 3]$은 비록 full column rank를 가지지 않지만 이 행렬의 전치행렬은 full column rank를 가진다. 따라서 $(A^T)^{\dagger}$를 구하고, 이를 이용하여 $A^{\dagger}$를 구할 수 있는지 확인하여라.

토론과 발견

P1 A^TA의 고유값들의 제곱근이 A의 singular value임을 보여라.

P2 만일 rank가 k인 $m\times n$ 행렬 A의 특이값분해가 $A=U\Sigma V^T$이면, 행렬 U, Σ, V의 크기는 각각 어떻게 되겠는가?

P3 P를 R^n 상의 부분공간인 W로의 직교사영에 대한 표준행렬이라 하자. P의 singular value는 어떤 의미를 가지는가?

P4 크기 $m\times n$인 행렬 A의 특이값분해가 $A=U\Sigma V^T$이고 영 아닌 singular value들은 $\sigma_1, \sigma_2, \cdots, \sigma_r$일 때 다음을 구하여라.
(단 $U=[\mathbf{u}_1\ \mathbf{u}_2\ \cdots\ \mathbf{u}_m]$, $V=[\mathbf{v}_1\ \mathbf{v}_2\ \cdots\ \mathbf{v}_m]$)

(1) rank$A$

(2) 열공간 Col(A)의 정규직교기저

(3) 행공간 Row(A)의 정규직교기저

P5 다음은 A의 특이값분해를 한 예제이다.

$$A=\begin{bmatrix} \frac{1}{\sqrt{2}} & -\frac{1}{\sqrt{2}} \\ \frac{1}{\sqrt{2}} & \frac{1}{\sqrt{2}} \end{bmatrix} \begin{bmatrix} \sqrt{3} & 0 & 0 \\ 0 & 1 & 0 \end{bmatrix} \begin{bmatrix} \frac{1}{\sqrt{6}} & \frac{2}{\sqrt{6}} & \frac{1}{\sqrt{6}} \\ \frac{1}{\sqrt{2}} & 0 & -\frac{1}{\sqrt{2}} \\ \frac{1}{\sqrt{3}} & -\frac{1}{\sqrt{3}} & \frac{1}{\sqrt{3}} \end{bmatrix}$$

다음을 구하여라.

(1) rank$A$

(2) Col(A)의 정규직교기저

(3) row(A)의 정규직교기저

P6 [노름과 Condition수]

$m\times n$ 행렬 $A(m\geq n)$에서 n개의 singular value들이

$$\sigma_{\max}=\sigma_1\geq\sigma_2\geq\cdots\geq\sigma_n=\sigma_{\min}$$

이라 하자. 그러면

1. $\|A\|_2=\sigma_1=\sigma_{\max}$: 가장 큰 singular value
2. $\|A\|_F=(\sigma_1^{\ 2}+\sigma_2^{\ 2}+\cdots+\sigma_n^{\ 2})^{\frac{1}{2}}$: Frobenious 노름(norm)
3. $\|A^{-1}\|_2=\dfrac{1}{\sigma_n}=\dfrac{1}{\sigma_{\min}}$, ($A$는 $n\times n$이고 nonsingular)
4. A는 $n\times n$이고 nonsingular이면,

$$\mathrm{Cond}_2(A)=\|A\|_2\|A^{-1}\|_2=\frac{\sigma_1}{\sigma_n}=\frac{\sigma_{\max}}{\sigma_{\min}}$$

이다. 위 식이 성립하는 이유는

1. $\|A\|_2=\|U\Sigma V^T\|_2=\|\Sigma\|_2=\max(\sigma_i)=\sigma_{\max}=\sigma_1$
2. $\|A\|_F=\|U\Sigma V^T\|_F=\|\Sigma\|_F=(\sigma_1^2+\sigma_2^2+\cdots+\sigma_n^2)^{\frac{1}{2}}$
3. A^{-1}의 가장 큰 singular value는 $\dfrac{1}{\sigma_n}$이 된다.
4. 위의 1, 3에 의하여 $\|A\|_2\|A^{-1}\|_2=\dfrac{\sigma_1}{\sigma_n}$

이기 때문이다. 여기서 Condition수(condition number)에 관하여 검색하여 보아라.

P7 A가 직교인 열벡터들을 가지고 있다면 이는 pseudoinverse에 어떤 영향을 미치는가?

P8 c가 0이 아닌 스칼라라 하자. $(cA)^{\dagger}$와 $A^{\dagger}$의 관계는?

P9 $A^{\dagger\dagger}=A$임을 증명하여라.

P10 $(A^T)^{\dagger}=(A^{\dagger})^T$를 증명하여라.

P11 $A=[2\ \ 1\ \ -2]$로 주어졌을 때, 다음과 같이(수정된) 특이값분해를 갖는다 하자. 이를 이용하여 $A^{\dagger}$, $A^{\dagger}A^{\dagger}$, $AA^{\dagger}$를 구하여라.

$$[2\ \ 1\ \ -2]=[-1][3]\left[-\frac{2}{3}\ \ -\frac{1}{3}\ \ \frac{2}{3}\right]$$

〈2001년 ILAS 이스라엘 학회에서의 Gene H. Golub과 그의 저서〉

http://vecpar.fe.up.pt/1998/homeGene.html

http://matrix.skku.ac.kr/sglee/album/2001-ILAS.html

8.7 복소고유값과 고유벡터

• 지금까지의 우리 논의는 주로 실수 고유값과 실수 성분을 갖는 고유벡터에만 집중하였다. 그러나 때때로 실수행렬도 복소고유값과 복소고유벡터를 갖게 된다. 따라서 복소고유값은 꼭 알고 가야할 부분이 된다.

정의

n개의 복소수 성분을 갖는 벡터들의 집합을

$$C^n=\{(z_1,\ z_2,\ \cdots,\ z_n)\,|\,z_k\in C,\ k=1,\ 2,\ \cdots,\ n\}$$

이라 하고, 복소수 $n-$공간이라 한다. R^n 벡터의 덧셈과 스칼라배와 같은 방법으로 C^n 상의 덧셈연산과 스칼라를 복소수 C로 택하면 복소수 $n-$공간 C^n도 R^n과 마찬가지 성질을 만족한다.

C^n의 n개의 일차독립인 단위벡터를

$$\mathbf{e}_1=(1,\ 0,\ \cdots,\ 0),\ \mathbf{e}_2=(0,\ 1,\ 0,\ \cdots,\ 0),\ \cdots,\ \mathbf{e}_n=(0,\ \cdots,\ 0,\ 1)$$

이라 하면 C^n의 임의의 벡터 $\mathbf{v}$는 $\mathbf{v}=z_1\mathbf{e}_1+z_2\mathbf{e}_2+\cdots+z_n\mathbf{e}_n$로 나타낼 수 있으므로 $\{\mathbf{e}_1,\ \mathbf{e}_2,\ \cdots,\ \mathbf{e}_n\}$은 C^n의 기저이다. 이 기저를 C^n에 대한 표준기저(standard basis)라고 한다.

여기서 잠깐!

복소수 $z=a+bi$에 대하여 $\overline{z}=a-bi$를 z의 켤레복소수(conjugate)라 하고 $|z|=\sqrt{a^2+b^2}$을 복소수 z의 크기라 한다. 복소수 $z=r(\cos\theta+i\sin\theta)$로 표현하면 $r=|z|$이고 $\tan\theta=\dfrac{b}{a}$이다.

$\mathbf{u}=(u_1,\ u_2,\ \cdots,\ u_n)$과 $\mathbf{v}=(v_1,\ v_2,\ \cdots,\ v_n)$을 C^n의 벡터라 할 때 Euclid 내적을

$$\mathbf{u}\cdot\mathbf{v}=\overline{v_1}u_1+\overline{v_2}u_2+\cdots+\overline{v_n}u_n=<\mathbf{u},\ \mathbf{v}>$$

라 하면 내적의 공리라 불리는 다음 성질들을 모두 만족한다.

(i) $<\mathbf{u},\ \mathbf{v}>=\overline{<\mathbf{v},\ \mathbf{u}>}$

(ii) $<\mathbf{u}+\mathbf{v},\ \mathbf{w}>=<\mathbf{u},\ \mathbf{w}>+<\mathbf{v},\ \mathbf{w}>$

(iii) $<c\mathbf{u},\ \mathbf{v}>=c<\mathbf{u},\ \mathbf{v}>$

(iv) $<\mathbf{v},\ \mathbf{v}>\geqq 0$ 특히, $<\mathbf{v},\ \mathbf{v}>=0 \Longleftrightarrow \mathbf{v}=\mathbf{0}$

정의 C^n의 두 벡터 $\mathbf{u}=(u_1,\ u_2,\ \cdots,\ u_n)$, $\mathbf{v}=(v_1,\ v_2,\ \cdots,\ v_n)$의 Euclid 내적 $\mathbf{u}\cdot\mathbf{v}$, $\mathbf{u}$의 Euclid 노름 $\|\mathbf{u}\|$, $\mathbf{u}$와 $\mathbf{v}$ 사이의 Euclid 거리 $d(\mathbf{u},\ \mathbf{v})$를 각각 다음과 같이 정의한다.

$$\mathbf{u}\cdot\mathbf{v}=\overline{v_1}u_1+\overline{v_2}u_2+\cdots+\overline{v_n}u_n$$
$$\|\mathbf{u}\|=(\mathbf{u}\cdot\mathbf{u})^{\frac{1}{2}}=\sqrt{|u_1|^2+|u_2|^2+\cdots+|u_n|^2}$$
$$d(\mathbf{u},\ \mathbf{v})=\|\mathbf{u}-\mathbf{v}\|=\sqrt{|u_1-v_1|^2+|u_2-v_2|^2+\cdots+|u_n-v_n|^2}$$

여기서 잠깐!

$\mathbf{u}\cdot\mathbf{v}=0$인 경우 $\mathbf{u}$와 $\mathbf{v}$가 수직이라고 한다.

예제 1 벡터 $\mathbf{u}=(2i,\ 0,\ 1+3i)$, $\mathbf{v}=(2-i,\ 0,\ 1+3i)$의 Euclid 내적과 Euclid 거리를 구하라.

풀이

$$\begin{aligned}\mathbf{u}\cdot\mathbf{v}&=\overline{(2-i)}(2i)+0\cdot 0+\overline{(1+3i)}(1+3i)\\&=(2+i)(2i)+0+(1-3i)(1+3i)\\&=4i+2i^2+1-9i^2=8+4i\end{aligned}$$

$$\begin{aligned}d(\mathbf{u},\ \mathbf{v})&=\|\mathbf{u}-\mathbf{v}\|\\&=\sqrt{|2i-(2-i)|^2+|0-0|^2+|(1+3i)-(1+3i)|^2}\\&=\sqrt{|-2+3i|^2+0+0}\\&=\sqrt{4+9}=\sqrt{13}\end{aligned}$$

□

정리 8.7.1 만일 λ가 $n\times n$ 실수행렬 A의 고유값이고 $\mathbf{x}$가 그에 대응하는 고유벡터라면 $\overline{\lambda}$도 A의 고유값이고 $\overline{\mathbf{x}}$는 그에 대응하는 고유벡터이다.

증명 고유벡터는 $\mathbf{x}\neq\mathbf{0}$이므로 $\overline{\mathbf{x}}\neq 0$이고 $A\mathbf{x}=\lambda\mathbf{x}$이므로

$$A\,\overline{\mathbf{x}}=\overline{A\,\mathbf{x}}=\overline{\lambda\mathbf{x}}=\overline{\lambda}\,\overline{\mathbf{x}}$$

이다. ($\because\ \overline{A}=A$)

■

여기서 잠깐!

위의 내용은 실계수를 갖는 다항식의 복소수근은 켤레복소수쌍 $a\pm bi$로 나타난다는 사실과 일치한다.

정리 8.7.2 A가 실대칭행렬이면, A는 실수인 고유값 만을 갖는다.

증명 λ를 A의 고유값이라 하면 $A\,\mathbf{x}=\lambda\,\mathbf{x}$, $(\mathbf{x}\neq\mathbf{0})$을 만족한다. 양변에 $\overline{\mathbf{x}^T}$를 곱하면

$$\overline{\mathbf{x}^T}A\,\mathbf{x}=\overline{\mathbf{x}^T}(\lambda\,\mathbf{x})=\lambda\,\overline{\mathbf{x}^T}\,\mathbf{x}=\lambda(\mathbf{x}\cdot\mathbf{x})=\lambda\|\mathbf{x}\|^2$$

이다. 그러므로, $\lambda=\dfrac{\overline{\mathbf{x}^T}A\mathbf{x}}{\|\mathbf{x}\|^2}$. 여기에서 $\|\mathbf{x}\|^2$은 0이 아닌 실수이므로, 스칼라 $\overline{\mathbf{x}^T}A\mathbf{x}$

가 실수임을 보이면 λ는 실수임이 보여진다. 그런데,

$$\overline{\overline{\mathbf{x}}^T A\,\mathbf{x}} = \overline{\overline{\mathbf{x}}^T}\,\overline{A\,\mathbf{x}} = \mathbf{x}^T\overline{(A\,\mathbf{x})} = \overline{(A\,\mathbf{x})}^T\mathbf{x} = \overline{(A\,\mathbf{x})}^T\mathbf{x} = \overline{\mathbf{x}}^T A^T\mathbf{x}$$
$$= \overline{\mathbf{x}}^T A\,\mathbf{x}$$

이므로, $\overline{\mathbf{x}}^T A\,\mathbf{x}$는 실수이다. ■

예제 2 실계수행렬 $C=\begin{bmatrix} a & -b \\ b & a \end{bmatrix}$의 고유값은 $\lambda=a\pm bi$이다. 만일 a, b가 둘 다 0이 아니라면, C는 아래와 같이 분해된다.

$$\begin{bmatrix} a & -b \\ b & a \end{bmatrix} = \begin{bmatrix} |\lambda| & 0 \\ 0 & |\lambda| \end{bmatrix} \begin{bmatrix} \cos\phi & -\sin\phi \\ \sin\phi & \cos\phi \end{bmatrix}$$

여기서 ϕ는 원점과 점 (a, b)를 잇는 선분과 양의 x축과의 사이의 각이다.

풀이 C의 특성방정식은 $(\lambda-a)^2+b^2=0$이다. 따라서 $\lambda=a\pm bi$이다. a, b가 둘 다 0이 아니면 어떤 ϕ에 대하여 $a=|\lambda|\cos\phi$, $b=|\lambda|\sin\phi$이다. 그러면,

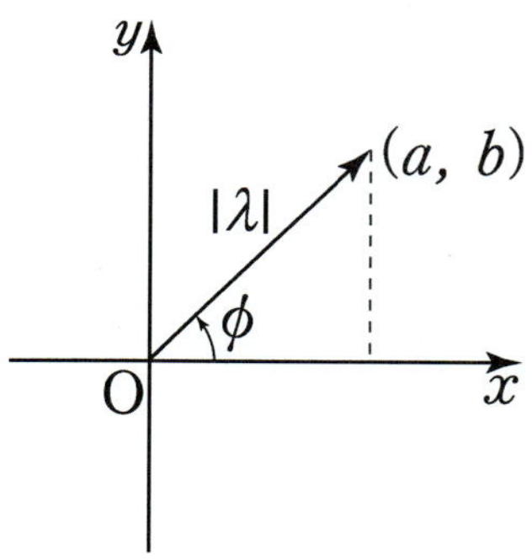

그림 8.13

$$\begin{bmatrix} a & -b \\ b & a \end{bmatrix} = \begin{bmatrix} |\lambda| & 0 \\ 0 & |\lambda| \end{bmatrix} \begin{bmatrix} \frac{a}{|\lambda|} & -\frac{b}{|\lambda|} \\ \frac{b}{|\lambda|} & \frac{a}{|\lambda|} \end{bmatrix}$$

$$= \begin{bmatrix} |\lambda| & 0 \\ 0 & |\lambda| \end{bmatrix} \begin{bmatrix} \cos\phi & -\sin\phi \\ \sin\phi & \cos\phi \end{bmatrix}$$ □

연습문제 8-7

1. 두 벡터 $\mathbf{u}=(2i,\ 0,\ 3i)$, $\mathbf{v}=(2-i,\ 0,\ 1+3i)$에 대한 Euclid 내적 $\mathbf{u}\cdot\mathbf{v}$와 $\mathbf{v}\cdot\mathbf{u}$을 구하여라.

2. Euclid 내적이 정의된 복소공간에서 벡터

$$\mathbf{u}=\begin{bmatrix}2-i\\3i\\1+i\end{bmatrix},\ \mathbf{v}=\begin{bmatrix}1-i\\2-3i\\-3+i\end{bmatrix}$$

의 노름 $\|\mathbf{u}\|$와 $\|\mathbf{v}\|$를 구하고 거리 $\mathrm{d}(\mathbf{u},\ \mathbf{v})$를 구하여라.

3. 다음 네 개의 벡터

$$\mathbf{u}_1=(i,\ 0,\ 0,\ i),\qquad \mathbf{u}_2=(i,\ 0,\ 2i,\ -i)$$
$$\mathbf{u}_3=(-2i,\ 3i,\ 2i,\ 2i),\ \mathbf{u}_4=(i,\ 2i,\ -i,\ -i)$$

가 Euclid 내적을 갖는 C^4에서 서로 직교함을 보여라.

4. $A,\ B$행렬을 아래와 같다고 하면 $\overline{AB}=\overline{A}\,\overline{B}$가 성립하는가를 계산에 의해 확인하여라.

$$A=\begin{bmatrix}-5i & 4\\2-i & 1+5i\end{bmatrix},\ B=\begin{bmatrix}1-i\\2i\end{bmatrix}$$

5. 다음 주어진 행렬 A의 고유값과 각 고유값에 대응하는 고유공간의 기저를 구하여라.

$$A=\begin{bmatrix}4 & -5\\1 & 0\end{bmatrix}$$

6. 다음에 주어진 C^3의 벡터 $\mathbf{u}$, $\mathbf{v}$, $\mathbf{w}$와 복소수 k에 대하여 $\mathbf{u}\cdot\mathbf{v}$, $\mathbf{v}\cdot\mathbf{w}$, $\mathbf{u}\cdot\mathbf{w}$를 계산하고 이를 이용하여

$$\mathbf{u}\cdot\mathbf{v}=\mathbf{u}^T\overline{\mathbf{v}}=\overline{\mathbf{v}^T}\mathbf{u}$$
$$\mathbf{u}\cdot\mathbf{v}=\overline{\mathbf{v}\cdot\mathbf{u}},$$
$$\mathbf{u}\cdot(\mathbf{v}+\mathbf{w})=\mathbf{u}\cdot\mathbf{v}+\mathbf{u}\cdot\mathbf{w},$$
$$k(\mathbf{u}\cdot\mathbf{v})=(k\mathbf{u})\cdot\mathbf{v}$$

가 성립하는지 확인하여라.

$$\mathbf{u}=(i,\ 2i,\ 3),\ \mathbf{v}=(4,\ -2i,\ i+1),\ \mathbf{w}=(2-i,\ 2i,\ 5+3i),\ k=2i$$

7. 다음 행렬은 복소수의 고유값을 가진다. 이를 이용하여 $A=PCP^{-1}$를 만족하는 가역행렬 P와 행렬 C를 구하여라.

$$A=\begin{bmatrix} -1 & -5 \\ 4 & 7 \end{bmatrix}$$

8. A가 실수의 $n\times n$ 크기의 행렬이라 하고 $\mathbf{z}=\mathbf{x}+i\mathbf{y}\in C^n$인 복소수 벡터라고 하자. 이 때 $A\mathbf{z}$의 실수부분과 $A\mathbf{x}$가 일치함과 $A\mathbf{z}$의 허수부분과 $A\mathbf{y}$가 일치함을 확인하여라.

토론과 발견

P1 행렬

$$\sigma_x=\begin{bmatrix} 0 & 1 \\ 1 & 0 \end{bmatrix},\ \sigma_y=\begin{bmatrix} 0 & -i \\ i & 0 \end{bmatrix},\ \sigma_z=\begin{bmatrix} 1 & 0 \\ 0 & -1 \end{bmatrix}$$

을 Pauli spin 행렬이라 한다. 다음을 증명하여라.

(1) $\sigma_x\sigma_y=i\sigma_z$

(2) $\sigma_y\sigma_z=i\sigma_x$

(3) $\sigma_z\sigma_x=i\sigma_y$

(4) $\sigma_x\sigma_y=-\sigma_y\sigma_x$

(5) $\sigma_y\sigma_z=-\sigma_z\sigma_y$

(6) $\sigma_x\sigma_z=-\sigma_z\sigma_x$

P2 $\mathbf{u}\cdot\mathbf{v}=a+bi$라면 $(i\mathbf{u})\cdot\mathbf{v}$, $\mathbf{u}\cdot(i\mathbf{v})$, $\mathbf{v}\cdot(i\mathbf{u})$의 값을 각각 a, b, i를 이용하여 표현하여라.〈p.442의 정의 이용〉

P3 k가 실수이고, $\mathbf{v}\in R^n$이면

$$\|k\mathbf{v}\|=|k|\,\|\mathbf{v}\|$$

가 성립한다. 만일 k를 복소수로, 또 $\mathbf{v}$를 복소수 벡터로 확장하면 어떻게 되겠는가?

P4 $\lambda=a+bi$가 2×2 실계수 행렬의 고유값이고, $\mathbf{x}=(u_1+iv_1,\ u_2+iv_2)$가 이에 대응하는 고유벡터이다. (단 여기서 u_1, u_2, v_1, v_2 모두가 실수 $b\neq 0$이다.) 그렇다면, 또 다른 고유값과 그에 대응하는 고유벡터를 구하여라.

P5 다음에 주어진 복소대칭행렬 A의 고유값은 실수가 아니라는 것을 보여라.

$$A=\begin{bmatrix} 1 & 4i \\ 4i & 3 \end{bmatrix}$$

8.8 Hermitian, 유니타리, 정규 행렬

지금까지 실수성분을 갖는 n차의 정사각행렬 전체의 집합을 M_n으로 나타내었다. 복소수성분을 갖는 n차의 정사각행렬 전체의 집합을 $M_n(C)$로 나타내기로 한다. M_n에서의 대칭행렬과 직교행렬의 정의는 $M_n(C)$에서 각각 Hermitian행렬과 유니타리(unitary) 행렬로 일반화되는데, 이 절에서는 Hermitian행렬과 유니타리행렬을 정의하고, 복소행렬의 대각화 문제에 대하여 논의한다.

정의

복소행렬 $A=[a_{ij}]\in M_{m\times n}(C)$에 대하여 $\overline{A}$를

$$\overline{A}=[\overline{a_{ij}}]\in M_{m\times n}(C)$$

이라 정의 하고, $\overline{A^T}$를 A의 켤레전치행렬(conjugate transpose)이라 하며 A^*로 나타낸다. 즉,

$$A^*=\overline{A^T}=[\overline{a}_{ji}]_{n\times m}$$

위의 정의로 부터 8.7절에 C^n 상의 복소벡터에 대해 정의한 Euclid 내적은 다음이 성립한다.

$$\mathbf{u}\cdot\mathbf{v}=\mathbf{v}^*\mathbf{u},\ \|\mathbf{u}\|^2=\mathbf{u}^*\mathbf{u}$$

여기서 잠깐!

행렬 A가 실수행렬이면 $A^*=A^T$이다.

예제 1 행렬

$$A=\begin{bmatrix}1+i & -i & 0\\ 2 & 3-2i & i\end{bmatrix},\ B=\begin{bmatrix}1 & 1+2i\\ 1-2i & 0\end{bmatrix},\ C=\begin{bmatrix}1 & 2\\ 3 & 4\end{bmatrix}$$

에 대하여 A, B, C의 켤레전치행렬은 각각 다음과 같다.

$$A^*=\begin{bmatrix}1-i & 2\\ i & 3+2i\\ 0 & -i\end{bmatrix},\ B^*=\begin{bmatrix}1 & 1+2i\\ 1-2i & 0\end{bmatrix},\ C^*=\begin{bmatrix}1 & 3\\ 2 & 4\end{bmatrix}$$ □

켤레전치행렬의 성질은 전치행렬의 성질과 유사하다. 켤레전치행렬의 성질에 관한 다음 정리를 증명없이 소개한다.

정리 8.8.1

복소행렬 A, B와 임의의 복소수 c에 대하여 다음이 성립한다.

(1) $(A^*)^*=A$

(2) $(A+B)^*=A^*+B^*$
(3) $(cA)^*=\bar{c}A^*$
(4) $(AB)^*=B^*A^*$

정의

정사각복소행렬 A가 $A=A^*$이면, A를 Hermitian행렬이라 한다.

예제 2 예제 1의 행렬 A는 $A\neq A^*$이므로 Hermitian행렬이 아니고, B는 $B=B^*$이므로 Hermitian행렬이다. □

정리 8.8.2

행렬 $A\in M_n(C)$가 Hermitian 행렬일 때, 다음이 성립한다.
(1) 임의의 복소벡터 $\mathbf{x}\in C^n$에 대하여 $\mathbf{x}^*A\mathbf{x}$는 실수이다.
(2) A의 고유값은 모두 실수이다.
(3) A의 서로 다른 두 개의 고유값에 대응하는 각각의 고유벡터는 서로 수직이다.

증명 (1) $\mathbf{x}^*A\mathbf{x}$는 1×1 행렬이므로

$$\overline{\mathbf{x}^*A\mathbf{x}}=(\overline{\mathbf{x}^*A\mathbf{x}})^T=(\mathbf{x}^*A\mathbf{x})^*=\mathbf{x}^*\mathrm{A}^*(\mathbf{x}^*)^*$$
$$=\mathbf{x}^*A^*\mathbf{x}=\mathbf{x}^*A\mathbf{x}$$

이다. 따라서 $\mathbf{x}^*A\mathbf{x}$는 실수이다.

(2) λ를 A의 임의의 고유값이라 하고 $\mathbf{x}$를 λ에 대응하는 A의 고유벡터라 하면 $\mathbf{x}\neq\mathbf{0}$ 이므로,

$$A\mathbf{x}=\lambda\mathbf{x}\ \Rightarrow\ \mathbf{x}^*A\mathbf{x}=\mathbf{x}^*\lambda\mathbf{x}=\lambda\,\mathbf{x}^*\mathbf{x}=\lambda\|\mathbf{x}\|^2$$

이다. 그런데, $\mathbf{x}^*A\mathbf{x}$는 실수이고 $\|\mathbf{x}\|^2\neq 0$이므로 λ는 실수이다.

(3) λ, μ를 A의 서로 다른 고유값(실수)이라 하고, $\mathbf{x}$, $\mathbf{y}$를 각각 이에 대응하는 고유벡터라 하면 $A\mathbf{x}=\lambda\mathbf{x}$, $A\mathbf{y}=\mu\mathbf{y}\,(\mathbf{x}\neq 0,\ \mathbf{y}\neq 0)$이므로

$$\lambda(\mathbf{x}\cdot\mathbf{y})=(\lambda\,\mathbf{y}^*)\mathbf{x}=\mathbf{y}^*(\lambda\,\mathbf{x})=\mathbf{y}^*(A\,\mathbf{x})=(\mathbf{y}^*A)\mathbf{x}$$
$$=(A^*\,\mathbf{y})^*\mathbf{x}=(A\,\mathbf{y})^*\mathbf{x}=(\mu\mathbf{y})^*\mathbf{x}=(\mu\mathbf{y}^*)\mathbf{x}=\mu(\mathbf{y}^*\,\mathbf{x})$$
$$=\mu(\mathbf{x}\cdot\mathbf{y})$$

그런데, $\lambda\neq\mu$이므로 $\mathbf{x}\cdot\mathbf{y}=0$이다. 따라서, $\mathbf{x}$와 $\mathbf{y}$는 직교한다. ■

예제 3 행렬 $A=\begin{bmatrix}1&0&0\\0&2&1-i\\0&1+i&0\end{bmatrix}$는 $A=A^*$이므로 Hermitian 행렬이고, A의 특성방정식 $|A-\lambda I|=(\lambda-1)(\lambda^2-2\lambda-2)=0$의 근을 구하면 $\lambda=1,\ 1+\sqrt{3},\ 1-\sqrt{3}$이다. 따라서 Hermitian 행렬 A의 고유값은 모두 실수임을 확인할 수 있다. 또한 $\lambda=1$에 대응하는 고유벡터 $\mathbf{x}$, $\lambda=1+\sqrt{3}$에 대응하는 고유벡터 $\mathbf{y}$, $\lambda=1-\sqrt{3}$에 대응하는 고유벡터 $\mathbf{z}$

$$\mathbf{x}=(1,\ 0,\ 0),\ \mathbf{y}=\left(0,\left(-\frac{1}{2}+\frac{i}{2}\right)(-1+\sqrt{3}),\ 1\right),$$

$$\mathbf{z}=\left(0,\ \left(\frac{1}{2}-\frac{i}{2}\right)(1+\sqrt{3}),\ 1\right)$$

은 모두 서로 수직이다. □

정의

복소행렬 A가 $A=-A^*$이면 A를 반-Hermitian(skew-Hermitian) 행렬이라 한다.

예제 4 다음 행렬 A, B는 모두 반-Hermitian 행렬임을 쉽게 확인할 수 있다.

$$A=\begin{bmatrix}-i & -5i \\ -5i & 3i\end{bmatrix},\ B=\begin{bmatrix}0 & 0 & i \\ 0 & i & 0 \\ i & 0 & 0\end{bmatrix}$$ □

여기서 잠깐!

모든 정사각복소행렬 $A\in M_n(C)$는 Hermitian행렬 H와 반-Hermitian행렬 K에 의하여 $A=H+K$로 표현할 수 있다. (연습문제)

우리는 실수대칭행렬은 직교대각화가능함을 알았다. 행렬 $A\in M_n$가 $A^TA=I_n$을 만족하면 A를 직교행렬이라고 하였다. 여기에서는 $M_n(C)$에서 이와 유사한 성질을 갖는 행렬을 소개하고 실수대칭행렬과 유사한 성질을 갖는 Hermitian행렬의 대각화에 대하여 알아보자.

정의

행렬 $U\in M_n(C)$가 $U^*U=I_n$이면 U를 유니타리(unitary)행렬이라고 한다. 정의에 의하여 U가 유니타리행렬이면 $U^*=U^{-1}$이다. 또한, U의 j번째 열벡터를 $\mathbf{u}_j$라 하면

$$\mathbf{u}_i\cdot\mathbf{u}_j=<\mathbf{u}_i,\mathbf{u}_j>=\mathbf{u}_j^*\mathbf{u}_i=\begin{cases}1 & (i=j)\\ 0 & (i\neq j)\end{cases}$$

이므로 U가 유니타리행렬일 필요충분조건은 U의 열들이 C^n에서 정규직교집합을 이룬다.

예제 5 다음 행렬 A는 유니타리행렬임을 보여라.

$$A=\frac{1}{2}\begin{bmatrix}1+i & 1+i \\ 1-i & -1+i\end{bmatrix}$$

풀이

$$A^*=\frac{1}{2}\begin{bmatrix}1-i & 1+i \\ 1-i & -1-i\end{bmatrix}$$

이므로

$$A^*A=\frac{1}{4}\begin{bmatrix}1-i & 1+i \\ 1-i & -1-i\end{bmatrix}\begin{bmatrix}1+i & 1+i \\ 1-i & -1-i\end{bmatrix}=\begin{bmatrix}1 & 0 \\ 0 & 1\end{bmatrix}=I_2$$

이다. 따라서 A는 유니타리행렬이다. 그리고 실제로

$$A^{(1)}=\frac{1}{2}\begin{bmatrix}1+i\\1-i\end{bmatrix},\ A^{(2)}=\frac{1}{2}\begin{bmatrix}1+i\\-1+i\end{bmatrix}$$

라 하면

$$A^{(i)}\cdot A^{(j)}=[A^{(j)}]^*A^{(i)}=\begin{cases}1 & (i=j)\\0 & (i\neq j)\end{cases}$$

이다. 예를 들면

$$A^{(1)}\cdot A^{(2)}=[A^{(2)}]^*A^{(1)}=\frac{1}{4}[1-i \quad -1-i]\begin{bmatrix}1+i\\1-i\end{bmatrix}=0$$

□

정리 8.8.3

복소 n-공간 C^n에 Euclid 내적이 정의되어 있고 U가 유니타리행렬이면 다음이 성립한다.

(1) $\mathbf{x}, \mathbf{y}\in C^n$에 대하여 $(U\mathbf{x})\cdot(U\mathbf{y})=(\mathbf{x}\cdot\mathbf{y})$이다. 특히, $\|U\mathbf{x}\|=\|\mathbf{x}\|$이다.

(2) λ가 U의 고유값이면 $|\lambda|=1$이다.

(3) U의 서로 다른 두 개의 고유값에 대응하는 각각의 고유벡터는 직교한다.

증명 (1) $(U\mathbf{x})\cdot(U\mathbf{y})=(U\mathbf{y})^*U\mathbf{x}=\mathbf{y}^*(U^*U)\mathbf{x}=\mathbf{y}^*\mathbf{x}=\mathbf{x}\cdot\mathbf{y}$

특히,

$$\|U\mathbf{x}\|^2=(U\mathbf{x})\cdot(U\mathbf{x})=\mathbf{x}\cdot\mathbf{x}=\|\mathbf{x}\|^2$$

이다.

(2) U의 고유값 λ에 대응하는 고유벡터를 $\mathbf{x}$라 하면 $U\mathbf{x}=\lambda\mathbf{x}$이므로 다음이 성립한다.

$$\begin{aligned}\mathbf{x}\cdot\mathbf{x}&=(U\mathbf{x})\cdot(U\mathbf{x})=(\lambda\mathbf{x})\cdot(\lambda\mathbf{x})\\&=(\lambda\mathbf{x})^*(\lambda\mathbf{x})=\bar{\lambda}\lambda(\mathbf{x}^*\mathbf{x})=|\lambda|^2\|\mathbf{x}\|^2\end{aligned}$$

따라서 $|\lambda|^2=1$ 즉, $|\lambda|=1$.

(3) λ, μ를 U의 서로 다른 고유값이라 하고 $\mathbf{x}$, $\mathbf{y}$를 각각 이에 대응하는 고유벡터라 하면

$$\begin{aligned}\lambda(\mathbf{x}\cdot\mathbf{y})&=\lambda\mathbf{x}\cdot\mathbf{y}=U\mathbf{x}\cdot\mathbf{y}\\&=\mathbf{x}\cdot U^*\mathbf{y}=\mathbf{x}\cdot\bar{\mu}\mathbf{y}\\&=\mu(\mathbf{x}\cdot\mathbf{y})\end{aligned}$$

이고, $\lambda\neq\mu$이므로 $\mathbf{x}\cdot\mathbf{y}=0$이다. 즉, $\mathbf{x}$와 $\mathbf{y}$는 직교한다. ■

여기서 잠깐!

$\|U\mathbf{x}\|=\|\mathbf{x}\|$임은 유니타리행렬변환은 크기를 보전(isometry)함을 보여준다.

이제 $M_n(C)$에서 주어진 두 정사각 행렬의 유니타리 닮음과 유니타리 대각화가능성을 정의하고, 모든 정사각행렬은 자신의 고유값을 대각선성분으로 갖는 상삼각행렬과 유니타리 닮음이라는 Schur정리를 증명한다.

정의 두 행렬 A, $B \in M_n(C)$에 대하여 $U^*AU=B$인 유니타리 행렬 U가 존재하면, A와 B는 유니타리 닮음(unitarily similar)이라고 하며, 특히 행렬 $A \in M_n(C)$가 대각행렬과 유니타리 닮음이면 A는 유니타리 대각화가능(unitarily diagonalizable)하다고 한다.

예제 6 두 행렬 A와 U를 각각

$$A=\begin{bmatrix} 2 & i \\ -i & 2 \end{bmatrix},\ U=\frac{1}{\sqrt{2}}\begin{bmatrix} i & -1 \\ 1 & -i \end{bmatrix}$$

라 하면 U는 유니타리행렬이고,

$$U^*AU=\frac{1}{2}\begin{bmatrix} -i & 1 \\ -1 & i \end{bmatrix}\begin{bmatrix} 2 & i \\ -i & 2 \end{bmatrix}\begin{bmatrix} i & -1 \\ 1 & -i \end{bmatrix}=\begin{bmatrix} 3 & 0 \\ 0 & 1 \end{bmatrix}$$

이므로 A는 유니타리 대각화가능하다. □

$A \in M_n(C)$가 유니타리 대각화가능하면 $U^*AU=D=\text{diag}(\lambda_1, \lambda_2, \cdots, \lambda_n)$인 유니타리 행렬 U가 존재한다. 즉 $AU=UD$이므로

$$U=[U^{(1)}\ U^{(2)} \cdots U^{(n)}]$$

라 하면

$$\begin{aligned}[AU^{(1)} : AU^{(2)} : \cdots : AU^{(n)}]&=AU \\ &=UD=[\lambda_1 U^{(1)} : \lambda_2 U^{(2)} : \cdots : \lambda_n U^{(n)}]\end{aligned}$$

즉, 유니타리행렬 U의 각 열벡터 $U^{(i)}$는 A의 고유값 λ_i에 대응하는 크기가 1인 고유벡터임을 알 수 있다.

예제 7 행렬 $A=\begin{bmatrix} 2 & 1-i \\ 1+i & 1 \end{bmatrix}$를 대각화하는 유니타리행렬 U를 구하라.

풀이 A의 고유값은 $\lambda_1=0$, $\lambda_2=3$이고 이에 대응하는 고유벡터는

$$\lambda_1=0 \Rightarrow \mathbf{x}_1=\begin{bmatrix} -1 \\ 1+i \end{bmatrix},\ \lambda_2=3 \Rightarrow \mathbf{x}_2=\begin{bmatrix} 1-i \\ 1 \end{bmatrix}$$

이 때,

$$\mathbf{u}_1=\frac{\mathbf{x}_1}{\|\mathbf{x}_1\|}=\frac{1}{\sqrt{3}}\begin{bmatrix} -1 \\ 1+i \end{bmatrix},\ \mathbf{u}_2=\frac{\mathbf{x}_2}{\|\mathbf{x}_2\|}=\frac{1}{\sqrt{3}}\begin{bmatrix} 1-i \\ 1 \end{bmatrix}$$

이라 하고,

$$U=[\mathbf{u}_1\ \mathbf{u}_2]=\frac{1}{\sqrt{3}}\begin{bmatrix} -1 & 1-i \\ 1+i & 1 \end{bmatrix}$$

이라 하면, U는 유니타리행렬이고

$$U^*AU=\frac{1}{3}\begin{bmatrix}-1 & 1-i\\ 1+i & 1\end{bmatrix}\begin{bmatrix}2 & 1-i\\ 1+i & 1\end{bmatrix}\begin{bmatrix}-1 & 1-i\\ 1+i & 1\end{bmatrix}=\begin{bmatrix}0 & 0\\ 0 & 3\end{bmatrix} \quad \square$$

이제, 유니타리행렬에 관한 가장 중요한 정리인 Schur 정리를 소개한다. 이 정리는 임의의 복소행렬에 관한 연구를 삼각행렬의 연구로 바꾸어 주는 역할을 한다.

Issai Schur(1875 – 1941)

여기서 잠깐!

독일 수학자 Issai Schur의 인생을 돌아보면 1930년대 나치당이 유대인에게 어떤 가혹한 대우를 했는지를 보게 된다. Schur은 훌륭한 수학자이자 그가 근무하던 베를린 대학의 많은 학생들과 연구진이 존경하는 인기있는 교수였다. 그의 강의는 많은 학생을 매료시켜 뒤에 자리한 학생은 그의 강의를 듣기 위해 opera에서 쓰는 망원경을 가지고 다녔다고 한다. 그러나 Schur의 삶은 나치의 지배 아래 점차 어려워졌고, 1933년 4월에 유대인이 공무원으로 근무하는 것을 금지한 법이 시행되자 갑자기 대학에서 은퇴하기를 강요받았다. 그를 존경하고 좋아했던 많은 학생들과 동료들의 항의가 있었지만 1935년 그의 해고를 막진 못했다. 자신을 유대인이기보다 독일인으로 생각했던 Schur는 나치당에게 받은 박해와 모욕을 결코 이해할 수 없었다. 결국 낙심하여 독일을 떠나 팔레스타인으로 이주하였으며, 생활비가 모자라 그가 사랑했던 수학서적을 팔아가면서 1941년 죽을 때 까지 가난 속에 살아야 했다.

http://www-groups.dcs.st-and.ac.uk/~history/Mathematicians/Schur.html

정리 8.8.4

[Schur 정리]

임의의 n차 정사각행렬은 자신의 고유값을 대각선성분으로 갖는 상삼각행렬과 유니타리 닮음이다. 즉, $U^*AU=T=[t_{ij}]\in M_n(C)$, $t_{ij}=0$ $(i>j)$.
(t_{ii} : A의 고유값, U : 유니타리 행렬)

증명 행렬 A의 고유값들을 $\lambda_1, \lambda_2, \cdots, \lambda_n$이라 하고, 수학적 귀납법으로 증명하자.
먼저, $n=1$이면 $A=[\lambda_1]$이므로 정리는 성립한다. 이제, $n-1$차 이하인 경우에 성립한다고 가정하고 n차인 경우를 보이도록 하자.

① $\mathbf{x}_1$을 λ_1에 대응되는 정규화된 고유벡터라 하자.

② Gram-Schmidt 정규직교화과정으로부터 $\mathbf{x}_1$을 포함하는 C^n의 정규직교기저가 존재한다. 이를 $S=\{\mathbf{x}_1, \mathbf{z}_2, \cdots, \mathbf{z}_n\}$이라 하자.

③ $U_0\equiv[\mathbf{x}_1 : \mathbf{z}_2 : \cdots : \mathbf{z}_n]$이라 하면 S가 정규직교집합이므로 U_0는 유니타리행렬이다. 또한, $A\,\mathbf{x}_1=\lambda_1\,\mathbf{x}_1$이므로 AU_0의 첫번째 열은 $\lambda_1\,\mathbf{x}_1$이다. 따라서 $U_0^*(AU_0)$는 다음과 같은 형태의 행렬이다.

$$U_0^*(AU_0)=\left[\begin{array}{c|c}\lambda_1 & *\\ \hline O & A_1\end{array}\right]$$

여기서 $A_1 \in M_{n-1}(C)$이고 $|\lambda I_n - A| = (\lambda - \lambda_1)|\lambda I_{n-1} - A_1|$이므로 A_1의 고유값은 λ_2, λ_3, $\cdots$, λ_n이다.

④ 귀납법의 가정에 의하여

$$\hat{U}_1{}^* A_1 \hat{U}_1 = \begin{bmatrix} \lambda_2 & \cdots & & * \\ 0 & \ddots & & \\ \vdots & \ddots & & \vdots \\ 0 & \cdots & 0 & \lambda_n \end{bmatrix}$$

인 유니타리행렬 $\hat{U}_1 \in M_{n-1}(C)$가 존재한다.

⑤ $$U_1 \equiv \left[\begin{array}{c|c} 1 & 0 \cdots 0 \\ \hline 0 & \\ & \\ \vdots & \hat{U}_1 \\ 0 & \end{array}\right] \in M_n(C)$$

$$\Rightarrow (U_0 U_1)^* A (U_0 U_1) = U_1{}^* U_0{}^* A U_0 U_1$$

$$= \begin{bmatrix} \lambda_1 & * & \cdots & * \\ 0 & \lambda_2 & \cdots & * \\ 0 & 0 & & \\ \vdots & \vdots & \ddots & \vdots \\ 0 & 0 & \cdots & \lambda_n \end{bmatrix}$$

여기서 $U \equiv U_0 U_1$은 유니타리 행렬이다. 따라서 Schur 정리가 증명된다. ■

일반적으로, 모든 행렬이 유니타리 대각화가능한 것은 아니다. 그러나 Hermitian 행렬이 유니타리 대각화가능하다는 것은 Schur 정리를 이용하여 보일 수 있다. 그런데 Hermitian 행렬이 아니더라도 유니타리 대각화가능한 행렬은 많이 있다. 이제 유니타리 대각화 가능한 행렬에 대하여 알아보자.

정 의

행렬 $A \in M_n(C)$가 다음을 만족하면 A를 정규행렬(normal matrix)이라고 한다.

$$AA^* = A^*A$$

예제 8 다음 행렬 A, B는 $AA^* = A^*A$, $BB^* = B^*B$를 만족하므로 정규행렬들의 예이다.

$$A = \begin{bmatrix} \frac{-1+i}{2} & \frac{1+i}{2} \\ \frac{1-i}{2} & \frac{1+i}{2} \end{bmatrix}, \quad B = \begin{bmatrix} 2+2i & i & 1-i \\ i & -2i & 1-3i \\ 1-i & 1-3i & -3+8i \end{bmatrix}$$ □

예제 9 임의의 Hermitian행렬 A는 $A=A^*$이므로 $AA^*=AA=A^*A$이다. 따라서 정규행렬이다. 또한 유니타리행렬 B도 $BB^*=I_n=B^*B$이므로 정규행렬이다. □

다음은 복소행렬의 유니타리 대각화에 대한 정리를 증명없이 소개한다.

정리 8.8.5

행렬 $A \in M_n(C)$에 대하여 다음은 동치이다.
(1) A는 유니타리 대각화가능하다.
(2) A는 정규행렬이다.
(3) A는 n개의 정규직교인 고유벡터를 갖는다.

예제 10 행렬 A와 U를 각각 다음과 같은 경우 A가 정규행렬이고 U의 각 열이 A의 정규직교인 고유벡터임을 보여라.

$$A=\begin{bmatrix} 2 & i \\ -i & 2 \end{bmatrix},\ U=\frac{1}{\sqrt{2}}\begin{bmatrix} i & -1 \\ 1 & -i \end{bmatrix}$$

풀이 $A=\begin{bmatrix} 2 & i \\ -i & 2 \end{bmatrix}=A^*$이므로 $AA^*=A^*A$이다. 따라서 A는 정규행렬이다.

$$U=\begin{bmatrix} \frac{i}{\sqrt{2}} & -\frac{1}{\sqrt{2}} \\ \frac{1}{\sqrt{2}} & -\frac{i}{\sqrt{2}} \end{bmatrix}$$

의 1열을 $\mathbf{u}_1$, 2열을 $\mathbf{u}_2$라 하면

$$A\,\mathbf{u}_1=\begin{bmatrix} 2 & i \\ -i & 2 \end{bmatrix}\begin{bmatrix} \frac{i}{\sqrt{2}} \\ \frac{1}{\sqrt{2}} \end{bmatrix}=3\begin{bmatrix} \frac{i}{\sqrt{2}} \\ \frac{1}{\sqrt{2}} \end{bmatrix}=3\,\mathbf{u}_1,$$

$$A\,\mathbf{u}_2=\begin{bmatrix} 2 & i \\ -i & 2 \end{bmatrix}\begin{bmatrix} -\frac{1}{\sqrt{2}} \\ -\frac{i}{\sqrt{2}} \end{bmatrix}=\begin{bmatrix} -\frac{1}{\sqrt{2}} \\ -\frac{i}{\sqrt{2}} \end{bmatrix}=1\,\mathbf{u}_2$$

이므로 $\mathbf{u}_1$, $\mathbf{u}_2$는 A의 고유벡터이다. 또한, $\|\mathbf{u}_1\|=\|\mathbf{u}_2\|=1$이고

$$\mathbf{u}_1\cdot\mathbf{u}_2=\mathbf{u}_1^*\,\mathbf{u}_2=0$$

이므로 $\mathbf{u}_1$, $\mathbf{u}_2$는 정규직교인 고유벡터이다. □

예제 11 예제 10의 행렬 A를 대각화하여라.

$$A=\begin{bmatrix} 2 & i \\ -i & 2 \end{bmatrix}$$

풀이 행렬 A는 정규행렬이고 위의 예제에서 고유값이 $\lambda_1=3$, $\lambda_2=1$이다. $\lambda_1=3$에 대응하는 1차 독립인 고유벡터는

$$\mathbf{x}_1=\begin{bmatrix} i \\ 1 \end{bmatrix}$$

이므로 정규화하면

$$\mathbf{u}_1=\frac{\mathbf{x}_1}{\|\mathbf{x}_1\|}=\frac{1}{\sqrt{2}}\begin{bmatrix} i \\ 1 \end{bmatrix}$$

를 얻는다. 같은 방법으로 $\lambda_2=1$에 대응하는 고유벡터는 $\mathbf{x}_2=\begin{bmatrix} -1 \\ -i \end{bmatrix}$이다. 이를 정규화하면

$$\mathbf{u}_2=\frac{\mathbf{x}_2}{\|\mathbf{x}_2\|}=\frac{1}{\sqrt{2}}\begin{bmatrix} -1 \\ -i \end{bmatrix}$$

그러므로, $U=\dfrac{1}{\sqrt{2}}\begin{bmatrix} i & -1 \\ 1 & -i \end{bmatrix}$로 택하면

$$U^*AU=\begin{bmatrix} 3 & 0 \\ 0 & 1 \end{bmatrix}$$

이다. □

A가 정규행렬일 때 U^*AU가 대각행렬이 되는 유니타리행렬 U를 구하는 방법은 실수대칭행렬의 직교대각화하는 행렬을 구하는 방법과 같다.

모든 행렬이 대각화가능한 것은 아니지만 Schur정리를 이용하면 대각화가능하지 않은 행렬 A도 대각행렬과 유사한 행렬 J_A와 닮음(similar)이 되게 할 수 있다. 이러한 행렬 J_A를 A의 Jordan 표준형이라 한다. Jordan표준형을 이용하면 모든 행렬을 대각행렬과 유사한 행렬 J_A로 바꾸어 행렬 A에 관한 계산 및 이론을 전개 할 수 있다. 이는 10장에서 소개하기로 한다.

연습문제 8-8

|1-2| 다음 행렬 A에 켤레전치행렬 A^*를 구하여라.

1. $A=\begin{bmatrix} 2i & 1+i \\ 2 & 2-i \\ 5+i & 1 \end{bmatrix}$

2. $A=\begin{bmatrix} 6 & 2+2i \\ 2-2i & 4 \end{bmatrix}$

3. 다음 행렬 중 Hermitian행렬을 모두 찾아라.

(1) $\begin{bmatrix} 1+i & 2 \\ 2 & 3 \end{bmatrix}$

(2) $\begin{bmatrix} 1 & 2+i \\ 2-i & -1 \end{bmatrix}$

(3) $\begin{bmatrix} \frac{1}{\sqrt{2}} & \frac{1}{\sqrt{2}} \\ \frac{-1}{\sqrt{2}} & \frac{1}{\sqrt{2}} \end{bmatrix}$

(4) $\begin{bmatrix} \frac{-1}{\sqrt{2}}i & \frac{1}{\sqrt{2}} \\ \frac{1}{\sqrt{2}} & \frac{1}{\sqrt{2}}i \end{bmatrix}$

(5) $\begin{bmatrix} 0 & i & 1 \\ i & 0 & 2+i \\ -1 & -2+i & 0 \end{bmatrix}$

(6) $\begin{bmatrix} 2 & i & 0 \\ 0 & 1 & -5i \\ 1 & 1-i & 4 \end{bmatrix}$

4. 다음 행렬이 유니타리 행렬인지를 판별하여라.

(1) $A=\begin{bmatrix} \frac{1}{\sqrt{2}} & \frac{1}{\sqrt{2}} \\ -\frac{i}{\sqrt{2}} & \frac{i}{\sqrt{2}} \end{bmatrix}$

(2) $A=\begin{bmatrix} 0 & i & 1 \\ i & 0 & 2+i \\ -1 & -2+i & 0 \end{bmatrix}$

|5-8| 행렬 $U=\begin{bmatrix} \frac{3}{5} & \frac{4}{5}i \\ -\frac{4}{5} & \frac{3}{5}i \end{bmatrix}$에 대하여 다음을 구하여라.

5. $\mathbf{x}=\begin{bmatrix} 1 \\ 0 \end{bmatrix}$일때 $\|U\mathbf{x}\|$을 구하여라.

6. $\mathbf{y}=\begin{bmatrix} 0 \\ 1 \end{bmatrix}$일때 $\|U\mathbf{y}\|$을 구하여라.

7. $\mathbf{z}=\begin{bmatrix} i \\ i \end{bmatrix}$, $\mathbf{w}=\begin{bmatrix} 1 \\ 1 \end{bmatrix}$일때 $U\mathbf{z}$, $U\mathbf{w}$의 Euclid내적을 구하여라.

8. $\mathbf{z}$와 $\mathbf{w}$의 Euclid내적을 구하여라.

|9-12| 임의의 행렬 $A \in M_n(C)$에 대하여 다음이 Hermitian 행렬인지 아닌지를 판별하여라.

9. A^*A

10. AA^*

11. $A+A^*$

12. $A-A^*$

13. 다음 행렬이 Hermitian이 되도록 ×를 채워라.

$$A=\begin{bmatrix} 1 & i & 2-3i \\ \times & -3 & 1 \\ \times & \times & 2 \end{bmatrix}$$

|14-15| 다음 주어진 행렬 A가 유니타리인 것을 보이고, A^{-1}를 구하여라.

14. $A=\begin{bmatrix} \frac{3}{5} & \frac{4}{5}i \\ -\frac{4}{5} & \frac{3}{5}i \end{bmatrix}$

15. $A=\begin{bmatrix} \frac{1}{2\sqrt{2}}(\sqrt{3}+i) & \frac{1}{2\sqrt{2}}(1-i\sqrt{3}) \\ \frac{1}{2\sqrt{2}}(1+i\sqrt{3}) & \frac{1}{2\sqrt{2}}(i-\sqrt{3}) \end{bmatrix}$

토론과 발견

P1 Hermitian 행렬의 대각선성분은 모두 실수임을 보여라.

P2 행렬 $A \in M_n(C)$가 Hermitian이면 iA는 반-Hermitian 행렬임을 보여라.

P3 행렬 $A \in M_n(C)$가 반-Hermitian 행렬이면 A의 모든 고유값은 순허수임을 보여라.

P4 행렬 $A \in M_n(C)$는 Hermitian 행렬과 반-Hermitian 행렬의 합으로 나타낼 수 있음을 보여라.

P5 $\mathbf{u}$가 C^n의 단위벡터일때 Houshölder 변환 $U = I_n - 2\mathbf{u}\mathbf{u}^*$는 유니타리행렬이고 동시에 Hermitian 행렬임을 보여라.

P6 다음에 주어진 행렬 A가 모든 실수 θ에 대하여 유니타리임을 보여라.

$$A = \frac{1}{\sqrt{2}} \begin{bmatrix} e^{i\theta} & e^{-i\theta} \\ ie^{i\theta} & -ie^{-i\theta} \end{bmatrix}$$

P7 다음을 증명하여라.

(1) 실수성분으로 이루어진 Hermitian 행렬은 대칭행렬이다.

(2) 실수성분으로 이루어진 Unitary 행렬은 직교행렬이다.

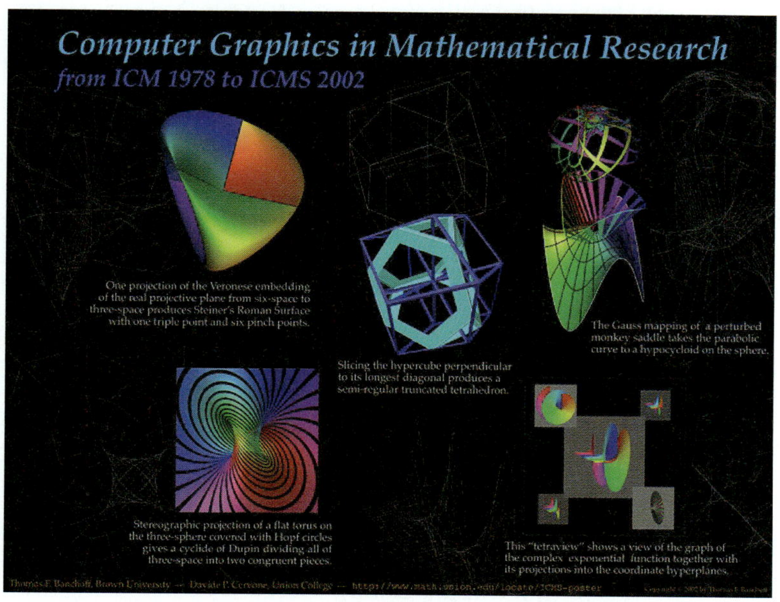

〈ICM 포스터〉

*8.9 선형 연립미분방정식

자연과학과 공학의 많은 문제들은 다음과 같은 선형 연립미분방정식들의 연립방정식을 푸는 수학적 문제로 바꿀 수 있다.

$$\begin{aligned} x_1{}' &= a_{11}x_1+\cdots+a_{1n}x_n \\ x_2{}' &= a_{21}x_1+\cdots+a_{2n}x_n \\ &\vdots \\ x_n{}' &= a_{n1}x_1+\cdots+a_{nn}x_n \end{aligned} \tag{1}$$

여기서, $x_i'=x_i'(t)=\dfrac{dx_i}{dt}$이다.

방정식 (1)의 해는 $t-$축의 임의의 구간에서 정의된 모든 t에 대하여 방정식 (1)을 만족하는 모든 미분가능한 함수들의 n개의 순서조 $(x_1(t), \cdots, x_n(t))$이다.

이 절에서는 식 (1)의 계수행렬 $A=[a_{ij}]$가 대각화가능한 경우에 행렬의 대각화를 이용하여 연립방정식을 푸는 방법에 대하여 알아본다. A가 대각화가능하지 않은 경우는 Jordan표준형을 이용하여 해를 구할 수 있다. Jordan표준형은 10장에서 다룬다.

$$\mathbf{x}=\begin{bmatrix} x_1 \\ x_2 \\ \vdots \\ x_n \end{bmatrix} \text{이라 하면 } \mathbf{x}'=\begin{bmatrix} x_1{}' \\ x_2{}' \\ \vdots \\ x_n{}' \end{bmatrix} \text{이므로}$$

$$\mathbf{x}'=A\mathbf{x} \tag{2}$$

로 쓸 수 있다. 식 (2)의 가장 단순한 형태는 A가 대각행렬

$$A=\begin{bmatrix} k_1 & & & 0 \\ & k_2 & & \\ & & \ddots & \\ 0 & & & k_n \end{bmatrix}$$

인 경우이다. 이 경우 $\mathbf{x}'=A\mathbf{x}$는 독립적인 n개의 연립방정식들로, 다음과 같이 나타내어진다.

$$\begin{aligned} x_1{}' &= k_1x_1 \\ x_2 &= k_2x_2 \\ &\vdots \\ x_n{}' &= k_nx_n \end{aligned} \tag{3}$$

여기서 i번째의 방정식인 $x_i'=k_ix_i$의 일반해는 $x_i(t)=c_ie^{k_it}$(c_i는 임의 상수)이므로 방정

식 (3)의 일반해는 다음과 같음을 알 수 있다.

$$\mathbf{x}(t)=(c_1e^{k_1t},\ \cdots,\ c_ne^{k_nt}) \tag{4}$$

예제 1 다음 초기조건 $x_1(0)=1$, $x_2(0)=1$, $x_3(0)=1$를 만족하는 연립미분방정식의 해를 구하여라.

$$x_1'=-3x_1$$
$$x_2'=-2x_2$$
$$x_3'=-4x_3$$

풀이 식 (4)로 부터 위의 연립미분방정식의 일반해는

$$\mathbf{x}(t)=(c_1e^{-3t},\ c_2e^{-2t},\ c_3e^{-4t})$$

이고, $\mathbf{x}(0)=(1,\ 1,\ 1)$이므로 $c_1=1$, $c_2=1$, $c_3=1$이다.

따라서 구하고자 하는 해는 다음과 같다.

$$\mathbf{x}(t)=(e^{-3t},\ e^{-2t},\ e^{-4t})$$

□

보다 일반적으로 A가 대각행렬이 아닌 경우 연립미분방정식

$$\mathbf{x}'=A\mathbf{x} \tag{5}$$

를 푸는 방법은 $\mathbf{x}$를 치환하여 계수행렬이 대각행렬인 새로운 연립미분방정식으로 변환시키는 것이다. 이 새로운 연립 방정식의 해는 식 (4)와 같이 쉽게 구할 수 있고, 이 치환 과정을 역으로 하면 원래 문제의 해를 쉽게 얻을 수 있다.

이제, 계수행렬 A가 대각화가능할 때, 이러한 과정이 어떻게 이루어지는지 살펴보자. **정리 8.2.3**에서 보았듯이 A가 대각화가능할 필요충분조건은 A가 자신의 고유값 λ_1, λ_2, $\cdots$, λ_n에 대응하는 n개의 일차독립인 고유벡터 $\mathbf{v}_1$, $\mathbf{v}_2$, $\cdots$, $\mathbf{v}_n$을 갖는 것이다. 이 때

$$P=[\mathbf{v}_1 : \mathbf{v}_2 : \cdots : \mathbf{v}_n],\ D=\begin{bmatrix} k_1 & & 0 \\ & k_2 & \\ 0 & \ddots & k_n \end{bmatrix}$$

이라 하면 $P^{-1}AP=D$이므로 $A=PDP^{-1}$이고, $\mathbf{x}=P\mathbf{y}$로 치환하면 P의 원소들은 상수이므로 $\mathbf{x}'=P\mathbf{y}'$이다. 따라서 식 (5)로 부터

$$P\mathbf{y}'=(PDP^{-1})P\mathbf{y}=PD\mathbf{y}$$

이고, 다음과 같이 계수행렬이 대각행렬인 새로운 연립미분방정식을 얻는다.

$$\mathbf{y}'=D\mathbf{y} \tag{6}$$

따라서 식 (6)의 일반해는 식(4)와 같이

$$\mathbf{y}(t)=(c_1e^{\lambda_1t},\ c_2e^{\lambda_2t},\ \cdots,\ c_ne^{\lambda_nt})$$

이다. 그런데 $\mathbf{x}=P\mathbf{y}$이므로 원래의 미분방정식 $\mathbf{x}'=A\mathbf{x}$의 일반해는

$$\mathbf{x}=P\mathbf{y}=[\mathbf{v}_1 : \mathbf{v}_2 : \cdots : \mathbf{v}_n]\begin{bmatrix} c_1e^{\lambda_1t} \\ c_2e^{\lambda_2t} \\ \vdots \\ c_ne^{\lambda_nt} \end{bmatrix}$$

이다. 즉,

$$\mathbf{x}(t)=c_1e^{\lambda_1 t}\mathbf{v}_1+c_2e^{\lambda_2 t}\mathbf{v}_2+\cdots+c_ne^{\lambda_n t}\mathbf{v}_n \tag{7}$$

이상으로부터 다음 정리를 얻는다.

정리 8.9.1

대각화가능한 n차의 정사각행렬 A의 고유값 λ_1, λ_2, $\cdots$, λ_n에 대응하는 일차독립인 고유벡터를 각각 $\mathbf{v}_1$, $\mathbf{v}_2$, $\cdots$, $\mathbf{v}_n$이라고 하자. 그러면 $\mathbf{x}'=A\mathbf{x}$의 해는 다음과 같다.

$$\mathbf{x}(t)=c_1\,\mathbf{v}_1e^{\lambda_1 t}+\cdots+c_n\,\mathbf{v}_ne^{\lambda_n t}$$

예제 2 초기조건 $x_1(0)=1$, $x_2(0)=6$을 갖는 다음 연립미분방정식의 해를 구하라.

$$\begin{aligned}x_1'&=5x_1-6x_2\\ x_2'&=2x_1-2x_2\end{aligned} \tag{8}$$

풀이 계수행렬

$$A=\begin{bmatrix}5 & -6\\ 2 & -2\end{bmatrix}$$

의 고유값은 $\lambda_1=2$, $\lambda_2=1$이고, 이에 대응하는 A의 일차독립인 고유벡터로 각각

$$\mathbf{v}_1=\begin{bmatrix}2\\1\end{bmatrix},\ \mathbf{v}_2=\begin{bmatrix}3\\2\end{bmatrix}$$

를 얻을 수 있다. 따라서 **정리 8.9.1** 에 의하여 이 미분방정식의 일반해는

$$\mathbf{x}(t)=c_1\,\mathbf{v}_1e^{\lambda_1 t}+c_1\,\mathbf{v}_ne^{\lambda_n t}=c_1\begin{bmatrix}2\\1\end{bmatrix}e^{2t}+c_2\begin{bmatrix}3\\2\end{bmatrix}e^{t}$$

즉,

$$\begin{aligned}x_1(t)&=2c_1e^{2t}-3c_2e^{t}\\ x_2(t)&=c_1e^{2t}+2c_2e^{t}\end{aligned}$$

여기에 $t=0$을 대입하여 c_1, c_2를 구하면 $c_1=2$, $c_2=4$이다. 따라서, 식 (8)의 해는 다음과 같다.

$$x_1(t)=2e^{2t}-e^{-3t},\ x_2(t)=2e^{2t}+4e^{-3t}$$ □

다음 연립미분방정식을 풀어라

$$\begin{aligned}x_1'&=-2x_3\\ x_2'&=x_1+2x_2+x_3\\ x_3'&=x_1+3x_3\end{aligned} \tag{9}$$

풀이 계수행렬

$$A=\begin{bmatrix}0 & 0 & -2\\ 1 & 2 & 1\\ 1 & 0 & 3\end{bmatrix}$$

의 고유값은 $\lambda_1=1$, $\lambda_2=2$(중근)이고, 이에 대응하는 A의 일차독립인 고유벡터도 각각

$$\mathbf{v}_1=\begin{bmatrix}-2\\1\\1\end{bmatrix},\ \mathbf{v}_2=\begin{bmatrix}-1\\0\\1\end{bmatrix},\ \mathbf{v}_3=\begin{bmatrix}0\\1\\0\end{bmatrix}$$

를 얻을 수 있다. 따라서 일반해는 다음과 같다.

$$\begin{aligned}\mathbf{x}(t)=\begin{bmatrix}x_1(t)\\x_2(t)\\x_3(t)\end{bmatrix}&=c_1\begin{bmatrix}-2\\1\\1\end{bmatrix}e^t+c_2\begin{bmatrix}-1\\0\\1\end{bmatrix}2^{2t}+c_3\begin{bmatrix}0\\1\\0\end{bmatrix}e^{2t}\\&=\begin{bmatrix}-2c_1e^t+c_2e^{2t}\\c_1e^t+c_3e^{2t}\\c_1e^t+c_2e^{2t}\end{bmatrix}\end{aligned}$$

□

이제 일반적인 n계 선형미분방정식의 연립미분방정식 표현을 알아보자. 일반적으로, 상수계수를 갖는 n계 선형미분방정식

$$x^{(n)}+a_{n-1}x^{(n-1)}+\cdots+a_2x''+a_1x'+a_0x=0 \tag{10}$$

에서

$$x_1=x,\ x_2=x',\ \cdots,\ x_n=x^{(n-1)}$$

로 치환하면, 선형미분방정식 (10)을 연립미분방정식 $\mathbf{x}'=A\mathbf{x}$로 변환할 수 있다. 여기서, 계수행렬 A와 벡터 $\mathbf{x}$는 다음과 같다.

$$A=\begin{bmatrix}0&1&&&\mathbf{0}\\&0&1&&\\&&\ddots&\ddots&\\\mathbf{0}&&&0&1\\-a_0&-a_1&\cdots&\cdots&-a_{n-1}\end{bmatrix},\ \mathbf{x}=\begin{bmatrix}x_1\\x_2\\\vdots\\x_n\end{bmatrix}=\begin{bmatrix}x\\x'\\\vdots\\x^{(n-1)}\end{bmatrix}$$

여기서 잠깐!

위의 행렬 A를 다항식 $p(\lambda)=\lambda^n+a_{n-1}\lambda^{n-1}+\cdots+a_2\lambda^2+a_1\lambda+a_0$의 동반행렬(Companion matrix)이라 한다. 행렬 A의 특성방정식은 바로 $p(\lambda)$이다. 또, 위의 다항식 같이 최고차항의 계수가 1인 다항식을 모닉(monic)다항식이라고 한다.

예제 3 다음 미분방정식을 풀어라

$$x^{(3)}-6x''+11x'-6x=0 \tag{11}$$

풀이 계수행렬

$$A=\begin{bmatrix}0&1&0\\0&0&1\\-a_0&-a_1&-a_2\end{bmatrix}=\begin{bmatrix}0&1&0\\0&0&1\\-6&-11&6\end{bmatrix}$$

의 고유값은 $\lambda_1=1$, $\lambda_2=2$, $\lambda_3=3$이므로 A는 대각화가능하고, 이러한 고유값에 대응하는 A의 일차독립인 고유벡터로 각각

$$\mathbf{v}_1=\begin{bmatrix}1\\1\\1\end{bmatrix},\ \mathbf{v}_2=\begin{bmatrix}1\\2\\4\end{bmatrix},\ \mathbf{v}_3=\begin{bmatrix}1\\3\\9\end{bmatrix}$$

를 얻을 수 있다. 따라서 $\mathbf{x}=\begin{bmatrix}x_1\\x_2\\x_3\end{bmatrix}=\begin{bmatrix}x\\x'\\x''\end{bmatrix}$에 대하여 $\mathbf{x}'=A\mathbf{x}$의 일반해는

정리 8.9.1 에 의하여

$$\mathbf{x}(t)=\begin{bmatrix}x_1\\x_2\\x_3\end{bmatrix}=c_1\begin{bmatrix}1\\1\\1\end{bmatrix}e^t+c_2\begin{bmatrix}1\\2\\4\end{bmatrix}e^{2t}+c_3\begin{bmatrix}1\\3\\9\end{bmatrix}e^{3t}$$

이고, 식 (11)의 일반해는 $x=x_1$이므로 다음과 같다.

$$x(t)=x_1(t)=c_1e^t+c_2e^{2t}+c_3e^{3t}$$ □

〈광화문의 천장〉

연습문제 8-9

1. 선형 연립미분방정식

$$\begin{cases} x_1{}'=6x_1-10x_2 \\ x_2{}'=2x_1-3x_2 \end{cases}$$

을 풀어라.

2. 초기조건이 $x_1(0)=0$, $x_2(0)=0$인 선형 연립미분방정식

$$\begin{cases} x_1{}'=x_1+4x_2 \\ x_2{}'=2x_1-3x_2 \end{cases}$$

을 풀어라.

3. 아래 초기조건에 대하여 다음 초기값 문제를 풀어라.

$$x_1(0)=2,\ x_2(0)=1$$

$$\begin{cases} x_1{}'=x_1+3x_2 \\ x_2{}'=4x_1+5x_2 \end{cases}$$

4. 연립미분방정식 $\begin{bmatrix} y_1{}' \\ y_2{}' \end{bmatrix}=\begin{bmatrix} 3 & 4 \\ 3 & 2 \end{bmatrix}\begin{bmatrix} y_1 \\ y_2 \end{bmatrix}$의 일반해를 구하여라.

5. 연립미분방정식 $\begin{bmatrix} y_1{}' \\ y_2{}' \end{bmatrix}=\begin{bmatrix} 1 & 1 \\ -2 & 3 \end{bmatrix}\begin{bmatrix} y_1 \\ y_2 \end{bmatrix}$의 일반해를 구하여라.

6. 다음 선형미분방정식을 풀어라.

$$x^{(3)}-3x''+2x'=0$$

토론과 발견

P1 미분방정식 $x'=ax$의 모든 해는 $x=ce^{at}$모양임을 보여라.
〔힌트 : $x=f(t)$가 주어진 미분방정식의 해라 하고, $f(t)e^{-at}$가 상수임을 보여라.〕

P2 최고차항의 계수가 1인 다항식의 동반행렬의 특성방정식은 원래의 다항식임을 보여라.

P3 동반행렬(Companion matrix)

$$A=\begin{bmatrix} 0 & 1 & & \cdots & 0 \\ 0 & 0 & 1 & & \vdots \\ \vdots & \vdots & \ddots & \ddots & 1 \\ -a_0 & -a_1 & & \cdots & -a_{n-1} \end{bmatrix}$$

의 특성다항식이 $p(\lambda)=a_0+a_1\lambda+a_2\lambda_2+\cdots+a_{n-1}\lambda^{n-1}+\lambda^n$ 임을 증명하여라.

참고 : http://mathworld.wolfram.com/CompanionMatrix.html

The Econometrics Journal online

〈계량경제학에서의 행렬대수〉

http://www.resacorp.com/matrix_algebra.htm

1. 개념토론

- 순서기저 $\alpha=\{\mathbf{x}_1, \cdots, \mathbf{x}_n\}$와 $\beta=\{\mathbf{y}_1, \cdots, \mathbf{y}_m\}$에 대해 $[\mathbf{y}]_\beta=A\,[\mathbf{x}]_\alpha$이면
  $A=[[T(\mathbf{x}_1)]_\beta\,[T(\mathbf{x}_2)]_\beta\,\cdots\,[T(\mathbf{x}_n)]_\beta]$
- $B=P^{-1}AP$이면 정사각행렬 A, B가 닮은(similar)행렬이다.
- 대각화가능한(diagonalizable)행렬
- n차 행렬 A가 대각화 가능할 필요충분조건은 n개의 일차독립인 고유벡터를 갖는 것이다.
- $\mathbf{x}_1, \mathbf{x}_2, \cdots, \mathbf{x}_k$를 행렬 $A\in M_n$의 서로 다른 고유값 $\lambda_1, \lambda_2, \cdots, \lambda_k$에 대응하는 고유벡터라 하면 $\{\mathbf{x}_1, \cdots, \mathbf{x}_k\}$는 일차독립이다.
- n차의 정사각행렬 A가 n개의 서로 다른 고유값을 가지면 A는 대각화가능하다.
- 정사각행렬 A가 $A^{-1}=A^T$이면 A는 직교행렬(real orthogonal matrix)이다.
- n차 정사각행렬 A에 대하여 다음은 동치이다.
  (1) A는 직교대각화가능하다.
  (2) A는 대칭행렬이다.
- A가 대칭행렬이면 A는 n개의 고유벡터들의 정규직교집합을 갖는다.
- n차 정사각행렬 A에 대하여 다음은 동치이다.
  (1) A는 직교대각화 가능하다.
  (2) A는 n개의 고유벡터들의 정규직교집합을 갖는다.
  (3) A는 대칭행렬이다.
- A가 대칭행렬이면, A의 서로 다른 고유값에 대응하는 고유벡터는 서로 직교한다.
- $(x, y)\begin{bmatrix} a & b \\ b & c \end{bmatrix}\begin{bmatrix} x \\ y \end{bmatrix}=ax^2+2bxy+cy^2$을 이차형식(quadratic form)이라고 한다.
- 행렬 $A\in M_n(R)$가 대칭행렬일 때, 이차형식 $q(\mathbf{x})=\mathbf{x}^TA\mathbf{x}$가 임의의 $\mathbf{x}\neq 0$에 대하여 $q(\mathbf{x})>0$이면 양의 정부호(positive definite), $q(\mathbf{x})<0$이면 음의 정부호(negative definite)라 한다. 또한, 어떤 $\mathbf{x}$에 대하여는 $q(\mathbf{x})>0$이고, 어떤 $\mathbf{x}$에 대하여는 $q(\mathbf{x})<0$이면 부정부호(indefinite)라 한다.
- $\mathbf{x}=\mathbf{a}$에서 f의 Hessian 행렬 $H=\left[\dfrac{\partial^2 f}{\partial x_i \partial x_j}\right]_{\mathbf{x}=\mathbf{a}}$
- 특이값, 특이값분해[Singular Value Decomposition]
- 일반화된 역행렬(pseudoinverse) $A^\dagger$
- 행렬 A가 full column rank를 갖는 $m\times n$ 행렬이면 $A^\dagger=(A^TA)^{-1}A^T$이다.
- A가 $m\times n$ 행렬이고, $\mathbf{b}$는 R^n의 임의의 벡터이면, $\mathbf{x}=A^\dagger\,\mathbf{b}$는
  $A\mathbf{x}=\mathbf{b}$의 least squares solution이다.
- 복소행렬 $A=[a_{ij}]_{m\times n}$에 대하여 A의 켤레전치행렬, A^*는

$$A^* = \overline{A^T} = \left[\overline{a_{ij}}\right]_{n\times m}$$

- 복소행렬 A가 $A=A^*$이면, A를 Hermitian행렬이라 한다.
- 행렬 $A\in M_n(C)$가 Hermitian행렬일 때, 다음이 성립한다.
  (1) 임의의 복소벡터 $\mathbf{x}\in C^n$에 대하여 $\mathbf{x}^*A\mathbf{x}$는 실수이다.
  (2) A의 고유값은 모두 실수이다.
  (3) A의 서로 다른 두개의 고유값에 대응하는 각각의 고유벡터는 서로 수직이다.
- 행렬 $U\in M_n(C)$가 $U^*U=I_n$이면 U를 유니타리(unitary)행렬이라고 한다.
  정의에 의하여 U가 유니타리행렬이면 $U^*=U^{-1}$이다. 또한, U의 j번째 열벡터를 $\mathbf{u}_j$라 하면
  $$\mathbf{u_i}\cdot\mathbf{u_j}=(\mathbf{u_i},\ \mathbf{u_j})=\mathbf{u_i}^*\mathbf{u_j}=\begin{cases}1 & (\mathrm{i=j})\\ 0 & (\mathrm{i\neq j})\end{cases}$$
  이므로 U가 유니타리행렬일 필요충분조건은 U의 열들이 정규직교집합이다.
- 〔Schur 정리〕
  임의의 n차 정사각행렬은 자신의 고유값을 대각선성분으로 갖는 상삼각행렬과 유니타리 닮음이다.
- 행렬 $A\in M_n(C)$가 다음을 만족하면 A를 정규행렬(normal matrix)이라고 한다.
  $$AA^*=A^*A$$

2. 참 · 거짓 문제

만일 주어진 문장이 참이면, 이유를 설명하거나 교재에 서술된 적절한 내용을 인용하여라. 만일 거짓이면 반례를 하나 주거나 교재에 서술된 적절한 내용을 인용하여 이유를 주어라.

(1) ( ) $T_1,\ T_2 : R^n \to R^n$이 선형연산자이고, 두 개의 R^n 상의 기저 $B,\ B'$에 대하여 $[T_1]_{B'}^B=[T_2]_{B'}^B$라고 하자. 그러면 모든 $\mathbf{x}\in R^n$에 대하여 $T_1(\mathbf{x})=T_2(\mathbf{x})$이다.

(2) ( ) $T_1 : R^n\to R^n$인 선형연산자에 대하여 $[T_1]_B=[T_1]_{B'}$인 R^n에 대한 기저 $B,\ B'$이 있다면 $B=B'$이다.

(3) ( ) $T : R^n\to R^n$인 선형연산자가 임의의 R^n 상의 기저 B에 대하여 $[T]_B=I_n$이라면 T는 항등연산자이다.

(4) ( ) $T : R^n\to R^n$인 선형연산자가 임의의 R^n 상의 기저 $B,\ B'$에 대하여 $[T]_{B'}^B=I_n$이라면 T는 항등연산자이다.

(5) ( ) 모든 정사각행렬은 자기 자신과 닮음이다.

(6) ( ) A와 B가 닮음이고, B와 C가 닮음이면, A와 C가 닮음이다.

(7) ( ) $A,\ B$가 닮음이고, 가역행렬이라 하면, A^{-1}와 B^{-1}도 닮음이다.

(8) ( ) A의 모든 고유값의(대수적) 중복도가 1이라면, A는 대각화가능하다.

(9) ( ) 모든 성분이 양수인 대칭행렬은 양의 정부호가 된다.

(10) ( ) $x_1^2-x_2^2+x_3^2+4x_1x_2x_3$는 이차형식이다.

(11) ( ) $(x_1-3x_2)^2$는 이차형식이다.

(12) ( ) 양의 정부호인 행렬은 가역행렬이다.

(13) ( ) 대칭행렬은 양의 정부호이거나, 음의 정부호이거나 부정부호중 하나이다.

(14) ( ) A가 양의 정부호라면, $-A$는 음의 정부호이다.

〈행렬의 대각화와 Maple 명령어의 예〉

http://www.maplesoft.com/Products/Maple/

[CAS : Maple]

$A=\begin{pmatrix} 0 & 0 & 0 \\ 0 & 1 & 0 \\ 1 & 0 & 1 \end{pmatrix}$는 대각화가 가능한 지 확인하고 가능하다면 대각화하라.

```
>with(linalg): ↵
>A:=matrix([[0, 0, 0], [0, 1, 0], [1, 0, 1]]); ↵
```

$$A=\begin{pmatrix} 0 & 0 & 0 \\ 0 & 1 & 0 \\ 1 & 0 & 1 \end{pmatrix}$$

A의 고유값과 고유벡터를 구해보면 다음과 같다.

```
>ev:=[eigenvectors(A)]; ↵
```

$$ev:=[[0,\ 1],\ \{[-1,\ 0,\ 1]\}],\ [1,\ 2],\ \{[0,\ 1,\ 0],\ [0,\ 0,\ 1]\}]]$$

```
>p:augment(op(ev[1] [3]), op(ev[2] [3])); ↵
```

〈3개의 열벡터로 만든 행렬 P〉

$$P=\begin{pmatrix} -1 & 0 & 0 \\ 0 & 1 & 0 \\ 1 & 0 & 1 \end{pmatrix}$$

이제 행렬 A를 대각화하면 다음과 같다.

```
>evalm(inverse(P)&*A&*P); ↵
```

$$\begin{pmatrix} 0 & 0 & 0 \\ 0 & 1 & 0 \\ 0 & 0 & 1 \end{pmatrix}$$

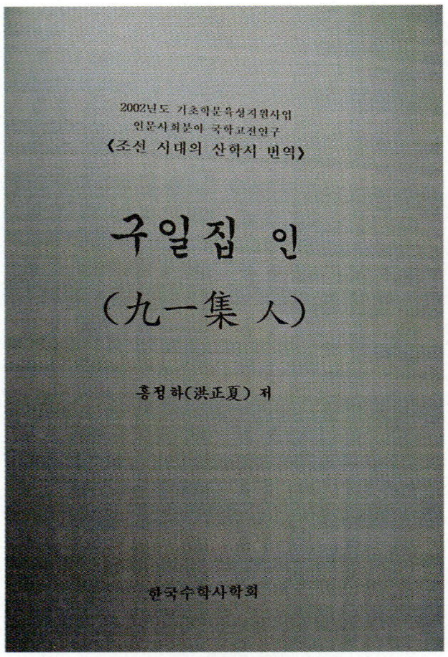
2002년도 기초학문육성지원사업
인문사회분야 국학고전연구
《조선 시대의 산학서 번역》
구일집 인
(九一集 人)
홍정하(洪正夏) 저
한국수학사학회

〈구일집〉

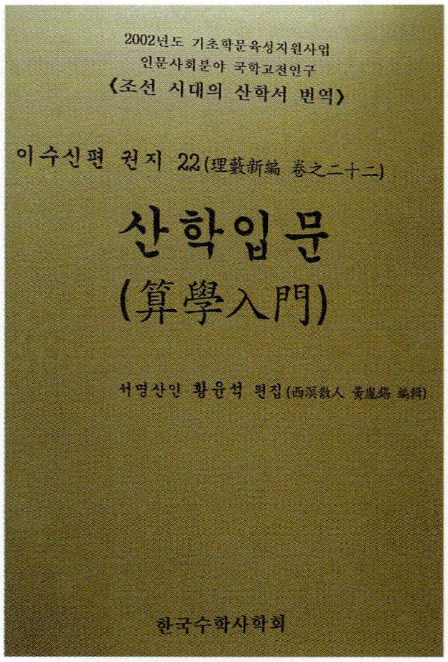
2002년도 기초학문육성지원사업
인문사회분야 국학고전연구
《조선 시대의 산학서 번역》
이수신편 권지 22(理藪新編 卷之二十二)
산학입문
(算學入門)
한국수학사학회

〈산학입문〉

제 09 장

벡터공간 (Vector Spaces)

덧셈과 스칼라배 연산은 수학의 전 분야에서 사용된다. 그러나 어떤 경우에도 이 연산들은 같은 계산법칙을 따른다. 따라서 이러한 연산과 관련된 수학적 구조는 응용의 범위도 크다. 이런 모양의 수학적 체계가 벡터공간 또는 선형공간이라고 불린다.

벡터의 합과 스칼라배가 갖는 연산 법칙은 여기에 그치지 않고 수학체계의 일반적인 이론으로서 수학의 여러 분야에 적용된다. 이 장에서는 벡터공간을 정의하고, 정의를 이용하여 벡터공간의 이론을 추상적으로 개발한다. 이러한 접근방법은 추상적인 현대수학에 대한 최초의 진지한 소개가 될 것이다.

남북한의 수학 용어 비교

남북한의 통일은 이제 우리에게 실현 가능한 구체적인 과제로 다가와 있다. 한국교육개발원에서는 1996년 교육부의 수탁 사업으로 남북한 수학 교육의 동질성 회복을 위한 교육과정의 준거를 마련하기 위한 기초 연구로서 남북한 초등학교 수학과 교육과정 및 교과서를 비교 분석하였다. 사상성과 관련이 적다는 수학 과목의 특성상 남북한의 교육과정 영역이나 영역별 학습 내용 및 그 계열성에서 별다른 차이가 없었다. 그리고 각 영역별로 다루어지는 비중도 거의 비슷한 것으로 관찰되었다. 특히, 남북한의 수학 용어의 비교 결과는 우리에게 시사하는 바가 크다. 남한의 경우, 단지 한자를 한글로 바꾸어 그대로 사용하고 있어 수학 용어의 현학성(衒學性)문제가 드물지 않게 지적되고 있다. 그런데 북한의 경우는 비록 한글화된 용어가 어색하거나 불필요하게 길어 교육적으로 비효과적인 점도 없지는 않겠으나, 나름대로 북한에서 쓰이는 순수한 우리말로 표현하려고 노력한 면이 역력하다.

우리 주위의 일상생활에서는 물론 인쇄 매체에서도 한자의 사용은 점차 줄어들고 있고 이러한 시대 변화에 따라 학생들은 이른바 '한글세대'로 불리기 시작 하였다. 그럼에도 불구하고, 대부분의 학교 수학 용어는 서구의 것을 중국이나 일본 사람들이 자신들의 언어에 따라 번역한 것을 그대로 음역하여 사용하고 있어, 학생들은 의미도 모른 체 생소하기만 한 수학 용어를 마치 외국어 단어를 외우는 것과 같으므로, 수학적 개념에 쉽게 접근하지 못하는 경우가 많다.

그 대표적인 예로, congruence → 合同→합동, integer → 整數 → 정수, divident → 被除數 → 피제수, mixed fraction → 帶分數 → 대분수 등을 들 수 있다. 북한에서는 이러한 용어들을 한글화하여 사용하고 있는데 이를 간단히 표로 만들어 살펴보면 다음과 같다.

〈표〉 남북한 초등 수학 교과서의 용어 비교

북한		남한	
학년	용 어	학년	용 어
1학년	더하기와 덜기	1학년	덧셈과 뺄셈
	곧은선과 굽은선	2학년	직선과 곡선
	사귄 점	중1	만나는 점(교점)
	뽐	1학년	뼘
2학년	모임	5학년	집합
	전자수산기		전자계산기
	나누일 수, 나눔수	3학년	피제수, 제수
	(안)같기표, (안)같기식	1학년	(부)등호, (부)등식
	말끔하게 나누인다	3학년	나누어 떨어진다
	직3각형, 직4각형, 2등변3각형	3학년	직각삼각형, 직사각형 이등변삼각형
2,5	직6면체, 바른6면체	2, 5	직육면체, 정육면체
3학년	옹근수	1학년	0과 자연수
	분도기	4학년	각도기
	펼친 그림	5학년	전개도
	막대도표	3학년	막대그래프
4학년	사귀는 직선	4학년	만나는 직선
	공통약수, 공통배수	5학년	공약수, 공배수
	꼭맞기	5학년	합동
	립방메터	5학년	세제곱미터
5학년	참분수, 데림분수	3, 4	진분수, 대분수
	거꿀수	중1	역수

북한의 한글화된 용어가 어색하거나 비효율적인 경우도 없지 않으나, 대체적으로 북한이 남한에 비해 수학 용어를 한글화하려는 경향이 강함을 알 수 있다. 이 즈음에 우리가 현재 사용하고 있는 수학 용어를 신중히 재검토하여 불완전하거나 모순된 용어를 보다 간명하고 의미가 바로 전달되는 '감각적인' 수학 용어로 바꾸어 이용하는 것이 필요하다고 생각한다. 본 교재는 이를 위해 우선 완전히 한국화 되지 않은 외국용어는 한국어와 원어를 함께 사용하여 가장 바람직한 한글표현을 찾고자 하였다. 우리도 의미전달이 불완전한 새로운 수학용어에 대하여 보다 간명하고 의미가 전달되도록 노력을 하였다. 참고로 한국의 우표 중 수학을 대상으로 한 우표가 2000년 국제수학올림피아드 기념 우표이외 전무한 것에 비하여 북한은 선진국에서 기초과학에 비중을 두듯이 수학 자체에 대한 우표를 꾸준히 제작해오고 있는 점은 배울 점이다.

9.1 벡터공간의 공리

벡터의 개념은 2차원 또는 3차원공간에서의 화살표에서 n차 원공간 R^n 안의 n-순서조(tuple)로 확장되어 왔다. 1장에서는 n 차원공간 R^n 을 정의하였다. R^n 에서 덧셈과 스칼라 배라는 두 개의 연산을 정의하고, 그것이 갖는 여러 가지 성질을 확인하였다. 이 절에서는 n 차원 공간의 개념을 일반적인 벡터 공간으로 확장한다.

정의

임의의 집합 $V(\neq\phi)$에서 두 연산, 덧셈(vector addition, A) '+'와 스칼라 배(scalar multiplication, SM) '·'이 정의되어 있고, 임의의 $\mathbf{x}$, $\mathbf{y}$, $\mathbf{z}\in V$와 h, $k\in R$에 대하여 두 개의 기본 법칙

A. $\mathbf{x}, \mathbf{y}\in V \Rightarrow \mathbf{x}+\mathbf{y}\in V$

SM. $\mathbf{x}\in V,\ k\in R \Rightarrow k\mathbf{x}\in V$

와 다음의 8개의 연산법칙이 성립할 때, 집합 V를 주어진 연산에 관한 실수집합 R 위의 벡터공간(vector space)이라 하고, $(V, +, \cdot)$로 표기한다. 이 벡터 공간 V의 원소를 벡터(vector)라 한다.

A1. $\mathbf{x}+\mathbf{y}=\mathbf{y}+\mathbf{x}$

A2. $(\mathbf{x}+\mathbf{y})+\mathbf{z}=\mathbf{x}+(\mathbf{y}+\mathbf{z})$

A3. 모든 $\mathbf{x}\in V$에 대하여 다음을 만족하는 원소 $\mathbf{0}$이 V에 단 하나 존재한다.

$$\mathbf{x}+\mathbf{0}=\mathbf{x}$$

A4. V의 각 원소 $\mathbf{x}$에 대하여, 다음을 만족하는 $-\mathbf{x}$가 V에 유일하게 존재한다.

$$\mathbf{x}+(-\mathbf{x})=\mathbf{0}$$

SM1. $k(\mathbf{x}+\mathbf{y})=k\mathbf{x}+k\mathbf{y}$

SM2. $(h+k)\mathbf{x}=h\mathbf{x}+k\mathbf{x}$

SM3. $(hk)\mathbf{x}=h(k\mathbf{x})=k(h\mathbf{x})$

SM4. $1\mathbf{x}=\mathbf{x}$

여기서, 조건 A3를 만족시키는 $\mathbf{0}$을 영벡터, 조건 A4를 만족시키는 $-\mathbf{x}$를 $\mathbf{x}$의 음벡터라 한다.

정리 9.1.1

V를 벡터공간이라 할 때, 임의의 벡터 $\mathbf{x}\in V$와 스칼라 $k\in R$에 대하여 다음이 성립한다.

(1) $0\mathbf{x}=\mathbf{0}$

(2) $k\mathbf{0}=\mathbf{0}$

(3) $(-1)\mathbf{x}=-\mathbf{x}$

증명 (1) 수 0의 성질과 SM2에 의하여

$$0\mathbf{x}=(0+0)\mathbf{x}=0\mathbf{x}+0\mathbf{x}$$

이고, A4에 의하여 벡터 $0\mathbf{x}$의 역원 $-0\mathbf{x}$가 V에 존재하므로 이것을 위 식의 양변에 더하면 A2, A3, A4로부터 다음이 성립한다.

$$\begin{aligned}\mathbf{0}&=0\mathbf{x}+(-0\mathbf{x})=(0\mathbf{x}+0\mathbf{x})+(-0\mathbf{x})\\&=0\mathbf{x}+(0\mathbf{x}+(-0\mathbf{x}))\\&=0\mathbf{x}+\mathbf{0}=0\mathbf{x}\end{aligned}$$

(2) $k\mathbf{0}+k\mathbf{0}=k(\mathbf{0}+\mathbf{0})=k\mathbf{0}$

이고, 벡터 $k\mathbf{0}$의 역원 $-k\mathbf{0}$를 위 식의 양변에 더하면 다음이 성립한다.

$$\begin{aligned}&(k\mathbf{0}+k\mathbf{0})+(-k\mathbf{0})=k\mathbf{0}+(-k\mathbf{0})\\&\Rightarrow k\mathbf{0}+(k\mathbf{0}+(-k\mathbf{0}))=\mathbf{0}\\&\Rightarrow k\mathbf{0}+\mathbf{0}=\mathbf{0}\\&\Rightarrow k\mathbf{0}=\mathbf{0}\end{aligned}$$

(3) $\mathbf{x}+(-1)\mathbf{x}=\mathbf{0}$임을 밝히면 된다. 실제로,

$$\begin{aligned}\mathbf{x}+(-1)\mathbf{x}&=1\mathbf{x}+(-1)\mathbf{x}\\&=(1+(-1))\mathbf{x}\\&=0\mathbf{x}=\mathbf{0}\end{aligned}$$

■

벡터공간의 원리 Giuseppe Peano(1825–1932) 여기서 잠깐!

이탈리아 수학자 Giuseppe Peano는 벡터공간의 원리를 공식적으로 처음 서술한 사람이었다. 직관에 얽매이지 않고 기하학을 건설하겠다는 기하학의 공리화를 시도하여, 정의 · 공리 · 미정의어(未定義語)의 선택과 채용을 확립하여 일종의 수학적 논리학을 의도하였다. 1890년 토리노대학 교수가 되었으며, 이 원리들은 처음에는 인정되지 않았지만, 1899년 드디어 D. Hibert의 《기하학의 기초 : Grundlagen der Geometrie》라는 책을 통해 공식적으로 인정받았다. Giuseppe Peano의 책 역시 공식적으로 차원과 벡터공간에 대한 첫 번째 책으로 인정되었다. 그리고 그는 '페아노의 공리'로 더 유명하다.

참고 :
http://www-gap.dcs.st-and.ac.uk/~history/Mathematicians/Peano.html
http://en.wikipedia.org/wiki/Giuseppe_Peano
http://mathworld.wolfram.com/PeanosAxioms.html

벡터공간의 예를 알아보자.

예제 1 집합 V를 크기와 방향을 갖는 물리적인 양 전체의 집합 즉, 유향선분의 전체집합이라 하고 V에서의 두 연산, 덧셈과 스칼라배를 1장에서처럼 정의하면 위 정의의 두 개의 기본법칙과 8개의 연산법칙이 성립함을 쉽게 확인할 수 있다. 따라서 V는 이 연산에 관하여 벡터공간을 이루며 이 경우에 벡터는 크 기와 방향을 갖는 물리적인 양이다.

이 장에서는 스칼라를 실수로 제한했으므로 특별한 언급이 없는 한 벡터공간은 R상의 벡터공간을 의미한다. 어떤 경우에는 스칼라를 실수에서 복소수로 확장 하는 것이 필요한데, 이 경우 C상의 벡터공간을 복소벡터공간(complex vector space)이라 부른다. 복소벡터공간에 대해서는 다음 절에서 다루도록 한다.

예제 2 R^n의 벡터

$$\mathbf{x}=\begin{bmatrix} x_1 \\ x_2 \\ \vdots \\ x_n \end{bmatrix}, \quad \mathbf{y}=\begin{bmatrix} y_1 \\ y_2 \\ \vdots \\ y_n \end{bmatrix}$$

와 스칼라 k에 대하여, 두 벡터의 합 $\mathbf{x}+\mathbf{y}$와 k에 의한 $\mathbf{x}$의 스칼라배 $k\mathbf{x}$를 각각 다음과 같이 정의하면,

$$\text{(i) } \mathbf{x}+\mathbf{y}=\begin{bmatrix} x_1+y_1 \\ x_2+y_2 \\ \vdots \\ x_n+y_n \end{bmatrix} \qquad \text{(ii) } k\mathbf{x}=\begin{bmatrix} kx_1 \\ kx_2 \\ \vdots \\ kx_n \end{bmatrix}$$

R^n은 이 연산에 관하여 벡터공간이다. □

예제 3 집합 $V=\{\mathbf{0}\}$에서 스칼라 k에 대하여 덧셈과 스칼라배를 각각

$$\mathbf{0}+\mathbf{0}=\mathbf{0},\ k\mathbf{0}=\mathbf{0}$$

과 같이 정의하면 V는 이 연산에 관하여 벡터공간이다. 이 벡터공간을 영벡터공간(zero vector space)이라 한다. □

다음에 제시하는 벡터공간의 예들이 두 개의 기본법칙과 8개의 연산법칙을 만족함을 보이는 것은 연습문제로 남긴다.

예제 4 집합 $M_{m\times n}$을 모든 성분이 실수인 $m\times n$ 행렬 전체의 집합이라 하자. 즉,

$$M_{m\times n}=\{A=[a_{ij}]_{m\times n} \mid a_{ij}\in R,\ 1\le i\le m,\ 1\le j\le n\}$$

이때, $m=n$이면 $M_{m\times n}$을 M_n으로 쓴다.

$M_{m\times n}$에서 덧셈과 스칼라배를 각각 통상적인 행렬의 합과 스칼라배로 정의하면 $M_{m\times n}$은 이 연산 에 관하여 벡터공간을 이룬다. 이때, 영벡터는 영행렬 0이고, 각 $A=[a_{ij}]\in M_{m\times n}$에 대하여 음벡터 $-A=[-a_{ij}]$이다. 이 경우에 벡터는 실수 성분을 갖는 $m\times n$ 행렬이다. □

예제 5 집합 $\mathscr{C}(R)$를 R에서 R로의 연속함수 전체의 집합이라 하자. 즉,

$$\mathscr{C}(R)=\{f \mid f: R\to R\text{는 연속함수}\}$$

$f, g\in\mathscr{C}(R)$와 스칼라 k에 대하여 덧셈과 스칼라배를 각각

$$(f+g)(x)=f(x)+g(x),$$
$$(kf)(x)=kf(x)$$

와 같이 정의하면, $\mathscr{C}(R)$는 이 연산에 관하여 벡터공간을 이룬다. 이때, 영벡터는 영함수 $\mathbf{0}(x)=0$이고 각 $f\in\mathscr{C}(R)$에 대하여 $-f$는 $(-f)x=-f(x)$로 정의된 함수이다. 이 경우에 하나의 벡터란 R에서 R로의 연속함수이다. □

예제 6 집합 P_n을 계수가 실수인 n차 이하의 다항식 전체의 집합이라 하자. 즉,

$$P_n=\{a_0+a_1t+a_2t^2+\cdots+a_nt^n \mid a_0,\ a_1,\ \cdots,\ a_n\in R\}$$

$p(t)=a_0+a_1t+\cdots+a_nt^n$, $q(t)=b_0+b_1t+\cdots+b_nt^n\in P_n$와 스칼라 k에 대하여 덧셈과 스칼라배를 각각

$$p(t)+q(t)=(a_0+b_0)+(a_1+b_1)t+\cdots+(a_n+b_n)t^n,$$
$$kp(t)=(ka_0)+(ka_1)t+\cdots+(ka_n)t^n$$

과 같이 정의하면, P_n은 이 연산에 관하여 벡터공간이다. 이때, 영벡터는 영다항식

$$0(t)=0+0t+\cdots+0t^n$$

이고 각 $p(t)\in R_n$에 대하여 음벡터 $-p(t)$는

$$-p(t)=-a_0-a_1t-\cdots-a_nt^n$$

으로 정의된 다항식이다. 이 경우에 벡터는 실수계수를 갖는 n차 이하의 다항식이다. □

한 집합에 대하여 그 부분집합을 생각할 수 있듯이 벡터공간에서도 부분공간이라고 부르는 특수한 부분집합을 생각할 수 있다. 이 절에서 벡터공간을 말할 때는 통상적인 두 개의 연산을 갖는 것으로 한다.

정의

집합 V를 벡터공간이라 하고 $W(\neq\phi)$를 V의 부분집합이라 하자. 이때, 벡터공간 V에서 정의된 덧셈과 스칼라배에 관하여 W 자신이 벡터공간을 이룰 때, W를 V의 부분공간(subspace)이라고 한다.

예제 7 V가 벡터공간일 때, $\{0\}$과 V 자신은 V의 부분공간이다. □

실제로, R^2의 부분공간은 $\{0\}$, R^2, 그리고 원점을 지나는 직선 이외에는 존재하지 않는다. [3장 4절 **예제 3** 참조]

일반적으로, 벡터공간 V의 부분집합 $W(\neq\phi)$가 부분공간이 됨을 밝히기 위해서는 벡터공간이 되기 위한 두 개의 기본법칙과 8개의 연산법칙이 모두 성립한다는것을 보여야 한다. 그러나 다음 정리는 W가 V에서 정의된 연산에 관하여 두 개의 기본법칙만 만족하면 부분집합 W는 V의 부분공간이 됨을 말해준다. 이를 (2-step) 부분공간 판정법이라 한다.

정리 9.1.2 집합 $(V, +, \cdot)$를 벡터공간이라 하고 $W(\neq\phi)$가 V의 부분집합이라 하자. 이 때, W가 V의 부분공간일 필요충분조건은

(i) $\mathbf{x}, \mathbf{y} \in W \Rightarrow \mathbf{x}+\mathbf{y} \in W$ (벡터 덧셈 +에 대해 닫혀있다.)

(ii) $\mathbf{x} \in W, k \in R \Rightarrow k\mathbf{x} \in W$ (스칼라곱셈 ·에 대해 닫혀있다.)

증 명 W가 V의 부분공간이면 W는 벡터공간이므로 2개의 기본법칙과 8개의 연산법칙을 만족하므로 조건 (i), (ii)를 만족한다. 역으로 W가 조건 (i), (ii)를 만족한다면 벡터공간의 성립조건 A, SM이 성립하는 것이다. 또한 A1, A2, SM1, SM2, SM3, SM4는 V의 모든 원소에 성립하는 성질이므로 W의 원소에 대해서도 성립한다. 그러므로 A3, A4가 성립함을 보이면 충분하다.

조건 (ii)에 의해 $0\mathbf{u}=\mathbf{0}\in W$이다. 또한 $(-1)\mathbf{u}=-\mathbf{u}\in W$이므로 A3, A4가 모두 성립한다. ■

여기서 잠깐!

앞으로 벡터공간 $(V, +, \cdot)$을 간단히 V로 쓰기로 하자.

예제 8 R^3 혹은 R^2에서 원점을 지나는 직선은 모두 부분공간이다. □

예제 9 R^3에서 원점을 지나는 평면은 부분공간이다. □

예제 10 벡터공간 V의 한 고정벡터 $\mathbf{v}$에 대하여 $W=\{c\mathbf{v} \mid c\in R\}$로 정의하면 W는 V의 부분공간이다. 왜냐하면

$$c_1\mathbf{v}+c_2\mathbf{v}=(c_1+c_2)\mathbf{v}\in W,\ k(c\mathbf{v})=(kc)\mathbf{v}\in W$$ □

예제 11 V가 벡터공간일 때 $S=\{\mathbf{x}_1, \mathbf{x}_2, \cdots, \mathbf{x}_r\}\subseteq V$에 대하여 집합

$$W=\{c_1\mathbf{x}_1+c_2\mathbf{x}_2+\cdots+c_r\mathbf{x}_r \mid c_1, c_2, \cdots, c_r\in R\}$$

은 V의 부분공간임을 보여라.

풀이 $\mathbf{x}, \mathbf{y}\in W$, $k\in R$이라 하자. 그러면, $c_i, d_i\in R$ $(i=1, 2, \cdots, r)$에 대하여

$$\mathbf{x}=c_1\mathbf{x}_1+c_2\mathbf{x}_2+\cdots+c_r\mathbf{x}_r,\quad \mathbf{y}=d_1\mathbf{x}_1+d_2\mathbf{x}_2+\cdots+d_r\mathbf{x}_r$$

라고 쓸 수 있으므로

$$\mathbf{x}+\mathbf{y}=(c_1+d_1)\mathbf{x}_1+(c_2+d_2)\mathbf{x}_2+\cdots+(c_r+d_r)\mathbf{x}_r,$$

$$k\mathbf{x}=(kc_1)\mathbf{x}_1+(kc_2)\mathbf{x}_2+\cdots+(kc_r)\mathbf{x}_r.$$

$$\therefore\ \mathbf{x}+\mathbf{y}\in W,\quad k\mathbf{x}\in W$$

따라서 W는 V의 부분공간이다. □

위와 같은 경우 $W=\text{span}(S)$로 쓰며 S에 의해 생성된 부분공간이라 한다.

예제 12 n차 가역행렬들의 집합은 벡터공간 M_n의 부분공간이 아님을 보여라.

풀이 가역행렬 두 개를 더하여 비가역행렬을 쉽게 만들 수 있다. 예를 들어,

$$\begin{bmatrix} 1 & 0 \\ 0 & 1 \end{bmatrix} + \begin{bmatrix} -1 & 0 \\ 0 & -1 \end{bmatrix} = \begin{bmatrix} 0 & 0 \\ 0 & 0 \end{bmatrix}$$ □

이제 R^n에서의 일차독립성 및 기저의 개념들을 일반적인 벡터공간으로 확장해 보자.

정의

벡터공간 V안의 부분집합 $\{\mathbf{v}_1, \mathbf{v}_2, \cdots, \mathbf{v}_n\}$이 다음 조건을 만족하면 일차독립(linearly independent)이라 한다.

$$c_1\mathbf{v}_1 + c_2\mathbf{v}_2 + \cdots + c_n\mathbf{v}_n = 0 \Rightarrow c_1 = c_2 = \cdots = c_n = 0$$

일차독립이 아닌 경우를 일차종속이라 한다. 즉, 일차종속이란 전부는 영이 아닌 스칼라 $c_1, \cdots, c_n$이 존재하여

$$c_1\mathbf{v}_1 + c_2\mathbf{v}_2 + \cdots + c_n\mathbf{v}_n = 0$$

이 됨을 의미한다.

예제 13 $\{2-x+x^2, 2x+x^2, 4-4x+x^2\}$은 P_3의 부분집합으로

$$4-4x+x^2 = 2(2-x+x^2) - (2x+x^2)$$

이므로 일차종속이다. □

예제 14 $A = \begin{bmatrix} 1 & -1 \\ 2 & 0 \end{bmatrix}$, $B = \begin{bmatrix} 1 & 0 \\ 0 & -2 \end{bmatrix}$, $C = \begin{bmatrix} 0 & -1 \\ 2 & 2 \end{bmatrix}$일 때 $A = B + C$를 만족하므로 $\{A, B, C\}$는 벡터공간 M_2에서 일차종속이다. □

예제 15 $E_{11} = \begin{bmatrix} 1 & 0 \\ 0 & 0 \end{bmatrix}$, $E_{12} = \begin{bmatrix} 0 & 1 \\ 0 & 0 \end{bmatrix}$, $E_{21} = \begin{bmatrix} 0 & 0 \\ 1 & 0 \end{bmatrix}$, $E_{22} = \begin{bmatrix} 0 & 0 \\ 0 & 1 \end{bmatrix}$이라 하면

$$c_1E_{11} + c_2E_{12} + c_3E_{21} + c_4E_{22} = \begin{bmatrix} 0 & 0 \\ 0 & 0 \end{bmatrix} \Rightarrow c_1 = c_2 = c_3 = c_4 = 0$$

이므로 $\{E_{11}, E_{12}, E_{21}, E_{22}\}$는 M_2에서 일차독립이다. □

예제 16 $\{1, x, x_2, \cdots, x_n\}$은 P_n에서 일차독립인 집합이다. □

R^n에서와 마찬가지로 기저를 다음과 같이 정의한다.

정의

벡터공간 V의 부분집합 $\alpha(\neq 0)$가 다음 두 조건을 만족하면 α를 V의 기저라 한다.

(i) $\operatorname{span}\{\alpha\} = V$ (ii) α : 일차독립

예제 17 위의 예제들에서 $\{E_{11}, E_{12}, E_{21}, E_{22}\}$는 M_2의 기저, $\{1, x, x^2, \cdots, x^n\}$은 P_n의 기저이다. 이들을 각각 M_2, P_n의 표준기저라 한다. □

예제 18 $\alpha=\{1+x, -1+x, x^2\}$은 P_2의 기저임을 보여라.

풀이 $a(1+x)+b(-1+x)+cx^2=0 \iff (a-b)+(a+b)x+cx^2=0$

$$\iff a-b=0,\ a+b=0,\ c=0$$

그러므로 $a=b=c=0$이므로, α는 일차독립이다.

다음, 임의의 $A+Bx+Cx^2 \in P_2$에 대하여

$$A+Bx+Cx^2=a(1+x)+b(-1+x)+cx^2$$

을 만족하는 a, b, c의 존재성은 연립방정식

$$\begin{cases} a-b=A \\ a+b=B \\ \quad\ \ c=C \end{cases}$$

즉,

$$\begin{bmatrix} 1 & -1 & 0 \\ 1 & 1 & 0 \\ 0 & 0 & 1 \end{bmatrix} \begin{bmatrix} a \\ b \\ c \end{bmatrix} = \begin{bmatrix} A \\ B \\ C \end{bmatrix}$$

에서 계수행렬이 가역행렬이므로 보장된다. 따라서 α는 P_2를 생성한다.
그러므로 α는 P_2의 기저이다. □

연습문제 9-1

1. 집합 R^2 또는 M_2 상의 덧셈과 스칼라배를 다음과 같이 정의할 때, R^2 또는 M_2가 주어진 연산에 관하여 벡터공간인가?

(1) $(a_1, a_2)+(b_1, b_2)=(a_1+b_1, a_2+b_2)$, $k(a_1, a_2)=(a_1, 0)$

(2) $(a_1, a_2)+(b_1, b_2)=(a_1-b_1, a_2-b_2)$, $k(a_1, a_2)=(ka_1, ka_2)$

(3) $\begin{bmatrix} a_1 & a_2 \\ a_3 & a_4 \end{bmatrix}+\begin{bmatrix} b_1 & b_2 \\ b_3 & b_4 \end{bmatrix}=\begin{bmatrix} a_1+b_1 & a_2b_2 \\ a_3b_3 & a_4+b_4 \end{bmatrix}$, $k\begin{bmatrix} a_1 & a_2 \\ a_3 & a_4 \end{bmatrix}=\begin{bmatrix} ka_1 & ka_2 \\ ka_3 & ka_4 \end{bmatrix}$

(4) $\begin{bmatrix} a_1 & a_2 \\ a_3 & a_4 \end{bmatrix}+\begin{bmatrix} b_1 & b_2 \\ b_3 & b_4 \end{bmatrix}=\begin{bmatrix} a_1+b_1 & a_2+b_2 \\ a_3+b_3 & a_4+b_4 \end{bmatrix}$, $k\begin{bmatrix} a_1 & a_2 \\ a_3 & a_4 \end{bmatrix}=\begin{bmatrix} ka_1 & ka_2 \\ ka_3 & ka_4 \end{bmatrix}$

2. $p=a_0+a_1x+\cdots+a_nx^n$ 이라 할 때 다음 중 P_n의 부분공간을 찾아라.

(1) $\{p\in P_n \mid a_0=0\}$

(2) $\{p\in P_n \mid a_n=1\}$

(3) $\{p\in P_n \mid p(1)=1\}$

(4) $\{p\in P_n \mid p(0)=0\}$

3. 다음 중 M_2의 부분공간을 찾아라.

(1) $\left\{\begin{bmatrix} 0 & -a \\ a & 0 \end{bmatrix} \middle| a\in R\right\}$

(2) $\left\{\begin{bmatrix} a & -b \\ b & a \end{bmatrix} \middle| a,\ b\in R\right\}$

(3) $\left\{\begin{bmatrix} a & b \\ c & d \end{bmatrix} \middle| a+b=0\right\}$

(4) $\left\{\begin{bmatrix} a & b \\ c & d \end{bmatrix} \middle| a+d=1\right\}$

4. 다음 중 R^3의 부분공간은?

(1) $W=\{(x, y, z)\in R^3 : xyz=0\}$

(2) $W=\{(2t, 3t, 4t)\in R^3 : t\in R\}$

(3) $W=\{(x, y, z)\in R^3 : x^2+y^2-z^2=0\}$

(4) $W=\{\mathbf{x}\in R^3 : \mathbf{x}^T\mathbf{u}=0=\mathbf{x}^T\mathbf{v}\}$,($\mathbf{u}$, $\mathbf{v}\in R^3$는 $\mathbf{0}$ 아닌 벡터)

5. P_2의 벡터 $p(t)=2t^2+3t+1$을 벡터

$$p_1(t)=t^2+t-1,\ p_2(t)=t^2+t+1,\ p_3(t)=t^2+2t+4$$

의 일차결합으로 나타내어라.

6. 다음에서 주어진 벡터들이 주어진 공간에서 일차독립인지, 일차종속인지를 결정하여라.

(1) R^3 : $\mathbf{x}_1=(1,\ -2,\ 3)$, $\mathbf{x}_2=(1,\ -3,\ 2)$, $\mathbf{x}_3=(2,\ -1,\ 5)$

(2) M_2 : $\mathbf{x}_1=\begin{bmatrix} 1 & 2 \\ 3 & 1 \end{bmatrix}$, $\mathbf{x}_2=\begin{bmatrix} 1 & -5 \\ -4 & 0 \end{bmatrix}$, $\mathbf{x}_3=\begin{bmatrix} 3 & -1 \\ 2 & 2 \end{bmatrix}$

(3) P_3 : $p_1(t)=t^3+4t^2-2t+3$, $p_2(t)=t^3+6t^2-t+4$
$p_3(t)=3t^3+8t^2-8t+7$

7. 벡터공간 V의 임의의 벡터 $\mathbf{x}_1$, $\mathbf{x}_2$, $\mathbf{x}_3$에 대하여 세 벡터

$$\mathbf{x}_1-\mathbf{x}_2,\quad \mathbf{x}_2+\mathbf{x}_3,\quad \mathbf{x}_1+\mathbf{x}_3$$

는 항상 일차종속임을 밝혀라.

8. 집합 $S=\{\mathbf{x}_1,\ \mathbf{x}_2,\ \cdots,\ \mathbf{x}_n\}$이 V의 기저이면 V의 임의의 벡터 $\mathbf{x}$는 $\mathbf{x}_1$, $\mathbf{x}_2$, $\cdots$, $\mathbf{x}_n$의 일차결합으로 유일하게 표현됨을 보여라.

9. 대칭행렬의 성질을 생각하여 다음 물음에 답하여라.

(1) 임의의 2×2 대칭행렬들로 이루어진 벡터공간에 대한 기저를 찾아라.

(2) 같은 방법으로 3×3 대칭행렬들로 이루어진 벡터공간의 기저를 찾아라.

10. 다음 중 일차독립인 집합을 찾아라.

(1) $\{-2x+x^2,\ 1+x+x^2,\ 1-x\}$

(2) $\{1+ax+ax^2,\ 1+bx+bx^2,\ 1\}$

(3) $\{1+ax+ax^2,\ 1+bx+bx^2,\ x^2\}$ $(a\neq b)$

(4) $\left\{\begin{bmatrix} 1 & 0 \\ 0 & 0 \end{bmatrix}, \begin{bmatrix} 1 & 1 \\ 1 & 0 \end{bmatrix}, \begin{bmatrix} 2 & 1 \\ 0 & 0 \end{bmatrix}, \begin{bmatrix} 3 & 0 \\ -1 & 1 \end{bmatrix}\right\}$

(5) $\left\{\begin{bmatrix} 1 & 2 \\ 1 & 2 \end{bmatrix}, \begin{bmatrix} 3 & 4 \\ 3 & 4 \end{bmatrix}, \begin{bmatrix} 5 & 6 \\ 5 & 6 \end{bmatrix}, \begin{bmatrix} 7 & 8 \\ 7 & 8 \end{bmatrix}\right\}$

토론과 발견

P1 W_1, W_2가 벡터공간 V의 부분공간이면 $W_1\cap W_2$도 V의 부분공간임을 증명하여라.

P2 벡터공간 V에 대하여 다음이 성립함을 보여라.

$$k\mathbf{x}=\mathbf{0},\ (\mathbf{x}\in V,\ k\in R) \Longleftrightarrow k=0 \text{ 또는 } \mathbf{x}=\mathbf{0}$$

P3 벡터공간 V의 임의의 벡터 $\mathbf{u}$, $\mathbf{v}$, $\mathbf{w}$에 대하여

$$\operatorname{span}\{\mathbf{u},\ \mathbf{v},\ \mathbf{w}\}=\operatorname{span}\{\mathbf{u},\ \mathbf{u}+\mathbf{v},\ \mathbf{u}+\mathbf{v}+\mathbf{w}\}$$

임을 보여라.

P4 $\mathbf{a}$를 R^3의 한 고정벡터라 하자. W를 $\mathbf{a}$와 수직인 모든 벡터들의 집합이라 하면 $W=\{\mathbf{x}\in R^3 \mid \mathbf{a}\cdot\mathbf{x}=0\}$는 R^3의 부분공간임을 보여라.

P5 [Wronski의 Test]

만약 $f_1(x)$, $f_2(x)$, $\cdots$, $f_n(x)$가 구간 $(-\infty,\ \infty)$에서 $n-1$번 미분가능한 함수이고, 또한 어떤 x_0에 대하여 Wronskian $W(x_0)$가 0이 아니라면 이 함수들은 일차독립인 원소(벡터)들이 된다.

$$W(x_0)=\begin{vmatrix} f_1(x_0) & \cdots & f_n(x_0) \\ f_1'(x_0) & \cdots & f_n'(x_0) \\ \vdots & \vdots & \vdots \\ f_1^{(n-1)}(x_0) & \cdots & f_n^{(n-1)}(x_0) \end{vmatrix} \neq 0$$

위의 사실을 이용하여 $f_1(x)=1$, $f_2(x)=e^x$, $f_3(x)=e^{2x}$일 때, 이 세 함수가 일차독립임을 보여라.

Josef Hoene de Wronski(1778–1853)

폴란드계의 프랑스 수학자 Jozef Hoene de Wronski의 원래 이름은 Jozef Hoene이었는데 결혼 뒤에 Wronski라는 이름을 붙였다. Jozef Hoene de Wronski는 그의 연구업적의 중요성에 대한 과한 표현과 그의 성격 때문에 논쟁과 투쟁을 수반한 삶을 살아야 했다. 비록 Jozef Hoene de Wronski의 연구업적의 일부는 수 년 동안 쓰레기로 버려져 왔고, 어긋나는 부분도 많이 있었지만, 몇 몇의 업적은 훌륭하여 결국 빛을 보고, 따라서 오래 남는 것들도 있었다.

그의 다른 업적 중에서 기차와 경쟁하기 위하여 무한 궤도차 운반기구를 디자인하기도 하였으며, (비록 그것은 제작되지 못하였다.) 영국 Board of Longitude에서 제시한 상금이 걸린 문제에 몰두하여 연구하며 몇 년을 보냈다. 그러나 그것 역시 그의 삶의 다른 부분처럼 순조롭지는 않았다.

그가 상금을 받기 위해 영국에 입국할 때 그의 연구 기자재는 세관에 압류되었으며, 그 물건을 돌려받았을 때는 이미 그는 재정적 난관에 부딪쳐 있었다. 결국 영국 Board of Longitude에 그의 연구 결과를 보고하였지만 그리 큰 인상은 주지 못하고, 상금도 못 받았다. 그래서 마지막 생을 가난과 빈곤 속에서 보냈다.

http://www-groups.dcs.st-and.ac.uk/~history/Mathematicians/Wronski.html

9.2 내적공간

이 절에서는 R^n 상의 Euclid내적(dot product)을 일반화하여 일반적인 벡터공간에서 길이, 거리, 직교성에 대한 개념을 소개할 것이다.

실벡터 공간 V상의 내적은 V상의 한 쌍의 벡터 $\mathbf{u}$, $\mathbf{v}$ 에 대하여 스칼라 $\langle \mathbf{u}, \mathbf{v} \rangle$를 대응시키는 함수로 다음을 만족한다. (즉 $\langle\ ,\ \rangle : V \times V \to R$와 같이 정의된 함수 $\langle\ ,\ \rangle$가 다음을 만족한다).

1. $\langle \mathbf{u}, \mathbf{v} \rangle = \langle \mathbf{v}, \mathbf{u} \rangle$
2. $\langle \mathbf{u}+\mathbf{v}, \mathbf{w} \rangle = \langle \mathbf{u}, \mathbf{w} \rangle + \langle \mathbf{v}, \mathbf{w} \rangle$
3. $\langle c\mathbf{u}, \mathbf{v} \rangle = c\langle \mathbf{u}, \mathbf{v} \rangle$
4. $\langle \mathbf{u}, \mathbf{u} \rangle \geq 0$; $\langle \mathbf{u}, \mathbf{u} \rangle = 0 \Longleftrightarrow \mathbf{u}=\mathbf{0}$

내적 공간은 벡터공간 V에 특정한 내적 $\langle \mathbf{u}, \mathbf{v} \rangle$가 정의된 벡터공간이다.

Euclid 내적 즉 dot product는 단지 실수의 n－순서조의 벡터공간 R^n 상에서의 내적의 한 예이다. R^n 상에서 다른 내적이 어떻게 정의되는가 보기 위해서 A를 $n \times n$ 행렬이라 하자. R^n의 두 열벡터 $\mathbf{u}$와 $\mathbf{v}$에 대하여 $\langle \mathbf{u}, \mathbf{v} \rangle$를 $\langle \mathbf{u}, \mathbf{v} \rangle = \mathbf{v}^T A\mathbf{u}$로 정의하자. 그러면 이렇게 정의된 함수가 내적이 되기 위한 행렬 A의 조건은 어떻게 되는지 살펴보자.

우선 조건 2, 3을 보이면

$$\begin{aligned}\langle \mathbf{u}+\mathbf{v}, \mathbf{w} \rangle &= \mathbf{w}^T A(\mathbf{u}+\mathbf{v}) \\ &= \mathbf{w}^T A\mathbf{u} + \mathbf{w}^T A\mathbf{v} = \langle \mathbf{u}, \mathbf{w} \rangle + \langle \mathbf{v}, \mathbf{w} \rangle \\ \langle c\mathbf{u}, \mathbf{v} \rangle &= \mathbf{v}^T A(c\mathbf{u}) = c\mathbf{v}^T A\mathbf{u} = c\langle \mathbf{u}, \mathbf{v} \rangle\end{aligned}$$

그러므로 임의의 n차 정사각행렬 A에 대하여 우리는

$$\langle \mathbf{u}, \mathbf{v} \rangle = \mathbf{v}^T A\mathbf{u}$$

가 내적의 조건 2와 3을 만족함을 알 수 있다.

이제, 조건 1이 언제 성립하는지 확인해보자. $\mathbf{v}^T A\mathbf{u}$는 실수이므로,

$$(\mathbf{v}^T A\mathbf{u})^T = \mathbf{v}^T A\mathbf{u}$$

이다. 즉,

$$\langle \mathbf{u}, \mathbf{v} \rangle = \mathbf{v}^T A\mathbf{u} = (\mathbf{v}^T A\mathbf{u})^T = \mathbf{u}^T A^T \mathbf{v} = \mathbf{u}^T A\mathbf{v} = \langle \mathbf{v}, \mathbf{u} \rangle$$

이려면 즉, $A = A^T$는 대칭행렬이어야 한다.

그래서 내적 $\langle \mathbf{u}, \mathbf{v} \rangle = \mathbf{v}^T A\mathbf{u}$는 행렬 A가 대칭행렬인 경우 조건 1을 만족한다.

마지막으로 조건 4를 확인하자. $n \times n$ 대칭행렬 A는 모든 영이 아닌 $\mathbf{u}$에 대해서

$\mathbf{u}^T A\,\mathbf{u} > 0$이어야 하는데, 이는 A가 양의 정부호(positive definite)라는 조건과 일치한다. 즉 A가 양의 정부호이면 $<\mathbf{u}, \mathbf{v}> = \mathbf{v}^T A\mathbf{u}$는 내적의 조건 4를 만족한다.

그러므로 이상을 정리하면 만일 $n \times n$ 행렬 A가 대칭이고 양의 정부호이면, 그 때 $<\mathbf{u}, \mathbf{v}> = \mathbf{v}^T A\mathbf{u}$는 R^n에서의 내적이라는 것을 알 수 있다. 이미 알고 있는 Euclid내적 $\mathbf{u} \cdot \mathbf{v} = \mathbf{v}^T\mathbf{u} = \mathbf{v}^T I\mathbf{u}$는 $A = I_n$(대칭이고 양의 정부호)인 내적의 특수한 경우로 생각할 수 있다.

예제 1 2×2 대칭행렬 $A = \begin{bmatrix} 3 & 2 \\ 2 & 4 \end{bmatrix}$와 R^2 상의 벡터 $\mathbf{u} = \begin{bmatrix} u_1 \\ u_2 \end{bmatrix}$, $\mathbf{v} = \begin{bmatrix} v_1 \\ v_2 \end{bmatrix}$라 할 때,

$$<\mathbf{u}, \mathbf{v}> = \mathbf{v}^T A\mathbf{u} = 3v_1u_1 + 2v_2u_1 + 2v_1u_2 + 4v_2u_2$$

은 R^2 상의 내적의 조건 1, 2, 3을 만족한다.

이제 A가 양의 정부호행렬임을 보이자. $\mathbf{w} = \begin{bmatrix} x \\ y \end{bmatrix}$라면,

$$<\mathbf{w}, \mathbf{w}> = \mathbf{w}^T A\mathbf{w} = 3x^2 + 4xy + 4y^2 = (x+2y)^2 + 2x^2$$

이다.

그러므로 $\mathbf{w}^T A\mathbf{w} \geq 0$이고

$$\mathbf{w}^T A\mathbf{w} = 0 \iff x + 2y = 0 = x \iff x = y = 0$$

그래서 대칭행렬 A는 양의 정부호이고, $<\mathbf{u}, \mathbf{v}>$은 R^2상의 내적이 된다.

만일 $\mathbf{u} = \begin{bmatrix} 3 \\ 1 \end{bmatrix}$이고, $\mathbf{v} = \begin{bmatrix} 1 \\ 4 \end{bmatrix}$라면, 그때 $\mathbf{u} \cdot \mathbf{v} = 7$이다. 반면에

$$<\mathbf{u}, \mathbf{v}> = [1\ \ 4] \begin{bmatrix} 3 & 2 \\ 2 & 4 \end{bmatrix} \begin{bmatrix} 3 \\ 1 \end{bmatrix} = 51$$

이다. 그래서 내적 $<\mathbf{u}, \mathbf{v}> = \mathbf{v}^T A\mathbf{u}$은 R^2상에서의 Euclid 내적과는 같지 않음을 볼 수 있다. □

벡터공간 V에 임의의 내적 $<\mathbf{u}, \mathbf{v}>$가 주어질 때, (내적의 관점에서) 벡터 $\mathbf{u}$의 길이(norm)는 $\|\mathbf{u}\| = \sqrt{<\mathbf{u}, \mathbf{u}>}$로 정의한다.

예를 들어, $\mathbf{u} = \begin{bmatrix} 3 \\ 1 \end{bmatrix}$의 **예제 1**에서 주어진 내적을 이용하면,

$$\|\mathbf{u}\|^2 = [3\ \ 1] \begin{bmatrix} 3 & 2 \\ 2 & 4 \end{bmatrix} \begin{bmatrix} 3 \\ 1 \end{bmatrix} = 43$$

이다. 그래서, $\|\mathbf{u}\| = \sqrt{43}$이다. 반면에 $\mathbf{u} = \begin{bmatrix} 3 \\ 1 \end{bmatrix}$의 Euclid 길이는

$$|\mathbf{u}| = \sqrt{\mathbf{u} \cdot \mathbf{u}} = \sqrt{10}$$

이다.

벡터 $\mathbf{u}$와 $\mathbf{v}$사이의 각 θ도 같은 방법으로 다음과 같이 정의한다.

$$\cos\theta = \frac{<\mathbf{u},\ \mathbf{v}>}{\|\mathbf{u}\|\ \|\mathbf{v}\|} \quad (0 \leq \theta \leq \pi)$$

벡터 $\mathbf{u}$, $\mathbf{v}$가 $<\mathbf{u},\ \mathbf{v}> = 0$이면 직교한다고 한다.

임의의 내적공간에 대해서 삼각부등식 $\|\mathbf{u}+\mathbf{v}\| \leq \|\mathbf{u}\| + \|\mathbf{v}\|$는 Cauchy-Schwarz부등식으로부터 유도된다. 또한 Gram-Schmidt 정규직교화 방법은 내적공간 V에 대한 기저 $\{\mathbf{v}_1,\ \mathbf{v}_2,\ \cdots,\ \mathbf{v}_n\}$을 정규직교기저 $\{\mathbf{u}_1,\ \mathbf{u}_2,\ \cdots,\ \mathbf{u}_n\}$으로 바꾸는데 사용된다.

지금까지는 스칼라를 실수로 제한하여 실벡터공간을 대상으로 학습하였다. 스칼라를 복소수로 확장하면 같은방법으로 복소벡터공간을 정의할 수 있으며, 여기에 내적을 정의하면 복소내적공간을 얻게 된다.

복소수 C상의 벡터공간을 **복소벡터공간**이라 한다. 복소벡터공간에서 부분공간, 일차독립과 일차종속, 기저와 차원, Gram-Schmidt 정규직교화과정등은 실벡터 공간에서와 마찬가지로 정의되며, 다만 복소벡터공간에서의 스칼라는 복소수이며 성분이 복소수인 복소행렬에 대한 행렬연산도 실수행렬에서와 마찬가지이다. 그리고, 복소벡터공간 V에서 복소벡터공간 W로의 선형변환 $T : V \to W$의 개념과 선형변환의 여러 가지 성질들도 실벡터공간에서와 같다. 대수학의 기본정리에 의하여 「n차의 정사각(복소)행렬은 n개의 고유값을 갖는다」는 사실은 복소 벡터공간에서 비로소 성립한다. 이제 내적이 정의된 복소벡터공간인 복소내적공간에 대하여 알아본다.

정 의

복소벡터공간 V의 임의의 벡터 $\mathbf{u}$, $\mathbf{v}$, $\mathbf{w}$와 스칼라 $c \in C$에 대하여 다음 조건을 만족하는 $V \times V$에서 C로의 함수 $<,\ >$를 V의 **내적**(또는 Hermitian 내적)이라 한다.

(i) $<\mathbf{u},\ \mathbf{v}> = \overline{<\mathbf{v},\ \mathbf{u}>}$

(ii) $<\mathbf{u}+\mathbf{v},\ \mathbf{w}> = <\mathbf{u},\ \mathbf{w}> + <\mathbf{v},\ \mathbf{w}>$

(iii) $<c\mathbf{u},\ \mathbf{v}> = c<\mathbf{u},\ \mathbf{v}>$,

(iv) $<\mathbf{v},\ \mathbf{v}> \geq 0$, 특히 $<\mathbf{v},\ \mathbf{v}> = 0 \Leftrightarrow \mathbf{v} = \mathbf{0}$

내적을 갖는 복소벡터공간을 복소내적공간(complex inner product space) 또는 유니타리공간(unitary space)이라 한다. 또한, 영 아닌 복소벡터 $\mathbf{u}$, $\mathbf{v}$에 대하여, $<\mathbf{u},\ \mathbf{v}> = 0$이면 $\mathbf{u}$와 $\mathbf{v}$는 직교한다(orthogonal)고 한다.

복소벡터공간 V에 대하여 내적공간의 정의로부터 다음 성질을 바로 얻을 수 있다.

(1) $<\mathbf{0},\ \mathbf{v}> = 0 = <\mathbf{v},\ \mathbf{0}>$

(2) $<\mathbf{u},\ \mathbf{v}+\mathbf{w}> = <\mathbf{u},\ \mathbf{v}> + <\mathbf{u},\ \mathbf{w}>$

(3) $<\mathbf{u},\ c\mathbf{v}> = \bar{c}<\mathbf{u},\ \mathbf{v}>$, $c \in C$

예제 2 $\mathbf{u}=(u_1, u_2, \cdots, u_n)$과 $\mathbf{v}=(v_1, v_2, \cdots, v_n)$을 C^n의 벡터라 하면 Euclid내적

$$\mathbf{u}\cdot\mathbf{v}=\overline{v_1}u_1+\overline{v_2}u_2+\cdots+\overline{v_n}u_n$$

은 내적의 조건 (i), (ii), (iii), (iv)를 모두 만족한다. □

예제 3 $\mathscr{C}([a, b], C)$를 구간 $[a, b]$에서 복소수 C로의 연속함수 전체의 집합이라 하자. $f(x), g(x)\in\mathscr{C}([a, b], C)$에 대하여 함수의 덧셈과 스칼라배를 각각 다음과 같이 정의하면 $\mathscr{C}([a, b], C)$는 이 연산에 관하여 복소벡터공간을 이룬다.

$$(f+g)(x)=f(x)+g(x), \quad (cf)(x)=cf(x), \quad c\in C$$

이때, 벡터는

$$f(x)=f_1(x)+if_2(x)$$

와 같은 형태의 함수이고, $f_1(x), f_2(x)$는 $[a, b]$에서 R로의 연속함수이다.

이제, $f(x), g(x)\in\mathscr{C}([a, b], C)$에 대하여 내적을 다음과 같이 정의하자.

$$<f(x), g(x)>=\int_a^b\overline{g(x)}f(x)\,dx$$

그러면 $\mathscr{C}([a, b], C)$는 복소내적공간이다.

위의 함수가 내적의 공리 중 (i), (ii), (iii)을 만족하는 것을 보이는 것은 연습문제로 남기고, 여기서는 (iv)만을 보이도록 한다.

$$<f(x), f(x)>=\int_a^b\overline{f(x)}f(x)\,dx=\int_a^b|f(x)|^2\,dx$$

이고, $|f(x)|^2\geq 0$이므로 $<f(x), f(x)>\geq 0$이다. 특히,

$$<f(x), f(x)>=\int_a^b|f(x)|^2\,dx=0 \Rightarrow |f(x)|^2=0$$

즉 $f(x)=0\ (a\leq x\leq b)$이고, 역으로 f가 영함수이면 $<f(x), f(x)>=0$이 됨은 분명하다. □

정 의

복소내적공간 V에서 벡터 $\mathbf{u}$의 노름(norm)과, V의 두 벡터 $\mathbf{u}$, $\mathbf{v}$사이의 거리(distance)를 각각 다음과 같이 정의한다.

$$\|\mathbf{u}\|=<\mathbf{u}, \mathbf{u}>^{\frac{1}{2}}, \quad d(\mathbf{u}, \mathbf{v})=\|\mathbf{u}-\mathbf{v}\|$$

예제 4 **예제 3**에서 $[a, b]=[0, \pi]$이고 $f(x)=e^{imx}$일 때, 함수 $f(x)$의 노름을 구하라.

풀이

$$\begin{aligned}\|f\|&=<f(x), f(x)>^{\frac{1}{2}}=\left(\int_0^\pi\overline{e^{imx}}\,e^{imx}\,dx\right)^{\frac{1}{2}}\\&=\left(\int_0^\pi e^{-imx}e^{imx}\,dx\right)^{\frac{1}{2}}\\&=\left(\int_0^\pi dx\right)^{\frac{1}{2}}=\sqrt{\pi}\end{aligned}$$

□

다음 정리는 복소내적공간에서 성립하는 부등식으로 (2)의 증명은 연습문제로 남긴다.

정리 9.2.1 복소내적공간 V의 임의의 벡터 $\mathbf{u}$, $\mathbf{v}$에 대하여 다음이 성립한다.

(1) $|<\mathbf{u}, \mathbf{v}>| \le \|\mathbf{u}\| \ \|\mathbf{v}\|$ (Cauchy-Schwartz 부등식)

(2) $\|\mathbf{u}+\mathbf{v}\| \le \|\mathbf{u}\| + \|\mathbf{v}\|$ (삼각 부등식)

증명 (1) $\mathbf{u}=\mathbf{0}$이면 $|<\mathbf{u}, \mathbf{v}>|=0=\|\mathbf{u}\| \ \|\mathbf{v}\|$이므로 식(1)이 성립한다. 이제, $\mathbf{u}\neq\mathbf{0}$이라 하고 $\mathbf{p}=\text{proj}_{<\mathbf{u}>}\mathbf{v}$, $\mathbf{w}=\mathbf{v}-\mathbf{p}$라 놓자. 그러면 $<\mathbf{w}, \mathbf{p}>=0$이고

$\mathbf{p}=\dfrac{<\mathbf{v}, \mathbf{u}>}{\|\mathbf{u}\|^2}\mathbf{u}$이므로 다음이 성립한다.

$$\begin{aligned}0 \le <\mathbf{w}, \mathbf{w}> &= <\mathbf{w}, \mathbf{v}-\mathbf{p}> = <\mathbf{w}, \mathbf{v}> - <\mathbf{w}, \mathbf{p}> \\ &= <\mathbf{w}, \mathbf{v}> = <\mathbf{v}-\mathbf{p}, \mathbf{v}> = <\mathbf{v}, \mathbf{v}> - <\mathbf{p}, \mathbf{v}> \\ &= \|\mathbf{v}\|^2 - t<\mathbf{u}, \mathbf{v}> = \|\mathbf{v}\|^2 - \frac{<\mathbf{v}, \mathbf{u}>}{\|\mathbf{u}\|^2}<\mathbf{u}, \mathbf{v}>\end{aligned}$$

따라서,

$$\|\mathbf{v}\|^2\|\mathbf{u}\|^2 \ge \overline{<\mathbf{u}, \mathbf{v}>}<\mathbf{u}, \mathbf{v}> = |<\mathbf{u}, \mathbf{v}>|^2$$

이므로 식 (1)이 성립한다. ■

예제 5 두 벡터 $\mathbf{u}=(i, 0, 1-i)$, $\mathbf{v}=(2+i, 1, 1+i)$에 대하여 다음 물음에 답하라.

(1) $\|\mathbf{u}\|$, $\|\mathbf{v}\|$, $\|\mathbf{u}+\mathbf{v}\|$를 구하여라.

(2) 두 벡터 $\mathbf{u}$, $\mathbf{v}$에 대하여 Cauchy-Schwartz 부등식과 삼각부등식이 성립함을 확인하여라.

(3) $\mathbf{u}$와 $\mathbf{v}$가 일차독립임을 보여라.

풀이 (1) $\|\mathbf{u}\|=\sqrt{|i|^2+|1-i|^2}=\sqrt{1+2}=\sqrt{3}$

$\|\mathbf{v}\|=\sqrt{|2+i|^2+|1|^2+|1+i|^2}=\sqrt{5+1+2}=\sqrt{8}$

$\|\mathbf{u}+\mathbf{v}\|=\|(2+2i, 1, 2)\|=\sqrt{|2+2i|^2+|1|^2+|2|^2}$

$=\sqrt{8+1+4}=\sqrt{13}$

(2) $|<\mathbf{u}, \mathbf{v}>|=1$이고 $\|\mathbf{u}\| \ \|\mathbf{v}\|=\sqrt{24}>1$이므로 Cauchy-Schwartz 부등식이 성립한다. 또한 $\|\mathbf{u}+\mathbf{v}\|=\sqrt{13}\le\sqrt{3}+\sqrt{8}=\|\mathbf{u}\|+\|\mathbf{v}\|$이므로 삼각부등식이 성립한다.

(3) 임의의 스칼라 α, $\beta\in C$에 대하여 $\alpha\mathbf{u}+\beta\mathbf{v}=\mathbf{0}$이라 하면

$\alpha(i, 0, 1-i)+\beta(2+i, 1, 1+i)=(0, 0, 0)$

$\Rightarrow 2\beta+(\alpha+\beta)i=0, \ \beta=0, \ (\alpha+\beta)(\beta-\alpha)i=0$

이므로 $\alpha=0$, $\beta=0$이다. 따라서 $\mathbf{u}$와 $\mathbf{v}$는 일차독립이다. □

예제 6 [C^n과 $\mathscr{C}([a, b], C)$에서의 Cauchy-Schwartz 부등식]

(1) Euclid 내적이 정의되어 있는 복소내적공간 C^n의 두 벡터 $\mathbf{u}=(a_1, \cdots, a_n)$, $\mathbf{v}=(b_1, \cdots, b_n)$에 대하여

$$|<\mathbf{u}, \mathbf{v}>|=\left|\sum_{i=1}^n a_i\overline{b_i}\right| \le \left(\sum_{i=1}^n |a_i|^2\right)^{\frac{1}{2}}\left(\sum_{i=1}^n |b_i|^2\right)^{\frac{1}{2}}=\|\mathbf{u}\|\,\|\mathbf{v}\|$$

이므로 Cauchy-Schwartz부등식이 성립한다.

(2) $\mathbf{u}=f(x)$, $\mathbf{v}=g(x)\in\mathscr{C}([a, b], C)$라 하고 예제 3 에서와 같이 내적을 정의하면

$$|<\mathbf{u}, \mathbf{v}>| = \left|\int_a^b f(x)\overline{g(x)}dx\right| \le \left(\int_a^b |f(x)|^2 dx\right)^{\frac{1}{2}} \left(\int_a^b |g(x)|^2 dx\right)^{\frac{1}{2}}$$
$$= \|\mathbf{u}\| \, \|\mathbf{v}\|$$

이므로 Cauchy-Schwartz 부등식이 성립한다. □

예제 7 [삼각 부등식]

예제 2 와 예제 3 과 같이 내적을 각각 정의하면

(1) $\mathbf{u}=(a_1, \cdots, a_n)$, $\mathbf{v}=(b_1, \cdots, b_n) \in C^n$에 대하여 삼각부등식이 성립한다. 즉,

$$\|\mathbf{u}+\mathbf{v}\| = \left(\sum_{i=1}^n |a_i+b_i|^2\right)^{\frac{1}{2}} \le \left(\sum_{i=1}^n |a_i|^2\right)^{\frac{1}{2}} + \left(\sum_{i=1}^n |b_i|^2\right)^{\frac{1}{2}}$$
$$= \|\mathbf{u}\| + \|\mathbf{v}\|$$

(2) $\mathbf{u}=f(x)$, $\mathbf{v}=g(x) \in \mathscr{C}([a, b], C)$에 대하여 삼각부등식이 성립한다. 즉,

$$\|\mathbf{u}+\mathbf{v}\| = \left(\int_a^b |f(x)+g(x)|^2 dx\right)^{\frac{1}{2}} \le \left(\int_a^b |f(x)|^2 dx\right)^{\frac{1}{2}} + \left(\int_a^b |g(x)|^2 dx\right)^{\frac{1}{2}}$$
$$= \|\mathbf{u}\| + \|\mathbf{v}\|$$

□

심화학습 푸리에 급수

함수들로 이루어진 벡터 공간상의 정규직교기저(orthonormal basis)와 정사영은 가장 흥미롭고 중요한 응용들 중 하나이다. 우리는 실수집합상의 모든 연속 함수의 공간(9.1절 예제 6)과 모든 다항식의 공간 P_n(9.1절 예제 7)등 다양한 부분공간들을 소개했다. 여기서 우리는 덧셈과 스칼라배 연산이 다음과 같이 정의된 즉,

$$(f+g)(x) = f(x)+g(x)$$
$$(cf)(x) = cf(x)$$

를 가진 폐구간 $[a, b]$ 위에 정의된 모든 연속함수들로 구성된 벡터공간 $\mathscr{C}[a, b]$를 알아보자. 구간 $[a, b]$를 분명하게 언급하는 것이 불필요할 때 우리는 간단히 $\mathscr{C} = \mathscr{C}[a, b]$라고 쓴다.

벡터공간 $\mathscr{C}[a, b]$가 내적공간이 되기 위해서, 우리는 $\mathscr{C}[a, b]$ 안에서 내적을 다음과 같이 정의한다.

$$<f, g> = \int_a^b f(x)g(x)dx.$$

$<f, g>$가 내적의 조건 (1)에서 (3)의 조건을 만족한다는 사실은 적분에 대한 기초 사실로부터 알 수 있다. 예를 들면,

$$<f+g, h> = \int_a^b \{f(x)+g(x)\}h(x)dx$$
$$= \int_a^b f(x)h(x)dx + \int_a^b g(x)h(x)dx = <f, h> + <g, h>$$

이다.

만약 f가 $<f, f> = \int_a^b \{f(x)\}^2 dx = 0$인 연속 함수라면 그때 그것은 $[a, b]$에서 $f(x)=0$임

을 의미한다. 즉 f는 $\mathscr{C}[a, b]$ 안에서 영함수이다. 그러므로 앞에서 정의된 $<f, g>$ 또한 내적의 조건 (4)를 만족하므로 $<f, g>$는 $\mathscr{C}[a, b]$ 위의 내적이다. $\mathscr{C}[a, b]$ 위의 함수 f의 길이 $\|f\|$는

$$\|f\|=\sqrt{<f, f>}=\left(\int_a^b \{f(x)\}^2\,dx\right)^{\frac{1}{2}}$$

로 정의된다. 그 때, $\mathscr{C}[a, b]$에 대한 Cauchy-Schwartz와 삼각 부등식은 각각

$$\left|\int_a^b f(x)g(x)dx\right| \le \left(\int_a^b \{f(x)\}^2\,dx\right)^{\frac{1}{2}}\left(\int_a^b \{g(x)\}^2\,dx\right)^{\frac{1}{2}}$$

과

$$\left(\int_a^b \{f(x)+g(x)\}^2\,dx\right)^{\frac{1}{2}} \le \left(\int_a^b \{f(x)\}^2\,dx\right)^{\frac{1}{2}}+\left(\int_a^b \{g(x)\}^2\,dx\right)^{\frac{1}{2}}$$

인 형태가 된다.

예제 8 P_3는 3차 이하의 모든 다항식을 포함하는 4차원의 벡터 공간이다. 그리고 P_3의 표준기저는

$$q_0(x)=1,\ q_1(x)=x,\ q_2(x)=x^2,\ q_3(x)=x^3$$

이다.

우리는 P_3에 대한 표준기저 $\{q_0, q_1, q_2, q_3\}$를 직교기저 $\{p_0, p_1, p_2, p_3\}$으로 변환시키기 위하여 정규직교화를 수행하여보자.

$p_0(x)=q_0(x)=1$라 하자.

$<p_0, p_0>=\int_{-1}^{1} 1\cdot 1dx=2$이고 $<p_0, q_1>=\int_{-1}^{1} 1\cdot xdx=0$이므로

$$p_1=q_1-\frac{<p_0, q_1>}{<p_0, p_0>}p_0=q_1-\frac{0}{2}p_0=x$$

$<p_1, p_1>=<p_1, q_1>=\int_{-1}^{1} x^2dx=\frac{2}{3}$이고 $<p_1, q_2>=\int_{-1}^{1} x^3dx=0$이므로

$$p_2=q_2-\frac{<p_0, q_2>}{<p_0, p_0>}p_0-\frac{<p_1, q_2>}{<p_1, p_1>}p_1=q_2-\frac{2/3}{2}p_0-\frac{0}{2/3}p_1=q_2-\frac{1}{3}p_0$$

즉, $p_2(x)=x^2-\frac{1}{3}=\frac{1}{3}(3x^2-1)$

$p_3(x)$를 구하기 위해서, 우리는 적분을 계산한다.

$$<p_0, q_3>=\int_{-1}^{1} x^3dx=0$$

$$<p_1, q_3>=\int_{-1}^{1} x^4dx=\frac{2}{5}$$

$$<p_2, q_3>=\int_{-1}^{1} x^3\left(x^2-\frac{1}{3}\right)dx=0$$

그리고

$$<p_2, p_2>=\int_{-1}^{1}\left(x^2-\frac{1}{3}\right)^2dx=\frac{8}{45}$$

그때,

$$p_3=q_3-\frac{<p_0,\ q_3>}{<p_0,\ p_0>}p_0-\frac{<p_0,\ q_3>}{<p_1,\ p_1>}p_1-\frac{<p_2,\ q_3>}{<p_0,\ p_2>}p_2$$
$$=q_3-\frac{0}{2}p_0-\frac{2/5}{2/3}p_1-\frac{0}{8/45}p_2$$
$$=q_3-\frac{3}{5}p_1$$

그래서,

$$p_3(x)=x^3-\frac{3}{5}x=\frac{1}{5}(5x^3-3x)$$

이와 같은 방법으로 직교기저 $\{p_0,\ p_1,\ p_2,\ p_3\}=\left\{1,\ x,\ x^2-\frac{1}{3},\ x^3-\frac{3}{5}x\right\}$를 만들 수 있다. □

예제 9 $\mathscr{C}[-1,\ 1]$상에서 함수 f가 주어질 때, f에서 P_n으로의 직교사영 p는

$$p(x)=\frac{<p_0,\ f>}{<p_0,\ p_0>}p_0(x)+\frac{<p_0,\ f>}{<p_1,\ p_1>}p_1(x)+\cdots+\frac{<p_n,\ f>}{<p_n,\ p_n>}p_n(x)$$

이고 이러한 다항식을 Legendre polynomial이라 한다. 그러면 $p(x)$는 $[-1,\ 1]$ 상에서 $f(x)$에 가장 근접한 n차의 최소제곱다항식이다. 그것은 평균제곱오차(the mean square error)

$$\|f-p\|^2=\int_{-1}^{1}\{f(x)-p(x)\}^2\,dx$$

를 최소화하는 n차 다항식이다. □

예제 10 J_N을 $a_0+\sum_{n=1}^{N}(a_n\cos nx+b_n\sin nx)$형태의 모든 삼각함수의 다항식(trigonometric polynomial)들로 이루어진 벡터공간 $\mathscr{C}[-\pi,\ \pi]$의 부분공간이라 놓자. 그러면 J_N은 $2N+1$개의 함수

$$1,\ \cos x,\ \sin x,\ \cos 2x,\ \sin 2x,\ \cdots,\ \cos Nx,\ \sin Nx$$

들의 일차 결합으로 이루어진다.

적분계산에 의해,

$$<1,\ \cos nx>=\int_{-\pi}^{\pi}\cos nx\,dx=0.$$

$$<1,\ \sin nx>=\int_{-\pi}^{\pi}\sin nx\,dx=0.$$

$$<\cos mx,\ \sin nx>=\int_{-\pi}^{\pi}\cos mx\sin nx\,dx=0.$$

임을 알 수 있고, 모든 양의 정수 m과 n에 대해, 만약 $m\neq n$이면

$$<\sin mx,\ \sin nx>=\int_{-\pi}^{\pi}\sin mx\sin nx\,dx=0,$$

$$<\cos mx,\ \cos nx>=\int_{-\pi}^{\pi}\cos mx\cos nx\,dx=0.$$

을 계산할 수 있다.

그래서 $2N+1$개의 영이 아닌 함수는 서로 직교하며 일차독립이다. 그러므로 J_N은 $2N+1$개 함수 $1,\ \cos x,\ \sin x,\ \cos 2x,\ \sin 2x,\ \cdots,\ \cos Nx,\ \sin Nx$을 직교기저로 갖는 $\mathscr{C}[-\pi,\ \pi]$의

$2N+1$ 차원의 부분공간이다.

이러한 기저 함수의 길이(norm)를 구하기 위해서 우리는 다음을 적분한다.

$$<1,\ 1>=\int_{-\pi}^{\pi}1dx=2\pi,$$

$$\begin{aligned}<\cos nx,\ \cos nx>&=\int_{-\pi}^{\pi}\cos^2 nxdx\\&=\int_{-\pi}^{\pi}\frac{1}{2}(1+\cos 2nx)dx\\&=\frac{1}{2}\left[x+\frac{1}{2n}\sin 2nx\right]_{-\pi}^{\pi}=\pi\end{aligned}$$

그리고

$$<\sin nx,\ \sin nx>=\int_{-\pi}^{\pi}\sin^2 nxdx=\pi$$

그래서 $\|1\|=\sqrt{2\pi}$이고

$$\|\cos nx\|=\|\sin nx\|=\sqrt{\pi}$$

이제 $f(x)$는 $[-\pi,\ \pi]$ 상에서 임의의 연속함수라고 가정하자. 공식에 따라 $f(x)$에서 부분공간 J_N으로의 정사영 $p(x)$는 $f(x)$에서 직교기저위로의 $2N+1$개 정사영의 합이다. 이러한 정사영은

$$a_0=\frac{<f(x),\ 1>}{<1,\ 1>}=\frac{1}{2\pi}\int_{-\pi}^{\pi}f(x)dx$$

$$\frac{<f(x),\ \cos nx>}{<\cos nx,\ \cos nx>}\cos nx=a_n\cos nx$$

$$a_n=\frac{<f(x),\ \cos nx>}{<\cos nx,\ \cos nx>}=\frac{1}{\pi}\int_{-\pi}^{\pi}f(x)\cos nxdx$$

$$\frac{<f(x),\ \sin nx>}{<\sin nx,\ \sin nx>}\sin nx=b_n\sin nx$$

$$b_n=\frac{<f(x),\ \sin nx>}{<\sin nx,\ \sin nx>}=\frac{1}{\pi}\int_{-\pi}^{\pi}f(x)\sin nxdx.$$

결과적으로 $f(x)$에서 J_N으로 가는 함수의 직교사영 $p(x)$는

$$p(x)=a_0+\sum_{n=1}^{N}(a_n\cos nx+b_n\sin nx)$$

이다. 위 형식에서 상수들 $a_0,\ a_1,\ b_1,\ a_2,\ b_2,\ \cdots$을 $\mathscr{C}[-\pi,\ \pi]$ 상의 함수 $f(x)$의 Fourier계수(Fourier coefficients)라 부른다. 사실 정사영 p가 f에 가장 가까운 J_N의 원소라는 것은 f의 Fourier계수가 평균제곱오차

$$\|f-p\|^2=\int_{-\pi}^{\pi}\left\{f(x)-a_0-\sum_{n=1}^{N}(a_n\cos nx+b_n\sin nx)\right\}^2dx$$

을 최소화 한다는 것을 의미한다. 이것은 삼각함수다항식(trigonometric polynomial) $p(x)$가 주어진 연속함수 $f(x)$에 근접하다는 것을 의미하는 것이다.

이러한 $p(x)$는 무한 급수

$$a_0+\sum_{n=1}^{\infty}(a_n\cos nx+b_n\sin nx).$$

의 부분합이다. 이러한 무한급수는 $\mathscr{C}[-\pi,\ \pi]$ 상에서의 f 의 Fourier 급수로 알려져 있다. □

예제 11 $\mathscr{C}[-\pi,\ \pi]$ 상에서 $f(x)=x$가 주어질 때 f에서 J_4으로의 정사영 $p(x)$를 찾아라.

풀이 공식에서 $a_0=\dfrac{1}{2\pi}\displaystyle\int_{-\pi}^{\pi} x\,dx=\dfrac{1}{2\pi}\left[\dfrac{1}{2}x^2\right]_{-\pi}^{\pi}=0$을 얻는다.

$n>0$인 n에 대해 a_n과 b_n을 찾기 위해, 다음의 적분 공식이 필요하다.

$$\int u\cos u\,du=\cos u+u\sin u+c\text{와 }\int u\sin u\,du=\sin u-u\cos u+c$$

그러면 공식에서 모든 양의 정수 n에 대해

$$a_n=\frac{1}{\pi}\int_{-\pi}^{\pi} x\cos nx\,dx=\frac{1}{n^2\pi}\int_{-n\pi}^{n\pi} u\cos u\,du\quad(u=nx)$$
$$=-\Big[\cos u+u\sin u\Big]_{-n\pi}^{n\pi}=0$$

을 얻는다. 그리고 공식에서 모든 양의 정수 n에 대해

$$b_n=\frac{1}{\pi}\int_{-\pi}^{\pi} x\sin nx\,dx=\frac{1}{n^2\pi}\int_{-n\pi}^{n\pi} u\sin u\,du\quad(u=nx)$$
$$=\frac{1}{n^2\pi}\Big[\sin u+u\cos u\Big]_{-n\pi}^{n\pi}=-\frac{2}{n}\cos n\pi=\frac{2}{n}(-1)^{n+1}$$

$n\le 4$에 대해 이 값을 대치하고 직교사영

$$p(x)=2(\sin x-\frac{1}{2}\sin 2x+\frac{1}{3}\sin 3x-\frac{1}{4}\sin 4x)$$

을 얻는다. 이것이 구간 $[-\pi,\ \pi]$ 상에서 $f(x)=x$ 에 가장 가까운 4차의 삼각함수의 다항식이다. □

<Adrien-Marie Legendre (1752 -1833 Paris, France)>
http://www-gap.dcs.st-and.ac.uk/~history/Mathematicians/Legendre.html

<Jean Baptiste Joseph Fourier (1768-1830, Paris, France)>
http://www-groups.dcs.st-and.ac.uk/~history/Mathematicians/Fourier.html

Fourier 급수
http://mathworld.wolfram.com/FourierSeries.html
http://www.sosmath.com/fourier/fourier1/fourier1.html

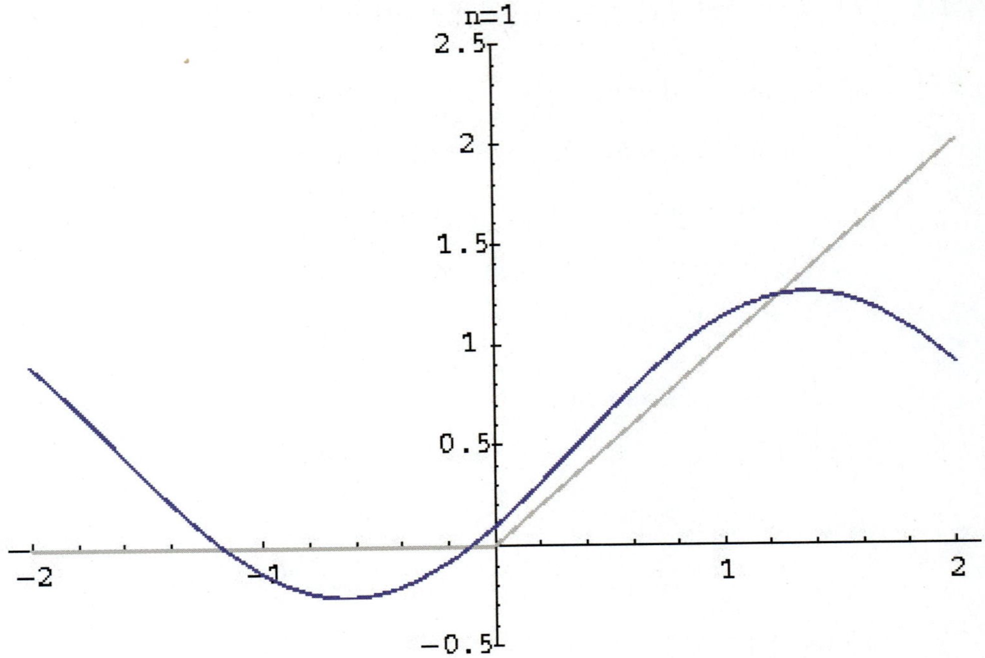

Fourier 변환

http://mathworld.wolfram.com/FourierTransform.html

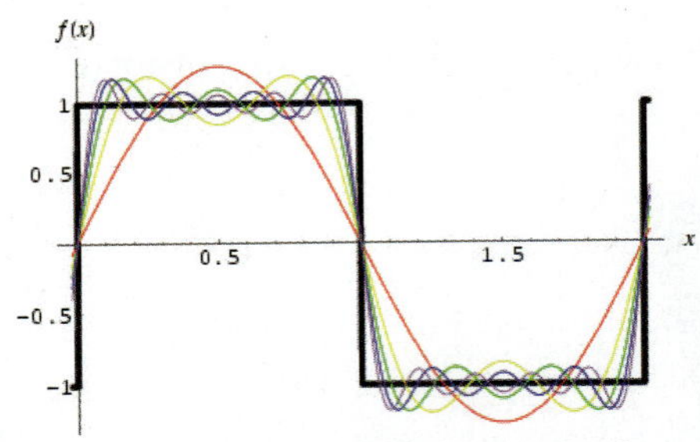

〈Fourier 급수 시뮬레이션 자바〉

http://falstad.com/fourier/

연습문제 9-2

|1-4| 문제 1-4에서 주어진 각각의 2×2 행렬이 $<\mathbf{u},\ \mathbf{v}>=\mathbf{u}^T A\mathbf{v}$가 R^2 위의 내적임을 보여라. $\mathbf{u}=(x,\ y)$가 주어졌을 때, $\mathbf{u}^T A\mathbf{u}$를 x, y의 관계식으로 나타내어라.

1. $\begin{bmatrix} 1 & 0 \\ 0 & 2 \end{bmatrix}$

2. $\begin{bmatrix} 1 & 1 \\ 1 & 2 \end{bmatrix}$

3. $\begin{bmatrix} 2 & -2 \\ -2 & 3 \end{bmatrix}$

4. $\begin{bmatrix} 1 & 3 \\ 3 & 10 \end{bmatrix}$

|5-6| 다음과 같이 주어진 3×3행렬이 R^3상에서 $<\mathbf{u},\ \mathbf{v}>=\mathbf{u}^T A\mathbf{v}$이 내적임을 보여라. $\mathbf{u}=(x,\ y,\ z)$가 주어졌을 때, $\mathbf{u}^T A\mathbf{u}$를 x, y, z의 관계식으로 나타내어라.

5. $\begin{bmatrix} 2 & 0 & 1 \\ 0 & 2 & 0 \\ 1 & 0 & 1 \end{bmatrix}$

6. $\begin{bmatrix} 2 & 1 & 1 \\ 1 & 2 & 0 \\ 1 & 0 & 1 \end{bmatrix}$

|7-10| Euclid 내적이 정의되어 있는 복소내적공간 C^3에서 다음을 답하여라.
$\mathbf{u}=(i,\ i,\ i)$, $\mathbf{v}=(i,\ -i,\ i)$

7. $<\mathbf{u},\ \mathbf{v}>$를 구하여라.

8. $\|\mathbf{u}\|$, $\|\mathbf{v}\|$, $\|\mathbf{u}+\mathbf{v}\|$를 구하여라.

9. Cauchy-Schwartz 부등식을 확인하여라.

10. 삼각부등식을 확인하여라.

11. R^n에서 $\mathbf{u}=(u_1,\ u_2)$, $\mathbf{v}=(v_1,\ v_2)$에 대하여

$$<\mathbf{u},\ \mathbf{v}>=3u_1v_1+4u_2v_2$$

로 정의된 함수는 내적이다. 다음을 구하여라.

(1) $<\mathbf{u},\ \mathbf{v}>=\mathbf{v}^T A\mathbf{u}$를 만족하는 2×2 대칭행렬을 구하여라.

(2) $\mathbf{u}=(1,\ -1)$의 크기 $\|\mathbf{u}\|$를 구하여라.

(3) $\mathbf{v}=(4,\ 3)$의 크기 $\|\mathbf{v}\|$를 구하여라.

(4) $\dfrac{<\mathbf{u},\ \mathbf{v}>}{\|\mathbf{u}\|\ \|\mathbf{v}\|}=\cos\theta$인 θ를 구하여라.

12. R^2에서 $<\mathbf{u},\ \mathbf{v}> = 6u_1v_1 - 2u_2v_1 - 2u_1v_2 + 3u_2v_2$로 정의된 내적에 대하여 다음을 구하여라. (단, $\mathbf{u} = <u_1,\ u_2>$, $\mathbf{v} = <v_1,\ v_2>$)

(1) $<\mathbf{u},\ \mathbf{v}> = \mathbf{v}^T A\mathbf{u}$를 만족하는 2×2 대칭행렬 A를 구하여라.

(2) $\mathbf{u} = (1,\ -1)$의 크기 $\|\mathbf{u}\|$를 구하여라.

(3) $\mathbf{v} = (4,\ 3)$의 크기 $\|\mathbf{v}\|$를 구하여라.

(4) $\dfrac{<\mathbf{u},\ \mathbf{v}>}{\|\mathbf{u}\|\ \|\mathbf{v}\|} = \cos\theta$인 θ를 구하여라.

토론과 발견

P1 $r_0,\ r_1,\ \cdots,\ r_n$이 서로 다른 실수이다. $p(x),\ q(x) \in P_n$에 대하여

$$<p,\ q> = p(r_0)q(r_0) + p(r_1)q(r_1) + \cdots + p(r_n)q(r_n)$$

로 정의하면 $<,\ >$은 P_n 상의 내적임을 보여라.

P2 위의 문제인 P1에서 정의된 내적에 대하여 다음에 답하여라.

(1) $r_0 = -2,\ r_1 = 0,\ r_2 = 2$이고 $p(x) = 1 - x^2,\ q(x) = -2x + x^2$일 때 Cauchy-Schwartz 부등식을 확인하여라.

(2) $r_0 = 0,\ r_1 = 1,\ r_2 = 2$일때 $\{1,\ x,\ x^2\}$의 직교기저를 건설하시오.

P3 Euclid 내적을 갖는 벡터공간 C^2 상에서

$$\mathbf{u}_1 = (i,\ 0),\ \mathbf{u}_2 = (i,\ i)$$

를 Gram-Schmidt 과정을 이용하여 정규직교기저로 바꾸어라.

P4 내적 공간 안에서 '**0**'이 아닌 벡터 $\mathbf{v}_1,\ \mathbf{v}_2,\ \cdots,\ \mathbf{v}_n$이 서로 직교(mutually orthogonal)이라면 그들은 일차 독립임을 보여라.

P5 직교 벡터 $\mathbf{u}_1,\ \mathbf{u}_2,\ \cdots,\ \mathbf{u}_n$에 의해서 생성된 부분공간 W로의 벡터 $\mathbf{b}$의 정사영 $\mathbf{p}$이라면, 벡터 $\mathbf{q} = \mathbf{b} - \mathbf{p}$가 W에 직교함을 보여라.

P6 예제 3 에서 정의된 내적이 내적공리 (i), (ii), (iii)을 만족함을 보여라.

P7 벡터공간 $\epsilon[0,\ 2\pi]$ 상의 내적을

$$<f,\ g> = \int_0^{2\pi} f(x)g(x)dx$$

으로 정의할 때 다음을 구하여라.

(1) 서로 다른 양의 정수 p, q에 대하여

$<1,\ \cos px>$, $<1,\ \sin qx>$, $<\sin px,\ \sin qx>$, $<\cos px,\ \cos qx>$

를 구하여라.

(2) 직교기저 $S=\{1,\ \cos x,\ \cos 2x,\ \cdots,\ \cos nx,\ \sin x,\ \sin 2x,\ \cdots,\ \sin nx\}$에 대한 정규직교기저 S'를 구하여라.

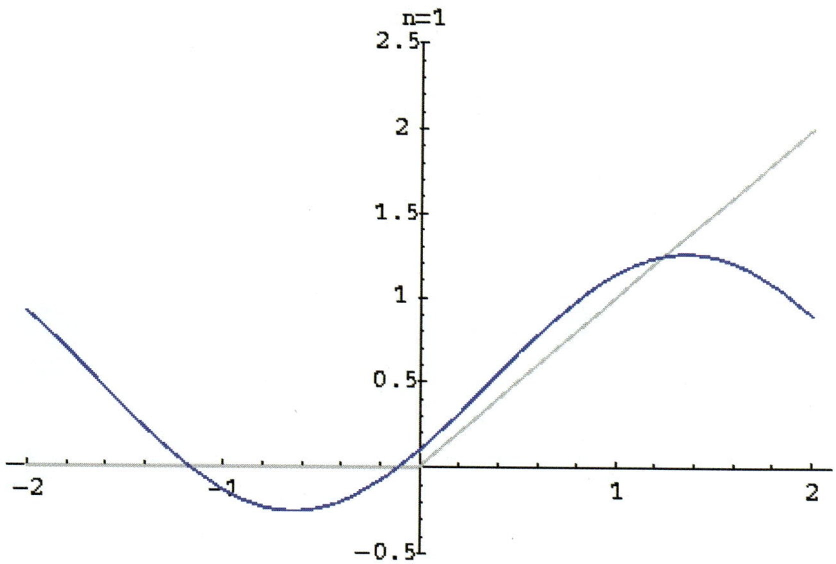

*9.3 동형사상(Isomorphism)

R^n상의 선형변환의 정의를 일반적인 벡터공간 V로 확장 하여 일반적인 선형변환을 정의하자. 이들 선형변환 중 특히 전단사인 선형변환의 특별한 의미에 대하여 생각한다.

정의

$T: V \to W$가 벡터공간 V에서 W로의 함수로 다음 조건을 만족하면 T를 V에서 W로의 선형변환이라고 정의한다.

(1) $T(c\mathbf{u}) = cT(\mathbf{u})$

(2) $T(\mathbf{u}+\mathbf{v}) = T(\mathbf{u}) + T(\mathbf{v})$

여기에서 c는 임의의 스칼라이고, $\mathbf{u}$, $\mathbf{v}$는 벡터공간 V안의 임의의 벡터이다.

만일 $V=W$이면 위의 선형변환 T를 선형연산자라 한다.

정리 9.3.1

만일 $T: V \to W$로의 선형변환이면

(1) $T(\mathbf{0}) = \mathbf{0}$

(2) $T(-\mathbf{u}) = -T(\mathbf{u})$

(3) $T(\mathbf{u}-\mathbf{v}) = T(\mathbf{u}) - T(\mathbf{v})$

예제 1 $T: V \to W$가 모든 $\mathbf{v} \in V$에 대하여 $T(V) = \mathbf{0}$로 정의하면 이는 선형변환이다. 이것을 영변환(zero transformation)이라 한다. 또한 $T: V \to V$가 모든 $\mathbf{v} \in V$에 대하여 $T(\mathbf{v}) = \mathbf{v}$로 정의하면 이 또한 선형변환, 즉 선형연산자이고 이것을 항등연산자(identity operator)라 한다. □

예제 2 $T: V \to V$가 $T(\mathbf{v}) = k\mathbf{v}$($k$는 스칼라)로 정의하면 T는 선형연산자이다.

즉, 아래의 두 성질이 만족한다.

$$T(c\mathbf{u}) = k(c\mathbf{u}) = c(k\mathbf{u}) = cT(\mathbf{u})$$

$$T(\mathbf{u}+\mathbf{v}) = k(\mathbf{u}+\mathbf{v}) = k\mathbf{u} + k\mathbf{v} = T(\mathbf{u}) + T(\mathbf{v})$$

이 때, 만일 $0 < k < 1$이면 T는 contraction이라 하고, $k > 1$이면 dilation이라 한다. □

예제 2 $\mathscr{C}(R)$가 R에서 정의된 모든 연속함수들의 벡터공간이고 V는 미분가능한 함수들로 이루어진 부분 공간이라 할 때 $D: V \to V$를 $D(f) = f'$로 정의하면, D는 선형변환이고 이

를 미분연산자 라 한다. □

예제 4 $\mathscr{C}(R)$라 하고 V를 1차 미분가능한 함수들로 이루어진 부분공간이라 할 때 $J : V \to W$를

$$J(f) = \int_0^x f(t)\,dt$$

라 하면 J는 선형변환이다. □

R^n 위의 선형변환에서 핵과 치역을 정의한 것과 같은 방법으로 일반적인 선형변환에 대한 핵과 치역을 정의하자.

정의

선형변환 $T : V \to W$에 대하여

$$\ker T = \{\mathbf{v} \in V \mid T(\mathbf{v}) = \mathbf{0}\}$$
$$\operatorname{Im} T = \{T(\mathbf{v}) \in W \mid \mathbf{v} \in V\}$$

를 각각 T의 핵, 치역이라 한다.

예제 5 $T : V \to W$가 영변환이면 $\ker T = V$이고, $\operatorname{Im} T = \{\mathbf{0}\}$이다. □

예제 6 $T : V \to V$가 항등변환이면 $\ker T = \{\mathbf{0}\}$, $\operatorname{Im} T = V$이다. □

예제 7 **예제 3** 에서 정의된 $D(f) = f'$인 미분연산자 D에 대하여
$\ker D$는 "$(-\infty, \infty)$ 위에 정의된 상수함수들의 집합이고"
$\operatorname{Im} T$는 "연속함수들의 집합 $C(-\infty, \infty)$"이다. □

이제, 핵과 치역의 기본성질에 대하여 알아보자. 이들 정리의 증명은 R^n에서의 증명과 같다.

정리 9.3.2

$T : V \to W$가 선형변환이면 $\ker T$와 $\operatorname{Im} T$는 각각 V, W의 부분공간이다.

정리 9.3.3

$T : V \to W$가 선형변환이면, 다음 두 명제는 동치명제이다.
(1) T가 단사 함수(일대일 함수) 이다.
(2) $\ker T = \{\mathbf{0}\}$

위의 모든 정리 및 성질들은 R^n에서 일치한다. 즉 R^n이 벡터공간의 전형적인 모델인 것을 알 수 있다.

정의 선형변환 $T : V \to W$가 단사이고 전사이면 이를 동형사상(Isomorphism)이라 하고, 이 때 V는 W와 동형이라 하고 $V \cong W$라 한다.

정리 9.3.4 모든 $n-$차원 실벡터공간은 R^n과 동형이다.

증명 V를 $n-$차원 실벡터공간이라 하자. V가 R^n과 동형임을 보이기 위해서는 단사이며 전사인 선형변환 $T : V \to R^n$을 구하면 된다. 이를 위하여 다음을 V의 한 기저라 하자.

$$\{\mathbf{v}_1, \mathbf{v}_2, \cdots, \mathbf{v}_n\}$$

그러면 임의의 $\mathbf{v} \in V$는

$$\mathbf{v} = k_1 \mathbf{v}_1 + k_2 \mathbf{v}_2 + \cdots + k_n \mathbf{v}_n$$

로 유일하게 표현된다.

그러므로, $T : V \to R^n$을 $T(\mathbf{v}) = (k_1, k_2, \cdots, k_n)$으로 정의하면 T는 선형변환이 된다.

또한 $T(\mathbf{u}) = (c_1, c_2, \cdots, c_n)$, $T(\mathbf{v}) = (d_1, d_2, \cdots, d_n)$이라 하면

$$T(\mathbf{u}) = T(\mathbf{v})$$

이면

$$(c_1, c_2, \cdots, c_n) = (d_1, d_2, \cdots, d_n)$$

이므로 $c_i = d_i$ $(i = 1, 2, \cdots, n)$이다. 그러므로 $\mathbf{u} = \mathbf{v}$이고, 이는 T가 단사이다.

또한 $(k_1, k_2, \cdots, k_n) \in R^n$일 때, $\mathbf{u} = k_1 \mathbf{v}_1 + k_2 \mathbf{v}_2 + \cdots + k_n \mathbf{v}_n$이라 정의하면 $T(\mathbf{u}) = (k_1, k_2, \cdots, k_n)$이므로 T는 전사이다. 따라서,

$$T : V \to R^n$$

은 동형사상이다. ■

예제 4 위의 정리로부터 다음과 같은 동형관계를 확인할 수 있다.

$$P_{n-1} \cong R^n, \quad M_{m \times n} \cong R^{m \times n}$$

□

여기서 잠깐!

(복소공간 C 위에서 정의된) 모든 $n-$차원 복소벡터공간은 C^n과 동형이다.

연습문제 9-3

1. 임의의 벡터공간 V에 대하여 선형변환 $T : V \to R^2$ 가

$$T(\mathbf{u})=(1,\ 1),\ T(\mathbf{v})=(2,\ 3)$$

을 만족할 때, $T(2\mathbf{u})$와 $T(\mathbf{u}+\mathbf{v})$를 구하여라.

|2-7| 다음 중 선형변환인 것과 아닌 것을 구별하고 선형변환이 아닌 경우 그 이유를 서술하여라.

2. $T : P_3 \to P_4,\ T(p(x))=xp(x)$

3. $T : M_n \to M_n,\ T(A)=A^T$

4. $T : \mathscr{C}[a,\ b] \to R,\ T(f(x))=\int_a^b f(x)dx$

5. $T : M_n \to R,\ T(A)=\mathrm{tr}(A)$

6. $T : P_3 \to P_6,\ T(p(x))=p(x)^2$

7. $T : V \to R,\ T(\mathbf{x})=\|\mathbf{x}\|$

|8-11| 다음 선형변환의 핵과 치역을 각각 구하여라.

8. $T : P_2 \to P_3,\ T(p(x))=xp(x)$

9. $T : M_n \to M_n,\ T(A)=A^T$

10. $T : M_3 \to R,\ T(A)=\mathrm{tr}(A)$

11. $T : \mathscr{C}[0,\ 1] \to R,\ T(f(x))=\int_0^1 f(x)dx$

12. $M_{m\times n}$에서 $R^{m\times n}$으로의 동형사상을 하나 결정하여라.

〈수원화성행궁〉

토론과 발견

P1 다음과 같이 주어진 선형변환 $T : M_2 \to M_2$의 표준행렬을 구하여라.

$$T\begin{bmatrix} a_{11} & a_{12} \\ a_{21} & a_{22} \end{bmatrix} = \begin{bmatrix} 2a_{21} & a_{11}+a_{21} \\ a_{12}-2a_{21} & a_{22} \end{bmatrix}$$

P2 다음 선형변환의 표준행렬을 구하여라.

$$D : P_n \to P_{n-1},\ D(p(x)) = p'(x)$$

P3 선형변환 $T : P_3 \to R$이 다음과 같이 정의된 경우 핵(kernel)을 구하여라.

$$T(p(x)) = \int_{-1}^{1} p(x)dx$$

P4 $\dfrac{d^k}{dx^k} : P_n \to P_n$이 다음과 같다.

$$\frac{d^k}{dx^k}(p(x)) = p^{(k)}(x)$$

주어진 변환이 선형임을 보이고, 영공간(null space)를 구하여라.

P5 $T : M_2(R) \to M_2(R)$이 다음과 같다.

$$T(A) = A + A^T$$

주어진 변환이 선형변환임을 보이고 핵과 치역을 각각 구하여라.

1. 개념토론

제 9 장 단원 복습

- 벡터공간의 정의, 복소벡터공간(complex vector space)
- 부분공간(subspace)
- 집합 $(V, +, \cdot)$를 벡터공간이라 하고 $W(\neq\phi)$가 V의 부분집합이라 하자. 이 때, 다음 두 조건을 만족하면 W는 V의 부분공간이다.
  (i) $\mathbf{x}, \mathbf{y}\in W \Longleftrightarrow \mathbf{x}+\mathbf{y}\in W$(벡터 덧셈 $+$에 closed)
  (ii) $\mathbf{x}\in W,\ k\in W \Rightarrow k\mathbf{x}\in W$(스칼라 곱셈 $\cdot$에 closed)
- [Wronski의 Test]
  만약 $f_1(x), f_2(x), \cdots, f_n(x)$가 구간 $(-\infty, \infty)$에서 $n-1$차 도함수이고, 또한 어떤 x_0에서 아래의 행렬식이 0이 아니라면 이 함수들은 일차독립인 원소(벡터)들이 된다.

$$\begin{vmatrix} f_1(x_0) & \cdots & f_n(x_0) \\ f_1'(x_0) & \cdots & f_n'(x_0) \\ \vdots & \vdots & \vdots \\ f_1^{(n-1)}(x_0) & \cdots & f_n^{(n-1)}(x_0) \end{vmatrix} \neq 0 \qquad \text{(Wronskian)}$$

- 실벡터 공간 V상의 내적은 V상의 두 벡터 $\mathbf{u}$와 $\mathbf{v}$의 각 지정된 짝에 대하여 스칼라 $<\mathbf{u}, \mathbf{v}>$와 관련된 함수로 다음을 만족한다.
  1. $<\mathbf{u}, \mathbf{v}>=<\mathbf{v}, \mathbf{u}>$
  2. $<\mathbf{u}+\mathbf{v}, \mathbf{w}>=<\mathbf{u}, \mathbf{w}>+<\mathbf{v}, \mathbf{w}>$
  3. $<c\mathbf{u}, \mathbf{v}>=c<\mathbf{u}, \mathbf{v}>$
  4. $<\mathbf{u}, \mathbf{u}>\geq 0$; $<\mathbf{u}, \mathbf{u}>=0 \Longleftrightarrow \mathbf{u}=\mathbf{0}$
- Legendre polynomial:

$$p(x)=\frac{<p_0, f>}{<p_0, p_0>}p_0(x)+\frac{<p_0, f>}{<p_1, p_1>}p_1(x)+\cdots+\frac{<p_n, f>}{<p_n, p_n>}p_n(x)$$

- Fourier coefficients:

$$a_0=\frac{<f(x), 1>}{<1, 1>}=\frac{1}{2\pi}\int_{-\pi}^{\pi}f(x)dx$$

$$\frac{<f(x), \cos nx>}{<\cos nx, \cos nx>}\cos nx=a_n\cos nx$$

$$a_n=\frac{<f(x), \cos nx>}{<\cos nx, \cos nx>}=\frac{1}{\pi}\int_{-\pi}^{\pi}f(x)\cos nx dx$$

$$\frac{<f(x), \sin nx>}{<\sin nx, \sin nx>}\sin nx=b_n\sin nx$$

$$b_n=\frac{<f(x), \sin nx>}{<\sin nx, \sin nx>}=\frac{1}{\pi}\int_{-\pi}^{\pi}f(x)\sin nx dx.$$

결과적으로 $f(x)$에서 J_N으로 가는 함수의 정사영 $p(x)$는

$$p(x)=a_0+\sum_{n=1}^{N}(a_n\cos nx+b_n\sin nx)$$

이다. 위 형식에서 상수들 $a_0, a_1, b_1, a_2, b_2, \cdots$을 $[-\pi, \pi]$ 상의 함수 $f(x)$의 Fourier coefficients라 부른다.

- 구간 $[-\pi, \pi]$ 상에서 $f(x)=x$에 가장 가까운 "4차의 trigonometic polynomial";

$$p(x)=2(\sin x-\frac{1}{2}\sin 2x+\frac{1}{3}\sin 3x-\frac{1}{4}\sin 4x)$$

- 복소벡터공간 V의 임의의 벡터 $\mathbf{u}$, $\mathbf{v}$, $\mathbf{w}$와 스칼라 $c\in C$에 대하여 다음 조건을 만족하는 $V\times V$에서 C로의 함수 $<, >$를 V의 내적 (또는 Hermitian 내적)이라 한다.
  (i) $<\mathbf{u}, \mathbf{v}>=\overline{<\mathbf{v}, \mathbf{u}>}$
  (ii) $<\mathbf{u}+\mathbf{v}, \mathbf{w}>=<\mathbf{u}, \mathbf{w}>+<\mathbf{v}, \mathbf{w}>$
  (iii) $<c\mathbf{u}, \mathbf{v}>=c<\mathbf{u}, \mathbf{v}>$
  (iv) $<\mathbf{v}, \mathbf{v}>\geq 0$, 특히 $<\mathbf{v}, \mathbf{v}>=0 \Longleftrightarrow \mathbf{v}=\mathbf{0}$
- 내적을 갖는 복소벡터공간을 복소내적공간(complex inner product space) 또는 유니타리 공간(unitary space)이라 한다. 또한, 영 아닌 복소벡터 $\mathbf{u}$, $\mathbf{v}$에 대하여, $<\mathbf{u}, \mathbf{v}>=0$이면 $\mathbf{u}$와 $\mathbf{v}$는 직교한다(orthogonal)고 한다.
- 복소내적공간 V에서 벡터 $\mathbf{u}$의 노름(norm)과, V의 두 벡터 u, v 사이의 거리 (distance)를 각각 다음과 같이 정의한다.
  $\|\mathbf{u}\|=<\mathbf{u}, \mathbf{u}>^{\frac{1}{2}}$, $d(\mathbf{u}, \mathbf{v})=\|\mathbf{u}-\mathbf{v}\|$
- 복소내적공간 V의 임의의 벡터 $\mathbf{u}$, $\mathbf{v}$에 대하여 다음이 성립한다.
  (1) $|<\mathbf{u}, \mathbf{v}>|\leq\|\mathbf{u}\|\|\mathbf{v}\|$ (Cauchy-Schwartz 부등식)
  (2) $\|\mathbf{u}+\mathbf{v}\|\leq\|\mathbf{u}\|+\|\mathbf{v}\|$ (삼각 부등식)
- $T: V\to W$가 벡터공간 V에서 W로의 함수로 다음 조건을 만족하면 T를 V에서 W로의 선형변환이라고 정의한다.
  (1) $T(c\mathbf{u})=cT(\mathbf{u})$
  (2) $T(\mathbf{u}+\mathbf{v})=T(\mathbf{u})+T(\mathbf{v})$
  여기서 c는 임의의 스칼라이고, $\mathbf{u}$, $\mathbf{v}$는 벡터공간 V안의 임의의 벡터이다.
- 만일 $T: V\to W$로의 선형변환이면
  (1) $T(\mathbf{0})=\mathbf{0}$
  (2) $T(-\mathbf{u})=-T(\mathbf{u})$
  (3) $T(\mathbf{u}-\mathbf{v})=T(\mathbf{u})-T(\mathbf{v})$
- $T: V\to W$가 모든 $\mathbf{v}\in V$에 대하여 $T(\mathbf{v})=\mathbf{0}$로 정의하면 이는 선형변환이다. 이것을 영변환(zero transformation)이라 한다. 또한 $T: V\to V$가 모든 $\mathbf{v}\in V$에 대하여 $T(\mathbf{v})=\mathbf{v}$로 정의하면 이 또한 선형변환, 즉 선형연산자이고 이것을 항등연산자(identity operator)라 한다.
- 선형변환 $T: V\to W$에 대하여
  $\ker T=\{\mathbf{v}\in V\,|\,T(\mathbf{v})=\mathbf{0}\}$
  $\operatorname{Im} T=\{T(\mathbf{v})\in W\,|\,\mathbf{v}\in V\}$
  를 각각 T의 핵(kernel), 치역(range)라 한다.
- $T: V\to W$가 선형변환이면 $\ker T$와 $\operatorname{Im} T$는 각각 V, W의 부분공간이다.

- $T : V \to W$가 선형변환이면, 다음 두 명제는 동치명제이다.
  (1) T : 일대일함수이다.
  (2) $\ker T = \{0\}$
- 선형변환 $T : V \to W$가 일대일이고 전사이면 이를 동형사상(Isomorphism)이라 하고, 이 때 V는 W와 동형이라 하고 $V \cong W$라 한다.
- 모든 $n-$차원 벡터공간은 R^n과 동형이다.

2. 참 · 거짓 문제

만일 주어진 문장이 참이면, 이유를 설명하거나 교재에 서술된 적절한 내용을 인용하여라. 만일 거짓이면 반례를 하나 주거나 교재에 서술된 적절한 내용을 인용하여 이유를 주어라.

(1) (　) $T : V \to W$인 함수라고 하자. 만일 이 함수 T가

$$T(c\mathbf{u}+\mathbf{v}) = cT(\mathbf{u}) + T(\mathbf{v})$$

를 만족한다면, T는 선형변환이 된다. (단, c는 스칼라, $\mathbf{u}$, $\mathbf{v} \in V$)

(2) (　) $T(a, b, c) = ax^2 + bx + c$라고 정의된 선형변환은 R^3에서 P_2로 전사함수가 된다.

(3) (　) 만일 함수 $T : C^1[a, b] \to C[a, b]$가 다음과 같이 정의되어 있다고 하자.

$$T(f) = f'(x) + \int_a^x f(t)\,dt$$

이것은 선형변환이다.

(4) (　) 벡터공간 M_{mn}의 차원은 mn이다.

(5) (　) $C(-\infty, \infty)$안에 있는 모든 다항식들의 부분공간은 유한차원이다.

* Project

내적과 푸리에 계수와의 관계에 대하여 알아봅시다.

http://mathworld.wolfram.com/FourierSeries.html

※ 어떤 철학자가 다음과 같이 말했다. **"수학자는 프랑스 사람과 같다.** 수학자에게 어떤 말을 하면, 그는 그것을 자신의 말로 번역해 버린다. 그래서 그것은 즉시 완전히 다른 것이 되어 버린다."

- 괴테 〈Johann Wolfgang von Goethe(1749-1832)〉

※ 어떤 물리학교수(William Thomson=Lord Kelvin, 1824~1907)가 수업 중 학생들에게 **"수학자가 어떤 사람인지 아느냐?"** 고 질문하고 칠판으로 다가가서 여러분이 이미 미적분학에서 증명한 다음 관계식을 적었다.

$\int_{-\infty}^{\infty} e^{-x^2} dx = \sqrt{\pi}$ (여기서 e는 약 2.7182인 무리수)

그리고 학생들을 돌아보고 이 식을 가리키며 말했다. "2의 두 배가 4라는 사실을 자명하게 생각하듯이, 저 관계식이 자명하다고 생각하는 사람이 바로 수학자이다."

※ 시인의 기질이 전혀 없는 수학자는 결코 완벽한 수학자가 될 수 없다.

- 바이어슈트라스 〈Karl Weierstrass(1815~1897)〉

〈도서출판 우성, 수학과 문화(2005)에서 발췌〉

〈전주 진안 마이산〉

제 10 장

Jordan 표준형

장기원 (張起元 1903-1966)

2代 張起元
(1960.8 ~ 1966.11)

대수의 태두여서 최대수라고 불리던 최규동선생과 **기하의 거목**으로 장기하라 불리던 장기원선생은 한국의 수학을 위하여 쌍벽을 이루며 힘을 쓴 분들이다. 1920~1930년대에 두 분은 학교에서 강의하는 것뿐만 아니라 수학을 대중화시키는 데도 온 힘을 기울였다.

한반도를 식민통치하던 일제는, 식민지의 우민화를 목적으로, 조선에 4년제 대학이라고는 오직 경성제국대학 하나만을 두었다. 그것도 학생들은 거의 다 일본인이었고, 조선인이라고는 일본인에게 거부감이 없는 지주 아들들이 대부분이었다고 한다.

중-고등학교 과정을 통합한 5년제 사범학교와 농림학교, 또 공업전문, 의학전문학교를 제외하고 2년제 대학과정의 고등교육 기관으로는 미국 선교사 언더우드(한국명 원두우)가 1915년 3월에 설립한 Chosun Christian College의 후신인 연희전문학교와 호남의 대지주이자 자본가인 인촌 김성수가 설립한 보성전문학교, 미국 북감리교 선교사 스크랜톤 부인이 창설한 이화여자전문학교, 국립 성균관의 후신인 명륜전문학교, 동국대학교의 전신인 혜화전문학교 정도뿐이었다. 또 일제는 우리 민족을 우민화하기 위해 자연과학 분야 학과의 설치도 매우 제한했다. 특히 **1945년까지 수학과는 조선에 단 하나도 없었다.** 위의 모든 전문학교에도 순수과학 분야는 오직 연희전문학교에 수물과(數物科) 하나만 있었다. 장기원선생은 평안북도 용천(龍川) 출신으로 선천(宣川) 신성중학교(信聖中學校)를 거쳐 연희전문학교 수물과를 1925년 1회로 졸업하고 잠시 조교로 근무하다, 일본 Sendai에 있는 동북제국대학 수학과에 입학하여 1929년 한국사람으로는 처음으로 수학과를 졸업하였으며 우리나라 사람으로는 가장 먼저 수학 분야의 근대적인 이학사 학위를 취득한 것으로 알려져 있다. 그 후 바로 귀국하여 연희전문학교 수물과에서 강의를 시작하였다. 1960년 대한수학회 초대회장이신 최윤식 박사가 갑자기 별세하자 부회장이었던 선생이 회장직을 맡게 되었다. 그래서 1960-66년 사이에는 대한수학회 2대 회장을 역임하였으며, 1966년 11월 갑작스러운 사고로 돌아가시기 전까지 연세대학교 이공대학 수학과에서 많은 후진을 양성하며 학장과 부총장을 역임하였다. 장기원선생이 돌아가신 뒤 제자들은 정성을 모아 1971년 연세대학교 교정에 **'장기원 선생 기념관(사진)'**을 지어 선생님이 애써 모은 우리 민족의 전통적인 수학책들을 보관하고 있다. 사색문제에 대한 유고를 따님이 전해주어서 대한수학회 소식지 1998년 1월(제57호, P10~12)호에 원문이 소개된 바 있다.

〈대한민국 학술원회원의 2003년 가을 대한수학회에서의 수학대중화 강연〉

http://matrix.skku.ac.kr/2003KMS-Public/index.html

10.1 Jordan 표준형

• 행렬이 대각화가능하다면 이 행렬과 관계된 대부분의 문제는 쉽게 다루어서 원하는 결론을 얻을 수 있다. 그러나 모든 행렬이 대각화가능한 것은 아니다. 이 절에서는 주어진 행렬과 닮음인 거의 대각선행렬과 유사한 행렬인 Jordan 표준형 행렬를 구하는 방법을 소개한다.

우리는 n차의 정사각행렬 A가 n개의 일차독립인 고유벡터들을 가지면 대각화가능 하다는 것을 8.2절에서 배웠다. 또한 정리 8.8.5에서 보았듯이 A가 유니타리 대각화가능일 필요충분조건은 A가 정규행렬(normal matrix)인 것이다. 이 경우 A는 n개의 정규직교인 고유벡터를 갖고, 이 고유벡터들을 열로 갖는 행렬 U는 유니타리 행렬이며 $U^*AU=D$는 고유값 λ_i들을 대각선 성분으로 갖는 대각행렬이다.

대각화가능한 행렬을 다루는 것은 이론적으로나 실제에 있어서 모두 대각행렬을 다루는 것과 같이 쉽다. 그러나, 일반적으로 n차의 정사각행렬이 모두 n개의 일차독립인 고유벡터들을 갖지는 않으므로 대각화가능한 것은 아니다. 그러나, Schur 정리에 의하여 자신의 고유값을 대각선성분으로 갖는 상삼각행렬과 닮음임은 안다.

우선 대각화와 관련하여 지금까지 살펴본 내용을 요약하면 아래와 같다.

1. n차 정사각행렬 A가 대각화가능할 필요충분조건은 A가 n개의 일차독립인 고유벡터를 갖는다

2. A가 정규행렬일 $(AA^*=A^*A)$필요충분조건은 A가 유니타리 대각화가능이다.

3. 그러나 정규행렬이 아니면서도 대각화가능한 행렬은 존재한다.

4. 행렬 A가 대각화가능이면, 각각의 고유값에 대한 고유공간 null$(\lambda I-A)$의 차원(기하적 중복도)이 그 고유값의 (대수적) 중복도와 같아야 한다.
   — 그래야 그 개수만큼의 일차독립인 고유벡터가 존재한다.

이제 대각화가능하지 않은 행렬이라도 대각행렬과 유사한 행렬(block diagonal matrix)인 Jordan 표준형과 닮음(similar)이 되도록 만들 수 있다는 다음 정리를 증명없이 소개하고, 주어진 행렬의 Jordan 표준형을 구하는 방법에 대하여 알아본다.

정리 10.1.1

n차의 정사각행렬 A가 $t(1 \leq t \leq n)$개의 일차독립인 고유벡터를 가지면 A는 다음과 같은 행렬 J_A와 (유니타리)닮음이다.

$$J_A = \begin{bmatrix} J_1 & & & 0 \\ & J_2 & & \\ & & \ddots & \\ 0 & & & J_t \end{bmatrix}_{n \times n}$$

즉, $U^* A U = J_A$인 유니타리 행렬 U가 존재한다. 여기서,

$$J_k = \begin{bmatrix} \lambda_i & 1 & & 0 \\ & \ddots & \ddots & \\ & & \ddots & 1 \\ 0 & & & \lambda_i \end{bmatrix}_{n_k \times n_k}, \quad (n_1 + n_2 + \cdots + n_t = n,\ 1 \leq t \leq n)$$

이다. 이때, J_k를 A의 고유값 λ_i에 대응하는 하나의 Jordan block이라 하고, J_A를 A의 Jordan 표준형(JCF, Jordan canonical form)이라 한다.

여기서 잠깐!

A의 Jordan표준형(JCF)은 고유값과 1과 0으로 이루어진 Jordan block들을 대각선성분으로 갖는 block 대각행렬이라고 볼 수 있다. 즉, 각각의 행렬 A는 언제나 자신의 JCF라는 block 대각행렬과 닮음이라는 의미이다.

위의 정리에서 각 Jordan block J_k는 대각선 성분을 모두 같은 고유값 λ_i로 갖는 상삼각행렬(upper triangular matrix)이고, 하나의 고유값 λ_i에 대응하는 Jordan block은 여러개 일 수도 있다. 특히, A가 n개의 일차독립인 고유벡터들을 갖는다면 n개의 1×1 Jordan block을 갖는 Jordan 표준형(즉, 대각선행렬)을 갖는다.

또한, 하나의 고유값 λ_i의 중복도가 m_i이고[1] 이에 대응하는 k_i개($k_i \leqq m_i$)의 일차독립인 고유벡터들을 갖는다면, 이것을 λ_i에 대한 기하적 중복도(geometric multiplicity)라 한다 [참고 : 8장 2절 문제 P4]. 이는 고유값 λ_i에 대한 고유공간의 차원과 같은 것이다. A는 λ_i를 대각선성분으로 갖는 k_i개의 Jordan block과 또 각각의 다른 고유값 λ_j들에 대응하는 Jordan block들도 갖게 된다. 그리고 각 λ_j에 대응하는 모든 Jordan block들의 크기의 합은 λ_j의 중복도인 m_j가 된다. 따라서, 각각의 고유값에 대한 대수적 중복도와 기하적 중복도가 모두 같은 행렬에 대한 Jordan 표준형은 대각선행렬이 된다.

우선 예를 하나 보도록 하자.

1) 이것을 λ_i의 대수적 중복도(algebraic multiplicity)라 한다. [8장 2절 참고]

예제 1

$$J_A = \begin{bmatrix} 2 & 1 & 0 & & & & & \\ 0 & 2 & 1 & & & O & & \\ 0 & 0 & 2 & & & & & \\ & & & 2 & & & & \\ & & & & 3 & 1 & & \\ & & & & 0 & 3 & & \\ & O & & & & & 0 & 1 \\ & & & & & & 0 & 0 \end{bmatrix}_{8\times 8}$$

은 특성방정식으로 $\det(A-\lambda I)=(\lambda-2)^4(\lambda-3)^2\lambda^2$ 을 갖는 어떤 8차의 정사각행렬 A의 Jordan 표준형이다. 각 고유값의 중복도가 J_A의 주대각선에 나타나는 고유값의 개수를 결정한다는 것을 주목하라. 대각선에 고유값 2는 4개, 3은 2개, 0은 2개 있다. 즉 고유값의 중복도는 그 고유값에 대응하는 모든 Jordan block들의 크기의 합을 나타낸다. □

어떤 행렬 A의 Jordan 표준형 J_A는 $P^{-1}AP=J_A$가 되게 하는 가역행렬 P를 몰라도, 각 고유값의 중복도와 그 고유값에 대한 고유공간(eigenspace) 안에 있는 1차독립인 고유벡터들의 수 (즉, 고유공간의 차원)에 의하여 대부분은 바로 결정된다. 물론, 경우에 따라 $P^{-1}AP=J_A$되는 행렬 P를 구하는 것이 꼭 필요할 때도 있다. 이를 위하여는 일반화된 고유벡터를 구하면 된다.

이제, 예를 통하여 Jordan 표준형의 성질과 J_A 및 P를 구하는 과정을 알아 보자.

예제 2 5차의 정사각행렬 A가 중복도 5인 고유값 λ 하나만을 갖고 λ에 대응하는 일차독립인 고유벡터를 단 하나만 갖는다면 A의 Jordan 표준형은 다음과 같다.

$$J_A = \begin{bmatrix} \lambda & 1 & 0 & 0 & 0 \\ 0 & \lambda & 1 & 0 & 0 \\ 0 & 0 & \lambda & 1 & 0 \\ 0 & 0 & 0 & \lambda & 1 \\ 0 & 0 & 0 & 0 & \lambda \end{bmatrix}$$

왜냐하면 A의 일차독립인 고유벡터가 하나밖에 없으므로 Jordan block이 단 하나이기 때문이다. □

이제 행렬 A의 Jordan block의 성질을 분석해보자. $(J_A-\lambda I)$는 다음 성질을 갖는 R^5 상의 선형변환이다.

$$(J_A-\lambda I)\mathbf{x} = \begin{bmatrix} 0 & 1 & 0 & 0 & 0 \\ 0 & 0 & 1 & 0 & 0 \\ 0 & 0 & 0 & 1 & 0 \\ 0 & 0 & 0 & 0 & 1 \\ 0 & 0 & 0 & 0 & 0 \end{bmatrix} \begin{bmatrix} x_1 \\ x_2 \\ x_3 \\ x_4 \\ x_5 \end{bmatrix} = \begin{bmatrix} x_2 \\ x_3 \\ x_4 \\ x_5 \\ 0 \end{bmatrix}$$

그런데, $\mathbf{e}_1$, $\mathbf{e}_2$, $\mathbf{e}_3$, $\mathbf{e}_4$, $\mathbf{e}_5$가 R^5의 표준기저일 때 $(J_A-\lambda I)\mathbf{e}_1=0$이고 $(J_A-\lambda I)\mathbf{e}_i=\mathbf{e}_{i-1}$, $i=2, 3, 4, 5$이므로 $\mathbf{e}_1$은 λ에 대응하는 J_A의 하나뿐인 일차독립인 고유벡터이다.

$(J_A-\lambda I)$이고 이 식은 $(J_A-\lambda I)\mathbf{x}=\mathbf{0}$과 비슷한 꼴이므로 $\mathbf{e}_i\,(i=2,\ 3,\ 4,\ 5)$가 J_A의 고유벡터는 아니지만 고유벡터와 유사한 성질을 갖게 된다. 이런 $\mathbf{e}_i\,(i=2,\ 3,\ 4,\ 5)$를 J_A에 대한 일반화된 고유벡터(generalized eigenvector)라고 한다.

일반적으로 U^*AU가 A의 Jordan 표준형 J_A가 되는 유니타리 행렬 U를 구하는 문제를 '일반화된 고유벡터를 구하는 문제'라 하는데, 이것은 이 책의 수준을 넘어서므로 여기서는 다루지 않기로 한다. 단, 컴퓨터를 이용하여 손쉽게 구할 수 있으므로, 다음절에서 살펴보도록 하자.

참고 자료 : http://matrix.skku.ac.kr/sglee/03-Note/GeneralizedEV-f.pdf

행렬 $A\in M_n$가 k개의 서로 다른 고유값 $\lambda_1,\ \lambda_2,\ \cdots,\ \lambda_k$를 갖는다고 할 때, A의 Jordan 표준형 J_A는 다음과 같이 나타낼 수 있다.

$$J_A=\begin{bmatrix} A_1 & 0 & \cdots & 0 \\ 0 & A_2 & \ddots & \vdots \\ \vdots & \ddots & \ddots & 0 \\ 0 & \cdots & 0 & A_k \end{bmatrix}$$

여기서 각 A_i는 고유값 λ_i에 대응하는 적당한 크기의 Jordan block들의 block대각선 행렬이다. 이것을 J_A의 block 부분행렬이라 한다. 이제 우리는 각각의 고유값 λ_i에 대한

$$A_i=\begin{bmatrix} J_{i,\,p_1} & 0 & \cdots & 0 \\ 0 & J_{i,\,p_2} & \ddots & \vdots \\ \vdots & \ddots & \ddots & 0 \\ 0 & \cdots & 0 & J_{i,\,p_{l_i}} \end{bmatrix}$$

의 구조만 알면 J_A를 쉽게 구할 수 있게 된다. J_A를 구할 때 λ_i를 감소(또는 증가)하는 값의 순서로 정하고 그 안의 Jordan block들에 block 크기 순으로 순서를 주면 J_A는 유일하게 결정된다.

이제 A_i를 쉽게 구하는 방법을 알아보자.

우선, 각 $\lambda_i(i=1,\ 2,\ \cdots,\ k)$에 대하여 A_i안의 Jordan block의 개수 $l_i(1\le i\le k)$와 각각의 $J_{i,\,t}\in M_{p_t}$의 크기 p_t를 구하자. λ_i에 대응하는 일차독립인 고유벡터를 $\mathbf{x}_1,\ \mathbf{x}_2,\ \cdots,\ \mathbf{x}_{l_i}$라 하고, 부호를 단순히 하기 위하여 우선 하나의 고유값에 대하여만 생각하자. 따라서 이 λ_i를 λ, l_i를 l이라 하자. 그런데 A_i의 각 Jordan block의 개수 l과 그 각각의 block의 크기 p_1, $p_2,\ \cdots,\ p_l$들은 $A-\lambda_i I$의 어떤 거듭제곱의 계수(rank)를 앎으로써 결정된다. 일반성을 잃지 않고 $p_1\ge p_2\ge\cdots\ge p_l$이라 할 수 있다. 이제 고유값 λ와 그에 대한 고유공간의 차원(기하학적 중복도)인 l과 p_t를 이용하여 A_i를 쉽게 구할 수 있는 '점들의 배열'을 소개하도록 하겠다. 이를 점 도표(dot diagram)라 부른다. 점 도표는 아래와 같은 규칙으로 정해진다.

1. 점 도표는 l개의 열에 의하여 이루어진다. (즉, l개의 Jordan block)

2. l개의 숫자 $p_1, p_2, \cdots, p_l$을 크기 순으로 하여 왼쪽에서 오른쪽으로 배열하여 아래와 같이 도표를 만들자. 그러면 이 도표의 j번째 열의 점들은 k_j개로 이루어진다. (여기서 k_j는 $(A-\lambda I)^{k_j}(\mathbf{x}_j)=\mathbf{0}$되는 첫 번째 k_j이다.) 만일 $\mathbf{x}_j$가 j번째 열의 맨 아래의 점이면, 그 맨 위는 $(A-\lambda I)^{k_j-1}(\mathbf{x}_j)$에 대응하는 점이 된다. 그 열의 위에서 두 번째의 점은 $(A-\lambda I)^{k_j-2}(\mathbf{x}_j)$에 대응한다.

따라서 A_i에 대응하는 점 도표는 아래와 같다.

• $(A-\lambda I)^{k_1-1}(\mathbf{x}_1)$	• $(A-\lambda I)^{k_2-1}(\mathbf{x}_2)$	$\cdots$	• $(A-\lambda I)^{k_{p_l}-1}(\mathbf{x}_{p_l})$
• $(A-\lambda I)^{k_1-2}(\mathbf{x}_1)$	• $(A-\lambda I)^{k_2-2}(\mathbf{x}_2)$	$\cdots$	$\vdots$
$\vdots$	$\vdots$		• $\mathbf{x}_{p_l}$
• $(A-\lambda I)(\mathbf{x}_1)$	• $\mathbf{x}_2$		
• $\mathbf{x}_1$			

여기서, $\mathbf{x}_1, \mathbf{x}_2, \cdots, \mathbf{x}_{p_l}$는 λ_i에 대응하는 일차독립인 고유벡터들이다. 만일 r_j를 점 도표에서 j번째 열의 점의 개수라 하면, r_1은 1×1 이상의 크기의 Jordan block의 개수이고, r_2는 2×2이상의 크기의 Jordan block의 개수이며, r_{p_l}은 $p_l\times p_l$ 이상의 크기의 Jordan block의 개수이다. 따라서, $r_1\geq r_2\geq\cdots\geq r_{p_l}$임을 알 수 있다. 이 증명은 조합이론(combinatorics)을 이용해야 하므로 조합론이나 조합적 행렬론 시간에 배우고, 여기서는 예를 통하여 이를 확인해 보도록 한다.

예제 3 9×9 행렬 A_i는 그 안의 Jordan block의 개수인 수 l과 각 Jordan block의 크기인 $p_1, p_2, \cdots, p_l$에 의하여 완전하게 결정된다는 것을 보이기 위하여 $l=4$라 하고

$$p_1=3,\ p_2=3,\ p_3=2,\ p_4=1$$

이라 하자. 그러면 block의 크기 순서에 따라

$$A_i=\begin{pmatrix} \lambda_i & 1 & 0 & 0 & 0 & 0 & 0 & 0 & 0 \\ 0 & \lambda_i & 1 & 0 & 0 & 0 & 0 & 0 & 0 \\ 0 & 0 & \lambda_i & 0 & 0 & 0 & 0 & 0 & 0 \\ 0 & 0 & 0 & \lambda_i & 1 & 0 & 0 & 0 & 0 \\ 0 & 0 & 0 & 0 & \lambda_i & 1 & 0 & 0 & 0 \\ 0 & 0 & 0 & 0 & 0 & \lambda_i & 0 & 0 & 0 \\ 0 & 0 & 0 & 0 & 0 & 0 & \lambda_i & 1 & 0 \\ 0 & 0 & 0 & 0 & 0 & 0 & 0 & \lambda_i & 0 \\ 0 & 0 & 0 & 0 & 0 & 0 & 0 & 0 & \lambda_i \end{pmatrix}_{9\times 9}$$

로 유일하게 결정된다. 이것의 점 도표를 구하면 $l=4$, $p_1=3$, $p_2=3$, $p_3=2$이고 $p_4=1$이므로 λ_i에 대한 점 도표는 아래와 같다.

•	•	•	•
•	•	•	
•	•		

□

정리 10.1.2 λ_i에 대한 점 도표의 처음 r개 행 안의 점의 수는 $(A-\lambda_i I)^r\mathbf{x}=0$의 해공간의 차원 (즉, $(A-\lambda_i I)^r$ 의 nullity)과 같다.

정리 10.1.3 행렬 $A\in M_n(C)$ 대하여, r_j를 λ_i에 대한 점 도표의 j번째 행에 있는 점의 개수라 하면

(1) $r_1=n-\text{rank}(A-\lambda_i I)$

(2) 만일 $j>1$이면, $r_j=\text{rank}((A-\lambda_i I)^{j-1})-\text{rank}((A-\lambda_i I)^j)$

증명 **정리 10.1.2**에 의하여,

$$
\begin{aligned}
r_1+r_2+\cdots+r_j&=\text{nullity}((A-\lambda_i I)^j)\\
&=n-\text{rank}((A-\lambda_i I)^j),\ (j\geq 1)
\end{aligned}
$$

그리고, $r_1=n-\text{rank}((A-\lambda_i I)^1)$이고

$$
\begin{aligned}
r_j&=(r_1+r_2+\cdots+r_j)-(r_1+r_2+\cdots+r_{j-1})\\
&=[n-\text{rank}((A-\lambda_i I)^j)]-[n-\text{rank}((A-\lambda_i I)^{j-1})]\\
&=\text{rank}((A-\lambda_i I)^{j-1})-\text{rank}((A-\lambda_i I)^j),\ j>1.
\end{aligned}
$$

■

(각 행의 점의 개수 r_j는 $j\times j$ 이상의 블록의 개수 의미함.)
이 정리는 λ_i에 대한 점 도표는 A에 의하여 완전히 결정됨을 보여준다.

예제 4 다음 행렬 A의 Jordan 표준형을 구하라.

$$
A=\begin{bmatrix} 2 & -1 & 0 & 1\\ 0 & 3 & -1 & 0\\ 0 & 1 & 1 & 0\\ 0 & -1 & 0 & 3\end{bmatrix}
$$

풀이 행렬 A의 특성방정식은 $\det(A-\lambda I)=(\lambda-3)(\lambda-2)^3$이므로 A는 두 개의 서로 다른 고유값 λ_1과 λ_2를 갖는다. 여기서 $\lambda_1=3$은 중복도가 1이고 $\lambda_2=2$는 중복도가 3이다. 따라서 λ_1에 대응하는 점도표는 1개의 점을 갖고 그에 대한 점도표는

•

이므로, A_1은 1×1 Jordan block 1개 즉, $A_1=[3]$이다.

또, λ_2에 대응하는 점도표는 3개의 점을 갖는다. 그리고

$$
r_1=4-\text{rank}(A-2I)=4-\text{rank}\begin{bmatrix} 0 & -1 & 0 & 1\\ 0 & 1 & -1 & 0\\ 0 & 1 & -1 & 0\\ 0 & -1 & 0 & 1\end{bmatrix}=4-2=2
$$

이고

$$
r_2=\text{rank}(A-2I)-\text{rank}[(A-2)^2]=2-1=1
$$

이다 (실제로는 $3=r_2+r_1=(2)+1$이므로 r_2는 바로 나온다). 따라서 λ_2에 대한 점도표는

$r_1=2$: • •

$r_2=1$: •

이다. 따라서, A_2은 2×2 Jordan block이 1개이고 1×1 Jordan block이 1개이다.

즉,

$$A_2=\begin{bmatrix}2&1&0\\0&2&0\\0&0&2\end{bmatrix}$$

그러므로 행렬 A의 Jordan 표준형은 다음과 같다.

$$J_A=\begin{bmatrix}A_1&0\\0&A_2\end{bmatrix}=\begin{bmatrix}3&0&0&0\\0&2&1&0\\0&0&2&0\\0&0&0&2\end{bmatrix}$$ □

예제 5 다음 행렬 A의 Jordan 표준형을 구하라.

$$A=\begin{bmatrix}2&-4&2&2\\-2&0&1&3\\-2&-2&3&3\\-2&-6&3&7\end{bmatrix}$$

풀이 A의 특성방정식은 $\det(A-\lambda I)=(\lambda-2)^2(\lambda-4)^2$이고, 따라서 A의 두 개의 서로 다른 고유값은 각각 중복도가 2인 $\lambda_1=4$와 $\lambda_2=2$이다. $\lambda_1=4$에 대하여

$$r_1=4-\text{rank}(A-4I)=4-3=1$$

이므로(즉, 1개의 Jordan block) r_2는 1이다 ($\because$ 점의 수가 $2=1+(1)$). 따라서 λ_1에 대한 점도표는

•

•

이다. 즉,

$$A_1=\begin{bmatrix}4&1\\0&4\end{bmatrix}$$

$\lambda_2=2$에 대하여 $r_1=4-\text{rank}(A-2I)=4-2=2$이므로(즉, 두 개의 Jordan block) r_2는 0이다($\because$ 점의 개수 $2=2+(0)$이므로). 즉, λ_2에 대한 점도표는

• •

이므로

$$A_2=\begin{bmatrix}2&0\\0&2\end{bmatrix}$$

그러므로 A의 Jordan 표준형은

$$J_A=\begin{bmatrix} 4 & 1 & 0 & 0 \\ 0 & 4 & 0 & 0 \\ 0 & 0 & 2 & 0 \\ 0 & 0 & 0 & 2 \end{bmatrix}$$

이다. □

예제 6 다음 행렬의 Jordan 표준형을 구하라.

$$(1)\ \begin{bmatrix} i & 0 \\ 1 & i \end{bmatrix} \qquad (2)\ \begin{bmatrix} 4 & 1 & 2 \\ 0 & 4 & 2 \\ 0 & 0 & 4 \end{bmatrix} \qquad (3)\ \begin{bmatrix} 1 & 1 & 1 & 0 \\ 0 & 2 & 0 & 0 \\ 0 & 0 & 1 & 1 \\ 0 & 0 & 0 & 2 \end{bmatrix}$$

풀이 (1) 먼저 특성방정식을 통해 고유값을 구하면,

$$\det(A-\lambda I)=\begin{bmatrix} i-\lambda & 0 \\ 1 & i-\lambda \end{bmatrix}=(i-\lambda)^2=0$$

이므로 $\lambda=i$(중복도 2)이다.

$$\begin{aligned} r_1&=n-\text{rank}(A-\lambda I) \\ &=2-\text{rank}\begin{bmatrix} 0 & 0 \\ 1 & 0 \end{bmatrix} \\ &=2-1=1 \end{aligned}$$

중복도가 2이므로 굳이 계산해보지 않아도 $r_2=2-r_1=r-1$임을 알 수 있다. 따라서 점도표는 아래와 같다.

•
•

이것은 2×2 Jordan block이 한 개임을 의미하므로 Jordan 표준형은

$$J_A=\begin{bmatrix} i & 1 \\ 0 & i \end{bmatrix}$$

(2) 먼저 특성방정식을 통해 고유값을 구하면,

$$\det(A-\lambda I)=\det\begin{bmatrix} 4-\lambda & 1 & 2 \\ 0 & 4-\lambda & 2 \\ 0 & 0 & 4-\lambda \end{bmatrix}=(4-\lambda)^3=0$$

이므로 $\lambda=4$(중복도 3)이다.

$$\begin{aligned} r_1&=n-\text{rank}(A-4I) \\ &=3-\text{rank}\begin{bmatrix} 0 & 1 & 2 \\ 0 & 0 & 2 \\ 0 & 0 & 0 \end{bmatrix} \\ &=3-2=1 \end{aligned}$$

$$r_2=\text{rank}(A-\lambda I)-\text{rank}[(A-\lambda I)^2]$$

$$=2-\text{rank}\begin{bmatrix}0&0&2\\0&0&0\\0&0&0\end{bmatrix}$$

$$=2-1=1$$

$$r_3=3-(r_1+r_2)=1$$

임을 알 수 있다.

따라서 점도표는 아래와 같다.

•
•
•

이것은 3×3 Jordan block이 한 개 있음을 의미하므로 Jordan 표준형은

$$J_A=\begin{bmatrix}4&1&0\\0&4&1\\0&0&4\end{bmatrix}$$

(3) 먼저 특성방정식을 통해 고유값을 구하면,

$$\det(A-\lambda I)=\det\begin{bmatrix}1-\lambda&1&1&0\\0&2-\lambda&0&0\\0&0&1-\lambda&1\\0&0&0&1-\lambda\end{bmatrix}=(1-\lambda)^2(2-\lambda)^2=0$$

이므로 $\lambda_1=2$, $\lambda_2=1$(각각 중복도 2)이다.

i) $\lambda_1=2$인 경우

$$r_1=n-\text{rank}(A-2I)$$

$$=4-\text{rank}\begin{bmatrix}-1&1&1&0\\0&0&0&0\\0&0&-1&1\\0&0&0&0\end{bmatrix}$$

$$=4-2=2$$

중복도가 2이므로 $r_2=0$이다. $r_1=2$라는 것은 Jordan block이 2개임을 의미하고, 따라서 점도표는 다음과 같다.

• •

ii) $\lambda_2=1$인 경우

$$r_1=n-\text{rank}(A-\lambda_2 I)$$

$$=4-\text{rank}\begin{bmatrix}0&1&1&0\\0&1&0&0\\0&0&0&1\\0&0&0&1\end{bmatrix}$$

$$=4-3=1$$

중복도가 2이므로 $r_2=2-r_1=2-1=1$임을 쉽게 알 수 있고, 점도표는 아래와 같이 된다.

$$\begin{matrix}\bullet\\ \bullet\end{matrix}$$

이것은 2×2 Jordan block이 1개임을 의미한다.

i)과 ii)에 의해서 주어진 행렬의 Jordan 표준형은

$$J_A=\begin{bmatrix}2&0&0&0\\0&2&0&0\\0&0&1&1\\0&0&0&1\end{bmatrix}$$ □

Camille Jordan (1838-1922, France)

http://www-history.mcs.st-andrews.ac.uk/Mathematicians/Jordan.html

http://mathworld.wolfram.com/JordanCanonicalForm.html

참고자료: 이상구 교수 강의록

http://matrix.skku.ac.kr/2008-talks/2008-MA-2008-Ch3.html

http://matrix.skku.ac.kr/2008-talks/2008-MA-Ch3-JCF-partA.html

연습문제 10-1

1. 5차 정사각행렬 A가 중복도가 5인 고유값 λ해만을 갖고, λ에 대응하는 일차 독립인 고유벡터가 2개인 경우 A의 Jordan 표준형을 구하여라.

2. 다음 Jordan 표준형 J_A에 대하여 다음을 구하여라.

$$J_A=\begin{bmatrix} \lambda & 1 & 0 & 0 & 0 \\ 0 & \lambda & 1 & 0 & 0 \\ 0 & 0 & \lambda & 1 & 0 \\ 0 & 0 & 0 & \lambda & 1 \\ 0 & 0 & 0 & 0 & \lambda \end{bmatrix}$$

(1) $J_A-\lambda I$ (2) $(J_A-\lambda I)^2$

(3) $(J_A-\lambda I)^3$ (4) $(J_A-\lambda I)^4$

3. 다음을 Jordan 표준형으로 갖는 행렬의 특성방정식을 구하여라.

$$J_A=\begin{bmatrix} 3 & 1 & 0 & 0 & 0 & 0 & 0 & 0 \\ 0 & 3 & 1 & 0 & 0 & 0 & 0 & 0 \\ 0 & 0 & 3 & 0 & 0 & 0 & 0 & 0 \\ 0 & 0 & 0 & 3 & 0 & 0 & 0 & 0 \\ 0 & 0 & 0 & 0 & 2 & 1 & 0 & 0 \\ 0 & 0 & 0 & 0 & 0 & 2 & 0 & 0 \\ 0 & 0 & 0 & 0 & 0 & 0 & 1 & 0 \\ 0 & 0 & 0 & 0 & 0 & 0 & 0 & 0 \end{bmatrix}$$

|4-9| 다음 행렬의 Jordan 표준형을 구하여라.

4. $\begin{bmatrix} 1 & 1 \\ 1 & 1 \end{bmatrix}$

5. $\begin{bmatrix} 0 & 1 & 0 & 0 \\ 0 & 0 & 1 & 0 \\ 0 & 0 & 0 & 1 \\ -1 & 4 & -6 & 4 \end{bmatrix}$

6. $\begin{bmatrix} 5 & -3 & -2 \\ 8 & -5 & -4 \\ -4 & 3 & 3 \end{bmatrix}$

7. $\begin{bmatrix} 0 & 1 & 2 \\ 0 & 0 & 0 \\ 0 & 0 & 0 \end{bmatrix}$

8. $\begin{bmatrix} 0 & -3 & 1 & 2 \\ -2 & 1 & -1 & 2 \\ -2 & 1 & -1 & 2 \\ -2 & -3 & 1 & 4 \end{bmatrix}$

9. $\begin{bmatrix} 2 & 1 & 4 \\ 0 & 2 & -1 \\ 0 & 0 & 3 \end{bmatrix}$

* 10.2 컴퓨터를 이용한 Jordan 표준형

실제로 크기가 10차인 행렬의 Jordan표준형을 구하기 위한 점도표를 그릴 때, 우리는 10×10 행렬의 수많은 거듭제곱과 계수를 구하여야 한다. Gauss 소거법등의 이런 계산과정은 HLIN-PRAC이나 MATHEMATICA 또는 MATLAB 등의 기존의 수학 소프트웨어를 이용하는 것이 효과적이다.

그러나 이제까지 우리가 간간히 소개해 온 자바 프로그램을 이용하면 Jordan 표준형을 구하는 것은 그리 어렵지 않다. 이 절에서는 두 가지 방법을 이용하여 실제 예제를 직접 풀어봄으로써, 크기가 큰 행렬에 대하여 Jordan 표준형을 어떻게 구할 수 있는지를 알아보도록 한다.

이를 위하여 다음의 자바 애플릿은 기본적으로 알아두고 가도록 한다.

※ 고유값 구하기(Eigenvalue Applet)
Link : http://matrix.skku.ac.kr/EigenvalueOLD/EigenValueSolver.html

※ Rank 구하기(Rank Applet)
Link : http://matrix.skku.ac.kr/MatrixRank/Test.html

※ Matrix의 거듭제곱 구하기(MatrixPow Applet)
Link : http://matrix.skku.ac.kr/MatrixPow/Test.html
http://matrix.skku.ac.kr/SKKMatrix/Test.html

예제 1 다음 행렬의 Jordan 표준형을 구하여라.

$$(1)\ \begin{bmatrix} 4 & 1 & 2 \\ 0 & 4 & 2 \\ 0 & 0 & 4 \end{bmatrix} \qquad (2)\ \begin{bmatrix} 1 & 1 & 1 & 0 \\ 0 & 2 & 0 & 0 \\ 0 & 0 & 1 & 1 \\ 0 & 0 & 0 & 2 \end{bmatrix}$$

풀이 앞 절에서 이미 그 표준형을 구한 형태들이므로, 그 답을 기억하고 컴퓨터로 푸는 방법을 한번 직접 해 보도록 하자.

(1) 먼저 고유값을 구하여야 하므로, 고유값을 구하는 자바도구를 이용하도록 한다.

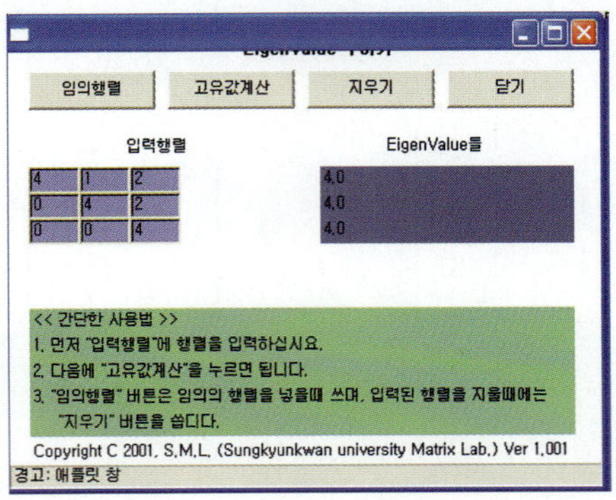

앞의 예제에서 나온 것과 같이, 4가 고유값으로 나왔고, 그 중복도는 3이다. 이를 통하여 r_1, r_2, r_3를 구해보자.

$$r_1 = n - \text{rank}(A - \lambda I)$$

이므로,

$$A - 4I = \begin{bmatrix} 0 & 1 & 2 \\ 0 & 0 & 2 \\ 0 & 0 & 0 \end{bmatrix}$$

임을 생각하여 계수를 구하는 Applet을 이용하면,

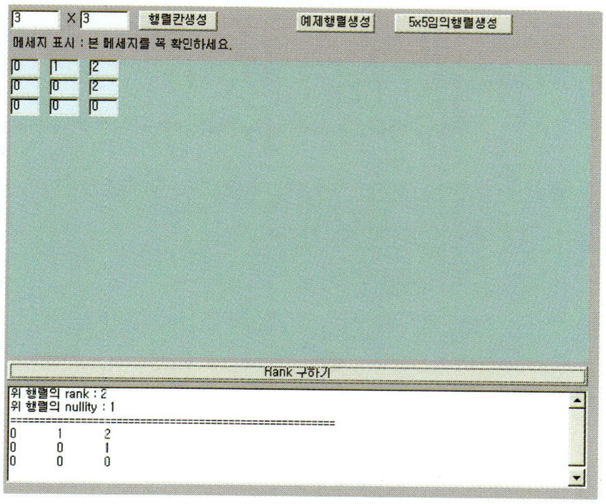

이렇게 계수가 2임을 알 수 있다. $n=3$이므로 $3-2=1=r_1$임을 쉽게 알 수 있다. 이제 r_2를 생각해 보자.

$$r_2 = \text{rank}(A - \lambda I) - \text{rank}(A - \lambda I)^2$$

이므로, $A - 4I = \begin{bmatrix} 0 & 1 & 2 \\ 0 & 0 & 2 \\ 0 & 0 & 0 \end{bmatrix}$의 제곱을 계산해야 한다. MatrixPow 애플릿을 이용하자.

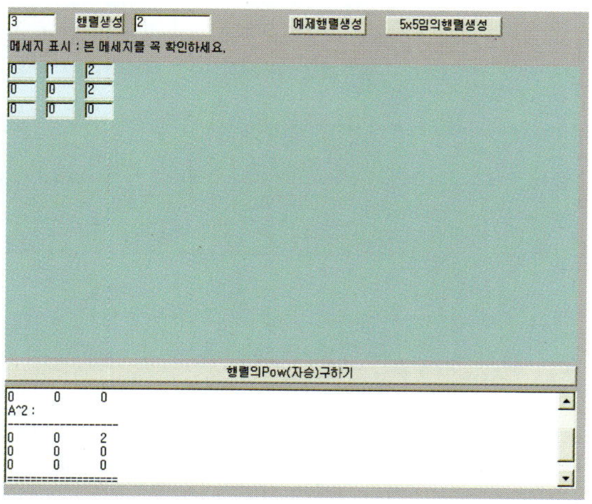

계수를 구하기 위해서는 위에 소개한 애플릿을 쓰면 된다.

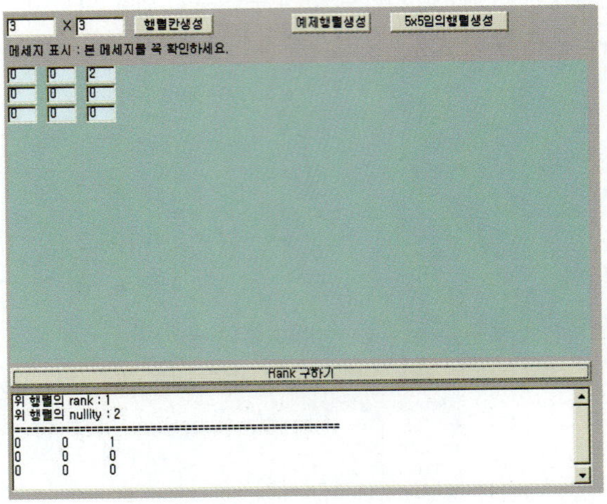

이를 통하면 $r_2=2-1=1$임을 쉽게 알 수 있다. $r_1+r_2+r_3=3$이므로, r_3는 계산을 하지 않더라도, 1임을 쉽게 알 수 있다.

따라서 점도표를 구하면

$$\begin{matrix} \bullet \\ \bullet \\ \bullet \end{matrix}$$

이것은 3×3 Jordan 블록이 한개 있음을 의미하므로 Jordan 표준형은

$$J_A=\begin{bmatrix} 4 & 1 & 0 \\ 0 & 4 & 1 \\ 0 & 0 & 4 \end{bmatrix}$$

(2) 역시 마찬가지로 고유값을 우선 구해보자.

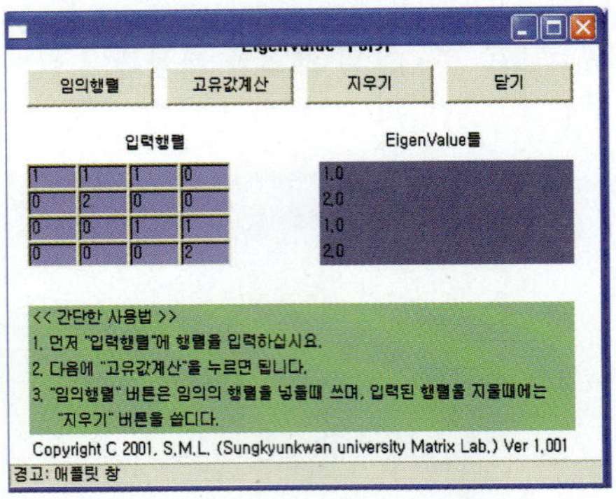

1이 중복도 2, 2가 중복도 2로 분포하고 있다. 경우를 나누어 생각하자.

i) $\lambda_1=2$인 경우, $r_1=n-\text{rank}(A-\lambda I)$이므로,

$$A-\lambda I=\begin{bmatrix} -1 & 1 & 1 & 0 \\ 0 & 0 & 0 & 0 \\ 0 & 0 & -1 & 1 \\ 0 & 0 & 0 & 0 \end{bmatrix}$$

임을 이용하여 계수를 구하면,

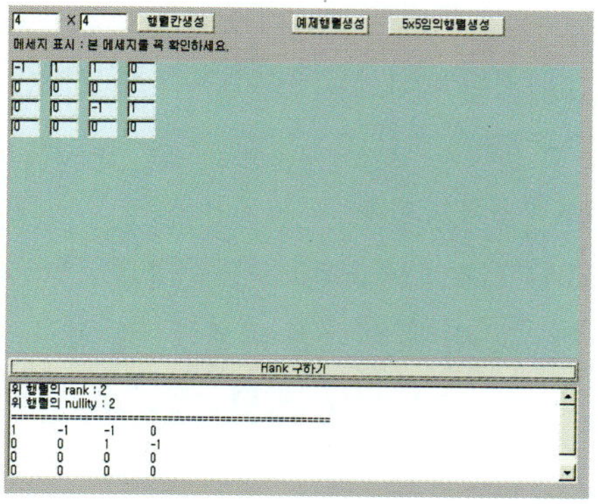

따라서 $r_1=4-2=2$이다. 따라서 점도표를 그리면 다음과 같다.

• •

ii) $\lambda_2=1$인 경우 $r_1=n-\text{rank}(A-\lambda I)$을 구해 보면,

$$A-\lambda I=\begin{pmatrix} 0 & 1 & 1 & 0 \\ 0 & 1 & 0 & 0 \\ 0 & 0 & 0 & 1 \\ 0 & 0 & 0 & 1 \end{pmatrix}$$

그 계수를 구하면,

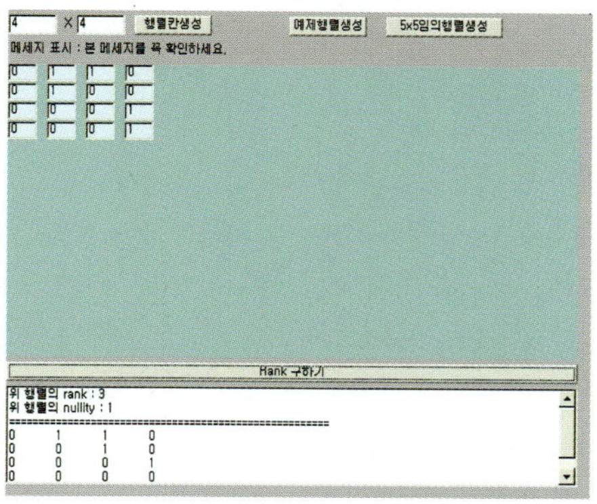

이므로, $r_1=n-\text{rank}(A-\lambda I)=4-3=1$이 된다. 즉 점도표는,

•
•

이것은 2×2 Jordan 블록 1개임을 의미한다.

i)과 ii)에 의해서 주어진 행렬의 Jordan 표준형은

$$A-\lambda I=\begin{pmatrix} 2 & 0 & 0 & 0 \\ 0 & 2 & 0 & 0 \\ 0 & 0 & 1 & 1 \\ 0 & 0 & 0 & 1 \end{pmatrix}$$ □

이렇게 우리가 이제까지 배운 자바 애플릿들을 통하여 Jordan 표준형을 얼마든지 구할 수 있으며, 더 큰 행렬의 문제에 대해서도 손쉽게 그 표준형을 구할 수 있다.

굳이 JAVA를 쓰지 않는 경우에는 MATHEMATICA등의 일반적인 프로그램을 이용하는 방법도 있다. 사용방법은 간단하여 아주 손쉽게 이용할 수 있다.

Jordan Decomposition[{행렬}] 함수

이 함수는 MATHEMATICA에서 Jordan 표준형을 구하게 해 주는 함수로서, 두 개의 행렬을 우리에게 알려준다. 첫 번째 행렬은 A와 J_A가 닮음이 되게 하는 가역행렬 P이고, 나머지가 주어진 행렬의 Jordan 표준형 J_A이다. **즉, $A=PJ_AP^{-1}$이다.**

예제 2 MATHEMATICA를 이용하여 아래의 행렬의 Jordan 표준형을 구하라.

$$A=\begin{pmatrix} 2 & 4 & -6 & 0 \\ 4 & 6 & -3 & -4 \\ 0 & 0 & 4 & 0 \\ 0 & 4 & -6 & 2 \end{pmatrix}$$

풀이 MATHEMATICA를 다음과 같이 실행하면 금방 그 답을 구할 수 있다.

(소프트웨어 이용시 subscript를 못쓰므로 **편의상 P를 A로 J_A를 B로 썼다.**

즉, $\{P, J_A\}\equiv\{A, B\}$=JordanDecomposition[{M}])

우선 행렬 m을 정의한다.

ln[8] : m={{2, 4, −6, 6}, {4, 6, −3, −4}, {0, 0, 4, 0}, {0, 4, −6, 2}};
MatrixForm[m]

out[9]//MatrixForm=

$$\begin{pmatrix} 2 & 4 & -6 & 0 \\ 4 & 6 & -3 & -4 \\ 0 & 0 & 4 & 0 \\ 0 & 4 & -6 & 2 \end{pmatrix}$$

Jordan 표준형을 구하기 위해 함수를 실행한다. A는 similar matrix, B가 Jordan 표준형이다.

ln[10] : {A, B}=JordanDecomposition[m];

따라서 B만을 확인해 보면 다음과 같다.

ln[11] : MatrixForm[B]

out[11]//MatrixForm=

$$\begin{pmatrix} 2 & 1 & 0 & 0 \\ 0 & 2 & 0 & 0 \\ 0 & 0 & 4 & 0 \\ 0 & 0 & 0 & 6 \end{pmatrix}$$

원래 행렬인 m은 어떻게 복구할까? similar matrix가 A라고 했으므로, ABA^{-1}을 해 주면 바로 구할 수 있을 것이다.

ln[12] : MatrixForm[A.B.Inverse[A]]

out[12]//MatrixForm=

$$\begin{pmatrix} 2 & 4 & -6 & 0 \\ 4 & 6 & -3 & -4 \\ 0 & 0 & 4 & 0 \\ 0 & 4 & -6 & 2 \end{pmatrix}$$

따라서 Jordan 표준형 J_A는 다음과 같다고 할 수 있다.

$$\begin{pmatrix} 2 & 1 & 0 & 0 \\ 0 & 2 & 0 & 0 \\ 0 & 0 & 4 & 0 \\ 0 & 0 & 0 & 6 \end{pmatrix}$$

□

위의 예제에서는 중요한 것을 하나 더 보여주고 있다. Jordan 표준형을 구하는데 있어서, 다음의 관계를 만족하는 행렬 P도 보여주고 있는 것이다.

$$A = PJ_AP^{-1} \text{ (여기서 } J_A\text{는 Jordan 표준형)}$$

같은 방법으로 가역행렬 P를 구해 보면 다음과 같다.

```
ln[12] : MatrixForm[A]
out[12]//MatrixForm=
```

$$\begin{pmatrix} 1 & -\frac{1}{4} & 0 & 1 \\ 0 & \frac{1}{4} & 3 & 1 \\ 0 & 0 & 2 & 0 \\ 1 & 0 & 0 & 1 \end{pmatrix}$$

이 행렬이 위에서 구한 Jordan 표준형과 만나면 다음과 같이 계산될 수 있다.

```
ln[13] : m2=A.B.Inverse[A]
MatrixForm[m2]
out[14]//MatrixForm=
```

$$\begin{pmatrix} 2 & 4 & -6 & 0 \\ 4 & 6 & -3 & -4 \\ 0 & 0 & 4 & 0 \\ 0 & 4 & -6 & 2 \end{pmatrix}$$

원래 행렬과 같아짐을 알 수 있다. 이를 통하여 우리는 Jordan 표준형을 구하는 문제가 행렬의 대각화의 일반화이며, 최대한 $n+1$개의 영 아닌 성분으로 이루어진 단순한 모양의 닮음행렬을 구하는 문제와 같음을 알 수 있었다.

우리가 계산기를 통하여 쉽게 구한 가역행렬 P를 손으로 구하는 방법에 대하여 언급하면서 이 장을 마치도록 하자. 위의 행렬 P를 구하는 과정은 앞의 1절에서도 잠시 언급했지만, 고유벡터를 구하는 것과 유사한 방법으로, 열을 하나씩 구하는 "일반화된 고유벡터(Generalized Eigenvector)"를 구하는 방법에 따라 구하면 된다. 일반화된 고유벡터에 대하여는 http://matrix.skku.ac.kr/sglee/03-Note/GeneralizedEV-f.pdf를 참고하기 바란다.

〈Mathematica를 이용하여 JCF 구하는 방법〉

http://www.ma.iup.edu/projects/CalcDEMma/JCF/jcf0.html

http://mathworld.wolfram.com/JordanCanonicalForm.html

1. 개념토론

- Jordan block : $J_k = \begin{bmatrix} \lambda_i & 1 & & 0 \\ & \ddots & \ddots & \\ & & \ddots & 1 \\ 0 & & & \lambda_i \end{bmatrix}_{n_k \times n_k}$

- n차의 정사각행렬 A의 Jordan 표준형(Jordan canonical form) : J_A

$$J_k = \begin{bmatrix} J_1 & & & 0 \\ & J_2 & & \\ & & \ddots & \\ 0 & & & J_t \end{bmatrix}_{n \times n}, \quad (n_1 + n_2 + \cdots + n_t,\ 1 \le k \le t)$$

- 점 도표
- 행렬 $A \in M_n(C)$ 대하여, r_j를 λ_i에 대한 점 도표의 j번째 행에 있는 점의 개수라 하면
  (1) $r_1 = n - \text{rank}(A - \lambda_i I)$
  (2) 만일 $j > 1$이면, $r_j = n - \text{rank}((A - \lambda_i I)^{j-1}) - \text{rank}((A - \lambda_i I)^j)$

*Project

- **JCF의 응용**

우리는 앞에서 선형미분방정식의 풀이에 행렬을 이용한 방법을 소개하였다. 이 방법은 행렬의 대각화를 이용하여 푸는 문제로써, 대각화 될 경우 그 선형미분방정식의 일반해를 손쉽게 구하는 방법을 소개한 바 있다.

그러나 모든 행렬이 대각화가능은 아니므로 즉, $Q^{-1}AQ = D$되는 전이(transition) 행렬 Q가 존재하는 것은 아니므로, 이 경우 선형미분방정식 $\mathbf{x}'(\mathrm{t}) = \mathrm{A}\mathbf{x}(\mathrm{t})$의 일반해 $\mathbf{x}(t) = e^{tA}\mathbf{c}$를 쉽게 구하는 것은 매우 어려울 수 있다.

그러나 이 절에서는 대각화가능이 아닌 행렬이라도 대각행렬에 매우 가까운 행렬에 닮음이 된다는 것을 Jordan 표준형을 통해 보여주었다. 이 경우 전이(transition)행렬 Q의 열들은 고유벡터와 비슷하지만, 완전히 같지는 않다. 이것들을 일반화된 고유벡터라고 앞에서 소개한 바 있다.

A의 Jordan 표준형을 이용하면, e^A의 계산은 훨씬 쉬워진다. A가 대각화가능한 행렬이면 선형미분방정식 $\mathbf{x}'(t) = A\mathbf{x}(t)$의 일반해는

$$\mathbf{x}(t) = e^{tA}\mathbf{x}_0 = c_1 e^{\lambda_1 t}\mathbf{u}_1 + \cdots + c_n e^{\lambda_n t}\mathbf{u}_n$$

가 된다. (여기서 λ_i는 A의 고유값이고 $\mathbf{u}_i$는 그에 대응하는 n개의 일차독립인 고유벡터이다.)

◎ 복습 : [8장 3절 행렬 함수, 8장 9절 연립 1차미분방정식]

$x'=ax \Rightarrow x(t)=ce^{at}$

$\mathbf{x}'=A\mathbf{x} \Rightarrow \mathbf{x}(t)=e^{At}\mathbf{c}=\sum_{i=1}^{n} c_i e^{\lambda_i t}\mathbf{u}_i$

$$A=QDQ^{-1},\ e^{A}=e^{QDQ^{-1}}=Qe^{D}Q^{-1}$$
$$=Qe^{\wedge}\begin{bmatrix} \lambda_1 & & 0 \\ & \ddots & \\ 0 & & \lambda_n \end{bmatrix} Q^{-1}$$
$$=Q\begin{bmatrix} e^{\lambda_1} & & 0 \\ & \ddots & \\ 0 & & e^{\lambda_n} \end{bmatrix} Q^{-1}$$

$\mathbf{x}'(t)=A\mathbf{x}(t)$이고 A가 2×2 행렬이고 고유값 λ의 (대수적)중복도가 2라 하자. 만일 $\dim E(\lambda)=2$이면 고유공간 $E(\lambda)$의 기저 $\{\mathbf{u}_1,\ \mathbf{u}_2\}$가 존재하고 $\mathbf{x}_\mathbf{i}=e^{\lambda t}\mathbf{u}_\mathbf{i},\ i=1,\ 2$가 각각 일차독립인 해이므로 일반해는 일차독립인 해들의 일차결합이므로,

$$\mathbf{x}(t)=c_1\mathbf{x}_1+c_2\mathbf{x}_2=e^{\lambda t}(c_1\mathbf{u}_1+c_2\mathbf{u}_2)$$

또한 $\dim E(\lambda)=1$이면, $E(\lambda)$의 기저 $\{\mathbf{u}_\mathbf{i}\}$뿐이고 하나의 해가 필요하다. 이 해를 아래와 같이 잡는다.

$$\mathbf{x}_2(t)=te^{\lambda t}\lambda\,\mathbf{v}+e^{\lambda t}\mathbf{w}$$

그러면 이 해는 미분방정식을 만족해야 하므로

$$\begin{cases} \mathbf{x}'_2=te^{\lambda t}\lambda\mathbf{v}+e^{\lambda t}\mathbf{v}+\lambda e^{\lambda t} \\ A\mathbf{x}_2(t)=te^{\lambda t}A\mathbf{v}+e^{\lambda t}A\mathbf{w} \end{cases}$$
$$\begin{cases} (A-\lambda\mathrm{I})\mathbf{v}=\mathbf{0} \\ (A-\lambda\mathrm{I})\mathbf{w}=\mathbf{0} \end{cases}$$

를 만족하는 $\mathbf{w}$를 구하면 된다.

그러면 일반해는 다음과 같이 이야기할 수 있다.

$$\begin{aligned} \mathbf{x}(t)&=c_1\mathbf{x}_1(t)+c_2\mathbf{x}_2(t) \\ &=c_1e^{\lambda t}\mathbf{v}+c_2(te^{\lambda t}\mathbf{v}+e^{\lambda t}\mathbf{w}) \\ &=e^{\lambda t}\{(c_1+c_2t)\mathbf{v}+c_2\mathbf{w}\} \end{aligned}$$

이번엔 3차행렬 A에 대해, $\dim E(\lambda)=1$인 경우를 생각해 보자.

$$\mathbf{x}(t)=\mathrm{e}^{\lambda t}((\mathrm{c}_1+\mathrm{c}_2t+\mathrm{c}_3\frac{t^2}{2!})\mathbf{u}+(\mathrm{c}_2+\mathrm{c}_3\,t)\mathbf{w}+\mathrm{c}_1z)$$

이면,

$$AQ=A[\mathbf{u} : \mathbf{w} : \mathbf{z}]=[\mathbf{u} : \mathbf{w} : \mathbf{z}]\begin{bmatrix} \lambda & 1 & 0 \\ 0 & \lambda & 1 \\ 0 & 0 & \lambda \end{bmatrix}=QJ$$

여기서 얻은 행렬 J가 A의 JCF J_A이다. 이런 Jordan block들의 집합(direct sum)이 일반적인 행렬 A의 JCF이 된다. 위의 과정을 다른 선형미분방정식의 해법과 비교하여 보아라.

|1-2| 다음 선형연립방정식의 해를 구하여라.

1. $y'_1=y_1-y_2+2y_3$
$y'_2=3y_1+4y_3$
$y'_3=2y_1+y_2$

2. $y'_1=5y_1-4y_2+2y_3$
$y'_2=y_1-6y_2+3y_3$
$y'_3=2y_3$

3. 일반화된 고유벡터(generalized eigenvector)에 대하여 알아보아라.
참고 : http://matrix.skku.ac.kr/sglee/03-Note/GeneralizedEV-f.pdf

CAS Project

Jordan표준형을 구하는 문제는 바로, 대각화의 유사한 결과를 구하기 위함에 있다. 본문에 끝에서도 일반화된 고유벡터(generalized eigenvector)를 이용하여 간편하게 이러한 대각화형태를 구할 수 있다. 즉,

$$A=PJP^{-1}\ (J\text{는 Jordan 표준형})$$

문제는 이 일반화된 고유벡터는 고유값을 이용하여 그 값을 구하지만, 그 절차는 상당히 복잡하다. 따라서 이러한 계산상의 문제를 컴퓨터를 이용하여 앞의 연습문제 10-1에 나오는 1-6번을 풀어보도록 하자.

1. 다음 행렬을 Jordan표준형과 치환행렬로 나타내어라.

$$\begin{bmatrix} -1 & 1 & -2 \\ 2 & -2 & -4 \\ 3 & -3 & 2 \end{bmatrix}$$

이를 위하여 우선 Mathematica에서 해당 행렬을 정의해준다.

```
ln[44] : m={{-1, 1, -2}, {2, -2, -4}, {3, -3, -2}};
         MatrixForm[m]
out[45]//MatrixForm=
```

$$\begin{bmatrix} -1 & 1 & -2 \\ 2 & -2 & -4 \\ 3 & -3 & 2 \end{bmatrix}$$

Jordan Decomposition 함수를 취한다. 이 함수의 반환값(return value)는 행렬 두개로서 하나는 Similarity를 만들어주는 행렬, 하나는 Jordan 표준형이다.

In[46] : {P, J}=JordanDecomposition[m];

MatrixForm[P]

MatrixForm[J]

out[47]//MatrixForm=

$$\begin{bmatrix} 1 & 1 & -\frac{1}{4} \\ 6 & 1 & 0 \\ 5 & 0 & -\frac{3}{8} \end{bmatrix}$$

out[48]//MatrixForm=

$$\begin{bmatrix} -5 & 0 & 0 \\ 0 & 0 & 1 \\ 0 & 0 & 0 \end{bmatrix}$$

따라서 $P=\begin{bmatrix} 1 & 1 & -\frac{1}{4} \\ 6 & 1 & 0 \\ 5 & 0 & -\frac{3}{8} \end{bmatrix}$, $J=\begin{bmatrix} -5 & 0 & 0 \\ 0 & 0 & 1 \\ 0 & 0 & 0 \end{bmatrix}$이 된다. 이 행렬들이 원래의 형태인 $A=PJP^{-1}$를 만족하는 것은 다음을 통해 보일 수 있다.

In[50] : MatrixForm[P.J.Inverse[P]]

Out[50]//MatrixForm=

$$\begin{bmatrix} -1 & 1 & -2 \\ 2 & -2 & -4 \\ 3 & -3 & -2 \end{bmatrix}$$

|2-6| 같은 방법으로, $A=PJP^{-1}$를 만족하는 행렬 P와 Jordan 표준형을 구하라.

2. $\begin{bmatrix} 0 & 1 & 0 & 0 \\ 0 & 0 & 1 & 0 \\ 0 & 0 & 0 & 1 \\ -1 & 4 & -6 & 4 \end{bmatrix}$ **3.** $\begin{bmatrix} 5 & -3 & -2 \\ 8 & -5 & -4 \\ -4 & 3 & 3 \end{bmatrix}$

4. $\begin{bmatrix} 1 & 1 & 1 & 1 \\ 0 & 2 & 2 & 0 \\ 0 & 0 & 2 & 0 \\ -1 & 1 & 0 & 3 \end{bmatrix}$ **5.** $\begin{bmatrix} 0 & -3 & 1 & 2 \\ -2 & 1 & -1 & 2 \\ -2 & 1 & -1 & 2 \\ -2 & -3 & 1 & 4 \end{bmatrix}$ **6.** $\begin{bmatrix} 2 & 1 & 4 \\ 0 & 2 & -1 \\ 0 & 0 & 3 \end{bmatrix}$

〈유네스코 문화유산 : 불국사〉

〈유네스코 문화유산 : 석굴암〉

* 건축과 음악속의 수학 (배재대 김성숙교수)

http://cyworld.nate.com/sskim719 중 수학관련 글 4번

http://www.yesform.co.kr/z_n/forms/view_repo/B11A11/repo_1484.html

http://yesform.webhard.co.kr/forms/download.php?rowid=1484&type=pdf&menu=forms_report

A. 부　　록

부　록(Appendix)

A.1 행렬 이론의 과거와 현재

보통 사람들은 수학은 추상적이고 손에 잡히지 않는 이상향을 추구한다고 생각한다. 그러나 한 달 동안 아침 일찍 일어나 늦게까지 잠 안자며 땀 흘리고 일하고 그 대가로 통장에 찍히는 몇 자리의 숫자인 돈보다 더 추상적인 개념이 어디 있는가? 사실 우리는 수많은 추상적인 개념 속에서 살고 있다. 마찬가지로 수 많은 수학 속에 살고 있는 것이다. 이런 수학에는 지금 무슨 일이 진행되고 있는가 보자.

1850년경에 대학원생이던 Guthrie가 "네 가지 색만 있으면 아무리 나라가 많고 붙어있어도 구분이 되게 평면지도를 만들 수 있다"고 Quarterly Journal of Mathematics에 소개한 "4-color problem"은 많은 수학자를 고민시켰다. 결국 Applel과 Haken에 의해 1976년 computer를 이용해 보여졌고, 이 내용은 1989년 AMS를 통해 책으로 발표되었다. 또, 1630년에 Fermat가 읽던 책안의 여백에 "n이 2보다 큰 정수이면 $x^n+y^n=z^n$ 을 만족하는 정수 쌍 (x, y, z)는 존재하지 않는다"고 쓰고 그 책의 귀퉁이에 "증명은 쓸 자리가 없구나" 하여 오랫동안 미해결문제가 된 이 문제는 300년 이상 수많은 수학자에게 나도 큰 상금도 받고 유명해 질 수도 있다는 희망을 주어오다 1995년 Andrew Wiles에 의하여 마침내 보여졌다. 오래 전에 붙었던 그 상금은 전쟁과 인플레이션을 겪으며 없어져 버렸으며, 수학의 Novel 상인 Field 상은 40세 이전의 젊은 수학자에게만 주는데 이 문제에 도전을 시작했던 1986년에는 젊었던 Wiles가 막상 문제를 해결했을 때인 1995년에는 40살이 약간 넘어 Field 상을 받을 기회를 놓쳐서 논란이 있기도 했다.

1976년 public key code라는 개념으로 암호론에 새로운 아이디어가 소개된 후 Rivest, Shamir, Adleman이라는 세 명의 교수에 의해 RSA code로 알려진 코드가 개발되고 현재 RSA Data Security Inc.라는 큰 회사도 생겼다. 이들은 자신의 code가 풀리려면 129 자릿수의 소인수 분해를 하는 기술이 필요한데 아마 23,000년 정도 후에나 가능 할 것이라고 예언하고 이를 해독하는 첫 번째 사람에게 상금으로 $100을 걸면서 이를 연리 6%의 복리로 예금해두면 약 20,000년 후에는 어마어마한 500자리수의 큰돈이 될 것이라고 호언했다. 이는 RSA-129라고 알려진 수의 소인수 분해와 관련되는데 이 RSA-129를 인수분해 하는 프로젝트는 여러 수학자의 손을 거쳐 (0, 1)-행렬과 "Structured Gauss"라고 알려진 선형대수학의 기법을 이용하여 super computer를 이용하여 Arjen Lenstra에 의해 1994년 4월 마무리 지어 졌다.

우리는 이와 같이 문제가 실지로 풀리는 시대에 살고 있다. 대개는 이런 지금을 "정보화시대"라고 한다. 이 정보화시대의 의미가 무엇일까?

이전에 홀로 생각하고 손으로 써서 돌려보다, 인쇄술이 발달하면서 자신의 결과를 다른 사람의 결과와 함께 논문집에 내고 자신의 연구를 평가받고 남의 결과도 공부하던 시대를 거쳐, 이제는 Internet이란 정보 통신 수단의 발전과 더불어 Electronic Journal과 Homepage가 그 역할의 일부를 계승 발전시키는 시대를 맞이하고 있다. 그리고 세계 각국의 최고 수준의 연구 및 교육의 결과가 Internet을 이용하여 검색되고 분석되며 추려져서 새로운 발전에 이용되고 있다. 우리가 세계 최고 수준으로 가기 위해서는 우리도 자신에 의하여 창출된 최고 수준의 지식을 이 수단을 통하여 공유해야만 할 것이다. 지금이야말로 교수와 알아야 할 것이 많아진 학생사이의 거리가 가까워질 때이다. 교수는 학생과 같이 고민하고, 학생은 수동적으로 지식을 전수 받던 시대에서 능동적, 창조적으로 도전해야 하는 시대를 맞이하고 있다. 정보기술분야의 최대 국제기구인 ITU는 2003년 4월 9일 스위스 제네바에서 열린 초고속인터넷 워크숍에서는 "한국이 지난 40년간 정보통신 분야에서 이룩한 발전은 기적이며 더 이상 권고할 것이 없는 성공적인 사례"라고 극찬했다고 한다.

모두가 쓰던 자연수에 음수를 도입한 중국의 음양설과 이어서 0을 집어넣은 인도의 공사상, 측량하며 보탠 이집트의 유리수와 지중해를 건너 피타고라스의 무리수, 계속하여 유럽의 복소수, 이어서 영국의 해밀톤이 생각해낸 4원수, 또 대서양을 건너 미국으로 가서 발전한, 컴퓨터를 이용하여 자유자재로 다루는, n차원시대를 거쳐 이제 태평양을 건너 다시 시발점인 아시아로 또 한국으로 중심이 올 것임을 또, 오고 있음을 믿어 의심치 않는다. 이제 우리는 미래에서 다시 과거를 돌아보도록 하자.

행렬과 행렬식에 관한 연구의 출발은 기원전 4세기일 것으로 추측한다. 그러나 연구 결과의 기록은 구체적으로 기원전 2세기의 것부터 남아있으며, 연구를 위한 수단이 갖추어지는 17세기말이 되어서야 르네상스를 맞이하여 "선형대수학"의 이름으로 크게 발전하게 된다. 이어서 제2차 세계대전을 거치며 컴퓨터의 발전과 더불어 20세기 후반에 "행렬이론(Matrix Theory)"이란 이름으로 제2의 르네상스를 구가하고 있다.

행렬과 행렬식에 관한 연구가 연립일차방정식의 연구에서 비롯되었다는 것은 그리 놀랄만한 일은 아니다. 보통은 행렬을 먼저 생각하고 그것의 행렬식을 연상하는데 역사적으로는 반대이다. **행렬의 개념은 행렬식의 개념이 소개된 지 무려 150년이 지난 후에야 소개된 개념이다.** 우리는 여기서 선형대수학의 발전과정을 돌아보고 현재와 미래를 생각해보자.

(1) 선형대수학의 시작

선형대수학의 과거를 돌아보자. 기원전 4세기경에 바빌로니아인들은 연립 일차방정식으로 이어지는 문제들을 연구하였음을 점토판에 보존되어 있는 아래의 문제를 통해 알 수 있다.

> 총면적 1,800평방야드의 두개의 들판이 있다. 한 곳에서는 1평방야드당 5.3 bushel의 비율로 곡물이 생산되고 다른 한곳에서는 4 bushel[1)]의 비율로 곡물이 생산된다.

1) 미국 관례도량형과 영국 법정표준도량형의 기준에 따르는 용량의 단위. (1 bushel$=$45035.04cm^3)

만약 전체 생산량이 8,800 bushel이라면 각 들판의 크기는 얼마인가?

그 후 한(漢)왕조때인 B.C. 200년에서 B.C. 100년 사이에 쓰여진 "구장산술(九章算術)"이라는 수학책에서는 최초로 행렬에 관한 문제를 다루는 해법을 설명하고 있다. 우선 이 문제는 바빌로니아인들의 해법과 유사한 것이었다. 그러나 중국인들은 바빌로니아인들보다 행렬의 개념에 더 가깝게 다가섰다. 실제로 그 책안에 다음 문제와 해법이 있다.

> 세 가지 종류의 옥수수 다발들이 있다. 첫째 유형 3 다발, 둘째 유형 2 다발, 셋째 유형 1 다발을 모으면 전체는 39단위량이 된다. 또 첫째 2 다발, 둘째 3 다발, 셋째 1 다발은 34단위를 이룬다. 그리고 첫째 1 다발, 둘째 2 다발, 셋째 3 다발은 26단위를 이룬다. 이때 각 유형의 1 다발에 속해있는 옥수수의 단위량은 각각 얼마인가?

여기서 저자는 주목할 만한 방법으로 이 문제에 접근한다. 그는 미지수가 3개인 일차 연립방정식의 계수로 다음과 같은 표를 만들었다.

$$\begin{array}{ccc} 1 & 2 & 3 \\ 2 & 3 & 2 \\ 3 & 1 & 1 \\ 26 & 34 & 39 \end{array}$$

그 다음을, 우리의 column 연산의 부호를 이용하여 설명한다면, $3C_1 - C_3$을 C_1으로 대치하고 (즉, $\longmapsto$), $3C_2 - 2C_3 \longmapsto C_2$하여 다음과 같은 식을 얻었다.

$$\begin{array}{ccc} 0 & 0 & 3 \\ 4 & 5 & 2 \\ 8 & 1 & 1 \\ 39 & 24 & 39 \end{array}$$

또, $5C_1 - 4C_2 \longmapsto C_1$하여 다음과 같은 식을 얻었다.

$$\begin{array}{ccc} 0 & 0 & 3 \\ 0 & 5 & 2 \\ 36 & 1 & 1 \\ 99 & 24 & 39 \end{array}$$

이렇게 하여 각 유형의 1 다발에 속해있는 옥수수의 단위량은 각각 얼마인지가 얻어진다 ($x_1 = 9.25$, $x_2 = 4.25$, $x_3 = 2.75$). 이것은 행과 열이 바뀌었을 뿐, 오늘날 Gauss소거법으로 알려진 방법과 같다. 놀랍게도 이 방법은 약 2,000년 후인 19세기초 까지는 세계에 널리 알려지지 않았다. Gauss는 Pallas 소행성의 연구 중, 1803년에서 1809년 사이에 행해진 그 궤도의 관찰 기록을 이용하여, 미지수가 6개인 연립일차방정식을 만들었으며, 이 계수행렬에 대해 현재 **"가우스 소거법"**이라 불리는 방법을 고안해 냈다.

카르다노(Cardano)는, 1545년 그의 책 "위대한 술법(Ars Magna)"에서, 현재의 "미지수가 2개인 연립 일차방정식의 해법"과 같은 방법을 소개했다. 이 방법을 지금 재해석해 보면 이것은 궁극적으로 행렬식의 정의로 이어짐을 알 수 있다. 1660년 de Witt는 데카르트(Descartes)의 책 "기하학"의 라틴어 번역판에 대한 논평의 한 부분으로 발표한 "Elements of Curves"에서 축의 이동으로, 현재 "대칭행렬의 대각화"라고 알려진, Quadratic function (conic section)의 canonical form을 찾는 방법을 소개했다.

행렬식의 개념은 일본인 Seki Kowa(또는 Takakazu Kowa)가 1683년에 먼저 발표했으며 일본과 유럽에서 거의 동시에 등장했다. 1683년 Seki는 앞서 서술한 중국인의 해결방법과 구성이 일치하는 방법으로 행렬의 행렬식을 구하는 방법을 찾아서 방정식의 해법을 구했다. 이 Seki Kowa(1642-1708)라는 사무라이 가정에서 태어난 수학자는 뉴턴(Newton)과 동시대인으로서 미적분학을 발견한 동양의 Isaac Newton으로 재평가되고 있다.

유럽에서 행렬식이 처음 대두된 것은 같은 해인 1683년이었다. 그 해에 Leibniz는 de L'Hopital에게 보낸 편지에서 다음 연립 방정식이

$$10 \cdot 21 \cdot 32 + 11 \cdot 22 \cdot 30 + 12 \cdot 20 \cdot 31 = 10 \cdot 22 \cdot 31 + 22 \cdot 20 \cdot 32 + 12 \cdot 21 \cdot 30$$

이므로 영 아닌 해 $(1, x, y)$를 갖는다고 설명했다.

$$10 + 11x + 12y = 0$$
$$20 + 21x + 22y = 0$$
$$30 + 31x + 32y = 0$$

이것은 주어진 연립방정식의 계수행렬의 행렬식이 영이라는 조건을 보인 것이다. 따라서, 일반적인 행렬식의 개념은 1693년 라이프니츠에 의하여 소개 된 것으로 알려지기도 하고 그전에 가우스에 의하여 알려졌다고 하기도 한다.

라이프니츠는 수학연구에 있어서 좋은 기호체계는 바로 연구발전의 요소라고 믿었기에 다양한 기호체계로 계수행렬의 연구를 시도했다. 그의 미발표 자료에는 1678년부터 약 50년간 연구한 50가지 이상의 다양한 계수행렬 체계가 들어있다. 그는 1700년과 1710년의 단 두번의 출판으로 계수행렬 체계의 결과를 보여주었는데, 거기에서는 앞서 언급했던 de L'Hopital에게 보낸 자료에서와 같은 기호체계를 사용하고 있다. 라이프니츠는 현재의 Cramer 공식에 이르는 기본 원리를 포함하는 결과와 현재 Laplace 여인자 전개식이라 불리는 결과의 초보적인 내용 등도 보였었다.

1730년대에 Maclaurin은 2차, 3차 계수행렬을 갖는 연립일차방정식에 대한 Cramer의 공식을 증명하고, 4차의 경우에 대한 최초의 연구결과를 (사후인 1748년에) 발표했다. 그후 1750년 Cramer는 n차 계수행렬을 갖는 연립일차방정식에 대한 일반적인 공식 "n개의 미지수를 가지는 연립일차방정식을 풀기 위하여 n개의 분수를 만드는데 그 공통 분모는 n개

에 대한 순열의 개수, $n!$, 만큼의 항을 갖는다."을 (부록에 증명 없이) 준 것이다. Cramer는 더 나아가서 주어진 방정식의 특정계수들의 곱으로 항들을 찾는 방법과 각 항의 부호를 결정하는 법도 보여주었다. 그는 또한 상수항을 특정계수 자리에 배치함으로써 n개의 분자를 찾을 수 있음을 보여주었다. 이는 "주어진 점들을 지나는 평면곡선의 방정식"을 찾고자하는 노력에 기인한 것이다.

이 연구는 1771년 Vandermonde가 현재 Vandermonde 행렬이라고 알려진 행렬을 이용하여 보간법 문제를 해결하면서 해결되었다.

"행렬식"이라는 용어를 처음으로 소개한 사람은 Gauss였는데, 그가 행렬식라는 용어를 사용한 것은 행렬식이 정사각형(행렬)의 성질을 결정(determine)할 수 있기 때문이었다. 그러나 그 개념은 우리가 알고 있는 행렬식과는 다른 것이었다. 현대적 의미의 "행렬식"이라는 용어를 사용하기 시작한 사람은 1812년 Cauchy였다. 그의 결과는 이전까지의 초기 연구 중 가장 완성도가 높은 것이다. 그는 초기 연구결과들을 다시 증명했고, 계수행렬을 "tableau"라고 불렀으며, 고유값(eigenvalue)을 발견했고, 행렬의 대각화에 관한 결과와 닮은(similar)행렬의 개념을 주었다. 또, "모든 실계수 대칭행렬은 대각화가능함 (diagonalizable)"을 증명했다.

1821년 "tableau"란 이름으로 행렬을 소개한 Cauchy는 1841년, 행렬식 이론에 관해 최초의 영문 논문을 기고했다. 이 논문에서 그는 두 개의 수직선을 양옆에 그려 행렬식을 표기했고, $|*|$, 그 표기법이 현재 표준 기호가 되었다. 이외에도, 다른 관점에서 위와 관련된 결과들을 연구하고, 부분적으로는 좋은 결과를 낸 수학자로 Jacques Sturm, D'Alembert, Jacobi, Kronecker, Weierstrass등을 들 수 있다. 다시 말하면, 행렬식은 1693년에 Leibniz에 의해 연립일차방정식의 해를 구하는데 이용되었으며 행렬의 개념은 행렬식이 소개된 지 120여년이 지난 1812년에야 비로소 Cauchy가 처음 이용하였다. 더구나 그때는 현재 우리가 쓰고 있는 편리한 행렬의 표기법을 쓰지 않았기 때문에 널리 이용되지 않고 있다가 1851년에 가서야 Sylvester가 제안한 표기법이 보편화되면서 발전하였다.

사실 n^2 개의 계수들의 배열에 대한 연구를 수학적으로 발전시키기 위해서는 그것을 쉽게 쓸 수 있는 표기법의 개발과 그들 사이의 관계를 설정할 연산, 즉 곱셈 연산이 절대적으로 필요했던 것이다.

이 문제는 행렬식이 소개된 지 150년이 지나 이미 행렬식에 대한 많은 연구가 진행된 후인 1851년에야 Sylvester가

$$\begin{matrix} a_1\alpha_1 & \cdots & a_1\alpha_n \\ \vdots & & \vdots \\ a_n\alpha_1 & \cdots & a_n\alpha_n \end{matrix}$$

으로 n^2 개의 계수들의 배열을 나타내고 이것을 행렬(matrix), 즉 $n \times n$(정사각) 행렬이라고 불렀는데 MATRIX라는 말은 자궁(womb)이라는 말의 Latin어 단어로서 이것은 위의 계수들의 배열의 행(row) 또는 열(column)들이 행렬식을 배태해 낸다는 것을 고려하여 이름붙인 것으로 생각된다. 이것이 첨자를 간편하게 섞어 쓰면서 현재 쓰는 행렬의 표기법 $A=[a_{ij}]$로 발전한 것이다.

1851년 미국을 떠나 영국으로 돌아와 변호사가 된 Sylvester는 동료 변호사이자 그와 마찬가지로 수학에 관한 깊은 관심을 갖고 있던 Arthur Cayley를 만나게 된다. Cayley는 Sylvester를 통하여 행렬 개념의 중요성을 인식하고 1853년 역행렬에 관한 논문을 최초로 발표했다.

곧이어, Arthur Cayley는 1855년 **선형변환**(Linear Transformation)을 연구하면서 행렬간의 곱셈을 정의하게 되고 **행렬 대수**(Matrix Algebra)를 연구하게 된 것이다.

즉,

$$T_1 : x'=ax+by \text{이고} \quad T_2 : x''=\alpha x'+\beta y'$$
$$y'=cx+dy \qquad\qquad y''=\gamma x'+\delta y'$$

이면

$$T_2 \cdot T_1 \begin{bmatrix} x \\ y \end{bmatrix} = \begin{bmatrix} x'' \\ y'' \end{bmatrix}$$

이 되는 $T_2 \cdot T_1$은 무엇인가 생각하던 중,

$$\begin{bmatrix} x'' \\ y'' \end{bmatrix} = \begin{bmatrix} \alpha a+\beta c & \alpha b+\beta d \\ \gamma a+\delta c & \gamma b+\delta d \end{bmatrix} \begin{bmatrix} x \\ y \end{bmatrix}$$

임을 알아차리고 행렬의 곱을

$$T_2 \cdot T_1 := \begin{bmatrix} \alpha & \beta \\ \gamma & \delta \end{bmatrix} \begin{bmatrix} a & b \\ c & d \end{bmatrix} \text{를} \begin{bmatrix} \alpha a+\beta c & \alpha b+\beta d \\ \gamma a+\delta c & \gamma b+\delta d \end{bmatrix}$$

로 정의한 것이다.

이후에야 비로소 (vector가 아닌) 행렬들의 집합 안에 수학적 구조를 주는 행렬대수가 시작됐다. 따라서 자연스러운 다음 관계로 그간 진행된 행렬식에 관한 연구와 새로 시작된 행렬대수 사이의 관계를 조사하게 되었고, 그래서 나온 첫 번째 중요한 결과가 행렬식의 곱셈에 관한 성질 즉, $\det(AB)=\det(A)\cdot\det(B)$이다.

Cayley는 이 결과를 보면서 **"행렬이론은 그간 150여년 간 그렇게 중요하게 생각하고 많이 연구되어온 행렬식이론을 크게 압도하게 될 것"**이라고 예언하였다. 실제로 이후의 선형대수학의 연구는 행렬(Matrix)자체의 연구, 선형변환으로서의 행렬연구, 행렬대수(Matrix Algebra)이론 등을 중심으로 재편되었다.

Cayley는 또한 "2차 정사각행렬은 자신의 특성방정식을 만족한다"는 것을 증명했다. 그는 자신이 3차 정사각행렬에 관한 연구결과도 확인했다고 주장했다. "임의의 정사각행렬은 자신의 특성방정식을 만족한다"는 정리를 일컬어 "Cayley-Hamilton 정리"라고 하는 이유는 실제로 Hamilton이 4원수(Quoternion) 연구를 하던 중 "4차 정사각행렬은 자신의 특성방정식을 만족한다"는 것을 증명했기 때문이다. [8장]

Jordan은, 1870년, Jordan표준형에 대한 연구를 발표했으며, Frobenius도, 1878년부터 독자적으로 여러 연구 결과를 발표했는데, 이에는 Frobenius Normal Form, 행렬의 Rank나 Nullity에 관한 부등식을 들 수 있다. 예를 들어,

$$\max[\text{nullity}(A), \text{nullity}(B)] \le \text{nullity}(AB) \le \text{nullity}(A) + \text{nullity}(B)$$

또 Frobenius는 1896년, Cayley-Hamilton 정리의 일반적인 경우에 대해서도 최초로 증명했는데, 연구 결과를 Cayley의 공으로 너그럽게 양보했다. [7, 8장]

한 가지 더 지적하자면 이 연구의 시기이다. 이때는 유럽대륙의 수학자들이 장악하던 수학계에 DeMorgan, Boole 등의 영국 수학자들이 부울대수(Boolean Algebra) 등 다양한 수학적 체계에 관한 연구를 시작하고 있었으며, Charles Babbages는 현대적인 계산기를 개발하고 있던 때였다는 것이다.

1844년 Hermann Grassman은 벡터들 사이의 내적(Inner product)을 정의하여 벡터대수(Vector algebra)를 연구하였다. 행렬 대수는 행렬곱셈을 곱셈 연산으로 하는 벡터대수의 일반화로 볼 수 있다. 왜냐하면, 벡터의 내적은 행렬 중 특별한 경우인 $1 \times n$ 행렬와 $n \times 1$ 행렬의 곱셈으로 생각할 수 있기 때문이다. 따라서 벡터대수는 행렬대수의 특별한 경우임을 알 수 있다.

흥미 있는 것은 벡터대수에서는 볼 수 없었던 아름다운 수학적 구조가 일반화된 (일반적으로 더 복잡해야 한다고 생각되는) 행렬대수에서는 확연하고 간결하게 보여진다는 것이며, 이는 수학적 이론의 일반화가 갖는 기본적 중요성을 다시 일깨워 주는 것이다.

또 한 가지 흥미 있는 사실은 Cayley의 예언이후 선형대수학의 발전과정이다. 크게 두 가지로 나누어 볼 수 있는데

첫째로 행렬을 유한차원 벡터공간 상의 선형변환으로 여기고 시작한 연구는 선형변환의 일반이론의 발전에 힘입어 무한차원에서의 작용소이론(Operator Theory)으로 발전해 가면서 선형대수학은 유한차원인 특수한 경우로 여겨지면서 간과되었고,

둘째로 행렬을 선형변환으로 생각하는 연구에서는 더욱 일반적인 함수론의 연구에, 또 행렬 자체에 대한 연구에서는 특별한 경우인 벡터의 연구로 말하자면 선형대수학 연구 자

체는 한 동안 (2차 세계대전 종전 전까지 적어도 대부분의 수학자에게는) 간과되어 왔던 것을 알 수 있다.

적어도, 일반의 수학자들에게는 그렇게 보였을 것이다. 선형대수학의 '르네상스'는 2차 세계대전 후에 오게 되었는데, 이에 대한 동기는 무엇이었을까? 그 답은 다음과 같다.

(2) 선형대수학의 르네상스

선형대수학의 '르네상스'가 제2차 세계대전 후에 오게 된 이유에 대한 답은 우선, 제2차 세계대전 중 효과적인 군수지원을 위해 개발된 선형계획법의 효과와 이를 통해 미국이 갖게 된 행렬이론의 중요성에 대한 인식이며, 동시에 컴퓨터의 개발에 따른 계산 능력의 향상에 있다. 사실 컴퓨터의 개발에 대한 집중적인 투자가 이루어진 것도 이런 이론을 활용할 수 있다는 자신감이 있었기 때문이다.

흥미로운 사실은 선형대수학을 실질적으로 시작한 Cayley와 최초로 현대적인 계산기를 만든 Babbage는 유럽대륙 중심의 당시 수학계와는 거리가 있는 영국의 수학자였다는 것이다. 또, 2차 세계대전 후에 현대적인 컴퓨터의 발전과 더불어 행렬이론의 수치해석적인 장점이 부각되면서 유럽중심의 수학계에 의해 역시 한수 아래로 여겨졌던 미국에서 행렬이론이 크게 발전했다는 사실도 관심을 끈다.

즉, 선형대수학의 '르네상스'와 현대적인 디지탈 컴퓨터의 발달은 불가분의 관계에 있다. 손으로 문제를 풀어야 할 때는 유한이라도 크기가 커지면 어차피 풀 수 없으므로 그럴 바에야 더욱 일반적인 무한차원 이론에 몰두하는 것이 현명했겠지만 현실의 문제는 사실 대부분이 유한차원 문제이다. 또, 비선형문제는 Taylor 전개식 등으로 선형화(Linearization)하여 선형항과 비선형항을 분리시키면 결국 선형항의 문제로 되며, 그렇지 않은 경우에도 2차 항까지만 생각하면 결국 거의 모든 경우를 선형적으로 다룰 수 있다. 즉, 유한 선형문제를 말하는 것이며 이는 행렬의 문제라는 것이다. 더욱 흥미 있는 것은 선형계획법 또는 비선형계획법에서 보듯이 Quadratic Technique은 Linear Technique의 자연스러운 이용에 근거를 둔 확장이므로 결국 유한차원 벡터공간상의 선형 연산자 즉, 행렬의 연구는 바로 우리 실생활의 거의 모든 문제와 관계되고 또 결국 답을 제공해 줄 것이며 단지, 크기가 큰 것, 즉 손으로 풀기 어려운 것만이 문제인데 이것이 바로 컴퓨터의 발전으로 해결되어 왔고, 해결 될 수 있다는 자신감을 주었다.

이것이 바로 "행렬이론의 내용은 실제로 우리 주위 문제를 푸는데 쓸 수 있다. 따라서 연구할 가치가 충분히 있다."는 분위기를 자극한 것이라고 본다. 선형대수학이야말로 우리가 컴퓨터와 함께 살고 있는 이 시대를 극단적으로 상징하는 수학의 한 분야라고 생각할 수 있다.

즉, 아나로그(Analog)에서 디지탈로 변해 온 이 시대가 바로 '보통사람들의 관심'에서 연속을 다루는 미적분학이 이산적인 대상을 다루는 대수학으로 중심 축이 변해 온 과정이고, 이는 이산적인 것만 공부해도 필요할 때는 언제나 연속 함수를, 또 미적분학의 지식을 모두 이용할 수 있기 때문이다. 예를 들어, 화학과나 공대에서 매시간 마다 측정한 데이터 즉, 이산적인 자료를 Vandermond 행렬를 이용하는 Lagrange 보간법등으로 훌륭한 연속함수로 바꾸어서 미적분학을 이용하는 것 등, 행렬이 연속과 불연속의 가교 역할을 한다는 것을 말한다.[3장] 이런 이유로 최근 '이산수학'이 고교 및 대학의 교양과목으로 도입된다고 보면 된다.

대부분의 (다변량, 99.9%) 비선형 문제는 연립일차 방정식으로 바꾼 후에만 풀려지며 일반적인 선형 상미분방정식 문제

$$y^{(n)}+a_{n-1}y^{(n-1)}+\cdots+a_0y=g(t)$$

를 생각해 보면

$$y=x_1,\ y^{(1)}=x_2,\ \cdots,\ y^{(n-1)}=x_n$$

로 치환하여,

$$x_n'+a_{n-1}(t)x_n+\cdots+a_0(t)x_1=g(t)$$

로 쓰고, 이것을

$$x_n'=-a_{n-1}(t)x_n-a_{n-2}(t)x_{n-1}-\cdot\cdot\cdot-a_0(t)x_1+g(t)$$

즉,

$$\begin{bmatrix} x_1 \\ x_2 \\ \vdots \\ \\ x_n \end{bmatrix}' = \begin{bmatrix} 0 & 1 & \cdots & 0 \\ 0 & 0 & \ddots & \vdots \\ \vdots & & \ddots & 1 \\ & & & \\ -a_0(t) & \cdots & & -a_{n-1}(t) \end{bmatrix} \begin{bmatrix} x_1 \\ x_2 \\ \vdots \\ \\ x_n \end{bmatrix} + \begin{bmatrix} 0 \\ 0 \\ \vdots \\ 0 \\ g(t) \end{bmatrix}$$

또는

$$\mathbf{x}'=A\mathbf{x}+\mathbf{c}$$

로 쓸 수 있다.[8장] 위의 행렬 A를 위 다항식의 동반(Companion) 행렬이라 하는데 결국 모든 선형 상미방 문제는 이 동반행렬에 관한 지식과 연관됨을 알 수 있다. 또 일차 연립방정식 $A\mathbf{x}=\mathbf{b}$의 해 중 $\|A\mathbf{x}-\mathbf{b}\|$가 최소가 되게 하는 유일한 해인 최소제곱해(The Least Squares Solution)은 이며, 그에 관한 선형계획법 문제로서 80년대 중반에 개발된 Karmakar's algorithm의 basic projection step은 $I-A(A^TA)^{-1}$이다.[7장]

주어진 수학적 문제를 푸는데 있어서 주목할 만한 사실은, 먼저 그 문제를 수식화(Modelling)하고 선형화한 후 연립일차방정식으로 바꾸어 놓고 나면 나머지는 행렬에 대한 지식과 그것을 곱할 능력만 있으면 답이 나온다는 것이다. 또, 작용소이론, 즉 함수해석학, 그 중에서도 Hilbert 공간이론과 Fourier 해석학등은 선형 수학의 일부로 여겨질 수 있다.

즉, 행렬과 그를 연구하는 선형대수학은 수학적 이론으로부터 우리가 기대하는 그 model, 즉 '왜 수학을 공부해야 하는가?' 하는 문제에 대한 자연스러운 답을 주고 있는 것이다. 이런 과정을 통하여, 선형대수학과 컴퓨터는 우리 주위에서 제기되는 거의 모든 문제를 이론적으로 또 실질적으로 해결하는 '열쇠(Midas Touch)' 라는 것이 인식되었으며, 이 두 가지가 거의 같은 시기에 영국에서 시작되어 그 후 연구 및 사회 분위기가 다른 미국에 와서야 꽃 피웠다는 것은 상당히 시사적이다.

앞에서 보았듯이 19세기까지의 선형대수학의 연구는 그 후 이런 주요한 결과들을 개선 발전시킨 연구와 그런 결과들을 잘 정돈하여 강의한 고전으로 여겨지는 강의록과 교재들이 Weierstrass(1903), Kronecker(1903), Bocher(1907), Turnbull와 Aitken(1930's), Mirsky(1955), Gantmacher(1959) 등에 의하여 나오면서 20세기에 들어서는 대학에서 배워야할 수학의 필수 분야의 하나로서 자리잡게 되었다.

그러나 20세기에 들어 연구분야로서의 가치는, 선형대수를 작용소이론의 특수한 경우 또는 벡터해석학의 일반적인 경우로 가볍게 생각했던 많은 수학자들에게, 간과되었었다. 실지로 행렬의 구체적인 응용의 예는 1947년 Von Neumann이 행렬의 condition number $\chi(A)$를 정의하여 이용한 것으로부터 시작하여 선형대수학의 기본정리라 할 수 있는 $A\mathbf{x}=\mathbf{b}$를 푸는 문제에서 볼 수 있다. 예를 들어, $A=LU$로 분해한다면 $LU\mathbf{x}=\mathbf{b}$를 $L\mathbf{y}=\mathbf{b}$와 $U\mathbf{x}=\mathbf{y}$라는 두 개의 단순한 문제로 바꾸어 순서대로 대입하는 것과 거꾸로 대입하는 방법을 몇 번함으로써 (역행렬의 존재와 상관없이) 너무도 쉽게 풀 수 있게 된다.[3장]

이것이 Von Neumann과 함께 최초의 stored-program 컴퓨터를 개발한 Alan Turing이 1948년에 소개한 LU-분해이며 그후 10년만에, 주어진 행렬를 그와 닮음인(similar) block 대각 행렬로 수렴시키는 QR-factorization을 이용한 QR-algorithm이 F. H. Wilkinson과 Householder 등의 기여로 개발되었으며 이러한 분해이론은 그 후 Cholesky 분해, Polar Decomposition, Singular Value Decomposition, LDL^T Decomposition 등으로 다양한 연구의 한 분야가 되어 오고 있다.[7, 8장]

실제로, 이 기간동안 행렬이론의 기존의 또, 새로운 지식은 선형계획법, 비선형계획법, Markov Chain, 암호이론, 인구문제, 교통문제, 최적화이론, 수치해석학 등의 다양한 연구분야를 개척하고 발전시키는데 큰 기여를 기여했던 것이다.[5장]

우리 사회의 여러 문제를 수학적으로 표현하여 수학 문제로 바꾸어 놓은 후, 그 문제를 선형화하여 일차연립방정식과 관련된 문제로 바꾼 후, 행렬에 대한 지식을 이용하여 쉽게 해를 구한 다음 그 해를 원래 사회문제에 대한 답으로 해석하는 것이 바로 수학의 역할 중의 하나이다. 이 과정에서 선형성에 근거한 컴퓨터를 만들었으며 그러한 컴퓨터의 발전과 더불어 선형대수학을 포함한 선형대수학의 연구와 이용이 20세기 후반에 가히 폭발적으로 활발해졌다. 사실 수학은 고대, 중세, 근세, 현대의 어떤 시기에도 각각 그 당시의 여러 사회문제를 해결 해 주거나, 해결할 수 있는 방법을 제시하면서 중요한 위치를 점유해 왔다. 또, 지금도 수학은 그 역할을 성실히 수행하고 있다는 것이다. 즉, 오늘날도 순수 수학자들이 개발한 행렬이론의 지식이 현대 사회의 여러 문제를 해결하는 그런 역할의 일부를 당당히 맡아오고 있다.

현재의 수학 관련 지식과 기술은 예전과는 비교도 안 되게 발전하였다. 눈을 떠서 세계를 돌아보면 변화의 일부를 느낄 수 있다. 미적분학은 물론 편미분 중적분, 선적분, 면적분, 미분방정식, 행렬식, 역행렬, curve fitting, least square curve fitting, 선형 계획법, 3차원 그래프 그리기, 선형대수학, 군론, 체론, 가환대수, tensor 계산, 정수론, Fractal 등 적어도 대학에서 배우는 수학 내용 정도의 문제는 이미 우리 어린 학생들이 그리도 좋아하는 개인용 컴퓨터를 이용하여 Mathematica, MATLAB, Maple, Cabri, Scientific 스케치패드, JAVA와 CAS, Geometer's 스케치패드의 다양한 프로그램을 이용하여 쉽게 다룰 수 있다.

아마 우리의 학생들이 활동할 10년 후에는 20년 전의 방법으로 배운 수학 내용 중 일부는 무용지물이 될 것임은 분명하고 그들이 알아야할 새로운 지식은 늘어나고 있다. 수학교육의 본질은 단순히 오래 전의 지식을 전달하는 것이 아니라, 이러한 변화에 적응 할 수 있는 수학적 사고 능력을 배양해주는 것이라고 생각한다면, 선형대수학에서의 이러한 발전의 역사가 우리의 갈 길을 잘 보여준다고 생각한다.〔위의 내용은 원고의 저자인 이상구와 강옥기교수가 1997년 대한수학회 소식지(V.55)에 기고한 원고의 일부와 이상구교수가 성대신문에 발표한 내용을 보태어 수정 보완하였다.〕

A.2 100년 전 미국 수학계에서 J.J. Sylvester의 역할

• 21세기를 맞이하며 다른 여러 나라와 마찬가지로 미국, 특히 미국 수학회는 지난 100년의 미국 수학계의 발전을 돌아보며 앞으로의 100년에 대하여 다양한 전망을 주었다. 우리는 100년 전 미국 수학계의 모습과 20세기 후반 한국 수학계의 모습 사이의 비교 분석하여 낙후된 미국 수학을 당시 유럽 중심의 수학계 주류에 진입시키는 과정에서 J. J. Sylvester의 역할이 한국에서 갖는 의미를 소개한다. (아래 내용의 일부는 후에 한국수학사회지와 한국수학교육학회 소식지에 발표되었다. 2006년)

1. James Joseph Sylvester

James Joseph Sylvester(1814.9.3～1897.3.15)는 런던 출생으로1828년부터 15세의 나이로 런던대학에 입학하였으나, 어린나이의 대학생활 부적응을 발견한 가족의 권유로 5개월 만에 다시 Liverpool Royal Institution 부속학교로 돌아갔다가, 1831년 7월 다시 St. John's College, Cambridge에 입학하였다. 대학생활 중에는 1837년 Mathematical Tripos(수학경시대회)에서 2nd Wrangler라는 영예를 받을 정도로 수학에서 두각을 나타냈다. 그러나 유태인인 그는 **케임브리지대학에서 졸업을 앞두고** 영국정교회의 선서를 거부한 이유로 졸업을 못하고, **1841년 Trinity College, Dublin**에서 바로 석사(碩士) 학위를 받았다. 1941년, 미국으로 건너가 버지니아대학교 수학과 교수가 되었으나, 부임한지 3개월 만의 어느 수업시간에 신문을 읽고 있는 Ballard라는 학생을 훈계하며 지팡이로 때려 학생이 기절하자, 그 학생이 죽은 줄로 알고 짐을 싸서 영국으로 돌아갔다는 이야기가 있다[1]. 버지니아대학의 공식 기록[2]에 의하면 이 학생을 퇴학시키라는 실베스터의 요구를 학교가 받아들이지 않자, 바로 버지니아를 떠났다고 한다. 다시 London으로 돌아와 1845년부터 'Equity and Law Life Assurance Company' 라는 생명보험회사에 들어가 계리인으로 일하면서, 1846년 법과대학원에 들어가 변호사 자격도 얻었으며 10년간 위의 보험회사에 근무하였다[B]. 1850년 행렬식에 대한 기념비적인 결과와 함께 오늘날 대수적 불변식론이라 불리는 아름답고 독창적인 연구들을 쏟아내며 연구력을 인정받았다. 이 때 변호사이며 수학자인 A. Cayley와 알게 되어, 10년간의 수학 공백기를 끝내고 다시 수학 세계로 되돌아와 케일리와 함께 **'대수적 불변식론'** 을 연구하였고, 그 결과 **'행렬(Matrix, 行列)**과 대수적 불변식의 기초 이론을 확립' 하고 우리에게 행렬대수 연구의 서곡을 마련하여 주었다[F, p.66]. **Sylvester는 1851년** n^2 개의 **계수들의 배열에 행렬(matrix)**, 즉 $n \times n$(정사각) **행렬이라고 이름을 주었다**. 행렬(MATRIX)라는 말은 자궁(womb)이라는 말의 Latin어 단어로서 이것은 위의 계수들의 배열의 행(row) 또는 열(column)들이 행렬식을 배태해 낸다는 것을 고

1) Contemporary Linear Algebra, p.81, Anton & Busby, J&W, 2004,

2) [B] History of the University of Virginia, 5 vols.(1920)

려하여 이름붙인 것으로 생각된다. 이것이 첨자를 간편하게 섞어 쓰면서 현재 쓰는 행렬의 표기법 $A=[a_{ij}]$로 발전한 것이다. 그는 **Minor(소행렬)라는 용어도 이 때 소개하였다.** 1855년 영국 Royal Military Academy (Woolrich)교수가 되었으나, 1870년에 영국에서 55세 이상의 민간인은 사관학교 교관을 할 수 없다는 새로 생긴 규칙 때문에 16년간 봉직하던 영국의 Royal Military Academy를 타의로 떠나 연금으로 생활을 하였다[PR]. Sylvester는 그 후 5년 동안 무직 상태로 런던에서 살면서 꾸준히 수학연구를 하며 시도 쓰면서 새로운 경력을 준비하였다. 1875년 초 60세인 그는 런던 신문에 난 호주의 Melbourne 대학의 교수직 구인 광고를 보고 친구인 Arthur Cayley에게 런던에서 연금이나 받으면서 이렇게 사느니 지구 반대편인 그곳에 가서라도 계속 수학연구를 하고 싶다고 전한 편지가 얼마 전 공개되었다 [P]. **그는 60세에도 아직 이루지 못한 수학에 대한 자신만의 꿈을 가지고 있었다.** 그 즈음인 1876년 미국 최초의 연구중심대학을 목표로 '미래의 연구자를 양성하고 교수의 높은 연구력을 유지한다'는 두 가지 목표를 내세우고 Johns Hopkins University가 설립되어 수학과의 초대 학과장을 물색하고 있었다. 1875년 여름 실베스터는 신문광고를 보고 초대 총장 예정자에게 편지를 써서 연구중심 대학을 추구하는 귀교 수학과의 학과장직에 관심이 있다는 의사를 표명한다.

사실 새로운 연구중심대학을 설립하려는 의욕에 찬 총장에게 61세의 나이에 그것도 1870년 이후에는 은퇴하여 눈에 띄는 연구력을 보이지 않은 Sylvester가 미국에 와서 1860년대에 보여주던 연구력을 다시 회복 할 수 있을지 의문이었다. 그때 Hamilton의 사원수를 이해하고 더 나아가 "Linear Associative Algebra"라는 독창적인 연구를 한 하버드대의 Benjamin Peirce의 추천서가 접수되고, 런던을 방문하여 직접 인터뷰를 한 Gilman총장은 1875년에 Sylvester를 교수로 임용하기로 결정하였으나, Sylvester는 1875년 12월 17일 갑자기 학교 재단이사회에 편지를 써서 "if the $5,000 salary therein named be understood to mean gold and if a house and the club fees be attached to [his] appointment" 할 경우에만 부임하겠다고 조건을 건다. 수차례의 전보와 편지 그리고 적어도 한번의 부임 의사 철회 편지의 사연을 거친 후 마침내 순금가치로 년 $5,000의 급여와 $1,000의 주택임대료 등을 지불하기로 합의하고 **1876년 3월 공식적으로 초대 학과장으로 Sylvester를 임용되어, 1876년 봄에 대서양을 건너 부임한다.**

〈Johns Hopkins 대학〉

비로소 그는 19세기 후반 수학 후진국인 미국에서 마침내 대학원생을 지도하는 기회를 갖고 수학을 연구하는 방법을 전수하며 열심히 학생을 지도한다. 그 후 미국에서 7년 반

동안 역동적인 본인의 역할을 정리하고 1883년 12월 영국으로 돌아온 Sylvester는 마침내 1884년에 어렵게 70세가 넘어서 Oxford 대학에 교수로 임용되고 그곳에서 정년을 맞는다.

본 소고에서는 위와 같이 알려진 James Joseph Sylvester의 19세기 말 미국수학계에서의 역할을 심도있게 소개하고자 한다. 1996년 AMS Notice 6월 호에서 당시 미국 수학회 사무총장인 John Ewing은 지난 100년의 미국수학회를 회고하였다[E]. 이 내용을 보며 느낀 점은 우선 영국의 식민지에서 벗어난 후 미국 수학계의 100년 전과 일본의 식민지에서 벗어난 후 한국 수학계의 초창기와 너무도 유사한 점이 많다는 것이다. 둘째는 미국에서의 최초의 연구 저널은 영국인인 Sylvester가 만든 것이며 그의 역할에 대하여 매우 인색하게 소개하였다는 것이다. 마지막으로 미국 수학자에 의한 최초의 수학 연구저널인 Transactions 이 1900년 1월 창간호를 내고 그 후 지난 100년간 미국의 수학은 크게 발전하여 100년 후인 21세기 현재 세계 유일의 초강대국으로 국력은 물론 실용과학과 이론과학에서도 세계 최고 수준으로 자리 잡았다. 특히 수학에서도 현재 세계를 주도하고 있다고 할 수 있다. 그러면 이런 동력이 100년 전에 갑자기 생긴 것이 아닐 것이고 100년 전을 전후하여 어떤 계기가 있었는지 궁금하였는데 이 계기가 행렬을 소개한 선형대수학자 정도로 알던 Sylvester였다는 것을 알게 되었다. 이제 당시 Sylvester의 역할에 대하여 얘기하고 우리가 배울 점을 찾아내고자 한다.

2. Sylvester와 Johns Hopkins 대학

1876 영국에서 적당한 직장이 없어서 방황하던 수학자가 61세의 나이에 결심을 하고 당시 문화적으로 또 수학에서 연구저널 하나 없는 후진국인 미국에 처음으로 연구중심대학을 만든다는 소리를 듣고 스스로 응모하여 신설학교의 수학과 초대 학과장으로 부임하여 7년 반 동안 어떻게 유럽의 선진 수학교육 시스템과 연구방법을 미국에 전수하였으며 미국 최초의 수학 연구저널을 창간하고 1876년에서 1900년 사이 낙후된 초창기의 미국수학계에 어떤 충격을 주었는지에 대하여 소개한다. 이를 위하여 19세기 말의 미국으로 돌아가서 당시 Sylvester가 7년 반 동안 한 일을 사실적으로 확인하며 시작하자.

1876년 Sylvester가 학과장으로 처음 한 일은 강사를 구한 것이다. 그는 Teaching Associate(강사)로 자신을 추천한 Benjamin Peirce의 제자인 William E. Byerly(1873년 하바드 PhD)와 William E. Story (1875년 Leipzig PhD, Carl Neumann과 Felix Klein의 PhD, 1876년 당시 Harvard Tutor)를 고용하고 이에 보태 8명의 대학원생과 7명의 학부생 총 15명의 학생으로 1876년 가을 수학과 강의가 시작 되었다. 첫 해에는 두 강사가 학부생을 가르치고 Sylvester는 대학원 과목으로 수학세미나에 보태 **Determinant 이론과 현대대수학에 대하여 지도하였다.** 시간이 지남에 따라 강좌의 수도 늘어나고 학생수도 15명에서 1883-1884년 사이에는 35명으로 늘었다. 1882년 봄 학기에는 **Arthur Cayley가 방문교수로 머물며 "대수기하와 아벨 및 세타함수"** 강의를 하였다. 전체적으로 당시 이 대학에서 지도한

수학적 내용은 Harvard를 포함한 기존의 다른 대학의 강의 수준을 넘어 현재 진행형의 연구 내용을 포함하였다. Sylvester 자신도 그의 강좌에서 본인의 연구 내용을 그대로 강의하였다. 한 예로 Sylvester 본인 경우 정수론 강좌를 5학기를 연속하여 개설하고 지도하였다. 한국인 중 Johns Hopkins대학에서 정수론으로 학위를 받은 사람이 많은 것도 Sylvester가 초창기에 정수론 강의를 집중적으로 개설한 역사의 영향을 받았음이 분명하다[PR, p.76].

1881-1883년 사이에 Fellowship을 받는 조교였고, 후에 Hobart College의 교수가 된 제자 William Durfee의 말에 의하면 'Sylvester의 강의는 교재를 가지고 6-8주 정도는 따라가다가 질문이 나오고 토론이 진행되며 새로운 흥미로운 문제가 생기면 그 문제를 따라가며 새로운 분야에서 끝나는 경우가 대부분이었다' 고 한다. 그는 이미 발표된 다른 사람의 연구 결과를 읽고 따라가기 보다는 강의 중에 유도되는 본인의 새 문제에 집중하였으며 그런 경우 그의 강의의 대부분은 자신이 하루나 이틀 전에 생각해 낸 아이디어로 채워졌다고 한다. 이런 방식의 강의에 대해 익숙하지 않은 학생들로부터 불만도 많이 있었지만, 장점으로는 학생이 접하는 내용과 증명법이 모두 새로운 내용이었으므로, 그가 설명한 내용에서 바로 연구를 시작할 수 있었다는 점이라고 말했다. Sylvester는 **'수학은 교재에 있는 정적이고 화석화된 지식이 아니라 동적이고 성장하는 생명체와 같은 것이므로 학생들이 그 성장에 기여해야 한다고 생각한 듯했다'** 고 제자들은 얘기했다[PR. p.81].

대학원이 내실을 갖추어 가면서 학생들은 대학원세미나를 통해 수학과 서가에서 학습한 내용을 같이 발표하면서 아이디어를 나누었다. Sylvester는 이 결과들을 정규 Mathematical Seminary전에 laboratory report로 준비하도록 지도하여 이 자료가 'The Johns Hopkins University Circulars' 라는 학생잡지 성격으로 발전하였으며, 자연스레 그 대학이 발간하게 될 미국 최초의 수학연구저널인 'American Journal of Mathematics' 가 이 연구 결과의 일부에 빛을 비추어 주게 된다.

1875년 총장 Gilman은 연구중심대학에서 연구를 한다면 그 결과를 발표하는 저널이 필요하다고 인식하고 1855년 창간되어 이미 권위를 인정받는 well-established 된 더구나 Sylvester가 편집진으로 봉사했던 영국의 저널 'Quarterly Journal of Pure and Applied Mathematics' 를 생각하고 이 잡지를 Baltimore로 옮겨오는 가능성을 확인해보았으나 거절당한다. 그러나 Gilman은 포기하지 않고 Sylvester에게 전문수학저널의 출판을 요구한다. 1876년 11월 8일 Sylvester와 Story는 이전의 유사한 노력이 실패한 이유로 발표 가능한 수학 논문의 양과 질은 물론 지속적인 출판에 필요한 예산의 부족이라는 것을 알고 있는 이들은 논문의 질과 양은 외국의 선진국 유럽의 저명한 수학자로부터 도움을 받을 수 있다고 판단하고, 안정적인 예산의 확보를 위해 Johns Hopkins University 재단에 기금 확보를 강력히 요청한다. 결국 대학재단은 1877년 6월 Johns Hopkins 최초의 학술잡지이자 미

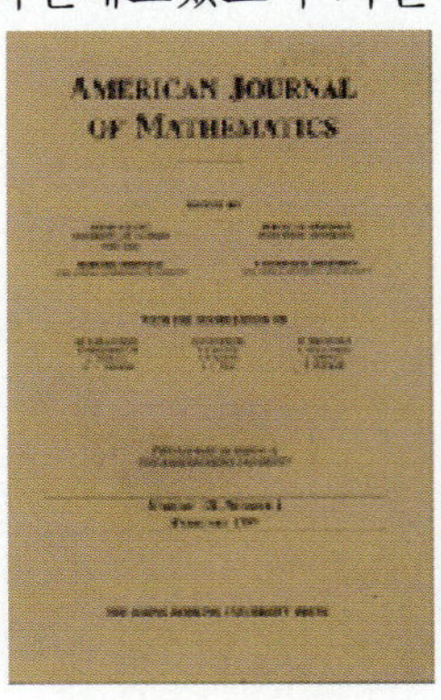

국 최초의 수학연구저널 'American Journal of Mathematics'의 출판을 지원하기로 결정하고 초대 편집장으로 Sylvester가 추대된다.

그러나 Sylvester는 재정 문제와 잡다한 편집에 관련된 일에 시간을 많이 할애할 생각은 없었던 듯 하다. 따라서 William Story가 "associate editor in charge"로 직면한 문제를 해결해 간다. 예산 문제는 대학은 Baltimore의 John Murphy & Co.에 출판비의 20% 정도인 1년에 $500 을 지원하는 것으로 합의를 본다. 1878년에서 1884년 사이에 Sylvester와 Story의 책임 아래 저널은 국내외의 관심을 받으며 성장하였다. 이 기간 동안 저널의 절반 정도는 Hopkins 구성원의 논문이 차지하고, 나머지 절반은 미국과 세계 수준의 수학자를 포함하는 외국의 투고자들의 논문으로 채워졌다. 이 저널의 발간으로 Hopkins의 수학과는 단지 미국인 수학자를 배출하는데 그치지 않고 **미국에서도 수학적 연구를 할 수 있다는 가능성을 열어주는** 센터로 자리 하였다.

Hopkins에서의 수학 연구는 **Sylvester의 Invariant 이론**, Story의 기하학이 있었으며, 1878-1883년 사이에는 Cayley의 연구에 힘입어 **Fabian Franklin**을 필두로 **invariant-theoretic 연구에서 순수한 Combinatorial** 문제로 발전시켰다. 1882년 Cayley가 방문 하는 기간동안 Sylvester는 현재 **행렬이론이라 불리는 내용을 강의**하며 공동 작업에 몰두하였다. 그래서 1883년 여름 영국을 방문한 Sylvester는 **행렬대수 연구**에 몰두하여, **행렬과 사원수 사이의 관계를 발견하고, 특성방정식의 주요 성질을 찾았으며, 최소다항식의 중요성을 밝혔다.** 이 연구로 사원수의 행렬표현과 가환행렬의 성질 및 특성다항식과 최소다항식사이의 차이를 규명하였다. 그런데 이즈음 Oxford에서 수학과에 신설된 Savilian Professorship 자리에 교수를 뽑자 영국으로 돌아가고픈 생각에 자신의 후임으로 당시 Leipzig대의 젊은 Felix Klein 교수를 추천하고 1883년 12월에 급히 영국으로 돌아간다. Leipzig대의 Felix Klein은 Sylvester의 후임으로 Hopkins에서의 신임 학과장직을 받아들일 의사를 보였으나, 임금에서 연봉 $5,000과 이사비용 $1,000이라는 조건이 연봉 $6,000이라는 전임학과장의 대우보다 못하고, 독일 대학이 보통 제공하는 가족에 대한 처우에 대해 보장을 요구한 것이 받아들여지지 않자 임용을 사양한다. 따라서 총장은 후임 학과장으로 수리천문학자 Simon Newcomb교수를 임명한다. 그러나 그의 학과장으로서의 역량은 전임자에 비해 턱없이 모자랐고, 그에 따라 학과가 어려움에 빠지자 Story가 본인의 학위 논문을 부분적으로 지도한 Felix Klein과 구상하던 방향으로 학과를 개혁한다. 수학과가 신설되었을 때부터 Sylvester는 대수학을, Story는 기하학을 가르치며 이 후 많은 박사를 배출 하였다. 그러나 Story도 Hopkins에서는 단 한명의 박사 Henry Taber를 1888년에 배출하고, 1889년 신설된 **새로운 연구중심대학인 Clark대학의 초대 학과장으로 옮긴다**, 그곳에서 18명의 박사를 배출한다. Story가 떠난 후 Johns Hopkins대학 수학과는 구심점을 잃게 된다[PR]. Story의 제자 중 한 명이 Solomon Lefschetz로 그는 졸업 후 Princeton대학에서 교수로 근무하며 많은 제자를 배출한다. Fermat의 마지막 문제를 해결한 Andrew Wiles가 근무하는 **Princeton대학 고등연구소(IAS)가 대수기하학에 강한 것도 이런 미국 초창기 수학사와 무관하지 않을**

〈괴팅겐 대학의 전경〉

것이다. 당시 미국의 10여개 대학에 박사과정이 있었지만, 연구 수준의 교육이 가능했던 곳은 없었다[PR]. Sylvester 자신은 훌륭한 새 연구문제를 소개하였고, 학생에게 적절하게 해결방향을 지도 하였지만, 자신의 전문 지식과 강한 수학적 배경 모두를 전수하지 못했으며 지도한 학생이 독립된 연구자로 실제 연구 문제를 찾는 방법은 전수하지 못한 채 떠난 셈으로, 다른 누구도 그 빈 자리를 채워주지 못했다. 연구 방향을 잃은 일부 제자는 대신 교육과 행정에서 능력을 발휘했으며, 의욕을 가진 나머지 제자는 유럽으로 눈을 돌렸다. Johns Hopkins대학 수학과가 이때 Sylvester가 추천한 Klein과의 연봉 협상을 잘 마무리 하여 후임 학과장으로 맞았다면 미국의 수학사는 다르게 쓰였을 것이다. 그러나 이런 혼란기에 들어서기 이전에도 Sylvester는 자신의 학생들에게 유럽의 학계를 접할 기회를 권장하였다. 본인이 영국으로 떠난 후에는 학생들에게 나이 든 자신보다 Leipzig대학의 젊은 Klein교수를 추천해 주는 역할을 하였으며, Klein은 직접 미국에 가서 미국학생을 지도하지는 않았지만 Johns Hopkins대학의 졸업생을 받아 독일에서 지도하기 시작하였으며, 1886년 괴팅겐대로 옮기면서 Leipzig대학 수학과 후임으로 그의 친구 Sophus Lie를 초빙하고, Lie도 그 후 10여 년 동안 6명의 미국인 학생을 Leipzig대학에서 지도하였다. Klein은 괴팅겐대학으로 옮기면서 C. L. Lindemann과 David Hilbert로 이어지는 학통을 만들면서(http://genealogy. math.ndsu.nodak.edu/html/id.phtml?id=7404), 괴팅겐대학을 19세기 말부터 제2차 세계대전까지 세계 최고 수준의 수학자가 모이는 수학의 메카로 만들었다. 또 미국에는 유학 온 Harvard, Princeton, Wesleyan 졸업생을 지도하여 명문대학의 박사학위를 수여하였고, 이들은 귀국하면서 어려움 없이 다시 미국의 명문 대학에 자리를 잡고 활발한 연구 및 교육 활동을 하였다. 이 이외에도 수많은 미국의 수학자가 괴팅겐대학을 포함한 유럽을 방문하여 박사 후 과정과 같은 연수 기회를 가지고 귀국하면서 미국은 20세기를 맞게 된 것이다. 즉, 20세기를 맞이하며 충분한 유학파 수학교수를 확보하고 있었다는 것이다. 그러나 이들이 오늘의 미국 수학을 만들었다고 생각하면 큰 오해이다.

3. Sylvester 이후 미국 수학계의 발전

Klein이 Leipzig대학에서 만난 첫 번째 Johns Hopkins대 졸업생은 1880년에 Sylvester에게 박사학위를 받고 바로 괴팅겐으로 연수 온 Irving Stringham이었다. 그는 귀국 후 Hopkins에 근무하다 Michigan대에서 교수가 되었다. Klein은 1884년 여름 두 명의 미국인 학생을 더 만난다. 그 중 한 명이 하버드 졸업생 Frank Cole이다. 그는 1년간 배우고 졸업은 안하고 1885년 돌아갔는데 귀국 후 하루 10시간 씩 6개월 동안 가지고 간 문제에 도전하여도 안 풀리자, Klein에게 좀 더 쉬운 문제를 알려 달라고 하여 그 문제를 풀고 1886년 하버드에서 박사학위를 취득하였다. 논문 제목은 "A Contribution to the Theory of the General Equation of the Sixth Degree"로 American Journal of Mathematics V.8 (1886):265-286에 실렸다. 그는 컬럼비아대학에서 자리를 잡고 단 한명의 박사 학생을 배출 하였지만, 그 제자가 배출한 박사와 그들의 제자가 확인된 수만 495명에 이른다. (http://genealogy.math.ndsu.nodak.edu/html/id.phtm-l?id=7611) 그가 Harvard에서 가르친 학생 중 한 명이 William Osgood인데 Osgood의 기억에 의하면 **Harvard에서의 대학원교육은 Cole에 의하여 시작되었다고 한다[PR].**

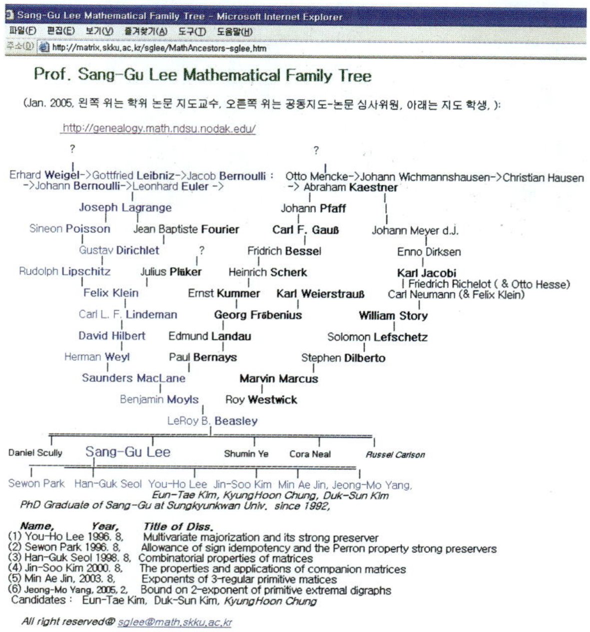

Klein이 1885년 괴팅겐대학으로 옮긴 후 그에게 배우려고 미국으로부터 오는 유학생의 수는 점차 증가한다. 그 첫 번째가 1886년 여름에 온 Harvard 석사 Mellon Haskell이다. 그는 귀국하여 버클리대학에서 자리를 잡고 많은 박사 제자를 배출하였다. 이어서 1887년 가을 Cole에게 배운 Harvard 석사 William Osgood가 괴팅겐에 와서 1890 Max Noether아래서 박사학위를 취득하고 귀국하여 Harvard대에서 박사를 배출하며 연구 여건을 만든다. 1888년 마찬가지로 Harvard 졸업생인 Maxim Bocher는 Klein 아래서 1891년 박사학위를 취득하고 Harvard대 교수로 합류하고 후에 미국수학회의 'Trans-action' 발간에 크게 기여한다. 이런 과정을 거치며 **Felix Klein**은 **본인이 배출한 제자 56명을 포함하여, 특히 미국에서 활동한 제자들의 왕성한 연구와 학생지도에 힘입어 자신의 제자들이 배출한 박사들의 수가 2005년 현재 확인된 수만 해도 저자를 포함하여 20,000명을** 넘었다.

다른 중요한 수학자가 Wesleyan대학 졸업생으로 그 대학의 수학과 교수이며 미국수학회 부회장을 역임한 John Monroe Van Vleck인데 그는 자신의 아들 **Edward Burr Van Vleck**을 포함하여 3명의 Wesleyan대학 제자를 Klein의 제자로 유학을 보낸다. 이들 중 한 명은 MIT의 교수가 되고 또 한 명은 미국수학회의 9대 회장을 역임하고 특히 아들 Edward Van Vleck은 Wisconsin대학의 교수가 되어 미국수학회의 12대 회장을 역임하며 미국수학회에 지대한 영향을 주었으며, 이에 보태어 Edward Van Vleck 교수의 아들은 노벨 물리학상을 받은 Jon Van Vleck 이다. 그의 기여에 힘입어 Wisconsin대 수학과 건물이 Van Vleck Hall로 불린다. 이들은 각기 본인이 속한 대학의 연구를 이끈다. 이어서 미시간대, 코넬대, Clark 대, Yale대 등에도 한 단계 높은 대학원교육을 통한 연구수준의 향상이 이루어진다.

〈Wisconsin대 : 사진 중앙에 W. Rudin과 수학과 건물인 Van Vleck Hall, 1998〉

이와 같이 Sylvester를 통하여 영향을 받은 미국의 젊은 수학도들이 Felix Klein을 통해 유럽에서 학위를 받고 그들과 함께 미국에서 자체적으로 배출한 수학자들이 움직이기 시작하였다. 1887년 Columbia College의 대학원 2학년이었던 **Thomas Fiske**에게 지도교수는 무슨 이유에선가 6개월간 외국을 다녀오라고 강권하였다. 그는 영국의 Cambridge에서 한 학기를 보내고 뉴욕으로 돌아오며 인근 지역의 수학교수를 회원으로 하는 수학회를 만들 필요가 있다는 구상을 하였다. 마침내 1890년 겨울 23명의 회원을 갖는 New York Mathematical Society를 구성하였고, 1881년 수학 관련 소식과 article을 모두 담는 "Bulletin"을 발간하였다. Fiske는 몇 달 동안 회원을 늘리는 적극적인 노력으로 23명의 회원을 200명으로 늘렸다. 1893년 Felix Klein이 시카고에서 열린 Columbian Exposition이 주최한 Mathematics Congress에 참석하며 미국수학계는 일대 전환을 맞게 된다. 이 때 이미 Johns Hopkins 대학과 Clark대학에 이어 미국에서 두 번째로 큰 도시인 시카고에 **록펠러 재단의 막대한 지원으로 미국의 세 번 째 연구 중심대학으로 1890년 Chicago 대학이** 설립되어 지속적인 지원을 약속받고 있었다. 1892년 시카고 대학의 초대 수학과장 **E. H. (Eliakim Hastings) Moore**는 취임과 함께 Felix Klein의 두 제자인 Bolza와 Maschke를 교수로 스카우트 한다. 1883년 당시 세계 수학의 권위자인 Felix Klein이 시카고 Mathematics Congress에 참석한 것을 계기로 Moore와 시카고대학 수학과는 Host가 되었다. 이어서 1894년 미국수학자들의 다양한 모임은 American Mathematical Society(AMS)라는 하나의 단체로 새롭게 탄생한다[D]. Moore는 AMS의 Chicago지부를 설립하여 초대회장을 역임하며 AMS의 부회장으로 선출된다. 그리고 6년 후 **1900년 38세의 나이로 미국수학회 회장직을 수행하게 된다. 특히 시카고 대학은 1890-1915 사이의 미국 수학 초창기에 60여명의 박사를 배출하며 미국 수학의 일대 전기를 마련한다.** 한 조사에 의하면 1990년 현재 미국에서 배출하는 수학박사의 1/3 정도가 E. H. Moore의 제자의 제자들이라는 보고가 있었다. 한 번 더 강조한다면 **E. H. Moore의 역할로 그가 미국 세 번 째 연구중심 대학인 시카고대 수학과를 통하여 배출한 31명 자신의 박사 제자와 그 제자들이 배출한 박사는 온라인상**[3]**에서 현재 확인 된 수만도 총 13,255명이다.** 이 숫자는 미국 수학계 더 나아가 세계수학계에 큰 의미를 주고 있다. 그러나 아직 미국에는 Sylvester에 의해 창간한 Johns Hopkins대학의 'American Journal of Mathematics' 이외의 전문 수학저널은 존재하지 않았다.

1890년 겨울 **Columbia College** 박사인 **Thomas Fiske**의 노력으로 만든 **New York Mathematical Society**와 **1885**년 **Yale**대학에서 학위를 취득한 후 바로 괴팅겐과 베를린을 방문하며 충분히 자극을 받고 돌아와 **Northwestern**대의 교수로 근무하다 **1892**년 시카고대학의 초대 수학과장으로 스카우트된 **E. H. Moore**를 중심으로 미국의 수학자들이 움직이기 시작하였다. 1898년 AMS 회원들은 소식지 성격의 "Bulletin" 에서 벗어나 수학 연구 저널의 필요성을 인식하고 자연스레 1878에 Sylvester에 의해 창간되고, Johns Hopkins대학을 통하여 출판되던 American Journal of Mathematics를 생각하고 협력하는 방법을 생각한 후 AMS가 편집권을 접수하고 편집비용의 일부를 지원하는 안을 제시하였다. 이 제안은 당시 AMS 회장인 Simon Newcomb이 Hopkins대학의 교수였기 때문에 성공할 수 있다고 생각하였으나 Newcomb이 지원금은 받고 편집권은 양도하지 않았으며 더 나아가 AMS 라는 이름을 American Journal of Mathematics의 표지에 넣는 것은 저널의 품위를 떨어뜨릴 수 있다고 거부함으로 오래지 않아 이 협력은 깨졌다. 그러자 젊은 AMS 회원들은 AMS 자신의 새로운 수학 전문저널을 발간하는 것이 필요하다고 더욱 강하게 주장하였다. 그래서 대안으로 AMS가 'Transaction' 을 발간하기로 한다. 비로소 **미국에서의 두 번째 수학 연구저널이 Yale 대학 박사인 E. H. Moore를 초대 편집장으로 하여 20세기를 여는 1900년 1월 창간호를 발간한다[E].**

그에 앞서 **American Mathematical Monthly**도 **1894**년 **창간호**를 발간하여 1900년에는 이미 7년 동안 존재했었다. 그러나 이 저널은 학회가 아니라 미주리 주의 고교교사인 Benjamin Franklin Finkel이라는 개인에 의해 창립되었다. 창간호를 보면 첫 페이지에 "보통의 수학자에게 도움을 주기위해 노력한다."는 것을 목표로 하였다. 그러나 그의 노력은 초창기에는 많은 어려움을 겪었다. 이유는 이 저널도 보통 수학자들에게는 어려워서 고교교사들이 구독을 하지 않았기 때문이다. 그러나 Finkel은 여기서 기지를 발휘해 방향을 바꾸어 대학교수들의 도움을 얻어 원고도 확보하고 편집비 지원도 받아 고교교사보다는 대학에서 수학을 가르치는 모든 사람을 주 독자로 크게 발전하여 현재 전 세계인이 구독하는 미국수학교육학회(MAA)의 주요 저널로 자리 잡았다.

Annals of Mathematics는 1884년 **버지니아 대학**의 Ormond Stone에 의해 창간되었다. 그것이 20세기에 들어서며 주관학교가 버지니아대에서 **Harvard대로 이관되어 새롭게 탄생한다.** 새로 탄생하며 이 저널의 목표를 'American Journal of Mathematics' 또는 새 저널인 'Transactions' 과 경쟁하는 것이 아니며 전문가에게 보다는 일반 수학적 대중을 대상으로 짧은 exposition을 게재할 것"이라고 정의하였다. 그러나 이 저널이 당시 세계를 주도하였던 유럽의 전통 있는 수많은 수학 저널을 제치고, SCI impact factor가 제일 높은 21세기 초

3) http://genealogy.math.ndsu.nodak.edu/html/id.phtml?id=806 , Eliakim Hastings Moore.

수학계 최고로 여겨지는 저널로 성장할 것이라고는 누구도 예측하지 못했을 것이다. **이는 한국도 우리 색을 갖는 수학 저널의 필요성을 보여준다.**

ANNALS OF MATHEMATICS

4. 한국의 상황

우리는 위의 논의를 통하여 “영국의 식민지에서 벗어나 100년이 지나도록 황무지나 다름없던 미국의 수학계가 **J. J. Sylvester라는 한 명의 수학자(미국 최초의 유태인 수학교수)**를 초빙함으로서 그로부터 시작하여 Felix Klein으로 이어지며 25년간 만들어진 변화와 자극 그리고 이를 기반으로 미국이 배출한 E. H. Moore라는 걸출한 수학교수가 지금부터 100년 전 미국수학계를 주도하면서 미국은 유럽의 수학을 흡수하고 또 독창적인 기여를 했으며 마침내 독일과의 2차례의 세계대전을 치루며 초창기 자신을 인도한 독일과 영국의 영향을 완전히 벗어나 21세기를 맞이한 지금 수학 세계의 판도를 완전히 바꾼 과정”을 보았다.

한국과 동아시아는 수 천년동안 문화적으로는 물론 생활수준에서도 유럽보다 훨씬 앞서 있었으면서, 지난 수백 년간 새로운 과학 기술의 경쟁에서 유럽과는 너무나 다른 길을 지나왔고, 그 결과로 특히 한국은 100년전 나라를 잃고, 50년전 민족상잔의 전쟁을 거치며 결국 폐허에서 다시 시작하였다. 우리에게 한국 전쟁 후 한국의 모습 특히 한국수학계의 모습은 몹시 불만족스러웠으나 이는 미국이 식민지에서 벗어나던 때와 비교하면 큰 차이가 없으며 우리가 **지난 50년간 성장해온 모습과 미국이 지난 100여 년간 발전해 온 과정과 비교하면 실제로 우리의 발전과정은 미국이 거친 모든 과정을 유사하게 거쳤다. 특히 현재 한국 대학이 추구하는 대학의 개혁이 바로 100년 전 미국의 대학에서 선택과목의 확대와 연구중심대학의 탄생, 교수의 연구, 교육 및 봉사의 강조 등 유사한 것이 신기할 정도이다.** 중요한 것은 앞으로 **100**년 후 **22**세기를 맞으며 **100**년 동안 미국이 했듯이 우리도 얼마든지 우리들에게 현대수학을 소개한 나라보다 앞설 수 있다는 가능성을 본다. 이를 위하여 구체적으로 취할 방향과 노력이 무엇인지가 어렴풋이 보인다.

100년 전의 상황은 중국 중심의 구질서가 붕괴하고 서구 열강의 침략이 노골화되면서 한 · 중 · 일 지식인들 사이에서는 근대적 개념의 동아시아론이 등장했다. 이는 2004년 중국의 ‘동북공정’으로 촉발되어 동아시아에 펼쳐진 앞으로의 100년에 대한 각국의 경쟁상황과 유사하다. 이러한 시점에서 과학기술의 보루인 수학 분야에서 우리가 보낸 지난 100년의 의미를 다시 생각해 볼 필요가 있다.(이상구 with 함윤미교수)

참고 문헌

[A] Raymond Archibald, A semicentennial history of the American Mathematical Society, 1888-1938, Amer. Math. Soc., New York, 1938.

[B] Philip Alexander Bruce, History of the University of Virginia, 5 vols. (1920).

[C] Thomas D. Clark, Indiana University: Midwest pioneer, Vols. I, II, Indiana Univ. Press, Blooming-ton, IN, and London, 1973.

[D] Peter Duren (ed.), A century of mathematics in America, Vols. I, II, III, Amer. Math. Soc., Provi-dence, RI, 1988.

[E] John Ewing (ed.), A century of mathematics: Through the eyes of the Monthly, Math. Assoc. America, Washington, DC, 1994.

[F] Lewis S. Feuer, "America's First Jewish Professor: James Joseph Sylvester at the University of Virginia," American Jewish Archives 36 (1984), 151-201.

[M] G. A. Miller, Historical introduction to mathematical literature, Macmillan, New York, 1916.

[P] Karen Hunger Parshall, James Joseph Sylvester: Life and Work in Letters, Oxford: Clarendon Press, 1998.

[PR, p. 194] Karen Hunger Parshall and David E. Rowe, The Emergence of the American Mathematical Research Community, 1876-1900: J. J. Sylvester, Felix Klein, and E.H. Moore (Providence: American Mathematical Society and London: London Mathematical Society, 1994).

[R] Frederick Rudolph, The American college and university, Alfred A. Knopf, New York, 1962.

[V] Laurence R. Veysey, The emergence of the American university, Univ. of Chicago Press, Chicago, IL, and London, 1965.

〈국제 선형대수학회 창립총회, August 12-15, 1989, Provo, Utah, USA〉
- 정면 중앙 : Olga Taussky -

A.3 한국 근대 수학

조선 말에서 대한제국, 일제 강점기를 지나며 근대수학을 도입하는 과정 및 당시 국내 유일의 고등교육기관인 성균관의 역할과 일제하의 수학교육 및 해방 직후의 국내 수학교육 환경에 관한 연구 결과를 소개한다. 이를 통하여 근대수학을 도입하는 과정에서 가졌던 우리의 노력과 장애물을 분석하고 미래를 생각한다. (아래 내용은 후에 일부 편집하여 한국수학사회지와 대한수학회 소식지에 발표되었다. 2007년)
http://matrix.skku.ac.kr/conference/2008-KSHM-Conference.html

우리는 대체로 동양의 과학 등을 이야기할 때 중국의 문화를 빼고는 힘든 것으로 받아들인다. 특히 한국의 전통수학을 논할 때 중국으로부터의 영향을 우선 거론하는 경향이 많다. 실제로 지리적 · 문화교류적 측면에서 중국은 한국, 일본을 통해 극동아시아의 수학, 과학기술은 물론 몽고, 동남아시아의 과학문화까지 모두 수입과 수출을 하면서 한자문화권의 언어적인 재생산을 통해 동양수학의 집결지로 발전해 왔다. 그러나 한국의 전통수학은 중국과의 문화적 차이와 그 기본 정신이 다르기 때문에 두 나라의 전통수학에 있어서 항상 발걸음을 같이 한 것은 아니다. 특히 한국은 근대수학에 있어 중인(中人) 산학자라는 세계에 유례가 없는 수학자집단을 형성하였으며 중국의 수학과 유럽의 수학을 접목한 독자적인 수학의 영역을 펼치기도 하였다. 나아가 근대 수학에 있어서는 중국, 일본, 유럽 등 다양한 경로를 통해 유입된 지식을 수용하며 선각자들의 부단한 노력을 통하여 근 · 현대 수학을 유지 발전시켜 왔다.

1. 대한제국의 수학교육

조선조의 수학은 건국 초기의 정치적 안정추구와 농업중심의 경제구조를 바탕으로 발전해 왔으며 세종조에 이르러는 천문학을 중심으로 발전해왔다. 건국초기에는 산학과 천문학을 중심으로 과학이 중시되었고, 그 후 관료조직 속에서 이른바 잡과십학(雜果十學)을 전담하는 기술관리 조직의 기능이 확대되어 마침내 중인 신분층이 형성되었다. 조선조의 양반 수학자들과 중인 수학자들의 수학연구 및 저술 활동은 개화기 황실의 대외적인 정치흐름과 연계하여 근대수학으로 발전 할 수 있는 발판을 제공하였다. 1876년 개항과 더불어 오랫동안 잠자고 있었던 이 땅에 서구문명이 스며들기 시작했다. 개화는 먼저 교육을 통해서 시작되었고, 구한말의 황실도 교육개혁에는 지대한 관심과 노력을 기울였다. 이렇게 서구의 문명이 물밀듯이 들어오는 시기인 1883년 설립된 최초의 근대적인 사립학교인 원산학사의 교육과정에는 천문, 지리, 전기 등의 과목을 비롯해 산법(算法)과 대수(代數)가 포함되어 있었다. 특히 원산학사는 국내 최초의 근대학교가 다른 동양권국가의 경우와 같이 서양인에 의해 설립된 것이 아니라 우리나라 사람들의 손으로 설립됐다는 점에서 한국근대사에 있어 매우 큰 역사적 의의를 가진다. 원산학사의 뒤를 이어 많은 사립학교들이 나타났다. 1885년 설립된 배재학당에서는 천문학과 생리학 등의 과학교육이, 1886년 설립된 이화학당에서는 산술 및 과학교육 등 근대식 교육기관에서 수학교육 및 과학교육이 이뤄지기 시작했다. 신학문을 가르치는 사학(학당)들이 생겨나자 1886년 9월 대한제국 정부는 미국인 헐버트 등을 교사로 초빙해 '육영공원'이라는 근대식 관학 교육기관을 만들었다. 육영공원은 정치 · 경제 · 수학 · 영어 같은 근대학문을 가르쳤다. 실제로 자연과학 교과서는 영어원서를 교제로 채택하였다. 개화기말의 수학책으로는 유럽 수학을 편집한 일본의 〈신수학〉을 재편집한 〈정선수학 精選數學〉이 있는데, 그 내용은 사칙(四則)계산 · 기하 · 삼각법 · 측량 등이다. 우리나라 최초의 수학 잡지 〈수리잡지 數理雜誌〉를 발간한 유일선(柳一宣)은 〈초등산술교과서 初等算術教科書〉를 저술했다.

한편 네덜란드 헤이그에서 열린 제2차 만국평화회의(1907)에 파견됐던 고종의 밀사 보재(溥齋) 이상설(李相卨 · 1870~1917)은 1906년 10월 간도에 연변 최초의 근대학교인 서전서숙(瑞甸書塾)을 세워 조선 민족의 교육을 일으킨 인물이다. 〈이 교지는 현재의 용정(龍井)시 실험소학교가 이용하고 있다.〉 헤이그에서 자결한 것으로 알려진 이준 열사는 부사로 이상설 선생을 대동한 인물이다. 그러나 독립운동가인 이상설의 한국 과학사에서 진저한 '선구자' 역할은 한국에서 근대수학을 시작한 것이라고 할 수 있다. 이상설은 승정원 비서감, 성균관 교수를 거쳐 1895년부터 1896년까지 성균관장을 역임하며 국립 최고교육기관인 성균관에 근대식 교육 내용 특히 근대수학을 접목 시키는 노력을 기울였다는 사실은 한국 수학사 연구에 큰 의미를 갖는다. 일반인에게는 독립운동가로만 널리 알려진 이상설은 1900년에 '산술신서(算術新書)'라는 수학 책을 썼는데, 이것은 당시 일본에서 인기 있던 우에노 기요시(上野清 · 1854~1924)의 '근세산술(近世算術)'을 번역하며 편집한 책이다. 당시에 발간된 송상도(宋相燾 · 1871~1946)의 '기려수필(騎驢隧筆)'에는 이상설이 이 책으로 당대 최고의 수학자라는 평가를 얻었다고 기록돼 있다. 이상설 선생은 1894년에 문과(대과)에 급제한 분으로 박성래 교수는 독립운동가 이상설 선생은 한국 근대 수학교육의 아버지라고 언급한 바있다[1].국가보훈처는 2005년 12월의 독립운동가로 이상설선생을 선정하였다.

1895년부터 1910년 말 정부가 관립으로 설치 운영토록 한 근대적 고등교육기관은 성균관, 법관양성소, 의학교 등이다. 구한말의 교육기관으로서는 중앙에 성균관과 사학이 있었으며, 지방에는 향교와 서원 및 서당이 있었다. 당시 성균관에서 교육 받은 인재는 민영환, 김창숙, 신채호, 조소앙 등이 있다. 이들 교육기관에서는 대학, 중용, 논어, 맹자 등 유교의 경전을 중심으로 교육이 이뤄지고 있었지만 성균관은 선구적인 지식인을 중심으로 수학, 천문학 등 서양과학에 대한 관심과 역량이 발휘하였음을 확인할 수 있다.

보재 이상설선생

1895년(고종 32)에 시작된 새로운 수학교육은 유럽식 수학을 바탕으로 했기 때문에 산학은 찾아볼 수가 없었고 주로 산술의 계산 · 응용에 관련된 내용이었다. 이렇게 필산과 주산에 중점을 둔 교육이 시작되자 성균관의교육과정도

개편되어 산술을 이수하도록 했다. 대한제국시기의 성균관은 1895년 칙령 제 136호와 학부령 제2호에 의하여 문묘를 받드는 성균관에 3년제 경학과를 설치하고 강독, 작문, 역사학, 지리학, 수학(가감승제, 비례, 차분)을 필수과목으로 지정하였다. 동시에 교수임명제, 입학시험제, 졸업시험제를 실시하고 학기제, 연간의 수업일수, 주당 강의시간수를 책정하는 등 제도상 근대적인 개혁을 단행하였다. 그리하여 성균관은 고전대학으로부터 근대대학으로 일대 전환을 보게 되었다. 1897년 8월 12일 '대한제국'으로 국호를 변경하고 국치일인 1910년 10월 22일 사이의 대학교육 개혁 노력에 대해 알아보면, 1905년 러일전쟁이 있었던 1905년 3월 1일자 관보를 통해 성균관제를 개편하여 관장과 교수 외에 박사(강사) 3명을 임명한다. 1908년 10월 29일 칙령 제76호로 성균관 관제가 새로 제정되고 11월 2일에 학칙을 제정하여 학자와 전문가를 양성하는 근대적 고등교육기관으로의 재편을 지향한다. 여기서 특기할 사항은 '경학과 기타학과(역사, 지리, 수학)'로 분과를 분명히 했다는 점이다. 이에 따라 늘어난 전공을 담당하기 위하여 〈조선총독부 1910년 학사통계를 참고하면> 교원이 3명 추가된다. 그리고 교과과정에 산술, 대수, 기하에 더해 물리, 화학과 같은 자연과학 강좌가 추가된다. 그리고 입학 자격이 20세 이상 30세 이하로 제한된다. 이는 교육의 효율성을 고려한 근대적 성격의 조치로 1895년 고종에 의하여 반포된 교육조서에서 밝힌 '실용적 학문에 힘쓰고 지 · 덕 · 체의 함양'의 의미가 비로소 전통적 관립 교육기관에서 구체화된 것이며, 다른 중등교육 중심의 근대적 교육기관과의 차별을 분명히 한 것이다. 한편 사립학교는 처음에는 서구 문명을 도입하기 위해 설립됐다가 1905년 무렵부터는 구국운동의 성격을 갖게 되었고 교육의 방향성, 주체성과 과학성에서는 충분히 진보적이었다. 교사를 양성하기 위하여 한성사범학교를 시작으로 1895년부터 설립되기 시작한 사범학교[1)]와 중학교(1899 설립)[2)]에서는 산술 이외에 대수 · 기하를 가르쳤다. 그리고 자연스럽게 성균관은 교과과정과 직제를 개편하며 최고 고등교육기관인 근대적 의미의 대학으로 개편하려 노력하였으며, 신설 사학들도 근대적 의미의 10세에서 20세 사이의 학생을 지도하는 중등교육과정을 거쳐 전문학교와 대학으로의 발전을 추구하였다[3]. 그러나 1908년 9월 일제는 학부대신을 통하여 사립학교령을 반포하고, 기부금품 모집 취제규칙과 지방비법(地方費法)을 공포하여 사립학교의 설립과 교과서 선정과 같은 운영이 모두 관의 통제 아래에 놓이게 되었다. 이는 일제가 우리나라의 교육을 통제하겠다는 의미 이외에도 학교설립운동을 통하여 발현되는 민족적 지방자치의 움직임을 조기에 차단하고자 하는 의도가 담겨있었다.

2. 개화기의 수학과 일제 강점기 수학교육의 한계

1910년 한국을 강점한 일제는 국권침탈과 더불어 1911년 6월 15일 조선총독부령 제73호

1) 대한제국 정부는 교사를 양성하기 위해 1895년 칙령 79호로 한성사범학교를 설립

2) 1899년 4월 4일 대한제국 정부는 중학교 관제를 규정한 칙령 11호를 처음 공포하였다. 이때 관제는 고등과를 마친 학생은 초급 관리인 '판임관'에 임용할 수 있다고 규정했다(판임관은 지금으로 치면 5급 공무원인 '사무관' 정도에 해당한다.).

를 근거로 조선에 500년간 고급 관료와 학자를 배출해 왔던 한반도 유일의 근대적 의미의 대학인 최고교육기관 성균관의 인재양성 기능을 정지시킨다. 당시 성균관이 할 수 있는 일은 연 2회의 석전제례시의 강연과 강사를 지방에 파견하여 강연하는 일로 제한하였다. 일제는 식민지 통치의 일환으로 조선의 자주적인 고급 인재의 양성 통로를 막고, 성균관의 전통적 학술 연구 기능을 축소하며 방대한 규장각의 장서들을 빼돌리기 시작했다. 더구나 성균관을 계승할 새로운 국립 고등교육기관의 설립을 방해하였고 이에 반발하여 자발적으로 시도된 많은 민립대학의 설립 노력도 지속적으로 억제하며, 식민지 지배를 위한 보통교육기관만을 허가하였다. 더구나 일제가 그 후 설립을 인가한 한국의 중등교육기관은 5년제 중학교까지만 있었으므로 대학과정을 다니려면 고등학교나 예과를 이수하기 위해 일본으로 유학을 가야만 하기도 했다. 이러한 식민지 교육정책은 해방이 되는 1945년까지 계속되어 1945년 해방 당시까지도 한반도 안의 4년제 대학은 일본인을 위한 경성제국대학이 유일하였다. 삼일 독립운동이 일어난 1919년을 통해 민족의 의지를 보고 나서도 5년이 지난 1924년에야 마지못해 한반도에 상주하는 일본인을 위한 경성제국대학을 세운 것이 전부였다. 한 예로 1938년 물리학과(수학과는 없었음)와 화학공학과를 포함한 이공학부 설립 이래 1946년까지 이공학부의 한국인 졸업생수는 총 77명에 불과했다. 더구나 경성제국대학 이공학부도 중국대륙 침략의 병점 기지로서의 한국에 필요한 중화학공업건설에 필요한 인력양성을 위한 것이었을 뿐이다[4].

교육인적자원부 기록에 의하면 1945년 해방당시 조선의 고등교육기관 현황은 소규모의 종합대학 1개, 전문학교 25개, 기타 각급학교 2개로 총 28개교 뿐 이었다. 즉, 중-고등학교 과정을 통합한 5년제 사범학교와 농업전문, 의학전문 등 기술학교를 제외하고 2년 또는 3년제 전문대학 과정의 고등교육 기관으로는 미국 선교사 언더우드(한국명 원두우)가 1915년 3월에 설립한 Chosun Christian College의 후신인 연희전문학교와 1905년 이용익이 설립하여 후에 호남의 대지주이자 자본가인 인촌 김성수가 1932년 인수한 보성전문학교, 미국 북감리교 선교사 스크랜톤 부인이 창설한 이화여자전문학교, 국립 성균관의 후신인 명륜전문학교, 동국대학교의 전신인 혜화전문학교 정도뿐이었다. 또 일제는 우리 민족을 우민화하기 위해 자연과학 분야 학과의 설치도 매우 제한했다. 특히 1945년까지 수학과는 조선에 단 하나도 없었다. 위의 모든 전문학교에도 순수학과 분야 학과는 오직 연희전문학교에 수물과(數物科) 하나만 있었다. 또 일본의 관립대학은 일본에만 당시 30여개 있었던 고등학교 또는 전문학교 졸업생 중에서 입학시험을 거쳐 응시자격을 주었으므로 고등학교가 없는 한국에서 중학교를 마친 한국인의 상급학교 진학에는 어려운 점이 많았다. 특히 한반도에 대한 예과는 일본인 학생을 제외하고는 극소수의 한국학생을 선발하는 경성제국대학에만 있었으므로, 조선 최초의 이학박사인 이태규 박사[3]의 예에서 보듯이 우수한 한국 학생이 4년제 대학을 가려면 일본이나 외국으로 유학을 가야만 하였다. 이 시기에 경성제국대학 교수였던 다카하시 도오루(高橋亨, 1878~1967)의 역할에 대한 연구가 최근

3) 1915년 도지사 추천으로 경성고보(고등보통학교)를 입학하여, 졸업을 앞둔 이태규는 1920년 장학금을 받아 일본 히로시마 고등학교에 입학하였으며 1924년 졸업과 동시에 교토대학에 장학금을 받으며 입학하였다. 그리고 1931년 한국인으로서는 최초로 이학박사 학위를 화학분야에서 받았다 .

에야 진지하게 시작 되었다. 그는 조선의 사상을 연구하여 식민철학으로 변질시켜서 충성스러운 황국시민을 양성하는 제국주의자의 목적에 이용하였다.

국립성균관은 1911년 일제에 의하여 강제로 경학원으로 명칭이 변경된 후 고등 교육 기능이 정지되어 있었다. 1930년 성균관의 부속기관인 경학원 안에 교육기관인 명륜학원이 다시 설치되고, 2년간의 고등교육을 거쳐 1932년 3월 1회 졸업생 26명을 배출하며 다시 고등교육 기능을 회복한다. 그 후 1939년 명륜전문학교는 과거 최고국립대학인 성균관의 정통을 계승한 것으로는 볼 수 없다. 게다가 2차 세계대전 말인 1944년 10월 조선총독부는 전시 비상조치방안과 학도병 징발계획을 의결하여 학생을 학도병으로 전장으로 보내기 위하여 강제로 보성전문을 경성척식경제전문(京城拓殖經濟專門)으로, 연희전문을 경성공업경영전문(京城工業經營專門)으로, 그리고 이화여전(梨花女專), 숙명여전(淑明女專)을 농업지도원 양성소로 바꾸었다. 경성법전(京城法專), 명륜전문(明倫專門)과 혜화전문(惠化專門)은 강제로 폐쇄되고 학생은 학병으로 차출되는 고난을 겪는다. 이에 따라 명륜전문학교는 해방 1년 전인 1944년 명륜연성소로 개편되어 다카하시 도오루가 소장을 맡으며 그 빛을 잃게 되었다. 일제 강점기인 1915년에 전문학교에서나마 최초로 수물과가 설립된 연희전문학교는 일제가 세운 경성공전이나 경성광전, 대동공전과의 차이점은 사립으로서 재학생도 거의 전원 한국 사람이라는 점과 백커(Backer), 밀러(Miller), 언더우드(Underwood) 등 미국인교사들이 많아 서구식 교수법이 채택되었다는 점이다. 이는 우리 과학교육의 서구화에 영향을 미쳤다고 볼 수 있다.

3. 해방 직후의 한국 수학계

제4대총장 최규동 선생
1949.1.4.~1960.10.6.

1945년 8월 해방이 되자 일제가 남긴 국내유일의 이공계 정규대학인 경성제국대 이공학부는 경성대학 이공학부로 변경되었고 경성공전, 경성광전 등 관립전문학교 등도 각각 적절한 명칭의 대학으로 인가를 받아 정규대학으로 새 출발을 하게 되었으며, 해방 후 1945년 10월 경성제국대학의 명칭에서 일제를 상징하는 '제국' 두 글자를 빼고 개칭된 경성대학 이공학부에 우리나라 최초로 독립된 수학과가 개설되었다. 그리고 그 해 11월 김지정 선생이 처음으로 수학교수로 임명되었다. 이 무렵 해방 후 최초로 가진 김지정, 이임학, 류충호, 이재곤 등 10여명이 모인 한국수학자 모임에는 1944년 경기공립고등여학교를 졸업하고 나라(奈良) 여자고등사범(히로시마문리과대학이라고 하는 분도 계심)의 수학과를 마치고 해방직후 경성제대 우노 교수의 조수로 있으면서 동시에 경기여고 교사로 근무하던 홍임식(洪姙植) 선생이 여자로는 유일하게 자리하였다. 이 분은 한국전쟁 중 일본으로 가서 (동경대 또는 우노 교수가 귀국하여 근무하던) 일본대 수학과에서 공부하여 1959

4) 대한수학회(1998년), 대한수학회사 제1권, 부록 3, 내가 만난 수학자들과 교수생활, 박정기

년에 박사학위를 받은 것으로 알려져 있으며, 일본(니혼) 대학 교수로 근무하다 정년퇴임한 것으로 알려져 있다.[4] 12월 이들 수학자와 동경제대에서 수학을 전공하고 당시 경성광산전문학교 교수로 근무하다 해방 후 교장이 된 최윤식 선생을 포함하여 20여 명이 모여 이 자리에서 경성대학 수학과에서 강의를 맡게 될 세 사람을 투표로 선출하였는데 김지정, 이임학, 유충호가 선발되었으며, 초대 수학과장은 김지정이었다. 이 회의를 통하여 1939년 경성제국대학 예과에 입학한 이임학은 수학과가 없어서 물리학과를 졸업하고 만주에 있던 (조선) 비행기회사에 기술자로 근무하다, 해방이 되어 새이름의 경성대학으로 돌아오게 되었다. 1947년 서울에 있는(수원의 농업전문포함) 여러 관립학교들이 한데 뭉쳐 국립서울대학교라는 종합대학으로 탈바꿈하였다. 1946년 10월 현 대한수학회의 전신인 조선 수물학회가 창립되었는데, 이중 수학 부문의 회원은 20여 명이었고 초대회장으로 최윤식 선생이 선출되었다. 경성대학 이학부 수학과는 국대안 파동을 겪으며 1946년 9월 5일 수학과를 포함한 이공학부 교직원 38명 전원이 신설된 서울대학교에 복무할 의사가 없다는 뜻을 문교당국에 통보하고 일괄 사직하였다. 이 무렵 북한에 설립된 김일성 대학에서는 국대안 사건으로 떠난 많은 교수를 초청하였으며, 이에 따라 수학분야에서는 김지정, 유충호, 이재곤 등이 초청을 받았고, 1946년부터 1947년 사이 마포에서 배를 이용하여 북으로 떠났다. 그러나 1946년 9월 13일 국립서울대학교는 예정대로 개학식을 강행하고 수학과는 문리과대학 수학과로 개편되며 최윤식선생이 수학과의 전임교수가 되며 초대 수학과장을 맡게 된다[4]. 서울대학교에 수학과를 창설한 사람은 유학자 출신이며 독학으로 수학을 공부한 수학선생님으로 당시 중동고교 교장이었던 최규동 선생[5](사진)으로 알려져 있다. 이 분은 1945년 해방과 함께 10명으로 이루어진 군정의 교육위원회 위원으로 교육책임자 선발인선을 포함하는 교육관련 중요한 모든 문제를 심의 결정하였고 1947년 국립대 제1회 이사회에서 서울대학교 이사장으로 임명되고, 1949년 1월 21일 서울대 4대 총장으로 임명되었다.

이런 어려움을 거쳐서 탄생한 초창기 서울 문리대 수학과 교수진에는 최윤식, 이임학(李林學), 유충호(劉忠鎬), 강사진으로는 박정기(朴鼎基), 박경찬(朴敬贊), 신영묵(辛永默), 오준용(의예과 전임강사)이 있었다. 한편 박경찬, 정봉협(鄭鳳浹), 이정기(李廷紀)는 서울대학교 공과대학 수학교실을 운영하고 있었다. 1946년 설립된 서울대 사범대 수학과에는 정순택, 조종국, 채태성, 이종림을 중심으로 강의하였다. 1946년에는 성균관대학, 대구사범대학, 동국대학(전 혜화전문), 단국대학, 동아대학, 해인대학(현 경남대), 한국대학(현 서경대)이 대학 재단으로 개칭 또는 새로 설립되었으며, 1946년 대구사범대학에 오용진(吳龍鎭)을 중심으로 수학(교육)과가 개설되었고, 1946(1949?)년 연희대학교의 수물과에서 수학과가 분리되어 장기원(사진), 박정기를 교수진으로 맞아들여 해석학 · 미분기하 · 현대대수학 등을 강의했다. 8 · 15해방을 맞이할 시기에 한국 수학계는 장기원(張起元)선생이 연희전문학교에서 활약했다. 장기원 선생[6]은 연희전문학교 수물과를 1925년 1회로 졸업하고 잠시 조교로 근무하다, 일본 Sendai에 있는 동북제국대학 수학과에 입학하여 1929년 수학과를 졸업하였으며 우리나라 사람으로는 일본에서 가장 먼저 수학 분야의 근대적인 이

5) 백농 최규동(崔奎東, 1882~1951)

6) 장기원(張起元, 1903~1966)

학사 학위를 취득한 것으로 알려져 있다. 그 후 바로 귀국하여 이화여전을 거쳐 연희전문학교 수물과에서 강의를 시작하였다. 연세대 교수로 근무하던 1960년 대한수학회 초대 회장인 최윤식 박사가 갑자기 별세하자 부회장이던 선생이 회장직을 맡게 되어 1960부터 1966년까지 대한수학회 2대 회장을 역임하였으며, 1966년 11월 이사한 새 집에 동료교수들이 집들이 온다고 하자, 미리가서 집의 천장을 수리하시다 사고로 별세하기 전까지 연세대학교 이공대학 수학과에서 많은 후진을 양성하며 학장과 부총장을 역임하였다. 장기원 선생이 별세한 뒤 제자들은 정성을 모아 1971년 연세대학교 교정에 '장기원 선생 기념관'을 지어 선생이 애써 모은 우리 민족의 전통적인 수학책들을 보관하고 있다. (이 기념관이 조만간 헐린다니 아쉬움이 더 한다.) 1997년 사색문제에 대한 유고를 따님이 뉴욕을 방문중인 한국 수학자[7]에게 전해주어서 대한수학회 소식지 1998년 1월호(제57회, P.10~12)에 원문이 소개된바 있다. 1947년에는 단국대학 수학과와 동아대학 수학과, 1948년에는 공주사범대학 수학(교육)과가 개설 되었다. 1951년에는 전북대, 이화여대에 수학과가 1952년에는 전남대, 경북대, 충남대에 수학과가 개설되었고, 같은 해에 대구에 피난해있던 고려대도 대구에서 수학과를 개설하였다. 1952년 3월 11일 피난지인 부산의 서울대 공대 천막가교사에서 대한수학회가 회원 52명으로 대한수학회가 분리 · 창립되어 초대회장에 최윤식이 취임하고, 그 해 5월 27일 부산시 서대신동의 경남상업고등학교에서 수학회 회원 68명이 참가하여 임시학회 및 강연회를 개최하였다. 서울 문리대 수학과의 최윤식 교수는 1956년 서울대학교 수학과에서는 최초로 이학박사 학위를 받았다.

박정기 교수

1953년 서울대학교 공과대학의 박경찬교수는 성균관대학교 수학과를 설립하고 초대 학과장을 역임하였다. 1950년대에는 조선대, 부산대, 이화여대, 성균관대, 고려대, 전남대 등 여러 사립대학교와 국립대학교에 수학과가 신설되었으며, 1954년 대한수학회가 〈수학교육 數學敎育〉을 발간했다. 1957년 10월 20일 대한수학회 가을 학회를 유치한 경북대는 박정기(朴鼎基)를 중심으로 문리대와 사범대 수학과 교수가 힘을 합쳐 1958년 경북대학교에서 국내 최초의 영문 수학논문집(The Kyungpook Mathematical Journal〉이 창간되어 우리나라 학계의 역사상 획기적인 거보(巨步)를 내딛었다. 박정기 교수는 경상남도 거창 출생으로 1940년 연희전문학교 수학과를 졸업하여 1942년 일본 도호쿠(東北)대학을 졸업하고, 연희전문 교수로 근무하다 한국전쟁 중 대구에 와서 경북대학교 교수로 근무하게 된다. 1950년대 말 유학한 이임학(李林學, 1922~2005.1.9, UBC) · 임덕상(林德相, Indiana) · 윤갑병(尹甲炳, Syracuse) · 권경환(權景煥, Michigan) · 이정림(李正淋, Virginia)등이 Ph.D. 학위를 취득했고, 윤갑병 박사는 Ph.D. 학위를 취득한 사람 중 최초로 귀국하였다. 그 외 장범식, 하관철, 서태일, 송기선 등도 이 무렵에 북미에서 학위를 취득하였다. 이 중 캐나다의 밴쿠버에 사시다 최근에 돌아가신 이임학 박사에 대하여 그의 서울대학교 제자이고 서울대학교 수학과 5회 졸업생인 김주환 박사(전 SFU 수학과 교수)는 이임학 박사는 UBC(University of

7) 포항공대 전산수학연구센터 소장 곽진호 교수

British Columbia) 수학과를 세계적인 위치로 끌어 올린 연구가라고 말했다. 이임학 교수는 어느 날 남대문 근처를 지나다가 미군이 버린 고서더미에서 발견한 미국의 수학 저널을 보고 Max A. Zorn이라는 유명한 수학자가 자기 연구 결과 중 중요한 부분이 아직 발견되지 않았다고 발표한 것을 생각한 후 답을 발견해 Zorn에게 편지했고 Zorn은 그 편지를 근거로 논문을 작성하여 저자를 이임학이라는 이름으로 1949년 미국수학학회지〈Bulletin of the American Mathematical Society〉에 발표하게 되었는데 이것이 한국인 과학자가 국내에서 벗어나 최초로 서구에 현대 수학 논문을 발표한 것으로 기록되고 있다. 그는 미국수학학회지에 2편의 논문을 발표했는데, 그 후 캐나다 UBC(University of British Columbia)에 유학, 단순군(單純群)을 발견하여 세계적으로 알려지게 되었으며 그의 리군(Ree Group)에 대한 연구는 관련 논문이 1984~1994년까지 90여 편이 나올 만큼 세계수학사에 중요한 연구 업적으로 남아있다. 그의 리군(Ree University of British Columbia Group)론은 일본의 저명한 '이와나미' 수학사전에, 그리고 미국의 MIT 출판사에서 간행된 백과사전에도 기록이 되어있는 것은 그가 발견한 리군(Ree Group)에 대한 학문적 평가를 높게 하고 있음을 증명해 주었다. 이임학 박사의 연구 확동은 계속되었고 그가 연구논문을 발표할 때마다 수학계는 긴장했고 그 결과에 대해 찬사를 받았다는 흔적은 많은 곳에서 발견할 수 있다. 가장 권위있는 수학자들의 역사서라고 할 수 있는 J. Dieudonne 저서인 A. Panorama of Pure Mathematics에서 소개한 군론 분야의 위대한 수학자 21인에 한국인으로는 최초로 이임학이라는 이름이 들어가 있다. 이임학의 리군(Ree Group)이론은 이임희의 성을 딴 리군(Ree Group)으로 나와 있으며 이 업적으로 캐나다 학술원 회원으로 성정되었다. 그러나 아쉽게도 올해 2005년 1월 9일 운명하였다. 1970년대 수학 학률론에서 최고의 학자였던 'Chung Kai Lai(鐘開來)' 라는 중국계 학자(Stanford 대학수학교수)가 밴쿠버에서 있었던 수학회에 참석했을 때 모든 일정을 단축하고 이임학 박사를 만나기 위해 노력했다고 한다.[8)]

이들 해외 유학자중 윤갑병, 권경환, 장범식, 하광철, 서태일, 송기선 등이 1960년을 전후하여 귀국함으로서 해외의 연구 성과가 국내 수학계에 반영되어 수학의 여러분야의 강의와 연구에 활력을 주었다. 1964년 대한수학회지인 〈수학 數學〉이 발간되었고, 이것은 1968년 〈대한수학회지〉와 〈대한수학회보〉로 분리 · 발간되었는데 이때부터 외국학자들과의 교류가 활발해졌다. 그러나 5 · 16 군사 혁명과 유신 독재를 거치며 이임학 교수 등 많은 우수한 수학자들이 귀국을 못하게 되기도 하였다. 이와 함께 1962년 9월 서울사대 박한식 교수를 중심으로 한국수학교육학회가 설립되어 1963년부터 연 4회의 학술지를 발간하며 수백 명의 참석하는 연구발표회를 개최하는 등 발전하게 되자 대한수학회는 이에 자극을 받아 1963년 11월 전북대에서 가진 대한수학회 가을 학술대회에서 박한식교수를 대한

---

8) 이임학교수가 UBC에서 대수학을 지도한 Robert P Langlands는 58년 UBC에서 학사 및 석사 학위를 취득하고 60년 예일 대학에서 Semi-group and representations of Lie groups으로 박사학위를 받은 후 1972년 이래 Princeton, Institute for Advanced Study에서 교수로 근무하며 1975년 예일대학의 Wilbur Cross Medal을, 1982년에는 AMS의 Cole Prize를, 1988년 미국수학회가 만든 수학에서의 첫번째 National Academy of Sciences Award를 수여 받았으며, 1995-96년에는 Fermat의 마지막문제를 해결한 Andrew John Wiles와 공동으로 Wolf Prize를 수상한 20세기 최고의 수학자의 한 명으로 성장하였다.

수학회 이사로 전격 영입하였다. 1964년 5월에 서울 문리대에서 가진 수학연구발표회에서는 교수와 학생 발표로 구분하여 당시 서울대 수학과 4학년인 이현구(전 서울대부총장, 현 상산고등학교 교장)와 서울대 금속공학과 2학년 문병수(현 원자력연구소 수석연구원)등이 '일반형 Jacobi 정리의 별증과 유도된 식' 등의 연구 결과를 발표하였다[4, P.78].

4. 결론

중국, 한국, 일본을 중심으로 한 동아시아의 수학, 과학기술은 활발한 교류를 통한 재생산을 통해 오랜 기간동안 발전해 왔다. 그러나 지난 수백 년간 새로운 과학 기술의 경쟁에서 유럽과는 너무나 다른 길을 지나왔고, 그 결과로 특히 한국은 100여 년 전 나라를 잃었었고 50여 년 전 민족상잔의 전쟁을 거치며 결국 폐허에서 다시 시작하였다. 그럼에도 불구하고 근대수학에서 한국은 독특한 수학연구 환경에 도달하여 있었으며, 중국의 성리학에 의존한 고전적인 수학과 유럽의 수학을 접목한 독자적인 수학의 영역을 펼치기도 하였다. 나아가 중국, 일본, 유럽 등 다양한 경로를 통해 유입된 지식으로부터 자주적인 수학의 정립을 위하여 노력을 하였다. 그러나 1910년에서 1945년 사이에는 근대 서양의 수학을 일제의 교육체계를 통하여 수입하며 자주적이었던 수학연구와 교육의 전통을 일제 침략하의 식민지 교육에 맡겨버리게 되었다.

우리는 조선말과 일제 강점기 그리고 해방 전후의 기간 동안 일본 제국주의가 우리나라 수학교육에 끼친 영향을 확인하여 보았다. 그들이 근대적인 수학을 소개한다는 명목으로 조선의 전통 수학과 대한 제국이 나름대로 소화 시킨 서구의 근대 수학의 지식을 폄하하며, 대한제국의 학자들이 시도한 다양한 교육 개혁을 수포로 돌리며, 성균관을 통한 관립의 고등 과학교육에 대한 시도를 철저히 말살하였음을 확인할 수 있었다. 또, 근대 학문을 수용하려는 민족자립의(또는 서양인의 주도한) 사립학교의 초등교육과정을 통하여 배출한 조선인 학생들에게 의도적으로 중등교육의 장에서 불평등을 강요하였으며, 더 나아가 고등교육에 관하여는 1910년 한일강제 병합 후 1945년 일본이 패망할 때까지 조선 민족이 원하는 단 하나의 민립대학 조차 허용하지 않았다. 조선에는 단 하나의, 일본인을 위한, 대학만을 허용하였으며, 그 학교에서도 이공학부가 개설된 1938년 1945년 사이에 단 77명(해방전까지의 조선인 졸업생은 단 37명 뿐)의 조선인 이공학사만을 배출하였으며, 조선에 단 하나의 수학과도 개설하지 않은 행태는 수학과 같이 우리 민족이 일본인과 경쟁하여 충분히 능력을 발휘할 수 있는 분야에서의 고등교육 기회를 철저하게 봉쇄한 식민지 교육의 진면목을 보여준다.

우리는 과학 사료보관에 대해서 무관심하였고, 경성제국대학 교수였던 다카하시도오루와 같이 조선을 정신적으로 식민지화하기를 시도하는 일본 지식인들에 의한 우리의 귀한 과학 사료 훼손 등의 일제의 식민화정책에 따라 한 동안 우리 학문에 대한 자긍심과 많은 자료가 훼손되었다. 이와 같은 20세기 초의 식민지 교육으로 정체성을 찾는데 시간이 걸렸고, 해방 후 불붙은 교육 특히 수학교육의 열기가 이념논쟁, 국대안 파동과 6 · 25동란으로 이어지며 다시 한번 위기를 가졌으며, 우수한 수학자들이 5 · 16 혁명과 유신 독재 또 남북

대치 상황으로 능력을 국내에서 마음껏 펼칠 기회를 놓친 것을 확인하였다. 그러나 우리 역사 속에서 수학은 면면히 창조적으로 발전해왔으며 또 많은 성과를 이루어왔다. 또 조선 시대의 우수한 수학자 최석정과 홍정하, 황윤석[9], 홍대용, 남병철과 남병길, 이상혁에 이어 20세기에도 많은 우수한 수학자가 탄생하여 우리와 동시대를 살았고, 같이 생활하며 21세기를 맞게 되었으며, 1970년대 이후부터는 박사학위 취득자들이 양산되어 현재 모든 수학분야에서 연구 · 활동하고 있다. 대학과 학계의 발전에 맞추어 해외 학자와의 교류도 활발해지면서 1979년에는 대한수학회와 서울대학교 수학과의 공동 주최로 서울대학교와 한국과학재단의 후원을 받아 "Korea U.S. Mathematical Workshop, 1979"를 개최하여 재미 수학과의 국내 지독적 수학자 약 50명, 기타 전국 각 대학에서 참가한 수학자 약 200명이 참가한 해방후 초유의 국제적인 모임을 가졌다. 1981년 대한수학회 주축이 되어 국제수학연합(IMU)에 가입했으며, 1986년 〈대한수학회논문집〉을 새로이 창간했다. 1991년에는 김종식 당시 대한수학회장을 중심으로 연변대학 수학계와 힘을 합쳐 한국의 조선족 수학자들과 함께 하는 한민족 수학자 대회를 가졌다. 이후 한국의 김종식, 기우항, 우무하, 주진구, 이정림, 김도한, 최봉대 교수 등과 북한 김일성대학의 조주경, 김책공대의 박태재, 조선과학원의 정재부, 연변대학수학계의 김원택, 윤석걸, 최성일 교수 그리고 중국과학원의 한경청 교수, 재미교포 수학자 채수봉 등이 참석하였으며 이후 4차례 이상의 수학 학술 교류를 가졌다. 또 수년간 몇 차례의 시도 끝에 2001년 당시 대한수학회장인 정동명교수와 저널 편집원장인 이우영 교수의 노력에 힘입어 2002년 1월 〈대학수학회지〉가 국내 수학 논문집 중 최초로 SCIE(Science Citation Index Expanded)에 등재 되었다. 그리고 한국여성수리과학자회가 창설된 2004년에는 조용승 대한 수학회 회장의 노력에 힘입어 대한민국 최초의 국책 수학연구소인 '수리과학연구소'가 과학기술부로부터 지원을 받아 2005년 가을에 문을 열게 되었다. 이에 보태어 2004년 7월 코펜하겐에서 열린 국제 수학교육자 대회(ICME-10)에서는 4명의 한국수학교육자가 초청강연을 하였으며, 오는 2006년 8월 스페인 마드리드에서 열리는 국제수학자대회(ICME)에서는 3명의 한국인 수학자[10]가 초청발표를 하기에 이르렀다. 한국 수학의 21세기는 식민지 교육과 이념 투쟁의 그늘에서 완전히 벗어나 한국 수학의 독특한 전통과 진취적 가능성을 세계 중심에서 새롭게 확인 시킬 가능성을 향하여 달리고 있다. (이상구 with 양정모박사, 함윤미교수)

참고 문헌

1. 박성래(2004), "독립운동가 이상설 한국 근대 수학교육의 아버지", 주간동아 447호, p.71
2. 성균관대학교(1998), "성균관대학교 육백년사", 성균관대학교 출판부
   http://www.skyman.co.kr/skku-skku6003.htm
3. 한국과학기술단체연합회(1980), 한국과학기술 30년사
4. 대한수학회(1998), 대한수학회사 제1권

9) 황윤석(黃胤錫, 1729~1791), 조선 정조 때의 실학자(實學者)이며 자연과학 방면에도 새로운 지식을 도입하려고 노력했으며, 정치 · 경제에도 흥미를 가졌다. 저서에 『이재유고(頤齋遺稿)』 · 『이수신편(理數新編)』 등이 있다.

10) 황준묵(고등과학원), 오용근(Univ. of Wisconsin, Madison 및 고등과학원), 김정한(Microsoft Research)

A.4 참고 문헌 및 관련 사이트

김대식, "**레크레이션 수학**", 경문사, 2004

김창근, 송영권, 양영균, "**Matlab을 이용한 선형대수학**", 교우사, 2003

김한두, 김향숙, 배화수, 손병근, "**Mathematica를 이용한 선형대수학**", 교우사, 1999

로빈 윌슨, 이경아, "**우표속의 수학**", 한승, 2002

사울 스탈, 박형빈, "**게임이론**", 경문사, 2001

신항균, 이광연, 이상구, 천기상, "**선형대수학과 응용**", 경문사, 1998

안소정, "**우리 겨레 수학 이야기**", 도서출판 산하, 1996

안톤-버스비, 고형준 외 5인, "**최신선형대수**", (주)학술정보, 2004

차종천, "**구장산술 주비산경**", (주)범양사, 2000

Howard Anton, Robert C. Busby, **"Comtemporary Linear Algebra"**, Anton Textbooks Inc., 2003

David Carlson, Charles R. Johnson, David C. Lay, A. Duane Porter, **"Linear Algebra Gems"**, The Mathematical Association of America, 2002

David Carlson, Charles R. Johnson, David C. Lay, A. Duane Porter, Ann Watkins, William Watkins, **"Resources for Teaching Linear Algebra"**, The Mathematical Association of America, 1997

Jean-Luc Dorier, **"On the Teaching of Linear Algebra"**, Kluwer Academic Publishers, 2000

Arthur Engel, **"Exploring Mathematics with your Computer"**, The Mathematical Association of America, 1993

Stephen H. Friedberg, Arnold J. Insel, Lawrence E. Spence, **"Linear Algebra"**, Prentice Hall Inc., 1997

S. K. Godunov, **"Translations of Mathematical Monographs"**, Vol 175 "Modern Aspect of Linear Algebra", American Mathemtical Society, 1998

Marshall Hall Jr., **"Combinatorial Theory"**, Blaisdell Publishing Company, 1967

John O. Kiltinen, **"Oval Track and other permutation Puzzles"**, The Mathematical Association of America, 2000

Derek Holton, **"The Teaching and Learning of Mathematics at University Level"**, Kluwer Academic Publishers, 2001

Michael B. Jackson, John R. Ramsay, **"Problems for Student Investigation"**, The Mathematical Association of America, 1993

S. K. Jain, A.D. Gumnawardena, **"Linear Algebra; An Interactive Approach"**, Thomson Learning Inc., 2004

James J. Kaput, Ed Dubinsky, **"Research Issues in Undergraduate Mathematics Learning"**, The Mathematical Association of America, 1994

Jin Ho Kwak, Sugnpyo Hong, **"Linear Algebra"**, Birkhauser, 1997

Sandra Z. Keith, "**Visualizing Linear Algebra with Maple**", Prentice Hall Inc., 2001

Steven J. Leon, **"Linear Algebra with Applications"**, Prentice Hall Inc., 2002

Steven Leon, Eugene Herman, Richard Faulkenberry, **"ATLAST; Computer Exercise for Linear Algebra"**, Prentice Hall Inc., 1996

Russell Merris, **"Combinatorics"**, A John Wiley & Sons Inc., 2003

Karen Hunger Parshall, David E. Rowe, **"The Emergence of the American Mathematical Research Community, 1876-1900:** J. J. Sylvesterm Felix Klein and E. H. Moore", American Mathematical Society, 1994

Gerald J. Porter, David R. Hill, **"Interactive Linear Algebra"**, Springer-Verlag New York, Inc. 1996

Gilbert Strang, **"Linear Algebra and its Application"**, Thomson Learning Inc., 1988

Frank Uhlig, **"Transform Linear Algebra"**, Prentice-Hall Inc. 2002

Fuzhen Zhang, **"Matrix Theory"**, Springer-Verlag New York Inc., 1999

Walter Zimmermann, Steve Cunningham, **"Visualization in Teaching and Learning Mathematics"**, The Mathematical Association of America, 1991

* 관련 SITE

국내, 외 수학 관련 SITE 일부의 웹-주소

이 름	web address
대한수학회	http://www.kms.or.kr
한국수학교육학회	http://www.ksme.org/
한국산업응용수학회	http://www.ksiam.org/
수리과학정보센터	http://www.mathnet.or.kr/
대한수학교육학회	http://www.ksesm.org/
KOSEF-전산수학연구센터	http://com2mac.postech.ac.kr/
KOSEF-대역해석학연구센터	http://garc.snu.ac.kr/garc/
KOSEF-위상수학 기하학연구센터	http://www.nas.go.kr/member/member_datail_action.asp?num=138
미국 수학회	http://www.ams.org
미국수학교육학회	http://www.maa.org/
국제선형대수학회	http://www.ilasic.math.uregina.ca/iic/
NSF REU 학부생수학연구	http://www.nsf.gov/crssprgm/reu/list_result.cfm?unitid=5044
전미수학교사협회	http://www.nctm.org/
수학 자료실	http://archives.math.utk.edu
NSDL 디지털 수학과학 도서관	http://nsdl.org/
EU 수학교육 포럼	http://www.inter2geo.eu
수학 소프트웨어 MATLAB	http://www.mathworks.com/

A.5 답 안

01 | 벡 터

연습문제 답안 1-1

1. $\mathbf{x}=(2,\ 3,\ 3)$

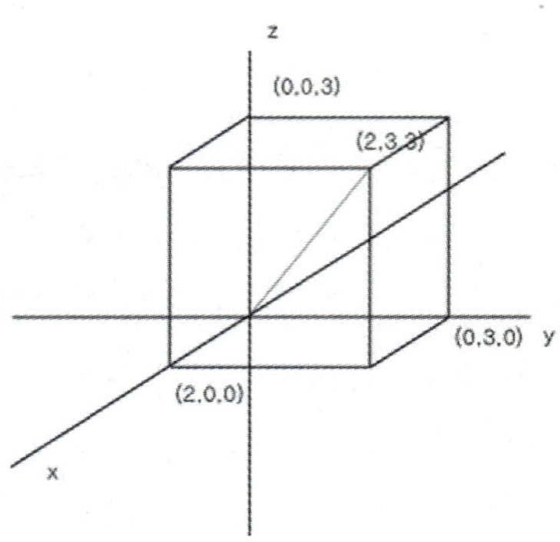

3. $\mathbf{x}=\begin{bmatrix} 4 \\ 2 \\ -3 \end{bmatrix}$

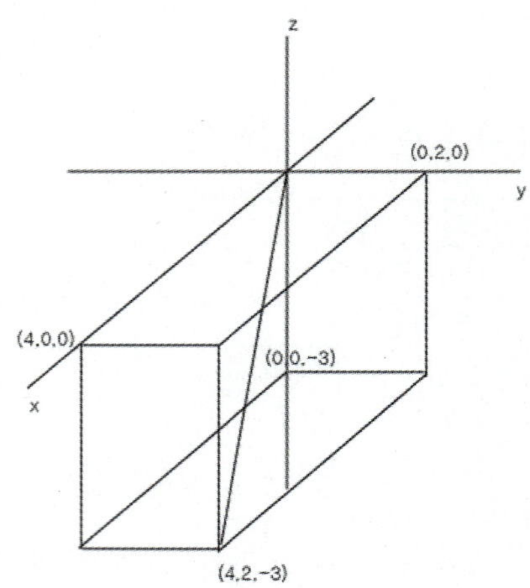

5. $\overrightarrow{P_1P_2}=(-1,\ 3)$

6. $\overrightarrow{P_1P_2}=(-3,\ 6,\ 1)$

7. 끝점 : $(2,\ 3)$

8. 시작점 : $A(-2,\ -2,\ -1)$

10. $(2\mathbf{u}-7\mathbf{w})-(8\mathbf{v}+\mathbf{u})=2\mathbf{u}-7\mathbf{w}-8\mathbf{v}-\mathbf{u}=\mathbf{u}-7\mathbf{w}-8\mathbf{v}$

$=(-3,\ 1,\ 2,\ 4,\ 4)-7(6,\ -1,\ -4,\ 3,\ -5)-8(4,\ 0,\ -8,\ 1,\ 2)$

$=(-77,\ 8,\ 94,\ -25,\ 23)$

11. $\mathbf{x}=\left(-\frac{8}{3},\ \frac{1}{2},\ \frac{8}{3},\ \frac{2}{3},\ \frac{11}{6}\right)$

12. $a=2,\ b=3$

14. ① $2\mathbf{v}=(4,\ 2,\ 0,\ 6,\ 10,\ 2)$, ③ $0\mathbf{v}=\mathbf{0}$

ANSWER

토론과 발견

P1 시작점이 (5, 3), 끝점이 (6, 2)인 벡터 : 벡터 $\mathbf{v}_1=(1, -1)$
시작점이 (1, −2), 끝점이 (1, 1)인 벡터 : 벡터 $\mathbf{v}_2=(0, 3)$
두 벡터가 다르다.

P2 시작점이 (2, 1, 1), 끝점이 (3, 0, 4)인 벡터와 시작점이 (5, 1, 4), 끝점이 (6, 0, 7)인 벡터를 각각 $\mathbf{v}_1, \mathbf{v}_2$라 하면
$\mathbf{v}_1=(1, -1, 3)=\mathbf{v}_2$로 두 벡터가 일치한다.

P3 $\overrightarrow{(a_1, a_2)(b_1, b_2)}$로 부터 유추되는 벡터 : $\mathbf{v}_1=(b_1-a_1, b_2-a_2)$
$\overrightarrow{(c_1, c_2)(d_1, d_2)}$로 부터 유추되는 벡터 : $\mathbf{v}_2=(d_1-c_1, d_2-c_2)$
두 벡터의 노름(norm, 크기)와 방향(기울기)가 같다 는 이야기는
벡터 정의에 의하여 위의 두 벡터가 같다는 이야기이므로, $\mathbf{v}_1=\mathbf{v}_2$
따라서, $b_1-a_1=d_1-c_1$, $b_2-a_2=d_2-c_2$.
같은 방법으로 역도 성립한다.

P4 우리는 나중에 이것을 단 하나의 원소(원점)만을 가지고 있는 집합으로 정의할 것이다.
$(R^0 \leftarrow R^1 \leftarrow R^2 \leftarrow \cdots \leftarrow R^n)$

P7 공간에서 두 개의 다른 직선의 방정식을 $y=ax+c$, $y=bx+d$라고 하고 이 두 직선이 평행할 때, 그 위에 크기와 방향을 주면 그 벡터는 같은 벡터이지만 위의 두 방정식은 같은 방정식이라고 하지 않는다.

연습문제 답안 1-2

1.
$$\begin{cases} \mathbf{x}+\mathbf{y}=(-2+5)\mathbf{i}+(2+0)\mathbf{j}+(-3+2)\mathbf{k}=3\mathbf{i}+2\mathbf{j}-\mathbf{k} \\ \mathbf{x}-\mathbf{y}=(-2-5)\mathbf{i}+(2-0)\mathbf{j}+(-3-2)\mathbf{k}=-7\mathbf{i}+2\mathbf{j}-5\mathbf{k} \\ 3\mathbf{x}=3\cdot(-2)\mathbf{i}+3\cdot 2\mathbf{j}+3\cdot(-3)\mathbf{k}=-6\mathbf{i}+6\mathbf{j}-9\mathbf{k} \end{cases}$$

3. $-\dfrac{1}{7}$

5. $2\sqrt{14}$

6. $\overrightarrow{PQ}=(4, -1, -1)$, $\overrightarrow{PR}=(-1, 2, -6)$이고
$\|\overrightarrow{PQ}\|=\sqrt{(7-3)^2+(0-1)^2+(1-2)^2}=\sqrt{16+1+1}=\sqrt{18}$
$\|\overrightarrow{PR}\|=\sqrt{(2-3)^2+(3-1)^2+(-4-2)^2}=\sqrt{1+4+36}=\sqrt{41}$
$\|\overrightarrow{QR}\|=\sqrt{(2-7)^2+(3-0)^2+(-4-1)^2}=\sqrt{25+9+25}=\sqrt{59}$
이며 $\overrightarrow{PQ}\cdot\overrightarrow{PR}=4\cdot(-1)+(-1)\cdot 2+(-1)\cdot(-6)=0$이므로
$\therefore \angle P=90^\circ$인 직각 삼각형이다.

더구나 $\|\overrightarrow{PQ}\|^2+\|\overrightarrow{PR}\|^2=18+41=59=\|\overrightarrow{QR}\|^2$이므로
피타고라스정리가 성립함을 확인 할 수 있다.

7. $\mathbf{x}_1\perp\mathbf{x}_4$, $\mathbf{x}_1\perp\mathbf{x}_5$, $\mathbf{x}_2\perp\mathbf{x}_4$, $\mathbf{x}_2\perp\mathbf{x}_8$, $\mathbf{x}_3\perp\mathbf{x}_4$,
$\mathbf{x}_3\perp\mathbf{x}_5$, $\mathbf{x}_4\perp\mathbf{x}_5$, $\mathbf{x}_4\perp\mathbf{x}_6$, $\mathbf{x}_4\perp\mathbf{x}_7$, $\mathbf{x}_4\perp\mathbf{x}_8$,
$\mathbf{x}_5\perp\mathbf{x}_6$, $\mathbf{x}_6\perp\mathbf{x}_7$, $\mathbf{x}_1\perp\mathbf{x}_7$,

9. 3과 $\sqrt{14}$

11. 단위벡터라는 것은 크기가 1인 벡터이기 때문에
$\|\mathbf{y}\|=\sqrt{(-2)^2+2^2+(-3)^2+3^2}=\sqrt{26}$이므로
$\dfrac{\mathbf{y}}{\|\mathbf{y}\|}=\dfrac{1}{\sqrt{26}}(-2,\ 2,\ -3,\ 3)$

12. $\mathbf{x}\cdot\mathbf{y}=2\cdot(-3)+1\cdot5+(-1)\cdot2+3\cdot(-1)$
$=-6+5-2-3=-6$

15. 모두 norm(크기)이 1이고, 서로 직교하므로 정규직교집합이다.

토론과 발견

P2 벡터의 내적은 두 벡터의 사이각이 90°일 경우에 0이 되므로
$\mathbf{x}=(a,\ b,\ c)$라고 하면
$\mathbf{x}\cdot\mathbf{i}=a$는 $\mathbf{x}$의 x축방향의 값만 가지고 나머지는 0이 된다.
$\mathbf{x}\cdot\mathbf{j}=b$는 $\mathbf{x}$의 y축방향의 값만 가지고 나머지는 0이 된다.
$\mathbf{x}\cdot\mathbf{k}=c$는 $\mathbf{x}$의 z축방향의 값만 가지고 나머지는 0이 된다.
그러므로 $\mathbf{x}=a\mathbf{i}+b\mathbf{j}+c\mathbf{k}=(\mathbf{x}\cdot\mathbf{i})\mathbf{i}+(\mathbf{x}\cdot\mathbf{j})\mathbf{j}+(\mathbf{x}\cdot\mathbf{k})\mathbf{k}$이다.

P3 만일 $\mathbf{x}=(a_1,\ a_2,\ \cdots,\ a_n)\in R^n$이 $\mathbf{0}$이 아닌 벡터라고 가정하자.
$\|\mathbf{x}\|=0$이라면, $\sqrt{\sum_{i=1}^{n}a_i^2}=0$이므로, $\sum_{i=1}^{n}a_i^2=0$.
단 여기서 $a_i\in R$이므로, $a_i^2\geq0$이다. 따라서,
$a_i=0$ (모든 $i=1,\ \cdots,\ n$)
따라서 이는 모순이므로, $\mathbf{x}=\mathbf{0}$이다.

P4 두 단위벡터를 $\mathbf{a}$, $\mathbf{b}$라고 하면 $\mathbf{a}\cdot\mathbf{b}=|\mathbf{a}||\mathbf{b}|\cos\theta$가 되고 크기는 모두 1이기 때문에 $\mathbf{a}\cdot\mathbf{b}=\cos\theta$가 된다. 즉 두 벡터의 사이각에 따라서 내적의 크기가 결정된다.
두 사이각이 0°~90°인 경우 내적의 크기가 1보다 같거나 작게 되고
두 사이각이 0°일 경우에 내적의 크기는 1이 된다.
두 사이각이 90°일 경우에 내적의 크기는 0이 된다.

P6 $\mathbf{u}\cdot(k\mathbf{v}+m\mathbf{w})=\mathbf{u}\cdot k\mathbf{v}+\mathbf{u}\cdot m\mathbf{w}=k(\mathbf{u}\cdot\mathbf{v})+m(\mathbf{u}\cdot\mathbf{w})$

P7 $\|\mathbf{b}-\mathbf{a}\|^2=\|\mathbf{a}\|^2+\|\mathbf{b}\|^2-2\sum_{i=1}^{n}a_ib_i$

$\|\mathbf{b}-(-\mathbf{a})\|^2=\|\mathbf{a}\|^2+\|\mathbf{b}\|^2+2\sum_{i=1}^{n}a_ib_i$ 이므로

$\mathbf{a}\perp\mathbf{b} \Longleftrightarrow \mathbf{a}\cdot\mathbf{b}=0.$

그러므로 $\|\mathbf{b}-\mathbf{a}\|=\|\mathbf{b}-(-\mathbf{a})\|$

연습문제 답안 1-3

1. ① $(x, y, z)=(8+5t, -1+4t, 4+3t)$, 단, $-\infty<t<\infty$

② $\dfrac{x-8}{5}=\dfrac{y+1}{4}=\dfrac{z-4}{3}$ ③ $\begin{cases} x=8+5t \\ y=-1+4t \\ z=4+3t \end{cases}$: 매개변수방정식

3. $\mathbf{a}=s(-2\mathbf{i}+3\mathbf{j}+5\mathbf{k})=s(-2, 3, 5)$ ($s\neq 0$는 실수)

5. $7x-y+z-4=0$, 그러므로 이 평면에 수직인 벡터를 $\mathbf{n}$이라 하면

$\mathbf{n}=-7s\mathbf{i}+s\mathbf{j}-s\mathbf{k}=s(-7, 1, -1)$ ($s\neq 0$는 실수)

8. $(x-5)+2(y-4)+4(z+3)=0$

10. 문제에 나오는 두 평면은 서로 평행하므로, 평면 $3x-6y+9z=12$ 위의 한 점 $(0, -2, 0)$과 평면 $x-2y+3z=2$와의 거리를 구하면 된다.

$\therefore$ 거리 $D=\dfrac{|0+4+0-2|}{\sqrt{1+4+9}}=\dfrac{2}{\sqrt{14}}$

토론과 발견

P2 벡터 $\mathbf{a}$가 $k_1\mathbf{a}_1+k_2\mathbf{a}_2$로 표현이 가능하다면 쓸 수 있다.

P3 $\left\{\begin{bmatrix}-1\\0\\-4\end{bmatrix}+\begin{bmatrix}1\\1\\2\end{bmatrix}t+\begin{bmatrix}3\\0\\7\end{bmatrix}s \;\middle|\; t, s\in R\right\}$

P4 벡터의 정사영을 이용하여 증명한다. $P_0(x_0, y_0)$와 $ax+by+c=0$을 만족하는 점 (x, y) 사이의 최단 거리는 $D=\|\text{proj}_\mathbf{n}\,\mathbf{v}\|$

여기서 $\mathbf{v}=(x_0-x, y_0-y)$ 따라서, $\mathbf{n}=(a, b)$이므로,

$$\mathbf{p}=\text{proj}_\mathbf{n}\,\mathbf{v}=t\mathbf{n}=\frac{\mathbf{v}\cdot\mathbf{n}}{\mathbf{n}\cdot\mathbf{n}}\mathbf{n}=\frac{(x_0-x, y_0-y)\cdot(a, b)}{a^2+b^2}(a, b)$$

이에 따라, $D=\|\mathbf{p}\|=\|\text{proj}_\mathbf{n}\,\mathbf{v}\|=\dfrac{(x_0-x, y_0-y)\cdot(a, b)}{\|\mathbf{n}\|^2}\|\mathbf{n}\|$

$$=\frac{|a(x_0-x)+b(y_0-y)|}{\|\mathbf{n}\|}=\frac{|ax_0+by_0-(ax+by)|}{\sqrt{a^2+b^2}}$$

$$=\frac{|(|ax_0+by_0)-(-c)|}{\sqrt{a^2+b^2}}=\frac{|ax_0+by_0+c|}{\sqrt{a^2+b^2}}$$

2. (1) 점 $P(4, 3, -1)$, $Q(6, -4, 7)$, $R(1, 2, 3)$을 지나는 평면의 매개변수 방정식

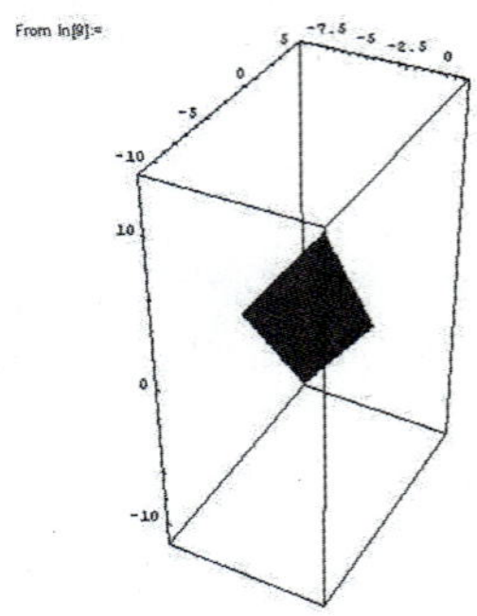

$x=-4+2t+3s$

$y=-3-7t-s$

$z=1+8t+4s$

ParametricPlot3D[{$-4+2t+3s$, $-3-7t-s$, $1+8t+4s$}, {s, -1, 1}, {t, -1, 1}]

(3) 점 $P(8, -1, 4)$을 지나고 벡터 $\mathbf{a}=(5, 4, 3)$에 평행한 직선의 방정식.

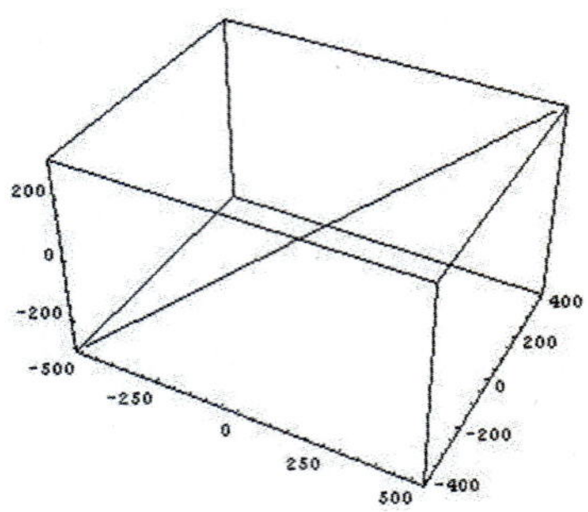

① $\dfrac{x-8}{5}=\dfrac{y+1}{4}=\dfrac{z-4}{3}$;

② $\begin{cases} x=8+5t \\ y=-1+4t \\ z=4+3t \end{cases}$

ParametricPlot3D[{$8+5t$, $-1+4t$, $4+3t$}, {t, -100, 100}]

02 | 선형연립방정식

연습문제 답안 2-1

1. (1) $\begin{bmatrix} 1 & 3 & -1 \\ 2 & 5 & 1 \\ 1 & 1 & 1 \end{bmatrix}$ (2) $\begin{bmatrix} 1 & 3 & -1 \\ 2 & 5 & 1 \\ 1 & 1 & 1 \end{bmatrix}\begin{bmatrix} x_1 \\ x_2 \\ x_3 \end{bmatrix}=\begin{bmatrix} 1 \\ 5 \\ 3 \end{bmatrix}$

(3) $\begin{bmatrix} 1 & 3 & -1 & : & 1 \\ 2 & 5 & 1 & : & 5 \\ 1 & 1 & 1 & : & 3 \end{bmatrix}$

3. $\begin{cases} x_1+x_2+x_3=0 \\ x_1+x_2 \qquad =3 \\ \qquad x_2+x_3=1 \end{cases}$

5. 무수히 많다. **7.** 1개 **9.** 2^{n-1}

토론과 발견

P2 1. 선행변수는 $n-k$가 된다. 즉,

2. 선행변수의 개수+자유변수의 개수=미지수(변수)의 개수임을 알 수 있다.

연습문제 답안 2-2

1. $\begin{bmatrix} 1 & 0 \\ 0 & 1 \end{bmatrix}=\text{RREF}$

3. $\begin{bmatrix} 0 & 1 & 0 & 0 & 5 \\ 0 & 0 & 1 & 0 & 4 \\ 0 & 0 & 0 & 1 & 1 \end{bmatrix}=\text{RREF}$

4. $\begin{bmatrix} 1 & 0 & 0 & \frac{7}{6} \\ 0 & 0 & 1 & -\frac{3}{2} \end{bmatrix}=\text{RREF}$

6. $\begin{bmatrix} 4 & 0 & 8 & 4 \\ 3 & -2 & 5 & 6 \\ -1 & 3 & 1 & 1 \end{bmatrix}, \begin{bmatrix} 3 & -2 & 5 & 6 \\ 4 & 0 & 8 & 4 \\ -1 & 3 & 1 & 1 \end{bmatrix}, \begin{bmatrix} 3 & -2 & 5 & 6 \\ 3 & 3 & 9 & 5 \\ -1 & 3 & 1 & 1 \end{bmatrix}, \cdots$

9. 해 없음 **10.** $x=1,\ y=3,\ z=1$ **13.** 자유 변수 2개

토론과 발견

P1 $\begin{bmatrix} 1 & 2 & -5 & 0 & : & 1 \\ 0 & 1 & 1 & 4 & : & 2 \\ 0 & 0 & 0 & 0 & : & -3 \end{bmatrix}$ inconsistent system

$\begin{bmatrix} 1 & 2 & -5 & 0 & : & 2 \\ 0 & 1 & 1 & 4 & : & 5 \\ 0 & 0 & 0 & 0 & : & 0 \end{bmatrix}$ consistent system

P2 $\begin{cases} x_1+2x_2 \qquad +3x_4=0 \\ 2x_1+4x_2+3x_3 \qquad =0 \\ x_1+2x_2+\ x_3+\ x_4=0 \end{cases}$

P4 $ax+by+cz+d=0$을 이용하여, $a+b+2c+d=0$, $a+2b+d=0$
$2a+b+5c+d=0$, $\therefore -3x-2y-z+1=0$

P5 $n+(n-1)+\cdots+1=\dfrac{n(n+1)}{2}$

P7 $A\ \mathbf{x}=\begin{bmatrix} 2 & -1 & 3 \\ 4 & 2 & -2 \\ 6 & -3 & 1 \end{bmatrix}\begin{bmatrix} \sin\alpha \\ \cos\beta \\ \tan\gamma \end{bmatrix}=\begin{bmatrix} 3 \\ 10 \\ 9 \end{bmatrix}$이고 $\begin{bmatrix} \sin\alpha \\ \cos\beta \\ \tan\gamma \end{bmatrix}=\begin{bmatrix} 2 \\ 1 \\ 0 \end{bmatrix}$인데,

$-1\le\sin\alpha\le 1$, $-1\le\cos\beta\le 1$이므로 성립할 수 없다.

연습문제 답안 2-3

1. (1) $\begin{cases} x_1-x_2=300 \\ x_2-x_3=100 \\ x_4-x_3=500 \\ x_4-x_1=100 \end{cases}$

2. (1)

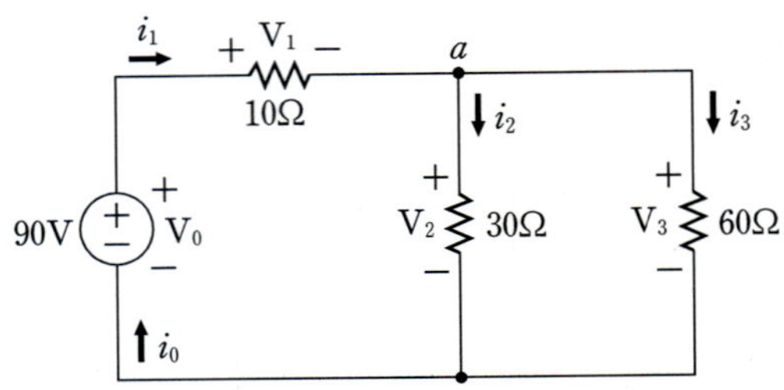

$i_1-i_2-i_3=0$ $\cdots$ ①
$90-10i_1-30_{i2}=0$ $\cdots$ ②
$30i_2-60i_3=0$ $\cdots$ ③

①번식은 키르히호프 전류 법칙에 의해 a 노드에 들어온 전류의 대수적 합은 0이므로 나온 식이다.
②번식은 왼쪽 폐회로에서 시계방향의 경로에 따라 전압상승의 합은 0이므로 나온 식이다.
③번식은 오른쪽 폐회로에서 시계방향의 경로에 따라 전압상승의 합은 0이므로 나온 식이다.
주어진 식을 행렬로 나타내면 아래와 같이 나온다.

$$\begin{bmatrix} 1 & -1 & -1 \\ 10 & 30 & 0 \\ 0 & 30 & -60 \end{bmatrix}\begin{bmatrix} i_1 \\ i_2 \\ i_3 \end{bmatrix}=\begin{bmatrix} 0 \\ 90 \\ 0 \end{bmatrix}$$

풀어보면, $i_1=3\text{A}$, $i_2=2\text{A}$, $i_3=1\text{A}$이다.

(3) 2번과 같은 방법으로 풀어보면

$i_1+i_3=i_2$ $\cdots$ ①

$-4i_1-6i_2+1=0$ $\cdots$ ②

$-4i_1+2i_3+2=0$ $\cdots$ ③

답 $i_1=\frac{7}{22}\text{A},\ i_2=-\frac{1}{22}\text{A},\ i_3=-\frac{8}{22}\text{A}$

토론과 발견

P1 $A\mathbf{x}=0$ 자명하지 않은 해를 가지기 위한 조건은

$|A|=\begin{vmatrix} a-\lambda & b \\ c & d-\lambda \end{vmatrix}=0$이어야 하므로 $(a-\lambda)(d-\lambda)-bc=0$이다.

P3 일단 연립방정식을 세워 보면

$$\begin{cases} x_2+300=x_3+400 \\ x_3+750=x_4+250 \\ x_1+100=x_2+400 \\ x_4+200=x_1+300 \end{cases} = \begin{cases} x_2-x_3=100 \\ x_3-x_4=-500 \\ x_1-x_2=300 \\ x_4-x_1=100 \end{cases}$$ 이고 x_i는 모두 0이거나 0보다 크다고 가정하면

$x_2=100+x_3\geq 0$이므로 $x_2\geq 100$

$x_4=x_3+500\geq 0$이므로 $x_4\geq 500$

$x_1=300+x_2\geq 0$이므로 $x_2\geq 100$이므로 $x_1\geq 400$

$x_1=x_4-100\geq 0$이므로 $x_4\geq 500$이므로 $x_1\geq 400$

이고 따라서 $x_3\geq 0$이다.

| 단 | 원 | 복 | 습 |

2. 참 · 거짓 문제

(1) (F) (2) (F) (3) (T) (4) (F)

(5) (F) (6) (T) (7) (F) (8) (T)

CAS Project

1. (1) $\begin{bmatrix} 1 & 0 & 0 & 0.0245098 \\ 0 & 1 & 0 & 1.86275 \\ 0 & 0 & 1 & -3.01471 \end{bmatrix}$ (2) $\begin{bmatrix} 1 & 0 & 0 & 0.244186 \\ 0 & 1 & 0 & -1.9186 \\ 0 & 0 & 1 & 0.209302 \end{bmatrix}$

(3) $\begin{bmatrix} 1 & 0 & 0 & 1.15991 \\ 0 & 1 & 0 & 9.43872 \\ 0 & 0 & 1 & -11.2756 \end{bmatrix}$

03 | 행렬과 행렬대수

연습문제 답안 3-1

1. $A+B=\begin{bmatrix} 6 & 6 & 7 \\ -1 & 1 & 0 \end{bmatrix}=B+A$

3. $A(BC)=\begin{bmatrix} 51 & 35 \\ 61 & 23 \end{bmatrix}=(AB)C$

5. $A^T=\begin{bmatrix} 2 & 4 \\ -1 & 3 \\ 3 & -5 \end{bmatrix}$이고 $(A^T)^T=\begin{bmatrix} 2 & -1 & 3 \\ 4 & 3 & -5 \end{bmatrix}=A$가 된다.

7. $A=\begin{bmatrix} 0 & 0 \\ t & 0 \end{bmatrix}$, $B=\begin{bmatrix} 0 & 0 \\ 0 & k \end{bmatrix}$라 두면 t, $k\in R$에 대하여 이 행렬의 곱 AB는 항상 0이다.

또 $\begin{bmatrix} 3 & 3 \\ 4 & 4 \end{bmatrix}$, $\begin{bmatrix} 1 & -1 \\ 1 & 1 \end{bmatrix}$도 한 예이다.

9. $A^2-2A=\begin{bmatrix} 11 & -6 \\ -8 & 15 \end{bmatrix}$

11. $\begin{bmatrix} 1 & 0 & 0 \\ 0 & -1 & 0 \\ 0 & 0 & 1 \end{bmatrix}$

13. 실수에서 $(a+b)^2=a^2+ab+ba+b^2=a^2+ab+ab+b^2=a^2+2ab+b^2$이다. 그러나 행렬의 연산에서는 행렬의 가환성이 언제나 성립하는 것은 아니므로 아래의 결과가 최선이다.
$(A+B)^2=A^2+AB+BA+B^2$
단지 $AB=BA$일 경우에만, $(A+B)^2=A^2+2AB+B^2$이 성립한다.

14. $(I-A)^2=I^2-2A+A^2=I^2-2A+A=I^2-A=I-A$

토론과 발견

P2 행렬에서는 $AB\neq BA$이므로 $(A+B)(A-B)=A^2-AB+BA-B^2$이 된다.
$A=\begin{bmatrix} -2 & 3 \\ 2 & -3 \end{bmatrix}$, $B=\begin{bmatrix} -1 & 3 \\ 2 & 0 \end{bmatrix}$라고 하면
$AB=\begin{bmatrix} 8 & -6 \\ -8 & 6 \end{bmatrix}$이고 $BA=\begin{bmatrix} 8 & -12 \\ -4 & 6 \end{bmatrix}$가 되어 $AB\neq BA$가 된다.

P3 (1) 행렬 A의 각 대각선 성분과 A^T의 대각선 성분이 같은 a_{ii}이므로
$\text{tr}(A^T)=\sum_{j=1}^{n} a_{jj}=\text{tr}(A)$이 성립한다.

(3) $\text{tr}(A+B)=\sum_{i=1}^{n}(a_{ii}+b_{ii})=\sum_{i=1}^{n}a_{ii}+\sum_{i=1}^{n}b_{ii}=\text{tr}(A)+\text{tr}(B)$

P4 (BWOC) 만일 $AB-BA=I_n$이면 $\text{tr}(AB-BA)=\text{tr}(I_n)$이어야 한다.
그러나, $\text{tr}(AB-BA)=\text{tr}(AB)-\text{tr}(BA)=0$이고 $\text{tr}(I_n)=n$이므로 모순이다.
$\therefore AB-BA\neq I_n$

P6 (a) $\mathbf{x}^T\mathbf{x}=0 \iff \sum_{k=1}^{n}x_i^2=0$. 여기서 x_i는 실수이므로 $x_i^2\geq 0$.
따라서 $x_i=0$ (모든 $i=1, \cdots, n$) $\iff \mathbf{x}=\mathbf{0}$

연습문제 답안 3-2

1. $AB=I_2$임을 확인하면 된다.

4. $AB=I_4$임을 확인하면 된다.

5. $AD=I_2$이므로 $A^{-1}=D$이다.

7. $A^T(A^{-1})^T=I_2$임을 확인하면 된다.

9. $(AB)B^{-1}A^{-1}=I_2$임을 확인하면 된다.

11. $(I-2A)(I-2A)=(I-2A)^2=I-4A+4A^2=I-4A+4A=I$
따라서 $(I-2A)^{-1}=(I-2A)$이다.

토론과 발견

P1 (a) A의 RREF를 구하면 모두 0인 행이 항상 맨 아래에 하나 남는다. 따라서 $[A : I]$의 RREF를 구하면 $[I : A^{-1}]$ 형태를 유도할 수 없게 된다. 따라서 비가역행렬이 된다. (열에 대해서도 마찬가지이다.)

(b) 같은 행이 존재하면 행연산에 의해서 모두 0인 행이 만들어진다. 그러면 (a)의 경우가 되어 비가역행렬이 된다.

(c) 상수배를 가질 경우 기본행연산에 의해서 모두 0인 행이 만들어져서 (a)와 같은 경우로 취급된다. 따라서 비가역행렬이 된다.

P3 A가 가역행렬이면 된다.

P5 $\begin{bmatrix} 1 & 1 & -1 \\ 0 & 2 & 1 \\ 0 & 1 & -1 \end{bmatrix}\begin{bmatrix} x \\ y \\ z \end{bmatrix}=\begin{bmatrix} b_1 \\ b_2 \\ b_3 \end{bmatrix}$이고 $A\mathbf{x}=\mathbf{b}$라고 하면 A의 역행렬이 존재하므로

가역행렬이고 $\mathbf{x}=A^{-1}\mathbf{b}$이므로 해가 항상 존재한다.

P7 (모순을 이용하여 증명한다 BWOC). 만일 $A^2=A$이고 $A\neq I_n$인데 A는 가역행렬이라면, $A^{-1}A^2=A^{-1}A$이고, $A=I_n$이어야만 한다. 따라서 모순이다.
그러므로 A는 비가역행렬이어야만 한다.

P8 $\mathbf{u}, \mathbf{v}\in R^n$이 열벡터이고 $A=I+\mathbf{u}\,\mathbf{v}^T$이다. 이 때, $\mathbf{u}^T\mathbf{v}\neq -1$이면

A는 가역행렬이고 $A^{-1}=I-\dfrac{1}{1+\mathbf{u}^T\mathbf{v}}\mathbf{u}\,\mathbf{v}^T$ 임을 보여라.

증명 $AA^{-1}=I$임만 보이면 된다. 우선 실수 〈스칼라〉
$\mathbf{u}^T\mathbf{v}=(\mathbf{u}^T\mathbf{v})^T=\mathbf{v}^T\mathbf{u}\in R=M_1(R)$ (1×1행렬=실수 이므로 전치값이 같다.)

[$A\cdot A^{-1}=I_n$임을 보여라.]

증명
$$
\begin{aligned}
&(I+\mathbf{u}\,\mathbf{v}^T)\left(I-\frac{1}{1+\mathbf{u}^T\mathbf{v}}\mathbf{u}\,\mathbf{v}^T\right)\\
&=I+\mathbf{u}\,\mathbf{v}^T-\frac{1}{1+\mathbf{u}^T\mathbf{v}}\mathbf{u}\,\mathbf{v}^T-\frac{\mathbf{u}(\mathbf{v}^T\mathbf{u})\,\mathbf{v}^T}{1+\mathbf{u}^T\mathbf{v}}\\
&=I+\mathbf{u}\,\mathbf{v}^T-\frac{1}{1+\mathbf{u}^T\mathbf{v}}\mathbf{u}\,\mathbf{v}^T-\left(\frac{\mathbf{v}^T\mathbf{u}}{1+\mathbf{u}^T\mathbf{v}}\right)\mathbf{u}\,\mathbf{v}^T\\
&=I+\mathbf{u}\,\mathbf{v}^T-\left[\frac{1+\mathbf{v}^T\mathbf{u}}{1+\mathbf{u}^T\mathbf{v}}\right]\mathbf{u}\,\mathbf{v}^T\\
&=I+\mathbf{u}\,\mathbf{v}^T-\left[\frac{1+(\mathbf{u}^T\mathbf{v})^T}{1+\mathbf{u}^T\mathbf{v}}\right]\mathbf{u}\,\mathbf{v}^T\\
&=I+\mathbf{u}\,\mathbf{v}^T-\left[\frac{1+\mathbf{u}^T\mathbf{v}}{1+\mathbf{u}^T\mathbf{v}}\right]\mathbf{u}\,\mathbf{v}^T\\
&=I+\mathbf{u}\,\mathbf{v}^T-\mathbf{u}\,\mathbf{v}^T=I\in M_n(R)
\end{aligned}
$$

연습문제 답안 3-3

2. (1) 2행의 성분과 3행의 성분을 서로 바꾼다. $\begin{bmatrix}1&0&0\\0&0&1\\0&1&0\end{bmatrix}$

(2) 2행의 성분에 2를 곱한다. $\begin{bmatrix}1&0&0\\0&2&0\\0&0&1\end{bmatrix}$

(3) 1행의 성분에 −2를 곱하여 3행에 더한다. $\begin{bmatrix}1&0&0\\0&1&0\\-2&0&1\end{bmatrix}$

4. (1)번과 (3)번이 치환행렬이다.

6. (a) $EA=\begin{bmatrix} A_{(1)} \\ A_{(2)} \\ 3A_{(1)}+A_{(3)} \end{bmatrix}$

(b) $AE=[A^{(1)}+3A^{(3)} : A^{(2)} : A^{(3)}]$

8. $E=E_3E_2E_1=\begin{bmatrix} 1 & 0 & 0 \\ 0 & 1 & 0 \\ 0 & 3 & 1 \end{bmatrix}\begin{bmatrix} 1 & 0 & 0 \\ 0 & 1 & 0 \\ -2 & 0 & 1 \end{bmatrix}\begin{bmatrix} 1 & 0 & 0 \\ -\frac{1}{2} & 1 & 0 \\ 0 & 0 & 1 \end{bmatrix}=\begin{bmatrix} 1 & 0 & 0 \\ -\frac{1}{2} & 1 & 0 \\ -\frac{7}{2} & 3 & 1 \end{bmatrix}$

토론과 발견

P1 주어진 행렬의 행을 교환한 후 두 열을 교환한다. 그러므로 $A=B=\begin{bmatrix} 0 & 1 \\ 1 & 0 \end{bmatrix}$

P3 비가역 행렬인 경우는 불가능하다.

P5 정사각행렬 A가 기본행렬의 곱으로 표현가능하면 가역행렬이므로 동차연립방정식 $A\mathbf{x}=\mathbf{0}$은 자명한 해만을 갖는다.

연습문제 답안 3-4

2. 부분공간 아님

3. 부분공간 아님

5. 부분공간 아님

7. 부분공간

8. 부분공간 아님

10. (b) $\mathbf{x}=(x, y, z, w, t)$라 할 때

벡터방정식 : $\mathbf{x}=c_1\mathbf{v}_1+c_2\mathbf{v}_2 (c_1, c_2 \in R)$

$x=c_1+2c_2$

$y=5c_1+2c_2$

매개변수 방정식 : $z=-c_1$

$w=4c_1+c_2$

$t=2c_1-4c_2$

토론과 발견

P1 $\mathbf{y}_1, \mathbf{y}_2 \in W$인 두 벡터를 생각하자. 두 개의 벡터합 $\mathbf{y}_1+\mathbf{y}_2$이 W에 들어가는지 보이기 위하여 $\mathbf{x}$와 내적을 해 주면,

$$\mathbf{x}\cdot(\mathbf{y}_1+\mathbf{y}_2)=\mathbf{x}\cdot\mathbf{y}_1+\mathbf{x}\cdot\mathbf{y}_2=\mathbf{0}+\mathbf{0}=\mathbf{0}$$

이므로 덧셈에 대하여 닫혀있다. 마찬가지로 스칼라 곱에 대해서도,

$$\mathbf{x}\cdot(c\,\mathbf{y})=c(\mathbf{x}\cdot\mathbf{y})=c\mathbf{0}=\mathbf{0}$$

이므로, 스칼라 곱에 대해서도 닫혀있다. 따라서 W는 R^3의 부분공간이다.

P4 첨가행렬은 $\begin{bmatrix}1 & -1 & 2 & 0 & \cdots & 0\\ 1 & -1 & 3 & 2 & \cdots & 0\end{bmatrix}$

REF로 만들면 $\begin{bmatrix}1 & -1 & 2 & 0 & \cdots & 0\\ 0 & 0 & 1 & 2 & \cdots & 0\end{bmatrix}$. $\begin{cases}x_1-x_2+2x_3=0\\ x_3+2x_4=0\end{cases}$

$x_2=s,\ x_4=t$로 두면 $x_3=-2x_4=-2t$ $x_1=x_2-2x_3=s+4t$

해공간은 $\{(s+4t,\ s,\ -2t,\ t)\,|\,s,\ t\in R\}$

$$\begin{bmatrix}t+4s\\ t\\ -2s\\ s\end{bmatrix}=\begin{bmatrix}1\\1\\0\\0\end{bmatrix}t+\begin{bmatrix}4\\0\\-2\\1\end{bmatrix}s \quad \therefore \left\{\begin{bmatrix}x_1\\x_2\\x_3\\x_4\end{bmatrix}=\begin{bmatrix}1\\1\\0\\0\end{bmatrix}t+\begin{bmatrix}4\\0\\-2\\1\end{bmatrix}s\ \middle|\ t,\ s\in R\right\}$$

연습문제 답안 3-5

1. $(x,\ y,\ z)=\left(\frac{5}{3},\ 1,\ 4\right)$

3. 미지수의 개수가 방정식의 개수보다 많으므로 자명하지 않은 해를 갖는다.

4. 자명한 해만 가진다.

7. 미지수의 개수보다 방정식의 개수가 작으므로 자명하지 않은 해도 가진다. 따라서 이 동차연립방정식의 해는 무수히 많다.

10. $\mathbf{a}=(2,\ -1,\ 3,\ 7)$

답 $\mathbf{x}=(x_1,\ x_2,\ x_3,\ x_4)$일 때

$(2,\ -1,\ 3,\ 7)\cdot(x_1,\ x_2,\ x_3,\ x_4)=2x_1-x_2+3x_3+7x_4=0$이므로

$\mathbf{a}^{\perp}=\{(x_1,\ x_2,\ x_3,\ x_4)\in R^4\,|\,2x_1-x_2+3x_3+7x_4=0\}$이다.

토론과 발견

P2 (4) ⇒ (5)

증명 '$A\,\mathbf{x}=\mathbf{0}$이 유일해 $\mathbf{0}$을 갖는다.' 는 말은 '행렬 A가 가역행렬이다.' 라는 뜻이다.
A가 가역행렬이라면 A^{-1}이 존재한다. 주어진 $\mathbf{b}\in R^n$ 에 대해
A^{-1}을 연립방정식 $A\,\mathbf{x}=\mathbf{b}$의 양변에 곱하면,

$A^{-1}(A\mathbf{x}) = A^{-1}\mathbf{b} \Rightarrow \mathbf{x} = A^{-1}\mathbf{b}$

따라서 $A^{-1}\mathbf{b}$가 $A\mathbf{x}=\mathbf{b}$의 유일해이다.

P4 $A=[a_{ij}]\in M_{m\times n}$, $\mathbf{x}=(x_1, x_2, \cdots, x_n)$, $\mathbf{b}=(b_1, b_2, \cdots, b_m)$라 하면 연립방정식 $A\mathbf{x}=\mathbf{b}$는

$$x_1\begin{bmatrix} a_{11} \\ a_{21} \\ \vdots \\ a_{m1} \end{bmatrix} + x_2\begin{bmatrix} a_{12} \\ a_{22} \\ \vdots \\ a_{m2} \end{bmatrix} + \cdots + x_n\begin{bmatrix} a_{1n} \\ a_{2n} \\ \vdots \\ a_{mn} \end{bmatrix} = \begin{bmatrix} b_1 \\ b_2 \\ \vdots \\ b_m \end{bmatrix} \quad (1)$$

과 동치이므로 다음이 성립한다.

$A\mathbf{x}=\mathbf{b}$가 해를 갖는다. $\Leftrightarrow$ 방정식 (1)을 만족하는 실수 $x_1, x_2, \cdots, x_n$이 존재한다.

$\Leftrightarrow$ $\mathbf{b}$는 A의 열벡터들의 일차결합이다.

$\Leftrightarrow$ $\mathbf{b}\in \mathrm{Col}(A)$

연습문제 답안 3-6

1. 가역행렬, 역행렬$=\begin{bmatrix} \frac{1}{2} & 0 & 0 \\ 0 & -\frac{1}{5} & 0 \\ 0 & 0 & \frac{1}{3} \end{bmatrix}$

3. $\begin{bmatrix} 4 & 8 \\ -2 & 1 \\ -15 & -10 \end{bmatrix}$

5. $\begin{bmatrix} 8 & -4 \\ 4 & \frac{1}{2} \\ -30 & 5 \end{bmatrix}$

7. $A^2=\begin{bmatrix} 1 & 0 & 0 \\ 0 & \frac{1}{4} & 0 \\ 0 & 0 & \frac{1}{9} \end{bmatrix}$, $A^{-2}=(A^2)^{-1}=\begin{bmatrix} 1 & 0 & 0 \\ 0 & 4 & 0 \\ 0 & 0 & 9 \end{bmatrix}$

$A^{-k}=(A^{-1})^k=\begin{bmatrix} 1^k & 0 & 0 \\ 0 & 2^k & 0 \\ 0 & 0 & 3^k \end{bmatrix}$

9. $x\neq 0$인 경우 A행렬의 RREF를 구해보면 I_3가 나오기 때문에 x는 0을 제외한 실수인 경우 언제나 가역행렬이 된다.

11. $A=\begin{bmatrix} 0 & 0 & 3 \\ 0 & 0 & 2 \\ -3 & -2 & 0 \end{bmatrix}$

13. $a=3$, $b=-6$, $c=-5$

토론과 발견

P1 (a) $\begin{bmatrix}1&0&0\\0&1&0\\0&0&1\end{bmatrix}$, $\begin{bmatrix}1&0&0\\0&1&0\\0&0&0\end{bmatrix}$, $\begin{bmatrix}1&0&0\\0&0&0\\0&0&1\end{bmatrix}$, $\begin{bmatrix}0&0&0\\0&1&0\\0&0&1\end{bmatrix}$, $\begin{bmatrix}1&0&0\\0&0&0\\0&0&0\end{bmatrix}$, $\begin{bmatrix}0&0&0\\0&1&0\\0&0&0\end{bmatrix}$,

$\begin{bmatrix}0&0&0\\0&0&0\\0&0&1\end{bmatrix}$, $\begin{bmatrix}0&0&0\\0&0&0\\0&0&0\end{bmatrix}$

(b) 2^n개

P3 1열에 1개, 2열에 2개, 3열에 3개, $\cdots$, n열에 n개가 된다. 따라서 총 개수는 $\sum_{i=1}^{n} i=\frac{1}{2}n(n+1)$개이며, 반대칭행렬은 대각선 성분이 모두 영이므로 같은 논리로 같은 $\sum_{i=1}^{n-1} i=\frac{1}{2}n(n-1)$결과를 얻을 수 있다.

P5 대각선 행렬의 주대각성분 중 하나라도 영인 것이 있으면 REF에는 영행이 존재한다.

연습문제 답안 3-7

1. $LU\mathbf{x}=b$, $L\mathbf{y}=b$

$\mathbf{y}=\begin{bmatrix}2&1\\0&-7\end{bmatrix}\mathbf{x}$, $\begin{bmatrix}1&0\\5&1\end{bmatrix}\mathbf{y}=\begin{bmatrix}12\\46\end{bmatrix}$ $\quad\therefore \mathbf{y}=\begin{bmatrix}12\\-14\end{bmatrix}$

$U\mathbf{x}=\mathbf{y}$, $\begin{bmatrix}12\\-14\end{bmatrix}=\begin{bmatrix}2&1\\0&-7\end{bmatrix}\mathbf{x}$ $\quad\therefore \mathbf{x}=\begin{bmatrix}5\\-2\end{bmatrix}$

3. $A=LU=\begin{bmatrix}3&0\\-2&1\end{bmatrix}$, $\begin{bmatrix}1&-2\\0&1\end{bmatrix}$

5. $\mathbf{x}=\begin{bmatrix}4\\2\\3\end{bmatrix}$

7. (a) $L=\begin{bmatrix}1&0&0\\4&1&0\\3&2&1\end{bmatrix}$, $U=\begin{bmatrix}1&4&5\\0&2&6\\0&0&3\end{bmatrix}$

(b) $\mathbf{x}=\begin{bmatrix}110\\-36\\8\end{bmatrix}$, $\mathbf{y}=\begin{bmatrix}112\\-39\\10\end{bmatrix}$

(c) $A^{-1}=U^{-1}L^{-1}$이다.

9. $P=\begin{bmatrix} 0 & 0 & 1 \\ 0 & 1 & 0 \\ 1 & 0 & 0 \end{bmatrix}$

토론과 발견

P1 치환 $p=(4\ 3\ 2\ 1)$에 해당하는 permutation matrix이다. PA는 A의 4번 행, 3번 행, 2번 행, 1번 행의 순서대로 A 행렬의 행의 위치가 바뀐다.

P4 (a) $\begin{bmatrix} 1 & 0 & 0 \\ 2 & 1 & 0 \\ 3 & 1 & 1 \end{bmatrix}\begin{bmatrix} 1 & 0 & 0 \\ 0 & 2 & 0 \\ 0 & 0 & -1 \end{bmatrix}\begin{bmatrix} 1 & 2 & 3 \\ 0 & 1 & 1 \\ 0 & 0 & 1 \end{bmatrix}$

(b) $\begin{bmatrix} 1 & 0 \\ b & 1 \end{bmatrix}\begin{bmatrix} a & 0 \\ 0 & d-\dfrac{b^2}{a} \end{bmatrix}\begin{bmatrix} 1 & \dfrac{b}{a} \\ 0 & 1 \end{bmatrix}$

만일 $A^T=A \Rightarrow A=LDU=LDL^T$이고 $b=c$라면 LDL^T로 분해를 하려면 $ad\neq0$이어야 한다 (i.e. $a\neq0$, $d\neq0$)

| 단 | 원 | 복 | 습 |

3. 참 · 거짓 문제

(1) (T) (2) (T)
(3) (T) (4) (T)
(5) (T) (6) (T)
(7) (F) (8) (F)
(9) (T) (10) (F)

04 | 행렬식

연습문제 답안 4-1

1. 2개

3. 6

5. $|A^2|=|AA|=|A||A|=|A|^2=16$

7. $|2A|=2^n|A|=2^n(-4)$

9. 0

10. (1) $(b-a)(c-a)(c-b)$
(2) $(b-a)(c-a)(d-a)(c-b)(d-b)(d-c)$

토론과 발견

P1 2행에 abc를 곱하면 2행과 3행이 같아진다.
따라서 정리 4.1.7 에 의하여 $\det A=0$이다.

P2 A를 ERO 하면 $\begin{bmatrix} a+1 & a+2 & a+3 \\ 1 & 1 & 1 \\ 0 & 0 & 0 \end{bmatrix}$이 되어 0인 행이 생긴다.
그러므로 $\det A=0$이다.

P3 $\det A^2=(\det A)^2=\det A$이므로 실수인 $\det A$는 0이나 1이어야 한다. 그러므로 $|A|=0$ 또는 $|A|=1$이다.

P4 $A=P^{-1}BP$이면
$|A|=|P^{-1}||B||P|=|B||P^{-1}||P|=|B||P^{-1}P|=|B||I_n|=|B|$
즉, $|A|=|B|$이다.

연습문제 답안 4-2

2. $\begin{cases} B_{11}=-66,\ B_{21}=28,\ B_{31}=39 \\ B_{12}=12,\ B_{22}=-8,\ B_{32}=6 \\ B_{13}=30,\ B_{23}=-4,\ B_{33}=-9 \end{cases}$

4. 2행에 4배하여 1행에 더하고, 2행에 2배하여 4행에 더해주면

$$|B|=\begin{vmatrix} 0 & 13 & 20 & 6 \\ -1 & 3 & 5 & 1 \\ 0 & 1 & 4 & 0 \\ 0 & 5 & 9 & 3 \end{vmatrix}$$

1열에 관하여 여인자 전개를 하면

$$|B|=0+(-1)(-1)^{2+1}\begin{vmatrix} 13 & 20 & 6 \\ 1 & 4 & 0 \\ 5 & 9 & 3 \end{vmatrix}+0+0=156+54-120-60=30$$

6. (a) $A_{21}=\begin{vmatrix} 0 & 3 & 0 \\ 2 & 4 & 0 \\ 3 & -1 & 0 \end{vmatrix}=0,\ A_{22}=\begin{vmatrix} 1 & 3 & 0 \\ 3 & 4 & 0 \\ 0 & -1 & 0 \end{vmatrix}=0,$

$A_{23}=\begin{vmatrix} 1 & 0 & 0 \\ 3 & 2 & 0 \\ 0 & 3 & 0 \end{vmatrix}=0,\ A_{24}=\begin{vmatrix} 1 & 0 & 3 \\ 3 & 2 & 4 \\ 0 & 3 & -1 \end{vmatrix}=13$

7. $|A|=a_{11}A_{11}+a_{12}A_{12}+a_{13}A_{13}$

$$=0\cdot(-1)^{1+1}\begin{bmatrix} 2 & 4 \\ -1 & -3 \end{bmatrix}+(-2)\cdot(-1)^{1+2}\begin{bmatrix} 4 & 4 \\ -1 & -3 \end{bmatrix}+0\cdot(-1)^{1+3}\begin{bmatrix} 4 & 2 \\ -1 & -1 \end{bmatrix}$$

$$=0\cdot1\cdot(-2)+(-2)\cdot(-1)\cdot(-8)+0\cdot1\cdot-2=0+(-16)+0=-16$$

11. $A_{11}=\begin{vmatrix} -1 & 9 \\ 3 & 5 \end{vmatrix}=-32,\ A_{12}=(-1)\begin{vmatrix} 4 & 9 \\ -1 & 5 \end{vmatrix}=-29,\ A_{13}=\begin{vmatrix} 4 & -1 \\ -1 & 3 \end{vmatrix}=11$

$A_{21}=(-1)\begin{vmatrix} 2 & 0 \\ 3 & 5 \end{vmatrix}=-10,\ A_{22}=\begin{vmatrix} 1 & 0 \\ -1 & 5 \end{vmatrix}=5,\ A_{23}=(-1)\begin{vmatrix} 1 & 2 \\ -1 & 3 \end{vmatrix}=-5$

$A_{31}=\begin{vmatrix} 2 & 0 \\ -1 & 9 \end{vmatrix}=18,\ A_{32}=(-1)\begin{vmatrix} 1 & 0 \\ 4 & 9 \end{vmatrix}=-9,\ A_{33}=\begin{vmatrix} 1 & 2 \\ 4 & -1 \end{vmatrix}=-9$

$\mathrm{adj}A=\begin{bmatrix} -32 & -10 & 18 \\ -29 & 5 & -9 \\ 11 & -5 & -9 \end{bmatrix}$ 이고 $|A|=-90$이므로

$$A^{-1}=\frac{1}{|A|}\ \mathrm{adj}A=\frac{1}{-90}\begin{bmatrix} -32 & -10 & 18 \\ -29 & 5 & -9 \\ 11 & -5 & -9 \end{bmatrix}$$

토론과 발견

P1 $A\ \mathrm{adj}A=|A|I_n$이므로

C.1 만일 A가 가역행렬이면 $\mathrm{adj}A=|A|A^{-1}$이 된다.

$\det(\text{adj}A)=\det(|A|A^{-1})=|A|^n\det(A^{-1})=|A|^n|A^{-1}|=|A|^n\frac{1}{|A|}=|A|^{n-1}$

C.2 만일 A가 비가역행렬이면 (좌변)=0=(우변)이 된다.

P3 가역인 n차 정사각행렬 A에 대하여 $\text{adj}A=|A|A^{-1}$이 성립하므로,

$$\text{adj}(\text{adj}A)=\text{adj}(|A|A^{-1})=(|A||A^{-1}|)(|A||A^{-1}|)^{-1}$$
$$=|A|^n|A^{-1}||A^{-1}|=A|A|^{n-2}$$
$$\text{adj}(\text{adj}A)=\text{adj}(|A|A^{-1})=(|A|A^{-1})(|A|A^{-1})^{-1}$$
$$=|A|^n|A^{-1}||A^{-1}|A=A|A|^{n-2}$$

P5 $(\text{adj}A)=(|A|A^{-1})$이고 $(\text{adj}A)^{-1}=(|A|A^{-1})^{-1}=A\frac{1}{|A|}$이므로

$(\text{adj}A)(\text{adj}A)^{-1}=(|A|A^{-1})\left(A\frac{1}{|A|}\right)=I$이므로 $\text{adj}(A)$는 가역이 된다.

P7 $\text{adj}(\text{adj}A)=\text{adj}(|A|A^{-1})=|(|A|A^{-1})|(|A|A^{-1})^{-1}=|A|^n|A^{-1}||A^{-1}|A=A|A|^{n-2}$ 에서 $|A|=1$이기 때문에 $\text{adj}(\text{adj}A)=A$이다.

연습문제 답안 4-3

2. $$x=\frac{\begin{vmatrix}\cos\theta-2\sin\theta & -\sin\theta\\ \sin\theta+2\cos\theta & \cos\theta\end{vmatrix}}{\begin{vmatrix}\cos\theta & -\sin\theta\\ \sin\theta & \cos\theta\end{vmatrix}}=\cos^2\theta-2\cos\theta\sin\theta+\sin^2\theta+2\sin\theta\cos\theta=1$$

$$y=\frac{\begin{vmatrix}\cos\theta & \cos\theta-2\sin\theta\\ \sin\theta & \sin\theta+2\cos\theta\end{vmatrix}}{\begin{vmatrix}\cos\theta & -\sin\theta\\ \sin\theta & \cos\theta\end{vmatrix}}=2\cos^2\theta+\sin\theta\cos\theta+2\sin^2\theta-\sin\theta\cos\theta=2$$

4. $$\begin{bmatrix}1&-1&-1&-1\\-1&-1&1&1\\1&1&-1&1\\1&1&1&1\end{bmatrix}\begin{bmatrix}x\\y\\z\\w\end{bmatrix}=\begin{bmatrix}0\\2\\1\\1\end{bmatrix}$$이므로

$$x=\frac{\begin{vmatrix}0&-1&-1&-1\\2&-1&1&1\\1&1&-1&1\\1&1&1&1\end{vmatrix}}{\begin{vmatrix}1&-1&-1&-1\\-1&-1&1&1\\1&1&-1&1\\1&1&1&1\end{vmatrix}}=0.5 \qquad y=\frac{\begin{vmatrix}1&0&-1&-1\\-1&2&1&1\\1&1&-1&1\\1&1&1&1\end{vmatrix}}{\begin{vmatrix}1&-1&-1&-1\\-1&-1&1&1\\1&1&-1&1\\1&1&1&1\end{vmatrix}}=-1$$

$$z=\frac{\begin{vmatrix} 1 & -1 & 0 & -1 \\ -1 & -1 & 2 & 1 \\ 1 & 1 & 1 & 1 \\ 1 & 1 & 1 & 1 \end{vmatrix}}{\begin{vmatrix} 1 & -1 & -1 & -1 \\ -1 & -1 & 1 & 1 \\ 1 & 1 & -1 & 1 \\ 1 & 1 & 1 & 1 \end{vmatrix}}=0 \qquad w=\frac{\begin{vmatrix} 1 & -1 & -1 & 0 \\ -1 & -1 & 1 & 2 \\ 1 & 1 & -1 & 1 \\ 1 & 1 & 1 & 1 \end{vmatrix}}{\begin{vmatrix} 1 & -1 & -1 & -1 \\ -1 & -1 & 1 & 1 \\ 1 & 1 & -1 & 1 \\ 1 & 1 & 1 & 1 \end{vmatrix}}=\frac{12}{8}=\frac{3}{2}$$

5. $x_1=1,\ x_2=1,\ x_3=2$

7. $x_1=\frac{11}{5},\ x_2=-\frac{4}{5}$

토론과 발견

P1 가역인 경우에만 Cramer 법칙이 성립한다. 비가역인 경우에 Cramer 법칙의 이용은 불가능하다.

P2 대입하면 $d=1$이고 $\begin{cases} a+b+c=-2 \\ 8a+4b+2c=-2 \\ 27a+9b+3c=6 \end{cases}$이 된다.

계수행렬 $\begin{bmatrix} 1 & 1 & 1 \\ 8 & 4 & 2 \\ 27 & 9 & 3 \end{bmatrix}$이고 이것을 A라고 하면, $|A|=-12$가 된다.

$$\begin{vmatrix} -2 & 1 & 1 \\ -2 & 4 & 2 \\ 6 & 9 & 3 \end{vmatrix}=-12,\quad \begin{vmatrix} 1 & -2 & 1 \\ 8 & -2 & 2 \\ 27 & 6 & 3 \end{vmatrix}=24,\quad \begin{vmatrix} 1 & 1 & -2 \\ 8 & 4 & -2 \\ 27 & 9 & 6 \end{vmatrix}=12$$

그러므로 $a=\frac{-12}{-12}=1,\ b=\frac{24}{-12}=-2,\ c=\frac{12}{-12}=-1$이 된다.

연습문제 답안 4-4

1. $$\begin{vmatrix} 1 & 1 & 1 \\ 1 & x^2 & 2 \\ 1 & x & 4 \end{vmatrix}=\begin{vmatrix} 1 & 1 & 1 \\ 0 & x^2-1 & 1 \\ 0 & x-1 & 3 \end{vmatrix}=3(x^2-1)-(x-1)$$
$$=3x^2-3-x+1$$
$$=(3x+2)(x-1)=0$$

$\therefore\ x=-\frac{2}{3},\ 1$

3. $\begin{bmatrix}3\\3\\5\end{bmatrix}=\begin{bmatrix}1&1&1\\1&2&4\\1&3&9\end{bmatrix}\begin{bmatrix}c\\b\\a\end{bmatrix}$가 된다. 그러므로 $\begin{bmatrix}c\\b\\a\end{bmatrix}=\begin{bmatrix}1&1&1\\1&2&4\\1&3&9\end{bmatrix}^{-1}\begin{bmatrix}3\\3\\5\end{bmatrix}=\begin{bmatrix}5\\-3\\1\end{bmatrix}$이 된다.

Vandermonde행렬이나 미지수 벡터의 순서를 바꾸어 계산 할 수 있다.

4. $\begin{vmatrix}x&y&1\\-1&11&1\\2&-10&1\end{vmatrix}=0$에서 풀어쓰면

$$x\begin{vmatrix}11&1\\-10&1\end{vmatrix}-y\begin{vmatrix}-1&1\\2&1\end{vmatrix}+\begin{vmatrix}-1&11\\2&-10\end{vmatrix}=21x+3y-12=0$$

5. (1) $\begin{vmatrix}4&7\\3&5\end{vmatrix}=-1$, (평행사변형의 넓이)$=1$

(2) $\begin{vmatrix}1&0&3\\0&-2&1\\4&2&-1\end{vmatrix}=2-(-24+2)=24$, (평행육면체의 넓이)$=24$

6. $\det(AB)=\det(A)\cdot\det(B)=0$

$\therefore$ $\det(A)=(x-4)(x-1)=0$ 또는 $\det(B)=x(x+2)=0$

$\therefore$ $x=0,\ 4,\ 1,\ -2$

8. $\frac{1}{2}\begin{vmatrix}1&1&1\\2&3&4\\2&7&5\end{vmatrix}=\frac{(15+14+8)-(6+28+10)}{2}=\frac{37-44}{2}=-\frac{7}{2}$

$\therefore$ 삼각형의 넓이$=\frac{7}{2}$

토론과 발견

P1 행렬식은 여인자 전개를 하면 $ay+bx^2+cx+d=0$으로 2차 방정식이고, 세 점을 각각 대입하면 두 행이 같아져서 행렬식이 영으로 식을 성립하므로 주어진 세 점을 지나는 2차방정식임을 알 수 있다.

P2 (3)

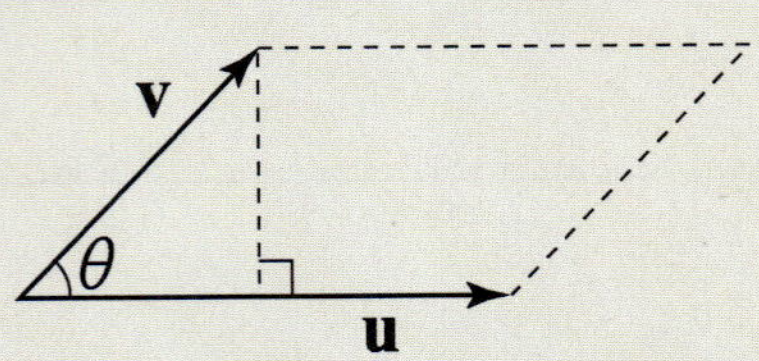

위의 그림에서 $|\mathbf{u}\cdot\mathbf{v}|^2=\|\mathbf{u}\|^2\|\mathbf{v}\|^2\cos^2\theta$라는 사실은 이미 알고 있다.

또, 위 평행사변형의 넓이는 $\|\mathbf{u}\|\,\|\mathbf{v}\|\sin\theta$이다. 이제 행렬식을 계산해 보면,

$$\det A^TA=\det\begin{bmatrix}\mathbf{u}^T\mathbf{u}&\mathbf{u}^T\mathbf{v}\\\mathbf{v}^T\mathbf{u}&\mathbf{v}^T\mathbf{v}\end{bmatrix}$$

$$=\|\mathbf{u}\|^2\|\mathbf{v}\|^2-\mathbf{u}^T\mathbf{v}\ \mathbf{v}^T\mathbf{u}$$
$$=\|\mathbf{u}\|^2\|\mathbf{v}\|^2-(\mathbf{v}^T\mathbf{u})^T\ (\mathbf{v}^T\mathbf{u})$$
$$=\|\mathbf{u}\|^2\|\mathbf{v}\|^2-|\mathbf{u}\cdot\mathbf{v}|^2$$
$$=\|\mathbf{u}\|^2\|\mathbf{v}\|^2-\|\mathbf{u}\|^2\|\mathbf{v}\|^2\cos^2\theta$$
$$=\|\mathbf{u}\|^2\|\mathbf{v}\|^2(1-\cos^2\theta)$$
$$=\|\mathbf{u}\|^2\|\mathbf{v}\|^2\sin^2\theta$$

이므로 넓이의 제곱이 됨을 쉽게 알 수 있다.

P4 $\det(A)=\prod_{\substack{i,\,j=1\\ i>j}}^{n}(x_i-x_j)$ where

$$A=\begin{bmatrix}1 & x_1 & x_1^2 & x_1^3 & \cdots & x_1^{n-1}\\ 1 & x_2 & x_2^2 & x_2^3 & \cdots & x_2^{n-1}\\ \vdots & & & & & \vdots\\ 1 & x_{n-1} & x_{n-1}^2 & x_{n-1}^3 & \cdots & x_{n-1}^{n-1}\\ 1 & x_n & x_n^2 & x_n^3 & \cdots & x_n^{n-1}\end{bmatrix}$$

수학적 귀납법을 이용한 증명

(i) $n=1$: Trivial

(ii) Assume true for $n-1$

[Show true for n.]

$\det(A)=\det(A^T)$

$$=\begin{vmatrix}1 & 1 & \cdots & 1\\ x_1 & x_2 & \cdots & x_n\\ x_1^2 & x_2^2 & \cdots & x_n^2\\ \vdots & \vdots & & \vdots\\ x_1^{n-2} & x_2^{n-2} & \cdots & x_n^{n-2}\\ x_1^{n-1} & x_2^{n-1} & \cdots & x_n^{n-1}\end{vmatrix}$$

$$=\begin{vmatrix}1 & 1 & 1 & \cdots & 1\\ 0 & x_2-x_1 & x_3-x_1 & \cdots & x_n-x_1\\ 0 & x_2(x_2-x_1) & x_3(x_3-x_1) & \cdots & x_n(x_n-x_1)\\ 0 & x_2^2(x_2-x_1) & x_3^2(x_3-x_1) & \cdots & x_n^2(x_n-x_1)\\ \vdots & & & & \vdots\\ 1 & x_2^{n-2}(x_2-x_1) & x_3^{n-2}(x_3-x_1) & \cdots & x_n^{n-2}(x_n-x_1)\end{vmatrix}$$

$$\because\begin{bmatrix}-x_1R_1+R_2\to R_2\\ -x_1R_2+R_3\to R_3\\ -x_1R_3+R_4\to R_4\\ \vdots\\ -x_1R_{n-1}+R_n\to R_n\end{bmatrix}$$

$$=\begin{vmatrix} x_2-x_1 & x_3-x_1 & \cdots & x_n-x_1 \\ x_2(x_2-x_1) & x_3(x_3-x_1) & \cdots & x_n(x_n-x_1) \\ x_2^2(x_2-x_1) & x_3^2(x_3-x_1) & \cdots & x_n^2(x_n-x_1) \\ \vdots & \vdots & & \vdots \\ x_2^{n-2}(x_2-x_1) & x_3^{n-2}(x_3-x_1) & \cdots & x_n^{n-2}(x_n-x_1) \end{vmatrix}$$

$$=(x_2-x_1)(x_3-x_1)\cdots(x_n-x_1)\begin{vmatrix} 1 & 1 & \cdots & 1 \\ x_2 & x_3 & \cdots & x_n \\ x_2^2 & x_3-2 & \cdots & x_n^2 \\ \vdots & \vdots & & \vdots \\ x_2^{n-2} & x_3^{n-2} & \cdots & x_n^{n-2} \end{vmatrix}$$

$$=(x_2-x_1)\cdots(x_n-x_1)\begin{vmatrix} 1 & 1 & \cdots & 1 \\ 0 & x_3-x_2 & \cdots & x_n-x_2 \\ 0 & x_3(x_3-x_2) & \cdots & x_n(x_n-x_2) \\ \vdots & \vdots & & \vdots \\ 0 & x_3^{n-2}(x_3-x_2) & \cdots & x_n^{n-2}(x_n-x_2) \end{vmatrix}$$

By induction hypothesis,

$$=(x_2-x_1)\cdots(x_n-x_1)\prod_{\substack{i,j=1\\ i>j}}^{n}(x_i-x_j)$$

$$|A|=\prod_{\substack{i,j=1\\ i>j}}^{n}(x_i-x_j).$$

연습문제 답안 4-5

2. $(\lambda I_3-A)=\begin{bmatrix} \lambda-4 & 5 & -1 \\ -1 & \lambda & 1 \\ 0 & -1 & \lambda+1 \end{bmatrix}$

$=\lambda(\lambda^2-3\lambda+2)=0$

3. $\lambda=7,\ 4,\ -6,\ \lambda=0,\ a+b+c$

5. $\lambda=1,\ \dfrac{3\pm\sqrt{23}i}{2}$

7. 1

8. $|\lambda-A|=\begin{vmatrix} \lambda+1 & 1 & -1 \\ 0 & \lambda-1 & 0 \\ -2 & -1 & \lambda \end{vmatrix}$

$=(\lambda+1)(\lambda-1)\lambda-2(\lambda-1)$

$=(\lambda-1)((\lambda+1)\lambda-2)=(\lambda-1)(\lambda^2+\lambda-2)=(\lambda-1)(\lambda+2)(\lambda-1)$

그러므로 $\lambda=1,\ -2$이다.

토론과 발견

P1 $|\lambda - \mathrm{A}| = \begin{vmatrix} \lambda-1 & -2 \\ -2 & \lambda-4 \end{vmatrix} = \lambda^2 - 5\lambda = \lambda(\lambda-5)$이다. $\lambda=0,\ 5$이다.

$\lambda=0$일 때 $\begin{bmatrix} -1 & -2 \\ -2 & -4 \end{bmatrix}\begin{bmatrix} x_1 \\ x_2 \end{bmatrix} = \begin{bmatrix} 0 \\ 0 \end{bmatrix}$ 그러므로 고유벡터는 $t\begin{bmatrix} 2 \\ -1 \end{bmatrix}$이다.

$\lambda=5$일 때 $\begin{bmatrix} 4 & -2 \\ -2 & 1 \end{bmatrix}\begin{bmatrix} x_1 \\ x_2 \end{bmatrix} = \begin{bmatrix} 0 \\ 0 \end{bmatrix}$ 그러므로 고유벡터는 $s\begin{bmatrix} 1 \\ 2 \end{bmatrix}$이다.

두 고유벡터의 내적을 구해보면 0이 나오므로 서로 수직이다.

P3 $\det(\lambda I - A) = \begin{vmatrix} \lambda-1 & -b \\ -c & \lambda-d \end{vmatrix} = \lambda^2 - (a+d)\lambda + ad - bc$이고

$\mathrm{tr}(A) = a+d$, $\det A = ad-bc$이므로 $\lambda^2 - 4\lambda + 4 = (\lambda-2)^2$이어서 $\lambda=2$가 된다.

P4 $A = \begin{bmatrix} a & b \\ c & d \end{bmatrix}$라면 $\det(\lambda I - A) = \begin{vmatrix} \lambda-1 & -b \\ -c & \lambda-d \end{vmatrix} = \lambda^2 - (a+d)\lambda + ad - bc$이다.

$\mathrm{tr}(A) = a+d$, $\det A = ad-bc$이므로 $\lambda^2 - \mathrm{tr}(A)\lambda + \det(A) = 0$이다.

P5 $\lambda I - A = \begin{bmatrix} \lambda-1 & 0 & 0 \\ 0 & \lambda-3 & 0 \\ 0 & 0 & \lambda-3 \end{bmatrix}$이라 할 수 있고 그러므로

$A = \begin{bmatrix} 1 & 0 & 0 \\ 0 & 3 & 0 \\ 0 & 0 & 3 \end{bmatrix}$이 되고 $A^2 = \begin{bmatrix} 1 & 0 & 0 \\ 0 & 9 & 0 \\ 0 & 0 & 9 \end{bmatrix}$가 된다.

고유값을 구하면 $\lambda I - A^2 = \begin{bmatrix} \lambda-1 & 0 & 0 \\ 0 & \lambda-9 & 0 \\ 0 & 0 & \lambda-9 \end{bmatrix}$이고 $\lambda=1,\ 9$가 된다.

P8 $E(\lambda_i)$가 A의 임의의 고유값 λ_i에 대응하는 고유공간이라 하자.

$\forall\, \mathbf{x},\ \mathbf{y} \in \{\mathbf{x} \in R^n \mid A\,\mathbf{x} = \lambda_i\,\mathbf{x}\} = E(\lambda_i) \subseteq R^n$

i) $A\,\mathbf{x} = \lambda_i\,\mathbf{x}$, $A\,\mathbf{y} = \lambda_i\,\mathbf{y}$

$A(\mathbf{x}+\mathbf{y}) = A\,\mathbf{x} + A\,\mathbf{y} = \lambda_i\,\mathbf{x} + \lambda_i\,\mathbf{y} = \lambda_i\,(\mathbf{x}+\mathbf{y})$

ii) $\forall\, k \in R^n$, $A(k\,\mathbf{x}) = kA\,\mathbf{x} = k\lambda_i\,\mathbf{x} = \lambda_i\,(k\,\mathbf{x})$

$\therefore$ $E(\lambda_i)$는 2step 부분공간 test에 의하여 R^n의 부분공간이다.

| 단 | 원 | 복 | 습 |

2. 참 · 거짓 문제

(1) (T) (2) (T)

(3) (F) (4) (T)

(5) (F) (6) (F)

(7) (F) (8) (T)

(9) (F) (10) (T)

(11) (F) (12) (F)

(13) (T) (14) (F)

(15) (F) (16) (F)

(17) (T) (18) (T)

05 | 행렬 모델

연습문제 답안 5-1

1. (1) $\lambda_3=-8$ (2) $\lambda_1=-5$, $\lambda_4=5$

3. 우세한 고유값 : 8

대응하는 고유벡터 $\begin{bmatrix}1\\2\end{bmatrix}$

토론과 발견

P1 만약 $x_0=\begin{bmatrix}1\\1\end{bmatrix}$이라고 하면

$$x_1=Ax_0=\begin{bmatrix}1\\1\end{bmatrix}$$

$$x_2=A^2x_0=\begin{bmatrix}1\\1\end{bmatrix}$$

$x_3=x_4=\cdots=\begin{bmatrix}1\\1\end{bmatrix}$이 될 것이다.

연습문제 답안 5-2

1. $M=\begin{bmatrix} 8 & 18 & 6 & 1 & 24 & 9 \\ 17 & 1 & 8 & 24 & 2 & 29 \\ 1 & 23 & 2 & 18 & 29 & 29 \end{bmatrix}$

암호화 $C=AM=\begin{bmatrix} 43 & 101 & 30 & 63 & 132 & 114 \\ 32 & 14 & 18 & 8 & 21 & 18 \\ 44 & 124 & 32 & 81 & 161 & 143 \end{bmatrix}$

복호화 $M=A^{-1}C=BC=\begin{bmatrix} 8 & 18 & 6 & 1 & 24 & 9 \\ 17 & 1 & 8 & 24 & 2 & 29 \\ 1 & 23 & 2 & 18 & 29 & 29 \end{bmatrix}$

3. $M=\begin{bmatrix} 19 & 20 & 1 & 18 & 27 \\ 23 & 1 & 18 & 19 & 30 \end{bmatrix}$

암호화 $C=AM=\begin{bmatrix} 103 & 62 & 39 & 92 & 141 \\ 61 & 41 & 20 & 55 & 84 \end{bmatrix}$

복호화 $M=A^{-1}C=BC=\begin{bmatrix} 19 & 20 & 1 & 18 & 27 \\ 23 & 1 & 18 & 19 & 30 \end{bmatrix}$

5. $M=\begin{bmatrix} 9 & 27 & 11 & 14 & 15 & 23 & 27 & 23 \\ 8 & 15 & 27 & 8 & 5 & 27 & 9 & 19 \end{bmatrix}$

암호화 $C=AM=\begin{bmatrix} 26 & 69 & 49 & 36 & 35 & 73 & 63 & 65 \\ 17 & 42 & 38 & 22 & 20 & 50 & 36 & 42 \end{bmatrix}$

복호화 $M=A^{-1}C=BC=\begin{bmatrix} 9 & 27 & 11 & 14 & 15 & 23 & 27 & 23 \\ 8 & 15 & 27 & 8 & 5 & 27 & 9 & 19 \end{bmatrix}$

8. $M=A^{-1}C=\begin{bmatrix} 12 & 9 & 14 & 5 & 1 & 18 & 27 \\ 1 & 12 & 7 & 5 & 2 & 18 & 1 \\ 27 & 23 & 15 & 18 & 12 & 4 & 27 \end{bmatrix}$

해석하면 ⇒ "LINEAR ALGEBRA WORLD"

9. $M=A^{-1}C=\begin{bmatrix} 1 & 0 & 0 \\ -4 & 1 & 0 \\ 19 & -7 & 1 \end{bmatrix}\begin{bmatrix} 3 & 1 & 18 & 16 \\ 17 & 31 & 76 & 73 \\ 67 & 211 & 217 & 234 \end{bmatrix}$ 〈예, "CARPE DIEM!"〉

06 | 선형변환

연습문제 답안 6-1

1. $\mathbf{u}=(u_1, u_2)$, $\mathbf{v}=(v_1, v_2)$

$T(\mathbf{u}+\mathbf{v})=(2(u_1+v_1)+3(u_2+v_2)+1,\ -(u_1+v_1)+(u_2+v_2))$

$T(\mathbf{u})=(2u_1+3u_2+1,\ -u_1+u_2)$

$T(\mathbf{v})=(2v_1+3v_2+1,\ -v_1+v_2)$

$T(\mathbf{u})+T(\mathbf{v})=(2(u_1+v_1)+3(u_2+v_2)+2,\ -(u_1+v_1)+(u_2+v_2))$

$\therefore T(\mathbf{u}+\mathbf{v})\neq T(\mathbf{u})+T(\mathbf{v})$

T는 선형변환이 아니다.

4. 선형변환이다.

6. 선형변환이다.

7. T는 선형변환이 아니다.

9. $\mathbf{u}=(u_1, u_2, u_3)$, k는 임의의 실수

$T(k\,\mathbf{u})=T(ku_1, ku_2, ku_3)$

$=(1, 2)$

$kT(\mathbf{u})=k(1, 2)$

$\therefore T(k\,\mathbf{u})=kT(\mathbf{u})$는 $k=1$일 때만 성립하므로 선형변환이 아니다.

11. $T(x, y, z)=(3x+5y-z,\ 4x-y+z,\ 3x+2y-z)$

$T(\mathbf{e}_1)=(3, 4, 3)$, $T(\mathbf{e}_2)=(5, -1, 2)$, $T(\mathbf{e}_3)=(-1, 1, -1)$

$$\therefore [T]=\begin{bmatrix} 3 & 5 & -1 \\ 4 & -1 & 1 \\ 3 & 2 & -1 \end{bmatrix}$$

12. $T(\mathbf{x})=\begin{bmatrix} 4 \\ 1 \end{bmatrix}$

13. $T(\mathbf{x})=[T]\,\mathbf{x}=\begin{bmatrix} 1 & 2 & 3 \\ 1 & 0 & 3 \\ -2 & 1 & -3 \end{bmatrix}\begin{bmatrix} 1 \\ 1 \\ 1 \end{bmatrix}=\begin{bmatrix} 6 \\ 4 \\ -4 \end{bmatrix}$

14. (1) $(-3, -2)$

16. $n=5$, $m=7$

토론과 발견

P1 $T(\mathbf{x}+\mathbf{y})=k\mathbf{x}+k\mathbf{y}=T(\mathbf{x})+T(\mathbf{y})$ $\quad\therefore [T]=\begin{bmatrix} k & 0 \\ 0 & k \end{bmatrix}$

$T(a\mathbf{x})=ak\mathbf{x}=aT(\mathbf{x})$

P2 $T(\mathbf{x}+\mathbf{y})=A(\mathbf{x}+\mathbf{y})+B(\mathbf{x}+\mathbf{y})$

$=A\mathbf{x}+B\mathbf{x}+A\mathbf{y}+B\mathbf{y}$

$=T(\mathbf{x})+T(\mathbf{y})$

$T(k\mathbf{x})=kA\mathbf{x}+kB\mathbf{x}=k(A\,\mathbf{x}+B\,\mathbf{x})=kT(\mathbf{x})$

$\therefore$ T는 선형변환, 표준행렬 $[T]=\begin{bmatrix} 2 & 1 & 1 \\ 1 & 2 & 1 \\ 1 & 1 & 2 \end{bmatrix}$

연습문제 답안 6-2

1. $A=\begin{bmatrix} 1 & 0 \\ 0 & 0 \end{bmatrix}$ $\quad T(\mathbf{x})=A\,\mathbf{x}=\begin{bmatrix} 1 & 0 \\ 0 & 0 \end{bmatrix}\begin{bmatrix} x \\ y \end{bmatrix}$ $\quad\therefore T(\mathbf{x})=\begin{bmatrix} x \\ 0 \end{bmatrix}$

$T(U)=\{(x,\ 0)\,|\,0\le x\le 1\}$

3. $A=\begin{bmatrix} 0 & 1 \\ 1 & 0 \end{bmatrix}$ $\Rightarrow U'=\{(x,\ y)\,|\,0\le x\le 1,\ 0\le y\le 1\}$

5. $\begin{bmatrix} \frac{1}{3} & 0 \\ 0 & \frac{1}{3} \end{bmatrix}$

7. $\begin{bmatrix} 1 & 0 \\ 0 & \frac{1}{3} \end{bmatrix}$

9. [예제 3번 참조]

$H_\theta=\begin{bmatrix} \cos 2\theta & \sin 2\theta \\ \sin 2\theta & -\cos 2\theta \end{bmatrix}$

$H_{\frac{\pi}{3}}=\begin{bmatrix} \cos^2\frac{\pi}{3}-\sin^2\frac{\pi}{3} & 2\cos\frac{\pi}{3}\sin\frac{\pi}{3} \\ 2\cos\frac{\pi}{3}\sin\frac{\pi}{3} & \sin^2\frac{\pi}{3}-\cos^2\frac{\pi}{3} \end{bmatrix}=\begin{bmatrix} -\frac{1}{2} & \frac{\sqrt{3}}{2} \\ \frac{\sqrt{3}}{2} & \frac{1}{2} \end{bmatrix}$

$$T(\mathbf{x})=\begin{bmatrix} -\frac{1}{2} & \frac{\sqrt{3}}{2} \\ \frac{\sqrt{3}}{2} & \frac{1}{2} \end{bmatrix}\begin{bmatrix} 3 \\ 1 \end{bmatrix}=\begin{bmatrix} -\frac{3}{2}+\frac{\sqrt{3}}{2} \\ \frac{3\sqrt{3}}{3}+\frac{1}{2} \end{bmatrix}=\frac{1}{2}\begin{bmatrix} -3+\sqrt{3} \\ 1+3\sqrt{3} \end{bmatrix}$$

11. $A=\begin{bmatrix} \frac{1}{\sqrt{2}} & -\frac{1}{\sqrt{2}} \\ \frac{1}{\sqrt{2}} & \frac{1}{\sqrt{2}} \end{bmatrix}$, $A\circ A^T=I_n$

$$A\circ A^T=\begin{bmatrix} \frac{1}{\sqrt{2}} & -\frac{1}{\sqrt{2}} \\ \frac{1}{\sqrt{2}} & \frac{1}{\sqrt{2}} \end{bmatrix}\begin{bmatrix} \frac{1}{\sqrt{2}} & \frac{1}{\sqrt{2}} \\ -\frac{1}{\sqrt{2}} & \frac{1}{\sqrt{2}} \end{bmatrix}=\begin{bmatrix} 1 & 0 \\ 0 & 1 \end{bmatrix}$$ 이므로, A는 직교행렬.

$$A^{-1}=\begin{bmatrix} \frac{1}{\sqrt{2}} & \frac{1}{\sqrt{2}} \\ -\frac{1}{\sqrt{2}} & \frac{1}{\sqrt{2}} \end{bmatrix}$$

14. $A=\begin{bmatrix} 1 & 0 & 0 \\ 0 & 0 & -1 \\ 0 & 1 & 0 \end{bmatrix}$, $\mathbf{x}=\begin{bmatrix} a \\ b \\ c \end{bmatrix}$

$$T(\mathbf{x})=A\,\mathbf{x}=\begin{bmatrix} 1 & 0 & 0 \\ 0 & 0 & -1 \\ 0 & 1 & 0 \end{bmatrix}\begin{bmatrix} a \\ b \\ c \end{bmatrix}=\begin{bmatrix} a \\ -c \\ b \end{bmatrix}$$

$\therefore\ z=-y$

15. i) $\mathbf{u}=\begin{bmatrix} u_1 \\ u_2 \\ u_3 \end{bmatrix}$, $\mathbf{v}=\begin{bmatrix} v_1 \\ v_2 \\ v_3 \end{bmatrix}$

$$T(\mathbf{u}+\mathbf{v})=T\begin{bmatrix} u_1+v_1 \\ u_2+v_2 \\ u_3+v_3 \end{bmatrix}=\begin{bmatrix} u_1+v_1+ku_3+kv_3 \\ u_2+v_2+ku_3+kv_3 \\ u_3+v_3 \end{bmatrix}$$

$$T(\mathbf{u})+T(\mathbf{v})=\begin{bmatrix} u_1+ku_3 \\ u_2+ku_3 \\ u_3 \end{bmatrix}+\begin{bmatrix} v_1+kv_3 \\ v_2+kv_3 \\ v_3 \end{bmatrix}=\begin{bmatrix} u_1+v_1+ku_3+kv_3 \\ u_2+v_2+ku_3+kv_3 \\ u_3+v_3 \end{bmatrix}$$

$\therefore\ T(\mathbf{u}+\mathbf{v})=T(\mathbf{u})+T(\mathbf{v})$

ii) $T(a\,\mathbf{u})=\begin{bmatrix} au_1+aku_3 \\ au_2+aku_3 \\ au_3 \end{bmatrix}=a\begin{bmatrix} u_1+ku_3 \\ u_2+ku_3 \\ u_3 \end{bmatrix}=aT(\mathbf{u})$

$\therefore$ i)과 ii)에 의해 T는 선형변환이다.

$\therefore$ 표준행렬 $[T]=\begin{bmatrix}1 & 0 & k\\ 0 & 1 & k\\ 0 & 0 & 1\end{bmatrix}$

토론과 발견

P1 (1) x축으로 2배, y축으로 3배 늘린 직사각형

$\therefore\ (2\times1)\times(3\times1)=6$

(3) $\frac{1}{2}\times\frac{1}{3}=\frac{1}{6}$

P4 $\begin{bmatrix}b-a & a+b\\ b+a & a-b\end{bmatrix}\begin{bmatrix}b-a & b+a\\ a+b & a-b\end{bmatrix}=\begin{bmatrix}2(a^2+b^2) & 0\\ 0 & 2(a^2+b^2)\end{bmatrix}=I$

그러므로 $a^2+b^2=0.5$이어야 한다.

P6 $\text{LHS}=[U^{(1)}U^{(2)}\cdots U^{(n-1)}U^{(n)}]_{n\times n}\begin{bmatrix}U^{(1)T}\\ U^{(2)T}\\ \vdots\\ U^{(n-1)T}\\ U^{(n)T}\end{bmatrix}_{n\times n}=UU^T=I_n=\text{RHS}$

P7 $A\mathbf{x}\cdot A\mathbf{x}=(A\mathbf{x})^TA\mathbf{x}=\mathbf{x}^TA^TA\mathbf{x}=\mathbf{x}^T\mathbf{x}$

$A\mathbf{x}\cdot A\mathbf{x}=\lambda\mathbf{x}\cdot\lambda\mathbf{x}=\lambda^2\mathbf{x}\cdot\mathbf{x}=\lambda^2\mathbf{x}^T\mathbf{x}$

$\Rightarrow\ \lambda^2=1,\ (\mathbf{x}^T\mathbf{x}\neq\mathbf{0})$

$\Rightarrow\ |\lambda|=1$

연습문제 답안 6-3

1. (2) $\begin{bmatrix}1 & 0 & -1 & 0\\ 0 & 2 & 1 & 0\\ 0 & 0 & 5 & 0\end{bmatrix}$ $\therefore\ x_1=x_2=x_3=0$

$\therefore\ \ker T=\{(0,\ 0,\ 0)\}=\{\mathbf{0}\}$

2. (1) $\ker T=\begin{Bmatrix}4x_1-2x_2=0\\ x_2-\ x_1=0\end{Bmatrix}\Rightarrow x_1=x_2=0$

$\ker T=\{(0,\ 0)\}=\{\mathbf{0}\}$

$\therefore\ \ker T$가 $\mathbf{0}$이므로 단사이다.

정리 6.3.7에 의해 $R^2\rightarrow R^2$ 변환이므로 전사이다.

$$\operatorname{Im} T=\begin{bmatrix} 4x_1-2x_2 \\ x_2-\ x_1 \end{bmatrix}(x_1,\ x_2\in R^2)$$

$$=\left(\begin{bmatrix} 4 \\ -1 \end{bmatrix},\ \begin{bmatrix} -2 \\ 1 \end{bmatrix}\right)$$

3. 정리 6.3.3 에서 핵은 $A\mathbf{x}=0$의 해공간과 일치하므로,

$$\begin{bmatrix} 1 & 1 \\ 3 & 3 \end{bmatrix}\begin{bmatrix} x \\ y \end{bmatrix}=\begin{bmatrix} 0 \\ 0 \end{bmatrix}$$

$$\begin{cases} x+y=0 \\ 3x+3y=0 \end{cases}$$

$\mathbf{x}=-\mathbf{y}$

$\mathbf{x}$를 임의의 실수 a라고 하면 $\mathbf{y}$는 $-a$이다.

$\therefore\ \ker T=\{(a,\ -a)\,|\,a\in R\}$

6. $$\ker T=\begin{bmatrix} x-z=0 \\ y-z=0 \\ x-y=0 \\ x+y+z=0 \end{bmatrix}=\begin{bmatrix} 1 & 0 & -1 \\ 0 & 1 & -1 \\ 1 & -1 & 0 \\ 1 & 1 & 1 \end{bmatrix}\begin{bmatrix} x \\ y \\ z \end{bmatrix}=\begin{bmatrix} 0 \\ 0 \\ 0 \\ 0 \end{bmatrix}\ (\therefore\ x=z=y=0)$$

$\therefore\ \ker T=\{(0,\ 0,\ 0)\}=\{\mathbf{0}\}$

8. $$A=\begin{bmatrix} 1 & 2 & 0 \\ -2 & 2 & 1 \\ 1 & 8 & 1 \end{bmatrix},\ \mathbf{b}=\begin{bmatrix} 3 \\ 1 \\ -8 \end{bmatrix}$$

$$\mathbf{b}=x_1\begin{bmatrix} 1 \\ -2 \\ 1 \end{bmatrix}+x_2\begin{bmatrix} 2 \\ 2 \\ 8 \end{bmatrix}+x_3\begin{bmatrix} 0 \\ 1 \\ 1 \end{bmatrix}=\begin{bmatrix} 3 \\ 1 \\ -8 \end{bmatrix}$$

$$\begin{bmatrix} x_1+2x_2\qquad=3 \\ -2x_1+2x_2+x_3=1 \\ x_1+8x_2+x_3=-8 \end{bmatrix}=\begin{bmatrix} 1 & 2 & 0 & : & 3 \\ -2 & 2 & 1 & : & 1 \\ 1 & 8 & 1 & : & -8 \end{bmatrix}=\begin{bmatrix} 1 & 2 & 0 & : & 3 \\ 0 & 6 & 1 & : & 7 \\ 1 & 8 & 1 & : & -8 \end{bmatrix}$$

$|A|=0$

$\therefore$ $\mathbf{b}$는 A의 열들의 일차결합으로 표현할 수 없다.

10. $$\ker T=\begin{bmatrix} 1 & 0 & 2 \\ 0 & 1 & \frac{4}{3} \\ 0 & 0 & 0 \end{bmatrix},\ \begin{bmatrix} x_1 \\ x_2 \\ x_3 \end{bmatrix}=t\begin{bmatrix} -2 \\ -\frac{4}{3} \\ 1 \end{bmatrix}(t\in R)$$

$$\therefore\ \ker T=\left\{\left(-2t,\ -\frac{4}{3}t,\ t\right),\ t\in R\right\}\neq\{0\}$$

$\therefore$ 단사가 아니다. 그리고 전사도 아니다.

토론과 발견

P1 2-step 부분공간 Test를 이용하여 보인다.

P2 A의 열들의 일차결합으로 만들어진다.

P3 $\mathbf{x}_1=\mathbf{x}_0+t\mathbf{v}_1$, $\mathbf{x}_2=\mathbf{x}_0+t\mathbf{v}_2$

$f(\mathbf{v}_1)+f(\mathbf{v}_2)=\mathbf{x}_1+\mathbf{x}_2=2\,\mathbf{x}_0+t(\mathbf{v}_1+\mathbf{v}_2)$

$f(\mathbf{v}_1+\mathbf{v}_2)=\mathbf{x}_0+t(\mathbf{v}_1+\mathbf{v}_2)$이어야 한다. 둘이 다르다.

그러므로 선형변환이 아니다.

연습문제 답안 6-4

1. $T_1=\begin{bmatrix}1 & 1\\ 1 & -1\end{bmatrix}$, $T_2=\begin{bmatrix}3 & 0\\ 2 & 4\end{bmatrix}$

3. 각각의 표준행렬은,

$T_1\circ T_2=\begin{bmatrix}1 & 1\\ 1 & -1\end{bmatrix}\begin{bmatrix}3 & 0\\ 2 & 4\end{bmatrix}=\begin{bmatrix}5 & 4\\ 1 & -4\end{bmatrix}$

$T_2\circ T_1=\begin{bmatrix}3 & 0\\ 2 & 4\end{bmatrix}\begin{bmatrix}1 & 1\\ 1 & -1\end{bmatrix}=\begin{bmatrix}3 & 3\\ 6 & -2\end{bmatrix}$이다.

따라서 $T_1(T_2(x_1, x_2))=(5x_1+4x_2, x_1-4x_2)$

$T_2(T_1(x_1, x_2))=(3x_1+3x_2, 6x_1-2x_2)$

5. $T_2\circ T_1=\begin{bmatrix}1 & 2 & 0\\ 0 & 0 & -1\\ 4 & 0 & -1\end{bmatrix}\begin{bmatrix}4 & 0 & 0\\ -2 & 1 & 0\\ -1 & -3 & 0\end{bmatrix}=\begin{bmatrix}0 & 2 & 0\\ 1 & 3 & 0\\ 17 & 3 & 0\end{bmatrix}$

$T_1\circ T_2=\begin{bmatrix}4 & 0 & 0\\ -2 & 1 & 0\\ -1 & -3 & 0\end{bmatrix}\begin{bmatrix}1 & 2 & 0\\ 0 & 0 & -1\\ 4 & 0 & -1\end{bmatrix}=\begin{bmatrix}4 & 8 & 0\\ -2 & -4 & -1\\ -1 & -2 & 3\end{bmatrix}$

7. $T:R^2\to R^2$는 우선 벡터를 3배로 확대하는 선형변환 : $\begin{bmatrix}3 & 0\\ 0 & 3\end{bmatrix}$

$y=x$에 대하여 대칭이동 시키는 선형변환 : $\begin{bmatrix}0 & 1\\ 1 & 0\end{bmatrix}$

y축으로 직교사영(정사영) 시키는 선형변환: $\begin{bmatrix}0 & 0\\ 0 & 1\end{bmatrix}$

그러므로 선형변환 $T:R^2\to R^2$는 우선 벡터를 3배로 확대하고, $y=x$에 대하여 대칭이동 시킨 뒤에, y축으로 직교사영(정사영) 시키는 변환은

$$\begin{bmatrix}0&0\\0&1\end{bmatrix}\begin{bmatrix}0&1\\1&0\end{bmatrix}\begin{bmatrix}3&0\\0&3\end{bmatrix}=\begin{bmatrix}0&0\\3&0\end{bmatrix}$$ 이다.

9. $T_1=\begin{bmatrix}0&0\\0&1\end{bmatrix}$, $T_2=\begin{bmatrix}\frac{1}{3}&0\\0&\frac{1}{3}\end{bmatrix}$

$$T=T_2\circ T_1=\begin{bmatrix}\frac{1}{3}&0\\0&\frac{1}{3}\end{bmatrix}\begin{bmatrix}0&0\\0&1\end{bmatrix}=\begin{bmatrix}0&0\\0&\frac{1}{3}\end{bmatrix}$$

11. $T(\mathbf{x})$의 표준행렬 $\begin{bmatrix}1&2\\0&1\end{bmatrix}$이고, $S(\mathbf{x})$의 표준행렬 $\begin{bmatrix}1&0\\-1&1\end{bmatrix}$

$$S\circ T=\begin{bmatrix}1&0\\-1&1\end{bmatrix}\begin{bmatrix}1&2\\0&1\end{bmatrix}=\begin{bmatrix}1&2\\-1&-1\end{bmatrix}$$

$S\circ T(\mathbf{x})=\begin{bmatrix}x_1+2x_2\\-x_1-x_2\end{bmatrix}$가 된다.

13. R^2상에서의 x축 대칭이동 시키는 선형변환 $\begin{bmatrix}1&0\\0&-1\end{bmatrix}$

이것의 역변환은 $\begin{bmatrix}1&0\\0&-1\end{bmatrix}$이다.

15. R^2상에서의 3배 확대 시키는 선형변환 $\begin{bmatrix}3&0\\0&3\end{bmatrix}$

이것의 역변환은 $\begin{bmatrix}\frac{1}{3}&0\\0&\frac{1}{3}\end{bmatrix}$이다.

17. 표준행렬 $\begin{bmatrix}1&2\\1&1\end{bmatrix}$, $ad-bc=1-2=-1$ $(ad-bc\neq0)$

역변환 $\begin{bmatrix}1&2\\1&1\end{bmatrix}^{-1}=\begin{bmatrix}-1&2\\1&-1\end{bmatrix}$

토론과 발견

P1 행렬에서는 (곱셈) 교환법칙이 성립안함

P3 직선 L의 점들이 제자리에 위치한다. 먼저 $R_\beta{}^{-1}$를 취하면 x축에 위치할 것이고, 따라서 H_0는 의미가 없습니다. 다음 R_β을 취하니 제자리로 돌아온다.

P5 합성함수 $(T\circ S)$가 가역함수이므로, 이에 대응하는 표준행렬이 가역행렬이 되고, 행렬 A, B가 선형변환 T, S의 표준행렬이면 $(T\circ S)$의 표준행렬은 AB가 되고 $(T\circ S)^{-1}$의 표준행렬은 $(AB)^{-1}$이다.

연습문제 답안 6-5

1. $T_1=\begin{bmatrix}1&0&0\\0&0&0\\0&0&1\end{bmatrix}$, $T_2=\begin{bmatrix}1&0&0\\0&1&0\\0&0&0\end{bmatrix}$

$$T=T_2\circ T_1=\begin{bmatrix}1&0&0\\0&1&0\\0&0&0\end{bmatrix}\begin{bmatrix}1&0&0\\0&0&0\\0&0&1\end{bmatrix}=\begin{bmatrix}1&0&0\\0&0&0\\0&0&0\end{bmatrix}$$

3. $T_1=\begin{bmatrix}\cos45&0&-\sin45\\0&1&0\\\sin45&0&\cos45\end{bmatrix}=\begin{bmatrix}\frac{\sqrt{2}}{2}&0&-\frac{\sqrt{2}}{2}\\0&1&0\\\frac{\sqrt{2}}{2}&0&\frac{\sqrt{2}}{2}\end{bmatrix}$, $T_2=\begin{bmatrix}\sqrt{2}&0&0\\0&\sqrt{2}&0\\0&0&\sqrt{2}\end{bmatrix}$

$$T=T_2\circ T_1=\begin{bmatrix}\sqrt{2}&0&0\\0&\sqrt{2}&0\\0&0&\sqrt{2}\end{bmatrix}=\begin{bmatrix}\frac{\sqrt{2}}{2}&0&-\frac{\sqrt{2}}{2}\\0&1&0\\\frac{\sqrt{2}}{2}&0&\frac{\sqrt{2}}{2}\end{bmatrix}=\begin{bmatrix}1&0&-1\\0&\sqrt{2}&0\\1&0&1\end{bmatrix}$$

7. $\mathbf{x}=\begin{bmatrix}\frac{1}{\sqrt{2}}&-\frac{1}{\sqrt{2}}\\\frac{1}{\sqrt{2}}&\frac{1}{\sqrt{2}}\end{bmatrix}$일 때의 XA의 열벡터를 꼭지점으로 하는 도형은

$\mathbf{x}=\begin{bmatrix}\cos45&-\sin45\\\sin45&\cos45\end{bmatrix}$이므로, A에 반시계방향으로 45° 회전변환 한 것이다.

| 단 | 원 | 복 | 습 |

6. 참 · 거짓 문제

(1) (T)
(2) (F)
(3) (T)
(4) (F)
(5) (T)
(6) (F)
(7) (F)
(8) (T)
(9) (F)
(10) (F)
(11) (T)

07 | 차원과 부분공간

연습문제 답안 7-1

1. $\begin{vmatrix} 1 & 0 & 0 \\ 1 & 1 & 0 \\ 1 & 1 & 1 \end{vmatrix} = 1 \neq 0$, $\det(A) \neq 0$ ∴ 일차독립

3. $\begin{vmatrix} 4 & 2 & 3 \\ 2 & 3 & 1 \\ 2 & -5 & 3 \end{vmatrix} = 0$ ∴ 일차종속

5. 기저를 확인하기 위해서는 부분공간의 생성과 일차독립을 확인하면 된다. R^2의 기저가 되기 위해서는 2차원이므로 2개의 벡터가 기저가 된다. 여기서는 벡터의 수가 3개이므로 일차종속이 되어 위의 집합은 기저가 되지 못한다.

7. R^2의 임의의 벡터를 $\mathbf{x}=(x, y)$라 하고 $\mathbf{x}=c_1(1, 0)+c_2(1, 1)$

$(x, y)=(c_1+c_2, c_2)$, $\begin{bmatrix} 1 & 1 \\ 0 & 1 \end{bmatrix} \begin{bmatrix} c_1 \\ c_2 \end{bmatrix} = \begin{bmatrix} x \\ y \end{bmatrix}$, $\begin{bmatrix} 1 & 1 \\ 0 & 1 \end{bmatrix}$은 가역이므로 항상 해를 가진다.

∴ R^2의 기저가 된다.

9. 기저를 이루는 벡터의 수는 3개이어야 하므로 집합 S는 기저를 이루지 못한다.

11. $S=\{(4, 2, 3), (2, 3, 1), (2, -5, -3)\}$

답 $\begin{vmatrix} 4 & 2 & 3 \\ 2 & 3 & 1 \\ 2 & -5 & -3 \end{vmatrix} = -48 \neq 0$, $\begin{bmatrix} 4 & 2 & 3 \\ 2 & 3 & 1 \\ 2 & -5 & -3 \end{bmatrix}$는 가역행렬 ∴ 기저이다.

13. 1차원인 위의 직선을 지나는 영아닌 어떤 벡터도 $\{(x, y) \mid y=3x\}$를 생성하며, 기저의 원소는 1개이다. (영아닌 벡터는 모두 일차 독립.)

$\therefore$ $\{(1, 3)\}$도 하나의 기저이며, $\{(2, 6)\}$도 하나의 기저가 된다. 왜냐하면 각점은 위의 직선을 지나며 이 벡터의 상수배가 1차원 공간인 위의 직선을 생성하기 때문이다.

15. $x_1+x_2+x_3=0 \quad x_2=r,\ x_3=s \Rightarrow x_1=-r-s \quad r,\ s\in R$

$\mathbf{x}=\begin{bmatrix}-1\\1\\0\end{bmatrix}r+\begin{bmatrix}-1\\0\\1\end{bmatrix}s$ 는 2개의 벡터로 이루어진 일차결합이므로

해 공간 $\mathbf{x}$는 R^2의 기저를 이룬다. 해공간의 차원은 2차원이다.

17. $\begin{bmatrix}1&-1&1\\1&-1&4\\3&1&11\end{bmatrix}\begin{bmatrix}x_1\\x_2\\x_3\end{bmatrix}=0$ RREF를 구하면

$\begin{bmatrix}1&-1&1\\1&-1&4\\3&1&11\end{bmatrix}=\begin{bmatrix}1&-1&1\\0&0&1\\0&4&8\end{bmatrix}=\begin{bmatrix}1&0&0\\0&1&0\\0&0&1\end{bmatrix}$

$\begin{bmatrix}x_1\\x_2\\x_3\end{bmatrix}=\begin{bmatrix}0\\0\\0\end{bmatrix}$

$\mathbf{x}=(0, 0, 0)$ 해공간$=\{(0, 0, 0)\}$은 0부분공간이므로 차원은 0차원이다.

19. $\mathbf{a}=(1, 2, 3) \quad \mathbf{x}=R^3$이면 $\mathbf{x}=(x, y, z)$

$x+2y+3z=0$

$y=r,\ z=s \Rightarrow x=-2r-3s \qquad r,\ s\in R$

$\mathbf{x}=\begin{bmatrix}-2\\1\\0\end{bmatrix}r+\begin{bmatrix}-3\\0\\1\end{bmatrix}s$, 해공간의 차원은 2차원이며 기저를 S라 하면

$\therefore$ $S=\{(-2, 1, 0), (-3, 0, 1)\}$이다.

토론과 발견

P1 (a) $\mathbf{v}_1=(1, 0, 0)$, $\mathbf{v}_2=(0, 2, 0)$, $\mathbf{v}_3=(0, 0, 3)$, $\mathbf{v}_4=(1, 2, 3)$

$\mathbf{x}\in R^3 \quad \mathbf{x}=(x, y, z)$

$\mathbf{x}=c_1\mathbf{v}_1+c_2\mathbf{v}_2+c_3\mathbf{v}_3+c_4\mathbf{v}_4$

$=c_1(1, 0, 0)+c_2(0, 2, 0)+c_3(0, 0, 3)+c_4(1, 2, 3)$

$=(c_1+c_4,\ 2c_2+2c_4,\ 3c_3+3c_4)$

$x=c_1+c_4,\ y=2c_2+2c_4,\ z=3c_3+3c_4$

$\therefore$ $\mathbf{x}$는 $\mathbf{v}_{i(0\le i\le 4)}$벡터들의 일차결합으로 나타낼 수 있다.

그러나 $c_1\mathbf{v}_1+c_2\mathbf{v}_2+c_3\mathbf{v}_3+c_4\mathbf{v}_4=\mathbf{0}$이면

$c_4=t,\ c_3=\frac{1}{3}z-t,\ c_2=\frac{1}{2}y-t,\ c_1=x-t$로 표현이 가능하다.

$\Rightarrow (c_1, c_2, c_3, c_4) \neq \mathbf{0}$ ∴ 일차종속이다.

(b) $\mathbf{v}=(2, 3, 5)$

(a)에서 살펴보면 $c_1=x-t$, $c_2=\frac{1}{2}y-t$, $c_3=\frac{1}{3}z-t$이다.

여기에 (2, 3, 5)를 대입하면

$c_1=2-t$, $c_2=\frac{3}{2}-t$, $c_3=\frac{5}{3}-t$

$t=1$

$c_1=1$, $c_2=\frac{1}{2}$, $c_3=\frac{2}{3}$, $c_4=1$이므로

$1\cdot(1, 0, 0)+\frac{1}{2}\cdot(0, 2, 0)+\frac{2}{3}\cdot(0, 0, 3)+1\cdot(1, 2, 3)=(2, 3, 5)$

$t=2$

$c_1=0$, $c_2=-\frac{1}{2}$, $c_3=-\frac{1}{3}$, $c_4=2$

$0\cdot(1, 0, 0)+-\frac{1}{2}\cdot(0, 2, 0)+-\frac{1}{3}\cdot(0, 0, 3)+2\cdot(1, 2, 3)=(2, 3, 5)$

P4 $\mathbf{a}^{\perp}=\{\mathbf{x} \mid \mathbf{a}\cdot\mathbf{x}=0\}$

$=\{\mathbf{x}=(x_1, x_2, \cdots, x_n) \mid a_1x_1+a_2x_2+a_3x_3+\cdots+a_nx_n=0\}$

미지수 n개에 식이 하나이므로 자유변수가 $n-1$개이다.

$\therefore \dim(\mathbf{a}^{\perp})=n-1$

P6 R^n을 생성하는 벡터들의 집합 중 가장 적은(즉, n개의)원소를 가지는 집합을 모두 기저임을 설명하여라.

답 가장 적은 원소를 가지므로 집합 안의 어떤 원소도 다른 원소들의 일차결합으로 나타낼 수 없다.

- minimal spanning set은 기저이다.

(또, maximal linear independent set은 기저이다.)

자세한 증명은 참고문헌 linear algebra(2nd edition), Kwak ad Hong Birkhauser 2004 p.89 Theorem 3.11

연습문제 답안 7-2

1. 표준행렬$=\begin{bmatrix} 1 & 1 & -1 \\ -2 & -1 & 2 \\ -1 & 0 & 1 \end{bmatrix}$이고,

이 행렬의 RREF를 구하면 아래와 같다.

$$\begin{bmatrix} 1 & 0 & -1 \\ 0 & 1 & 0 \\ 0 & 0 & 0 \end{bmatrix}$$

선행변수는 x_1, x_2이고 자유변수 x_3를 s라고 하면,
$x_1=s$, $x_2=s$, $x_3=s$이다.

$$\therefore\ \mathbf{x}=\begin{bmatrix} x_1 \\ x_2 \\ x_3 \end{bmatrix}=s\begin{bmatrix} 1 \\ 0 \\ 1 \end{bmatrix}$$

기저는 $\begin{bmatrix} 1 \\ 0 \\ 1 \end{bmatrix}$, 차원은 1차원이다.

2. 다음에서 주어진 행렬 A의 영공간의 기저와 nullity(A)를 구하여라.

$$A=\begin{bmatrix} 2 & 2 & -1 & 0 & 1 \\ -1 & -1 & 2 & -3 & 1 \\ 1 & 1 & -2 & 0 & -1 \\ 0 & 0 & 1 & 1 & 1 \end{bmatrix}$$

답 $S=\left\{\begin{bmatrix} -1 \\ 1 \\ 0 \\ 0 \\ 0 \end{bmatrix}, \begin{bmatrix} -1 \\ 0 \\ -1 \\ 0 \\ 1 \end{bmatrix}\right\}$, nullity$(A)=2$

4. $\text{col}(A)=\text{Row}(A^T)$

$$\therefore\ A^T\text{의 RREF}=\begin{bmatrix} 1 & 0 & 0 & -\frac{63}{5} \\ 0 & 1 & 0 & -\frac{39}{5} \\ 0 & 0 & 1 & \frac{13}{5} \\ 0 & 0 & 0 & 0 \\ 0 & 0 & 0 & 0 \end{bmatrix}$$

$\therefore$ $3=A^T$의 행공간의 차원$=A$의 열 공간의 차원$=$열 계수$(=3)$

토론과 발견

P1 $\left\{s\begin{bmatrix} 3 & -4 \\ 0 & 0 \end{bmatrix}, t\begin{bmatrix} 0 & 0 \\ 3 & -4 \end{bmatrix} \mid s, t\in R\right\}$

P3 $R^n=((R^n)^\perp)^\perp=W^\perp$

P5 $W=\{A\mathbf{x}_1, \cdots, A\mathbf{x}_n\}$
$A\mathbf{x}$, $A\mathbf{y}\in W$

$A\mathbf{x}+A\mathbf{y}=A(\mathbf{x}+\mathbf{y})\in W$
$kA\mathbf{x}=A(k\mathbf{x})\in W$
$\therefore$ W는 R^n을 생성한다.

$c_1A\mathbf{x}_1+c_2A\mathbf{x}_2+\cdots+c_nA\mathbf{x}_n=0$
$\Rightarrow A(c_1\mathbf{x}_1+c_2\mathbf{x}_2+\cdots+c_n\mathbf{x}_n)=0$
$c_1=c_2=\cdots=c_n=0$
($\because$ $A\neq\mathbf{0}$, S는 일차독립)
$\therefore$ W는 일차독립
$\therefore$ W는 R^n의 기저이다.

연습문제 답안 7-3

1. A의 RREF를 구하면 $\begin{bmatrix}1 & -1 & 0\\ 0 & 0 & 1\\ 0 & 0 & 0\end{bmatrix}$

0이 아닌 행의 계수는 2개이고 따라서 $\mathrm{r}(A)=2$, 자유변수는 x_2 하나이고 따라서 $\mathrm{null}(A)=1$
$\mathrm{r}(A)+\mathrm{null}(A)=3=$열의 개수
$\therefore$ 행렬에 대한 차원정리를 만족한다.

3. $A=\begin{bmatrix}1 & 2 & -1 & -3 & 0 & 6\\ 0 & 0 & 0 & 0 & 2 & 4\\ 0 & 0 & 0 & 0 & 0 & 1\end{bmatrix} \overset{\text{REF}}{\Longrightarrow} \begin{bmatrix}1 & 2 & -1 & -3 & 0 & 6\\ 0 & 0 & 0 & 0 & 1 & 2\\ 0 & 0 & 0 & 0 & 0 & 1\end{bmatrix}$

$\mathrm{rank}(A)=3$, $\mathrm{nullity}(A)=3$

$\therefore$ $\mathrm{rank}(A)+\mathrm{nullity}(A)=6$

5. A의 REF를 구하면 $\begin{bmatrix}1 & -1 & 2 & -1\\ 0 & 1 & -1 & -1\\ 0 & 0 & 0 & 1\\ 0 & 0 & 0 & 0\\ 0 & 0 & 0 & 0\end{bmatrix}$

0이 아닌 행의 계수는 3개이고 따라서 $\mathrm{r}(A)=3$, 자유변수는 x_3 하나이고 따라서 $\mathrm{null}(A)=1$
$\mathrm{rank}(A)+\mathrm{nullity}(A)=4=$열의 개수
$\therefore$ 행렬에 대한 차원정리를 만족한다.

7. $\mathrm{rank}(A)=1\left(\because\ A=\mathbf{u}\,\mathbf{v}^{\mathrm{T}}=\begin{bmatrix}1\\0\\4\end{bmatrix}\begin{bmatrix}1 & 6 & -3\end{bmatrix}=\begin{bmatrix}1 & 6 & -3\\ 0 & 0 & 0\\ 4 & 24 & -12\end{bmatrix}\right)$

토론과 발견

P1 해가 없다.
A는 일차종속이기 때문에 행렬식이 0이고,
그러므로 $\mathbf{x}=A^{-1}b$가 존재하지 않는다.

P2 A의 크기가 $m\times n$이라면, A^T의 크기는 $n\times m$이다.
$\therefore \text{rank}(A^T)+\text{nullity}(A^T)=m$

P4 먼저 ERO를 이용하여 A의 3열을 간단히 시킬 수 있다. $A=\begin{bmatrix} 2 & 0 & 0 \\ 0 & r-2 & 0 \\ 0 & s-1 & 0 \\ 0 & 0 & 2 \end{bmatrix}$가 된다.
i) $r\neq 2$ or $s\neq 1 \Longrightarrow \text{rank}(A)=3$
ii) $r=2$ or $s=1 \Longrightarrow \text{rank}(A)=2$

연습문제 답안 7-4

2. $\begin{bmatrix} 1 & -2 & 1 & 1 & 2 \\ 0 & 1 & 1 & 3 & 4 \\ 1 & 2 & 5 & 13 & 5 \\ -1 & 3 & 0 & 2 & -2 \end{bmatrix} \Longrightarrow \begin{bmatrix} 1 & -2 & 1 & 1 & 0 \\ 0 & 1 & 1 & 3 & 0 \\ 0 & 0 & 0 & 0 & 1 \\ 0 & 0 & 0 & 0 & 0 \end{bmatrix}$, $\text{rank}(A)=3$

$\begin{bmatrix} 1 & 0 & 1 & -1 \\ -2 & 1 & 2 & 3 \\ 1 & 1 & 5 & 0 \\ 1 & 3 & 13 & 2 \\ 2 & 4 & 5 & -2 \end{bmatrix} \Longrightarrow \begin{bmatrix} -2 & 1 & 2 & 3 \\ 0 & \frac{7}{2} & 14 & \frac{7}{2} \\ 0 & 0 & -13 & -4 \\ 0 & 0 & 0 & 0 \\ 0 & 0 & 0 & 0 \end{bmatrix}$, $\text{rank}(A^T)=3$

4. full column rank

5. 모두 아니다.

6. full row rank

8. $\dim(\text{row}(A^TA))=2$
$\dim(\text{col}(A^TA))=2$
$\dim(\text{null}(A^TA))=2$

토론과 발견

P2 행공간 : $<[1,\ 2]>$로 같다. 영공간 : $\left\langle \begin{bmatrix} -2 \\ 1 \end{bmatrix} \right\rangle$로 같다.

연습문제 답안 7–5

2. $\text{proj}_{<\mathbf{a}>}\mathbf{x}=\left(1,\ \frac{1}{2},\ -\frac{1}{2}\right)$

5. $\mathbf{x}_1 \in <\mathbf{a}>$이므로 $\mathbf{x}_1$은 $\mathbf{x}$에서 $<\mathbf{a}>$위로의 정사영이다.

또한 $\mathbf{x}_2 \in <\mathbf{a}>^{\perp}$이므로 직교성분이다.

$\mathbf{x}_2=\mathbf{x}-\mathbf{x}_1$

$\mathbf{x}_1=\frac{1}{5}\begin{bmatrix}13\\26\end{bmatrix}$ 이고, $\mathbf{x}_2=\begin{bmatrix}1\\6\end{bmatrix}-\frac{1}{5}\begin{bmatrix}13\\26\end{bmatrix}=\frac{1}{5}\begin{bmatrix}-8\\4\end{bmatrix}$

6. $\mathbf{x}_1=\text{proj}_{<\mathbf{a}>}\mathbf{x}=\frac{1}{2}\begin{bmatrix}2\\1\\-1\end{bmatrix}$, $\mathbf{x}_2=\mathbf{x}-\mathbf{x}_1=\begin{bmatrix}1\\2\\1\end{bmatrix}-\frac{1}{2}\begin{bmatrix}2\\1\\1\end{bmatrix}=\frac{1}{2}\begin{bmatrix}0\\3\\1\end{bmatrix}$

8. $\mathbf{x}=\left(-\frac{7}{4},\ -\frac{7}{4},\ \frac{7}{4},\ \frac{7}{4}\right)+\left(\frac{3}{4},\ -\frac{5}{4},\ \frac{1}{4},\ -\frac{3}{4}\right)$

10. 정리 7.5.3을 이용하여 벡터 $\mathbf{x}$의 $\text{span}\{\mathbf{a}\}=<\mathbf{a}>$위로의 정사영 $\text{proj}_{<\mathbf{a}>}\mathbf{x}$의 크기를 구하면 된다.

$T(\mathbf{x})=\text{proj}_{<\mathbf{a}>}\mathbf{x}=P\mathbf{x}$

$$P=\frac{1}{\mathbf{a}^T\mathbf{a}}\mathbf{a}\,\mathbf{a}^T=\frac{1}{1^2+2+1^2+(-3)^2}\begin{bmatrix}1\\2\\1\\-3\end{bmatrix}[1\ \ 2\ \ 1\ \ -3]=\frac{1}{15}\begin{bmatrix}1&2&1&-3\\2&4&2&-6\\1&2&1&-3\\-3&-6&-3&9\end{bmatrix}$$

$$\text{proj}_{<\mathbf{a}>}\mathbf{x}=P\mathbf{x}=\frac{1}{15}\begin{bmatrix}1&2&1&-3\\2&4&2&-6\\1&2&1&-3\\-3&-6&-3&9\end{bmatrix}\begin{bmatrix}2\\0\\1\\4\end{bmatrix}=\begin{bmatrix}-\frac{3}{5}\\-\frac{6}{5}\\-\frac{3}{5}\\\frac{9}{5}\end{bmatrix}$$

$\therefore$ 정사영벡터의 크기$=\sqrt{\left(-\frac{3}{5}\right)^2+\left(-\frac{6}{5}\right)^2+\left(-\frac{3}{5}\right)^2+\left(\frac{9}{5}\right)^2}=\frac{3\sqrt{15}}{5}$

12. T의 표준행렬$=\frac{1}{6}\begin{bmatrix}1&1&2\\1&1&2\\2&2&4\end{bmatrix}$

토론과 발견

P1 1. $P=\frac{1}{\mathbf{a}^T\mathbf{a}}\mathbf{a}\,\mathbf{a}^T$이므로 행렬 P의 계수는 행렬 $\mathbf{a}\,\mathbf{a}^T$의 계수와 같다.

그런데 $\mathbf{a}\,\mathbf{a}^T$의 모든 답은 다른 한행의 상수 배이므로 계수는 1이다.

P2 M이 계수 2인 $n\times2$ 행렬이므로 $M(M^TM)^{-1}M^T$의 계수는 2이다. (p.335)

P4 $P=\frac{1}{3}\begin{bmatrix}2 & 1 & 1\\ 1 & 2 & -1\\ 1 & -1 & 2\end{bmatrix}$

연습문제 답안 7-6

1. $\frac{2}{\sqrt{6}}$

5. $x=2,\ y=\frac{1}{2}$

7. $x=-\frac{6}{13},\ y=\frac{8}{13}$

9. $y=9+\frac{2}{5}x$

11. $M=\begin{bmatrix}1 & 1 & 1 & 1\\ 1 & 2 & 4 & 8\\ 1 & 3 & 9 & 27\\ 1 & 4 & 16 & 64\end{bmatrix},\ \mathbf{y}=\begin{bmatrix}10\\ 8\\ 12\\ 10\end{bmatrix}$로 두고, $\mathbf{v}=(M^TM)^{-1}M^T\mathbf{y}$를 구하면 됨

토론과 발견

P1 $P_0-\text{proj}_{<n>}P_0=\frac{1}{3}\begin{bmatrix}1\\ 2\\ 4\end{bmatrix}=(1,\ 1,\ 1)-\text{proj}_{<n>}P_0=\frac{1}{3}\begin{bmatrix}1\\ 2\\ 4\end{bmatrix}$

P2 $P_0-\text{proj}_{<n>}P_0=\frac{1}{10}\begin{bmatrix}9\\ 21\\ -2\\ -8\end{bmatrix}$

연습문제 답안 7-7

1. 직교집합이 아니다.

3. $(a,\ b,\ c)=\{s(7,\ -8,\ 1)\mid s\in R\}$

5. $\mathbf{v}_1=\left(-\frac{1}{\sqrt{2}},\ \frac{1}{\sqrt{2}}\right),\quad \mathbf{v}_2=\left(\frac{1}{\sqrt{2}},\ \frac{1}{\sqrt{2}}\right)$

7. $\mathbf{v}_1$, $\mathbf{v}_2$, $\mathbf{v}_3$는 R^3의 직교기저가 아니다.

$$\mathbf{v}_1 \cdot \mathbf{v}_3 = \frac{2}{11\sqrt{6}} \neq \mathbf{0}$$

9. $$\begin{bmatrix} 0 & \frac{1}{\sqrt{2}} & 0 \\ 0 & 0 & 1 \\ 1 & 0 & 0 \\ 0 & \frac{1}{\sqrt{2}} & 0 \end{bmatrix}$$

토론과 발견

P1 $\mathbf{x_1}=(a, b, c, d)$, $\mathbf{x_2}=(1, 0, 1, 2)$, $\mathbf{x_3}=(1, 1, -1, 0)$, $\mathbf{x_4}=(1, -2, -1, 0)$,

$\mathbf{x_1} \circ \mathbf{x_2} = \mathbf{0}$, $\mathbf{x_1} \circ \mathbf{x_3} = \mathbf{0}$, $\mathbf{x_1} \circ \mathbf{x_4} = \mathbf{0}$

$$\begin{cases} a \quad\;\; + c + 2d = 0 \\ a + b - c \quad\;\; = 0 \\ a - 2b - c \quad\;\; = 0 \end{cases}$$

$\therefore a=c,\ b=0,\ d=-a$ 즉, $(a, b, c, d)=r(-1, 0, -1, 1) r \in R$

P3 $c_i\mathbf{y}_i \cdot c_j\mathbf{y}_j = c_ic_j(\mathbf{y}_i \cdot \mathbf{y}_j) = 0 (i \neq j)$

P5 $AA^T = I = A^TA$ 이면,

$A_{(i)}A^{(j)} = \delta_{ij} = \begin{cases} 1 & if \quad i=j \\ 0 & if \quad i \neq j \end{cases}$

$\therefore$ A의 열벡터들의 집합 $\{A^{(j)}\}$는 (R^n 상의) 정규직교벡터를 이룬다.

연습문제 답안 7-8

1. $A=QR$ $$\left(R = Q^TA = \begin{bmatrix} 2 & \frac{3}{2} & 1 \\ 0 & \frac{3}{\sqrt{12}} & \frac{2}{\sqrt{12}} \\ 0 & 0 & \frac{2}{\sqrt{6}} \end{bmatrix} \right)$$

토론과 발견

P4 http://iridia.ulb.ac.be/~fvandenb/mythesis/node73.html

http://matrix.skku.ac.kr/sglee/03-Note/QR-Decomp.htm

연습문제 답안 7-9

1. $[\mathbf{w}]_\alpha=(2, 5)$

3. $[\mathbf{x}]_\beta=(3, 6, -2)$

5. $[\mathbf{x}+\mathbf{y}]_\beta=(-3, 10, 1)$

7. $\left(-\frac{3\sqrt{2}}{2}, \frac{7\sqrt{2}}{2}\right)$

9. $\mathbf{u}=\left(\frac{7}{5}, -\frac{1}{5}\right)$, $\mathbf{v}=\left(\frac{13}{5}, \frac{16}{5}\right)$

11. $[I]_\beta^\alpha=\begin{bmatrix} 3 & 5 \\ -1 & -2 \end{bmatrix}$

13. $[\mathbf{w}]_\beta=\begin{bmatrix} 7 \\ -4 \end{bmatrix}$

15. $[I]_\beta^\epsilon=\begin{bmatrix} 1 & 1 & 1 \\ 1 & -1 & 2 \\ 1 & 1 & 2 \end{bmatrix}$

17. $$[I]_\epsilon^\beta\mathbf{x}=\begin{bmatrix} 2 & \frac{1}{2} & -\frac{3}{2} \\ 0 & -\frac{1}{2} & \frac{1}{2} \\ -1 & 0 & 1 \end{bmatrix}\begin{bmatrix} 7 \\ -7 \\ 5 \end{bmatrix}=\begin{bmatrix} 3 \\ 6 \\ -2 \end{bmatrix}=[\mathbf{x}]_\beta$$

19. $$[I]_\beta^\alpha=\begin{bmatrix} -\frac{4}{3} & -\frac{10}{3} & -1 \\ \frac{4}{3} & \frac{7}{3} & 1 \\ -\frac{1}{3} & -\frac{1}{3} & 0 \end{bmatrix}$$

토론과 발견

P1 만일 $[\mathbf{x}]_\alpha=\begin{bmatrix} c_1 \\ c_2 \\ \vdots \\ c_n \end{bmatrix}$ 이고 동시에 $\begin{bmatrix} d_1 \\ d_2 \\ \vdots \\ d_n \end{bmatrix}=[\mathbf{x}]_\alpha (c_i, d_i\in R)$ 이면

$0=[\mathbf{x}]_\alpha-[\mathbf{x}]_\alpha$
$=(c_1-d_1)\mathbf{x}_1+\cdots+(c_n-d_1)\mathbf{x}_n$

α가 기저이므로 1차 독립이고, 따라서

$c_1=d_1, \cdots, c_n=d_n$

P4 $[I]_\alpha^\beta=[[\mathbf{x}_1]_\beta : [\mathbf{x}_2]_\beta]$

$\mathbf{x}_1=a_1y_1+a_2y_2$ $(a_i\in\mathbf{R})$

$\mathbf{x}_2=b_1y_1+b_2y_2$ $(b_i\in\mathbf{R})$

두 선형연립방정식을 행렬로 표현해 보면

$\mathbf{x_1}=[y_1 \quad y_2]\begin{bmatrix} a_1 \\ a_2 \end{bmatrix}$, $\mathbf{x_2}=[y_1 \quad y_2]\begin{bmatrix} b_1 \\ b_2 \end{bmatrix}$이다.

두 행렬의 계수행렬이 같으므로, 첨가 행렬을 RREF로 변환하여 구하면 다음과 같다.

$$\begin{bmatrix} 3 & 1 & \vdots & 5 & \vdots & 7 \\ 2 & 1 & \vdots & 2 & \vdots & 3 \end{bmatrix} \longrightarrow \begin{bmatrix} 1 & 0 & \vdots & 3 & \vdots & 4 \\ 0 & 1 & \vdots & -4 & \vdots & -5 \end{bmatrix}$$

$\therefore [I]_\alpha^\beta = \begin{bmatrix} 3 & 4 \\ -4 & 5 \end{bmatrix}$, 그리고 $Y^{-1}X = \begin{bmatrix} 1 & -1 \\ -1 & 3 \end{bmatrix}\begin{bmatrix} 5 & 7 \\ 2 & 3 \end{bmatrix} = \begin{bmatrix} 3 & 4 \\ -4 & -5 \end{bmatrix} = [I]_\alpha^\beta$

$\therefore [I]_\alpha^\beta = Y^{-1}X$

| 단 | 원 | 복 | 습 |

7. 참 · 거짓 문제

(1) (F) (2) (T) (3) (T) (4) (T)
(5) (T) (6) (F) (7) (T) (8) (T)
(9) (F) (10) (T) (11) (F) (12) (F)
(13) (T) (14) (F) (15) (F) (16) (F)
(17) (T) (18) (T) (19) (T) (20) (T)
(21) (T) (22) (T) (23) (F) (24) (T)
(25) (F) (26) (T) (27) (T) (28) (F)
(29) (F)

08 | 행렬의 대각화

연습문제 답안 8-1

1. $[T]_\alpha = \begin{bmatrix} 2 & -1 \\ 2 & 0 \end{bmatrix}$

3. $[T]_\alpha^\beta = \begin{bmatrix} 1 & 1 \\ 1 & -1 \\ 2 & 1 \end{bmatrix}$

5. 항등행렬이다.

7. $P=[I]_{\beta}^{\alpha}=\begin{bmatrix} 1 & 2 \\ 1 & 1 \end{bmatrix}$

9. $P^{-1}[T]_{\alpha}P=\begin{bmatrix} 1 & 0 \\ 0 & -2 \end{bmatrix}$

토론과 발견

P1 $[T]=\begin{bmatrix} 0 & \frac{1}{2} \\ 2 & 0 \end{bmatrix}$, $[T]_{\beta}=\begin{bmatrix} \frac{1}{2} & 0 \\ 0 & \frac{1}{4} \end{bmatrix}\begin{bmatrix} 0 & \frac{1}{2} \\ 2 & 0 \end{bmatrix}\begin{bmatrix} 2 & 0 \\ 0 & 4 \end{bmatrix}=\begin{bmatrix} 0 & 1 \\ 1 & 0 \end{bmatrix}$

연습문제 답안 8-2

1. $\begin{bmatrix} 0 & 1 \\ 1 & 0 \end{bmatrix}$

3. $[I]_{\alpha}^{\varepsilon}=\begin{bmatrix} 1 & -1 \\ 1 & 1 \end{bmatrix}$, $[I]_{\varepsilon}^{\alpha}=\begin{bmatrix} \frac{1}{2} & \frac{1}{2} \\ -\frac{1}{2} & \frac{1}{2} \end{bmatrix}$

5. $P=\begin{bmatrix} 1 & 1 \\ 1 & -1 \end{bmatrix}$ $D=\begin{bmatrix} 3 & 0 \\ 0 & -7 \end{bmatrix}$

7. 고유값 둘, 일차독립인 고유벡터 둘로 대각화 불가능

9. $\lambda=1$의 중복도 : 2, $\lambda=-2$의 중복도 : 1

11. 행렬의 크기 : 6×6, $\lambda=0$의 중복도 : 1, $\lambda=-1$의 중복도 : 3, $\lambda=1$의 중복도 : 2

13. $\lambda=0$, -3, 대각화 가능함

토론과 발견

P1 $|I\lambda-A|=0$, $\lambda^2-2\lambda+1=0$
$\lambda=1$(중복도2)

$\lambda=1$일때 $\begin{bmatrix} 0 & 0 \\ -1 & 0 \end{bmatrix}$ 고유공간 $\left\langle \begin{bmatrix} 0 \\ 1 \end{bmatrix} \right\rangle$의 차원이 1이므로

∴ 대각화가 불가능하다.

P4 (a) 6×6행렬

(b) 불가능하다

(c) $\lambda=3$인 경우 2차원까지 가능

$\lambda=1$인 1차원 고유공간만 가능

$\lambda=4$인 경우 3차원의 고유공간이 가능하다.

연습문제 답안 8-3

1. $P=\begin{bmatrix} \frac{\sqrt{2}}{2} & \frac{\sqrt{2}}{2} \\ \frac{\sqrt{2}}{2} & -\frac{\sqrt{2}}{2} \end{bmatrix}$, $D=\begin{bmatrix} 3 & 0 \\ 0 & -7 \end{bmatrix}$

2. 우선 위 행렬은 $A=A^T$이다. 따라서 대칭행렬이고, 고유값을 구하면 0, 2, 7이다.

각각의 고유벡터를 구하면,

$0 \to (-3, 2, 1)$

$2 \to (1, 0, 3)$

$7 \to (-3, 5, 1)$

이 되며,

$$\therefore \text{ 직교행렬 } P=[\mathbf{z}_1 : \mathbf{z}_2 : \mathbf{z}_3]=\begin{bmatrix} -\frac{3}{\sqrt{14}} & \frac{1}{\sqrt{10}} & -\frac{3}{\sqrt{35}} \\ \frac{2}{\sqrt{14}} & 0 & -\frac{5}{\sqrt{35}} \\ \frac{1}{\sqrt{14}} & \frac{3}{\sqrt{10}} & \frac{1}{\sqrt{35}} \end{bmatrix}$$

직교대각화하는 행렬이므로, $P^{-1}AP=P^TAP=D$이다.

$$D=P^TAP=\begin{bmatrix} -\frac{3}{\sqrt{14}} & \frac{2}{\sqrt{14}} & \frac{1}{\sqrt{14}} \\ \frac{1}{\sqrt{10}} & 0 & \frac{3}{\sqrt{10}} \\ -\frac{3}{\sqrt{35}} & -\frac{5}{\sqrt{35}} & \frac{1}{\sqrt{35}} \end{bmatrix} \begin{bmatrix} 2 & 3 & 0 \\ 3 & 5 & -1 \\ 0 & -1 & 2 \end{bmatrix} \begin{bmatrix} -\frac{3}{\sqrt{14}} & \frac{1}{\sqrt{10}} & -\frac{3}{\sqrt{35}} \\ \frac{2}{\sqrt{14}} & 0 & -\frac{5}{\sqrt{35}} \\ \frac{1}{\sqrt{14}} & \frac{3}{\sqrt{10}} & \frac{1}{\sqrt{35}} \end{bmatrix}$$

$$=\begin{bmatrix} 0 & 0 & 0 \\ \frac{2}{\sqrt{10}} & 0 & \frac{6}{\sqrt{10}} \\ -\frac{21}{\sqrt{35}} & -\frac{35}{\sqrt{35}} & \frac{7}{\sqrt{35}} \end{bmatrix} \begin{bmatrix} -\frac{3}{\sqrt{14}} & \frac{1}{\sqrt{10}} & -\frac{3}{\sqrt{35}} \\ \frac{2}{\sqrt{14}} & 0 & -\frac{5}{\sqrt{35}} \\ \frac{1}{\sqrt{14}} & \frac{3}{\sqrt{10}} & \frac{1}{\sqrt{35}} \end{bmatrix} = \begin{bmatrix} 0 & 0 & 0 \\ 0 & 2 & 0 \\ 0 & 0 & 7 \end{bmatrix}$$

3. $P=\begin{bmatrix} -\frac{1}{\sqrt{2}} & \frac{1}{\sqrt{2}} \\ \frac{1}{\sqrt{2}} & \frac{1}{\sqrt{2}} \end{bmatrix},\ D=\begin{bmatrix} -9 & 0 \\ 0 & 3 \end{bmatrix}$

5. $P=\begin{bmatrix} 0 & 0 & 1 \\ \frac{1}{\sqrt{2}} & \frac{1}{\sqrt{2}} & 1 \\ \frac{1}{\sqrt{2}} & \frac{1}{\sqrt{2}} & 0 \end{bmatrix},\ D=\begin{bmatrix} -9 & 0 & 0 \\ 0 & 3 & 0 \\ 0 & 0 & 7 \end{bmatrix}$

8. $A^n=\begin{cases} \text{i) } n\text{이 홀수일 때 } \begin{bmatrix} 0 & 2^{2(n-1)+4} \\ 2^{2(n-1)+1} & 0 \end{bmatrix} \\ \text{ii) } n\text{이 짝수일 때 } \begin{bmatrix} 2^{2n} & 0 \\ 0 & 2^{2n} \end{bmatrix} \end{cases}$

11. (a) $p(\lambda)=(\lambda-2)^2(\lambda-6)=0$

$p(A)=(A-2I)^2(A-6I)=A^3-10A^2+28A-24I=0$

13. $A^{100}=\begin{bmatrix} 1 & 0 & 0 \\ 0 & 1 & 0 \\ 0 & 0 & 1 \end{bmatrix}$

14. $P(A)=-A^3+6A^2-12A+8I=\mathbf{0}$

A는 Cayley-Hamilton정리를 만족한다.

16. $A^{-1}=\frac{1}{8}[A^2-6A+12I]$

17. $k=3$

19. $\lambda(\lambda-2)=0 \Rightarrow A(A-2I)=A^2-2A=0\cdots A^2=2A$

$\Rightarrow A^3=4A,\ A^4=8A,\ A^5=16A\cdots,\ A^{k+1}=2^kA$

토론과 발견

P1 $\mathbf{x}\cdot\mathbf{x}=(A\ \mathbf{x})\cdot(A\ \mathbf{x})=(\lambda\ \mathbf{x})\cdot(\lambda\ \mathbf{x})=|\lambda|^2\ \|\mathbf{x}\|^2$

$\therefore\ |\lambda|^2=1 \Longrightarrow \lambda=\pm1$

P2 (a) $PDP^{-1}=PP^{-1}APP^{-1}=A=\begin{bmatrix}3&0&0\\0&3&4\\0&4&3\end{bmatrix}$

연습문제 답안 8-4

1. $q(\mathbf{x})=-2x^2+4xy+3y^2$

2. $x^2-6xy+4xz+2yz+5y^2$

3. $[x\ \ y]\begin{bmatrix}9&0\\0&4\end{bmatrix}\begin{bmatrix}x\\y\end{bmatrix}$

5. $[x\ \ y\ \ z]\begin{bmatrix}2&\frac{1}{2}&-1\\\frac{1}{2}&3&\frac{3}{2}\\-1&\frac{3}{2}&1\end{bmatrix}\begin{bmatrix}x\\y\\z\end{bmatrix}$

7. $A=\begin{bmatrix}3&-3\\-3&3\end{bmatrix}$

9. $\begin{bmatrix}x\\y\end{bmatrix}=\frac{1}{\sqrt{2}}\begin{bmatrix}1&1\\-1&1\end{bmatrix}\begin{bmatrix}x'\\y'\end{bmatrix}$, $q(x',\ y')=2(x')^2$

15.

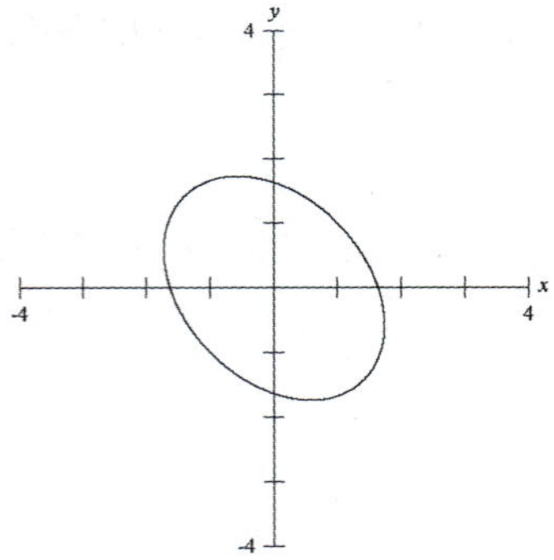

$\frac{(x')^2}{2^2}+\frac{(y')^2}{\sqrt{2}^2}=1$

$\begin{bmatrix}x\\y\end{bmatrix}=\frac{1}{\sqrt{2}}\begin{bmatrix}1&1\\-1&1\end{bmatrix}\begin{bmatrix}x'\\y'\end{bmatrix}$

16.

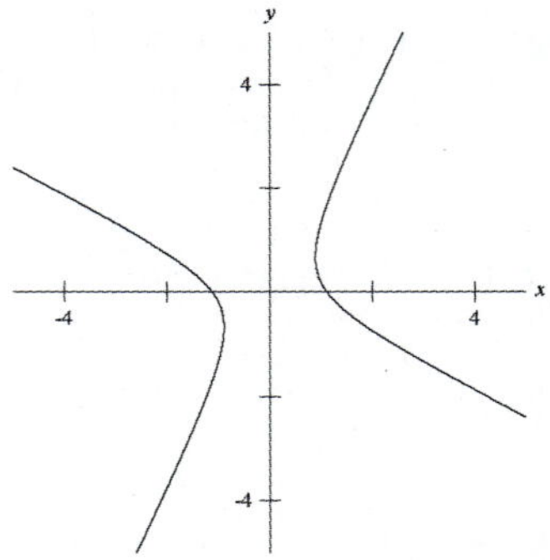

$x'^2-y'^2=1$

토론과 발견

P1 $$\begin{aligned} T(\mathbf{x}+\mathbf{y}) &= (\mathbf{x}+\mathbf{y})^T A(\mathbf{x}+\mathbf{y}) \\ &= (\mathbf{x}^T+\mathbf{y}^T)A(\mathbf{x}+\mathbf{y}) \\ &= \mathbf{x}^T A\mathbf{x}+\mathbf{x}^T A\mathbf{y}+\mathbf{y}^T A\mathbf{x}+\mathbf{y}^T A\mathbf{y} \\ &= T(\mathbf{x})+\mathbf{x}^T A\mathbf{y}+\mathbf{y}^T A\mathbf{x}+T(\mathbf{y}) \end{aligned}$$

연습문제 답안 8-5

1. $\begin{bmatrix} 2 & 0 & 1 \\ 0 & 0 & 0 \\ 1 & 0 & 2 \end{bmatrix}$

3. 양의 정부호

6. 음의 정부호

7. $\begin{cases} f_x(x, y)=0 \\ f_y(x, y)=0 \end{cases}$ 을 풀어서 극값 $(x, y)=(2, -3)$

$f(2, -3)=40$은 극대값

토론과 발견

P3 $(0, 6), (0, -2), (2, 2), (-2, 2)$

연습문제 답안 8-6

1. $A^TA=\begin{bmatrix} 3 & 0 \\ 0 & 2 \end{bmatrix}$

3. $(3-\lambda)(2-\lambda)$

5. $\sqrt{5}, 0$

7. $A=\begin{bmatrix} \frac{1}{\sqrt{2}} & \frac{1}{\sqrt{2}} \\ \frac{1}{\sqrt{2}} & -\frac{1}{\sqrt{2}} \end{bmatrix} \begin{bmatrix} \sqrt{3} & 0 & 0 \\ 0 & -1 & 0 \end{bmatrix} \begin{bmatrix} \frac{1}{\sqrt{6}} & \frac{2}{\sqrt{6}} & \frac{1}{\sqrt{6}} \\ \frac{1}{\sqrt{2}} & 0 & -\frac{1}{\sqrt{2}} \\ \frac{1}{\sqrt{3}} & -\frac{1}{\sqrt{3}} & \frac{1}{\sqrt{3}} \end{bmatrix}$

11. $A^{\dagger}=\begin{bmatrix} \frac{1}{\sqrt{6}} & \frac{1}{\sqrt{2}} & \frac{1}{\sqrt{3}} \\ \frac{2}{\sqrt{6}} & 0 & -\frac{1}{\sqrt{3}} \\ \frac{1}{\sqrt{6}} & -\frac{1}{\sqrt{2}} & \frac{1}{\sqrt{3}} \end{bmatrix} \begin{bmatrix} \frac{1}{\sqrt{3}} & 0 \\ 0 & 1 \\ 0 & 0 \end{bmatrix} \begin{bmatrix} \frac{1}{\sqrt{2}} & \frac{1}{\sqrt{2}} \\ -\frac{1}{\sqrt{2}} & \frac{1}{\sqrt{2}} \end{bmatrix}$

12. $A^{\dagger}=(A^TA)^{-1}A^T=\frac{1}{18}\begin{bmatrix} 2 & -5 & 13 \\ 0 & 9 & -9 \end{bmatrix}$

16. $x_1=-\frac{1}{18}$, $x_2=-\frac{1}{18}$

토론과 발견

P2 $U \in M_{m\times m}$, $\Sigma \in M_{m\times n}$, $V \in M_{n\times n}$

P7 $A^{\dagger}=A^{-1}$

연습문제 답안 8-7

1. $\mathbf{u}\cdot\mathbf{v}=7+7i$, $\mathbf{v}\cdot\mathbf{u}=7-7i$

2. $\|\mathbf{u}\|=\sqrt{4+1+9+1+1}=4$
$\|\mathbf{v}\|=\sqrt{1+1+4+9+9+1}=5$
$d(\mathbf{u}, \mathbf{v})=\|\mathbf{u}-\mathbf{v}\|=\sqrt{1+4+36+16}=\sqrt{57}$

4. $\overline{AB}=\begin{pmatrix} \overline{-5+3i} \\ -9-\ i \end{pmatrix}=\begin{pmatrix} -5-3i \\ -9+\ i \end{pmatrix}$
$\overline{A}=\begin{bmatrix} 5i & 4 \\ 2+i & 1-5i \end{bmatrix}$, $\overline{B}=\begin{bmatrix} 1+i \\ -2i \end{bmatrix}$
$\therefore\ \overline{AB}=\overline{A}\,\overline{B}$

5. $(2+i, 1)$, $(2-i, 1)$
$|\lambda I-A|=\lambda^2-4\lambda+5=0$
$\lambda_1=2+i$, $\lambda_2=2-i$
고유값 λ_1에 대응하는 고유공간 $\mathbf{w_1}$의 기저$=\{(2+i, 1)\}$
고유값 λ_2에 대응하는 고유공간 $\mathbf{w_2}$의 기저$=\{(2-i, 1)\}$

7. 우선 $A=\begin{bmatrix} -1 & -5 \\ 4 & 7 \end{bmatrix}$의 고유값을 구하면,

$$|A-\lambda I|=\begin{bmatrix}-1-\lambda & -5\\ 4 & 7-\lambda\end{bmatrix}=(\lambda+1)(\lambda-7)+20=\lambda^2-6\lambda+13=0$$

이므로, $\lambda=3\pm 2i$이다.

$\lambda=3+2i$에 대응하는 고유벡터를 구하면 $\left(-1+\frac{i}{2},\ 1\right)$이고,

$\lambda=3-2i$에 대응하는 고유벡터를 구하면 $\left(-1-\frac{i}{2},\ 1\right)$이다.

따라서 $P=\begin{bmatrix}-1+\frac{i}{2} & -1-\frac{i}{2}\\ 1 & 1\end{bmatrix}=\begin{bmatrix}\frac{i-2}{2} & \frac{-i-2}{2}\\ 1 & 1\end{bmatrix}$이고,

$C=\begin{bmatrix}3+2i & 0\\ 0 & 3-2i\end{bmatrix}$이다.

토론과 발견

P3 $\|k\mathbf{v}\|=<k\mathbf{v},\ k\mathbf{v}>=k\cdot\overline{k}<\mathbf{v},\ \mathbf{v}>=\|k\|^2\|\mathbf{v}\|$

$\Longrightarrow\|k\mathbf{v}\|=\|k\|\,\|\mathbf{v}\|$

P5 $|A-I\lambda|=\begin{vmatrix}1-\lambda & 4i\\ 4i & 3-\lambda\end{vmatrix}=\lambda^2-4\lambda+19\quad\therefore\ \lambda=2\pm\sqrt{15}i$

연습문제 답안 8-8

1. $A^*=\begin{bmatrix}-2i & 2 & 5-i\\ 1-i & 2+i & 1\end{bmatrix}$

3. (a) $A\neq A^*$

4. (a) $A^*A=I_2$이므로 A는 유니타리행렬이다.

5. 1

7. $2i$

9. $(A^*A)^*=A^*A$, $\therefore$ A^*A는 Hermitian 행렬이다

14. $A^*A=\begin{bmatrix}\frac{3}{5} & -\frac{4}{5}\\ -\frac{4}{5}i & -\frac{3}{5}i\end{bmatrix}\begin{bmatrix}\frac{3}{5} & \frac{4}{5}i\\ -\frac{4}{5} & \frac{3}{5}i\end{bmatrix}=\begin{bmatrix}1 & 0\\ 0 & 1\end{bmatrix}=I_2$

$A^{-1}=A^*=\begin{bmatrix}\frac{3}{5} & -\frac{4}{5}\\ -\frac{4}{5}i & -\frac{3}{5}i\end{bmatrix}$

토론과 발견

P1 $A \in M_n$ 일 때 A가 Hermitian이면

$\Longrightarrow A^* = A$

$\Longrightarrow \overline{a_{ii}} = a_{ii}\ (i=1,\ 2,\ \cdots,\ n)$

$\Longrightarrow a_{ii}$는 모두 실수

P3 $A \in M_n$ 일 때 A가 반(skew)-Hermitian이면

$\Longrightarrow A^* = -A$

$\Longrightarrow \overline{a_{ii}} = -a_{ii}\ (i=1,\ 2,\ \cdots,\ n)$

$\Longrightarrow a_{ii}$는 순허수

연습문제 답안 8-9

1. $\begin{cases} \lambda_1 = 1,\ \mathbf{v_1} = \begin{bmatrix} 2 \\ 1 \end{bmatrix} \\ \lambda_2 = 2,\ \mathbf{v_2} = \begin{bmatrix} 5 \\ 2 \end{bmatrix} \end{cases}$, 이므로

$$\mathbf{x}(t) = c_1\ \mathbf{v_1}e^{\lambda_1 t} + c_2\ \mathbf{v_2}e^{\lambda_2 t} = c_1\begin{bmatrix} 2 \\ 1 \end{bmatrix}e^{t} + c_2\begin{bmatrix} 5 \\ 2 \end{bmatrix}e^{2t}$$

2. $\begin{cases} \lambda_1 = 5,\ \mathbf{v_1} = \begin{bmatrix} 1 \\ 1 \end{bmatrix} \\ \lambda_2 = -1,\ \mathbf{v_2} = \begin{bmatrix} -2 \\ 1 \end{bmatrix} \end{cases}$, 이므로

$$\mathbf{x}(t) = c_1\ \mathbf{v_1}e^{\lambda_1 t} + c_2\ \mathbf{v_2}e^{\lambda_2 t} = c_1\begin{bmatrix} -1 \\ 1 \end{bmatrix}e^{5t} + c_2\begin{bmatrix} -2 \\ 1 \end{bmatrix}e^{-1t}$$

$x_1(0) = 0,\ x_2(0) = 0$이므로 $c_1 = c_2 = 0$이다.

$\therefore\ \mathbf{x}(t) = 0$

4. $\mathbf{x}(t) = c_1\begin{bmatrix} 1 \\ -1 \end{bmatrix}e^{-t} + c_2\begin{bmatrix} \frac{4}{3} \\ 1 \end{bmatrix}e^{6t}$

토론과 발견

P1 $(f(t)e^{-at})' = f'(t)e^{-at} - af(t)e^{-at} = e^{-at}(f'(t) - af(t)) = e^{-at}(ax - ax) = 0$

$\therefore\ f(t)e^{-at}$는 상수

| 단 | 원 | 복 | 습 |

8. 참 · 거짓 문제

(1) (T)
(2) (T)
(3) (T)
(4) (T)
(5) (T)
(6) (T)
(7) (T)
(8) (T)
(9) (F)
(10) (F)
(11) (T)
(12) (T)
(13) (T)
(14) (T)

09 | 벡터공간

연습문제 답안 9-1

2. (1), (4)는 부분공간을 이룬다.
(2), (3)는 부분공간이 아니다.

3. (1), (2), (3)는 부분공간을 이룬다.
(4)는 부분공간이 아니다.

5. $2p_1(t)-p_2(t)+p_3(t)$

7. $\mathbf{x}_1+\mathbf{x}_3-(\mathbf{x}_1-\mathbf{x}_2)=\mathbf{x}_2+\mathbf{x}_3$ $\quad\therefore$ 일차종속이다.

9. (a) $\begin{bmatrix}1&0\\0&0\end{bmatrix}$ $\begin{bmatrix}0&1\\1&0\end{bmatrix}$ $\begin{bmatrix}0&0\\0&1\end{bmatrix}$

(b) $\begin{bmatrix}1&0&0\\0&0&0\\0&0&0\end{bmatrix}, \begin{bmatrix}0&1&0\\1&0&0\\0&0&0\end{bmatrix}, \begin{bmatrix}0&0&1\\0&0&0\\1&0&0\end{bmatrix}, \begin{bmatrix}0&0&0\\0&0&1\\0&1&0\end{bmatrix}, \begin{bmatrix}0&0&0\\0&1&0\\0&0&0\end{bmatrix}, \begin{bmatrix}0&0&0\\0&0&0\\0&0&1\end{bmatrix}$

토론과 발견

P2 $(\Rightarrow)k\begin{bmatrix}x_1\\x_2\\\vdots\\x_n\end{bmatrix}=\begin{bmatrix}0\\0\\\vdots\\0\end{bmatrix}$ $\quad \begin{matrix}kx_1=0\\kx_2=0\\\vdots\\kx_n=0\end{matrix}$

$\therefore k=0$ or $\mathbf{x}=0$ $\quad$ 역은 trivial하다.

P3 $\text{span}\{\mathbf{u},\ \mathbf{u}+\mathbf{v},\ \mathbf{u}+\mathbf{v}+\mathbf{w}\}=\{c_1\mathbf{u}+c_2(\mathbf{u}+\mathbf{v})c_3(\mathbf{u}+\mathbf{v}+\mathbf{w})\mid c_1,\ c_2,\ c_3\in R\}$

$=\{(c_1+c_2+c_3)\mathbf{u}+(c_2+c_3)\mathbf{v}+c_3\mathbf{w}\}=\{d_1\mathbf{u}+d_2\mathbf{v}+d_3\mathbf{w}\mid c_1,\ c_2,\ c_3\in R\}$

$=\text{span}\{\mathbf{u},\ \mathbf{v},\ \mathbf{w}\}$

P5 $W(x)=\begin{vmatrix} 1 & e^x & e^{2x} \\ 0 & e^x & 2e^{2x} \\ 0 & e^x & 4e^{2x} \end{vmatrix}=2e^{3x}\Rightarrow\ (-\infty,\ \infty)$에서 $W(x)\neq 0$

$\Longrightarrow$ 일차독립

연습문제 답안 9-2

3. $2x^2-4xy+3y^2$

4. $x^2+6xy+10y^2$

6. $[x\ \ y\ \ z]\begin{bmatrix} 2 & 1 & 1 \\ 1 & 2 & 0 \\ 1 & 0 & 1 \end{bmatrix}\begin{bmatrix} x \\ y \\ z \end{bmatrix}=2x^2+2y^2+z^2+2xy+2xz$

7. 1

9. $|<\mathbf{u},\ \mathbf{v}>|=1\leq 3=\|\mathbf{u}\|\cdot\|\mathbf{v}\|$

10. $\|\mathbf{u}+\mathbf{v}\|=2\sqrt{2}\leq 2\sqrt{3}=\|\mathbf{u}\|+\|\mathbf{v}\|$

12. (a) $A=\begin{bmatrix} 6 & -2 \\ -2 & 3 \end{bmatrix}$

(b) $\|\mathbf{u}\|=\sqrt{6\times 1-2\times(-1)-2\times(-1)+3\times 1}=\sqrt{13}$

(c) $\|\mathbf{v}\|=\sqrt{6\times 16-2\times 12-2\times 12+3\times 9}=\sqrt{75}$

(d) $\dfrac{17}{\sqrt{13}\sqrt{75}}=\cos\theta,\ \theta\doteqdot 61.29$

토론과 발견

P1 $<p,\ q>=\sum_{i=0}^{n}p(r_i)q(r_i)$로 정의

$<p+q,\ w>=\sum_{i=0}^{n}(p(r_i)+q(r_i))w(r_i)=\sum_{i=0}^{n}p(r_i)w(r_i)+\sum_{i=0}^{n}q(r_i)w(r_i)$

$=<p,\ w>+<q,\ w>$

$<cp,\ q>=\sum_{i=0}^{n}cp(r_i)q(r_i)=c\sum_{i=0}^{n}p(r_i)q(r_i)=c<p,\ q>$

$<p,\ p>=\sum_{i=0}^{n}|p(r_i)|^2$

$|p(r_i)|^2\geq 0\Rightarrow <p,\ p>\geq 0=<p,\ p>\geq\sum_{i=0}^{n}|p(r_i)|^2=0\Rightarrow p(r_i)^2=0$

$\therefore\ p(r_i)=0$

P3 Euclid 내적을 갖는 벡터공간 C^2상에서

$\mathbf{u}_1=(i,\ 0),\ \mathbf{u}_2=(i,\ i)$

를 Gram-Schmidt 과정을 이용하여 정규직기저로 바꾸어라.

답 $\mathbf{v}_1=\mathbf{u}_1=(i, 0)$

$$\mathbf{v}_2=\mathbf{u}_2-\text{proj}_{\mathbf{v}_1}\mathbf{u}_2=\mathbf{u}_2-\frac{<\mathbf{u}_2, \mathbf{v}_1>}{\|\mathbf{v}_1\|^2}\mathbf{v}_1$$

$$\|\mathbf{v}_1\|^2=<\mathbf{v}_1, \mathbf{v}_1>=\overline{\mathbf{v}_1}^T\mathbf{v}_1=(-i)(i)=1$$

$$<\mathbf{u}_2, \mathbf{v}_1>=\overline{\mathbf{v}_1}^T\mathbf{u}_2=[-i, 0]\begin{bmatrix} i \\ i \end{bmatrix}=1+0=1$$

$$\mathbf{v}_2=\mathbf{u}_2-\frac{1}{1}\mathbf{v}_1=(i, i)-(i, 0)=(0, i)$$

$$\|\mathbf{v}_2\|^2=<\mathbf{v}_2, \mathbf{v}_2>=\overline{\mathbf{v}_2}^T\mathbf{v}_2=(i)(-i)=1$$

$$<\mathbf{v}_1, \mathbf{v}_2>=\overline{\mathbf{v}_2}^T\mathbf{v}_1=[i, 0]\begin{bmatrix} 0 \\ i \end{bmatrix}=0+0=0$$

그러면 $\mathbf{v}_1$, $\mathbf{v}_2$는 각각 서로 직교이고 노름(norm)이 1이고, 정규직기저이다.

P5 $\forall\, \mathbf{w}\in W$, $<\mathbf{q}, \mathbf{w}>=\mathbf{0}$임을 확인하면 된다.

$<\mathbf{q}, \alpha_1\mathbf{u}_1+\alpha_2\mathbf{u}_2+\cdots+\alpha_n\mathbf{u}_n>$

$=\alpha_1<\mathbf{q}, \mathbf{u}_1>+\alpha_2<\mathbf{q}, \mathbf{u}_2>+\cdots+\alpha_n<\mathbf{q}, \mathbf{u}_n>$

$=\mathbf{0}$

(왜냐하면 $<\mathbf{q}, \mathbf{u}_1>=0$ i.e.. $<\mathbf{b}-\mathbf{p}, \mathbf{u}_i>=0$)

P7 (a) $<1, \cos px>=\int_1^{2\pi} 1\cdot\cos px\,dx=0$

$<1, \sin qx>=\int_0^{2\pi} 1\cdot\sin qx\,dx=0$

$<\sin px, \sin qx>=\int_0^{2\pi} \sin px\cdot\cos qx=0$

$<\cos px, \cos qx>=\int_0^{2\pi} \cos px\cdot\cos qx\,dx=0$

(b) $S'=\{1, \cos x, \cos 2x, \cdots, \cos nx, \sin x, \sin 2x, \cdots, \sin nx\}$

연습문제 답안 9-3

1. $T(2\mathbf{u})=2(1, 1)=(2, 2)$

$T(\mathbf{u}+\mathbf{v})=T(\mathbf{u})+T(\mathbf{v})=(1, 1)+(2, 3)=(3, 4)$

3. 선형변환

5. 선형변환

7. $\|\mathbf{x}+\mathbf{y}\|\neq\|\mathbf{x}\|+\|\mathbf{y}\|$이므로

$T(\mathbf{x}+\mathbf{x})\neq T(\mathbf{x})+T(\mathbf{x})$이고 따라서 선형변환이 아니다.

9. 핵$=\{\mathbf{0}\}$,치역$=M_n$

11. $f(x)$의 원시함수를 $F(x)$라 할 때, $F(1)-F(0)=0$인 $f(x)\in C[0, 1]$의 집합

토론과 발견

P1 $\begin{bmatrix} 0 & 0 & 2 & 0 \\ 1 & 0 & 1 & 0 \\ 0 & 1 & -2 & 0 \\ 0 & 0 & 0 & 1 \end{bmatrix}$ ($\because$ $\begin{bmatrix} a_{11} \\ a_{12} \\ a_{13} \\ a_{14} \end{bmatrix} \equiv \begin{bmatrix} a_{11} & a_{12} \\ a_{21} & a_{22} \end{bmatrix}$의 의미)

P3 핵(kernel)은 원점 대칭하는 3차 이하 다항식들의 집합이다.

| 단 | 원 | 복 | 습 |

9. 참 · 거짓 문제

(1) (T) (2) (T) (3) (F) (4) (T) (5) (F)

10 | Jordan 표준형

연습문제 답안 10-1

1. $J_A = \begin{bmatrix} \lambda & 1 & 0 & 0 & 0 \\ 0 & \lambda & 1 & 0 & 0 \\ 0 & 0 & \lambda & 1 & 0 \\ 0 & 0 & 0 & \lambda & 0 \\ 0 & 0 & 0 & 0 & \lambda \end{bmatrix}$

3. $(\lambda-3)^4(\lambda-2)^2(\lambda-1)\lambda=0$

5. $\begin{bmatrix} 1 & 1 & 0 & 0 \\ 0 & 1 & 1 & 0 \\ 0 & 0 & 1 & 1 \\ 0 & 0 & 0 & 1 \end{bmatrix}$

7. $\begin{bmatrix} 0 & 1 & 0 \\ 0 & 0 & 0 \\ 0 & 0 & 0 \end{bmatrix}$

9. $\begin{bmatrix} 3 & 0 & 0 \\ 0 & 2 & 1 \\ 0 & 0 & 2 \end{bmatrix}$

A.6 찾아보기

http://matrix.skku.ac.kr/sglee/LADef/defin.htm 한글 버전
http://matrix.skku.ac.kr/sglee/LADef/defin01.htm 영문 버전

ㅁ

ㅂ

ㅅ

ㅇ

ㅈ

ㅊ

ㅋ

ㅌ

K

L

M

N

O

P

Q

R

S

T

V

W

XY

0-9

사진